Gesetzlicher Tierschutz im Deutschen Reich

Yi Han

Gesetzlicher Tierschutz im Deutschen Reich

PL ACADEMIC RESEARCH

Bibliografische Information der Deutschen Nationalbibliothek
Die Deutsche Nationalbibliothek verzeichnet diese Publikation in der Deutschen Nationalbibliografie; detaillierte bibliografische Daten sind im Internet über http://dnb.d-nb.de abrufbar.

Zugl.: Köln, Univ., Diss., 2013

Gedruckt mit Unterstützung der
Ostchinesischen Universität für Politik- und Rechtswissenschaft
zum Aufbau eines „Nationalforschungsschwerpunktes für Rechtsgeschichte"
sowie des Deutschen Akademischen Austauschdienstes.

Umschlagabbildung:
Ein Plakat des Reichstierschutzbundes.
Kunstaufnahme von Gaby Fey Photographie.
Privatsammlung des Autors.

D38
ISBN 978-3-631-64996-1 (Print)
E-ISBN 978-3-653-04148-4 (E-Book)
DOI 10.3726/978-3-653-04148-4

PL Academic Research ist ein Imprint der Peter Lang GmbH.

Peter Lang – Frankfurt am Main · Bern · Bruxelles · New York ·
Oxford · Warszawa · Wien

www.peterlang.com

Der einzigen Getreuen
durch alle Höhen und Tiefen meiner Promotionsjahre
in unvergesslicher Dankbarkeit gewidmet.

„Grausamkeit gegen die Tiere ist eines der kennzeichnendsten Laster eines niederen und unedlen Volkes. Wo man ihrer gewahr wird, ist es ein sicheres Zeichen der Unwissenheit und Roheit, welche selbst durch alle Zeichen des Reichtums und der Pracht nicht übertüncht werden kann. Grausamkeit gegen Tiere kann weder bei wahrer Bildung, noch bei wahrer Gelehrsamkeit bestehen."

— Alexander Freiherr von Humboldt

Vorwort

Zum Dank verpflichtet bin ich allen voran meinem Doktorvater, Herrn Professor Dr. Hans-Peter Haferkamp, für dessen Betreuung dieser Arbeit insbesondere in der Schlussphase. Hochachtung gebührt seiner vorurteilsfreien Wissenschaftlichkeit, trotz aller Missliebigkeit meinen Beweisführungen logische Zwangsläufigkeit zuerkannt und damit meine Schlussfolgerungen durchgelassen zu haben. Herr Professor Dr. Martin Avenarius hat meiner Arbeit das 2. Gutachten erteilt. Seine Bemühungen darum verdienen auch meinen Dank. Mein Magistervater, Herr Professor Dr. Tilman Repgen, hat mir mit seinen strategischen Vorschlägen immer wieder zu Überblick und Zuversicht verholfen. Für diese gütige Hilfe sei auch ihm an dieser Stelle aufrichtig gedankt!

Ein besonderer Dank gilt dem Deutschen Akademischen Austauschdienst (DAAD.), ohne dessen Stipendium ich mir eine Promotion in Deutschland niemals hätte leisten können; sowie allen, die mir bei der Bewerbung unmittelbare Hilfe bzw. unentbehrliche Unterstützung gewährten: Herrn Liu Jianbo, Herrn Professor Dr. Sui Xueli, Herrn Dr. Marco Haase, Frau Li Dongni, Pangpang, Duoduo und Diandian.

Erkenntlich sollte ich mich auch bei allen zeigen, die durch ihre Hilfe bei meiner Quellensammlung grundlegende Beiträge zum Zustandekommen dieses Werkes geleistet haben. Namentlich zu nennen sind Herr Andreas Grundwald vom Bundesarchiv zu Berlin-Lichterfelde, Frau Saskia Simons vom Geheimen Staatsarchiv zu Berlin-Dahlem, Frau Constanze von Moltke von der Hamburger Staatsbibliothek sowie meine Freunde Ulli und Marco.

Leider ist Deutsch nicht meine Muttersprache. Dafür haben sich Franziska, Martin, Manuel und Laura mit intensiver Anstrengung, Matthias, Sophie und insbesondere Stephan bei Gelegenheit sowie Wolfram, Carsten und Andreas mit außergewöhnlicher Aufopferung als Gegenleser eingesetzt, besonders als der Zeitdruck in der entscheidenden Phase mich zu zermürben drohte. Da mein Leben 2009 – 2013 voll und ganz auf die vorliegende Arbeit konzentriert war, waren mir die genannten Personen im wahrsten Sinne des Wortes eine lebenswichtige Stütze. Freunde, bitte nehmt dafür hiermit noch einmal meine tiefste Verbeugung entgegen!

Nicht zu vergessen ist die technische Unterstützung von Zeng Tao in der Früh-, Xue Tong bis zur mittleren und Wang Sicheng auch in der Endphase meiner Promotion. Aus dem Gedankenaustausch mit denselben sowie seit dem Herbst 2011 auch mit Zhu Xiaozhe und Feng Jieyu ergaben sich Einfälle, die meine Arbeit nicht unerheblich vorangetrieben haben. Stets haben Oliver, Dierk, Reimer, Klaus, Uwe, Manfred, Thomas und Zhao Tun mir Mut und Moral gespendet. Um Fastnacht 2013 haben das Akademische Auslandsamt der Universität zu Köln sowie meine Grundschulkameraden Gong Zhibo und Zhang Xuan Sorge für meine innere Ruhe getragen. Laila gewährte mir zweimal zu kritischem Zeitpunkt erlösende Hilfe. Ohne solch gütige Unterstützung hätte ich kaum durchhalten können. Danach haben sich Frau Ute Winkelkötter, Frau Kathrin Kummer, Herr Thomas Papsdorf, Herr Richard Breitenbach und Frau Andrea Kolb vom Peter Lang Verlag mit größtmöglicher Geduld und Genauigkeit um die Veröffentlichung dieses Buches gekümmert. Schließlich schafften Robert und Thomas (Dr.) hingebungsvoll die krönende Organisierung und Logistik. All diesen Persönlichkeiten und Körperschaften sage ich heute und hier: herzlichsten Dank!

Schließlich wünsche ich allen Tieren ein glückliches Fest anlässlich des 80. Jahrestages des Reichstierschutzgesetzes am 24. November 2013.

Schanghai, am Volkstrauertage desselben Jahres.

Der Verfasser.

Inhaltsverzeichnis

Abkürzungsverzeichnis

A. = Auflage (mit Zahl da vorne)
AA. = Auswärtiges Amt
Abs. = Absatz
a. D. = außer Dienst
a. F. = alte Fassung
AG. = Amtsgericht, oder Aktiengesellschaft
Alt. = Alternative
ÄndVO. = Änderungsverordnung
Anm. = Anmerkung
Anm. d. Verf. = Anmerkung des Verfassers
Art. = Artikel
AusfVO. = Ausführungsverordnung
BA. = Bundesarchiv
Bad. = Badisch
Bay. = Bayerisch
BaySchlG. = Bayerisches Schlachtgesetz
BaySchlVO. = Bayerische Schlachtverordnung
BBB. = Bayerischer Bauernbund
Bd. = Band
BDM. = Bund Deutscher Mädel
Beschw. = Beschwerde
BeschwF. = Beschwerdeführer(in)
BGB. = Bürgerliches Gesetzbuch
BGBl. = Bundesgesetzblatt
BRD. = Bundesrepublik Deutschland
Bspw. = Beispielweise
BT. = Bundestag
BVP. = Bayerische Volkspartei
ders. = derselben
Cs. = Civilsenat
DDR. = Deutsche Demokratische Republik
d. h. = das heißt
d. i. = das ist
DJ. = Deutsche Justiz
DJZ. = Deutsche Juristen-Zeitung
d. J. = des Jahres
d. M. = des Monats

DNVP. = Deutschnationale Volkspartei
DÖV. = Die öffentliche Verwaltung
Dr. (h. c.) = (Ehren-) Doktor
Dr. med. vet. = Doctor medicinae veterinariae
Dr. iur. = Doctor iuris
Ds. = Drucksache
DTW. = Deutscher Tierschutzwerbedienst
DurchfVO. = Durchführungsverordnung
DVBl. = Deutsches Verwaltungsblatt
DVP. = Deutsche Volkspartei
E. = Entwurf
ebd. = ebenda
EGStGB. = Einführungsgesetz des Strafgesetzbuches für das Deutsche Reich
EinfVO. = Einführungsverordnung; bzw. Verordnung über die Einführung der (Tierseuchen- und) Tierschutzvorschriften
ErgVO. = Ergänzungsverordnung
e. V. = eingetragener Verein (in Quellen auch als „E. V.“)
ff. = fortfolgende
GA. = Goltdammers Archiv für Strafrecht
GS. = Gerichtssaal; Gesetzsammlung
GSTA PK. = Geheimes Staatsarchiv für Preußischen Kulturbesitz
GVBl. = Gesetz- und Verwaltungsblatt
h. M. = herrschende Meinung
HJ. = Hitlerjugend
Hj. = Halbjahr
Hrsg. = Herausgeber / Herausgegeben
HS. = Halbsatz
i. e. S. = im engeren Sinne
i. R. = in Rente
i. S. d. = im Sinne des / der
i. V. m. = in Verbindung mit
i. w. S. = im weiteren Sinne
Jg. = Jahrgang
JGG. = Jugendgerichtsgesetz
JM. = Justizministerium
JW. = Juristische Wochenschrift
Kaltblüter-VO. = Verordnung über das Schlachten und Aufbewahren von lebenden Fischen und anderen kaltblütigen Tieren
KG. = Kammergericht
Kgl. = Königlich

Kl. = Kläger
KPD. = Kommunistische Partei Deutschlands
LandwMin. = Landwirtschaftsminister(ium), Minister(ium) für Ernährung und Landwirtschaft
L. D. u. F. = Landwirtschaft, Domänen und Forst
LG. = Landesgericht
m. Abb. = mit Abbildung(en)
MdI. = Minister(ium) des Innern
MinBl. = Ministerialblatt
MBliV. = Ministerialblatt für innere Verwaltung
N.D. = Nachdruck
n. F. = neue Fassung
N. F. = Neue Folge
Nr. = Nummer
NSDAP. = Nationalsozialistische Deutsche Arbeiterpartei
ObLG. = Oberstes Landesgericht (Bayern)
o. g. = oben genannt
OLG. = Oberlandesgericht
Pg. = Parteigenosse
Preuß. = Preußisch
PrJG. = Preußisches Jagdgesetz vom 18. Januar 1934
Prof. = Professor
RegBl. = Regierungsblatt
RF-SS. = Reichsführer-SS
RG. = Reichsgericht
RGA. = Reichsgesundheitsamt
RGBl. = Reichsgesetzblatt
RGewO. = Reichsgewerbeordnung
RJagdG. = Reichsjagdgesetz
RJM. = Reichsjustizministerium
RM. = Reichsmark
RMBliV. = Reichsministerialblatt für innere Verwaltung
RMI. = Reichsministerium des Innern
RNatSchG. = Reichsnaturschutzgesetz
RNatSchVO. = Reichsnaturschutzverordnung
RS. = Rückseite
RSchlG. = Reichsschlachtgesetz
RSchlVO. = Reichsschlachtverordnung
RStGB. = Reichsstrafgesetzbuch
RTierSchG. = Reichstierschutzgesetz (in Quellen auch als „RTG[.]“)

RWehrM. = Reichswehrminister(ium)
RWirtM. = Reichswirtschaftsminister(ium)
s. = siehe
S. = Satz (in Zusammenhang mit §, Abs. und HS.)
S. = Seite (in Fußnoten)
SA. = Sturmabteilung
s. o. = siehe oben
sog. = sogenannt
Sp. = Spalte
SPD. = Sozialdemokratische Partei Deutschlands
SS. = Schutzstaffel
Ss. = Strafsenat
Ssp. = Sachsenspiegel
StPO. = Strafprozeßordnung (in Quellen auch als „RStrPrO[.]")
StVO. = Straßenverkehrsordnung
StVZO. = Straßenverkehrszulassungsverordnung
s. u. = siehe unten
T.D. = Teildruck
TSV. = Tierschutzverein
TSV-Reichsverband = Verband der Tierschutzvereine des Deutschen Reiches, auch nach dessen Vorsitzender „Otto-Hartmann-Bund" genannt.
u. a. = unter anderem
u. U. = unter Umständen
u. z. = und zwar
v. = von / vom
VB. = Völkischer Beobachter
VE. = Vorentwurf (für die Strafrechtsreform, 1909)
Vfg. = Verfügung
VGH. = Verwaltungsgerichtshof
vgl. = vergleiche
VO. = Verordnung
VS. = Vorderseite
Z. = Zentrum (Partei)
Z. / Ziff. = Ziffer
z. B. = zum Beispiel
zit. = zitiert als
Zs. = Zivilsenat
ZStrW. = Zeitschrift für die gesamte Strafrechtswissenschaft

Literaturverzeichnis

- Lehrbücher und Monographien

Adolph, Johannes: *Der Schutz des Tieres im deutschen Recht*, Inaugural-Dissertation zur Erlangung der Doktorwürde bei der Hohen Juristischen Fakultät der Schlesischen Friedrich Wilhelms-Universität zu Breslau, Würzburg 1935.

Amtlicher Entwurf eines Allgemeinen Deutschen Strafgesetzbuchs nebst Begründung, Veröffentlicht auf Anordnung des Reichsjustizministeriums, Erster Teil: Entwurf, Berlin 1925; Zweiter Teil: Begründung, Berlin 1925.

Baehr, Karl: *Die Vivisection vor dem Forum des deutschen Reichsstrafgesetzbuchs*, Separatabdruck des dem Preußischen Abgeordnetenhause mit der Petition des Hannover'schen Vereins zur Bekämpfung der wissenschaftlichen Thierfolter unterbreiteten strafrechtlichen Gutachtens, Dresden 1883 (zit.: Baehr, *Vivisection*, 1883).

Beckers, Walter: *Die Tierquälerei als rechtswidrige und strafbare Handlung nach dem Reichstierschutzgesetz*, Abhandlung zur Erlangung des Grades eines Doktors der Rechte der Rechts- und Staatswissenschaftlichen Fakultät der Rheinischen Friedrich-Wilhelms-Universität zu Bonn, Düsseldorf 1939 (zit.: Beckers, *Tierquälerei nach RTierSchG*, 1939).

Binding, Karl: *Grundriß des Deutschen Strafrechts*, Allgemeiner Teil, 8. A., Leipzig 1913 (zit.: Binding, *Grundriß*, 8.A., 1913).

Binding, Karl: *Lehrbuch des Gemeinen Deutschen Strafrechts*, 1. Bd., 2. A., Leipzig 1902.

Bregenzer, Ignaz: *Thier-Ethik. Darstellung der sittlichen und rechtlichen Beziehungen zwischen Mensch und Thier*, Bamberg 1894 (zit.: Bregenzer, *Thier-Ethik*, 1894).

Caspar, Johannes: *Tierschutz im Recht der modernen Industriegesellschaft — Eine rechtliche und Neukonstruktion auf philosophischer und historischer Grundlage*, Baden-Baden, 1. A. 1999.

Clauß, Hans: *Tierschutz und Strafgesetzgebung*, Inaugural-Dissertation zur Erlangung der Doktorwürde bei der Juristischen Fakultät der Universität Leipzig, Großhain 1928.

Dietrich, Otto: *Zwölf Jahre mit Hitler*, München 1955.

Ebermayer, Ludwig / Lobe, Adolf / Rosenberg, Werner: *Reichs-Strafgesetzbuch mit besonderer Berücksichtigung der Rechtsprechung des Reichsgerichts*, 3. A., Berlin und Leipzig 1925 (zit.: Ebermayer, *Reichs-Strafgesetzbuch*, 1925).

Eberstein, Winfried Christian Justus: *Das Tierschutzrecht in Deutschland bis zum Erlaß des Reichs-Tierschutzgesetzes vom 24. November 1933 — Unter Berücksichtigung der Entwicklung in England*, Frankfurt am Main 1999 (zit.: Eberstein, *Tierschutzrecht bis 1933*, 1999).

Eckhard, Albert: *Grausamkeit des Menschen gegen das Tier — mit besonderer Bezugnahme auf die wissenschaftliche Tierfolter (Vivisektion)*, 2. A., Hannover 1928 (?).

Eckhard, Albert: *Kampf der N.S.D.A.P. gegen Tierquälerei (Tierfolter und Schächten)*, Hannover 1931.

Entwürfe zu einem Deutschen Strafgesetzbuch, Veröffentlicht auf Anordnung des Reichs-Justizministeriums, Berlin 1920: Erster Teil: Entwurf der Strafrechtskommission (1913); Zweiter Teil: Entwurf von 1919; Dritter Teil: Denkschrift zu dem Entwurf von 1919.

Feder, Gottfried: *Das Programm der N.S.D.A.P. und seine weltanschaulichen Grundgedanken*, 1. A. 1927, zitiert von 166. – 169. Auflage, 826. – 845. Tausend, München 1935.

Frank, Reinhard: *Das Strafgesetzbuch für das deutsche Reich nebst dem Einführungsgesetze*, 5. – 7. A., Tübingen 1908; 17. A., 1926, ebenda, 1926.

Giese, Clemens / Kahler, Waldemar: *Das deutsche Reichs-Tierschutzgesetz vom 24. November 1933 mit amtlicher Begründung*, Berlin 1934 (zit.: Giese / Kahler: *Das deutsche RTierSchG*, 1933).

Giese, Clemens / Kahler, Waldemar: *Das deutsche Tierschutzrecht — Bestimmungen zum Schutze der Tiere (Tierschutzgesetz, Schlachtgesetz, Eisenbahnverkehrsordnung, Reichsjagdgesetz, Reichsnaturschutzgesetz, Straßenverkehrsordnung mit den dazu ergangenen Verordnungen)*, Berlin 1939 (zit.: Giese / Kahler: *Das deutsche Tierschutzrecht*, 1939); 4. A., bearbeitet allein von Giese, Berlin 1951 (zit.: Giese: *Das deutsche Tierschutzrecht*, 4. A., 1951).

Giese, Clemens / Zschiesche, A.: *Die deutsche Tierschutzgesetzgebung — Ein Überblick über die in den letzten Jahren auf dem Gebiete erlassenen Gesetze, Verordnungen usw. nach amtlichen Unterlagen*, als Heft 6 in der Schriftreihe des Reichsgesundheitsamtes, herausgegeben von Präsident Prof. Dr. H. Reiter, Leipzig 1938.

Göring, Emmy: *An der Seite meines Mannes — Begebenheiten und Bekenntnisse*, 4. A., Coburg 1996 (zit.: Emmy, *An der Seite meines Mannes*, 4. A., 1996).

Haas, Herbert: *Der Tierschutz im deutschen Strafrecht*, Inaugural-Dissertation zur Erlangung der Juristischen Doktorwürde der Hohen Juristischen Fakultät der Königlichen Universität Greifswald, Greifswald 1913.

Hartmann, Otto: *Denkschrift über die Betäubung der Schlachttiere*, Heft 17 in: *Leipziger Flugschriften-Sammlung zur Betäubungsfrage der Schlachttiere*, 1907.

Heintz, Daniel: *Tierschutz im Dritten Reich*, Müllheim 2008.

Hildesheim, Hirsch (Hrsg.): *Gutachten über das jüdisch-rituelle Schlachtverfahren („Schächten")*, Berlin 1894.

von Hippel, Robert: *Die Tierquälerei in der Strafgesetzgebung des In- und Auslandes, historisch, dogmatisch und kritisch dargestellt, nebst Vorschlägen zur Abänderung des Reichsrechts*, Berlin 1891 (zit.: v. Hippel, *Tierquälerei*, 1891).

von Hippel, Robert: *Lehrbuch des Strafrechts*, Berlin 1932.

Hitler, Adolf: *Mein Kampf*, Zwei Bände in einem Band, Ungekürzte Ausgabe, 172. – 173. A., München 1936.

Hoffmann, Heinrich: *Hitler wie ihn keiner kennt — 100 Bild-Dokumente aus dem Leben des Führers*, Berlin 1933.

Insenhöfer, Svantje: *Dr. Friedrich Weber — Reichstierärzteführer von 1934 bis 1945*, Inaugural-Dissertation zur Erlangung des Grades einer Doktorin der Veterinärmedizin (Dr. med. vet.) durch die Tierärztliche Hochschule Hannover, Hannover 2008 (zit.: Insenhöfer: *Dr. Weber — Reichstierärzteführer*, 2008).

Jentzsch, Rupert: *Das rituelle Schlachten von Haustieren in Deutschland ab 1933 — Recht und Rechtsprechung*, Inaugural-Dissertation zur Erlangung des Grades eines doctor medicinae veterinariae durch die Tierärztliche Hochschule Hannover, Hannover 1998.

Kant, Immanuel: *Die Metaphysik der Sitten*, 1797, zweyter Teil, *Metaphysische Anfangsgründe der Tugendlehre*, 1799.

Kant, Immanuel: *Kritik der Urteilskraft*, erstmals erschienen 1791.

Kant, Immanuel: *Metaphysische Anfangsgründe der Tugendlehre*, erstmals erschienen 1790, hier angeführt von der „zweyten verbesserten Auflage", Königsberg 1803. (zit.: Kant, *Tugendlehre*, 2. A., 1803).

Klein, Karl: *Aus öffentlichen und privaten Schlachthäusern Deutschlands*, München 1912 (zit.: Klein, *Aus Schlachthäusern*, 1912).

Kohler, Josef: *Leitfaden des deutschen Strafrechts*, Leipzig 1912.

Korn, Fritz: *Kommentar zum Reichs-Tierschutzgesetz vom 24. November 1933*, Meißen 1934 (zit.: Korn, *Kommentar zum RTierSchG*, 1934).

Kupka, Traugott: *Die Tierquälerei mit besonderer Rücksicht auf die* lex ferenda, Inaugural-Dissertation zur Erlangung der juristischen Doktorwürde der Rechts- und Staatswissenschaftlichen Fakultät der Schlesischen Friedrich Wilhelms-Universität zu Breslau, Breslau 1918 (zit.: Kupka, *lex ferenda*, 1918).

Kubizek, August: *Adolf Hitler — mein Jugendfreund*, 1. A. 1953, N.D. Graz / Stuttgart 2002.

Landwehr, Werner: *Die strafbare Tierquälerei nach § 9 Reichstierschutzgesetz*, Inaugural-Dissertation zur Erlangung der Doktorwürde der Rechts- und Wirtschaftswissenschaftlichen Fakultät der Universität Rostock, Rostock 1935.

Lauff, Bruno: *Schechitah und Bedikah (Schlachtung und innere Untersuchung) — Auf Grund alttestamentlichen, talmudischen und neuhebräischen Quellenstudiums im Lichte der modernen Hygiene und Fleischbeschaugesetzgebung*, Inaugural-Dissertation zur Erlangung der Würde eines Doctor Medicinae Veterinariae der Tierärztlichen Hochschule zu Berlin, 1922.

Lechner, Michael: *Tierschutz und Gesetz*, Inaugural-Dissertation der juristischen Fakultät der Friedrich-Alexanders-Universität zu Erlangen, Amberg 1929.

Lemcke, Alfred: *Der Einfluss des Zeitdenkens auf die Schlachtweise und die Wertung des Tieres*, Inaugural-Dissertation zur Erlangung der Doktorwürde der veterinärmedizinischen Fakultät der Ludwigs-Maximilians-Universität zu München, in Maschinenschrift vorgelegt, 1943 (zit.: Lemcke, *Einfluss des Zeitdenkens*, 1943).

Lemcke, Jürgen: *Deutschlands erstes Tierschutzgesetz*, Erscheinungsort unbekannt, 2007.

von Liszt, Franz: *Lehrbuch des Deutschen Strafrechts*, 2. A., Berlin und Leipzig 1884; 23. A., ebenda, 1921; 25. A., ebenda, 1927.

Lorz, Albert: *Die Tiermißhandlung im Reichstierschutzgesetz*, Inaugural-Dissertation der juristischen Fakultät der Friedrich-Alexanders-Universität zu Erlangen, Günzburg 1936.

Lorz, Albert: *Naturschutz-, Tierschutz- und Jagdrecht*, Berlin und München 1961; 2. A., 1967.

Minuth, Karl-Heinz (Bearbeiter): *Die Regierung Hitler — Teil I: 1933/34, Band 2: 12. September bis 27. August 1934, Dokumente Nr. 207 bis 384*, in: *Akten der Reichskanzlei — Regierung Hitler 1933 – 1938*, herausgegeben für die Historische Kommission bei der Bayerischen Akademie der Wissenschaften von Konrad Repgen für das Bundesarchiv von Hans Booms, 1983 Boppard am Rhein (zit.: Minuth, *Akten der Reichskanzlei — Regierung Hitler*, Teil I Bd. 2, 1983).

Misch, Rochus: *Der letzte Zeuge — Ich war Hitlers Telefonist, Kurier und Leibwächter*, 3. A., München und Zürich 2008.

Mitzschke, G.: *Das Preußische Jagdgesetz vom 18. Januar 1934 nebst Ausführungsbestimmungen und allen einschlägigen Reichs- und Landesgesetzen, Verordnungen und Erlassen*, Berlin 1934.

Müller, Max: *Die Schächtfrage*, Flugblatt Nr. 405 des Deutschen Tierschutzwerbedienststs, Berlin 1926.
Neupert, Herbert: *Der strafrechtliche Schutz der Tiere nach dem Reichs-Tierschutzgesetz vom 24. 11. 1933*, Inaugural-Dissertation zur Erlangung der juristischen Doktorwürde einer Hohen Rechts- und Wirtschaftswissenschaftlichen Fakultät der Thüringischen Landesuniversität Jena, gedruckt am 27. Juni 1936 ebenda, hier Teildruck 1937 (letzterer Veröffentlichungsort nicht angegeben; der Verfasser war seinerzeit Gerichtsreferendar zu Gera, während das Vorwort in Berlin-Charlottenburg angefertigt war) (zit.: Neupert, *Der strafrechtliche Schutz der Tiere nach dem RTierSchG*, 1936 / T.D. 1937).
von Olshausen, Justus: *Kommentar zum Strafgesetzbuch für das Deutsche Reich*, 6. umgearbeitete Auflage, 1. und 2. Bd., Berlin 1901.
von Olshausen, Justus: *Kommentar zum Strafgesetzbuch*, 12. völlig neu bearbeitete Auflage, 3. Lieferung (§§ 184 – 247, S. 801 – 1232), Berlin 1944.
Oppenhoff, Friedrich Christian: *Das Strafgesetzbuch für das Deutsche Reich*, 2. A., Berlin 1872; 10. A., Berlin 1885.
Radbruch, Gustav: *Amtlicher Entwurf eines Allgemeinen deutschen Strafgesetzbuchs und das Schächten nach jüdischem Ritus*, Gutachtliche Äußerung, Abzug aus der Akte GStA PK, Rep. 84 a, Nr. 8420, Bl. 400 – 406. (zit.: Radbruch, *Entwurf und Schächten*; es wurde keine Zeitangabe vorhanden, aber nach Eberstein [1999, S. 403] vermutlich 1926).
Radtke, Alfred G.: *Tierschutz von A – Z, Ein Hand- und Arbeitsbuch für Tierschützer, Polizeibeamte, Erzieher, Landwirte, Tierpfleger, Tierwärter sowie Behörden, mit den Anschriften der großdeutschen Tierschutzvereine*, Frankfurt a. M. 1942.
Reichstag, III. Wahlperiode 1924 / 27, *Drucksache* Nr. 3390.
Reinhardt, Herbert: *Die Tierquälerei als rechtswidrige und strafbare Handlung*, Diss. iur. Würzburg 1925.
Rotering, F.: *Polizei-Uebertretungen und Polizei-Verordnungsrecht*, Berlin 1888 (zit.: Rotering, *Polizeiübertretungen*, 1888).
Sander, Hermann: *Der Tierschutz im Strafgesetzbuch unter Berücksichtigung der geschichtlichen Entwicklung und der Entwürfe zu einem neuen deutschen Strafgesetzbuch*, Inaugural-Dissertation zur Erlangung der Doktorwürde bei der Juristischen Fakultät der Universität Heidelberg, Dresden 1931 (zit.: Sander, *Entwürfe*, 1931).
Schaefer, Karl Theodor: *Der Tierschutz im Reichsstrafrecht*, Inaugural-Dissertation zur Erlangung der Doktorwürde bei der Juristischen Fakultät der Universität Leipzig, Leipzig 1932.
Schmidt, Richard: *Grundriß des Deutschen Strafrechts*, Leipzig 1925.

Schmid-Lindner, Erich: *Fragen des strafrechtlichen Allgemeinen Teils zum Tierschutzrecht (unter Ausschluß der Erscheinungsformen des Verbrechens und der Konkurrenz)*, Inaugural-Dissertation zur Erlangung der Doktorwürde der Hohen juristischen Fakultät der Friedrich-Alexander-Universität zu Erlangen, Erlangen-Bruck 1941 (zit.: Schmid-Lindner, *Fragen des StR-AT zum TierSchR*, 1941).

Schoenichen, Walter: *Naturschutz im Dritten Reich — Einführung in Wesen und Grundlagen zeitgemäßer Naturschutz-Arbeit*, 1934 Berlin-Lichterfelde.

Schoenichen, Walter: *Taschenbuch der in Deutschland geschützten Tiere – Nach der Naturschutzverordnung vom 18. März 1936*, Hrsg. Reichsstelle für Naturschutz, 2. A., Berlin-Lichterfelde 1939.

Schoenichen, Walter / Weber, Werner: *Der Schutz von Pflanzen und Tieren – Nachträge und Ergänzungen zur Naturschutzverordnung vom 18. März 1936*, Berlin-Lichterfelde 1941.

Schopenhauer, Arthur: *Die Welt als Wille und Vorstellung*, erstmals erschienen Leipzig 1819, in der vorliegenden Arbeit zitiert vom Nachdruck Köln 2009 nach der „dritten, verbesserten und beträchtlich vermehrten Auflage“, Leipzig 1859 in Ausgabe der historisch-kritischen Edition von Arthur Hübscher, 3. A., Wiesbaden: Brockhaus 1972 (zit.: Schopenhauer, *Die Welt als Wille und Vorstellung*, 1819, 3. A. 1859, N.D. 2009).

Schopenhauer, Arthur: *Ueber das Fundament der Moral,* nicht gekrönt von der Königlich Dänischen Societät der Wissenschaften, zu Kopenhagen, den 30. Januar 1840; in: *Die beiden Grundprobleme der Ethik*, hier angeführt vom Nachdruck der Zürcher Ausgabe, Werke in zehn Bänden, Band VI, Diogenes Taschenbuch 20426, Zürich 1977 (zit.: Schopenhauer, *Grundlage der Moral*, 1840, N.D. 1977).

Schopenhauer, Arthur: *Parerga et Paralipomena*: kleine philosophische Schriften, Zweite, verbesserte und beträchtlich vermehrte Auflage, 2. Bd., Berlin 1862 (zit.: Schopenhauer, *Parerga et Paralipomena* II, 1862).

Schubert, Werner / Regge, Jürgen (Hrsg.): *Preußische Gesetzrevision (1825 – 1848)*, I. Abteilung Straf- und Strafprozeßrecht, Band 4 Protokolle der Kommission des Staatsrats über die Beratungen des Revidierten Entwurfs eines Strafgesetzbuches von 1836 (Ministerien Kamptz und Savigny; 1838 – 1842), 2. Halbband, Vaduz (Liechtenstein) 1993.

Schubert, Werner (Hrsg.): *Protokolle der Kommission für die Reform des Strafgesetzbuches (1911 – 1913)*, Band 4, Zweite Lesung und Schlußredaktion des Entwurfs, Protokoll 208 – 282, Frankfurt a. M. 1990 (zit.: Schubert, *Protokolle*, Bd. 4, 1990).

Schubert, Werner / Regge, Jürgen / Rieß, Peter / Schmid, Werner (Hrsg.): *Quellen zur Reform des Straf- und Strafprozeßrechts* (zit.: Schubert, *Quellen*),

I. Abteilung: Weimarer Republik (1918 – 1932), Band 3: Protokolle der Strafrechtsausschüsse des Reichstags, 3. Teil: Sitzungen vom Oktober 1929 – Juni 1930, Berlin und New York 1997; 4. Teil: Sitzungen vom Dezember 1930 – März 1932 und Zusammenstellungen der Beschlüsse, Berlin und New York 1997.

Schwarze, Friedrich Oskar: *Commentar zum Strafgesetzbuch für das Deutsche Reich*, 3. A., Leipzig 1873.

Sick, Ludwig: *Das Recht des Naturschutzes — Eine verwaltungsrechtliche Abhandlung unter besonderer Berücksichtigung des preußischen Rechts mit Erörterung der Probleme eines Reichsnaturschutzgesetzes*, Abhandlung zur Erlangung der Doktorwürde vorgelegt der Rechts- und Staatswissenschaftlichen Fakultät der Rheinischen Friedrich Wilhelms-Universität zu Bonn, 1935 Bochum-Langendreer.

von Skopnik, Hans: *Die Katzen in den Kleingärten*, Rundschreiben des Deutschen Tierschutzvereins zu Berlin zur Nürnberger Reichstagung der Kleingartenverein Juli 1933.

von Skopnik, Hans: *Das deutsche Reichs-Tierschutzgesetz vom 24. November 1933 mit Begründung*, Berlin und Leipzig 1934 (zit.: v. Skopnik, *RTierSchG mit Begründung*, 1934).

Stockhorst, Erich: *5000 Köpfe — Wer war was im 3. Reich*, Wiesbaden 1967.

Storch / Mathieu: *Tierschutz-Taschenbuch für Polizeibeamte, Tierschutzvereine und Tierbesitzer als Wegweiser für ihre Aufgaben im Rahmen der Tierschutzgesetzgebung*, 4. A. von Oberstabsveterinär Dr. Mathieu (Dr. Storch nach 2. A. 1937 verstorben), Hannover 1941 (zit.: Storch† / Mathieu, *Tierschutz-Taschenbuch*, 4. A., 1941).

Tierschutzverein Berlin / Tierschutzverein München: *Neues vom betäubungslosen Schächten*, Oktober 1927, Berlin und München (zit.: TSV Berlin und München, *Neues vom betäubungslosen Schächten*, 1927).

Tierschutzverein München: *Antrag des Münchener Tierschutzvereins vom 11. März 1926 an den Bayerischen Landtag auf gesetzlichen Betäubungszwang für alle Schlachttiere*, München 1926 (zit.: TSV München, Antrag v. 11. 3. 1926).

Tierschutzvereine München, Ansbach, Dillingen, Kulmbach, Landshut, Niederbayerischer Kreistierschutzverein, Passau, Regensburg, Schwaben und Neuburg, Verein gegen Vivisektion und sonstige Tierquälerei: *Schlachttierschutz! Antrag auf Durchführung des Landtagsbeschlusses von 1926 über das Betäuben der Schlachttiere*, München 1929 (zit.: Bayerische Tierschutzvereine, *Schlachttierschutz!*, 1929).

Tierschutzverein München: *Der gesetzliche Betäubungszwang vor den Volksvertretungen in Bayern, Schweden, Norwegen, Heft 1: Bayern, Heft 2: Aus den Verhandlungen des schwedischen Reichstags und des norwegischen Storthings über den gesetzlichen Betäubungszwang*, München 1930 (zit.: TSV. München, *Der gesetzliche Betäubungszwang, Heft 1: Bayern / Heft 2: Schweden und Norwegen*, 1930).

Tierschutzverein München: *Entwurf eines Gesetzes über das Schlachten von Tieren*, München 1930 (zit.: TSV. München, *Entwurf*, 1930).

Tierschutzverein München und Umgebung: *100 Jahre Tierschutz*, München 1942.

Tierschutzverein München und Umgebung: *Mitteilungsblatt für das Jahr 1942 / 43*, München 1943.

Wetzel, Otto M. L.: *Der Tierschutz im Reichsstrafrecht*, Inaugural-Dissertation zur Erlangung der Doktorwürde einer Hohen Juristischen Fakultät der Ruprecht-Karls-Universität zu Heidelberg, Würzburg 1936.

Wetzlich, G. H.: *Das Recht der Tiere oder Beleuchtung des richtigen Verhältnisses zwischen Tier und Mensch in sittlicher und rechtlicher Beziehung*, Köln 1890 (zit.: Wetzlich, *Recht der Tiere*, 1890).

Verhandlungen des Reichstags, XII. Legislaturperiode, II. Session, 1909 / 10, Bände 263, 270.

Vierneisel, Julius: *Das Delikt der Tierquälerei und seine Reformbedürftigkeit*, Diss. iur. Heidelberg 1914.

Vorentwurf zu einem Deutschen Strafgesetzbuch, Bearbeitet von der hierzu bestellten Sachverständigen-Kommission, Veröffentlicht auf Anordnung des Reichs-Justizamts, Berlin 1909.

Zoll, Karl: *Carl Kraemer — Leben und Werk*, in: Beiträge zur Geschichte Hilchenbachs, Folge 20, Hilchenbach 2005 (zit.: Zoll, *Kraemer*, 2005).

- Zeitschriftenaufsätze

Abegg, Julius Friedrich Heinrich: *Ueber die Bestrafung der Mißhandlung von Thieren*, in: *Neues Archiv des Criminalrechts*, Hrsg. Kleinschrod, Gallus Aloys / Konopak, Christian Gottlieb / Mittermaier, C. J. A., Bd. 12, Halle 1832, S. 620 – 639.

Anonymus: *Ein Festzug der Tiere in Frankfurt a. Main*, in: *Berliner Lokal-Anzeiger* vom 22. April 1934.

Anonymus: *Schächtverbot*, in: *Zeitschrift des Verbandes Rheinisch-Westfälischer Tierschutz-Vereine*, 55. Jg. Nr. 1, Köln 1933, S. 1.

Anonymus: *Soldaten haben Tiere gern und lesen auch gern von Tieren*, in: DTW. E. V. (Hrsg.), *Tierschutz im Kriege*, Sonderdruck aus Heft 7, Jg. 1939 / 40 der Zeitschrift „*Der junge Tierschützer*“, S. 16.

Bechstein: Bericht über OLG Darmstadt, Urt. v. 12. Oktober 1934, in: JW, 64. Jg., Bd. 1, S. 723.

Brühl, Ludwig: *Tierquälerei an Fischen und Krebsen*, Sonderausdrucke aus den *Mitteilungen der Fischerei-Vereine für die Provinzen Brandenburg, Ostpreußen, Pommern u. für die Grenzmark*, Band XXII, 1930 (zit.: Brühl, *Fische und Krebse*, 1930).

Burton, Ian: *Das Rheingold: Erda, Gaia und Natur*, in: Oper-Programmheft Köln Nr. 16 (*Der Ring des Nibelungen*), Köln 2010, S. 7 – 15.

Burton, Ian: *Die Walküre: Wille und Krieg*, in: Oper-Programmheft Köln Nr. 16 (*Der Ring des Nibelungen*), Köln 2010, S. 21 – 29.

Burton, Ian: *Siegfried, Naturbursche*, in: Oper-Programmheft Köln Nr. 16 (*Der Ring des Nibelungen*), Köln 2010, S. 35 – 40.

Burton, Ian: *Götterdämmerung: Wie man Geschichte verwertet*, in: Oper-Programmheft Köln Nr. 16 (*Der Ring des Nibelungen*), Köln 2010, S. 49 – 58.

Bützler: *Gesetz über das Schlachten von Tieren*, in: *Zeitschrift des Verbandes Rheinisch-Westfälischer Tierschutz-Vereine*, 55. Jg. Nr. 2, Köln 1933, S. 17 – 18.

Erbel, Günther: *Rechtsschutz für Tiere — Eine Bestandsaufnahme anläßlich der Novellierung des Tierschutzgesetzes*, in: DVBl., Hrsg. Hoppe, Werner / Rengeling, Hans-Werner, 101. Jg., Köln / Berlin / Bonn / München 1986, S. 1235 – 1258.

Grau, Fritz: *Gedanken über den strafrechtlichen Tierschutz*, in: DJ., Hrsg. Gürtner, Franz, 97. Jg., Berlin 1935, 2. Hj., S. 1759 – 1763.

Grau, Fritz: *Tiere klagen dich an — Unter Benutzung von durch den Reichstierschutzbund, Spitzenvertretung des Deutschen Tierschutzes, zur Verfügung gestelltem Material*, in: DJ., Hrsg. Gürtner, Franz, 98. Jg., Berlin 1936, 2. Hj., S. 1882 – 1889.

Grau, Fritz: *Die Auswirkungen nationalsozialistischen Rechtsdenkens auf die strafrechtliche Nebengesetzgebung*, in: GA. (derzeit als *Deutsches Strafrecht*), N. F. Bd. 3, 1936, S. 221 – 224.

Greiner, Josef: *Nationalsozialistische Weltanschauung und Tierschutzbewegung — „V.B."-Unterredung mit Universitätsprofessor Dr. Max Müller*, in: VB., Nr. 224 vom 12. August 1937 (zit.: Müller / Greiner: *NS-Weltanschauung und Tierschutzbewegung*, in: VB., Nr. 224 v. 12. 8. 1937).

von Hippel, Robert: *Zur Bestrafung der Tierquälerei*, in: *Deutsche Juristen-Zeitung*, 38. Jg., Heft 19 vom 1. Oktober 1933, Hrsg. Liebmann, Otto, Berlin 1933, S. 1254 – 1255 (zit.: v. Hippel, *Zur Bestrafung der Tierquälerei*, in: DJZ, Heft 19, 1933).

Hubernagel, G.: *Die Strafrechtsanalogie in Beispielen*, in: DJZ., 40. Jg., Heft 20, Hrsg. Schmitt, Carl, Berlin, 15. Oktober 1935, S. 1203 – 1207.

Jentzsch, Rupert: *Tierschutz und Schächtverbot: Das Schlachtgesetz von 1933 und seine Auswirkungen*, in: Deutsche Veterinärmedizinische Gesellschaft e. V., Fachgruppe „Geschichte der Veterinärmedizin“: *Veterinärmedizin im Dritten Reich*, Bericht der 5. Tagung am 14. und 15. November 1997 in Hannover, Leitung: Schäffer, Johann, Gießen 1998, S. 44 – 60 (zit.: Jentzsch, *Tierschutz und Schächtverbot*, in: DVG., *Veterinärmedizin im Dritten Reich*, 1998).

Kern, E.: Anmerkung zu Bad. VGH, Urt. v. 25. Mai 1932, Nr. 102/31, in: JW., 1933, S. 739.

Kohler, Josef: *Die Thiere im Recht*, in: GS., Hrsg. M. Stenglein, Bd. 47, Stuttgart 1892, S. 32 – 62.

Korkhaus, Rolf: *Aus der Arbeit in einem Pferdelazarrett*, in: DTW. E. V. (Hrsg.), *Tierschutz im Kriege*, Sonderdruck aus Heft 7, Jg. 1939 / 40 der Zeitschrift „*Der junge Tierschützer*“, S. 6 – 10.

Kraemer, Carl: *Tierschutz im Felde*, in: DTW. E. V. (Hrsg.), *Tierschutz im Kriege*, Sonderdruck aus Heft 7, Jg. 1939 / 40 der Zeitschrift „*Der junge Tierschützer*“, S. 2 – 6.

Kraemer, Carl: *Dank an Kamerad Pferd, den treuen Helfer auf Polens sandigen Wegen*, in: DTW. E. V. (Hrsg.), *Tierschutz im Kriege*, Sonderdruck aus Heft 7, Jg. 1939 / 40 der Zeitschrift „*Der junge Tierschützer*“, S. 10 – 13.

Kraemer, Carl: *Das Pferd als Kriegskamerad*, in: DTW. E. V. (Hrsg.), *Tierschutz im Kriege*, Sonderdruck aus Heft 7, Jg. 1939 / 40 der Zeitschrift „*Der junge Tierschützer*“, S. 13 – 14.

Kraemer, Carl: *Weitere Kriegskameraden*, in: DTW. E. V. (Hrsg.), *Tierschutz im Kriege*, Sonderdruck aus Heft 7, Jg. 1939 / 40 der Zeitschrift „*Der junge Tierschützer*“, S. 14 – 15.

Kuhl, Thomas / Unruh, Peter: *Tierschutz und Religionsfreiheit am Beispiel des Schächtens*, in: DÖV., 44. Jg., Heft 3, Stuttgart 1991, S. 94 – 102 (zit.: Kuhl / Unruh, *Tierschutz und Religionsfreiheit*, in: DÖV., 1991).

Lange, Wilhelm: *Die Thierschutzbewegung und §. 360 Z. 13 des Reichsstrafgesetzbuches*, in: GS., Hrsg. Stenglein, M., Bd. 42, Stuttgart 1889, S. 43 – 55.

Mendelssohn-Bartholdy, A.: *Über Tierquälerei. Eine methodische Untersuchung*, in: GS., Hrsg. Oetker, F. / Finger, A., Bd. 66, 1905, S. 428 – 448.

Meves: *Ueber den Entwurf eines Gesetzes, betreffend die unter Ausschluß der Oeffentlichkeit stattfindenden Gerichtsverhandlungen*, in: GA., Bd. 35 S. 133 – 157.

Neupert, Herbert: *Die Übertretungsdelikte des Reichs-Tierschutzgesetzes*, in: GA. (derzeit als *Deutsches Strafrecht*), Hrsg. Freisler, Roland, N. F. 5.

Bd., S. 209 – 220 und Fortsetzung S. 301 – 310, Berlin 1938 (zit.: Neupert, *Übertretungsdelikte des RTierSchG*, in: GA, N. F. Bd. 5, 1938).

Rühle, Gerhard: *Tierschutzgesetz von 1933*, in: *Das Dritte Reich — Dokumentarische Darstellung des Aufbaues der Nation*, Bd. 1 *Das erste Jahr 1933*, Hrsg. Selbiger, Berlin, 1. A. 1934, S. 337 – 339.

Scholl, C.: *Das Ärgernis im deutschen Strafrecht überhaupt und in der Strafnorm gegen Tierquälerei insbesondere*, als Nr. 10 in: ZStrW., 13. Bd., Berlin 1893, S. 279 - 324 (zit.: Scholl, *Ärgernis*, in: ZStrW., Bd. 13, 1893).

Seide, J.: *Empfinden die Tiere Schmerz?*, in: *Illustrierte Zeitung*, Leipzig, Nr. 4290 vom 2. Juni 1927.

Sommer: *Die Vivisektion als gesetzgeberische Aufgabe*, in: GA. (derzeit als *Archiv für Strafrecht und Strafprozess*), Hrsg. Freisler, Roland, 79. Jg., Bd. 77 S. 337 – 341, Berlin 1933 (zit.: Sommer, *Vivisektion als gesetzgeberische Aufgabe*, in: GA, Bd. 77, 1933).

Sommer: *Das neue Tierschutzgesetz*, in: GA. (derzeit als *Deutsches Strafrecht*), Hrsg. Freisler, Roland, N. F. 1. Bd., S. 29 – 34, Berlin 1934 (zit.: Sommer, *Das neue TierSchG*, in: GA, N. F. Bd. 1, 1934).

Thoma: Mitteilung von Bay. ObLG, 2. Ss., Urt. v. 11. Mai 1931, Nr. 241/31, in: JW., 1931, S. 2840, Nr. 5.

Traeger, L.: Anmerkung zu KG, 2. Ss., Urt. v. 1. Mai 1926, 2 S 170/26, in: JW., 1927, S. 1222, Nr. 8.

von Weber: Anmerkung zu Bay. ObLG, 2. Ss., Urt. v. 11. Mai 1931, Nr. 241/31, in: JW., 1931, S. 2840, Nr. 5.

Verband der Tierschutzvereine des Deutschen Reiches: *Über das Töten der Tiere in den Pelztierfarmen / Sitzung des Verbandsberatungsausschusses für humane Tötung der Schlachttiere / Neues vom Betäuben der Schlachttiere*, in: *Mitteilungen aus dem Verband der Tierschutzvereine des Deutschen Reiches E. V. (Otto-Hartmann-Bund)*, Heft 6, S. 85 – 90, Meißen, Februar 1932; heute u. a. in: GStA PK Berlin-Dahlem, I. HA Rep. 87 Nr. 20040, Bl. 133 VS – 135 RS (zit.: TSV-Reichsverband, *Töten in Pelztierfarmen / Humane Tötung der Schlachttiere / Neues vom Betäuben der Schlachttiere*, in: *Mitteilungen*, Heft 6, 1932).

- Aufsätze in Sammelbänden

Anonymus: *Tierschutz*, in: Kretzschmann, Hermann (Hrsg.): *Bausteine zum Dritten Reich — Lehr- und Lesebuch des Reichsarbeitsdienstes*, 1. A., Leipzig 1933, S. 218 – 222.

Einhauser, Rudolf: *Das Gesetz über das Schlachten von Tieren*, in: Frank, Hans (Hrsg.): *Nationalsozialistisches Handbuch für Recht und Gesetzgebung*, München 1935, S. 894 – 904.

Einhauser, Rudolf: *Das Tierschutzgesetz*, in: Dr. Frank, Hans (Hrsg.): *Nationalsozialistisches Handbuch für Recht und Gesetzgebung*, München 1935, S. 905 – 917.

Göring, Hermann: *Der Kampf gegen die Vivisektion*, Rundfunkrede vom 28. August 1933, in: Gritzbach, Erich (Hrsg.): *Hermann Göring — Reden und Aufsätze*, 8. A., München 1943, S. 80 – 87 (zit.: Göring, *Kampf gegen die Vivisektion*, in: Gritzbach, *Reden und Aufsätze*, 8. A.).

Giese, Clemens: *Tierschutz und Tierschutzrecht in Deutschland*, in: TSV Berlin und Umgebung (Hrsg.), *100 Jahre Tierschutz in Berlin*, 1941, S. 17 – 22.

von Hippel, Robert: *Die Tierquälerei (§ 360 Nr. 13 RStrGB.)*, in: *Vergleichende Darstellung des deutschen und ausländischen Strafrechts — Vorarbeiten zur deutschen Strafrechtsreform*, herausgegeben auf Anregung des Reichs-justizamtes von den Professoren Dr. Karl Birkmeyer, Dr. Fritz van Calker, Dr. Reinhard Frank, Dr. Robert v. Hippel, D. Dr. Wilhelm Kahl, Dr. Karl v. Lilienthal, Dr. Franz v. Liszt, Dr. Adolf Wach, Besonderer Teil, II. Band: *Verbrechen und Vergehen wider die öffentliche Ordnung*, Berlin 1906, S. 241 – 270 (zit: v. Hippel, *Vergl. Darst.*, 1906).

Jütte, Daniel: *Tierschutz und Nationalsozialismus*, in: Berichte des Instituts für Didaktik Biologie der Universität Münster, Suppl. 2 (2002), 167 – 184.

Lorz, Albert: *Die Entwicklung des deutschen Tierschutzrechts*, in: Händel, Ursula M.: *Tierschutz — Testfall unserer Menschlichkeit*, Frankfurt a. M. 1984, S. 129 – 143.

Marggraf, H. B.: *100 Jahre Tierschutz*, in: TSV Berlin und Umgebung (Hrsg.): *100 Jahre Tierschutz in Berlin*, Berlin 1941, S. 8 – 16.

Pause, Herbert: *Neuaufbau im Dritten Reich*, in: Willige, Georg, Hans (Hrsg.): *Hundert Jahre Tierschutz in Dresden*, Dresden 1939, S. 155 – 160.

Schoenichen, Walter: *Was ist Naturschutz?*, in: Kretzschmann, Hermann (Hrsg.): *Bausteine zum Dritten Reich — Lehr- und Lesebuch des Reichsarbeitsdienstes*, 1. A., Leipzig 1933, S. 215 – 217.

Stomps: *Das deutsche Jagdrecht*, in: Dr. Frank, Hans (Hrsg.): *Nationalsozialistisches Handbuch für Recht und Gesetzgebung*, München 1935, S. 918 – 929.

Sturm, August: *Das Recht der Thiere*, in: *Beiträge zum römischen Recht*, Naumburg 1891, N.D. Darmstadt 1985, S. 66 – 115;

Wittenberg, Heinz: *Tiere klagen an!*, in: TSV. Berlin und Umgebung (Hrsg.): *100 Jahre Tierschutz in Berlin*, Berlin 1941, S. 24 – 26.

- Gerichtsurteile
  - *Reichsgericht*, Entscheidungen durch

II. Ss., Urt. v. 10. 02. 1880 g. C. Rep. 37/80, Bd. 1, Nr. 103, S. 199 – 202;

I. Ss., Urt. v. 12. 07. 1880 g. G. Rep. 1892/80, Bd. 2, Nr. 75, S. 196 – 198;
III. Ss., Urt. v. 25. 9. 1880 g. B. u. Gen. Rep. 1862/80, in: Bd. 2, Nr. 112, S. 268 – 270;
II. Ss., Urt. v. 22. 02. 1881 g. M. Rep. 278/81, Bd. 3, S. 361 – 362;
I. Ss., Urt. v. 2. 11. 1882 g. D. Rep. 2209/82, Bd. 7, S. 201 – 207;
III. Ss., Urt. v. 13. / 15. 03. 1884 g. M. Rep. 432/84, S. 296 – 300;
II. Ss., Urt. v. 22. 11. 1887 g. G. Rep. 2712/87, Bd. 16, Nr. 107, S. 345 – 346;
I. Ss., Urt. v. 23. 11. 1891 g. N. Rep. 3227/91, Bd. 22, Nr. 77, S. 241;
II. Ss., Urt. v. 20. 10. 1893 g. L. Rep. 2727/93, Bd. 24, Nr. 117, S. 339 – 340.
II. Ss., Urt. v. 9. 12. 1902 g. W. Rep. 3413/02, Bd. 36, Nr. 9, S. 25 – 26;
II. Ss., Urt. v. 28. 10. 1904 g. J. Rep. 760/04, Bd. 37, S. 290 – 291;
I. Ss., Urt. v. 13. 11. 1905 g. N. Rep. 185/05, Bd. 38, Nr. 69, S. 207 – 209;
III. Ss., Urt. v. 10. 12. 1908 g. S. Rep. III 745/08, Bd. 42, Nr. 36, S. 112 – 115;
III. Ss., Urt. v. 11. 11. 1912 g. L. u. G. Rep. III 701/12, Bd. 46, S. 337 – 344;
III. Ss., Urt. v. 6. 2. 1919 g. K. Rep. III 433/18, Bd. 53, Nr. 103, S. 189 – 191;
I. Ss., Urt. v. 28. 3. 1924 g. Fr. Rep. I 818/23, Bd. 58, Nr. 64, S. 130 – 135;
II. Ss., Urt. v. 20. 5. 1926 g. M. II 250/26, Bd. 60, Nr. 106, S. 306 – 307.
Hrsg. von den Mitgliedern des Gerichtshofs (zuweilen auch der Reichsanwaltschaft), Leipzig (zit.: RG, erkennendes Senat, Urt. v. TT, MM, JJ, Rep. XY, in: Bd., Nr., S.).

– Urteile aus dem *Goltdammer Archiv für Preußisches Strafrecht* (GA.):
Präjudiz des Preußischen Obertribunals v. 5. 10. 1854, in: GA., Bd. 8, S. 832;
Appellationsurteil vom 14. 10. 1864, in: GA., Bd. 12, S. 852;
Urt. des OLG Darmstadt v. 13. 3. 1891, in: GA., Bd. 41, 1893, S. 62 – 63;
Urt. des KG v. 15. 10. 1894, in: GA., Bd. 42, 1894, S. 274;
Urt. des KG v. 30. 12. 1895, in: GA., Bd. 43, 1895, S. 414;
Urt. des OLG Köln vom 23. 3. 1903, in: GA., Bd., 51, 1904, S. 379.
Urt. des Bay. ObLG vom 7. 2. 1905, in: GA., Bd. 52, 1905, S. 426 – 427.

– Urteile aus der *Juristischen Wochenschrift* (JW.):
KG, 2. Ss., Urt. v. 1. 5. 1926, 2 S 170/26, in: JW., 56. Jg., Bd. 2, 1927, S. 1222;
Bay. ObLG., 2. Ss., Urt. v. 11. 5. 1931, Nr. 241/31, in: JW., 60. Jg., Bd. 3, 1931, S. 2840 – 2841;
Bad. VGH., Urt. v. 25. 5. 1932, Nr. 102/31, in: JW., 62. Jg., Bd. 1, 1933, S. 739 – 741;
OLG Darmstadt, Ss., Urt. v. 12. 10. 1934, S 42/34, in: JW., 64. Jg., Bd. 1, 1935, S. 722 – 723;
KG, 1. Ss., Urt. v. 12. 3. 1935, 1 Ss 48/35, in: JW., 64. Jg., Bd. 2, 1935, S. 2076;

OLG Dresden, 6. Ss., Urt. v. 13. 9. 1935, 6 Ss 161/35, in: JW., 64. Jg., Bd. 3, 1935, S. 3588;
OLG Jena, 2. Ss., Urt. v. 28. 6. 1935, Ss 52/35, in: JW., 64. Jg., Bd. 3, 1935, S. 3588 – 3589;
RG, 3. Ss., Urt. v. 4. 2. 1937, 3 D 31/37, in: JW., 66. Jg., Bd. 2, 1937, S. 1352 – 1353;
KG, 1. Zs., Beschl. v. 16. 6. 1938, 1 Wx 205/38, in: JW., 67. Jg., 1938, S. 2273 – 2274.

– *Königlich Preußisches Oberverwaltungsgericht*:
Endurteil des II. Senats vom 11. 1. 1901, Rep. II. B. 18/00, I. Bezirksausschuß zu Düsseldorf, in: *Entscheidungen des Königlich Preußischen Oberverwaltungsgerichts*, Bd. 38, 1901, Nr. 9, S. 58 – 69;
Endurteil des II. Senats vom 26. 6. 1903, Rep. II. B. 57/02, I. Bezirksausschuß zu Potsdam, in: *Entscheidungen des Königlich Preußischen Oberverwaltungsgerichts*, Bd. 44, Nr. 14, S. 68 – 72.

– *Bayerisches Oberstes Landgericht*:
Urt. v. 7. 2. 1905, veröffentlicht in: Reger, Entscheidungen, in: Reger, A., *Entscheidungen der Gerichte und Verwaltungsbehörden aus dem Gebiete des auf reichsgesetzlichen und gemeinrechtlichen Bestimmungen beruhenden Verwaltungs- und Polizeistrafrechts (einschließlich des gesamten Arbeiter-Versicherungsrechts)*, Bd. 27, München 1907, S. 460 – 461 (zit.: Reger, *Entscheidungen*, Bd. 27, 1907); auch in: GA., Bd. 52, 1905, S. 426 – 427.
Urt. v. 20. 5. 1905, in: Reger. A., *Entscheidungen*, Bd. 26, 1906, S. 292.
Urt. v. 26. 2. 1910, in: *Sammlung von Entscheidungen des Bayerischen Obersten Landesgerichts in Strafsachen*, Bd. 10, München 1911, S. 39 – 41.

– *Jugendgericht Kassel*:
Urt. v. 6. 10. 1937, 6. Cs. 40/37, in: DJ., 99. Jg., 1937, 2. Hj., S. 1892.

Einleitung

I. Gegenstand

Die vorliegende Arbeit behandelt jene Gesetze, die von 1871 bis 1945 erlassen wurden, um „die Tierwelt oder Teile derselben vor Übeln zu schützen."[1] Dafür wurde in erster Linie das *Reichstierschutzgesetz* (RTierSchG) vom 24. November 1933 vorgesehen. Dessen §§ 5 – 8 zur Regelung der einen Sonderfrage, „Versuche an lebenden Tieren", gingen aus Hermann *Görings Runderlaß* vom 5. September 1933 für Preußen hervor. Die andere Sonderfrage, Schlachttierschutz, wurde durch das *Reichsschlachtgesetz* (RSchlG) nebst Verordnung (RSchlVO) vom 21. April 1933 geregelt, denen das *Bayerische Schlachtgesetz* (BaySchlG) vom 17. und dessen Verordnung (BaySchlVO) vom 21. Mai 1930 als Vorlage gedient hatten. Nach 1933 fanden sich weitere Tierschutzvorschriften auf Reichsebene in folgenden Gesetzgebungen: *Reichsjagdgesetz* vom 24. Februar 1934 (RJagdG) nebst Ergänzungsverordnung vom 29. Juli 1936, *Reichsnaturschutzgesetz* (RNatSchG) vom 26. Juni 1935 nebst Verordnung (RNatSchVO) vom 18. März 1936, die *Verordnung über das Schlachten und Aufbewahren von lebenden Fischen und anderen kaltblütigen Tieren* (Kaltblüter-VO) vom 14. Januar 1936, das *Gesetz zur Regelung des Walfangs* nebst VO vom 6. Oktober 1937, die *Straßenverkehrsordnung* (StVO) und die *Straßenverkehrszulassungsordnung* (StVZO) vom 13. November 1937, die *Verordnung über die Belichtung und Belüftung von Stallungen landwirtschaftlicher Betriebe* (Stallverordnung) die *Eisenbahnverkehrsordnung* (EVO) samt Anlage vom 8. September 1938, *Brieftaubengesetz* vom 1. Oktober 1938, Heinrich *Himmlers Runderlaß* zum Tierausspielverbot vom 24. April 1939, die 7. und die 10. *Durchführungsverordnung zum Luftschutzgesetz* vom 23. Mai bzw. 1. September 1939 und das *Gesetz über den Hufbeschlag* vom 20. nebst Verordnung vom 31. Dezember 1940.

II. Bisheriger Forschungsstand

Von diesen Tierschutzgesetzen (i. w. S.) wurden bislang nur die größeren, d. h. RTierSchG, RSchlG, Görings Runderlaß, RJagdG und RNatSchVO, geschichtlichen Forschungen unterzogen. Denn die „Verstrickung von Natur- und Tierschutz mit dem Nationalsozialismus war jahrzehntelang ein Tabuthema."[2] Erst-

1 Clauß, *Tierschutz und Strafgesetzgebung*, 1928, S. 9; das ist der einzige Versuch im genannten Zeitraum, „Tierschutz" zu definieren.

2 Dirscherl, *Tier- und Naturschutz im Nationalsozialismus*, 2012, S. 20.

mals ließ Günther Erbel 1986 in seinem „*Rechtsschutz für Tiere — Eine Bestandsaufnahme anläßlich der Novellierung des Tierschutzgesetzes*" dem RTierSchG eine halbseitige Darstellung zuteil werden. Er betonte: „Es gehört zu den Paradoxien der deutschen Verfassungs- und Rechtsgeschichte, daß dieses für damalige Verhältnisse bahnbrechende, eine hohe Tierethik und große Tierachtung widerspiegelnde Gesetz ausgerechnet im nationalsozialistischen Staat geboren wurde, dessen Machthaber dem menschlichen Leben und den Menschenrechten so wenig Respekt bezeugten".[3] Im Sog dieser Gegenüberstellung beurteilte Johannes Caspar 1999 in seiner Habilitation, „*Tierschutz im Recht der modernen Industriegesellschaft*", das RSchlG als einen Versuch, „eine tierschützerische Gesinnung zu beweisen und gleichzeitig eine zunächst noch verhaltenabwartende antijüdische Politik zu verfolgen,"[4] hingegen das RTierSchG als eine „bedeutsame Kulturtat", die „in der ganzen Welt anerkannt und teilweise sogar nachgeahmt worden" sei.[5] Im gleichen Jahr stellte Winfried C. J. Eberstein in seiner Doktorarbeit, „*Das Tierschutzrecht in Deutschland bis zum Erlaß des Reichs-Tierschutzgesetzes vom 24. November 1933*", fest: „da[ß] der Erlaß des Reichstierschutzgesetzes, des ersten eigenständigen Tierschutzgesetzes in Deutschland (…), nicht nur einen Höhepunkt der europäischen Tierschutzgesetzgebung darstellte, sondern für Deutschland, angesichts der Tatsache, daß eine Novellierung des Tierschutzgesetzes erst 1972 erfolgte, auch einen vorläufigen Endpunkt."[6]

Im Gegensatz dazu präsentierte Daniel Jütte 2002 in seinem Bericht des Instituts für Didaktik Biologie der Universität Münster „*Tierschutz und Nationalsozialismus*" als einerlei, nämlich die „Folge einer Ideologie, die ihre Menschenverachtung auch durch eine Aufwertung von Tieren legitimierte."[7] Jürgen Lemcke trat 2007 mit „*Deutschlands erstes Tierschutzgesetz*" der dargestellten These Ebersteins entgegen und untersuchte erstmals die Tierschutzvorschriften im RJagdG und RNatSchG.[8] Unmittelbar mit Jütte setzte sich Daniel Heintz 2008 auseinander,[9] der bestrebt war, ein Gesamtbild vom „*Tierschutz im Dritten*

3 In: DVBl. 1986, S. 1246; in seinem Nebentitel gemeint sei das Tierschutzgesetz v. 24. 7. 1972, BGBl. I, S. 1277.

4 Caspar, *Tierschutz in der Industriegesellschaft*, 1999, S. 269.

5 Caspar, *Tierschutz in der Industriegesellschaft*, 1999, S. 270 unter Berufung auf BT-Ds. IV/85, S. 6.

6 Eberstein, *Tierschutzrecht bis 1933*, 1999, S. 18.

7 Jütte, *Tierschutz und Nationalsozialismus*, in: Berichte des IDB Münster, 2002, S. 167.

8 Vgl. Lemcke, *Deutschlands erstes Tierschutzgesetz*, 2007, S. 29 – 30.

9 Heintz, *Tierschutz im Dritten Reich*, 2008, S. 48, 55, 60 – 61, widerlegte Jütte von seiner auf gegenwärtiger Sekundärliteratur basierten Ansicht über seine schwerpunktmä-

Reich" zu ermitteln. In diesem Rahmen fand er noch mehr Tierschutzvorschriften als Lemcke, ohne sie aber einer juristischen Analyse zu unterziehen.[10]

Auch Stefan Dirscherl untersuchte in seiner Dissertation „*Tier- und Naturschutz im Nationalsozialismus — Gesetzgebung, Ideologie und Praxis*" von 2012 die vom Lemcke benannten zusätzlichen Tierschutzvorschriften nicht. Stattdessen wurde dort zu Beginn angenommen, die Nationalsozialisten hätten sich dabei „bereits bestehender Gesetzesentwürfe der Weimarer Republik und existierender Landesgesetze" bedient.[11] Sodann beschäftigte sich die Einleitung mit der Modernisierungs- und Historisierungsdebatte um *den* Nationalsozialismus schlechthin.[12] Im 180seitigen Haupttext ging Dirscherl sowohl bei Natur- als auch bei Tierschutz aufgrund „weniger Akten oder Urkunden"[13] nicht auf die Gesetzgebungsgeschichte ein, sondern konzentrierte sich auf ihre „Umsetzung im Nationalsozialismus". Auf der Basis seiner „Analyse der Primärquellen von Gesetzeskommentaren, Fachzeitschriftartikeln und Dissertationen der damaligen Zeit"[14] bzw. durch Sekundärliteratur seit den 1980er Jahren kam er zum Ergebnis, „dass der Tierschutz als politisches Thema benutzt und missbraucht wurde"[15], weil „die rituelle Schlachtmethode ‚Schächten' durch die religiöse jüdische Bevölkerung zum Zweck der antisemitischen Agitation instrumentalisiert"[16] worden sei. Auch bei den Tierversuchsregelungen sei „die menschen- und tierverachtende Einstellung nationalsozialistischer Wissenschaftler deutlich".[17] Zu dieser rein propagandistischen Bedeutung der Gesetze passt es, falls Göring gegen „sein ‚eigenes' [Jagd-] Gesetz" verstieß, „wenn es ihn persönlich betraf."[18] Andererseits gesteht Dirscherl positive Wirkungen zu. So seien im Zuge des Reichsautobahnbaus „Landschaft und Natur ohne dieses Gesetz vermutlich in weit größerem Maße geschädigt worden."[19] Gegen seine These spricht, wenn es beim Vogelschutz, dessen „auch hohe Vertreter des Staates

ßige Heranziehung negativer Argumente bis zu seinen persönlichen Zwischenrufen in zeitgenössische Statistiken.

10 Heintz, *Tierschutz im Dritten Reich*, 2008, S. 6.

11 Dirscherl, *Tier- und Naturschutz im Nationalsozialismus*, 2012, S. 11.

12 Hierbei wurden dem dafür sprechenden Martin Broszat acht Zeilen gegönnt, denen gut drei Seiten Gegenthesen verschiedener Autoren gegenüberstehen, s. Dirscherl, *Tier- und Naturschutz im Nationalsozialismus*, 2012, S. 12 – 15.

13 Dirscherl, *Tier- und Naturschutz im Nationalsozialismus*, 2012, S. 20.

14 Dirscherl, *Tier- und Naturschutz im Nationalsozialismus*, 2012, S. 20.

15 Dirscherl, *Tier- und Naturschutz im Nationalsozialismus*, 2012, S. 160.

16 Dirscherl, *Tier- und Naturschutz im Nationalsozialismus*, 2012, S. 201.

17 Dirscherl, *Tier- und Naturschutz im Nationalsozialismus*, 2012, S. 131.

18 Dirscherl, *Tier- und Naturschutz im Nationalsozialismus*, 2012, S. 143; hier ist gar keine Quelle angegeben.

19 Dirscherl, *Tier- und Naturschutz im Nationalsozialismus*, 2012, S. 195.

(wie beispielweise Himmler und Hitler) sich […] annahmen“, heißt: „Erstaunlicherweise kamen diese Maßnahmen selten an die Öffentlichkeit, wo sie doch zu Propagandazwecken gut genutzt werden können.“[20]

III. Fragestellung

Diese Arbeit hat drei Ziele.

Zunächst geht es darum, auf breiterer Quellenbasis Lücken für die Jahre nach 1933 zu schließen und damit das gesetzgeberische Gesamtkonzept der vielen ineinandergreifenden Tierschutznormen deutlicher herauszuarbeiten. Erstmals wird dabei auch jenen, die in Hinsicht auf die Kriegszeit erlassen wurden, besondere Aufmerksamkeit gewidmet.

Zudem wird auf dieser verbreiteten Basis ein Vergleich zu den Diskussionen vor 1933 versucht. Auch für die Vorgeschichte des RTierSchG wurde eine Reihe neuer Quellen verwertet.

Zuletzt soll versucht werden, die allgemeinen, sozusagen „in der Luft liegenden“ Entwicklungen deutlicher von dem unterscheidbar zu machen, was nach 1933 als neues Gedankengut den Normsetzer motivierte. Bei diesen Motiven nach 1933 soll insbesondere versucht werden, antisemitische Denkweisen als etwaiges Gesetzgebungsmotiv von sonstigen Beweggründen auch führender Nationalsozialisten zu unterscheiden, die nicht als spezifisch nationalsozialistisch eingestuft werden können.

IV. Quellenlage

Die Grundlage dieses Vorgehens bildet eine ganze Reihe neuer Quellen, die in der bisherigen Forschung keine Beachtung gefunden haben. Konkret wurden in dieser Abhandlung erstmals folgende Quellen untersucht:

- Neugefundene Gesetzgebung
  - *Tier- und Pflanzenschutzverordnung* v. 10. 3. 1933 (Peuß. GS. S. 71);
  - *Gesetz über den Hufbeschlag* v. 20. 12. 1940 (RGBl. 1941 I S. 3 – 4);
  - *Verordnung über den Hufbeschlag* v. 31. 12. 1940 (RGBl. 1941 S. 4 – 12);

- Lehrbücher und Monographien
  - Deutscher Tierschutzwerbedienst E. V. (Hrsg.): *Tierschutz im Kriege*, Sonderdruck aus Heft 7, Jg. 1939 / 40 der Zeitschrift „*Der junge Tierschützer*“

20 Dirscherl, *Tier- und Naturschutz im Nationalsozialismus*, 2012, S. 158.

- Eckhard, Albert: *Grausamkeit des Menschen gegen das Tier — mit besonderer Bezugnahme auf die wissenschaftliche Tierfolter (Vivisektion)*, 2. A., Hannover 1928 (?);
- Eckhard, Albert: *Kampf der N.S.D.A.P. gegen Tierquälerei (Tierfolter und Schächten)*, Hannover 1931;
- Klein, Karl: *Aus öffentlichen und privaten Schlachthäusern Deutschlands*, München 1912;
- Landwehr, Werner: *Die strafbare Tierquälerei nach § 9 Reichstierschutzgesetz*, iur. Dissertation, Rostock 1935;
- Lemcke, Alfred: *Der Einfluss des Zeitdenkens auf die Schlachtweise und die Wertung des Tieres*, vet. med. Dissertation, München 1943;
- Müller, Max: *Die Schächtfrage*, Flugblatt Nr. 405 des Deutschen Tierschutzwerbediensts, Berlin 1926;
- Radtke, Alfred G.: *Tierschutz von A – Z, Ein Hand- und Arbeitsbuch für Tierschützer, Polizeibeamte, Erzieher, Landwirte, Tierpfleger, Tierwärter sowie Behörden, mit den Anschriften der großdeutschen Tierschutzvereine*, Frankfurt a. M. 1942;
- Schmid-Lindner, Erich: *Fragen des strafrechtlichen Allgemeinen Teils zum Tierschutzrecht (unter Ausschluß der Erscheinungsformen des Verbrechens und der Konkurrenz)*, iur. Dissertation, Erlangen-Bruck 1941;
- Schoenichen, Walter: *Naturschutz im Dritten Reich — Einführung in Wesen und Grundlagen zeitgemäßer Naturschutz-Arbeit*, 1934 Berlin-Lichterfelde;
- Schoenichen, Walter: *Taschenbuch der in Deutschland geschützten Tiere — Nach der Naturschutzverordnung vom 18. März 1936*, Herausgegeben von der Reichsstelle für Naturschutz, Berlin, 2. Auflage, 1939;
- Schoenichen, Walter / Weber, Werner: *Der Schutz von Pflanzen und Tieren — Nachträge und Ergänzungen zur Naturschutzverordnung vom 18. März 1936*, Berlin-Lichterfelde 1941;
- Tierschutzverein Berlin / Tierschutzverein München: *Neues vom betäubungslosen Schächten*, Oktober 1927, Berlin und München;
- Tierschutzverein Berlin und Umgebung: *100 Jahre Tierschutz in Berlin*, Berlin 1941;
- Tierschutzverein München: *Antrag des Münchener Tierschutzvereins vom 11. März 1926 an den Bayerischen Landtag auf gesetzlichen Betäubungszwang für alle Schlachttiere*, München 1926;
- Tierschutzvereine München, Ansbach, Dillingen, Kulmbach, Landshut, Niederbayerischer Kreistierschutzverein, Passau, Regensburg, Schwaben und Neuburg, Verein gegen Vivisektion und sonstige Tierquälerei: *Schlachttierschutz! — Antrag auf Durchführung des Landtagsbeschlusses von 1926 über das Betäuben der Schlachttiere*, München 1929;
- Tierschutzverein München: *Der gesetzliche Betäubungszwang vor den Volksvertretungen in Bayern, Schweden, Norwegen, Heft 1: Bayern, Heft 2: Aus den Verhandlungen des schwedischen Reichstags und des norwegischen Storthings über den gesetzlichen Betäubungszwang*, München 1930;
- Tierschutzverein München: *Entwurf eines Gesetzes über das Schlachten von Tieren*, München 1930;
- Tierschutzverein München und Umgebung: *100 Jahre Tierschutz*, München 1942;
- Tierschutzverein München und Umgebung: *Mitteilungsblatt für das Jahr 1942 / 43*, München 1943;

- Zeitschriftenaufsätze
  - Anonymus: *Schächtverbot*, in: *Zeitschrift des Verbandes Rheinisch-Westfälischer Tierschutz-Vereine*, 55. Jg. Nr. 1, Köln 1933, S. 1;
  - Brühl, Ludwig: *Tierquälerei an Fischen und Krebsen*, Sonderausdrucke aus den „*Mitteilungen der Fischerei-Vereine für die Provinzen Brandenburg, Ostpreußen, Pommern u. für die Grenzmark*“, Band XXII, 1930;
  - Bützler: *Gesetz über das Schlachten von Tieren*, in: *Zeitschrift des Verbandes Rheinisch-Westfälischer Tierschutz-Vereine*, 55. Jg. Nr. 2, Köln 1933, S. 17 – 18;
  - Grau, Fritz: *Gedanken über den strafrechtlichen Tierschutz*, in: DJ., Hrsg. Gürtner, Franz, 97. Jg., Berlin 1935, 2. Hj., S. 1759 – 1763;
  - Grau, Fritz: *Tiere klagen dich an — Unter Benutzung von durch den Reichstierschutzbund, Spitzenvertretung des Deutschen Tierschutzes, zur Verfügung gestelltem Material*, in: DJ., Hrsg. Gürtner, Franz, 98. Jg., Berlin 1936, 2. Hj., S. 1882 – 1889;
  - Grau, Fritz: *Die Auswirkungen nationalsozialistischen Rechtsdenkens auf die strafrechtliche Nebengesetzgebung*, in: GA. (derzeit als *Deutsches Strafrecht*), N. F. Bd. 3, 1936, S. 221 – 224;
  - Greiner, Josef: *Nationalsozialistische Weltanschauung und Tierschutzbewegung — „V.B.“-Unterredung mit Universitätsprofessor Dr. Max Müller*, in: VB., Nr. 224 vom 12. August 1937;
  - Neupert, Herbert: *Die Übertretungsdelikte des Reichs-Tierschutzgesetzes*, in: GA. (derzeit als *Deutsches Strafrecht*), Hrsg. Freisler, Roland, N. F. 5. Bd., S. 209 – 220 und Fortsetzung S. 301 – 310, Berlin 1938;
  - Sommer: *Die Vivisektion als gesetzgeberische Aufgabe*, in: GA. (derzeit als *Archiv für Strafrecht und Strafprozess*), Hrsg. Freisler, Roland, 79. Jg., Bd. 77 S. 337 – 341, Berlin 1933;
  - Sommer: *Das neue Tierschutzgesetz*, in: GA. (derzeit als *Deutsches Strafrecht*), Hrsg. Freisler, Roland, N. F. 1. Bd., S. 29 – 34, Berlin 1934;
  - Verband der Tierschutzvereine des Deutschen Reiches: *Über das Töten der Tiere in den Pelztierfarmen, Sitzung des Verbandsberatungsausschusses für humane Tötung der Schlachttiere, Neues vom Betäuben der Schlachttiere*, in: *Mitteilungen aus dem Verband der Tierschutzvereine des Deutschen Reiches E. V. (Otto-Hartmann-Bund)*, Heft 6, S. 85 – 90, Meißen, Februar 1932;

- Aufsätze in Sammelbänden
  - Anonymus: *Tierschutz*, in: Kretzschmann, Hermann (Hrsg.): *Bausteine zum Dritten Reich — Lehr- und Lesebuch des Reichsarbeitsdienstes*, 1. A., Leipzig 1933, S. 218 – 222;
  - Anonymus: *Soldaten haben Tiere gern und lesen auch gern von Tieren*, in: DTW. E. V. (Hrsg.), *Tierschutz im Kriege*, Sonderdruck aus Heft 7, Jg. 1939 / 40 der Zeitschrift „*Der junge Tierschützer*“, S. 16.
  - Einhauser, Rudolf: *Das Gesetz über das Schlachten von Tieren*, in: Frank, Hans (Hrsg.): *Nationalsozialistisches Handbuch für Recht und Gesetzgebung*, München 1935, S. 894 – 904;
  - Einhauser, Rudolf: *Das Tierschutzgesetz*, in: Frank, Hans (Hrsg.): *Nationalsozialistisches Handbuch für Recht und Gesetzgebung*, München 1935, S. 905 – 917;
  - Pause, Herbert: *Neuaufbau im Dritten Reich*, in: Willige, Georg, Hans (Hrsg.): *Hundert Jahre Tierschutz in Dresden*, Dresden 1939, S. 155 – 160;

- Schoenichen, Walter: *Was ist Naturschutz?*, in: Kretzschmann, Hermann (Hrsg.): *Bausteine zum Dritten Reich — Lehr- und Lesebuch des Reichsarbeitsdienstes*, 1. A., Leipzig 1933, S. 215 – 217;
- Stomps: *Das deutsche Jagdrecht*, in: Dr. Frank, Hans (Hrsg.): *Nationalsozialistisches Handbuch für Recht und Gesetzgebung*, München 1935, S. 918 – 929;

- Urteil
  - des Jugendgerichts Kassel v. 6. 10. 1937, 6. Cs. 40/37, in: DJ., 99. Jg., 1937, 2. Hj., S. 1892;

- Archivalien
  - GStA PK Berlin-Dahlem, I. HA Rep. 84 a Nr. 5215, Bl. 7 – 219 (Kontroverse bis 1933);
  - GStA PK Berlin-Dahlem, I. HA Rep. 84 a Nr. 5215, Bl. 223 – 323 (Entwürfe zum RTierSchG);
  - GStA PK Berlin-Dahlem, I. HA Rep. 84 a Nr. 5538, Bl. 227 – 249 RS (Preuß. Tier- u. NatSchVO);
  - GStA PK Berlin-Dahlem, I. HA Rep. 87 Nr. 20040, Bl. 20 – 499 b (Bittschriften zum RTierSchG);
  - BA Berlin-Li., R 43 II Nr. 740, Bl. 87 – 107 (Görings Vivisektionsverbot).

V. Methode und Aufbau

Die jeweiligen Gesetze werden zunächst in ihrer Genese bis in die Kodifizierungsverfahren verfolgt. Der Schwerpunkt liegt damit in einer Gesetzgebungsgeschichte. Berücksichtigung findet aber auch der Kontext, insbesondere die prägenden Begleitdebatten in der Rechtswissenschaft sowie die Rechtsprechung. Dies wird sowohl für das BaySchlG von 1930 als auch für das RSchlG, Görings Vivisektionsverbot, die Strafgesetznovelle und insb. das RTierSchG von 1933 umfassend unternommen. Für die folgenden Jahre bis 1945 kann teilweise auf die hier bereits fundierter vorliegende Sekundärliteratur zurückgegriffen werden. Doch hier wie dort geht es darum, die Gesetzgebungsgeschichte samt deren Kontext und Auslegungsgeschichte im Schrifttum, in der Rechtsprechung sowie bei anderen Einrichtungen wie den Tierschutzvereinigungen nachvollzuziehen. Allgemein werden dabei viele Quellen im Haupttext mitgeteilt, um die eigene Beweisführung besser nachvollziehbar zu machen.

A. Gesetzliche Grundlage seit 1871

Seit 1871 galt in Deutschland dessen erste, bis 1933 auch einzige[21] reichseinheitliche Gesetzregelung, die den Schutz der Tiere betraf, nämlich im *Strafgesetzbuch für das Deutsche Reich* (RStGB), 29. Abschnitt „*Uebertretungen*", als:

> „*§ 360. Mit Geldstrafe bis zu hundertfunfzig Mark oder mit Haft wird bestraft:* [...]
> *13) wer öffentlich oder in Aergerniß erregender Weise Thiere boshaft quält oder roh mißhandelt;* [...]."[22]

I. § 360 Nr. 13 RStGB

Bar jeder Legaldefinition fiel die Auslegung der Vorschrift deren Kommentatoren anheim.

1. Tatbestandsmerkmale

Zunächst wies Wilhelm Lange darauf hin:

---

21 v. Hippel, *Tierquälerei*, 1891, stellte bereits in der Einleitung klar, alle sonstigen Regelungen, „mögen dieselben der Beschädigung von Tieren als Sachbeschädigung als zum Zwecke des Eigentumsschutzes entgegentreten, mögen sie aus demselben Grunde Maßregeln zur Verhütung von Viehkrankheiten geben, mögen sie das Ausrotten von nützlichen oder dem Menschen angenehmen Tieren verhüten wollen oder anderen Zwecken dienen", seien nur sog. Tierschutz dienende Bestimmungen, und gehörten daher nicht in den Rahmen seiner Abhandlung. Dieser Abgrenzung folgten seitdem sämtliche Forscher. Sonach sollte z. B. das *Vogelschutzgesetz* (RGBl. Nr. 13 v. 26. 3. 1888, S. 111, Neuauflage RGBl. Nr. 31 v. 6. 6. 1908, S. 314) trotz ihres Gebarens wenig echt mit Tierschutz zu tun haben, vgl. Clauß, *Tierschutz und Strafgesetzgebung*, 1928, S. 12 Fn. 1; Bad. VGH., Urt. v. 25. 5. 1932, Nr. 102/31, in: JW 1933, S. 740; Eberstein, *Tierschutzrecht bis 1933*, 1999, S. 20 Fn. 4 in Verbindung mit S. 19; zwei trotzdem erfolgte ausführlichere Auseinandersetzung mit dem Vogelschutzgesetz fanden sich bei Schaefer, *Tierschutz im Reichsstrafrecht*, 1932, S. 49 – 63 und Adolph, *Schutz des Tieres im deutschen Recht*, 1935, S. 38 – 40, führten aber zu keiner anderweitigen Folgerung.

22 *Bekanntmachung, betreffend die Redaktion des Strafgesetzbuches für das Deutsche Reich* v. 26. 2. 1876, Nr. 1123, in: RGBl. 1876, S. 39 (110 – 111); die Urfassung hatte geheißen: „*Mit Geldstrafe bis zu funfzig Thalern oder mit Haft wird bestraft:* [...] *13) wer öffentlich oder in Aergerniß erregender Weise Thiere boshaft quält oder roh mißhandelt;*" in: RGBl. 1871, 24. Stück, Nr. 651, *Gesetz, betreffend die Redaktion des Strafgesetzbuches für den Norddeutschen Bund als Strafgesetzbuch für das Deutsche Reich* v. 15. 5. 1871, S. 127 (196 – 197).

a) Tathandlungen

„Die Handlung, die hier unter Strafe gestellt wird, ist […] das Mißhandeln oder Quälen eines Thieres. […] Aber nicht schlechthin jede Mißhandlung, jede Quälerei wird unter Strafe gestellt, sondern nur die ‚rohe' Mißhandlung und die ‚boshafte' Quälerei."[23]

aa) „boshaft quälen"

Robert von Hippel verbesserte 1906 seine herrschende Qual-Definition als die „Verursachung länger fortdauernder oder sich wiederholender Schmerzen oder Leiden;"[24] die Alternative „Leiden" wurde gewählt, „weil man gewöhnlich die durch Hunger und Durst, Hitze und Kälte usw. erzeugten Empfindungen nicht als ‚Schmerzen' bezeichnet."[25]

Karl Binding zufolge freue sich „der Böswillige an der Rechtswidrigkeit seiner Tat oder an ihrer verderblichen Wirkung als solcher".[26] Danach sei ein „Quälen" boshaft, wenn es „lediglich um des Quälens" geschah; es komme somit erst als „Quälerei" in Frage, wenn es „auf […] die Lust am Schmerz der thierischen Geschöpfe hinweist".[27]

bb) „roh mißhandeln"

Das Bayerische Oberste Landesgericht erkannte 1910: „Mißhandlung eines Tieres ist die Störung seines körperlichen Wohlbefindens, die entweder keinen Zweck hat oder nach Art und Maß der störenden Einwirkung den Zweck des Tötens, Fangens oder Züchtigens des Tieres überschreitet."[28]

---

23 Lange, *Die Thierschutzbewegung und § 360 Z. 13 RStGB*, in: GS, Bd. 42, 1889, S. 49.

24 v. Hippel, *Vergl. Darst.*, 1906, S. 245 (vgl. Derselbe, *Tierquälerei*, 1891, S. 39); Beipflichtung in Kupka, *lex ferenda*, 1918, S. 24; Ebermayer, *Reichs-Strafgesetzbuch*, 1925, S. 1098; Sander, *Entwürfe*, 1931, S. 30.

25 v. Hippel, *Tierquälerei*, 1891, S. 39, Fn 10.

26 Binding, *Grundriß*, I., 4. A., 1890, § 49 IX, S. 97; hier zitiert von 8. A., 1913, S. 127.

27 Rotering, *Polizeiübertretungen*, 1888, S. 49; Lange, *Die Thierschutzbewegung und § 360 Z. 13 RStGB*, in: GS, Bd. 42, 1889, S. 50; v. Olshausen, *Kommentar zum Strafgesetzbuch für das Deutsche Reich*, 2. Bd., 6. A., 1901, S. 1325 zu § 360 Nr. 13 Anm. b; v. Hippel, *Tierquälerei*, 1891, S. 39; Vierneisel, *Das Delikt der Tierquälerei und seine Reformbedürftigkeit*, 1914, S. 25; Kupka, *lex ferenda*, 1918, S. 24; v. Liszt, *Lehrbuch des Deutschen Strafrechts*, § 88 Anm. III. 3, 23. A., 1921, S. 326 – 327; 25. A., 1927, S. 479; Ebermayer, *Reichs-Strafgesetzbuch*, 1925, S. 1098; Reinhardt, *Tierquälerei als rechtswidrige und strafbare Handlung*, 1925, S. 43.

28 Urt. v. 26. 2. 1910, in: *Sammlung von Entscheidungen des Bayerischen Obersten Landesgerichts in Strafsachen*, Bd. 10, 1911, S. 40; übernommen von Ebermayer, *Reichs-Strafgesetzbuch*, 1925, S. 109; Traeger, JW 1927, S. 1222; Brühl, *Fische und Krebse*,

Ursprünglich nahm man an: „Roh ist diejenige Mißhandlung, welche eine Gemeinheit der Gesinnung dokumentirt."[29] Nachdem diese Definition als praktisch unhaltbar erwiesen hatte,[30] glaubte man ab 1925 mit Ludwig Ebermayer[31]: „Roh ist die Mißhandlung, wenn sie einer gefühllosen Gesinnung entspringt; Gemeinheit der Gesinnung ist kein Erfordernis."[32]

Anzumerken war jedoch einerseits, „daß unter ‚roh mißhandeln' nicht etwa *ein* zusammenhängender Begriff zu verstehen ist. Es gibt auch eine Mißhandlung ohne Roheit."[33] Andererseits könne eine, „wenn auch von Gefühlsroheit zeugende, Rücksichtslosigkeit gegenüber dem Gemütszustand eines Tieres [...] nicht als ‚rohes Mißhandeln' bezeichnet werden, das ein schmerzerregendes Einwirken auf den Körper des Tieres voraussetzt (BayObLGSt. 10, 39). [...] Mangel an Mitgefühl, Verständnis und Rücksicht gegenüber den ohnehin vorhandenen Schmerzen des Tieres sind für sich allein noch nicht als rohes Miss-

---

1930, S. 10; Sander, *Entwürfe*, 1931, S. 32; Schaefer, *Tierschutz im Reichsstrafrecht*, 1932, S. 124.

29 Urt. des KG v. 15. 10. 1894, in: GA, Bd. 42, 1894, S. 274; vgl. Rotering, *Polizeiübertretungen*, 1888, S. 49; v. Olshausen, *Kommentar zum Strafgesetzbuch für das Deutsche Reich*, 2. Bd., 6. A., 1901, S. 1325 zu § 360 Nr. 13 Anm. c; v. Hippel, *Tierquälerei*, 1891, S. 40 sowie *Vergl. Darst.*, 1906, S. 245; Kupka, *lex ferenda*, 1918, S. 25.

30 Sander, *Entwürfe*, 1931, S. 33 führte folgenden Fall an: „Eine Kuh kalbt. Das Kalb kann, weil in Rückenlage befindlich, den Mutterleib nicht verlassen. Ein Geburtshelfer schlingt um den Körper des jungen Tieres einen Strick, an dem dann sechs bis sieben Mann ziehen, aber mit negativem Erfolge. Schließlich holt er einen Ochsen, spannte ihn an das Seil und treibt ihn an. Auf diese Weise gelingt es, natürlich unter großen Schmerzen für die Kuh, das Kalb herauszuziehen. Daß der Täter die Kuh mißhandelt, bedarf keiner Begründung; es kommt auf die Auslegung des Attributs ‚roh' an. Ist ‚Roh' gleich einer ‚gefühllosen Gesinnung entspringend, die sich unbarmherzig über den Schmerz eines lebenden Wesens hinwegsetzt', so ist der Geburtshelfer wegen Tierquälerei zu bestrafen. In der Tat ist der bayrischen Oberste Landesgericht von diesem Gedanken ausgegangen, und hat den Betreffenden verurteilt. Setzt man dagegen ‚roh' gleich mit ‚gemein' gleich, so ist das Urteil zumindest zweifelhaft." Allerdings stimmt seine Quellenangabe, Bay. OLG, Bd. X, S. 249, nicht.

31 Ebermayer, *Reichs-Strafgesetzbuch*, 1925, S. 1099, machte erstmals geltend: „Roheit und Gemeinheit sind zwar ähnliche, aber keineswegs gleichartige Begriffe. Der erstere ist weiter als der letztere. Die Gleichstellung beider Begriffe kann zu einer ungerechtfertigten Einschränkung des Nr. 13 führen."

32 Traeger, JW 1927, S. 1222.

33 Brühl, *Fische und Krebse*, 1930, S. 5; an gleicher Stelle führte er fort: „Wenn ich beispielweise einen Hund neben der Straßenbahn herlaufen lasse, ohne mir darüber viel Gedanken zu machen, daß dies das Tier in unbilliger Weise anstrengt, so ‚mißhandle' ich den Hund" — ohne nach geltendem Recht schon „roh" zu sein.

handeln anzusehen."[34] Mithin fasste Traeger 1927 „rohe Mißhandlung" insgesamt als „ein aus gefühlloser Gesinnung entspringendes nutzloses Verursachen oder rechtspflichtwidriges Nichtverhindern von erheblichen Leiden oder Schmerzen"[35] zusammen.

cc) Sonderanmerkung: Unterlassung

Bei der letztgenannten Möglichkeit müsse der Täter nicht wirklich tätig sein, um Tierquälerei zu begehen.[36] Allerdings „entspricht es doch der Natur des Deliktes als Begehungsdelikt, daß nicht jede Unterlassung schlechthin genügt, um den Tatbestand des § 360 Nr. 13 zu erfüllen",[37] sondern „sofern *in concreto* eine besondere Rechtspflicht bestand."[38] „Wann freilich eine besondere Rechtspflicht zum Handeln im einzelnen vorliegt, dafür lassen sich kaum allgemeine Grundsätze aufstellen."[39] In der Praxis standen zwei Fälle häufig zur Debatte. Zum einen handelte es sich um die Ernährung des Haustiers,[40] wobei das Kölner OLG 1903 jenen verurteilte, „wer einen Zustand schafft, der mit dem Verhungern des Tieres endet und den Eintritt dieses Erfolges als Ergebnis seiner Tätigkeit gewollt hat, indem er jede den Erfolg hindernde Tätigkeit unterläßt."[41] Zum anderen ließ ein Ökonom bezeichnenderweise am „ausnehmend heißen" 17. August 1904 von 9 bis 19 Uhr die beiden an seinem Heuwagen angeschirrten Pferde in

---

34 Bay. ObLG., 2. Ss., Urt. v. 11. 5. 1931, Nr. 241/31, berichtet von Thoma, in: JW 1931, S. 2841.

35 Traeger, JW 1927, S. 1222; Schaefer, *Tierschutz im Reichsstrafrecht*, 1932, S. 14.

36 Vgl. v. Hippel, *Tierquälerei*, 1891, S. 41 – 42; Kupka, *lex ferenda*, 1918, S. 25; Brühl, *Fische und Krebse*, 1930, S. 4; Sander, *Entwürfe*, 1931, S. 34.

37 Sander, *Entwürfe*, 1931, S. 34.

38 v. Hippel, *Vergl. Darst.*, 1906, S. 245; s. auch Sander, *Entwürfe*, 1931, S. 34.

39 Sander, *Entwürfe*, 1931, S. 34; als Beispiel dafür lieferte das Urt. des Bay. ObLG v. 7. 2. 1905, veröffentlicht in: Reger, *Entscheidungen*, Bd. 27, S. 460 – 461: Ein Ökonom ließ am „ausnehmend heißen" 17. 8. 1904 von 9 bis 19 Uhr die beiden an seinem Heuwagen angeschirrten Pferde in einem verkehrsreichen, öffentlichen Durchgang stehen, während er sich von ihnen entfernte und selbst in mehreren Lokalen herumtrank. In GA, Bd. 52, 1910, S. 427, wurde dargetan: „Die Strafkammer hat nun den Tatbestand einer rohen Mißhandlung der Pferde darin gefunden, daß der Angeklagte [...] in seiner rohen Gesinnung es unterlassen hat, für richtige Unterbringung der Pferde zu suchen. Nach der Annahme der Strafkammer hatten die der Sinnenhitze schutzlos ausgesetzten Pferde insbesondere durch die drückende Mittagshitze und die Angriffe der Stechfliegen schwer zu leiden und mußten unnütze Schmerzen und Qualen erdulden [...]; strafrechtlich haftbar für dieselbe [Mißhandlung] ist aber der Angeklagte, weil es seine Pflicht war, diesen Zustand zu ändern und er durch sein pflichtwidriges Unterlassen jenen Erfolg herbeigeführt hat."

40 Dafür Kupka, *lex ferenda*, 1918, S. 25; dagegen Sander, *Entwürfe*, 1931, S. 35.

41 Urt. des OLG Köln v. 23. 3. 1903, in: GA, Bd., 51, 1904, S. 379.

einem verkehrsreichen, öffentlichen Durchgang stehen, während er sich von ihnen entfernte und selbst in mehreren Lokalen herumtrank.[42] Nach Annahme des Bayerischen OLG „hatten die der Sonnenhitze schutzlos ausgesetzten Pferde insbesondere durch die drückende Mittagshitze und die Angriffe der Stechfliegen schwer zu leiden und mußten unnütze Schmerzen und Qualen erdulden [...]; strafrechtlich haftbar [...] ist aber der Angeklagte, weil es seine Pflicht war, diesen Zustand zu ändern und er durch sein pflichtwidriges Unterlassen jenen Erfolg herbeigeführt hat."[43] 1930 deduzierte Ludwig Brühl: „Vernachlässigung der notwendigen Sorge und Pflege *mit Erkennbarwerden der nachteiligen Folgen an dem Tier* genügt zur Erfüllung des Tatbestandes."[44]

b) Tatumstände

„Um die Strafbarkeit zu begründen, muß vielmehr noch ein objectives Thatmoment hinzutreten, das mit der Beurtheilung der moralischen Verwerflichkeit gar nichts zu thun hat: die Thierquälerei muß nämlich, abgesehen von der darin zu Tage tretenden Bosheit und Roheit, entweder öffentlich oder in Aergerniß erregender Weise begangen sein."[45]

aa) „öffentlich"

Die *Motiven* des RStGB besagten, „daß [...] eine Handlung nur dann als ‚öffentlich' geschehen zu betrachten ist, wenn sie [...] unbestimmt von welchen oder wie vielen Personen wahrgenommen werden konnte".[46] Daraus folgerte Traugott Kupka 1918, „daß also deshalb, weil der Ort ein öffentlicher, die Tierquälerei noch nicht die Qualität einer öffentlichen erlangt."[47] Geschweige denn, „wenn

---

42 Reger, *Entscheidungen*, Bd. 27, S. 460 – 461.

43 Urt. v. 7. 2. 1905, in: GA, Bd. 52, 1910, S. 427.

44 Brühl, *Fische und Krebse*, 1930, S. 4; dagegen wieder Sander, *Entwürfe*, 1931, S. 35.

45 Baehr, *Vivisection*, 1883, S. 5.

46 Aktenstücke zum Entwurfe eines StGB, Nr. 5, S. 87; abgedruckt in: Schwarze, *Commentar zum Strafgesetzbuch für das Deutsche Reich*, 3. A., 1873, S. 320; dieser Formel folgten in der Rechtsprechung des RG, II. Ss, v. 10. 2. 1880 (Bd. 1, S. 202), I. Ss, v. 12. 6. 1880 (Bd. 2, S. 196) und II. Ss, v. 22. 2. 1881 g. M. Rep. 278/81, Bd. 3, S. 362; und in der Wissenschaft Oppenhoff, *Strafgesetzbuch*, 2. A., 1872, § 85 Nr. 1, S. 205; 5. A. 1876, S. 210; Schwarze, *Commentar zum Strafgesetzbuch für das Deutsche Reich*, 3. A., 1873, S. 321 zu § 85; Baehr, *Vivisection*, 1883, S. 6; v. Liszt, *Lehrbuch*, 2. A., 1884, S. 535 zu § 170 Fn. 1); v. Hippel, *Tierquälerei*, 1891, S. 36; v. Olshausen, *Kommentar zum Strafgesetzbuch für das Deutsche Reich*, 1. Bd., 6. A., 1901, S. 410 zu § 110 Anm.-Nr. 5; v. Hippel, *Tierquälerei*, 1891, S. 37 Fn. § 13. 1; Kupka, *lex ferenda*, 1918, S. 15 und Sander, *Entwürfe*, 1931, S. 20.

47 Kupka, *lex ferenda*, 1918, S. 16.

die Mißhandlung im Dunkel oder sonst außer Bereich menschlicher Seh- und Hörweite vorgenommen wird."[48]

Ferner genügte „nicht, daß die Tiere, solange sie Schmerzen empfanden, öffentlich gezeigt wurden; es müsse vielmehr [...] den Zuschauern zum Bewußtsein kommen, daß das Tier leidet. Hierzu diene ein Beispiel:

> Ein Geflügelzüchter hatte, um einen vom Geflügelzuchtverein für die schönsten Exemplare ausgesetzten wertvollen Preis zu erhalten, zweien seiner Hähne je eine Stecknadel durch die Fettschwanzdrüse gesteckt und während der Vorführung im Körper der Tiere stecken lassen, so dass dieselben gezwungen waren, die Schwanzfedern hochzutragen, wodurch der Anschein erweckt werden sollte, es handle sich um ganz besonders prächtige, stolze und gesunde Exemplare. Es wurde festgestellt, daß während der Vorführung der beiden Hähne kein Zuschauer den Schmerz derselben bemerkt hatte, daraus folgerte das OLG. Jena, [...] es könne eine Bestrafung aus dem Gesichtspunkte der Öffentlichkeit nicht in Frage kommen."[49]

Die daraus abgeleitete Frage, ob schon die in der Öffentlichkeit wahrnehmbaren *Spuren* einer bereits begangenen tierquälerischen Handlung aus demselben Gesichtspunkt zur Bestrafung führen könnten,[50] bejahte Hermann Sander 1931 aufgrund einer eigenen Anfrage über

> „das berüchtigte Anfeuern der Pferde beim Rennen mittels unlauterer Mittel (z. B. Einführung von Reizmitteln in den After). Die Folge dieses Experimentes ist, daß die Tiere, um den Schmerzen zu entgehen, mit erhöhter Geschwindigkeit dem Ziele zustreben; auch hier liegt Öffentlichkeit des Ortes vor, ferner spielte sich die tierquälerische Handlung während des ganzen Rennens ab, ohne daß die Zuschauer es bemerken, und doch kann hier aus dem Gesichtspunkte der Öffentlichkeit die Tat bestraft werden, und zwar aus folgendem Grunde: Es haben mir Praktiker versichert, daß [...] die Pferde schon vor dem Rennen sich häufig aufbäumten und mit Schaumbildern vor dem Maule und mit fliegenden Flanken nach irgend einer Seite auszubrechen versuchten. Jedenfalls ist das Benehmen der Tiere ein derartig unnatürliches und von der Regel abweichendes, daß erfahrene Fachleute mit Sicherheit auf unlautere Mittel schließen können [...]. In dem zur Diskussion stehenden Fall ist den Fachleuten zwar das Benehmen der Tiere nicht aufgefallen, indessen verlangen das ja auch die Motive, um das Begriffsmerkmal der Öffentlichkeit zu erfüllen, gar nicht, wie der Schlußhalbsatz der Formel beweist. Es genügt, daß sie die Tierquälerei hätten wahrnehmen können, wenn sie ihre Aufmerksamkeit darauf gerichtet hätten".[51]

48 Bay. OLG, Urt. v. 20. 5. 1905, in: Reger, *Entscheidungen*, Bd. 26, 1906, S. 292.

49 Sander, *Entwürfe*, 1931, S. 21; vgl. *Blätter für Rechtspflege in Thüringen und Anhalt*, Bd. 55, S. 119.

50 Vgl. Kupka, *lex ferenda*, 1918, S. 17.

51 Sander, *Entwürfe*, 1931, S. 21 – 22, Fn. 11

Dementsprechend schloss das Reichsgericht die Öffentlichkeit auch bei *größeren Personenkreisen* aus, „wenn die mehreren Personen [...] dergestalt mit dem Thäter in inneren vertrauten Beziehungen standen, daß sie als eine Einheit gedacht werden können."[52] Demnach konnte auch nicht „durch den unbefugten Eintritt einer einzelnen, diesem Personenkreise nicht angehörigen Person nunmehr die Öffentlichkeit hergestellt werde[n]."[53] Dafür genügte es, wenn „nach menschlichem Ermessen ausgeschlossen ist, daß dritte Personen die Handlung wahrnehmen können."[54]

bb) „in Ärgernis erregender Weise"

„Denn daß die öffentlich begangenen Quälereien gewöhnlich nicht das Maß der heimlich begangenen Quälereien erreichen, ist oft genug festgestellt worden. Gerade die Beschränkungen deuten auf eine ganz andere Norm: Du sollst durch Tierquälerei nicht Ärgernis erregen."[55] So stellte Ludwig Ebermayer 1925 fest, „daß Ärgernis erregt wurde, bedarf es nur dann, wenn die Handlung nicht öffentlich begangen ist".[56]

Das „Ärgernis" selbst hatte man herkömmlich objektiv ausgelegt,[57] bis das Reichsgericht 1880 entschied: „Ärgernis ist erst dann gegeben, wenn jemand Ärgernis genommen hat. Anderenfalls müßte die Strafnorm lauten: ‚Wer eine zur Erregung von Ärgernis geeignete [...] Handlung vornimmt'. Nur das *verletzte* Sittlichkeitsgefühl wird vom Gesetze geschützt, nicht soll dasselbe bewahrt

52 RG, I. Ss., Urt. v. 23. 11. 1891 g. N. Rep. 3227/91, in: Bd. 22, Nr. 77, S. 241; III. Ss., Urt. v. 10. 12. 1908 g. S. III 745/08, in: Bd. 42, Nr. 36, S. 114.

53 RG, III. Ss., Urt. v. 10. 12. 1908 g. S. III 745/08, Bd. 42, Nr. 36, S. 114 – 115.

54 Kupka, *lex ferenda*, 1918, S. 17; vgl. RG, II. Ss., Urt. v. 28. 10. 1904 g. J. Rep. 760/04, Bd. 37, S. 290.

55 Adolph, *Schutz des Tieres im deutschen Recht*, 1935, S. 52.

56 Ebermayer, *Reichs-Strafgesetzbuch*, 1925, S. 1099.

57 *Constitutio Criminalis Carolina* (1532) § 124 Straff der verreterey: *„Item welcher mit boshafftiger verreterey misshandelt, soll der gewohnheyt nach, durch viertheylung zum todt gestrafft werden, wer es aber eyn weibsbilde, die solt man ertrenken, und wo solche verreterey grossen schaden ergernuss bringen möcht, ...*"; Preußisches Obertribunal in seinem Präjudiz v. 5. 10. 1854: „Zur Anwendung des § 150 des Strafgesetzbuches ist es nicht erforderlich, daß die, die Schamhaftigkeit verletzende Handlung bei den dabei anwesenden Personen nach ihrer subjektiven Empfindung ein Aergerniß wirklich verletzt habe;" in: GA, Bd. 8, 1860, S. 832; Appellationsurteil v. 14. 10. 1864: „indem [...] objektiv feststehe, daß die Aeußerungen dergestalt schaumverletzend gewesen, daß sie ein öffentliches Aergerniß erregen konnte." In: GA, Bd. 12, 1864, S. 852. Auch mit der Übernahme des Ärgernisbegriffs ins RStGB habe dessen Gesetzgeber — abgesehen von § 166 — nicht die Absicht, von der bisherigen Richtung abzukehren, vgl. Scholl, *Ärgernis*, in: ZStrW, Bd. 13, 1893, S. 289; Sander, *Entwürfe*, 1931, S. 25, Fn. 19; Eberstein, *Tierschutzrecht bis 1933*, S. 126, Fn. 549.

werden vor Handlungen, welche es verletzen *können*."[58] Als man diese subjektive „*Gefühlschutztheorie*"[59] auf § 360 Nr. 13 übertrug, erschien dessen Ausdruck gerade auserkoren, um noch bestimmter die verletzende Einwirkung auf das moralische Gefühl des Zuschauers zu bezeichnen als „Ärgernis geben" in §§ 166 und 183.[60] Denn sonst würde ein Ärgernis „in jedem zur Kenntnis der Behörden gelangenden Falle von Tierquälerei (regelmäßig beim Anzeigenden, eventuell bei den Organen der Verfolgung) vorhanden sein. ‚Ärgernis erregen' und ‚Ärgernis zu erregen geeignet' wären dann identische Begriffe. Und damit wären auch die Worte ‚in Ärgernis erregender Weise' im Gesetz überhaupt überflüssig, da *jede* boshafte Quälerei oder rohe Mißhandlung *geeignet* ist, Ärgernis zu erregen. Zugleich würde aber damit auch das Merkmal der Öffentlichkeit sachlich überflüssig sein."[61] So fasste Kupka zusammen: „Deshalb fordert man, daß die Handlung an und für sich, also objektiv bei Zugrundelegung einer normalen Empfindlichkeit[62] geeignet sei, Ärgernis zu erregen, und straft erst, wenn bei dieser Voraussetzung wirklich Ärgernis erregt worden ist."[63]

Daran knüpfte die Unterfrage: konnte das Ärgernis nur unmittelbar durch die *Handlung selbst* bzw. deren Anblick erfolgen oder auch durch deren *späteres Bekanntwerden* erregt worden sein? Anhänger ersterer Ansicht stützten sich wiederum auf die §§ 166 (Gotteslästerung) und insb. 183 (Unzucht) RStGB,[64] wogegen man geltend machte, deren Verhältnisse ließen sich nicht ganz analog auf § 360 Ziff. 13 anwenden. Denn eine durch Unzüchtigkeit herbeigeführte Schwangerschaft unterscheide sich äußerlich in keiner Weise von jeder anderen und hinterlasse damit keine Folgen, die nach der Begehung noch Ärgernis zu erregen imstande wären.[65] Hingegen sei es bei Tierquälerei „gerade die Folgeer-

---

58 RG, I. Ss., Urt. v. 12. 7. 1880 g. G., in: Bd. 2, Nr. 75, S. 197.

59 Vgl. Eberstein, *Tierschutzrecht bis 1933*, 1999, S. 148.

60 Baehr, *Vivisection*, 1883, S. 12.

61 v. Hippel, *Vergl. Darst.*, 1906, S. 244, Fn. 7.

62 Über die Abhängigkeit der „normalen Empfindlichkeit" von dem „gesunden Sittlichkeitsempfinden" bzw. der „Kulturhöhe des betreffenden Volkes" vgl. v. Hippel, *Tierquälerei*, 1891, S. 37 und *Vergl. Darst.*, 1906, S. 244; Sander, *Entwürfe*, 1931, S. 25 – 26 sowie Schaefer, *Tierschutz im Reichsstrafrecht*, 1932, S. 15.

63 Kupka, *lex ferenda*, 1918, S. 20 und Schaefer, *Tierschutz im Reichsstrafrecht*, 1932, S. 15 in Anlehnung ans Urt. des OLG Darmstadt v. 13. 3. 1891, in: GA, Bd. 41, 1893, S. 62: „Das OLG. hat hierdurch den Grundsatz ausgesprochen, daß eine Handlung, um sie für Thierquälerei zu erklären, so beschaffen sein müsse, daß sie objektiv geeignet ist, Aergerniß zu erregen, dabei aber weiter noch ausdrücklich bemerkt, daß es unter dieser Voraussetzung schon genüge, wenn nur eine Person an der Mißhandlung Aergerniß genommen habe."

64 Vgl. Eberstein, *Tierschutzrecht bis 1933*, 1999, S. 128.

65 Kupka, *lex ferenda*, 1918, S. 21.

scheinung, die dem Delikt besondere Note verleihen.“[66] Diese Konstellation veranschaulichte u. a.[67] der Fall:

> „Der Mörder Hansdorf hat einmal eine Katze eingefangen, sie an ihren vier Pfoten an einen Baumstamm genagelt, ihr den Bauch aufgeschnitten und die Eingeweide um ihren Kopf geschlungen […]. Augenzeugen waren bei der That nicht, aber die von Pfoten und Bauch heruntergehenden Blutergüsse und das ganze Jammerbild bewiesen noch am toten Tier, welche Qualen es lebend durch den rohen Menschen erlitten hatte.“[68]

Dazu meinte C. Scholl 1893: „Die Praxis trifft in diesen Fällen, auch wenn keine Zeugen bei der Handlung selbst waren, das Richtige, wenn es auf Tierquälerei ankommt, denn der Polizeirichter urteilt nicht nach Kommentaren, sondern nach seinem gesunden Verständnis. Fehlerhafte Behandlung kommt erst bei Gerichten vor,“[69] denen er nun ins Gesicht schleuderte: „daraus, daß eine Handlung in *ärgerniserregender Weise* vorgenommen wurde, folge noch gar nicht, daß das Ärgernis nicht nur durch die Handlung, sondern auch mit der Handlung gegeben sein muß. […] Der Adverbialsatz ‚in Ärgernis erregender Weise‘ enthält zwar auch eine Eigenschaft der Handlung, aber diese besteht nur in einer *Wirkung*. Wirkungen aber fallen niemals mit der Handlung zusammen, sie müssen immer nachfolgen und wäre es auch mit der Geschwindigkeit eines elektrischen Funkens.“[70] Dieser Auffassung schlossen sich sowohl Juristen[71] als auch Justiz[72] an, und auch die Begründung zum *Vorentwurf eines Allgemeinen Deutschen Strafgesetzbuches* 1909 erklärte die Wahrnehmung der Tatspuren als ausreichend.[73]

---

66 Sander, *Entwürfe*, 1931, S. 26.

67 Vgl. Scholl, *Ärgernis*, in: ZStrW, Bd. 13, 1893, S. 320 – 321.

68 In: Scholl, *Ärgernis*, in: ZStrW, Bd. 13, 1893, S. 319 – 320.

69 Scholl, *Ärgernis*, in: ZStrW, Bd. 13, 1893, S. 321.

70 Scholl, *Ärgernis*, in: ZStrW, Bd. 13, 1893, S. 318 – 319.

71 Vgl. Binding, *Lehrbuch*, 1. Bd., 2. A., 1902, S. 193; Übertritt dazu v. Hippel, *Vergl. Darst.*, 1906, S. 244 (anders als 1901); Kupka, *lex ferenda*, 1918, S. 23; Ebermayer, *Reichs-Strafgesetzbuch*, 1925, S. 1099; Sander, *Entwürfe*, 1931, S. 28.

72 Bezeichnenderweise erkannte das Bay. OLG im Urt. v. 20. 5. 1905: „es genüge zur Annahme der Uebertretung der Tierquälerei, daß die Spuren der Mißhandlung hinterher zutage treten und das Aergernis des Beschauers erregen. Dieser Auffassung muß beigetreten werden. Das Gesetz erfordert nicht, daß das Aergernisnehmen bei der Verübung der Tat und seitens eines Augenzeugen erfolgt sein muß, es genügt, daß ein ursächlicher Zusammenhang zwischen der Tat und dem erregten Aergernis besteht.“ Veröffentlicht in: Reger, *Entscheidungen*, Bd. 26, 1906, S. 292.

73 VE 1909, Begründung, S. 501; Ebermayer, *Reichs-Strafgesetzbuch*, 1925, S. 1099.

c) Vorsatz

§ 360 Nr. 13 könne nur vorsätzlich übertreten werden,[74] weil schon das Merkmal der *Bosheit* „in seinem Inhalt dem strafrechtlichen Begriff der ‚Absicht' — das Wollen des unter Strafe gestellten Erfolges — gleichkommt."[75] Die *Roheit* sei zwar in den meisten Fällen kein Selbstzweck,[76] aber darin sei der *dolus eventualis* von vornherein mit inbegriffen, denn der Täter müsse sich in gefühlloser Gesinnung wenigstens vom etwaigen Eintreten des strafbaren Erfolges, das körperliche Wohlbefinden des Tieres zu stören, nicht abhalten lassen.[77] Dadurch musste man zur Erkenntnis gelangen: „Eine nicht gewollte, aber gleichwohl schuldhaft (also fahrlässig) dem Tier zugefügte Mißhandlung wäre weder boshaft noch roh. Die Art der Mißhandlung muß noch ‚qualifiziert' sein. Eine Mißhandlung, die nicht *roh* ist, ein Quälen, das nicht *boshaft* erfolgt, erfüllt den Tatbestand des § 360 Nr. 13 nicht."[78]

2. Strafmaß

Als Übertretung i. S. d. § 1 Abs. 3 RStGB[79] wurde die Tierquälerei vorzüglich mit Geldstrafe oder hilfsweise mit Haft gesühnt.[80] Der Mindestbetrag ersterer belief sich gemäß § 27 auf eine Mark,[81] während das Höchstmaß von hundertfünfzig Mark sowohl in § 1 Abs. 3 wie auch in § 360 selbst geregelt wurde. Die Strafe der Haft bestand gemäß § 18 Abs. 2 „in einfacher Freiheitsentziehung", und fand ihren Umfang in Abs. 1: „*Der Höchstbetrag der Haft ist sechs Wochen, ihr Mindestbetrag Ein Tag.*"[82] Der Strafrahmen des § 360 Nr. 13 betrug somit 1

74 So OLG Darmstadt v. 13. 3. 1891, in: GA, Bd. 41, 1893, S. 62; v. Olshausen, *Kommentar zum Strafgesetzbuch für das Deutsche Reich*, 6. A., 2. Bd., 1901, S. 1325 zu § 360 Nr. 13 Anm. a; v. Hippel, *Vergl. Darst.*, 1906, S. 246; Kupka, *lex ferenda*, 1918, S. 27; Brühl, *Fische und Krebse*, 1930, S. 5; Sander, *Entwürfe*, 1931, S. 36; Giese / Kahler, *Das deutsche Reichs-Tierschutzgesetz*, 1934, S. 28, und *Das deutsche Tierschutzrecht*, 1939, S. 29; Eberstein, *Tierschutzrecht bis 1933*, 1999, S. 129.

75 Schaefer, *Tierschutz im Reichsstrafrecht*, 1932, S. 16.

76 Schaefer, *Tierschutz im Reichsstrafrecht*, 1932, S. 12.

77 Schaefer, *Tierschutz im Reichsstrafrecht*, 1932, S. 16.

78 Brühl, *Fische und Krebse*, 1930, S. 5; dazu auch Kupka, *lex ferenda*, 1918, S. 27.

79 „*Eine mit Haft oder mit Geldstrafe bis zu funfzig Thalern bedrohte Handlung ist eine Uebertretung.*" In: RGBl. 1871, S. 128.

80 Vgl. Kupka, *lex ferenda*, 1918, S. 14; Heintz, *Tierschutz im Dritten Reich*, 2008, S. 17.

81 „*Der Mindestbetrag der Geldstrafe ist bei Verbrechen und Vergehen Ein Thaler, bei Uebertretungen ein Drittheil Thaler.*" In: RGBl. 1871, S. 132. Nach dem Münzgesetz (RGBl. 1873, S. 233 – 240) wurde ein Thaler in drei Reichsmark umgerechnet.

82 RGBl. 1871, S. 131.

– 150 RM oder Freiheitsentziehung ohne Arbeitszwang[83] von einem Tag bis zu sechs Wochen. § 67 Abs. 3 schrieb jedoch vor: „*Die Strafverfolgung von Uebertretungen verjährt in drei Monaten.*“[84]

3. Rechtsgrund und Rechtfertigungsgrund

Insgesamt kam den Zeitgenossen der Eindruck vor:

> „Wenn also eine Tierquälerei an einem Ort, der die Begriffe der Öffentlichkeit ausschließt, vorkommt, so kann sie nur bestraft werden, wenn sie in Ärgernis erregender Weise erfolgt, sei es, daß die Ärgernis durch Wahrnehmung der Quälerei selbst oder der Folgen der Mißhandlungen erregt wird. Aber auch wenn sie in der Öffentlichkeit erfolgt, muß mindestens eine Person vorhanden sein, die bezeugt, daß sie die Quälerei wahrgenommen hat. Stets muß aber in beiden Fällen hinzukommen, daß die Quälerei boshaft oder roh geschieht. Wie die Verhältnisse heute liegen, ist es leider nicht möglich, daß jemand bestraft wird, der eine Tierquälerei aus Fahrlässigkeit, Scherz oder Befriedigung seiner Neugierde begeht, einem Tiere große Anstrengungen zumutet, es nicht hinreichend füttert oder es zu hart züchtigt.“[85]

Aber auch wenn solche „menschliche — besser unmenschliche — Übergriffe in die tierische Interessensphäre und körperliche Unversehrtheit“[86] doch unter § 360 Nr. 13 RStGB fielen, wurde gegen dieses „Sittlichkeitsdelikt von Bedeutung“ nur die „übliche Übertretungsstrafe für ethisch indifferente Polizeidelikte“[87] gedroht, wie z. B. ein ruhestörendes Singen auf der Straße.[88] So kam man nicht umhin, zu hinterfragen, aus welchem Beweggrunde der Gesetzgeber überhaupt Tierquälerei ahndete.

a) Rechtsgrund — für die Bestrafung der einen Tierquälereien

Dafür sollte man im Regelfall eine erste Orientierung aus der systematischen Stellung des Deliktes in der Kodifikation bekommen.[89] Allerdings stand § 360 Nr. 13 im abschließenden 29. Sammelabschnitt des insgesamt 370 Paragraphen

---

83 Eberstein, *Tierschutzrecht bis 1933*, 1999, S. 136.

84 RGBl. 1871, S. 139.

85 Eckhard, *Grausamkeit des Menschen gegen das Tier*, 2. A., S. 72 – 73. Es handelte sich um einen Vortrag, dessen Zeit nicht angegeben wurde; jedenfalls war ein Exemplar der Druckausgabe auch Hitler vorgelegt, der am 13. 2. 1929 diesbezüglich zurückschrieb, vgl. Eckhard, *Kampf der NSDAP gegen Tierquälerei*, 1931, S. 3, oder GStA PK Berlin-Dahlem, I. HA Rep. 84 a Nr. 5215, Bl. 314 – 315.

86 Schaefer, *Tierschutz im Reichsstrafrecht*, 1932, S. 49.

87 v. Hippel, *Vergl. Darst.*, 1906, S. 268.

88 Vgl. § 360 Nr. 11 RStGB, in: RGBl. 1871, S. 195.

89 Vgl. Sander, *Entwürfe*, 1931, S. 43.

umfassenden RStGB „planlos neben anderen Delikten, die mit ihm nichts zu tun haben.“[90] Stattdessen musste man wiederum auf den Wortlaut achten, wo „nicht schlechthin jedes rohe Mißhandeln oder boshafte Quälen von Tieren bestraft wird, sondern nur soweit es öffentlich geschieht oder Ärgernis erregt“.[91] So stellte von Hippel 1891 fest:

> „Denn vom Standpunkte des Tieres als schmerzempfindenden Wesens aus ist das Vorhandensein dieser Momente völlig gleichgültig. Bedeutend sind dieselben lediglich, sofern es sich nicht um die That selbst, sondern um deren Eindruck auf das menschliche Sittlichkeitsgefühl handelt. Läßt ein Staat daher die Tierquälerei beim Fehlen obiger Erfordernisse völlig straflos, so hat er damit zugleich jenen Eindruck unzweideutig als Grund der Strafbarkeit bezeichnet.“[92]

So urteilte er *de lege lata*[93]: „Als Angriffsobjekt erscheint also das *menschliche Sittlichkeitsgefühl*, genauer das Gefühl des *Mitleids*, welches durch die Tierquälerei teils empört teils zum Nachteil des Täters und seiner Mitmenschen abgestumpft wird.“[94]

Diese Erkenntnis mochte sich in die Traditionslinie früherer Verfasser einreihen,[95] vermochte aber nicht die Anzweiflung späterer Forscher zu unterdrücken, wie Kupka sie aussprach:

> „Erachtet man einen Verstoß gegen das Sittengesetz für vorliegend, und hält man ihn für so schwer, um ihn mit Strafe zu bedrohen, dann muß auch die Tat um ihrer selbst willen, einerlei, ob sie öffentlich oder im verborgenen geschieht, ob sie empörend auf die Mitmenschen wirkt oder nicht, geahndet werden. Das ist aber nicht geschehen, sondern es sollten offenbar die Menschen davor verschont bleiben, derartige Roheit ruhig ansehen zu müssen. Man erhob das persönliche Mitgefühl des einzelnen Menschen zu einem Rechtsgute und bedrohte dessen Verletzung mit Strafe. Jetzt ist die Tierquälerei nicht mehr Sittlichkeitsdelikt, jetzt ist sie Rechtsgutsverletzung.“[96]

Seitdem musste man die „überhaupt einzig mögliche Meinung“ gelten lassen,[97] „daß der Begriff eines strafrechtlichen Tierschutzes im geltenden deutschen Strafrecht *cum grano salis* zu verstehen ist“[98], „daß die gesetzlichen Bestim-

90 Sander, *Entwürfe*, 1931, S. 43.
91 Kupka, *lex ferenda*, 1918, S. 31.
92 v. Hippel, *Tierquälerei*, 1891, S. 107.
93 Clauß, *Tierschutz und Strafgesetzgebung*, 1928, S. 27.
94 v. Hippel, *Vergl. Darst.*, 1906, S. 264.
95 Vgl. v. Hippel, *Tierquälerei*, 1891, S. 113.
96 Kupka, *lex ferenda*, 1918, S. 32; vgl. Sander, *Entwürfe*, 1931, S. 45 – 46.
97 Clauß, *Tierschutz und Strafgesetzgebung*, 1928, S. 20; Sander, *Entwürfe*, 1931, S. 44.
98 Schaefer, *Tierschutz im Reichsstrafrecht*, 1932, S. 11, wiederholt in S. 19 und 21; vgl. auch v. Weber, JW 1931, S. 2840 (unter Anführung der Entscheidung des Hanseatischen Oberlandesgerichts v. 22. 11. 1926); im Schrifttum Bregenzer, *Thier-Ethik*, 1894,

mungen gegen Tierquälerei bei uns keineswegs zum Schutz der Tiere als lebende und fühlende Geschöpfe erlassen sind, sondern […] soll […] verhüten, daß starke Unlustgefühle erweckt oder schlechte erzieherische Beispiele gegeben werden.“[99] Kurzum: „lediglich um der Menschen willen!“[100]

b) Rechtfertigungsgrund — als Freispruch der anderen Tierquälereien

Diese Konstellation versuchte Josef Kohler dadurch zu untermauern, „daß das Leben auf unserem Planeten kein Leben der Ruhe, sondern ein Leben des erbitterten Kampfes ist, […] weil der Mensch […] zum Träger der Cultur und des Culturfortschrittes ausersehen ist, Daher der Satz: so hoch auch die Interessen der Thiere stehen: wo sie mit denen der Menschen in Widerspruch stehen, stehen sie in zweiter Linie“.[101] Auch von Hippel meinte: „da, wo der menschliche Vorteil nur unter Verletzung des Mitleidsgefühls erreicht werden kann, [...] ist der Gebrauch der Tiere *innerhalb der Grenzen des menschlichen Nutzens* berechtigt.“[102] Daher könne „von Bestrafung keine Rede sein, wenn das Verhalten des Täters aus besonderen Gründen *objektiv rechtmäßig* war.“[103]

Für theokratischen Erörterungsstoff sorgte die Frage, ob dadurch schon auf Tatbestandsebene „boshaft“ bzw. „roh“ und damit die ganze Tierquälerei verneint werde,[104] oder erst nach deren Überführung ein Entschuldigungsgrund eintrete.[105] Weniger kontrovers war es in der Praxis, wo die „zur Wahrnehmung überwiegender menschlicher Interessen notwendige Verursachung von Leiden“[106] fortwährend großzügiger ausgelegt wurden: während anfangs noch „der Gebrauch von Tieren zur Arbeit und Ernährung, die Jagd und Fischerei; aber

---

S. 350; Kupka, *lex ferenda*, 1918, S. 31; Frank, *Das Strafgesetzbuch für das deutsche Reich*, 17. A., 1926, S. 775; Clauß, *Tierschutz und Strafgesetzgebung*, 1928, S. 20; Brühl, *Fische und Krebse*, 1930, S. 3; Sander, *Entwürfe*, 1931, S. 45; Schaefer, *Tierschutz im Reichsstrafrecht*, 1932, S. 44; Giese / Kahler, *Das deutsche Reichs-Tierschutzgesetz*, 1934, S. 12; *Das deutsche Tierschutzrecht*, 1939, S. 12 – 13; Heintz, *Tierschutz im Dritten Reich*, 2008, S. 16.

99 Brühl, *Fische und Krebse*, 1930, S. 5.

100 Clauß, *Tierschutz und Strafgesetzgebung*, 1928, S. 21.

101 Kohler, *Die Thiere im Recht*, in: GS, Bd. 47, 1892, S. 34 – 35.

102 v. Hippel, *Tierquälerei*, 1891, S. 128.

103 v. Hippel, *Vergl. Darst.*, 1906, S. 246.

104 Für diesen „zweistufigen“ Deliktsaufbau sprachen: Rotering, *Polizeiübertretungen*, 1888, S. 49; v. Hippel, *Vergl. Darst.*, 1906, S. 246; Binding, *Lehrbuch*, 1. Bd., 2. A., 1902, S. 193; Kupka, *lex ferenda*, 1918, S. 28 – 29.

105 Für diesen „dreistufigen“ Deliktsaufbau sprach Clauß, *Tierschutz und Strafgesetzgebung*, 1928, S. 40 und 69.

106 v. Hippel, *Vergl. Darst.*, 1906, S. 265.

auch die Benutzung zu bloßen Vergnügungs- und Sportzwecken" aufgezählt wurden,[107] werde man später „wohl im allgemeinen berufliche, gewerbliche oder geschäftliche Zwecke ansprechen müssen; hier ist der Täter gezwungen, seine Interessen über die Leiden des Tieres zu stellen".[108]

II. Verordnungsrecht der Länder

Dennoch warnte von Hippel: „Wer heute glaubt, man strafe in Deutschland tatsächlich nur bei Öffentlichkeit oder Erregung von Ärgernis, der irrt"[109], denn es „besteht auch heute neben dem allgemeinen Verbot (§ 360 Nr. 13 StrGB.) eine große Anzahl von Spezialverordnungen gegen Tierquälerei."[110]

1. Gesetzgebungsgrundlage

Das Landesrecht blieb nämlich nach § 2 Abs. 1 und § 5 des *Einführungsgesetzes zum StGB für den Norddeutschen Bund* vom 31. Mai 1870[111] weiterhin in Kraft, wenn und soweit es keine Materie im Sinne dieser Vorschriften darstellte. „Unter Materie ist ein einheitlicher Komplex von Bestimmungen zu verstehen, bei deren Feststellung der Gedanke obwaltet, daß die Gesetzgebung ein gewisses Gebiet vollkommen umfassen wolle, so daß, was nicht mit Strafe bedroht ist, straflos bleibt."[112] Hingegen wollte das RStGB bei Tierquälerei nur die vier möglichst scharf abgegrenzten Handlungen oder Unterlassungen (1. öffentlich boshaft quälen, 2. öffentlich roh mißhandeln, 3. in Ärgernis erregender Weise boshaft quälen und 4. in Ärgernis erregender Weise roh mißhandeln) mit Strafe bedrohen.[113] So stellte von Hippel klar: „Das Strafgesetzbuch enthält im § 360 Nr. 13 keine reichsrechtliche Materie im Sinne des § 2 StrGB. Es steht daher nichts im Wege, daß die Landesgesetzgebung ergänzende Strafbestimmungen erläßt."[114]

---

107 v. Hippel, *Vergl. Darst.*, 1906, S. 246.

108 Sander, *Entwürfe*,1931, S. 31.

109 v. Hippel, *Tierquälerei*, 1891, S. 132; Vergl. Darst., 1906, S. 267.

110 v. Hippel, *Vergl. Darst.*, 1906, S. 246.

111 BGBl., Nr. 16 v. 8.6.1870, S. 195.

112 Kohler, *Leitfaden des deutschen Strafrechts*, 1912, S. 18.

113 Kupka, *lex ferenda*, 1918, S. 30; Sander, *Entwürfe*, 1931, S. 41; Schaefer, *Tierschutz im Reichsstrafrecht*, 1932, S. 11; Eberstein, *Tierschutzrecht bis 1933*, 1999, S. 144 – 145.

114 v. Hippel, *Vergl. Darst.*, 1906, S. 247.

2. Inhalt

Auf dieser Grundlage erließen die Bundesstaaten in erster Linie Vorschriften über Vivisektion und Schächten (s. u.). Zahlreich waren auch Bestimmungen über die Beförderung von Tieren (außerhalb der Eisenbahnen[115])[116] und die Benutzung von Hunden als Zugtieren[117]. Weitere Vorschriften verboten allgemein die Verwendung lahmer oder abgetriebener Tiere zum Ziehen, die Überladung der Fuhrwerke, die Benutzung des Doppeljochs usw.[118] Daneben blieb noch eine Anzahl früherer Spezialverordnungen gemäß dem EGStGB in Kraft. Sie schritten ebenfalls hauptsächlich gegen die Grausamkeiten und Mißbräuche beim Viehtransport ein,[119] und untersagten zuweilen auch den „aus niedriger Gewinnsucht entspringende[n] Mißbrauch des Blendens von Singvögeln". [120] Die Schutzbedürfnisse der Pferde führten gar zu Sondergesetzgebung.[121]

Bemerkenswert war Art. 7 des Württemberger PolizeiStGB 1871 / 1898: *„Der Strafe des § 360 R.-Str.-G.-Bs. unterliegt außer den daselbst bezeichneten Fällen weiter:* [...] *2. wer außer dem Falle des § 360 Nr. 13 R.-Str.-G.-Bs den zum Schutze von Tieren gegen Mißhandlung erlassenen Vorschriften zuwiderhandelt*".[122] Darin sah von Hippel „eine allgemeine Vorschrift zur Ergänzung des Reichsrechts"[123], und damit Vorlage seines Ausbauvorschlages (s. u.).

3. Verhältnis des Verordnungs- zum Reichsrecht

Zwischen dem Landesrecht und dem RStGB bestand eine komplexe Beziehung aus früherer Zeit fort.

---

115 Dazu schon auf Reichsebene Bekanntmachung des Reichskanzlers, Otto von Bismarck, v. 13. 7. 1879, in: *Centralblatt für das Deutsche Reich*, S. 479, vgl. v. Hippel, *Tierquälerei*, 1891, S. 27; Eberstein, *Tierschutzrecht bis 1933*, 1999, S. 145 Fn. 651 vermerkte: „Diese Bekanntmachung wurde am 06. Juli 1904 wieder aufgehoben und dafür eingehendere Bestimmungen über den Viehtransport in die Eisenbahnverkehrsordnung aufgenommen."

116 Vgl. v. Hippel, *Tierquälerei*, 1891, S. 33.

117 Vgl. v. Hippel, *Tierquälerei*, 1891, S. 34.

118 Vgl. v. Hippel, *Tierquälerei*, 1891, S. 34.

119 Vgl. v. Hippel, *Tierquälerei*, 1891, S. 18.

120 Hamburger *Polizeiverfügung* v. 14. 4. 1836; vgl. v. Hippel, *Tierquälerei*, 1891, S. 26.

121 Bremer *Polizeiliche Verordnung wider Mißhandlung der Pferde oder sonstige Handlungen der Tierquälerei* v. 22. 1. 1846; vgl. v. Hippel, *Tierquälerei*, 1891, S. 25.

122 *Württembergisches Regierungsblatt*, Nr. 37 v. 29. 12. 1871, S. 391 (393); Neufassung v. 4. 7. 1898, ebenda., Nr. 11 v. 14. 7. 1898, S. 149.

123 v. Hippel, *Vergl. Darst.*, 1906, S. 247.

a) Gültigkeitsstaffel

Denn nunmehr galt zwar: „1. Wo die reichsrechtliche Bestimmung zutrifft, kann nur sie zur Anwendung kommen; andere Strafvorschriften daneben sind bedeutungslos. Das Prügeln des Viehs mit Knütteln z. B. fällt danach, wenn es ‚öffentlich' oder ‚in Ärgernis erregender Weise' geschah, lediglich unter § 360 Nr. 13 R.-Str.-G.-B. 2. Keine nach Reichsrecht strafbare Handlung ferner darf von der Landesgesetzgebung für straffrei erklärt werden."[124] Allerdings bedeute dasselbe für die meisten Länder im Vergleich zu ihren bis 1870 / 71 geltenden Vorschriften zur allgemeinen Bestrafung von Tierquälerei einen Rückschritt.[125] Somit bringe die neue Bestimmung vielmehr ein reichsweit geltendes Minimum, das zumindest von der Landesgesetzgebung in der föderalistischen Reichsordnung in seinem Schutzinhalt nicht außer Kraft gesetzt werden konnte.[126] Aus diesen Gründen bestanden die landes- und lokalpolizeilichen Verordnungen „zu Recht"[127] neben dem § 360 Nr. 13 RStGB. Dennoch bleibe die Zuständigkeitsgrenze zweifelhaft, die in der Praxis oft vom Landesrecht überschritten worden sei.[128]

124 v. Hippel, *Tierquälerei*, 1891, S. 34 – 35; *Vergl. Darst.*, 1906, S. 248 samt Fn. 1 unter Berufung auf RG, I. Ss., Urt. v. 2. 11. 1882 g. D. Rep. 2209/82, Bd. 7, in dem u. a. S. 205 – 206 besagt wurde: „Es darf mithin der Bemerkung der Motive: ‚In denjenigen Fällen nur, welche in dem Entwurfe ausdrücklich hervorgehoben worden sind, ist das Vorgehen einer Sondergesetzgebung von selbst ausgeschlossen' nur die Bedeutung beigemessen worden, daß (vgl. Reichsverfassung Art. 2) die Landesgesetzgebung A nicht im Widerspruche mit dem Reichsrechte den durch dieses bereits fixierten Thatbestand einer Übertretung als solchen abweichend zu gestalten oder anderweit zu bedrohen ermächtigt ist. […] Dagegen stellt sich eine Polizeiverordnung an sich nicht in Widerspruch mit den Gesetzen, folgeweise auch nicht mit dem Strafgesetzbuche (vgl. Verordnung vom 20. September 1867, § 13), wenn sie in Erfüllung des den Polizeibehörden gesetzlich zugewiesenen Berufes m Hinblicke auf besondere Verhältnisse (vgl. §. 6 lit. a.a.O.) für ihren Geltungsbereich strengere Vorschriften auf einem Gebiete des Polizeistrafrechtes erläßt, welches das Strafgesetzbuch für das gesamte Reich durch Sanktion einer allgemeinen passenden und absolut notwendigen Norm berührt hat, wenn sie in dieser Weise ergänzend einschreitet und ihrer Spezialverordnung eigenen Strafschutz verleiht."

125 Vgl. v. Hippel, *Tierquälerei*, 1891, S. 44 – 46; *Vergl. Darst.*, 1906, S. 243.

126 Caspar, *Tierschutz in der Industriegesellschaft*, 1999, S. 264 – 265.

127 v. Hippel, *Tierquälerei*, 1891, S. 35.

128 Eberstein, *Tierschutzrecht bis 1933*, 1999, S. 147.

b) Ergänzung

Das grundsätzliche Reichsrecht regelte lediglich die „klassische" Tierquälerei, und zwar jenseits der modernen Tier*nutzungs*beziehungen, welche typischerweise die Interessen der Tiere berührten.[129] Daher sollten die Landesverordnungen „entweder einzelne durch den § 360 Nr. 13 StrGB. nicht getroffene Fälle von Tierquälerei mit Strafe belegen oder," am schwäbischen Beispiel, „Bestimmungen zur Verhütung von Tierquälereien enthalten."[130]

4. Zwischenergebnis

Dem Verordnungsrecht war zu verdanken: „In Wirklichkeit sind fast alle typischen, häufig vorkommenden Fälle unnötiger Mißhandlung durch Spezialverordnungen als *solche* untersagt."[131] Allerdings galt ihr Bestand gerade als bester Beweis dafür, „daß die allgemeine, reichsrechtliche Bestimmung als unzureichend empfunden wird."[132] Folglich wurde „die Tierquälereivorschrift des § 360 Nr. 13 RStGB im besonderen dahingehend kritisiert, daß sie die wesentlich fortgeschritteneren Fassungen der Partikularrechte auf ein erheblich geringeres Kulturniveau gebracht habe, und daß sie von Anfang an nicht dem Volksempfinden entsprochen habe."[133]

III. Problemfälle am Beispiel Schlachttierschutz

Diese Verfänglichkeit drängte besonders zum Vorschein, wo weder Spezialverordnung gegen bestimmte Fälle da war noch das Reichsrecht eindeutig gegen sie einzuschreiten vermochte.[134] Hervorzuheben waren allen voran[135] der Versuch an lebenden Tieren und das Schlachten ohne vorherige Betäubung, „denn gerade an diesen Themen erhitzte sich der Streit um eine Abänderung des § 360 Nr. 13 RStGB."[136] Über den „Vivisektionsstreit" sei aber auf die umfassende Darstel-

129 Caspar, *Tierschutz in der Industriegesellschaft*, 1999, S. 265.

130 v. Hippel, *Vergl. Darst.*, 1906, S. 248.

131 v. Hippel, *Vergl. Darst.*, 1906, S. 267.

132 v. Hippel, *Tierquälerei*, 1891, S. 132; *Vergl. Darst.*, 1906, S. 267.

133 Eberstein, *Tierschutzrecht bis 1933*, 1999, S. 144.

134 Eberstein, *Tierschutzrecht bis 1933*, S. 131.

135 Andere Streitfälle in den 1890er Jahren zusammengefasst in Eberstein, *Tierschutzrecht bis 1933*, 1999, S. 131; ferner s. BA Berlin-Li., R 86-3464 (1929 – 31) bzw. -3465 (1932), ohne Seitenbezifferung.

136 Eberstein, *Tierschutzrecht bis 1933*, 1999, S. 145 – 146.

lung von Eberstein (1999) verwiesen,[137] wobei man nicht nur auf Arthur Schopenhauer[138], sondern auch auf Richard Wagner[139] und die bayerische Regulierung medizinischer Tierversuche von 1880[140] als „erste dieser Art in Deutschland“[141] achte.

Auf dem anderen Spannungsfeld gab es schon damals Pflanzenkostfreunde, die mit ihrer fleischlosen Lebensführung die Frage der Schlachtviehtötung vorbildlich zu lösen meinten. Mehr waren sich jedoch bewusst: „Weitaus größer als die Zahl ihrer Anhänger nämlich ist in den gemäßigten Zonen der Kulturmittelpunkte der Erde, Europa und Amerika, die Menge der fleischgenießenden Menschen.“[142] Angesichts dieser Begebenheit mussten die meisten Tierschützer sich praktisch mit der Zielsetzung abfinden, „daß das dem Menschen als Nahrung dienende Tier für seine Dienste den leichtesten und raschesten Tod verlangen kann.“[143] Dafür erschien im August 1912 Dr. Karl Kleins Buch *„Aus öffentlichen und privaten Schlachthäusern Deutschlands“*, in dem der Tierarzt und Schlachthofdirektor zu Lennep zuerst alle „Mißstände, unter denen die Schlachttiere bei der Beförderung zu den Schlachtstätten heute noch sehr zu leiden haben“, anprangerte.[144] Das Schlachten[145] selbst geschah mit oder ohne Betäubung.

---

137 Eberstein, *Tierschutzrecht bis 1933*, 1999, S. 132 – 135, 161 – 213; sowohl die *Verordnung des Preußischen Ministers für Wissenschaft, Kunst und Volksbildung* v. 2. 2. 1885 („Gossler-Erlaß“) wie auch der *Runderlaß der Preußischen Ministerien für Volkswohlfahrt, für Wissenschaft, Kunst und Volksbildung und für Landwirtschaft, Domänen und Forsten* v. 3. 4. 1930 („Grimme-Erlaß“) sind dort wiedergegeben.

138 Vgl. Schopenhauer, *Die Welt als Wille und Vorstellung*, 1819, 3. A. 1859, N.D. 2009, § 66, S. 331; *Grundlage der Moral*, 1840, N.D. 1977, § 8, S. 202.

139 TSV München, *100 Jahre*, S. 57: „In Hinblick auf die Treue der Tiere und auf die dem Menschen von den Tieren geleisteten Dienste schrieb er in flammender Empörung 1879 einen Brief an König Ludwig II. und bat um dessen mächtige Unterstützung im Kampf gegen die Greuel der Vivisektion“; im Oktober desselben Jahres schrieb er noch *„Ueber die Vivisection. Offener Brief an Ernst von Weber, Verfasser der ‚Folterkammer der Wissenschaft‘“* (veröffentlicht in Berlin und Leipzig, 1880), und betätigte sich seitdem aktiv im Bund gegen Vivisektion (vgl. Heintz, *Tierschutz im Dritten Reich*, 2008, S. 19). Zieht man Wagners gesellschaftliches Ansehen und insb. seine Beziehung zu seiner Majestät in Betracht, so lässt sich sein Beitrag zum Zustandekommen der Regulierung schlechthin als nicht unerheblich einschätzen.

140 Überliefert in: *Schreiben des Königlichen Bayerischen Staatsministers des Königlichen Hauses und des Äußeren, Freiherrn von Crailsheim, ans Reichsamt des Innern* v. 23. 7. 1881, in: BA Berlin-Li., 30.01., Nr. 6314, Bl. 43; auch in: s. nächste Fn.

141 Eberstein, *Tierschutzrecht bis 1933*, 1999, S. 182.

142 Klein, *Aus Schlachthäusern*, 1912, S. 3 – 4.

143 Klein, *Aus Schlachthäusern*, 1912, Vorwort, S. VII.

144 Klein, *Aus Schlachthäusern*, 1912, S. 23; vgl. S. 7 – 23.

Nach einer Untersuchung der vorhandenen Betäubungsmittel (freier Kopfschlag, Bolzenschlag und Schußapparate)[146] ging der Rheinländer auf das Hauptproblem ein:

1. Betäubungslose Schlachtverfahren

In Reihenfolge aufsteigender Häufigkeit geschahen betäubungslose Schlachtungen durch:

a) Bruststich — zur Notschlachtung

„Als wohl am wenigsten geübtes Verfahren, das meist nur bei Tieren Anwendung findet, die wegen Krankheit notgeschlachtet werden, sind der einfache Bruststich und der Halsschnitt anzusehen. Bei diesen Verfahren werden die vom Herzen zum Kopfe führenden Blutgefäße entweder gleich am Eingange der Brust oder aber kurz vor dem Eintritt in den Kopf durchstochen oder durchschnitten."[147]

b) Gehirn- bzw. Genickstich — beim Geflügel

Jenseits der Notfälle achte man darauf: „Zwar ist vielerorts die vorherige Betäubung wenigstens der grösseren Schlachttiere vorgeschrieben, nirgends indes die des Schlachtgeflügels."[148] Hierbei bestand eine quälerische Schlachtmethode im Gehirnstich, von dem Julius Vierneisel 1914 berichtete: „In die sog. Gaumenspalte, die sich am Dach der Schnabelhöhle befindet, wird ein Messer eingeführt, das von da aus in der Richtung nach hinten und oben in die Schädelhöhle eingestossen wird, um das Gehirn zu verletzen."[149] Bei einem anderen Verfahren, Genickstich, „wird ein dreieckig geformtes Messer mit großer Wucht in die Grube zwischen Kopf und 1. Halswirbel gestoßen, wodurch Gehirn und Rü-

---

145 Lemcke, *Einfluss des Zeitdenkens*, 1943, S. 3: „Das Wort ‚Schlachten' stammt ab von dem nordischen Wort ‚sla', altdeutsch ‚slaton', ‚slahan' und ‚slahen' und bedeutet ‚schlagen'. Dasselbe Stammwort finden wir im englischen Wort slaughter – schlachten wieder. Im Französischen heisst abattre niederschlagen und schlachten. Dies Willensbrechung durch den Schlag […] als die einleitende Handlung […] war bei der Schlachtung der grossen kräftigen Haustiere eine Notwendigkeit […], im Gegensatz zur Schlachtung kleiner Haustiere, des sogenannten Stechviehes," das „nach erfolgter Fesselung ‚gestochen' und ohne Betäubung zur Verblutung gebracht" werde.

146 Vgl. Klein, *Aus Schlachthäusern*, 1912, S. 24 – 46.

147 Klein, *Aus Schlachthäusern*, 1912, S. 46.

148 Vierneisel, *Das Delikt der Tierquälerei und seine Reformbedürftigkeit*, 1914, S. 46.

149 Vierneisel, *Das Delikt der Tierquälerei und seine Reformbedürftigkeit*, 1914, S. 46.

ckenmark getrennt werden“[150], aber „die Folge ist die Lähmung der von der Abstichstelle nach rückwärts gelagerten Körperteile. Bewußtlosigkeit tritt nicht ein, da ja das Gehirn […] unverletzt bleibt. Die Blutentnahme muß das Tiere also bei voller Empfindungsfähigkeit über sich ergehen lassen.“[151]

c) Schächten — als Sonderkomplex

Am meisten geübt sei aber „eine bei den Juden, Muhammedanern und sonst im Orient übliche“[152] Schlachtmethode: das sog. Schächten. Doch weil die Zahl der Moslems in Deutschland im behandelten Zeitraum noch gering war,[153] erschien es den Reichsbürgern als „das Schlachten der Tiere nach jüdischem Religionsgebrauch“[154], d. h., die Tötung eines in Stecklage gebrachten, unbetäubten Tieres durch Halsschnitt und die darauffolgende Ausblutung.[155]

aa) Vorbereitung

Das zum Schächten bestimmten Tier sei oft mit Blenden versehen in die Halle geführt und mittels um den Hals führender Ketten am Fußboden befestigt. Danach treffe man die eigentlichen Vorbereitungen: „Dem […] Tier wird eine Kette um die Füße gewunden, und zwar in einer Weise, daß die Kette um jeden einzelnen Fuß nochmals gesondert herumgeführt wird. Das freie Ende der Kette führt über eine elektrisch betriebene Winde. Sobald die Winde in Funktion gesetzt wird, werden die Beine des Tieres mit unwiderstehlicher Gewalt zusammengezogen. In der Folge verliert das Tier den Boden unter den Füßen und stürzt mit der ganzen Wucht seines Körpers auf die den Boden deckenden Stein-

---

150 Klein, *Aus Schlachthäusern*, 1912, S. 47.

151 Schaefer, *Tierschutz im Reichsstrafrecht*, 1932, S. 27.

152 TSV München, Antrag v. 11. 3. 1926, S. 3.

153 Eberstein, *Tierschutzrecht bis 1933*, 1999, S. 214, Fn. 902.

154 Klein, *Aus Schlachthäusern*, 1912, S. 48.

155 Eberstein, *Tierschutzrecht bis 1933*, 1999, S. 214; Lemcke, *Deutschlands erstes Tierschutzgesetz*, 2007, S. 7. Demnächst hat Eberstein auch den Schächtvorgang nachzuzeichnen versucht. Allerdings berief er sich völlig auf einer Beschreibung aus dem Jahr 1962. Demgegenüber setzt sich die hiesige Darstellung aus Aussagen von Tierärzten, die alle aus eigenen Augenbezeugungen im Zeitraum 1871 – 1932 berichteten, zusammen, um die damalige Wirklichkeit wiederzugeben. Ebersteins Ausführungen, Ochsen dürften nicht geschächtet werden, (S. 215) die Vorbereitung geschehe zur Vermeidung äußerer Verletzungen vorsichtig und in möglichst schonender Form, der Schächtschnitt sei ohne Absetzen und Drücken in einem Zug ausgeführt sowie die Ausblutung erfolge schnell und vollständig, (S. 216) werden im folgenden Text von Zeit- und Augenzeugen gerügt.

fließen.“[156] „Natürlich geht das nicht ohne heftigen Widerstand, besonders bei jungen, unruhigen Tieren. Sobald sie die Fesselung merken, springen sie hin und her, stoßen ein ängstliches Brüllen aus, stürzen bald vorn in die Kniee, bald hinten auf die ‚Haken‘, um sich jedesmal wieder zu erheben“[157], so „daß man nicht im Stande war, die ersten 10 Minuten den Kopf vorschriftsmäßig zu halten.“[158] „*Hornbrüche, Beckenbrüche, Rippenquetschungen* usw. wurden von vorurteilslosen Kollegen festgestellt.“[159] Bis das Tier „endlich mit mehr oder minder dröhnendem Aufschlagen des Körpers, des Kopfes und besonders der Hörner auf die Seite zu liegen“[160] kam, sollten seine Beine hochgewunden werden.[161] Vielerorts sei das Strickzeug „*morsch und dünn* und schneidet den Tieren tief und schmerzhaft in die Haut“, und bei Niederreißen müsse das Tier das Verfahren von neuem über sich ergehen lassen.[162] Auch hier sehe man besonders bei jüngerem Großvieh dessen „Tanz“, „Bald-vorne-knieen“, „Bald-hinten-hocken“ und „Sich-wieder-erheben“, „daß der Halter des Kopfes sich bald in Sicherheit bringt, um nicht selbst zu verunglücken“, bis die Füße des Tieres „nach Minuten so hoch gewunden sind, daß es fast im Rückenlage liegt. Dadurch wird es machtlos und nun stürzen sich bei einer Ruhepause in dem schauderhaften Kopfschlagen ein paar beherzte Männer auf Kopf und Hals des Opfers. *Mit aller Gewalt wird es in den Nasenlöchern gefaßt.* Ganze *Rohlinge setzen* gar den *Daumen tief in den inneren Winkel des Auges*. Man kniet auf das Hals, also unbesonnen auch auf der Luftröhre, daß dem Tiere der Atem ausgehen muß. Und nun setzt man […] den Kopf auf die Hörner. Um die Halsmuskeln recht straff zu spannen, setzt sich oder kniet nun wohl eine kräftige Person auf dem nach oben gekehrten Unterkiefer.“[163] „Der Kopf des Tieres wird nunmehr mittels eines Kopfhalters, einer Art Maske, die bereits vor der Fesselung des Tieres angebracht worden war, so lange gedreht,“[164] „sodaß die unten Hals-

156 Schaefer, *Tierschutz im Reichsstrafrecht*, 1932, S. 28, berichtete aus „eigener Anschauung anläßlich des […] Besuches eines großstädtischen Schlachthofes“, gemeint sei sehr wahrscheinlich Leipzig, wo er sowohl im Tierschutzverein tätig war als auch seine Dissertation anfertigte und veröffentlichen ließ.

157 Klein, *Aus Schlachthäusern*, 1912, S. 48.

158 Aloys Schirber (Schlachthofdirektor in Neunkirchen, Saar), in: *Die deutschen Tierärzte gegen das betäubungslose Schächten*, 3. A., 1927, S. 71.

159 Klein, *Aus Schlachthäusern*, 1912, S. 62 – 63.

160 Klein, *Aus Schlachthäusern*, 1912, S. 48.

161 Dr. med. vet. A. Grabe (prakt. Tierarzt in Wittstock / Dosse), in: *Die deutschen Tierärzte gegen das betäubungslose Schächten*, 3. A., 1927, S. 34; Josef Wagenbichler (Tierarzt in Schillehnen a. d. Memel, Ostpreußen), in: ebenda, S. 79.

162 Klein, *Aus Schlachthäusern*, 1912, S. 63 – 64.

163 Klein, *Aus Schlachthäusern*, 1912, S. 64.

164 Schaefer, *Tierschutz im Reichsstrafrecht*, 1932, S. 29.

partieen nach oben zu liegen kommen. Durch Druck auf den jetzt nach oben gekehrten Unterkiefer — die Hörner bilden dabei den Drehungspunkt — werden die Halsmuskeln gespannt".[165] „Größtenteils ist der Schächter wegen vieler Arbeit dabei nicht anwesend, sodaß das Tier sich oft minutenlang in der Schächtlage befindet, wobei dasselbe sich sehr häufig durch große Anstrengungen zu befreien sucht."[166] In manchen Fällen müsse das Tier bis zu 20 Minuten gefesselt am Boden liegen und sich auch den Hornmutterboden (Matrix) vollständig bis zum Kopf brechen.[167] „Es besteht bei den Schächtern, welche den ängstlichen Blick sowie das vielfache Zittern der Tiere anscheinend selbst nicht recht ansehen können, die alte Sitte, daß sie den Tieren unmittelbar vor dem Schächtschnitt die Augen zuhalten."[168]

bb) Halsschnitt

Beim eigentlichen Schächtakt schneide der jüdische Schächter dem Tier mit einem haarscharfen,[169] bis zu 75 Zentimeter langen[170] Messer, an dem sich auch nicht die kleinste Scharte befinden dürfe,[171] *„in drei Zügen die Halsmuskeln mit den darunter liegenden Organen bis auf die Halswirbel.* Weit spritzt das Blut aus den Halsblutgefäßen und das Tier rüttelt mit Gewalt an seinen Fesseln. Ebenso versucht es, den Kopf frei zu bekommen, was auch vielfach gelingt, wenn zu Festhalten nicht besondere, mit Benutzung der Hebelkraft arbeitende Apparate (s. Abb. S. 24) verwendet werden. Gelingt den Tieren die Befreiung des Kopfes, so heben sie ihm vom Boden auf und bewegen ihn heftig hin und her. *Die zerrenden Bewegungen der Beine gegen die Fesseln*, denen man *zielbewußte Arbeit* deutlich anmerkt, kehren dabei während der Ausblutung immer wieder."[172] „Hinsichtlich der Dauer dieser Bewegung ergaben sich einige Verschiedenheiten. So hörten bei einem der geschächteten Tiere diese Bewegungen

---

165 Klein, *Aus Schlachthäusern*, 1912, S. 48.

166 Dr. Leeb (Schlachthofdirektor in Würzburg) und Dr. Kaller (Amtstierarzt ebenda), in: *Die deutschen Tierärzte gegen das betäubungslose Schächten*, 3. A., 1927, S. 53 – 54.

167 Dr. Geiger (prakt. Tierarzt), in: *Die deutschen Tierärzte gegen das betäubungslose Schächten*, 3. A., 1927, S. 31 – 32.

168 Dr. Leeb (Schlachthofdirektor in Würzburg) und Dr. Kaller (Amtstierarzt ebenda), in: *Die deutschen Tierärzte gegen das betäubungslose Schächten*, 3. A., 1927, S. 53 – 54.

169 Schaefer, *Tierschutz im Reichsstrafrecht*, 1932, S. 29.

170 Erklärung von 41 tierärztlichen Vereinen und 612 deutschen Schlachthoftierärzten vom Jahr 1910, angezogen in der Entschließung des Reichsverbandes praktischer Tierärzte v. 5. 7. 1926, in: GStA PK, I. HA Rep. 84a, Nr. 5215, S. 79.

171 Eberstein, *Tierschutzrecht bis 1933*, 1999, S. 216.

172 Klein, *Aus Schlachthäusern*, 1912, S. 48 – 50 (S. 49 die im Haupttext genannte Abb.).

bereits nach einer Minute auf, während sie bei anderen länger andauern und sich in einem Fall sogar auf gute drei Minuten erstrecken."[173]

cc) Ausblutung

„Fast in jedem Falle müssen die vom Herzen kommenden großen Gefäße an ihren Schnittenden von neuem geöffnet werden, um das Verbluten überhaupt zu vervollständigen."[174] Dafür sollten *fast in jedem Falle ein Nachschneiden* notwendig sein, wobei Nervenzuckungen in allen Muskeln und durch Hin- und Herschlagen des Schwanzes sehr bemerkbar seien.[175] Der Eingriff könne auch durch einen Metzger erfolgen, der, in vielen Fällen mittels Zange wühlend,[176] *„den durchschnittenen Gefäßstumpf der dem Herzen zugekehrten Seite auf*[*sucht*]*, zieht ihn vor und schneidet ihn nochmals durch*, worauf dann das Blut wieder stärker fließt. *Dieser Eingriff muß in vielen Fällen noch ein- oder zweimal wiederholt werden. Fast immer sieht man dabei die Abwehrbewegungen von neuem einsetzen* […]. Ist die Ausblutung bald vollendet, so geht ein mehr oder minder heftiges Muskelzittern über den Körper des Tieres, es dehnt und streckt sich noch mehrere Male und liegt dann ohne Bewegung da. Die seit Anbringung des Schnittes bis dahin verfließende Zeit wird von den verschiedenen Gutachtern bei den verschiedenen Schlachttieren auf 4 – 10 Minuten geschätzt."[177] Und „der Kornealreflex verschwindet erst nach 1½ bis 2½ Minuten, mitunter auch später."[178]

2. Anfang des Streites ums Schlachtwesen

„Seit die Juden aus dem Ghetto traten und, durch den Schlachthauszwang gezwungen, in öffentlichen Schlachthäusern schächten, ist von allen, die je das Schächten sahen, gegen die weitere Duldung dieser Tierquälerei Sturm gelaufen".[179] Umstritten waren schon die Schächtvorbereitungen, deren Grausamkeit

---

173 Schaefer, *Tierschutz im Reichsstrafrecht*, 1932, S. 30.

174 Dr. Hansen (Veterinärrat in Weilburg, Lahn), in: *Die deutschen Tierärzte gegen das betäubungslose Schächten*, 3. A., 1927, S. 39.

175 Dr. med. vet. E. Grams (Stabsobertierarzt a. D., Berlin-Neukölln), in: *Die deutschen Tierärzte gegen das betäubungslose Schächten*, 3. A., 1927, S. 34 – 35.

176 Felix Train (Präsident des Reichsverbandes), in: *Die deutschen Tierärzte gegen das betäubungslose Schächten*, 3. A., 1927, S. 13.

177 Klein, *Aus Schlachthäusern*, 1912, S. 50.

178 Dr. Leeb (Schlachthofdirektor in Würzburg) und Dr. Kaller (Amtstierarzt ebenda), in: *Die deutschen Tierärzte gegen das betäubungslose Schächten*, 3. A., 1927, S. 53 – 54.

179 Einhauser, *Gesetz über das Schlachten von Tieren*, in: Frank (Hrsg.), *Handbuch*, 1935, S. 896; die einzige Zusammenfassung der Vorgeschichte findet sich bei Lemcke, *Ein-*

„nahezu unbestritten ist. Tatsächlich wird aber […] das Schwergewicht auf die Fragen gelegt, ob das Anbringen des *Schächtschnittes selbst* besonders schmerzhaft ist, ferner endlich, ob nach dem erfolgten Schächtschnitt *sofort* andauernde *Bewußtlosigkeit* des Tieres, durch den starken Blutverlust bedingt, eintritt."[180]

a) Ausbruch

So beschloss der „Verband der Tierschutzvereine des Deutschen Reiches"[181] auf seiner 2. Tagung am 25. September 1884 in Dresden auf Antrag der Vereine Altona, Breslau und Köln einstimmig, einen gesetzlichen Betäubungszwang zu fordern,[182] und sandte schon 1885 „eine Eingabe an die deutschen Staaten zum Zwecke der Ordnung des Schlachtbetriebes, der teils sofort teils später entsprochen wurde."[183] Am 25. Februar 1886 wies derselbe Vorstand auch den Reichs-

---

fluss des Zeitdenkens, 1943, S. 7 – 8: „Der Schlachtfrage wird bis in die neuste Zeit hinein keine weitere Aufmerksamkeit geschenkt. Sie ist eine rein handwerkliche Angelegenheit [vgl. S. 6] gegenüber dem als Sachwert betrachteten Tiere […], denn die Meinung, welche im Großen und Ganzen für das praktische Verhalten dem Tiere gegenüber ausschlaggebend war, steht in der 2. Epistel Petri 2, 12: ‚Sie sind wie die unvernünftigen Tiere, die von Natur dazu geboren sind, dass sie gefangen und geschlachtet werden'. Der mit der französischen Revolution einsetzende Liberalismus bedingt in der Judenemanzipation mehr und mehr die Zuerkennung gleicher Rechte der Juden in führende Stellungen. […] Ganz besonders auf dem Gebiet des Schlachtwesens zeigte sich, wie mit dem Wachstum der deutschen Städte im Anschluss an die beginnende Industrialisierung in den 70er Jahren sich hier das Hineinwachsen der jüdischen Sitten und Gebräuchen offenkundig bemerkbar machte. Viehhandel und Viehschlachten in der Form des Großschlachtens wurden mehr und mehr jüdische Beschäftigungen", und S. 13: „Die Schächtungen in den Schlachthöfen wachsen in der gleichen Masse, als das Judentum an Macht und Einfluss im öffentlichen Leben gewinnt."

180 Schaefer, *Tierschutz im Reichsstrafrecht*, 1932, S. 30.

181 Dessen Gründungsdatum verzeichnen Eberstein, *Tierschutzrecht bis 1933*, 1999, S. 150 und Heintz, *Tierschutz im Dritten Reich*, 2008, S. 20, je als den 11. bzw. den 14. 9. 1881. Als Zweck des Dachverbandes vermerkte Heintz auf S. 21: „die einzelnen Vereine von den großen politischen Fragen des Tierschutzes zu entlasten und die Anliegen personell und organisatorisch zweckmäßiger und mit größerer Autorität vor Regierung und Parlament vertreten zu können. Die örtlichen Vereine konnten sich nunmehr voll auf ihre eigentlichen Aktivitäten in ihrer Region konzentrieren."

182 TSV Berlin und München, *Neues vom betäubungslosen Schächten*, 1927, S. 18; dazu auch: BA Berlin-Li., Nr. 6314, Bl. 90.

183 Haas, *Tierschutz im deutschen Strafrecht*, 1913, S. 41; die dort in Fn. 2 angegebene Urquelle, „Rabe im Deutschen Tierfreund 1906, S. 328", ist dem Verfasser leider auch durch Fernleihe nicht beschaffen; Eberstein, *Tierschutzrecht bis 1933*, 1999, S. 217, Fn. 914 gab die Zahl der „sofort entsprechenden Staaten" als sieben an.

tag auf die „beim Schlachten und insbesondere beim Schächten häufig aufgetretenen Missbräuche“[184] hin. Das löste eine „Lawine von 2025 jüdischen Gegenpetitionen“[185] aus, „wobei sich interessanterweise eine Divergenz der Ansichten der Nur-Theoretiker (Physiologen, Universitätsprofessoren) und der Praktiker (Tierärzte, Schlachthofdirektoren) ergibt. Die ersteren neigen eher zu, in dem Schächten keine besonders qualvolle Schlachtart zu erblicken.“[186] Die letzteren setzten „auf die verfassungsrechtlich garantierte Religions- und Gewissensfreiheit, die ihrer Ansicht nach ein Schächtverbot selbst dann unzulässig sein ließe, wenn das Schächten tatsächlich tierquälerisch sein sollte.“[187]

Da dadurch „das Problem ins Religiöse hinüberspielt und auch politisch ausgeschlachtet wird“[188], erwecke „die Behauptung der Schächtverteidiger Eindruck, man müsse besondere wissenschaftliche Fachkenntnisse haben, um darüber urteilen zu können.“[189] Demgegenüber wandten sich die Tierschutzvereine *„an alle Direktoren und Verwalter von Schlachthäusern, an alle Kreis- und Bezirkstierärzte in ganz Deutschland, sowie an die Professoren der deutschen Tierarzneischule und an die Universitätsprofessoren der Physiologie“*[190]. So erfolgte im Oktober 1901 die Umfrage des Heidelberger Tierschutzvereins, auf dessen zwei Fragen 460 der 463 Befragten ihre Antwort abgaben. Davon erklärten 441 (= 95,24% der Befragten bzw. 95,86% der Antwortenden) den Schächtschnitt, und 457 (98.70 bzw. 99,34%) seine Vorbereitungen für schmerzhaft und grausam.[191] Darauf brachte die Gegenseite 1902 einen *„Nachtrag zu der Gutachtensammlung über das jüdisch-rituelle Schlachtverfahren (‚Schächten‘)“* hervor, infolgedessen der „Verband der Tierschutzvereine des Deutschen Reiches“ im Februar 1905 an sämtliche reichsdeutschen und österreichischen Schlachthofleiter erneut einen Fragebogen versandte. Dessen erste Frage: *„Welches Verfahren der Betäubung halten Sie heute vom Standpunkte der Humanität, der Wissenschaft und des Betriebs für das vollkommenste?“*, holte 578 Antworten ein, von denen 574 (= 99,31%) sich gegen das Schächten erklär-

---

184 Haas, *Tierschutz im deutschen Strafrecht*, 1913, S. 41; vgl. BA Berlin-Li., Nr. 6314, Bl. 87 – 88 RS.

185 Caspar, *Tierschutz in der Industriegesellschaft*, 1999, S. 268; vgl. *Gutachten über das jüdisch-rituelle Schlachtverfahren („Schächten“)*, Hrsg. „Komite zur Abwehr antisemitischer Angriffe“, Berlin 1894.

186 Schaefer, *Tierschutz im Reichsstrafrecht*, 1932, S. 31.

187 Eberstein, *Tierschutzrecht* bis 1933, 1999, S. 218.

188 Schaefer, *Tierschutz im Reichsstrafrecht*, 1932, S. 34, Fn. 17.

189 TSV München, Antrag v. 11. 3. 1926, S. 6.

190 TSV München, Antrag v. 11. 3. 1926, S. 8.

191 Vgl. Heidelberger Schächtgutachten, 1901, Teil I – V, in: *Leipziger Flugschriftensammlung*, 1907.

ten.[192] Die weitere Frage: *„Halten Sie das (betäubungslose) Schächten den neueren Betäubungsarten, Kugel- und Bolzenschuß, gegenüber für tierquälerisch?"*, zogen 488 Rückmeldungen nach sich, darunter 466 (= 95,49%) Bejahungen.[193] Dies zwang die Schächtanhänger zu einer dritten Runde, wobei der „Verband der deutschen Juden" 1908 *„Neue Gutachten über das jüdisch-rituelle Schlachtverfahren (‚Schächten')"* veröffentlichte. Dagegen gaben 612 deutsche Schlachthoftierärzte und 41 tierärztliche Vereine 1910 eine Erklärung an den Reichstag ein: *„Fast alle deutschen Tierärzte halten heute das rituelle Schächten der Juden für eine tierquälerische, den Forderungen der Humanität nicht entsprechende Schlachtmethode, die im Vergleiche mit der modernen Anwendung der Schußbetäubung vor der Blutentziehung, durch welche sich die Schlachtviehtötung blitzschnell und schmerzlos, ohne Fesselung und Niederwerfung und ohne hygienische oder gewerbliche Nachteile bewerkstelligt läßt, als verwerflich angesehen werden muß."* Einer anschließenden Wiedergabe des Schächtvorgangs folgte das Ersuch: „Die unterzeichneten Vereine, sowie die persönlich unterzeichneten Schlachhoftierärzte, die wohl Anspruch auf Sachverständigkeit erheben dürfen, fühlen nach alledem die unabweisbare Pflicht, davor zu warnen, daß *eine Schlachtmethode* gesetzlich sanktioniert werde, *die den* von ihr betroffenen *Tieren Qualen bereitet, die Jugend verroht und dem Volksempfinden zuwider ist.*"[194] Eine zweite Eingabe vom „Verein Preußischer Schlachthoftierärzte" könne noch 54 Unterzeichnungen sammeln, damit bis 1910/12 *666 von den insgesamt 850 – 900 Schlachthoftierärzten in Deutschland gegen das Schächten ausgesprochen* haben sollten, also ungefähr *zwei Drittel.*[195]

---

192 Hartmann, *Denkschrift über die Betäubung der Schlachttiere*, 1907, S. 13.

193 Hartmann, *Denkschrift über die Betäubung der Schlachttiere*, 1907, S. 24.

194 GStA PK, Berlin-Dahlem, I. HA Rep. 84a, Nr. 5215, S. 79; auch in: Klein, *Aus Schlachthäusern*, 1912, S. 69 – 70, wobei 53 von den 612 aus persönlichen Gründen gebeten haben, ihre Namen nicht öffentlich zu nennen.

195 Klein, *Aus Schlachthäusern*, 1912, S. 72; auch hier war vermerkt, 12 jener 54 hätten gebeten, ihre Namen nicht öffentlich zu nennen; hier wie auf S. 68 gab Klein an, die Belege beider Eingaben in eigenem Besitz zu haben. Das hier bisher Dargestellte sind nur jene drei Runden, die reichsweit Aufsehen erregten; von regionalen Stellungnahmen führte Dr. Buttmann am 25. 2. 1926 im bayerischen Landtag an: „Auch in England im Jahre 1903 abgehaltener Kongreß, der sich mit dem Schächten befaßt habe, sei zu dem Resultat gekommen, daß die Schlachttiere ohne Ausnahme vorher zu betäuben seien. Der Verein rheinpreußischer Tierärzte habe im Jahre 1910 eine Umfrage gehalten, dessen Ergebnis gewesen sei, daß 98% aller Tierärzte das Schächten für eine den Forderungen der Humanität nicht entsprechende Tierquälerei und für eine verwerfliche Schlachtmethode hielten. Weitere Gutachten lägen vor von der Versammlung bayer. Tierärzte in München im Jahre 1871, der 30. Generalversammlung des Vereines der Pfälzer Tierärzte vom Jahre 1881, des Tierärztlichen Vereins von Elsaß-Lothringen aus

b) Landesgesetzgebung

„Auch dann aber muß nach heutigem Rechte Straflosigkeit eintreten, wenn das Schächten in Erfüllung religiöser Satzungen[196] erfolgte, da das Motiv nicht Bosheit oder Roheit ist. Dagegen läßt sich weitgehend eine objektive Rechtsmäßigkeit des Schächtens nicht allgemein behaupten. Wir befinden uns hier vielmehr in einem Stadium der Entwicklung, in welchem in der Praxis lokale Anordnungen die entscheidende Rolle spielen."[197]

Dabei seien allgemeine Verordnungen über die Tötung der Schlachttiere nur in den wenigsten Fällen erlassen.[198] Von diesen Ausnahmen fuhr das Fürstentum

---

1895, des Hamburg-Altonaer Tierärztlichen Vereins von 1901, der Generalversammlung des tierärztlichen Kreisvereins von Oberfranken 1901, der Gauversammlung mittelfränkischer Tierärzte von 1901, der Generalversammlung des Vereins süddeutscher städtischer und Schlachthoftierärzte zu Nürnberg 1907, der 30. Versammlung des Vereins der Schlachthoftierärzte Westfalens zu Unna-Königsborn von 1907 und der 6. Jahresversammlung des Vereins preußischer Schlachthoftierärzte zu Berlin vom Jahre 1907. Alle diese Gutachten kämen ohne Ausnahme zu einer glatten Ablehnung des Schächtens. Gegen 700 solche Gutachten seien vorhanden. Auch Einzelgutachten lägen vor. Vom Verein zur Förderung humanen Schlachtens seien 600 solcher Gutachten angeführt, die sich alle gegen das Schächten aussprächen." In: Landtagsdrucksachen 1925, Beilage 1097; abgedruckt in: TSV München, *Der gesetzliche Betäubungszwang, Heft 1: Bayern*, 1930, S. 22.

196 Eberstein, *Tierschutzrecht bis 1933*, 1999, S. 214 – 215 stellte er die damals angegebenen Bibelstellen zusammen, nämlich nach der Übersetzung Martin Luthers, revidierter Fassung 1984, Hrsg. Evangelische Kirche in Deutschland, Stuttgart 1985. Vgl. Katholische Einheitsübersetzung, 1980, 1. Mose, 9, 3 – 4 (Gottes Bund mit Noach); 3. Mose, 11, 2 – 3 (Reine und Unreine Tiere); 3. Mose, 17, 13 (Schlachtungen und Blutgenuß); 5. Mose, 12, 20 – 24 (Blut bei Opfer und Schlachtung); 3. Mose, 22, 19 – 25 (Ausschuß von Priestern vom Genuß der Opfergaben); 3. Moses 22, 8 (zerrissen); ferner vgl. *Talmud*, V. Buch, 12, 21 (Schlachtgebot), aber ein halbjüdischer Bekannter teilte dem Verfasser auf Anfrage mit, Talmud sei vielmehr ein Kommentar zum Alten Testament und nicht verbindlich, vgl. Fn. 1885.

197 v. Hippel, *Vergl. Darst.*, 1906, S. 250.

198 Klein, *Aus Schlachthäusern*, 1912, S. 82; auf derselben Seite waren Regierungsbezirke, in denen keine allgemeine Verordnung erlassen war, aufgelistet: 1. Aachen, 2. S.-Altenburg, 3. Ansbach, 4. Aurich, 5. Großherzogtum Baden, 6. Danzig, 7. Frankfurt a. O., 8. S.-K.-Gotha, 9. Köln, 10. Königsberg, 11. Köslin, 12. Liegnitz, 13. Lippe-Detmold, 14. Marienwerder, 15. Niederbayern, 16. Oberbayern, 17. Oberfranken, 18. Oberpfalz und Regensburg, 19. Pfalz, 20. Potsdam, 21. Reichslande, 22. Schwaben und Neuburg, 23. Großherzogtum Mecklenburg-Schwerin, 24. Fürstentum Schwerin-Sonderhausen, 25. Stettin, 26. Stralsund, 27. Großherzogtum Mecklenburg-Strelitz, 28. Trier, 29. Würzburg. (Bezifferung vom Verfasser dieser Arbeit)

Reuß 1890 den reichsweit ersten gesetzlichen Betäubungszwang ein.[199] Größeres Aufsehen erregte das Königsreich Sachsen durch die *Verordnung, das Betäuben der Schlachttiere betreffend* vom 21. März 1892. Sie sah nur von Federvieh, Notschlachtung und objektiver Unmöglichkeit ab, sonst für alle Schlachttiere den Betäubungszwang vor.[200] Dagegen machten die Vorstände der israelitischen Religionsgemeinden zu Dresden, Leipzig und Chemnitz die im § 32 der Sächsischen Verfassung garantierte religiöse Freiheit geltend, doch der Königlich Sächsische Minister des Innern, Georg von Metzsch erwiderte am 13. Dezember 1892:

---

199 *Regierungs-Verordnung, betr. den Viehtransport außerhalb der Eisenbahnen und das Verfahren beim Schlachten der Tiere* v. 2. 7. 1890, unter „B. In Betreff des Verfahrens beim Schlachten der Tiere“: „§. 16. Das Schlachten sämmtlichen Viehs, mit Ausnahme der Schafe und des Federviehs, darf nur nach vorgängiger Betäubung durch Kopfschlag stattfinden. [...] §. 21. Zuwiderhandlungen gegen die Bestimmungen in §§ 16 bis 20 werden gleichfalls mit Geldstrafe bis zu 60 M geahndet, an deren Stelle im Unvermögensfalle eine entsprechende Haftstrafe tritt. [...]“ In: *Gesetzsammlung Reuß ä. L.* 1890, S. 31. Vgl. Eberstein, *Tierschutzrecht bis 1933*, 1999, S. 222, Fn. 939.

200 GVBl. für das Königsreich Sachsen, 3. Stück 1892, Nr. 18, S. 19 – 20: „*Zur thunlichen Abschneidung von Quälereien der Thiere beim Schlachten wird hiermit Folgendes verordnet ...:*

1. Beim Schlachten aller Thiere, mit Ausnahme des Federviehs, muß der Blutentziehung die Betäubung vorausgehen. Ausgenommen bleien die wegen Unglücksfällen und plötzlicher Erkrankungen nothwendig werdenden Nothschlachtungen, sobald sich die Betäubung n nach den thatsächlichen Verhältnissen nicht ausführen läßt.

2. Beim Rinde soll die Betäubung unter Benutzung der Schlachtmaske ausgeführt wer den, soweit nicht beim Jungvieh die ungenügende Entwicklung des Schädels eine Ausnahme erfordert.

3. Bezüglich der Betäubung der Schweine, Kälber und Schafe durch Stirn- oder Genickschlag wird den Schlächtern die Auswahl der Betäubungsapparat überlassen, doch werden als solche die Holzkeule für Kälber, der Bolzenapparat für Schweine und der Schlagbolzenhammer oder ein stumpfer Keilhammer für Schafe empfohlen.

4. Alle Schlachtungen, mit Ausnahme der nicht aufzuschiebenden Nothschlachtungen, dürfen unter Verantwortlichkeit des Schlächters nur von des Schlachtens durchaus kundigen Personen, niemals aber allein von Lehrlingen ausgeführt werden.

5. Alles Schlachten hat in geschlossenen, dem Publikum nicht zugänglichen Räumen stattzufinden. Nur wo solche nicht in genügender Weise zur Verfügung stehen, darf das nichtgewerbsmäßige Schlachten im Freien geschehen, ist aber auch dann derart vorzunehmen, daß es nicht von öffentlichen Straßen, Wegen oder Plätzen zu sehen ist. Beim gewerbsmäßigen Schlachten ist die Anwesenheit von Personen unter 16 Jahren, mit Ausnahme der Fleischlehrlinge und Gehülfen, verboten.

6. Zuwiderhandlungen (vorsätzliche oder fahrlässige) gegen vorstehende, mit dem 1. Oktober 1892 in Wirksamkeit tretende Bestimmungen werden mit Geldstrafe bis einhundertfünfzig Mark oder Haftstrafe geahndet.“

„Ebenso hat das Ministerium keine Veranlassung gefunden, dem in der Eingabe vom 26. October dieses Jahres enthaltenen weiteren Antrage gemäß mit dem Ministerium des Cultus und öffentlichen Unterrichts über die Frage in Vernehmung zu treten, ob das Schächten auf rituellen Vorschriften beruht. Denn selbst wenn diese Frage zu bejahen sein sollte, würde dies doch nicht dahin führen können, die Anwendung der, übrigens nicht das Schächten an sich verbietenden, sondern nur die vorgängige Betäubung vorschreibenden Verordnung vom 21. März 1892 auf jüdische Schlachtungen auszuschließen, da es sich von selbst versteht, daß eine auf Erwägungen der Moral, d. h. auf den bestehenden sittlichen Anschauungen fußende allgemeine staatliche Anordnung nicht durch rituelle Rücksichten verhindert werden kann."[201]

Während Harburg und Westpreußen nur vorübergehend dem Wettiner Vorbild Folge leisten konnten,[202] galt § 25 der Schweizer Verfassung seit der Volksabstimmung vom 20. August 1893: „*Das Schlachten der Thiere ohne vorherige Betäubung vor dem Blutentzuge ist bei jeder Schlachtart und Viehgattung ausnahmslos untersagt.*"[203]

Binnen deutscher Reichsgrenzen sei die Befugnis in den Städten mit Schlachthöfen vielmehr den Polizeiverwaltungen übertragen,[204] die bestrebt seien, auf eine „vermehrte Einrichtung von Schlachthäusern und den Erlaß von Polizeiverordnungen gegen unnötige Tierquälereien beim Schlachten allgemein und beim jüdischen Schächten insbesondere"[205] hinzuwirken. Als Beispiele verbuchte von Hippel Preußen (erstmals vom 14. Januar 1889, *betr. Maßregeln zur*

---

201 Hildesheim (Hrsg.), *Gutachten*, 1894, Vorwort, S. IV.

202 Der Magistrat und die Polizeidirektion zu Harburg erließen am 24. 2. 1893 eine Polizeiverordnung, deren § 8 vorsah: „*Die Schlachtung nach jüdischem Ritus mittelst Schächtung ist unzulässig.*" Der Königliche Regierungspräsident in Westpreußen erließ am 14. 6. 1893 eine Verfügung, deren § 1 lautete: „*Jedes Schlachtthier ist vor der Blutentleehrung durch Stirnschlag zu betäuben.* [Abs. 2] *Für öffentliche Schlachthäuser kann nach Anordnung des Regierungspräsidenten das Schächten nach jüdischem Ritus ausnahmsweise und auf jederzeitigen Widerruf gestattet werden.*" Dabei sei die fürs Schlachthaus in Marienwerder in Aussicht gestellte Erlaubnis nicht erstellt. Auch in einigen anderen Orten Preußens hätten lokale Behörden das Schächten untersagt, aber alle diese Verbote seien durch Verfügung des Preußischen Innenministers aufgehoben. In: Hildesheim (Hrsg.), *Gutachten*, 1894, Vorwort, S. III.

203 Hildesheim (Hrsg.), *Gutachten*, 1894, Vorwort, S. III; auch in: GStA PK, Berlin-Dahlem, I. HA Rep. 84a, Nr. 5215, Bl. 78.

204 Klein, *Aus Schlachthäusern*, 1912, S. 82; in unmittelbarem Anschluss war ergänzt: „In einer geringen Zahl der Fälle sind auch Städte ohne Schlachthöfe auf Vorstellung (nicht Zwang) der Regierung zum Erlaß örtlicher Vorschriften übergangen. Das ist z. B. besonders geschehen in den Bezirken der 7 Kreis-Regierungen von Bayern. Im Reg.-Bez. Posen sind nur Bestimmungen für das Schächten vorgeschrieben."

205 v. Hippel, *Tierquälerei*, 1891, S. 32.

Vermeidung unnötiger Tierquälereien bei der jüdischen Methode des Viehschlachtens,[206] dann je vom 16. Dezember 1889 und 25 März 1890, *betr. Maßregeln zur Vermeidung unnützer Tierquälereien beim Schlachten des Viehs*), Baden (29. März 1889), Bayern (12. Juli 1889), Erfurt (1. Oktober 1889) und Düsseldorf (4. November 1889).[207] Dr. Klein ergänzte aus seiner Umfrage an die einzelnen Regierungspräsidenten bzw. ihnen außerhalb Preußens gleichgestellten Behörden noch Arnsberg (1900), Bromberg (1889), Gumbinnen (1890), Hannover (1903), Hildesheim (1905), Koblenz (1891), Lüneburg (1906), Meiningen (1891), Minden (1890), Osnabrück (1891), Schleswig (1892), Stade (1907), Wiesbaden (1907) und das Königsreich Württemberg (1903).[208] Nicht zuletzt waren Dr. Klein noch über 300 Schlachthausordnungen ergangen, von denen 19 für alle Schlachttiere ohne Ausnahme den Betäubungszwang vorsahen,[209] wobei die der Gemeinden Angermünde und Wilhelmshafen (Preußen)

---

206 v. Hippel, *Tierquälerei*, 1891, S. 32, Fn. 15 vermerkte: „Die in dieser Beziehung zur Beachtung aufgestellten Gesichtspunkte sind folgende:

1. Das Niederlegen der größeren Tiere soll hauptsächlich durch Winden oder ähnliche Vorrichtungen bewerkstelligt werden. Diese Winden sowie die dabei gebrachte Seile etc. sollen haltbar sein und stets schmeidig gehalten werden, sodaß die Ausführung ohne Verzug erfolgen kann.

2. Während des Niederlegens soll der Kopf des Tieres gehörig unterstützt und geführt werden, damit ein Aufschlagen desselben und ein Bruch der Hörner vermieden wird.

3. Bei dem Niederlegen des Tieres soll der Schlächter bereits zugegen sein und unmittelbar darauf die Schächtung vornehmen. Letztere soll schnell und sicher ausgeführt werden.

4. Nicht nur während des Schächtungsaktes, sondern auch für die ganze Dauer nach dem Halsschnitte eintretenden Muskelkrämpfe soll der Kopf des Tieres festgelegt werden, da andernfalls der bewegliche Kopf des in Muskelkrämpfen liegenden Tieres nicht selten in der heftigsten Weise am Boden aufgeschlagen und namentlich an den Hörnen verletzt wird.

5. Endlich soll die Schächtung nur durch erprobte Schächter ausgeführt werden."

In wie weit diese oder ähnliche Regelungen in der Praxis beachtet wurden, vgl. die Wiedergabe des Schächtvorgangs im obigen Text, die sich hauptsächlich aus Berichten aus den Jahren 1926 und 1932 beruht.

207 v. Hippel, *Tierquälerei*, 1891, S. 33.

208 Klein, *Aus Schlachthäusern*, 1912, S. 84 – 85; den Polizeiverordnungen dieser Bezirke entnahm er sogar „mit geringen Abweichungen" untereinander eine allgemeine *Polizei-Verordnung*, die auf S. 83 – 84 wiedergegeben war und die obige Aussage von Hippels entsprach.

209 Klein, *Aus Schlachthäusern*, 1912, S. 107; diese waren: Altenburg in Sachsen-Anhalt, Apolda, Burg bei Magdeburg, Cüstrin, Eupen, Flensburg, Gottesberg in Schlesien, Hof in Bayern, Lennep, Lünen, Oschatz, Passau, Prenzlau, Pritzwalk, Rathenow, Rosenheim, Tangermünde, Weimar, Wernigerode.

sowie Hof (Bayern) durch ihr jeweiliges Oberverwaltungsgericht anerkannt wurden.[210] Weitere 15 beschränkten das Schächten nach verschiedenen Maßstäben.[211]

Inmitten der wilhelminischen Zeit vermittelte sich also der Eindruck: „Die Schächtfrage hat angesichts des allgemeinen Schächtverbots der Schweiz und der rechtsgültigen Einzelverbote an deutschen Schlachthäusern ihre frühere prinzipielle Schärfe im wesentlichen verloren."[212] Freilich irrte sich von Hippel, als er aufrief: „so überlasse man einstweilen die bisherigen Entwicklungen ihrem natürlichen Lauf [...], um zu vermeiden, daß dieselbe [Strafbarkeit des Schächtens] in einer die religiösen Leidenschaften erregender Weise zum Zankapfel der Strafjustiz würde."[213] Stattdessen beantragte Abgeordneter Gröber (Z) am 19. April 1910 in der 7. Strafrechtskommission, dem § 360 Nr. 13 folgenden Zusatz anzufügen: *„Landesrechtliche Bestimmungen, welche in die rituellen Vorschriften einer Religionsgesellschaft über das Schlachten von Tieren eingreifen, sind unzulässig."*[214] Im Reichstag wurde dieser Antrag Nr. 42 bis zum 12. Januar 1911 in zwei Lesungen angenommen.[215] Erst die Reichsregierung erklärte es für unannehmbar, falls die Schächtfrage mit der Strafgesetznovelle verquickt würde, und zog damit die ganze Strafgesetznovelle zurück.[216] Doch die zwischenzeitliche Mehrheitseinstellung sowohl der Strafrechtskommission wie auch des Reichstags hatte bereits dermaßen Eindruck erweckt, Bundesrat und Reichstag würden sich über den Zusatz des Zentrums einigen. Um nicht schließlich vom Reichsrecht gezwungen zu werden,[217] hob Sachsen am 20. Dezember

210 Endurteil des II. Senats v. 11. 01. 1901, Rep. II. B. 18/00, I. Bezirksausschuß zu Düsseldorf, in: *Entscheidungen des Kgl. Preuß. OVG*, Bd. 38, 1901, Nr. 9, S. 68; bestätigt durch Endurteil desselben Senats v. 26. 6. 1903, Rep. II. B. 57/02, I. Bezirksausschuß zu Potsdam, ebd., Bd. 44, Nr. 14, S. 69; Lehner, *Tierschutz und Gesetz*, S. 50, meint, das Urteil des Bay. OVG sei eine „gleichlautende, nicht veröffentlichte Entscheidung", nämlich, „daß die Gemeinden rechtlich befähigt sind, die Anwendung des Schächtschnittes in den von ihnen angelegten öffentlichen Schlachthöfen schlechthin zu verbieten".

211 Klein, *Aus Schlachthäusern*, 1912, S. 108; diese waren: Altena, Coblenz, Honnef, Leipzig, Lippstadt, Luckenwalde, Lüdenscheid, Ludwigshafen, Mühlheim an der Ruhr, Oldenburg, Schmalkalden, Schweidnitz, Soest, Sulzbach, Zülichau.

212 v. Hippel, *Vergl. Darst.*, 1906, S. 270.

213 v. Hippel, *Vergl. Darst.*, 1906, S. 270.

214 Verh. des RT., 12. Leg.-Per., 2. Session 1909 / 10, Bd. 275, Ds. Nr. 392, S. 2111.

215 Verh. des RT., 12. Leg.-Per., 2. Session 1909 / 10, Bd. 263, 104. Sitzung v. 12. 02. 1911, S. 3832.

216 Klein, *Aus Schlachthäusern*, 1912, S. 116.

217 BA Berlin-Li., 30.01., Nr. 5801, Bl. 133 – 134 RS; diese Befürchtung der sächsischen Regierung bezeugte Dr. Ellenberg (Professor der Anatomie und Physiologie), der

1910 seine bisherige Verordnung durch eine neue auf, deren § 6 das Schächten von den Betäubungsanweisungen §§ 4, 5 ausnahm.[218]

c) Reichsverordnung als Kriegsnotlösung

Eigentlich nahm Dr. Klein an: „Es kann doch wohl in den gesetzgebenden Körperschaften keinen Menschen, gleich welcher Parteirichtung er angehört, geben, der der außerhalb menschlichen Streites stehenden Tierwelt nicht gerne dieses Recht [schonende Behandlung] zukommen lassen wollte".[219] Nun klang ihm aber „fast unglaublich, eine starke Mehrheit *für* den Antrag Gröber zu haben."[220] Dadurch gelangte er zur Einsicht, „daß [...] *das Schächten allein den Hinderungsgrund bildet, daß wir in Deutschland noch keine einheitlich-gesetzliche[n] und amtlich beaufsichtigte[n] Betäubungsvorschriften haben*".[221] „Wir haben vorher gesehen, daß schon unter den heutigen Verhältnissen mit der doch ursprünglich nur den Israeliten zugestandenen Schächterlaubnis z. T. ein maßloser Mißbrauch getrieben wird.[222] Sie läßt sich zwar jetzt [...] durch ortpolizeiliche Verordnung in etwas einschränken. Das würde nicht mehr der Fall gewesen sein, wenn das Schächten unter reichsgesetzlichen Schutz gestellt wäre. Lieber wollten aber die Tierschützler auf eine verschärfte Strafgesetzgebung verzichten, als sie durch die vollständige Vogelfreiheit der Schächttiere erkaufen"![223]

Angesichts dieser Spannungsbeziehung forderte der Preußische Minister für Handel und Gewerbe vom Landesveterinäramt ein amtliches Gutachten ein, das am 30. Juli 1913 erteilt wurde: *„Alle Schlachtmethoden, bei denen eine vorgängige Betäubung unterbleibt, bereiten den Tieren unnötige Qualen, da hierbei die gewaltsamen Eingriffe bei vollem Empfindungsvermögen der Tiere erfolgen."*[224]

---

ebenfalls als Mitglied der Kommission für das Veterinärwesen mit Siedemgrotzky (Landestierarzt und Leiter der Klinik für große Haustiere), Johne (Professor der Pathologischen Anatomie) kraft gutachtlicher Berichte das Königsreich Sachsen zur Verordnung v. 21. 3. 1892 veranlasst hatte, in: GStA PK, Berlin-Dahlem, I. HA Rep. 84a, Nr. 5215, S. 116.

218 *Königlich Sächsischer Staatsanzeiger* Nr. 296 v. 22. 12. 1910, u. a. auch in: Klein, *Aus Schlachthäusern*, 1912, S. 85 – 87.

219 Klein, *Aus Schlachthäusern*, 1912, S. 114.

220 Klein, *Aus Schlachthäusern*, 1912, S. 116.

221 Klein, Aus Schlachthäusern, 1912, S. 56.

222 Vgl. Klein, *Aus Schlachthäusern*, 1912, S. 109 – 110; vgl. Ähnliches 1925 – 30 im folgenden Text.

223 Klein, *Aus Schlachthäusern*, 1912, S. 115.

224 Veröffentlicht in: *Preuß. Ministerialblatt der Handels- und Gewerbeverwaltung* als Anlage zur Min.-Entschl. v. 14. 3. 1914 IV 8323/13, aufgezeichnet auch in: GStA PK, Berlin-Dahlem, I. HA Rep. 84a, Nr. 5215, S. 79.

Danach entstand die *Bekanntmachung über das Schlachten von Tieren* vom 2. Juni 1917:

> *„Der Bundesrat hat auf Grund des § 3 des Gesetzes über die Ermächtigung des Bundesrates zu wirtschaftlichen Maßnahmen usw. vom 4. August 1914 (Reichs-Gesetzbl. S. 327) folgende Verordnung erlassen:*
>
> *§ 1 Beim Schlachten von Rindern, einschließlich der Kälber, von Schafen und Ziegen darf der Halsschnitt (Schächtschnitt) nur beim rituellen Schächten durch die hierzu bestellten Schächter angewendet werden. Im übrigen ist der Halsschnitt verboten.*
>
> *Auf Notschlachtungen, bei denen die Zuziehung eines Schlächters nicht möglich ist, findet das Verbot des Abs. 1 keine Anwendung.*
>
> *§ 2 Zuwiderhandlungen gegen diese Verordnung werden mit Gefängnis bis zu sechs Monaten und mit Geldstrafe bis zu eintausendfünfhundert Mark oder mit einer dieser Strafen bestraft.*
>
> *§ 3 Diese Verordnung tritt mit dem Tage der Verkündung in Kraft. Der Reichskanzler bestimmt den Zeitpunkt des Außerkrafttretens.*
>
> *Der Stellvertreter des Reichskanzlers Dr. Helfferich*“[225]

Diese erste reichsrechtliche Regulierung des Schlachtwesens erschien nur „auf wirtschaftlichen Erwägungen der Kriegs- und Übergangszeit in Bezug auf die Sicherung der Blutverwertung und die Verhütung einer Entwertung der Tierhäute“[226] bedacht. So hatte sie weder unter Interessierten noch bei Juristen Beachtung gefunden, bis 1933 vom § 3 S. 2 Gebrauch gemacht wurde.

---

225 RGBl. 1917, Nr. 105 v. 2. 6. 1917, S. 471.

226 Eberstein, *Tierschutzrecht bis 1933*, 1999, S. 231.

B. Versuche zur Verbesserung 1891 – 1927

Solche Begleitumstände zeigten: „Gerade für die [...] drängenden Fragen nach der Zulässigkeit der Vivisektion und dem bestäubungslosen [...] Schächten lieferte die reichsrechtliche Fassung des allgemeinen Tierschutzbestandes weithin eine zu stumpfe Waffe.“[227] Und „insbesondere war man in Tierschutzkreisen über das Versagen des § 360 Z. 13 sehr verstimmt.“[228] So versuchten ihre Vertreter[229] unter Berufung auf Schopenhauer[230] und Darwin[231] „auf dem Wege der Rechtsphilosophie ein Recht des Tieres zu konstruieren.“[232] Doch wie begrüßenswert das Tierrecht moralisch auch sei,[233] erachteten es die meisten Juristen als „eine theoretisch nur in beschränktem Sinne mögliche[234] und praktisch entbehrliche Terminologie.“[235] Als Wilhelm Lange[236] und August Sturm[237] sich mit

---

227 Caspar, *Tierschutz in der Industriegesellschaft*, 1999, S. 265.

228 Sander, *Entwürfe*, 1931, S. 53.

229 Vgl. Karl Christian Friedrich Krause, *Das System der Rechtsphilosophie*, 1874; G.H. Wetzlich, *Recht der Tiere*, 1890 und insb. das große, grundlegende Werk von Ignaz Bregenzer, *Thier-Ethik*, 1894. Größeres Aufsehen erregte später auch Manfred Kyber, *Tierschutz und Kultur*, 1925, bezüglich des Tierrechts bes. S. 160 – 162.

230 Schopenhauer, *Parerga et Paralipomena*, Bd. 2, 1862, XV. § 178, S. 397: Die Moral des Christentums habe „eine große und wesentliche Unvollkommenheit darin, daß sie ihre Vorschriften auf den Menschen beschränkt und die gesammte Thierwelt rechtlos läßt“; und auf S. 403: „Erst‘, wenn jene einfache und über alle Zweifel erhabene Wahrheit, daß die Thiere in der Hauptsache und im Wesentlichen ganz das Selbe sind, was wir, in’s Volk gedrungen seyn wird, werden die Thiere nicht mehr als rechtlose Wesen dastehen“; ferner vgl. Grundlage der Moral, 1840, § 19, N.D. 1977, S. 278 (Wiedergabe auch in der Schlussfolgerung dieser Arbeit).

231 Vgl. Wetzlich, *Recht der Tiere*, 1890, S. 48.

232 Schaefer, *Tierschutz im Reichsstrafrecht*, 1932, S. 7.

233 Clauß, *Tierschutz und Strafgesetzgebung*, 1928, S. 33; Schaefer, *Tierschutz im Reichsstrafrecht*, 1932, S. 7.

234 Nämlich, so Lange, *Die Thierschutzbewegung und § 360 Z. 13 RStGB*, in: GS, Bd. 42, 1889, S. 44, nur als „ein Interesse, welches durch eine objective Rechtssatzung geschützt ist,“ statt einer subjektiven Willensmacht, vgl. Sander, *Entwürfe*, 1931, S. 54; Schaefer, *Tierschutz im Reichsstrafrecht*, 1932, S. 7.

235 v. Hippel, *Vergl. Darst.*, 1906, S. 265.

236 Lange, *Die Thierschutzbewegung und § 360 Z. 13 RStGB*, in: GS, Bd. 42, 1889, S. 51, sah zuerst nach Sprachgebrauch sowohl „boshaft“ im „Quälen“ als auch „roh“ im „Mißhandeln“ mit eingeschlossen; ferner sprach er sich auf S. 52 für eine Ärgernisserregung auch durch späteres Hören aus, und schlug auf S. 54 vor, § 360 Nr. 13 RStGB dahingehend zu verändern: „Mit Geldstrafe bis zu ... Mark oder mit Haft wird bestraft, wer Tiere in einer Weise, welche geeignet ist, Ärgernis zu erregen, mißhandelt oder quält.“

den ersten rein strafrechtlichen Vorschlägen zur Verbesserung des Tierschutzes befassten, wünschte sich das Preußische Staatsministerium 1889 eine wissenschaftliche internationale Darstellung desselben Gebietes. Dafür wandte man sich zunächst an Franz von Liszt, aber durch seine Übertragung[238] fiel die Bearbeitung der Materie in der Strafrechtskommission Robert von Hippel zu. Daraus entstand 1891dessen Habilitation *„Die Tierquälerei in der Strafgesetzgebung des In- und Auslandes*", die das frühere Standardwerk für die strafrechtliche Behandlung der Tierquälerei bildete.[239]

I. Kritik von Hippels

Nach einer umfassenden Untersuchung des derzeitigen Rechtszustandes und einer eingehenden Vergleichung mit seiner Vorentwicklung[240] fing seine Kritik mit dem Rechtsgrund an:

1. Wesen der Tierquälerei

„Wie kommen wir denn dazu für ein tierisches Interesse Partei zu ergreifen, dieses Interesse *rechtlich* zu schützen? Die Antwort lautet: Unser *menschliche*s Gefühl des Mitleids berührt es unangenehm, Wesen, deren Fähigkeit der Schmerzempfindung wir voraussetzen, Leiden unterworfen zu wissen. [...] Nur dadurch also kommt die Bestrafung der Tierquälerei zustande, daß wir ein *vielleicht* vorhandenes *tierisches* Interesse mit vollster Zweifellosigkeit als unser eigenstes *menschliches* Interesse empfinden. Dieses ist es, welches wir schützen, über dessen Schutz wir das Tier bisweilen völlig vergessen. Mag man daher immerhin von dem Vorhandensein tierischer Rechte oder von der Möglichkeit solcher sprechen. Der Grund für die Bestrafung der Tierquälerei bleibt auch

237 Sturm, *Das Recht der Thiere*, in: *Beiträge zum römischen Recht*, 1891, N.D. 1985, S. 114: „§ 234. Wer Thiere quält oder vorsätzlich mißhandelt, wird wegen Tierquälerei mit Geldstrafe bis zu eintausendfünfhundert Mark oder mit Haft oder mit Gefängniß bis zu zwei Jahren bestraft.

In den Fällen, wo es zum Zwecke wissenschaftlicher Untersuchungen unbedingt nothwendig erscheint, lebenden Thieren Qualen zuzufügen, tritt keine Strafe ein.

§ 235. Wer im Inlande wegen Thierquälerei bestraft worden ist, darauf abermals eine Thierquälerei begangen hat und wegen derselben bestraft worden ist, wird, wenn er eine neue Thierquälerei begeht, mit Gefängniß nicht unter drei Monaten bestraft."

238 v. Hippel, *Zur Bestrafung der Tierquälerei*, in: DJZ, Heft 19, 1933, s. 1254.

239 Mendelssohn-Bartholdy, *Über Tierquälerei*, in: GS, Bd. 66, 1905, S. 428.

240 Vgl. v. Hippel, *Tierquälerei*, 1891, S. 1 – 105.

dann der Angriff auf das menschliche Sittlichkeitsgefühl, die Verletzung der Empfindung des Mitleids. […] *Die Tierquälerei gehört sonach unter die Sittlichkeitsdelikte*".[241]

2. Verortung der Strafbarkeit

Daher ließ von Hippel die weitere Frage, „ob man da, wo der menschliche Vorteil nur unter Verletzung des Mitleidsgefühls erreicht werden kann, eine solche Verletzung für statthaft hält oder nicht", unschwer für die „Berechtigung des menschlichen Egoismus" entscheiden.[242] Auf dieser Grundlage fielen Recht und Moral voneinander, indem über die Strafbarkeit nicht bereits die Sittlichkeit einer Handlung entscheide, sondern einzig und allein deren Gefährlichkeit für die menschliche Gesellschaft.[243] Nach diesem Maßstab fällte er für den Gesetzgeber die Entscheidung: „Wo die durch den Gebrauch der Tiere herbeigefügte Abstumpfung des Mitleids für die Gesellschaft gefährlicher ist, als die durch Unterlassung des Gebrauchs erzeugte Schädigung menschlicher Interessen, da ist ein solches Verbot, andernfalls die Gestattung angezeigt."[244] In der Frage, wann eine derartige Gefahr vorliegt, schloss er sich Abegg[245] an: „das hängt […] von der Nationalität und Bildungsstufe des jeweils in Betracht kommenden Volkes ab."[246] Dazu stellte von Hippel seine vielzitierte Volkskulturstufenlehre auf:

> „Bei tiefer stehender Volksbildung, wo selbst dem Menschen oft der nötige Rechtsschutz fehlt, erscheint der schrankenlose Gebrauch der Tiere als selbstverständlich, Tierquälerei erregt höchstens bei einzelnen, ihrer Zeit vorangeschrittenen Individuen Anstoß. Die naturgemäße Fortentwicklung ist es dann, daß bei steigender Kultur zunächst nur die häufigsten oder gröbsten Exzesse zum strafrechtlichen Einschreiten Anlaß geben. So kommt man z. B. dazu, nur die Haustiere zu schützen, oder nur die öffentliche oder Ärgernis erregende Quälerei zu verbieten, als solche, welche auf das Sittlichkeitsgefühl einer Mehrheit von Personen nachteilig wirkt; oder man erblickt endlich in der besonders gemeinen Gesinnung des Täters, welcher ohne ernsthaften

---

241 v. Hippel, *Tierquälerei*, 1891, S. 126.

242 v. Hippel, *Tierquälerei*, 1891, S. 128.

243 v. Hippel, *Tierquälerei*, 1891, S. 129.

244 v. Hippel, *Tierquälerei*, 1891, S. 130.

245 v. Hippel, *Tierquälerei*, 1891, S. 130; dazu Abegg, *Ueber die Bestrafung der Mißhandlung von Thieren*, in: *Neues Archiv des Criminalrechts*, Bd. 12, 1832, XVIII., S. 621 Fn. 1 (622 – 623): „Wenn aber überhaupt in dem Staate Religion und Sitte nicht gleichgültig betrachtet werden, […] so läßt sich nicht absehen, weshalb nicht, wie es zu allen Zeiten geschehen ist, die Gesetzgebung nach ihrem historischen und nationalen Strandpunkte und Bedürfnisse Manches, was sittlich verwerflich ist, auch mit einer eigenen Ahndung bedrohen sollte."

246 v. Hippel, *Tierquälerei*, 1891, S. 130.

Grund Grausamkeit verübt, das strafwürdige Moment und ahndet deshalb die boshafte oder mutwillige Mißhandlung."[247]

Unter diesen Umständen rief von Hippel auf: „Es ist an der Zeit, jede unnötige Tierquälerei ohne Rücksicht auf die Öffentlichkeit der Begehung oder die Erregung von Ärgernis nach Reichsrecht für strafbar zu erklären."[248]

3. Umgestaltung des Rechtszustandes

Um dieses Ziel zu erreichen zog er zweierlei Erweiterung in Erwägung:

a) Ausbau des Reichsgesetzes

„Auch die nicht öffentliche oder Ärgernis erregende Tierquälerei übt zum mindesten auf den Täter selbst einen entsittlichenden Einfluß und verletzt oder gefährdet beim Bekanntwerden das moralische Gefühl anderer. Auch die *unnötige Grausamkeit in Verfolgung an sich berechtigter Zwecke* verletzt das Mitleidsgefühl und befördert die Roheit der Gesinnung. Unterschiede in der Verwerflichkeit und Gefährlichkeit bestehen hier — wenn überhaupt — nur dem Grade nach und sind angesichts der heutigen Zivilisation nicht mehr von derartiger Bedeutung, um die Straflosigkeit der einen, der Strafbarkeit der anderen Begehungsart zu rechtfertigen."[249]

b) Abbau des Verordnungsrechts

Damit die Rechtsreform entschiedener die Richtung einer Erweiterung des allgemeinen Tatbestandes einschlüge, nahm von Hippel auch gegen „die endlose Fülle von Verboten gegen einzelne Arten von Tierquälerei" Stellung: *„Dieser Zustand* [...] *ist völlig prinziplos und verfehlt.* Denn einmal ist es vom gesetzgeberisch-technischen Standpunkt aus ein Unding, an die Stelle einer einfachen grundsätzlichen Entscheidung eine ausgedehnte Kasuistik zu setzen. Dann aber muß eine solche Kasuistik notwendig zur Rechtsunsicherheit und –Ungleichheit führen. Zur Rechtsunsicherheit, weil niemand die Masse einzelner Ge- und Verbote kennt; zur Rechtsungleichheit, weil dieselben im einzelnen natürlich vielfach voneinander abweichen. Und schließlich ist dabei derjenige privilegiert,

---

247 v. Hippel, *Vergl. Darst.*, 1906, S. 265 – 266; vgl. ursprünglich in: *Tierquälerei*, 1891, S. 130 – 131.

248 v. Hippel, *Tierquälerei*, 1891, S. 133; *Vergl. Darst.*, 1906, S. 267.

249 v. Hippel, *Vergl. Darst.*, 1906, S. 266 – 267; ursprünglich fast wortgleich in: *Tierquälerei*, 1891, S. 131 – 132; vereinfacht, aber ähnlich: Kupka, *lex ferenda*, 1918. S. 47.

welcher eine seltener vorkommende Art der Mißhandlung begeht, für welche keine Spezialverordnung existiert."[250]

c) Stellungnahmen zu Sonderfragen

Trotz dieser „Ablehnung jeder Kasuistik"[251] kam von Hippel aber nicht umhin, die beiden besonders brisanten Fragen doch eigenständig zu behandeln.

Die Vivisektion erschein ihm „ein durch Staat und Gesellschaft anerkanntes Berufsrecht, sofern sie von wissenschaftlich gebildeten Männern zu ernsten wissenschaftlichen Zwecken und innerhalb der dadurch gebotenen Schranken"[252], „also insbesondere unter Vermeidung jeder für den Zweck entbehrlichen Schmerzerregung, vorgenommen wird. Werden diese Grenzen überschritten, so wäre die Handlung objektiv rechtswidrig und damit strafbar".[253] Dadurch glaubte er „allen berechtigten Abforderungen dieser Richtung genügt"[254] zu haben, ohne den „Antivivisektionskreisen" Vorwurf zu ersparen.[255] Allerdings verriet der Vorsatz seiner Habilitation, „Seinem lieben Vater, Geh. Medizinalrat Prof. Dr. Arthur von Hippel in Dankbarkeit gewidmet", viel über seine Einstellung.

Unbefangener stand Robert dem Schächten gegenüber: „Solange nicht feststeht, daß die jüdische Schlachtmethode tierquälerisch ist, solange sind alle Bestrebungen zu deren Beseitigung nichts, als der Ausfluß bedauerlichen Religions- und Rassenhasses. Wird jener Nachweis umgekehrt erbracht, dann muß das Schächten verschwinden. [...] Unsittlichkeit deshalb zu dulden, weil sie sich mit dem Mantel der Religion deckt, das wäre übel angebrachte Toleranz."[256]

d) Verschärfung der Strafe

Gegen Tierquälerei, die eine hochgradige Verrohung und damit Gefährlichkeit des Täters beweise, lag für von Hippel „keinerlei Veranlassung vor, hier eine im Vergleich zu anderen Sittlichkeitsvergehen [...] unverhältnismäßige Milde walten zu lassen. [...] Denn gerade bei unserem Delikt bleibt zu berücksichtigen, daß erst in der neuesten Zeit Erkenntnis seiner Bedeutung und Schwere sich mehr und mehr Bahn bricht," und „daß namentlich Rückfälligen gegenüber das

---

250 v. Hippel, *Tierquälerei*, 1891, S. 132; *Vergl. Darst.*, 1906, S. 267.
251 v. Hippel, *Tierquälerei*, 1891, S. 134.
252 v. Hippel, *Tierquälerei*, 1891, S. 136.
253 v. Hippel, *Vergl. Darst.*, 1906, S. 269; vgl. *Tierquälerei*, 1891, S. 136.
254 v. Hippel, *Tierquälerei*, 1891, S. 136; vgl. *Vergl. Darst.*, 1906, S. 269.
255 v. Hippel, *Tierquälerei*, 1891, S. 122 – 123.
256 v. Hippel, *Tierquälerei*, 1891, S. 137.

heutige Strafmaß als völlig unzureichend erscheint, wird sich nicht leugnen lassen.“[257]

4. Gesamtvorschlag

Aus diesen Gründen wollte von Hippel die Tierquälerei unter die „Vergehen wider die Sittlichkeitsdelikt“[258] hinter § 184 (Verbreitung unzüchtiger Schriften), dessen Angriffsobjekt das menschliche Anstands- und Pietätsgefühl sei,[259] mit folgender Ausführung einreihen:

> *„Mißhandlung von Tieren wird mit Geldstrafe bis zu 300 Mark oder mit Gefängnis bis zu 3 Monaten bestraft.“*[260]

Indem dadurch jede unnötige Mißhandlung an sich geahndet werden sollte, wäre die Tierquälerei eine „Materie“ bzw. „Gegenstand des Strafgesetzbuches für das Deutsche Reich“.[261] Dadurch würden jene Landesgesetze und Verordnungen, die nur dasselbe Prinzip auf einzelne Fälle verwandten, entbehrlich und hinfällig. Hingegen seien der Partikulargesetzgebung die vorbeugenden Maßnahmen zu belassen, um Handlungen zu verhüten, „welche selbst keine Tierquälerei enthalten, bei häufigem Vorkommen aber leicht zu solcher führen können.“[262] Solche „durchaus zweckmäßige Maßregeln“ reichsgesetzlich im Einzelnen festzustellen, sei mit Rücksicht auf die gerade in dieser Beziehung lokal doch verschiedenen Bedürfnisse nicht wohl angängig. Doch um die landesgesetzlichen Regelungen zu binden und wenigstens im Strafmaß anzugleichen,[263] aber mit Rücksicht auf „die geringere Gefährlichkeit dieser Fälle“[264] bzw. „den polizeilichen Charakter solcher Vorschriften“[265], schlug von Hippel vor, anstatt des bisherigen Paragraphen folgende Blankettvorschrift zu setzen:

---

257 v. Hippel, *Tierquälerei*, 1891, S. 138; vgl. *Vergl. Darst.*, 1906, S. 268.

258 v. Hippel, *Tierquälerei*, 1891, S. 138.

259 v. Hippel, *Tierquälerei*, 1891, S. 127.

260 v. Hippel, *Tierquälerei*, 1891, S. 139. Der Ersatz von „Quälerei“ durch „Mißhandlung“ führte sich auf seine derzeitige Begriffsbestimmung zurück, der zufolge Letztere nicht nur Erstere in sich enthalte, sondern auch zweckmäßiger sei, jede unnötige Verursachung von Schmerzen und Leiden zu verhindern. (vgl. S. 135) Doch in *Vergl. Darst.*, 1906, S. 267 samt Fn. 1 revidierte er seine Ansicht insofern, den Begriff „quälen“ wegen seiner Volkstümlichkeit doch beibehalten zu wollen.

261 v. Hippel, *Tierquälerei*, 1891, S. 139.

262 v. Hippel, *Tierquälerei*, 1891, S. 140.

263 Eberstein, *Tierschutzrecht bis 1933*, 1999, S. 156.

264 v. Hippel, *Tierquälerei*, 1891, S. 140.

265 v. Hippel, *Vergl. Darst.*, 1906, S. 268.

„§ 360. Mit Geldstrafe bis zu 150 Mark oder mit Haft wird bestraft:

Nr. 13. Wer den zur Vermeidung der Mißhandlung von Tieren erlassenen Bestimmungen zuwiderhandelt.“[266]

In der folgenden Zeit brachten auch Josef Kohler[267] und Ignaz Bregenzer[268] Gesetzesvorlagen hervor. Doch während Letzterer abgelehnt wurde,[269] bestehe „zwischen dem v. Hippelschen und dem Kohlerschen Vorschlag inhaltlich kein großer Unterschied.“[270] Durch die „*Vergleichende Darstellung des deutschen und ausländischen Strafrechts*“ 1906, in der von Hippel mit gekürzter Fassung wiedermal die Materie Tierquälerei bearbeitete, setzten die Vorarbeiten zur deutschen Strafrechtsreform ein. „Private Vorschläge unterblieben daher ganz. Dieser Zustand hielt bis zum Jahre 1927 an.“[271]

---

266 v. Hippel, *Tierquälerei*, 1891, S. 141.

267 Kohler, *Die Thiere im Recht*, in: GS, Bd. 47, 1892, S. 53: „Wer Thiere quält, wird ... bestraft. Diese Bestimmung findet keine Anwendung, wenn solches in Wahrnehmung eines gerechtfertigten menschlichen Interesses geschieht.“ S. 54: „Ein weiterer Passus müßte besagen: ‚Der Absatz 1trifft dann zu, wenn Jemand einem Hausthier, während er es in seiner Obhut hat, durch Nichtgewährung von Nahrung und von Schirm und Schutz Qualen bereitet.‘ Ein zweiter Paragraph müßte besagen: ‚Geldstrafe bis ... oder Haft bis ... trifft denjenigen, welcher den für die Vivisektion, für den Transport und für das Schlachten von Thieren gegebenen Bestimmungen zuwider handelt.‘“

268 Bregenzer, *Thier-Ethik*, 1894, S. 369: „a) § 222a des R.-Str.-G.-B. (hinter § 222)
‚Unbefugte Tödtung von Thieren wird mit Haft oder Geldstrafe bis zu 500 Mark oder mit Gefängniß bis zu drei Monaten bestraft.‘
b) § 233a des Str.-G.-B. (hinter § 233, statt § 360 Nr. 13)
‚Mißhandlung von Thieren wird mit Haft oder Geldstrafe bis zu 1000 Mark oder mit Gefängniß bis zu zwei Jahren bestraft.‘
c) als neuen § 360 Nr. 13 des Str.-G.-B.
‚Mit Geldstrafe bis zu 150 Mark oder mit Haft wird bestraft, wer den zur Vermeidung der Mißhandlung und Tödtung von Thieren erlassenen Bestimmungen zuwiderhandelt.‘“

269 Neben der Widerlegung der Tierrechtsauffassung (s. o.) wurde seine Eigenthematisierung der unbefugten Tiertötung, von Kupka, *lex ferenda*, 1918, S. 47 – 48 als „bei der heutigen gesetzlichen Regelung des Notstandes ein Unding“ kritisiert, und von Clauß, *Tierschutz und Strafgesetzgebung*, 1928, S. 70, unter Hinweis auf die Spezialverordnungen und den allgemeinen Tatbestand der Tierquälerei als überflüssig erachtet.

270 Clauß, *Tierschutz und Strafgesetzgebung*, 1928, S. 68.

271 Sander, *Entwürfe*, 1931, S. 70.

II. Strafrechtsreform

Denn das Interesse der juristischen Literatur wende sich naturgemäß den Entwürfen im Allgemeinen und deren Tierschutzbestimmungen im Besonderen zu.[272] Allerdings „tauchen doch dieselben Tatbestände in fast gleichen Fassungen immer wieder in den einzelnen Entwürfen auf."[273] Da „daher in der Hauptsache das, was über den einen zu sagen ist, auch über den anderen zu sagen sein würde,"[274] sei es geboten, allein die letzte Textstufe darzustellen.[275]

1. Endfassung nebst Begründung

Am 14. Mai 1927 legte der Reichsminister der Justiz, Oskar Hergt (DNVP), den *Entwurf eines Allgemeinen Deutschen Strafgesetzbuches* zum Reichstagsbeschluss vor.[276] Darin hieß es:

> „Tierquälerei *§ 366. Wer ein Tier absichtlich quält oder roh mißhandelt, wird mit Gefängnis bis zu sechs Monaten oder Geldstrafe bestraft.*"[277]

> „*§ 412.* Tierschutz. *Wer einer zum Tierschutz erlassenen Vorschrift zuwiderhandelt, wird mit Geldstrafe bestraft.*"[278]

Die amtliche Begründung zum 34. Abschnitt „Tierquälerei" lautete:

> „Dem Tierschutz dient im geltenden Strafgesetzbuch lediglich die Bestimmung des § 360 Nr. 13, wonach mit Geldstrafe bis zu einhundertfünfzig Mark oder mit Haft bestraft wird, wer öffentlich oder in Ärgernis erregender Weise Tiere boshaft quält oder roh mißhandelt. Diese Vorschrift reicht zur Bekämpfung der Tierquälerei nicht aus, da ihr Tatbestand zu eng und die Strafdrohung zu gering ist. Nach dem Vorgang früherer Gesetzesvorlagen und im Anschluß an die bisherigen Entwürfe des Strafgesetzbuches erweitert der Entwurf daher den Tatbestand der Tierquälerei und droht Vergehensstrafe an. Dagegen verzichtet der Entwurf darauf, auch die Übertretung besonderer Tierschutzvorschriften zum Vergehen auszugestalten. Gegen die Übertretung solcher Vorschriften ist im § 412 Übertretungsstrafe vorgesehen. In wirklich schlimmen Fällen von Zuwiderhandlungen gegen Verordnungen über den Tierschutz wird wohl immer zugleich der Tatbestand der Tierquälerei (§ 366) erfüllt sein;

---

272 Sander, *Entwürfe*, 1931, S. 70.

273 Sander, *Entwürfe*, 1931, S. 37.

274 Clauß, *Tierschutz und Strafgesetzgebung*, 1928, S. 71.

275 Die vorigen Textstufen von 1909, 1913, 1919 und 1925 samt Beratungsgeschichte s. Eberstein, *Tierschutzrecht bis 1933*, 1999, S. 261 – 315.

276 Eberstein, *Tierschutzrecht bis 1933*, 1999, S. 294.

277 Reichstag, III. Wahlperiode 1924 / 27, Drucksache Nr. 3390, S. 39.

278 Reichstag, III. Wahlperiode 1924 / 27, Drucksache Nr. 3390, S. 43.

soweit dies nicht der Fall ist, handelt es sich regelmäßig nur um Ordnungswidrigkeiten, für die der für Übertretungen vorgesehene Strafrahmen ausreicht."[279]

Zudem wurde zum § 366 (Tierquälerei) besagt:

„Der Entwurf verzichtet auf die im geltenden Rechte vorgesehene Einschränkung, daß die Tat öffentlich oder in Ärgernis erregender Weise begangen wird. Die bisherige Anwendung ‚boshaft quält' ist einer Anregung Österreichs entsprechend durch die Worte ‚absichtlich quält' ersetzt worden; es wird dadurch die Zahl der Bezeichnungen für die Schuldformen des Vorsatzes verringert und die Rechtsanwendung erleichtert. Absichtlich quält der ein Tier, der ihm länger dauernde oder sich wiederholende erhebliche Schmerzen oder Leiden verursacht und dem es dabei gerade auf diesen Erfolg ankommt. Roh ist eine Mißhandlung, die in besonderem Maße das Gefühl vermissen läßt, das der Mensch für die Schmerzempfindung des Tieres haben soll, und die nicht durch einen billigenswerten Zweck geboten ist. Der Tatbestand der Tierquälerei ist also nicht gegeben bei einer Behandlung des Tieres, die nur aus wissenschaftlichen oder religiösen Beweggründen geschieht.

Das Strafmaß entspricht dem vom Entwurfe für leichtere Vergehen vorgesehenen; die Strafe von sechs Monaten Gefängnis ermöglicht es, auch besonders verwerfliche Fälle fortgesetzter oder gewohnheitsmäßiger Tierquälerei und besonders rohe Mißhandlung angemessen zu ahnden."[280]

Zuletzt hieß es zum § 412 (Tierschutz):

„Der Tatbestand der Tierquälerei (§ 366) reicht zum Schutze der Tiere nicht aus. Es muß Vorsorge getroffen werden, daß Tiere nicht bei der Arbeit, beim Transport, beim Schlachten u. dgl. in einer Weise behandelt werden, die ihnen über das durch den Zweck gebotene Maß hinaus Schmerz bereitet. Welche Tatbestände hier im einzelnen in Betracht kommen, bestimmen die nach der Benutzungsart der Tiere, dem Ort und der Zeit der Verwendung verschiedenen Bedürfnisse. Der Entwurf überläßt es den zuständigen Verwaltungsstellen, die nötigen Vorschriften zu erlassen, und bedroht nur die Zuwiderhandlungen gegen diese Vorschriften einheitlich mit Übertretungsstrafe (zu vergleichen die Bemerkungen zu § 366)."[281]

2. Kritik praktischer Tierschützer

Trotz aller gesetzlichen Verbesserungen und amtlichen Erklärungen gab man sich mit dem E. 27 nicht zufrieden. So reichte Carl Kraemer[282] bereits am 20.

---

279 Reichstag, III. Wahlperiode 1924 / 27, Drucksache Nr. 3390, S. 188.

280 Reichstag, III. Wahlperiode 1924 / 27, Drucksache Nr. 3390, S. 188 – 189.

281 Reichstag, III. Wahlperiode 1924 / 27, Drucksache Nr. 3390, S. 204 – 205.

282 http://www.hilchenbach.de/standard/page.sys/306.htm#beitrag397 (Zustand v. 17. 1. 2012) berichtet: „Carl Kraemer wurde am 22. Dezember 1873 in Hilchenbach, Bruchstraße 28, geboren und starb am 12. Mai 1951 ebenfalls hier in Hilchenbach. Schon als Schüler beschäftigte er sich mit Pflanzen und Tieren in Wald und Feld. Den heimischen Vögeln galt seine besondere Liebe. Wegen seiner umfassenden Kenntnisse auf

Juni 1927 ein Gesuch des Berliner Tierschutzvereins an den Reichstag ein: „Der Entwurf reicht nicht aus, um die Tiere in dem Maße gegen menschliche Willkür zu schützen und die Verrohung der Menschen zu verhindern, wie man es von und in einem *Kultur*staate mindestens erwarten muß."[283]

a) An Vergehens-Tatbeständen

Und „damit man uns nicht immer den Vorwurf der Barbarei machen kann, mit dem, besonders während der Kriegs- und in der Nachkriegszeit, das Ansehen Deutschlands im Auslande so schwer geschädigt wurde"[284], halfen Kraemer und Kollegen mit eigenen Erkenntnissen, das zukünftige deutsche Strafgesetz auszubauen.

aa) Erweiterung des allgemeinen Tatbestandes

Vom § 366 des E. 27 wirke zuvörderst das Merkmal „absichtlich" besorgniserregend, weil hiernach „viele offenbar fahrlässige, auf Gleichgültigkeit oder Gewinnsucht beruhende Quälereien" straflos blieben.[285] Außerdem hätte man anstelle „roh mißhandelt" lieber „roh behandelt" gesehen, damit bei der Feststellung von Tierquälerei weniger Zweifel aufkomme, „als wenn zu überlegen ist,

---

diesem Gebiet wurde er bereits im Alter von 23 Jahren zum korrespondierenden Mitglied der zoologischen Sektion des Westfälischen Provinzialvereins für Wissenschaft und Kunst in Münster berufen. 1899 übernahm er den Vorsitz des im Jahre 1885 gegründeten Tierschutz-Vereins Hilchenbach von dem Natur- und Tierforscher Richard Becker, der ihn bis dahin in seinem Denken und Handeln gefördert hatte. Seit 1894 verband Carl Kraemer eine Freundschaft mit dem Berliner Ehepaar Hans und Meta Beringer, die dem seinerzeit größten Berliner Tierschutz-Verein zur Bekämpfung der Massentierquälereien vorstanden. Diese beriefen ihn 1912 als hauptamtlichen Mitarbeiter nach Berlin. Dort führte er den Berliner Verein zu großer Wirksamkeit. Im 1. Weltkrieg widmete sich Carl Kraemer dem Schutz der verwundeten Pferde. Er errichtete Pferdelazarette und startete Aufrufe für Geld- und Sachspenden, mit denen die Versorgung der verwundeten Tiere sichergestellt wurde. Der gelernte Sattler, der seinen Meisterbetrieb bis 1912 in Hilchenbach hatte, entwickelte 1915 sogar einen besonderen Pferdetransportwagen. Dieser wurde wenig später in Serie hergestellt. Selbst Hindenburg wurde so auf ihn aufmerksam und unterstütze sein Tun mit einem persönlichen Handschreiben. In Genf vertrat er die Interessen des Deutschen Reiches als dort über den Internationalen Roten Stern verhandelt wurde, der den verwundeten Kriegspferden internationalen Schutz gewähren sollte. In der Nachkriegszeit betrieb Carl Kraemer in Berlin eine Druckerei, in der er in Millionenauflagen Tierschutzwerbeschriften herstellte." Seine folgenden Taten werden im folgenden Text dargetan.

283 GStA PK, Berlin-Dahlem, I. HA Rep. 84, Nr. 5215, S. 161.

284 GStA PK, Berlin-Dahlem, I. HA Rep. 84, Nr. 5215, S. 161.

285 Beispielfälle in: GStA PK, Berlin-Dahlem, I. HA Rep. 84, Nr. 5215, S. 162 – 163.

ob ein Fall nur eine Mißhandlung oder eine rohe Mißhandlung ist. Zwischen den beiden Begriffen die richtige Grenze zu finden, wird oft sehr schwer und unmöglich sein." Aufgrund dieser Erwägungen wurde die Fassung empfohlen:

> *„Wer ein Tier vorsätzlich quält oder roh behandelt, wird mit Gefängnis bis zu sechs Monaten oder mit Geldstrafe bestraft.*"[286]

Hinzu würde man eine Wiedereinführung der amtlicherseits anzuordnenden Ehrenstrafe nach dem Vorbild im § 59 des E. 25 begrüßen.[287]

bb) Erfindung neuer Regelungen

Darüber hinaus nahmen die Tierschützer noch Bedacht auf Folgendes:

(1) Aufsichtspflicht

§§ 12, 15 des E. 27 schrieben Kindern (unter 14 Jahren alt) und Jugendlichen (14 – 18) nur *„verminderte Zurechnungsfähigkeit*" zu: „Es ist aber bekannt genug, daß gerade junge Menschen oft die unglaublichsten Tierquälerei begehen. Oft nur aus Uebermut oder Wichtigtuerei, oft aus Rachsucht an ihnen anvertrauten Tieren. Wie werden sie es nun erst treiben, wenn sie wissen, daß sie gesetzlich nicht oder nur schwer zu fassen sind? Dem muß unbedingt ein Riegel vorgeschoben werden, denn was sonst klafft, ist nicht eine Lücke, sondern ein schauerlicher Abgrund und nur geeignet, noch mehr zu der so vielseitig beklagten Verrohung der Jugend beizutragen. Junge Menschen schreckt Strafandrohung am meisten, und Eltern und Vormünder müssen deshalb angehalten werden, ihren Pflegebefohlenen die Sachlage klar zu machen."[288] Daher empfahl der Tierschutzverein, in Anlehnung an den § 361 Z. 9 des geltenden RStGB[289] dem E. 27 folgende Bestimmung als Erziehungsmittel hinzuzufügen:

---

286 GStA PK, Berlin-Dahlem, I. HA Rep. 84, Nr. 5215, S. 162.

287 § 59 des E. 27: „Das Gericht kann die öffentliche Bekanntmachung des Urteils auf Kosten des Verurteilten anordnen, um ihn an weiteren strafbaren Handlungen zu hindern oder andere von gleichen oder ähnlichen strafbaren Handlungen abzuhalten." In: GStA PK, Berlin-Dahlem, I. HA Rep. 84, Nr. 5215, S. 163. In der Tat hatte schon E. 19 in § 400 Abs. 2 eine Ehrenstrafe vorgesehen.

288 GStA PK, Berlin-Dahlem, I. HA Rep. 84, Nr. 5215, S. 163.

289 Seit der *Bekanntmachung, betreffend die Redaktion des Strafgesetzbuches für das Deutsche Reich* v. 26. 2. 1876, Nr. 1123 galt: „*§. 361. Mit Haft wird bestraft:* […] *9) wer Kinder oder andere unter seiner Gewalt stehende Personen, welche seiner Aufsicht untergeben sind und zu seiner Hausgenossenschaft gehören, von der Begehung von Diebstählen, sowie von der Begehung strafbarer Verletzung, der Zoll- oder Steuergesetze, oder der Gesetze zum Schutze der Forsten, der Feldfrüchte, der Jagd oder der Fischerei abzuhalten unterläßt. Die Vorschrift dieser Gesetze über die Haftbarkeit für die den Thäter treffenden Geldstrafen oder anderen Geldleistungen werden hier-*

„Wer Kinder oder andere unter seiner Gewalt stehende Personen, welche seiner Aufsicht untergeben sind und zu seiner Hausgenossenschaft gehören, von der Begehung von Diebstählen, sowie von der Begehung strafbarer Verletzung der Zoll- und Steuergesetze, oder der Gesetze zum Schutze der Forsten, der Feldfrüchte, der Tiere, der Jagd oder der Fischerei anzuhalten unterläßt, wird mit Gefängnis bis zu drei Monaten oder mit Geldstrafe bestraft. Die Vorschriften dieser Gesetze über die Haftbarkeit für die den Täter treffenden Geldstrafen oder anderen Geldleistungen werden hierdurch nicht berührt.“[290]

(2) Anderweitige Pflege und Berufsverbot

Schließlich schöpften die Tierschützer aus der „jetzt schon gesetzlich gegebene Möglichkeit, daß Eltern, die ihre Kinder nicht richtig behandeln und erziehen, diese weggenommen werden können, oder z. B. einem Gastwirt die Konzession entzogen werden kann“, den Vorschlag:

„In der Behandlung und Pflege gefährdete Tiere können auf Kosten des Besitzers anderweitig in gute Obhut gegeben werden, bis die Gewähr für bessere Behandlung vorhanden ist. Bei fortgesetzter Quälerei von Zugtieren kann dem Täter die Ausübung des Berufes eines Gespannführers verboten werden.“[291]

(3) Lückenschließung mithilfe „Volltrunkenheit“

Im § 367 Abs. 1 des E. 27[292] sah man endlich einen oft geäußerten Wunsch erfüllt, denn: „Sehr viele Mißhandlungen von Zugtieren durch angetrunkene Personen blieben straflos, weil sich die Beschuldigten mit sinnloser Trunkenheit herausredeten. Das gelingt in der Zukunft nicht mehr, sofern der Täter sich schuldhaft in den die Zurechnungsfähigkeit ausschließenden Zustand versetzt hat. Wer sich dann mit Trunkenheit entschuldigen will, um nicht wegen einer

---

durch nicht berührt. [Abs. 2] *In den Fällen der Nr. 9 kann statt der Haft auf Geldstrafe bis zu hundertfunfzig Mark erkannt werden.*“ In: RGBl. 1876, S. 39 (111 – 112).

290 GStA PK, Berlin-Dahlem, I. HA Rep. 84, Nr. 5215, S. 163; etwaig „unbillige Härte“ dieser Bestimmung könne bis auf 3 RM gemildert werden, u. z. nach § 73 S. 5 des E. 27: „Bei Vergehen kann das Gericht an Stelle einer verwirkten Freiheitsstrafe von höchstens drei Monaten auf Geldstrafe erkennen, wenn der Strafzweck durch eine Geldstrafe erreicht werden kann“; i. V. m. § 37: „Die Geldstrafe beträgt, soweit das Gesetz nicht anderes bestimmt, mindestens drei und höchstens zehntausend Reichsmark.“ In: GStA PK, Berlin-Dahlem, I. HA Rep. 84, Nr. 5215, S. 161.

291 GStA PK, Berlin-Dahlem, I. HA Rep. 84, Nr. 5215, S. 163.

292 § 367 Abs. 1 des E. 27 „Wer sich vorsätzlich oder fahrlässig durch den Genuß geistiger Getränke oder durch andere berauschende Mittel in einen die Zurechnungsfähigkeit ausschließenden Rausch versetzt, wird mit Gefängnis bis zu zwei Jahren oder mit Geldstrafe bestraft, wenn er in diesem Zustand eine mit Strafe bedrohte Tat begeht.“ In: GStA PK, I. HA Rep. 84, Nr. 5215, S. 161 – 162.

Tierquälerei bestraft zu werden, wird nach § 367 bestraft, weil er zu viel getrunken hat.“[293]

b) An Übertretungen

Im Gegenteil dazu müsse der neue § 412 „sehr an Wirkung verlieren“, denn seinem Übertretungstatbestande würden alle bisherigen Nachteile[294] anhaften.

aa) Umgestaltung der allgemeinen Tierschutznorm

Daher sprachen sich die Tierschützer dafür aus, diese Vorschrift in die Vergehen einzureihen, und zwar mit dahingehenden Änderungen: „*Wer einer zum Tierschutz erlassenen Vorschrift vorsätzlich oder fahrlässig zuwiderhandelt, wird mit Gefängnis bis zu drei Monaten oder mit Geldstrafe bestraft.*“[295]

bb) Zuhilfenahme weiterer Vorschriften für Tierschutz

Danach bliebe ein Rückgriff auf die Übertretungsstrafe zum Schutz von Tieren weiterhin möglich, indem § 407[296] die einheimische Tier- und Pflanzenwelt mit in den „*Heimatschutz*“ einbezog. Auch § 408[297] könne dienlich sein, wäre das „schließen“ in dessen Z. 3 vorbeugend auszulegen: „denn man wird allgemein denken, daß nur das Schießen mit Feuergewehr, Pistole, Revolver u. dergl. ver-

---

293 GStA PK, Berlin-Dahlem, I. HA Rep. 84, Nr. 5215, S. 163.

294 Vgl. Eberstein, *Tierschutzrecht bis 1933*, 1999, S. 136 – 137.

295 GStA PK, Berlin-Dahlem, I. HA Rep. 84, Nr. 5215, S. 164.

296 „§ 407. *Heimatschutz.* Wer eine Vorschrift übertritt, die zum Schutze von Denkmälern der Kunst, der Geschichte und der Natur oder zum Schutze der Landschaft oder des Orts- oder Landschaftsgebildes oder der einheimischen Tier- oder Pflanzenwelt erlassen ist, wird mit Geldstrafe bestraft.“ In: GStA PK, Berlin-Dahlem, I. HA Rep. 84, Nr. 5215, S. 162.

297 „§ 408. *Hundehetzen. Steinewerfen. Gefährliches Schießen. Gefährliche Tiere.* Mit Geldstrafe wird bestraft:
1. wer Hunde auf Menschen hetzt;
2. wer vorsätzlich mit Steinen, anderen harten Gegenständen oder Unrat so wirft, daß Menschen oder fremdes Eigentum gefährdet werden können;
3. wer an Orten, wo Menschen verkehren, ohne polizeiliche Erlaubnis schießt oder Feuerwerk abbrennt oder Selbstschüsse, Schlageisen, Fußangeln oder ähnliche Vorrichtungen anbringt oder unterhält;
4. wer ein gefährliches wildes Tier ohne polizeiliche Erlaubnis hält oder ein wildes oder bösartiges Tier frei herumlaufen läßt oder es unterläßt, die nötigen Vorsichtsmaßnahmen zur Verhütung von Beschädigungen durch solche Tiere zu treffen.
In den Fällen der Nr. 3 können die Schußwaffen und Vorrichtungen eingezogen werden, auch wenn sie nicht dem Täter gehören.“ In: GStA PK, Berlin-Dahlem, I. HA Rep. 84, Nr. 5215, S. 162.

boten sei, nicht aber mit Luftgewehr, Blasrohr, Pfeil und Bogen, Gummischleuder usw. Gerade mit diesen letzteren Gegenständen wird, weil sie keinen Knall verursachen, am meisten Unfug und Schaden, sowohl in bezug auf den Vogelschutz, wie auch durch Gefährdung der Menschen, angerichtet; besonders von Jugendlichen."[298] Daher wollten die Tierschützer die Vorschrift nach Vorbild des § 367 Nr. 8 RStGB[299] verändern: „*wer an Orten, wo Menschen verkehren, ohne polizeiliche Erlaubnis mit Feuergewehr oder anderem Schießwerkzeug schießt oder Feuerwerk abbrennt oder Selbstschüsse, Schlageisen, Fußangeln oder ähnliche Vorrichtungen anbringt oder unterhält*".[300]

Eine weitere Möglichkeit hätte § 408 Z. 2 sein können, aber: „Nach der Fassung des Entwurfes kann man z. B. Steine und allerhand Gerümpel straflos in einen fremden Garten werfen, damit auch Vogelnester zerstören, herrenlose Tiere töten usw., wenn nur kein Mensch oder fremdes Eigentum ‚gefährdet' werden kann. Zum Schutze der freilebenden Tiere, die ja keines Menschen Eigentum ist, [...] müßte der Abs. (sic!) 2 des § 408 heißen: ‚*Wer Steine oder andere harte Gegenstände oder Unrat gegen oder in fremde Häuser, Gebäude, in Gärten oder Einschließungen oder so wirft, daß Menschen, Tiere oder fremdes Eigentum gefährdet werden können;*'".[301]

Am 10. September 1927 wiederholte Kraemer alle dieselben Vorschläge, aber diesmal mit den während der letzten gut zweieinhalb Monate zusammengetragenen Unterzeichnungen von 214 reichsdeutschen und österreichischen Tierschutzvereinen[302], und dem Aufruf an jedes Mitglied des Reichstags: „Da es sich nicht um irgend eine politische Frage oder Parteisache handelt, sondern ganz allein um ein Gebot der Sittlichkeit, also um eine Tat, welche dem ganzen deutschen und österreichischen Volk zugute kommt und die nur geeignet ist, das Ansehen des deutschen Namens in der ganzen Welt zu heben, so hoffen wir zuversichtlich, daß jede Partei des Reichstages es für ihre besondere Ehrenpflicht ansieht, das neue Strafgesetz so zu gestalten, daß es den besten gleichartigen Gesetzen des Auslandes, die uns heute übertreffen, würdig an die Seite gestellt werden kann."[303]

---

298 GStA PK, Berlin-Dahlem, I. HA Rep. 84, Nr. 5215, S. 164.

299 „*§. 367. Mit Geldstrafe bis funfzig Thalern oder mit Haft wird bestraft:* [...] *8) wer ohne polizeiliche Erlaubniß an bewohnten Orten oder von Menschen besuchten Orten Selbstgeschosse, Schlageisen oder Fußangeln legt, oder an solchen Orten mit Feuergewehr oder anderem Schießwerkzeuge schießt.*" In: RGBl. 1871, Nr. 24 v. 15. Mai 1871, S. 127 (200).

300 GStA PK, Berlin-Dahlem, I. HA Rep. 84, Nr. 5215, S. 164.

301 GStA PK, Berlin-Dahlem, I. HA Rep. 84, Nr. 5215, S. 164.

302 Auflistung in: GStA PK, Berlin-Dahlem, I. HA Rep. 84, Nr. 5215, S. 165 VS+RS.

303 GStA PK, Berlin-Dahlem, I. HA Rep. 84, Nr. 5215, S. 164 – 165.

3. Vorschläge tierfreundlicher Juristen

Während der Wortwechsel von „boshaft" auf „absichtlich" keine wissenschaftliche Beachtung fand,[304] widerfuhr dem Fortfall von „Öffentlichkeit" und „Ärgerniserregung" und der Erhebung des Tierquälereideliktes zum Vergehen allgemein Begrüßung.[305] Doch aus der Ansicht, der E. 27 habe trotzdem bei weitem noch nicht alle billigenswerten Forderungen des Tierschutzes erfüllt,[306] versuchten auch manche Juristen, §§ 366, 412 um- und auszubauen.

a) §§ A bis E von Clauß

Der eine war Hans Clauß. In seiner Dissertation 1928 kamen folgende Vorschläge vor:

> „§ A: Wer absichtlich ein Tier in einer Weise mißhandelt, die Mitleid zu erregen geeignet ist, wird mit Gefängnis bis zu einem Jahre bestraft.
>
> § B: Wer ein Tier unbillig mißhandelt, wird mit Gefängnis bis zu einem Jahre oder mit Geldstrafe bestraft.
>
> § C: Wer, nachdem er bereits zweimal gemäß § A oder § B zu Freiheits- oder empfindlichen Vermögensstrafen verurteilt worden ist, innerhalb fünf Jahren nach Strafverbüßung erneut ein Tier mißhandelt, wird, sofern die neue Tat von Roheit zeugt, mit Gefängnis nicht unter drei Monaten bestraft. (Vorbehaltlich allgemeiner Regelung der Rückfallbestrafung)
>
> § D: Das Gericht kann demjenigen, welcher wegen Mißhandlung von Tieren, die unter seiner Obhut stehen, bereits zum dritten Male eine Freiheits- oder empfindliche Strafe verwirkt hat, das fernere Halten, Benutzen oder gewerbsmäßige Gebrauchen von Tieren untersagen.
>
> § E: In den Fällen der §§ A bis D kann neben der Strafe angeordnet werden, daß die Verurteilung auf Kosten des Verurteilten öffentlich bekanntzumachen ist. (Vorbehaltlich einer Verallgemeinerung dieses Strafgedanken.)"[307]

aa) Systematik

Clauß wollte „sämtliche menschliche Handlungen, die für Tiere erhebliche Schmerzzufügungen um Gefolge haben, in drei Gruppen einteilen, nämlich: I. in die ‚absichtlichen', d. h. boshaften, die Scherzzufügung als Endzweck verfolgenden Handlungen. […] II. in die Handlungen, deren Zweck die Mißhandlung

304 Vgl. Clauß, *Tierschutz und Strafgesetzgebung*, 1928, S. 73, Sander, *Entwürfe*, 1931, S. 65; Schaefer, *Tierschutz im Reichsstrafrecht*, 1932, S. 23.

305 Vgl. Sander, *Entwürfe*, 1931, S. 65; Schaefer, *Tierschutz im Reichsstrafrecht*, 1932, S. 22, 66.

306 Clauß, *Tierschutz und Strafgesetzgebung*, 1928, S. 78; Schaefer, *Tierschutz im Reichsstrafrecht*, 1932, S. 76.

307 Clauß, *Tierschutz und Strafgesetzgebung*, 1928, S. 93.

nicht rechtfertigt. […] III. in die Handlungen, deren Zweck die Mißhandlung rechtfertigt. Hier ist zu unterscheiden, ob die Mißhandlung in Hinsicht auf den mit ihr verfolgten Zweck auch wirklich notwendig, oder ob sie unnötig ist. Ist sie notwendig, so ist die Handlung selbstverständlich [nicht] strafbar"; den sonstigen „Fällen aber, wo statt des Vorsatzes Fahrlässigkeit und also eine hinsichtlich des einzig und allein verfolgten Zwecks unnötige Mißhandlung vorliegt, mag durch vorbeugende Verordnungen, wie sie schon jetzt in großer Anzahl bestehen, begegnet werden."[308]

Somit wurde die Fallgruppe III dem § 412 E. 27 überlassen, sein § 366 jedoch „entzweit", indem Clauß zuerst seinen § A gegen die Fallgruppe I richtete: „Ist hier schon der Zweck als solcher nicht zu billigen, so ist sein Verhältnis zur Mißhandlung jederzeit das unbilligste,"[309] daher „wäre es verfehlt, neben der Freiheitsstrafe noch Geldstrafe vorzusehen."[310] Nebenbei behandelte § B die Fälle der Gruppe II, doch weil die hiesigen Taten „unter Umständen fast ebenso schlimm sein können wie die unter A.) fallenden, ist die Höchststrafe in beiden Tatbeständen die gleiche. Dagegen ist bei B.), da der Übergang zum Billigen ein kontinuierlicher ist, noch die Möglichkeit der Geldstrafe eröffnet."[311] Betreffs der Freiheitsstrafe selbst verdoppelte Clauß die Obergrenze des § 366 E. 27 bis zu einem Jahr Gefängnis, denn das Strafmaß sollte sich „dem innerhalb der Gesellschaft lebendigen Empfinden und Bewerten anpassen, und von diesem Gesichtspunkte aus wird man die bestialischsten Tierquälereien den schwersten Fällen einer ‚leichten Körperverletzung' und einer ‚einfachen Sachbeschädigung' *vielleicht*, den schwersten Fällen einer Gotteslästerung, einer ‚öffentlichen Vornahme unzüchtiger Handlungen' und einer ‚öffentlichen Verbreitung unzüchtiger Schriften' aber *bestimmt* gleichstellen müssen."[312]

Aus gleicher Rücksicht auf das „Volksempfinden" verkannte Clauß andererseits nicht, die Auswirkung einer an sich unbilligen Tierquälerei könne „unter

---

308 Clauß, *Tierschutz und Strafgesetzgebung*, 1928, S. 37; zur Erklärung der letztgenannten Untergruppe unternahm Clauß eine psychologische Analyse, „daß dies nur bei Fahrlässigkeit oder nicht fahrlässiger Unkenntnis [„hätte wissen müssen", Anm. d. Verf.] des Täters der Fall sein kann, denn handelt der Täter vorsätzlich und mithin entgegen besserem Wissen von der Vermeidbarkeit der Mißhandlung, so müßte er dazu gemäß dem Kausalgesetze durch ein Motiv veranlaßt sein, also neben dem ohne Mißhandlung verfolgbaren Zweck noch einen anderen Zweck ins Auge haben, der ihn zur Mißhandlung treibt. Es wäre daher immer zu untersuchen, ob der zweite Zweck zur Mißhandlung in einem billigenswerten Verhältnisse steht."

309 Clauß, *Tierschutz und Strafgesetzgebung*, 1928, S. 36.

310 Clauß, *Tierschutz und Strafgesetzgebung*, 1928, S. 38.

311 Clauß, *Tierschutz und Strafgesetzgebung*, 1928, S. 39.

312 Clauß, *Tierschutz und Strafgesetzgebung*, 1928, S. 60; Schaefer, *Tierschutz im Reichsstrafrecht*, 1932, S. 69.

Umständen (z. B. wenn das Objekt der Mißhandlung einer ganz tiefstehenden Tiergattung angehört) zu geringfügig sein, um eine um eine Freiheitsstrafe gerechtfertigt erscheinen zu lassen."[313] Nur insofern verlangte sein § A zusätzlich, die Tat müsse „*Mitleid zu erregen geeignet*" sein, wobei Clauß klarstellte: „das menschliche Mitleidsgefühl erscheint hier nicht als Angriffsobjekt, sondern ist lediglich als Maßstab für die Größe der Mißhandlung gebraucht. Diese Funktion erfüllt es ausgezeichnet, da sich seine Stärke in der Regel nach der Stärke des betreffenden Schmerzes richtet," zu dessen Verortung Clauß darauf hinwies: „‚Miene' [...] haben die Tiere in der Regel umso mehr, je entwickelter ihr Nervensystem, also ihr schmerzempfindendes Organ ist."[314]

bb) „Unbillig" als Maßstab

Dabei riet Clauß vom „roh" i. S. d. amtlichen Begründung des E. 27 ab, „denn eine Tiermißhandlung, die durch Verfolgung eines *billigenswerten* Zweckes *geboten* sei, kann niemals ‚in besonderem Maße' das Mitleidsgefühl [...] vermissen lassen."[315] Gebe es somit „keine rohen Mißhandlungen ohne Unbilligkeit, so muß andererseits betont werden, daß sich sehr wohl unbillige, sogar außerordentlich unbillige und durchaus strafwürdige Mißhandlungen abspielen können, ohne daß dem Täter der qualifizierte Vorsatz der Roheit zur Last fällt, nämlich dann, wenn der Täter in einer bei Verkehr mit Tieren des öfteren üblichen Leitfertigkeit, in Gedankenlosigkeit und Unbesonnenheit handelt."[316]

Nicht zuletzt in Ansehung der Beispiele Schliefsport (Parforcejagd) und die Hundeprüfung (Katzenwürgen) sah Clauß die Strafbarkeit einer Tierquälerei schlechthin in ihrer *Unbilligkeit* — „Absicht" in ihr eingeschlossen[317] — begründet: „Das Wort ‚unbillig' drückt das Verhältnis aus, in welchem der Wert des jeweils verfolgten Zweckes zu der jeweiligen Größe des durch dessen Verfolgung verursachten Leides steht."[318] „Damit wird auch die Annahme von Rechten, die Schmerzzufügungen an Tieren in *jeder* Größe und ohne Berücksichtigung des *jeweils* verfolgten Zweckes gestatten, ausgeschlossen, insbesondere auch die Annahme eines vermeintlich ‚von Staat und Gesellschaft anerkannten Berufsrechts' der Vivisektion, wie sie v. Hippel (Tqu. S. 136) zu Unrecht fordert: denn auch der Wissenschaftler muß sich die Beschränkungen gefallen lassen, die jedem anderen Staatsbürger bei Benutzung von Tieren aufer-

313 Clauß, *Tierschutz und Strafgesetzgebung*, 1928, S. 38.
314 Clauß, *Tierschutz und Strafgesetzgebung*, 1928, S. 38.
315 Clauß, *Tierschutz und Strafgesetzgebung*, 1928, S. 74.
316 Clauß, *Tierschutz und Strafgesetzgebung*, 1928, S. 75.
317 Clauß, *Tierschutz und Strafgesetzgebung*, 1928, S. 37.
318 Clauß, *Tierschutz und Strafgesetzgebung*, 1928, S. 39.

legt werden,“[319] „denn auch durch einen so erstrebenswerten Zweck, wie ihn die Bekämpfung des physischen Elends des Menschen darstellt, wird nicht *jedes* Mittel geheiligt“.[320]

cc) Rückfallbestrafung, Berührungsverbot und Ehrenstrafe

Während die praktischen Tierschützer den Gewohnheitstätern nur wegen „*fortgesetzter Quälerei von Zugtieren* […] *die Ausübung des Berufes eines Gespannführers*“ zu verbieten bestrebt waren, erfolgte der hiesige § C unter dem Gesichtspunkte der Rückfallbestrafung, die erstmals August Sturm 1891 aufgegriffen hatte.[321] Clauß übernahm seine Strafsetzung, wollte aber gerade wegen derer Härte den Tatbestand „durch die Hinzufügung einengen, daß die beiden ersten Bestrafungen Freiheits- oder empfindliche Geldstrafen gewesen sein müssen und auch die letzte Tat eine rohe, keine nur unbillige Mißhandlung sein muß.“[322] Unbeschadet der Absicht des E. 27, sämtliche Strafbemessungsfragen im Allgemeinen Teil zu regeln,[323] baute Clauß im § D die Nebenmaßnahme auf eine allgemeine Untersagung von „*fernere[m] Halten, Benutzen oder gewerbsmäßige[m] Gebrauchen von Tieren*“ aus.

Schließlich schrieb § E eine Ehrenstrafe vor, „denn in der Tat ist hiermit dem Gesetzgeber ein ohne große Schwierigkeiten einführbares und sowohl vom Standpunkte der Spezial- als auch der Generalprävention aus äußerst wirkungsvolles Mittel in die Hand gegeben. Insbesondere aber ist dieses Mittel gerade für die Bekämpfung der Tierquälerei nicht genug zu empfehlen, da mit ihm nicht nur die Auswirkung roher Charakter als vielmehr auch der oftmals geradezu erstaunlichen Naivität, mit welcher viele Menschen die Tiere mißhandeln, entgegengetreten werden kann.“[324] Doch darin erschöpfte Clauß schon seinen erzieherischen Gedanken, ohne die im vorigen Jahr vom Berliner Tierschutzverein vorgeschlagene Bewährungsmöglichkeit, „*bis die Gewähr für bessere Behandlung vorhanden ist*“, aufzugreifen.

---

319 Clauß, *Tierschutz und Strafgesetzgebung*, 1928, S. 41.

320 Clauß, *Tierschutz und Strafgesetzgebung*, 1928, S. 45.

321 Sturm, *Das Recht der Thiere*, in: *Beiträge zum römischen Recht*, 1891, N.D. 1985, S. 113: „Wer im Inlande wegen Thierquälerei bestraft worden ist, darauf abermals eine Thierquälerei begangen hat und wegen derselben bestraft worden ist, wird, wenn er eine neue Thierquälerei begeht, mit Gefängniß nicht unter drei Monaten bestraft.“

322 Clauß, *Tierschutz und Strafgesetzgebung*, 1928, S. 57.

323 Clauß, *Tierschutz und Strafgesetzgebung*, 1928, S. 56.

324 Clauß, *Tierschutz und Strafgesetzgebung*, 1928, S. 55.

b) §§ A bis C von Schaefer

Als Clauß seine Vorschläge der Juristischen Fakultät der Universität Leipzig vorlegte, war Karl Theodor Schaefer gerade beim Tierschutzverein derselben Stadt beschäftigt.[325] Aufgrund dortiger Erfahrungen brachte seine Doktorarbeit 1932 folgende Vorschläge zustande:

> „§ A. Wer ein Tier vorsätzlich oder fahrlässig mißhandelt, wird mit Gefängnis bis zu einem Jahre oder mit Geldstrafe bestraft.
>
> Eine rohe Mißhandlung ist mit Gefängnis zu bestrafen.
>
> § B. Bei gewohnheitsmäßiger roher Mißhandlung kann das gefährdete Tier, soweit es dem Täter gehört, auf Kosten des Täters anderweit untergebracht oder schmerzlos getötet werden.
>
> Hat der Täter die Mißhandlung anläßlich seines Berufes begangen, so kann ihm die Ausübung seines oder jedes Berufes untersagt werden, der den Umgang mit Tieren mit sich bringt.
>
> § C. Wer einer zum Zwecke des Tierschutzes erlassenen Vorschrift vorsätzlich oder fahrlässig zuwiderhandelt, wird mit Gefängnis bis zu drei Monaten oder mit Geldstrafe bestraft.
>
> Der gleichen Strafe unterliegt, wer es unterläßt, Kinder, in seinen Diensten befindliche oder andere unter seiner Gewalt stehenden Personen, welche seiner Aufsicht untergeben sind und zu seiner Hausgenossenschaft gehören, von der Übertretung dieser Vorschrift abzuhalten."[326]

aa) Strafbarkeit der Fahrlässigkeit

Wie § 360 Nr. 13 RStGB setzte auch § 366 E. 27 Vorsatz voraus. Dagegen machte Schaefer seine praktischen Erfahrungen in der Tierschutzbewegung geltend, „daß die fahrlässige Tierquälerei oft genug in Erscheinung tritt und gerade hier der Mangel eines solchen klaren Verbotes als unangenehm empfunden wird. Auch § 412 wird diesem Mangel gerade in den wichtigsten Fällen nicht abhelfen können", um „jede *unnötige* — und zu dieser gehört die fahrlässige — Tierquälerei zu erfassen."[327] Daher stellten §§ A und C Letztere beidemal ausdrücklich unter Strafe. Dies sei „praktisch von weittragender Bedeutung. Der Einwand, die einschlägigen Verordnungen nicht gekannt zu haben, wird den Täter im gegebenen Fall nicht exkulpieren. Der Nachweis, daß diese seine Unkenntnis auf Fahrlässigkeit beruht, wird nicht besonders schwierig sein, zumal es sich meist bei dem Täter um eine solche Person handeln wird, die beruflich mit Tieren umzugehen hat. Für eine solche besteht aber die Rechtspflicht, sich über die einschlägigen Bestimmungen ins Bild zu setzen. Ist dies — sei es auch Unachtsamkeit oder auf Grund der irrigen Annahme, die Bestimmungen schon zu ken-

---

325 Schaefer, *Tierschutz im Reichsstrafrecht*, 1932, S. VII (Vorwort).

326 Verstreut in: Schaefer, *Tierschutz im Reichsstrafrecht*, 1932, S. 68, 70, 71, 72, 75.

327 Schaefer, *Tierschutz im Reichsstrafrecht*, 1932, S. 66.

nen — nicht geschehen, wiewohl der Täter dazu in der Lage war, liegt eine fahrlässige Verletzung der dem Täter obliegenden Rechtspflicht vor, die zu seiner Bestrafung führt."[328]

„Eine rohe Mißhandlung würde [...] erst recht der angeführten Formulierung zu fassen sein"[329], und zwar wie im Abs. 2 des § A, „als qualifiziertes Vergehen generell mit *Freiheitsstrafe* bedroht".[330]

bb) Maßregeln gegen Gewohnheits- bzw. „Berufs"-tierquäler

Den „Rückfall" von Clauß und das, was die Tierschutzvereine mit „fortgesetzter Quälerei" meinten, einte Schaefer unter einen Begriff in seinem § B: „Gewohnheitsmäßigkeit [...] wird festzustellen sein, wenn der Täter wegen roher Mißhandlung *mehrfach vorbestraft* ist, sofern die einzelnen Urteile zeitlich nicht zu weit auseinanderliegen, oder aber, wenn der Täter sich in der rohen Mißhandlung *in mehreren Fällen*, die nun mit einem Male zur Aburteilung kommen, schuldig machte. Auch das *fortgesetzte Delikt*, also das auf einem einheitlichen Vorsatz beruhenden an demselben Rechtsgut in einzelnen Handlungen begangenen Vergehen, kann gewohnheitsmäßig begangen werden".[331]

„Derartigen gewohnheitsmäßigen Tierschindern wird mit den geltenden Bestimmungen nicht beizukommen sein. [...] Man weiß auch, daß solche Tierquäler ihre Wut über die Bestrafung an den ihnen anvertrauten Tieren auslassen. Für solche Fälle muß der Gesetzgeber den Weg offen lassen, den notorischen Tierquälern das gepeinigte Tier wegzunehmen".[332] Dafür sah § B Abs. 1 vor, das gefährdete Tier anderweitig zu unterbringen oder schmerzlos zu töten. Doch diese Bestimmung, „die einen weitgehenden Eingriff in die Rechtssphäre des Einzelnen und in die persönliche Freiheit bedeutet, wird nur beim qualifizierten Delikt — der mit Freiheitsstrafe zu bedrohenden rohen Mißhandlung — Anwendung zu finden haben".[333]

Durch sein „Studium der aktenmäßig niedergelegten Arbeit eines großen deutschen Tierschutzvereins"[334] hatte Schaefer allgemein kennen gelernt, „daß gewohnheitsmäßige Tierquäler sich häufig genug unter solchen Personen befinden, die auf Grund ihres Berufes mit Tieren zu tun haben."[335] Die hiergegen gerichtete Sonderregelung des § B Abs. 2 bezog sich „nicht lediglich auf den kon-

328 Schaefer, *Tierschutz im Reichsstrafrecht*, 1932, S. 25.
329 Schaefer, *Tierschutz im Reichsstrafrecht*, 1932, S. 69.
330 Schaefer, *Tierschutz im Reichsstrafrecht*, 1932, S. 70.
331 Schaefer, *Tierschutz im Reichsstrafrecht*, 1932, S. 72.
332 Schaefer, *Tierschutz im Reichsstrafrecht*, 1932, S. 71.
333 Schaefer, *Tierschutz im Reichsstrafrecht*, 1932, S. 71 – 72.
334 Schaefer, *Tierschutz im Reichsstrafrecht*, 1932, S. 71.
335 Schaefer, *Tierschutz im Reichsstrafrecht*, 1932, S. 71 – 72.

kreten Beruf des Täters," sondern „begreift die Möglichkeit in sich, den Täter generell von allen übrigen Berufen, die den Umgang mit Tieren mit sich bringen, auszuschließen. [...] Man kann sich wohl vorstellen, daß z. B. ein Gespannführer seine Gefühllosigkeit auch als Stallknecht oder Tierwärter ausübt. Eine Einschränkung der Verbotsmöglichkeit würde sich hier als wirkungslos erweisen und dem präventiven Charakter des Gesetzes zuwiderlaufen."[336]

cc) Aufsichtspflicht: Begriffsaufstellung und –auslegung

Behufs der praktischen Durchführung desselben wollte Schaefer noch „auf indirekte Weise" dazu führen, „daß der Eigentümer den Tierquäler entläßt. Der Entlassungsgrund wird wahrscheinlich auch weiterhin dem Tierquäler hinderlich sein, wieder in seinen alten Beruf zurückzukommen. Aus diesem Grund wird es zweckentsprechend sein, den Tierhalter für die Handlungsweise des Täters mitverantwortlich zu machen, soweit dieser unter seiner Gewalt steht, und ihm mit Strafe zu bedrohen. Juristisch betrachtet wird man von einer Verletzung der *Aufsichtspflicht* sprechen. Da die Erfahrung zeigt, daß Tierquälereien zuweilen auch von *Kindern*, sei es aus Spielerei, Unverstand oder sich entwickelnder sadistischer Neigung begangen werden, sind diejenigen Personen, unter deren Aufsicht Kinder stehen, durch Strafen dazu anzuhalten, rechtzeitig der Tierquälerei entgegenzuwirken."[337]

Dafür wurde § C Abs. 2 eingerichtet, dessen Vorlage der Berliner Tierschutzverein 1927 erarbeitet hatte. Allerdings erweiterte Schaefer nun nicht nur den Bereich der Beaufsichtigten um die Dienstbefohlenen, sondern legte auch die sonstigen Begriffe erstmals aus: „Zu den *gewaltuntergebenen Personen* sind nicht die Ehefrau noch nach § 1626 BGB. großjährige Kinder, wohl aber Mündel, Lehrlinge, Schüler in einer geschlossenen Anstalt oder in häuslicher Gemeinschaft leiblicher Vater oder Pflegevater ist. Zu seiner *Hausgenossenschaft* gehören die Personen, wenn sie sich dauernd oder vorübergehend in der häuslichen Gemeinschaft, welcher der Gewalthaber vorsteht oder mitvorsteht, befinden. Nicht ist die *Aufsicht* ein selbständiges Erfordernis, sondern der natürliche Ausfluß der Gewalt, wenn der Gewalthaber den Untergebenen in seiner Hausgemeinschaft oder in seine Dienste nimmt und hierdurch in eine Lage kommt, die ihn befähigt, den Untergebenen von der Übertretung abzuhalten."[338]

Schließlich sprach sich Schaefer durch seinen § C Abs. 1 auch für eine Aufwertung der Tierschutznorm zum Vergehen aus, wie die Tierschutzvereine es bezüglich des § 412 des E. 27 geltend gemacht hatten. Insgesamt wurden ihre praxisbezogenen Anregungen bis auf die Miteinbeziehung tierischer Interessen

336 Schaefer, *Tierschutz im Reichsstrafrecht*, 1932, S. 73.

337 Schaefer, *Tierschutz im Reichsstrafrecht*, 1932, S. 73 – 74.

338 Schaefer, *Tierschutz im Reichsstrafrecht*, 1932, S. 75.

ins Schutzgut sonstiger Vorschriften (§§ 361 Nr. 9, 367 Nr. 8 RStGB, § 408 Nr. 2 E. 27) von Clauß und Schaefer auch juristisch untermauert. So kamen die neuen Vorschläge durch von Hippels zweiteilige Gliederung und — im Gegenteil zu den Entwürfen — über dieselbe hinaus.

III. Außergesetzliche Anregungen

Nicht nur betreffs der Paragraphen wurde nun über von Hippel hinausgegangen.

1. „Moralischer Tierschutz" als neue Rechtsanschauung

Weil die Ausgestaltung eines positiven Rechtssatzes, d. h., dessen „Umfang, Bewertung und Auslegung"[339] ganz und gar vom Gesetzgeber abhänge, erkannte Clauß die „außerordentliche Wichtigkeit", ihm die richtige Grundlage des gesetzlichen Tierschutzes klarzumachen.[340]

a) Berufung auf Schopenhauer

Dieselbe leitete Clauß ebenfalls vom „*Mitleid*" ab, doch mehr als von Hippel führte er den Begriff nun auf Schopenhauers „*Grundlage der Moral*" zurück.[341]

aa) Allgemeine Mitleidslehre

Im dortigen § 16 hatte Schopenhauer nämlich befunden: wie ein Stein sich ohne zureichenden Stoß oder Zug nicht bewegen würde, sei jede Handlung von einem Motiv veranlasst. Was den Willen bewegt, „einem Willen gemäß, oder entgehen", seien Wohl und Wehe. Folglich beziehe sich jede Handlung auf ein für Wohl und Wehe empfängliches Wesen als ihren letzten Zweck. Dieses sei entweder der Handelnde selbst, oder ein Anderer, welcher alsdann bei der Handlung passiv beteiligt ist. Im ersteren Fall handele es sich notwendig um *Egoismus*, der grenzenlos sei.[342] Moralische Bedeutsamkeit liege nur im letzteren Fall, wo eine Handlung sich unmittelbar auf Andere bezieht:[343] will sie uneigennützig fremdes Wehe, so sei dies *Bosheit*, die bis zur äußersten Grausamkeit gehe; will sie hingegen fremdes Wohl, führe dies zu *Edel- und Großmut*. Von diesen *drei*

339 Clauß, *Tierschutz und Strafgesetzgebung*, 1928, S. 21.

340 Clauß, *Tierschutz und Strafgesetzgebung*, 1928, S. 34.

341 Clauß, *Tierschutz und Strafgesetzgebung*, 1928, S. 10.

342 Schopenhauer, *Grundlage der Moral*, 1840, § 16, N.D. 1977, S. 245; hier schloss Schopenhauer mit „Handlung" ausdrücklich auch „Unterlassung" ein.

343 Schopenhauer, *Grundlage der Moral*, 1840, § 16, N.D. 1977, S. 246.

Grund-Treibfedern der menschlichen Handlungen sei die erste indifferent, die zweite verwerflich, also könne nur der dritten moralischer Wert zukommen.[344] Dies sei das Phänomen des *Mitleids*, „d. h., der ganz unmittelbare Teilnahme zunächst am *Leiden* eines Andern und dadurch an der Verhinderung oder Aufhebung dieses Leidens, als worin zuletzt alle Befriedigung und alles Wohlseyn und Glück besteht."[345]

Diese „allein [...] wirkliche Basis aller *freien* Gerechtigkeit" sollte sich dadurch aufstellen,

> „daß ich ganz unmittelbar *sein* Wohl will und sein Wehe nicht will, so unmittelbar, wie sonst nur *das meinige*. Dies setzt aber nothwendig voraus, daß ich bei *seinem* Wehe als solchem geradezu mit [...] fühle, wie sonst nur meines, und deshalb sein Wohl unmittelbar will, wie sonst nur meines. Dies erfordert aber, daß ich auf irgend eine Weise mit ihm *identificirt* sei, d. h., daß der gänzliche *Unterschied* zwischen mir und jenem Andern, auf welchem gerade mein Egoismus beruht, wenigstens in einem gewissen Grade aufgehoben sei. Da ich nun aber doch nicht in der Haut des Andern stecke, so kann allein vermittelst der Erkenntniß, die ich von ihm habe".[346]

bb) Übertragung auf die Mensch-Tier-Beziehung

Sollte es sich bei „ihm" um das Tier handeln, so äußerte Schopenhauer seine Erkenntnis:

> „Man muß wahrlich an allen Sinnen blind, oder von *foetor Judaicus* (Judengeruch) total chloroformirt seyn, um nicht zu erkennen, daß das Wesentliche und Hauptsächliche im Thiere und im Menschen das Selbe ist, und daß was Beide unterscheidet, nicht im Primären, im Princip, im Ärchaus (in der Urkraft), im innern Wesen, im Kern beider Erscheinungen liegt, als welcher in der einen wie in der anderen der Wille des Individuums ist, sondern allein im Sekundären, im Intellekt, im Grad der Erkenntnißkraft, welcher beim Menschen, durch das hinzugekommene Vermögen *abstrakter* Erkenntniß, genannter *Vernunft*, ein ungleich höherer ist, jedoch erweislich nur vermöge einer größeren cerebralen Entwicklung, also der somatischen Verschiedenheit eines einzelnen Theils, des Gehirns, und namentlich seiner Quantität nach. Hingegen ist des Gleichartigen zwischen Thier und Mensch, sowohl psychisch als somatisch, ohne allen Vergleich mehr. So einem occidentalischen, judaisierten Thierverächter und Vernunftidolater muß man in Erinnerung bringen, daß, wie Er von *seiner* Mutter, so auch der Hund von der *seinigen* gesäugt worden ist."[347] „Obige Erkenntniß giebt uns [...] die Regel zur richtigen Behandlung der Thiere an. Den Zeloten und Pfaffen rathe ich, hier nicht viel zu widersprechen: denn dies Mal ist nicht allein die *Wahrheit*, sondern auch die *Moral* auf unserer Seite."[348]

---

344 Schopenhauer, *Grundlage der Moral*, 1840, § 16, N.D. 1977, S. 249.
345 Schopenhauer, *Grundlage der Moral*, 1840, § 16, N.D. 1977, S. 248.
346 Schopenhauer, *Grundlage der Moral*, 1840, § 16, N.D. 1977, S. 248.
347 Schopenhauer, *Grundlage der Moral*, 1840, § 19, N.D. 1977, S. 280 – 281.
348 Schopenhauer, *Parerga et Paralipomena*, Bd. 2, 1862, XV. § 178, S. 402.

b) Begriffsbildung und Maßstabsetzung

Daher bezeichnete Clauß „das, was man im engeren Sinne unter Tierschutz versteht", als „*moralischen Tierschutz*", d. h. die „den tierschützerischen Zweck als Endziel erfassende Art des Tierschutzes; denn diese kann, da sie auf das Wohl der Tiere um der Tiere willen, mithin auf fremdes und nicht auf das eigene Wohl der handelnden Menschen abzielt, auch nicht den Egoismus, dessen Wesen letzteres ja gerade ausmacht, zur Grundlage haben."[349]

Im Vergleich zu den früheren Tierrechtlern, die sich auch auf Schopenhauer berufen hatten, scheute Clauß nicht, einzugestehen: „Die Tatsache, daß das Leben Kampf ist, ist zu evident, um eines Beweises zu bedürfen. Für den gesetzlichen Tierschutz hat sie zur Folge, daß dieser sich nicht unbeschränkt auf jede menschliche Handlung zu richten vermag, sondern einer Beschränkung bedarf, wie sie unsere Lebensbedingungen gebieten und wie sie der Mentalität der recht und billig Denkenden entspricht."[350] Dafür hatte Schopenhauer den eigentlichen „Maaßstab" wesenseinheitlich auf Mensch und Tier angewandt:

> „weil mit der Steigerung der Klarheit des Bewußtseyns das Leiden sich gleichmäßig steigert, der Schmerz, welchen das Thier durch den Tod, oder die Arbeit leidet, noch nicht so groß ist, wie der, welchen der Mensch durch die bloße Entbehrung des Fleisches, oder die Kräfte des Thieres leiden würde, der Mensch daher in der Bejahung seines Daseyns bis zur Verneinung des Daseyns des Thieres gehen kann, und der Wille zum Leben im Ganzen dadurch weniger Leiden trägt, als wenn man es umgekehrt hielte. Dies bestimmt zugleich den Grad des Gebrauchs, den der Mensch ohne Unrecht von den Kräften der Thiere machen darf, welchen man aber oft überschreitet".[351]

c) Juristische Durchsetzung

Nach der Herauskristallisierung der eigenen Auffassung versuchte Clauß, alle der mannigfachen Meinungen zu entkräften, die darauf hinausliefen, „daß es sich beim gesetzlichen Tierschutz *nicht* oder *nicht nur* darum handle, dem Mitleid gehorchend Tiere um ihrer selbst zu schützen, sondern daß hier vom Standpunkte des Tieres aus gleichgültige, egoistisch-menschliche Interessen der Gegenstand des gesetzlichen Tierschutzes seien".[352]

aa) Gegen die Gefühlschutztheorie

Die erste Kritik übte Clauß am trotz aller Entwürfe immer noch geltenden Recht: „Bei allen Gesetzen, die wie der deutsche § 360 Nr. 13 StGB die Bestrafung der

349 Clauß, *Tierschutz und Strafgesetzgebung*, 1928, S. 10.

350 Clauß, *Tierschutz und Strafgesetzgebung*, 1928, S. 34.

351 Schopenhauer, *Die Welt als Wille und Vorstellung*, 3. A. 1859, § 66, N.D. 2009, S. 331.

352 Clauß, *Tierschutz und Strafgesetzgebung*, S. 24.

Tierquälerei an das Vorhandensein von Ärgerniserregung, Öffentlichkeit der Tat und ähnlichem knüpfen, ist insofern, als hier nur singuläre Gefühlsverletzungen unterbunden werden sollen, der Fehler gemacht worden, lediglich das *Sittlichkeitsempfinden*, nicht aber das diesem entspringende generelle Wollen zu berücksichtigen. Bei richtiger Erkenntnis der Sachlage hätte man sich jedoch sagen sollen, daß diejenigen, die Mitleid mit Tieren zu fühlen fähig sind, nicht nur die Verhütung der Tierquälerei bei den ihnen begegnenden Einzelfällen, sondern — vermöge der jedem Menschen mehr oder weniger beigegebenen Fähigkeit zu abstraktem Denken — überhaupt wünschen. Diese Fähigkeit ist aber bei den erwähnten Gesetzen vom Gesetzgeber völlig ignoriert worden, was zur Folge hat, daß dieselben Gesetze, die Ärgernis verhüten wollen, nun selbst Ärgernis bei denjenigen, die des Mitleids mit Tieren fähig sind, erregen, in dem jeder, der sie zu Gesicht bekommt, bei etwas Nachdenken sofort *argumento e contrario* schließt: also ist es erlaubt, Tiere insgeheim zu quälen etc.“[353]

bb) Gegen die Sittlichkeitstheorie

Als „zu dieser Utilitaritätsfassung gehörig“ betrachtete Clauß auch die Meinung, „die den Gegenstand des gesetzlichen Tierschutzes schlechthin im sittlichen Empfinden sehen“[354]. Solch „durchaus nicht zu verwerfende Empfindungen“ kritisierte Clauß dahingehend: Roheit und Grausamkeit riefen bei anständigen Menschen Zorn und Abscheu hervor, meist durch den mitleidbeweckenden Anblick der Tatfolgen; „wo dies nicht der Fall ist, bestehe der diesen Gefühlen entspringende Wille in nichts anderem, als seinen anders gearteten Mitmenschen das eigene Fühlen und Denken aufzwingen zu wollen; es handelt sich dabei also um eine pädagogische Entrüstung, die allenfalls für einen Übertretungstatbestand, keinesfalls aber — wie das allgemein gefordert wird — für einen Vergehungstatbestand in Frage kommt, und streng genommen auch nutzlos ist, weil sie nicht nur das äußere, durch Gesetz zu beeinflussende Handeln, sondern den inneren Menschen betrifft, hier aber *Senecas velle non discitur* gilt.“[355]

(1) Gegen die „Mitleidspflege“ als Ableitung

Als Hintergrund dafür sah Clauß ein, von Hippel gehe zwar auch vom Mitleid aus, aber für ihn „handelt es sich lediglich um das passive Gefühl, und daher auch lediglich um eine Gefährdung der menschlichen Gesellschaft durch Gefährdung dieses Gefühls. (Vgl. Tqu. S. 129 f). Ganz eindeutig vertritt die hier gekennzeichnete Ansicht Kant,“ dessen Tugendlehre darin gipfeln sollte, „den Z[w]eck der Tierschutzgesetze in einer Pflege des Mitleides zu finden, welches

353 Clauß, *Tierschutz und Strafgesetzgebung*, 1928, S. 22.
354 Clauß, *Tierschutz und Strafgesetzgebung*, 1928, S. 24.
355 Clauß, *Tierschutz und Strafgesetzgebung*, 1928, S. 24.

dabei als ein nützliches, dem Gesellschaftsleben dienliches Gefühl angesehen wird."[356] Aufgrund Schopenhauers philosophischer Kritik[357] traute Clauß sich nunmehr zu, die Kantische Mitleidspflege auch juristisch für nicht wertvoll zu halten, „weil sie zu gekünstelt ist und sich so wenig auf das wirklich vorhandene, im Volkskörper lebendige Wollen und Denken stützt; denn beim Anblicke von Roheit und dergleichen denkt für gewöhnlich niemand daran, daß dadurch eine ‚sehr diensame natürliche Anlage geschwächt werde,'[358] sondern fühlt, sofern er nicht überhaupt gleichgültig bleibt, entweder Mitleid mit dem Opfer oder Abscheu vor dem Täter oder beides zusammen; wobei dann die Demonstrierung der Kantschen Anschauung nichts weiter auslösen würde als Verständnislosigkeit oder Gelächter."[359]

(2) Gegen die „Verworfenheit" als Ausprägung

Die damit verwandte Meinung der deutschen Teilstaaten des 19. Jahrhunderts, „als das Strafwürdige die Verworfenheit des Täters und dessen Gefährlichkeit für die Gesellschaft" zu betrachten, habe „den modernen Tierschutzgedanken in seiner ersten Etappe zur Durchsetzung verholfen".[360] Trotzdem deuchte das „historische Argument" Clauß „unlogisch und daher theoretisch unhaltbar. Schon der Schluß von der Tatsache, daß Mörder und dergl. ihre Laufbahn mit Tierquälereien begonnen haben, darauf, daß nunmehr alle Tierquäler als für die menschliche Gesellschaft gefährlich erachtet werden müßten, ist ein Schluß von der Folge auf den Grund und daher durchaus hypothetischer Natur [...], so würde uns dies für sich allein noch nicht berechtigen, die Tierquälereien mit Strafe zu bedrohen, weil eine solche Strafdrohung ja höchstens von Tierquälereien abhalten, im übrigen aber des Täters Gefährlichkeit für die menschliche Gesellschaft

---

356 Clauß, *Tierschutz und Strafgesetzgebung*, 1928, S. 27.

357 Schopenhauer, *Grundlage der Moral*, 1840, § 8, in der von Clauß angeführten Auflage S. 314, im vom Verfasser der vorliegenden Arbeit angeführten N.D. 1977 S. 202: „Also bloß zur Uebung soll man mit Thieren Mitleid haben, und sie sind gleichsam das pathologische Phantom zur Uebung des Mitleids mit Menschen. Ich finde, mit dem ganzen nicht islamisirten (d. h., nicht judaisirten) Asien, solche Sätze empörend und abscheulich." Dazu vermerkte Clauß, *Tierschutz und Strafgesetzgebung*, 1928, S. 28 Fn. 1: „Ich auch." Ferner hatte Schopenhauer noch in § 19 Nr. 7 desselben Buches, N.D. 1977, § 19, S. 281 nachgelegt: „Daß sogar Kant in jenen Fehler der Zeit- und Landesgenossen gefallen ist, habe ich oben gerügt. Daß die Moral des Christenthums die Thiere nicht berücksichtigen, ist ein Mangel derselben, den es besser ist einzugestehen, als zu perpetuiren [verewigen]".

358 In Kant, *Tugendlehre*, § 17, in der von Clauß angeführten 1. A., 1797, S. 255 bzw. vom Verfasser der vorliegenden Arbeit angeführten 2. A., 1803, S. 108.

359 Clauß, *Tierschutz und Strafgesetzgebung*, 1928, S. 27 – 28.

360 Clauß, *Tierschutz und Strafgesetzgebung*, 1928, S. 25.

nicht absorbieren würde. Dieser Gefährlichkeit gegenüber sind vielmehr die ohnedies vorhandenen Strafandrohungen (betreffend Mord, Körperverletzung pp) nötig und genügend."[361]

d) Zwischenergebnis

Alle kritisierten Fassungen seien auf eine Formel zu bringen: Tier schützen heiße Menschen nützen,[362] wogegen Clauß schließlich zu beachten gab, „daß es sich bei all diesen utilitaristischen Argumentationen nur um *Neben*argumente handelt, und daß sie zwar geeignet sind, Wert und Nutzen des Tierschutzes zu beleuchten, daß sie aber nicht geeignet sind, die wahre Quelle, den wahren Zweck und den wahren, *de lege ferenda* maßgebenden Sinn des gesetzlichen Tierschutzes bloßzulegen. Dieser besteht vielmehr, wie ich gezeigt zu haben glaube, in dem dem Mitleidsgefühle entspringenden selbstlosen Wollen, die Tiere um der Tiere selbst willen zu schützen. Diesem Wollen allein ist auch, infolge seiner Verbreitung und seiner Lebenskraft, die *Realität* eigen, die zum gesetzlichen Niederschlag erforderlich ist."[363]

„Angesichts der modernen deutschen Strafgesetzentwürfe kann man diese Bemühungen als in gewissen Grenzen von Erfolg gekrönt bezeichnen: denn deutlich ist in diesen Entwürfen eine Weiterentwicklung des moralischen Tierschutzgedankens zu spüren."[364] Zu diesem „eigentlichen Tierschutz" bekannte sich auch Schaefer beteuernd.[365] Selbst Sander gestand zu: „Es ist bei Clauß anzuerkennen, daß er die Volksanschauung, die ja im Tiere ein fühlendes Wesen und nicht eine Sache sieht, mit der Rechtsordnung in Einklang zu bringen versucht, andererseits davon absieht, dem Tiere besondere Rechte zu verleihen."[366] Insofern lässt sich die Schopenhauer-Claußsche Auffassung schon als die herrschende Rechtsanschauung ansehen.

2. Geltendmachung tierkundlicher Fachkenntnisse

Und diese Stellung galt nicht nur für Juristen, sondern auch seitens der Biologie wurde Clauß bescheinigt: seine Erkenntnis, das Tier wegen und gemäß seiner Leidensfähigkeit zu schützen, beuge der „Verfehlung" vor, „ohne weiteres in

361 Clauß, *Tierschutz und Strafgesetzgebung*, 1928, S. 26 – 27.
362 Clauß, *Tierschutz und Strafgesetzgebung*, 1928, S. 24.
363 Clauß, *Tierschutz und Strafgesetzgebung*, 1928, S. 30.
364 Clauß, *Tierschutz und Strafgesetzgebung*, 1928, S. 19.
365 Schaefer, *Tierschutz im Reichsstrafrecht*, 1932, S. 1, 22, 66.
366 Sander, *Entwürfe*, 1931, S. 56 (57) Fn. 40 a.

alle Tiere qualitativ dieselben Empfindungsvorgänge ‚hineinzuprojizieren'".[367] Diese Worte stammten vom Berliner Professor Ludwig Brühl. Zur Teilnahme an der Diskussion um den rechtlichen Tierschutz veranlasste ihn eine Kammergerichtsentscheidung vom 1. Mai 1926, weil „diese Rechtsprechung eines höchsten Gerichtes, die bisher nur auf die Mißhandlung von Säugetieren (vorwiegend Zugtieren) Anwendung fand, sich nun zum ersten Male mit Tierquälerei an Fischen befaßt."[368]

a) Versachlichung interessierter Kreise

Zur „Verhinderung einerseits von Fehlsprüchen der Gerichte, andererseits von tatsächlichen Tierquälereien"[369] erschien also 1930 die Abhandlung „*Tierquälerei an Fischen und Krebsen*". Darin riet Brühl zuerst den Kreisen, „die es angeht, auf eine grundsätzliche Aenderung der Anschauung über die Möglichkeit einer Tierquälerei an Fischen und Krebsen bei denjenigen hin[zu]wirken, von denen bisher die einschlägigen Anzeigen ausgehen; das sind die Schutzpolizei und die Tierschutzfreunde."[370]

An Erstere richteten sich dann die Worte: „In Dingen, die rein verwaltungsmäßig oder nur durch den (…) Juristenstand nicht entschieden werden können, sollte sich die Polizei daher stets *sachverständig beraten* lassen. Sie verfügt zur Ausbildung ihrer Angehörigen über mehrere vortrefflich eingerichtete und ebenso geleitete Schulen. Es wäre sicherlich möglich, auch der Fischerei und dem Fischhandel, mit denen die Polizei ja in mancherlei Hinsicht amtlich in Berührung kommen muß, in den Lehrplänen dieser Schulen ein — wenn auch bescheidenes — Plätzchen zu gönnen."[371]

Zu den „Tierschutzfreunden" wurde vermerkt: „Die letzteren sind äußerst rührig und halten häufig öffentliche Versammlung ab, um für ihre Anschauungen Propaganda zu treiben. Es ist mir nicht in einem Falle bekannt geworden, daß […] irgendwann ein Fischereiinteressent aufgetreten sei und den Versuch gemacht habe, die Anwesenden darüber zu belehren, was als Tierquälerei an Fischen und Krebsen anzusehen ist. Auch spielen in der Fischereipresse Aufsätze und in den Veranstaltungen der vielen fischerleilichen Fachverbände Vorträge und Aussprachen über Tierquälerei keine besonders große Rolle. Das sollte anders werden. Durch Aufklärung und Belehrung lassen sich doch vielleicht die auf diesem Gebiet herrschenden falschen Anschauungen über das Leben der Fi-

---

367 Brühl, *Fische und Krebse*, 1930, S. 5.

368 Brühl, *Fische und Krebse*, 1930, S. 10 – 11; zum Fall „2 S 170/26" s. S. 8 – 10.

369 Brühl, *Fische und Krebse*, 1930, S. 6.

370 Brühl, *Fische und Krebse*, 1930, S. 13.

371 Brühl, *Fische und Krebse*, 1930, S. 13.

sche berichtigen. Allerdings wird sehr viel auf das Geschick ankommen, mit dem der Betreffende in die Erörterung eingreift. Mit Schimpfereien oder ‚Volksreden' wird angesichts der Veranlagung der Hörerschaft dabei nichts erreicht werden, wohl aber mit einer tüchtigen Dosis Humor, vielleicht auch dadurch, daß sich die Fischerei, Fischhandel und Tierschutz an einen gemeinsamen Beratungstisch setzen."[372]

b) Anhörung von Sachverständigen

Am Gericht begegne man nicht selten Fällen, „in denen der Richter über das Maß dessen hinausgeht, wozu er auf Grund seiner Vorbildung und Lebenserfahrung befähigt ist, indem er sich ein fachliches Urteil z. B. auch in medizinischen und biologischen Dingen beimißt."[373] Demgegenüber riet Brühl dem Richter zu mehr Anhörung Sachverständiger, und letzteren Kollegen zur mehr Disziplin: „Der Sachverständige muß sich stets bewußt bleiben, daß *er* in einem Gerichtsverfahren nie eine Sache *entscheiden* kann. Das ist einzig und allein Sache des Gerichts. Es ist unzweckmäßig, wenn sich ein Sachverständiger zur *Schuldfrage* äußert. So etwas pflegen viele Richter — mit Recht — sehr übelzunehmen. Umgekehrt steht aber dem Richter freie Beweiswürdigung zu. *Er* ist seinerseits niemals an das Gutachten eines Sachverständigen *gebunden*, ist also in jedem Falle der Stärkere."[374] Der Sachverständige werde in solchen Fällen gut tun, seinen Standpunkt rein biologisch zu verteidigen, „im übrigen aber den Mund zu halten, wenn *fachliche* Einwendungen von seiner Seite nichts fruchten sollten. Auf die (m.E. ganz abwegige) Frage eines Richters, ob er einen Angeklagten für *schuldig* erachte, sollte er stets antworten, daß das Gericht diese Frage juristisch zu entscheiden habe, biologisch besehen läge der Fall aus den und den Gründen so und so."[375]

c) Schmerzuntersuchung für Fische

Als Beispiel setzte sich Brühl mit Quälereien an Fischen auseinander. Diesen erkannte er jedenfalls eine Schmerzempfindung zu, „indem ich mich auf den Standpunkt stelle, daß der Schmerz eine Allgemeinempfindung und zugleich ein Schutzorgan von großer Wichtigkeit für das Fortkommen der Lebewesen ist,

---

372 Brühl, *Fische und Krebse*, 1930, S. 13 – 14.
373 Brühl, *Fische und Krebse*, 1930, S. 14.
374 Brühl, *Fische und Krebse*, 1930, S. 15.
375 Brühl, *Fische und Krebse*, 1930, S. 15 – 16.

daher in der Wirbeltierreihe wohl schon früh, d. h. bei niederen Wirbeltieren, entwickelt wurde."[376]

Danach blieb die Schmerzempfindung der Fische zu bewerten. Als Kustos des Instituts und Museums für Meereskunde an der Universität Berlin[377] beruhte sich Brühl auf Fachschriften und eigene Beobachtungen, „daß die Schmerzempfindung bei Fischen im Vergleich zu derjenigen bei höheren Säugetieren qualitativ ganz erheblich geringer ist […] und dieselbe Mißhandlung nicht in derselben Weise von allen Tieren empfunden wird, sondern daß ihre Wirkung um so geringer sein wird, je weiter man in der Tierreihe von höher zu niedriger organisierten Tieren herabsteigt. Eine einfache Uebertragung unseres Gefühllebens auf die Tiere erscheint auf Grund anatomischer und physiologischer Erkenntnisse ganz und gar nicht angebracht."[378] Daher müsse „bei einer etwa Platz greifenden Gesetzesänderung von vornherein dafür gesorgt" werden, „unter Berücksichtigung der verschiedenartigen Organisationen der Tiere festzustellen: wie ist die Schmerzempfindung im einzelnen qualitativ und quantitativ beschaffen, wo beginnt die ‚Qual' bei Behandlung eines Tieres."[379]

Als eigener Beitrag dazu listete Brühl aus seinem Fachwissen „*bewußte* Mißhandlungen von Fischen und Krebsen", deren Bestrafung er als Sachverständiger vor Gericht wie im Gutachten forderte,[380] folgendermaßen auf: 1. das Unterlassen einer Betäubung springlebender Fische vor dem Schlachten; 2. das Drücken der Karpfen zur Feststellung, ob es sich um Milchner oder Rogener handle; 3. das Eingreifen der Fische bei den Augen; 4. das fortgesetzte Halten von Fischen in viel zu engen und unzureichend mit Luft oder Wasser gespeisten Becken; 5. das Abschuppen von lebenden Fischen.[381]

3. Grenzfrage des Gesetzesbegriffs „Tier"

Brühls Schmerzforschungen über Fische und Krebse[382] veranlassten den Juristen Schaefer zum Nachdenken: „Die Beantwortung der Frage, wie weit der § 360 Nr. 13 StGB. bzw. die entsprechenden Bestimmungen des künftigen Strafgesetzbu-

376 Brühl, *Fische und Krebse*, 1930, S. 17 – 18.
377 GStA PK, Berlin-Dahlem, I. HA Rep. 84, Nr. 5215, S. 174.
378 Brühl, *Fische und Krebse*, 1930, S. 20.
379 Brühl, *Fische und Krebse*, 1930, S. 21.
380 Brühl, *Fische und Krebse*, 1930, S. 21.
381 Brühl, *Fische und Krebse*, 1930, S. 21 – 22.
382 Vgl. Brühl, *Fische und Krebse*, 1930, S. 24 – 32.

ches auf Tiere niederer Gattungen anzuwenden seien, ist von dem *Grad der Empfindungsfähigkeit* des jeweils betroffenen Tieres *abhängig* zu machen."[383]

„Grundlegend und auszugehen wäre von dem Begriff des *Schmerzes* überhaupt."[384] Freilich könne man ihm nur „Beinamen geben, wie stechend, bohrend, schneidend, ziehend", aber „über das Wesen des Schmerzes nichts aussagen."[385] Ferner sei die Untersuchung seiner Empfindung in bisherigen Fachbeiträgen „lediglich auf äußere Einwirkungen auf den Tierkörper und positives Tätigwerden abgestellt. Nur flüchtig gestreift ist die Frage, ob die Entziehung der Lebensbedingungen — wie Nahrung, Luft, Wasser — Schmerzempfindungen bei den betroffenen Tieren auslöst."[386]

So ging nicht zuletzt Dr. J. Seide 1927 in seinem Zeitungsartikel „*Empfinden die Tiere Schmerz?*" vor: „Schneidet man einer laufenden Fliege durch einen raschen Schnitt ein Bein ab, so läuft sie ruhig weiter. Ein Spinnenmännchen, das bei der Kopulation von dem kannibalischen Weibchen angefressen wird, setzt die Begattung weiter fort, ein Strudelwurm, den man der Quere nach mit der Schere entzweigeschnitten hat, läßt den hinteren Teil zurück und kriecht weiter, ohne auch nur einen Augenblick seine Bewegung einzustellen. Es ist also [...] sehr wahrscheinlich, daß es bei wirbellosen Tieren keine Schmerzempfindung gibt, und daß bei ihnen nur von Reflexen und Instinkten, also Vorgängen, die nicht mit Bewußtsein verknüpft sind, die Rede sein kann."[387]

Doch in der Tat waren sich auch die Sachverständigen schon über das Wohlbefinden eines Hummers, d. h. Schalentieres, uneinig.[388] „Noch unlösbarer scheint das Problem, wenn man die niedersten Formen des Tierreiches — einzellige Urtierchen, die Hohltiere, Würmer, Weichtiere, Stachelhäuter und Gliederfüßler — anzieht."[389] Infolgedessen musste Schaefer feststellen: „Eine allge-

383 Schaefer, *Tierschutz im Reichsstrafrecht*, 1932, S. 39.

384 Schaefer, *Tierschutz im Reichsstrafrecht*, 1932, S. 41.

385 Schaefer, *Tierschutz im Reichsstrafrecht*, 1932, S. 41; wohlgemerkt schloss diese angebliche Ahnungslosigkeit vom Wesen des Schmerzens nicht das Wissen über seine Wirkungsweise aus, wie Schaefer fortführte: „Schließlich wissen wir noch, daß der Sitz der Schmerzempfindung das Gehirn ist, insofern starke mechanische Beeinflussung der Haut durch die in dieser liegenden Nervenapparate aufgenommen, als heftige Reize zum Gehirn geleitet und dort als Schmerz empfunden werden. Ähnlich verhält es sich bei der Schmerzempfindung innerer Organe. Die vegetativen Nervenfasern leiten die Reize zuerst zu den großen Nervenknoten im Leib, von wo sie dann durch das Rückenmark in das Gehirn gelangen."

386 Schaefer, *Tierschutz im Reichsstrafrecht*, 1932, S. 44; vgl. S. 41 – 43.

387 In: *Illustrierte Zeitung*, Leipzig, Nr. 4290 v. 2. 6. 1927.

388 Vgl. einen Fall in der *Berliner Börsenzeitung*, Nr. 344 v. 26. 6. 1930, auch in: Schaefer, *Tierschutz im Reichsstrafrecht*, 1932, S. 40.

389 Schaefer, *Tierschutz im Reichsstrafrecht*, 1932, S. 40.

meingültige Norm, inwieweit Tiere niederer Gattungen in den strafrechtlichen Schutz einzubeziehen sind, wird sich nicht aufstellen lassen. Vielmehr muß es bei jeder einzelnen Tiergattung der besonderen *Fachkenntnis* überlassen bleiben, über die Schmerzempfindlichkeit des betroffenen Tieres zu beurteilen und damit die Möglichkeit der Anwendung des Strafgesetzes außer Zweifel zu stellen.“[390]

390 Schaefer, *Tierschutz im Reichsstrafrecht*, 1932, S. 44.

C. Ent- und Verwicklungen 1928 – 1932

Trotz aller Reformversuche galt § 360 Nr. 13 RStGB ungestört weiter.

I. Umgang der Justiz mit Tierquälerei

Und es gab Fälle, „derer die Rechtsprechung nicht immer Herr geworden ist.“[391]

1. Strafverschärfung mithilfe Idealkonkurrenz

Zuerst versuchten manche Richter, „mit Hilfe des von § 303 bezw. § 242 zur Verfügung gestellten Strafrahmens die Tat *als Tierquälerei*, und durchaus nicht als Sachbeschädigung oder Diebstahl“ zu bestraften.[392] Beispielweise berichtete die *Augsburger Zeitung* vom 30. März 1927 einen Fall, in dem drei junge Burschen „in empörender Weise“ gestohlene Katzen zu Tode gequält hatten. Das dortige Schöffengericht verurteilte einen Täter zu fünf Monaten, einen zu zwei Monaten und einen zu einer Woche Gefängnis.

Diese Praxis, die „dem § 360 Nr. 13 StGB sowohl als auch den für die Strafbemessung allgemein geltenden Grundsätzen entschieden widerspricht“, betrachtete Clauß folgendermaßen: „Der Sachwert von Katzen ist bekanntlich gering; sie sind so gut wie umsonst zu haben und laufen in großer Menge frei umher; von dieser Seite aus betrachtet kann die Tat also nur mit geringer Strafe belegt werden. Aber auch hinsichtlich der subjektiven Momente der Tat ist es fraglich, ob sie erheblich straferhöhend ins Gewicht fallen können, da zwar eine ganz gemeine, boshafte Gesinnung vorliegt, diese sich aber in keiner Weise gegen den vom § 242 StGB geschützten Eigentümer, sondern nur gegen das lediglich durch § 360 Nr. 13 StGB geschützte Sittlichkeitsempfinden der Allgemeinheit richtet, für dessen Verletzung mehr als 6 Wochen nicht zu Gebote stehen. Demnach wäre höchstens auf eine gelinde Gefängnisstrafe von wenigen Tagen und, gemäß § 77 Abs. I StGB, außerdem noch auf etwas sechs Wochen Haft zu erkennen. […] — So zweifelhaft uns […] dieses in seiner Art durchaus nicht alleinstehende Augsburger Urteil bezüglich des ausgewogene Strafmaßes erscheint, so menschlich billigenswert werden wir es finden […]; vom Gesetzgeber jedoch ist dringend zu fordern, daß er den Gerichten eine geeignete Handha-

391 Brühl, *Fische und Krebse*, 1930, S. 3.

392 Clauß, *Tierschutz und Strafgesetzgebung*, 1928, S. 60 – 61.

be zu solchen Entscheidungen gebe, damit künftig das menschlich Gerechte nicht mehr das juristisch Zweifelhafte sei."[393]

2. Straflosigkeit mangels „Öffentlichkeit" und „Ärgerniserregung"

War man somit schon mit dem Strafmaß des § 360 Nr. 13 RStGB unzufrieden, so beließ sein Erfordernis nach „Öffentlichkeit" bzw. „Ärgerniserregung" immer noch eindeutige Tierquälerei auf freiem Fuß. Auf ein „beachtliches" Beispiel wies Brühl hin, nämlich „daß wir [...] Austern dadurch, daß wir sie lebend verspeisen, ‚mißhandeln', denn dieses Verspeisen der Austern hat ja mit dem ‚Fang' der Tiere nichts zu tun und ein Töten der Austern könnte auch auf andere (‚humanere'?) Weise vor dem Verspeisen erfolgen. Da die meisten Menschen den Austern gegenüber wohl eine ‚gefühllose Gesinnung' hegen, wäre dann der Tatbestand der ‚rohen Mißhandlung' erfüllt. Als ich als Sachverständiger vor einem Gericht darauf hinwies, daß [...] dieses Verfahren als eine rohe Mißhandlung, danach als strafbare Tierquälerei, anzusehen sei, [...] wandte der Richter zu meiner Ueberraschung hiergegen ein, daß noch beim Verspeisen der Austern die Oeffentlichkeit bezw. die Erregung von Aergernis fehle, da man dies zumeist im stillen Kämmerlein zu tun pflege."[394] Diese Justizstelle „will offenbar zwischen ‚Tierquälerei' und ‚strafbarer Tierquälerei' unterscheiden."[395]

3. Verformbarkeit der „Bosheit" und „Roheit"

„Während der Zusatz ‚in Aergernis erregender Weise' im § 360 Nr. 13 die Empfindungen derjenigen schützen soll, die der Quälerei oder Mißhandlung beiwohnten oder sie an ihren Folgen wahrnehmen konnten, soll der Zusatz ‚boshaft' oder ‚roh' den Beschuldigten davor schützen, daß er durch jede [...] Quälerei oder Mißhandlung straffällig wird".[396]

Dies war besonders der Fall, als „stärkere Gegenmotive — z. B. egoistische Interessen"[397] vorkamen. Ein Paradebeispiel dafür war die Schärfeprüfung von Gebrauchshunden, bei der meist Katzen aber auch Füchse als Hetzbeute herhal-

---

393 Clauß, *Tierschutz und Strafgesetzgebung*, 1928, S. 62.
394 Brühl, *Fische und Krebse*, 1930, S. 11 – 12.
395 Brühl, *Fische und Krebse*, 1930, S. 12.
396 Brühl, *Fische und Krebse*, 1930, S. 7.
397 Clauß, *Tierschutz und Strafgesetzgebung*, 1928, S. 22.

ten mussten.[398] So ein „Katzenwürgen“ sollte hatte im Rahmen einer „Jugendprüfung für Vorstehhunde“ beim „Badischen Bund deutscher Jäger e.V.“ stattfinden. Das Polizeipräsidium M. verbot diese Veranstaltung, soweit hierbei Hunde auf Tiere gehetzt werden sollten, weil die Prüfung an lebenden Tieren als Tierquälerei angesehen werde. Der Veranstalter beantragte eine Aufhebung dieser Verfügung. Die Klage gab der Badische Verwaltungsgerichtshof statt, dessen Urteil vom am 25. Mai 1932 als „für das ganze Reich von Bedeutung“[399] gepriesen wurde:

> „Der Kl. hat sich […] auf verschiedene strafgerichtliche Entsch. berufen […]. Die in diesen Urteilen zum Ausdruck gekommene Auffassung, daß in keinem der Fälle von einem boshaften Quälen oder einem rohen Mißhandeln die Rede sein könne, da die Angeschuldigten die Abwürgeübung nicht aus einer niedrigen oder gefühllosen Gesinnung heraus vorgenommen hätten, lediglich in der Absicht, die Katzen zu quälen und ihnen Schmerzen zuzufügen, sondern daß sie dabei einen vernünftigen und berechtigten Zweck, nämlich die Zucht eines leistungsfähigen Gebrauchshundes, im Auge gehabt hätten und ihre Handlungsweise nach Art und Maß den berechtigten Zweck nicht überschritten habe, steht im Einklang der Auslegung, die dem § 360 Ziff. 13 StGB. in Schrifttum und Rspr. zuteil wird. Der Gerichtshof hat daher kein Bedenken, ihr beizutreten, ohne daß zu der weiteren, vom OLG Celle (24. Juli 1930) aufgeworfenen und bejahten Frage, ob schon allein der Glaube des Täters an die Zweckmäßigkeit seines Handelns die Annahme einer rohen Mißhandlung ausschließt, Stellung zu nehmen war.“[400]

Zur Frage, ob die Schärfeprüfung „als mit dem heutigen Kulturniveau nicht im Einklang stehend [...] bezeichnet werden kann“, sei es „anhand der vorhandenen Unterlagen nicht möglich, ein genaues Bild darüber zu gewinnen, in welchem zahlenmäßigen Verhältnis die Befürworter der Schärfeprüfungen zu denjenigen Volksgenossen stehen, deren ethisches Empfinden durch diese Veranstaltungen verletzt wird [...], vielmehr sind dabei [...] andere Erwägungen von Bedeutung. Hierher gehören vor allem die durchaus beachtlichen Gründen, die von den Jägerorganisationen ins Feld geführt wurden und die noch eine wesentliche Unterstützung durch die volkswirtschaftliche Bedeutung der Jagd erfahren. So werden die Beiträge, die für Jagdpacht, Jagdpachtsteuern, Waffen und Munition, Jagddutensilien und Jagdschutzpersonalien verausgabt werden, zuzüglich des Wertes des erlegten Wildes und der anfallenden Felle, in Deutschland auf jährlich etwa eine ¾ Milliarde bemessen.“[401]

---

398 Eine ausführlichere Darstellung findet sich in: Schaefer, *Tierschutz im Reichsstrafrecht*, 1932, S. 47.

399 Kern, Anmerkung zu Bad. VGH, Urt. v. 25. 5. 1932, Nr. 102/31, in: JW 1933, S. 739.

400 Bad. VGH, Urt. v. 25. 5. 1932, Nr. 102/31, in: JW 1933, S. 740.

401 Bad. VGH, Urt. v. 25. 5. 1932, Nr. 102/31, in: JW 1933, S. 740.

Dabei gab der Gerichtshof auch zu, „daß in der 122., 123. und 124. Sitzung des Strafrechtsausschusses des RT. am 13., 14. und 18. Febr. 1930 [...] eine Reihe von Handlungen aus den Erfahrungen des täglichen Lebens namhaft gemacht wurden, bezüglich deren in Frage kommen konnte, ob sie als Tierquälerei anzusehen sei (so: Vivisektion, Schächtung, Kupieren von Pferden, Züchtigung der Hunde zu Erziehungszwecken, Dressur von Tieren, Schlachten von Kleinvieh in Küchen und auf Höfen, Halsumdrehen beim Huhn, Kopfabschlagen bei der Pute, Art und Weise des Schlachtens der Fische, Stopfen der Gänse, Treibjagden, sonstige Vorkommnisse auf der Jagd, namentlich wenn die Tiere nicht gleich getötet werden, beispielweise auch englische Hunderennen und englische Fuchshetzen)“.[402] Außer diesen Themen blieben die Bittschriften von Tierschützern betreffend den Umgang der Fuhrleute und Schlachthofmitarbeiter mit den Tieren[403], die Verwendung von Pferden in Bergwerken[404], die Kastration[405] und Tierquälerei bei Filmdrehung[406] noch unbehandelt. Im Schrifttum wurden fernhin die Hetz- bzw. Parforcejagd[407], das Schliefen[408], die Verwendung von Dohnenstieg und Schlingen beim Jagen und von lebenden Köderfischen und Legeangeln für Fischfang, weitere Zurichtung lebender Tiere für den künftigen Zweck einer Luxusspeise wie dem Mästen von Schweinen[409], Froschschenkelsammeln[410], Bärenführen[411], angeprangert. Schließlich machten manche Zeitun-

402 Bad. VGH, Urt. v. 25. 5. 1932, Nr. 102/31, in: JW 1933, S. 739 (741).

403 Abschrift des Ersuchens vom Kaufmann Dr. Steffen v. 13. 2. 1931 an den derzeitigen Reichskanzler Heinrich Brüning über das Reichsministerium des Innern, in: BA Berlin-Li., R 86 Nr. 3646, ohne Seitenzahl.

404 Abschrift des RMdI v. 13. und 17. 4. 1931, Nr. II A 4440/13.4.; Abschrift des Sächsischen Ministeriums der auswärtigen Angelegenheiten ans RMdI v. 23. Mai 1931; in: BA Berlin-Li., R 86 Nr. 3646, ohne Seitenzahl.

405 Schreiben des RMdI an den Verband der Tierschutzvereine des Deutschen Reiches E.V. (Otto-Hartmann-Bund) v. 20. 10. 1931, Nr. II A 4447/10.10., in: BA Berlin-Li., R 86 Nr. 3646, ohne Seitenzahl.

406 Vgl. Heintz, *Tierschutz im Dritten Reich*, 2008, S. 29.

407 Vgl. Schopenhauer, *Grundlage der Moral*, 1840, N.D. 1977, S. 202; Näheres s. Schaefer, *Tierschutz im Reichsstrafrecht*, 1932, S. 46.

408 Schaefer, *Tierschutz im Reichsstrafrecht*, 1932, S. 45: „Unter Schliefen versteht man das Hetzen von Hunden auf gefangene Füchse und Dachse im künstlichen Bau, um zu erproben, ob sich ein Hund zur unterirdischen Jagd auf diese Tiere eigne. Letzteres wird angenommen, wenn der Hund das Tier entweder mit dem Fang bzw. mit den Zähnen aus dem Bau herausreißt oder es aus ihm hinaussetzt.“ Dazu auch Clauß, *Tierschutz und Strafgesetzgebung*, 1928, S. 81.

409 Vgl. Eberstein, *Tierschutzrecht bis 1933*, 1999, S. 131.

410 Schaefer, *Tierschutz im Reichsstrafrecht*, 1932, S. 48: „Es ist bekannt, daß die Frösche, nachdem ihnen die Schenkel ausgerissen wurden, in diesem verstümmelten Zustand ihrem Schicksal überlassen bleiben und langsam eines elenden Todes sterben müssen.“

gen auf Probleme der zoologischen Gärten, der Vögelkäfigung[412] und der Beförderung der Schlachtpferde[413] aufmerksam.

II. Sonderfragenbehandlung am Beispiel Schlachttierschutz

In dieser „ganze[n] Reihe typischer, weitverbreiteter, dauernd geübter und sich durchaus gleichender Tiermißhandlungen"[414] blieben nach wie vor Vivisektion und Schächten am brisantesten. Betreffs Ersterer sei wiederum auf Ebersteins Ergebnisse verwiesen.[415]

1. Wiederaufnahme des Schächtstreites

Letzteres wurde erst[416] wieder zu einer parlamentarischen Streitfrage, als der „Verband der Tierschutzvereine des Deutschen Reiches" nach der Tagung vom 15. bis 18. April 1925 zu München im Bayerischen Landtage einen Antrag veranlasste: „1. *das Schächten nicht mehr zugelassen,* 2. *das Schlachtvieh wie vor dem Kriege durch Erschießen getötet wird. gez. Dr. Glaser, Drexler und Frakti-*

---

411 Schaefer, *Tierschutz im Reichsstrafrecht*, 1932, S. 48: „Daß den Tieren, die nun einmal nicht Zweibeiner sind, nur unter Anwendung quälerischer Methoden — u. A. durch Auftreten auf erhitzte Eisenplatten! — das dauernde Aufrechtgehen und ‚Tanzen' beigebracht werden kann, ist Grund genug, dieses traurige Gewerbe zu verbieten, zumal es sich meist bei den Bärenführern um arbeitsscheue und landfremde Elemente handelt, die sich auf Kosten der überanstrengten Tiere ein angenehmes Leben schaffen." Abb. s. Lemcke, *Deutschland erstes Tierschutzgesetz*, 2008, S. 23.

412 v. Skopnik, *Die Krisis im deutschen Tierschutz*, Zeitungsausschnitt aus Nr. 557 des *Berliner Lokalanzeigers* v. 26. 11. 1930, in: BA Berlin-Li., R 86 Nr. 3646, ohne Seitenzahl.

413 Klein, *Das Martyrium des Pferdes*, Zeitungsausschnitt aus: *Berliner illustrierte Nachtausgabe* v. 27. 11. 1930; Schreiben vom Präsidenten des Reichsgesundheitsamts v. 24. 10. 1930, Nr. III 2776, Rückschreiben des RMdI v. 2. 12. 1930, Nr. II A 4440/26.4.; Eingabe der Internationalen Liga gegen Ausfuhr von Schlachtpferden v. 11. 10. 1930, Nr. II A 4440/11.10.; Antwort des RMdI v. 20. 1. 1931, Nr. II A 4440/10.1.; in: BA Berlin-Li., R 86 Nr. 3646, ohne Seitenzahl.

414 Clauß, *Tierschutz und Strafgesetzgebung*, 1928, S. 45.

415 Eberstein, *Tierschutzrecht bis 1933*, 1999, S. 208 – 209.

416 TSV München, *100 Jahre*, 1942, S. 39 wies darauf hin, die Inflation nach der „November-Revolution" 1918 habe das Vermögen der Tierschutzvereine wesentlich eingeschränkt und damit auch ihre Leistungskraft lange lahmgelegt; vgl. Heintz, *Tierschutz im Dritten Reich*, 2008, S. 21.

on.“[417] Doch dieser Antrag des „Völkischen Blocks“ vom 22. April 1925 gelangte erst am 25. Februar 1926 zur Verhandlung im Verfassungsausschuss, und wurde dort gegen 9 Stimmen abgelehnt;[418] hingegen wurde der Antrag von Dr. Scharnagl (BVP) einstimmig angenommen, *„daß das Schächten nach der Zahl der jüdischen Bevölkerung kontingentiert wird.*“[419]

Dagegen brachte der Münchener Tierschutzverein unter Vorstand des Oberregierungsrates, Dr. Rudolf Einhauser, am 11. März 1926 ein: *„Ersuchen um ein Gesetz, daß alle Schlachttiere vor Beginn der Blutentziehung zu betäuben sind.*“[420] Nach Zwischenkämpfen[421] fand die neuerliche Beratung im Verfas-

---

417 Landtagsdrucksachen 1925, Beilage 1097; abgedruckt in: TSV München, *Der gesetzliche Betäubungszwang, Heft 1: Bayern*, 1930, S. 5.

418 Vgl. Landtagsdrucksachen 1925, Beilage 1097; abgedruckt in: TSV München, *Der gesetzliche Betäubungszwang, Heft 1: Bayern*, 1930, S. (17 –) 26.

419 Landtagsdrucksachen 1925, Beilage 1097; abgedruckt in: TSV München, *Der gesetzliche Betäubungszwang, Heft 1: Bayern*, 1930, S. 5.

420 TSV München, Antrag v. 11. 3. 1926, S. 3, 26.

421 TSV München, *Der gesetzliche Betäubungszwang, Heft 1: Bayern*, 1930, S. 6: „Die Eingabe des Münchener Tierschutzvereins kam am 24. März in den Einlauf des Landtages, [...] hatte zunächst den Erfolg, daß der Gegenstand von der Tagesordnung der Vollsitzung wieder abgesetzt und erneut an den Ausschuß zurückverwiesen wurde. Zur Vorbereitung der neuen Ausschußverhandlungen zeigte der Unterzeichnete [Dr. Einhauser, Anm. d. Verf.] in zahlreichen Führungen insgesamt 18 Abgeordneten der verschiedensten Fraktionen, außerdem 6 im öffentlichen Leben stehenden Männern im Münchener Schlachthof das betäubungslose Schächten und zugleich die Betäubung des Schlachtviehs durch Schußbolzen [...]. Darauf verlangte die Israelitische Kultusgemeinde München vom Stadtrat München, er solle diese ‚Massenführung‘ verbieten, da durch sie angeblich die israelitischen Kultusbeamten (Schächter) in der ‚Sicherheit ihrer Funktionsausübung‘ beeinträchtigt würden; sie regte ferner an, daß das Schächten künftig in einem abgeschlossenen Raume vorzunehmen sei und daß der Zutritt dazu den gewöhnlichen Schlachthofbesuchern untersagt und nur aus besonderen Gründen mit besonderer Erlaubnis der Direktion statthaft sein solle. Der Stadtrat München ließ sich weder auf das Eine noch auf das Andere ein.
Da von jüdischer Seite ununterbrochen Besuche und Abordnungen, auch aus anderen europäischen Hauptstädten, in den Fraktionszimmern und Ministerien vorstellig wurden, haben wir unsererseits die Schlachthofdirektoren Dr. Bützler (Köln), Dr. Händel (Nürnberg), Dr. Klein (Lennep), Dr. May (Krefeld) und Herrn Stadttierarzt Dr. Karl (Bamberg) nach München gebeten, damit sie irreführende Darstellungen über die Vorgänge beim Schächten und über die Auffassung der Sachverständigen entgegentreten konnten; dies ist in einer Besprechung im Landtagsgebäude am 6. Mai, wozu [...] Einladung an alle Fraktionen erging. Unserer Einladung folgend war ferner der Geschäftsführer des Berliner Tierschutzvereins, Herr Karl Kraemer nach München gekommen und aufklärend tätig.“

sungsausschuss[422] am 23. Juni 1926 statt. Nach Zugeständnissen einzelner Linksparteimitglieder[423], die indes den Vorführungen durch Dr. Einhauser beigewohnt hatten, kam keine Meinung mehr zum Ausdruck, der zufolge das Schächten keine Tierquälerei sei. Rechtlich unterstrich Dr. Hoegner (SPD), „daß die Religionsgesellschaften auch den allgemeinen Strafgesetzen unterworfen seien. Den Mormonen oder Mohammedanern sei es z. B. verboten, sich vielweiberisch zu betätigen. Den Adamiten sei es verboten nackt herumzulaufen [...]. Mit der Anerkennung einer Religionsgesellschaft sei nicht ausgedrückt, daß sie in der Frage der Gewissensfreiheit einen weiteren Spielraum habe als jeder andere Staatsbürger."[424] Dr. Lent (DNVP) teilte diese Ansicht und ergänzte, auch

---

422 TSV München, *Der gesetzliche Betäubungszwang, Heft 1: Bayern*, 1930, S. 14 bemerkte vor: „Über die Verhandlungen des Verfassungsausschusses liegt die amtliche Niederschrift nur in einer einzigen Ausfertigung in Maschinenschrift im Landtage vor. In sie wurde uns von einem Abgeordneten Einsicht gewährt".

423 So erstmals Auer Theodor (BVP): „daß jeder, der es mitangesehen habe, keinen Zweifel haben könne, warum zum Zwange der Betäubung übergangen worden sei. [...] Bei der normalen Schlachtung werde das Tier einfach hingestellt, ihm die Schlachtpistole vor die Stirne gehalten, losgedrückt und das Tier breche zusammen und rühre sich nicht mehr. Man könne ihm in die Augen hineingreifen, es reagiere in keiner Weise, ein Beweis, daß vollständige Bewußtlosigkeit eingetreten sei. Ganz anders beim Schächten. Hier werde das Tier vorgeführt, es werde der Rollapparat heruntergelassen, das Tier werde gefaßt und mit einem plötzlichen Rucke auf den Boden geschleudert; dann kämen die zwei Metzger, die mit eisernen Gabeln die zwei Hörnern erfaßten, den Körper gewaltsam herumdrehten und ihn lange streckten, so daß der Schächter den dreimaligen Schnitt machen könne. Daß diese Vorgänge auch weniger empfindsame Gemüter berührten, davon habe er sich wiederholt überzeugt, in dem (sic! „indem") die im Kreise herumstehenden Metzger sich sehr mißbilligend darüber geäußert hätten, daß so etwas noch gestattet sei. [...] Er habe sich davon überzeugt, daß nach dem Schächtschnitt die Augen reagierten und das Blut ungefähr 4 Minuten darnach nicht entleert sei. Das Blut habe nach dem ersten Schnitte gestockt und dann habe das Tier wieder von neuem zu arbeiten angefangen. Auf Grund eigener Anschauung habe er keinen Zweifel, daß das Schächten eine Tierquälerei sei." Dann sei auch Hermann Mager (KPD) „überzeugt, daß das Schächten anderen Schlachtmethoden gegenüber eine Tierquälerei ist. [...] Darum sei es ihm schwer geworden, welchen Standpunkt er einnehmen sollte. Er habe aber nicht bloß persönliche Ansicht, sondern auch die seiner Fraktion zum Ausdruck zu bringen, [...] daß diese Angelegenheit auf jeden Fall nicht vordringlich sei. [...] Seiner Fraktion sei es gleichgültig, wie abgestimmt werde." Dr. Scharnagl (BVP) bezog seinen gewöhnlichen Standpunkt, solange „eine Religionsgemeinschaft behaupte, daß etwas für sie religiöse Vorschrift sei, dann könne eine andere Religionsgemeinschaft oder auch der Staat [...] nicht einschreiten [...]. Dagegen sei er unbedingt für eine entsprechende Kontingentierung des Schächtens." In: TSV München, *Der gesetzliche Betäubungszwang, Heft 1: Bayern*, 1930, S. 27, 30 – 31.

424 TSV München, *Der gesetzliche Betäubungszwang, Heft 1: Bayern*, 1930, S. 31 – 32.

sei der Staat hierbei nicht gehindert, irgendwelche allgemeinen Gesetze zu erlassen.[425] Dr. Scharnagl (BVP) machte dann geltend: „Es sei kein absolutes Verbot einer Tierquälerei ausgesprochen, sondern ein qualifiziertes und es sei objektive Tierquälerei möglich, wenn sie durch bestimmte höhere Rücksichten begründet erscheine", zu denen er die Gewissensfreiheit zählte.[426] Darauf erwiderte Dr. Buttmann[427] (NSDAP), „daß die Tierquälerei, wenn sie roh sei, von vornherein schlechthin absolut verboten sei," und wies auf die Eingabe des Münchener Tierschutzvereins hin, „daß das religiös-sittliche Empfinden auch der Christen zu schützen sei."[428] Nach der Abstimmung war der Antrag „Buttmann" angenommen, die Eingabe des Münchener Tierschutzvereins an die Staatsregierung zur Berücksichtigung und die anderen Eingaben[429] als Material hinüberzugeben.[430] Auf dieser Grundlage beschloss die Vollsitzung des Landtags am 8. Juli 1926 ohne Aussprache durch einfache Abstimmung mit großer Mehrheit:

> „Die Staatsregierung zu ersuchen:
>
> 1. alsbald gesetzliche Anordnungen zu erlassen, wonach Rinder, Schafe, Ziegen und andere Wiederkäuer, Pferde, Esel, Maulesel, Maultiere, Schweine und Hunde, die geschlachtet werden, vor Beginn der Blutentziehung zu betäuben sind.
>
> 2. durch gesetzliche Anordnungen sicherzustellen, daß überall dort, wo es möglich erscheint, die Betäubung des Schlachtviehs statt durch freien Kopfschlag durch

---

425 TSV München, *Der gesetzliche Betäubungszwang, Heft 1: Bayern*, 1930, S. 33.

426 TSV München, *Der gesetzliche Betäubungszwang, Heft 1: Bayern*, 1930, S. 33.

427 Buttmann, Rudolf, Dr., geb. 4. 7. 1885 in Markbreit; April 1924 Mitglied und Fraktionsführer der NSDAP im Bayerischen Landtag, Leiter der Hauptabteilung Volksbildung der NSDAP, deren Reichsredner; Mai 1933 Ministerialdirektor, Leiter der kulturpolitischen Abteilung im Reichsministerium des Innern, als solcher maßgeblich an den Konkordatsverhandlungen mit dem Heiligen Stuhl beteiligt; ab 12. 11. 1933 Mitglied des Reichstags, Wahlkreis Oberbayern-Schwaben; ab 1935 Vorsitzende des Deutschen Sprachpflegeamtes, 1935 – 1945 Generaldirektors der Bayerischen Staatsbibliothek; gest. 25. 1. 1947. (s. Stockhorst, *5000 Köpfe*, 1967, S. 90.)

428 TSV München, *Der gesetzliche Betäubungszwang, Heft 1: Bayern*, 1930, S. 33 – 34; gemeint sei TSV München, Antrag v. 11. 3. 1926, S. 12: „*Ist den Schächtgegnern die Gewissensfreiheit durch die Verfassung auch gewährleistet? Sind wir verpflichtet, unsere Tiere entsetzlichen Martern auszuliefern, damit ein kleiner Teil der Bevölkerung Fleisch genießen könne, ohne dabei eine Formschrift zu verletzen? Gilt das Gebot der Barmherzigkeit gegen die Tiere nicht für uns als Volk wie für jeden Einzelnen von uns und dürfen wir dies Gebot verletzen?*"

429 Gemeint seien die anschließenden Eingaben des Niederbayerischen Kreistierschutzvereins in Landshut (Nr. 3688), des Vereins für Geflügel-, Bienenzucht und Tierschutz Lindenberg und Umgebung in Lindenburg im Allgäu (3817), und des Vereins gegen Vivisektion und sonstige Tierquälerei in München (3771); in: TSV München, *Der gesetzliche Betäubungszwang, Heft 1: Bayern*, 1930, S. 27.

430 TSV München, *Der gesetzliche Betäubungszwang, Heft 1: Bayern*, 1930, S. 7, 34.

mechanisch wirkende Geräte (Schußbolzen usw.) erfolgt, die geeignet sind, die Betäubung oder den sofortigen Tod des Tieres herbeizuführen.

Durch diesen Beschluß ist die Staatsregierung beauftragt, dem Bayerischen Landtag einen entsprechenden Gesetzentwurf zur Beschlußfassung vorzulegen.“[431]

2. Geltendmachung gegensätzlicher Ansichten

Die bayerischen Entwicklungen seit 1925 waren Grund genug für alle Betroffenen zum Tätigwerden. Zunächst hielt der „Reichsverband praktischer Tierärzte“ am 5. Juni 1926 in Düsseldorf eine Hauptversammlung ab, die die Forderung von 1910 wiederholte.[432] Am gleichen Ort tagte am 18. September der „Reichsverband der deutschen Gemeindetierärzte“, in dem nahezu alle Schlachthoftierärzte Deutschlands zusammengeschlossen waren und der „den Erlaß gesetzlicher Vorschriften für unerläßlich [hält], die den Betäubungszwang für alle Schlachttiere vor der Blutentziehung verlangen, gleichgültig, ob sie in normaler Weise oder rituell geschlachtet werden, weil nur dadurch unnötige Tierquälerei vermieden werden.“[433]

a) Nansen im Dienst der Schächtbefürworter

Auf der anderen Seite veröffentlichte der „Verband bayerischer israelitischer Gemeinden“ in den *Münchener Neusten Nachrichten* Nr. 189 vom 10. Juli 1926, also zwei Tage nach dem Bekanntwerden des Landtagbeschlusses, den Brief eines Prof. Fridtjof Nansen, der einleitend bemerkte, während seiner jahrelangen Arbeit große Stütze bei verschiedenen jüdischen Organisationen gehabt zu haben, und sich verpflichtet zu fühlen, sich ihrer in der Schächtangelegenheit anzunehmen. Dann schrieb er:

„Ich habe ein Teil Erfahrung in dem Töten von Tieren durch Durchschneiden der Halsschlagadern, auf selbe Weise, wie dies beim Schächten geschieht, und es ist meine Überzeugung, daß die Tiere auf diese Weise fast augenscheinlich das Bewußtsein verlieren und für Schmerzen nicht mehr empfindlich sind. Insofern also dürfte es keinen wesentlichen Unterschied geben zwischen dieser Methode und der allgemein angewandten Methode, dem Schießen. Die motorischen Nervenzentren werden nicht gleich nach dem Durchschneiden der Halsschlagadern gelähmt und darum können im Tiere auch weiterhin Muskelbewegungen vor sich gehen, die auf den, der nicht sachkundig ist, den Eindruck machen, als ob die Tiere auch weiterhin fühlen würden, was aber undenkbar ist, wenn das Bewußtsein geschwunden ist […];

---

431 GStA PK, Berlin-Dahlem, I. HA Rep. 84a, Nr. 5215, Bl. 78; auch in: TSV München, *Der gesetzliche Betäubungszwang, Heft 1*: Bayern, 1930, S. 34.

432 GStA PK, Berlin-Dahlem, I. HA Rep. 84a, Nr. 5215, Bl. 79.

433 GStA PK, Berlin-Dahlem, I. HA Rep. 84a, Nr. 5215, Bl. 79 – 80.

und insofern das Schächten sorgfältig ausgeführt wird, muß es als erwiesen angesehen werden, daß es den Tieren keine unnötigen Schmerzen zufügt.“[434]

b) Train aus dem Lager der Schächtgegner

Darauf antwortete der „Reichsverband praktischer Tierärzte“ durch dessen Präsidenten, Dr. Felix Train, am 2. August 1926:

> „Bei aller Hochachtung vor dem weltumspannenden Namen des norwegischen Forschers müssen wir feststellen, daß er hier auf einem Gebiet urteilt, wo er nicht Fachmann ist. […] Nansen stützt seine Meinung auf ‚Überzeugung‘, daß das Bewußtsein des geschächteten Tieres ‚fast augenblicklich‘ nach dem Schächtschnitt dauernd erlösche. Diese Auffassung wird auch von manchen anderen der Schlachthofpraxis Fernstehenden geäußert und zwar sind es neben jüdischen Theoretikern, wie in letzter Zeit Dr. S. Lieben, Prag, auch solche, die sich zum Christentum bekennen. […] Diese reinen Wissenschaftler versuchen ihre Auffassungen durch den Nachweis zu begründen, daß nach Eröffnung der Halsschlagadern der Blutdruck im Gehirn rasch sinke. Selbst wenn diese Meinung richtig wäre, bliebe doch das Schächten schon durch die Vorbereitung des Tieres für den eigentlichen Schächtschnitt ein grausames Schlachtverfahren: quälerisch und in hohem Maße ängstigend ist schon das Fesseln und Niederwerfen der Tiere, quälerisch ist das Überstrecken und Verdrehen des Halses, über allen Maßen schmerzhaft ist zweifellos der bei großen Tieren bis zu 75 Zentimeter lange Halsschnitt, der das Tier bei vollem Bewußtsein und Empfindungsvermögen trifft und der 18 Organe, darunter allerempfindlichste Nervenstämme, durchschneidet.
>
> Aber jene Meinung von der sofortigen Bewußtlosigkeit ist auch *falsch*. Kollege Dr. Klein hat 1913 zu Versuchszwecken auf dem Hofraume der Schlachthofanlage in Lennep 10 ordnungsmäßig gefesselten, niedergeworfenen und in vorgeschriebener Schächtlage geschächteten Schlachttieren gleich nach dem Schächtschnitt die Fesseln zerschneiden lassen. Alle Tiere machten sofort mehr oder minder weitgehend durchgeführte geordnete Aufstehbewegungen, 5 Tiere erhoben sich ganz und gingen mit durchschnittenem Halse bis zu 10 Meter weit in bewußt geregelten Bewegungen über den Hof. Man beachte: Bei diesen Versuchen, die noch heute jederzeit im Film vorgeführt oder wiederholt werden können, handelt es sich nicht um sog. Fehlschächtungen, wie sie die Schächtfreunde in solchen Fällen gern konstruieren, oder um Tiere, die im Stehen geschächtet wurden, sondern um solche Schlachttiere, die nach allen Regeln des jüdischen Ritus geschächtet worden sind. Sie hätten also nach Auffassung der Schächtverteidiger ohne Bewußtsein sein müssen. Geordnete Aufsteh- und Gehbewegungen sind aber nach feststehenden physiologischen Gesetzen ohne vorhandenes Bewußtsein unmöglich. Aus der gleichen physiologischen Begründung besteht bei Bewußtsein aber auch das Schmerzgefühl. […] Für das Fortbestehen des Bewußtseins nach dem Schächtschnitt kommen aber auch in der täglichen Praxis jahraus jahrein eine Reihe von Fällen vor, die […] beweisen, daß das Gehirn des geschächteten Tieres durch die in den Halswirbeln verlaufenden

434 GStA PK, Berlin-Dahlem, I. HA Rep. 84a, Nr. 5215, Bl. 80.

Schlagadern, welche der Schächtschnitt nicht treffen kann, noch minutenlang, in der Regel 2 – 4 Minuten, unter besonderen Umständen aber noch weit länger, genügend mit Blut versorgt wird, um Bewußtsein und Schmerzempfindung zu erhalten. Dies aber bedeutet, daß die Tiere zu den Schrecken und Schmerzen der Fesselung, des Niederwerfens und des Schächtschnittes auch noch minutenlang die durch die Verblutung hervorgerufenen furchtbaren Angstgefühle, die Schmerzen der fürchterlichen Schächtwunde und aller jener gewalttätigen Eingriffe — z. B. die mehrmalige erneute Durchschneidung der großen Halsgefäße und in vielen Fällen das Abklemmen des Schlundes mittels Zange — empfinden, die während des Verblutens aus gewerblichen oder hygienischen Gründen an ihnen, rücksichtslos in der Schächtwunde wühlend, vorgenommen werden. Begreiflich, daß viele Schlachthoftierärzte, die doch gewiß nicht zur Gefühlsduselei neigen, immer wieder erklären, sie könnten dem Schächten nur mit verhaltenem Grimm und mit Widerwillen zusehen.

[...]

Der ‚Reichsverband praktischer Tierärzte' steht geschlossen hinter dem Verlangen des ‚Münchener Tierschutzvereins' und des Bayerischen Landtages, daß künftig durch gesetzliche Vorschrift allen Schlachttieren ohne Unterschied die Wohltat der schmerzlosen Betäubung vor der Blutentziehung — möglichst unter Verwendung mechanisch wirkender Geräte (Schußbolzen usw.) — zuteil werden mögen."[435]

3. Überprüfung einzelner Belange

„Da der Staat das Schächten als religiöse Handlung anerkennt, ist der einzelne gegen seine Vornahme machtlos. Die Tierschutzvereine und die Tierärzteschaft betrachten es als ihre Aufgabe, einen in den Bereich ihrer sachlichen Beurteilung fallenden Religionsgebrauch zu bekämpfen, der den ethischen Anschauungen und wissenschaftlichen Erkenntnissen unserer Zeit widerspricht."[436] In der Tat konnte sich Train auf die Zustimmung zahlreicher Schlachthoftierärzte, Schlachthofdirektoren und praktischer Tierärzte berufen, deren Einzelzuschriften aus dem Anlass in Bayern dem Reichsverband zugeströmt waren[437] und mit allen Argumenten abrechneten, die die Schächtanhänger bislang geltendgemacht hatten.

---

435 Train, erstmals erschienen in: Nr. 221 der *Münchener Neusten Nachrichten* v. 11. 8. 1926, auch in: *Die deutschen Tierärzte gegen das betäubungslose Schächten*, 3. A., 1927, S. 11 – 13.

436 Dr. Grüttner (Tierarzt und Direktor des städtischen Schlachthofes Quedlinburg), in: *Die deutschen Tierärzte gegen das betäubungslose Schächten*, 3. A., 1927, S. 36.

437 GStA PK, Berlin-Dahlem, I. HA Rep. 84a, Nr. 5215, S. 82.

a) Gegenüberstellung der Schächtung und Schußbetäubung

Die Betäubung, der die Tierärzte wiederkehrend großen Wert beimaßen, sei 1902 mit der Erfindung des Prof. Dr. Schermer in eine neue Ära getreten,[438] „denn ihr (sic!) Schußbolzenapparat ist so gut, daß er nahezu als die Lösung des Betäubungsproblems zu erachten und dem gegenüber das Schächten, aber auch eine Anzahl anderer noch gebräuchlichen Schlachtmethoden als rückständige, rohe und inhumane Schlachtart zu betrachten sind."[439] „Was ist denn das Schächten? Das Schächten besteht im *Ersticken* des Tieres durch Verbluten aus den Halsgefäßen, wobei Bewußtsein und Lebenstätigkeiten nur allmählich schwinden. Mag man die Wirkung des Bolzenschußapparates auch als Erschießen bezeichnen, so ist es eben ein Gnadenschuß. Dieser trifft ein freistehendes, ungefesseltes Tier ahnungslos und fällt es blitzschnell, da im gleichen Augenblicke, in welchem eine Schmerzempfindung ausgelöst werden könnte, der Sitz des Schmerzempfindens, das Großgehirn, außer Tätigkeit gesetzt ist. Und nun spürt das Tier von dem, was nachfolgt, vom Verbluten nichts mehr."[440] Nach der technischen Vervollkommnung und Verbreitung des Bolzenschußapparats bis 1925[441] „wuchs auch unter den Laien, welche den Schlachthofbetrieb besichtigten, nicht nur der Widerwille gegen den betäubungslosen Halsschnitt und den Genickstich, sondern sie gaben auch vielfach in lauterer Form ihrem Unwillen Ausdruck, wenn sie die wilden Todeszuckungen der geschächteten Tiere mit der sofortigen Bewegungslosigkeit der geschossenen Tiere zu vergleichen Gelegenheit hatten. [...] *Genau, wie das Reichsfleischbeschaugesetz keine konfessionellen Unterschiede kennt, sollte auch im modernen Schlachtbetrieb aus rein tierschützerischen Gründen eine einheitliche Betäubungsart Platz greifen.*"[442] „Auch Moses würde niemals das Schächten zum Gesetz erhoben haben, wenn er die heutigen Schußwaffen gekannt hätte, durch welche vollständige, blitzartige Betäubung erzielt wird."[443]

---

438 Dr. Heiß (Direktor des Schlachthofes zu Straubing), in: *Die deutschen Tierärzte gegen das betäubungslose Schächten*, 3. A., 1927, S. 41 – 42.

439 Brief von Dr. Opel an Dr. Klein, in: GStA PK, Berlin-Dahlem, I. HA Rep. 84a, Nr. 5215, S. 121.

440 Prof. Dr. Max Müller (Oberveterinärrar und Vorstand der Sanitätsanstalt mit Schlachthoflaboratorium am Schlacht- und Viehhof München), *Der Betäubungszwang bei Schlachttieren*, erschien in Nr. 206 der *Münchener Neusten Nachrichten* v. 31. 7. 1927, S. 8; auch in: GStA PK, Berlin-Dahlem, I. HA Rep. 84a, Nr. 5215, S. 125 (126).

441 Vgl. GStA PK, Berlin-Dahlem, I. HA Rep. 84a, Nr. 5215, S. 88, 96.

442 Dr. Heiß (Direktor des Schlachthofes zu Straubing), in: *Die deutschen Tierärzte gegen das betäubungslose Schächten*, 3. A., 1927, S. 41 – 42.

443 Dr. Cuno Walther (Generaloberveterinär a. D., Berlin), in: *Die deutschen Tierärzte gegen das betäubungslose Schächten*, 3. A., 1927, S. 82.

b) Schmerzuntersuchungen nach Schächtungsphasen

So sahen die Tierärzte das Schächten als „ausgesuchte Tierquälerei“[444] an, „*weil während des ganzen Aktes das Bewußtsein des Tieres erhalten ist.*“[445]

aa) Während der Vorbereitungen

„Schon die Vorbereitungen zum Schächten sind für die Tiere beängstigend, aufregend, quälerisch; und grausam ist besonders das gewaltsame Strecken des Halses und des Kopfes.“[446] „Der Vorgang der Fesselung ging mit vielem Treten und Schlagen einher und als dann das Tier am Boden lag, fing es dermaßen an zu toben und wandt und bäumte sich,“[447] „besonders beim Großvieh [...]. Alle Versuche durch Matratzen, Kopfhaltevorrichtungen und dergl., die Quälerei abzuschwächen, sind fruchtlos.“[448]

bb) Beim Schächtschnitt selbst

So gelangte man zur Erkenntnis, „daß die Bestrebungen, immer neue humane Niederlegungsmethoden zu finden, so anerkennenswert sie sind, doch nur die Aufmerksamkeit von dem eigentlichen grausamen Akt, dem Halsschnitt ablenken sollen.“[449] Und hierdurch

> „werden außer Haut, Muskeln, Luftröhre, Schlund, Vagus, Sympathikus die Halsschlagadern durchschnitten. Die Anhänger der Schächtmethode sind der Meinung, daß nach Durchschneidung der großen Gefäße eine sofortige Blutleere des Gehirns und eine damit einhergehende Bewußtlosigkeit hervorgerufen wird. Sie verschweigen, daß die unversehrten, herzwärts gelegenen Blutgefäße, die *A. vertrebalis* und die *A. Cervicalis profunda*, vermöge ihrer nicht geringen Lichtweite dem Gehirn andauernd ausreichende Blutmenge zuführen und dem Tier sind diese Zeit Bewußtsein und Empfindung erhalten. Gleichzeitig hat die Durchschneidung des Sympathikus eine Erweiterung der Haargefäße des Gehirns gefördert und das Gehirn unter ständigem Druck gehalten wird. Einige wenige Tiere scheinen unmittelbar nach Anbringung des Schnittes, für kurze Zeit, deren Dauer ich höchstens auf 10 Sekunden bemesse, bewußtlos zu sein. Dann aber kehrt das Bewußtsein wieder und mit allen ver-

---

444 Dr. M. Brunninger, in: *Die deutschen Tierärzte gegen das betäubungslose Schächten*, 3. A., 1927, S. 23.

445 Dr. W. Grossien (Tierarzt in Königsberg / Preußen), in: *Die deutschen Tierärzte gegen das betäubungslose Schächten*, 3. A., 1927, S. 36.

446 Agerth, in: *Die deutschen Tierärzte gegen das betäubungslose Schächten*, 3. A., 1927, S. 14.

447 Aloys Schirber (Schlachthofdirektor in Neunkirchen, Saar), in: *Die deutschen Tierärzte gegen das betäubungslose Schächten*, 3. A., 1927, S. 71.

448 Dr. Weitbrecht (Vorstand des städt. Fleischbeschauamtes Tübingen), in: *Die deutschen Tierärzte gegen das betäubungslose Schächten*, 3. A., 1927, S. 82 – 83.

449 Dr. Zisterer (städt. Veterinärrat in Bad Kissingen), in: *Die deutschen Tierärzte gegen das betäubungslose Schächten*, 3. A., 1927, S. 86 – 87.

fügbaren Kräften suchen die Tiere sich von den Fesseln zu befreien, sie heben den Kopf in die Höhe und suchen sich aufzurichten. Die Mehrzahl zeigen diese Abwehrbewegungen sofort nach dem Schnitt. Die Beweisführung, daß das Bewußtsein der geschächteten Tiere noch eine gewisse Zeit (bis zu drei Minuten) nach Anbringung des Schächtschnittes bleibt, findet eine Bestätigung in einem der wichtigsten Reflexe des Hirnstammes, dem Cornealreflex, der bei Berührung der Cornea und auch der Konjunctiva eintritt. Diese Erscheinungen: Sichaufrichten, Abwehrbewegungen, Schließen der Augen bei Berührung müssen als bewußte, zweckentsprechende Bewegungen bezeichnet werden, welche von den unbewußten, willenslosen Reflexbewegungen vollkommen zu scheiden sind."[450]

Aus Norwegen war sogar berichtet, „daß alte Militärpferde beim Vorbeikommen der Militärmusik mit lebhaften Ohrenbewegungen auf die Musik reagierten und sogar zu wiehern versuchten — noch 4 Minuten nach dem erfolgten Schnitt."[451]

cc) Bis zur Agonie — mit Beispielfall Schächter Marx

„*Die Wiedererlangung des Bewußtseins des Tieres hat seinen Grund darin, daß die durchschnittenen Drosselvenen zusammenklappen und sich in die Halsmuskulatur zurückziehen.* Dadurch, daß die Karotiden (großen Halsschlagadern) durchschnitten sind, wird der Blutstrom in den Jugularen (Drosseladern) ein viel geringerer, und die Bildung von Blutgerinnseln vermag in vielen Fällen die venöse Blutung stark zu beschränken... *Die Arterien haben sich ebenfalls tief in die Muskulatur zurückgezogen* und so kann man bei vielen Tieren beobachten, daß nach der 3. Minute der Blutverlust ein geringer geworden ist. Es trifft dies namentlich bei jungen Tieren zu, bei denen die Elastizität der Gefäßwand das Zusammenziehen außerordentlich begünstigt. Dies ist der Zeitpunkt, in welchem der Schächter die Enden der durchschnittenen Karotiden hervorsucht und sie mit einer mehr oder weniger großen Masse von Muskulatur herausschneidet. *Das Tier ist dabei bei vollem Bewußtsein, es empfindet seinen Schmerz* und gibt ihn durch Abwehrbewegungen deutlich zu erkennen. Diese Bewegungen halten bis zur 4. Minute nach Ausführung des Schächtschnitts an und jetzt beobachtet man,"[452] wie „die *furchtbaren Schmerzen* ohne vorherige Betäubung sich durch

---

450 Brauer, in: *Die deutschen Tierärzte gegen das betäubungslose Schächten*, 3. A., 1927, S. 20.

451 Skaardal (Arbeiterpartei, Sozialdemokrat), während der Verhandlungen des norwegischen Storthings v. 12. 6. 1929, in: Storthingsdrucksachen Nr. 71, S. 571; auch in: TSV München, *Der gesetzliche Betäubungszwang, Heft 2: Schweden und Norwegen*, 1930, S. 21.

452 Dr. R. Hofmann, in: *Die deutschen Tierärzte gegen das betäubungslose Schächten*, 3. A., 1927, S. 98.

Nervenzuckungen in allen Muskeln und durch Hin- und Herschlagen des Schwanzes nur zu sehr bemerkbar machen."[453]

Tiere, „welche in dieser Weise geschlachtet werden, ‚reden' durch ihre Schmerzäußerung eine andere, furchtbare ‚Sprache'."[454] So „besteht bei den Schächtern, welche den ängstlichen Blick sowie das vielfache Zittern der Tiere anscheinend selbst nicht recht ansehen können, die alte Sitte, daß sie den Tieren unmittelbar vor dem Schächtschnitt die Augen zuhalten."[455] Ein ferneres, zumindest in Bad Kissingen „von den Metzgern nach der Schächtung immer wieder angewandtes Verfahren, dem Tiere nach dem Schächtschnitt Blut in die Augen und Ohren zu gießen, beweist m.E., daß auch der Metzger als Laie das Empfinden hat, daß das Tier noch Sinnesausdrücke empfängt, die er durch diese Handlungsweise ausschalten will".[456] Aus Neustadt (Westpreußen) wurde gemeldet: „Auch von seiten der Schlächter wurde immer wieder betont, daß das Schächten eigentlich verboten werden müßte, weil es doch entsetzlich anzusehen sei, welche Marter die armen Tiere erdulden müßten."[457]

Einen der vielen Fälle[458], in denen dem Schächtopfer eine „Verklärung" gelang, erwähnte Dr. Rudolf Lindemann, Tierarzt und Schlachthofleiter in Gelnhausen, am 30. April 1926:

> „Als vor etwa 14 Monaten von dem Metzgermeister Ludwig Reis von hier ein Jungrind zum Schächten gefesselt niedergelegt war und der Schächter und Lehrer der hiesigen israelitischen Gemeinde Marx den Schächtschnitt vorgenommen hatte, blutete das Tier 3 Minuten lang so ausgiebig, daß ich glaubte, daß die nunmehr eintretenden heftigen Bewegungen bereits Agonie seien. Auf einmal zerriß das Tier zum Entsetzen aller Anwesenden die Fesseln, erhob sich, begab sich nach dem Schweineschlachtraum, in dessen Hintergrund es in den großen und breiten Fenstern des Kaldaunenraums einen Ausgang vermutete. Als das Tier aber sah, daß das Fenster waren, machte es Kehrt und ging nunmehr in normaler physiologischer Gangart (im Schritt) auf die Ausgangstür zu, die etwa eine Hand breit offen stand. Da es sehr kalt war und sich durch Zugluft auf dem Zementboden an dieser Tür Glatteis gebil-

---

453 Dr. med. vet. E. Grams, in: *Die deutschen Tierärzte gegen das betäubungslose Schächten*, 3. A., 1927, S. 34.

454 H. Brinkwirth, in: *Die deutschen Tierärzte gegen das betäubungslose Schächten*, 3. A., 1927, S. 22.

455 Dr. Leeb, in: *Die deutschen Tierärzte gegen das betäubungslose Schächten*, 3. A., 1927, S. 53.

456 Dr. Zisterer, in: *Die deutschen Tierärzte gegen das betäubungslose Schächten*, 3. A., 1927, S. 87.

457 Dr. Liska, in: *Die deutschen Tierärzte gegen das betäubungslose Schächten*, 3. A., 1927, S. 55.

458 Vgl. *Die deutschen Tierärzte gegen das betäubungslose Schächten*, 3. A., 1927, S. 21, 30, 31, 32, 37, 39, 48 – 49, 54, 56 – 57, 60, 63, 82 – 83, 84, 93 – 100.

> det hatte, gelang es dem Metzgermeister Reis durch starkes Ziehen am Schwanze, das Tier auf dem Glatteis zu Fall zu bringen und bis zum Ausbluten niederzuhalten. Ich sagte zu dem Schächter: ‚Nun, Herr Marx, jetzt haben Sie ja selbst einmal ganz einwandfrei bewiesen, was für eine entsetzliche Tierquälerei das Schächten ist.' Herr Marx war so konsterniert, daß er nur antworten konnte: ‚Das ist mir noch nicht passiert, das ist mir noch nicht passiert.'"[459]

Doch nachdem dieser Bericht erstmals in der gleichjährigen Juli-Ausgabe des vom Berliner und Münchener Tierschutzverein gemeinsam herausgegebenen „*Die deutschen Tierärzte gegen das betäubungslose Schächten*" erschienen war, wurde er „vom Schächter Marx und vom jüdischen Metzger Reis als angeblich unwahr angegriffen. Herr Lindemann hat darauf Strafantrag gestellt und Marx und Reis wurden durch Urteil der großen Strafkammer des Landgerichts Hanau vom 12. April 1927 wegen verleumderischer Beleidigung des Tierarztes Lindemann zu einer Geldstrafe von je 150 Mk. *verurteilt.* Des Augenscheins wegen tagte der Gerichtshof zur Erledigung dieses Falles in Gelnhausen. Er nahm Augenschein im Schlachthof und vernahm zahlreiche Zeugen. [...] Das Berufungsgericht ist hiernach überzeugt, daß nur die Angeklagten die Unwahrheit sagen, indem sie den Vorgang leugnen."[460] Reis legte noch Revision ein, die das Reichsgericht jedoch am 23. September 1927 verwarf, damit das Urteil gegen ihn rechtskräftig wurde; gegen Marx musste wegen eines Formfehlers bis Oktober nochmal verhandelt werden.[461]

c) Religionsfrage

Vertraten die deutschen Tierärzte die Meinung: „*Der Gang des Schächtens ist eine Kette von Tierquälereien*"[462], dann wollte andererseits Gustav Radbruch in einem Schächtverbot „einen Angriff auf die Religionsfreiheit des jüdischen

---

459 R. Lindemann, in: *Die deutschen Tierärzte gegen das betäubungslose Schächten*, 3. A., 1927, S. 56 – 57.

460 *Die deutschen Tierärzte gegen das betäubungslose Schächten*, 3. A., 1927, S. 94; weil die obigen Anführungen aus diesem Buch unter dem Teil „C. Einzelzuschriften" befinden, wurden dort die jeweiligen Beiträger vermerkt, während dies beim hiesigen Teil „D. Berichte über geschächtete Tiere, welche nach Zerreißen oder Zerschneiden der Fesseln noch gehen konnte" ausblieb, wobei die punktuell übereinstimmenden Formulierungen hier mit der Fn.** in S. 12 zum Leittext vom Präsidenten des Reichsverbandes, Felix Train, vermuten lässt, dieser könnte auch den hiesigen Beitrag verfasst haben.

461 *Die deutschen Tierärzte gegen das betäubungslose Schächten*, 3. A., 1927, S. 94, Fn.*.

462 Dr. Kunibert Müller, in: *Die deutschen Tierärzte gegen das betäubungslose Schächten*, 3. A., 1927, S. 88.

Teils unserer Volksgenossen“ gesehen haben. Daraus leitete sein Schüler Sander ab:

> „Menschengewissen geht vor Tierqual. Betrachtet man das Schächtproblem unter diesem Gesichtspunkte, dann ist leicht einzusehen, daß das Schächten nimmermehr verboten werden kann, da man sonst gegen die Reichsverfassung, wenn auch nicht dem Wortlaut, so doch dem Geiste nach verstoßen würde.“[463]

Dagegen sammelte sich ein Arsenal tierärztlicher Argumente, die die Problematik unter folgenden Gesichtspunkten erörterten:

aa) Theologisch-theoretische Widerlegung

Oberveterinärrat und Professor der Universität München, Dr. Max Müller, erklärte eingangs seiner Abhandlung: „Zweifelsohne wäre ein Eingriff in die Freiheit des israelitischen Religionswesens gegeben, wenn das Schächten als Kulthandlung nur ohne Betäubung möglich wäre.“[464] Das 3. Buch Moses, Kapitel 11, Verse 1 – 47 und Kapitel 20, 25 sowie 5. Buch Moses, Kapitel 12, Verse 15, 16, 23, 24 belehrten ihn: „Der Blutgenuß ist [...] dem Israeliten verboten,“[465] und „*Verbluten* ist also das, was Gott geboten hat; aber nirgends steht in der Bibel eine Silbe davon, daß dieses Verbluten *betäubungslos* geschehen muß.“[466] Daher lautete die Schlüsselfrage: „Muß ein betäubtes Tier nun trepha bzw. unrein erklärt werden?“[467] Durch einen jüdischen Arzt und Schriftgelehrten, Maimonides, gest. 1204, gelangte Müller zur Erkenntnis, um das Tier trepha zu machen, müsse es eine Todesverletzung sein; als solche zu erachten sei wiederum nach dem Tractatus Chulin des Talmuds, wenn die Speiseröhre durchlöchert, die Gurgel durchrissen, die Hirnhaut durchlöchert sei, somit „Verletzungen, die sein Leben so gefährdet haben, daß es eingehen und damit zum Aase werden könnten. — Verletzungen, die einem Tier beim Schlachten und auch beim rituellen Schlachten beigebracht werden, können dann keine Todesverletzungen sein, da ja sonst jedes Schlachttier, dem der Schlund und die Gurgel durchschnitten wird, was doch gerade beim Schächten geschieht, auch trepha werden würde. Die Verletzung der Hirnhaut, die dem gleichen Tiere zur Betäubung beigebracht wird, wird somit [...] als eine koscherbelassende Schlachtverletzung [...] erachtet werden können, wie die zur Verblutung nicht notwendige Verletzung des Schlundes und der Gurgel nicht zur trephamachenden Todesverletzung wird.“[468]

---

463 Sander, *Entwürfe*, 1931, S. 85 – 86.
464 Müller, *Schächtfrage*, 1926, S. 1.
465 Müller, *Schächtfrage*, 1926, S. 7.
466 Müller, *Schächtfrage*, 1926, S. 5.
467 Müller, *Schächtfrage*, 1926, S. 2.
468 Müller, *Schächtfrage*, 1926, S. 2.

Daneben deckte „der Nichttheologe“ noch 3. Buch Moses, Kapitel 22, Vers 24 und 25 auf, die „für den israelitischen Theologen schwer zu finden“[469] seien: „Ihr dürft dem Herrn kein Tier darbringen, das zerdrückte, zerschlagene, ausgerissene oder abgeschnittene Hoden hat. Ihr dürft das in eurem Land nicht tun, und ihr dürft kein solches Tier aus der Hand eines Fremden erwerben, um es als Speise eures Gottes darzubringen. Ein derartiger Eingriff an ihnen bewirkt ein Gebrechen; sie würden euch keine Annahme bringen.“ Dann kritisiere der Professor: *„Dennoch schächten und essen auch die orthodoxen Juden Ochsen und Hammel. Dies Verbot wird also sehr weitherzig ausgelegt. Es ist recht nicht verständlich, warum demgegenüber an der engherzigen Auslegung jener anderen Vorschrift so starr festgehalten werden will*“[470], „die mit dem Geist des alten Testamentes, mit der Gottesvorstellung der Israeliten und Christen, wie überhaupt der wahren Religiosität nicht vereinbar ist.“[471]

Schließlich vertrat Dr. Müller den Standpunkt: „Diese Forderung richtet sich nicht gegen das Schächten als eine Handlung, die die strenggläubigen Israeliten als notwendig erachten, denn auch das Schächten kann mit vorheriger Betäubung der Schlachttiere vor sich gehen,“ sondern „gegen jede Roheit und tierquälerische Behandlung der Schlachttiere, die beim *ent*heiligten Schlachten vermieden werden soll und beim *ge*heiligten Schlachte heute erst recht vermieden werden sollte.“[472] „Die Einführung des Betäubungszwangs für die Schlachttiere ist eben zur Kulturfrage geworden, die die kulturell höchst stehenden Nationen auch zuerst zu lösen trachten“, und „das größere allgemeine Interesse an der Erledigung dieser Frage […] gilt daher für alle, die Fleisch essen und die damit direkt oder indirekt an der Tötung der Tiere beteiligt sind.“[473]

bb) Überschreitung der Kontingentierung

Vor diesem Hintergrunde kritisierte Dr. Frommfeld: „Es ist geradezu empörend, wenn mehr Tiere geschächtet werden, als überhaupt Bedarf an koscherem Fleisch vorhanden ist.“[474] Dr. Göhler untermauerte diese Feststellung: „Ich setzte mich also an mehreren jüdischen Feiertagen in verschiedenen Lokalitäten, u. a. den Palmengarten Frankfurts mit seiner zu etwa 90 – 92 v. H. jüdischen Kund-

469 Müller, *Schächtfrage*, 1926, S. 6.

470 Müller, *Der Betäubungszwang bei Schlachttieren*, in: Nr. 206 der *Münchener Neusten Nachrichten* v. 31. 7. 1927, S. 8; auch in: *Die deutschen Tierärzte gegen das betäubungslose Schächten*, 3. A., 1927, S. 103, Fn.*.

471 Müller, *Schächtfrage*, 1926, S. 7.

472 Müller, *Schächtfrage*, 1926, S. 3.

473 Müller, *Schächtfrage*, 1926, S. 4.

474 Dr. Frommeld, in: *Die deutschen Tierärzte gegen das betäubungslose Schächten*, 3. A., 1927, S. 30.

schaft. Meine Nachfrage [...] war von verblüffendem Erfolg: Kein einziger Esser oder Esserin hatte jemals Koscherfleisch verlangt, oder sich vergewissert, daß Koscherfleisch verabreicht würde. Ich habe mich durch eingehende Nachfragen (auch bei Kellnern jüdischer Religion) überzeugt, daß der Koschergenuß *gleich Null* war [...], wobei [...] die meisten Juden sagten: *Koscheressen* ist teuer. Ähnliche Beobachtungen machte ich in *Mannheim*, sowie in einer ganzen Anzahl Städte mit hohem jüdischen Einschlag."[475] Diesem Einzelbericht folgte die allgemeine Beobachtung von Walter, „daß schon vor dem Krieg viele tausende Israeliten außer nicht koscherem Rind-, Kalb- und Hammelfleisch auch Schweinefleisch und Schweineschinken (was gewiss trepha ist) zu sich genommen haben" und „auch während des Krieges in den Krankenhäusern und in den Bädern Dispens erteilt [worden] und die Leute sind trotzdem glaubenstreue Israeliten gewesen und geblieben" seien.[476] In der Nachkriegszeit, so Dr. Brenner, habe sich gezeigt, „[daß] der ‚moderne' Jude (der jüngeren Generation) des In- und Auslandes während der Reisezeit nicht daran denkt, rituell zu leben. Welcher Gang der großen ‚Diners' und ‚Soupers' der ‚Grandhotels' kann als ‚rituell-jüdisch-koscher' bezeichnet werden?"[477] Fürs Jahr 1926 wurde berichtet, unter den 13.000 Aalener Einwohnern befänden sich nur 3 jüdische Familien, deren Mitglieder alle „Trepher" äßen wie viele Juden in Süddeutschland auch.[478]

Die Statistiken der Schächtfälle vermittelten jedoch ein anderes Bild. Bereits aus Dr. Kleins Umfrage 1912 habe sich ergeben: „Aurich: Es wird *fast alles geschächtet.* Burgsteinfurt: Es werden *drei Viertel aller Tiere geschächtet.* [...] Emden: Es wird *fast alles geschächtet.* Eschwege: *98% Großvieh*, gleich 1100 Stück bei 600 jüdischen Einwohnern werden geschächtet, Kleinvieh ähnlich. Eschweiler: Es werden *60%* Tiere geschächtet, bei 158 Juden unter 25 000 Einwohnern. [...] Frankfurt a. M.: Es werden *45,5% Großvieh, 19,3% Kälber, 11,5% Hammel* geschächtet. [...] Mühlhausen i. Els.: *Es werden alle für das Militär geschlachteten Tiere geschächtet!!!!*"[479] Im gleichen Jahr zumindest sei auch im Gießener Schlachthof „wegen weniger israelitischen Kunden fast jeder Metzger

475 Dr. Ludwig Göhler, in: *Die deutschen Tierärzte gegen das betäubungslose Schächten*, 3. A., 1927, S. 33.

476 H. Walter, in: *Die deutschen Tierärzte gegen das betäubungslose Schächten*, 3. A., 1927, S. 80.

477 Dr. med. vet. Brenner, in: *Die deutschen Tierärzte gegen das betäubungslose Schächten*, 3. A., 1927, S. 21.

478 H. Walter, in: *Die deutschen Tierärzte gegen das betäubungslose Schächten*, 3. A., 1927, S. 79.

479 Klein, *Aus Schlachthäusern*, 1912, S. 109 – 110.

sein Vieh schächten ließ."[480] Vom 1. Januar bis 8. Februar 1920 habe ein Volontärassistent in der Heine'schen Wurstfabrik in Halberstadt „die damals dort vorgenommenen sehr zahlreichen rituellen Schächtungen der jüdischen Gemeinde angesehen. (Halberstadt hat ca. 1 Prozent jüdische Bewohner.)"[481] Selbst nach dem BVP-Schächtverteidiger Scharnagl „habe im Kölner Schlachthof nach dem Kriege das Schächten einen solchen Umfang angenommen, daß über 60% aller Großtiere geschächtet würden, während die jüdische Bevölkerung in Köln 3% der Gesamtbevölkerung ausmache. [...] In den meisten anderen Städten überschreite der Prozentsatz der geschächteten Tiere die Höhe, die ihm entsprechend der Zahl der jüdischen Bevölkerung zukommen würde .."[482]

cc) Praktische Ritualbedenken

Was die verbleibende Schächtungspraxis betraf, berichtete der Münchener Tierschutzverein: „Der Talmud schreibt vor, daß beim Niederlegen der Kopf des Tieres gestützt werde. Außer bei Ausschußbesichtigungen haben wir das noch nie erlebt. Der Talmud schreibt vor, daß der Schächter beim Niederlegen des Tieres anwesend sei. Das ist keineswegs immer der Fall. Wir haben hier in München schon erlebt, daß das Tier, niedergelegt und die vier Füße zusammengeschnürt, 11 Minuten auf die Ankunft des Schächters warten mußte."[483]

Das Nachschneiden fand unter den 254 Gutachten, die das „Komitee zur Abwehr antisemitischer Angriffe" 1894 gesammelt hatte, insgesamt nur dreimal Erwähnung,[484] wobei der ersten vom Herausgeber selbst beigefügt war: „Dieser rohe Eingriff *geschieht niemals von Seiten des Schächters*. Wo er vorkommen sollte, trifft die Schuld nur die Metzgergesellen. Er steht mit dem Akte des Schächtens in *keinerlei* Beziehung, kann sogar sehr leicht den einschlägigen Religionsvorschriften zuwiderlaufen und das Fleisch des also behandelten Thieres rituell zum Genusse verboten machen."[485] Diese Eigenanmerkung beförderte der Münchener Tierschutzverein gern ans Tageslicht, und berichtete weiter aus eigenen Beobachtungen, „daß dieses Nachschneiden durch den nichtjüdischen Metzgergehilfen *in den meisten Fällen* vorgenommen wird und vorgenommen

480 Dr. Rudolf Becker, in: *Die deutschen Tierärzte gegen das betäubungslose Schächten*, 3. A., 1927, S. 18.

481 Dr. Albert Hansen, in: *Die deutschen Tierärzte gegen das betäubungslose Schächten*, 3. A., 1927, S. 39.

482 Berichterstattung im bayerischen Landtag v. 23. 6. 1926, in: TSV München, *Der gesetzliche Betäubungszwang, Heft 1: Bayern*, 1930, S. 27 – 28.

483 TSV München, Antrag v. 11. 3. 1926, S. 11.

484 Hildesheim (Hrsg.), *Gutachten*, 1894, S. 37 (Kaiser), 70 (Magin und Moelter) und 74 (Simon).

485 Hildesheim (Hrsg.), *Gutachten*, 1894, S. 37.

werden muß,"[486] „da das Tier sonst nicht ausbluten würde",[487] „und daß die Tiere bei diesem rohen Eingriff, *bei dem der Schächter wegsieht*, vor Schmerz vielfach bis zum letzten Schwanzwirbel aufzucken."[488]

„Ebenso wird vom nichtjüdischen Metzger nach dem Schächtschnitt auch vielfach der *überaus schmerzhafte Genickstich* gemacht. Auch dieser Eingriff — der nicht, wie die Metzger vielfach meinen, Bewußtsein und Schmerzempfinden aufhebt, sondern lediglich die unterhalb der Knickstelle liegenden Körperteile lähmt — ist *rituell unzulässig, pflegt aber von den Schächtern meist durch Übersehen geduldet zu werden*."[489] „Anderswo kann man sehen, wie die großen Schüsseln, mit denen das herausströmende Blut aufgefangen wird, vielfach in die klaffende Wunde hineingestellt bzw. hineingepreßt werden."[490] Auch diese Praxis stand in Widerspruch mit dem Gebot im 3. Buch Moses, Kap. 17 Vers 13 sowie im 5. Buch Moses, Kap. 12 Verse 16 und 24, Blut auf die Erde zu schütten wie Wasser.

„Nicht unerwähnt möchte ich lassen, daß ich einmal eine gekoscherte, d. h. von dem Schächter gestempelte Rinderlunge als hochgradig tuberkulös verwerfen mußte. Ein anderer Schächter *spuckte* (er glaubte sich unbeobachtet) gegen eine von ihm als treifer beurteilte Lunge!"[491] In Bregenz „werden die Tiere für die Schweiz geschächtet, nachdem die Schweiz das Schächten nicht gestattet. In Bregenz sowohl wie in ganz Österreich (Wien) mußten die Juden das Zugeständnis machen, daß die Tiere sofort nach dem Halsschnittes betäubt werden müssen. Das ist nichts anderes als eine offizielle, von seiten der Juden zugestandene Durchbrechung des Schächt*gebotes*."[492]

dd) Abrechnung und Aufforderung

„Wenn ich damit die Tatsache berücksichtige, daß die ganze Schächtfrage mit Glaubenssachen gar nichts zu tun hat, sondern das Schächten selbst eine rabbinische Observanz ist, begreife ich nicht, worauf sich die Gegenseite so gewaltsam stützt."[493] *„Ein orthodoxer jüdischer Rechtsanwalt sagte mir einmal in einem*

---

486 TSV München, Antrag v. 11. 3. 1926, S. 12.

487 *Die deutschen Tierärzte gegen das betäubungslose Schächten*, 3. A., 1927, S. 91, Fn.*.

488 TSV München, Antrag v. 11. 3. 1926, S. 12.

489 *Die deutschen Tierärzte gegen das betäubungslose Schächten*, 3. A., 1927, S. 91, Fn.*.

490 *Die deutschen Tierärzte gegen das betäubungslose Schächten*, 3. A., 1927, S. 93.

491 Dr. med. vet. A. Grabe, in: *Die deutschen Tierärzte gegen das betäubungslose Schächten*, 3. A., 1927, S. 34.

492 Dr. Oettle, in: *Die deutschen Tierärzte gegen das betäubungslose Schächten*, 3. A., 1927, S. 63.

493 Tietze, in: *Die deutschen Tierärzte gegen das betäubungslose Schächten*, 3. A., 1927, S. 78.

Gespräch über das Schächten: Wir Juden müssen alle unsere Gebräuche, Sitten und Eigenarten streng bewahren, so auch das Schächten; sonst gehen wir als Volk in den anderen Völkern unter."[494] „Die oben genannte Frage: warum? ist dahin zu beantworten, wie Rabbiner Dr. Landsberger bekennt: ‚weil diese Vorschriften so lange bestehen, so lange die Staatsbehörden es nicht für nötig halten, gegen den Ritus einzuschreiten.'"[495]

„Es ist bezeichnend für die heutigen Zustände im *deutschen* Vaterlande, daß ein gesetzliches Verbot dieser Unsitte auf so große Schwierigkeiten stößt."[496] Anders sei es noch im Kaiserreich gewesen, wie Tierarzt und Schlachthofdirektor Lindemann berichtete:

> „Als vor dem Weltkrieg eine Rundfrage an sämtliche deutschen Schlachthofärzte erging ‚ob das Schächten eine Tierquälerei sei', kam wenige Tage *vor* Eintreffen dieser Rundschreiben der Gelnhauser Schächter, Herr Lehrer Strauß, zu mir und sagte: ‚Herr Tierarzt, in nächster Zeit wird an Sie die Anfrage gerichtet werden, ob das Schächten und die Vorbereitungen hierzu tierquälerisch sind. Ich möchte Sie nun bitten, da wir uns ja sehr gut kennen und [...] ferner aus Toleranzgründen bitten, eine wohlwollende Antwort zu erteilen. Falls Sie aber glauben, das nicht tun zu können, bitte ich Sie, gar nicht zu antworten, oder sich in Ihrer Antwort wenigstens neutral verhalten zu wollen.' Als dann das Rundschreiben eintraf, antwortete ich natürlich: ‚Ich halte das Schächten für eine *unmenschliche Tötungsart.*'"[497]

Auch dieser Fall brauchte nicht mühsam nach seinesgleichen zu suchen, so ein „Vivisektor":

> „Ich wurde vor etwa vier Jahrzehnten wohl infolge meiner damaligen Stellung als Professor der Anatomie und Physiologie an der hiesigen, inzwischen aufgehobenen K. Tierärztlichen Hochschule von einem jüdischen Rabbiner gebeten, ein Gutachten in der Schächtfrage abzugeben, vielleicht weil er erfahren haben mochte, daß ich, so schmerzlich es mir war, die für den anatomischen Unterricht unserer Studierenden bestimmten Pferde mittelst Schächtschnitts töten lassen mußte — [...] denn die Zerstörung des Gehirns wäre einer schweren Einbuße an Lehrmaterial für unsern tierärztlichen Nachwuchs gleichgekommen. Obwohl ich dem Rabbiner von vornherein entgegenhielt, daß das rituale Schächten m.E. eine unnötige religiöse Tötungsart sei, kam ich ihm so weit entgegen, daß ich mich zu einem eingehenden Studium jener

494 Dr. May, in: *Die deutschen Tierärzte gegen das betäubungslose Schächten*, 3. A., 1927, S. 60.

495 H. Walter, in: *Die deutschen Tierärzte gegen das betäubungslose Schächten*, 3. A., 1927, S. 81.

496 Dr. Carsten Steenholdt, in: *Die deutschen Tierärzte gegen das betäubungslose Schächten*, 3. A., 1927, S. 75.

497 Rudolf Lindemann, in: *Die deutschen Tierärzte gegen das betäubungslose Schächten*, 3. A., 1927, S. 56; mit der eingangs erwähnten Rundfrage sei das Gutachten des Preußischen Landesveterinäramts (s. o. Kritik zum § 360 Nr. 13 RStGB) gemeint.

durch eigene Beobachtung bereit erklärte. Ich tat dies durch öfter wiederholten Besuch des hiesigen Schlachthofes an den einschlägigen Tagen und konnte dort unbemerkt dem ganzen Vorfahren des Schächtens nebst seinen Vorbereitungen beiwohnen. *Das Endergebnis dessen war, daß ich nicht selten entsetzt vom dem Geschehen* [...] den Schlachthof verlassen habe. Ich konnte dem fraglichen Rabbiner nur erklären, daß mir die Abgabe eines Gutachtens in seinem Sinne ganz unmöglich sei und daß ich mich unbedingt gegen das Schächten aussprechen müßte."[498]

Aufgrund solcher Erfahrungen fragte der Rosenheimer Schlachthofdirektor Dr. Ficker:

„Ist übrigens doch niemand das Paradoxe daran aufgefallen, daß einerseits durch Reichsgesetz die freie Ausübung der Religion gewährleistet wird (worauf gestützt die Anhänger des Schächtens volle Freiheit für die Ausübung ihrer rituellen Schächtungen verlangen), während andererseits das Strafgesetz die Tierquälerei als strafbar ahndet? Und daß das betäubungslose Schächten eine solche darstellt, daran zweifelt doch im Ernst kein vorurteilsloser Mensch! Wenn man in dieser Beziehung die letzten, immer noch logischen Folgerungen zieht, dann könnte irgendeine religiöse Sekte auch einmal verlangen, gestützt auf die gewährleistete ‚freie Religionsausübung' und ihre Riten, daß Menschenopfer als rituelle Vorschrift zu behandeln und demgemäß zu dulden seien. Auf die Größe des Reates kommt es dabei gar nicht an, sondern lediglich darauf, ob die Ausübung dieser oder einer anderen ‚rituellen' Vorschrift ein Vorstoß gegen ein bestehendes Gesetz ist."[499]

So verlangte Tierarzt Dr. Sauer: „Jede Tierquälerei wird gesetzlich bestraft und eine derartige Quälerei bei ebenfalls vollem Empfindungsvermögen und ungestörtem Bewußtsein der Tiere wird mit Rücksicht auf eine ganz geringe Minderheit gegen das Empfinden des deutschen Volkes gestattet. [...] Ich [...] kann [...] nur wünschen, daß möglichst bald der unerhört grausamen Art des Schächtens ohne vorgängige Betäubung der Schlachttiere ein Ende auf Grund eines Gesetzes bereitet wird; denn was in anderen Ländern möglich geworden ist, sollte in Deutschland erst recht möglich sein."[500]

d) Bekenntnis und Wunsch der Tierärzte

Dabei beteuerte ein Aalener Schlachthofleiter und Stadttierarzt bescheiden und bezeichnend: „Man braucht *absolut nicht antisemitisch* eingestellt zu sein — was ich von mir persönlich sage — um in der Schächtfrage anderer Ansicht zu

---

498 Prof. Dr. med. und Dr. med. vet. h.c. v. Sußdorf, in: *Die deutschen Tierärzte gegen das betäubungslose Schächten*, 3. A., 1927, S. 77.

499 Dr. Ficker, in: *Die deutschen Tierärzte gegen das betäubungslose Schächten*, 3. A., 1927, S. 28 – 29.

500 Dr. Sauer, in: *Die deutschen Tierärzte gegen das betäubungslose Schächten*, 3. A., 1927, S. 70.

sein, als Ihre (sic!) ganz orthodoxen Vertreter."[501] Dies erörterte Prof. Dr. Müller folgendermaßen:

> „Die deutschen Tierärzte mit Einschluß der Hochschullehrer verlangen mit Nachdruck und mit Recht, daß auf diesem Gebiete ihre Stimme als die Stimme der Wissenschaft in erster Linie gehört werden, denn sie sprechen als Männer, die wissenschaftlich, namentlich anatomisch-physiologisch, vorgebildet sind und zugleich auch den ganzen heutigen Schlachtbetrieb, insbesondere das Schlachten mit und ohne Betäubung, aus eigener Erfahrung kennen. Nicht zum ‚großen Teil', [...] sondern nahezu einstimmig lehnen die deutschen Tierärzte heute, in der Zeit der vervollkommneten Betäubungsgeräte, das betäubungslose Schächten ab, ganz gleichgültig, ob es von Christ oder Jude ausgeübt wird."[502]

Sein Mitanführer im Schächtstreit, Dr. Klein, fasste zusammen:

> „Warum ich als Freund schmerzloser Tötung aller Schlachttiere in der Bekämpfung des Schächtens gegenüber den anderen inhumanen und rückständigen Betäubungsmethoden meine vornehmste Aufgabe erblicke? *Darum, weil das Schächten jeden Fortschritt bei den anderen Methoden hemmt und weil es, wie keine andere Schlachtart den uralt-barbarischen, verrohend-unkulturellen und gefühlswidrig-unethischen Kampf: Mensch gegen Tier, in grausigster Nacktheit darstellt.* [...] *Solange die Metzger vom Lande in den großen Schlachthöfen, die doch sonst in bezug auf humane Tötung durchweg Mustergültiges zeigen und vorbildlich wirken sollen, die Schächttierquälerei sehen, solange ist sie für die allgemeine Einführung von schmerzlos wirkenden Betäubungsapparaten nur ein ganz langsamer Fortschritt zu erhoffen.* Aus diesen verständlichen Gründen führe ich gegen das Schächten den schärfsten Kampf. Und ich bin voll fester Zuversicht, daß er auf die Dauer einen sieghaften Ausgang nehmen muß, weil er für eine gerechte Sache geführt wird, und weil der hohe Kulturstand des deutschen Volkes für unsere Sache ficht."[503]

Von gleichem Standpunkt ausgehend begrüßten die Tierärzte mit Freude[504] und ihrem zum Teil „verbindlichsten" bzw. „besten" Dank[505] „die offene Kampfan-

---

501 H. Walter, in: *Die deutschen Tierärzte gegen das betäubungslose Schächten*, 3. A., 1927, S. 80.

502 Müller, *Der Betäubungszwang bei Schlachttieren*, in: Nr. 206 der *Münchener Neusten Nachrichten* v. 31. 7. 1927, S. 8; auch in: *Die deutschen Tierärzte gegen das betäubungslose Schächten*, 3. A., 1927, S. 101.

503 Klein, ein Schreiben vom Juni 1926 anlässlich der bayerischen Landtagsverhandlungen, voller Wortlaut in: *Die deutschen Tierärzte gegen das betäubungslose Schächten*, 2. A., 1926; hier zitiert nach dem Auszug in der 3. A., 1927, S. 92 – 93.

504 Vgl. *Die deutschen Tierärzte gegen das betäubungslose Schächten*, 3. A., 1927, S. 14, 16, 18, 20, 21, 32, 39, 55, 66, 73, 76, 77, 78, 88.

505 Vgl. *Die deutschen Tierärzte gegen das betäubungslose Schächten*, 3. A., 1927, S. 26, 28, 36, 43, 45, 50, 51, 52, 60, 62, 70, 71, 78, 83, 88, 89.

sage des Münchener Tierschutzvereins als eine deutsche Tat“[506], und beschenkten sie reichlich mit Anerkennung[507] und Glückwunsch[508], „obwohl ich bei dem überstarken politischen Einfluß der ‚Schächtfreunde‘ überzeugt bin, daß dieselben alle Hebel der Presse und Geldmacht in Bewegung setzen werden, die Vorlage zum Fall zu bringen.“[509] Demgegenüber riefen viele Tierärzte zu einem Volksentscheid nach Schweizer Vorbild auf,[510] und ermunterten den Antragsteller, „daß Sie nicht an den bayerischen Grenzen haltmachen, sondern im Erfolgsfall Ihre Landesregierung auch zu einem entsprechenden Schritt bei den Reichsbehörden veranlassen“[511] bzw. „auch den anderen Bundesstaaten Anspornen werden, in gleichem Sinne vorzugehen.“[512] Alles in allem: „*Möge auf diesem Gebiet Bayern bahnbrechend in unserem deutschen Vaterlande wirken!*“[513]

4. Darmstädter Verbandstag als Hauptschauplatz

Dagegen versandte die Rabbinerkonferenz ihr Buch „*Zur Schächtfrage*“ (München 1926) in hoher Auflage samt brieflichen Bitten, veranlasste viele Reisen zu deutschen Schlachthoftierärzten und zu Professoren des In- und Auslands, und das „Büro für Schächtangelegenheiten“ erarbeitete eine Vorlage an die übrigen Herren, von denen schließlich acht Gutachten erzielt wurden. Die Schächtbefürworter brachten sie am 10. Juni 1927 als „Beweis dafür, daß das Schächten keine Tierquälerei ist“ nach Darmstadt,[514] wo gerade der „Verband der Tier-

---

506 Dr. Brenner, in: *Die deutschen Tierärzte gegen das betäubungslose Schächten*, 3. A., 1927, S. 22.

507 Vgl. *Die deutschen Tierärzte gegen das betäubungslose Schächten*, 3. A., 1927, S. 37, 45, 47, 48, 49, 55, 58, 61, 63, 66, 67, 71, 72, 73, 74, 75, 77, 79, 86.

508 Vgl. *Die deutschen Tierärzte gegen das betäubungslose Schächten*, 3. A., 1927, S. 26, 53, 31, 40, 62, 66, 68, 70, 72, 74, 75, 83, 88, 89, 90.

509 Dr. Hartung, in: *Die deutschen Tierärzte gegen das betäubungslose Schächten*, 3. A., 1927, S. 40.

510 Vgl. *Die deutschen Tierärzte gegen das betäubungslose Schächten*, 3. A., 1927, S. 13, 25, 26, 31, 60, 73, 90.

511 Dr. W. Kuntze, in: *Die deutschen Tierärzte gegen das betäubungslose Schächten*, 3. A., 1927, S. 51; vgl. S. 39.

512 Dr. Zisterer, in: *Die deutschen Tierärzte gegen das betäubungslose Schächten*, 3. A., 1927, S. 86; vgl. S. 16, 27, 29, 35, 48, 62, 68, 72, 74, 76, 77, 81, 83, 85.

513 Dr. Mucha, in: *Die deutschen Tierärzte gegen das betäubungslose Schächten*, 3. A., 1927, S. 62.

514 TSV Berlin und München, *Neues vom betäubungslosen Schächten*, 1927, S. 5; die acht Gutachter hießen jeweils Bethe, Cremer, Dusser de Barenne, Krogh, Magnus, Mangold, Rubner, Sherrington; der Originaltext ihrer Gutachten ist, soweit die Quellenlage dem Verfasser der vorliegenden Arbeit bekannt ist, leider nicht überliefert.

schutzvereine des Deutschen Reiches" auf seiner 18. Versammlung über den Antrag der Vereine Düsseldorf, Hilchenbach, Lübeck und München verhandelte, einen gesetzlichen Betäubungszwang zu fordern.[515] Es kam so zu großen Spannungen zwischen den beiden Parteien.

a) Abstellung der „Gutachten"

Den geltendgemachten Gutachten, „die eine Reihe teilweise ganz neuer Ergebnisse der Forschung darbieten"[516], sollten vorformulierte Fragen als Vorlage gedient haben. Als Frage I. ist überliefert, „daß nach ‚Ausführung des Schächtschnitts' — nähere Zeit fehlt — ‚Zuckungen des Körpers, der Extremitäten usw.' erfolgen, ‚welche den Eindruck erwecken, als leide das sterbende Tier große Qualen', und frägt, ob das als Bewußtseinsäußerung zu deuten sei."[517] Darauf erwiderten die Tierschutzvereine: „Worauf es angekommen wäre, war die Beschreibung der Bewegungen in den ersten 3 – 4 Minuten nach dem Schächtschnitt. Diese Bewegungen sind kein ‚Zucken', sondern zeigen deutlich [...] das zielbewußte Bestreben, sich zu wehren und sich zu befreien und den Kopfhalter und die Fesseln abzustreifen. Von *diesen* Bewegungen spricht der Fragesteller nichts."[518]

Frage II. ziele darauf ab, ob nicht auf eine sofort mit dem Schächten eintretende dauernde „Störung der Gehirnfunktionen" geschlossen werden könne. Dafür bezogen sie sich auf die Versuche eines Prager Arztes, Dr. Salomon Lieben[519], der seit einigen Jahren von Schächtbefürwortern als wissenschaftliche Hauptstütze in Anspruch genommen wurde.[520] Dieser habe zuerst vier Rindern das Gehirn freigelegt, und nach einer Pause, während derer es der Umgebungstemperatur ausgesetzt sei, daran mit Strom Reizversuche angestellt, bis der Vivisektor eine Stelle gefunden habe, von der aus eine Hebung des gleichseitigen Augenlids erfolge. Nun habe er an dieser Stelle schächten und beobachte lassen, „daß das Gehirn während des Schächtschnitts plötzlich tief hinabsank. [...] In

515 TSV Berlin und München, *Neues vom betäubungslosen Schächten*, 1927, S. 17.

516 TSV Berlin und München, *Neues vom betäubungslosen Schächten*, 1927, S. 5.

517 TSV Berlin und München, *Neues vom betäubungslosen Schächten*, 1927, S. 6; weil die vollständigen Frageformulierungen nicht aufgezeichnet sind, kommt der Verfasser der vorliegenden Arbeit nicht umhin, sich mit den überlieferten Bruchteilen durch die Tierschutzvereine zu begnügen.

518 TSV Berlin und München, *Neues vom betäubungslosen Schächten*, 1927, S. 6.

519 Die Tierschutzvereine zitierten ihn von seinen „*Untersuchungen am Hirn des Rindes während dessen Tötung durch Halsschnitt*", in: *Prager Archiv für Tiermedizin und vergleichende Pathologie*, Jg. VI 1926, S. 149 – 154 an, allerdings kann die Urquelle im heutigen Deutschland nicht mehr ausfindig gemacht werden.

520 TSV Berlin und München, *Neues vom betäubungslosen Schächten*, 1927, S. 9.

welchem Maße es zu einer Volumenabnahme des Gehirns bei geschlossener Schädelhöhle nach dem Schächtschnitt kommt, läßt sich nicht so leicht aussprechen."[521] Darüber unterrichte die Vorlage ihre Gutachter: „Experimentell ist festgestellt: […] Die Schächtung bewirkt eine dauernde, bis zum Tode anhaltende Volumabnahme des Gehirns. Frage: …" Ferner habe Dr. Lieben berichtet: „Es ergab sich, daß der Erfolg der Reizung einmal nach 10, ein andermal nach 30, ein drittesmal nach 40 Sekunden nicht mehr in seiner Eindeutigkeit wiederkehrte." Und weiter: „Diese Wirkung hört wenige Sekunden nach erfolgter Schächtung auf. Frage: …"[522]

Ein anderes Mal habe Dr. Lieben zwölf Wiederkäuern je in zwei Adern Manometer eingebunden, und zuerst von einem sechswöchigen Kalb berichtet, seine Blutkurven fielen nach dem Schächtschnitt steil ab, doch in vier Sekunden hätten sie sich sofort wieder gehoben und seien über diejenige Höhe, die sie vor der Schächtung hatten, angestiegen. Bei einem anderen Versuchstier habe Dr. Lieben den Schächtschnitt mit einem stumpfen Messer langsam ausführen lassen, welches in den Weichstellen des nicht gespannten Halses mehrmals hin- und hergeführt worden sei. Hier habe kein plötzliches Absinken des Blutdruckes stattgefunden, sondern er sei gestiegen und noch 23 Sekunden nach dem Schnitt beträchtlich höher geblieben als vorher. Erst nach 38 Sekunden sei der Blutdruck auf die Höhe vor dem Schnitt gesunken; auch nachher wieder angestiegen. Hierzu kommentierte Dr. Lieben: „Es verhindert also auf solche Weise der schmerzauslösende Reiz den Sturz des Hirndruckes und damit das primäre Eintreten der Bewußtlosigkeit." Von einem weiteren Versuch, der „völlig aus dem Rahmen des beschriebenen Verhaltens ausfiel", ergebe sich: „Der Aortendruck fiel nach dem Schnitt zunächst überhaupt nicht ab, stieg vielmehr für etwa 27 Sekunden erheblich an, um dann in regelmäßig rhythmisch verlaufenden Wellen mit einer Frequenz von etwa 5 Sekunden, deren Ursache unklar ist, im Laufe der nächsten 3 Minuten langsam zur Nullinie (sic!) abzusinken." Daraus entnahm der Fragesteller die Feststellung: „Der Blutdruck im *circulus arteriosus Willisii* der Hirnbasis sinkt sofort mit dem Schächten ab. Frage: …"[523]

---

521 TSV Berlin und München, *Neues vom betäubungslosen Schächten*, 1927, S. 12 – 13.

522 TSV Berlin und München, *Neues vom betäubungslosen Schächten*, 1927, S. 7 – 9; dabei fochten die Tierschutzvereine auch die Übertragbarkeit der hiesigen Ergebnisse auf rituell geschächtete Tiere überhaupt an, weil die unbetäubten Versuchstiere infolge der „über alle Vorstellung hinaus" wirkenden Schmerzen durch die Freilegung des Gehirns in ihrer Reaktionsfähigkeit stark herabgesetzt worden sein müssten (S. 8).

523 TSV Berlin und München, *Neues vom betäubungslosen Schächten*, 1927, S. 9 – 12; auch hier (S. 10) sparten sich die Tierschutzvereine keine Mühe, die Liebenschen Versuche mit den Verhältnissen im Schlachthof zu vergleichen: „Das rituell zu schächtende Tier trifft der Schächtschnitt […] als Abschluß eines Kampfes zwischen Mensch

„Diese Gegenüberstellungen mögen genügen. Wir überlassen es dem Leser, daraus selbst seine Schlüsse auf die Berichterstattung zu ziehen."[524] Sonst sei zu den Gutachten bemerkt, sie befassten sich weder mit den Vorbereitungen noch dem Schächtschnitt selbst, sondern bezögen sich lediglich darauf, wie gewisse Erscheinungen danach zu deuten seien,[525] „wobei sie den von den Fragestellern beigegebenen Tatsachenbericht stillschweigend als wahr unterstellen, ohne über seine Richtigkeit in eine Prüfung einzutreten, wie ihnen eine solche ja auch nicht nahegelegt war. Die Mehrheit der Gutachten läßt nicht entnehmen, ob der Verfasser das Schächten von Schlachtvieh aus eigener Erfahrung kennt; nur drei der Gutachter äußern sich in einer Schlußbemerkung darüber, ob sie das Schächten als Tierquälerei ansehen (sie verneinen es); keines der Gutachten läßt entnehmen, daß der Verfasser die neuzeitliche Betäubungsart (Schußbolzen) kennt;"[526] „Die Gutachten befassen sich mit dem so sprechenden Gegensatz, daß angefesselte ordnungsmäßig geschossene Tiere bewegungslos und empfindungslos liegen bleiben, ordnungsmäßig geschächtete Tiere aber, wenn sie nach dem Schächtschnitt von ihren Fesseln befreit werden, aufstehen, gehen und unter Vermeidung von Hindernissen — darüber sprechen die Gutachten überhaupt nicht — flüchten können."[527]

b) Aufdeckung von Mangolds Geheimschreiben

Indes hatte einer der Befragten, Prof. Dr. med. et phil. E. Mangold an der landwirtschaftlichen Hochschule zu Berlin, seinem Gutachten eine Begleitschrift vom 18. Mai 1927 an den Rabbiner Dr. E. Munk beigefügt. Obwohl sein „Büro für Schächtangelegenheit" ihre Mitveröffentlichung unterlassen habe, holten sie die Tierschutzvereine gern nach, als der Text ihnen in Hände gelangt war:

> „Sehr geehrter Herr Doktor! Hierbei übersende ich meine gutachtliche Stellungnahme zu den in Ihren Rundschreiben an die Physiologen gestellten Fragen.
>
> Ich möchte mir dazu die Bemerkung erlauben, *daß die Beantwortung dieser Frage m.E. nicht ausreicht, um die Schächtung in jeder Beziehung physiologisch zu charakterisieren und auch z. B. gegen Angriffe, wie sie vom Münchener Tierschutzverein erfolgt sind, zu verteidigen.* [...] Ein springender Punkt [...] wird doch wohl

---

und Tier und das Tier ist [...] in die größte Angst und Erregung versetzt. Seine ganze Lebenstätigkeit ist bis aufs Äußerste gesteigert, das Herz pumpt mit der stärksten Kraft das Blut durch die Adern, die glatten Gefäßmuskeln des ganzen Körpers, namentlich auch der Wirbel- und Halsschlagadern, ziehen sich zusammen und steigern damit den Blutdruck im Gehirn."

524 TSV Berlin und München, *Neues vom betäubungslosen Schächten*, 1927, S. 14.

525 TSV Berlin und München, *Neues vom betäubungslosen Schächten*, 1927, S. 16.

526 TSV Berlin und München, *Neues vom betäubungslosen Schächten*, 1927, S. 14 – 15.

527 TSV Berlin und München, *Neues vom betäubungslosen Schächten*, 1927, S. 16.

immer wieder die in weiten Kreisen verbreitete *Anschauung* sein, *daß die Schächtung im Vergleich zu anderen Schlachtmethoden die weniger schonende, grausamere, mit mehr Qualen für das Tier verbundene Methode ist.* […] Denn mir scheint es nicht zweifelhaft, daß bei einem richtig geführten Betäubungsschlag oder Schuß die Bewußtlosigkeit so momentan eintritt, daß sich alle Diskussionen darüber erübrigen, ob noch Schmerzempfindungen stattfinden; im Gegensatz hierzu zeigt schon die bloße Tatsache Ihrer in viele Fragen geteilten Umfrage an die Sachverständigen, daß auf Ihrer eigenen Seite in dieser Bewußtseins- und Schmerz-Frage ein angreifbarer Punkt gesehen wird, […] so ergibt sich m.E., daß hier der Nachteil der Schächtmethode darin besteht, daß […] die Bewußtlosigkeit […] erst sekundär, nachdem soviel Blutverlust eingetreten ist, daß eben erst die Bewußtseinsfunktion der Großhirnrinde versagt. […] *Auch muß man hier hervorheben, daß wir eben doch nicht wissen, wie weit gerade beim Rinde usw. die Entblutung des Gehirns gediehen sein muß, daß der Bewußtseinsverlust eintritt.* […] In dieser Hinsicht muß es m.E. *auch von Ihrer Seite jedem freigestellt sein, in dem zur Schächtung nötigen Hinwerfen und Festhalten des Tieres eine Prozedur zu sehen, die diese Methode zu einer weniger humanen gestaltet und die Tierquälerei vermehrt.*

Meines Erachtens ist es nicht überzeugend, wenn jene Denkschrift 1926 […] eine Schlachtungsmethode von dem Odium der Tierquälerei zu befreien [versucht]; *es kann nur in Betracht kommen, nachzuweisen, daß eine Methode weniger Tierquälerei ist als eine andere. Und hierin liegt m.E. eine Schwäche der Schächtmethode gegenüber den anderen*, aus besagten physiologischen Gründen.

Als Physiologen war mir noch besonders interessant, daß jene Schrift 1926 gar nicht in der Lage ist, einen für den physiologischen Standpunkt wesentlichen Unterschied herauszuheben, so daß […] der Streit gar nicht so prinzipiell ist, wie er dargestellt wird. Denn auf Seite 23 […] scheint es also ‚nirgends in Bibel und Talmud begründet', daß eine Blutentziehung durch Schnitt zur Schlachtung erfolgt, und […] mit Rücksicht auf die Seite 5 zitierte Satzung, daß ‚ein Tier nur geschlachtet werden darf, wenn es in keinem seiner wesentlichen Organe irgendwie verletzt ist'. Wenn es also auf die Blutentziehung gar nicht ankommt, so kann man ein Tier ebensogut, ohne es vorher in einem seiner wesentlichen Organe zu verletzen, durch Schlag oder Schuß töten. Erst hierbei werden wesentliche Organe verletzt; dies erfolgt aber ebenso auch beim Schächtschnitt. […] *Nach den Wortlauten dieser Broschüre 1926 scheint es mir also nicht einmal sophistischer Schlußfolgerungen zu bedürfen, um nachzuweisen, daß auch das gewöhnliche Schlachten physiologisch […] den jüdischen Satzungen genügt. Der Schluß, daß ‚die Betäubung einem Verbote des Schächtens gleichkommen' würde, erscheint jedenfalls hier nicht logisch zwingend.* […] Rein ernährungsphysiologisch betrachtet, ist es belanglos, wie ein Tier, dessen Fleisch wir essen, geschlachtet wird. Die Schächtung ist wohl aus hygienischen Gründen der besseren Haltbarkeit (vergl. Voit) von den Religionsstiftern eingeführt und erschien für das heiße Klima des Orients zweckmäßig. Ich nehme an, daß auch andere rituelle Gebräuche schon modernisiert worden sind, z. B. daß heute bei der Beschneidung die Maßnahme der Asepsis und Antisepsis beachtet werden, die vor Jahrtausenden nicht vorgeschrieben sein konnten.

Zu weiterer Auskunft oder Besprechung in der Angelegenheit stehe ich Ihnen gern zur Verfügung.

In größter Hochachtung ganz ergebenst
gez. E. Mangold, Direktor des Physiologischen Instituts."[528]

c) Beschließung und Begründung

„Jedes Wort dazu können wir uns ersparen." Stattdessen schritten die Tierschutzvereine unter der Leitung des Vorsitzenden Otto Hartmann (Köln) zur Abstimmung über den gesetzlichen Betäubungszwang. Dagegen sprach allein der Sprecher der Abordnung des Tierschutzvereins Frankfurt a. M., Rabbiner Dr. Horovitz, sonst nur der von Berlin her gastierende o. g. Rabbiner Dr. Munk, damit der Verbandstag entsprechend dem Antrag *Kraemer* (Hilchenbach) mit 80 gegen 7 Stimmen beschloss:

> „Der Vorstand wird beauftragt, alle erforderlichen Maßnahmen zu treffen, um im Deutschen Reiche die Betäubung aller Schlachttiere zu erreichen. Insbesondere dadurch, daß die auf der Nürnberger Tagung am 3. Oktober 1906 beschlossenen Eingaben solange wiederholt werden, bis in allen deutschen Bundesstaaten allgemein bei allen zum Schlachten bestimmten Tieren die Betäubung vor der Blutentziehung durch landes- oder reichsgesetzliche Bestimmungen vorgeschrieben ist."[529]

Als Federführer begründete Dr. Einhauser den Beschluss folgendermaßen:

> „Seit mehr als 40 Jahren kämpft unser Verband um den gesetzlichen Betäubungszwang. [...] Das Einzige, was sich in der Zwischenzeit geändert hat, ist, daß sich die Betäubungsgeräte seitdem außerordentlich vervollkommnet haben [...]. Es ist hohe Zeit, daß wir uns nicht länger vor dem Vorbild der Schweiz beschämen lassen. Der Münchener Tierschutzverein und die ihm angeschlossenen übrigen bayerischen Tierschutzvereine, Schulter an Schulter mit den hier antragstellenden Tierschutzvereinen, fordern, daß alle Tiere, ob groß, ob klein, ob Schlachttiere im eigentlichen Sinne, ob Kaninchen, Geflügel oder Fisch, vor der Schlachtung der Wohltat der Betäubung teilhaftig werden. [...] Wir haben beim bayerischen Landtag *kein Schächtverbot* beantragt und beantragen es auch heute nicht vor dem Verbandstag. Nicht gegen das Schächten als solches wenden wir uns, *wohl aber verlangen wir, daß auch die Schächttiere vorher betäubt werden.* Aus Anlaß der bayerischen Landtagsverhandlungen haben die großen deutschen tierärztlichen Verbände, der ‚Reichsverband praktischer Tierärzte' und der ‚Reichsverband der deutschen Gemeindetierärzte' erneut gegen das betäubungslose Schächten Stellung genommen. [...] Nun wird gegen unseren Antrag eingewandt, er verstoße gegen die Verfassung, denn die Verfassung verbiete jeden Eingriff in die *Religions- und Gewissensfreiheit*", doch sol-

528 Mangolds Begleitschreiben ist in TSV Berlin und München, *Neues vom betäubungslosen Schächten*, 1927, zwischen S. 16 und 17 beigefügt, ohne selbst nummeriert worden zu sein; ausfindig auch in GStA PK, I. HA Rep. 84a, Nr. 5215, S. 152.

529 TSV Berlin und München, *Neues vom betäubungslosen Schächten*, 1927, S. 17.

che bestehe „nur im Rahmen der allgemeinen Staatsgesetze. Es dürfen ja auch in Deutschland nicht etwa ein Inder Witwen verbrennen oder Mormonen Vielweiberei treiben, mag ihnen das auch durch ihre Religion vorgeschrieben sein. Nun wird aber weiter gesagt: ‚Wenn der Staat vielleicht auch eingreifen dürfen, so *soll* er doch nicht eingreifen, damit würde er sich [...] am religiös-sittlichen Wiederaufbau versündigen.' Da müssen wir zuerst fragen: Handelt es sich denn bei dem betäubungslosen Schächten um eine rein innere Angelegenheit der rituell lebenden Juden [...]? Zunächst: *Wir Anderen müssen ja selber mithelfen, um das betäubungslose Schächten durchführbar zu machen*![530] [...]

Weit wichtiger aber ist das Folgende: *Auch für uns*, die wir den Betäubungszwang verlangen, *handelt es sich um eine Gewissensfrage* [...] um ein *Sittengesetz*, das Gott in jedes Menschenherz gesenkt hat. Und wir vertreten die sittlichen Empfindungen von [...] *mindestens* 99 v. H., denn viele von den Juden leben nicht rituell und unter diesen gibt es nicht wenige menschlich fühlende Männer und Frauen [. ...] Und *nun fragen wir: Gehört unser Gewissen nicht auch zu den sittlichen, den religiösen, den aufbauenden Kräften? Ist unser Gewissen für die deutsche Gesetzgebung unbeachtlich? Mit welchem Recht mutet man uns zu, daß gerade wir unser sittliches Empfinden zurückstellen, daß gerade wir unser Gewissen vergewaltigen lassen und es beugen unter das Gewissen einer winzigen Gruppe der Bevölkerung? Diesen Anspruch der Gegenseite lehnen wir ab. Wir fordern, daß in dieser Frage, einer Frage der Sittlichkeit, die deutsche Gesetzgebung sich richtet nach dem sittlichen Empfinden der ungeheuren Volksmehrheit.*“[531]

5. Das Bayerische Schlachtgesetz vom 17. Mai 1930

Mit diesen Zeilen bezog sich Dr. Einhausers auf die Vorgänge 1926 in Bayern, über deren Fortgang der Staatsminister des Innern, Dr. Stützel (BVP), auf der

530 Darauf war Lauff, *Schechitah und Bedikah*, 1922, S. 48, näher eingegangen: „Das Porschen der Hinterviertel [d. h. Entfernung der Blutgefäße aus dem Fleische der geschächteten Tiere, S. 47] ist im allgemeinen nicht üblich, da hierdurch eine zu große Entwertung des Fleisches eintritt. Hieraus ist [...] aber Brauch geworden, dieses Fleisch der besseren Verwertung halber den Nichtjuden zu überlassen.“ Und S. 67: „Die Durchführung der Ritualgesetze in einem rein jüdischen Staate, in den etwaige Abnehmer des rituell nicht geeigneten Fleisches fehlen würden, ist undenkbar, da die wirtschaftlichen Verhältnisse eines Staatswesens die durch die rituelle Beschau erfolgten Verluste, die beim Großvieh etwa 11% sämtlicher Schlachtungen ausmachen, auf die Dauer nicht zulassen könnten. Der Rabbiner Dr. Gronemann in dem Buche Siwche Schlomin an, daß im März 1898 im Hannoverschen Schlachthofe [...] von 109 geschächteten Rindern 12, mithin 11% für terephah erklärt. Die Zahlen der rituellen Untauglichkeit bei den kleineren Wiederkäuern sind nicht angegeben. Der angegebene Prozentsatz bei Rindern entspricht auch meinen Beobachtungen, steigt aber bei älteren Kühen erheblich. Daher werden vorzugsweise jüngere Rinder geschächtet.“

531 TSV Berlin und München, *Neues vom betäubungslosen Schächten*, 1927, S. 23.

Vollsitzung des Landtags vom 7. Februar 1928 berichtete, „daß zur Ausführung des Landtagbeschlusses vom 8. Juli 1926 seinerzeit der Entwurf eines Gesetzes über das Schlachten von Tieren ausgearbeitet wurde. Dieser Gesetzentwurf wurde seinerzeit im Ministerrate beraten, aber zurückgestellt, um zunächst noch die eingeleiteten Versuche über die Betäubung von Schlachttieren, die den rituellen Schächtvorschriften entsprechen, abzuwarten."[532]

a) Zwischenzeitliche Versuchsergebnisse

Doch die Ergebnisse der Versuche konnte Dr. Buttmann bereits in der Interpellation vom 24. April 1928 mitteilen:

> „wie es die Herren Professor Dr. Müller und Oberingenieur Weinberger ausgestaltet haben, werden dem Schlachttier auf Stirn und Nacken nach Anfeuchtung mit Kochsalzlösungen Elektroden aufgesetzt. Dann wird ein ganz schwacher Gleichstrom eingeschaltet, der etwa 8000-mal in der Minute unterbrochen wird. Das Tier fällt augenblicklich um, wie ich mich bei einer Vorführung im hiesigen Schlacht- und Viehhof selbst überzeugen durfte. Um dieses plötzliche Umfallen für das Tier ungefährlich zu machen — denn die geringste Verletzung hierbei würde das Tier unter Umständen ‚*trefa*' machen — wird das Tier in einem Bauchgurt gehängt, der mit einem Strick an einer Winde befestigt wird. Durch das Nachgeben mit der Winde wird ein ruhiges Zusammensinken des Tieres bewirkt. Darauf erfolgt der Schächtschnitt, [...] das Tier [...] leidet unter dem Verbluten nicht. [...] Nachdem die Versuche in München Ende September vorigen Jahres als endgültig gelungen angesehen werden konnte, führten sie Oberingenieur Weinberger nach einem Berichte der Deutschen Schlachthofzeitung vom 10. November 1927 im Schlachthofe zu Breslau [...] vor. Die Schnelligkeit des Eintretens der Betäubung, die Sicherheit, Wirksamkeit und Ungefährlichkeit des Verfahrens rief [...] allgemeines Erstaun hervor [...]. Dr. Lieben und der Oberrabbiner Dr. Munck wohnten der Vorführung bei."[533]

Auf der Sitzung des Verfassungsausschusses vom 16. Mai 1929 war die vorgestrige Eingabe des „Verbandes Bayerischer Israelitischer Gemeinden" bekanntgegeben,

> „daß an vier Universitäten insbesondere die Inhaber physiologischer Lehrstühle ersucht worden seien, das wissenschaftliche Problem der Einwirkung der elektrischen Betäubungsweise zu untersuchen. [...] Die Auskünfte der angegangenen Gutachter lauteten dahin, daß noch erhebliche Zeit notwendig sei, um ein endgültiges Ergebnis mitteilen zu können. Auf Grund der weiter in der Literatur auftretenden Anschauung,

---

532 Stenographische Berichte VIII Nr. 193, S. 613; abgedruckt in: TSV München, *Der gesetzliche Betäubungszwang, Heft 1: Bayern*, 1930, S. 38.

533 Sten. Ber. IX Nr. 209, S. 575; Abdruck in: TSV München, *Der gesetzliche Betäubungszwang, Heft 1: Bayern*, 1930, S. 40.

daß Lähmungen vorliegen könnten,"[534] „habe die Rabbinerkonferenz in ihrer Sitzung vom 29. März 1929 erklärt, daß bisher keine der Betäubungsmethoden den Religionsgesetzen entspreche."[535] „Die Eingabe stelle fest, daß die Einwirkung des elektrischen Stroms auf den Tierorganismus wissenschaftlich noch ungeklärt sei und bitte daher erneut, die Frage noch nicht zur Entscheidung zu bringen, ehe die vom Verbande durchgeführten wissenschaftlichen Versuche zu einem abschließenden Ergebnis durchgeführt hätten."[536]

Dagegen führte der tierärztliche Referent Ministerialrat, Dr. med. vet. Gasteig, namentlich den Professor Mayr an, der in der Tierärztlichen Fakultät in Mün-

---

534 Ausführung des Kultusministerialrats, Mezger, auf der genannten Sitzung, in: TSV München, *Der gesetzliche Betäubungszwang, Heft 1: Bayern*, 1930, S. 50.

535 Berichterstattung von Scharnagl (BVP) auf der genannten Sitzung, in: TSV München, *Der gesetzliche Betäubungszwang, Heft 1: Bayern*, 1930, S. 48.

536 Ausführung des Kultusministerialrats, Mezger, auf der genannten Sitzung, in: TSV München, *Der gesetzliche Betäubungszwang, Heft 1: Bayern*, 1930, S. 50 – 51. Dagegen sprach nicht zuletzt TSV-Reichsverband, *Neues vom Betäuben der Schlachttiere*, in: *Mitteilungen*, Heft 6, 1932, S. 90: „Der Prager Arzt Dr. med. S. Lieben, unseres Wissens der einzige Israelit, der sich ernsthaft mit der Abstellung der gegen das rituelle Schächten erhobenen Einwendungen beschäftigt hat, hat ein neues Betäubungsverfahren vorgeschlagen, das ebensowohl den Forderungen der strenggläubigen Juden als denen der Tierschützer gerecht zu werden verspricht. Er baute auf den pharmakologischen und physiologisch-chemischen Arbeiten von Langecker, Starkenstein und Stransky auf und versuchte, mit Hilfe von Magnesiumchlorid unter Beigabe von Galle auf enteralem Wege, also durch Klystier, eine Narkose zu erzielen. [...] Nach mannigfachen Versuchen gelang die Einverleibung per rectum, also durch den After, mit Hilfe eines von innen schließenden Gummiballes, ähnlich wie bei der in der Humanmedizin verwendeten 2 Albertinnarkose. Bei den probeweise verwendeten 2 Schafen und 1 Rind trat die Wirkung nach 8 – 14 Minuten allmählich ein und vertiefte sich zu einem bis mehrere Stunden anhaltendem Schlafe; auch das Erwachen geschah allmählich. Schädigungen des Fleisches hinsichtlich seines Geschmackes oder seines Chemismus wurden bisher nicht gefunden. Es soll nun dieser Laboratoriumsversuch, über den Dr. Lieben im Archiv für experimentelle Pathologie und Pharmakologie (144, H. 1/2 1929) berichtet, weiter ausgestaltet werden." Und Prof. Dr. Max Müller kam „in der Deutsch. Schlachthof-Zeitung, 1931, Folge 21, [...] zu dem Schlusse: Für den Sachkundigen und Fachmann sind die aufgestellten Behauptungen, elektronisch betäubte Tiere seien nicht betäubt, und das Schächten sei human, weiter nichts als Tendenzbehauptungen, die den Zweck habe, die Menschen, die die Tiere in humaner Weise geschlachtet wissen wollen, mit Zweifel zu füllen. — Die Tatsache, daß die Schächttiere bei Bewußtsein sind und unter Angst-, Schreck- und Qualerscheinungen verbluten, wohingegen elektrisch betäubte Tiere freiliegend ohne jede Empfindung und ohne jedes Bekunden zweckmäßigen Handelns oder willkürliche Bewegungen, also bewußtlos, vom Leben in den Tod gehen, läßt sich aber bei Kenntnis der Wesenheit und Phänomenologie beider Zustände nicht verkennen."

chen entsprechende Versuche zuerst an Hunden angestellt habe: „Offenbar störten die elektrischen Ströme das elektrische Gleichgewicht in den Nerven, so daß die sensiblen Empfindungen nicht mehr zum Gehirn weitergeleitet werden. [...] Der Operationsschmerz werde bei der elektrischen Narkose offenbar nicht gefühlt," wenn „ein sehr häufig unterbrochener Gleichstrom von verhältnismäßig geringer Spannung, 40 bis 70 Volt, dem Tiere zugeführt würde. Die Wirkung trete bei Schließung des Stromkreises nahezu blitzartig ein. Das Bewußtsein schwinde, es bestehe keine Schmerzempfindung mehr. Bei Versuchen mit Schweinen seien anfangs Wirbelbrüche vorgekommen. Diese Erscheinungen können jetzt vermieden werden, da der Strom nicht mehr vom Kopf zum Hinterende, sondern vom zu den Schulter geleitet würde. Wie die Sache jetzt stehe, dürfte das elektrische Verfahren zur Betäubung von Schlachttieren geeignet erscheinen."[537]

b) Entwurf vom 16. Januar 1930

Vor diesem Hintergrund brachte Dr. Hans Hilpert (DNVP) seinen Eindruck zum Ausdruck:

> „die Frage des Schächtens werde von einer kleinen Minderheit des orthodoxen Judentums nunmehr zu einer Kraftprobe gemacht. [...] Jedesmal, wenn wieder ein neues Mittel erfunden sei, von dem nachgewiesen sei, daß damit eine Betäubung herbeigeführt werde, würden neue Ausflüchte von seiten des Judentums gemacht. [...] Man habe bisher wahrhaftig reichlich lange genug Geduld geübt. Jetzt sei es an der Zeit, daß der Landtagsbeschluß vom Juli 1926 endlich durchgeführt werde."[538]

Insoweit stimmte der Landtag auf der nächsten Vollsitzung vom 27. Juni 1929 ohne Aussprache in namentlicher Abstimmung mit 70 gegen 38 Stimmen der BVP ab, entsprechende Eingaben der Tierschutzvereine der Staatsregierung zur Berücksichtigung hinüberzugeben.[539] Doch erst Dr. Buttmanns (NSDAP) Drängen auf einen Gesetzentwurf[540] und die Vorlage eines solchen durch den Münchener Tierschutzverein vom 8. Januar 1930[541] stießen das von Karl Stützel

537 TSV München, *Der gesetzliche Betäubungszwang, Heft 1: Bayern*, 1930, S. 49.

538 TSV München, *Der gesetzliche Betäubungszwang, Heft 1: Bayern*, 1930, S. 51 – 52.

539 Sten. Ber. II Nr. 51, S. 484 – 485.

540 Äußerung auf der Sitzung des Verfassungsausschusses v. 8. 6. 1929, in: TSV München, *Der gesetzliche Betäubungszwang, Heft 1: Bayern*, 1930, S. 55.

541 TSV München, *Entwurf*, 1930; dieser hatte folgenden Wortlaut: „§ 1 I. Tiere, welche geschlachtet werden, sind unmittelbar vor dem Blutentzuge nachhaltig zu betäuben.
II. Ausgenommen sind Notschlachtungen, die durch Erkranken oder Verunglücken des Tieres notwendig werden, sofern nach den Umständen des einzelnen Falles eine Betäubung nicht ausführbar ist.

(BVP) geleiteten Innenministerium dazu an, dem Präsidenten des Landtags am 16. Januar 1930 einen fertigen Entwurf mit folgendem Wortlaut zu übermitteln:

„Art. 1. Rindvieh, Schweine, Schafe, Ziegen, Pferde, Esel, Maultiere, Maulesel und Hunde sind beim Schlachten vor Beginn der Blutentziehung zu betäuben.

Auf Notschlachtungen, bei denen sich die Betäubung nach Lage der Verhältnisse nicht ausführen läßt, findet die Vorschrift des Abs. 1 keine Anwendung.

Art. 2. Die näheren Vorschriften über das Schlachten der in Art. 1 bezeichneten Tiere werden vom Staatsministerium des Innern erlassen.

Art. 3. Zuwiderhandlungen gegen Art. 1 und gegen die auf Grund des Art. 2 erlassenen Vorschriften werden mit Gefängnis bis zu sechs Monaten oder mit Geldstrafe bestraft.

Art. 4. Dieses Gesetz tritt am 1. Oktober 1930 in Kraft.“[542]

c) Enddebatten

Auf der Sitzung des Verfassungsausschusses vom 22. und 23. Januar 1930 spielten sich die letzten Wortgefechte über die bisherigen Sach- und Rechtsfragen ab.

aa) Abklärung der Schächtfrage

Alle Parteien erkannten an, für das vorliegende Gesetz sei Tierschutz ausschlaggebend,[543] woraus der Eindruck entstand: „Die Besprechung des vorliegenden

---

III. Bei Fischen und bei Geflügel kann von der Betäubung dann abgesehen werden, wenn zu Beginn der Schlachtung der Kopf mit einem raschen Hiebe vom Leibe getrennt wird.

§ 2: Mit der Schlachtung darf erst fortgefahren werden, wenn der Tod des Tieres eingetreten ist.

§ 3: Zur Befolgung der Vorschriften dieses Gesetzes ist auch derjenige verpflichtet, welcher die Schlachthandlung leitet. Der Eigentümer ist verpflichtet, für ihre Befolgung zu sorgen, wenn er bei der Schlachtung zugegen ist.

§ 4: Das Staatsministerium des Innern erläßt die Vorschriften zum Vollzug dieses Gesetzes.

§ 5 I. Wer vorsätzlich oder fahrlässig den Vorschriften dieses Gesetzes, den Vollzugsvorschriften oder den oberpolizeilichen Vorschriften über das Schlachten von Tieren zuwiderhandelt, wird mit Geldstrafe bis zu 150 RM bestraft, sofern nicht in anderen gesetzlichen Bestimmungen eine höhere Strafe angedroht ist.

II. Wer die Bestimmungen in Stück 1 oder Stück 2 dieses Gesetzes gewerbs- oder gewohnheitsmäßig verletzt, wird mit Geldstrafe bis zu 1500 RM oder mit Haft bis zu sechs Wochen bestraft.

§ 6: Das Gesetz tritt am 1. April 1930 in Kraft.“

542 Landtagsdrucksachen 1930, Beilage 894; auch in: TSV München, *Der gesetzliche Betäubungszwang, Heft 1: Bayern*, 1930, S. 9; BA Berlin-Li., 30.01., Nr. 6317, Bl. 105.

543 TSV München, *Der gesetzliche Betäubungszwang*, Heft 1: Bayern, 1930, S. 65 (DNVP), 80 (BBB), besonders ausdrücklich S. 82 (SPD), 79, 83 (BVP).

Gesetzentwurfs könnte sehr kurz sein, wenn nicht die jüdische Religionsgemeinschaft verlangen würde, daß der bisherige Ritus ohne vorherige Betäubung beibehalten werden solle."[544]

Dafür erklärte Dr. Hoegner (SPD) weiter, „daß der jüdische Ritus nirgends vorschreibe, daß die Tiere vor dem Schächten nicht betäubt werden dürften, es frage sich nur, ob die Betäubung nicht eine Art sei, daß sie mit den rituellen Vorschriften noch in Einklang stehe."[545] Dem stand doch die Äußerung des Wiener Professors Jellinek in einer Zuschrift von jüdischer Seite entgegen, auch die Elektrisation mache das Fleisch trefa, denn sie führe nur zu funktionellen Störungen des Zentralnervensystems, die die Empfindung beließen bzw. deren Wiederherstellung zuließen, und zu mikroskopischen Blutaustritten in kleinen Gehirngefäßen sowie histologischen Veränderungen in den Ganglienzellen.[546] Dagegen mahnte Dr. Hoegner (SPD), es „dürfe hier der Bogen nicht überspannt werden", weil „Moses kein Mikroskop zur Verfügung gehabt habe; auf diese Weise könne man schließlich bei jeder Betäubungsmethode einen Haken finden."[547] Auch Ministerialrat Dr. Gasteiger stellte fest, bei der bisher jahrtausendalten Fleischbeschau beim Schächten seien keinerlei feine histologische Nachweise und feinste mikroskopische Spezialuntersuchungen verlangt und angewendet.[548] Hingegen äußerte der tierärztliche Gewährsmann des Landtags, die elektrische Betäubung komme einer Gesamtschmerzbetäubung gleich — erinnert sei an den Menschen selbst, „der aus einer schweren Ohnmacht zu erwachen scheine. Die Tiere begännen auch in der Regel bald wieder zu fressen, was Schlüsse dafür zulasse, daß es sich nicht lediglich um Krämpfe bei erhaltener Empfindungsmöglichkeit handle, die doch sicherlich nachwirken müßten. Professor Dr. Müller sage deshalb, daß die Gesamtheit der Erscheinungen einschließlich der Rückentwicklung des betäubten Tieres zur Norm klinisch als epileptoider Anfall mit Bewußt- und Gefühllosigkeit infolge Einwirkung schwacher, unterbrochener elektrischer Gleichströme auch des Großgehirns zu bezeichnen sei."[549] Dr. Stützel (BVP) erklärte, die Staatsregierung halte zu Prof. Müllers Gutachten, wonach durch die elektrische Betäubung „ein Verfahren gefunden sei, das auch ein rituelles Schächten noch möglich mache."[550]

---

544 TSV München, *Der gesetzliche Betäubungszwang*, Heft 1: Bayern, 1930, S. 62.

545 TSV München, *Der gesetzliche Betäubungszwang*, Heft 1: Bayern, 1930, S. 64.

546 Zusammengefasst vom Originalwortlaut in TSV München, *Der gesetzliche Betäubungszwang, Heft 1: Bayern*, 1930, S. 69 – 70.

547 TSV München, *Der gesetzliche Betäubungszwang*, Heft 1: Bayern, 1930, S. 64.

548 TSV München, *Der gesetzliche Betäubungszwang*, Heft 1: Bayern, 1930, S. 72.

549 TSV München, *Der gesetzliche Betäubungszwang*, Heft 1: Bayern, 1930, S. 71 – 72.

550 TSV München, *Der gesetzliche Betäubungszwang, Heft 1: Bayern*, 1930, S. 68, 87.

Der Minister nahm ferner an, die in Art. 7 Z. 8 der Reichsverfassung erwähnte Materie des Veterinärwesens sei durch die *Reichsverordnung über das Schlachten von Tieren* vom 2. Juni 1917 nicht erschöpfend geregelt: „Es könnten daher auf diesem Gebiet landesrechtliche Vorschriften solange erlassen werden, als das Reich von seinem Gesetzgebungsrecht keinen Gebrauch mache. An der Zulässigkeit des vorliegenden Gesetzentwurfes könne daher kein Zweifel bestehen.“[551] Dr. Hoegner (SPD) untersuchte: „Eine Verletzung der Weimarer Verfassung, hier des Art. 135, sei durch das Vorschreiben der vorherigen Betäubung beim Schächten nicht gegeben; denn der Begriff der Gewissensfreiheit beziehe sich nur auf die Freiheit des Bekennens, während keine Rede davon sein könne, daß etwa auch jede Kultusausübung jeder Religionsgesellschaft durch die Verfassung geschützt sei; die allgemeinen Staatsgesetze gingen nach Satz 3 des Art. 135 jedenfalls vor. [...] Auch der zweite Einwand, es handle sich hier um ein Ausnahmegesetz, sei nicht zutreffend; denn der vorliegende Gesetzentwurf wolle ja gerade keine Ausnahme haben, sondern mit Ausnahme der Notschlachtungen sämtliche Schlachtungen der gleichen gesetzlichen Vorschrift unterstellen.“[552]

Somit trat Dr. Lent (DNVP) der Auffassung entgegen, als sei der Gesetzentwurf seinem Ursprunge nach antisemitisch: „Er richte sich nicht gegen die Juden, sondern es sei ein unglücklicher Zufall, daß ein dem Landtag am Herzen liegendes Gesetz auf den Widerstand eines Teiles der Judenschaft stoße.“[553] Dr. Buttmann (NSDAP) tat nach Wiedergabe von fünf ausschließlich jüdischen Stimmen gegen Schächten die Frage ab, ob hier dem Judentum Gewalt angetan werde.[554] Dr. Bügel (DNVP) wies darauf hin, die Schächtfrage auch einmal vom Standpunkt der Tierzüchter zu betrachten.[555] Gerade da könne Engelsberg (BBB) „als Vertreter des Bauernstandes [...] nicht dulden, daß das Vieh, das mit Liebe

---

551 TSV München, *Der gesetzliche Betäubungszwang, Heft 1: Bayern*, 1930, S. 67.

552 TSV München, *Der gesetzliche Betäubungszwang, Heft 1: Bayern*, 1930, S. 63 – 64.

553 TSV München, *Der gesetzliche Betäubungszwang, Heft 1: Bayern*, 1930, S. 66.

554 TSV München, *Der gesetzliche Betäubungszwang, Heft 1: Bayern*, 1930, S. 56 – 58; gemeint seien 1. „Die jüdische Gemeinde“, Verlag Gebr. Rülf, Nr. 6 v. 15. 4. 1927; 2. Edgar Loewi auf der Tagung des Verbandes Badischer Tierschutzvereine am 17. 5. 1908 in Baden-Baden; 3. Gutachten des Rabbiners Dr. Leopold Stein (Frankfurt a. M.); 4. eine Zusammenstellung, die er vor sich habe und in der „schachat“ und Schächten als nicht identisch angesehen würden mit Hinweisen auf Jesaia 57,5 und II Könige 25,7; 5. Dr. Fritz Buchmann (Regensburg) in „*Der Deutschnationale Jude*“, Auflagenangaben leider nicht zum Protokoll. Nr. 1 – 3 samt „Bedeutsame Ausführung eines englischen Israeliten“ finden sich heute in GStA PK Berlin-Dahlem, I. HA Rep. 84 a, Nr. 5215, Bl. 68 VS – 73 RS; Abdruck in Lemcke, *Deutschlands erstes Tierschutzgesetz*, 2007, S. 46 – 57.

555 TSV München, *Der gesetzliche Betäubungszwang, Heft 1: Bayern*, 1930, S. 82.

und Sorgfalt gehalten würde, in der Stadt in einer solch scheußlichen Weise hingemordet werde."[556] Als Frl. Dr. Gertrud Wolf (DVP) glaubte, „daß die Bewohner eines Kulturlandes [...] einfach aus Menschlichkeitsgefühl heraus mit diesem alten Brauch in Bayern brechen"[557], erklärte Dr. Hoegner die Sozialdemokraten parteipolitisch „hier in keiner Weise gebunden", vielmehr „seien die Abgeordneten nicht um ihrer selbst willen da, sondern als Vollzieher des Volkswillens; sie könnten nicht aus eigener Selbstherrlichkeit Gesetze machen, sondern hätten Rücksicht zu nehmen auf die Anschauungen des Volkes. Der Volkswille aber stehe bei dem vorliegenden Gesetze wohl außer Zweifel."[558]

bb) Anträge zum Gesetzentwurf

Zum Entwurf selbst stellten Brügel (DNVP) und Buttmann (NSDAP) einen Antrag, nach dem die in Art. 1 Abs. 1 genannten Schlachttiere vor Beginn der Blutentziehung „nachhaltig" zu betäuben seien.[559] Staatsminister Dr. Stützel meinte, § 5 der AusfVO (s. u.) „entspreche den Wünschen der Antragsteller, so daß nach seiner Meinung der Antrag überflüssig sei."[560] Dr. Buttmann bestand auf den Antrag, denn es „komme doch darauf an, daß während der ganzen Dauer des Schlachtaktes, einschließlich der Blutentziehung, die Betäubung wirksam sein solle."[561] Dr. Brügel sei wiederholt Zeuge dafür gewesen, „daß der Schächtungsbeamte nicht zur rechten Zeit da war und das Tier in der Bodenlage habe warten müssen".[562] Wenn also die Strommenge bei der elektrischen Betäubung nicht genügend sei, aber der Schächtschnitt sich nicht unmittelbar daran anschließe, könnte bis zu dessen Durchführung das Tier bereits wieder im Zustande des Wiedererwachens sein.[563] Während der BBB aus Klarheitsgründen dem Antrag zustimmen wollte,[564] hielt ihn Dr. Hoegner (SPD) für nicht notwendig, weil „Betäubung" schon die Ausschaltung der Schmerzempfindung bedeute und eine Einfügung von „nachhaltig" zu Pleonasmus führen würde.[565] Darauf erklärte Dr. Stützel, „so sei das vom Standpunkte der Regierung ohne wesentliche Be-

556 TSV München, *Der gesetzliche Betäubungszwang, Heft 1: Bayern*, 1930, S. 80; auch sein Parteigenosse Hierschauer „stimme auch heute dem Gesetzentwurf zu, zumal dieser eine bestimmte Form der Betäubung nicht vorschreibe, und so den Gefühlen der religiösen Juden Rechnung getragen werden könne." (S. 65)

557 TSV München, *Der gesetzliche Betäubungszwang, Heft 1: Bayern*, 1930, S. 65.

558 TSV München, *Der gesetzliche Betäubungszwang, Heft 1: Bayern*, 1930, S. 64 – 65.

559 TSV München, *Der gesetzliche Betäubungszwang, Heft 1: Bayern*, 1930, S. 55.

560 TSV München, *Der gesetzliche Betäubungszwang, Heft 1: Bayern*, 1930, S. 68.

561 TSV München, *Der gesetzliche Betäubungszwang, Heft 1: Bayern*, 1930, S. 78.

562 TSV München, *Der gesetzliche Betäubungszwang, Heft 1: Bayern*, 1930, S. 82.

563 TSV München, *Der gesetzliche Betäubungszwang, Heft 1: Bayern*, 1930, S. 73.

564 TSV München, *Der gesetzliche Betäubungszwang, Heft 1: Bayern*, 1930, S. 80.

565 TSV München, *Der gesetzliche Betäubungszwang, Heft 1: Bayern*, 1930, S. 81.

denken. Was hier mit dem Wort ‚nachhaltig' ausgedrückt sei, sei seines Erachtens schon gesagt durch das Wort ‚vollständig'."[566] Schließlich wurde der Antrag abgelehnt und Art. 1 Abs. 1 in der Fassung der Regierungsvorlage angenommen.[567]

Auf der Gegenseite brachte Dr. Scharnagl (BVP) neben 124 Eingaben israelitischer Kultusgemeinden gegen den Entwurf auch neue wirtschaftliche Bedenken ins Gespräch: die Kurverbände in Bad Kissingen, Garmisch-Patenkirchen, Bad Tölz und Brückenau hätten auf „Interessen des Fremdenverkehrs" und die Metzgerinnung Brückenau auf geschäftliche Nachteile hingewiesen.[568] Doch diese von den Schächtgegnern als „Geldsackinteressen" bezeichneten Einwände wurden von NSDAP und BVP ethisch, von DNVP, DVP, BBB und SPD empirisch entkräftet.[569] Dann lenkte der Berichterstatter ein: „Bei der Frage des Schächtens handle es sich nicht nur um die Frage des Schächtschnittes selbst, sondern auch um die noch viel schlimmeren vorbereiteten Handlungen. Es sei ihm mitgeteilt worden, daß neuerdings in England eine Apparatur verwendet werde, die den ganzen Schächtakt in ungefähr 25 Sekunden durchführe. [...] Da dies ein Verfahren sei, bei dem auch ohne vorhergehende Betäubung jede unnötige Quälerei vermieden werde,"[570] beantragte er, dem Art. 1 des Entwurfs noch einen Abs. 3 hinzuzufügen, der etwa lauten sollte:

> „Das Staatsministerium des Innern kann auch in anderen Fällen Ausnahmen zulassen unter der Voraussetzung, daß durch das zur Anwendung kommende Verfahren jede unnötige Tierquälerei, insbesondere beim Niederlegen der Schlachttiere vermieden wird."[571]

Auf Frage nach der gemeinten Maschine konnte Ministerialrat Dr. Gasteiger mangels eigener Augenbezeugung nur von einer Abbildung berichten: „Darnach stelle sie eine Tonne dar, in die das Tier gestellt werde. Das Tier werde dann durch Bretter in eine Lage gebracht, daß es sich nicht verändern könne. Die Tonne werde hierauf um 180 Grad gedreht, so daß der Kopf des Tieres auf den Block zu liegen komme und für den Schnitt freigelegt werde. Ob der ganze Schächtakt in 25 Sekunden vollzogen sei, könne er nicht sagen."[572] Dr. Hoegner (SPD) wurde sofort des Nachteils gewahr, der gemeinte Zeitraum umfasse nur die Vorbereitungsbehandlungen bis zum Ansetzen des Schächtmessers, während

---

566 TSV München, *Der gesetzliche Betäubungszwang, Heft 1: Bayern*, 1930, S. 83.
567 TSV München, *Der gesetzliche Betäubungszwang, Heft 1: Bayern*, 1930, S. 86.
568 TSV München, *Der gesetzliche Betäubungszwang, Heft 1: Bayern*, 1930, S. 56, 73, 77.
569 TSV München, *Der gesetzliche Betäubungszwang, Heft 1: Bayern*, 1930, S. 59, 64, 65, 66, 72, 80.
570 TSV München, *Der gesetzliche Betäubungszwang, Heft 1: Bayern*, 1930, S. 74.
571 TSV München, *Der gesetzliche Betäubungszwang, Heft 1: Bayern*, 1930, S. 77.
572 TSV München, *Der gesetzliche Betäubungszwang, Heft 1: Bayern*, 1930, S. 75.

das ganze Schächtverfahren ungefähr siebeneinhalb Minuten dauere.[573] Auch Engelberger (BBB) kritisierte, es „werde hier das Hauptgewicht auf die Nebensache, auf die Vorbereitungen gelegt. Was man jedoch damit treffen wolle, das sei der scheußliche Akt des Schächtschnittes. Das Tier solle in diesem Augenblick betäubt werden."[574] Dr. Brügel (DNVP) ergänzte, es bleibe auch der Nachschnitt.[575] Sein Parteigenosse Dr. Lent wies darauf hin, „daß ein solcher Apparat die Wünsche der Judenschaft wohl ebensowenig zufriedenstellen werde, wie das elektrische Verfahren und daß mit Spezialmikroskop Verletzungen wesentlicher Teil wohl auch in diesem Fall nachgewiesen würden."[576] Dr. Buttmann (NSDAP) meinte, „bei einer Drehung um 180 Grad sei eine Verletzung, und zwar eine lebensgefährliche Verletzung kaum zu vermeiden."[577] Dafür konnte er eine Äußerung von Prof. Dr. Müller über den Apparat anführen, „wonach dieser in England als veraltet gelte, der Zeitraum von 25 Sekunden nicht genüge, die Tiere auf die Hörner gelegt werden müßten usw. Gerade dieses Legen auf die Hörner, wobei sie vielfach zerbrächen, mache den Eindruck unerträglicher Grausamkeit."[578] Insgesamt mahnte der Abgeordnete: „Der Wille des Landtages sei also, wie im Jahre 1926 […]. Die Juden hätten lange Zeit gehabt, ein solches Verfahren zu finden; jetzt in dem Augenblick, in dem der Landtag endlich dieses Gesetz beschließen wolle, kämen sie mit einer allerneusten Erfindung."[579]

Gerade in diesem Augenblick ging aber eine Zuschrift des „Verbands Bayerischer Israelitischer Gemeinden" ein, „daß heute versuchsweise die Aufstellung des in England approbierten Niederlegungsapparates im Schlachthofe München in die Wege geleitet werde."[580] Daraufhin machte Dr. Scharnagl (BVP) geltend: „Wenn nun ein Verfahren vorhanden sei, das […] jede unnötige Tierquälerei ausschließe, dann glaube er, könne man von dem Betäubungszwang absehen".[581] Dagegen erhob Dr. Buttmann (NSDAP) „die allerschwersten Bedenken": „Durch die Formulierung, daß durch das zur Anwendung kommende Verfahren jede unnötige Tierquälerei vermieden werden solle, sei eigentlich schon zugegeben, daß eine Tierquälerei, soweit sie eben zur Durchführung des Schächtens

573 TSV München, *Der gesetzliche Betäubungszwang, Heft 1: Bayern*, 1930, S. 74.
574 TSV München, *Der gesetzliche Betäubungszwang, Heft 1: Bayern*, 1930, S. 80.
575 TSV München, *Der gesetzliche Betäubungszwang, Heft 1: Bayern*, 1930, S. 82.
576 TSV München, *Der gesetzliche Betäubungszwang, Heft 1: Bayern*, 1930, S. 75.
577 TSV München, *Der gesetzliche Betäubungszwang, Heft 1: Bayern*, 1930, S. 76.
578 TSV München, *Der gesetzliche Betäubungszwang, Heft 1: Bayern*, 1930, S. 84; vgl. *The Veterinary Journal*, Sondernummer vom September 1927, London, S. 401.
579 TSV München, *Der gesetzliche Betäubungszwang, Heft 1: Bayern*, 1930, S. 79.
580 TSV München, *Der gesetzliche Betäubungszwang, Heft 1: Bayern*, 1930, S. 77.
581 TSV München, *Der gesetzliche Betäubungszwang, Heft 1: Bayern*, 1930, S. 79.

notwendig sei, auch weiterhin zugestanden werde.[582] Es sei damit in das Ermessen des Ministeriums gestellt, wie weit das tierquälerische Verfahren als nötig oder unnötig anzusehen sei. Seine Partei wolle, daß es nicht in das Belieben des Staatsministeriums gestellt sei, welches Schlachtmittel human sei, sondern sie wolle, daß der Landtag ausspreche, daß nur die Betäubung allein ein humanes Schlachten ermögliche. ‚Betäubungsgesetz' solle doch heißen, daß vom Schächten überhaupt nichts darin stehe. Es komme nicht nur darauf an, die grausamen Vorgänge der Niederlegung oder Niederhaltung dem Tiere zu ersparen, sondern auch die ganze Schmerzempfindung, die doch nachgewiesen sei und die auch nach dem Schächtschnitt fortdauere."[583]

Dr. Hoegner (SPD) sah den Antrag darauf hinauslaufen, „daß vom Betäubungszwang eine weitere Ausnahme zugelassen werde. Kollege Dr. Scharnagl habe dabei an das rituelle Schächten gedacht. Er sei der Auffassung, daß gegen eine solche Ausnahme allergrößte Bedenken sprächen, weil sonst der praktische Zweck des Gesetzes nicht erreicht würde. [...] Man könne es der Staatsregierung nicht überlassen, in anderen Fällen beliebig Ausnahmen zu machen, weil sonst die Staatsregierung dem ständigen Drängen zweifelslos unterliegen würde."[584] Diese Kritik nahm bei Dr. Lent (DNVP) konkretere Form an: „Das Staatsministerium würde dadurch stets unter dem Druck der Judenschaft gestellt. Es sei für das Ministerium viel besser, wenn es sich auf einen festen Landtagsbeschluß stützen könne, als wenn durch viele Jahre hindurch immer wieder diese Frage aufgeworfen würde. Gebe das Ministerium dann nicht nach, dann heiße es, es sei antisemitisch eingestellt."[585] Bis auch Staatsminister Dr. Stützel (BVP) bemerkte, „daß dieser Antrag für die Exekutive durchaus nicht angenehm sei. Es werde, wie mit Recht bemerkt worden sei, dieser ganz diffizile Punkt auf die Exekutive gelegt"[586], gab Dr. Scharnagl (BVP) schließlich zu, den „fraglichen Apparat" selbst auch nicht zu kennen.[587] So wurde auch sein Antrag abgelehnt, damit der ganze Art. 1 in der Fassung der Regierungsvorlage angenommen werden konnte.[588]

---

582 Auch der TSV Münchener war der Ansicht, das „unnötig" sei in Dr. Scharnagls Antrag vom Standpunkt des rituellen Schächtens gemeint statt des schonenden Schlachtens; in: TSV München, *Der gesetzliche Betäubungszwang, Heft 1: Bayern*, 1930, S. 77 Fn. 1.
583 TSV München, *Der gesetzliche Betäubungszwang, Heft 1: Bayern*, 1930, S. 79.
584 TSV München, *Der gesetzliche Betäubungszwang, Heft 1: Bayern*, 1930, S. 81 – 82.
585 TSV München, *Der gesetzliche Betäubungszwang, Heft 1: Bayern*, 1930, S. 80.
586 TSV München, *Der gesetzliche Betäubungszwang, Heft 1: Bayern*, 1930, S. 83.
587 TSV München, *Der gesetzliche Betäubungszwang, Heft 1: Bayern*, 1930, S. 85.
588 TSV München, *Der gesetzliche Betäubungszwang, Heft 1: Bayern*, 1930, S. 86.

cc) Beratungen der Vollzugsvorschriften

Erst auf Dr. Buttmanns (NSDAP) Ersuchen gab Dr. Stützel am 23. Januar 1923 die von seinem Staatsministerium des Innern erarbeiteten Vollzugsvorschriften bekannt:[589]

„§ 1. I Diese Vorschriften gelten für das Schlachten von Rindvieh, Schweinen, Schafen, Ziegen, Pferden, Eseln, Maultieren, Mauleseln und Hunden.

II Büffel, Kälber, Ferkel, Lämmer und Kitze sind in vorgenannten Tiergattungen inbegriffen.

§ 2. Unter Schlachten ist jede Tötung eines Tieres zu verstehen, bei der eine Blutentziehung stattfindet.

§ 3. Das Schlachten hat in geschlossenen Räumen, mindestens aber so stattzufinden, daß sein Anblick der Öffentlichkeit entzogen ist. Personen unter vierzehn Jahren mit Ausnahme der Schlächterlehrling dürfen beim Schlachten nicht zugelassen werden.

§ 4. Die Schlachtungen mit Ausnahme der unaufschiebbaren Notschlachtungen dürfen nur von Personen oder unter Aufsicht und Mithilfe von Personen ausgeführt werden, die des Schlachtens kundig sind.

§ 5. Beim Schlachten darf mit der Blutentziehung erst nach vorausgegangener vollständiger Betäubung begonnen werden. Die Tiere dürfen erst dann in den Schlachtraum gebracht werden, wenn alle Vorbereitungen zur sofortigen Abschlachtung getroffen sind.

§ 6. I Ausnahmen vom Betäubungszwang sind in Art. 1 Abs. II des Gesetzes nur für Notschlachtungen vorgesehen, bei denen sich die Betäubung nach Lage der Verhältnisse nicht ausführen läßt. Ob diese Voraussetzung vorliegt, ist nach der augenblicklichen Lage im einzelnen Falle zu beurteilen. Sie wird vor allem dann erfüllt sein, wenn zu befürchten ist, daß das Tier verendet, bevor eine Betäubung möglich ist.

II Der Halsschnitt (Schächtschnitt) ist nach § 1 der Bundesratsverordnung über das Schlachten von Tieren vom 2. Juni 1917 (RGBl. S. 471) für das rituelle Schächten durch die hierzu bestellten Schächter noch zugelassen. Er darf aber, da Ausnahmen vom Betäubungszwang über die Fälle des Abs. I hinaus im Gesetze nicht vorgesehen sind, nur dann vorgenommen werden, wenn das Schlachttier vor dem Schächtschnitt vollständig betäubt wird.

§ 7. I Die Betäubung der Schlachttiere kann durch Kopfschlag oder unter Anwendung besonderer (mechanischer) Betäubungsapparate geschehen.

II Das Staatsministerium des Innern behält sich vor, andere Betäubungsverfahren zuzulassen.

§ 8. In den öffentlichen Schlachthäusern, sowie in gewerblichen und privaten Betrieben, in denen jährlich mindestens 100 Großtiere oder 200 Kleintiere — bei gemischten Schlachtungen sind 2 Kleintiere als 1 Großtier zu rechnen — geschlachtet werden, dürfen, von Notfällen abgesehen, Großtiere, Schweine, Schafe und Zie-

589 TSV München, *Der gesetzliche Betäubungszwang, Heft 1: Bayern*, 1930, S. 77.

gen (ausgenommen Saugferkel, Lämmer du Kitze) nur mittels besonderer Betäubungsapparate oder –Verfahren (§ 7 Abs. I und II) betäubt werden.

§ 9. I Schlachttiere dürfen erst unmittelbar vor der Betäubung gefesselt werden.

II Das Aufhängen von Schlachttieren vor der Betäubung ist verboten. Das Staatsministerium des Innern behält sich vor, für Kälber in besonderen Fällen Ausnahmen zuzulassen.

III Nach der Betäubung darf mit der Lösung der Fesseln, dem Aufhängen, dem Brühen sowie jedem Schneiden, Stechen oder mit sonstigen Eingriffen — jedoch abgesehen von der Blutentziehung — erst begonnen werden, wenn keine Bewegungen oder Zuckungen an den Schlachttieren mehr wahrzunehmen sind.

IV Der Genickschlag und Genickstich sowie das Brechen des Genicks bei Schlachttieren sind verboten.

§ 10. Die Betäubungsvorrichtugen nebst Zubehör müssen so beschaffen sein und stets in solchem Zustande gehalten werden, daß eine einwandfreie Handhabung und Betäubung gewährleistet ist.

§ 11. Zuwiderhandlungen gegen vorstehende Vorschriften werden nach Art. 3 des Gesetzes mit Gefängnis bis zu sechs Monaten oder mit Geldstrafe bestraft.“[590]

Davon lobte Dr. Buttmann (NSDAP) das praktische Genickstichverbot und sah in der Regelung, erst nach völliger Bewegungs- bzw. Zuckungslosigkeit der Schlachttiere mit deren Verwertungsmaßnahmen anfangen zu dürfen, als Verwirklichung einer Forderung, die im Interesse des Tierschutzes unbedingt habe erhoben werden müssen; aber:

„Nicht einverstanden dagegen könne er sein, daß der freie Kopfschlag immer noch an erster Stelle genannt werde. Nach den Behauptungen der Münchener Tierschutzvereine führe der Kopfschlag mit Hammer, Beil, Schlegel oder Keule häufig zu Fehlschlägen. Bei Schafen und Ziegen sei er geradezu tierquälerisch, weil der Schädel dieser Tiere viel zu hart, spitz gebogen sei und weil unter dem Schädel der Tiere nicht unmittelbar das Gehirn, sondern noch ein Hohlraum liege. Er verweise dieser auf das Gutachten des Schlachthofdirektors Dr. Klein. Es wäre wünschenswert, wenn die Betäubung mittels Schutzbolzen und elektrischen Geräten vorgeschrieben würde und der freie Schlag nur dann erlaubt würde, wenn er aus wirtschaftlichen Gründen nicht entbehrt werden könnte. Schafe und Ziegen müßten jedoch auch in diesem Falle ausgenommen sein. Weiter würde er es begrüßen, wenn in den Ausführungsvorschriften bestimmt würde, daß nur Gesellen und Meister zur Vornahme des Kopfschlages berechtigt seien und nicht auch schon die Lehrlinge.“[591]

Nachdem sein Antrag auf Betäubungsnachhaltigkeit abgelehnt worden war, fragte Dr. Buttmann, „ob die Regierung zusichern könne, daß für Schafe und Ziegen eine bessere Betäubungsart vorgeschrieben werde“. Staatsminister Dr. Stützel erklärte sich bereit, die Anregung zu prüfen und, wenn es sich als mög-

590 Landtagsdrucksachen 1930, Beilage 894; auch in: TSV München, *Der gesetzliche Betäubungszwang, Heft 1: Bayern*, 1930, S. 10 – 11.

591 TSV München, *Der gesetzliche Betäubungszwang, Heft 1: Bayern*, 1930, S. 78.

lich erweise, ihr entgegenzukommen, ohne den Kopfschlag vollkommen ausschalten zu können. Daraufhin fragte Dr. Buttmann, ob durch § 4 der Ausführungsvorschriften die Ausführung des Schlages durch Lehrling ausgeschlossen sei. Dr. Stützel erwiderte, „daß nach den Ausführungsvorschriften die Schlachtung nur durch des Schlachtens kundigen Personals ausgeführt werden solle: im allgemeinen sei dabei wohl an die Gesellen zu denken, man habe aber nicht unbedingt die Lehrjungen, die der Aufgabe sehr wohl gewachsen sein könnten, ausschließen wollen.“ Das nahm der Ausschuss an.[592]

Ein allseitiges Anliegen bildete die „konsequente Handhabung der Vorschriften“[593], denn es galt zu hüten, „daß eine praktische Durchführung des Gesetzes […] nicht mehr stattfinden könne.“[594] Dr. Buttmann (NSDAP) begrüßte es, „daß die Geltung des Gesetzentwurfs nicht etwa beschränkt werden solle auf die Schlachtungen in öffentlichen Anstalten.“[595] Dr. Hoegner (SPD) würde sich gegen ein solches Ausnahmegesetz wenden, „daß etwa für das Land große Konzessionen gemacht würden, während in den Städten eine strenge Durchführung Platz griffe.“[596] Daher könne seine Fraktion mit dem § 8 der Vollzugsvorschriften nicht vollständig einverstanden sein: „Die Zahl von 100 Stück Großvieh oder 200 Stück Kleintieren sei viel zu hoch. Ein großer Teil der ländlichen Metzgereien würde dann nicht mehr unter dieses Gesetz fallen. […] Er möchte der Staatsregierung anheimgeben, diese Zahl von 100 bzw. von 200 Tieren herabzusetzen. Seine Fraktion sei der Überzeugung, daß der Schußbolzenapparat infolge des geringen Anschaffungspreises von nur rund 100 Mark von jedem gewerblichen Betriebe beschaffen werden könne. Die Kosten für einen Schuß beliefen sich auf ungefähr 6 Pfg.“[597] Danach sprachen sich auch Dr. Brügel (DNVP) und Schäffer (BVP) für die Einführung der Geräte ins Land aus.[598]

d) Abstimmung und Ausblick

Nach all diesen Ausschussverhandlungen, die mit einer Annahme des ganzen Gesetzes mit 15 gegen 11 Stimmen endeten,[599] kam es zur Abstimmung in der

---

592 TSV München, *Der gesetzliche Betäubungszwang, Heft 1: Bayern*, 1930, S. 86.

593 Schäffer (BVP), in: TSV München, *Der gesetzliche Betäubungszwang, Heft 1: Bayern*, 1930, S. 80.

594 Dr. Hoegner (SPD), in: TSV München, *Der gesetzliche Betäubungszwang, Heft 1: Bayern*, 1930, S. 81.

595 TSV München, *Der gesetzliche Betäubungszwang, Heft 1: Bayern*, 1930, S. 62.

596 TSV München, *Der gesetzliche Betäubungszwang, Heft 1: Bayern*, 1930, S. 64.

597 TSV München, *Der gesetzliche Betäubungszwang, Heft 1: Bayern*, 1930, S. 81.

598 TSV München, *Der gesetzliche Betäubungszwang, Heft 1: Bayern*, 1930, S. 78, 80.

599 TSV München, *Der gesetzliche Betäubungszwang, Heft 1: Bayern*, 1930, S. 87.

Vollsitzung des Landtags vom 29. Januar 1930. Doch dabei brachte die BVP erneut den im Verfassungsausschuss abgelehnten Antrag ein,[600] gegen die diesmal auch die Kommunisten waren. Bei der namentlichen Abstimmung wurde er also mit allen 64 anderen gegen die 45 Stimmen der immerhin vorsitzenden BVP abgelehnt. An der darauffolgenden Schlussabstimmung wurde der ganze Entwurf mit 64 gegen 42 Stimmen bei 2 Enthaltungen angenommen.[601] Aller-

---

600 Sten. Ber. III Nr. 57, S. 109.

601 Sten. Ber. III Nr. 57, S. 116 – 117; Abdruck in: TSV München, *Der gesetzliche Betäubungszwang, Heft 1: Bayern*, 1930, S. 96 – 97: „Mit ‚Ja' stimmen die Abgeordneten: 1. Änderl, 2. Ammon, 3. Dr. Baerwolff, 4. Bossert, 7. Dr. Brügel, 8. Büchs, 9. Burger, 10. Dr. Buttmann, 11. Dauser, 12. Dressel, 13. Endres, 14. Engelsberger, 15. Fischer, 16. Fröhlich Ludwig, 17. Frühwald, 18. Gasteiger, 19. Gentner, 20. Giermann, 21. Grimm, 22. Haiger, 23. Hartmann, 24. Dr. Helmuth, 25. Heß, 26. Hirschauer, 27. Högg, 28. Dr. Hoegner, 29. Hölzl, 30. Klarhauser, 31. Kupfer, 32. Lechner, 33. Dr. Lent, 34. Leonhardt, 35. Lutzenberger, 36. Mattil, 37. Müller Herbert, 38. Munzinger, 39. Peschel, 40. Pfeiffer Adolf, 41. Piechl, 42. Pörschmann, 43. Roßhaupter, 44. Sang, 45. Schaper, 46. Scheifele, 47. Schemm, 48. Schwartz Christian, 49. Seifried, 50. Städele, 51. Steeger, 52. Stegmann, 53. Streicher, 54. Strobel, 55. Sühler, 56. Timm, 57. Tragesser, 58. Wagner, 59. Wahl, 60. Walther, 61. Wartner, 62. Weismann, 63. Dr. Wolf, 64. Zimmerer.
Mit ‚Nein' stimmen die Abgeordneten: 1. Ammann, 2. Barth, 3. Baumann, 4. Bernzott, 5. Breitenbach, 6. Danner, 7. Dissinger, 8. Donderer, 9. Fink, 10. Dr. Valentin Fröhlich, 11. Funke, 12. Gehring, 13. Gerstenecker, 14. Graf, 15. Dr. Held, 16. Dr. Hellmann, 17. Irl, 18. Konrad, 19. Lederer, 20. Mattes, 21. Gabriel Mayer, 22. Joseph Mayer, 23. Merkl, 24. Hans Müller, 25. Dr. Anton Pfeifer, 26. Prechtl, 27. Dr. Probst, 28. Rauch, 29. Reh, 30. Rieß, 31, Schäffer, 32. Dr. Anton Scharnagel, 33. Dr. Karl Scharnagel, 34. Dr. Schlittenbauer, 35. Georg Schwarz, 36. Stang, 37. Stapfer, 38. Strodel, 39. Voll, 40. Wamsler, 41. Dr. Wohlmuth, 42. Wünstel.
Mit ‚Ich enthalte mich' stimmen die Abgeordneten: 1. Aschenbrenner, 2. Schmölz.
Entschuldigt sind die Abgeordneten: 1. Boneberg, 2. Dr. Hilpert, 3. Weber.
Beurlaubt ist der Abgeordnete Lutz.
Nichtanwesend sind die Abgeordneten: 1. Ackermann, 2. Auer, 3. Bayerer, 4. Blumtritt, 5. Daisenberger, 6. Dewald, 7. Dill, 8. Dörfler, 9. Eberhard, 10. Endemann, 11. Käser, 12. Klinger, 13. Mang, 14. Schachtner, 15. Schlichtinger, 16. Schneider."
Der Münchener Tierschutzverein fasste zusammen: „Es haben gestimmt (die Zahl in Klammern gibt die Stärke der Gruppen an):
für das Gesetz 22 Sozialdemokraten (34), 14 Bauernbündler (17), 3 Abgeordnete der Deutschen Volkspartei (4), 12 Deutschnationale (13), 9 Nationalsozialisten (9), 4 Kommunisten (4);
gegen das Gesetz 42 Abgeordnete der Bayer. Volkspartei (46)
der Stimme enthielten sich 1 Abgeordneter der Bayer. Volkspartei, 1 fraktionslose Abgeordnete;
entschuldigt waren 1 Sozialdemokrat, 1 Bauernbündler, 1 Deutschnationaler;

dings wurde das Gesetz als nicht dringlich erklärt.[602] Infolgedessen wurde das *Gesetz über das Schlachten von Tieren* (BaySchlG) erst am 17. Mai 1930 von Landtagspräsidenten Strang samt Gesamtministerium Dr. Held, Dr. Gürtner, Dr. Stützel, Goldenberger, Dr. Schmelzle und Dr. Fehr unterzeichnet und verkündet.[603] Am 21. Mai 1930 gab Dr. Stützel (BVP) als Staatsminister des Innern die Ausführungsverordnung (BaySchlVO) bekannt.[604]

Nach der Schweiz (1893) und Norwegen (1929)[605] wurde Bayern hiermit zum ersten deutschen Bundesstaat, der einen *allgemeinen Betäubungszwang für*

---

beurlaubt 1 Bauernbündler
abwesend waren 3 Abgeordnete der Bayer. Volkspartei, 11 Sozialdemokraten, 1 Bauernbündler, 1 Abgeordneter der Deutschen Volkspartei."

602 TSV München, *Der gesetzliche Betäubungszwang, Heft 1: Bayern*, 1930, S. 8.

603 *Gesetz- und Verordnungsblatt* 1930, S. 133, Nr. 700 f 36; auch in: BA Berlin-Li., 30.01., Nr. 6317, Bl. 105.

604 *Gesetz- und Verordnungsblatt* 1930, S. 133 – 134, Nr. 700 f 36.

605 *Norsk Lovtidende* (Norwegisches Gesetzblatt), Teil I Nr. 25 v. 25. 6. 1929:
„Gesetz vom 21. Juni 1929 über das Töten von Haustieren und zahmen Renntieren.
§ 1. Beim Schlachten von Haustieren oder zahmen Renntieren muß das Tier unmittelbar vor dem Blutentzug betäubt werden. Ohne vorausgehende Betäubung können jedoch Federvieh und Kaninchen dadurch getötet werden, daß der Kopf mit einem raschen Hieb vom Leibe getrennt wird.
Das zuständige Ministerium kann nähere Bestimmungen erlassen, wie die Betäubung stattzufinden hat.
§ 2. Die Tötung muß durch erwachsene, darin soweit möglich sachkundige Personen ausgeführt werden. Bei der Tötung dürfen soweit möglich andere Haustiere oder Kinder unter 14 Jahren nicht zugegen sein.
Das Tier darf nicht abgehäutet, gebrüht oder geschabt werden, bevor man sich vergewissert hat, daß der Tod eingetreten ist.
§ 3. Eine Tötung, die notwendigerweise ohne Aufschub auf Grund eines Unglücksfalls oder einer Krankheit ins Werkt gesetzt werden muß (Notschlachtung), soll auf die nach den Umständen des Falles schonendste Art und Weise vorgenommen werden, jedoch soweit möglich unter Beachtung der vorstehenden Bestimmungen.
§ 4. Der König oder die von ihm ermächtigte Stelle kann allgemein bindende Vorschriften erlassen für die Tötung von Hunden, Katzen, Silberfüchsen und anderen in Gefangenschaft geratenen Pelztieren.
§ 5. Übertretungen dieses Gesetzes oder der auf Grund des Gesetzes erlassenen Bestimmungen werden mit Geldbuße bestraft.
§ 6. Dieses Gesetz tritt am 1. Januar 1930 in Kraft.
Soweit es die Schlachtung zahmer Renntiere angeht, kann jedoch der König bestimmen, daß das Gesetz innerhalb der ersten 3 Jahre nach seinem Inkrafttreten in gewissen Teilen des Reiches nicht zur Anwendung gelangt."
Verdeutscht in: TSV München, *Der gesetzliche Betäubungszwang, Heft 2: Schweden und Norwegen*, 1930, S. 17 – 18; wohlgemerkt sei, in Norwegen wie auch im vorerst

die Schlachttiere einführte. „Und wenn etwa eine Schädigung der bayerischen Metzger durch die Einfuhr geschächteten Fleisches befürchtet werde," so hatte Frl. Dr. Wolf (DVP) während der Beratung am 29. Januar 1930 „zuversichtlich" darauf gehofft, „daß das Verbot der betäubungslosen Schächtung bald auch in den Nachbarländern Bayerns eingeführt werde." [606] Die von Dr. Brügel (DNVP) erwähnte Tatsache, „daß Länder wie Thüringen und Sachsen im Begriffe seien, solche gesetzliche Maßnahmen zu treffen", war auch von niemandem bestritten worden.[607] In der Tat folgten dem bayerischen Beispiel am 27. Juli 1931 Braunschweig[608], am 14. Juli 1932 Anhalt[609] und Mecklenburg-Strelitz[610], am 5. Oktober 1932 Oldenburg[611], am 2. Dezember 1932 Mecklenburg-Schwerin[612] sowie am 15. Dezember 1932 in Thüringen[613].

III. Zentrumsantrag auf reichsrechtliche Ausnahmen

Verbreitete sich der Münchener Betäubungszwang mithin wie ein Lauffeuer, so drohte er doch jederzeit von Berlin aus rückgängig gemacht werden. Denn im Reichstag machte Dr. Johannes Bell (Z), der 1919 mit Hermann Müller als deutsche Vertreter den Versailler Vertrag unterzeichnet hatte, nun in der IV. Wahlperiode auf der 123. Sitzung des 21. Strafrechtsausschusses vom 14. Februar 1930 geltend, der E. 27 würde, „wenn er in seiner bisherigen Fassung uneingeschränkt bliebe, sowohl die ernstlichen Bestrebungen der Wissenschaft als auch

---

gescheiterten Schweden seien die Sozialdemokraten aufs nachdrücklichste für eine moderne Betäubungsmethode für die Schlachttiere eingetreten, vgl. je S. 19 – 23 und 9 – 16 sowie die Bestätigung von Dr. Hoegner (SPD), in: Heft 1: Bayern, 1930, S. 65.

606 TSV München, *Der gesetzliche Betäubungszwang, Heft 1: Bayern*, 1930, S. 65.

607 Äußerung v. 23. 1. 1930, in: TSV München, *Der gesetzliche Betäubungszwang, Heft 1: Bayern*, 1930, S. 82.

608 Braunschweigisches GVBl., Stück 25 v. 30. 7. 1931, S. 143.

609 PolizeiVO der Regierung zu Anhalt, Abt. des Innern, *über das Verfahren beim Schlachten* v. 14. 7. 1932; abgedruckt in: Reichsgesundheitsamt, 7. Jg. Nr. 47 v. 23. 11. 1932, S. 787.

610 BA Berlin-Li., 30.01., Nr. 6318, Bl. 85.

611 Oldenburgisches GVBl. S. 1055.

612 BA Berlin-Li., 30.01., Nr. 6318, Bl. 93.

613 Abdruck in Reichsgesundheitsblatt, 8. Jg. Nr. 7 v. 15. 2. 1933, S. 139; für das Gesetz stimmten NSDAP, DNVP und der Thüringischer Landbund, dagegen SPD und KPD, wobei sich die Landtagsdebatte v. 27. 6. 1930 in ein für alle Parteien kennzeichnendes Wortgefecht ausartete, vgl. BA Berlin-Li., 30.01., Nr. 6318, Bl. 94; dazu auch Heintz, *Tierschutz im Dritten Reich*, 2008, S. 23 – 26.

die religiösen Kulte der Israeliten zu gefährden geeignet sein."[614] Daher wolle der Reichstag beschließen, „dem § 412 folgenden Abs. 2 anzufügen: *Handlungen an Tieren dürfen nicht mit Strafe bedroht werden, soweit sie zur Verfolgung ernster wissenschaftlicher Zwecke oder zur Erfüllung der Gebräuche einer Religionsgesellschaft des öffentlichen Rechts geboten sind.*"[615]

1. Betrachtung

Dieser Antrag Nr. 528 lässt sich als prompte Gegenmaßnahme des Zentrums zur Niederlage seiner Tochterpartei, der BVP, im Bayerischen Landtag betrachten, indem der Gröber-Antrag vom Jahr 1910 nun wiederholt wurde. Nachdem dieser den ganzen E. 09 zum Sturz gebracht hatte, wurde aus „Kreisen des orthodoxen Judentums" ersucht, durch einen Zusatz des § 361 im E. 13 zu verhindern, „daß ein etwa zum Zweck der Verhütung von Tierquälerei erlassenes Schächtverbot den reichsrechtlichen Strafschutz genieße"; hingegen bleibe „die Kompetenz der Einzelstaaten zum Erlaß von Schächtverboten völlig unberührt."[616] Dieselbe würde aber jetzt „eine bedeutsame Einengung durch § 412 Abs. 2 des Entwurfes erfahren: Vivisektions- und Schächtverbote dürften nicht erlassen werden; etwa entgegenstehende Landesgesetze würden sich sofort mit Inkrafttreten des Nachsatzes erledigen."[617]

Dadurch wäre die zweitbeste Möglichkeit für Radbruch verwirklicht worden. In der Tat empfahl er unter Geltendmachung des Art. 135 der Weimarer Reichsverfassung[618] — abgesehen von Satz 3 —, primär die Tierschutznorm schlechthin zu streichen, sekundär dem derzeitigen § 334 des E. 25 den Abs. 2 anzuhängen: „Unter die Strafdrohung fallen nicht Handlungen, welche der Übung der Wissenschaft oder dem Brauche einer im Deutschen Reiche als Körperschaft des öffentlichen Rechts anerkannten Religionsgesellschaft entsprechen."[619]

Sein Schüler Sander ahnte wohl, „[daß] sich die Mehrheit im Reichstag nicht entschließen könnte, den § 412 gänzlich fallen zu lassen".[620] Doch dafür wurde Bells Antrag auf dessen Abs. 2 auf der 124. Sitzung vom 18. Februar

614 Schubert (Hrsg.), *Quellen*, Abt. 1, Bd. 3, T. 3, 1997, S. 413 – 414.

615 Schubert (Hrsg.), *Quellen*, Abt. 1, Bd. 3, T. 3, 1997, S. 414.

616 Schubert (Hrsg.), *Protokolle*, Bd. 4, 1990, S. 652.

617 Schaefer, *Tierschutz im Reichsstrafrecht*, 1932, S. 24.

618 *„Alle Bewohner des Reiches genießen volle Glaubens- und Gewissensfreiheit. Die ungestörte Religionsausübung wird durch die Verfassung gewährleistet und steht unter staatlichem Schutz. Die allgemeinen Staatsgesetze bleiben hiervon unberührt."* In: RGBl. Nr. 152 v. 14. 8. 1919, S. 1383 (1408).

619 Vgl. Radbruch, *Entwurf und Schächten*, ca. 1926, S. 5 – 6.

620 Sander, *Entwürfe*, 1931, S. 68.

1930 mit 23 gegen 2 deutschnationale Stimmen und bei 2 Enthaltungen angenommen.[621]

2. Gegenwehr der Tierschützer

Dies löste in Berlin am 13. März 1930 eine öffentliche Protestkundgebung aus. Die Veranstalter verurteilten „die feierliche Erklärung der Zentrumsfraktion“ als Rückschritt selbst gegenüber dem noch geltenden § 360 Nr. 13 RStGB und somit als „Attentat auf das Rechtsgewissen“ weiter Volkskreise, und kündigten an: „Unsere Volksvertreter dürften in der nächsten Zeit mit einem neuen ‚Wust von Papier‘ überschüttet werden“.[622]

Ein überliefertes Beispiel besteht im Protest des Wiener Tierschutzvereins „dagegen, daß die zahlreichen aus Fahrlässigkeit begangenen Tierquälereien auch in Zukunft straflos bleiben sollen und daß der Tatbestand der Tierquälerei als ausdrücklich nicht als gegeben erklärt wird, wenn es sich um die qualvolle Behandlung eines Tieres aus *wissenschaftlichen* oder *religiösen* Gründen handelt. Der reichsdeutsche und der österreichische Tierschutzverein wird sich nun an die Reichsregierung wenden, um in diesem Sinne eine Verbesserung des diesbezüglichen Gesetzentwurfes zu erwirken.“[623]

3. Reichstagsannahme als Ausgangslage

Diese Aufrufe der Tierschutzvereine verschollen jedoch wie die Argumente der Abgeordneten vom Jahr 1913[624], denn: „Seit der 12. Sitzung vom 11. Februar

621 Schubert (Hrsg.), *Quellen*, Abt. 1, Bd. 3, T. 3, 1997, S. 424.

622 GStA PK, Berlin-Dahlem, I. HA Rep. 84, Nr. 5215, S. 169.

623 „*Gefängnis für Tierquälerei*“, Meldung aus Wien v. 9. 3. 1928, in: *Hannoverscher Kurier*, Nr. 124/25 v. 14. 3. 1928, in: GStA PK, Berlin-Dahlem, I. HA Rep. 84, Nr. 5215, S. 29. Trotz des früheren Jahrgangs seien die Bestrebungen von Gröber 1910 und Radbruch 1925 eingedenk (s. o.).

624 Schubert (Hrsg.), *Protokolle*, Bd. 4, 1990, S. 652, zeichnete ihre Behandlung der o. g. jüdischen Eingabe auf: „Die Anregung fand in der Kommission keine Unterstützung. Von mehreren Mitgliedern wurde ausführt: Die Eingabe gehe anscheinend davon aus, daß der § 405 dem landesgesetzlichen Polizeiverordnungsrecht eine Ermächtigung zum Erlaß von Tierschutzverordnungen gebe. Diese Voraussetzung sei nicht zutreffend. Vielmehr regele sich [...] die Zuständigkeit zum Erlaß derartiger Vorschriften nach wie vor dem Landesrecht. Wo sie fehlte, werde sie auch durch den § 405 nicht verliehen, so daß sich insoweit am bisherigen Rechtszustande nichts ändere. Auf der anderen Seite gehe die vorgeschlagene Bestimmung der Tiere nach rituellen Vorschriften erheblich über das in der Eingabe angestrebte Ziel hinaus. Wenn man die Behand-

1931 waren die Vertreter der NSDAP und der DNVP den Ausschußberatungen ferngeblieben, so daß die Linksparteien das Stimmenübergewicht innehatten, was sich auch in den Ergebnissen zeigte“[625]: Bis nach den Beschlüssen des 18. Strafausschusses während der V. Wahlperiode des Reichstags in erster Lesung auf der 36. Sitzung vom 18. März 1932 blieben folgende Fassungen beibehalten:

> „*Tierquälerei § 366. Wer ein Tier absichtlich quält oder roh mißhandelt, wird mit Gefängnis bis zu sechs Monaten oder Geldstrafe bestraft.*“

> „*§ 412. Tierschutz. Wer einer zum Tierschutz erlassenen Vorschrift zuwiderhandelt, wird mit Geldstrafe bestraft.*
>
> [Abs. 2] *Handlungen an Tieren dürfen nicht mit Strafe bedroht werden, soweit sie zur Verfolgung ernster wissenschaftlicher Zwecke oder zur Erfüllung der Gebräuche einer Religionsgesellschaft des öffentlichen Rechts geboten sind.*“[626]

IV. Zusammenfassung und Zwischenergebnis

Man war mit dem § 360 Nr. 13 RStGB vom Tage seines Inkrafttretens an nie recht zufrieden.[627] Nicht nur die Tierschutzvereine bekamen seine facettenreiche Unzulänglichkeit zu spüren,[628] sondern auch der Reichskanzler, Bernhard Fürst von Bülow, sah am 12. März 1909 die Notwendigkeit, „die von vielen Seiten vielfach gewünschte Neuregelung des Schutzes gegen Tierquälerei schon vor

---

lung der Tiere nach rituellen Vorschriften ausdrücklich für straflos erkläre, so schließe man damit nicht allein den reichsrechtlichen Strafschutz des § 405 aus, sondern beseitige zugleich die etwa auf diesem Gebiete bestehenden landesrechtlichen Strafvorschriften und nehme dem Landesrecht für die Zukunft die Möglichkeit zu strafrechtlichem Einschreiten. Das komme im Ergebnis auf eine reichsrechtliche Untersagung des Erlasses von Schächtverboten hinaus und enthalte einen Eingriff in das Polizeirecht, für den im Rahmen der Strafrechtsreform kein Bedürfnis anzuerkennen sei. Eine allgemeine Ausnahme zugunsten ritueller Verfahren würde der Blankettvorschrift einen materiellen, ihrer bisherigen Trageweite widersprechenden Inhalt geben. Sie würde dem Mißverständnis Raum geben, daß auch solche Vorschriften nicht unter § 405 fielen, durch welche Tierquälereien bei Gelegenheit, etwa bei Vorbereitung des Schächtens verhütet werden sollten. Endlich verbiete sich der angeregte Zusatz auch deshalb, weil damit nicht nur das Schächten, sondern ohne sachliche Prüfung auch jede andere Methode zugelassen werde, die irgend eine möglicherweise weder anerkannte noch zugelassene Religionsgemeinschaft aus rituellen Gründen jetzt oder in Zukunft vorschreibe.“

625 Eberstein, *Tierschutzrecht bis 1933*, 1999, S. 315.

626 Schubert (Hrsg.), *Quellen*, Abt. 1, Bd. 3, T. 4, S. 336 – 339.

627 Sander, *Entwürfe*, 1931, S. 61.

628 Vgl. TSV München, *100 Jahre*, S. 29 – 35; Eberstein, *Tierschutzrecht bis 1933*, 1999, S. 150 – 152, 158 – 160.

der allgemeinen Revision des StGB. einzuführen."[629] Darauf wurde die Tierschutzgesetzgebung im Rahmen der Strafrechtsreform nach von Hippels Schema umgestaltet. Die Abschaffung der „Momente der ‚Öffentlichkeit' und der ‚Ärgerniserregung', die mit vollem Recht Anlaß zur Beanstandung aller Art gegeben haben"[630], hätte der Tierquälereivorschrift ihre Verdammnis zur Passivität[631] genommen, während die daneben neugebildete Tierschutznorm auch Vorbeugung ermöglichen sollte. Hingegen blieben die Merkmale der Bosheit bzw. Absicht und Roheit bestehen, deren Auslegung mangels gesetzgeberischer Vorgaben praktisch dem jeweiligen Richter anheimfiel. Dabei wurde fast jeder „Kollisionsfall menschlicher und tierischer Interessen [...] eindeutig zugunsten des Menschen entschieden"[632], was sich insb. bei Vivisektion und Schächten zeigte.

Diese beiden Probleme nahmen jedoch verschiedene Verläufe an. Der Vivisektionsstreit mutete wie ein Aufstand tierfreundlicher Bürger gegen die Physiologen an, und gelangte zu zwei Auflagen gesetzförmiger Abfindung ohne Ahndung. Im Schächtstreit hingegen wurden die (Tier-)Ärzte gleichsam zum Tribun, der im Namen des deutschen Volkes für dessen sittlich-kulturelles Anliegen zu kämpfen glaubte. Obgleich diese Anstrengungen dank des Einsatzes von Klein und Train, Hartmann und Buttmann, Kraemer und Einhauser usw. ab 1930 einen verheißungsvollen Ausgang zu haben erschienen, drohte der Gröber-Bellsche Abs. 2 zum § 412 des E. 27 jederzeit in Kraft zu treten. Dies „hätte zur Folge, daß in anderen Ländern, zum Beispiel in *Bayern*, bereits erlassene mildere und humanere Bestimmungen wieder aufgehoben werden müßten."[633] Einerseits brachten die Tierschutzvereine durch ihre 11%-Entschleierung den Nachweis, praktisch sei die ganze Bevölkerung am Schächten beteiligt, solange man noch kein Vegetarier sei; von Vivisektion ganz zu schweigen. Andererseits rief Sander, dessen Referent Radbruch gerade im Reichstag „in politischer Hinsicht" zum „Siege der Vivisektions- und Schächtfrage"[634] beizutragen suchte, dazu auf, „von vornherein das Schächten und die Vivisektion sicher unter Dach und Fach zu bringen. Freilich gilt es auch hier wie überall im Leben, schnell zu handeln, ehe der Gegner zum Gegenstoße ausholt."[635] Damit kannten beide

---

629 Verh. des RT, XII. Legislaturperiode 1907 / 09, 1. Session, Aktenstück Nr. 1262, Z. 3.

630 Sander, *Entwürfe*, 1931, S. 61.

631 Vgl. Kupka, *lex ferenda*, 1918, S. 45 – 46.

632 Eberstein, *Tierschutzrecht bis 1933*, 1999, S. 213; der Verfasser der vorliegenden Arbeit betrachtet jedoch schon Görings Erlass v. 5. 9. 1933 als Wendepunkt des Vivisektionsstreits, was im folgenden Text dargelegt werden wird.

633 GStA PK, Berlin-Dahlem, I. HA Rep. 84, Nr. 5215, S. 169.

634 Sander, *Entwürfe*, 1931, S. 88.

635 Sander, *Entwürfe*, 1931, S. 89.

Sonderfragen weder Kontingentierung[636] noch Kompromisse[637], stattdessen drängten alle Seiten auf eine endgültige Lösung.

Trotz aller Leidenschaftlichkeit in beiden Streiten kristallisierten sich daraus die Schmerzen bzw. Leiden, die dabei den Tieren zugefügt wurden, als Drehscheibe aller damit verbundenen Fragen heraus. Vor diesem Hintergrund gelang es Clauß, durch Rückgriff auf Schopenhauers Philosophie geltendzumachen, „die Tiere nicht um der Menschen willen, sondern um der Tiere willen zu schützen, ihm Schutz angedeihen lassen, weil es lebt, weil es empfindungsfähig ist".[638] Im Geist dieses „moralischen Tierschutzes" bemühten sich Tierschützer, tierische Interessen mit in die Schutzgüter vorhandener Vorschriften einzubeziehen. Darüber hinaus halfen ihnen Rechtsgelehrte noch neue Tatbestände zu entwickeln, von denen namentlich die Pflege gefährdeter Tiere, das Berufsverbot rückfälliger Tierquäler und die Aufsichtspflicht des Gewalthabers über seine Schutzbefohlenen fast allerseits anerkannt waren. Allerdings stand die Rückfallbestrafung noch unter Vorbehalt einer allgemeinen Regelung, wie die Strafbemessung schlechthin.[639] Bezüglich der sonstigen Sicherungsmaßregeln wurde für besser gehalten, „diese Bestimmung dem Verwaltungsrecht einzugliedern, in das Strafrecht will sie nicht recht passen."[640] Während die systematische Einstellung der von Hippelschen zweiteiligen Ausgestaltung bereits den Strafrechtsreformern Kopfzerbrechen bereitet hatte, dachte weder Clauß noch Schaefer darüber nach, ob all diese tierschützerischen Paragraphen bei ihrer Aufnahme in einem künftigen Strafgesetzbuch überhaupt einen Block bilden oder über die Kodifikation verstreut werden sollten.[641]

Insgesamt schien also der gesetzliche Tierschutz in Deutschland bis zum Jahreswechsel 1932 / 33 trotz teils erfolgreicher Verbesserungsversuche in eine Pattsituation geraten zu sein.

---

636 Diese war bis 1933 noch die herrschende gesetzliche Lösung der Schächtfrage in Preußen, vgl. Eberstein, *Tierschutzrecht bis 1933*, 1999, S. 247.

637 Sander, *Entwürfe*, 1931, S. 86.

638 Sander, *Entwürfe*, 1931, S. 56, Fn. 40 a, aber nicht als eigene Ansicht, sondern um Clauß umzuschreiben.

639 Clauß, *Tierschutz und Strafgesetzgebung*, 1928, S. 56.

640 Sander, *Entwürfe*, 1931, S. 75.

641 Herbert Züllchner, derzeit „Führer des Dresdner Tierschutzvereins", schrieb im Dezember 1933 im Vorwort zu Korn, *Kommentar zum RTierSchG*, 1934, dieser sei es, der „erstmalig am 31. Mai 1928 in der Versammlung des Otto-Hartmann-Bundes in Dresden das Bedürfnis nach einem eigenen Verwaltungsgesetz in Tierschutzangelegenheiten neben der Strafdrohung im Strafgesetzbuch aussprach und seit der Bremer Tagung des Verbandes im Jahre 1930 eine reichsgesetzliche Zusammenlegung (Kodifikation) der gesamten Tierschutzbestimmungen forderte." Heute lässt sich leider keine Urquelle mehr finden, um die Aussage zu bestätigen oder zu berichtigen.

D. Reichsschlachtgesetz nebst Verordnung vom 21. April 1933

Nach dem 30. Januar 1933 ging die Tierschutzgesetzgebung in Deutschland doch weiter. Die ersten Bestimmungen schlechthin erfolgten schon im Rahmen der *Preußischen Tier- und Pflanzenschutzverordnung*[642] vom 10. März 1933 (Gesetzsammlung S. 71) unter treibender Kraft des reichkommissarischen Ministers für Wissenschaft, Kunst und Volksbildung, Bernhard Rust[643]. Als die Reichsregierung überhaupt mit Befugnis zur ihrerseits ersten Tierschutzgesetzgebung gelangte, stand anderes Anliegen an erster Stelle der Tagesordnung.

Der Schlachttierschutz war nämlich auch nach der „Machtergreifung" eine offene Frage geblieben, obgleich der gesetzliche Betäubungszwang seitdem noch am 17. März 1933 in Hessen[644] und Württemberg[645], am 22. März 1933 in Baden[646] und Sachsen[647] durchgesetzt wurde. Denn trotz der Bandbreite dieser und jener im obigen Text genannten Bundesstaaten[648] bestanden in den anderen

642 Textwiedergabe im Anhang dieser Arbeit; Rühle, *Tierschutzgesetz von 1933*, in: *Das Dritte Reich — Dokumentarische Darstellung*, Bd. 1, 1. A. 1934, S. 337, fasste kurz zusammen: „Die preußische Tier- und Pflanzenschutzverordnung vom 10. März verschaffte einer großen Anzahl Säugetiere, Vögel, Kriechtiere, Insekten und Pflanzen vollständigen Schutz, um sie vor Ausrottung zu bewahren, schützte viele andere Tiere vor menschlicher Willkür, Grausamkeit und Profitgier. Besondere Sorgfalt wurde dem Vogelschutz und den Jagdbestimmungen zugewendet."

643 Rust, Bernhard, geb. 30. 9. 1883 in Hannover; 1933 Mitglied völkischer Bewegungen, Mitglied der NSDAP, 22. 3. 1925 Gauleiter für Lüneburg-Stade; 1930 Mitglied des Reichstags, Wahlkreis Südhannover-Braunschweig; 4. 2. 1933 Preuß. Minister für Wissenschaft, Kunst und Volksbildung, Sept. 1933 Preuß. Staatsrat, 1934 SA-Obergruppenführer, 30. 4. 1934 Reichsminister für Wissenschaft, Erziehung und Volksbildung; gest. 8. 5. 1945 (s. Stockhorst, *5000 Köpfe*, 1967, S. 265.)

644 Hessisches RegBl. S. 27.

645 Württembergisches RegBl. S. 27.

646 Badisches GVBl. S. 47.

647 Sächsisches GBl. S. 19.

648 Diese Entwicklung seit dem BaySchlG bis zum RSchlG schrieb Heintz, *Tierschutz im Dritten Reich*, 2008, S. 26 den „sich verändernden politischen Machtverhältnissen", bzw. Eberstein, *Tierschutzrecht bis 1933*, 1999, S. 247 gar der NSDAP zu. Gegen solche Annahmen sprechen nicht nur die o. g. Stimmenverhältnisse in Bayern, sondern auch die Tatsache, daß die NSDAP auch nach der Reichstagswahl am 5. 3.1933 erst mit der DNVP eine knappe Mehrheit (43,9%, 288 Sitze + 8,0%, 52 Sitze) bilden konnte. Wie zäh das Ringen um den gesetzliche Betäubungszwang gewesen war, darüber überliefern sich zwei Beispiele durch TSV-Reichsverband, *Neues vom Betäuben der Schlachttiere*, in: *Mitteilungen*, Heft 6, 1932, S. 90: „Der thüringische Landtag ist am

Ländern, zu denen u. a. Preußen als das bevölkerungsreichste Land mit den meisten Juden[649] und Hessen gehörten, weiterhin keine entsprechenden Bestimmungen. „Die Zersplitterung der sonderordnungsrechtlichen Materie macht einen tierschutzrechtlichen Föderalismus sichtbar, der auch nach Einführung der reichsweit geltenden Strafvorschrift § 360 Nr. 13 RStGB faktisch weiterhin Bestand hatte.“[650]

I. Ermächtigung der Reichsregierung zur Gesetzgebung

Nunmehr sollte sich „die über fünf Jahrzehnte lang mehr oder weniger kontrovers diskutierte rechtspolitische Frage nach der Zulässigkeit des Schächtens“ auf Reichsebene verbindlich und „mit einem Schlage“ lösen lassen.[651] Denn das neue *Gesetz zur Behebung der Not von Volk und Reich* vom 24. März 1933 re-

13. Oktober v.J. nach einer viermonatigen Pause wieder zugsammengetreten. Die Nationalsozialisten waren wegen einer neuen Platzzuweisung zur ersten Sitzung nicht erschienen. Dieser Proteststreik hatte aber eine für die Nationalsozialisten unangenehme Folge. Auf der Tagesordnung der Sitzung stand nämlich auch das Schächtgesetz. Die Hoffnung, daß es den deutschnationalen Freunden gelungen werde, die Verhandlung dieses Punktes im Hinblick auf den Parlamentsstreik zu verschieben, schlug fehl. In Abwesenheit der Nationalsozialisten wurde vielmehr das Schächtgesetz mit 21 Stimmen der Sozialdemokraten, Kommunisten und Zentrumpartei gegen die 16 Stimmen des Landbundes, der Wirtschaftspartei und Deutschnationalen abgelehnt. Die Deutsche Volkspartei hatte sich der Stimme enthalten und der wirtschaftsparteiliche Abgeordnete, ein Hotelier, verließ vor der Abstimmung den Saal, weil sowohl sein eigener Berufsstand wie auch das Fleischergewerkschaft die Ablehnung des Gesetzes wegen der vermeintlich drohenden wirtschaftlichen Schäden erfordert hatte. (Berl. Tagebl.) In Groß-Bielefeld ist das Schächtgesetz nach langem Kampfe mit den Stimmen der Sozialdemokraten, der Kommunisten und des Zentrums abgelehnt worden. (Reichsbote.)“ Daher war die nunmehrige Bodenreife für eine reichsallgemeine Regelung des Schlachtverfahrens dank der Durchsetzung des Betäubungszwangs in den mehreren Ländern nicht nur unter realpolitischem Gesichtspunkte zu betrachten, sondern eher „das Resultat einer bestimmten, fortgeschrittenen Kulturentwicklung“ (v. Hippel, *Tierquälerei*, 1891, S. 2, aber zur allgemeinen Landesgesetzgebung gegen Tierquälerei in den 1830er und -40er Jahren), zu der nicht zuletzt die Vervollkommnung der Betäubungsmöglichkeiten und die offene Diskussion über deren Vorteile gegenüber den betäubungslosen Schlachtmethoden beigetragen hatten.

649 Jentzsch, *Tierschutz und Schächtverbot*, in: DVG, *Veterinärmedizin im Dritten Reich*, 1998, S. 45.

650 Caspar, *Tierschutz in der Industriegesellschaft*, 1999, S. 269.

651 Caspar, *Tierschutz in der Industriegesellschaft*, 1999, S. 270.

gelte in Artikel 1 Satz 1: „*Reichsgesetze können außer in dem in der Reichsverfassung vorgesehenen Verfahren auch durch die Reichsregierung beschlossen werden.*" Ferner sah Artikel 3 Satz 1 und 2 vor: „*Die von der Reichsregierung beschlossenen Reichsgesetze werden vom Reichskanzler ausgefertigt und im Reichsgesetzblatt verkündet. Sie treten, soweit sie nichts anderes bestimmen, mit dem auf die Verkündung folgenden Tage in Kraft.*"[652]

II. Textstufen

Auf dieser Grundlage ließ der neue Reichsminister des Innern, Dr. Wilhelm Frick, drei Tage später dem Reichsminister für Ernährung und Landwirtschaft, dem Reichsfinanzminister, dem Reichsjustizminister, dem Preußischen Minister des Innern sowie dem Preußischen Minister für Landwirtschaft, Domänen und Forsten einen Gesetzentwurf über das Schlachten von Tieren übersenden.

1. Erster Entwurf vom 27. März 1933

Der 1. Entwurf sei aus Anlass der „[i]n der letzten Zeit eingegangene[n] zahlreiche[n] Anträge, in denen aus Gründen des Tierschutzes gegen das betäubungslose Schlachten Stellung genommen wird,"[653] ausgearbeitet worden, und hatte folgenden Wortlaut:

> „§ 1 Rindvieh, Schafe, Schweine, Ziegen, Pferde, Esel, Maultiere und Hunde sind beim Schlachten vor Beginn der Blutentziehung zu betäuben.
>
> Der Reichsminister des Innern kann bestimmen, daß die Vorschrift des Abs. 1 auch beim Schlachten anderer Tiere anzuwenden ist.
>
> Bei Notschlachtungen (§ 1 Abs. 3 des Gesetzes über die Schlachtvieh- und Fleischbeschau vom 3. Juni 1900 Reichsgesetzbl. S. 547), bei denen sich die Betäubung des Tieres nach Lage der Verhältnisse nicht ausführen lässt, findet die Vorschrift von Abs. 1 keine Anwendung.
>
> § 2 Zuwiderhandlungen gegen § 1 oder die auf Grund dieses Gesetzes erlassenen Ausführungsbestimmungen werden mit Gefängnis bis zu 6 Monaten oder mit Geldstrafe bestraft.
>
> § 3 Der Reichsminister des Innern bestimmt den Zeitpunkt des Inkrafttretens des Gesetzes und erlässt die zur Ausführung des Gesetzes erforderlichen Bestimmungen."[654]

---

652 RGBl. I, Nr. 25 v. 24. 3. 1933, S. 141.

653 Schreiben des RMdI Nr. II A 4442/16.3, in: BA Berlin-Li., 30.01., Nr. 6318, Bl. 102, auch in R 2/12106 (Reichsfinanzministerium), ohne Seitennummerierung.

654 BA Berlin-Li., 30.01., Nr. 6318, Bl. 103, auch als Anlage zu II A 4442/16.3 in R 2/12106, ohne Seitenzahl.

Die Begründung seitens des Reichsministeriums des Innern besagte

> „*Zu § 1*: Bei den im § 1 bezeichneten Tieren handelt es sich um die Schlachttiere, die gemäß § 1 Abs. 1" des Reichsfleischbeschaugesetzes vom 3. Juni 1900 (RGBl. S. 547) „und Ziff. 1 der Bekanntmachung des Reichskanzlers hierzu vom 10. Juli 1902 (Reichsgesetzbl. S. 242) der amtlichen Untersuchung vor und nach der Schlachtung unterliegen. Weiterhin soll die Vorschrift die Möglichkeit bieten, für Tiere der im § 1 Abs. 1 nicht bezeichneten Gattungen die Betäubung vor Beginn der Blutentziehung vorzuschreiben.
>
> *Zu § 2*: Für den wirksamen Vollzug des Gesetzes und der hierzu erlassenen Vorschriften erscheint es erforderlich, Zuwiderhandlungen gegen das Gesetz unter Strafe zu stellen.
>
> *Zu § 3*: Der Zeitpunkt des Inkrafttretens des Gesetzes ist vorbehalten worden, da den öffentlichen Schlachthäusern, Schlächtern usw. eine angemessene Frist zur Beschaffung der erforderlichen Betäubungsgeräte (Bolzenschußapparat, Schlachtmaske mit Bolzen, Apparate für elektronische Betäubung u. a.) gewahrt werden muss."[655]

2. Kommissarische Beratung am 29. März 1933

Trotz alles eigenen Durchdenkens lud Dr. Frick die beteiligten Ressorts zu einer kommissarischen Beratung am Mittwoch, 29. März 1933, nachmittags 4 Uhr im Dienstgebäude des Reichsministeriums des Innern, Sitzungssaal Nr. 220 ein. Da sollte besonders erörtert werden, „welche Verfahren der Betäubung zugelassen werden sollen und auf welche Schlachtungen das Gesetz Anwendung zu finden hat."[656] Davon trug der Vertreter des Reichsfinanzministeriums in seinem Entwurfsexemplar handschriftlich hinter § 1 Abs. 2 ein: „Solange der Reichs[-minister]. d. I. solche Anordnungen nicht erläßt, können solche von den Landesregierungen oder anderen von ihnen bestimmten Stellen"; zudem hat er die „Zuwiderhandlungen" am Anfang des § 2 durchgestrichen, und darüber „Wer vorsätzlich fahrlässig" eingetragen; zuletzt am Unterrand des Papiers hinzugefügt: „§ 2 D. R. d. I. erläßt die zur Ausf. näheren Vorschriften über das Schlachten der im § 1 bezeichneten Tiere. Soweit d. R. d. I. solche Bestimmungen nicht erläßt, können ..."[657] Im druckschriftlichen Bericht vom 1. April ist ferner darauf aufmerksam gemacht worden, „[daß] in dem [Entwurf] das Schlachten mit Betäubung nur bei den grösseren Schlachttieren vorgesehen war. Der Vertreter

---

655 BA Berlin-Li., 30.01., Nr. 6318, Bl. 104, auch als Anlage zu II A 4442/16.3. in R 2/12106, ohne Seitenzahl.

656 Schreiben des RMdI Nr. II A 4442/16.3., in: BA Berlin-Li., R 2/12106, ohne Seitennummerierung.

657 Anlage zu II A 4442/16.3., in: BA Berlin-Li., R 2/12106, ohne Seitennummerierung.

des Preuß. Innenministeriums[658] legte jedoch den grössten Wert darauf, dass sämtliche warmblütigen Tiere, also auch Geflügel und Wild in das Gesetz einbezogen würden. Das Reichsministerium des Innern wird einen neuen entsprechenden Gesetzentwurf vorlegen".[659]

3. Zweiter Entwurf vom 1. April 1933

Das ließ keinen Tag auf sich warten, denn schon am selben Datum schrieb Dr. Frick an den Staatssekretär in der Reichskanzlei: „Den anliegenden Entwurf eines Gesetzes über das Schlachten von Tieren nebst Begründung beehre ich mich mit der Bitte zu übersenden, ihn auf die Tagesordnung der nächsten Kabinettssitzung zu setzen. Die beteiligten Reichsministerien und preußischen Ressorts haben dem Entwurf zugestimmt."[660] Dieser wurde auf der Sitzung des Reichskabinetts vom 5. April 1933 unter Vorsitz des Reichskanzlers[661] unverändert angenommen, am 21. April 1933 vom Reichskanzler Adolf Hitler, Reichsminister des Innern Dr. Wilhelm Frick, Reichsminister der Justiz Dr. Franz Gürtner und Reichsminister für Ernährung und Landwirtschaft Alfred Hugenberg unterzeichnet, und noch am selben Tag im Reichsgesetzblatt als *Reichsgesetz über das Schlachten von Tieren* (RSchlG) verkündet.[662]

III. Vergleichende Auslegung

Da keine wissenschaftliche Kommentierung des bayerischen Schlachtrechts aus seiner dreijährigen Geltungsfrist überliefert ist, lässt es sich hier einer vergleichenden Darstellung mit dem RSchlG und der RSchlVO unterziehen. Für Letztere ist auch ein Vergleich mit den früheren Forderungen von 1912 geboten.

---

658 Derzeit unter Hermann Görings reichskommissarischer Leitung (30. 1. – 7. 4. 1933), Anm. d. Verf.

659 D.R.d.F. J 6490 – 38 I., in: BA Berlin-Li., R 2/12106, ohne Seitennummerierung.

660 BA Berlin-Li., 30.01., Nr. 6318, Bl. 106, auch als Anlage zu II A 4442/16.3. in R 2/12106, ohne Seitenzahl.

661 Bützler, *Gesetz über das Schlachten von Tieren*, in: *Zeitschrift des Verbandes Rheinisch-Westfälischer Tierschutz-Vereine*, 55. Jg. Nr. 2, 1933, S. 17.

662 Vgl. Anlage zu II A 4442/26.3., in: BA Berlin-Li., R 2/12106, ohne Seitennummerierung und RGBl. 1933 I, Nr. 39 v. 21. 4. 1933, S. 203.

1. Reichsschlachtgesetz vom 21. April 1933

In allen genannten Fällen wurde an erster Stelle nach Betäubung verlangt.

§ 1 Betäubung, Ermächtigung, Ausnahme

„Die Reichsregierung hat das folgende Gesetz beschlossen, das hiermit verkündet wird:

§ 1

Warmblütige Tiere sind beim Schlachten vor Beginn der Blutentziehung zu betäuben.

Der Reichsminister des Innern kann bestimmen, daß die Vorschrift des Abs. 1 auch beim Schlachten anderer Tiere anzuwenden ist. Solange er von dieser Befugnis keinen Gebrauch macht, können die Landesregierungen oder die von ihnen bestimmten Stellen solche Bestimmungen erlassen.

Bei Notschlachtungen (§ 1 Abs. 3 des Gesetzes über Schlachtvieh- und Fleischbeschau vom 3. Juni 1900, Reichsgesetzbl. S. 547), bei denen sich die Betäubung des Tieres nach Lage der Verhältnisse nicht ausführen läßt, findet die Vorschrift des Abs. 1 keine Anwendung.“

aa) Abs. 1 Betäubung aller warmblütigen Schlachttiere

Im Vergleich zu aller bisherigen Gesetzgebung mit Art. 1 Abs. 1 BaySchlG als Beispiel, „*Rindvieh, Schweine, Schafe, Ziegen, Pferde, Esel, Maultiere, Maulesel und Hunde sind beim Schlachten vor Beginn der Blutentziehung zu betäuben*“, „ordnet das gegenwärtige Gesetz den Betäubungszwang für alle warmblütige Tiere an, die der Schlachtung zugeführt werden sollen und denen Fleisch zum menschlichen Genuß verwendet werden soll. Die Ausdehnung des Betäubungszwangs auf alle warmblütigen Tiere, insbesondere auf Geflügel, erschien notwendig, weil gerade bei dem Schlachten von Geflügel häufig Methoden angewendet werden, die im Interesse des Tierschutzes zu verhindern sind. Eine Ermächtigung, darüber hinaus den Betäubungszwang auch auf kaltblütige Tiere auszudehnen, ist vorgesehen. Soweit das Reich von ihr keinen Gebrauch macht, sollen die Landesregierungen oder die von ihnen zu bezeichnenden örtlichen Stellen befugt sein, solche Bestimmungen zu erlassen. Diese Ermächtigung an die Landesregierungen oder ihre nachgeordneten Stellen erscheint angezeigt, um örtliche Mißbräuche beim Schlachten kaltblütiger Tiere, die eine Tierquälerei sind, verhindern zu können.“[663]

---

663 Amtliche Begründung zum RSchlG, nicht veröffentlicht, erstmals erschien in Giese / Kahler, *Das deutsche Tierschutzrecht*, 1939, S. 288; auch in Giese, 4. A., 1951, S. 308 – 309.

bb) Abs. 2 Ausdehnungsmöglichkeit für kaltblütige Schlachttiere

„Nach Sinn und Zweck der Vorschrift dürfte ein Betäubungszwang für alle in den Schlachtvorschriften nicht ausdrücklich ausgenommenen Fällen der Tötung eines Tieres (mit Ausnahme des Erlegens von Wild) anzunehmen sein, wenn diese das Fleisch des getöteten Tieres für den Genuß durch den Menschen (oder die Fütterung von Tieren) breitstellen soll."[664] Von diesem „Fortschritt gegenüber dem älteren Recht"[665] sei „das Geflügel von besonderem Interesse"[666], nicht nur aufgrund des in der amtlichen Begründung beschriebenen Umstandes, sondern in der Tat war der Geflügelschutz infolge der bis dahin überspannten Aufmerksamkeit auf das Schächten eine übersehene Lücke des Schlachttierschutzes geblieben, bis Dr. Buttmann 1930 erstmals in Bayern vor gesetzgebender Körperschaft darauf hinwies, „[daß] das Gesetz keine Vorschriften über das Schlachten von Geflügel, Fischen usw. enthalte."[667] Eine dahingehende Schutzausdehnung, die er seinerzeit in Anbetracht der Schwierigkeiten nur als „wäre an sich wohl wünschenswert" zu behaupten gewagt hatte,[668] kam nun durch § 1 Abs. 1 RSchlG zur Hälfte in Erfüllung. Die andere Hälfte ermöglichte Abs. 2, dessen Ermächtigung im bisherigen Recht keine Vorlage fand. Auf dieser neuen Grundlage seien nämlich in Sachsen (20. Mai 1933), Anhalt (27. Juni 1933), Preußen (28. April, 6. Juli und 11. September 1933) und Bayern (18. Dezember 1933) entsprechende Verordnungen ergangen,[669] bis Dr. Fricks Verordnung vom 14. Januar 1936 reichseinheitlich den Betäubungszwang für Fische und andere kaltblütige Tiere (s. u.) vorschrieb.

cc) Abs. 3 Notschlachtung als einzige Ausnahme

Betreffend *Notschlachtungen* stimmte § 1 Abs. 3 RSchlG mit Art. 1 Abs. 2 BaySchlG überein. „Die Ausnahme war erforderlich, weil Fälle vorkommen können, in denen wegen des sonst zu befürchtenden Verendens der Tiere die Vornahme einer Betäubung nicht mehr möglich ist. Auf der anderen Seite ist darauf hinzuweisen, daß es sich um eine *Ausnahme* handelt und daß die Ausnahme nicht die Regel werden darf; es darf z. B. nicht vorkommen, daß man bei anscheinend in der Agonie befindlichen oder ermatteten Tieren nach Beendigung des Transports zum Schlachthof oder bei transportbeschädigten Tieren

---

664 Lorz, *Naturschutz-, Tierschutz- und Jagdrecht*, 1961, S. 42; 2. A., 1967, S. 264.

665 Lorz, *Naturschutz-, Tierschutz- und Jagdrecht*, 1961, S. 37; 2. A., 1967, S. 264.

666 Jentzsch, *Tierschutz und Schächtverbot*, in: DVG, *Veterinärmedizin im Dritten Reich*, 1998, S. 47.

667 TSV München, *Der gesetzliche Betäubungszwang*, Heft 1: Bayern, 1930, S.76.

668 TSV München, *Der gesetzliche Betäubungszwang*, Heft 1: Bayern, 1930, S.78.

669 Einhauser, *Gesetz über das Schlachten von Tieren*, in: Frank (Hrsg.), *Handbuch*, 1935, S. 901.

überhaupt nicht erst den Versuch macht, sie vor der Notschlachtung zu betäuben, und grundsätzlich die Ausnahme des § 1 Abs. 3 als gegeben ansieht."[670] „,Krankschlachtungen' gehören also nicht hierher. Vom Betäubungszwang sind Notschlachtungen nicht als solche, sondern nur unter der Voraussetzung ausgenommen, daß sich die Betäubung des Tieres nach Lage der Verhältnisse nicht ausführen läßt [...], gerade der Not wegen unterbleiben [muß]; wer die Betäubung unterläßt, ohne sich dessen bewußt zu sein, daß die objektiven Voraussetzungen für eine Notschlachtungen vorliegen, verstößt auch dann gegen das Gesetz, wenn sich die Betäubung des Tieres nach Lage der Verhältnisse tatsächlich hätte ausführen lassen. Wer bei objektiver und subjektiver Notschlachtung in voller Kenntnis der Sachlage fälschlich annimmt, daß betäubungsloses Schlachten gestattet sei, handelt im Verbotsirrtum. Anders im Falle irriger Annahme von Tatumständen, bei deren Vorliegen die Betäubung nach Lage der Verhältnisse unausführbar gewesen wäre. Hier liegt ein Tatbestandsirrtum vor, der bei Fahrlässigkeit zur Bestrafung wegen fahrlässiger Tat führt."[671] Nähere Bestimmungen über Notschlachtungen fanden sich in §§ 2, 3, 5 RSchlVO bzw. §§ 3, 4, 6 BaySchlVO.

§ 2 Ermächtigung zu Ausführungsbestimmungen

„§ 2

Die näheren Bestimmungen über das Schlachten der in § 1 bezeichneten Tiere erläßt der Reichsminister des Innern. Solange er von dieser Befugnis keinen Gebrauch macht, können die Landesregierungen oder die von ihnen bestimmten Stellen solche Bestimmungen erlassen."

Art. 2 BaySchlG fand im hiesigen Satz 1 seine Entsprechung. Neu war Satz 2, der die Länder insoweit zu Anordnungen ermächtigte, „als diese in Ermangelung von reichsrechtlichen Vorschriften zur Beseitigung von Mißbräuchen mehr örtlicher Art, die sich als Tierquälerei darstellen, notwendig sind."[672]

§ 3 Strafen

„§ 3

Wer vorsätzlich oder fahrlässig der Vorschrift des § 1 Abs. 1 oder einer auf Grund dieses Gesetzes erlassenen Bestimmung zuwiderhandelt, wird mit Gefängnis bis zu sechs Monaten oder mit Geldstrafe bestraft."

---

670 Giese / Kahler, *Das deutsche Tierschutzrecht*, 1939, S. 159.

671 Lorz, *Naturschutz-, Tierschutz- und Jagdrecht*, 1961, S. 39; 2. A., 1967, S. 265.

672 Giese / Kahler, *Das deutsche Tierschutzrecht*, 1939, S. 159.

Die Forderung der Tierschützer, auch fahrlässige Tierquälereien mit Vergehensstrafe zu ahnden, fand hiermit in einem Teilbereich des Tierschutzes erstmals Aufnahme. Aufgrund der spiegelbildlichen Strafsetzung zum Art. 3 BaySchlG sei Teilnahme jeder Form strafbar;[673] die Verjährungsfrist betrage fünf Jahre.[674] „All das gilt entsprechend für die Zuwiderhandlung gegen eine auf Grund dieses Gesetzes erlassene Bestimmung. Insoweit ist § 3 ein Blankettstrafgesetz, das durch die Tatbestände der §§ 2 – 4, 6, 7, 9 – 12 SchlVO ergänzt wird."[675]

§ 4 Inkrafttreten

„§ 4

Dieses Gesetz tritt am 1. Mai in Kraft. Gleichzeitig tritt die Bekanntmachung über das Schlachten von Tieren vom 2. Juni 1917 (Reichsgesetzbl. S. 471) außer Kraft."

Hingegen hatte Art. 4 des BaySchlG von 1930 eine 136tägige Frist bis zum Inkrafttreten gesetzt. Darin willigte Dr. Buttmann (NSDAP) „bedauernd" ein, „daß wegen der Beschaffung der Apparate keine frühere Inkraftsetzung als zum 1. Oktober 1930 möglich sei."[676] Als Hintergrund dafür war die „konsequente Handhabung der Vorschriften"[677] in vielen Gemeinden hinsichtlich mangelnder Einrichtungen bezweifelt worden und somit angeregt, „daß auch der Schußbolzenapparat *auf dem Land* zur Einführung kommen könnte."[678] Nachdem indes „die Zwangsbetäubung ganz allgemein für Stadt und Land"[679] in Bayern, Thüringen, Braunschweig, Oldenburg, Anhalt, Sachsen, Württemberg, Baden und Hessen durchgesetzt worden war, wollte nun der in § 4 RSchlG festgelegte Zeitpunkt einerseits dem Umstand Rechnung tragen, „daß das betäubungslose Schlachten zu einem möglichst baldigen Zeitpunkt aufhören soll, andererseits mußte den *Schlachthöfen* und *gewerblichen Betrieben* eine angemessene Frist

673 Lorz, *Naturschutz-, Tierschutz- und Jagdrecht*, 1961, S. 40; 2. A., 1967, S. 268.

674 Einhauser, *Gesetz über das Schlachten von Tieren*, in: Frank (Hrsg.), *Handbuch*, 1935, S. 903; Giese / Kahler, *Das deutsche Tierschutzrecht*, 1939, S. 160; Lorz, *Naturschutz, Tierschutz- und Jagdrecht*, 1961, S. 40; 2. A., 1967, S. 268.

675 Lorz, *Naturschutz-, Tierschutz- und Jagdrecht*, 1961, S. 40; 2. A., 1967, S. 268.

676 TSV München, *Der gesetzliche Betäubungszwang, Heft 1: Bayern*, 1930, S. 87.

677 Schäffer (BVP), in: TSV München, *Der gesetzliche Betäubungszwang, Heft 1: Bayern*, 1930, S. 80.

678 Brügel (DNVP), in: TSV München, *Der gesetzliche Betäubungszwang, Heft 1: Bayern*, 1930, S. 78; Hervorhebung durch den Verfasser dieser Arbeit.

679 Stützel (BVP), in: TSV München, *Der gesetzliche Betäubungszwang, Heft 1: Bayern*, 1930, S. 86.

belassen werden, um auf Grund der noch zu erlassenen Ausführungsbestimmung, soweit nötig, die erforderlichen Betäubungsapparate sich zu beschaffen."[680]

2. Reichsschlachtverordnung vom 21. April 1933

Die amtliche Begründung des RSchlG sah vor: „In den Ausführungsbestimmungen wird insbesondere zu bestimmen sein, welche Arten der Betäubung zugelassen werden sollen und in welcher Weise die Betäubung zu erfolgen hat. Daneben soll jedoch auch die Möglichkeit gegeben sein, bei dem Schlachten der Tiere sonstige, gegen den Tierschutz verstoßende Handlungen auszuschließen."[681] Dazu erließ der Reichsminister des Innern wiederum am selben Tag die *Verordnung über das Schlachten von Tieren* (RSchlVO).[682]

§ 1 Legaldefinition „Schlachten"

> *„Auf Grund des § 2 des Gesetzes über das Schlachten von Tieren vom 21. April 1933 (Reichsgesetzbl. I S. 203) wird folgendes verordnet:*
>
> *§ 1*
>
> *Unter Schlachtung ist jede Tötung eines Tieres zu verstehen, bei der eine Blutentziehung stattfindet. Als Schlachten gilt auch das Töten von Tauben und anderem Geflügel durch Ersticken."*

§ 1 BaySchlVO war durch § 1 RSchlG hinfällig geworden. So nahm § 1 RSchlVO die Funktion des bayerischen§ 2 wahr. Neben buchstäblicher Wiederholung desselben im hiesigen Satz 1 stellte Satz 2 eine Neuigkeit dar, die mit für Klarheit sorgte: „Diese Bestimmung will diejenigen Handlungen festlegen, die als Schlachten i. S. des § 1 SchlG anzusprechen sind und daher eine vorgängige Betäubung des Schlachttieres erfordern. ‚Schlachten' ist keineswegs gleichbedeutend mit ‚Töten'. Vielmehr ist darunter eine Tötung zu verstehen, bei der eine Blutentziehung stattfindet. Blutentziehung ist nicht dasselbe wie Verbluten oder Verblutenlassen, sondern die im Interesse der Haltbarkeit des Fleisches erstrebte möglichst vollkommene Blutentleerung nach außen. Daher spricht der Gesetzgeber in § 2 Nr. 10 TierSchG (Pelztiere) und § 2, 3 der VO v. 14. 1. 1936 (Krus-

---

680 Amtliche Begründung in Giese / Kahler, *Das deutsche Tierschutzrecht*, 1939, S. 288; Giese, 4. A., 1951, S. 309; heute auch in: BA Berlin-Li., R 43 I, Nr. 1461, Bl. 22, auch als Anlage zu II A 4442/16.3 in R 2/12106, ohne Seitenzahl; Hervorhebung durch Verfasser dieser Arbeit.

681 Giese / Kahler, *Das deutsche Tierschutzrecht*, 1939, S. 288; Giese, 4. A., 1951, S. 309; heute auch in: BA Berlin-Li., R 43 I, Nr. 1461, Bl. 22, auch als Anlage zu II A 4442/16.3 in R 2/12106, ohne Seitenzahl.

682 RGBl. 1933 I, Nr. 39 v. 21. 4. 1933, S. 212 – 213.

tentiere, Frösche) von einem ‚Töten‘. Kein Schlachten liegt ferner vor, wenn die Tötung oder das Bluten bzw. Ausbluten allein einer Befriedigung der Triebe des Tötenden oder aber dem Zwecke der Serumgewinnung bzw. offiziellen Zielen dienen soll; in diesen Fällen kommt ausschließlich das Tierschutzgesetz zur Anwendung. Daß der Gesetzgeber an eine Tötung zwecks Nahrungsgewinnung (für Mensch und Tier) denkt, zeigt außer der Amtl. Begründung zum Schlachtgesetz (…) auch der Umstand, daß das Töten von Geflügel durch Ersticken, bei dem mit der Tötungshandlung eine Blutentziehung nicht verbunden ist, ‚als Schlachten gilt‘."[683] Hierzu wurde zeitgenössisch aufgezeichnet: „In einzelnen Gegenden des Reiches bestand noch vielfach der Brauch, Tauben, Gänse und anderes Geflügel durch Erdrücken oder Zusammenquetschung des Brustkorbes zu töten; derartige Tötungsarten sind Tierquälereien, die nunmehr verboten sind und strafrechtlicher Verfolgung unterliegen."[684]

§ 2 Ausschließung von Zuschauern

„*§ 2*

Das Schlachten ist in geschlossenen Räumen vorzunehmen; mindestens ist dafür zu sorgen, daß der Anblick des Schlachtens der Öffentlichkeit entzogen ist. Bei Notschlachtungen kann nach Lage des Falles von der Durchführung dieser Bestimmung Abstand genommen werden. Die Anwesenheit von Personen unter 14 Jahren beim Schlachten darf nicht geduldet werden."

Dies sei in der RSchlVO die einzige Ausnahme, die nicht dem Tierschutz, sondern dem Schutz des menschlichen Empfindens und erzieherischen Zielen diente.[685] Die Vorlage dafür fand sich in § 3 BaySchlVO, der auf Dr. Wohlmuth (BVP) zurückführte. Für ihn komme bei der Schlachtgesetzgebung neben dem Tierschutz „noch ein viel wichtigeres Moment hinzu und das bestehe darin, die Möglichkeit der Verrohung der Zuschauer zu verhüten."[686] Auf Reichsebene war die Sachlage insofern bestätigt: „Bei *Hausschlachtungen*, namentlich in ländlichen Bezirken, sind vielfach gewohnheitsmäßig noch im Freien, auf dem Hofe, auf der Tenne usw. geschlachtet, so daß Kinder ohne weiteres die Möglichkeit haben, dem Schlachtvorgang zuzusehen und beizuwohnen. Wenn auch durch das Schlachtgesetz und die zugehörige Schlachtverordnung in erster Linie den

683 Lorz, *Naturschutz-, Tierschutz- und Jagdrecht*, 1961, S. 41 – 42; 2. A., 1967, S. 272..

684 Giese / Kahler, *Das deutsche Tierschutzrecht*, 1939, S. 162.

685 Lorz, *Tierschutz-, Naturschutz- und Jagdrecht*, 1961, S. 42; 2. A., 1967, S. 272.

686 Äußerung v. 23. 1. 1930, in: TSV München, *Der gesetzliche Betäubungszwang, Heft 1: Bayern*, 1930, S. 83; das norwegische Schlachtgesetz 1929 hatte in § 2 Abs. 1 Satz 2 vorgesehen, bei der Tötung dürften auch andere Haustiere soweit möglich nicht zugegen sein, was offenkundig nicht außerhalb der Anliegen des o. g. BVP-Vorsitzenden lag und auch von ihm in Vergessenheit vertrieben wurde.

Schlachttieren unnötige Qualen erspart werden sollen, so soll doch auch die nachteilige Wirkung des Schlachtvorgangs vor allem auf Kinder und jugendliche Personen vermieden werden, der leicht zur Verrohung führen kann."[687] Die anderweitige Rangordnung zwischen Menschengefühl- und Tierschutz beim neuen Gesetzgeber schimmert durch den neuen Satz 2 durch. Satz 3 kam der alten Forderung von Schlachthofdirektoren nach: „*Kindern* ist der *Aufenthalt* sowohl in öffentlich wie in Privat-Schlachthäusern *streng* zu *verbieten*."[688]

§ 3 Schlachtpersonal

> „*§ 3*
>
> *Die Schlachtungen, mit Ausnahme unaufschiebbarer Notschlachtungen, dürfen nur von Personen oder unter Aufsicht oder Mithilfe von Personen ausgeführt werden, die des Schlachtens kundig sind.*"

Die restlichen Vorschriften der Verordnung, insbesondere §§ 3, 4, 6 und 7, „bezwecken, von dem Schlachttier jede unnötige Tierquälerei und Todesangst fernzuhalten."[689] Davon war § 3 RSchlVO vom § 4 BaySchlVO übernommen. Letzterer gestaltete sich aus, indem Dr. Stützel (BVP) darauf bestand, man werde den Kopfschlag nicht vollkommen ausschalten können; dafür solle die Schlachtung nur kraft „des Schlachtens kundigen Personals" ausgeführt werden: „im allgemeinen sei dabei wohl an die Gesellen zu denken, man habe aber nicht unbedingt die Lehrjungen, die der Aufgabe sehr wohl gewachsen sein könnten, ausschließen wollen."[690]

Dieses Ergebnis stimmte nicht mit der „Allgemein-Ansicht" der Schlachthofdirektoren überein, „daß die *Bedienung aller Schlachtapparate in allen Großbetreiben* und, wo es eben angängig ist, auch in Mittel- und Kleinbetrieben *ausschließlich durch Angestellte des Schlachthofes* erfolgen muß."[691] Dennoch übernahm die Reichsgesetzgebung den bayerischen Begriff mit folgenden Erwägungen: „Es steht fest, daß gerade auf dem Lande nicht nur die Hausschlächter, sondern auch zahlreiche andere Personen des Schlachtens insoweit völlig kundig sind, daß sie eine ordnungsmäßige Betäubung des Schlachttieres vornehmen können. Nur hierauf kommt es aber bei den im wesentlichen tierschützerische Ziele verfolgende Bestimmungen des Schlachtgesetzes und seiner Ausführungsverordnung an […]. Die Fassung in der Verordnung ist mit Absicht allgemein gewählt worden, um Tierquälereien beim Schlachten sämtlicher Tiere zu

---

687 Giese / Kahler, *Das deutsche Tierschutzrecht*, 1939, S. 162.
688 Klein, *Aus Schlachthäusern*, 1912, S. 112.
689 Giese / Kahler, *Das deutsche Tierschutzrecht*, 1939, S. 163.
690 TSV München, *Der gesetzliche Betäubungszwang, Heft 1: Bayern*, 1930, S. 86.
691 Klein, *Aus Schlachthäusern*, 1912, S. 110.

verhüten, insbesondere auch bei den *Privatschlachtungen* oder *Hausschlachtungen* für den eigenen Haushalt sowie bei *Kleintier-* und *Geflügelschlachtungen*, die in den meisten Fällen, insbesondere in abgelegenen ländlichen Gebieten, durch die Besitzer oder ihre Angehörigen oder Angestellten vorgenommen werden. Die Verordnung befaßt sich nur mit der Tötung der Tiere vom Standpunkt des Tierschutzes aus. Wirtschaftliche Ziele verfolgt das Schlachtgesetz nicht; es kann auch keineswegs angehen, den Kreis der zur Vornahme von Schlachtungen befugten Personen der Hausschlachtungen erschwert oder gar eingeschränkt wird. Das würde der Fall sein, und es würde zu einem Monopol der Schlächter führen, wenn lediglich handwerksmäßig vollständig ausgebildete Personen als des Schlachtens kundig angesehen würden. Auch der Reichswirtschaftsminister und der Reichsminister für Ernährung und Landwirtschaft haben die gleiche Stellung zu der Frage eingenommen und zum Ausdruck gebracht (z. B. Erlaß des Reichswirtschaftsministers an die Deutsche Arbeitsfront, Reichsbetriebsgemeinschaft Handwerk, vom 21. November 1935 — V 212137/35).“ [692]

Eine Ausnahme stellten wiederum die unaufschiebbaren *Notschlachtungen* dar, bei denen „die sofortige Tötung das Wichtigste sein und dem Tiere oft mehr Schmerzen ersparen [wird], als wenn man erst das Eintreffen einer des Schlachtens durchaus kundigen Person abwarten würde.“[693]

§ 4 Arbeitsschritte beim Schlachten

„§ 4

Bei Schlachtungen in gewerblichen Betrieben dürfen die Tiere erst dann in den Schlachtraum gebracht werden, wenn alle Vorbereitungen zur sofortigen Abschlachtung getroffen sind. Mit der Blutentziehung beim Schlachten darf erst nach vorangegangener vollständiger Betäubung begonnen werden.“

Mithilfe des 1. Satzes bräuchten Dr. Klein und Kollegen sich mehr dagegen aufzuraffen, „Tiere vor dem Betäubungsschlage länger liegen zu lassen, wie das Stehenlassen der Schlachttiere im Betriebe der Schlachthalle.“ [694] Denn das nunmehrige Gesetz wollte „einmal die unnötige Aufregung der Schlachttiere durch den in den Schlachtstätten stets vorhandenen Blutgeruch, durch den Lärm usw. vermieden werden, ferner soll aber sichergestellt sein, daß die Vorbereitungen zur Schlachtung in Ruhe erfolgen können, damit dann die Betäubung und Schlachtung selbst rasch durchgeführt werden kann.“[695] Allerdings stellte die Einschränkung auf die gewerblichen Betriebe eine Verengung des Reichsgeset-

692 Giese / Kahler, *Das deutsche Tierschutzrecht*, 1939, S. 163 – 164.

693 Giese / Kahler, *Das deutsche Tierschutzrecht*, 1939, S. 164.

694 Klein, *Aus Schlachthäusern*, 1912, S. 112.

695 Giese / Kahler, *Das deutsche Tierschutzrecht*, 1939, S. 164.

zes gegenüber § 5 Satz 2 BaySchlVO dar. Hingegen stimmte der hiesige Satz 2 mit dem dortigen Satz 1 überein: „Die Betäubung muß vollständig sein, ehe mit dem eigentlichen Schlachten begonnen werden darf. Es ist verboten, nach einem ungenügenden Betäubungsschlag bei dem dadurch unter Umständen aufgeregten Tier mit der Schlachtung zu beginnen."[696]

§ 5 Beurteilung von Ausnahmefällen

„§ 5

Ob die Voraussetzung für die im § 1 Abs. 3 des Gesetzes über das Schlachten von Tieren bei Notschlachtungen zugelassene Ausnahme vom Betäubungszwang vorliegt, ist nach der Lage des Einzelfalls zu beurteilen. Die Voraussetzung wird dann erfüllt sein, wenn zu befürchten ist, daß das Tier verendet, bevor eine Betäubung möglich ist."

§ 6 Abs. 1 BaySchlVO las sich vielmehr wie eine Auslegung hierfür: „*Ausnahmen vom Betäubungszwang sind in Art. 1 Abs. II des Gesetzes nur für Notschlachtungen vorgesehen, bei denen sich die Betäubung nach Lage der Verhältnisse nicht ausführen läßt. Ob diese Voraussetzung vorliegt, ist nach der augenblicklichen Lage im einzelnen Falle zu beurteilen. Sie wird vor allem dann erfüllt sein, wenn zu befürchten ist, daß das Tier verendet, bevor eine Betäubung möglich ist.*" Die Aufzählung schoben Dr. Fricks Ministerialräte lieber in ihren Kommentar: „Bei den meisten Notschlachtungen, vor allem bei allen Notschlachtungen, die nicht auf einen Unglücksfall zurückzuführen sind, dürfte eine ordnungsmäßige Betäubung durchaus möglich sein. Wenn sie möglich ist, muß sie auch bei Notschlachtungen erfolge, sie darf nur dann unterbleiben, wenn sie offenbar unmöglich ausgeführt werden kann (z. B. beim Selbstaufhängen eines Rindes in der Kette, oder bei Unglücksfällen unterwegs oder auf dem Felde, wenn geeignete Betäubungszeuge fehlen usw.)."[697]

§ 6 Ausführung der Betäubung

„§ 6

Die Betäubung muß so vorgenommen werden, daß unnötige Aufregung und Schmerzen der Tiere vermieden werden. Sie muß schnell erfolgen und nachhaltig sein. Sie hat unter Anwendung besonderer Betäubungsapparate (Bolzenschußapparat, Schlagbolzenapparat, Schlagbolzenmaske) oder durch Schlag auf den Schädel (Kopfschlag, Keulung, bei Kaninchen Genickschlag) mit einem besonderen Hammer oder behelfsmäßig mit einer Axt zu erfolgen. Bei schweren Kühen, ferner bei über zwei Jahre alten Ochsen und Bullen darf die Betäubung durch Kopfschlag wegen

---

696 Giese / Kahler, *Das deutsche Tierschutzrecht*, 1939, S. 164.

697 Giese / Kahler, *Das deutsche Tierschutzrecht*, 1939, S. 164 – 165.

der bei diesen Tieren nicht immer sicheren Wirkung dieser Betäubungsart nur ausnahmsweise vorgenommen werden. Der Kopfschlag bei Kälbern, Lämmern, Zickeln, Saugferkeln und Hunden kann auch mit einer Holzkeule, bei Geflügel und Kaninchen mit einem genügend schweren Holzstück ausgeführt werden.

Die Betäubung kann auch mittels elektrischen Stromes unter der Voraussetzung erfolgen, daß dazu in der Praxis erprobte und bewährte Apparate verwendet werden. Die Apparate müssen so eingerichtet sein, daß Unfälle durch Berührung stromführender Teile nicht vorkommen können. Die Apparate dürfen nur durch unterwiesenes Personal gehandhabt werden.

Es bleibt vorbehalten, weitere Betäubungsverfahren zuzulassen."

aa) Abs. 1 Grundsätze, Vorrang der Apparate, Kopfschlag nach Gattungen

Bayerns Bestimmung über Betäubungsausführung hatte sich in § 7 Abs. 1 erschöpft: „*Die Betäubung der Schlachttiere kann durch Kopfschlag oder unter Anwendung besonderer (mechanischer) Betäubungsapparate geschehen.*" Hingegen widmete die Reichsverordnung demselben Anliegen ihren umfänglichsten Paragraphen. „Das *Wohlbefinden* des Tieres kann im Zusammenhang mit der Betäubung beeinträchtigt werden. Die VO gibt daher für sie *allgemeine Anweisungen* (Abs. 1 Satz 1, 2), die dem Schlachttier unnötige Schmerzen oder Leiden (vgl. § 1 TSchG) ersparen sollen. Im besonderen schreibt sie [...] das *Betäubungsverfahren* vor. Regel ist die Anwendung eines Bolzenschußapparates (Abs. 1 S. 3). [...] Ausnahmsweise kann das Schlachttier durch einen Schlag auf den Schädel betäubt werden, sei es durch Genickschlag (dieser allein für Kaninchen zugelassen) oder Kopfschlag."[698]

Gerade darin unterschied sich das Reichsrecht zu seinem bayerischen Vorgänger, mit dem Dr. Buttmann nicht hatte einverstanden sein können, „daß der freie Kopfschlag immer noch an erster Stelle genannt werde. Nach den Behauptungen der Münchener Tierschutzvereine führe der Kopfschlag mit Hammer, Beil, Schlegel oder Keule häufig zu Fehlschlägen. [...] Er verweise dieser auf das Gutachten des Schlachthofdirektors Dr. Klein.[699] Es wäre wünschenswert, wenn die Betäubung mittels Schußbolzen und elektrischen Geräten vorgeschrieben würde und der freie Schlag nur dann erlaubt würde, wenn er aus wirtschaftlichen Gründen nicht entbehrt werden könnte."[700] Das war zur Zeit des angeführten Gewährsmanns noch keine Selbstverständlichkeit gewesen, „wenn von verschiedenen Kollegen geklagt wird, daß sie die Einführung von Schußapparaten unter eingehender Begründung (Tierschutz und Verwendbarkeit des Fleisches) bei den Stadtverwaltungen erstrebt haben. Sie sind aber abschlägig beschieden worden, weil die Metzger lieber beim altüberkommenen Schlagen

---

698 Lorz, *Naturschutz-, Tierschutz- und Jagdrecht*, 1961, S. 44; 2. A., 1967, S. 274.

699 Vgl. Klein, *Aus Schlachthäusern*, 1912, S. 53 – 58, 111.

700 TSV München, *Der gesetzliche Betäubungszwang, Heft 1: Bayern*, 1930, S. 78.

bleiben wollten, was sie infolge ihres Einflusses auch durchsetzten."[701] Dagegen setzte nun der hiesige Abs. 1 Satz 3 den Vorrang der mechanischen Betäubung durch, und Abs. 2 führte die elektrische Betäubung ein, über deren Einschränkungen auch Dr. Buttmann sich nur hätte freuen können.

Zu den Zwischenzeilen über gattungsmäßige Kopfschlaganweisungen betonten Giese und Kahler: „Auf die Worte ‚behelfsmäßig' in Satz 3 und ‚ausnahmsweise' in Satz 4 des Abs. 1 ist besonderer Nachdruck zu legen; bei Großvieh soll der Kopfschlag mittels einfach mechanisch wirkender Werkzeuge nur *in Ausnahmefällen* Abwendung finden; im allgemeinen hat hier die Betäubung durch Schuß- oder Schlagbolzenapparate oder mittels elektrischen Stromes zu erfolgen. Daß bei Ausführung des Kopfschlages mit der Axt dieser nur mit der *stumpfen* Seite erfolgen darf, sollte eigentlich selbstverständlich sein."[702] „Das Gesagte gilt für gewerbliche wie private Schlachtungen, auch Hausschlachtungen."[703] Ferner wurde der Kopfschlag bei *gewerblichen Schlachtungen* — mit Ausnahmen von Kälbern, kleineren Schafen, Ziegen, Kaninchen und Flügel — doch grundsätzlich verboten: „Es ist nicht zuviel verlangt, wenn gefordert wird, *daß jeder gewerbsmäßige Schlächter im Besitze eines Bolzenschußapparates ist.* Ferner ist bei *gewerblichen* Schlachtungen für die ausnahmsweise Abwendung des Kopfschlages bei Kühen, Ochsen und Bullen kein Anlaß und keine Berechtigung gegeben; in dieser Hinsicht sollten die Schlachthofärzte und Fleischbeschauer belehrend, aufklärend und ermahnend eingreifen, wo es notwendig ist."[704]

bb) Abs. 2 Elektronische Betäubung

Gegenüber der Neuigkeit in Abs. 2 seien alle Bedenken 1932 – 1935 „durch die im Auftrage des Reichsministeriums des Innern ausgeführten wissenschaftlichen Untersuchungen einwandfrei widerlegt."[705] Die Grenze zog jedoch der Minister durch die *Erste Verordnung zur Ausführung des Tierschutzgesetzes* vom 20. Juni 1934[706] selbst, deren § 1 Abs. 1 die Anwendung der elektrischen Betäubung für dessen Gebiet verbot, und nur für das Schlachten oder Töten eines Tieres zuließ, und zwar „vorerst wohl nur in Schlachthöfen oder Großbetrieben". Seine Mitarbeiter legten dafür nahe: „Die Betäubung mittels des elektrischen Stromes muß

---

701 Klein, *Aus Schlachthäusern*, 1912, S. 111.

702 Giese / Kahler, *Das deutsche Tierschutzrecht*, 1939, S. 166.

703 Lorz, *Naturschutz-, Tierschutz- und Jagdrecht*, 1961, S. 44; 2. A., 1967, S. 275.

704 Giese / Kahler, *Das deutsche Tierschutzrecht*, 1939, S. 166.

705 Giese / Kahler, *Das deutsche Tierschutzrecht*, 1939, S. 167; die genauen Pläne, Durchführungen und Ergebnisse der Versuche sind in S. 151 Fn. 1 (ausgeführt bis S. 153) aufgezeichnet.

706 RGBl. I, S. 516.

ferner so *nachhaltig* sein, daß die Blutentziehung beim wirklich betäubten, d. h. völlig bewußt- und empfindungslosen Tier ausgeführt wird. Die Blutentziehung hat deshalb sofort im Anschluß an die Betäubung zu erfolgen.“[707]

Gerade diese „Nachhaltigkeit“ hatte Dr. Buttmann in den Art. 1 Abs. 1 BaySchlG einfügen wollen, indem er mit Dr. Brügel (DNVP) den vorerwähnten Antrag stellte.[708] Denselben lehnte der damalige bayerische Innenminister Dr. Stützel (BVP) ab, indem er die Regierungsvorlage verteidigte: „Was hier mit dem Wort ‚nachhaltig‘ ausgedrückt sei, sei seines Erachtens schon gesagt durch das Wort ‚vollständig‘.“[709] Mit § 6 Abs. 1 Satz 2 RSchlVO kam der alte Wunsch nun doch in Erfüllung.

Ein weiterer Punkt, in dem § 6 RSchlVO großzügigere Auslegung erfuhr als § 7 BaySchlVO, bestand in der soeben von Giese und Kahler genannten Empfindungs- *und Bewusst*losigkeit. Letztere war im bayerischen Landtag als weiter angesehen worden als Erstere, indem der tierärztliche Ministerialrat Dr. Gasteiger bezüglich der elektrischen Betäubung ausführte: „Prof. Dr. Müller gehe hierbei sogar so weit, neben Empfindungslosigkeit auch von Bewußtlosigkeit zu sprechen […]; es komme aber […] auf Bewußtlosigkeit nicht an.“[710] Seinen Amtskollegen auf Reichsebene kam es nun doch auch darauf an.

cc) Abs. 3 Möglichkeit weiterer Betäubungsverfahren

Abs. 3 des § 6 RSchlVO fand seine Vorstufe im § 7 Abs. 2 BaySchlVO, der sich auf eine formelle Einigkeit zwischen NSDAP und BVP zurückführte. Dr. Buttmann hatte zur zuzulassenden Betäubungsmitteln darauf hingewiesen: „Auch solle nicht starr an der jetzt vorgesehenen Regelung festgehalten werden, sondern den Fortschritten der Wissenschaft und Technik Rechnung getragen werden.“[711] Dr. Stützel meinte auch: „Wenn in der allerletzten Zeit von neuen und besseren Betäubungsmethoden die Rede gewesen sei, so werde die Staatsregierung bei dem Vollzug des Gesetzes selbstverständlich jedes Verfahren gerne konzedieren, das die Hauptwirkung der Betäubung habe und noch mehr als das elektrische Betäubungsverfahren den strenggläubigen Juden erwünscht oder erträglich erscheine.“[712] Der Versuch seines Parteigenossen Dr. Scharnagl, diese Ankündigung mithilfe der englischen Drehtonne echtzeitig zu verwirklichen, scheiterte wie o. g. an allseitigem Widerstand. Doch die reklamierte Offenheit gegenüber etwaigen Neuentwicklungen übernahmen sowohl der bayerische

707 Giese / Kahler, *Das deutsche Tierschutzrecht*, 1939, S. 167.

708 TSV München, *Der gesetzliche Betäubungszwang, Heft 1: Bayern*, 1930, S. 55.

709 TSV München, *Der gesetzliche Betäubungszwang, Heft 1: Bayern*, 1930, S. 83.

710 TSV München, *Der gesetzliche Betäubungszwang, Heft 1: Bayern*, 1930, S. 71.

711 TSV München, *Der gesetzliche Betäubungszwang, Heft 1: Bayern*, 1930, S. 62.

712 TSV München, *Der gesetzliche Betäubungszwang, Heft 1: Bayern*, 1930, S. 68.

Landtag als auch das Reichsministerium des Innern. Letzteres stieß die Tür anhand der erweiterten Ermächtigungsgrundlage im § 2 RSchlG konkludent noch breiter auf, dessen Wortlaut im hiesigen Paragraphen nicht wiederholt wurde.

§ 7 Kopfschlag

> *„§ 7*
>
> *Die Betäubung durch Kopfschlag darf, abgesehen von Notschlachtungen, nur durch Personen ausgeführt werden, deren Körperkräfte hierfür ausreichen, und die die erforderliche Übung besitzen. Personen, die das Schlächtergewerbe erlernen, dürfen während ihrer Ausbildungszeit den Kopfschlag nur unter Aufsicht ausführen.*
>
> *Vor Ausführung des Kopfschlages, soweit er nach § 6 Abs. 1 zulässig ist, sind Ochsen, Bullen, Kühen und Jungrindern sowie Einhufern und Hunden die Augen zu binden; der Kopf ist durch eine zweite Person festzuhalten, daß ein Ausweichen des Kopfes vor dem Schlage verhütet wird.“*

Über den Kopfschlag, der in § 6 Abs. 1 Satz 2 noch behelfsmäßig zugelassen und in Sätzen 3 und 4 gattungsmäßig eingeschnürt war, wies das Reichsministerium des Innern noch besonders auf die aus bayerischer Beziehung beispiellose Bestimmung des § 7 hin.[713] Abs. 1 sollte verhindern, „daß die Ausführung des Kopfschlages zu einer Kraftprobe für jugendliche oder unreife Menschen ausartet. Notwendig ist in jedem Falle eine genaue Erkenntnis der Gehirnlage. Unerfahrene schlagen meistens viel zu tief und schlagen dann die Nasenhöhle ein, wodurch natürlich nicht nur keine Betäubung eintritt, sondern im Gegenteil das Schlachttier sehr gequält wird. Der Kopfschlag sollte bei Großtieren und Schweinen möglichst selten ausgeführt werden, da er immer unsicher ist.“[714] Erinnert sei an Dr. Buttmanns Abstufung des Kopfschlags: „Bei Schafen und Ziegen sei er geradezu tierquälerisch, weil der Schädel dieser Tiere viel zu hart, spitz gebogen sei und weil unter dem Schädel der Tiere nicht unmittelbar das Gehirn, sondern noch ein Hohlraum liege.“[715] Seiner Aufforderung, für Schafe und Ziegen eine bessere Betäubungsart vorzuschreiben, bzw. die Ausführung des Schlages durch Lehrling auszuschließen,[716] kam die nunmehrige Reichsregierung zwar auch nicht völlig nach, doch das von Dr. Stützel (BVP) verankerte „des Schlachtens kundige Personal“ (§ 4 BaySchlVO, § 3 RSchlVO) erfuhr hier eine dreischichtige Umschreibung, die grundsätzlich mit der Forderung der Schlachthofdirektoren 1912 übereinstimmte.[717]

---

713 Giese / Kahler, *Das deutsche Tierschutzrecht*, 1939, S. 166.

714 Giese / Kahler, *Das deutsche Tierschutzrecht*, 1939, S. 167.

715 TSV München, *Der gesetzliche Betäubungszwang, Heft 1: Bayern*, 1930, S. 78.

716 TSV München, *Der gesetzliche Betäubungszwang, Heft 1: Bayern*, 1930, S. 86.

717 Klein, *Aus Schlachthäusern*, 1912, S. 110: „Lehrlinge sollen, vorausgesetzt, daß sie genügend kräftig, höchstens im 3. Lehrjahre zunächst zur Betäubung leichten, jungen

Von Abs. 2 erachteten Giese und Kahler das Gebot der Augenbindung als wichtig,[718] deren „Urantrag“ Dr. Klein zu verdanken sein mag. Er hatte nämlich 1912 gemeint, mit einer Blende aus undurchsichtigem Tuch, das um die Hörner befestigt wurde, sei auch ein ungebärdiger oder bösartiger Stier meist ohne rohe Zwangsmaßnahmen zu führen, und lasse dazu später auch die Schlagmaske gut auf sich anwenden.[719] Auch der Kopfschlag würde damit kaum wegen Unruhe des Tieres fehlschlagen,[720] wobei die Kopffesthaltung durch ein zweites Personal Fehlschlägen vorbeugen sollte, die Dr. Klein 1912 und Dr. Buttmann 1930 beklagt hatten.

Schließlich sprachen die beiden Reichsinnenministerialräte 1939 erstmals aus, es wäre zu begrüßen gewesen, wenn das Gesetz die Schlachtungen von Hunden, die vom § 1 Abs. 1 des alten Reichsfleischbeschaugesetzes 1900 her mit Eingang in den Schutzbereich des § 1 Abs. 1 RSchlG 1933 gefunden hatten, ganz verboten hätte.[721] Warum dies sich Unter den Linden 72 nicht durchgesetzt hatte, darüber liefert sich leider keine Quelle.

§ 8 Betäubung beim Geflügel

„§ 8

Die Betäubung von Geflügel vor der Schlachtung ist nicht erforderlich, wenn das Schlachten durch schnelles, vollständiges Abtrennen des Kopfes vom Rumpfe erfolgt.“

Im Vergleich zur bayerischen Gesetzgebung, deren Schutzbereich mit Einschränkung auf die im § 1 BaySchlG aufgezählten Gattungen Dr. Buttmann bemängelt hatte (vgl. Darlegung zum § 1 RSchlG), stellte § 8 RSchlVO eine weitere Neuigkeit dar. Danach sollte die Betäubung bei Geflügel „stets dann erfolgen, wenn der Kopf nicht schnell und vollständig vom Rumpfe getrennt wird, also beim inneren und äußeren Halsschnitt, beim Ersticken usw.“[722]

§ 9 Verbot von Genickschlag und Genickstich

„§ 9

Der Genickschlag und Genickstich sowie das Brechen des Genicks bei Schlachttieren sind verboten, ausgenommen der Genickschlag bei Kaninchen.“

Kleinviehs und leichter Schweine unter jedesmaliger Beaufsichtigung durch Schlachthofangestellte zugelassen werden.“

718 Giese / Kahler, *Das deutsche Tierschutzrecht*, 1939, S. 167 – 168.

719 Klein, *Aus Schlachthäusern*, 1912, S. 16.

720 Giese / Kahler, *Das deutsche Tierschutzrecht*, 1939, S. 167 – 168.

721 Giese / Kahler, *Das deutsche Tierschutzrecht*, 1939, S. 167 – 168.

722 Giese / Kahler, *Das deutsche Tierschutzrecht*, 1939, S. 168.

Diese Vorschrift stimmte mit § 9 Abs. 4 BaySchlVO insofern überein, bis auf dass man sich für die Kaninchen nicht mehr freuen konnte. Dafür erklärte das Reichsgesetz immerhin im Einklang mit Klein, Vierneisel und Schaefer mit nunmehriger Rechtsgültigkeit den Genickstich kategorial als keine Betäubung, sondern nur eine Lähmung des Tieres, die „ein Eingriff von solcher Heftigkeit und an so empfindlicher Stelle [ist], daß selbst gut betäubte Tiere aus der Betäubung wieder aufwachen können."[723] Diese „unnötige strafbare Tierquälerei" sei bislang vielerorts beim Geflügel noch üblich geblieben, wurde aber hiernach verboten.[724]

Weitere tierquälerische handwerkliche Gebräuche, z. B. das Brechen oder Schränken der Beine bei Schafen, konnten wenige Monate später durch § 1 des Reichstierschutzgesetzes verfolgt werden.[725]

§ 10 Vorbereitungen

„§ 10

Schlachttiere dürfen, soweit beim Schlachten eine Fesselung erforderlich ist, erst unmittelbar vor der Betäubung gefesselt werden.

Das Aufhängen von Schlachttieren an den Hinterfüßen vor der Betäubung ist verboten."

Die längere Dauer der Fesselung verurteilte man als eine Qual für die Schlachttiere,[726] die auch § 9 Abs. 1 BaySchlVO reguliert hatte. Im Vergleich dazu ordnete der hiesige Abs. 1 über den gemeinsamen Grundsatz der Unmittelbarkeit hinaus noch das Gebot der Erforderlichkeit überhaupt an.

Abs. 2 gewährte erstmals Dr. Kleins Wunsch, Aufhängen zu verbieten.[727] Bei solchem seien häufig insofern Tierquälereien zu verzeichnen gewesen, „als [...] die Tiere in dieser schmerzhaften Haltung mehr oder weniger lange Zeit verharren mußten, bis der erlösende Betäubungsschlag erfolgte; es kam sogar vor, daß die Metzger erst mehrere Kälber aufhingen, ehe sie die Betäubung und Entblutung vornahmen."[728] Solchen Möglichkeiten schob § 10 Abs. 2 RSchlVO in seiner Urfassung ohne weiteres einen Riegel vor. Daraufhin hätten viele Schlachthöfe, namentlich in Bayern, Sachsen, Baden, Hessen und im Saarland,

---

723 Einhauser, *Gesetz über das Schlachten von Tieren*, in: Frank (Hrsg.), *Handbuch*, 1935, S. 903.

724 Giese / Kahler, *Das deutsche Tierschutzrecht*, 1939, S. 168.

725 Einhauser, *Gesetz über das Schlachten von Tieren*, in: Frank (Hrsg.), *Handbuch*, 1935, S. 903; Giese / Kahler, *Das deutsche Tierschutzrecht*, 1939, S. 168.

726 Giese / Kahler, *Das deutsche Tierschutzrecht*, 1939, S. 169; Einhauser, *Gesetz über das Schlachten von Tieren*, in: Frank (Hrsg.), *Handbuch*, 1935, S. 903.

727 Klein, *Aus Schlachthäusern*, 1912, S. 112.

728 Giese / Kahler, *Das deutsche Tierschutzrecht*, 1939, S. 172.

ihre gebräuchliche Schlachtart dargelegt, „daß die Kälber, Schafe und Ziegen an den Hinterbeinen aufgehängt, unmittelbar nach dem Aufhängen betäubt und durch Halsschnitt entblutet wurden"[729], damit „die Durchführung des Verbotes des Aufhängens von Kälbern für undurchführbar erklärt und durch ihre Regierungen beantragt, ihnen das Aufhängen der Kälber vor der Betäubung wieder zu gestatten. So wurde z. B. für den Schlachthof in *München* darauf verwiesen, daß wegen der Massenschalchtung von Kälbern (2000 – 3000 Stück in 4 bis 5 Stunden) das Schlachtverfahren im Hängen *zwangsläufig* derart schnell vor sich gehe, daß von einer Tierquälerei dabei nicht gesprochen werden könne, daß ferner zur Durchführung der Verordnung die räumlichen Verhältnisse nicht ausreichten und bauliche Änderungen *nicht* oder nur mit großen Unkosten möglich wären. Eine Gutachtenkommission hat diese Verhältnisse in München geprüft und bestätigt. Bei den Vorbesprechungen über die Änderung der Verordnung bestand allerseits Übereinstimmung, daß *Ausnahmen von den Vorschriften so wenig wie möglich* und *nur in ganz besonderen Fällen* zugelassen werden sollten. Solche Ausnahmebewilligungen sind — mit dem Vorbehalt jederzeitigen Widerrufes — nur für die Schlachthöfe in *München* und *Augsburg* erteilt worden, weil hier besondere örtliche Verhältnisse und Einrichtungen vorliegen, die *zwangsläufig* ein sofortiges Betäuben und Entbluten der Kälber nach dem Aufhängen bedingen; die beiden Schlachthöfe werden außerdem streng daraufhin überwacht, daß Tierquälereien dabei nicht vorkommen. Diese Verhältnisse sind kaum an mehreren Schlachthöfen vorhanden, besonders nicht an kleineren, und überhaupt nicht bei Schlachtungen außerhalb der Schlachthöfe."[730] Danach wurde am 14. November 1934, wie bereits im § 9 Abs. 2 Satz 2 BaySchlVO, auf Grund des § 2 RSchlG erlassen:

„§ 10 Abs. 2 der Verordnung über das Schlachten von Tieren vom 21. April 1933 (Reichsgesetzbl. I S. 212) erhält folgenden Zusatz: ‚Der Reichsminister des Innern kann für das Schlachten der Kälber auf Antrag der obersten Landesbehörden in besonderen Fällen Ausnahmen zulassen.'"[731]

§ 11 Nachbehandlung der Tierkörper

„§ 11

Mit dem Enthäuten, Schneiden, Stechen, Brühen, Aufhängen geschlachteter, d. h. betäubter und bereits entbluteter Tiere, und mit dem Rupfen von geschlachtetem

729 Giese / Kahler, *Das deutsche Tierschutzrecht*, 1939, S. 171.
730 Giese / Kahler, *Das deutsche Tierschutzrecht*, 1939, S. 172 – 173.
731 RGBl. Nr. 128 v. 20. 11. 1934, S. 1163.

Geflügel darf erst begonnen werden, wenn der Tod des Tieres eingetreten ist und Bewegungen an dem Tier nicht mehr wahrzunehmen sind."

Als Verwertungsmaßnahmen der Schlachttiere waren Schneiden, Stechen, Brühen und Aufhängen sowohl in § 11 RSchlVO wie auch in § 9 Abs. 3 BaySchlVO aufgezählt. Während Ersterer mit „Enthäuten" für mehr Klarheit sorgte, hatte Letzterer mit „sonstigen Eingriffen" breiteren Auffangtatbestand verheißen. Hingegen hinderte das Aufsaugen der bayerischen „Bewegungen und Zuckungen" in die nunmehrigen „Bewegungen" schlechthin nicht daran: „Der Gesetzgeber wollte zur Vermeidung von Tierquälereien die Gewähr haben, daß der Tod der ordnungsmäßigen getöteten und entbluteten Schlachttiere wirklich eingetreten ist, ehe mit dem eigentlichen Herrichten des Tierkörpers für menschlichen Genuß [...] begonnen wird".[732] „Es bleibt also dem Schlachtenden nicht mehr überlassen, zu beurteilen, ob die Zuckungen des Tieres noch geordnete, von Bewußtsein zeugende Bewegungen oder schon — durch die zunehmende Blutleere herbeigeführte — Reizbewegungen (Reflexe) sind. Damit wird, eine entsprechende Aufsicht vorausgesetzt, viele aus Unverstand begangene Quälereien abgestellt."[733]

Wie sämtliche sonstigen Schutzmaßnahmen des Geflügels gehörte auch die zeitliche Beschränkung seines Rupfens zu den Neuheiten des Reichsrechts. Doch nach einer Mitteilung des Reichsgesundheitsamts seien Puten, Enten und Gänse in den Geflügelschlächtereien nicht ganz im Einklang mit § 11 SchlVO geschlachtet, weil die Tiere an den Beinen mit dem Kopf nach unten aufgehängt worden seien, um ein schnelles und nachhaltiges Ausbluten zu gewährleisten.[734] Außerdem sei gelegentlich einer Revision von Geflügelschlächtereien durch die Veterinärräte in Berlin festgestellt worden, in verschiedenen Betrieben seien Hühner zwar nach Vorschrift betäubt und durch Halsschnitt entblutet, es werde aber dann sofort mit dem sog. *Vorrupfen*, d. h. der Entfernung der Federn an Brust, Bauch, Schenkel und Rücken, begonnen, ehe die vollständige Bewegungslosigkeit eingetreten wäre. Die Geflügelschlächtereien erklärten dieses sofortige Rupfen als notwendig, da beim Geflügel die Elastizität der Haut sehr schnell nachließe, die beim späteren Rupfen dann leicht einreiße. Durch angestellte Versuche sei diese Angabe bestätigt worden. Die Bewegungen, die nach der Entblutung der Hühner infolge der Anämie eintraten und sich durch tonischklonische Krampferscheinungen bemerkbar machten, sah der Polizeipräsident in

---

732 Giese / Kahler, *Das deutsche Tierschutzrecht*, 1939, S. 169.

733 Einhauser, *Gesetz über das Schlachten von Tieren*, in: Frank (Hrsg.), *Handbuch*, 1935, S. 903.

734 Abdruck des Runderlasses v. 16. 4. 1935 – IV g 1049/35, in: Giese / Kahler, *Das deutsche Tierschutzrecht*, 1939, S. 170, Fn. 1.

Berlin und des Reichsgesundheitsamts als reflektorische Bewegungen an wie bei allen Schlachttieren, wobei das Schmerzempfinden des Tieres, besonders beim Huhn, infolge der sehr schnellen Entblutung mit Sicherheit längst erloschen sei.[735] Gegen ein späteres Rupfen erst nach der vollkommenen Bewegungslosigkeit erhebe sich vor allem hygienisches Bedenken: Tierkörper, bei denen Unterhaut oder Fleischteile bloßlagen, seien der Infektion mit Fäulnis- und anderen Erregern, der Verschmutzung des Fleisches, dem Ablegen von Fliegeneiern im Sommer viel stärker ausgesetzt als Leichen ohne Hautverletzungen.[736]

Da das schnelle Entfedern der Hühner und das Aufhängen des übrigen Geflügels vor dem Erlöschen jeder Bewegung nur in den Geflügelschlächtereien erfolge, während die Bestimmung des § 11 SchlVO für das Schlachten einzelner Tiere durch den Tierbesitzer ihre Geltung behalten müsse, erschien es dem Reichsminister des Innern zweckmäßig, von einer Änderung der Verordnung abzusehen. Stattdessen empfahl er in einem Runderlass vom 16. April 1935 — IV g 1049/35, „die mit der Überwachung der Geflügelschlächtereien betrauten Stellen darauf hinzuweisen, daß *mit dem Rupfen der Hühner in den Geflügelschlächtereien nach erfolgtem Betäubungsschlag und Entblutungsschnitt sofort begonnen werden kann*, auch ehe die Bewegung des Tieres vollkommen erloschen sind, und daß das *Aufhängen des Wassergeflügels und der Puten an den Füßen gleichfalls nach Betäubungsschlag und ausgeführtem Halsschnitt unter bestimmten Voraussetzungen vorgenommen werden kann*. Dieses Aufhängen hat jedoch so zu erfolgen, daß die Füße der Tiere in je eine federnde Klammer hineingeschoben werden. Ein Aufhängen, wobei ein spitzer Haken zwischen Achillessehne und Fußknochen hindurchgetrieben wird, ist zu verbieten."[737]

§ 12 Betäubungswerkzeuge

„§ 12

Die Betäubungsapparate und sonstige Betäubungsgegenstände nebst Zubehör müssen so beschaffen sein und stets in solchem Zustande gehalten werden, daß bei ordnungsmäßiger Handhabung eine einwandfreie Betäubung gewährleistet ist."

---

735 Bestätigt von Lorz, *Naturschutz-, Tierschutz- und Jagdrecht*, 1961, S. 44 und in 2. A., 1967, S. 277: es sei „nach dem Sinn der Vorschrift bei einem durch den Grad der Entblutung zweifelsfrei schmerzunempfindlich gewordenen Tier nicht das Ende von Bewegung bloß reflektorischer Art abzuwarten."

736 Abdruck des Runderlasses v. 16. 4. 1935 – IV g 1049/35, in: Giese / Kahler, *Das deutsche Tierschutzrecht*, 1939, S. 170, Fn. 1.

737 Abdruck des Runderlasses v. 16. 4. 1935 – IV g 1049/35, in: Giese / Kahler, *Das deutsche Tierschutzrecht*, 1939, S. 170 – 171, Fn. 1.

1912 hatte Dr. Klein im Namen seiner Kollegenschaft ausgesprochen: „Die Hohlmeißel (Bolzen) müssen scharf und in der Führung gut in Öl gehalten werden. Es ist auf Verbiegung zu achten.“[738] § 10 BaySchlVO verallgemeinerte diese Aufzählung in Gesetzessprache, die hier im § 12 RSchlVO Entsprechung fand. „Diese Bestimmung ist sehr wichtig, da von der ordnungsmäßigen Beschaffenheit der Betäubungswerkzeuge die einwandfreie Betäubung abhängt. Zu den Betäubungsgegenständen gehören auch Hämmer, Äxte, Bindestricke, Masken usw.“[739]

IV. Zeitgenössische Standortbestimmung

Durch die Reichsgesetzgebung wurden die Deutschen zum weltdritten Staat, bei dem ein Betäubungszwang für Schlachttiere verankert war.

1. RSchlG im Vergleich zu ausländischer Gesetzgebung

Während die frühste Schweizer Bestimmung sich im § 25 der eidgenössischen Verfassung 1893 erschöpfte, schuf Norwegen 1929 die erste umfassende Gesetzgebung.[740] Nach Deutschland verabschiedete zuerst Polen das *Gesetz über das Schlachten von landwirtschaftlichen Tieren in den Schlachthäuern* vom 10. April 1936[741] und zwei Ausführungsverordnungen vom 17. April und vom 26. August 1936, doch mit einer bloßen Schächtenbeschränkung blieben sie „wesentlich hinter dem deutschen Schlachtgesetz und seiner Ausführungsverordnung vom 21. April 1933 zurück“[742], bis sie am 26. Oktober 1939 von Letztgenanntem abgelöst wurden.[743] Von weiteren Beispielen berichtete Giese: „Das *schwedische Gesetz betr. das Schlachten von Haustieren* vom 4. Juni 1937 (Schwed. Gesetzsamml. Nr. 313/317) sieht in § 1 den Betäubungszwang beim Schlachten von Haustieren unmittelbar vor der Blutentziehung vor. Ohne vorherige Betäubung können Federvieh und Kaninchen dadurch getötet werden, daß der Kopf schnell vom Rumpf getrennt wird. Zuwiderhandlungen werden mit Geldstrafe bedroht, sofern sie nicht nach dem allgemeinen Strafgesetz bestraft

---

738 Klein, *Aus Schlachthäusern*, 1912, S. 111.

739 Giese / Kahler, *Das deutsche Tierschutzrecht*, 1939, S. 171.

740 Giese / Kahler, *Das deutsche Tierschutzrecht*, 1939, S. 154 vermerkte: „Vorübergehend bestand gesetzlicher Betäubungszwang in Sachsen von 1892 bis 1910 und in Finnland von 1902 bis 1913.“

741 Sz. U. R. P. Nr. 29 poz 237.

742 Giese / Kahler, *Das deutsche Tierschutzrecht*, 1939, S. 154; Giese, 4. A., 1951, S. 152.

743 Vgl. *Verwaltungsblatt General-Gouverneur*, Verordnung Nr. 1.

werden. — Nach § 2 der Verordnung des Kgl. *Ungarischen* Ackerbauministeriums M 21. 700/1938 FM. zur Regierungsverordnung Zl 100.000/1932 betr. Ergänzung und Abänderung des Gesetzartikels XIX ex 1928 über das Veterinärwesen vom 7. April 1938 dürfen Großtiere — ausgenommen in Fällen dringender Notschlachtungen — nur nach einer entsprechend erfolgten Betäubung geschlachtet werden. Die Verordnung ist am 15. April 1938 in Kraft getreten."[744]

2. Stellungnahmen zum neuen Gesetz

Die deutsche Gesetzgebung selbst erregte mehrseitig Aufsehen.

a) Eine überlieferte jüdische Stimme

Seitens der Juden schrieb B. Coffeld aus Ermsleben am Harz am 10. Juni 1933 „einige Zeilen zur Wirtschaftsförderung, Deutschlands", die auch Göring persönlich erreichte:

> „Durch das Schächtverbot, welches bestimmt anerkannt die beste Tötung ist, fließen Millionen ins Ausland, wo gerade wir Deutschen, mit jedem Pfennig rechnen müssen, der unserem Vaterlande erhalten bleibt. Jeder Schächter muß sich einer genauen Controlle unterziehen, um sein Handwerk genau u. sicher auszuführen, das Tier ist in 2 – 3 Minuten getötet, während es häufig vorkommt, daß der Fleischer, nach dem Schlagen, erst anfängt sein Messer zu wetzen, um es zu stechen. Der Jude ißt nur die Vorderviertel u. so ist es für den Fleischer zum Vorteil, da für ihn, die Hinterviertel viel wertvoller sind. Ebenso erleiden die Hühnerfarmen, dadurch einen enormen Verlust, das (sic!) tausendes Geflügel, von Holland u. Polen eingeführt wird. Da wir mitten in der Ladesaison sind, vermeiden wir auch, daß die bessergestellten Juden nicht ins Ausland ihr Geld verzehren, (da die Pensionen durch das Auslandsfleisch zu teuer sind) u. uns auch dadurch eine Förderung der deutschen Bäder zu Gute kommt. Als christlich erzogener Jude, stelle Herrn Reichsminister mein Anerbieten, wenn es Anklang findet, die Schlachthöfe, wo geschächtet wird, zu betreten, um Controlle auszuüben, daß die Tiere ohne zu quälen, zum Schächten gelangt worden u. daß die Messer vorschriftsmäßig scharf u. sauber sind u. müßte die Controlle, der aufsichtshabende Beamte, in einem geführten Buch, dies bestätigen. Ich würde es als meine ehrenwörtliche Pflicht halten, genau den Anordnungen mich zu fügen, die Herr Reichsminister angiebt u. so würde uns Deutschen ein Vermögen und Innenmarkt erhalten bleiben."[745]

Doch während § 4 S. 1 RSchlVO dem, was er dem nichtjüdischen Fleischer vorwarf, schon einen Riegel vorgeschoben hatte, konnte die wirtschaftliche Erwägung den Gesetzgeber nicht vom Kurs abbringen, auch wenn Göring sie zu-

744 Giese, *Das deutsche Tierschutzrecht*, 4. A., 1951, S. 153.

745 GStA PK Berlin-Dahlem, I HA Rep. 87 Nr. 20040, Bl. 187 – 188.

ständigkeitshalber noch an Hugenberg weitergeleitet hatte. Eine weitere „Eingabe süddeutscher Rabbiner, die die Zulassung des Schächtens bei Kleintieren erstrebte," sei auch „folgerichtig abschlägig beschieden worden."[746]

b) Deutsche Tierschutzvereine

Seitens deutscher Tierfreunde herrschte hingegen Zufriedenheit. Gar in seiner Zeitschrift am 1. April 1933 schrieb der „Verband Rheinisch-Westfälischer Tierschutzvereine":

> „Der Kampf, den die deutschen Tierschützer seit Jahrzehnten gegen das betäubungslose Schächten geführt haben, ist durch die Regierung der nationalen Erhebung kurzerhand beendet worden. In einigen Ländern wie Bayern, Thüringen und Mecklenburg war bereits das Schächten grundsätzlich verboten oder, wie in Hessen, eine Kontingentierung beantragt worden. Nach den Märzwahlen ist in den Schlachthöfen vieler Großstädte jede Ausübung betäubungslosen Tötens von Schlachttieren untersagt worden, und ein allgemeines Verbot wird wohl auch in Kürze erscheinen. Wir Tierschützer begrüßen die Beseitigung der Tierquälerei und können der Regierungspartei für die schnelle Erledigung nur herzlich dankbar sein."[747]

Zum nächsten Heft im August 1933 konnte der Kölner Schlachthofdirektor, Dr. Bützler, bereits einen Beitrag zum „*Gesetz über das Schlachten von Tieren*" leisten, in dem es u. a. hieß:

> „Nun ist erreicht, was der Verband der Tierschutzvereine des Deutschen Reiches in jahrelanger Arbeit erstrebte, und was auf manchen Verbandstagungen einen Hauptteil des Arbeitsprogramms bildete. Erreicht ist es nicht für eine Stadt, nicht für ein Land, sondern für das ganze Deutsche Reich. Warum traten wir Tierschützer dafür ein? Nur aus Liebe zur armen Kreatur, nur um den Haustieren, den treuen Begleitern und Arbeitsgenossen des Menschen, diese Qual am Ende ihres Daseins zu ersparen. Die Tiere nützen uns auch durch ihr Fleisch und müssen zu diesem Zwecke geschlachtet werden. Warum aber ohne vorherige Betäubung? Obgleich die deutschen Schlachthöfe seit Jahrzehnten die besten und sichersten Betäubungsapparate besitzen und anwenden lassen. Nur weil eine Minderheit der Bevölkerung aus Gründen von rituellen Religionsvorschriften sich dagegen sträubte und ihre Schlachttiere ohne Betäubung schlachten wollte. [...] Wenn heute das betäubungslose Schlachten verboten ist, so geschah es durch den einmütigen Schritt der Reichsregierung und war kein Erfolg der Arbeit des Tierschutzverbandes; jedoch die Vorarbeit hat er geleistet, auf Grund deren das Verbot erfolgen konnte. Daher gebührt der Reichsregierung der Dank, den ihr der Verband der Tierschutzvereine ausspricht."[748]

---

746 Adolph, *Schutz des Tieres im deutschen Recht*, 1935, S. 17.

747 Anonymus, *Schächtverbot*, in: *Zeitschrift des Verbandes Rheinisch-Westfälischer Tierschutz-Vereine*, 55. Jg. Nr. 1, Köln 1933, S. 1.

748 Bützler, *Gesetz über das Schlachten von Tieren*, in: *Zeitschrift des Verbandes Rheinisch-Westfälischer Tierschutz-Vereine*, 55. Jg. Nr. 2, 1933, S. 18.

Als Dr. Einhauser, der 1929 vom 1. Vorsitz des Münchener Tierschutzvereins zurückgetreten war[749] und von Dr. Buttmann als „um diese Sache hochverdient“[750] gerühmt wurde, 1935 für *„Das Gesetz über das Schlachten von Tieren“* nochmal zur Feder griff, wiederholte er seine Erlebnisse und Erkenntnisse: ein Erlass solcher Vorschriften sei „bis in die jüngste Zeit an dem Verlangen der Juden gescheitert, das Schächten ohne Betäubung vornehmen zu dürfen. Auf der einen Seite konnten sich die Gesetzgeber nicht entschließen, dieser Forderung entgegenzutreten und auch für die Schächttiere die Betäubung vorzuschreiben, auf der anderen Seite scheuten sie sich aber doch, bei einer gesetzlichen Regelung des Schlachtwesens einen Teil der Tiere ausdrücklich von ihrem Schutz auszunehmen, und die Folge war, daß jede gesetzliche Regelung unterblieb und daß erhebliche Grausamkeiten und Mißstände, über deren Abschaffung unter anderen Umständen alle Weit einig gewesen wäre, unter den Augen der Regierung bis in unsere Tage fortdauerten.“[751] „Hierbei wirkte — außer dem Druck des internationalen jüdischen Kapitals und den Drohungen mit Vergeltungsmaßnahmen (vgl. z. B. die Verhandlungen des norwegischen Stortings vom Jahre 1929)[752] — Verschiedenes zusammen.“[753] Aufgezählt waren die Fernhaltung der Abgeordneten von der Schächtungspraxis, die nicht einwandfreien Gutachten, die Geltendmachung der Religionsfreiheit und der Miteinbezug Einheimischer in den Konsum des geschächteten Fleisches als Mittel der gegnerischen Seite,[754]

---

749 TSV München, *100 Jahre*, 1942, S. 42.

750 Dr. Buttmann auf der Vollsitzung des Bayerischen Landtags v. 24. 4. 1928, in: TSV München, *Der gesetzliche Betäubungszwang, Heft 1: Bayern*, 1930, S. 47.

751 Einhauser, *Gesetz über das Schlachten von Tieren*, in: Frank (Hrsg.), *Handbuch*, 1935, S. 894; Gleiches hatte er bereits in TSV München, *Der gesetzliche Betäubungszwang, Heft 1: Bayern*, 1930, S. 13 geäußert, nur in Präsenz statt jetzigen Präteritums; der einzig nicht unwesentliche Wortwechsel war die Bezeichnung der Ursache für die gesetzgeberischen Versäumnisse, die damals „Anspruch der Schächtanhänger“ geheißen hatte und derweil ins „Verlangen der Juden“ umgewandelt war. Doch diese Ausweiterung wussten die Ministerialräte Giese / Kahler, *Das deutsche Tierschutzrecht*, 1939, S. 149 zwar ohne Namennennung, aber mit gesperrter Schrift richtigzustellen.

752 Vgl. TSV München, *Der gesetzliche Betäubungszwang, Heft 2: Schweden und Norwegen*, 1930, S. 17.

753 Einhauser, *Gesetz über das Schlachten von Tieren*, in: Frank (Hrsg.), *Handbuch*, 1935, S. 897.

754 Einhauser, *Gesetz über das Schlachten von Tieren*, in: Frank (Hrsg.), *Handbuch*, 1935, S. 897 – 898.

auch wie der Verfasser bereits während seiner „Kampfzeit" fast wortgleich wiederkehrend darüber zu berichten gewusst hatte.[755]

c) Weltweite Tierschutztagungen

Auch über Nationalgrenze hinaus wurde die deutsche Schlachtgesetzgebung nachgefragt, so dass Göring am 5. Oktober 1933 dem Reichsjustizminister anheimgeben musste, die für die deutsche Botschaft in London erforderliche Zahl von Nr. 203 des Reichsgesetzblattes zu beschaffen.[756] Das daraufhin Abgedruckte scheint einer Mehrzahl von Völkern vorbildlich vorgekommen zu sein:

> „Die *Internationalen Tierschutzkongresse* haben sich auf fast allen Tagungen mit dem rituell-jüdischen Schächten beschäftigt und dessen Beseitigung gefordert; so ist von dem letzten Internationalen Tierschutzkongreß 1935 in *Brüssel* [...] insbesondere gefordert, daß alle Tiere vor der Blutentziehung wirksam betäubt werde sollen, daß auch die Tötung von Geflügel nicht durch einfache Blutentziehung, sondern durch Enthauptung erfolgen solle und daß der Ausnahmezustand, den gegenwärtig das *rituelle (jüdische) Schlachten* darstellt, beseitigt werden solle; wenn es auch wünschenswert sei, daß die Freiheit der Religionsausübung in den Staaten geachtet werde, so sei es doch Pflicht des Staates, jedem hinfällig gewordenen Religionsbrauch ein Ende zu machen. Das jüdische Schächten sei aber ein veralteter und unangebrachter Brauch, der sich im Widerspruch zur Gesetzgebung der meisten Staaten befinde. — Auch auf dem letzten *Internationalen Tierärztlichen Kongreß* in Zürich im Jahre 1938 ist die Frage der Betäubung der Schlachttiere erörtert worden; es wurde eine Entschließung gefaßt, nach der allen denjenigen Regierungen, die noch keine Vorschriften über die Betäubung von Schlachttieren erlassen haben, empfohlen wird, nach Möglichkeit entsprechende gesetzliche Regelungen zu schaffen."[757]

Auch in der Nachkriegszeit wollte die Bestrebung nicht aufhören:

> „In einer bemerkenswerten Eingabe des Dr. Dr. H. C. *Schmitt*, Fürstenfeldbruck, an den Wirtschafts-Sozialpolitischen Rat der Vereinten Nationen in Lake Success ‚Tierschutz und Naturschutz als Weltaufgabe' vom 24. 3. 1948 angeregt, [...] daß *in keinem Falle mehr eine Blutentziehung ohne vorherige Betäubung zugelassen werden dürfe*. Wenn der Mensch die Tiere schon für seine Zwecke töte, dann müsse er ihnen wenigstens das Sterben so leicht wie möglich machen, wenn er sich nicht aller Menschlichkeit entäußern will. Gerade in diesem Punkte könne eine *internationale* Stelle durch Anregung der einschlägigen Forschung zur endlichen Erziehung einer

---

755 Vgl. TSV München, Antrag v. 11. 3. 1926, S. 6 – 7 (Gutachten), 10 – 11 (Religiosität), 12 – 13 (Beteiligung); TSV Berlin und München, *Neues vom betäubungslosen Schächten*, 1927, S. 20 – 21; TSV München, *Der gesetzliche Betäubungszwang, Heft 1: Bayern*, 1930, S. 6 (Fernhaltung).

756 III a II 1762/33, in: GStA PK Berlin-Dahlem, I HA Rep. 87 Nr. 20040, Bl. 436 VS.

757 Giese / Kahler, *Das deutsche Tierschutzrecht*, 1939, S. 155; Giese, 4. A., 1951, S. 153 – 154.

einwandfreien Methode elektrischer Betäubung Entscheidendes erreichen, da dann der letzte Einwand wegfiele, das betäubungslose Schächten der Schlachttiere bei Juden und Orientalen beizubehalten (Tierfreund, 1948, S. 52) [...]; dabei wäre auf die [...] Ergebnisse der wissenschaftlichen Versuche in Deutschland von den Jahren 1933/34 [...] besonders hinzuweisen (vgl. S. 149 ff.).“[758]

V. Kontroversen seit Kriegsende

Über solche Kontinuität kann man sich in Deutschland seit 1945 seltener freuen. Stattdessen hat man mit „heftigen emotionalen Gegenreaktionen“[759] auseinanderzusetzen, denn „der besondere Zusammenhang mit der Schächtfrage“[760] „mußte dem ganzen Gesetz, das wirkliches Tierschutzrecht darstellt, nach den Zeitumständen eine politische Farbe geben.“[761]

1. Nachkriegswirrung der Legislative

Insofern sei es folgerichtig, „daß das Schlachtgesetz vom 21. April 1933 als Ganzes auch nach dem Untergang des Dritten Reiches noch Bestand hatte, aber [...] auf Grund von Art. 2 des Kontrollratsgesetzes Nr. 1 vom 20. September 1945[762] [...] § 1 Abs. 1 des Schlachtgesetzes in keinem der deutschen Länder auf rituelle Schlachtungen angewendet wurde. Auf Anweisung der Militärregierung hat darüber hinaus ein Teil der Länder diese Bestimmung entweder durch Landesgesetz oder durch landesrechtliche Verordnung förmlich außer Kraft gesetzt“[763]: „in *Hessen* erging am 7. 8. 1946 das Ges. über die Aufhebung des Schächtverbotes;[764] § 2 des Ges. v. 20. 6. 1947 erlaubte das Schächten insoweit, als den Angehörigen einzelner Religionsgemeinschaften der Genuß von Fleisch bestimmter Tiere rituell vorgeschrieben ist. *Bayern* erklärt durch VO v. 14. 1. 1946 (GVBl. S. 142), daß das Ges. über das Schlachten von Tieren sich nicht auf die Vornahme von rituellen Schlachtungen warmblütiger Tiere erstreckt, deren Fleisch zum Genuß von Menschen bestimmt ist. *Hamburg* änderte die SchlachtVO durch VO v. 7. 3. 1946 (VOBl. S. 25), dazu GVBl. 47, 19. In ande-

758 Giese, *Das deutsche Tierschutzrecht*, 4. A., 1951, S. 154, Fn. 5.

759 Caspar, *Tierschutz in der Industriegesellschaft*, 1999, S. 273.

760 Lorz, *Naturschutz-, Tierschutz- und Jagdrecht*, 1961, S. 36.

761 Lorz, *Naturschutz-, Tierschutz- und Jagdrecht*, 1961, S. 38.

762 *Amtsblatt des Kontrollrats in Deutschland*, S. 6.

763 Eberstein, *Tierschutzrecht bis 1933*, 1999, S. 252 – 253.

764 *Gesetz über die Aufhebung des Schächtverbotes sowie des Gesetzes vom 21. April 1933 (Schlachtgesetz) und der Verordnung vom 21. April 1933*, in: GVBl. Großhessen, Nr. 25 v. 4. 10. 1946, S. 173.

ren Teilen der Bundesrepublik wurde nach dem Beispiel einer Anordnung des Oberpräsidenten der Provinz Westfalen v. 23. 3. 1946 MittWestf. Nr. 9 S. 46 im Verwaltungswege die VO v. 21. 4. 1933 dahin ergänzt, daß beim Schächten die Blutentziehung ohne vorhergehende Betäubung vorgenommen werden darf, aber Vorkehrungen zu treffen sind, welche vermeidbare Schmerzen und Aufregungen der Tiere ausschließen. Vgl. noch MittNR 46, 127. Sonst (z. B. in Berlin) wird das Schächten stillschweigend geduldet. Die §§ 2, 3, 4 Satz 1, 9, 11 SchlVO gelten auch für die Schächtung."[765] Der BGH bejahte mit Blick auf das RSchlG „spezifisch nationalsozialistisches Unrecht".[766]

Im Übrigen wurde die Fortgeltung des Schlachtgesetzes bejaht,[767] damit „das Reichsgesetz [...] auch in der Bundesrepublik bis 1986 formell geltendes Recht [war]. Auch das Tierschutzgesetz von 1972 beschäftigte sich nicht mit der Neuordnung des Schlachtrechts. Erst die Novelle vom 18. 8. 1986 bezog grundlegende Regelungen ins Tierschutzgesetz ein und löste damit das Schlachtgesetz von 1933 ab."[768]

2. Fragestellungen gegenwärtiger Forschungen

1999 ist rechtsgeschichtlich der Frage nachgegangen, ob „die Schlachtgesetze nicht so sehr tierschützerisch, sondern eher antisemitisch motiviert"[769] seien. Im selben Jahr warf ein anderer Beitrag rechtspolitischer Art *den* „Nationalsozialisten" vor, „unter dem Deckmantel einer von breiten Kreisen der Bevölkerung gewünschten tierschützerischen Regelung [...] eine zunächst noch verhaltenabwartende antijüdische Politik zu verfolgen, indem eine alte, wenngleich ethisch bedenkliche jüdische Tradition unter Strafe gestellt wurde."[770]

a) Zur Entstehung der Schlachtgesetze

Anzumerken ist allerdings zunächst, dass 10 von den 14 Ministern des Kabinetts, welches das RSchlG beschloss, nicht der NSDAP angehörten.[771]

765 Lorz, *Naturschutz-, Tierschutz- und Jagdrecht*, 1961, S. 38.

766 BGH Urt. v. 27. 6. 1960 – IV ZR 305/59, S. 8 (13).

767 Lorz, *Naturschutz-, Tierschutz- und Jagdrecht*, 1961, S. 36.

768 Kuhl / Unruh, *Tierschutz und Religionsfreiheit*, in: DÖV, 1991, S. 95.

769 Eberstein, *Tierschutzrecht bis 1933*, 1999, S. 251.

770 Caspar, *Tierschutz in der Industriegesellschaft*, 1999, S. 269.

771 Kopfmäßig betrug das Verhältnis ursprünglich 3 zu 8: Seitens der NSDAP wurden 1. Reichskanzler Adolf Hitler, 2. Innenminister Wilhelm Frick, 3. Reichsminister ohne Geschäftsbereich Hermann Göring aufgestellt, und sonstige Besatzungen waren 4. Vizekanzler Franz von Papen (bis 1932 Zentrum, nun parteilos), 5. Außenminister Kon-

aa) Zuschreibung der Urheberschaft

Im Einzelnen ergibt sich eine Verantwortung der NSDAP bei jenen Bestimmungen, die nicht schon bei Dr. Stützel (BVP), sondern erst unter Dr. Fricks (NSDAP) Führung zustandekamen. Diese erweisen sich als des RSchlG § 1 Abs. 1 (Schutzbereich: „warmblütige" statt bislang aufgezählter Gattungen; Initiator: Göring), Abs. 2 S. 1 (Möglichkeit der Schutzerweiterung auf Kaltblütige), S. 2 samt § 2 S. 2 (behelfsmäßige Ermächtigung der Landesregierungen zu näheren Schutzbestimmungen für kalt- und warmblütige Schlachttiere); der RSchlVO § 1 S. 2 (ausdrückliche Miteinbeziehung des Geflügels in den Schutzbereich des Schlachtenrechts, Initiator: Dr. Buttmann), § 2 S. 2 (Notschlachtung vor Menschengefühlschutz), § 6 Abs. 1 S. 1 (Vermeidung von Schmerzen und Aufregung als Grundsatz), S. 2 (Schnelligkeit und Nachhaltigkeit als Gebot; Initiator: Dr. Buttmann), S. 3 (Apparate vor Kopfschlag, Ideengeber: Dr. Klein, Befürworter: Dr. Buttmann), S. 4 (Kopfschlag nur Ausnahme bei Großvieh), S. 5 (zulässige Kopfschlagzeuge samt Beschaffenheit je nach Kleinviehgattungen), Abs. 2 (Strombetäubung, Ideengeber: Dr. Klein, Beweisführer: Prof. Dr. Müller und Prof. Dr. Weinberger, Befürworter: Dr. Buttmann, Bewährungsauftraggeber: Dr. Frick), § 7 S. 1 (Begriffsbegrenzung Schlachtkundiger), S. 2 (Augenbindung und Kopfhaltung, Ideengeber: Dr. Klein, Befürworter: Dr. Buttmann), § 8 (Ausnahme des Geflügels vom Betäubungszwang bei schneller Kopftrennung), § 10 (Fesselung erst bei Erforderlichkeit), § 11 (auch Enthäuten und Rupfen erst nach Todeseintritt).

bb) Gesetzesinhalt: Schächtverbot oder Betäubungsgebot?

Freilich ließ das Reichsrecht den § 6 Abs. 2 des BaySchlVO vermissen: „*Der Halsschnitt (Schächtschnitt) ist nach § 1 der Bundesratsverordnung über das Schlachten von Tieren vom 2. Juni 1917 (RGBl. S. 471) für das rituelle Schächten durch die hierzu bestellten Schächter noch zugelassen. Er darf aber, da Ausnahmen vom Betäubungszwang über die Fälle des Abs. I hinaus im Gesetze nicht vorgesehen sind, nur dann vorgenommen werden, wenn das Schlachttier*

stantin von Neurath (parteilos; erst seit 1937 NSDAP), 6. Finanzminister Lutz Graf Schwerin von Krosigk (zeitlebens parteilos), 7. Wirtschaftsminister und 8. Minister für Landwirtschaft und Ernährung Dr. Alfred Hugenberg (DNVP), 9. Justizminister Dr. Franz Gürtner (DNVP, erst seit 1937 NSDAP), 10. Verkehr- und 11. Postminister Peter Paul Freiherr von Eltz-Rübenach (parteilos), 12. Arbeitsminister Franz Seldte (Stahlhelm, erst seit 27. 10. 1933 NSDAP), und 13 Wehrminister Generalleutnant (erst 1936 zu Feldmarschall befördert) Werner von Blomberg (parteilos); indessen wurde am 13. 3. 1933 das 14. Ministerium für Volksaufklärung und Propaganda errichtet unter dem bisherigen Berliner Gauleiter und Reichspropagandaleiter der NSDAP, Dr. Joseph Goebbels.

vor dem Schächtschnitt vollständig betäubt wird." Tragend waren aber nicht antisemitische Erwägungen. Dr. Brügel (DNVP), der wiederholt Zeuge dafür gewesen sei, „daß der Schächtungsbeamte nicht zur rechten Zeit da war"[772] und das Tier bis zum Schächtungsakt bereits wieder im Zustand des Wiedererwachens sei,[773] hatte seinen gemeinsamen Antrag mit Dr. Buttmann (NSDAP) dahingehend gestellt: „Die Betäubung müsse aber solange nachhalten, bis der Schächtschnitt vollzogen sei."[774] Nicht von ungefähr gelobte auch Dr. Hoegner (SPD): „Es handle sich hier nicht um ein Schächtverbot, sondern um einen Gesetzentwurf über Betäubungszwang."[775] Nachdem dieser reichsweit eingeführt worden war, blieb Dr. Einhauser der fortwährenden An- und Einsicht: „Wenn die Juden ihre Tiere vor dem Blutentzug betäuben, können sie auch im Deutschen Reich schächten. In die Art des Blutentzugs, also durch Halsschnitt (Schächtschnitt), greift das Gesetz nicht ein."[776] Diese Worte gab Dr. Hans Frank ohne Zensur im „*Nationalsozialistischen Handbuch für Recht und Gesetzgebung*" heraus. Die gleiche Einsicht erfreute sich auch über die Nachkriegsjahre hinaus Fortbestands: eine Betäubung i. S. d. Schlachtrechts (§ 1 Abs. 1 RSchlG, §§ 6, 7, 12 SchlVO) sei stets eine Totalbetäubung,[777] und da*nach* sei die Schlachtmethode (meist Halsstich, Halsschnitt oder Bruststich) beliebig.[778]

cc) Beweggrund: Antisemitismus oder Tierschutz?

Obwohl das Schächten daher nicht verboten war, wurde es bisweilen als Verbot verstanden. Beispielweise begrüßte Dr. Bützler im Namen und Kreise der Tierschutzvereine das Verbot des *betäubungslosen Schlachtens.* Die erklärten Gegner des — hinzu immer mit dem Beiwort: betäubungslosen — *Schächtens* waren die Tierschützer, davon am tatkräftigsten Dr. Klein seit 1912 und Dr. Einhauser ab 1926. 1930 kamen nur 9 der 64 Zustimmungen von der NSDAP, und die ebenfalls als rechts geltende DNVP kam nicht über 12 hinaus, während erst die SPD mit 22 „Ja"-Stimmen den entscheidenden Anteil gegen die 42 Gegenstimmen der BVP bewerkstelligte. Dafür hatte Dr. Hoegner im Verfassungsausschuss mehr als ausdrücklich beteuert: „Die sozialdemokratische Partei wisse

---

772 TSV München, *Der gesetzliche Betäubungszwang, Heft 1: Bayern*, 1930, S. 82.

773 TSV München, *Der gesetzliche Betäubungszwang, Heft 1: Bayern*, 1930, S. 73.

774 Äußerung v. 23. 1. 1930, in: TSV München, *Der gesetzliche Betäubungszwang, Heft 1: Bayern*, 1930, S. 82.

775 Äußerung v. 8. 6. 1929, in: TSV München, *Der gesetzliche Betäubungszwang, Heft 1: Bayern*, 1930, S. 54.

776 Einhauser, *Gesetz über das Schlachten von Tieren*, in: Frank (Hrsg.), *Handbuch*, 1935, S. 899.

777 Lorz, *Naturschutz-, Tierschutz- und Jagdrecht*, 1961, S. 37; 2. A., 1967, S. 265.

778 Lorz, *Naturschutz-, Tierschutz- und Jagdrecht*, 1961, S. 42; 2. A., 1967, S. 272.

sich von jeder antisemitischen Tendenz vollständig frei. Der eine Gesichtspunkt sei der rein sachliche Gesichtspunkt des Tierschutzes. Dieser Gesichtspunkt sei für seine Fraktion ganz allein ausschlaggebend. Sie halten diesen sachlichen Gesichtspunkt für so durchschlagend, daß entgegenstehende Bedenken nicht Raum haben sollte. Der zweite Gesichtspunkt sei der der reinen rituellen Anschauung. Dieser käme für seine Partei nicht in Frage“[779], weil „seine Partei sich gegen ein Verbot des Schächtschnittes wende. Der Gesetzentwurf bedeute aber kein Verbot des Schächtschnittes.“[780]

Unter Aussparung parteipolitischer Polemik konnte Dr. Einhauser fünf Jahre später sowohl für das Reichs- wie auch für das Bayerische Schlachtgesetz gültig kommentieren: „Der § 1 Abs. 1 ist kein Schächtverbot, sondern befiehlt allgemein, für Schächtungen sowohl wie für alle anderen Schlachtungen, die Betäubung“[781], die „weit über das Schächten für den Bedarf der Juden hinaus[wirkt]“, denn es „pflegten viele nichtjüdische Fleischverkäufer vorsorglich, damit sie auch an jüdische Kundschaften verkaufen konnten, alle ihre Schlachttiere schächten zu lassen. [...] Über das Schächten hinaus wirkt der § 1 Abs. 1 auch noch insofern, als in manchen Gegenden Deutschlands bisher — nach Handwerksbrauch — das Betäuben von Kälbern und anderen kleinen Tieren nicht üblich war.“[782]

Auf dieser Grundlage konnten Giese und Kahler zusammenfassen und ausblicken:

> „Das Schlachtgesetz vom 21. April 1933 ist aus *tierschützerischen* Gründen erlassen; es verwirklicht die seit Jahrzehnten erhobene Forderung des Tierschutzes, bei der Tötung der Schlachttiere alle unnötigen Tierquälereien auszuschalten; [...] In Erfüllung dieser Forderung schließt das Gesetz gleichzeitig ein Verbot des jüdisch-rituellen Schächtens ein. Das Schächtverbot ist indessen nicht der Hauptzweck, sondern eine Folge des Gesetzes. Das Gesetz ist, wie schon seine Überschrift besagt, nicht etwa ein Gesetz zum Verbot des Schächtens, sondern es regelt allgemein die

779 Äußerung v. 23. 1. 1930, in: TSV München, *Der gesetzliche Betäubungszwang, Heft 1: Bayern*, 1930, S. 82.

780 Äußerung v. 22. 1. 1930, in: TSV München, *Der gesetzliche Betäubungszwang, Heft 1: Bayern*, 1930, S. 74.

781 Einhauser, *Gesetz über das Schlachten von Tieren*, in: Frank (Hrsg.), *Handbuch*, 1935, S. 899.

782 Einhauser, *Gesetz über das Schlachten von Tieren*, in: Frank (Hrsg.), *Handbuch*, 1935, S. 900; als Beispiele für die „Vorsorge“ nannte er in den Zwischenzeilen: „In Preußen war damals der Hundertsatz der Schächtungen etwa 30 bis 50 aller Schlachtungen, in einzelnen Gemeinden noch höher. So wurde z. B. nach dem Ergebnis einer Rundfrage vom 15. November 1928 im öffentlichen Schlachthaus in Aurich (Hannover) 99 v. H. des Großviehs und 100 v. H. der Schafe, Hammel und Ziegen geschächtet.“ Vgl. Klein, *Aus Schlachthäusern*, 1912, S. 107 – 110.

Schlachtung von Tieren, die zum menschlichen Genuß bestimmt sind, und schafft eine Handhabe, alle beim Schlachten vorkommenden Tierquälereien und Grausamkeiten zu verhindern, wie sie auch abgesehen von den rituellen Schächten leider noch recht häufig beobachtet wurden, z. B. bei den Hausschlachtungen, bei dem Schlachten von Geflügel in ländlichen Verhältnissen usw."[783]

Neben dieser Erwähnung in der *Einleitung* konnte sich ihr eigentlicher *Kommentar* ebensowenig um das Schächten kümmern wie das Gesetz und die Verordnung selbst. Stattdessen wurden fortbestehende Schlachttierquälereien verfolgt:

„Durch Runderlaß des Reichsministers des Innern betr. Schlachtungen durch Hausschlächter vom 23. Oktober 1936 (RMBliV. S. 1478) sind deshalb die beamteten Tierärzte, die Fleischbeschautierärzte, Fleischbeschauer und Trichinenschauer angewiesen worden, daß sie den Hausschlachtungen besonders Augenmerk zuwenden, bei sich bietender Gelegenheit die Schlachtenden belehren und auf die bestehenden gesetzlichen Bestimmungen, vor allem auf die Strafvorschriften hinweisen sowie etwaige bei den Hausschlachtungen vorkommende Verstöße gegen die Verordnung über das Schlachten von Tieren und gegen das Tierschutzgesetz zur Anzeige bringen."[784]

dd) Praktische Wirkung

Da die Betäubung rabbinisch verweigert wurde, gab es in Deutschland gleichwohl im Ergebnis kein koscheres Fleisch mehr zu kaufen,[785] was von den orthodoxen Juden auch als persönliche Einschränkung empfunden würde.[786] Nicht geleugnet ist jedoch: „Ein nicht unerheblicher Teil der deutschen Juden aß auch Fleisch aus Schächtungen, bei denen die Tiere zuvor betäubt worden waren. Daneben blieben Fisch und vegetarische Produkte zur Ernährung übrig."[787] Für die orthodoxen Juden blieben von tierischen Erzeugnissen Käse und Eier nach wie vor möglich, und koscheres Fleisch konnte bis 1937 aus der preußischen Provinz Oberschlesien, danach nur vom Ausland, besonders aus Dänemark, besorgt werden.[788] Ein Einfuhrverbot, infolgedessen „den Juden [...] auch der Genuß geschächteten Fleisches verwehrt werden"[789] sollte, war jedenfalls nicht erlassen.

783 Giese / Kahler, *Das deutsche Tierschutzrecht*, 1939, S. 156.

784 Giese / Kahler, *Das deutsche Tierschutzrecht*, 1939, S. 161.

785 Jentzsch, *Tierschutz und Schächtverbot*, in: DVG, *Veterinärmedizin im Dritten Reich*, 1998, S. 48.

786 Heintz, *Tierschutz im Dritten Reich*, 2008, S. 33.

787 Jentzsch, *Tierschutz und Schächtverbot*, in: DVG, *Veterinärmedizin im Dritten Reich*, 1998, S. 52.

788 Jentzsch, *Tierschutz und Schächtverbot*, in: DVG, *Veterinärmedizin im Dritten Reich*, 1998, S. 49.

789 Eberstein, *Tierschutzrecht bis 1933*, 1999, S. 252.

b) Für die Tiere

Inwieweit trotzdem betäubungslos geschächtet wurde, ist unklar. Zwischen 1933 und 1945 fanden sich nur 15 Gerichtsurteile betreffend das rituelle Schlachten, von denen mindestens 7 in Oberschlesien gefällt wurden, wo das RSchlG infolge Abkommens erst ab 1937 galt.[790]

Was die sonstigen Schlachttiere anging, da fanden sich weiterhin Probleme, die aufzuzeigen Dr. Einhauser sich nicht scheute: „Der Kopfschlag führt sowohl beim Großvieh wie beim Kleinvieh, hier namentlich bei Schweinen, häufig zu Fehlschlägen und ist dann in hohem Grade tierquälerisch. Bei Schafen und Ziegen ist er meist überhaupt wirkungslos, da der Schädel dieser Tiere viel zu hart und dabei spitz zugewölbt ist und da unter dem Schädel nicht gleich das Gehirn, sondern zunächst noch ein Hohlraum liegt. Als ein sicher wirkendes Betäubungsgerät kann der Kopfschlag nur bei Spanferkeln, kleineren Schaf- und Ziegenlämmern, Kaninchen und Geflügel angesehen werden. Der Kreis derjenigen Tiere, die nur mit mechanisch wirkenden Geräten betäubt werden dürfen, ist in der Verordnung daher verhältnismäßig eng gezogen. Der § 6 bleibt in dieser Beziehung sogar hinter den Vorschriften zurück, die vor dem Schlachtgesetz in weiten Gebieten Deutschlands erlassen worden waren. So war — immer mit Ausnahme der rituell geschächteten Tiere — durch oberpolizeiliche Vorschriften, z. T. schon seit Jahrzehnten, für alle Schlachtungen innerhalb wie außerhalb der Schlachthöfe der Kopfschlag verboten und dafür Bolzenschuß (oder Kugelschuß) oder Schlagbolzen vorgeschrieben worden: [...]. — Wenn auch die Schlachthausordnungen der Gemeinden in der Ausschließung des Kopfschlages meist erheblich weiter gehen als § 6 Absatz 1, so ist doch eine baldige Ausdehnung des Kopfschlagverbotes des § 6 nicht zu vermeiden, damit nicht da und dort in Metzgereien und bei Hausschlachtungen der Kopfschlag wieder an Boden gewinnt."[791] Das einzige, was Giese und Kahler nicht von dieser Kritik

---

790 Jentzsch, *Das rituelle Schlachten von Haustieren in Deutschland ab 1933*, 1998, S. 199.

791 Einhauser, *Gesetz über das Schlachten von Tieren*, in: Frank (Hrsg.), *Handbuch*, 1935, S. 901 – 902; die an Stelle der eckigen Klammer genannten Beispiele waren: „für das Großvieh und Schweine: in der Provinz Sachsen (Verordnung des Oberpräsidenten vom 5. 2. 1909), im Regierungsbezirk Aurich (7. 5. 21), in Anhalt (18. 2. 14), Schaumburg-Lippe (5. 4. 24); für das aufgewachsene Rind: im Freistaat Sachsen (20. 12. 10), in Lippe (9. 8. 23); für die Schweine: in der Provinz Schleswig-Holstein (28. 9. 22), im Regierungsbezirk Lüneburg (21. 11. 24). Die bayerische Vollzugsbekanntmachung vom 17. Mai 1930 (Gesetz- und Verordnungsblatt S. 133) zum bayerischen Gesetz über das Schlachten von Tieren vom gleichen Tage hatte den Kopfschlag in allen öffentlichen und privaten Betrieben verboten, und zwar für Großtiere, Schweine, Schafe und Ziegen, ausgenommen Sauferkel, Lämmer und Kitze."

übernahmen, war der „Kugelschußapparat", der wegen zahlreicher Fehlschussunfälle nicht in § 6 Abs. 1 Satz 3 RSchlVO gezählt wurde und somit dessen Anwendung verboten war.[792] Sonst gaben beide Ministerialräte alle vom dienstalten Tierschützer geschilderten Verhältnisse zu, mussten sich aber mit der einengenden Auslegung des § 6 abfinden, ohne auf den Kopfschlag verzichten zu können, „wenn die Betäubung aller warmblütigen Schlachttiere mit alsbaldiger Wirkung im gesamten Reichsgebiet eingeführt werden sollte."[793]

Rechtsgeschichtlich ist also wiederum ein Vergleich geboten, was der immerhin noch geduldete Betäubungsschlag und das nunmehr verbotene betäubungslose Schlachten für die eigentlichen Opfer bedeuteten. Das mag wiederum den Tierärzten anheimfallen, die „sich für immer zum Ruhme anrechnen, in der Schächtfrage getreu ihrer Überzeugung und unbekümmert um äußere Einflüsse und sogar etwaige persönliche Nachteile ihren Mann gestanden zu haben, als *die durch Beruf verpflichteten Anwälte der stummenleidenden Schlachttiere*."[794] Eigentlich hatten sie das Urteil schon 1927 gefällt: „Wenn auch unbedingt zugegeben werden muß, daß namentlich beim Kopfschlag bisweilen nicht gleich der erwünschte Erfolg eintritt, so wird man einem Metzger, der diesen Fehlschlag machte, doch sicherlich keinen Vorwurf der Grausamkeit machen können. Die gute Absicht, das Tier schmerzlos zu töten, bestand unbedingt."[795] Und „derartige Vorfälle dürften im Verhältnis zu Schächten vereinzelt sein"[796], bei dem regelmäßig „vom tierquälerischen Niederwerfen bis zum schmerzhaften Schächtschnitt alles am unbetäubten Tier vorgenommen wird."[797] „Das alles ist für jeden Menschen, ob Sachverständiger oder Laien so klar, daß bei freier Wahl der Todesart sich wohl kein Mensch den Schächtschnitt wählen würde."[798]

---

792 Giese / Kahler, *Das deutsche Tierschutzrecht*, 1939, S. 165.

793 Giese / Kahler, *Das deutsche Tierschutzrecht*, 1939, S. 166.

794 Klein, *Aus Schlachthäusern*, 1912, S. 116.

795 H. Brinkwirth, in: *Die deutschen Tierärzte gegen das betäubungslose Schächten*, 3. A., 1927, S. 22.

796 H. Walter, in: *Die deutschen Tierärzte gegen das betäubungslose Schächten*, 3. A., 1927, S. 81.

797 H. Brinkwirth, in: *Die deutschen Tierärzte gegen das betäubungslose Schächten*, 3. A., 1927, S. 22.

798 Dr. Cuno Walther (Generaloberveterinär a. D., Berlin), in: *Die deutschen Tierärzte gegen das betäubungslose Schächten*, 3. A., 1927, S. 82.

VI. Gesamtbetrachtung

Während die verbleibende Beförderungsfrage erst im Rahmen der Verkehrsordnungen 1937 / 38 reichseinheitlich geregelt wurde, war der Betäubungszwang für Schlachttiere mit der Reichsgesetzgebung 1933 durchgesetzt worden. Die Diskussion führte ins Jahr 1884 zurück, woraufhin zahlreiche Gutachten und Gegengutachten (auf Seite der Tierschützer und Tierärzte 1901, 1905, 1910, auf jüdischer Seite 1894, 1902, 1908) mehrere Runden Meinungsschlachten ablieferten. Als verschiedene Anstalten jahrelang Forschungen anstellten, um eine humane Schlachtmethode zu finden, die dem rituellen Gebote der orthodoxen Juden nicht widerspräche, war sowohl in gesetzgebenden Körperschaften Wortgefechte ausgetragen wie „auch hinter verschlossenen Türen und auf abseitigen Wegen“[799] gestritten worden, bis Bayern 1930 den ersten gesetzlichen Betäubungszwang auf deutschem Boden einführte. Der Münchener Tierschutzverein vermerkte dazu: „Das Gesetz ist sohin mit den Stimmen aller Parteien von der äußersten Linken bis zur äußersten Rechten mit einziger Ausnahme der Bayerischen Volkspartei beschlossen worden.“[800] Und ausgerechnet unter der Vorherrschaft Letztgenannter[801] hatte die Bayerische Staatsregierung das Gesetz entwerfen lassen, das unverändert zur Gültigkeit gelangte.

Was das Reichsrecht hinzufügte (s. o. „Urheberschaft“), das diente lediglich dem Tierschutz. Gegen einen „rassistischen Tierschutz“[802] sprach auch die spätere Diskussion darüber, ob das Schächten nunmehr nach § 9 Abs. 1 des RTierSchG vom 24. November 1933 mit Gefängnis bis zu zwei Jahren zu bestrafen sei. Doch das OLG Darmstadt erkannte in seinem Revisionsurteil vom 12. Oktober 1934: „Dadurch, daß das SchlachtG. v. 21. April 1933 die vorherige Betäubung des Schlachttieres für alle Schlachtungen, mit Ausnahme der Notschlachtungen, anordnet, nimmt es dem rituellen Schächten, das nach der Bek. v. 2. Juni 1917 noch erlaubt war, die Berechtigung, und erst dadurch wird die von der Verteidigung selbst zugegebene, auch nicht zu bestreitende *Tierquälerei* zu einer *unnötigen* […] und deshalb strafbaren“.[803] Danach stellte Adolph fest: „Für eine [Straf-] Änderung dürfte aber kaum ein Bedürfnis vorliegen, da eine Hand-

---

799 TSV München, *Der gesetzliche Betäubungszwang, Heft 1: Bayern*, 1930, S. 13.

800 TSV München, *Der gesetzliche Betäubungszwang, Heft 1: Bayern*, 1930, S. 97.

801 Eberstein, *Tierschutzrecht bis 1933*, 1999, S. 242, Fn. 1021 vermerkte, die bayerische Regierung setze sich zur Zeit unter Absehung von Dr. Franz Gürtner (DNVP) als Justiz- und Dr. Anton Fehr (DBP) als Landwirtschaftsminister ausschließlich aus Mitgliedern der BVP zusammen.

802 Jentzsch, *Tierschutz und Schächtverbot*, in: DVG, *Veterinärmedizin im Dritten Reich*, 1998, S. 44.

803 Ber. v. OLG-Richter Bechstein, in: JW, 64. Jg., Bd. 1, S. 723.

lung aus religiösen Motiven gewöhnlich mildere Richter findet, eine darüber hinausgehende Quälerei beim Schlachten aber sowieso unter § 1 des Tierschutzgesetzes fällt.“[804] Schließlich verteidigte Giese auch 1951 noch immer, die Schlachtgesetze seien aufgrund der Volksauffassung und aus tierschützerischen Gründen erlassen.[805]

Insgesamt klärt sich also auf, „daß als Hauptwirkung des Schlachtgesetzes das Schächtverbot erschien, obwohl das garnicht der Zweck des Gesetzes ist, sondern nur eine Folgeerscheinung. Der Zweck ist vielmehr, jede Quälerei bei der Schlachtung auszuschalten.“[806] Daher richteten sich die Bestimmungen schlechthin gegen „das betäubungslose Schlachten, das nicht nur bei allen für die Juden stattfindenden Schlachtungen allgemein angewandt wurde, sondern auch beim Schlachten von Kälbern, Schafen, Ziegen und sonstigen Kleintieren vereinzelt gebräuchlich war,“[807] und „an die ganze deutsche Bevölkerung“ als „allgemeine Gesetze“, die nicht gegen die Religionsfreiheit gemäß Art. 135 der Weimarer Verfassung vom 11. August 1919 verstießen.[808] „Der Betäubungszwang verlangt lediglich auch beim Schächten das Anwenden einer den rituellen Vorschriften nicht entgegenstehenden Betäubungsweise.“[809] Obwohl „kein Betäubungsverfahren bekannt war, das den Segen der Rabbiner gefunden hatte“[810], konnte man sich eben nicht über mangelnde Bemühungen beschweren.[811] Was

---

804 Adolph, *Schutz des Tieres im deutschen Recht*, 1935, S. 17; für den hier letztgenannten Fall galt die Fortführung des OLG Darmstadt a. a. O.: „Der […] Tatbestand der §§ 1, 9 TierSchG. geht über den der §§ 1, 3 SchlachtG. insofern hinaus, als er die unnötige Tierquälerei oder dir rohe Mißhandlung fordert, während dieser nur die Unterlassung der Betäubung verlangt. Die zu dem Gesetz gehörende VO. v. 21. April 1933 schreibt die Vornahme des Schlachtens in geschlossenen Räumen vor. Hierin wird also ebenso wie in dem aufgehobenen § 360 Nr. 13 StGB. das menschliche Empfinden geschützt, das TierschutzG. aber bezweckt den Schutz der Tiere um ihrer selbst willen. Auch diese beiden Erwägungen weisen darauf hin, daß der Fall der lex specialis nicht vorliegt, sondern bei dem Verstoß gegen beide Gesetze Idealkonkurrenz gegeben ist.“

805 Giese, *Das deutsche Tierschutzrecht*, 4. A., 1951, S. 152, 154; wortgleich mit 1939, S. 153, 156.

806 Adolph, *Schutz des Tieres im deutschen Recht*, 1935, S. 14.

807 Giese / Kahler, *Das deutsche Tierschutzrecht*, 1939, S. 148.

808 Jentzsch, *Tierschutz und Schächtverbot*, in: DVG, *Veterinärmedizin im Dritten Reich*, 1998, S. 48.

809 Ursprünglich in: *Deutsche Schlachthof-Zeitung*, Folge 17 v. 10. 9. 1927, auch in: TSV Berlin und München, *Neues vom betäubungslosen Schächten*, 1927, S. 28.

810 Jentzsch, *Tierschutz und Schächtverbot*, in: DVG, *Veterinärmedizin im Dritten Reich*, 1998, S. 51.

811 Neben dem im obigen Text wiedergegebenen Ringen um die elektrische Betäubung und unter Absehung des Bolzenschlags bzw. –schusses, der zwangsläufig Gehirnhautverletzung herbeiführt, überliefert sich noch in TSV Berlin und München, *Neues vom*

die orthodoxen Juden in Deutschland betraf, war immerhin „nicht zufällig“[812], indem der Nationalsozialismus „sich über all die geltend gemachten Bedenken und Erwägungen […] hinwegsetzte und offen in der Welt bekannte, daß den Forderungen des Tierschutzes größere Bedeutung beizumessen sei als der aus der jüdischen Glaubenslehre hergeleiteten Forderung des betäubungslosen Schächtens“;[813] oder wie Alfred Lemcke als approbierter Tierarzt und Führer im Veterinärdienst der Waffen-SS genauer sagte: „Zeitdenken unter dem Einfluss: erstens des Dogmatismus der Kirche, der dem Tiere Vernunftlosigkeit und Unbeseeltheit zudiktierte, weiter des Liberalismus mit der Rassenverleugnung und der These der Religions- und Gewerbefreiheit, und schliesslich des Materialismus und Mechanismus mit seiner weitgehenden Distanzierung zwischen Mensch und Tier unter Verkennung der vorhandenen beiderseitigen Gemeinsamkeiten, dieses Denken bedingte es, dass eine Reform des Schlachtwesens der Tiere auf ausserordentliche Schwierigkeit stiess.“[814] In der Tat gab es damals auch jüdische Stimmen gegen das Schächten ohne vorherige Betäubung.[815] Auch gegenwärtige Forschung veterinärmedizinischer Seite musste zugeben, „[daß] der tierschützerische Aspekt des Gesetzes nicht zu leugnen war.“[816] In Anbetracht dieser Begebenheiten kann man im Fall Schlachttierschutz maximal

---

betäubungslosen Schächten, 1927, S. 24, Fn.*: „Im Jahre 1913 hatte die bayerische Stadt Weiden die Betäubung der Schächttiere durch Kopfschlag unmittelbar nach dem Schächtschnitt angeordnet. Sie mußte diese Anordnung auf Veranlassung der Regierung von Oberpfalz und von Regensburg wieder aufheben (Regierungsentschließung vom 13. Februar 1913, Nr. 37 116), weil das Rabbinat Weiden erklärt, das ‚rituelle Schächten‘ werde durch diese Anordnung ‚unmöglich‘. Das Rabbinat berief sich auf eine Erklärung von 447 Rabbinern, darunter sämtlichen bayerischen Rabbinern, orthodoxen sowohl wie neologen, ‚daß der Kopfschlag oder Genickstich nach dem Schächtschnitt durchaus unzulässig ist.‘“ Bezeichnend vermerkte Dr. Bützler, *Gesetz über das Schlachten von Tieren*, in: *Zeitschrift des Verbandes Rheinisch-Westfälischer Tierschutz-Vereine*, 55. Jg. Nr. 2, 1933, S. 18: „Noch vor einigen Jahren, als sich die Tierschützer für die elektrische Betäubung der Rinder, Kälber und Schafe aussprachen, die geschächtet werden sollten, wäre es möglich gewesen, die elektrische Betäubung dem Schächten vorangehen zu lassen. Heute ist das zu spät.“

812 Caspar, *Tierschutz in der Industriegesellschaft*, 1999, S. 269.

813 Giese / Kahler, *Das deutsche Tierschutzrecht*, 1939, S. 154.

814 Lemcke, *Einfluss des Zeitdenkens*, 1943, S. 12;

815 Eine Aussage des Ehrenpräsidenten der Israelitischen Cultusgemeinde Zürich, Dr. Sigmund Feigel (1921 – 2004) ist in Lemcke, *Deutschlands erstes Tierschutzgesetz*, 2007, S. 13 zitiert; jene jüdischen Stellungnahmen, die in den rechtsgeschichtlichen Zeitraum dieser Arbeit fallen, siehe GStA PK Berlin-Dahlem, I. HA Rep. 84 a, Nr. 5215, Bl. 65 (als Heft beigefügt); Abdruck bei Lemcke, S. 46 – 57.

816 Jentzsch, *Tierschutz und Schächtverbot*, in: DVG, *Veterinärmedizin im Dritten Reich*, 1998, S. 51.

darauf schließen: „Der Antisemitismus war somit ein Teil der Schächtproblematik, die sicherlich politisch genutzt wurde. Dennoch ist der Tierschutzgedanke nicht am Rande zu nennen, sondern als mindestens gleichberechtigtes Argument.“[817] Inwiefern die Reichsgesetzgebung zu dessen Umsetzung beitrug, darüber können wir wieder Lorz, der 1936 über Tierschutz promoviert hat und bis in jüngste Tage (bisher letzte, 6. A. 2008) einer der führenden Kommentatoren des Tierschutzrechts bleibt, das Wort überlassen: „Schlachtgesetz und Schlachtverordnung dienen wesentlich dem ethischen Tierschutz, daneben ausnahmsweise anderen Zwecken (vgl. SchlVO § 2 Anm. 1). Der Schutz gilt dem Wohlbefinden des Tieres, dessen Tod durch die Schlachtung herbeigeführt werden soll. […] Der Gesetzgeber stellt daher eine Reihe von Regeln auf, deren Beachtung den nach Zeitverhältnissen technisch möglichen und wirtschaftlich zumutbaren Schutz der Schlachttiere gewährleistet.“[818]

---

817 Heintz, *Tierschutz im Dritten Reich*, 2008, S. 34.

818 Lorz, *Naturschutz-, Tierschutz- und Jagdrecht*, 1961, S. 36 – 37; 2. A., 1967, S. 264.

E. Strafgesetznovelle vom 26. Mai 1933

Während das Schlachtwesen nun erstmals reichseinheitlich reguliert worden war, ließ die Neuregelung des allgemeinen Tierquälereitatbestands seit der Anerkennung ihrer Bedürftigkeit vor über 40 Jahren trotz aller darauffolgenden Bemühungen immer noch auf sich warten.

I. Einschlägige Inhalte

Demgegenüber nahm der neue Reichsjustizminister, Dr. Franz Gürtner, im April 1933 die Strafrechtsreform wieder auf. In Hinblick darauf teilte Reichsinnenminister, Dr. Frick, mit dem Schreiben am 1. des Monats sämtlichen Landesregierungen und abschriftlich auch dem Reichsministerium für Landwirtschaft mit:

> „In der letzten Zeit sind aus Kreisen des organisierten Tierschutzes und von Einzelpersonen teils an den Herrn Reichskanzler, teils an mich zahlreiche Eingaben gerichtet worden, in denen [...] deutlich zum Ausdruck [kommt], daß in weitesten Kreisen des Volkes das Verlangen nach verstärktem Schutz der Tiere lebendig ist und ein schärferes Vorgehen gegen Tierquälerei aller Art seitens der Regierung erwartet wird.
>
> Bezüglich einer Verschärfung der gesetzlichen Bestimmungen über Tierquälerei weise ich ergebenst darauf hin, daß der vom Herrn Reichsminister der Justiz aufgestellte Entwurf eines Allgemeinen Deutschen Strafgesetzbuches eine erhebliche Verschärfung der Bestimmung über Tierquälerei vorsieht."[819]

Bis zum 26. Mai[820] konnte das *Gesetz zur Abänderung strafrechtlicher Vorschriften* erfolgten. Sein Art. I Ziffer 11 fügte neu als § 145 b ins RStGB ein:

> *„Wer ein Tier roh mißhandelt oder absichtlich quält, wird mit Gefängnis bis zu sechs Monaten oder mit Geldstrafe bestraft."*[821]

Gemäß Ziffer 19 desselben Artikels trat anstelle des bisherigen § 360 Nr. 13 RStGB folgende Fassung:

> *„wer einer zum Zwecke des Tierschutzes erlassenen Vorschrift zuwiderhandelt."*[822]

---

819 II A 4440/14.3. , in: GStA PK Berlin-Dahlem, I. HA Rep. 87 Nr. 20040, Bl. 142 VS+RS.

820 Die Bearbeitungsgeschichte in der Zwischenzeit s. Eberstein, *Tierschutzrecht bis 1933*, 1999, S. 318.

821 RGBl. I, Nr. 56 v. 29. 5. 1933, S. 295 (296).

822 RGBl. I, Nr. 56 v. 29. 5. 1933, S. 295 (297).

II. Betrachtung

Robert von Hippel meldete sich nochmals zu Wort: „Was lange währt, wird endlich gut.“[823] Denn die Wünsche, nach denen er seit 1891 gestrebt hatte, wurden nun zur Wirklichkeit: Zuerst erfolgte „die grundsätzliche Bestrafung der Tiermißhandlung“[824] durch die Abschaffung der Merkmale Öffentlichkeit und Ärgerniserregung. Zudem erhob die angehobene Strafhöhe des § 145 b die Tierquälerei zu einem Vergehen. Zuletzt nahm das RStGB die Tierschutznorm auf. Unter anderem „erhielten die landesrechtlichen Vivisektionsverordnungen dadurch zum ersten Mal eine strafrechtliche Sanktion.“[825]

„Trotz dieser nicht unerheblichen Verbesserung“[826] sahen Giese und Kahler einen „immer noch unbefriedigende[n] Zustand“: Bei § 145 b sei „der heute geltenden Auffassung von der Schutzwürdigkeit des Tieres insofern nicht genügend Rechnung getragen, als die Tierquälerei absichtlich erfolgt sein muß“[827], „weil ein auf Herbeiführung einer Tierquälerei gerichteter Wille des Täters nicht nachweisbar war.“[828] Das Blankett des § 360 Nr. 13 n. F. musste „durch die erwähnten landesrechtlichen Bestimmungen ausgefüllt“[829] werden, die „notwendig zur Rechtsunsicherheit und –Ungleichheit führen.“[830] Und, so Giese und Kahler, „angesichts der Tatsache, daß die Tierquälerei nicht mehr — wie in den Entwürfen seit 1913 — in einem eigenen Abschnitt behandelt wurde, sondern — wie im § 146 des Entwurfs von 1909 — an das Ende des Abschnitts ‚Verbrechen und Vergehen gegen die öffentliche Ordnung‘ gestellt wurde, kann sowohl be-

823 v. Hippel, *Zur Bestrafung der Tierquälerei*, in: DJZ, Heft 19 v. 1. 10. 1933, S. 1254.

824 Lorz, *Naturschutz-, Tierschutz- und Jagdrecht*, 1961, S. 1.

825 Eberstein, *Tierschutzrecht bis 1933*, 1999, S. 320; mit Anspielung auf Adolph, *Schutz des Tieres im deutschen Recht*, 1935, S. 19, Fn. 120, wonach Görings Verhängung von Konzentrationslager gegen Vivisektoren auch „garnicht nötig“ sei; hingegen erachtete Sommer die Freiheits- bzw. Geldstrafe als nutzlos gegen dieselben. (s. u.)

826 v. Skopnik, *Das deutsche Reichs-Tierschutzgesetz*, 1934, S. 12.

827 Giese / Kahler, *Das deutsche Reichs-Tierschutzgesetz*, 1934, S. 14; *Das deutsche Tierschutzrecht*, 1939, S. 14; 4. A., 1951, S. 5.

828 Giese / Kahler, *Das deutsche Reichs-Tierschutzgesetz*, 1934, S. 14; *Das deutsche Tierschutzrecht*, 1939, S. 14; 4. A., 1951, S. 5. Einen Beispielfall dafür bot wiederum das Katzenwürgen. Dieses war nach dem Bad. OLG (Urt. v. 26. 1. 1933, Ss,–SM 2/33) weiterhin keine Tierquälerei i. S. d. § 360 Z. 13 RStGB [a. F.], denn die Prüfung finde „weder ohne jeden sachlichen Zweck statt, noch ging sie auf gefühllose Gesinnung zurück. Sie entsprang vielmehr nach den tatsächlichen Feststellungen dem an sich vernünftigen und sicher nicht wertlosen Bestreben, die Aufzucht der Jagdhunde und damit unmittelbar die Jagd selbst zu fördern.“ Dieses Falles blieb Reichsinnenminister Dr. iur. Frick eingedenk, s. u. S. 216 – 218.

829 Lorz, *Naturschutz-, Tierschutz- und Jagdrecht*, 1961, S. 1.

830 v. Hippel, *Tierquälerei*, 1891, S. 132; *Vergl. Darst.*, 1906, S. 267.

züglich des § 360 Nr. 13 als auch bezüglich des § 145 b von systematischen Notlösungen gesprochen werden."[831] Weil es ferner zur ganzen Strafgesetznovelle keine amtliche Begründung gab und der Sachbearbeiter im Reichsjustizministerium, Otto Wagner, bei Anfragen nach §§ 145 b und 360 Nr. 13 einfach auf die Begründung des Entwurfs 1927 verwies,[832] hatte man das Gefühl: „Es sollte hier nicht eine bestimmte Auffassung über den Rechtsgrund der Bestrafung dokumentiert, sondern lediglich zunächst eine wirksame Bestrafung der Tierquälerei überhaupt ermöglicht werden."[833] Daraus ließ sich schließen: „Daß es sich aber nur um eine vorläufige Lösung handeln konnte, ergibt sich ohne weiteres daraus, daß ein sehr wesentliches Problem, die Vivisektion, überhaupt nicht berührt ist."[834]

III. Übergang zum Reichstierschutzgesetz

Nicht zuletzt aus diesen Gründen ging die Suche nach einer gesetzlichen Neuregelung weiter.

1. Dr. Franks Bekanntmachung vom 6. Juli 1933

Auf Dr. Fricks Ersuchen, „der Frage des Tierschutzes erhöhte Aufmerksamkeit zuzuwenden"[835], bescheinigte eine bayerische *Bekanntmachung des Staatsministers der Justiz vom 6. 7. 33 Nr. 36878 über die Bekämpfung der Tierquälerei* zuerst kurz der Reichsregierung, „die Tierquälerei, diese Kulturschande eines Volkes, wirksam zu bekämpfen," und erteilte dann die Anweisung:

> „Ich mache es den Strafverfolgungsbehörden zur Pflicht, bei der Würdigung dieser Frage den strengstmöglichen Standpunkt einzunehmen.
>
> Als rohe Mißhandlung wird insbesondere das *Katzenwürgen* zu gelten haben, das ist die Anwendung von Katzen oder anderen lebenden Tieren zur Prüfung von Hunden auf Raubzeugschärfe oder zur Vorbereitung solcher Prüfung. Der Tatbestand des § 145 b StGB. wird in der Regel auch erfüllt sein, wenn *Zug- oder Packtiere zu Leistungen* verwendet werden, die offensichtlich ihre Kräfte übersteigen, wenn kranke oder verletzte Tiere zur Arbeit herangezogen werden oder auch, wenn Tiere in gewisser Weise übermäßig lang schutzlos den Einflüssen besonderer Hitze oder Kälte ausgesetzt werden.

---

831 Eberstein, *Tierschutzrecht bis 1933*, 1999, S. 320.

832 Vgl. BA Berlin-Li., 30.01., Nr. 6318, Bl. 202.

833 Adolph, *Schutz des Tieres im deutschen Recht*, 1935, S. 7.

834 Adolph, *Schutz des Tieres im deutschen Recht*, 1935, S. 6.

835 GStA PK Berlin-Dahlem, I. HA Rep. 87 Nr. 20040, Bl. 143.

Trotz scheinbaren Vorliegens des Tatbestandes der Tierquälerei muß ein strafrechtliches Einschreiten unterbleiben, wenn das Verhalten des Täters aus besonderen Gründen objektiv rechtsmäßig war. Ob dies der Fall ist, bedarf besonders gewissenhafter Prüfung bei der Frage des Vorgehens gegen *Vivisektion.* Versuche an lebenden Tieren werden im allgemeinen *nur dann nicht* strafbar sein, wenn sie im Einzelfalle mit Genehmigung des zuständigen Ministeriums von wissenschaftlich dazu vorgebildeten Personen oder unter derer Leitung zu ernsten wissenschaftlichen oder gemeinnützigen Zwecken und innerhalb der hierdurch gebotenen Schranken, insbesondere unter Vermeidung jeder für den Zweck entbehrlichen Schmerzerregung vorgenommen wird.

Ich erwarte von meinen Staatsanwälten und Amtsanwälten, daß sie unter Beachtung dieser Richtlinien dem Willen des Führers entsprechend Grausamkeiten des Menschen gegen das Tier *mit allem Nachdruck* entschieden verfolgen und bei jeder unter die neue Strafvorschrift fallenden Tierquälerei auf die Verhängung einer empfindlichen, der rohen Gesinnung des Täters entsprechende Strafe hinwirken.

Dr. Hans Frank.“[836]

Diese erstmalige Stellungnahme zu den o. g. Streitfragen aus der republikanischen Zeit scheint nicht nur in der *Bayerischen Staatszeitung* erschienen zu sein. So ersuchte Hermann Michaelis, I. Vorsitzender des Berliner „Bundes der Tierfreunde Deutschlands e.V.“ am 28. Juli 1933 den Preußischen Justizminister: „Im ‚Völkischen Beobachter‘ vom Mittwoch haben wir zu unserer grossen Genugtuung gelesen, dass der Herr Bayerische Justizminister die ihm unterstellten Staatsanwälte und Amtsanwälten angewiesen habe, dafür zu sorgen, dass Tierquälereien mit den schärfsten, nach dem neuen Gesetz (§ 145 b) zulässigen Strafen belegt werden. […] Wir bitte E. Exc., für Preußen die gleiche Verfügung zu erlassen und auch sich die Richtlinien des Herrn Justizministers Frank zu eigen zu machen, vornehmlich in Bezug auf die Vivisektion. Besonders dankbar wären wir, wenn diese Anweisungen und Richtlinien einheitlich für das ganze Reich zur Geltung gebracht würden.“[837]

2. Kerrls Verfügung und Vorschläge vom 14. August 1933

Hanns Kerrl, der bis zu seiner Beförderung zum Reichsminister ohne Geschäftsbereich 1934 das hier ersuchte Preußische Justizministerium versah, kam der Bitte dreifach entgegen. Zuerst wies er die Staatsanwaltschaften durch seine Verfügung „*Nr. 264 Verfolgung der Tierquälerei. AV. d. JM. v. 14. 8. 1933 (I 4607) — JMBl. S. 277*“ auf die Bedeutung eines wirksamen Tierschutzes hin:

---

836 Ursprünglich in: *Bayerische Staatszeitung* v. 8. 7. 1933 Nr. 155; Abdruck als Auszug in: GStA PK Berlin-Dahlem, GStA PK, I. HA Rep. 84 a, Nr. 5215, Bl. 248.

837 GStA PK Berlin-Dahlem, GStA PK, I. HA Rep. 84 a, Nr. 5215, Bl. 247.

„Durch § 145 b StGB […] hat die Reichsregierung der Erkenntnis Rechnung getragen, daß die bisherige Vorschrift des § 360 Nr. 13 StGB. einen wirksamen Schutz der Tierwelt nicht gewährleistet hat. Diese Vorschrift stellte die Tierquälerei nur dann unter — geringe — Strafe, wenn sie öffentlich oder in Ärgernis erregender Weise, mithin nur, wenn sie vor Zuschauern geschah. Nicht um des Tieres willen wurde also die Tierquälerei bestraft, sondern zum Schutze der Gefühle zuschauender Menschen. Eine solche Auffassung kann dem Empfinden der heutigen Zeit nicht entsprechen: Wie der Mensch so ist auch das Tier ein mit Leben begabtes Wesen; seinem Leben, seinem Wohlbefinden gebührt Achtung wie den gleichen Gütern des Menschen. Es erwächst daher dem Menschen als dem Stärkeren die Pflicht, das Tier vor unnötigen Qualen zu bewahren. Die vielfachen Dienste, welche die Tierwelt tagaus tagein willig dem Menschen leistet, mahnen, dieser Pflicht mit besonderer Treue zu gedenken. Die Strafverfolgungsbehörden ersuche ich in Strafsachen wegen Tierquälerei diese Gesichtspunkte mit Nachdruck zur Geltung zu bringen und auf Strafe anzutragen, die geeignet sind, roher Mißachtung der Pflichten der Menschen gegen das Tier erfolgreich entgegenzuwirken."[838]

Unmittelbar anschließend sandte er den Preußischen Ressorts einen Abdruck zur Kenntnisnahme, mit folgenden Bitten: „Die Wirksamkeit des Schutzes der Tiere durch die Strafverfolgungsbehörden würde wesentlich verstärkt werden, wenn es möglich wäre, die zum Zwecke des Tierschutzes erlassenen Vorschriften, deren Verletzung durch § 360 Nr. 13 StGB. in der Fassung des Reichsges. v. 26.5.1933 mit Strafe bedroht ist, zusammenzustellen und in einer weiteren Allgemeinen Verfügung bekannt zu geben. Dadurch würde der Geltungsbereich dieser Vorschrift wie auch das Anwendungsgebiet des § 145 b StGB. klar abgesteckt. Ich bitte daher zu prüfen, welche Vorschriften innerhalb des dortigen Geschäftsbereichs als unter § 360 Nr. 13 des Reichsstrafgesetzbuchs neuer Fassung fallend erachtet werden, und mir diese Vorschriften im einzelnen namhaft zu machen. Bei dieser Gelegenheit bitte ich gleichzeitig die Vorschriften einer Nachprüfung daraufhin zu unterziehen, ob sie nach den Grundsätzen der heutigen Rechtsauffassung einer Aenderung bedürfen. So weit es sich um lokale Anordnung handelt, wie dies z. B. auf dem Gebiet der Verwendung von Hunden als Zugtieren oder des Transports von Tieren, soweit hier bekannt vielfach der Fall ist, bitte ich zu prüfen, ob es sich empfiehlt, die in Frage kommenden Partikularverordnungen zu vereinheitlichen und gegebenfalls durch eine Polizeiverord-

---

838 Original in: GStA PK Berlin-Dahlem, GStA PK, I. HA Rep. 84 a, Nr. 5215, Bl. 249 VS+RS; Abdruck des Zeitungsausschnitts in Bl. 252; auch veröffentlicht in: DJ, 95. Jg., 1933, S. 277 Nr. 264.

nung des Ministeriums zu ersetzen.“[839] Mit Hinweisen auf Franks Bekanntmachung befragte Kerrl die Kollegen Minister für Wissenschaft, Kunst und Volksbildung sowie für Landschaft, Domänen und Forsten, ob der Bayerische Standpunkt zu den Fragen Vivisektion und Katzenwürgen jeweils auch in Preußen vertreten war; und im Bereich des Ministeriums des Innern sowie des Ministeriums für Wirtschaft und Arbeit sollten die Vorschriften über die Verwendung von Tieren zur Arbeit und über den Transport von Tieren nachzuprüfen sein.[840]

Schließlich wurden beide Abschriften noch am gleichen Tag dem Reichsjustizminister zugesandt, dem gegenüber der Preußische Justizminister sich die Bitte gestattete, „meine Absicht, die Strafverfolgungsbehörden über die Bedeutung des § 360 Nr. 13 StGB. neuer Fassung zu unterrichten, durch eine Mitteilung derjenigen Vorschriften aus dem Geschäftsbereich der Reichsressorts zu unterstützen, die nach Auffassung der Reichsregierung durch § 360 Nr. 13 StGB. neuer Fassung geschützt sind. In Frage kommen dürfen, soweit ich sehe, insbesondere Vorschriften aus dem Geschäftsbereich des Reichsverkehrsministeriums für den Transport von Tieren, besonders auf der Reichsbahn.“[841]

Dafür wandte sich Dr. Gürtner weiter an Dr. Frick mit dem Schreiben vom 30. August 1933: „Da für Fragen des Tierschutzes in erster Linie das Reichsminister des Innern zuständig ist und da ihm, wie ich annehme, die in Betracht kommenden Bestimmungen bereits vorliegen, dem Herrn Preußischen Justizminister die von ihm gewünschten Unterlagen unmittelbar von dort aus zu übermitteln und auch mir zugehen zu lassen. Eine Zusammenstellung der einschlägigen Vorschriften wird übrigens, wie ich glaube, auch für die weitere Behandlung des im Reichsministerium des Innern aufgestelltem Entwurfs eines Reichstierschutzgesetzes wertvoll sein.“[842]

---

839 GStA PK Berlin-Dahlem, GStA PK, I. HA Rep. 84 a, Nr. 5215, Bl. 250 VS+RS.

840 GStA PK Berlin-Dahlem, GStA PK, I. HA Rep. 84 a, Nr. 5215, Bl. 250 RS – 251 VS.

841 GStA PK Berlin-Dahlem, GStA PK, I. HA Rep. 84 a, Nr. 5215, Bl. 251 VS+RS; diesbezüglich verordnete der Polizeipräsident in Berlin, von Levetzow, am 11. 10. 1933 auf Grund der §§ 14, 37 des Polizeiverwaltungsgesetzes v. 1. 6. 1931 (Ges.S. I S. 77) mit Zustimmung des Magistrats für den Umfang des Ortspolizeibezirks Berlin: „Die Polizeiverordnung betr. Verhütung von Tierquälereien beim Transport von Vieh und Geflügel vom 12. Dezember 1924 (Amtsblatt S. 512) ist durch § 145 b RStGB. (RGBl. I 1933 S. 296) überholt und wird daher mit sofortiger Wirkung aufgehoben. (V. 4180. 33)“ In: *Amtsblatt für den Landespolizeibezirk Berlin*, Stück 89, ausgegeben in Berlin, v. 18. 10. 1933, Ausgabe B, S. 251.

842 Nr. II r 1951 Wa., in: GStA PK Berlin-Dahlem, GStA PK, I. HA Rep. 84 a, Nr. 5215, Bl. 269.

3. Dr. Fricks Zusammenstellung von Tierschutzvorschriften vom 17. Oktober 1933

Den Wünschen von Kerrl und Gürtner kam Frick am 17. Oktober 1933 nach:

„Auf dem Gebiete des Tierschutzes kommen folgende Reichsgesetze in Betracht:

a) das Vogelschutzgesetz vom 20. Mai 1908 (Reichsgesetzbl. 1908 S. 317),

b) das Gesetz, betreffend den Schutz der Brieftauben und den Briefverkehr im Kriege, vom 28. Mai 1894 (Reichsgesetzbl. 1894 S. 463),

c) das Gesetz über das Schlachten der Tiere vom 21. April 1933 (Reichsgesetzbl. I 1933 S. 203).

Diese Gesetze sind mit eigenen Strafvorschriften versehen.

Soweit von hier aus oder vom Herrn Reichswirtschaftsminister Maßnahmen zum Schutze der Tiere getroffen worden sind, sind diese in Form von Rundschreiben an die Landesregierungen ergangen und stellen Empfehlungen tierschützerischer Maßnahmen auf verschiedenen Gebieten dar. Zu erwähnen sind folgende:

a) Rundschreiben des Reichsministers des Innern, betreffend die Durchfuhr von Schlachtpferden und die unzulängliche Unterbringung derselben bei Eisenbahntransport. Vom 10. August 1931 — II A 4440/6.8. —,

b) Rundschreiben des Reichsministers des Innern an die Landesregierungen außer Württemberg vom 28. Oktober 1930 — II A 4440/18.10. —, betreffend Tierschutz (Einschreiten bei Hetzprüfungen an lebenden Katzen), und Rundschreiben in gleicher Angelegenheit an die Landesregierungen außer Preußen, Sachsen, Württemberg, Baden und Hessen, vom 25. Oktober 1932 — II A 4440/26.9. —,

c) Rundschreiben des Reichsministers des Innern an die Landesregierungen von Preußen, Bayern und Sachsen, wegen Verwendung von Pferden in Bergwerken, vom 5. März 1931 — II A 4440/18.2. —, und Schreiben in gleicher Angelegenheit an Preußen, vom 7. März 1933 — II A 4440/24.2. —,

d) Rundschreiben des Reichsministers des Innern an die außerpreußischen Landesregierungen vom 17. April 1930 – II A 4444/3.4. –, wegen Vornahme wissenschaftlicher Versuche an lebenden Tieren, und Rundschreiben in gleicher Angelegenheit an die Landesregierungen außer Preußen, Sachsen und Thüringen, vom 13. Juli 1931 — II A 4444/15.6. —,

e) Rundschreiben des Reichswirtschaftsministers an die Landesregierungen vom 20. Februar 1933, H.G.1097, wegen Nichterteilung eines Wandergewerbescheines zur Ausführung des Gewerbes als Tanzbärenführer und Rundschreiben des Reichswirtschaftsministers an die Landesregierungen in gleicher Angelegenheit vom 9. Mai 1933 — H.G.5406 —.

Die Eisenbahn-Verkehrsordnung vom 16. Mai 1928 (Reichsgesetzbl. II S. 401) enthält in der Anlage B Bestimmungen über die Verladung und Beförderung von lebenden Tieren. Strafbestimmungen bei Übertretung der Vorschriften sind dabei nicht vorgesehen. Wenn es sich hierbei auch in erster Linie um betriebstechnische Bestimmungen beim Umgang mit Tieren handelt, so tragen sie doch auch tierschützlerischen Charakter. Bei Zuwiderhandlungen durch Beamte dürfte gegen diese disziplinarisch vorgegangen werden. Im übrigen dürfte aber für etwaige Zuwiderhandlungen der § 360 Nr. 13 St.G.B. neuer Fassung in Frage kommen.

Weitere durch die Reichsressorts erlassene, den Tierschutz betreffende Vorschriften, Anordnungen usw. sind hier nicht bekannt. Sollten Abdrucke der genannten Rundschreiben gewünscht werden, bitte ich um gefälligste Mitteilung.

Im übrigen darf ich darauf hinweisen, daß beabsichtigt ist, mit Inkrafttreten des in Vorbereitung befindlichen Reichstierschutzgesetzes den § 360 Nr. 13 des Strafgesetzbuches und ebenso den § 145 b dieses Gesetzes aufzuheben."[843]

843 Nr. II A 4440/30.9., in: GStA PK Berlin-Dahlem, GStA PK, I. HA Rep. 84 a, Nr. 5215, Bl. 272 – 273.

F. Görings Vivisektionsverbot vom 05. September 1933

Während der Zusammenstellung tierschutzeinschlägiger Vorschriften teilte der Kultusminister Rust am 6. September dem Justizminister Kerrl mit: „Die Fragen der Vivisektion sind bisher federführend von der Preußischen Medizinalverwaltung, zurzeit also im Preußischen Ministerium des Innern bearbeitet worden. Die Landwirtschaftsverwaltung und meine Verwaltung werden dabei beteiligt. Eine Nachprüfung der Vorschriften über die wissenschaftlichen Tierversuche findet zur Zeit statt."[844] In der Tat brauchte Kerrl gar nicht zu warten, denn schon am vorigen Tag hatte Göring in seiner Eigenschaft als Preußischer Minister des Innern neue Vorschriften erlassen, die sein Ministerial-Kanzleisekretär Grauert am selben Tage dem Justizminister zugeschickt hatte.[845] Nach Gossler und Grimme erließ Göring hiermit Preußens dritte Verordnung über Vivisektion. Das hatte auch eine unmittelbare Vorgeschichte.

I. Görings besondere Weisung vom 16. August 1933

Als unmittelbarer Anlass für Göring zur Regelung der Vivisektion ist die Anekdote überliefert: „Im internen Kreise hatten ihm Damen der Gesellschaft die grausigen Bilder von vivisezierten Tieren vorgelegt. Göring war so empört über diese Grausamkeiten, daß er mit der Faust auf den Tisch schlug und donnerte: ‚Diese Schweinerei hört mir sofort auf!' Zu den Damen gehörte die Frau des Reichspresschefs Dr. [Otto] Dietrich — eine Westfälin. Sie war eine radikale Gegnerin der Vivisektion."[846] Daraufhin gab Johanna Wolf, eine der Sekretärin-

844 Nr. 2217, in: GStA PK Berlin-Dahlem, GStA PK, I. HA Rep. 84 a, Nr. 5215, Bl. 270.

845 Nr. III a III 1538./33., in: GStA PK Berlin-Dahlem, GStA PK, I. HA Rep. 84 a, Nr. 5215, Bl. 262.

846 Die Urquelle sollte ein privates Schreiben sein, beigefügt dem ersten Exemplar des Kommentars, welches „[d]em Vorkämpfer für das Tierschutzrecht und bewährten Tierschützer, Herrn Carl Kraemer, ergebenst überreicht vom Verfasser Dr. Giese, 1.12.1938" war. Nach Heintz, *Tierschutz im Dritten Reich*, 2008, S. 256, Endnote 147 sollte die Beischrift den Titel „*Die Entstehung und Bedeutung des deutschen Tierschutzgesetzes*" tragen und „im Nachlaß von Carl Kraemer gefunden, gehalten um 1954, S. 5f." sein. Als sich der Verfasser der vorliegenden Arbeit 2012 beim Tierschutzverein Hilchenbach, in dessen Dienst Kraemer seinen Lebensabend verbracht hatte, erkundigte, gab der zuständige Mitarbeiter an, das Original sei nicht mehr dort aufbewahrt. Daher hier zitiert nach Zoll (Vorsitzender des Kuratoriums der Carl-Kraemer-Stiftung), *Kraemer*, 2005, S. 30.

nen in Hitlers Kanzlei, am 16. August 1933 um 15.20 den fernmündlichen Auftrag von Obersalzberg an die Minister bekannt:

> „Der Preußische Ministerpräsident *Göring* hat einen Erlaß herausgegeben, wonach vom heutigen Tage ab die Vivisektion von Tieren aller Art für das gesamte preußische Staatsgebiet verboten ist. Der Ministerpräsident beauftragt, ihm unverzüglich ein diesbezügliches Gesetz, nach welchem die Vivisektion mit hohen Strafen zu belegen wird, vorzulegen. Bis zum Erlaß dieses Gesetzes werden Personen, die trotz des Verbotes die Vivisektion von Tieren aller Art veranlassen, durchführen oder sich daran beteiligen, in Konzentrationslager abgeführt."[847]

II. Rundfunkrede vom 28. August 1933

Die Reichspressestelle gab am darauffolgenden Tag diese Botschaft bekannt.[848] Allerdings blieb der Kreis, der sie zu Kenntnis nehmen konnte, eng. Daher hielt Göring elf Tage später noch eine Rundfunkansprach an „[alle] Volksgenossen". Als weltanschauliche Grundlage für seinen „blitzartigen Erlaß" wurde herangezogen:

> „Mit besonderer Liebe hat stets gerade das deutsche Volk den Tieren und den Fragen des Tierschutzes gegenübergestanden. Stets hat es besonders in denjenigen Tieren, die seit Jahrtausenden seine Haus- und Hofgenossen, ja, man könnte in mancher Hinsicht sagen seine Mitarbeiter und — man denke nur an die Pferde — seine Mitkämpfer gewesen sind, Geschöpfe Gottes gesehen. Für den deutschen Menschen sind die Tiere nicht nur Lebewesen im organischen Sinne, sondern Geschöpfe, die ein eigenes Empfindungsleben führen, die Schmerz empfinden, Freude, Treue und Anhänglichkeit zeigen. […] Es entspricht nicht deutschem Empfinden, es entspricht vor allen Dingen nicht nationalsozialistischer Auffassung als der Geisteshaltung des deutschen Menschen, das Tier einer leblosen Sache gleichzusetzen und dem Besitzer das absolute Verfügungsrecht zuzuerkennen."[849]

Ohne selbst Jurist zu sein, hatte Göring jedenfalls ein Auge auf die bisherige Rechtslage der Tiere geworfen:

> „Bis zur nationalsozialistischen Erhebung beschränkt sich die Gesetzgebung darauf, Roheiten und Gewalttätigkeiten an Tieren nur zu bestrafen, wenn sie öffentliches Ärgernis erregten. Es mußten also Zeugen, andere Personen da sein, die an einer Tierquälerei Anstoß nahmen. Erst dann war überhaupt die Möglichkeit einer Bestrafung gegeben. Der Strafgesetzentwurf aus dem Jahre 1927 wollte mit dieser Auffassung brechen, wollte Tierquälerei an sich unter Strafe stellen; er erhielt jedoch in der

---

847 GStA PK Berlin-Dahlem, I. HA Rep. 87 Nr. 20040, Bl. 264.

848 Adolph, *Schutz des Tieres im Deutschen Recht*, 1935, S. 19.

849 Göring, *Kampf gegen die Vivisektion*, in: Gritzbach (Hrsg.), *Reden und Aufsätze*, 8. A., 1942, S. 80 – 81.

Begründung die Auslegung, daß Eingriffe am Tier, wenn sie lediglich aus religiösen oder wissenschaftlichen Gesichtspunkten vorgenommen wurden, nicht als Quälerei anzusehen sind. Das ist eine dürftige und ungenügende Fassung, die weder der Notwendigkeit eines umfassenden grundsätzlichen Schutzes der Tiere vor Quälereien gerecht wird, noch irgendwelche klaren Anhaltspunkte dafür gibt, in welchem Umfang zu wissenschaftlichen Zwecken Eingriffe an Tieren vorgenommen werden dürfen."[850]

Statt dann Bezug auf die neuerdings umgesetzte Strafgesetznovelle zu nehmen, setzte sich Göring unmittelbar mit seinem diesmaligen Anliegen auseinander:

„Die Vivisektion, die Zerschneidung eines lebendigen unbetäubten Tieres, wurde angewendet. Versuchstieren, Ratten, Meerschweinchen, Kaninchen und, was dem Volksempfinden wohl am meisten widerstrebt, auch dem Gefährten des Menschen, dem Hunde, wurde der Leib aufgeschnitten, das Herz freigelegt, der Schädel aufgemeißelt, Gliedermaßen abgeschnitten, um zu beobachten, wie die Organe arbeiten und was für Folgen nach dem Verlust derselben auftreten. Es ist dem Empfinden des Nationalsozialismus unverständlich, aber leider Tatsache, daß vielfach die durchaus mögliche Betäubung des Tieres vor der Operation nicht oder nicht mit der nötigen Sorgfalt vorgenommen worden ist, da es sich ja nur um ein Tier gehandelt hat."[851]

Dagegen wollte er zur Tat schreiten:

„Um so mehr ist ein grundsätzliches entschiedenes Verbot der Vivisektion ein Gebot nicht nur der Tierliebe und der Rücksichtnahme auf die Schmerzen des Tieres, sondern [...] wir bekämpfen gleichzeitig unüberlegte Gleichgültigkeit, menschliche Roheit und Grausamkeit gegenüber dem Tier und seinen Schmerzen. Ich habe deshalb für Preußen das sofortige Verbot jeder Vivisektion ausgesprochen und sie unter Strafe gestellt, das heißt zunächst unter die Strafe, in das Konzentrationslager abgeführt zu werden, bis das Gesetz selbst strenge Strafen hierüber aussprechen kann. Ich habe die preußischen zuständigen Minister beauftragt, aufs schnellste dafür Sorge zu tragen, daß ein diesbezüglicher Gesetzentwurf ausgearbeitet wird, und ich kann heute schon mitteilen, daß das Reichsministerium des Innern, das hierfür zuständig ist, ein solches Gesetz in den nächsten Wochen bereits zur Verabschiedung bringen wird."[852]

Jetzt schien Göring sich von seiner Wut vor zwei Wochen etwas beruhigt zu haben, indem er als Aufgabe bestimmte, „nun in einzelnen festzustellen, inwieweit, um Krankheiten an Menschen zu erkennen, Heilmittel herzustellen und so den

---

850 Göring, *Kampf gegen die Vivisektion*, in: Gritzbach (Hrsg.), *Reden und Aufsätze*, 8. A., 1942, S. 81 – 82.

851 Göring, *Kampf gegen die Vivisektion*, in: Gritzbach (Hrsg.), *Reden und Aufsätze*, 8. A., 1942, S. 83.

852 Göring, *Kampf gegen die Vivisektion*, in: Gritzbach (Hrsg.), *Reden und Aufsätze*, 8. A., 1942, S. 83 – 84.

Fortschritt zu fördern, überhaupt noch Eingriffe an Tieren erforderlich sind."[853] Hierbei dachte Göring selbst an die Methoden zur Erkennung von Infektionskrankheiten, solange deren Erreger noch nicht nur durch mikroskopische Untersuchung festzustellen seien; oder die Blutentnahme zur Gewinnung von Serum besonders gegen Wundstarrkrampf und Gasbrand, ferner das durch Versuche an Schweinen ermöglichte, nach Deutschland benannte „Germanin" gegen die Schlafkrankheit, und das Insulin als Heilmittel der Zuckerkrankheit, solange dessen Wirkung grobchemisch nicht prüfbar sei; und zuletzt die Bekämpfung von Skorbut.[854] Doch auch die hierbei wieder zuzulassenden Versuche verwies Göring in folgende Schranken:

> „Die Narkose und die örtliche Schmerzbetäubung müssen nicht nur dem Menschen bei Operationen, sondern im gleichen Umfang und mit der gleichen Sorgfältigkeit auch den Tieren zugute kommen, wenn sie der Wissenschaft und damit dem Menschen dienen sollen. Diejenigen Tiere, mit denen uns besondere Bindungen verknüpfen, wie Hund und Katze, müssen von allen Experimenten verschont bleiben, die sich mit anderen, minderwertigen Tieren herstellen lassen. Die Ratte, ein an sich sowieso auszurottender Parasit, ist sicherlich schmerzunempfindlicher und unseres Mitgefühls weniger teilhaftig als die Haustiere des Menschen. Aber auch hier muß trotzdem bei den Versuchen die gleiche Sorgfalt, die gleiche Schonung obwalten, und auch hier sind Versuche nur soweit zuzulassen, als sie für die Menschheit unumgänglich notwendig sind.
>
> Der Kreis der Personen, denen solche Versuche gestattet werden, muß beschränkt werden auf ernsthafte Wissenschaftler und die von ihnen geleiteten Institute, damit nur diejenigen Versuche angestellt werden, von denen sich die leidende Menschheit einen Nutzen für ihre Heilung versprechen kann. Aber auch hier wiederum muß der Staat die Aufsicht haben, muß der Staat eingreifen, wenn Mißbrauch geschieht. Für Lehrzwecke hingegen läßt sich das Tierexperiment weitgehend durch Bilder und Filmvorführung ersetzen."[855]

Organisatorisch kündigte Göring zuletzt an: „Über alle solche Einzelheiten wird die von mir jetzt einberufene Konferenz der Sachverständigen der Wissenschaft und des Tierschutzes sich klar werden und mir ihre Vorschläge unterbreiten."[856]

853 Göring, *Kampf gegen die Vivisektion*, in: Gritzbach (Hrsg.), *Reden und Aufsätze*, 8. A., 1942, S. 84.

854 Göring, *Kampf gegen die Vivisektion*, in: Gritzbach (Hrsg.), *Reden und Aufsätze*, 8. A., 1942, S. 84 – 85.

855 Göring, *Kampf gegen die Vivisektion*, in: Gritzbach (Hrsg.), *Reden und Aufsätze*, 8. A., 1942, S. 85 – 86.

856 Göring, *Kampf gegen die Vivisektion*, in: Gritzbach (Hrsg.), *Reden und Aufsätze*, 8. A., 1942, S. 86 – 87.

III. Ministerialbesprechung vom 29. August 1933

Am nächsten Tag fand die anberaumte Besprechung zwischen den Vertretern der Tierschutzvereine und den wissenschaftlichen Sachverständigen über die Vivisektion im Sitzungszimmer der Medizinalabteilung des Preußischen Ministeriums des Innern statt.[857]

1. Begriffsbestimmung „Vivisektion"

Ministerpräsident Göring selbst war nicht dazu erschienen. Ministerialdirektor Dr. Frey[858] eröffnete um 12.30 die Sitzung: „Es scheint mir, daß dieser Begriff

---

857 Die Niederschrift dieser Sitzung war nicht für die Öffentlichkeit bestimmt, sondern wurde erst von Göring als preußischer Innenminister am 16. 11. 1933 an den Reichskanzler Hitler zur Kenntnisnahme übersandt; heute aufbewahrt in: BA Berlin-Li., R 43 II Nr. 740, Bl. 87 – 107. Gemäß der Auflistung auf Bl. 88 befanden sich unter den 33 Teilnehmern 16 Amtsträger, darunter vom Preußischen Ministeriums des Innern: 1. Dr. Frey, Ministerialdirektor, 2. Prof. Dr. Lentz, Geh.Ob.Med.Rat, 3. Dr. Conti, Ministerialrat, 4. Dr. Koenig, Ministerialrat, 5. Dr. Kaiser, Med. Assessor, 6. Dr. Sauer, Regierungsrat, 7. Fiek, Apotheker, vom Preußischen Landwirtschaftsministeriums: 8. Dr. Müssemeier, Ministerialdirigent, 9. Dr. Seelemann, Vet.-Rat, von der Pressestelle des Preußischen Staatsministeriums: 10. Dr. Suermann, Reg.Assessor, vom Preußischen Kultusministerium: 11. Prof. Dr. Achelis, Ministerialrat, 12. Breuer, Ministerialrat, vom Reichsluftfahrtministeriums: 13. Dr. Knipfer, Ministerialrat, 14. Dr. Mielenz, Chemiker, vom Reichsführer-SS: 15. Dr. Denker, Reg.Med.Rat, von der Kulturpolitischen Abteilung des Gaus Sachsen der NSDAP, Dresden: 16. Kopsch; ferner 5 Verantwortliche von Forschungs- und Fabrikenanstalten: 17. Prof. Schürmann, Patholog. Institut der Charité, Berlin, 18. Geh.Reg.Rat Prof. Dr. Kleine, Präsident des Instituts Robert Koch, Berlin, 19. Prof. Dr. Otto, Abt.-Dir., Institut Robert Koch, Berlin, 20. Prof. Heubner, Pharmakologisches Institut, Berlin, 21. Prof. Hörlein, I. G. Farbenindustrie, W.-Elberfeld; und 12 führende Tierschützer; 22. Dr. Eckhard, Hannover, Präsident des Weltbundes vivisektionsgegnerischer Ärzte und Vereine, 23. Kuhlwein von Rathenow, Generalmajor a. D., Bln., Dt. Tierschutzverein, 24. von Skopnik, Major a. D., Bln., Deutscher Tierschutzverein, 25. Dir. Schaufuß, Meißen, Vorsitzender des Reichsverbandes der deutschen Tierschutzvereine, 26. Dr. Heller, Zahnarzt, Berlin, Reichsverb. d. dt. TSV, 27. Caesar Rhan, Berlin, Verband vivisektionsgegnerischer Vereine, 28. Krämer, Berlin, Vorstandsmitglied d. Berliner Tierschutzvereins, 29. Dr. Behke, Vet.Rat Kölner Tierschutzverein, 30. Wentzky, Pol.Ob.Wachtm. a. D., Breslau, Verein gegen die Vivisektion, 31. Kiehl, Berlin, Ver. z. Bekämpfung der Vivisektion, Breslau, 32. Dr. Henninger, Tierarzt, Berlin, Pferdeschutzverein, 33. Hauck, Kriegsgerichtsrat, Berlin, Tierschutz.

858 Frey, Gottlieb, Dr. med., geb. 23. 7. 1871 in Schwetz; 1920 – 1933 Direktor der medizinischen Abteilung des Reichsgesundheitsamts, 1933 bis 1937 Ministerdirektor und Leiter der medizinischen Abteilung im Preußischen Ministerium des Innern, Leiter des

noch einiger Klärung bedarf. Ich würde es daher für richtig halten, wenn von seiten der Tierschutzvereine angegeben werden könnte, was der Tierschutz unter ‚Vivisektion' versteht. Ich möchte an Herrn Dr. Eckhard die Frage richten, ob er eine derartige Definition vorschlagen kann, weil er im ‚*Völkischen Beobachter*' darüber geschrieben hat. Wir werden dann sehen, ob die anderen Vertreter der Tierschutzvereine der gleichen Meinung sind. Ich hoffe, daß wir auf diese Weise den Begriff ‚Vivisektion', der unter Umständen sehr aufgebläht werden kann, ein für alle Mal festzulegen."[859]

a) Dr. Eckhards Definitionsvorschlag

Der angesprochene Altbekannte Hitlers, den die anwesenden Tierschützer als Wortführer autorisiert hatten, antwortete: „*Vivisektion ist jeder gewaltsame innere oder äußere Eingriff von kürzerer oder längerer Dauer am lebenden unbetäubten Tier, sofern er nicht zur Heilung des betreffenden Tieres dient.*"[860]

Dr. Frey begrüßte die einheitliche Definitionsfestlegung der Tierschützer, und bat Kollegen Lentz um den Standpunkt der Wissenschaft. Dieser Geheime Obermedizinialrat trug vor: „Dieser Begriff ist gebildet worden in den ersten Anfängen, als die Wissenschaft sich damit befaßte, die Anatomie und Physiologie des Menschen zu studieren. Später ist der Begriff ‚Vivisektion' allgemein auf das Tierexperiment übertragen worden [...]. Jeder Eingriff am lebenden Tier ist als Vivisektion bezeichnet worden. Dies ist vom Standpunkt der wissenschaftlichen Forschung unberechtigt, denn ‚Vivisektion' heißt: ‚Zerschneiden eines lebenden Tieres'. Wir können heute bei schwereren Eingriffen am Tier wie beim Menschen durch allgemeine oder lokale Betäubung den Schmerz fast vollständig ausschalten und sind also in der Lage, dem Tierexperiment den Charakter der Vivisektion zu nehmen und es zu einer einfachen Operation zu gestalten. Dabei ist zu bedenken, daß auch die Einleitung der Narkose mit Qualen verbunden ist und daß diese größer sind als der geringe Schmerz, den ein kleiner Einstich oder Hautschnitt verursacht. [...] Es kommen bei der Definition des Wortes ‚Vivisektion' in erster Linie Quälereien in Fragen. Am besten würde daher die Definition lauten: ‚*Vivisektion ist das langsame, qualvolle Zerschneiden lebender Tiere in unbetäubtem Zustande.*'"[861]

---

deutschen Zentralverbandes für Rettungswagen und Erste Hilfe. (s. Stockhorst, *5000 Köpfe*, 1967, S. 143.)

859 BA Berlin-Li., R 43 II Nr. 740, Bl. 88 RS.

860 BA Berlin-Li., R 43 II Nr. 740, Bl. 88 RS. Im Original sind die hervorgehobenen Sätze verdichtet gedruckt. Gemäß Formatvorgaben des Verlags sollte der Verfasser der vorliegenden Arbeit jedoch *alle* Hervorhebungen im Buch schräg kennzeichnen.

861 BA Berlin-Li., R 43 II Nr. 740, Bl. 88 RS – 89 VS.

Als Dr. Hauck an die Reihe kam, sprach sich der Kriegsgerichtsrat unmittelbar dagegen aus: „Es ist unbedingt erforderlich, daß der Begriff der ‚Vivisektion' nicht auf ‚Zerschneiden' präzisiert wird. Es gibt schmerzhafteste Eingriffe, die durch Einimpfung von Krankheiten erzeugt werden und ungeheure Quälereien bedeuten. Auch Einflößung von Krankheitsstoffen bedeutet ‚Vivisektion', es ist ein Eingriff, der unstatthaft ist. Wenn wir das nicht tun, werden wir der Vivisektion nie ein Ende machen können. Denn jeder Mensch muß sich doch sagen, ob dem Tier durch das Messer oder durch Krankheitszuführung Qualen zugefügt werden, ist gleich, es ist doch ‚Vivisektion'. Es muß unbedingt Wert darauf gelegt werden, daß Einimpfen dieser schweren Krankheiten, wie Syphilis, Krebs usw. verschwindet. Die Einimpfung geschieht nach unseren Beobachtungen in derartigem Umfange, daß man sich sagen muß, wer dafür kein Auge hat, kann sich nicht Tierschützer nennen."[862] Diese Ausführungen bestärkte Dr. Eckhards Beharrung: „Wir haben bei unserer Formulierung mit besonderer Absicht die Worte ‚Operation' und ‚Zerschneiden' weggelassen, weil es eine ganze Menge anderer Eingriffe gibt, […] bei denen ausgesprochene Tierquälereien vorgekommen sind"; dafür wurde noch ein äußeres Beispiel angeführt: „U. a. wurden bei einem Versuch von einem Arzt dem Tier die Gliedermaßen ausgerenkt und mit einem Holzhammer so lange auf die hohl liegenden Gliedermaßen geschlagen, bis sie zerbrachen. Das ist nicht ‚Operation' und nicht ‚Zerschneiden', aber wir müssen es als ‚Vivisektion' bezeichnen."[863] Diese Worte bewegten Dr. Frey zum Bekenntnis: „‚Zerschneiden eines lebenden Tieres' deckt sich auch nach meiner Ansicht nicht voll mit dem Begriff ‚Vivisektion'. Man kann das Wort ‚Vivisektion' eben nicht einfach ins Deutsche übersetzen. Denn es kommen noch andere Versuche hinzu, die wir als roh und unerträglich verwerfen müssen. Indessen muß ich feststellen, daß zwischen den beiden Vorschlägen einer Definition sich mir schon eine erhebliche Annäherung offenbart."[864]

b) Prof. Hörleins Zusatz unblutiger Versuche

Auf dieser Grundlage bat er um weitere Vorschläge. Einen leistete Prof. Hörlein von I. G. Farben, der glaubte, „daß wir jedem Standpunkt gerecht werden, wenn man neben blutiger Operation, Zerschneiden, auch rohe Mißhandlung, die nicht blutig ist, verbietet."[865] Daher empfahl er die Definition dahingehend zu ergänzen: *„Vivisektion ist die Zerschneidung des lebenden, unbetäubten Tieres sowie die Operation am lebenden, unbetäubten Tier, sofern bei gleichen oder ähnli-*

862 BA Berlin-Li., R 43 II Nr. 740, Bl. 91 VS.
863 BA Berlin-Li., R 43 II Nr. 740, Bl. 89 VS.
864 BA Berlin-Li., R 43 II Nr. 740, Bl. 89 RS.
865 BA Berlin-Li., R 43 II Nr. 740, Bl. 89 RS.

chen Eingriffen am Menschen allgemeine oder lokale Betäubung zur Anwendung gelangt. Der Vivisektion sind gleichzusetzen unblutige Versuche, die mit einer absichtlichen Quälung verbunden sind.“[866]

aa) Beschränkung der Betäubung

Gegen Satz 1, Halbsatz 2 erhob Prof. Müssemeier ein praktisches Bedenken: „Die Verhältnisse, unter denen die Tiere behandelt werden, sind nicht dieselben wie beim Menschen. Es ist z. B. nicht möglich, in entlegenen Walddörfern bei Tieren eine Narkose durchzuführen, wenn im gleichen Falle ein Mensch narkotisiert werden würde. Der Tierarzt kann das bei so abgelegenen Ortschaften nicht machen, trotzdem ist der Eingriff vielleicht dringend notwendig.“[867]

bb) Abschaffung der „Absicht“

Mit dem Zusatz erklärten sich die Tierschützer einverstanden, „doch muß das Wort ‚absichtlich‘ gestrichen werden.“[868] Dazu erklärte Dr. Hauck als Jurist: „Das Wort ‚absichtlich‘, das im § 145 b enthalten ist, ist dem Entwurf des neuen Strafgesetzbuchs .... entnommen, der von den Juristen schwer bekämpft wurde. [...] Sobald das Wort ‚Absicht‘ erscheint, verschwinden die meisten Tierversuche ohne weiteres, dann sind sie nicht faßbar. Ich bitte deshalb dringend, das Wort ‚absichtlich‘ unbedingt weg zu lassen.“[869] Dr. Eckhard wollte diese Ausführung unterstreichen, „weil ich bei Gericht die Erfahrung gemacht habe, daß Leute immer wieder nicht bestraft wurden, weil ihnen die Absicht nicht nachgewiesen werden konnte“,[870] aber „gerade auf die Aufstellung des objektiven Begriffes der Quälung, nicht der subjektiven Absicht, kommt es an.“[871]

cc) Abkehr von „Roheit“

Bezüglich beider Bedenken verbesserte Prof. Hörlein seine Fassung insofern: „*Vivisektion ist die Zerschneidung des lebenden, unbetäubten Tieres sowie die Operation am lebenden, unbetäubten Tier, sofern bei gleichen oder ähnlichen Eingriffen am Menschen allgemeine oder lokale Anästhesie in der Regel zur Anwendung gelangt und eine solche Anästhesie unter den im einzelnen Falle vorliegenden Bedingungen möglich ist. Der Vivisektion sind gleichzusetzen unblutige Tierversuche, die mit einer rohen Mißhandlung oder absichtlichen Quälerei verbunden sind.*“[872]

866 BA Berlin-Li., R 43 II Nr. 740, Bl. 90 RS.
867 BA Berlin-Li., R 43 II Nr. 740, Bl. 92 VS+RS.
868 BA Berlin-Li., R 43 II Nr. 740, Bl. 90 RS.
869 BA Berlin-Li., R 43 II Nr. 740, Bl. 91 VS.
870 BA Berlin-Li., R 43 II Nr. 740, Bl. 92 RS.
871 BA Berlin-Li., R 43 II Nr. 740, Bl. 91 RS.
872 BA Berlin-Li., R 43 II Nr. 740, Bl. 92 VS.

Damit sah Dr. Hauck als rechtskundiger Tierschützer seinen Wunsch nach wie vor nicht gewährt: „Der Ausdruck ‚roh' ist an sich besser als ‚absichtlich'. Die frühere Rechtsprechung nahm aber den Begriff ‚roh' nur dann an, wenn es sich um gefühllose Mißhandlung handelte. Wir wollen indessen nicht nur eine *rohe* Mißhandlung am Tier bestrafen, sondern jede. Würden wir den Begriff ‚roh' ins Gesetz aufnehmen, so wäre erlaubt, daß ein Tier immerhin mißhandelt werden darf. Wir wollen ja doch ein Gesetz auf weite Sicht hinaus schaffen und daher weder ‚roh' noch ‚absichtlich' hineinnehmen."[873] Als Dr. Eckhard sich anschloss,[874] wurde er zum Angriffsziel von Prof. Hörlein: „Ich erinnere an einen Artikel des Herrn Dr. Eckhard vom 20. September 1932, worin es heißt: ‚Wir fordern Abschaffung aller tierquälerischen Maßnahmen und würden sie auch fordern, wenn dabei ein Nutzen für die leidende Menschheit herausgekommen würde.' [...] Hier muß eine Grenze sein. Auch wenn [...] ich [...] damit einverstanden [bin], daß wir ‚absichtlich' weglassen, aber ‚roh' muß bleiben."[875] Dr. Eckhard schlug zurück: „Wir wollen beide Worte streichen. Der Nützlichkeitsstandpunkt ist nicht maßgebend, wir fügen uns nur der harten Notwendigkeit."[876]

c) Dr. Freys Eingriff und Ergebnis

Dr. Frey gehörte zwar selbst zu den Medizinern, bat hier jedoch zum ersten Mal, „nicht Publikationen von früher zu berühren, damit in die Verhandlung nicht ein Ton der Leidenschaftlichkeit hineingebracht wird, den ich nicht zulasse."[877] Stattdessen führte er die Sitzung zur ersten Einigung:

> „Wir stehen auf dem Standpunkt, daß das Tier ein Gottesgeschöpf ist und menschlich zu behandeln ist. Ich habe einmal das ergreifende Bild von Gabriel Max ‚Der Vivisektor' gesehen. Einem Gelehrten erscheint eine Frauengestalt. Im Arm trägt sie ein Hündchen, an dem jener eine Vivisektion ausgeführt hat. In der anderen Hand hält sie eine Wage, in deren einer Schale ein lorbeerumwundenes menschliches Gehirn, in der anderen Schale ein flammendes Herz liegt. Die Schale, die das menschliche Gehirn enthält, steigt stark in die Höhe, während die Schale mit dem flammenden Herz schwer nach unten sinkt.
>
> Insoweit nehmen auch wir das Ethos des Tierschutzes für uns in Anspruch, wir werden aber gegen diese ethische Auffassung verstoßen müssen, wenn höhere, ideelle Zwecke es verlangen, die der Heilung von Mensch und Tier dienen. Ich freue mich, daß Herr Dr. Eckhard derselben Meinung ist. Ich will noch einen Augenblick

---

873 BA Berlin-Li., R 43 II Nr. 740, Bl. 92 VS.
874 BA Berlin-Li., R 43 II Nr. 740, Bl. 92 VS.
875 BA Berlin-Li., R 43 II Nr. 740, Bl. 92 RS.
876 BA Berlin-Li., R 43 II Nr. 740, Bl. 93 VS.
877 BA Berlin-Li., R 43 II Nr. 740, Bl. 92 RS.

> bei dem Ausdruck ‚mißhandeln' verweilen. *Miß*handlung heißt eine Behandlung, die mißgeleitet ist, die also nicht in der Ordnung ist, die gegenüber einer Person oder einem Tier nicht der gewöhnlichen Handlungsweise entspricht. Ich glaube, daß man mit dem Ausdruck Mißhandlung schon eine rohe Tätigkeit ausdrücken kann, sodaß wir den Ausdruck ‚roh' entbehren können. ‚Absichtlich' würde ich herauslassen, denn ob eine Tat absichtlich geschah, darüber entscheidet der Richter auf Grund des Tatsachenbestandes und seines eigenen Ermessens. Ich empfehle daher, ‚absichtlich' und ‚roh' wegzulassen."[878]

Prof. Müssemeier setzte hinzu: „Die Definition müßte an der fraglichen Stelle lauten: *‚sofern sie in den Einzelfällen unter den vorliegenden Verhältnissen durchführbar ist.'*" Als er Dr. Eckhards Hinterfrage, ob dies sich doch nur auf Betäubung von Tieren bei Tierärzten auf dem Lande beziehe, bejaht hatte, wurde nunmehr einstimmig folgende Definition der Vivisektion angenommen:[879]

> „Als Vivisektion ist anzusehen die Zerschneidung des lebenden unbetäubten Tieres sowie die Operation am lebenden Tier, sofern bei gleichen oder ähnlichen Eingriffen am Menschen allgemeine oder lokale Anästhesie in der Regel zur Anwendung gelangt und sofern die Anästhesie im einzelnen Falle unter den vorliegenden Verhältnissen durchführbar ist.
>
> Der Vivisektion sind gleichzusetzen unblutige Tierversuche am unbetäubten Tier, die mit einer Mißhandlung verbunden sind."[880]

2. „Wissenschaftliche" Tierversuche als Ausnahmen

Nachdem es umrissen worden war, was als „Vivisektion" verboten gehörte, führte Dr. Frey die Sitzung zur Ausarbeitung der Ausnahmen: „Die Wissenschaft, die das Tier als Geschöpf Gottes achtet, darf [...] gewisse Versuche an Tieren vornehmen, bisweilen auch an unbetäubten [...]. Die Gründe für diese Versuche sind ideeller Art. Es handelt sich dabei um Zwecke der *Heilung von Mensch und Tier* (wenige Tiere werden geopfert, um Tausende von Menschen und Tieren zu retten). Ferner finden solche Versuche zum Zwecke der *Erprobung und Wertbemessung von Heilmitteln* statt. Andere Versuche dienen reinen *Forschungs-* und *Lehr*zwecken."[881]

---

878 BA Berlin-Li., R 43 II Nr. 740, Bl. 93 VS.

879 BA Berlin-Li., R 43 II Nr. 740, Bl. 93 VS.

880 BA Berlin-Li., R 43 II Nr. 740, Bl. 93 RS.

881 BA Berlin-Li., R 43 II Nr. 740, Bl. 93 RS.

a) Rahmenbedingungen

Um die bisherige Ausführung solcher Versuche in Preußen darzulegen, folgte eine Verlesung der Verordnung je von Gossler 1885 und Grimme 1930. Nach einer Aufwertung[882] beider sah der Vorsitzende davon ab, sie zu kommentieren.

aa) Neue Einschränkungen

Stattdessen eröffnete er die Diskussion mit seinen weiteren Vorschlägen: „*Tierversuche zu wissenschaftlichen Zwecken sind zu unterlassen, wenn auf dem betreffenden wissenschaftlichen Gebiete die vorliegende Frage bereits völlig geklärt ist. Sie sind ferner nur dann zu unternehmen, wenn wissenschaftliche Erwägungen einen bestimmten Erfolg versprechen.*“[883]

(1) Zulässigkeit

Vom Unterlassungsgebot der selbst nicht als „Vivisektion“ zu bezeichnenden Versuche sahen beide Lager das „völlig geklärt“ nicht völlig geklärt. Prof. Müssemeier gestand unverblümt ein: „Ob ein Wissensgebiet *völlig* geklärt ist, läßt sich schwer sagen. Z. B. schien es bis zum Jahre 1920 festzustehen, daß Meerschweinchen für Maul- und Klauenseuchen unempfindlich sind. Ein Professor hatte eine neue Idee und es stellte sich heraus, daß die Meerschweinchen auf dem Wege, über den *er* die Infektion vornahm, für Maul- und Klauenseuchen empfänglich sind“; und Prof. Otto vom Robert-Koch-Institut ergänzte: „Man hatte früher angenommen, daß das Fleckfieber nur durch Läuse übertragen wird. In Amerika ist jedoch festgestellt, daß das Fleckfieber dort durch Ratten übertragen wird. Wann soll man also eine Frage als *völlig* geklärt bezeichnen?“[884] Aus anderem Anliegen gelangte Dr. Heller vom Reichsverband der deutschen Tierschutzvereine zum gleichen Ergebnis, „wenn der Forscher zu einem Erfolg gekommen ist, so hat der nächste Forscher Zweifel daran und macht neue Ver-

---

882 BA Berlin-Li., R 43 II Nr. 740, Bl. 94 VS; Dr. Frey würdigte die Erlässe des vormaligen Kultus- bzw. Volkswohlfahrtsministers als „so eindeutige, verschärfende Bestimmungen, daß sich der Deutsche Tierschutzverein durch seinen Vorsitzenden, Herrn Direktor Schaufuß, der heute hier ist, mit ihnen ganz einverstanden erklärte und nur noch auszusetzen hatte, daß in der ministeriellen Verordnung ein Strafmaß nicht enthalten war. Meine Herren, das war damals nicht notwendig, weil das Strafgesetzbuch diese Materie bereits regelte. Wenn ein neues Gesetz herauskommt, so wird es wahrscheinlich besondere Strafbestimmungen enthalten. Das wäre dann besonders auch Sache des Justizministeriums. Die genannte Verordnung hat die damaligen Mißstände erheblich verbessert. Alle anderen außerpreußischen Länder haben sie übernommen, wenn sie noch keine ebenso strengen Vorschriften hatten.“

883 BA Berlin-Li., R 43 II Nr. 740, Bl. 94 VS.

884 BA Berlin-Li., R 43 II Nr. 740, Bl. 95 VS.

suche.“[885] Dr. Eckhard sah den Beweggrund dafür in der Mentalität seiner Gegenüber: „Professor Kehrmann-Zürich hat gesagt: ‚Erkenntnis und nicht praktischer Nutzen ist der wahre Zweck der Versuche.‘ Kein wahrer Forscher denkt daran, für die Menschheit zu wirken.“[886] Dr. Hauck wollte nur darauf hinweisen, „daß ‚geklärt‘ des Zusatzes ‚völlig‘ nicht mehr bedarf. Der Zusatz könnte nur zu Irrtümern Anlaß geben.“ Doch diese juristisch geschulte Auslegung überzeugte Dr. Frey unmittelbar und unverzüglich: „Ich bin derselben Meinung wie Sie. Was klar ist, ist eben klar, das Wort ‚völlig‘ kann also verschwinden.“[887]

Trotzdem warnte sein Ministerialkollege Lentz: „Eine Sache ist solange geklärt, bis nicht neue Ideen entstehen. Es kann aus einem an sich bis dahin völlig geklärten Falle neue Unklarheit entstehen durch neue Ideen. Dann hat die Wissenschaft die Berechtigung, weiter zu arbeiten.“ Erst darauf wusste Dr. Frey einzuräumen: „Meine Herren Tierschützer! Wenn ein Forscher z. B. auf einem ganz anderen Gebiet zu einer Erkenntnis gekommen ist, so entsteht für einen Experimentator ein ganz neues Bild. Plötzlich bietet sich ihm eine neue Idee, er sieht, daß seine eigenen Resultate falsch sein müssen und daß er mit seiner Forschung noch nicht zu Ende ist. Soll ihm dann dieses Gebiet durch eine chinesische Mauer verschlossen sein?“ Dr. Eckhard stimmte zu: „Wir wollen den Satz bestehen lassen, aber ohne das Wort ‚völlig‘. Wir müssen den Wissenschaftlern etwas Rechnung tragen.“ Der Vorsitzende schlug vor: „Der Herr Ministerpräsident will wissen, welche Strömungen bestehen, welche Forderungen von der einen Seite erhoben werden und welche von der anderen Seite. Wenn wir eine einheitliche Fassung vorlegen könnten, so würde sich der Herr Ministerpräsident sicher freuen. Dies würde viel besser sein, als wenn die Tierschützer sagen, wir können dies und das nicht anerkennen. Wenn wir den Satz beibehalten, wie ihn Herr Geh.Rat Lentz vorschlägt, würde ich es für richtig halten, zu sagen: ‚*Versuche sind zu unterlassen, wenn auf dem betreffenden wissenschaftlichen Gebiete die Frage bereits erklärt ist.*‘“[888]

Dazu meinte Kultusministerialrat Prof. Achelis: „Man könnte hinzufügen, daß entweder neue Ideen oder eine neue Methodik hinzukommen muß, denn es ist gut denkbar, daß ein Versuch, der bei ungeübter Methodik ausgeführt wurde, später wiederholt wird, obgleich der Fall sonst abgeschlossen war.“ Bis Dr. Eckhard entgegenkam: „Wir könnten besser sagen: ‚geklärt gilt‘ anstatt: ‚geklärt ist‘ ‚sofern nicht neue Gesichtspunkte eintreten‘“, gewann der erste Satz der vorgeschlagenen Bestimmung allgemeine Zustimmung. Nachdem der zweite

885 BA Berlin-Li., R 43 II Nr. 740, Bl. 94 RS.
886 BA Berlin-Li., R 43 II Nr. 740, Bl. 95 VS.
887 BA Berlin-Li., R 43 II Nr. 740, Bl. 95 RS.
888 BA Berlin-Li., R 43 II Nr. 740, Bl. 96 VS.

Satz trotz Dr. Haucks Anregung, „bestimmt“ möge wegbleiben, bei der Formulierung geblieben war,[889] gelangte Dr. Freys Anregung zur Fassung: „*Tierversuche zu wissenschaftlichen Zwecken sind zu unterlassen, wenn auf dem betreffenden wissenschaftlichen Gebiete die Frage als geklärt gilt, sofern nicht neue Gesichtspunkte eintreten. Sie sind ferner nur dann zu unternehmen, wenn wissenschaftliche Erwägungen einen bestimmten Erfolg versprechen.*“

(2) Zahlbeschränkung

Dadurch ging die Besprechung zur 2. Anregung des Ministerialdirektors über: „*Gleiche Versuche an vielen Tieren sind untersagt, wenn man mit wenigen auskommt.*“ Prof. Müssemeier formulierte um: „Es dürfen nicht mehr Tiere für einen Versuch benutzt werden, als für die Erreichung des Zweckes notwendig ist.“ Das hielt auch Dr. Hauck seitens der Tierschützer als besser.[890] Noch mit Bezug auf die erste Bestimmung fragte Dr. Frey: „Lautet also unsere Fassung nun: ‚*Es dürfen nicht mehr Tiere für einen Versuch verwendet werden, als zur Erklärung der betreffenden Frage notwendig sind*‘?“ Die Versammlung bejahte.[891]

(3) Berichterstattung

Auch Görings Aufruf zum inneren Frieden am Ende seiner Rundfunkrede war nicht überhört. Unter Hinweis auf das „bekanntlich in der Presse zu viel hierüber“ und „oft nicht in gehöriger Form“ Geschriebene warf Dr. Frey seine 3. Anregung auf: „*Eine Verbreitung von Versuchen durch die Tagespresse muß gänzlich unterbleiben, damit jeder Anstoß in der Öffentlichkeit und jede Beunruhigung vermieden werden.*“ Demgegenüber bestätigte Prof. Heubner des Berliner Pharmakologischen Instituts zum einen: „Breittreten ist nicht nötig, aber man muß doch die Versuche beschreiben.“ Zum anderen sträubte sich Dr. Eckhard: „Das bezieht sich wohl auf die Zeitungen? Auf die Tierschutzzeitungen könnte es nicht zutreffen, denn wir müssen anstößige Fälle schreiben.“ Diese Sorge konnte Dr. Frey ihm nehmen: „Es handelt sich um Tageszeitungen. Weiter: ‚*Aber auch in wissenschaftlichen Zeitschriften müssen sie, wenn überhaupt, so doch in einer Tonart wiedergegeben werden, die die Achtung vor dem Tier erkennen läßt.*‘ […] Es steht objektiv fest, daß es wissenschaftliche Artikel gibt, die sich in einer Weise ausgesprochen haben, die nicht schicklich ist. […] Es ist nicht so sehr der Versuch, der Anstoß erregt, sondern es ist der herzlose Ton.“[892]

889 BA Berlin-Li., R 43 II Nr. 740, Bl. 96 RS.

890 BA Berlin-Li., R 43 II Nr. 740, Bl. 96 RS.

891 BA Berlin-Li., R 43 II Nr. 740, Bl. 97 VS.

892 BA Berlin-Li., R 43 II Nr. 740, Bl. 97 VS+RS.

(4) Betäubung

Da niemand dieser Aussage widersprach, ging Dr. Frey zur nächsten Frage über: „Wir sind uns darin wohl alle einig, daß wir am liebsten gar keine Tierversuche machen möchten, und, wenn es überhaupt geschehen muß, dann am narkotisierten Tier. Soweit Versuche am narkotisierten Tier vorgenommen werden können, muß dies geschehen. Man muß aber leider eingestehen, es gibt auch Versuche, bei denen die Narkose nicht angängig ist. Dabei ist dann zu bedenken, daß auch Narkose für die Versuchstiere kein Vergnügen ist, das Festschnallen der Tiere, die unliebsamen starken Reizerscheinungen während und nach der Narkose machen die Prozedur recht quälend, so daß dagegen ein kleiner Eingriff ohne Betäubung zwar einen augenblicklichen Schmerz bedeutet, aber dann überstanden ist, also vielleicht besser ist, als die Narkose. Ich will nur zur Kenntnis geben, daß die Narkose nicht unter allen Umständen das Tier vor Unannehmlichkeit bewahrt."[893] Nachdem Dr. Eckhard darauf gepocht hatte, jeder schmerzhafte Versuch solle in Narkose geschehen, zog Dr. Frey den Vergleich mit Menschen heran: „Einreibungen, Einspritzungen sind auch ohne örtliche oder allgemeine Narkose dem Arzt glatt erlaubt. Denken Sie auch an gewisse große Operationen an Menschen, die ohne Narkose gemacht werden, z. B. Kropfoperation."[894] Als Tierkenner wandte Dr. Eckhard jedoch ein: „Es ist ein großer Unterschied, ob man einen Menschen operiert, der weiß, wozu dies geschieht, oder ein Tier." Dr. Frey gab zu: „Das stimmt. Ich wollte nur darauf hinweisen, daß man Menschen manchmal auch etwas zumuten muß, was als grausam bezeichnet werden würde, wenn es beim Tier geschähe. ‚*Die Tierversuche sind, sofern sie nicht nach dem Urteil des Institutsleiters eine Narkose unbedingt ausschließen oder der mit dem Eingriff verbundene Schmerz geringfügiger als die durch die Betäubung hervorgerufene Störung ist, durch allgemeine oder örtliche Betäubung schmerzlos zu gestalten.*'" Als Dr. Eckhard namentlich chirurgische Eingriffe ohne Narkose ausschließen wollte, konnte Dr. Frey ihm ins Gedächtnis rufen: „In der Definition des Begriffes ‚Vivisektion' ist schon gesagt, daß es verboten ist, die Zerschneidung eines lebenden unbetäubten Tieres vorzunehmen." Also war Dr. Eckhards Zusatz unnötig, und Dr. Freys Satz wurde angenommen.[895]

Bislang vermochte der Vorsitzende verzeichnen: „Wir haben also über die bisher bestehenden Bestimmungen des Preußischen Erlasses von 1930 hinaus uns über Vorschläge geeinigt. Wir werden dafür Sorge tragen, daß diese Gedanken bei der Beratung über ein Gesetz besprochen wird."[896]

---

893 BA Berlin-Li., R 43 II Nr. 740, Bl. 97 RS.

894 BA Berlin-Li., R 43 II Nr. 740, Bl. 97 RS – 98 VS.

895 BA Berlin-Li., R 43 II Nr. 740, Bl. 98 VS.

896 BA Berlin-Li., R 43 II Nr. 740, Bl. 98 VS.

bb) Verschärfung mit „höheren Tieren"

Doch kaum als die Einigung hergestellt wurde, meldete sich Dr. Hauck: „Ich möchte noch auf die Verwendung ‚höherer Tiere' zurückkommen (Preuß. Erlaß von 1930)", auf „daß Hunde nicht mehr vivisieziert werden. Auch Katzen und Pferde müssen ausgeschlossen sein. Der Erlaß genügt nicht, denn die Krankenhäuser sind mit Hunden überfüllt. Der Erlaß hat also hierin keine Wirkung gehabt."[897]

(1) Sachverständiges Abwägen

Als Dr. Frey ihm entgegenkam, rief Prof. Heubner dazwischen: „Ich erkläre hier, daß es vollkommen unmöglich ist, auf Hunde als Versuchstiere ganz zu verzichten. Ich muß bitten, daß unserem Sachverständnis geglaubt wird. Ich bin überzeugt, daß es keinen einzigen in der Fakultät gibt, der anderer Meinung ist."[898] Auch Geheimer Rat Lentz setzte sich gegen Dr. Haucks Vorschlag, „Nur in besonders genehmigten Fällen", zur Wehr: „Diese Fassung ist unmöglich. Ich möchte Sie fragen: Sollen Seren nicht hergestellt werden? Wollen Sie verantworten, daß 100 000 Kinder an Diphtherie sterben, weil zur Herstellung des Serums die Blutentnahme an Pferden nötig ist, die nach Ihrer Ansicht hierfür nicht verwendet werden dürfen? So ist die Diskussion nicht möglich. Die Tierfreunde müssen sich damit abfinden, und die Vernünftigen haben sich damit auch abgefunden, daß Pferde in dieser Weise benutzt werden. Das Arbeiten mit Katzen ist umständlich und gefährlich; Katzen werden daher selten zu Versuchen herangezogen. Der Hund aber ist für manche Versuche unentbehrlich, sodaß wir auf ihn nicht verzichten können. Sie sehen nur den ‚gequälten Hund' vor sich. Wir brauchen aber doch die Versuche auch, um kranke Hunde wieder gesund zu machen. Ich erinnere nur an die Tollwut. Wir haben ebenso Versuche über Hunde-Staupe machen lassen."[899]

Als Dr. Eckhard unbeirrbar blieb, die Tierschutzbewegung lehne aus Überzeugung jeden Versuch an höheren Tieren ab,[900] fing Landwirtschaftsministerialdirigent Prof. Müssemeier mit einem anderen Anliegen des Tierschutzes an, um dessen hartnäckigem Wortführer einzureden: „Früher war jede Betäubung von Tieren mit hoher Lebensgefahr verbunden. Nur durch die Versuche an Hunden und Katzen ließen sich Mittel und Wege finden, die Narkose auch bei Tieren anzuwenden. Diese Versuche waren unbedingt erforderlich und es ist ausgeschlossen, auf Versuche an Hunden und Katzen völlig zu verzichten. Ferner:

897 BA Berlin-Li., R 43 II Nr. 740, Bl. 98 VS.
898 BA Berlin-Li., R 43 II Nr. 740, Bl. 98 RS.
899 BA Berlin-Li., R 43 II Nr. 740, Bl. 99 VS.
900 Vgl. BA Berlin-Li., R 43 II Nr. 740, Bl. 98 RS, 99 VS+RS.

Wir sind nur in der Lage, unseren Schweinebestand vor Rotlauf zu schützen, wenn wir das Serum vom Pferd verwenden können. Wenn die Rotlaufimpfung der Schweine nicht möglich wäre, würde die Ernährung des deutschen Volkes gefährdet werden, denn die Ernährung des Volkes mit Fleisch geschieht zu 70% vom Schwein. Hier stehen so wichtige volkswirtschaftliche Interessen im Vordergrund, daß der Staat Ihren Wünschen nicht Folge leisten kann, sondern auch das große Tier in den Versuch mit einbeziehen muß. Ferner sind Pferde-Infektionen und die Anämie zu erwähnen. Wenn wir hier das Pferd nicht zu Versuchen benutzen dürfen, können wir nicht feststellen, ob die Krankheit in einem Bestande herrscht. Was das für die Schlagfertigkeit der Armee bedeutet, brauche ich wohl nicht zu erläutern. Es stehen hier so große Gesichtspunkte im Vordergrunde, daß das Gemüt zurücktreten muß." Erst dann nickte Dr. Eckhard einigermaßen ein: „Ich möchte wiederholen, daß wir Versuche an höheren Tieren an und für sich ablehnen, wenn nicht in ganz besonders gelagerten Fällen die Wissenschaft glaubt, ohne sie nicht auskommen zu können"[901], denn: „Wir müssen uns zwar damit abfinden, wenn in seltensten Fällen Ausnahmen gemacht werden, das Grundsätzliche muß aber herausgearbeitet werden."[902] Prof. Müssemeier beschwichtigte dann: „Wir haben mehrere Krankheiten bei Pferden, bei denen sie schwer lahm gehen. Wenn man bei einem solchen Pferd einen Aderlaß vornimmt, läuft es wieder gut." Darauf antwortete Dr. Eckhard ohne Wenn und Aber: „Was zur Heilung des Tieres notwendig ist, ist erlaubt."[903]

(2) Staatsmännisches Appellieren

Auf dieser Basis fasste der preußische Innenministerialdirektor, Dr. Conti[904], zuerst zusammen: „Die Vertreter der Wissenschaft gestehen freimütig, daß in

---

901 BA Berlin-Li., R 43 II Nr. 740, Bl. 99 RS.

902 BA Berlin-Li., R 43 II Nr. 740, Bl. 99 VS.

903 BA Berlin-Li., R 43 II Nr. 740, Bl. 100 VS.

904 Conti, Leonardo Georgico Ambrogio Giovanni, Dr. med., geb. 24. 8. 1900 in Lugano; praktischer Arzt in Berlin; Nov. 1918 Mitbegründer des antisemitischen Kampfbundes, Völkischer Studentenführer; 1923 SA-Mann in Erlangen, Erster SA-Arzt in Berlin, Aufbau des Sanitätswesens der gesamten SA; 1930 Eintritt in die SS, Gründer und Führer des NSD-Ärztebundes im Gau Berlin; 1932 – 1933 Mitglied des Preußischen Landtages, NSDAP-Fraktion; 1932 Mitglied des Preußischen Landgesundheitsamtes, Febr. 1933 Ernennung zum Kommissar z. B.V. im Preußischen Ministerium des Innern, April 1933 Ministerialrat im demselben, Jan. 1934 Ernennung zum Preußischen Staatsrat; 20. 4. 1939 Ernennung zum Reichsgesundheitsführer und Leiter des Hauptamtes für Volksgesundheit der NSDAP, 28. 8. 1939 Ernennung zum Staatssekretär für Gesundheitswesen und Volkspflege im Reichs- und Preußischen Ministerium des Innern, Aug. 1941 Mitglied des Reichstages, 1943 SS-Gruppenführer; gest. 6. 10. 1945. (s. Stockhorst, *5000 Köpfe*, 1967, S. 94.)

den vergangenen Jahren Dinge vorgekommen sind, die nicht mehr vorkommen dürfen. Überflüssige, sinnlose, grausame Tierversuche müssen für alle Zukunft unmöglich gemacht werden. Auf der anderen Seite haben die Vertreter des Tierschutzes hier ebenso offen und ehrlich erklärt, dass sie notwendigen Tierversuchen nichts in den Weg legen wollen. Wir haben, und ich bitte dringend, dies auch weiterhin zu tun, [...] Fragen grundsätzlicher Weltanschauung ausgeschaltet. [...] Denn wenn man sich auf einen solchen Standpunkt der Ablehnung aller medikamentösen, aller Serenbehandlung stellt, dann braucht man sich über die Fragen des Tierschutzes nicht mehr zu unterhalten, weil Tierversuche überflüssig geworden sind. Nicht diese grundsätzlichen Fragen der Behandlungsmethodik gilt es hier zu klären, sondern die Notwendigkeit des Tierschutzes und die der wissenschaftlichen Erfahrungen gegeneinander auszuwerten und diejenige Regelung zu finden, die beiden berechtigten Ausgangspunkten gerecht wird."[905]

Vor dieser Zielsetzung berichtete der schweizerisch stämmige Arzt: „Das Bekenntnis zum ganzen Volkstum ist jedem Deutschen Selbstverständlichkeit. In diesen Dingen sollten wir übereinstimmen und stimmen wohl überein. Tun wir dies jedoch, dann bekennen wir uns zuerst zum Gedanken der Wehrhaftigkeit. Für die Erhaltung der deutschen Wehrhaftigkeit sind aber Tierversuche unumgänglich erforderlich. Es ist bestimmt niemand da, der wird behaupten können, daß die Gasversuche auch an höheren Tieren für unsere Wehrhaftigkeit nicht erforderlich sind. Diese Versuche kann nur der ablehnen, der weltanschaulich auf dem Standpunkt steht, daß Deutschland überhaupt kein Recht hat, sich zu verteidigen."[906]

Da richtete das erste Arztmitglied der SA seinen Blick schon über die Erarbeitung der Erlassvorlage hinaus: „Ich appelliere hier als Nationalsozialist an Sie, Herr Dr. Eckhard, als Nationalsozialisten. Wenn Sie diesen meinen Gedankengängen folgen, wenn Sie zugeben, daß man als Nationalsozialist in Sachen der Landesverteidigung nicht anders denken kann, wenn Sie eingesehen haben, daß *ausnahmsweise* Experimente auch an höheren Tieren erforderlich sind, so [...] ist nicht angängig, daß Sie in der Öffentlichkeit verkünden, ‚wir sind gegen jeden Tierversuch an höheren Tieren!' und es nun den Träger des Staates, die heute genau wie Sie Nationalsozialisten sind und nicht im Gegensatz zum Volksempfinden stehen dürfen, es überlassen wollen, trotzdem Tierversuche auch an höheren Tieren in Ausnahmefällen zu erlauben. [...] Vor das Volk hintreten und durch offenes Bekenntnis der ausnahmsweisen Notwendigkeit von Experimenten auch an höheren Tieren Verständnis und Frieden herbeizuführen, ist *Ihre* Aufgabe! Wenn wir hier zur Übereinstimmung gekommen sind, so bekennen

905 BA Berlin-Li., R 43 II Nr. 740, Bl. 100 VS.
906 BA Berlin-Li., R 43 II Nr. 740, Bl. 100 RS.

Sie es auch gegenüber dem Volke und helfen dazu, den Frieden erreichen, den wir erreichen wollen."[907]

Doch auch derartiges Zureden vermochte Dr. Eckhard nicht vom eigenen Grundsatz abzubringen: „Es ist klar, daß wir, sobald das Wohl unseres deutschen Volkes in Frage kommt, ganz allgemein Konzessionen machen müssen. Wir können aber unser Urteil nicht abhängig machen von dem Nützlichkeitsstandpunkt. An und für sich lehnen wir Tierversuche an höheren Tieren ab, wenn nicht in ganz bestimmten Fällen die Wissenschaft sie nicht glaubt entbehren zu können. [...] Die Form des Nachsatzes ist noch nicht ganz klar."[908]

(3) Herausarbeitung der Fassung

Somit wurde das Thema zur Wortwahl zurückgezogen, und Prof. Müssemeier schlug vor: „*Versuche an höheren Tieren sollen grundsätzlich nicht gemacht werden; sofern sie durch niedere Tiere ersetzt werden können, sind sie auf das unumgänglich mögliche Maß zu beschränken.*"[909]

Während die Tierschützer diesem Ausdruck entgegenkamen,[910] lehnten Prof. Hörlein seitens der Industriellen ab: „Der Satz ist mir noch zu lahm. Versuche an Hunden wären danach prinzipiell verboten. [...] Bei neuen Heilmitteln müssen die Versuche, selbst wenn sie an anderen Tieren erfolgreich durchgeführt sind, auch noch am Hund wiederholt werden. Ich wäre gewissenlos, wenn ich dies nicht täte."[911] Dazu konnte Prof. Schürmann „im Interesse der Klinik betonten, daß man es nicht als Ausnahme betrachten darf, wenn man am größeren Tier arbeitet. Wenn z. B. ein Magengeschwür vorhanden ist und ein anderer Ausgang geschaffen werden muß, so kann man zu Versuchen hierüber nur den Hund oder ähnliche höhere Tiere verwenden. Bei Meerschweinchen z. B. sind Därme und Schlund zu klein, um daran arbeiten zu können. Es kann nicht sein,

---

907 BA Berlin-Li., R 43 II Nr. 740, Bl. 101 VS.

908 BA Berlin-Li., R 43 II Nr. 740, Bl. 101 VS.

909 BA Berlin-Li., R 43 II Nr. 740, Bl. 101 VS.

910 BA Berlin-Li., R 43 II Nr. 740, Bl. 101 RS: „Dr. Eckhard: Wenn wir Tierschützer auch grundsätzlich den Versuch an höheren Tieren ablehnen, so wird es doch einige Fälle geben, wo die Wissenschaft nicht darauf verzichten werden darf. Also können wir folgende Fassung vielleicht akzeptieren: ‚Versuche an höheren Tieren sollen grundsätzlich nicht gemacht werden. Soweit sie für Versuche nicht entbehrt werden können, sollen sie auf das unbedingt notwendige Maß zu beschränken.' Dr. Hauck: Unmöglich ist es, daß wir uns in Gegensatz zum Staat stellen. Wenn wir Forderungen vorbringen, so sind sie für das Wohl des Volkes bestimmt. Das Wort ‚sollen' müßte gestrichen und dafür ‚sind' gesetzt werden, auch das Wort ‚grundsätzlich' muß fallen." Während Dr. Eckhards Fassung keinen wesentlichen Unterschied (vgl. Hervorhebung) aufwies, fanden Dr. Haucks Vorschläge keine Berücksichtigung.

911 BA Berlin-Li., R 43 II Nr. 740, Bl. 101 RS – 102 VS.

daß wir damit etwas Verbotenes tun sollen, und würden der Gefahr ausgesetzt sein, daß ein dem Tierschutz-Verein angehöriger Wärter uns anzeigt. Es darf nicht als Ausnahme gelten, wenn man Hunde operiert."[912] Aus diesen Gründen verlangte Prof. Heubner: „Mit dem zweiten Satz beginnen, dann: ‚Grundsätzlich sollen …'."[913]

Diesen Antrag wies Dr. Frey allerdings unmittelbar zurück: „*Zunächst* sagt man in einer Bestimmung, was man soll oder nicht soll, *dann* erst kommen die Ausnahmen."[914] Denn: „Wir drücken uns unmißverständlich aus, wenn wir sagen: ‚Grundsatz ist, daß höhere Tiere nicht zu Versuchen verwendet werden', hierin haben wir auch die Überbrückung für die Ansicht der Tierschutzvereine. Wenn wir dann Ausnahmen zu machen gezwungen sind,"[915] so formulierte er Müssemeiers Vorlage dahingehend um: „*Versuche an höheren Tieren sollen grundsätzlich vermieden werden. Soweit an niederen Tieren der beabsichtigte Zweck nicht erreicht werden kann, dürfen Versuche auch an höheren Tieren ausgeführt werden.*"[916]

b) Aufzählung der Ausnahmen

Es war mittlerweile schon 17 Uhr, als der Vorsitzende verkünden konnte: „Herr Minister Göring wollte sich über unsere Meinung informieren, ich glaube aber, er wird sich freuen über das, was wir bisher gemeinsam erreicht haben. Es ist im Lande wieder einmal ein Zankapfel vernichtet worden, der vorher sehr giftig gewirkt hat." Nun sollte es zu Dr. Eckhards Anliegen kommen, das auch Dr. Frey als „eine grundsätzliche Frage" ansah: die von „Vivisektion" ausgenommenen Einzelfälle aufzulisten.[917]

aa) Eingeständnisse der Tierschützer

Während der zehnminütigen Pause sprachen sich die Tierschützer untereinander ab. Nach Wiederaufnahme der Sitzung las Dr. Eckhard die aufgeschriebenen Krankheiten vor. An erster Stelle konnte er bei der *Wassermann-Probe* an Meerschweinchen die Blutentnahme durch das Ohr in Kauf nehmen, würde dagegen die Herzpunktion ablehnen. Dr. Frey fühlte ein, „das Herz hat soviele Nerven, daß der Einstich qualvoll sein muß", riet ihm aber, sich selbst beim Institut Ro-

912 BA Berlin-Li., R 43 II Nr. 740, Bl. 103 VS.
913 BA Berlin-Li., R 43 II Nr. 740, Bl. 103 RS.
914 BA Berlin-Li., R 43 II Nr. 740, Bl. 103 RS.
915 BA Berlin-Li., R 43 II Nr. 740, Bl. 102 VS.
916 BA Berlin-Li., R 43 II Nr. 740, Bl. 103 RS.
917 BA Berlin-Li., R 43 II Nr. 740, Bl. 103 RS.

bert Koch zu überzeugen, was da gemacht wurde.[918] Von der genannten Anstalt antwortete Prof. Otto, es werde eine ganz feine Spritze genommen, so dass die Tiere nach monatlichem Herzstich noch 6 – 7 Monate leben würden,[919] und stellte die Tierschützer vor die Wahl: „Was ist besser, jedesmal ein Tier zu töten, oder ab und zu ein Tier zu punktieren?“ Dr. Eckhard wich von dieser Qual zum zweiten Zugeständnis: „Zur *Tuberkulose-Diagnostik*: Einspritzung unter die Haut, dagegen können wir nichts sagen, auch nicht gegen die Pocken-Diagnostik am Kaninchen.“ Dr. Frey lenkte dann zum dritten Spannungsfeld: „Tierschützer lehnen Versuche am Auge ab. Vielleicht trägt Herr Müssemeier etwas über die *Rotzkrankheit* vor.“ Der angesprochene Professor führte fort: „Bei Rotz sind Versuche zu diagnostischen Zwecken nötig. Es wird entsprechende Material ins Auge des Pferdes eingeträufelt; die ganze Reaktion ist in 2×24 Stunden erledigt. Wie wichtig die frühzeitige Erkennung des Rotzes ist, sahen wir im Kriege, wo die Schlagfertigkeit des Heeres durch das sehr ansteckende Leid gefährdet war. Die Frühjahrsoffensive 1915 wäre nicht möglich gewesen, wenn man die Rotzkrankheit auf Grund der Probe nicht hätte bekämpfen können.“ Die verbleibenden Fragen wurden schnell beraten: „*Dr. Eckhard*: *Tollwut*? *Dr. Lentz*: Kaninchen werden infiziert, dann getötet. *Dr. Eckhard*: *Cholera*? *Dr. Lentz*: Sera werden von Pferden aus deren Blut entnommen. *Dr. Eckhard*: *Scharlach*? *Prof. Otto*: Den Tieren wird Serum eingespritzt, dann werden Sera abgezapft. Die Tiere werden gut gepflegt. *Tetanusserum* wird bei Landarbeitern mit großem Erfolg verwendet, seitdem ist der Tetanus so gut wie ausgeschaltet. Auch im Kriege hat sich das Serum außerordentlich bewährt.“[920]

bb) Ergänzungen seitens Mediziner

Prof. Müssemeier tröstete zuerst wieder: „Bei Tieren können wir keine Operation ohne Tetanusspritze vornehmen“, und gab weitere Fälle aus der Landwirtschaft zu bedenken: „Der Wert des deutschen Viehbestandes betrug 1926 = 9 Milliarden, ebenso groß ist der Wert der jährlichen Erzeugnisse aus der Vielwirtschaft. Im Jahre 1920 / 21 haben wir innerhalb 5/4 Jahren durch Maul- und Klauensuche einen Verlust von 476 Millionen Mark gehabt. Der Tierversuch hat daher für uns die allergrößte Bedeutung, besonders bei der *Maul- und Klauenseuche und dem Rotlauf*, ohne Impfung würden wir dies nicht mit Erfolg bekämpfen können. Jetzt haben wir einen so günstigen Seuchenstand wie noch nie. Alle die Klauentiere, die sich in erhöhter Seuchengefahr befinden, werden geimpft, damit die Bestände nicht gefährdet werden. In keinem Lande ist die Bekämpfung dieser Seuchen so günstig wie bei uns. Die Schweinepest hat keine

918 BA Berlin-Li., R 43 II Nr. 740, Bl. 104 RS.

919 BA Berlin-Li., R 43 II Nr. 740, Bl. 104 VS.

920 BA Berlin-Li., R 43 II Nr. 740, Bl. 104 RS.

wesentliche Ausbreitung mehr. In der Tschechoslowakei wurden im letzten Jahre weit über 1 000 Gehöfte, in Ungarn über 30 000 Gehöfte, in Deutschland aber nur 60 Gehöfte gezählt, die von Schweinepest befallen waren."[921]

Auf Dr. Freys Bitte äußerte sich demnächst Prof. Kleine über die erstrebte Gesunderhaltung von Menschen und Tieren: „*Schlafkrankheit*. Die Sterblichkeit betrug 75%. Da trat I. G. Farben mit seinem ‚Germanin' auf den Plan. Es waren jahrelange Experimente notwendig. ‚Germanin' übertrifft alle anderen Medikamente. Die Heilung beträgt jetzt 100%. *Malaria-Präparate*. Malaria kann man jetzt in 8 Tagen ausheilen. Die Versuche sind an Kanarienvögeln gemacht worden." Allerdings hielt die Anerkennung des Robert-Koch-Institutspräsidenten nicht den Vertreter des anerkannten Heilmittelwerks davon ab, ungefragt das Wort an sich zu reißen. So warf Prof. Hörlein erneut Dr. Eckhard Greuelpropaganda im Septemberheft 1932 der *Schweizer Medizinischen Wochenschrift* vor: „Wir haben bei I. G. Farben das Gefühl, daß wir ein Kulturträger Deutschlands sind. Berlin kennt man im fernen Ausland oftmals nicht, aber ‚Aspirin' und ‚Salvarsan'. Warum fällt man uns nun aus tendenziöser Absicht in den Rücken? Ist das nicht volkswirtschaftlicher Landesverrat [...]?"[922]

Dies führte den Sitzungsabschnitt über die „zwingende Notwendigkeit" bestimmter Tierversuche zum gleichen Ende wie schon bei Vivisektionsdefinition mit Dr. Freys Eingriff: „Ich habe bereits früher gewünscht, daß Presseäußerungen nicht verlesen werden sollen. Herr Prof. Hörlein hat gegen meine Weisung verstoßen; ich rüge das. Wenn Herr Dr. Eckhard die Erklärung abgibt, daß ihm ein Irrtum unterlaufen sei, so müssen wir ihm glauben. Eine weitere Debatte lasse ich nicht zu. Sind noch Angaben zur Sache vorzubringen? Nein? Ich stelle das fest."[923]

c) Anstalten und Aufsichten

Mithin führte der Ministerialdirektor die Sitzung zur letzten Frage, „die aus Tierschutzkreisen gestellt worden ist, ob nämlich nicht zu viele Anstalten sich damit beschäftigen, auch die Zahl der benutzten Tiere geringer sein würde." Dr. Eckhard legte aus: „Ich möchte, daß die Versuche auf die großen Institute beschränkt werden und nur auf solche, über die eine Kontrolle ausgeübt wird."[924]

---

921 BA Berlin-Li., R 43 II Nr. 740, Bl. 105 VS; Dr. Eckhard trug noch das Bedenken, ob die Seuchen in den anderen Ländern nicht auch durch schlechtere Stallhaltung verursacht worden seien; doch dasselbe zerstreute ihm Prof. Müssemeier mit dem Hinweis darauf, dort habe die Pest auch die Wildschweine heimgesucht.

922 BA Berlin-Li., R 43 II Nr. 740, Bl. 105 RS.

923 BA Berlin-Li., R 43 II Nr. 740, Bl. 105 RS – 106 VS.

924 BA Berlin-Li., R 43 II Nr. 740, Bl. 106 VS.

aa) Erlaubnis und Entzug

Diesmal schlug der Vorsitzende vor: „Wenn jeder für Tierversuche eine Konzession haben müßte, so könnte diese entzogen werden, wie jede andere Konzession, wenn der Betreffende sich als unzuverlässig erwiesen hat. Würde das einen ausreichenden Schutz bieten?" Während Dr. Eckhard keine erschöpfende Antwort geben konnte, hielt Prof. Heubner als Heilsmittelkundler für tragbar, „wenn man eine Vorschrift erläßt, daß Tierversuche nicht jedem approbierten Arzt erlaubt werden, sondern daß eine gewisse Vorbildung notwendig ist. Dann besteht die Garantie, daß nicht gepfuscht wird und unnötige Versuche angestellt werden." Dementsprechend versuchte Dr. Frey auszuformulieren: „Würde Ihnen der Wortlaut genügen: ‚*Versuche am lebenden Tier dürfen nur in geeigneten Räumen, mit gutem Instrumentarium und von geschulten Kräften, die eine Konzession besitzen müssen, ausgeführt werden*'?"[925]

Geheimer Regierungsrat Lentz entgegnete: „Ich möchte vorschlagen, daß nur staatliche Institute oder Institute, die unter staatlicher oder kommunaler Aufsicht stehen, zugelassen werden und im übrigen nur solche Institute, denen vom Ministerium des Innern eine Erlaubnis erteilt wird. Für die Institute der Serum-Fabriken z. B. würde Konzession erteilt werden müssen. Von Privatinstituten würde der Antrag an den zuständigen Regierungspräsidenten zu gehen haben. Den Ärzten gegenüber hat der Staat früher den Standpunkt eingenommen, daß der Arzt alle die Versuche machen darf, die er für die Diagnose für notwendig hält. Das ist durch die Einrichtung der Medizinal-Untersuchungsämter aber ganz fortgefallen. Die Konzessionserteilung an Ärzte und Privatpersonen wird sich also in sehr engen Grenzen halten." Demgegenüber wollte Dr. Eckhard Konzessionen an Einzelpersonen möglichst verhindert wissen.[926] Darauf lieferte Dr. Frey die zusammenfassende Antwort: „Die Konzession würde bei Verstößen immerhin entzogen werden. Damit könnten wohl die Herren vom Tierschutz zufrieden sein. Es ist in Ihren Zeitschriften gefragt worden, wo die Kontrolle ist? Die staatlichen und privaten Institute stehen bereits unter behördlicher Kontrolle, und zwar die staatlichen unter der jeweiligen ministeriellen Aufsicht, die privaten unter der Kontrolle des Kreisarztes oder Veterinärrates. Eine Verschärfung der Kontrolle könnte man durch regelmäßige, natürlich unvermutete, Besichtigungen einrichten. Darüber ließe sich reden."[927]

925 BA Berlin-Li., R 43 II Nr. 740, Bl. 106 RS.

926 BA Berlin-Li., R 43 II Nr. 740, Bl. 106 RS.

927 BA Berlin-Li., R 43 II Nr. 740, Bl. 106 RS – 107 VS.

bb) Beteiligung der Tierschützer?

Daher wurde angeregt: „Es müßte von seiten der Tierschutzvereine eine Kontrolle ausgeübt werden.“ Dr. Eckhard untermauerte: „Italien hat Tierschutz-Inspektoren, diese haben amtliche Befugnisse, stehen der Tierschutzbewegung nahe. Wir werden uns mit einer derartigen Eingabe an die Regierung wenden. Es könnte dann Kontrollkommission gebildet werden, die aus staatlichen Beamten und bewährten Herren aus Tierschutzkreisen gebildet werden.“

Dr. Frey fasste die Forderung zuerst zusammen, „daß in ein kommendes Gesetz etwa ein Satz eingefügt wird: ‚*Wenn möglich, sollen an diesen regelmäßigen Besichtigungen auch bewährte Mitglieder von Tierschutz-Vereinigungen beteiligt werden.*‘ Es sind hierbei jedoch 2 Momente zu berücksichtigen, die vielleicht nicht ganz unbedenklich sind. Wenn ein Laie in einen Tierstall kommt, in dem eine gefährliche Krankheit herrscht, so kann er sich leicht diese Krankheit zuziehen. Ein Beamter wäre in solchem Falle durch seine Pension geschützt, ein Tierschützer nicht. Auch kann der Laie, ohne selbst zu erkranken, eine ansteckende Krankheit in die Öffentlichkeit übertragen. Unter Umständen steht auch die Geheimhaltung von Fabrikationsverfahren auf dem Spiel.“

Davor kannte Dr. Eckhard keine Angst: „Wir verlangen unsere Beteiligung besonders wegen der Stallhygiene, der Fütterung, der Reinhaltung der Tiere.“ Doch Prof. Hörlein erwiderte, erst der Tierarzt sei der Sachverständige hierfür. Bis Prof. Müssemeier auf das Tierseuchengesetz hinwies, demzufolge „nur der Besitzer, der Tierarzt und der Pfleger das Gehöft seuchenkranker Tiere betreten darf“, wurden die Tierschützer mit ihrer Forderung nach Beteiligung an der Kontrolle in Verteidigung gedrängt. Dennoch bat sie Dr. Frey, das Anliegen dem Reichs- und Preußischen Ministerium des Innern schriftlich vorzulegen, und schloss mit Dank an alle Teilnehmer die Sitzung.[928]

IV. Beiträge vom Goltdammer Archiv

Görings Vorbereitung des Vivisektionsverbotes erweckte auch juristisches Interesse. Ein Amtsgerichtsrat a. D. aus Godesberg, Herr Sommer, betonte, der Gegenstand sei Neuland und die wenigen Vorbilder von England, Dänemark und Italien ließen sich kaum ohne weiteres auf deutsche Verhältnisse übertragen.[929] Dafür leistete er einen Beitrag zur deutschen Gesetzgebung, der in dem Archiv für Strafrecht und Strafprozess Aufnahme fand.

---

928 BA Berlin-Li., R 43 II Nr. 740, Bl. 107 VS.

929 Sommer, *Vivisektion als gesetzgeberische Aufgabe*, in: GA, Bd. 77, 1933, S. 337 – 338.

1. Schwierigkeiten der Strafgesetzgebung

Für den Verfasser ging es nicht an, schlechthin ein Verbot der Vivisektion zu erlassen, sondern vielmehr einen objektiven Maßstab aufzustellen. Schwierig war dabei schon die Vorfrage, ob die Befolgung des Vivisektionsgesetzes durch Androhung krimineller Strafen erzwungen werden sollte. Obwohl nun „ein schärferer Wind in der Rechtsprechung gegen Tierquäler weht," gab Sommer die erfahrungsmäßige Schwierigkeit der Tatfeststellung zu bedenken: „Ein Tierquäler gewöhnlicher Art muß stets damit rechnen, daß er beobachtet angezeigt wird oder daß die Spuren seiner Mißhandlungen am Körper seines Opfers ihn verraten. Der Vivisektor hat das nicht zu befürchten, er arbeitet ja allein oder nur mit seinen Assistenten in der Stille des Laboratoriums — Vorführungen vivisektorischer Art zu Lehrzwecken werden ja glücklicherweise künftig überhaupt nicht mehr gestattet sein; sie müssen durch Filmaufnahmen ersetzt werden —, der Körper des vivisezierten Tieres aber verschwindet, kann also nichts von den Leiden verraten, die es vielleicht erduldet hat."[930] Kam es überhaupt zur Bestrafung, dann müsse oft genug nicht der Vivisektor, sondern sein Institut das Bußgeld bezahlen.[931] An Haft gingen die Gerichte bisher sowieso selten heran.[932]

2. Verschärfung der Verwaltungsaufsicht

Angesichts dieser Wirkungslosigkeit strafrechtlicher Androhungen setzte Sommer darauf:

a) Erlaubnis: Erteilung und Entziehung

„Die einzige einen Erfolg versprechende Strafe ist nur die Entziehung der Erlaubnis zum Vivisezieren, die namentlich bei wiederholten Verstößen gegen die Vivisektionsvorschriften in jedem Falle angeordnet werden *müßte*."[933] Zur Vorbeugung derselben schlug er vor, schon bei Erteilung der „Konzession", wie Dr. Frey die Handhabung nannte, mit Gründlichkeit zu verfahren. Neben Bezugnahme auf einige Punkte, die Göring schon in der Rundfunkrede erwähnt hatte, z. B. Forscherbegabung, Vornahme nur in Institutsräumen und Aufsichtsrecht des Staates, gab Sommer ferner zu erwägen, ob man nicht *bestimmte Verfahren* und Mittel von besonderer Grausamkeit völlig untersagen sollte, z. B. die An-

---

930 Sommer, *Vivisektion als gesetzgeberische Aufgabe*, in: GA, Bd. 77, 1933, S. 338 – 339.
931 Sommer, *Vivisektion als gesetzgeberische Aufgabe*, in: GA, Bd. 77, 1933, S. 340.
932 Sommer, *Vivisektion als gesetzgeberische Aufgabe*, in: GA, Bd. 77, 1933, S. 338.
933 Sommer, *Vivisektion als gesetzgeberische Aufgabe*, in: GA, Bd. 77, 1933, S. 340.

wendung der Kurare[934] und das Durchschneiden der Stimmbänder der Versuchstiere. Noch einen Punkt, auf den man bisher wenig geachtet habe aber dessen Regelung so leicht sei, bildeten die *seelischen Qualen* der Versuchstiere. Darauf hatte eine Aufzeichnung des italienischen Arztes Ciaburi den Verfasser aufmerksam gemacht: „Ein Pudel, der, im Operationszimmer angebunden wartete, bis die Reihe an ihm kam, hatte das Los all seiner Leidensgefährten mitdurchlebt. Als der Vivisektor ihn endlich auf den Operationstisch hob, stellte sich heraus, daß er tot war. Die Angst hatte ihn getötet. Es müßte also bestimmt werden, daß die Versuchstiere nur einzeln in das Operationszimmer geführt werden dürfen."[935] Nicht zuletzt gedachte Sommer den *Tierdiebstählen*, die bis 1933 von manchen gewerbsmäßig betrieben seien, einen Riegel vorzuschieben: „daß jeder, der ein Tier zu Versuchszwecken anbietet, dem Ankäufer sein Eigentum daran glaubhaft machen muß, und daß außerdem bei Hunden die Quittung über die Hundesteuer des laufenden Halbjahres übergeben und von dem Ankäufer sechs Monate lang aufbewahrt werden muß. Hundehändler müssen die Quittung ihres Vorbesitzers von denen *sie* den Hunde erworben haben, übergeben. Außerdem sollen die Forschungsinstitute demjenigen, der glaubhaft macht, daß ihm ein Tier abhanden gekommen sei, ihren Tierbestand vorweisen müssen."[936]

b) Verpflichtung zur Buchführung

Die Befolgung der abgeleiteten Ausführungsvorschriften sah Sommer, wie Dr. Eckhard,[937] nur dann gesichert, wenn „eine gewisse Buchungspflicht für den

934 Sommer, *Vivisektion als gesetzgeberische Aufgabe*, in: GA, Bd. 77, 1933, S. 339 erläuterte: „Dieses entsetzliche Gift lähmt alle Bewegungsnerven der Opfer, macht sie also völlig bewegungsunfähig, so daß der Vivisektor bequem operieren kann; es läßt ihnen aber die volle Schmerzempfindlichkeit." Lemcke, *Deutschlands erstes Tierschutzgesetz*, 2007, S. 22, bestätigte diese Aussage.

935 Sommer, *Vivisektion als gesetzgeberische Aufgabe*, in: GA, Bd. 77, 1933, S. 339.

936 Sommer, *Vivisektion als gesetzgeberische Aufgabe*, in: GA, Bd. 77, 1933, S. 340.

937 Dieser hatte nämlich eigangs der Sitzung v. 29. 8. 1933 geltendgemacht: „Es muß verlangt werden, daß jeder Wissenschaftler Buch führen muß über die Versuche, die er unternimmt, auch über Injektionen, damit es nicht vorkommt, daß Versuche gemacht werden, die nutzlos sind." Dafür kannte Dr. Frey eine Vorlage des RGA („Es wird in ein Buch eingetragen: Es sind ... Untersuchungen in Aussicht genommen oder beantragt über ..., dann folgt Datum des Antrags und Namen des Antragstellers, dann folgt der Hergang des Versuchs. Das Buch wird von dem Abteilungsleiter alle 4 Wochen dem obersten Chef vorgelegt, so daß dieser stets darüber unterrichtet ist, was an Versuchen gemacht wird und wie sie vor sich gehen. In solchen Instituten ist planloses Arbeiten gänzlich ausgeschlossen"), schob die Diskussion darüber aber für später. In: BA Berlin-Li., R 43 II Nr. 740, Bl. 94 RS – 95 VS. Als die langwierige Sitzung endlich dazu kam, vergaßen beide, die Buchführungspflicht zu besprechen (s. o.).

Forscher eingeführt wird. Die Versuche müßten zum mindesten fortlaufend in ein Register eingetragen werden, das kurz angäbe: Art und Zweck des Versuches, Gattung des Versuchstieres, ob Betäubung angewandt wurde oder nicht, kurzes Ergebnis des Versuches und Name des Vivisektors. Unsere Behörden und unsere Privatwirtschaft sind ja zur Führung unzähliger Register und Buchungen verpflichtet, so daß die Wissenschaft sich auch die Fesseln des Vivisektionsregisters gefallen lassen müßte. Es kommt aber hinzu, daß dieses Register, weil es die Innehaltung der Vivisektionsvorschriften gewährleistet, nicht nur erzieherisch im Sinne der Menschlichkeit auf die Vivisektoren wirken würde, sondern auch unmittelbar der Förderung der Wissenschaft diente. Es ließe sich z. B. daraus feststellen, was jetzt unmöglich ist, daß manche Forscher mit einem oder zwei Versuchen mehr erreichen als andere Minderbegabte mit Dutzenden zweckloser Quälereien. Es würde sich sehr bald ergeben, welche Versuche zwecklos sind und welche Früchte getragen haben. Das Bild der Statistik, das aus den Blättern der Vivisektionsregister aufstiege, würde auch darüber Klarheit schaffen, wie gering die Summe der Vorteile für die Wissenschaft ist, gegenüber der Summe der Qualen, die die Vivisektoren unglücklichen und wehrlosen Tieren zufügt.“[938]

V. Runderlaß samt Auslegungsversuch

Aufgrund all dieser Vorarbeiten ordnete Göring „bis zum Erlaß des im Entwurf bereits vorliegenden Reichtierschutzgesetzes unter Bezugnahme auf meine Anordnung v. 16. 8. 1933“ folgende „Nr. 293. *Vivisektion. Runderlaß des Ministers des Innern vom 5. 9. 1933 — III a III 1538/33*“ an. Da man sich angesichts seiner angekündigten Aufhebung in Bälde die Mühe sparte, Görings Erlass zu kommentieren, besteht die einzige Möglichkeit seiner juristischen Bewertung wiederum in einem Vergleich mit dem bisherigen Recht.

1. Begriffsbestimmung „Vivisektion“

> *„1. Der Begriff der Vivisektion wird dahin festgelegt:*
>
> *Als Vivisektion ist anzusehen die Zerschneidung des lebenden unbetäubten Tieres sowie die Operation am lebenden Tier, sofern bei gleichen oder ähnlichen Eingriffen am Menschen allgemeine oder lokale Anästhesie in der Regel zur Anwendung gelangt und sofern die Anästhesie im einzelnen Falle unter den vorliegenden Verhältnissen durchführbar ist.*

938 Sommer, *Vivisektion als gesetzgeberische Aufgabe*, in: GA, Bd. 77, 1933, S. 340 – 341.

Der Vivisektion sind gleichzusetzen unblutige Tierversuche am unbetäubten Tier, die mit einer Mißhandlung verbunden sind."

Während sich die Erlässe von Gossler 1885 und Grimme 1930 nur Vorgaben zur Durchführung von Vivisektionen darboten, sprach Göring ein erstmaliges Verbot derselben aus. Wohlbemerkt war der Begriff nicht deckungsgleich verwandt. Einerseits waren die „Versuche an lebenden Tieren" bei beiden Vorgängern einheitlich behandelt worden. Da sie nun nicht alle unter den Begriff „Vivisektion" zu fallen hatten, mag man meinen, Göring habe inzwischen zurückgerudert,[939] oder gar ihr Verbot aufgehoben.[940] Andererseits ist jedoch Rücksicht auf sein eigenes Verständnis zu nehmen, das sich noch in seiner Rundfunkrede buchstäblich als „die Zerschneidung eines lebendigen unbetäubten Tieres" ausdrückte. Somit umfasste § 1 seines Erlasses, der wörtliche von der Sitzungsfolgerung übernommen worden war, in der Tat mehr als das, was Göring eigentlich zu verbieten beabsichtigt hatte, und zwar um die im Regelfall betäubungsbedürftig schmerzhaften Operationen am Tier sowie seine unblutigen Eingriffe, solange sie „mit einer Mißhandlung verbunden sind". Dieser Umbruch führte auf die auseinanderstrebenden Grundanschauungen der „Gesetz"-Geber zurück. Jener Kultusminister der Gründungsgeneration sei nämlich „angesichts der damaligen Autoritätshörigkeit und Fortschrittgläubigkeit"[941] „ein eifriger Förderer der medizinischen Wissenschaft und ein begeisterter Verehrer ihrer großen Vertreter"[942] gewesen. Hingegen empfand der jetzige Innenminister, wie die Tierschützer seit Jahrzehnten auch, die deutsche Tierliebe als Volkskulturanliegen hervor. Jedenfalls sorgte die neuartige Legaldefinition zwangsläufig für Klarheit, damit künftig auseinanderfallende Vorstellungen — wie gerade bei Göring und Sommer noch — nicht mehr aufkämen.

2. Ausführung „wissenschaftlicher Tierversuche"

„*2. Da die ernste wissenschaftliche Forschung im Interesse der Erhaltung von Gesundheit und Leben von Menschen und Tieren nicht auf den wissenschaftlichen Tierversuch verzichten kann, wird dieser Tierversuch nicht als Vivisektion angesehen, wenn folgende Punkte beachtet werden:*"

Nachdem die definierten „Vivisektionen" verboten worden waren, widmete der Erlass seinen umfänglichsten Teil nach wie vor der Regulierung sonstiger „wissenschaftlicher" Tierversuche. Die Zulässigkeit solcher lief gemäß dem hiesigen

---

939 Lemcke, *Deutschlands erstes Tierschutzgesetz*, 2007, S. 21.

940 Heintz, *Tierschutz im Dritten Reich*, 2008, S. 48.

941 Eberstein, *Tierschutzrecht in Deutschland bis 1933*, 1999, S. 213.

942 Eberstein, *Tierschutzrecht in Deutschland bis 1933*, 1999, S. 194.

Leitsatz auf die Lebens- und Gesundheitserhaltung von Menschen *und Tieren* hinaus. Was darunter zu verstehen war, das wurde während der Entstehung des Erlasses zwar unrechtsverbindlich, aber immerhin nach derzeitigem Wissenszustand ausdrücklich aufgezählt: zur Gewinnung vom 1. Serum, namentlich gegen Wundstarrkrampf (Göring, Dr. Eckhard), Cholera, Scharlach (Dr. Eckhard) und Diphtherie (Lentz); zur Bekämpfung von 2. Infektionskrankheiten (Göring; Dr. Eckhard: insb. Tollwut; Lentz: auch Staupe); 3. Schlafkrankheiten (Göring und Prof. Kleine: dagegen „Germanin" von I. G. Farben); 4. Zuckerkrankheiten (Göring: dagegen „Insulin"); 5. Ernährungsmängel (Göring: namentlich Skorbut), ferner zur 6. Wassermann-Probe (Dr. Eckhard); zur Diagnostizierung von 7. Tuberkulose, 8. Pocken (beide Dr. Eckhard); 9. Rotz, 10. Maul- und Klauenseuche, 11. Rotlauf (alle Prof. Müssemeier); 12. Malaria (Prof. Kleine). Doch auch im Behufe dieser Belange war ein „wissenschaftlicher" Tierversuch erst zuzulassen, wenn die Beschränkungen im Folgenden befolgt wurden:

a) Räumlichkeit und Verantwortung

> „*a) Wissenschaftliche Tierversuche dürfen nur in wissenschaftlich geleiteten Instituten und nur unter Verantwortlichkeit des Institutsleiters ausgeführt werden.*"

Das Personal war 1885 in § 4 als „*Professoren oder Dozenten oder unter deren Verantwortlichkeit*" festgelegt worden, die 1930 an gleicher Stelle in „*Hochschullehrer und Anstaltsleiter oder unter ihrer Verantwortlichkeit*" umbenannt wurden, aber weder „*in geeigneten Räumen*" noch „*mit gutem Instrument*" wäre der Privattierversuch zwingend ausgeschlossen worden. Hingegen kam Dr. Eckhards Wunsch, gerade solchen verhindert wissen zu wollen, hierdurch in Erfüllung, indem als mögliche Subjekte hiernach und i. V. m. f nur noch „*Wissenschaftliche Institute*" blieben, nämlich wenn sie entweder 1. staatlich bzw. 2. kommunal, oder zwar privat, aber 3. staatlich konzessioniert oder 4. ministeriell genehmigt waren.

b) Zulässigkeit

> „*b) Tierversuche sind nur dann zu unternehmen, wenn wissenschaftliche Erwägungen einen bestimmten Erfolg versprechen; sie sind zu unterlassen, wenn auf dem betr. wissenschaftlichen Gebiet die vorliegende Frage bereits erklärt ist.*"

Im ohnehin auf Ausnahmefälle gerichteten § 2 tauschte Göring bei b die Satzreihenfolge im Sitzungsbeschluss für Unterlassung und Unternehmung um. Außerdem ließ der nicht promovierte Minister den Feinsinn der Wissenschaftler vermissen, deren Wortwahl („*die Frage als geklärt gilt, sofern nicht neue Gesichtspunkte eintreten*") als Gesetzessprache verlässlichere Verhältnisse geschafft hätte. Sonst hing Göring dem Besprechungsergebnis folgend die Zulassung eines nicht nach § 1 vivisektorischen Tierversuches ausschließlich von der Erfolgsversprechung nach wissenschaftlichen Erwägungen ab. Hingegen wurden die „wichtigen Unterrichtszwecke", die Gossler 1885 in § 1 als alternative Voraussetzung vorgesehen hatte, ins Randdasein beim h (s. u., mit weiteren Einschränkungen) vertrieben.

c) Betäubung

> „*c) Wissenschaftliche Tierversuche sind, sofern nicht nach dem Urteil des Institutsleiters der Zweck des Versuchs eine Betäubung des Versuchstiers unbedingt ausschließt oder der mit dem Eingriff verbundene Schmerz geringfügiger ist als die mit einer Betäubung verbundene Beeinträchtigung des Wohlbefindens des Versuchstieres, durch allgemeine oder örtliche Betäubung schmerzlos zu gestalten.*"

Bislang hatte eine Schmerzausschaltung der Versuchstiere nur unterbleiben dürfen, als sie *mit dem Zweck des Versuches schlechterdings unvereinbar* war. Die Beurteilung dieser Sachlage wurde nun allein und ausdrücklich dem Institutsleiter anvertraut, der nach § 2 a ohnehin für den ganzen Versuch zu verantworten hatte. Darüber hinaus war in c der Verhältnismäßigkeitsgedanke eingeführt. Demzufolge kam zwar ein zweiter Ausnahmefall vor, aber dieser diente schließlich dem Wohlbefinden des Versuchstieres. Die Ausformulierung dieses Maßstabes hatte im Vergleich zur Vorlage der Sitzung zwei Änderungen unternommen. Zum einen ersetzte Göring „Narkose" durch „Betäubung", damit die Bezeichnung auch auf das RSchlG abgestimmt war.[943] Zum anderen wich die damit „verbundene" Beeinträchtigung der dadurch „*hervorgerufenen*". Letztere Veränderung erinnert an Robert von Hippels Hinweis auf die *einmalige* und *momentane* Verursachung länger fortdauernder oder sich wiederholender Schmerzen oder Leiden bei seiner verbesserten Auslegung von „Quälen" im § 360 Nr. 13 RStGB a. F. (s. o.).

d) Sonderschutz für höhere Tiere

> „*d) Versuche an höheren Tieren sollen grundsätzlich vermieden werden; soweit jedoch an niederen Tieren der beabsichtigte Zweck nicht erreicht werden kann, dürfen Versuche auch an höheren Tieren ausgeführt werden.*"

Hierfür war auf der Sitzung viel Fachmännerschweiß verfloßen. Dieser lief nun auf den hiesigen 1. Halbsatz als Farbenbekenntnis hinaus, das der § 5 beider Vorgänger wortgleich hatte vermissen lassen. Demselben zufolge war ferner ein

943 Im Gegenteil hierzu blieb die „Anästhesie" im medizin-fachlich definierenden § 1 unberührt, etwa in Abgrenzung zum alltäglichen „ohrenbetäubend" o. ä. (Anm. d. Verf.)

Versuch mit höheren Tieren schon zur Bewahrung vor quantitativer „Beeinträchtigung des Resultats“ zulässig gewesen, während ein solcher gemäß dem jetzigen 2. Halbsatz nur noch zu rechtfertigen war, falls an niederen Tieren die qualitative Erreichung des Zweckes gefährdet wurde.

e) Opferzahlbeschränkung

> *„e) Es dürfen nicht mehr Tiere für den Versuch verwendet werden, als zur Klärung der betr. Frage notwendig ist.“*

Von den vier erfinderischen Einschränkungen, die sich aus der Sitzung ergeben hatten, waren also die Zulassungsvoraussetzung für nicht-vivisektorische Tierversuche und das Verhältnismäßigkeitsgebot bei Betäubung je in b und c eingearbeitet worden. Fernhin machte sich e das Beratungsergebnis über Zahlbeschränkung wörtlich zu Eigen. Der letzte Punkt befand sich im folgenden i.

f) Genehmigung

> *„f) Wissenschaftliche Institute, in denen Tierversuche ausgeführt werden sollen, dürfen hierzu, soweit es sich nicht um staatliche, kommunale oder staatlich konzessionierte Institute handelt, der Genehmigung des zuständigen Ministers.“*

Eine kategoriale Neuerung durch Göring bestand im Aufbau eines Sanktionssystems, dessen Abwesenheit die Erlässe von Grimme und Gossler praktisch wirkungslos gemacht habe.[944] Allerdings stellte die Sanktion auch an sich eine Neuigkeit dar.[945] Statt einer „Strafe“ im klassisch-juristischen Sinne, von der Sommer gerade abgeraten hatte, hatte Göring nämlich für die Zeit bis zum Reichstierschutzgesetz „von dem mir zustehenden Recht Gebrauch gemacht, die Schutzhaft im Konzentrationslager über diejenigen zu verhängen,“[946] „die trotz des Verbotes die Vivisektion von Tieren aller Art veranlassen, durchführen oder sich daran beteiligen“ (16. August 1933, s. o.).

Während also die Vivisektoren und deren Helfershelfer mit derartiger Ahndung angedroht wurden, hatte sich sonst der, wer überhaupt zu einem „wissen-

944 Eberstein, *Tierschutzrecht in Deutschland bis 1933*, 1999, S. 195, 209.

945 Jütte, *Tierschutz und Nationalsozialismus*, in: Berichte des IDB Münster, 2002, S. 171, wies auf die „frühe Verwendung des Wortes ‚Konzentrationslager‘“ hin, die „auf eindrückliche Weise verdeutlichen“ soll, „wie ernst die Nationalsozialisten ihre Bemühungen um den Tierschutz meinten. Dass ausgerechnet Vivisektoren strafrechtlich mit den erklärten Feinden des Regimes (KPD, SPD etc.) auf eine Stufe gestellt wurden, verdeutlicht, dass der Tierschutz prominenten Nationalsozialisten, wie beispielsweise Göring, besonders am Herzen lag.“

946 Göring, *Kampf gegen die Vivisektion*, in: Gritzbach (Hrsg.), *Reden und Aufsätze*, 8. A., 1942, S. 80.

schaftlichen" — d. h. nach § 1 nicht mehr „vivisektorischen" — Tierversuch zugelassen werden wollte, erstmals einer Aufsicht zu unterwerfen. Diese bestand vor allem im hiesigen f, dem zufolge die noch zulässigen Subjekte entweder eine staatliche Konzession haben oder sich gemäß dem folgenden § 4 eine ministerielle Genehmigung holen mussten.

g) Aufsicht

„*g) Soweit diese Institute nicht der unmittelbaren Aufsicht einer Zentral-Behörde unterstehen, wird die staatliche Aufsicht durch den zuständigen Kreisarzt und Kreisveterinär ausgeübt, wozu vom Staat zu ernennende Tierschutzbeamte zuzuziehen sind.*"

Bezüglich der anschließenden Versuchsdurchführung unterlagen dann die öffentlichen Forschungsanstalten unmittelbar zentralbehördlicher Aufsicht, während die Kontrolle privater Wissenschaftsinstitute dem Kreisarzt *und* Kreisveterinär übertragen wurde. Im Vergleich zu Dr. Freys Hinweis auf „Kreisarzt *oder* Veterinärrat" stellte Göring hier die Tierärzte nicht mehr wahl-, sondern zwangsweise neben die Menschenärzte. Hinzu konnte der Staat noch Tierschutzbeamte ernennen und heranziehen. Ob diese auch die von Dr. Frey vorgeschlagene Überraschungsbesichtigung ausübten, bzw. den Tierschützern eine Überwachungsbeteiligung bescherten, blieb noch offen.

Wohlbemerkt kam der gesetzliche Tierschutz in § 2 f und g des Göring-Erlasses zum ersten Mal über strafrechtliche Regelungen hinaus. Die Zuhilfenahme von Verwaltungsmaßnahmen unterstrich die rechtstechnische Notwendigkeit, ein fachübergreifendes, eigenes Tierschutzgesetz zu erarbeiten.

h) Letztmittelgebot bei Lehrzwecken

„*h) Tierversuche zu Lehrzwecken sind nur gestattet, wenn andere Lehrmethoden, z. B. Bild, Film, Modelle usw. nicht ausreichen. Auch diese Versuche bedürfen vorher der Genehmigung der zuständigen Zentralbehörde.*"

Während § 2 des Grimme-Erlasses 1930 nur für Vorlesungen und Vorträge vorgeschrieben hatte, „*in geeigneten Fällen solche Versuche in Filmaufnahmen festzuhalten und an Stelle neuer Tierversuche vorzuführen*", wurden die Ersatzmöglichkeiten nun umfassend formuliert. Zum dadurch unterstrichenen Letzt-Mittel-Gebot stieß noch die zentralbehördliche Genehmigung im Vorher hinzu.

j) Berichterstattung

„i) Eine Verbreitung der Berichte über Tierversuche durch die Tagespresse ist verboten; aber auch in wissenschaftlichen Zeitschriften müssen se in einer Fassung wiedergegeben werden, die die Achtung vor dem Tiere erkennen läßt.“

Hiermit löste Göring seine Funkredenvorgabe ein, auf dem „Teilgebiet unseres deutschen kulturellen Lebens die Herstellung des inneren Friedens herbei[zu]führen“. Die hier angesprochene „Tagespresse“ hatte Dr. Frey als „Tageszeitungen“ ausgelegt, unter denen vielmehr allgemeine Laienveröffentlichungen zu verstehen sind. Es wäre nämlich zweckentfremdend, daraus buchstäblich zu schließen, er hätte hierdurch den Abendblättern und Zeitschriften Berichterstattungen doch noch erlaubt. Stattdessen blieben nur zwei Gruppen darauf berechtigt: auf der einen Seite durften die Tierschützer weiter „anstößige Fälle“ aufdecken, wie Dr. Eckhard gepocht hatte; auf der anderen Seite wurde auch Prof. Heubners Geltendmachung, die Wissenschaft müsse noch Versuche beschreiben, gewährleistet, allerdings mit der neuen Auferlegung, dieselben „unter Wahrung der Würde des Tieres“[947] wiederzugeben. Dafür hatte Dr. Frey angewiesen: „Es geht z. B. nicht an, von ‚dem Material‘ zu sprechen“[948]

3. Äußerlichkeiten

„3. Der RdErl. v. 3. 4. 1930 — I M IV 350/30 MfV., U I 20 660/30 MfW., V 3402/30 MfL. (VMBl. S. 310) – bleibt, soweit er nicht durch diese Bestimmung abgeändert wird, in Kraft.

4. Die an die zuständigen Zentralbehörden zu richtenden Gesuche um Genehmigung des Tierversuches sind durch die Hand des zuständigen Reg.-Präs. und den Pol.-Präs. in Berlin.“

Während der § 4 bloß den § 2 f ausführte, ergab sich § 3 als reine Höflichkeit. Denn vom Grimme-Erlass blieben nur noch zwei Vorschriften nicht unmittelbar überrollt: zum einen am Ende des dortigen § 1, der Aufruf zur Mitberücksichtigung der Humanität „neben den Interessen der wissenschaftlichen Forschung und Belehrung“, zum anderen gerade für Letztgenannte, die 1933 buchstäblich bis aufs Äußerste eingeschränkt wurde, im § 3 von 1930, dem zufolge die Versuchsvorbereitungen in Abwesenheit der Zuhörer zu bewerkstelligen waren, was eben nicht um den Schutz der Tiere ging. Doch auch die nunmehrige Überarbeitung sollte trotz ihres Umfangs bald noch im Reichstierschutzgesetz aufgehen.

---

947 Heintz, *Tierschutz im Dritten Reich*, 2008, S. 49.
948 BA Berlin-Li., R 43 II Nr. 740, Bl. 97 VS.

G. Entstehung des Reichstierschutzgesetzes

„Um zu verhindern, daß während dieser Vorbereitungszeit die Tierquälerei sich noch weiter ausdehnt, bin ich nun mit diesem Erlaß eingeschritten.“[949] Mit dieser Äußerung ließ Göring sein Vivisektionsverbot — wie die Schlachtgesetzgebung und die Strafgesetznovelle — als „nur ein Vorstoß“ erscheinen, „um zunächst einmal das größte Leid unter den Tieren zu beenden.“[950] Allerdings wäre dabei eine Annahme zu optimistisch, wie etwa „daß Tiere kaum mehr unnötig leiden. Dies verschaffte dem Gesetzgeber die nötige Zeit, um die Gesetze und Verordnungen ruhig und fundiert auszuarbeiten.“[951] In der Tat waren die Vorarbeiten zum Tierschutzgesetz schon seit Anfang Februar 1933 im Gange.[952]

Denn auch die neuen Machthaber wurden mit zahlreichen Bittschriften bestürmt. Ihre Themen fasste Reichsinnenminister Dr. Frick am 1. April 1933 zusammen: „Im einzelnen wird [...] Stellung genommen gegen das betäubungslose Schlachten, um strengere Schutzbestimmungen über wissenschaftliche Versuche an lebenden Tieren gebeten, ein Einschreiten gegen Hetzprüfungen von Hunden auf lebende Katzen (sog. Katzenwürgen) beantragt, verstärkter Schutz für Grubenpferde gefordert und schärfere Überwachung der Schlachtpferdtransporte empfohlen, das Herumziehen mit Tanzbären beanstandet u. a. m.“[953]

I. Einzeleingaben

Nachdem indessen das Schächten und die Vivisektion unterdrückt worden waren, hoben sich nunmehr der Katzen- und der Pferdeschutz als die größten Fragenkomplexe hervor.

1. Katzenschutz

Die Schutzbedürfnisse der Katzen ergaben sich hauptsächlich aus zwei Gründen.

949 Göring, *Kampf gegen die Vivisektion*, in: Gritzbach (Hrsg.), *Reden und Aufsätze*, 8. A., 1942,, S. 80.

950 Lemcke, *Deutschlands erstes Tierschutzgesetz*, 2007, S. 25.

951 Lemcke, *Deutschlands erstes Tierschutzgesetz*, 2007, S. 25.

952 Vgl. BA Berlin-Li., 30.01., Nr. 6318, Bl. 131 i und j.

953 II A 4440/14.3., in: GStA PK Berlin-Dahlem, I. HA Rep. 87 Nr. 20040, Bl. 142.

a) Auseinandersetzung mit Hundeprüfung

Zunächst harrte das Problem „Katzenwürgen" immer noch einer Erledigung.

aa) Annahme der Angelegenheit

Da dieses „von der bisherigen Regierung unterstützt und prämiert wurde,"[954] wandten sich die Katzenfreunde mittlerweile an die aufkommende NSDAP. Deren Mitglied, Prof. Dr. Dr. h. c. Schultze-Naumburg[955], Direktor der Staatlichen Kunsthochschule Weimar, schrieb am Neujahrstage an den „Deutschen Schutzbund für Tiere" in Hamburg, Steindamm 39 zurück:

> „Haben Sie besten Dank für Ihre freundlichen Zeilen vom 18. Dezember 1931. Es ist wohl selbstverständlich, dass ich in allen Ihren Darlegungen restlos mit Ihnen einig bin. Wenn die Verfolgung dieser Anschauungen auch nicht meine Hauptlebensaufgabe war, so haben sie mich doch ständig begleitet und ich habe nie gegen sie gehandelt. *Sie können sich darauf verlassen, dass das 3. Reich diesen Anschauungen einen weiteren Raum geben wird.*
>
> Sobald die Männer die Macht in Deutschland haben, die sie verdienen, werden alle die kulturellen und ethischen Grundanschauungen in die Tat umgesetzt werden.
>
> Ich hoffe mit Ihnen in weiterer Berührung zu bleiben und bin mit besten Empfehlungen
>
> Ihr sehr ergebener
>
> gez. *Schultze-Naumburg*"[956]

Vom Bayerischen Landtag schrieb der Fraktionsvorsitzende der NSDAP am 29. November 1932 an dieselbe Adresse zurück, wobei sich diese Vereinigung nunmehr in „Kampfbund gegen das Katzenwürgen" umbenannt hatte:

> „Ich bin gern bereit gegen die Tierquälerei des Katzenwürgens zu Zwecken der Hundedressur einen Vorstoss zu unternehmen.
>
> Zweckmaessiger geschieht das bei der Beratung des Haushalts des Staatsministeriums des Innern, der im Laufe des 1. Virteljahres (sic!) des kommenden Jahres behandelt werden dürfte. Ich habe mir den von Ihnen uebersandten Stoff bereits gelegt und bitte mich in der Angelegenheit auf dem Laufenden zu halten.
>
> Hochachtungsvoll
>
> gez. Dr. *Buttmann*"[957]

---

954 Eingabe des „Kampfbundes gegen das Katzen-Würgen" v. 8. 3.1933, in: GStA PK Berlin-Dahlem, I. HA Rep. 87 Nr. 20040, Bl. 71.

955 Paul Schultze-Naumburg, geb. 10. 6. 1869 in Almrich, 1930 – 40 Direktor der Staatlichen Kunsthochschule Weimar, Architekt, Maler, Schriftsteller, Mitglied der Akademie des Bauwesens und Mitglied der Akademie der bildenden Künste, 1932 Mitglied des Reichstags, Wahlkreis Merseburg. (s. Stockhort, *5000 Köpfe*, 1967, S. 401.)

956 GStA PK Berlin-Dahlem, I. HA Rep. 87 Nr. 20040, Bl. 72.

957 GStA PK Berlin-Dahlem, I. HA Rep. 87 Nr. 20040, Bl. 73.

Weil aber das Badische Oberlandesgericht in seinem Urteil vom 26. Januar 1933 (Strafsenat–SM 2/33) in der Schärfeprüfung ebensowenig eine Übertretung des § 360 Z. 13 RStGB sah wie schon der Badische Verwaltungsgerichtshof in seiner Entscheidung vom 25. Mai 1932, die noch „für das ganze Reich von Bedeutung“[958] sei, sollten im April 1933, „wie alljährlich, in allen Gauen Deutschlands grosse Katzenwürgen angesetzt“[959] werden. Vor diesem Hintergrunde richtete der „Kampfbund gegen das Katzenwürgen“ am 8. März seine Bitte um ein allgemeines Verbot desselben zunächst an den Reichskommissar für das Preußische Kultusministerium, den Studienrat Bernhard Rust[960], der die Schrift zuständigkeitshalber an den Preußischen Minister für Landwirtschaft, Domänen und Forsten, Alfred Hugenberg (DNVP) weitergab.[961] Ein zweiter Hoffnungsträger, Wilhelm Kube[962], schrieb am 14. März von der Spree an die Elbe zurück:

> „Hierdurch bestätige ich Ihnen als Fraktionsführer der N.S.D.A.P. den Empfang Ihrer Zuschrift und des Materials vom 8. März 1933.
>
> Ich habe sofort den Landtagsabgeordneten Paul Hinkler, Berlin S.W. 11, Preussischer Landtag, Fraktion der N.S.D.A.P., damit beauftragt, für Preussen einen Antrag in der von Ihnen gewünschten Richtung einzubringen. Es ist selbstverständlich, dass wir *Nationalsozialisten* derartige *Tierquälereien* und *Gemeinheiten* ablehnen.
>
> Mit *Hitler Heil*
> gez: *Kube*
> Fraktionsführer in Preussen“

Am 17. März gab auch Kerrl als Präsident des Preußischen Landtages seine Stellungnahme in Richtung Hamburg ab:

> „Ihre Zuschrift vom 8. Maerz hat mich sehr erschüttert, denn von der Tatsache des Katzenwürgens war ich bisher nicht unterrichtet. Ich möchte Sie auf jeden Fall bitten, Ihre Zuschrift auch an den Preussischen Innenminister Göring zu richten, zu dessen Zuständigkeit es gehört, Sie bei der Beseitigung dieser Kulturschande zu unterstützen.

---

958 Kern, Anmerkung zu BadVGH, Urt. v. 25. 5. 1932, Nr. 102/31, in: JW 1933, S. 739.

959 GStA PK Berlin-Dahlem, I. HA Rep. 87 Nr. 20040, Bl. 71, 100; Beispiele in Bl. 118 (im folgenden Text cc).

960 GStA PK Berlin-Dahlem, I. HA Rep. 87 Nr. 20040, Bl. 71.

961 GStA PK Berlin-Dahlem, I. HA Rep. 87 Nr. 20040, Bl. 70.

962 Kube, Richard Paul Wilhelm, geb. 13. 11. 1887 in Glogau; Mitglied der NSDAP, 1928 Gauleiter Ostmark (1933 umbenannt in Gau Kurmark); 1924 – 1928 und wieder ab 1933 Mitglied des Reichstages, NSDAP-Fraktion, Wahlkreis Frankfurt / Oder; 1928 – 1933 Mitglied des Preuß. Landtages, Fraktionsvorsitzender der NSDAP; 1933 Oberpräsident von Brandenburg-Berlin und von Posen-Westpreußen, Preuß. Staatsrat; 1936 als Oberpräsident in den einstweiligen Ruhestand versetzt, 1941 – 43 Generalkommissar für Weißruthenien, gest. 22. 9. 1943. (s. Stockhorst, *5000 Köpfe*, 1967, S. 254.)

Ich selbst werde mich gern in jedem Umfange für Ihren Antrag einsetzen.

Hochachtungsvoll

Gez: Kerrl"[963]

Ehe der Kampfbund am nächsten Tage Kerrls Ratschlag folgte,[964] funkte der Reichstag noch vier Tage vor dem Potsdamer Staatsakt an die Hansestadt:

„Ich erhielt Ihr Schreiben mit Beilage vom 8.3. Es ist mir eine Genugtuung Ihnen zum Ausdruck zu bringen, dass ich das Katzenwürgen ebenso wie jede andere Tierquälerei mit dem tiefsten Abscheu verurteile und im ganzen deutschen Volk gebrandmarkt wissen möchte. Die Haltung eines Volkes dem Tier gegenüber bildet den Masstab (sic!) für den Grad seiner seelischen Kultur und es ist ein recht bedauerliches Zeichen, wenn hervorragende Persönlichkeiten der sogenannten Oberschichten[965] am Katzenwürgen Gefallen finden und wagen, es zu *rechtfertigen*.

Unter solchen Umständen kann man dem brutalen Bierkutscher, der sein Pferd misshandelt, kaum einen Vorwurf machen, und wie wollen die gebildeten Schichten ihre Entrüstung gegen die Vivisektion rechtfertigen, wenn sie am Katzenwürgen etc. keinen Anstoss nehmen.

In nächster Zeit werde ich zum Gesamtkomplex dieser Frage im ‚*Reichswart*' ausführlich Stellung nehmen.

Mit deutschem Gruss

Ihr ergebener

gez. Ernst zu *Reventlow* M. d. R."[966]

bb) Gegenstimmen

Allerdings gab es auch Zurückhaltung. Der kommissarische Regierungspräsident in Stade, Leister, sah sich nicht veranlasst, auf Eingaben des „Kampfbundes" vom 24. und 27. März 1933 gegen die für den 23. April in Gau Hansa festgesetzte Verbands-Jugendsuche einzuschreiten.[967] Stattdessen ließ er verlauten:

---

963 GStA PK Berlin-Dahlem, I. HA Rep. 87 Nr. 20040, Bl. 102.

964 GStA PK Berlin-Dahlem, I. HA Rep. 87 Nr. 20040, Bl. 100.

965 Damit nahm der Abgeordneter Bezug auf die vorgenannte „Beilage", in der der Kampfbund gegen Katzenwürgen unter dem „deutschen Hochadel", den „Jugenderzieher[n]" und den „Höchste[n] Gerichts- und Staatsbeamte[n]" je eine Reihe Katzenwürger namentlich aufgelistet und einige „Tierschutz-Vereine als Kompromißler" beanstandet hatte; in: GStA PK Berlin-Dahlem, I. HA Rep. 87 Nr. 20040, Bl. 75 VS+RS.

966 GStA PK Berlin-Dahlem, I. HA Rep. 87 Nr. 20040, Bl. 103. Graf zu Reventlow, Ernst, geb. 18. 8. 1869 in Husum; Marineoffizier, dann Schriftsteller; Mitbegründer der Deutsch-Völkischen Freiheitspartei, Herausgeber des „Reichswartes"; 1924 Mitglied des Reichstages, NSDAP-Fraktion, Wahlkreis Berlin; gest. 1943. (s. Stockhorst, *5000 Köpfe*, 1967, S. 344.)

967 Geschäfts-Nr. 8.3.47 I H., datiert je auf den 6. bzw. den 8. April 1933, in: GStA PK Berlin-Dahlem, I. HA Rep. 87 Nr. 20040, Bl. 140 und 120.

„Der Kampfbund und die ihm gleichen Vereinigungen tun so, als ob sie auf streng nationalsozialistischem Boden ständen. Ich habe die Sache eingehend geprüft. U. A. hat mir der Leiter der Gebrauchshundsuche, Oberförster Lambrecht–Harsefeld, eine ganze Reihe höchstrichterlicher Entscheidungen vorgelegt, wonach diese Schärfeprüfung nicht als Tierquälerei anzusprechen sind. Ich habe mich dieser Ansicht anschliessen müssen, umsomehr da die Forstbeamten und sehr viele Jäger Heger und Tierfreunde sind.“[968]

Ferner schrieb Adolf-Ludwig Müller am 20. April an seinen Adolf Hitler: „Verehrter Herr Reichskanzler. […] Wie aus Zeitungsnotizen und aus Radiomeldungen hervorgeht, ist im Preussischen Landtag von der nationalsozialistischen Fraktion ein Antrag eingebracht worden, der das Staatsministerium ersucht, sofort ein allgemeines Verbot des Katzenwürgens für Preussen zu erlassen und keine Staatsprämien solchen Vereinen zu überlassen, die das Katzenwürgen betreiben. Auf die Reichsregierung soll dahin eingewirkt werden, dass ein derartiges Verbot für das gesamte Reichsgebiet erlassen wird.“[969] Demgegenüber wies der „selbst ausübende Jäger“ aus Königsberger auf die für das ganze Reich geltende *„Prüfungsordnung des Verbandes der Vereine für Prüfung von Gebrauchshunden zur Jagd“* hin, der zufolge nur wehrhafte Raubzeuge aus freier Wildbahn benutzt würden, und die bei der Arbeit verletzten Katzen sofort durch Schuss zu töten seien. Darüber hinaus sei ein scharfer Hund gerade im Interesse der Tierschutzbestrebungen unbedingt nötig, weil das beschossene Wild unter tagelangen Qualen zugrunde gehen müsste, wenn nicht der nachgesandte Gebrauchshund es schnellstens zur Strecke brächte. Ferner schütze ein scharfer Hund seinen Herrn z. B. vor den vielen Förstermorden, was eine für den Jagdbetrieb unerlässliche Charaktereigenschaft sei; und mit dem Trieb des Hundes zur Erlangung des kranken Wildes gehe auch die volkswirtschaftliche Bedeutung Hand in Hand:[970]

„Aus allen diesen Gründen wird die Schärfeprüfung zum Herausfinden eines wertvollen Zuchtmaterials ebenso benötigt wie für den Pferdesport und die Reitjagden.

Wenn diejenigen, welche die Eingabe veranlasst haben, — hinter denen offenbar der Bund der Katzenfreunde steht — sich als Anwalt der Tierschutzbestrebungen aufwerfen, so […] sollten [sie] sich lieber die Schlingensteller vorknöpfen, die unter unendlichen Qualen des Wildes ihr unsauberes Handwerk ausüben.

Die heutige Zeit steht im Geiste der Ertüchtigung und Wehrhaftmachung des Volkes. […] Auch die Jagd verlangt körperliche Gewandtheit und Tüchtigkeit, Geistesgegenwart und Mannesmut. Sie ist bis zu einem gewissen Grade ein rauhes Handwerk. Aber trotzdem hat gerade der Jäger sich immer ein ‚Herz‘ für sein Wild bewahrt […]. Ohne scharfen Gebrauchshund aber kann der rechte Weidmann seine

968 GStA PK Berlin-Dahlem, I. HA Rep. 87 Nr. 20040, Bl. 119 VS+RS.

969 GStA PK Berlin-Dahlem, I. HA Rep. 87 Nr. 20040, Bl. 110.

970 GStA PK Berlin-Dahlem, I. HA Rep. 87 Nr. 20040, Bl. 110 – 111.

hohe Aufgabe nicht erfüllen, und wird daher herzlich und dringend bitten, die beabsichtigte Verfügung *nicht* zu erlassen."[971]

Als Vorstandsmitglied des o. g. (Reichs-) Verbandes bat Paul van Gülpen am 26. April 1933 um eine Rücksprache mit Göring:

> „Wir sind in der Lage nachzuweisen, dass den Anstoss zu diesem Antrag in Holland sitzende Pazifisten und Greuelpropagandisten gegeben haben. Es sind dieselben Leute, welche gegen die Fuchsjagden in England zu Feld zogen und sich eine stramme Abfuhr von der englischen Regierung holten. Die gesamte Jägerwelt Deutschlands versteht nicht, dass die N.S.D.A.P. sich dieser Greuelpropaganda anschliesst. [...] Sie, Herr Ministerpräsident, als Jäger und Weidmann werden Verständnis für unsere Befürchtung haben. Wir bitten darum, an Hand von Material zunächst Sie über die tatsächlichen Verhältnisse orientieren zu dürfen und Schritte besprechen zu dürfen, die gegebenfalls nötig sind, um den sicherlich gut gemeinten Antrag gegen Tierquälerei in das richtige Fahrwasser zu lenken."[972]

cc) Zwischenentwicklungen

Trotz aller Bitten war den Schärfeprüfern weder Antwort noch Audienz gewährt. Stattdessen erließen Thüringen[973] und Hessen[974] je am 18. und 21. April 1933 ihr Hetzprüfungsverbot.

(1) Teilgesetzgebungen

Mit Hinweis darauf schrieb Sieglinde Reisemann-Grone im Namen der Erfurter Tierfreunde am 25. des Monats an Göring: „Wir bitten das Preussische Innenministerium dringend, in Preussen sofort einen ähnlichen Erlass zu geben. Wir glauben, als Nationalsozialisten an unsere nationale Regierung mit dieser berechtigten Bitte herantreten zu dürfen, immer im Sinne unseres Reichskanzlers Adolf Hitler, der selbst ein Schützer der unschuldigen Tiere ist und alle Tierquälerei verabscheut."[975] In der beigefügten Aprilausgabe listete *„Der Deutsche Tierfreund"* demnächst bevorstehende Schärfeprüfungen mit Katzenwürgen auf:

> *„Wir bringen vorstehende Termine hiermit öffentlich zur Kenntnis und erwarten, daß die Tierschutzvereine an den betr. Orten energisch eingreifen und sofort bei der Polizei vorstellig werden. Katzen müssen von den Katzenwürgern mit wenigen Ausnahmen selbst mitgebracht werden, durch Inserate in den Tageszeitungen sind die*

---

971 GStA PK Berlin-Dahlem, I. HA Rep. 87 Nr. 20040, Bl. 112.

972 GStA PK Berlin-Dahlem, I. HA Rep. 87 Nr. 20040, Bl. 122 – 123.

973 „Auf Grund des Gesetzes über den Tierschutz vom 15. Dezember 1932 hat das Wirtschaftsministerium eine Verordnung erlaßen, wonach das Hetzen auf lebende Katzen zur Prüfung von Hunden auf Raubtierschärfe (sogenanntes Katzenwürgen) verboten wird." In: GS. 1933, S. 245; *Thüringischer Staatszeitung* v. 24. 4. 1933.

974 Verkündung in Nr. 94 der *Darmstädter Zeitung* v. 22. 4. 1933; Wortlaut s. Anhang.

975 GStA PK Berlin-Dahlem, I. HA Rep. 87 Nr. 20040, Bl. 115.

> *Katzenbesitzer rechtzeitig zu warnen, gegen Teilnehmer an diesen Tierhetzen ist auf dem Wege des gesellschaftlichen und wirtschaftlichen Boykotts vorzugehen, Proteste sind direkt an das Reichsinnenministerium Berlin NW. 40 zu senden* (…). Vor allem bitten wir auch, sich das Flugblatt des ‚Kampfbundes gegen das Katzenwürgen' zu beschaffen, […] am Wohnort der hier genannten Katzenwürger zu verbreiten, damit diese Leute der Mißachtung ihrer Volksgenossen anheim fallen. *Wer Tiere lebendig zerreißen läßt, wer eine so niedrige Gesinnung mit Geld- und Ehrenpreisen prämieren läßt, hat mit dem deutschen Volke nichts mehr zu tun und scheidet automatisch als Deutscher als, diese Leute stehen weit unter dem jüdischen Schächter!* Wir erwarten, daß alle ernsthaften Tierschutzvereine ihre selbstverständliche Pflicht tun und ganz energische Abwehrmaßnahmen ergreifen. *Wir haben die Pflicht, die Würde der deutschen Nation zu wahren.* Gewiß über nur einzelne Cliquen diese Hunnensitte aus, *nicht das deutsche Volk, aber es ist ein Makel* für den ganzen Staat, wenn er diesen Barbaren nicht bald das Handwerk legt."[976]

Der Erfurter Bitte um baldige Abänderung konnte in Preußen insoweit nachgekommen werden, als Kultusminister Rust die „Urschrift" des „Kampfbundes" an den reichskommissarischen Landwirtschaftsminister Hugenberg weiterleitete, worauf dieser am 29. April verfügte,

> „daß derartige Veranstaltungen mit dem Empfinden weiterer Volkskreise nicht im Einklang stehen. Mag auch aus jagdlichen und wirtschaftlichen Gründen die Erziehung der Jagdhunde zur Schärfe gegen Raubzeuge geboten sein und ein Ersatz für die Abrichtung hierzu schwer zu finden sein, so läßt sich doch eine staatliche Unterstützung solcher Veranstaltungen nicht rechtfertigen, selbst wenn das Würgen unter Beachtung bestimmter Vorschriften und unter tunlichster Kürzung der Qualen der Tiere erfolgt. […] Ich sehe mich deshalb veranlaßt, meine Bestimmungen, betreffend die Beantragung, Bewilligung und Verleihung von Staatsehrenpreisen für Leis-

976 GStA PK Berlin-Dahlem, I. HA Rep. 87 Nr. 20040, Bl. 118; die angesagten Termine waren: „Achtung, Achtung! Katzenwürgen finden statt: am 19. 4. bei Bocholt; am 22. 4. bei Coburg, bei Darmstadt, bei Güstrow, bei Ormesheim (Saarbrücken), 22. 4. Telgte b. Münster i. W., 23. 4. bei Frankfurt/Oder, 23. 4. bei Neumünster (Kiel), 23. 4. bei Nürnberg, 23. 4. bei Zahna, 26. 4. bei Bedburg i. Erfttal, 28. 4. bei Breslau, 29. 4. bei Brunn-Kreckow (Stettin), 24. 4. bei Erfurt, 29. 4. bei Gadebusch (Meckl.), 29. 4. bei Gießen, 29. 4. bei Lage i. Lippe, 29. 4. bei Leimnitz (Plauen in V.), 29. 4. bei Paderborn, 30. 4. bei Hallstadt (Bamberg), 6. 5. bei Düsseldorf, 6. 5. bei Gunsleben (Braunschweig), 6. 5. bei Langenlonsheim (Koblenz), 6. 5. bei Wolmirstedt (Magdeburg), 7. 5. bei Kiöven (Ostpreußen). […] Weitere Katzenwürgen finden statt: am 19. 4. in Hochneukirch-Wanlo (Düsseldorf), 19. 4. bei Minden i. W., 19. 4. bei Radeburg i. S., 22. 4. bei Nauen, 23. 4. bei Hannover, 23. 4. bei Horst-Emscher, 22. 4. bei Maisach (München), 24. 4. bei Gymnich (Köln), 25. 4. bei Drensteinfurt (Dortmund), 26. 4. bei Hetterscheid-Tüschen (Düsseldorf), 27. 4. bei Vreden (Münster i. W.), 30. 4. bei Bertkow (Altmark), 30. 4. bei Mühlenbeck (Berlin), 30. 4. bei Neustadt (Oberschlesien), 30. 4. bei Rüsselsheim, 30. 4. bei Flatow (Grenzmark), 30. 4. bei Gotha, 30. 4. bei Salzmünde (Halle), 30. 4. bei Schiffdorf (Wesermünde), 6. 5. bei Trier."

tungen in der Hundezucht und für Leistungsprüfungen von Jagd- und Herdehunde sowie für hervorragende Leistungen in der Tierzucht vom 9. Februar 1921 — I.A.III.g.16122/21/III — und vom 9. Dezember 1925 — IV 13639 — dahin abzuändern, daß Staatsehrenpreise von mir nur noch für solche Leistungsprüfungen von Jagdhunden zur Verfügung gestellt werden, bei denen das Hetzen der Hunde auf lebende Tiere nicht einbezogen ist. Diese Bestimmung tritt am 15. Mai in Kraft."[977]

(2) Reaktionen der Tierschützer

Manche Tierschützer zeigten sich zufrieden. Z. B. legte Lilly Schulz im Namen des „Rheinischen Tierschutz-Frauenbundes E.V." zu Koblenz am 4. Mai 1933 Hugenberg ein Schreiben vor, in dem neben Bezugnahme auf Kerrl, Kube und die thüringische Verordnung auch auf die Praxis hingewiesen wurde: „In Leuthen war das für d. 29. 4. angesetzte Katzenwürgen verboten u. die Geräte u. Tiere polizeilich beschlagnahmt. Dies beweist, daß seitens der obersten Behörden gegen das Katzenwürgen doch schon Schritte unternommen wurden."[978]

Während der Frauenbund seinen „aufrichtigsten Dank" für Hugenbergs Bemühungen aussprach[979], sah der „Kampfbund gegen Katzenwürgen" die Zwischenlage immer noch kritisch. Als die Geduld bis zum 12. Mai 1933 aufgebraucht erschien, wandten sich seine Schriftführer A. Leitner und Otto Grausee gegen das Innenministerium:

> „Wir können nicht umhin, unserer grossen Verwunderung Ausdruck zu geben darüber, dass für das ‚*Schächten*' ein so schnelles Verbot ermöglicht werden konnte, während das barbarische Würgen zahmer Hauskatzen, welches an Gemeinheit dem Schächten in nichts nachsteht, immer noch erlaubt ist. […]
>
> Wir protestieren auch gegen Staatsbeamte, welche auf Grund einer derartigen Einstellung, den whrlosen (sic!) Schwachen zerfleischen zu lassen durch den Starken, niemals den ‚*sozialen*' Gedanken weder für das Tier noch für den Menschen zu verwirklichen fähig sind; wir sind auch nicht gewillt, uns den Anordnungen solcher ‚Regierungspräsidenten' zu fügen, und erwarten nunmehr ein ‚reichsgesetzliches Verbot' in kürzester Zeit mit Gefängnisstrafe für Uebertretung desselben."[980]

---

977 V 11518, in: GStA PK Berlin-Dahlem, I. HA Rep. 87 Nr. 20040, Bl. 83; Empfänger dieser Verfügung waren das Deutsche Kartell für Hundewesen e. V. in Hannover-Linden, Brüningstraße 45, die Delegiertenkommission in Berlin NW 40, Werftstraße 1 und der Verband der Vereine für Prüfung von Gebrauchshunden zur Jagd, Herrn Geheimrat Dr. Ströse in Berlin-Zehlendorf, Ahornstraße 21; zur Kenntnisnahme war die Abschrift an den Oberpräsidenten, den Regierungspräsidenten, den Polizeipräsidenten in Berlin, sämtliche Landwirtschaftskammern und Herren Ministerialrat (LDF) Dr. Vollbach gesandt.

978 GStA PK Berlin-Dahlem, I. HA Rep. 87 Nr. 20040, Bl. 113 VS.

979 GStA PK Berlin-Dahlem, I. HA Rep. 87 Nr. 20040, Bl. 113 RS.

980 GStA PK Berlin-Dahlem, I. HA Rep. 87 Nr. 20040, Bl. 139.

Solche robuste Worte tat der Stader Regierungspräsident Leister ab als „ungezogenes Schreiben des Kampfbundes an mich persönlich, dessen Mitteilung ich mir versage.“[981] Doch dies brachte seinen Vorgesetzten Göring nicht davon ab, die „Millionen auf's äusserste empörter deutscher Menschen, die durch uns [Kampfbund] die Forderung stellen, in ihren berechtigten Wünschen“[982] zu berücksichtigen. Dafür erhielt er wiederum Unterstützung durch den Rheinischen Tierschutz-Frauenbund. Von demselben schrieb diesmal Anne-Marie von Helt, geb. von Keßler, am 23. Mai 1933 nach Berlin: „Aus der Presse ersehen wir, daß Euer (sic!) Excellenz die Schirmherrschaft über die gesamten deutschen Jäger anzunehmen geeignet sind. Der in Aussicht gestellte entscheidende Einfluß auf die Neugestaltung des deutschen Jagdwesens veranlaßt uns, Euer (sic!) Excellenz die herzliche und dringende Bitte [...] auszusprechen“, die „Mißbräuche mit lebenden Tieren, die andere Länder mit hochentwickelter Jagdkultur nicht kennen, zum Verschwinden zu bringen.“[983]

Dafür fügte der Frauenbund seinem ersehenen Anwärter für den ersehnten „Protektor von unbeschränktem Einfluß und hoher Kultur“, der allein hier Wandel zu schaffen vermöge,[984] einen Brief von Contre-Admiral Titus Türk bei. Darin hatte dieser „weidgerechte Jäger“ aus Lübeck an den „Kampfbund gegen Katzenwürgen“ geschrieben,

> „daß — entgegen den Holländer Presseberichten — diese Art von ‚Sport‘ weit davon entfernt ist, ein ‚deutscher Nationalsport‘ zu sein. [...] ich bin völlig Ihrer Ansicht, daß *diese Tierschinderei verächtlich, und dazu angetan ist, den Ruf von uns Deutschen im Ausland zu schädigen.* Wir müssen alles tun, um unseren Feinden — immer noch denselben wie im Kriege — den Wind aus den Segeln zu nehmen, wenn sie uns ‚Barbaren‘ schimpfen, und dazu ist diese alberne ‚Hundescharfmacherei‘, auch wenn es sich nur um einzelne Katzen handeln sollte, allerdings angetan.
>
> Sind nicht genug Füchse mehr in freier Wildbahn in Deutschland vorhanden, um an ihnen die Hunde zu üben, gut! um so weniger braucht dann jeder Hund in Deutschland das Abwürgen zu lernen. Wildkatzen gibt es doch auch nur noch sporatisch (sic!). Jeder zur Jagd erzogene Jagdhund wird mit einer solchen seine liebe Not haben, auch wenn er noch so viele unserer Hauskatzen totgebissen hätte. Den braven

---

981 GStA PK Berlin-Dahlem, I. HA Rep. 87 Nr. 20040, Bl. 119 RS.

982 GStA PK Berlin-Dahlem, I. HA Rep. 87 Nr. 20040, Bl. 139.

983 GStA PK Berlin-Dahlem, I. HA Rep. 87 Nr. 20040, Bl. 150 VS. In den Zwischenzeilen wurde darauf hingewiesen, die Hetzdressur sei nur in Deutschland, Österreich, der Tschechoslowakei und einigen Schweizer Kantonen üblich; in Anbetracht der Behauptung des Kampfbundes, die Abrichter seien bestrebt, „mit einem scharfen Hund hohe Geld- und Ehrenpreise und zum Schlusse einen hohen Verkaufspreis für seinen Hund zu erzielen,“ (Bl. 112) lässt sich auf Zusammenhang mit der Ausfuhr schließen, vgl. unmittelbar im folgenden Text.

984 GStA PK Berlin-Dahlem, I. HA Rep. 87 Nr. 20040, Bl. 150 RS.

Küchenhasen, die harmlose Rebhuhn, soll er ja garnicht erst zerfetzen, ehe er es umbringt. Er würgt es […] aus seiner Natur, weil er eben ein Raubtier *ab origine* ist. Und tut er es nicht, so […] ist der Hund ein sogenannter ‚weicher Hund' und muß so hingenommen werden. Auch dann ist es abwegig und tierquälerisch, ihm an zahmen Hauskatzen den nötigen ‚Schneid' beibringen zu wollen. Wer davon redet, daß es nötig sei, aus Menschlichkeit und um dem Jagdwild Qual zu ersparen, so uns soviele Katzen lebend zu opfern, der sei sich nur aber klar, daß dann die Jagd an und für sich schon eine Grausamkeit ist […] …

Die gutgehaltene deutsche Jagd, der gutgehegte Wild sind ein wichtiger Teil unseres Nationalvermögens. Und gewiß gehört zu solcher auch ein tüchtiger […] tüchtiger Hund. Daß ein tauglicher Hund aber nur dadurch heranzuziehen sei, daß man zahme, nicht jagdbare Haustiere dabei totquält, *das bestreite ich*. Ob ein einträglicher Export von ‚scharfen', d. h. durch Katzenwürgen erzogenen Hunden dadurch leidet, daß den Exporteuren diese Tierschinderei verboten wird, ist nicht die Frage — müßte dann aber hingenommen werden. Es ist weit wichtiger, *daß wir als Nation*, die sich stolz als Volk der Dichter und Denker nennt, uns wieder darauf besinnen, daß *wir so gut wie andere Völker den Schöpfer im Geschöpf zu ehren haben*… In dem Sinne werde ich Ihre Bestrebungen mit aller Tatkraft unterstützen."[985]

Nachdem alle bisherigen Belange im Komplex des Katzenwürgens behandelt worden waren, sprach der Verfasser noch Ansätze der künftigen Gesetzgebung (§ 2 Z. 5, 6 RTierSchG) an:

„Sind zuviel Hauskatzen da, so töte man die neugeborenen überschüssigen Tierchen, solange sie noch blind sind, schnell und schmerzlos. Ich finde schon das Aussetzen von sechs bis sieben Wochen alten, von der Mutter abgesetzten Katzen in [ein Beiwort unerkennbar fehlgedruckt] Wäldern, wie wir es hier immer noch von unbedachten Menschen erleiden, eine Gemeinheit. Denn entweder verhungert das kleine Tier, oder es geht auf Sing- und Nutzvögel, was diesen Tierchen gegenüber eine unverantwortliche Sünde seitens des Menschen ist. Aber gegen ein sportliches Abwürgen lebender Tiere — und mag es einen noch so ‚tiefdurchdachten' Scheinnutzen haben, *bin ich auf Biegen und Brechen*."[986]

dd) Machtwort des Reichsinnenministers

All diese Entwicklungen entgingen nicht Dr. Fricks Aufmerksamkeit. Er fasste am 8. Juli 1933 zuerst die Ergebnisse seiner Umfrage zusammen:

„In allen Ländern mit Ausnahme von Mecklenburg-Strelitz (sic! s. u.), soweit in ihnen Prüfungen von Jagdhunden auf Raubtierschärfe veranstaltet werden, sind nunmehr Maßnahmen zum Schutze der Katzen gegen Tierquälerei angeordnet worden. Es ist anzunehmen, daß auch in Mecklenburg-Schwerin diese Schärfeprüfungen

---

985 GStA PK Berlin-Dahlem, I. HA Rep. 87 Nr. 20040, Bl. 151 VS+RS.

986 GStA PK Berlin-Dahlem, I. HA Rep. 87 Nr. 20040, Bl. 151 RS.

> keinen großen Umfang haben werden, so daß so gut wie alle derartigen Veranstaltung unter dem Gesichtspunkt der Tierquälerei verfolgt werden."[987]

Trotz dieses Umfangs machte er sich Gedanken um die Umsetzung:

> „Fraglich bleibt, ob nach dem von der Mecklenburg-Schwerinschen Regierung angezogenen Urteil diese Maßnahmen Erfolg haben werden. Nach dem Urteil des Badischen Oberlandesgerichts in Karlsruhe vom 26. Januar 1933 (Bad. Oberlandesgericht — Strafsenat-SM 2/33) war [...] zu entscheiden, ob die im Rahmen einer Jagdhundprüfung, die nach den Regeln und Grundsätzen des Bundes Deutscher Jäger veranstaltet wurde, an lebenden Katzen vorgenommene Schärfeprüfung als Tierquälerei anzusehen sei. Das Gericht verneinte diese Frage, weil es an dem Tatbestandsmerkmale des ‚boshaft Quälens' oder ‚rohen Mißhandelns' mangels hierfür erforderlichen Willensrichtung fehlte. Schrifttum und Rechtsprechung seien darüber einig, daß die ‚Boshaftigkeit' des Quälens das Fehlen eines sachlichen, vernünftigen Grundes für die Schmerzerregung erfordert und daß die ‚Roheit' der Mißhandlung besagt, die Mißhandlung müsse ‚aus gefühlloser Gesinnung entspringen'. Diese Merkmale [...] seien nach den über die fragliche Gebrauchshundeprüfung getroffenen Feststellungen nicht gegeben. Die Prüfung fand nach Auffassung des Gerichts weder ohne jeden sachlichen Zweck statt, noch ging sie auf gefühllose Gesinnung zurück. Sie verlangt vielmehr nach den tatsächlichen Feststellungen dem an sich vernünftigen und sicher nicht wertlosen Bestreben, die Aufzucht guter Jagdhund und damit mittelbar die Jagd selbst zu fördern.
>
> Die Bestimmung über Tierschutz sind neuerdings durch das Gesetz zur Abänderung strafrechtlicher Vorschriften vom 26. Mai 1933 (Reichsgesetzbl. I S. 295) abgeändert worden. Aber auch danach wird nur bestraft, ‚wer ein Tier roh mißhandelt oder absichtlich quält'. Die Tatbestandsmerkmale haben sich daher insoweit geändert, als an Stelle des ‚boshaften Quälens' das ‚absichtliche Quälen' getreten ist. Weiterhin ist die Forderung, daß die Tat öffentlich oder in Ärgernis erregender Weise begangen sein muß, in Fortfall gekommen. Ob das Gericht auf Grund dieser Änderungen des im Gesetz vorgesehenen Tatbestandes zu einem anderen Urteil kommen würde, erscheint zweifelhaft; denn bei dem ‚absichtlichen' Quälen muß es dem Täter gerade auf diesen Erfolg ankommen. Eine solche Absicht wird aber dem Veranstalter einer Gebrauchshundeprüfung im Hinblick auf den Zweck dieser Prüfung nicht nachgewiesen werden können."[988]

Jedenfalls zeigte der Berufsbeamte Umsicht, indem er eingestand, „daß das Bestreben der Jagdbesitzer, sich für die Ausübung der Jagd und für die Jagdhege eines Hundes zu bedienen, der Raubwild und angeschossenes Wild sicher und rasch abwürgt, auch vom tierschützerischen Standpunkt Anerkennung und Förderung verdient. Solche Hunde kürzen dem angeschossenen Wild die Qualen

---

987 II A 4440/21.6., in: GStA PK Berlin-Dahlem, I. HA Rep. 87 Nr. 20040, Bl. 267 RS – 268 VS.

988 GStA PK Berlin-Dahlem, I. HA Rep. 87 Nr. 20040, Bl. 268 VS+RS.

der Verwundung ab“[989] und seien „den anderen Methoden, Vergiftung und Abschießen, unbedingt vorzuziehen, da es den Tieren unnötige Quälereien ersparen kann“, aber:

> „Nachdem aber durch die sachlich oft übertriebenen Darstellungen der Leistungsprüfungen von Jagdhunden auf Schärfe der größte Teil der Bevölkerung und auch das Ausland solche Prüfungen als kulturwidrig ablehnen, muß versucht werden, das sogenannte Katzenwürgen in Deutschland unmöglich zu machen. Jägern und Züchtern muß es überlassen bleiben, auf andere Weise die Jagdhunde zur Schärfe zu erziehen und sie auf diese Eigenschaft zu erproben.
>
> Die bisher vorgesehenen Maßnahmen werden nach der geschilderten richterlichen Stellungnahme nicht zu diesem Ziele führen können. Auch ähnliche Anordnungen wie der Erlaß des Preußischen Ministers für Landwirtschaft, Domänen und Forsten gegen das Katzenwürgen bei Leistungsprüfungen von Jagdhunden vom 29. April 1933, wonach Staatsehrenpreise nur noch für solche Leistungsprüfungen gestellt werden, bei denen das Hetzen der Hunde auf lebende Tiere nicht einbezogen ist, dürften keinen ausschlaggebenden Erfolg haben. *Thüringen, Hessen, Baden* und *Württemberg* haben bereits durch besondere Verordnungen, *Thüringen* unterm 18. April, *Hessen* unterm 21. April, *Baden* unterm 24. April, *Württemberg* unterm 21. Juni 1933, die Veranstaltung von Hetzen auf lebende Katzen bzw. lebende Tiere zur Prüfung von Hunde auf Raubtierschärfe verboten.“[990]

Auf dieser Grundlage gab der Reichsminister seinem Anliegen Ausdruck:

> „Ich beabsichtige deshalb, auch durch das in Aussicht genommene Reichstierschutzgesetz die Veranstaltung von Hetzen auf lebende Tiere, insbesondere Katzen, zur Prüfung von Hunden auf Raubtierschärfe (sog. Katzenwürgen) besonders zu verbieten.
>
> *Frick*“[991]

b) Ausgleich mit Vogelschutz

Die zweite große Sorge der Katzenfreunde bestand darin, „daß die Katzen in den letzten Jahrzehnten sich in geradezu bedrohlicher Weise vermehrt haben. Dafür geben die Zahlen der täglichen Tötungen einen erschütternden Beweis. Allein der Deutsche Tierschutz-Verein in Berlin tötet bis zu 100 Katzen täglich, dazu die Tötung durch Tierärzte, durch Erschlagen, Ersäufen usw.. Die Tötungen können natürlich die Vermehrung nicht aufhalten, die Verelendung unter den Katzen wächst daher täglich und ist bereits direkt zu einer Plage geworden. Sie führt dazu, daß die Zahl der frei umlaufenden, meist ausgesetzten Katzen erschreckend zunimmt, […] daß die Zahl derer immer größer wird, die zum

989 GStA PK Berlin-Dahlem, I. HA Rep. 87 Nr. 20040, Bl. 268 RS.
990 GStA PK Berlin-Dahlem, I. HA Rep. 87 Nr. 20040, Bl. 269 VS.
991 GStA PK Berlin-Dahlem, I. HA Rep. 87 Nr. 20040, Bl. 269 RS.

Schutz der Vogelwelt oft in der rohesten Weise gegen ‚wildernde' Katzen vorgehen."[992]

aa) Beispielfälle

Dafür gab es zahlreiche Beispiele.

(1) Woltersdorf

Mit besonderer Brisanz erschien am 18. Mai 1933 ein örtlicher Zeitungsbeitrag:

> „Wer in Woltersdorf wüßte noch nicht zur Genüge, daß beinahe jede Katze in Woltersdorf früher oder später spurlos verschwindet? [...] oder sie erreichen wohl noch ihre Wohnung, tragen aber tödliches Gift im Leibe, oder man findet bei ihnen einen Steckschuß oder sie kommen mit zerquetschten Pfoten nach Hause usw. Eine wichtige Rolle spielen sicher die Katzenfallen. Hat sich einmal in eine solche ein Tier verirrt, dann wird es — in einem Sack mit Steinen verschnürt — brutal ins Wasser geworfen. [...] Es soll nun endlich die gesamte Oeffentlichkeit auf derartige Zustände, die nicht nur die Tiere, sondern in vielen Fällen ihre Besitzer schwer treffen, aufmerksam gemacht werden. Wir bitten daher, diejenigen, die in den letzten Jahren solche Fälle mit ihren Tieren erlebt haben, dem Endes Unterzeichneten mitzuteilen, wieviel Tiere verschwunden bzw. vergiftet oder sonstwie getötet oder verletzt worden sind. Das Material soll dann der Behörde unterbreitet werden. [...] A. Schindler, Woltersdorf, Schleusenstraße 62"[993]

Nachdem dieser Ingenieur am 1. Juni 1933 dem Preußischen Innenminister „die scheußlichen Zustände in Woltersdorf eingehend geschildert" habe, gab er am nächsten Tag in einem zweiten Brief seinem Anliegen nach: „1. einem idealen Schutz des Vogels vor der Katze, 2. sicherer Schutz der Katze vor fremden Menschen, 3. vollste Befriedigung jedes anständigen Menschen." Diese Aufgabe konnte seines Erachtens „nicht nur teilweise durch eigenmächtiges Vorgehen von Privatpersonen d. h. der Katzenmörder bezw. Vogelschützer", sondern „nur durch den Gesetzgeber gelöst werden." Diesem stellte der Initiator folgende Erwägungen anheim: „1. Jeder Besitzer eines Grundstückes, auf dem Katzen gehalten werden, muß dieses bezw. einen Teil desselben so umzäunen, daß die Katze das einzäunte Gebiet nicht verlassen kann. 2. Vogelnester im umzäunten Bezirk muß der Besitzer des Grundstückes durch geeignete Mittel vor dem Zugriff durch Katzen schützen. 3. Keiner darf unberechtigterweise eine fremde Katze einfangen, verletzen oder vernichten. 4. Wer gegen die obigen Gesetze verstößt, wird mit Geldstrafe oder in schweren Fällen mit Gefängnis bestraft.

---

992 Schreiben der „Deutschen Katzenschutz-Vereinigung" E. V. an Göring v. 4. 9. 1933, in: GStA PK Berlin-Dahlem, I. HA Rep. 87 Nr. 20040, Bl. 397.

993 Schindler, *Systematischer Katzenmord in Woltersdorf*, im „Sprechsaal" der *Woltersdorfer Zeitung*, Nr. 116 v. 18. 5. 1933.

Die Geldstrafe wird nach der finanziellen Leistungsfähigkeit des Betreffenden (prozentual nach der im letzten Jahr entrichteten Steuersumme) bemessen."[994]

Diese Handschrift ließ Göring zuständigkeitshalber Hugenberg abgeben.[995] Dort erlaubte sich Anton Schindler am 12. Juni 1933 die Anfrage, ob er sich mündlich im Landwirtschaftsministerium orientieren könnte.[996] Das wieder schon am nächsten Tage erfolgte Anschlussschreiben mit dreischichtig systematisierter Auseinandersetzung „des syst. Katzenmordes Woltersdorfer Prägung", die „nicht nur das soziale und wirtschaftliche, sondern auch das iuristische Gebiet umfaßt"[997], bewegte den DNVP-Vorsitzenden, am 21. Juni 1933 zurückzu-

---

994 GStA PK Berlin-Dahlem, I. HA Rep. 87 Nr. 20040, Bl. 183 b.

995 GStA PK Berlin-Dahlem, I. HA Rep. 87 Nr. 20040, Bl. 183 a.

996 GStA PK Berlin-Dahlem, I. HA Rep. 87 Nr. 20040, Bl. 225 VS.

997 GStA PK Berlin-Dahlem, I. HA Rep. 87 Nr. 20040, Bl. 218. Bis auf Bl. 220 setzte sich die Darlegung fort: „I. Die Aufgabe selbst ist scharf umrissen und lautet: In Woltersdorf werden die Katzen seit einigen Jahren systematisch von einigen Grundbesitzern vernichtet oder schwer verletzt (Abfangen in allen möglichen Fällen, Erschlagen, Erdrosseln, Ertränken, Erschießen, Anschießen, Vergiften). Als Grund für dieses Treiben wird zur Verteidigung angegeben, daß die Katze den Vogel vernichtet, der selbst wieder die der Landwirtschaft schädlichen Raupen und Insekten vertilgt, der ferner durch seinen Gesang die Menschen erfreut, daß ferner die Katze auch nicht nur den freilebenden Vogel tötet, sondern auch zum Eigentum des Katzenfeindes gehörige Tiere, wie Tauben etc. Die Katzenmörder selbst heben sich als solche der Öffentlichkeit nicht bekannt und teilen auch den Katzenbesitzern nicht mit, welches Schicksal sie ihren Katzen bereitet haben. Nach Verschwinden einer Katze schaffen sich die Besitzer wieder neue Katzen an, sei es aus Tierliebe, sei es im Bewußtsein, daß die Katze immer noch die beste Schutzpolizei gegen Mäuse und Ratten ist.
Die Aufhabe besteht nun darin, zu entscheiden, ob der systematische Katzenmord gebilligt werden kann oder nicht, und aus welchen Gründen.
II. Die Beantwortung dieser komplizierten Frage läuft auf die Beantwortung einer ganzen Reihe von Einzelfragen der mannigfachsten Art hinaus, die sich in 2 Gruppen einteilen lassen, und zwar:
1. in Fragen, die das gesteckte Ziel (Schutz des Vogels vor der Katze) betreffen.
2. in Fragen, die die Mittel und die Methode betreffen, die zur Erreichung des gesteckten Ziels angewandt werden.
Im Folgenden sollen die einschlägigen Fragen gestellt werden.
1. Ist eine Methode zur Erreichung eines bestimmten Zieles richtig, wenn dieses in keiner Weise erreicht wird?
2. Wird das von den Katzenfeinden angestrebte Ziel erreicht, wenn anstelle einer verschwundenen Katze eine neue tritt, oder läuft die ganze Aktion dann nur hinaus auf ein unsinniges, weil unnützes Abschlachten immer neuer Katzen?
3. Welche sind die Schädigungen der Landwirtschaft durch Raupen, Insekten u. dgl.?
4. Welche Mittel gibt es außer dem Vogel zur Unschädlichmachung der Raupen u. Insekten?

5. Welches ist der Anteil der Vögel an der Vernichtung der Raupen u. Insekten?
6. In welchem Grade wird der Vogelbestand durch die Katze gefährdet; ist er größer als der Grad der Vertilgung durch Raubvögel, Ratten, Eichhörnchen etc.
7. Ist der landwirtschaftl. Schaden durch die Katze so groß, daß die Kontingentierung der Katzenzahl oder gar die gänzliche (von den Katzenmördern angestrebte) Ausrottung der Katze gerechtfertigt werden könnte, selbst wenn man berücksichtigt, daß die Katze eines der schönsten und einzigartigsten Haustiere ist, eines von den wenigen Tieren, die das engste Freundschaftsverhältnis mit den Menschen eingehen und ihm täglich neue Freuden bereiten?
8. Gibt es eine legale und menschenwürdige Mittel zum Schutze des Vogels vor der Katze?
9. Gilt die Katze auch heute noch als beste Schutzpolizei gegen Mäuse und Ratten, oder kann man in dieser Hinsicht der Katze völlig entbehren?
10. Gibt es ein Gesetz, daß dem Besitzer eines Grundstückes das summarische Recht gibt, jede fremde Katze auf diesem Grundstück zu vernichten oder zu verletzen, gleichgültig ob sie in seinem sinne schuldig oder unschuldig ist?
11. Hat ein Mensch, der freiwillig den Schutz des freilebenden Vogels, der also nicht sein Eigentum ist, irgend welche Rechte, über fremde Katzen, die noch das unbestrittene Eigentum eines anderen sind?
12. Hat der Katzenmörder das Recht, die in seine Hände fallenden fremden Katzen in der brutalsten und tierquälerischsten Weise zu vernichten?
13. Kann derjenige, dem eine fremde Katze, zu seinem Eigentum gehörende Tiere (Hühner, Tauben etc.) vernichtet, diese Katze vernichten oder kann er nur Schadensersatz von dem Besitzer des Tieres Katze verlangen?
14. Gegen welche Gesetze verstößt der systematische Katzenmord?
a) grober Unfug?
b) Eigentumsdelikt?
c) Anmaßung aller möglichen Beamtenfunktionen: Richter, Strafvollstrecker, Kommunaler Gesetzgeber, Polizei?
d) Anstiftung zur Begehung einer Straftat bei Vereinen, die von den Mitgliedern das Stellen vom Katzenfallen etc. verlangen und eventuell zum Beschluß erheben?
e) Tierquälerei?
15. Ist es rein menschlich zu billigen, daß der Katzenmörder seine Umgebung durch den tragischen Verlust der Tiere in sehr schwere seelische Aufregungen versetzt?
16. Kann man dem systematischen Katzenmörder, der brutal und rücksichtslos gegen Mensch und Tier vorgeht, glauben, wenn er edle Gefühle vorschützt, oder muß man annehmen, daß in vielen Fällen schlechte Regungen in Betracht kommen, wie billiges Jagdvergnügen oder gar Sadismus, diese abscheuliche Freude am Qualen von Mensch und Tier?
17. Ist die Vogelschutz[gesetz]gebung die Funktion von Privatpersonen oder von Behörden?
18. Kann der system. Katzenmord im dritten Reich, wo auf Anstand, Gerechtigkeit und ethisches Empfinden des Einzelnen größtes Gewicht gelegt wird, noch weiter geduldet werden?" (Vgl. „Analysen und Vorschläge von Skopniks" im folgenden Text.)

schreiben, „daß der Sachbearbeiter meines Ministeriums, Ministerialrat Dr. Vollbach, auf schriftliche oder telefonische Anfrage zur Besprechung der Angelegenheit zur Verfügung steht.“[998] Daraufhin sandte Schindler am 10. Juli 1933 eine Postkarte zurück: „Ich danke Ihnen bestens für Gewährung einer mündlichen Rücksprache in Ihrem Ministerium. Ich bitte um Angabe der Zeit für diese Rücksprache und bemerke, daß ich jederzeit zur Verfügung stehen kann.“[999]

(2) Katzenhaltung in Kleingärten

Über das Ergebnis der Rücksprache zwischen Vollbach und Schindler ist keine Quelle überliefert, gleichsowenig über fortgeführte Klage aus Woltersdorf. Doch reichsweit wurde der Kampf um den Katzenschutz weiter ausgetragen. Ein Beispiel ist aus Berlin-Lichtenberg überliefert, dessen „Bezirksverband Kleingärtner“ im ausgehangenen Rundschreiben Nr. 6 vom 3. Juni 1933 u. a. befahl:

> „*Betrifft: Vorstände*: Allen Anordnungen der Vorstände auf den einzelnen Kolonien ist unbedingt und in jeder Hinsicht Folge zu leisten. Wer sich mausig macht, zieht seine Konsequenzen! *Betrifft: Katzenfrage*. Wer nach dem 5.6.cr. noch eine Katze auf der Kolonie hält, dem ist mit sofortiger Wirkung der Pachtvertrag zu entziehen, oder der neue Pachtvertrag dem Katzenhalter nicht auszuhändigen. Wir dulden auf keiner Kolonie Katzen. Wer nicht will geht mit der Katze!“[1000]

Der Tierschutzverein „Caritas“ zu Berlin N.O.18 suchte sogleich Abhilfe nach oben. Schon am 6. Juni 1933 richtete sein Mitglied, A. von Bergsattel, einen Privatbrief an den 4. nationalsozialistischen, insgesamt 14. Reichsminister seit dem 13. März des Jahres: „Unsere Leiterin, Frau Rat *Rohr*, bittet mich, Herrn Dr. Goebbels eine Sache vorzulegen, die des machtvollen Eingreifens unserer Regierung bedarf, um […] eine Unzahl von Tieren vor einer Behandlung zu schützen, die der neuen Zeit und ihrer Richtlinien unwürdig wäre […]: *Durch eigenmächtiges Vorgehen kommissarischer Kolonienvorstände hat ein grosses Katzenmorden auf den Laubengeländen begonnen. Die Kolonisten werden aufgefordert, binnen 3 Tagen sämtliche Katzen abzuschaffen, widrigenfalls ihnen die Parzelle gekündigt wird. Abgesehen davon,* […] *steht das eigenmächtige Vorgehen Einzelner in krassem Widerspruch zu den tierfreundlichen Beziehungen unserer Regierung — die Kolonisten kommen weinend zu unserer Leiterin und bitten um Hilfe, dass sie die ihnen liebgewordenen Tiere behalten dürfen, die Vielen ein Trost und eine Freude bedeuten, die oft der einzige Kamerad der kleinen Leute sind.*“[1001]

---

998 Geschäftsnummer I 12663, in: GStA PK Berlin-Dahlem, I. HA Rep. 87 Nr. 20040, Bl. 225 RS.

999 GStA PK Berlin-Dahlem, I. HA Rep. 87 Nr. 20040, Bl. 238.

1000 GStA PK Berlin-Dahlem, I. HA Rep. 87 Nr. 20040, Bl. 229.

1001 GStA PK Berlin-Dahlem, I. HA Rep. 87 Nr. 20040, Bl. 191 VS.

Als das Reichsministerium für Volksaufklärung und Propaganda die Bittschrift zuständigkeitshalber ans Preußische Innenministerium weiterleitete,[1002] schrieb die Vereinsleiterin selbst am 12. Juni 1933 einen Dienstbrief an dasselbe:

> „Solange Kolonien bestehen, werden Katzen gehalten, teils zur Vertreibung der zahlreichen vorhandenen Ratten und Mäuse, teils auch aus Tierliebe!
>
> Manch ein alter einsamer Mensch, dem aus dem Schiffbruch des Lebens nur das Tier blieb, weint in unserer Geschäftsstelle bittere Tränen über den Verlust desselben, das er jahrelang als Hauskameraden gehütet hat und das nunmehr durch terroristische Maßnahmen kurzsichtiger Menschen von der Bildfläche verschwinden mußte.
>
> Hunderte von Katzen sind trotz unserer bittenden Vorstellungen bei dem Verbande bis heute infolge der eigenmächtigen Verfügung des Verbandes hingeschlachtet worden! Ebensoviele Kolonisten sind bisher durch unsere Geschäftsstelle gegangen, uns verzweifelt bittend, doch dafür sorgen zu wollen, daß sie ihr Tier behalten können. [...] Das eigenmächtige Eindringen auf die Parzellen der Bewohner von Seiten der Verbands-Beauftragten muß von Rechts wegen als Hausfriedensbruch und Diebstahl bezeichnet werden.
>
> Wir bitten das Ministerium noch einmal ergebenst wie dringend dahin erkennen zu wollen und baldmöglichst dahinzielende Maßnahmen zur Wiederherstellung des Rechtszustandes auf den Kolonien verfügen zu wollen.
>
> Der nationalsozialistische Tierschutz-Verein
> (Stempel „Caritas“ und gez.:) I.A. Rohr“[1003]

In der Reichshauptstadt stand „Caritas“ nicht allein für den Katzenschutz auf Kolonien. Der „Deutsche Tierschutz-Verein zu Berlin“, gegründet 1848, wandte sich am 7. Juni 1933 unmittelbar an den Vorsitzenden des „Kleingartenbezirksverbands Lichtenberg E.V.“, Krohner, selbst:

> „Wir betonen hier nochmals, dass uns naturgemäss als Tier*schutz*verein sowohl die Katze als auch der Vogel am Herzen liegt und es daher unser Bestreben ist, hier ausgleichend zu wirken, da uns die Gegensätze ja hinreichend bekannt sind. Es gibt eine ganze Anzahl von Mitteln, um die Katzen von der Vogelwelt fernzuhalten. Wir pflegen die Anbringung von Vogelschutzgürtel (s. Anlage) zu empfehlen. Auch ist die Anwendung von Franzosenöl von Erfolg. Besonders aber reden wir das Wort immer wieder der sofortigen Beseitigung der jungen Würfe, der Kastration der Kater und wirken dahin, das die Katzen nachts und während der Brutzeit der Vögel möglichst im Hause gehalten wird. So sehr uns die Vogelwelt am Herzen liegt, so sehr müssen wir aber auch der Katze ein Lebensrecht anerkennen, zumal ja auch sie ein nützliches Tier ist, wenn sie in den Laubkolonien die Mäuse und Ratten kurz hält. [...]
>
> Woran uns aber selbst sehr gelegen ist, ist, dass wenn schon letzten Endes eine Beseitigung der Katzen erfolgen muss, auch in der von Ihnen gestellten Probezeit,

---

1002 Handvermerk in: GStA PK Berlin-Dahlem, I. HA Rep. 87 Nr. 20040, Bl. 191 VS.

1003 GStA PK Berlin-Dahlem, I. HA Rep. 87 Nr. 20040, Bl. 227 – 228.

diese Tiere human beseitigt werden. Die Katzen haben ein überaus zähes Leben. Das Totschlagen mit einem Knüppel oder das An-die-Wand-schlagen oder in Wasser stecken sind Grausamkeiten, wie sie ein Kulturmensch nicht begehen sollte, da es besseres Mittel gibt, um ein Tier, das schliesslich unschuldig ist, schmerzlos vom Leben zum Tode zu befördern. Vielleicht können Sie direkt ein Abkommen mit einem in der Nähe wohnenden Tierarzt treffen, der die Tiere durch Blausäureeinspritzung tötet, andernfalls wären wir bereit, ein solches Abkommen mit den Laubenvorständen zu treffen dahingehend, dass diese die zu beseitigenden Katzen sammeln und dann den Tierhort in der Schicklerstrasse (Berolina 2216) wegen Abholung und Tötung anzurufen. [...] Wir glauben, dass dieser Gedanke nicht auf Schwierigkeiten stossen würde, da ja die Kolonisten fast ausnahmslos tierfreundlich eingestellt sind und ihnen selbst nur an einer humanen Beseitigung der Tiere — wenn es sein muss — gelegen sein kann."[1004]

bb) Widerstreiten zwischen Katzen- und Vogelschutz

Ob diese Vorschläge Gehör fanden, ist durch keine Quelle überliefert. Jedenfalls hatten sie auf den Gegendruck der einseitigen bzw. angeblichen Vogelfreunde zu stoßen, die von Bonn bis nach Breslau ihre Stimmen auch erhoben.

(1) Ansinnen und Ansichten der „Vogelfreunde"

Aus der niederschlesischen Hauptstadt ließ der kommissarische Regierungspräsident am 4. Juli 1933 dem Preußischen Wirtschaftsminister einen Bericht „über die Anrichtung starker Schäden unter den Singvögeln durch Hauskatzen in den hiesigen Hausgärten" erstatten:

> Es „steht der Schutz der Vögel in solchen Fällen dem Gartenbesitzer nur unter den Voraussetzung des § 228 BGB zu, d. h., er darf eine solche Katze nur töten, wenn nachgewiesenermaßen ihre Vernichtung in Rücksicht auf eine vorliegende drohende Gefahr für einen geschützten Vögel oder sein Nest geboten war und der Schaden nicht außer Verhältnis zu dieser Gefahr stand. Für ein polizeiliches Eingreifen fehlt es in diesen Fällen an einer rechtlichen Handhabe. § 6 Der (sic! „Die") [Preußische] Tierschutzverordnung vom 10. März 1933 versagt hier gleichfalls, da die Gärten rundum von Häuser umgeben sind, die Entfernung der Katzen von den Häusern meist weniger als 200 m beträgt und Jagdberechtigte nicht vorhanden sind.
>
> Da ich annehme, daß die Klagen sich auch in anderen Gebieten zeigen, bitte ich eine Anordnung zu erlassen, nach der Katzen in Gärten innerhalb des Stadtgebietes grundsätzlich nicht frei umlaufen dürfen. Gerade die Erhaltung der Vogelwelt in den städtischen Hausgärten muß unbedingt gewährleistet bleiben."[1005]

Dieser Schrift von der Oder folgte in vier Tagen ein Zeitungsbeitrag am Rhein:

> „Der Schutz der Vögel ist also eine *volkswirtschaftliche Notwendigkeit*. Wir müssen die Vögel auf jede mögliche Weise vor Wildtieren wie z. B. Katzen usw. und vor

1004 GStA PK Berlin-Dahlem, I. HA Rep. 87 Nr. 20040, Bl. 235 – 236.

1005 L.6.VI.T.943, in: GStA PK Berlin-Dahlem, I. HA Rep. 87 Nr. 20040, Bl. 237 VS+RS.

Menschen schützen. [...] Man wende ein, daß Katzen Mäuse fangen, aber wie viele? Das Mäusefangen besorgt eine kleine oder automatische Mäusefalle nachhaltiger und billiger, denn die Mäusefalle steht nicht in fremden Wohnungen, sie bekommt weder Milch noch andere Fressen. Man wendet ferner ein, daß Hunde auch keinen bedeutenden volkswirtschaftlichen Wert haben, aber die sind im Gegensatz zu den Katzen die treuen Wächter des Hauses und Begleiter ihrer Herren und liefern dem Stadtsäckel eine nicht unbedeutende Steuereinnahme.

M. E. müßte, wenn die Hundesteuer 40 Mark beträgt, die Katzensteuer 80 Mark betragen und überdies müßten Wald- und Feldhüter den Auftrag erhalten, alle herumstrolchenden Katzen abzuschießen. Den Gartenbesitzern aber müßte ähnliche gestattet sein, besonders das Aufstellen von Katzenfallen. [...] Das Ergebnis wird sein, die Fallenindustrie erhält neue Aufträge und die Metallindustrie fertige Schellen. Die Hauptsache ist, daß auch in dieser Angelegenheit das Interesse einer kleinen Gruppe [Katzenfreunde, Anm. d. Verf.] dem Allgemeininteresse unbedingt untergeordnet wird."[1006]

(2) Konfrontation zwischen Katzenschützern und Kleingartenverwaltern

Gelegentlich der Reichstagung der Kleingartenvereine in Nürnberg habe der Deutsche Tierschutzverein pflichtmäßig versucht, zwischen Vogel- und Katzenfreunden einen Ausgleich und damit Frieden zu schaffen, aber: „Unsere Verhandlungen mit den Bezirksverbänden und dem Provinzialverband der Kleingartenvereine konnten leider nicht zu dem erstrebten Ergebnis führen, weil die Leiter dieser Stellen aus leicht erklärlichen Gründen Bedenken hatten, wenn sie nicht strikte nach den Anordnungen ihrer vorgesetzten Stelle handelten."[1007]

So begab sich Frau *Ampt*, Mitglied des Tierschutzvereins, am 25. August 1933 zum Agrarpolitischen Amt. Dort wurde sie vom Herrn *Steinhaus* „in unliebenswürdiger Weise empfangen und behandelt. Kaum hatte sie erklärt, dass es sich um die Katzenfrage handele, bekam sie zur Antwort, dass er vom Lande sei und dort mit Katzen kurzer Prozess gemacht würde. Auch als Frau Ampt an sein Mitleid mit den Tieren appellierte und sagte, dass es sich nicht nur um Tiere handele, die manchem Laubenbesitzer als einziger Lebensgefährte ans Herz gewachsen seien, sondern auch um viele hochtragende Katzen, meinte Herr Steinhaus, es wäre lächerlich, Mitleid mit den Tieren zu haben, und Frau Ampt möchte lieber in die Kellerwohnungen nach dem Osten gehen, wo so viele hochschwangere Frauen seien, deren möge sie sich annehmen. Als dann Frau Ampt sagte, dass sie sich der Tierquälerei, die bei dieser Vernichtung der Katzen verübt werde, als deutsche Frau schäme, wies ihr Herr Steinhaus die Türe."[1008]

1006 Thilo Eichholtz, *Vogelschutz oder Katzenschutz?*, im Bonner *Generalanzeiger* v. 8. 7. 1933.

1007 GStA PK Berlin-Dahlem, I. HA Rep. 87 Nr. 20040, Bl. 306.

1008 GStA PK Berlin-Dahlem, I. HA Rep. 87 Nr. 20040, Bl. 306 – 307.

Dieses Vorkommnis brachte den Vorsitzenden des Tierschutzvereins, General von Kuhlwein, unmittelbar gegen das Landwirtschaftsministerium auf:

„Wir betonen, dass Frau Ampt eine kerndeutsche national gesinnte Frau ist, und stellen zu den Aeusserungen des Herrn Steinhaus fest, dass dies unter keinen Umständen im Sinne unseres Führers Adolf Hitler und des Ministerpräsidenten Göring, sowie des Preuss. Justizministers [Kerrl, Anm. d. Verf.] sein kann. Wir wissen alle, dass unser Führer ein sehr grosser Tierfreund ist, und die letzten Erlässe der zuständigen Stellen atmen diesen tierfreundlichen Geist. Der persönliche Ausspruch Adolf Hitlers lautet, dass diese Tierquälerei in Deutschland bald ein Ende finden werde. In seinem Erlass vom 25. 7. sagt der Bay. Justizminister Dr. Frank der Tierquälerei, ‚dieser Kulturschande eines Volkes', den Kampf an, und er hofft, dass endlich der Schutz des Tieres die Wertung erfahre[n] wird, die ihm nach den Gesetzen christlicher Sittlichkeit zukommen muss. Der Reichsstatthalter von Braunschweig und Anhalt, Loeper[1009], sagt in seinem Schreiben an das Staatsministerium, dass es zu den Aufgaben des dritten Reiches gehöre, auch auf dem Gebiete der Tierquälerei einen restlosen Wandel zu schaffen und wieder die Erkenntnis dafür zu wecken, dass es eine Schande ist, die stumme und wehrlose Kreatur zu quälen. Der Preuss. Justizminister sagt in seinem Erlass vom 22. 8. an die Strafverfolgungsbehörden, dass dem Menschen, als dem Stärkeren, die Pflicht erwachse, das Tier vor unnötigen Qualen zu bewahren. Die vielfachen Dienste, die die Tierwelt tagaus tagein dem Menschen leiste, mahnten, dieser Pflicht mit besonderer Treue zu denken.

Abgesehen davon, dass wir unter keinen Umständen dulden können, dass ein Vertreter des angesehenen Deutschen Tierschutzvereins in dieser Weise behandelt wird, bitten wir, dass Erforderliche zu veranlassen, dass Herr Steinhaus sich in seiner Einstellung zum Tier schnellstens umstellt und zu der Ansicht kommt, dass *Tierschutz eine Kulturaufgabe* ist."[1010]

Klar war freilich, „da[ss] die Bezirksverbände der Kleingärtner plötzlich die Anordnung getroffen haben, dass die in den Laubenkolonien befindlichen Katzen abgeschafft werden sollen. Diese Anordnung stützt sich allerdings auf den Pachtvertrag, sodass wir uns nur bemühen konnten, eine Milderung der Anordnung dahingehend zu erreichen, dass die Abschaffung nicht, wie befohlen, innerhalb weniger Tage erfolgen musste und andererseits Katzen, die ordnungsmässig in Volieren gehalten werden, von den Besitzern beibehalten werden dürfen."[1011] Diese Einsicht bestätigte der sonst tierfreundliche Ministerialrat Dr. Vollbach, als er am 9. Juli 1933 einen von Vorstand gekündigten Spandauer,

---

1009 Loeper, Wilhelm, geb. 13. 10. 1883 in Schwerin; Teilnehmer des 1. Weltkrieges, anschließend Freikorps, 1920 – 1924 Reichswehroffizier, 1924 Gauleiter der NSDAP in Magdeburg-Anhalt; 1930 Mitglied des Reichstages, Wahlkreis Magdeburg, Aug.1932 Landesinspekteur der NSDAP für Mitteldeutschland, Mai 1933 Reichsstatthalter für Braunschweig u. Anhalt; gest. 23. 10. 1935. (s. Stockhorst, *5000 Köpfe*, 1967, S. 275.)

1010 GStA PK Berlin-Dahlem, I. HA Rep. 87 Nr. 20040, Bl. 307.

1011 GStA PK Berlin-Dahlem, I. HA Rep. 87 Nr. 20040, Bl. 306.

Hans Rießland,[1012] erwidern musste, „daß für die Frage, ob in der Kolonie Katzen gehalten werden dürfen, die Satzungen des Vereins maßgebend sind. Ist darin ein solches Verbot ausgesprochen, so kann dem Vorstande nicht versagt werden, die ihm zur Innehaltung der Bestimmungen eingeräumten Befugnisse auszuüben."[1013]

cc) Lösungsversuche

Infolge dieser Konstellation dachte man, die allgemeinen Gesetze zur Hilfe zu nehmen.

(1) Analysen und Vorschläge von Skopniks

Dafür mahnte zunächst der Hauptgeschäftsführer des „Deutschen Tierschutzvereins zu Berlin", Hans von Skopnik, zur Einsicht:

> „Der Vogelschutz hat in den letzten Jahrzehnten in Deutschland einen ungeahnten Aufschwung genommen. Auf der einen Seite ist es die Liebe zu dem gefiederten Sänger, der uns in den Stunden des neu erwachenden Tages so freudig begrüsst, auf der anderen Seite die Erkenntnis seiner Nützlichkeit in der Vertilgung uns selbst unbequemer und dem Walde schädlicher Insekten. Mancher Liebhaber hat sich im Winter die Fütterung seiner Freunde viel Geld kosten lassen. Auch hat er Nistkästen angebracht, in denen man das Erwachen neuen Lebens mit Liebe, Bewunderung und Freude beobachtete. Wehe, wenn seinen Lieblingen ein Feind oder gar ein Vernichter droht und entsteht.
>
> Ein solcher ist zweifellos die *Katze*. Auch [...] ist sie eine treue Lebensgefährtin und gleichfalls ein nützliches Tier. [...] Natürlich hat sie auch ihre unangenehmen Eigenschaften, d. h. für uns Menschen. Die *Natur* gab ihrer Rasse diese Eigentümlichkeiten, und sie kann nichts dafür. Genau so, wie die Drossel und der Star zur Kirschzeit sogar zu Schädlingen für den Menschen werden, mit dem Unterschied, dass diese unter staatlichem Schutze stehen. Wehe dem, der ihnen etwas tut!
>
> Aber die Katze ist nicht geschützt; sie ist, so denken die meisten Menschen, ‚vogelfrei'. Ihr könne man alle Grausamkeiten antun. An ihr müsse man sich für den toten Vogel rächen, auch dann, wenn sie garnicht der Täter war. Katze sei eben Katze. — Das ist natürlich ein Irrtum! *Niemand hat ein Recht, eine Besitzerkatze ohne weiteres zu vernichten*, weil sie einmal in sein Gelände gekommen ist. Dazu bedarf es erst des Nachweises, dass die Katze ihm, dem ernsten, tatsächlichen Vogelschützer Schaden zugefügt hat, erst dann tritt der *Abwehrparagraph* des § 228 BGB in Kraft. Sonst kann der Katzenbesitzer ihn auf *Schadenersatz* verklagen! Und von grausamer Vernichtung kann erst recht nicht die Rede sein. Dagegen ist auch die Katze aufgrund des §§ 360, 13 und 145 b des R.Str.G.B. (Tierquälerei-Paragraph) geschützt, auch wenn es eine herrenlose, wildernde ist. Erhängen, Erschlagen, Ersäufen bei der Lebenszähigkeit einer Katze ist eine *strafbare Tierquälerei*. Da gibt es sog. ‚Humanitätsfallen', die die Tiere lebend fangen. Alle Katzen der Nachbar-

---

1012 GStA PK Berlin-Dahlem, I. HA Rep. 87 Nr. 20040, Bl. 199 VS.

1013 I 15125, in: GStA PK Berlin-Dahlem, I. HA Rep. 87 Nr. 20040, Bl. 200.

schaft mit Baldrian anzulocken, um sie dann zu fangen und zu beseitigen, ist auch nicht zulässig. Der Besitzer einer Katze kann auch hier auf *Schadenersatz* klagen!"[1014]

Der Widerstreit der Interessen blieb — wie bisher — festgefahren. Die Ursachen dafür wusste der sachverständige Tierschützer folgendermaßen zu ermitteln:

„In übertriebener Vogelfreundschaft und fanatischem Katzenhass haben die Kleingärtner-Verbände in ihren Pachtverträgen das Halten von Katzen grundsätzlich verboten. Das heisst natürlich wieder, das Kind mit dem Bade ausschütten. Die Folge ist, dass die Laubenbesitzer fast vor Ratten und Mäusen verkommen. Kein technisches Abwehrmittel ersetzt im Kampf gegen diese Tiere die Katze!

Aber wer ist schuld an dieser rigorosen Massnahme? Der Katzenfreund selbst! Die Katze *muss* nicht stromere gehen, schon gar nicht während der Brutzeit der Vögel oder der Nacht. Eine gut gehaltene Katze tut das auch nicht. Pflicht jeden Tierhalters ist es, sich um seine Tiere zu kümmern. Er ist haftpflichtig für sein Tier. Der Katzenfreund, der diese einfache Pflicht im Zusammenleben mit dem Vogelfreund nicht erfüllt, der kann sich über die Feindschaft der Siedler und Kleingärtner gegenüber der Katze nicht wundern. Ist es nicht allein, dass *seine* Katze unbeaufsichtigt stromert und Vögel fängt, sondern sie sucht zur Ranzzeit den Kater auf, und die Folgen hiervon sind Dutzende von jungen Kätzchen, von denen man sich natürlich nicht trennen will, weil sie ‚so reizend' sind. Aelter geworden, kümmert sich kein Mensch mehr um diese, sie sind auf das Wildern angewiesen und werden mit Recht Feinde der Vogelfreunde. [...] Kein Wunder, dass der Vogelfreund nun dagegen vorgeht und ihnen nachstellt. Sie sind ihm verhasst durch die Schuld der Katzenfreunde. Ehe hierin nicht Wandel geschaffen wird, kann man schwerlich erwarten, dass die massgebenden Stellen den Katzenparagraphen im *Pachtvertrage* ändern."[1015]

Dafür schlug von Skopnik vor, das „Übel" folgendermaßen zu beseitigen:

„dann aber muss auch der Pachtvertrag die Katzenhaltung wieder zulassen. Das ist nun recht und billig, weil der Gefahrsmoment für die Vogelwelt beseitigt oder wenigsten bis auf ein ganz geringes Mass aufgehoben ist.

Welche sind die Pflichten der Katzenfreunde im Gemeinschaftsleben mit den Vogelfreunden:

1.) Lasst die Kater kastrieren!

2.) Vernichtet alle jungen Würfe sofort bis auf 1 Tier!

3.) Haltet Euch nicht mehr als 2 Katzen!

4.) Haltet Eure Katzen während der Ranzzeit, während der Brutzeit der Vögel und während der Nacht zu Hause!

1014 v. Skopnik, *Die Katzen in den Kleingärten*, in: GStA PK Berlin-Dahlem, I. HA Rep. 87 Nr. 20040, Bl. 308.

1015 v. Skopnik, *Die Katzen in den Kleingärten*, in: GStA PK Berlin-Dahlem, I. HA Rep. 87 Nr. 20040, Bl. 308 – 309.

5.) Füttert Eure Tiere so reichlich, dass sie nicht auf Beute machen angewiesen sind!

6.) Trefft Massnahmen, dass Sie (sic! „sie“) Euer eigenes Grundstück nicht verlassen!

Aber auch der Vogelfreund soll etwas tun. Er versehe seine Bäume mit Schutzringen, er verwende Franzosenöl zum Schutz der Bodenbrüter. Schiessen auf Katzen in der Nähe bewohnter Häuser ist ebenso verboten, wie offen Gift legen. [...] Wenn wirklich einmal ein Vogel von der Katze geholt wird [...] dann ist das auch [...] ein Naturereignis. Nicht die Wut dann gleich an der doch unschuldigen Katze auslassen! [...]

Was ist nun gegen die wildernden, herrenlosen Katzen zu verfahren, im Uebergangsstadium und später?

1.) Einfangen in Humanitätsfallen, die die Laubenvorstände käuflich erwerben (...) oder beim Tierschutzverein leihen kann! Aufstellung von Warnungstafeln für Katzenhalter, damit keine Eigentumskatze sich fängt, evtl. Bekanntgabe der Aufstellung der Fallen!

2.) Einsammeln der eingefangenen Katzen!

3.) Abliefern zwecks humaner Tötung beim Tierarzt oder im Tierschutzverein, nach vorheriger Vereinbarung wegen der Kosten. Gegebenfalls vom Tierschutzverein abholen lassen in Sammeltransporten!

4.) Junge Katzen nicht ertränken, sondern durch Schlag auf den Kopf (mittels Holzscheid) töten!

Durch diese beiderseitige Entgegenkommen und Verständnis wird Friede in die Kolonien einziehen und gleichzeitig dem Katzenelend, d. h. dem traurigen Los der verstossenen, herrenlosen Katzen gesteuert!“[1016]

(2) Beiträge durch Liebert

Dieselbe Angelegenheit lag auch Max Liebert am Herzen, der als 1. Vorsitzender der „Deutschen Katzenschutzvereinigung E. V.“ am 4. September 1933 dem Preußischen Innenministerium folgende Vorschläge einreichte:

„1) Jede Aufzucht von Katzen — auch der Edelkatzen — ist auf Jahre unbedingt verboten. Jeder Wurf ist sofort dem öffentlichen Tierschutz anzumelden, er wird unentgeltlich getötet. Die Edelkatzen-Zucht muß eingeschlossen sein, weil sie mit der Anlaß der Verelendung der Hauskatzen geworden ist.

2) Das Töten erwachsener Katzen (auch Hunde) ist nur durch Tierärzte zulässig. Dem grausamen Töten, wie z. B. — in den Kolonien empfohlen — durch Erschlagen, Ersäufen usw. muß endlich ein Ende bereitet werden.

3) Das auch jetzt schon unter Strafe stehende Aussetzen von Katzen (auch Hunden) muß mit strenger Strafe belegt werden. Tierbesitzer müssen gezwungen sein, ihre Tiere in guter Obhut zu halten und ausreichend zu füttern.

1016 v. Skopnik, *Die Katzen in den Kleingärten*, in: GStA PK Berlin-Dahlem, I. HA Rep. 87 Nr. 20040, Bl. 309 – 310; zum Punkt 4 wurde handschriftlich „(Chloroform!)“ hinzugefügt, aber unidentifizierbar von wem.

4) Das Halten von mehr als 6 Katzen von Privatpersonen ist ausnahmslos zu verbieten. Nur so ist es möglich, das so viel Ärgernis erregende und tierquälerische Bestehen von kleinen und Heimchen zu unterbieten. Es sind möglichst staatliche Tierheime — nach Stadtvierteln — zu schaffen.

5) Anzeigen über Tierquälereien, Verpflegungsmängel, Aussetzung von Tieren oder sonstige Verstöße gegen das Tierschutzgesetz von staatlich angestellten Kontrollpersonen zu bearbeiten, wenn überhaupt die Tierschutz-Bewegung zu einer staatlichen Einrichtung werden sollte.

Soweit unsere Anregung, die wir zu prüfen bitten. Wir stellen uns zu Auskünften oder Besprechung jederzeit gern zur Verfügung.

Mit ergebenstem Heil Hitler!
(gez.) Liebert
Rechnungsrat im Auswärtigen Amt."[1017]

Diese Vorarbeiten erwiesen sich später weitgehend als Vorlage der Tierschutzgesetzgebung.

2. Arbeitstierschutz

Nicht so akut wie bei den Katzen, aber gleichermaßen vom Schutzbedürfnis umfasst waren die Renn-, Zug- bzw. Last- und Grubentiere, allen voran die Pferde.[1018] Zur Verbesserung ihrer Lage flogen auch 1933 viele Ersuchen in die Reichs- und Landesministerien ein.

1017 GStA PK Berlin-Dahlem, I. HA Rep. 87 Nr. 20040, Bl. 397.

1018 Bedrückend in Erscheinung trat ihr Schicksal durch Hugo Schneiders Gedicht „*Nur ein Gaul!*", das im Flugblatt Nr. 260 des „Berliner Tierschutz-Vereins" (ein anderer als der o. g. „Deutsche Tierschutzverein zu Berlin"!) urveröffentlicht wurde, heute in: GStA PK Berlin-Dahlem, I. HA Rep. 87 Nr. 20040, Bl. 137 RS:
„Was ist das für ein schattenhaftes Wesen,
Das dort den schweren sandbelad'nen Wagen
Keuchend herbeizieht?
Die Glieder zitternd, triefend, hohl die Augen,
Wund, steif die Füße —
Der Körper dicht bedeckt mit Schwielen,
Aus jeder Rippe schreit zum Himmel auf der Hunger!
So schleppt es todesmüde hinter sich die Last.
O könntest reden du,
O könntest öffnen du die welken Lippen,
O könntest klagen du der Welt dein Leid!
Da aus den halberlosch'nen blöden Augen
Trifft mich ein Blick so namenlosen Elends,
Und dieser Blick spricht deutlicher zu mir,
Als jemals Worte es vermögen:

Wie ich zum ersten Male einen Reiter trug,
Da war kein Ende des Bewunderns.
‚Seht die graziöse Haltung', rief man aus,
‚Seht nur den klassisch schönen Kopf, den Hals, die Füße',
Und andere Schmeicheleien dieser Art;
Dann kam mein erstes Rennen —
O, wie ward ich gehätschelt, wie gestreichelt —
Champagner mußt ich trinken —
Ich siegte! — Wie könnt' es anders sein?
Europas erste Städte sah ich alle,
Und wo ich auftrat, Sieger blieb ich stets!
Nicht Tausende – nein, Hunderttausende
Erwarb ich meinem Herrn. —
Ach, hätte damals das Geschick es doch gefügt,
Hätt' es durch jähen Sturz mich schnell verenden lassen,
Allein — im Glück zu sterben,
Mir ward es nicht zu teil. —
Es fand ein Rennen um den Staatspreis statt,
Und niemand zweifelte an meinem Siege.
Da ging zuvor ein furchtbar Wetter nieder,
So daß der lehm'ge Boden völlig aufgeweicht
Und ich bei jedem Schritt tief in Morast versank.
Kurzum — ich siegt nicht!
Verhöhnt, geächtet kam ich nach Berlin;
Nicht vor die Augen treten sollt' ich meinem Herrn.
Und als es eines Tages doch geschah,
Da schlug er wild erregt nach mir!
Der Peitsche Spitze drang mir in das Auge.
Es blieb ein kleines unbedeutend' Mal zu[Fehldruck]
Genügend doch, zum Knüppel mich zu st[Fehldruck]
Ich wurde Reitpferd eines reichen Herrn,
Und wenn auch meine schönste Zeit vorüber war,
So war das Dasein immerhin erträglich.
Doch ich ward älter — —
Und halb genügt' ich meinem Herrn nicht mehr.
Ich wurde Mietsgaul!
Weißt du, was das ist?
Erlasse die Beschreibung mir! —
Bald trug ich eine Dame, bald 'nen Herrn,
Unreife Burschen oft,
Die ihren Mannesmut zu zeigen glaubten,
Wenn sie mit Sporen und Peitsche
Verständnislos und roh mich peinigten —
Bald rieb mich dieses Leben in der Reitbahn.

a) Zu Belustigungszwecken

Vom Kurland prangerte Edmund Baron von Lüdinghausen-Wolff eine Reihe „*Noble Passionen*“ an, mit denen ein „Subjekt“ ausdrücke, „daß es vor anderen Menschen den Vorzug habe, entweder ein Spieler, ein Jäger, ein Taubenschießer oder ein Wettrenner zu sein.“ Während beide Welschwörter im Titel auf gut Deutsch übertragen „edle Leidenschaften“ wären, verstehe man darunter „diametral Verschiedenes: nämlich den edlen Eifer, der dort erglüht, wo es gilt, [...] Schlechtigkeit und Unrichtigkeit entgegenzutreten und zu wehren.“[1019] „Was soll man aber dazu sagen, wenn es auch als noble Passion gilt, um einer hohen Geldprämie willen, Pferde in der qualvollsten Weise durch Daueranstrengungen zu Tode zu schinden? Hat doch der Verfasser es selbst erleben müssen, daß in seiner Vaterstadt ein Mann von geringer Bildung, der das Noble und Edle, das ihm abging, durch sogenannte noble Passionen zu ersetzen suchte, mit Männern seines Gelichters um einen hohen Geldpreis wettete, daß seine wertvollen und schönsten Pferde die Strecke zwischen Milan und Riga in kürzerer Zeit zurücklegen würden, als der Eisenbahnzug. Er gewann die Wette, aber die Pferde erlagen Tags darauf den Qualen der Anstrengung. Der Mann wurde nicht, wie zu erwarten war, ob dieser Roheit verabscheut und gerichtlich bestraft, sondern er wurde als Träger nobler Passionen bewundert und gepriesen, und zwar wo? Nicht etwa in dem Kreise der Patienten einer Irrenanstalt oder in den Haftzellen gemeiner Verbrecher, nein, es ist wirklich die Wahrheit — in der hoheren (sic!

Als Reitpferd untauglich,
Gelangte ich zu einem Fabrikanten,
Bei dem ich Sonntags zwar noch Kutschpferd spielte,
Doch Wochentags den Arbeitswagen zog.
Mit Riesenschritten ging es jetzt bergab.
Die Jahre flohn dahin, ich wurde älter.
Aufs neue dann verkauft,
Mußt zu den Bauten, nun ich schwere Steine schleppen.
Das Futter wurde täglich karger, schlechter,
Und für die Anstrengung, die der Beschreibung spottet,
Gab's Schläge, nichts als Schläge mir zum Leibe.
Dann kam die letzte Stufe —
Die Stufe, auf der du mich hier siehst:
Der Dank der Menschheit für die treuen Dienste,
Die ich in des Jahrhunderts viertem Teil
In Aufopferung und Liebe ihr geleistet — ist
Zerschunden — zerschlagen — verhungert
Ein jahrelanges, schrecklich langsam Sterben.“

1019 GStA PK Berlin-Dahlem, I. HA Rep. 87 Nr. 20040, Bl. 136 VS.

„höheren") und gebildeteren Gesellschaft!"[1020] Mit dem allgemeinen Wettrennen rechnete der dem Namen nach fränkischer Freiherr also ab: „Was ist dabei Edles oder Nobles? Der Besitzer des Pferdes, welcher dasselbe um große Summe zu erwerben gewußt hat? Der hungernde Jockey, der auf dem Rücken des Pferdes hockt und es zu lenken weiß? Oder sind es die auf Geldgewinn spekulierenden Wettenden? Außer dem Pferde gibt es dabei gar nichts Edles."[1021]

b) In der Landwirtschaft

Nicht so akut, aber nichtsdestoweniger beschwerlich war das Pferdeleben auf dem Lande.

aa) Überlastung

Viele Klagen konnte Dr. Conti zu Kenntnis nehmen, als ein Brief vom 24. August 1933 am 1. September dem Preußischen Innenministerium zugestellt wurde. Der Verfasser, Walter Sonntag aus Halle an der Saale, zeigte sich zuerst glücklich über „den Sieg unseres allverehrten Herrn Adolf Hitlers und all seiner braven Mitstreiter, […] dem deutschen Volk aus seiner schweren Not zu helfen. Umsomehr noch freue ich mich, dass zugleich auch der ärmsten Kreatur, der Tiere, gedacht wurde. […] Ich begrüsse ferner die bisherigen Erlasse gegen Tierquälerei. Viel gibt es noch zu tun; […] Zuerst die Zug- und Lasttiere. Bisher fehlte jede Kontrolle ob das Tier gesundheitlich oder körperlich fähig war, schwere Lasten zu ziehen. Es gab auch keine Altersgrenze für diese Tiere. Wie oft mussten ein Paar alte, arme, elende Klapper einen Möbelwagen, der leer schon ca. 50 – 60 Ctr. wiegt, in gebirgiger Gegend ziehen."[1022]

Dieses Missverhältnis schilderte ein Brief vom 5. Oktober 1933 an dasselbe Ministerium weiter, „dass z. B. ein grosser Möbelwagen unbeladen 90 Ztr. wiegt, und trotzdem oft — manchmal sogar beladen — nur mit 2 Pferden bespannt ist, welche ihn auf den kleinen unterlaufenden — sehr viel mehr Zugkraft verschlingenden als grosse — Rädern zuweilen sogar längere Steigungen hinauf-

1020 GStA PK Berlin-Dahlem, I. HA Rep. 87 Nr. 20040, Bl. 136 RS.

1021 GStA PK Berlin-Dahlem, I. HA Rep. 87 Nr. 20040, Bl. 136 VS+RS. Auch die anderen Beschäftigungen, für welche der Ausdruck „noble Passionen" im Gebrauche war, vergaß der Verfasser nicht zu rügen. Betreffend das nicht zuletzt in der Abrechnung angesprochene Spekulieren wies er an der gleichen Stelle und unter dem gleichen volkskulturellen Gesichtspunkt darauf hin, „daß der entscheidende Beweggrund, der den Hazardspieler zur Spielhölle oder zum Kartentisch treibt, die Quelle der unedelsten Handlungen, die Begierde nach raschem und arbeitslosem Gewinne ist, die Handlung selbst eine des denkenden und strebenden Menschen unwürdige Zeitvergeudung und die Wirkung nur allzuoft Jammer und Elend der Familien ist."

1022 GStA PK Berlin-Dahlem, I. HA Rep. 87 Nr. 20040, Bl. 321 VS+RS.

ziehen müssen."[1023] Auch allgemein sei es für Straßenpolizeiaufsichts- bzw. Tierschutzbeamte „nicht leicht, zu beurteilen, ob eine pferdebespannte Lastfuhre in ihrer Art, Beladung und Bruttolastmenge der Kraft des Pferdegespanns angemessen ist. […] Es ist auch nicht einfach für den Gesetzgeber etwa Höchstbruttolasten […] im Interesse des Schutzes der Zugpferde festzulegen, weil sowohl die Art und Leistungsfähigkeit der Zugpferde sehr verschieden sein kann und von allen möglichen Umständen abhängt, als auch Strassen- u. Geländearten bei *einer* Fuhrenleistung sehr wechselnd-verschieden sein können, und schliesslich die Bauart des Lastwagens und die Art und Weise der Beladung desselben grosse Unterschiede mit entspr. Wirkung auf die Zugleistung der Pferde aufweisen."[1024]

Doch gerade hinsichtlich solcher Verfänglichkeiten wusste Paul Buhle, Major a. D. aus Stettin, folgende Vorschläge in Erwägung zu stellen:

> „Es könnte indessen […] vorteilhaft sein, wenn gesetzlich bestimmt würde, dass jeder von Pferden gezogene Lastwagen an einer deutlich sichtbaren Stelle seiner Aussenseite die gut leserliche Angabe des Eigengewichts des Lastwagens verzeichnen müsste, und zwar nicht in der kg-Zahl, sondern in der besser verständlichen und abschätzbaren Ztr.Zahlangabe, z. B. ‚Gewicht des leeren Wagens 40 Zentner' […] An Hand dieses Leerwagengewichtes und der jeweiligen Ladung können sich die genannten Beamten oder andere Menschen, denen anständige Behandlung der Zugpferde als Kulturfrage am Herzen liegt, schon eher ein Urteil bilden, ob Ueberanstrengung vorliegt oder nicht.
>
> Vollendet wäre die Verpflichtung der Fuhreninhaber, auch jedesmal ein Schild mit der in Ztr. aufgeschriebenen Lastmenge aussen sichtbar am Lastwagen zu befestigen, doch wird dies schwer durchführbar sein.
>
> Das letzte Urteil, ob die in dieser Weise angezeigte Bruttolast den Gespannkräften entspricht, nichts destoweniger immer die Fachkenntnisse voraus, welche ich in meinem Buch ‚Das Zugpferd und seine Leistungen' erörtert habe."[1025]

bb) Bespannung

Allerdings erschien dieses Werk noch erweiterungsbedürftig, wie Sonntag bekundete: „Der Zugochse oder auch die Kuh wurden mit Pferden zusammengespannt. Das Pferd ein Schnellgänger, das Rind wird gezwungen, die schwere Last im Eiltempo mitzuziehen. Die Ochsen werden sehr oft durch die Führer mit schweren dicken Knüppeln angetrieben und meistens gegen den Schädel und vor allem auf die Nase geschlagen, auch auf Vieh- und Schlachthöfen wird diese Art beim Treiben angewandt. Hier fehlt gute Anleitung der Herren Arbeitgeber und strenge Durchgreifen, damit viel Weh und Leid erspart bleibt. Ich habe z. B. in

---

1023 GStA PK Berlin-Dahlem, I. HA Rep. 87 Nr. 20040, Bl. 482 RS.

1024 GStA PK Berlin-Dahlem, I. HA Rep. 87 Nr. 20040, Bl. 482 VS.

1025 GStA PK Berlin-Dahlem, I. HA Rep. 87 Nr. 20040, Bl. 482 VS+RS.

Hamburg auf dem dortigen Schlacht- und Viehhof gesehen, dass den armen Tieren das Blut aus Maul und Nase floss."[1026]

cc) Peitschentrieb

Damit die eigene Angabe nicht wie ein Einzelfall aussah, fügte Sonntag dem Ministerialdirektor noch einen Zeitungsausschnitt bei.[1027] Tatsächlich war diese Bemühung überflüssig, weil sein Vorgesetzter, Göring, selbst spätestens bis zum 18. April 1933 von einem Dortmunder Reichsbahnschaffner über die Lage unterrichtet worden war: „Gelegentlich der bevorstehenden Reform auf sozialem Gebiet, bitte ich den Herrn Ministerpräsident, sich der *‚unglücklichsten Kreatur, das Pferd'*, barmherzigerweise in Güte anzunehmen. Um wenigstens eine Abhilfe der größten Tierquälerei entgegen zu treten, ist eine strenge Verordnung dergestalt von größter Wichtigkeit, damit die *langen* Peitschen verboten würden. Mit den *überaus langen* Peitschen werden die armen Pferde hauptsächlich über Hals u. Kopf in brutalster Weise mißhandelt, ein Zeichen dafür, daß etwa 20 – 30 Prozent aller Arbeitspferde erblindet, weiter gequält werden, resp. hier in Westfahlen, zumal der Westfale eines der robustesten Volksstämme ist und *bleibt.* Ich würde beglückt sein, wenn Herr Ministerpräsident meine diesbezügliche Bitte dem zuständigen Ressort als durchführende Anordnung verfügen würde."[1028] Dementsprechend ließ Göring das Schreiben zehn Tage später an Landwirtschaftsminister Hugenberg weiterleiten.[1029] Während eine Anordnung desselben nach Quellenlage ausgeblieben zu sein scheint, fand dieser Vorstoß schließlich in § 1 Abs. 1 und § 2 Z. 2 Eingang ins RTierSchG.

dd) Zaumzeug und Geschirr

Neben den Handlungen führte auch die Unterlassung zweckdienlicher Einrichtungen zu Tierquälereien. Eines der Beispiele beschrieb ein Schreiben, das am 29. Mai 1933 ins Preußische Ministerium des Innern eintraf. Der als „ein edler und großer Tierfreund *Sieg Heil*" unterzeichnende Verfasser verachtete „viele Bauern" als große Tierquäler, „die ihre Zugtiere (Ochsen, Kühe) nicht beschla-

---

1026 GStA PK Berlin-Dahlem, I. HA Rep. 87 Nr. 20040, Bl. 321 RS.

1027 GStA PK Berlin-Dahlem, I. HA Rep. 87 Nr. 20040, Bl. 322 RS: „Ein roher Akt von Tierquälerei empörte gestern abend gegen 8 Uhr in der Ludwig-Wucherer-Straße eine größere Menschenmenge. In unbarmherziger Weise trieb ein Mann einige Pferde, die zum Schlachten bestimtm (sic!) waren, die Straße entlang, obgleich sich die armen Tiere mit ihren schweren Gelenkschäden bei jedem Schritt fast auf die Hinterhand setzten. Erst das Einschreiten von SA und SS machte der Grausamkeit ein Ende. Die Polizei stellte den Namen des Schuldigen fest." Name und Datum der Zeitung sind gerade vom zugeklebten Ausschnitt gedeckt.

1028 GStA PK Berlin-Dahlem, I. HA Rep. 87 Nr. 20040, Bl. 27.

1029 III b 1037, in: GStA PK Berlin-Dahlem, I. HA Rep. 87 Nr. 20040, Bl. 26.

gen lassen, u. zwar aus reiner Geiz die gar Pfennige Beschlaggeld nicht ausgeben zu *müssen*, ich habe schon öfters gesehen, daß die armen Tiere ganze Löcher in ihrem Klauen hatten, die mit scharfen Steichen angefüllt waren u. nicht mehr ziehen konnten oder wollen, aber durch rohe Schläge u. Quälereien dazu gezwungen wurden.“[1030]

Eigens im Hinblick auf Zugtierschutz wandte sich Johannes Maus aus Hameln am 21. August 1933 an Göring:

> „Ich bin als Gärtner schon in fast allen Gauen unseres lieben Vaterlands vor und nach dem Kriege in Stellung gewesen und habe hier in der Provinz Hannover und im nordwestdeutschen überhaupt [...] täglich insbesondere zur Erntezeit und an Markttagen [ge-]sehen, das[s] die Wagenteichseln (sic! „–Deichseln“) bis eine Handbreite über den Erdboden rept. über die die Strasse niederhängen und dadurch die Köpfe der Zugtiere buchstäblich in den Treck gezogen werden. Wenn man ferner bedenkt das[s] man den Zugtieren doch meistens das nur irgend mögliche zumutet und dann sollte man ihnen doch nicht noch zumuten die schweren Deichseln mit den Eisenbeschlägen und Ketten zu tragen oder wenn die Tiere ebenso müde wie abgetrieben sind eben mit der Schnauze fast den Boden berühren, wenn sie eben nicht mehr die Kraft haben den Kopf mit den schweren Bal[Fehldruck] hochzuheben. Im Sommer, überhaupt bei staubischen (sic! „-em“) Wetter treibt es den Tieren richtig die Augen aus dem Kopf weil ihnen der eigene Staub das Atmen zu schwer macht und sie den Kopf ja wie erwähnt nicht immer oben tragen können. Dieses Übel aus der Welt zu schaffen erfordert überhaupt niemanden eine Ausgabe, ein kleines Stück Holz aufgenagelt wo die Deichsel im Wagen sitzt und eine Verfügung von Ihnen, dass jede Wagendeichsel an ihren Eende (sic!) noch mindestens in Bauchhöhe des Zugtieres sein muss und den Tieren ist eine Wohltat erwiesen!“[1031]

Acht Tage später bedankte sich die Leipzigerin Charlotte Schall bei Göring zuerst für dessen gestrige Rundfunkrede über Tierversuche. Sogleich bat sie ihn aber auch darum, von Pferdegeschirren nach Rügener Vorbild das Kummet abzuschaffen, weil sie es in Leipzig oft den Pferden durch Druck und Reibung große Wunde zufügen sah.[1032]

Während derartige Vernachlässigungen bis Ende 1933 durch § 2 Z. 1 RTierSchG allgemein verboten wurde, fiel es — wie der o. g. ostpommerische „Fachmann für pferdebespanntes Lastfuhrwerk“ hinwies — vielmehr der Verwaltung und Volksaufklärung anheim,[1033] wie etwa Zaumzeuge einzurichten waren.

1030 GStA PK Berlin-Dahlem, I. HA Rep. 87 Nr. 20040, Bl. 147 RS – 148 VS.

1031 GStA PK Berlin-Dahlem, I. HA Rep. 87 Nr. 20040, Bl. 339.

1032 GStA PK Berlin-Dahlem, I. HA Rep. 87 Nr. 20040, Bl. 316 RS.

1033 Für Verwaltung spricht eine Postkarte, die dieselbe Frau Schall am 8. 9. 1933 dem Preußischen Innenministerium zuschickte mit den Worten: „Kummt gesehen. Mit deutschem Gruss. dankbarst Pgn. Ch. Schall, techn. Assistentin“, freilich ohne kundzu-

c) In Bergbauarbeiten

Herkömmlicherweise war noch Situation der Grubentiere besonders problematisch. Auf die diesbezüglichen Fragen des Reichsinnenministers (II A 4440/16. 6 a) antwortete der Preußische Minister für Wirtschaft und Arbeit, Dr. Kurt Schmitt[1034], am 7. Juli 1933:

> „Die Zahl der in Bergwerksbetrieben unter Tage verwendeten Zugtiere hat sich in Preußen weiter verringert. Im rheinisch-westfälischen Steinkohlengebiet betrug sie Ende 1932 nur noch 1058 gegen 1306 Ende 1931. Mit weiterer Abnahme ist zu rechnen. Entgegen der dortigen Auffassung darf allerdings nicht angenommen werden, daß ‚in absehbarer Zeit Zugtiere unter Tage nicht mehr verwendet werden.' Denn für manche bergbaulichen Verhältnisse wird in der Förderung unter Tage das Zugtier auch in der weiteren Zukunft nicht völlig entbehrt werden können. Ein gesetzliches Verbot der Verwendung von Pferden in Bergwerkbetrieben unter Tage kann daher schon aus diesem Grunde nicht in Frage kommen.
>
> Ein deutsches Interesse an internationaler Regelung der Arbeitsverhältnisse der Grubentiere besteht nicht; es sind vielmehr ernste Bedenken geltend zu machen.
>
> Bei der vom Völkerbund veranlaßten Behandlung der Arbeitszeitfrage im Kohlenbergbau hat sich gezeigt, daß die sozialen Gesichtspunkte zurücktreten gegenüber dem Bestreben einiger Länder, durch ein internationales Abkommen die Wettbewerbsfähigkeit des deutschen Kohlenbergbaus ungünstig zu beeinflussen. [...] Wenn nun Deutschland beim Völkerbund eine internationale Regelung der Arbeitsverhältnisse der Grubentiere anregt, so können hieraus Folgerungen gezogen werden, die darauf hinauslaufen, die Entschlußfreiheit der Deutschen Regierung gegenüber dem obengenannten Arbeitszeitabkommen einzuengen."[1035]

---

tun, ob sie etwa — nach ihrem letzten Brief — ein Kummetverbot gesehen hatte, oder das Geschirr durch irgendwelche andere Maßnahme so umgestaltet worden war, damit sie zufrieden wurde. Über die angesprochene Volksaufklärung durch „Zeitschriften, Kalender, Radio, Fernsehen: Tierschutz und Medien" vgl. Heintz, *Tierschutz im Dritten Reich*, 2008, S. 94 – 111.

1034 Schmitt, Kurt Paul, Dr. jur., geb. 7. 10. 1886 in Heidelberg; vor 1933 wirtschaftspolitischer Berater Hitlers, Generaldirektor der Allianz Versicherung AG; 1933 Vizepräsident der Industrie- und Handelskammer Berlin, ab Aug. Bevollmächtigter Preußens in der Reichsregierung, im Sept. Ernennung zum Preußischen Staatsrat, ab Okt. Mitglied der Akademie für Deutsches Recht; 30. 6. 1933 bis Januar 1935 Mitglied der Reichsregierung als Reichswirtschaftsminister, Wehrwirtschaftsführer; Vorsitzender des Aufsichtsrates Allgemeine Electrizitäts Gesellschaft [AEG] Berlin, Allianz und Stuttgarter Lebensversicherungsbank AG Berlin, Berlinische Lebensversicherungs-Gesellschaft AG Berlin, Deutsche Continental-Gas-Gesellschaft in Dessau; gest. 2. 11. 1950. (s. Stockhorst, *5000 Köpfe*, 1967, S. 389.)

1035 J.-Nr. I 1844 Hg., in: GStA PK Berlin-Dahlem, I. HA Rep. 87 Nr. 20040, Bl. 245.

Dr. Fricks spätere Entscheidung, statt der bislang geplanten internationalen Vereinbarung den Grubentierschutz doch vorerst nur in nationalem Rahmen — nämlich durch § 4 RTierSchG — zu regeln, bestätigte die hier geäußerten Bedenken.

d) Handelsbetrug

Statt danach zur geradezu erlösenden — und seit 1. Mai 1933 mit vorheriger Betäubung — Schlachtbank zu gelangen, droht es dem Pferde, die bisherigen „Haltstellen" seines Loses noch einmal durchzufahren, solange nicht ein neuerer Kunstgriff unterbunden würde:

aa) Kupieren der Pferde

„Diesen edlen und vielgeplagten Tieren wird die Schwanzrübe, also die Fortsetzung der Rückenwirbel, abgehackt"[1036], infolgedessen eine „große, stark blutende Muskel- und Knochenwunde entsteht und diese wird mit einem Glüheisen gebrannt, bis die Blutung durch Bildung eines Brandschorfes zum Stillstand gekommen ist."[1037] Das „wird fast immer sehr roh vorgenommen, meist mit ganz ungeeigneten unsauberen Instrumenten"[1038], und zwar „meistens ausgeführt von gewissenlosen Händlern, damit die Pferde, vor allen schon älteren Tieren, wieder etwas Ansehen bekommen und damit handelsfähig hergestellt werden, ferner das Einführen von Pfeffer in das After auf Messen und Märkten, damit das Tier, durch Schmerzen gepeinigt, wieder lebhaft wird und die Käufer schwer täuscht und betrügt".[1039] „Oft bricht die abgebrannte Wunde wieder auf und muss, um ein Verbluten der Tiere zu verhindern, von neuem ausgebrannt werden. Diesen furchtbaren ein- bezw. mehrmaligen Qualen folgen für das koupierte Pferd die lebenslänglichen Qualen,"[1040] denn nach der „Beraubung der einzigen Waffe unserer treuen Pferde gegen Ungeziefer"[1041] „haben sie keine Möglichkeit mehr, sich der lästigen Fliegen und Bremsen zu erwehren. Oft muß man zusehen, wie

1036 Bund Thüringer TSV ans Preußische Staatsministerium v. 16. 8. 1933, in: GStA PK Berlin-Dahlem, I. HA Rep. 87 Nr. 20040, Bl. 257 VS.

1037 Anonymer Berliner Zeitungsausschnitt, in: GStA PK Berlin-Dahlem, I. HA Rep. 87 Nr. 20040, Bl. 426.

1038 Oppermann an Göring v. 24. 8. 1933, in: GStA PK Berlin-Dahlem, I. HA Rep. 87 Nr. 20040, Bl. 395 RS.

1039 Sonntag an Dr. Conti v. 24. 8. 1933, in: GStA PK Berlin-Dahlem, I. HA Rep. 87 Nr. 20040, Bl. 322 VS.

1040 Bund Thüringer TSV v. 16. 8. 1933, in: GStA PK Berlin-Dahlem, I. HA Rep. 87 Nr. 20040, Bl. 257 VS.

1041 Sonntag an Dr. Conti v. 24. 8. 1933, in: GStA PK Berlin-Dahlem, I. HA Rep. 87 Nr. 20040, Bl. 322 VS.

sie auf der Straße in furchtbarer Weise von den Insekten gepeinigt werden."[1042] Eine weitere „Folge ist, dass zahlreiche Tiere dabei an Wundstarrkrampf eingehen. Die Mehrzahl der Tiere, die die Prozedur überstehen, werden bösartige Schläger oder behalten auch sonst eine Untugend zurück."[1043]

bb) Ablehnung durch das Militär

Vor diesem Hintergrund schrieb der Vorsitzende des Deutschen Tierschutzvereins zu Berlin, Generalmajor a. D. von Kuhlwein, am 4. Februar 1933 an Oberlandstallmeister Gatermann:

> „Auf dem letzten Reit- und Fahrturnier wurde eine Feldbatterie der Reichswehr, die doch gewissermassen das Ideal der Bespannung darstellen soll, mit nur kupierten Pferden gezeigt. Diese Tatsache hat den Unwillen zahlreicher Tierfreunde und Tierschützer erregt, die sich vertrauensvoll an uns gewendet haben mit der Bitte, alles daran zu setzen, [...] dass die Remonte-Ankaufskommission keine kupierten mehr aufkauft, wodurch Züchter ohne weiteres sich genötigt sehen, mit dieser Unsitte zu brechen."[1044]

Der Empfänger löste seine frühere Verheißung diesbezüglicher Unterstützung[1045] ein, so dass der Reichswehrminister, Werner von Blomberg, am 13. März 1933 an sein Preußisches Landwirtschaftsministerium zurückschreiben ließ:

> „Auf Grund des unterm 7./2.33 übersandten Schreibens des Deutschen Tierschutz-Vereins zu Berlin teile ich Ihnen ergebenst mit, daß vom Jahre 1935 ab nur noch unkupierte Pferde für das Heer angekauft werden. Diese Maßnahmen habe ich den in Frage kommenden Zuchtverbänden, und zwar: Dem Verband der Züchter des Oldenburger Pferdes in Oldenburg, dem Ostfriesischen Stutbuch — Abt. des landwirtschaftlichen Hauptvereins für Ostfriesland in Norden, sowie der bayerischen Landgestütsverwaltung in München mit der Bitte um Bekanntmachung in den dortigen Züchterkreisen [...] mitgeteilt."[1046]

cc) Zögern in der zivilen Nutzung

Außerhalb der Kasernen hatte der Oldenburger Veterinärkonferenz bereits 1931 hierzu „festgestellt, daß man," über „Aufklärung und Ablehnung des Ankaufs" kupierter Pferde hinaus, „eines Gesetzes bedürfe."[1047] Als dieses trotz des

---

1042 GStA PK Berlin-Dahlem, I. HA Rep. 87 Nr. 20040, Bl. 426.
1043 Dr. Steininger ans Preußische Innenministerium v. 16. 9. 1933, in: GStA PK Berlin-Dahlem, I. HA Rep. 87 Nr. 20040, Bl. 435 RS.
1044 GStA PK Berlin-Dahlem, I. HA Rep. 87 Nr. 20040, Bl. 203.
1045 GStA PK Berlin-Dahlem, I. HA Rep. 87 Nr. 20040, Bl. 203.
1046 GStA PK Berlin-Dahlem, I. HA Rep. 87 Nr. 20040, Bl. 204.
1047 GStA PK Berlin-Dahlem, I. HA Rep. 87 Nr. 20040, Bl. 201.

Versprechens vom damaligen Reichsinnenminister[1048] ausblieb, empfand der Bund Thüringer Tierschutzvereine eine „auf einer ausländischen, meist englischen Modetorheit beruhende" „grobe Verletzung deutscher Kultur".[1049] Fast religiös unterfüttert, führt Major a. D. Jesse aus Schartau bei Burg in seiner Beschwerdeschrift vom 15. April 1933 an Göring schlechterdings auf den

> „Zweck dieser ‚Erfindung' jüdischer Händler, nämlich Betrug. Traurig ist dabei, daß diese Quälerei Mode geworden ist, die der deutsche Züchter mitmacht und die der Staat billigt dadurch, weil er alle schweren Hengste in seinem Gestüten kupiert unterhält und weil diese Mode zum ‚Typ' der schweren Rasse geworden ist. Gott läßt jedes Fohlen, auch das schwere, mit langem Schweif zur Welt kommen, weil es diesen nötig hat zum Schutz gegen Unwetter und zur Abwehr gegen Ungeziefer. Also ist das Abhaken Unnatur, Gemeinheit und 1933 gedankenlose Nachahmung jüdischer Betrügergeister. 1000 M. Luxussteuer je abgehakte Schweifrübe, und die Schinderei war einmal. Nur Jude beschneiden Menschen und Pferde."[1050]

Mehr sachverständige Umsicht statt wörtlicher Wucht las man in einer Zuschrift vom 16. September 1933 aus Lucka:

> „Man sollte [...] das Koupieren verbieten und unter Strafe stellen von Reichswegen. Auch bei den Pferden kommen gelegentlich Geschwülste an der Schweifrübe vor, wo nichts anderes übrig bleibt als dem Tiere den Schwanz zu koupieren, ferner z. B. auch bei sog. ‚Leinefängern' wird es gut sein das Koupieren zu gestatten, aber dann nur von fachmässiger Hand und niemals von Pferdejuden und Trossknechten.
>
> Mein Schreiben sollte nur ein Hinweis sein, was auf diesem Gebiete unbedingt noch zu tun ist und [...] Zu jeder gewünschten etwaigen weiteren Auskunft stehe ich jederzeit gern zur Verfügung.
>
> Mit Heil Hitler!
>
> Dr. Otto Steiniger."[1051]

3. Hundeschutz

In der Tat wusste derselbe Tierarzt auch, was für andere Gattungen unbedingt noch zu tun war:

a) Ohren- und Schwanzkürzung

> „Als langjährigere Hundezüchter habe ich beim Koupieren von Ohren und Schwänzen von Hunden (handschriftlich hinzugefügt: bei Laien) erleben müssen, die mich

1048 II A 4440/3. 5. v. 4. 8. 1932, in: GStA PK Berlin-Dahlem, I. HA Rep. 87 Nr. 20040, Bl. 201.

1049 GStA PK Berlin-Dahlem, I. HA Rep. 87 Nr. 20040, Bl. 257 VS.

1050 GStA PK Berlin-Dahlem, I. HA Rep. 87 Nr. 20040, Bl. 108 RS.

1051 GStA PK Berlin-Dahlem, I. HA Rep. 87 Nr. 20040, Bl. 435 RS.

in ihrer Grausamkeit, wie dies von Laienhand ausgeführt wurde, abstiess. Wäre es nicht einäugig sich dem Vorbilde der Schweiz, England und zuletzt auch der Vereinigten Staaten von Nordamerika anzuschliessen und auch für das gesamte deutsche Reich ein Reichsgesetz zu erlassen, dass das Koupieren bei Hunden sowohl der Ohren und des Schwanzes unter Harte Strafe stellt und worin ausserdem verboten wird, dass koupierte Hunde noch auf Ausstellungen gezeigt werden. Selbstverständlich wird sich da ein Sturm der Entrüstung bei Züchtern von Hunden, die noch koupiert werden, erheben, aber auch darauf lässt sich Treffendes erwidern, zumal wenn man Vergleiche zieht mit den Ländern, die bereits das Koupierverbot haben. [...] Es kommen natürlich auch einige Ohrerkrankungen bei Hunden, wo nichts übrig bleibt als diese Tiere an den Ohren zu koupieren, auch diese Fälle müssten im Gesetz genau festgelegt werden."[1052]

Mit Sacherkenntnissen meldete sich auch Erich Oppermann, ehemals Leiter und Inhaber der Hundeabteilung im Zoologischen Garten Berlin, am 24. August 1933 bei Göring:

„Wenn die Rute des Hundes unmittelbar nach der Geburt bezw. innerhalb der ersten 24 Stunden gekürzt wird, will ich es gelten lassen, eine spätere Abnahme, ob mit oder ohne örtliche Betäubung, ist eine Quälerei, selbst wenn der Besitzer sich damit zu trösten versucht, es sei nur ein Sekundenschmerz.

Unbedingt zu verwerfen, ist das Kupieren der Ohren, welches frühestens in der 5.–6. Woche erfolgen kann. Dieses ist eine masslose Quälerei, einerlei, ob es mit örtlicher oder völliger Betäubung ausgeführt wird. Hat das Tier infolge vorgenommener Betäubung beim Schneiden keine Schmerzen, so hat es nachher umsomehr; da jedoch das Kupieren der Ohren meistens ohne Betäubung ausgeführt wird, ist es eine umso grössere Quälerei. Wenn ich in meiner 10 jährigen Praxis gezwungen bin, diese Arbeit auszuführen, wirft sich in mir immer die Frage auf, wann werden dieses Verschönerungsoperationen am Tier einmal verboten werden?"[1053]

b) Hunde als Zugtiere

Seitdem er sich nach dem Ende seiner Amtszeit noch einer Tierklinik widmete, wusste der Gewährsmann noch mehr zum Hundeschutz zu sagen: „Der Hund soll Beschützer, Begleiter und Gefährte des Menschen sein, er ist aber nicht dazu da, im Geschirr vor einem Wagen gespannt zu werden, womöglich noch Genosse Mensch, welcher sich in a[Fehldruck]rener Faulheit auch noch auf den Wagen lümmelt, mit fortzuziehen. Der Hund ist körperlich überhaupt nicht geeignet, als Zugtier Verwendung zu finden, genausowenig, wie ein Bernhardiner, Neuseeländer oder Leonberger als Reittier Verwendung finden[;] darum ist bestimmt kein erfreulicher Anblick, einen Hund vor ein Gemüse- oder Lumpenwagen gespannt zu sehen, bei glühender Hitze mit langhängender Zunge, bei

1052 GStA PK Berlin-Dahlem, I. HA Rep. 87 Nr. 20040, Bl. 435 VS.
1053 GStA PK Berlin-Dahlem, I. HA Rep. 87 Nr. 20040, Bl. 395 VS.

strömenden Regen, mit nassem Fell und gekniffener Rute, geröteten Augen, mühsam dahinschleichend."[1054]

4. Tanzbärenführung

Über die gewöhnlichen Haustiere hinaus mussten sich die eingeweihten Tierfreunde auch um die Bären sorgen, „denen man das Augenlicht geraubt hat und deren Nasen zur Vorführung beringt, durch die Ringe zerfetzt [...], zur Belustigung des Menschen tanzen läßt, ungeachtet der Schmerzen, die die Tiere erdulden," wie Herbert Thiele, Heilkundiger aus Dresden, schon am 24. März 1933 an Göring schrieb.[1055] Am 1. September las ein anderer Heilkundiger, Dr. Conti, vom umfassenden Brief des oben schon erwähnten Herrn Sonntag:

> „Der arme Bär wird als Schaustück von den lumpigen Zigeunern (müsste international verboten werden) herumgeführt. Der Bär, als Sohlengänger, hinter dem Pferdewagen angekettet, in Trab bei sengender Hitze und Staub, keine Pflege, oft kein Futter noch Wasser, am Ring, der durch die Nase gezogen wird. Es ist ihm nicht möglich, seine Notdurft zu verrichten, wollte er schon, so rissen ihm ja die Ringe die Nase buchstäblich entzwei. Man denke an die Qualen dieser armen Tiere und dann belustigt sich noch ein grosser Teil der Bevölkerung. Auch hier fehlte bisher jede Aufklärung."[1056]

Am nächsten Tag traf noch ein weiterer Bericht dazu ins Preußische Innenministerium ein, den die Traunsteinerin Amalia Schwangler am 20. August verfasst hatte. Obwohl sie derzeit unterwegs in Nordhausen am Harz war, schrieb sie vom dortigen Hotel Friedrichskorn:

> „Es ist noch gar nicht lange her, wurde in Hannover schon ein ¾ verhungerte Bär, welcher einfach zusammenbrach u. den der Führer trotz grösster Schläge + Ziehen nicht mehr weiterbrachte, von einem mitleidigen Tierfreund gekauft u. stellte es sich raus, dass das Tier nur infolge Hunger vollkommen entkräftet war u. sich bei etwas Pflege sehr schnell erholte, und sehr munter wurde, nur hatte es kein Nasenbein mehr, es war sehr oft durch das Anbringen von Nasenringen durchgerissen. Dies ist ein Fall."[1057]

Gerade weil nicht jeder Fall mit derartigem Glück ausgehen könne, bat sie unter Bezugnahme auf das Vivisektionsverbot darum: „Nun haben Sie sehr geehrter Herr Minister Göring schon soviel Gutes geschaffen, wollen Sie nun nicht auch noch für ganz Deutschland das Herumziehen dieser Bärentreiber, die doch ihre

---

1054 GStA PK Berlin-Dahlem, I. HA Rep. 87 Nr. 20040, Bl. 395 RS.
1055 GStA PK Berlin-Dahlem, I. HA Rep. 87 Nr. 20040, Bl. 95 RS.
1056 GStA PK Berlin-Dahlem, I. HA Rep. 87 Nr. 20040, Bl. 322 VS.
1057 GStA PK Berlin-Dahlem, I. HA Rep. 87 Nr. 20040, Bl. 332 VS+RS.

Bären so sehr hungern lassen u. quälen, verbieten?“[1058] Eine Antwort blieb aus, weil der Stoff schon drei Tage vorher im 1. Entwurf des RTierSchG als § 1 Abs. 2 d Gegenstand der Regelung geworden war, um sodann gut drei Monate später in § 2 Z. 3 verankert zu werden.

5. Pelztierschutz

Die deutsche Pelzwirtschaft sollte 1930 einen Ausfuhrüberschuss i.H.v. 59,3 Millionen RM erzeugt haben und bis 1932 etwa 50 000 Berufsangehörige ernähren. Vor dem Hintergrund der Weltwirtschaftskrise musste auch der Verband der Tierschutzvereine des Deutschen Reiches „die Einbürgerung der Pelztierzucht selbstverständlich nur freundlich begrüßen. Sie muß sich aber von vornherein vernünftig einstellen, wie es des deutschen Kulturvolkes würdig ist. Leider ist das nicht überall der Fall. [...] [Daher] haben wir im September d. J. [1931] Sachverständige um Auskunft gebeten.“[1059]

a) Mitteilungen des Reichsverbandes 1932

Dabei wurde vor allem die Tötung der Tiere reglementiert.

aa) Tötungsmethoden

Und diese erfolgte durch drei Möglichkeiten.

(1) Physisch

Bei Füchsen bestehe die am meisten geübte Tötungsmethode[1060] darin, wie sie sich Dr. Auerbach von einem Pelztierzüchter hatte schildern lassen: „Das Tier wird mit zugeschnürtem Fang auf die rechte Seite gelegt, dann wird mit dem Knie oder mit der Faust ein starker Druck auf die Herzgegend ausgeübt. Durch Unterbindung des Blutkreislaufes soll alsbald Bewußtlosigkeit und schließlich der Tod eintreten.“ Dazu ließ sich der Stettiner Tierarzt jedoch gutachtlich aus: „Auch wenn das Töten durch *erfahrene* Kräfte erfolgt, ist die Tötung durch Totknieen oder Halsabdrücken als Tierquälerei anzusehen, da durch den starken Druck auf die Herzgegend oder auf den Hals zwar bald eine Blutleere und Bewußtlosigkeit eintritt, der erfolgte Tod aber immer ein tierquälerische Erstickungstod ist. Außerdem ist durch den starken Druck häufig nicht zu vermeiden, daß den vielfach kleinen Pelztieren Rippen gebrochen werden, wodurch nicht

1058 GStA PK Berlin-Dahlem, I. HA Rep. 87 Nr. 20040, Bl. 332 VS.

1059 TSV-Reichsverband, *Töten in Pelztierfarmen*, in: *Mitteilungen*, Heft 6, 1932, S. 85.

1060 G. Vogel bei TSV-Reichsverband, *Töten in Pelztierfarmen*, in: *Mitteilungen*, Heft 6, 1932, S. 86.

unerhebliche Schmerzen verursacht werden. Zudem ist es nicht ausgeschlossen, daß die Tiere wieder erwachen, wenn der tödliche Druck auf die Herzgegend oder den Hals zu kurze Zeit ausgeübt wurde."[1061] Im gleichen Sinne fasste der Polizeitierarzt Dr. Mathieu zusammen: „Das Totknieen ist ein echter Erstickungstod und zwar nicht durch Lähmung des Atmens, sondern durch Zusammenpressen der [Fehldruck] und Eindrücken des Brustkorbes bei vollem Bewußtsein." [1062] Ihm schloss sich sein Hannoveraner Landsmann und Fast-Namensvetter, Geheimer Veterinär- und Regierungsrat Carl Matthiesen an: „Die Tötung durch Totknieen oder Herzabdrücken ist unter allen Umständen schmerzhaft, wenn ihr nicht eine Betäubung vorausgeht."[1063] Aus Reichenbach verurteilte Veterinärrat Apffel, geb. Eulen, unmissverständlich: „Die in Kanada übliche Tötung der Pelztiere durch Totknieen oder Herzabdrücken (Erstickungstod) ist barbarisch und für Deutschland verwerflich."[1064]

(2) Chemisch

Dafür vergifte man die Füchse in zweiter Linie, wie dies bei anderen Pelztieren — bis auf die ins Genick oder auf den Kopf totzuschlagenden Nutria und Kaninchen — vornehmlich der Fall sei.[1065] Verwendet worden seien u. a. Arsen, Quecksilber, Nikotin, Kohlenoxyd, Kohlensäure, Kohlendioxid, und Blausäure, von denen man manche schlicht verwarf.[1066] Doch auch das übliche Chloroform war nicht unbestritten. Herbert von Kühtz hielt es für „am humansten. Vor die Kiste wird ein Sack gehalten, in welchen der Waschbär reinspringt. In einer Ecke des Sackes hält man den Kopf fest und tröpfelt auf die Nase Chloroform. Der Waschbär schläft mit köstlichen Träumen, bekommt nicht das Gefühl, daß er sterben muß und wird durch eine Verstärkung der Dosis endlich getötet...."[1067] Dies lehnte Dr. Auerbach ab, „da durch die Ätzwirkung des Chloroforms auf die Schleimhäute der Nasenhöhle Schmerzempfindungen hervorgerufen werden."[1068] Über Nutria berichtete Professor Dr. Walther: „Der Tod tritt

1061 TSV-Reichsverband, *Töten in Pelztierfarmen*, in: *Mitteilungen*, Heft 6, 1932, S. 87.

1062 Vgl. TSV-Reichsverband, *Töten in Pelztierfarmen*, in: *Mitteilungen*, Heft 6, 1932, S. 89.

1063 TSV-Reichsverband, *Töten in Pelztierfarmen*, in: *Mitteilungen*, Heft 6, 1932, S. 88.

1064 TSV-Reichsverband, *Töten in Pelztierfarmen*, in: *Mitteilungen*, Heft 6, 1932, S. 88.

1065 G. Vogel bei TSV-Reichsverband, *Töten in Pelztierfarmen*, in: *Mitteilungen*, Heft 6, 1932, S. 86.

1066 Vgl. TSV-Reichsverband, *Töten in Pelztierfarmen*, in: *Mitteilungen*, Heft 6, 1932, S. 86 (Vogel: Arsen, Quecksilber, Nikotin), 87 (Auerbach: Blausäure), 88 (Demoll: Kohlenoxyd, Kohlensäure), 89 (Matthieu: Kohlendioxid).

1067 TSV-Reichsverband, *Töten in Pelztierfarmen*, in: *Mitteilungen*, Heft 6, 1932, S. 89.

1068 TSV-Reichsverband, *Töten in Pelztierfarmen*, in: *Mitteilungen*, Heft 6, 1932, S. 88.

nach 10 – 20 Minuten (!) ein ....“[1069] Über Tierschutzbelange hinaus fühlte der Ödelsheimer Tierarzt G. Vogel in die Bedenken der Fuchszüchter gegen die Inhalation und Injektion ein, „die selbstverständlich das tote Tier mit dem widerlichen Chloroformgeruch imprägniert.“[1070]

(3) Elektronisch

Demgegenüber fand die Elektrizität so gut wie einstimmige Zustimmung. Dr. Matthieu schilderte sie „in Form des starken Tötungsstroms oder in Form des Betäubungsstroms. Bei Anwendung der erstgenannten wird das Tier nach Abnahme des stromführenden Apparates tot. Wird die letzte genannte Stromart verwendet (s. a. Mitt. d. Verb. S. 65, Aufsatz von Geheimrat Matthiesen u. Grüttner), dann ist das Tier wirklich betäubt (echte Betäubung!). Die betäubten Tiere können dann vollends getötet werden.“[1071] Wie Dr. Auerbach beurteilten auch Vogel und Apffel diese Methode als „ideal“.[1072]

bb) Lage der Praxis

Die Stromtötung wurde jedoch unter dem Vorbehalt gestellt, „wenn die verhältnismäßig hohen Kosten bei Beschaffung eines solchen [Apparats] nicht hindernd in Wege stehen.“[1073] Zog man noch Chloroform heran, „so läßt sich doch der Widerstand des Farmers gegen diese beiden Methoden allein schon aus praktischen Gründen nicht vermissen“[1074], denn der „Pelzfarmer hat in der heutigen, auch für ihn kritischen, Zeit eben mit allen seinen Betrieb verbilligenden Faktoren zu rechnen, wozu in erster Linie gehört, die fleischfressenden Pelztiere mit abfallenden abgepelzten Kadavern rentabel zu füttern. Wenn auch nach den Regeln der Fleischbeschau das Fleisch vergifteter Tiere [...] unschädlich ist, so wird das in seinen Instinkten noch nicht verkümmerte Pelztier doch eine Abscheu davor haben“[1075], und „es wird vorläufig dabei bleiben, Füchse tot zu knieen und die Pflanzenfresser totzuschlagen. An und für sich ist vom Standpunkt des Tierschutzes gegen das Totknieen und Totschlagen, wenn es richtig ausgeführt wird, weniger einzuwenden, als gegen das Schächten, das Schlachten Karakuls durch Halsschnitt. Die Methode als solche ist aber so roh und wirkt so abstoßend, daß es an der Zeit ist, einmal die gesamte Tierärzteschaft für das

1069 TSV-Reichsverband, Töten in *Pelztierfarmen*, in: *Mitteilungen*, Heft 6, 1932, S. 89.

1070 TSV-Reichsverband, *Töten in Pelztierfarmen*, in: *Mitteilungen*, Heft 6, 1932, S. 86.

1071 TSV-Reichsverband, *Töten in Pelztierfarmen*, in: *Mitteilungen*, Heft 6, 1932, S. 89.

1072 Vgl. TSV-Reichsverband, *Töten in Pelztierfarmen*, in: *Mitteilungen*, Heft 6, 1932, S. 87, 88.

1073 TSV-Reichsverband, *Töten in Pelztierfarmen*, in: *Mitteilungen*, Heft 6, 1932, S. 88.

1074 G. Vogel bei TSV-Reichsverband, *Töten in Pelztierfarmen*, in: *Mitteilungen*, Heft 6, 1932, S. 87.

1075 TSV-Reichsverband, *Töten in Pelztierfarmen*, in: *Mitteilungen*, Heft 6, 1932, S. 86.

Problem der schmerzlosen und praktischen Tötung von Pelztieren zu interessieren, zumal die Erörterung solcher Fragen ja auf dem Gebiet der Schlachttierbetäubung große Fortschritte gebracht hat."[1076]

b) Geltendmachung vor der Gesetzgebung 1933

Im Sinne der Mitteilungen des Reichsverbandes hatte der Steiermärker Tierschutzverein zu Graz eine Eingabe an seine Landesregierung gerichtet.[1077] Nördlich der Alpen blieb „Der nationalsozialistische Tierschutzverein Caritas" des Themas eingedenk, indem er sich am 12. Mai 1933 mit den o. g. Mitteilungen an Göring wandte:

> „Eine [...] unmenschliche Grausamkeit, begangen an einer anderen Gattung von Tieren, die auf Farmen aus krassen materialistischen und modischen Gründen gezüchtet werden — ist *das Todknien der Pelztiere*, vornehmlich der Füchse! Wie diese Art der Tierquälerei vor sich geht, erörtern die anbei gelegten rot angestrichenen Notizen aus einer Verbands-Zeitung. Wenn das Züchten und Töten *aller* Tiere absolut das Fundament der Weltwirtschaft vorzustellen hat, so ist zu fordern, daß das Töten der Tiere durchweg in der allerhumansten Weise gesetzlich festzulegen ist, ohne Rücksicht auf die sich ergebenden kleinen materiellen Nachteile! Ein Volk, das seine wirtschaftlichen Momente *nur* auf der Grundlage entsetzlichster Tierqualen errichtet, ist aller Kultur bar, ist verroht bis ins Mark — und kann nicht bestehen! [...] Unsere ganze Hoffnung ist auf die neue Regierung gerichtet, die in dankenswerter Weise die ärgsten Tierqualen des Schächtens und der Pferdeausfuhr zu Schlachtzwecken, — schon beseitigt hat — daß sie auch in diesen angeführten Fällen im günstigen Sinne für das gequälte Gottesgeschöpf entscheiden möge."[1078]

Mit dieser Eingabe dürfte die Grundlage des § 2 Ziffer 10 RTierSchG geschaffen worden sein.

6. Zufallsbesitzer

„Um nun einen weiteren Übelstand zu beseitigen", schrieb die „Interessengemeinschaft" mit dem „Neuen Tierschutzverein Magdeburg e.V.", der „Pferdeschutzvereinigung über ganz Deutschland, Sitz Berlin e.V." und dem „Weltbund zum Schutz der Tiere und gegen die Vivisektion, Abt. Berlin e.V." am 30. August 1933 an Göring.

1076 G. Vogel bei TSV-Reichsverband, *Töten in Pelztierfarmen*, in: *Mitteilungen*, Heft 6, 1932, S. 86.

1077 TSV-Reichsverband, *Töten in Pelztierfarmen*, in: *Mitteilungen*, Heft 6, 1932, S. 89.

1078 GStA PK Berlin-Dahlem, I. HA Rep. 87 Nr. 20040, Bl. 130 VS+RS.

a) Verlosungstiere

Sie bat „den Herrn Ministerpräsident ganz ergebenst, veranlassen zu wollen, dass dem Reichstierschutzgesetz ein Verbot des Ausspielens von lebenden Tieren auf Jahrmärkten u.s.w. eingefügt wird. Ferner ist es als eines Kulturvolkes unwürdig zu bezeichnen, wenn zu Sylvester lebende Schweine herumgereicht und verlost werden (lt. Anlage) und damit allerhand Scherz und Allotria getrieben werden, wie es häufig zu beobachten ist."[1079] Das Übelste dabei sah Diplom-Ingenieur Edmund Wilzow in der „Schlechteste[n] Unterbringung" der Tiere, wie er am gleichen Tag aus Neuenhagen bei Berlin zwei Beispiele dafür an Görings Innenministerium ablieferte: „Ich habe des Oefteren beobachtet, daß die Tiere in viel zu engen Käfigen zusammengezwängt auf den Markt gebracht werden. In einem anderen Falle wurde ein Hahn als Verlosungsobjekt in einen Weidenkorb mit Deckel gezwängt, in dem er eine dauernd gebückte Stellung einnehmen mußte."[1080]

b) Fundtiere

„Ein altes Mitglied der NSDAP, das zugleich langjähriges Mitglied des Tierschutzvereins ist," Frau Furthmann,[1081] unterbreitete ihrem Ministerpräsidenten am 13. September 1933 als Schriftführerin den „Vorschlag des Düsseldorfer Tierschutzvereins für eine Neuordnung der geltenden Bestimmungen für Fundtiere":

> „Das Fundrecht ist in den §§ 965 – 983 BGB. geregelt. […] Der Finder hat die Wahl, entweder die Sache aufzubewahren bezw., wenn sie dem Verderb ausgesetzt oder ihre Aufbewahrung mit unverhältnismässigen Kosten verbunden ist, sie öffentlich versteigern zu lassen oder die Fundsache der Polizeibehörde abzuliefern. […] Die Polizeibehörde, die in den Besitz des Fundgegenstandes gekommen ist, hat […] die Fundsache mindestens ein Jahr lang zu verwahren oder sie, falls die Verwahrung unverhältnismässige Kosten verursacht, zu versteigern. Die Notwendigkeit der Versteigerung vor Ablauf eines Jahres liegt regelmässig vor bei Fundtieren, deren Ernährung als ein unverhältnismässiger Aufwand im Sinne des Gesetzes zu bezeichnen ist.
>
> Die in den §§ 966 und 967 Abs. 2 auch für die Polizeibehörde statuierte Pflicht, Fundtiere öffentlich zu versteigern, gibt Anlass zu Missbräuchen aller Art, z. B. zu Tierquälereien und Steuerhinterziehungen. Der Düsseldorfer Tierschutzverein, der bei derartigen Tierversteigerungen — es handelt sich fast ausschliesslich um Hunde — ständig vertreten ist, stellt nach jeder Versteigerung fest, dass mindestens 1 oder 2 der von Ansteigern angegebenen Anschriften falsch sind. Es handelt sich hier um

1079 GStA PK Berlin-Dahlem, I. HA Rep. 87 Nr. 20040, Bl. 385.
1080 GStA PK Berlin-Dahlem, I. HA Rep. 87 Nr. 20040, Bl. 315.
1081 GStA PK Berlin-Dahlem, I. HA Rep. 87 Nr. 20040, Bl. 428.

Ansteigerer, die sich entweder ihrer Hundesteuerverpflichtung entziehen wollen, oder aber die Ansteigerer bedienen mit den von ihnen erworbenen Hunden Vivisektions- und ähnliche Institute.

Deshalb ist es notwendig, dass im Rahmen des kommenden Reichstierschutzgesetzes die §§ 966 und 967 BGB. hinsichtlich der Fundtiere nach folgenden Gesichtspunkte ergänzt werden:

Fundtiere müssen mindestens 8 Tage in den dafür vorgeseh[e]nen Unterkunftsräumen bleiben. Innerhalb dieser Zeit kann an zwei Wochentagen zu festgesetzten Stunden eine zwangslose Besichtigung der Kaufinteressierten stattfinden. Ein Reflektant hat unter Angabe seines Namens und seiner Wohnung das zum Kauf in Aussicht genommene Tier bezeichnet und ein Vertreter des Tierschutzvereins überzeugt sich innerhalb der zwangsweisen Aufenthaltsfrist von der Richtigkeit aller gemachten Angaben. Der Preis des zu verkaufenden Tieres wird mit den städt. Fundbüros auf Grund der tatsächlichen Unkosten für alle Tiere festgesetzt oder je nach Grösse in zwei oder drei Sätze gegliedert. Meldet sich innerhalb der gesetzlichen Frist der rechtsmässige Besitzer nicht, wird das Tier auf Grund der geprüften und für richtig befundenen Angaben verkauft. Tiere, die in der dafür festgesetzten Zeit nicht verkauft werden können, kranke und unheilbar verletzte Fundtiere werden auf dem schnellsten Wege schmerzlos getötet. Zum Ankauf der Tiere zugelassen sind Privatpersonen, ordnungsgemäss zum Gewerbe angemeldete Hunde- und sonstige Tierhändler arischer Abstammung sowie Tierärzte.“[1082]

7. Kerbtierschutz

In Zufallsbesitz der Menschen gerieten nicht nur Federvieh, Schweine und Hunde, sondern auch Insekte. Doch auch ihres Schicksals wurde Walter Sonntag gewahr, der in seinem Brief an Dr. Conti vom 24. August 1933 nach den o. g. Anregungen für Arbeits-, Haus- und Belustigungstierschutz fortfuhr: „Dann weiter Schulbeispiele, was wir als Kinder, weil eben seitens der Eltern und Erzieher die Belehrung fehlte, oft auch mitmachten, das Einfangen von Schmetterlingen, Aufspiessen, Einsperren in enge Schachteln, ohne Licht, Luft und Futter und dann langsames zu-Tode-quälen. Die Eltern gehen selbst heute noch mit den Kindern Maikäfer fangen, als Behälter dient oft nur eine leere Streichholzdose und darinnen viele solcher armen Geschöpfe.“[1083] Drei Monate später fand sich zwar kein Paragraph, der unmittelbar auf diesen Vorschlag Bezug nähme, aber die dadurch entfachte Diskussionen um die Begriffsbestimmung „Tier“ i. S. d. RTierSchG deuten auf seinen dimensionseröffnenden Einfluss auf die Gesetzgebung an.

1082 GStA PK Berlin-Dahlem, I. HA Rep. 87 Nr. 20040, Bl. 429 – 430.

1083 GStA PK Berlin-Dahlem, I. HA Rep. 87 Nr. 20040, Bl. 322.

8. Begleitarbeiten zum Tierschutz

Mit seiner Fallbeschreibung wies Sonntag eine weitere Richtung der Tierschutzarbeit:

a) Erziehung

„Viel gibt es noch zu tun; es ist nicht immer böser Wille, der die Leute unbewusst die armen Tiere leiden lässt, sondern es fehlt an der nötigen Aufklärung und vor allen Dingen an strengen Gesetzen dagegen."[1084] Im gleichen Sinne meinte es der oben zitierte „edle und große Tierfreund *Sieg Heil*" für Jung und Alt: „Es wäre auch sehr gut, wenn die Bezirksämter angewiesen würden, von Zeit zu Zeit in den Zeitungen Artikel betreffs Tierquälerei zu erlassen, ebenso sollen in den Schulen den Kindern des öfteren über Tierquälerei Vortrag gehalten werden, denn gerade Kinder quälen Tiere in ihrem Unverstand oder auch durch Lust sehr stark, ich konnte einmal beobachten, wie zwei Bengel von 7 – 8 Jahren 2 kleine Kätzchen *lebendig* begraben wollten."[1085] Einen Schritt weiter ging Wilzow: „Ganz besonders wichtig erscheint mir [...] die ständige Belehrung der Jugend. Es wäre gewiß nicht verfehlt, wenn der Tier- und Pflanzenschutz mit zum Hauptgegenstand des Unterrichts an den Volksschulen gemacht würde."[1086]

Unterstützung bekamen sie von der Düsseldorfer Lehrerin, Margaret Herr. Zwei Gedichten ihrer Schüler anlässlich des 20. April 1933 fügte sie das persönliche Schreiben an: „Hochverehrter Herr Reichskanzler! Gestatten Sie, dass ich meinem aufrichtigsten Segenswünschen außer dem Dank für bereits begonnenen Tierschutz noch die Bitte hinzufügen, bei der weiteren Regelung des Tierschutzes das Verhalten der Jugend auf der Straße (Belästigung der Tiere) gütigst mit in Betracht zu ziehen im Interesse der Charakterbildung der Kinder. Auf Seite der Erwachsenen trifft man häufig auf unbegreiflichen Mangel an Verständnis und betrübende Gleichgültigkeit, dass auf ihre Mitarbeit leider nicht zu rechnen ist und deshalb mit festumgrenzten Maßnahmen eingegriffen werden muß. Meine unzähligen Erfahrungen veranlassen mich zu dieser Bitte, die vielen Tierfreunden aus dem Herzen gesprochen ist."[1087] Diese Schrift in Verbindung mit dem 1927 vom Berliner Tierschutzverein über Carl Kraemer an den Reichstag vorgeschlagenen Paragraphen zur Aufsichtspflicht leistete unmittelbare Vorlage zur Ausgestaltung des § 9 Abs. 3 Z. 4 RTierSchG.

1084 GStA PK Berlin-Dahlem, I. HA Rep. 87 Nr. 20040, Bl. 321.
1085 GStA PK Berlin-Dahlem, I. HA Rep. 87 Nr. 20040, Bl. 148 VS+RS.
1086 GStA PK Berlin-Dahlem, I. HA Rep. 87 Nr. 20040, Bl. 315.
1087 GStA PK Berlin-Dahlem, I. HA Rep. 87 Nr. 20040, Bl. 23.

b) Verbreitung der Tierschutzvereine

Neben der dort eingeführten Nebenstrafe sollte die Tierschutzerziehung selbst verstärkt werden. Aus Hamburg-Fuhlsbüttel schrieb Karl Peter am 13. September 1933 u. a. als „im Deutschen Luftsport-Verband — einem besonderen Fürsorgekinde des Herrn Ministers Göring — einer der sechs leitenden Männer für die Nordmark"[1088] an den am 28. April ernannten Reichsminister für Luftfahrt persönlich, und wies ihn als „Nationalsozialist und Tierfreund, Sach- und Facherfahrener" u. a. darauf hin: „5). Tierschutz … Grossstadt, so sieht das bislang aus. Das *flache Land* ist bislang so gut wie leer ausgegangen. Aber auch dafür wären Organisationen zu schaffen bzw. vorhandene auszudehnen! 6). Und dann sollte es in Bezirken, Kreisen usw. voll sachkundige und besonnene Menschen geben, mit polizeilichen Vollmächten ausgerüstet werden, um begegnenden Uebeln sogleich abzuhelfen. Die Polizei und Gendarmerie versagen da viel. Entweder kommen sie zu spät oder fehlt es ihnen an Sachkunde".[1089]

Eine Bestätigung dieser Beschreibung erfuhr Göring im Brief einer Frau Margarett Goldmund aus Bad Polzin vom 2. Oktober 1933:

> „fordern Sie, dass in jeder Stadt, ja, in jedem Ort ein Tierschutzverein ins Leben gerufen wird, (in ganz Pommern [d. h. Vor- und Hinterpommern mit insgesamt 30.120 km², Anm. d. Verf.] gibt es ja nur 6 – 7 Vereine) […] weil dann auch das allgemeine Interesse wachgerufen und durch Belehrung wachgehalten würde. […] In unserer kleinen Stadt, wo es mir vor einigen Jahren aus besonderer Veranlassung zur Pflicht wurde, einen Tierschutzverein zu gründen, ist es fast unmöglich, gegen die Furchtsamkeit der einzelnen anzukämpfen, die immer in Sorge sind, dass sie persönlich Schaden davon tragen möchten, wenn sie wirklich eine Anzeigen machen würden.
>
> Allerdings habe ich gerade diesen Winter wertvolle Hilfe durch einen SS-Mann gehabt, der z. B. regelmässig an den Viehverladungstagen auf dem Bahnhof stand und auch schon das Abladen der Tiere kontrollierte, die z. T. in brutalster Weise einfach vom Wagen heruntergestossen werden. Da er inzwischen Dauerarbeit gefunden hat, müssen wir jetzt wieder auf seine Hilfe verzichten, und die Dinge gehen wieder ihren alten Gang. — Diese Hilfe konnte sich ja auch nur auf unseren Bahnhof beschränken; schon an der nächsten Verladungsstelle war niemand da, der sich um die Tiere kümmerte, — eine Tatsache, die wieder erweist, wie dringend notwendig es ist, das[s] allenthalben Tierschutzvereine entstehen müssten.
>
> Übrigens werden die Tierschutzvereine noch viel zu sehr als eine sentimentale Angelegenheit angesehen, — eine Auffassung[,] der ebenfalls ernstlich entgegengewirkt werden muss; denn es handelt sich dabei gewiss nicht um ein bisschen Rührseligkeit, sondern um einen sehr ernsten Kampf gegen das Böse im Menschen. Wir im Tierschutzverein haben immer wieder den Eindruck, dass den Menschen die

---

1088 GStA PK Berlin-Dahlem, I. HA Rep. 87 Nr. 20040, Bl. 481.

1089 GStA PK Berlin-Dahlem, I. HA Rep. 87 Nr. 20040, Bl. 480 RS.

Erkenntnis überhaupt noch nicht aufgegangen ist, dass sie auch Pflichten den Tieren gegenüber haben, ja, wir sehen oft, dass ihnen jedes Empfinden dafür abgeht, bis zu welcher Herzenshärtigkeit ihre Habsucht oder auch nur Unwissenheit und Gleichgültigkeit sie treiben. Dies alles lässt sich auch nicht auf einmal abstellen; hier hilft nur stetige, dauernde Belehrung und Unterweisung, wie es eben die nächstliegende Aufgabe der Tierschutzvereine ist."[1090]

c) Zur allgemeinen Umsetzung des Tierschutzes

Ehe Dr. Frick dann am 5. Dezember 1933 die Gründung des Reichstierschutzbundes verfügte, baute so mancher nicht auf die örtlichen Tierschutzvereine.

aa) Anregungen aus der Bevölkerung

Denn solche galten mangels reichsweiter Organisation als nur von untergeordneter Bedeutung.

(1) Hilfspolizei bzw. Freiwillige?

Stattdessen hielt es eine andere „Altkämpferin für Tierschutz", Hedwig Pfeiffer,[1091] für richtig, „wenn die Regierung zur Durchführung ihrer schönen Absicht viel Hilfe aus dem Volk heraus erhielte." So empfahl diese Aachener Studiendirektorin im Schreiben vom 4. September 1933 aus Blankenburg dem Ministerpräsidenten Göring zuerst „die Bildung einer Hilfspolizei für Tierschutz, besonders für Vivisektion,"[1092] daneben „das organisierte, von der Regierung befehligte und geschützte Wirken freiwilliger Helfer. Lange bevor der Tierschutz auf wirkliches Verständnis hoffen konnte, haben Männer und Frauen für diese Sache gearbeitet unter Opferung von Zeit, Kraft und Geld, und ohne auf eine Wiedervergeltung oder auch nur Anerkennung [...] zu erfahren. Solche Leute wür-

1090 GStA PK Berlin-Dahlem, I. HA Rep. 87 Nr. 20040, Bl. 483 – 484.

1091 Allenfalls waren beide Damen im Ziel einig, wie die Zweite ihren Beweggrund so gut wie identisch mit der Ersteren schilderte: „Aber der Tierquälerei, besonders der aus Gewinnsucht und menschlichem Egoismus geübten, wird noch auf lange Zeit hinaus schwer zu steuern sein; Untaten dieser Art bleiben leichter verborgen als Verbrechen gegen den Menschen: die Opfern selbst können nicht klagen, und die meisten Leute treten nicht gerne für ein Tier ein, sei es aus Furcht oder auch nur aus Gleichgültigkeit oder der Scheu vor dem Spott anderer, dem Vorwurf der Sentimentalität." Hingegen besteht der methodische Unterschied darin: „Der einfachste Weg, die Tierschutzvereine zu halbamtlichen Organen zu machen, ist m.E. nicht gangbar: die allermeisten Vereine sind wenig tätig, haben auch nicht gewagt, gegen die Vivisektion aufzutreten oder diese Frage überhaupt nicht zu behandeln. Ich habe sogar Vorstandsmitglieder eines großen Vereins so reden hören, daß man sie eher für Anwälte der chemischen Großindustriellen als für Tierschützer gehalten hätte." In: GStA PK Berlin-Dahlem, I. HA Rep. 87 Nr. 20040, Bl. 417, 418.

1092 GStA PK Berlin-Dahlem, I. HA Rep. 87 Nr. 20040, Bl. 417.

den heute mit neuem Mut und neuer Freude zur Weiterarbeit bereit sein, auch ohne an Lohn zu denken, und ihr Streben würde wirkungsvoller werden, wenn es unter der Führung der prüfständigen Regierungsstellen, und dadurch autorisiert und zusammengehalten, erfolgte. Vielleicht müßten einige im Tierschutz bewährte Männer als Leiter hauptamtlich angestellt werden, im übrigen [...] wären die geeigneten Hilfskräfte am besten zu finden, daß bekannte Tierschutzarbeiter (ich nenne z. B. Dr. Eckhard, Hannover, Caesar Rhan, Berlin-Steglitz, Prof. Oehninger, München) Leute nennten, die ihnen als Helfer gedient haben; solche Leute sind in allen Teilen Deutschlands vorhanden und könnten eine genügend große Zahl Unterzentralen bilden zur praktischen Arbeit verschiedener Art und zur Unterstützung der überwachenden Stellen."[1093]

(2) Reichskommissar?

Die Tierschutzvereine galten jenem fliegenden Hamburger, Karl Peter, „wesentlich neu[zu]gestalten,"[1094] „weil gerade in Tierschutzvereinen Vereinsmeierei, Vereinsbürokratismus und — was mit Namen Tierschutz geradezu verknüpft wird — Alte-Tante-Sentimentalität und schliesslich auch Verklärung, Uebelalterung, Senilität wirkliche Arbeit ausschließen. Dann gibt es in den letzten Jahren neue Tierschutzvereine, die in ihrer krassen, vielfach etwas kommunistisch angehauchten Unsachlichkeit gleichfalls zu rechten Ergebnissen nie kamen. Meine etlichen Versuche, für Hamburg und auch anderenorts abzuhelfen, scheiterten eben an den vorgenannten Kennzeichen dieser Vereine. — Die sich dann auch natürlich zumeist mit Konkurrenzkämpfen aufhalten mussten!"[1095]

Daher habe er „bislang immer ausserhalb der Tierschutzvereine, allein auf mich gestellt, gearbeitet".[1096] Nichtsdestotrotz fand seine Aussage vom „Deutschen Tierschutz-Verein zu Berlin" Bestätigung, der am 31. Mai 1933 an Dr. Frick schrieb:

> „Auf allen Gebieten findet jetzt eine sog. Gleichschaltung statt. Nirgends will uns diese wichtiger als in der Tierschutzbewegung, wo zurzeit, wie Sie durch die Eingaben zum Reichsstrafgesetzbuch sicher haben feststellen können, eine außerordentliche Verwirrung herrscht. Besonders radikale Elemente, die in der Bewegung keiner-

---

1093 GStA PK Berlin-Dahlem, I. HA Rep. 87 Nr. 20040, Bl. 418 – 419. Wie die wiederkehrende Bezugnahme (vgl. Haupttext und vorletzte Fn.) sowie die Namen ihrer Anwärter, die alle in erster Linie als Vivisektionsgegener bekannt waren, verraten, behielt Pfeiffer in erster Linie immer noch Vivisektion im Visier, die allerdings schon am zweiten Tag durch Görings Erlass verboten wurde.

1094 GStA PK Berlin-Dahlem, I. HA Rep. 87 Nr. 20040, Bl. 480 RS.

1095 GStA PK Berlin-Dahlem, I. HA Rep. 87 Nr. 20040, Bl. 480 VS.

1096 GStA PK Berlin-Dahlem, I. HA Rep. 87 Nr. 20040, Bl. 480 VS.

lei Namen haben und hinter denen nur eine geringe Zahl von Anhängern steht, drängen sich mit ihren Wünschen in den Vordergrund.

All dieses könnte zum Besten dieser kultureller Bewegung — und nicht zuletzt auch im Interesse der Behörden — eine wesentliche Verbesserung erfahren, wenn, wie auf anderen Gebieten, durch einen *Reichskommissar* Ordnung geschaffen würde.

Wir schlagen hierzu den auch Ihnen bekannten, der Deutschnationalen Front angehörigen General Kuhlwein v. Rathenow vor, der diese Tätigkeit selbstverständlich ehrenamtlich ausführen würde. General v. Kuhlwein ist nicht nur der Vorsitzende des Deutschen Tierschutzvereins zu Berlin, des zur Zeit größten deutschen Vereins, sondern auch Vorsitzender der Arbeitsgemeinschaft deutscher Tierschutzvereine, Sitz Berlin, und Ehrenmitglied einer großen Zahl angesehenster Tierschutzorganisationen des In- und Auslandes. Des weiteren wird Ihnen Herr v. Kuhlwein bekannt sein durch die Mission, die er im Auftrage des Weltbundes der Natur- und Vogelfreunde, Schwabach/Bay., kürzlich im Interesse der Regelung des internationalen Vogelschutzes zu Mussolini hatte, und die er, wie die Presse berichtete, in glänzendster Weise erledigte.“[1097]

Freilich war weder der „Deutsche Tierschutz-Verein zu Berlin“ der erste Befürworter der Einsetzung eines Reichskommissars, noch General von Kuhlwein der einzige Anwärter dafür. Bereits am 7. April 1933 hatte Dr. Lambert Müller, 1. Vorsitzender des „Vereins gegen Vivisektion und sonstige Tierquälerei e.V.“, an Reichkanzler Hitler geschrieben:

„Auch wir, die wir seit Jahrzehnten für das Recht der Tiere kämpfen, hoffen auf Sie, und tun es um so mehr, als Sie schon vor Jahren die bindende Zusicherung gaben, dass in einem unter Ihrer Führung stehenden Reiche auch für die Tiere gesorgt wird. Das war eine Botschaft, an die wir glauben. Lassen Sie sie nun Tat werden. Wir sehen hierzu den Weg, Herr Reichskanzler, indem Sie einen *Reichskommissar für Natur- und Tierschutz* ernennen, der mit weitgehenden Vollmachten mit dem Reichsjustizministerium, dem Reichsministerium des Innern, dem Reichsministerium für Landwirtschaft und dem Reichsministerium für Volksaufklärung und Propaganda geeignete Anweisungen für die untergeordneten Behörden, für die Schulen und Erziehungsanstalten, besonders auch für die Polizei und Gendarmerie auszuarbeiten und in Wirkung zu setzen, wie er auch mit den anerkannten Religionsgemeinschaften Fühlung zu nehmen hätte. Ihm würde ferner obliegen, ein für das ganze Reich gültiges, in jeder Hinsicht vorbildliches Tierschutzgesetz zum Schutze der Natur und der Tiere zu formulieren, das als vordingliche ‚Kulturelle Notverordnung zum Schutze der Natur und der Tiere‘ von dem Herrn Reichspräsidenten zu erlassen wäre. Als Grundlage könnte der vorläufige ‚Entwurf eines Tierschutzgesetzes‘ gelten, den Herr Oberbürgermeister Konrad Mass, Schwerin i.M. ausarbeitete. Als Reichskommissar für Natur- und Tierschutz schlagen wir Herrn Dr. med. A. Eckhard in Hannover vor, den Vorsitzenden des Verbandes vivisektionsgegnerischer Ärzte

1097 GStA PK Berlin-Dahlem, I. HA Rep. 87 Nr. 20040, Bl. 213 VS+RS.

Deutschlands, der die Materie beherrscht und über die Energien verfügt, die zur Führung des Amtes notwendig sind."[1098]

bb) Reichseinrichtung: Sachbearbeiter

Auf derartige Anregungen kam schließlich der Reichsminister des Innern am 8. Juli 1933 zur Antwort, die er gleichzeitig auch seinem Preußischen Amtskollegen Göring übersenden ließ:

> „Der Sache des Tierschutzes, dem ich besonderes Interesse entgegenbringe, dürfte mehr gedient sein, wenn von der Einsetzung eines besonderen Reichskommissars abgesehen wird. Für die Tätigkeit der gedachten Art erscheint ein Sachbearbeiter im Ministerium, der sich mit Tatkraft der Angelegenheiten des Tierschutzes annimmt, geeigneter als ein neben dem Ministerium stehender Kommissar. Ich nehme im übrigen an, daß nach Schaffung weiterer gesetzlicher Grundlagen für den Tierschutz die in der Tierschutzbewegung zur Zeit vorhandenen Gegensätze zurücktreten und alle beteiligten Kreise für das gemeinsame ideale Ziel Schulter an Schulter arbeiten werden."[1099]

Als Sachbearbeiter für Veterinärwesen und Tierschutz stellte das Reichsministerium des Innern daraufhin Dr. med. vet. Clemens Giese an, der in langjähriger Zusammenarbeit mit Ministerialrat Dr. jur. Waldemar Kahler noch viel leisten sollte. An erster Stelle stand dabei die angekündete und verbleibende Gesetzgebung.

II. Privatentwürfe

Noch ehe das Reichsinnenministerium selbst intensiv ans Werk ging, ein eigenes Tierschutzgesetz zu erarbeiten, hatten die Tierschützer — abgesehen vom „*Entwurf eines Gesetzes über den Tierschutz*" der NSDAP-Fraktion vom 1. April 1933 im Preußischen Landtag — drei ganze Entwürfe eingereicht.

1. Überblick

Neben dem o. g. Schweriner Entwurf, den „*Der Deutsche Tierfreund*" in Heft 2, Februar / März 1933 veröffentlichte, teilte auch der Reichsverband der Deutschen Tierschutzvereine in Heft 13 seiner „*Deutschen Tierschutz-Zeitung*" für März / April 1933 seinen kürzeren Entwurf mit.[1100] Am 17. Mai 1933 sandte der

1098 GStA PK Berlin-Dahlem, I. HA Rep. 87 Nr. 20040, Bl. 78.

1099 II. A 4440/3.6. , in: GStA PK Berlin-Dahlem, I. HA Rep. 87 Nr. 20040, Bl. 212.

1100 Beide Volltexte finden sich auch bei Eberstein, *Tierschutzrecht in Deutschland bis 1933*, 1999, S. 424 – 427, während die o. g. Vorlage der preußischen NSDAP-Fraktion

Deutsche Tierschutz-Verein zu Berlin „auf Anregung des Reichsministeriums für Ernährung und Landwirtschaft (Herrn Staatssekretär v. Rohr[1101]) diesem Ministerium, sowie dem Reichsjustizministerium, Reichsinnenministerium und dem Reichsjustizkommissar für Rechtserneuerung, Herrn Dr. Frank", und zur Kenntnisnahme auch dem Preußischen Justizministerium, einen „*Entwurf eines Tierschutzgesetzes nebst Begründung*" ein, den der Vorsitzende des Tierschutzvereins zu Bautzen und Rechtsanwalt Döring bis zum 29. April 1933 erarbeitet hatte.[1102] Doch in wenigen Tagen wurden ihre allgemeinen Bestimmungen gegen Tierquälerei (§§ 1, 4 des Entwurfs R. V., §§ 1, 3 des Entwurfs M, §§ 1, 3, 5 des Entwurfs D. T.)[1103] bzw. zum Tierschutz (je § 4, § 3, § 5) samt Aufhebung des § 360 Z. 13 RStGB (je § 7, § 14, § 14) durch die darauffolgende Strafgesetznovelle hinfällig, wie davor schon die schlachtbezogenen §§ 4, 5 des Entwurfs M infolge des RSchlG und danach noch die Regelungen über Tierversuche (je § 2, §§ 6 – 9, § 2) nach Görings Erlass. Weiterhin wurden alte Forderungen wiederholt, nämlich

- die Mitbestrafung fahrlässiger Tierquälereien (§ 1 Abs. 2 des Entwurfs R. V. als Übertretung, § 3 des Entwurfs D. T. als Vergehen, vgl. o. Verbesserungsvorschlag des Berliner TSV an § 412 E. 27, Schaefer 1932 §§ A, C je als Vergehen und Übertretung),
- Strafschärfung bei Rückfall (§ 7 D. T., vgl. Sturm 1894, Clauß 1928 § C),
- Aufsichtspflicht (§ 3 R. V., § 6 D. T., vgl. Ergänzungsvorschlag des Berliner TSV zu E. 27, Schaefer 1932 § C),

---

und die u. g. Entwurf des Dt. TSV im Anhang dieser Arbeit wörtlich wiedergegeben sind. Damit erweist sich Dirscherls Behauptung in *Tier- und Naturschutz im Nationalsozialismus*, 2012, S. 11, einmal mehr als blanke Lüge: „Die Nationalsozialisten bedienten sich dabei bereits bestehender Gesetzesentwürfe der Weimarer Republik und existierender Landesgesetze." Wie denn die „Flut neuer Gesetze zum Tier- und Naturschutz" überhaupt erarbeitet wurde, s. sogleich im Haupttext.

1101 von Rohr, Hansjoachim, geb. 1. 10. 1888 im Haus Demmin / Pommern; 1924 – 1932 Mitglied des Preuß. Landtages, Fraktion der Deutschnationalen Partei, führendes Mitglied im Stahlhelm-Bund der Frontsoldaten; Febr. bis Sept. 1933 Staatssekretär im Reichsernährungsministerium, anschließend politischen Verfolgungen ausgesetzt. (s. Stockhorst, *5000 Köpfe*, 1967, S. 350 – 351.)

1102 GStA PK Berlin-Dahlem, I. HA Rep. 84 a Nr. 5215, Bl. 232.

1103 Im einleitenden Vergleich mit beiden anderen zum eigenen Entwurf bezeichnete der Deutsche Tierschutzverein Berlin den Entwurf des Reichsverbandes als „Entwurf R. V.", den von Maß als „Entwurf M" und den eigenen als „Entwurf D. T.", in: GStA PK Berlin-Dahlem, I. HA Rep. 87 Nr. 20040, Bl. 232 – 238. Einheitlichkeitshalb werden die Abkürzungen hier übernommen.

- die Nebenstrafe anderweitiger Pflege des gefährdeten Tieres auf Kosten des Täters (§ 5 R. V., § 8 M., §§ 8, 9 Abs. 1 D. T., vgl. Berliner TSV zu E. 27, Schaefer 1932 § B Abs. 1) und
- die Verwaltungsmaßnahme eines Berufsverbotes gegen unverbesserliche Tierquäler (§ 11 Abs. 2 des Entwurfs M, vgl. Ergänzungsvorschlag des D. T. zum E. 27, Clauß 1928 § D, Schaefer 1932 § B Abs. 2).

2. Neue Beiträge

Schließlich unter Absehung vom Schweriner § 12 über Jagd und Fischerei, die nicht vom allgemeinen Tierschutzgesetz umzufassen waren, steuerten ihm die Entwürfe im Frühjahr 1933 doch noch neue Vorlagen bei:

a) Aufzählung von Streitfällen

Eine völlige Neuheit stellte der Entwurf M mit seinem § 2 dar:

> „Zum Begriff der Tierquälerei oder Tiermißhandlung gehört insbesondere auch
> der ein Tier Gefahren oder Qualen aussetzende Transport,

- die Unterlassung der nötigen Pflege,
- die Nichtgewährung ausreichender Nahrung oder durststillender oder der Überhitzung wehrender Flüssigkeit,
- die Verwendung kranker, elender oder verletzter Tiere zur Arbeit,
- die Überlastung von Zug- und Packtieren mit Ladungen, die ihren Kräften oder dem Zustand der Wege nicht entsprechen,
- die Schärfeprüfung für Jagdhunde durch Hetzen derselben auf lebende Tiere,
- die Übertretung von Vorschriften, welche für den Betäubungszwang (§§ 4 und 5) und den wissenschaftlichen Tierversuch (§§ 6 bis 8) zum Schutz der Tiere erlassen sind.“

Der Deutsche Tierschutz-Verein zu Berlin bezichtigte diese Bestimmung, „sich einer weitgehenden Kasuistik“ zu befleißigen, also einer „Gesetzestechnik, die die neuzeitliche Gesetzgebung aus guten Gründen verlassen hat“[1104]. Daran geknüpft war noch die Kritik: während gemäß dem Obersatz dieses Paragraphen nur die Tierquälerei selbst bestraft werden könne, seien die „Nichtgewährung ausreichender Nahrung usw.“, die „Verwendung kranker, elender und verletzter Tiere zur Arbeit“ und die „Überbelastung der Tiere“ bloße Gefährdungen, wie auch der Mensch ggf. hungern, bei Krankheit oder über seine Kräfte arbeiten müsse, ohne dabei unbedingt gequält zu werden. Mit Rücksicht auf die Regelung einer am Menschen begangenen Körperverletzung (§ 223 a RStGB) sei das,

1104 GStA PK Berlin-Dahlem, I. HA Rep. 84 a Nr. 5215, Bl. 236.

was im Entwurfe M bezweckt war, „juristisch nur lösbar in der Weise, wie dies in § 1 Abs. 2 Entwurf D. T. vorgesehen ist, also nur für den Fall, dass die Quälerei des Tieres bereits eingetreten ist."[1105] Ferner verwende der Entwurf M „nicht sicher zu bestimmende Tatbestandsmerkmale," wie hier „ausreichend", und „[d]er Strafrichter würde sich hier vor unlösbaren Aufgaben sehen."[1106]

Das RTierSchG übernahm diese Kasuistik trotz der kategorischen Kritik des D. T., aber unter Einarbeitung seiner Einzelkritik (§ 2 Z. 1, 2) und in eigener Ergänzung weiterer Streitfälle (Z. 3 – 5 sowie 7 – 12).

b) Einbeziehung tierschützerischer Erfahrungen

Ebenfalls erstmals in Paragraphen gegossen waren die Beteiligungswünsche der Tierschützer.

aa) Als Nebenkläger

Hierfür hieß es zum einen im § 11 des Entwurfs D. T.:

> „Rechtsfähige Vereine, deren Zweck nach ihrer Satzung der Schutz der Tiere im allgemeinen oder von besonderen Tiergattungen ist, sind berechtigt, sich der auf Grund dieses Gesetzes erhobenen öffentlichen Klage in jeder Lage des Verfahrens als Nebenkläger anzuschließen. Der Anschluß kann auch zwecks Einlegung von Rechtsmitteln nach ergangenem Urteil geschehen.
>
> Hat sich ein zur Nebenklage berechtigter Verein als Nebenkläger angeschlossen und ist der Anschluß vom Gericht für zulässig erklärt, so beschränkt sich die Zulässigkeit des Anschlusses nur auf diesen Verein.
>
> Für das Anschlußverfahren gelten im übrigen die Vorschriften der §§ 396 bis 402 der Reichsstrafprozeßordnung mit der Maßgabe, daß die Anschlußerklärung ihre Wirkung außer durch Widerruf auch durch Auflösung des Vereins oder den Verlust seiner Rechtsfähigkeit verliert."

Döring begründete diesen Teil seines Werkes: „Die Möglichkeit der Nebenklage ist, wenn auch voraussichtlich von ihr kein besonders umfänglicher Gebrauch gemacht werden wird, dringend erwünscht, um die Tierschutzvereine in die Lage zu versetzen, die Staatsanwaltschaft zu unterstützen, und in geeigneten Fällen durch Einlegung von Rechtsmitteln auf eine Bestrafung überhaupt oder die Auswerfung einer schwereren Strafe hinzuwirken. Dies um so mehr, als in einer noch längeren Übergangszeit die Gerichte geeignet sein dürften, der bisherigen Auffassung eines großen Teiles der Menschen von ihrer Stellung zum Tiere Rechnung zu tragen und auf milde Strafe zu erkennen."[1107]

1105 GStA PK Berlin-Dahlem, I. HA Rep. 84 a Nr. 5215, Bl. 237.
1106 GStA PK Berlin-Dahlem, I. HA Rep. 84 a Nr. 5215, Bl. 236.
1107 GStA PK Berlin-Dahlem, I. HA Rep. 84 a Nr. 5215, Bl. 244.

bb) Als Hilfspolizei

Zum anderen straffte der größte Tierschutzverein der Reichshauptstadt die Aussage der o. g. Aachenerin Pfeiffer in den juristischen Ausdruck des § 13 seines Entwurfs:

> *„Die Verwaltungsbehörden sollen Vorsitzende von Vereinen der in § 11 bezeichneten Art oder von ihnen vorgeschlagene Mitglieder solcher Vereine, sofern gegen ihre Persönlichkeit keine Bedenken bestehen, auf Antrag beauftragen, die Erfüllung zum Schutze der Tiere erlassener Vorschriften zu überwachen und die Strafverfolgungsbehörden bei der Verfolgung von Zuwiderhandlungen gegen Tierschutzgesetze und –Verordnungen zu unterstützen.*
>
> *Die Beauftragten gelten im Rahmen ihres Auftrages als Hilfspolizeibeamte.*
>
> *Die Ausführungsbestimmungen werden von den Landesbehörden erlassen.*“

Als Begründung führte Döring heran: „Die vorgeschlagene Regelung erscheint dringend erwünscht, um die Möglichkeit zu schaffen, den Polizei- und Strafverfolgungsbehörden ihre Tätigkeit auf Grund der Tierschutzgesetzgebung zu erleichtern, um die besondere Erfahrung und die besonderen Kenntnisse auf diesem Gebiete dabei nutzbar zu machen, über die die Vorsitzenden und andere Mitglieder der Tierschutzvereine verfügen, und schließlich um eine Überwachung der Erfüllung der im Verordnungswege erlassenen Vorschriften zu gewährleisten, für die die vorhandenen Polizeibeamten nicht immer ausreichen dürften.“[1108]

Beide Anregungen dürften sich auf eine „bewährten Einrichtung“ des Deutschen Tierschutzvereins zu Berlin zurückführen, der Ende des 19. Jahrhunderts den „Tierschutzinspektor“ aufgestellt habe: „Seine Aufgabe war es, auf Abstellung von Tierquälereien in der Öffentlichkeit und besonders in öffentlichen Betrieben zu achten, vor allem aber, auch die beim Verein eingelaufenen Quälereianzeigen auf Richtigkeit, Bedeutung und Verfolgbarkeit zu prüfen und die erforderlichen Ermittlungen anzustellen.“[1109]

III. Amtliche Ausarbeitung

Auf der Grundlage dieser Eingaben und Entwürfe ging das Reichsinnenministerium am 22. Mai 1933 selbst intensiv ans Werk.[1110] Hierzu berief Dr. Frick noch Carl Kraemer, „denn er war vom Justizministerium als *der* Fachmann für Tierschutz bezeichnet und dem Innenministeriums empfohlen worden. […] Nahezu

1108 GStA PK Berlin-Dahlem, I. HA Rep. 84 a Nr. 5215, Bl. 244.
1109 Marggraf, *100 Jahre Tierschutz*, in: *100 Jahre Tierschutz in Berlin*, 1941, S. 11.
1110 Vgl. BA Berlin-Li., 30.01., Nr. 6318, Bl. 131 l.

ein halbes Jahr dauerte die intensive Arbeit am Tierschutzgesetz. Carl Kraemer war fast täglich im Ministerium. Jedes Wort wurde sozusagen durchgepaukt. Kraemer hat viele Winke aus der Praxis geben können und viele vorkommende Fälle dargelegt und so sind die wichtigsten und durchschlagendsten Formulierungen Kraemers Werk."[1111]

1. Entwurf vom 17. August 1933 und Görings Kritik

Auf dieser Weise konnte das Reichsministerium des Innern in Benehmen mit dem Reichsgesundheitsamt einen ersten *Entwurf eines Reichstierschutzgesetzes* (1. E.) vom 17. August 1933 an den Herrn Reichsminister für Ernährung und Landwirtschaft (seit dem 29. Juni 1933 Darré[1112]), den Herrn Reichsminister der Justiz (Dr. Gürtner), das Auswärtige Amt (unter Dr. Konstantin Freiherr von Neurath), den Herrn Preußischen Minister für Landwirtschaft, Domänen und Forsten (Hugenberg), den Herrn Preußischen Minister des Innern (Göring) und den Herrn Preußischen Justizminister (Kerrl) zur vertraulichen Behandlung schicken.[1113] Von den Empfängern überliefert ist allein Görings Rückschreiben vom 6. September 1933 an Dr. Frick, mit einer Abschrift an Kerrl zur Kenntnisnahme.[1114]

1111 Zoll, *Kraemer*, 2005, S. 28. Das im Zitat Ausgelassene war die Anekdote: „Was nun geradezu wunderbar war — und die Westfahlen erfreuen wird — war dies, dass der Referent [Dr. Hermann von Seefeld, vgl. S. 33] auch Westfale war. Als er Carl Kraemer seiner Sprache wegen fragte, woher er stamme und dieser i[h]m sagte: ‚Aus Westfalen', da erhob sich der Herr Sachbearbeiter [Dr. Giese, vgl. S. 26 Fn. 1] feierlich von seinem Stuhle, reichte Kraemer die Hand und sagte: ‚Dann begrüße ich Sie als Landsmann!' Das war natürlich ein guter Auftakt für die dann folgende gemeinsame Arbeit."

1112 Darré, Walther Richard, geb. 14. 7. 1895 in Belgrano (Argentinien); Diplom-Landwirt, 1927 als Tierzüchter Bekanntschaft mit Himmler; 1930 Eintritt in die NSDAP und in die SS, 1931 – 1932 Schaffung des „Rassen- und Siedlungshauptamtes" (RuSHA) der SS, 1931 – 1938 Leiter desselben sowie gleichzeitig der agrarpolitischen Abteilung der Reichsleitung der NSDAP; 29. 6. 1933 bis 23. 5. 1942 Reichsminister für Ernährung und Landwirtschaft, 4. 4. 1933 Präsident der Reichsfachgemeinschaft des Deutschen Bauernstandes, 12. 5. 1933 Präsident des Deutschen Landwirtschaftsrates, 1933 bis 1945 Reichsbauernführer; Nov. 1933 Mitglied des Reichstages, 1934 SS-Obergruppenführer, 1936 Verleihung des Goldenen Parteiabzeichens, Preuß. Staatsrat, Verfasser von *„Das Bauerntum als Lebensquelle nordischer Rasse"* (1928), *„Um Blut und Boden"* (1929), *„Neuadel aus Blut und Boden"* (1933), *„Im Kampf um die Seele des deutschen Bauern"* (1943), Hrsg. der *„Nationalsozialistischen Landpost"*, *„Deutschen Agrarpost"*; 11. 4. 1949 vom Militärgerichtshof IV in Nürnberg zu 5 Jahren Gefängnis verurteilt; gest. 8. 8. 1953. (s. Stockhorst, *5000 Köpfe*, 1967, S. 98 – 99.)

1113 II A 4440/3.8., in: BA Berlin-Li., R 18. Rep. 320, Nr. 589, Bl. 1.

1114 III a III 1514/33 , in: GStA PK Berlin-Dahlem, I. HA Rep. 84 a Nr. 5215, Bl. 265.

„§ 1

(1) Verboten ist, ein Tier roh zu mißhandeln oder unnötig zu quälen.

(2) Dem Verbot des Abs. 1 handelt insbesondere zuwider:

a) wer die Pflege und Unterkunft eines Tieres derart vernachlässigt oder wer es bei der Beförderung eines Tieres an der erforderlichen Sorgfalt soweit fehlen lässt, daß das Tier erheblichen Schaden erleidet;

b) wer Tiere unnötig zu Arbeitsleistungen verwendet, die offensichtlich ihre Kräfte übersteigen oder ihnen Schmerzen bereitet;

c) wer gebrechliche, abgetriebene, alte, kranke, verwundete, hochtragende oder säugende Tiere ohne Not zu Arbeiten heranzieht, denen sie in ihrem Zustande offenbar nicht gewachsen sind;

d) wer Tiere zu Dressuren, zur Herstellung von Schaufilmen, zu Schaustellungen oder Veranstaltungen (z. B. Tierkämpfen, Schärfeprüfungen für Hunde) verwendet, die mit Qualen oder erheblichen Schäden für die Tiere verbunden sind oder den Tod der Tiere im Gefolge haben;

e) wer lebende Tiere auf Messen, Märkten, Vergnügungsstätten, bei Wettbewerben oder ähnlichen Veranstaltungen als Zugaben, Preise oder Gewinne abgibt. Unter das Verbot fällt nicht die Abgabe lebender Tiere als Gewinne oder Preise auf Ausstellungen landwirtschaftlicher Art, sowie bei Veranstaltungen durch Zucht- und Rennvereine;

f) wer Hunden die Ohren oder den Schwanz ohne Betäubung kürzt. Die Vornahme dieser Operationen hat durch einen Tierarzt zu erfolgen;

g) wer Pferden die Schweifrübe kürzt (kupiert). Eine Zuwiderhandlung liegt nicht vor, wenn nach tierärztlichem Gutachten das Kürzen der Schweifrübe zur Behebung von Untugenden der Pferde oder von Erkrankungen der Schweifrübe erfolgt. Das Kürzen hat in solchen Fällen durch einen Tierarzt und unter Betäubung zu geschehen."

Göring hatte zu bemerken: „1.) Zu § 1 Abs. 1. Der Begriff des ‚roh mißhandeln oder unnötig quälen' muß noch näher definiert werden, und zwar schon im Gesetz, da letzten Endes auch das Angeln von Fischen, Verwenden lebender Tiere als Köder (Regenwürme), das Fangen von Fliegen mit Fliegenleim, das Kochen von Krebsen und das Essen von lebenden Austern unter diesen Begriff fällt. 2.) Zu § 1 Abs. 2 c. Hier können wohl die Worte ‚ohne Not' fallen; das Verbot muß hier allgemeine Geltung haben."[1115]

„§ 2

Die Einfuhr kupierter Pferde, die nach dem Inkrafttreten dieses Gesetzes geboren sind, ist verboten. Ausnahmen kann der Reichsminister des Innern beim Vorliegen züchterischer Bedürfnisse oder aus sonstigem besonderen Anlaß zulassen.

§ 3

Gebrechliche, abgetriebene, alte oder kranke Tiere, für die das Weiterleben nach tierärztlichem Urteil eine unnötige Qual bedeutet, dürfen nur zum Zwecke als-

1115 GStA PK Berlin-Dahlem, I. HA Rep. 84 a Nr. 5215, Bl. 266 VS.

baldiger Tötung abgegeben werden. Zu anderen Zwecken dürfen sie weder vertauscht, verkauft, verliehen noch verschenkt werden.

§ 4

Versuche an lebenden Tieren sind grundsätzlich verboten. Der Reichsminister des Innern sowie die Landesregierungen im Benehmen des Reichsministers des Innern können Ausnahmen für bestimmte Institute zu wissenschaftlichen und Lehrzwecken zulassen. Die Notwendigkeit jedes Versuchs ist zu überprüfen. Versuche zu Lehrzwecken sind nur gestattet, sofern andere Lehrmethoden, z. B. Bild, Film, Präparate, Modelle usw. nicht ausreichen. Die Versuche an zugelassenen Instituten dürfen nur unter Verantwortlichkeit des Institutsleiters ausgeführt werden. Die Tiere, an denen operative Versuche vorgenommen werden, müssen vorher genügend betäubt werden, sofern nicht nach dem Urteil des Institutsleiters der Zweck des Versuches eine Betäubung unbedingt ausschließt.

An nicht betäubten Tieren darf nur ein einziger operativer Versuch ausgeführt werden.

Nach schweren, insbesondere mit operativen Eingriffen verbundenen Versuchen sind die Tiere, sofern dies mit dem Zwecke des Versuchs vereinbar ist, sofort schmerzlos zu töten.

Die für Versuche bestimmten Tiere müssen gute Unterkunft und sorgsame Pflege erhalten.

Über die Verwendung der Tiere und die Versuche ist Buch zu führen.

Impfungen an lebenden Tieren zum Zwecke der Erkennung von Krankheiten oder zur Gewinnung von Impfstoffen gelten nicht als Versuche an lebenden Tieren im Sinne des Gesetzes.

Der Reichsminister des Innern oder die Landesregierungen überwachen die Beachtung der vorstehenden Bestimmungen über Tierversuche."

Während Göring gegen §§ 2 und 3 kein Bedenken zu erheben hatte, erkannte er bei § 4 nicht nur den ihm vertrauten Inhalt, sondern auch dessen ihm bekannten Verfasser, Dr. Eckhard. Eigenangaben desselben zufolge „beauftragte mcih (sic!) Herr Dr. med. *Wagner*, München, der Bevollmächtigte für das gesamte Gesundheitswesen Deutschlands, in Gemeinschaft mit einem juristischen Sachverständigen die entsprechenden Entwürfe für das Reichstierschutzgesetz auszuarbeiten. Ich habe diesen Auftrag mit grösster Eifer ausgeführt. Dann sind diese Entwürfe dem Reichsministerium des Innern zugeleitet worden."[1116] Nun vermerkte Göring dazu: „Wissenschaftliche Versuche an lebenden Tieren sind im Interesse der Erhaltung von Leben und Gesundheit der Menschen und Tiere sowie im Interesse der wissenschaftlichen Forschung nicht zu entbehren. Sie dürfen jedoch nur in wissenschaftlich geleiteten Instituten ausgeführt werden", und fuhr mit einer Begrenzung des § 2 f seines Erlasses samt Verdichtung der dortigen Ausführungsvorschriften a, b, c und h fort:

1116 GStA PK Berlin-Dahlem, I. HA Rep. 84 a Nr. 5215, Bl. 315.

„Die hierfür in Betracht kommenden Institute bedürfen dazu der Genehmigung des Reichsministers des Innern auf Vorschlag der zuständigen Reichs- und Landes-Zentralbehörden. Die Versuche dürfen nur unter Verantwortlichkeit des Leiters des zugelassenen Instituts ausgeführt werden. Sie sind, sofern nach dem Urteil des Institutsleiters der Zweck des Versuchs eine Betäubung des Versuchstieres nicht unbedingt ausschließt oder der mit dem Eingriff verbundene Schmerz geringfügiger ist als die mit einer Betäubung verbundene Beeinträchtigung des Wohlbefindens des Versuchstieres, durch allgemeine oder örtliche Betäubung schmerzlos zu gestalten. Versuche zu Lehrzwecken sind nur gestattet, sofern andere Lehrmethoden, z. B. Bild, Film, Präparate, Modell usw. nicht ausreichen.

4.) Als 2. Absatz müßte dann zweckmäßig Absatz 6 in folgender Fassung folgen: Impfungen und Blutentnahmen an lebenden Tieren zum Zweck der Erkennung von Krankheiten der Menschen und Tiere oder zur Gewinnung und Prüfung (Wertbestimmung) von Seren, Impfstoffen, Organpräparaten und Medikamenten gelten nicht als Versuche an lebenden Tiere im Sinne dieses Gesetzes.

5.) Gegen die übrigen Bestimmungen des Paragraphen des § 4 habe ich Einwendungen nicht zu erheben."[1117]

So zollte Göring dem § 4 Abs. 2 (Wiederholungsverbot), 3 (schmerzlose Tötung), 4 (Pflege der Versuchstiere) und 5 (Buchführung), die selbst sein Erlass nicht gekannt hatte, Anerkennung.

„§ 5

Der Reichsminister des Innern ist ermächtigt, Ausführungsbestimmungen zu diesem Gesetze zur erlassen. Solange er von dieser Befugnis keinen Gebrauch macht, können die Landesregierungen Ausführungsbestimmungen erlassen. Diese erlassen auch die erforderlichen Durchführungsbestimmungen. Die Landesregierungen haben die von ihnen erlassenen Aus- und Durchführungsbestimmungen dem Reichsminister des Innern vorzulegen."

Dazu Göring: „6.) Die beiden letzten Sätze des § 5 schlage ich vor zu streichen, und in den Satz, der mit ‚Solange' beginnt, hinter Ausführungsbestimmungen ‚im Benehmen mit dem Reichsminister des Innern' einzufügen."[1118]

„§ 6

Wer den Vorschriften der §§ 1 bis 4 zuwiderhandelt, wird mit Gefängnis bis zu 6 Monaten oder mit Geldstrafe bestraft. Anstifter und Gehilfen trifft die gleiche Strafe."

Noch im Mechanismus steckend, eine Vornahme der verbotenen Vivisektion i. S. d. § 1 seines Erlasses vom Vortage und einen Verstoß gegen die Ausführungsvorschriften eines an sich erlaubten Versuchs voneinander zu unterscheiden, erklärte Göring zur Strafbestimmung: „Mit Rücksicht auf meine grundsätzlichen Ausführung unter 3.) erscheint es mir nicht gerechtfertigt, Wissenschaftler, die

1117 GStA PK Berlin-Dahlem, I. HA Rep. 84 a Nr. 5215, Bl. 266 RS – 267 VS.
1118 GStA PK Berlin-Dahlem, I. HA Rep. 84 a Nr. 5215, Bl. 267.

gegen die Bestimmungen des § 4 verstoßen, den Rohlingen, die gegen die §§ 1 – 3 verstoßen, gleichzustellen, insbesondere dürfte Gefängnisstrafe ihnen gegenüber nicht am Platze sein.“ Deshalb schlug Göring den geschichteten Strafrahmen vor: „Wer den Vorschriften der §§ 1 – 3 zuwiderhandelt wird mit Gefängnis bis zu 6 Monaten oder mit Geldstrafe bestraft. Verstöße gegen die Bestimmungen des § 4 werden mit Geldstrafe bis zu 150,- RM oder mit Haft bestraft.“ Trotz dieser Festhaltung zu den gewöhnlichen Strafen schien Göring Sommers Vorschlag nicht in Vergessenheit geraten zu sein: „In besonderen Fällen kann auch die dem Täter gegebene Erlaubnis zu Tierversuchen für immer zurückgenommen werden.“[1119] Damit schloss Göring seine Kritik ab, und beließ es im Übrigen bei den restlichen Bestimmungen des 1. E.:

„§ 7

Wird eine der Handlungen aus Fahrlässigkeit begangen, so tritt Geldstrafe ein.

§ 8

Mit Geldstrafe wird bestraft, wer es unterlässt, Kinder oder andere Personen, die seiner Aufsicht unterstehen, von der Übertretung dieser Vorschriften abzuhalten, obwohl er dazu in der Lage war.

§ 9

Neben der erkannten Strafe kann auf Einziehung und anderweitige Unterbringung und Pflege oder Tötung des betreffenden, dem Täter oder einem Teilnehmer gehörenden Tieres auf Kosten des Verurteilten erkannt werden. Im Rückfalle oder in besonderen schweren Fällen von Tierquälerei kann hierwegen verurteilten Personen die Haltung bestimmter Tierarten oder das Umgehen und der Handel mit ihnen für bestimmte Zeit oder dauernd verboten werden.

§ 10

In der Behandlung, Pflege und Unterkunft erheblich vernachlässigte Tiere können ihrem Eigentümer oder dessen Beauftragten schon vor Erstattung einer Strafanzeige fortgenommen und solange anderweitig untergebracht werden, bis die Gewähr für eine einwandfreie Tierhaltung bei dem Eigentümer oder dessen Beauftragten vorhanden ist. Die Kosten anderweitiger Unterbringung hat, soweit betreibbar, der Schuldige zu tragen.

§ 11

Ist die Verfolgung oder Verurteilung einer bestimmten Person nicht ausführbar, so kann auf Einziehung oder Tötung des Tieres selbständig erkannt werden.

§ 12

Dieses Gesetz tritt am ...... in Kraft. Gleichzeitig werden die §§ 145 b und 360 Ziff. 13 des Reichsstrafgesetzbuches in der Fassung des Gesetzes zur Abänderung strafrechtlicher Vorschriften vom 26. Mai 1933 (Reichsgesetzbl. I S. 295) ausser Kraft gesetzt.“

1119 GStA PK Berlin-Dahlem, I. HA Rep. 84 a Nr. 5215, Bl. 267.

2. Entwurf vom 7. Oktober 1933 und kommissarische Beratung

Görings Teilkritik war für Dr. Frick Anlass genug, noch „die preußischen Bestimmungen über die Vornahme von Versuchen an lebenden Tiere in das Gesetz hineinzuarbeiten". Daraus kam einen Monat und einen Tag später ein „hiernach neu gefertigte[r] Entwurf eines Reichstierschutzgesetzes" (2. E.) zustande: „Gegenüber dem ersten Entwurf ist, abgesehen von den Bestimmungen über Versuche an lebenden Tieren (§§ 5 und 6) der § 1 Abs. 2 erweitert worden, ferner sind noch Bestimmungen eingefügt worden über die Verwendung von Grubenpferden und von Zughunden (§ 4) sowie über die Schmerzausschaltung bei vorzunehmenden Eingriffen an Tieren und bei der Tötung von Tieren (§ 7), abgeändert wurde schließlich noch die Fassung der Strafvorschriften in §§ 8, 9 und 10 (bisher §§ 6, 7, 8, 9, 10 und 11) sowie die Fassung von § 11 (bisher § 5)."[1120] Trotz dieser Umarbeitung bat der Reichsminister des Innern die sechs letztmals beteiligten Reichs- und Preußischen Ressorts und Reichswirtschaftsminister (Kurt Schmitt), den Preußischen Ministerpräsidenten (Göring) und den Preußischen Minister für Wissenschaft, Kunst und Volksbildung (Rust)[1121] sowie den Reichsminister der Finanzen (Lutz Graf Schwerin von Krosigk)[1122], je einen Vertreter zur Beratung des 2. E. zu entsenden. Diese fand dann am Mittwoch, den 18. Oktober 1933 um 10 Uhr im Reichsministerium des Innern, Königsplatz 6, Saal Nr. 116 statt.[1123] „Zu der grundsätzlichen Frage des Erlasses eines

1120 BA Berlin-Li., R 18. Rep. 320, Nr. 589, Bl. 10; GStA PK Berlin-Dahlem, I. HA Rep. 84 a Nr. 5215, Bl. 157 RS.

1121 BA Berlin-Li., R 18. Rep. 320, Nr. 589, Bl. 9; GStA PK Berlin-Dahlem, I. HA Rep. 84 a Nr. 5215, Bl. 157 VS.

1122 BA Berlin-Li., R 18. Rep. 320, Nr. 589, Bl. 42.

1123 II A 4440/3.10., in: BA Berlin-Li., R 18. Rep. 320, Nr. 589, Bl. 10; GStA PK Berlin-Dahlem, I. HA Rep. 84 a Nr. 5215, Bl. 157 RS. Die Niederschrift II A 4440/25.10. listete die Teilnehmer auf: 1. Pfundtner, Staatssekretär, Vorsitzender, 2. Melior, Ministerialrat, 3. Dr. Kahler, Ministerialrat, 4. Prof. Dr. Taute, Ministerialrat, 5. Dr. Giese, Ministerialrat, 6. Dr. Usadel, Studienrat, (bisher alle vom Reichsministerium des Innern) 7. Kiewitz, Legationssekretär, Auswärtiges Amt, 8. von Boeck, Regierungsrat, Reichswirtschaftsministerium, 9. Wagner, Oberregierungsrat, Reichsjustizministerium, 10. Dr. Habeck, Regierungsrat, Reichsmin. f. Ernähr. u. Landwirt., 11. Dr. Muntsch, Oberstabsarzt, Reichswehrministerium, 12. von Normann, Regierungsrat, Preuß. Staatsministerium, 13. Dr. Schäfer, Amtsgerichtsrat, Preuß. Justizministerium, 14. Dr. Frey, Ministerdirektor, 15. Prof. Dr. Lentz, Ministerialrat, Geh. Obermedizinalrat, (beide Preuß. Ministerium d. Innern) 16. Dr. Pulte, Oberregierungsrat, Gestütsverwaltung beim Preuß. MdI., 17. Dr. Eberbach, Ministerialrat, 18. Dr. Seelmann, Veterinärrat, (beide Preuß. Landwirtschaftsministerium) 19. Brechta, Ministerialrat, Preuß. Kultusministerium, 20. Prof. Dr. Reiter, Präsident des Reichsgesundheitsamts, 21. Dr.

Reichstierschutzgesetzes werden Ausführungen nicht gemacht. Es wird daher in die Beratung der einzelnen Bestimmungen des Gesetzentwurfs eingetreten."[1124]

Zu § 1 Abs. 1

„(1) Verboten ist, ein Tier zu quälen oder roh zu mißhandeln. Als ‚Tierquälerei' ist jede Handlung anzusehen, die bei einem Tier länger dauernde oder sich wiederholende erhebliche Schmerzen oder Leiden hervorzurufen vermag. Als ‚rohe Mißhandlung' ist jede Handlung anzusehen, die bei einem Tier erhebliche Schmerzen oder Leiden hervorzurufen vermag, und bei der eine besondere Gefühllosigkeit zum Ausdruck kommt. Der Tierquälerei ist gleich zu achten, wenn jemand ein Tier tötet, ohne daß dies zu Gunsten von Mensch oder Tier geschieht."

Nach Dr. Gieses (RMI) Erläuterung[1125] gab der Vorsitzende, Pfundtner, den Paragraphen zur Aussprache. Dabei wies Dr. Frey darauf hin: „Bei den in Preußen geführten Verhandlungen über den Schutz von Tieren sei mit Wissenschaftlern und Tierschützern eine Vereinbarung dahingehend getroffen worden, daß der Begriff ‚mißhandeln' alles das ausdrücke, was das menschliche Gefühl bei einer Handlun[g] ausschalte. Es werde daher gebeten, die Worte ‚roh' vor ‚mißhandeln' und ‚rohe' vor ‚Mißhandlung' zu streichen."[1126] Dagegen gab Otto Wagner (RJM) zu bedenken: „Mißhandeln sei an sich schon jede Handlung zur Bereitung von Schmerzen, also schon jedes Schlagen eines Tieres, auch soweit es der Erziehung desselben diene. Es sei unerläßlich, dem Begriffe ‚mißhandeln' die zusätzliche Erläuterung ‚roh' und dem Begriffe ‚quälen' die Erläuterung ‚unnötig' beizugeben, um die Strafbarkeit auf die unnötige Tierquälerei oder die rohe Mißhandlung zu beschränken. Ferner werde angeregt, an Stelle der sich wiederholenden Worte ‚hervorzurufen vermag' zu sagen ‚hervorruft' oder ‚verursacht', um damit auszudrücken, daß es sich um ein Verletzungsdelikt, nicht um ein Gefährdungsdelikt handelt." Nachdem Dr. Schäfers (Preuß. JM) Anregung, zugunsten richterlicher Ermessung von „Tierquälerei" oder „roher Mißhandlung" ihre Definition überhaupt zu vermeiden, am Festhalten an deren Notwendigkeit seitens des Preußischen Ministeriums des Innern gescheitert waren, be-

---

Zschiesche, dortiger Regierungsrat, 22. Grundmann, Amtmann als Niederschriftführe, RMdI. In: BA Berlin-Li., R 18. Rep. 320, Nr. 589, Bl. 43; GStA PK Berlin-Dahlem, I. HA Rep. 84 a Nr. 5215, Bl. 282.

1124 II A 4440/25.10., S. 7, in: BA Berlin-Li., R 18. Rep. 320, Nr. 589, Bl. 49; GStA PK Berlin-Dahlem, I. HA Rep. 84 a Nr. 5215, Bl. 285 VS.

1125 BA Berlin-Li., R 18 Rep. 320 Nr. 589, Bl. 49; GStA PK Berlin-Dahlem, I. HA Rep. 84 a Nr. 5215, Bl. 285 RS. Da seine Worte hier von keiner Seite bezweifelt wurden und mit seinem späteren Kommentar zum RTierSchG weitgehend übereinstimmten, werden sie erst im dortigen Zusammenhang wiedergegeben.

1126 II A 4440/25.10., S. 10, in: BA Berlin-Li., R 18. Rep. 320, Nr. 589, Bl. 52; GStA PK Berlin-Dahlem, I. HA Rep. 84 a Nr. 5215, Bl. 286 RS.

stand Einverständnis darüber, die Fassung des § 1 Abs. 1 gemäß den Ausführungen des Reichsjustizministeriums zu ergänzen.[1127]

Der letzte Satz über Tötung „gibt Anlaß zur Erörterung etwa denkbarer Einzelfälle. Es wird schließlich vereinbart, *den Satz zu streichen*, weil die straffälligen Handlungen an sich unter Tierquälerei fallen und die Fassung im ersten Teile des Absatzes 1 für die Ahndung solcher Fälle die Handhabe biete."[1128]

Zu § 1 Abs. 2
„(2) Dem Verbot des Abs. 1 Satz 1 handelt insbesondere zuwider: [...]"

Erläuterung: „Die Aufzählung einzelner Fälle von Tierquälerei und Mißhandlungen soll eine Ergänzung zu Abs. 1 darstellen, sie schein zweckmäßig, um diejenigen Punkte hervorzuheben, die besonderen Anlaß zu Klagen des Tierschutzes und der Tierfreunde gegeben haben, zumal auf deren Aufzählung in diesen Kreisen großer Wert gelegt werde." Wagner (RJM) erblickte darin aber eine Gefährdung, mindestens eine Auflockerung der obigen Gesetzesdefinitionen, und: „Für einzelne der aufgeführten Fälle seien im übrigen bei fahrlässiger Begehung mildere Strafen vorzusehen als für Tierquälerei schlechthin. Es werde daher empfohlen, den Abs. (2) des § 1 als *neuen Paragraphen* vorzusehen und seinen Wortlaut so zu fassen, daß ‚ferner wegen fahrlässiger Tierquälerei bestraft werden könne, wer' — folge die einzelne Fälle —. Der Anregung wird zugestimmt."[1129] Darauf folgte die Beratung der Einzelfälle:

> „a) wer die Haltung, Pflege oder Unterbringung eines Tieres derart vernachlässigt oder wer es bei der Beförderung eines Tieres an der erforderlichen Sorgfalt soweit fehlen läßt, daß das Tier dadurch erhebliche Schaden leidet".

Die erste Fallgruppe, deren Urfassung im 1. E. als „Pflege und Unterkunft" aufgezählt worden war, habe man für den 2. E. behufs der Wortlautknappheit in „Haltung" zusammenfassen wollen. Demgegenüber bat Dr. Giese am Nachmittag vor der Sitzung fernmündlich Kraemer um eine eingehende Begründung der *Begriffsaufteilung*. „Kraemer saß bis weit über Mitternacht. Das Ergebnis [...] war keine lange Abhandlung. Aber jeder seiner Sätze saß."[1130] Auf dieser Grundlage konnte Dr. Giese am nächsten Tag den Kollegen der anderen Ministerien erläutern, „daß hinsichtlich der Unterbringung der Tiere, ihrer Haltung und Pflege viele, oft jahrelang andauernde Quälereien begangen werden, die

---

1127 II A 4440/25.10., S. 10 – 11, in: BA Berlin-Li., R 18. Rep. 320, Nr. 589, Bl. 52 – 53; GStA PK Berlin-Dahlem, I. HA Rep. 84 a Nr. 5215, Bl. 286 RS – 287 VS.

1128 II A 4440/25.10., S. 11, in: BA Berlin-Li., R 18. Rep. 320, Nr. 589, Bl. 53; GStA PK Berlin-Dahlem, I. HA Rep. 84 a Nr. 5215, Bl. 287 VS.

1129 II A 4440/25.10., S. 11, in: BA Berlin-Li., R 18. Rep. 320, Nr. 589, Bl. 53; GStA PK Berlin-Dahlem, I. HA Rep. 84 a Nr. 5215, Bl. 287 VS.

1130 Zoll, *Kraemer*, 2005, S. 28.

schlimmer sein können als gelegentliche rohe Züchtigungen, die an sich als Tierquälerei zu gelten haben. [...] Auch der Mangel an der bei Beförderung von lebenden Tieren erforderlichen Sorgfalt führe häufig zu Quälereien und Mißhandlungen, deren Folge oft erheblicher Schaden für die Tiere sein könne. [...] Gegen solche Vorkommnisse sollen die Tiere künftig geschützt werden, und dabei soll den Tierhaltern vor Augen geführt werden, daß sie nicht nur Rechte, sondern auch Pflichten gegenüber dem Tiere haben. Die im § 1 Abs. 2 a vorgesehene Fassung sei auch geeignet, die Grundlage für entsprechende besondere Anordnungen der Landesregierungen zu geben."[1131]

Diese Formulierung sei zwingend und überzeugend, und somit einstimmig angenommen worden.[1132] Darüber hinaus wurde, „preußischerseits angeregt[,] statt des Wortes ‚erheblich' zu sagen ‚daß das Tier dadurch nachweislich körperlichen Schaden nimmt'. Im Hinblick aber darauf, daß häufig an die Stelle von Rücksichts- oder Gefühllosigkeit des Tierhalters aber auch wirtschaftliches Unvermögen trete, das den Anlaß zur Vernachlässigung der Unterkunft, der Haltung oder Pflege der Tiere ergebe, wird Übereinstimmung darüber erzielt, daß es bei der im Entwurf vorgesehenen Fassung ‚erheblichen' Schaden bleiben soll."[1133]

> „b) wer Tiere ohne Notwendigkeit zu Arbeitsleistungen verwendet, die offensichtlich ihre Kräfte übersteigen oder ihnen erhebliche Schmerzen breiten".

Laut der Erläuterung seien damit an Fälle gedacht, „in denen die Tiere unter *Schmerzen* schwere Arbeiten zugemutet würden. Solche Fälle lägen z. B. dann vor, wenn ein nicht passendes Geschirr Druck- und Wundstellen, Geschwüre und dgl. verursache oder vernachlässigter oder mangelhafter Beschlag dem Tiere bei jedem Tritt Schmerzen bereiten u. a. m." Der Fassung wurde mit der Maßgabe zugestimmt, „daß an Stelle der Worte ‚ohne Notwendigkeit' das Wort ‚unnötig' gesetzt werden soll."[1134]

> „c) wer gebrechliche, abgetriebene, alte, kranke, verwundete, hochtragende, blinde oder säugende Tiere ohne Notwendigkeit zu Arbeiten heranzieht, denen sie in ihrem Zustande offenbar nicht gewachsen sind".

1131 II A 4440/25.10., S. 12, in: BA Berlin-Li., R 18. Rep. 320, Nr. 589, Bl. 54; GStA PK Berlin-Dahlem, I. HA Rep. 84 a Nr. 5215, Bl. 287 RS.

1132 Zoll, *Kraemer*, 2005, S. 28.

1133 II A 4440/25.10., S. 12 – 13, in: BA Berlin-Li., R 18. Rep. 320, Nr. 589, Bl. 54 – 55; GStA PK Berlin-Dahlem, I. HA Rep. 84 a Nr. 5215, Bl. 287 RS – 288 VS.

1134 II A 4440/25.10., S. 13, in: BA Berlin-Li., R 18. Rep. 320, Nr. 589, Bl. 55; GStA PK Berlin-Dahlem, I. HA Rep. 84 a Nr. 5215, Bl. 288 VS.

Auch hier erfolgte die Zustimmung mit dem Ersatz der Worte „ohne Notwendigkeit“ durch „unnötig“.[1135]

> „d) wer Tiere zu Dressuren oder Vorführungen, die nur durch Tierquälereien zu erreichen sind, ferner zur Herstellung von Schaufilmen, zu Schaustellungen oder Veranstaltungen (z. B. Tierkämpfen, Schärfeprüfungen für Hunde) verwendet, die mit Schmerzen oder erheblichen Gesundheitsschädigungen für die Tiere verbunden sind“.

Aus der Aussprache ergab sich zum einen, Dressuren oder Vorführungen schon zu verbieten, solange sie „mit Tierquälerei verbunden sind“; zum anderen mussten im letzten Halbsatz auch die Schmerzen „erheblich“ sein.[1136] Über die Fassung hinaus wurde seitens des Preußischen Landwirtschaftsministeriums „in Erwägung gezogen, die Frage der Abhaltung von Schärfeprüfungen für Hunde besonders zu behandeln. Hierzu wird geltend gemacht, daß nicht allein die ‚Schärfeprüfung‘ der Hunde an lebenden Katzen eine Tierquälerei bedeute, sondern vielmehr bereits die Dressur eines zur Prüfung vorgesehenen Hundes.“[1137]

> „e) wer lebende Tiere auf Messen, Märkten, Vergnügungsstätten, bei Wettbewerben oder ähnlichen Veranstaltungen als Zugabe, Preis oder Gewinn abgibt. Unter das Verbot fällt nicht die Abgabe lebender Tiere als Gewinn oder Preis auf Ausstellungen landwirtschaftlicher Art, sowie bei Veranstaltungen durch Zucht- und Rennvereine“.

Diese Bestimmung sollte sog. „Zufallstierbesitzer“ vermeiden, die „in letzter Zeit in größerem Umfange zu beobachten“ seien und durch deren „meist unzulängliche und unsachliche Unterbringung der gewonnenen Tiere Quälereien entstehen.“ Hingegen machte Satz 2 Ausnahmen, „weil die Besucher solcher Veranstaltungen meist selbst Tierhalter seien und durch diese kaum Quälereien zu befürchten sein werden.“[1138] Bei der Aussprache wies von Boeck (RWirtM) darauf hin, „daß die Frage der Abgabe von lebenden Tieren bereits durch das Gesetz über das Zugabewesen geregelt und abgestellt sei. Es erscheint vielleicht notwendig, für die Inkraftsetzung der Bestimmung des Reichstierschutzgesetzes eine Übergangsbestimmung vorzusehen, um den Händlern, die mit Tieren für

1135 II A 4440/25.10., S. 14, in: BA Berlin-Li., R 18. Rep. 320, Nr. 589, Bl. 55; GStA PK Berlin-Dahlem, I. HA Rep. 84 a Nr. 5215, Bl. 288 VS.

1136 II A 4440/25.10., S. 15, in: BA Berlin-Li., R 18. Rep. 320, Nr. 589, Bl. 57; GStA PK Berlin-Dahlem, I. HA Rep. 84 a Nr. 5215, Bl. 289 VS. Die hiesige Erläuterung wird auch erst in Gieses Kommentar wiedergegeben.

1137 II A 4440/25.10., S. 16, in: BA Berlin-Li., R 18. Rep. 320, Nr. 589, Bl. 58; GStA PK Berlin-Dahlem, I. HA Rep. 84 a Nr. 5215, Bl. 289 RS.

1138 II A 4440/25.10., S. 16, in: BA Berlin-Li., R 18. Rep. 320, Nr. 589, Bl. 58; GStA PK Berlin-Dahlem, I. HA Rep. 84 a Nr. 5215, Bl. 289 RS.

solche Veranstaltungen handeln, eine ausreichende Zeit für die Verwertung ihrer Bestände zu sichern." Diese Ausführungen sollten noch geprüft werden.[1139]

„f) wer Tiere unter Anwendung von Schlingen oder anderen rohen Fangmethoden fängt oder lebende Tiere zum Fangen von Tieren verwendet, ohne daß dies zu Gunsten von Mensch oder Tier geschieht".

Dr. Giese (RMI) erläuterte: „Durch diese Vorschrift soll das Fangen von Wild mittels roher Fangmethoden, z. B. in Schlingen oder Fallen, das meist aus gewinnsüchtigen Absichten erfolge, unter Strafe gestellt werden. Auch falle die Verwendung von Lockvögeln unter das Verbot der Verwendung lebender Tiere zum Fangen von Tieren. Nicht dagegen sei daran gedacht, etwa das Fangen von Insekten auf Leimpapier oder das Fangen von Fischen mittels lebender Köder einzubeziehen, weil dies zu Gunsten oder wenigstens zum Nutzen von Menschen geschehe."[1140] Aus längerer Aussprache ergab sich allerdings die Streichung der ganzen Ziffer aus dem Entwurf, da die Regulierung dieser Frage dem Jagd- bzw. Vogelschutzgesetz überlassen bleiben solle.[1141]

„g) wer Haustiere aussetzt, um sich ihrer zu entledigen".

Diese Ziffer sei „auf besonderen Wunsch der Tierschützer aufgenommen worden, weil das Aussetzen von Tieren häufig vorkomme und als Tierquälerei anzusehen sei." Der Fassung wurde mit folgender Änderung zugestimmt: „Wer *als Tierhalter* Haustiere aussetzt, um sich ihrer zu entledigen."[1142]

„h) wer Hunden die Ohren oder den Schwanz kürzt. Eine Zuwiderhandlung liegt nicht vor, wenn dieser Eingriff durch einen Tierarzt unter Betäubung erfolgt".

Dieser Fassung wurde zugestimmt unter der Abänderung des 1. Halbsatzes des 2. Satzes der Entwurfsfassung in *„Der Eingriff ist jedoch zulässig,"* während der vorherigen Erläuterung unwidersprochen blieb: Trotz der alten Forderung „bestehe an sich kein Grund, das Stutzen der Ohren oder das Kürzen der Schwänze bei Hunden allgemein zu verbieten, da gestutzte Ohre oder gekürzte Schwänze bei verschiedenen deutschen Hunderassen zu typischen Merkmalen geworden seien und im übrigen diese Operationen meist in der frühen Jugend der Tiere ohne besondere Schmerzen vorgenommen würden. Es werde daher als ausrei-

---

1139 II A 4440/25.10., S. 17, in: BA Berlin-Li., R 18. Rep. 320, Nr. 589, Bl. 59; GStA PK Berlin-Dahlem, I. HA Rep. 84 a Nr. 5215, Bl. 290 VS.

1140 II A 4440/25.10., S. 17, in: BA Berlin-Li., R 18. Rep. 320, Nr. 589, Bl. 59; GStA PK Berlin-Dahlem, I. HA Rep. 84 a Nr. 5215, Bl. 290 VS.

1141 II A 4440/25.10., S. 18, in: BA Berlin-Li., R 18. Rep. 320, Nr. 589, Bl. 60; GStA PK Berlin-Dahlem, I. HA Rep. 84 a Nr. 5215, Bl. 290 RS.

1142 II A 4440/25.10., S. 18, in: BA Berlin-Li., R 18. Rep. 320, Nr. 589, Bl. 60; GStA PK Berlin-Dahlem, I. HA Rep. 84 a Nr. 5215, Bl. 290 RS.

chend angesehen, wenn in Zukunft zur Vermeidung von Schmerzen das Stutzen der Ohren oder das Kürzen der Schwänze der Hunde nur nach vorheriger Schmerzausschaltung durch einen Tierarzt vorgenommen werden dürfe."[1143]

> „i) wer Pferden die Schweifrübe kürzt (kupiert). Eine Zuwiderhandlung liegt nicht vor, wenn nach tierärztlichem Gutachten das Kürzen der Schweifrübe zur Behebung von Untugenden der Pferde oder von Erkrankungen der Schweifrübe erfolgt. Das Kürzen hat in solchen Fällen durch einen Tierarzt und unter Betäubung zu geschehen".

Im Gegenteil zur „Modelaune" der letzten Ziffer wurde zur hiesigen „Modetorheit" erläutert, „daß hinsichtlich des Kürzens der Schweifrübe der Pferde weitergegangen werden müßte als bei Hunden. Das Kürzen der Schwänze der Pferde (Kupieren) erfolge häufig erst im Alter von 2 bis 4 Jahren. Abgesehen von den dadurch entstehenden Schmerzen werde das kupierte Pferd seiner wichtigsten Abwehrwaffe gegen die Insekten beraubt. Mit den Landesregierungen sei in den letzten Jahren über die Frage […] mehrmals verhandelt worden, letztmals bei der im Juni 1933 abgehaltenen Veterinärkonferenz. Dabei habe festgestellt werden können, daß nach einmütiger Auffassung der Landesveterinärreferenten das Kupieren der Pferde aus Gründen des Tierschutzes verboten werden sollte, dabei sollten jedoch für bestimmte Fälle Ausnahmen von dem Verbot zugelassen werden können. Bedenken gegen die Fassung des Entwurfs ergeben sich nicht."[1144] Da „i" und „j" durch die damalige Tippmaschine zu verwechseln gewesen wären, stand als nächste Einzelbestimmung:

> „k) wer schmerzhafte Eingriffe, insbesondere Kastrationen bei Pferden, Rindern, bei abgesetzten Ferkeln sowie bei geschlechtsreifen Schaf- oder Ziegenböcken ohne Betäubung vornimmt. Einer Betäubung bei den Eingriffen bedarf es nicht, sofern bei gleichen oder ähnlichen Eingriffen am Menschen eine Betäubung in der Regel unterbleibt".

Diese „alte Forderung der Tierschützer" erläuterte Dr. Giese folgendermaßen: „Schmerzhafte Eingriffe bei Tieren oder Eingriffe bei Tieren aus wirtschaftlichen Gründen (z. B. Kastrationen) werden auf dem Lande recht häufig durch Laien vorgenommen. Diese Eingriffe stellen oft grobe Tierquälereien dar. […] [Daher] sollen künftig die erforderlichen Eingriffe nur noch durch Tierärzte zulässig sein, ausgenommen hiervon sollen jedoch ganz junge Tiere sein, bei denen das Schmerzgefühl durch die nicht voll ausgebildeten Geschlechtsorgane erfahrungsgemäss noch nicht so ausgeprägt sei wie bei älteren geschlechtsreifen

---

1143 II A 4440/25.10., S. 19, in: BA Berlin-Li., R 18. Rep. 320, Nr. 589, Bl. 61; GStA PK Berlin-Dahlem, I. HA Rep. 84 a Nr. 5215, Bl. 291 VS.

1144 II A 4440/25.10., S. 20, in: BA Berlin-Li., R 18. Rep. 320, Nr. 589, Bl. 62; GStA PK Berlin-Dahlem, I. HA Rep. 84 a Nr. 5215, Bl. 291 RS.

Tieren.“ [1145] Bei der Aussprache wurde seitens des Preußischen Landwirtschaftsministeriums bestätigt, „daß es im allgemeinen üblich sei, nur bei ganz jungen Tieren die Kastrationen durch Viehkastrierer ausführen zu lassen. Die im Reichstierschutzgesetz vorgesehene Regelung bedeute für die Landwirtschaft und sonstigen Tierhalter zwar eine nicht unerhebliche Belastung. Bedenken gegen die Fassung des Entwurfs seien jedoch nicht zu erheben.“[1146]

„l. wer in Farmen gehaltene Pelztiere ohne vorherige Betäubung oder nicht schmerzlos tötet“.

Als Erläuterung wiederholte Dr. Giese die Beschreibungen und Forderungen der Eingaben.[1147] In der Aussprache teilte von Boeck (RWirtM) mit, „daß die Frage, welche Tötungsart für Pelztiere in Betracht kommen soll, gegenwärtig noch nicht erklärt sei. Neben der Verwendung von Chloroform wende man häufig das sogenannte Herztreten, den Steinschlag oder den Kopfschlag mit der Keule an. Grundsätzlich könne der die Fassung des Entwurfs zugestimmt werden, wiewohl die Anwendung von elektrischem Strom oder Chloroform für die Pelztierfarmen eine gewisse wirtschaftliche Belastung bedeute. Die Organisationen der Pelzzüchter haben dem Reichswirtschaftsministerium im übrigen den Wunsch vorgetragen, vor dem Erlaß des Reichstierschutzgesetzes gehört zu werden.“ Daher sollte die Frage der Pelztiertötung nochmals geprüft werden.[1148]

„m) wer Geflügel durch Stopfen (Nudeln) gewaltsam zur Futtereinnahme zwingt“.

Diese Vorschrift erläuterte Dr. Giese auch als eine alte Forderung des Tierschutzes, „weil diese Maßnahmen, die lediglich wirtschaftlichen Interessen dienen, eine Tierquälerei darstellen.“ Entsprechende Vertreter aber eröterten und ergänzten, „daß das Verbot des Stopfens oder Nudelns bei der Landwirtschaft Bedenken auslösen werde, […] Tierquälerei liege aber vor. Es sei bei dieser Frage zu erwägen, auch das Rupfen von lebenden Gänsen und Enten zur Gewinnung von Federn sowie das Rupfen lebender Angorakaninchen, das zweifellos auch als Tierquälerei anzusprechen sei, in den Wirkungsbereich des Reichstierschutzgesetzes einzubeziehen.“[1149]

1145 II A 4440/25.10., S. 21, in: BA Berlin-Li., R 18. Rep. 320, Nr. 589, Bl. 63; GStA PK Berlin-Dahlem, I. HA Rep. 84 a Nr. 5215, Bl. 292 VS.

1146 II A 4440/25.10., S. 22, in: BA Berlin-Li., R 18. Rep. 320, Nr. 589, Bl. 64; GStA PK Berlin-Dahlem, I. HA Rep. 84 a Nr. 5215, Bl. 292 RS.

1147 Vgl. „Pelztierschutz“ (s. o.) und II A 4440/25.10., S. 22, in: BA Berlin-Li., R 18. Rep. 320, Nr. 589, Bl. 64; GStA PK Berlin-Dahlem, I. HA Rep. 84 a Nr. 5215, Bl. 292 RS.

1148 II A 4440/25.10., S. 23, in: BA Berlin-Li., R 18. Rep. 320, Nr. 589, Bl. 65; GStA PK Berlin-Dahlem, I. HA Rep. 84 a Nr. 5215, Bl. 293 VS.

1149 II A 4440/25.10., S. 23 – 24, in: BA Berlin-Li., R 18. Rep. 320, Nr. 589, Bl. 65 – 66; GStA PK Berlin-Dahlem, I. HA Rep. 84 a Nr. 5215, Bl. 293 VS+RS. Weil § 11

„n) wer lebenden Fröschen die Schenkel ausreißt oder abtrennt.“

Einwendungen gegen diese Fassung wurden nicht erhoben.[1150]

Zu § 2

„Die Einfuhr kupierter Pferde, die nach dem Inkrafttreten dieses Gesetzes geboren sind, ist verboten. Ausnahmen kann der Reichsminister des Innern beim Vorliegen züchterischer Bedürfnisse oder aus sonstigem besonderen Anlaß zulassen.“

Zum neuen Paragraphen erläuterte Dr. Giese, „daß sich diese Bestimmung als eine Folge des in § 1 Abs. 2 i genannten Kupierverbots ergebe und notwendig erscheine, um die Durchführung des Gesetzes sicherzustellen. Die vorgesehenen Ausnahmen sollen zum Beispiel für die Einfuhr von hochgezogenen Zuchtpferden, für vorübergehende Einfuhr von Pferden zur Teilnahme an Rennen und Turnieren u.dgl. Anwendung finden.“[1151] Bei der Aussprache machte Kiewitz (AA) jedoch geltend, entweder § 2 zu streichen oder dessen 2. Satz „vor dem Worte ‚zulassen‘ durch Einstellung eines weiteren Halbsatzes etwa in der Form ‚oder in Berücksichtigung noch bestehender handelspolitischer Abmachungen (oder Bindungen) mit ausländischen Staaten‘ zu ergänzen. Die Frage eines Verbots der Einfuhr kupierter Pferde spiele besonders für die Pferdeeinfuhr aus Belgien eine Rolle, so daß mit Sicherheit bei Inkrafttreten der gegenwärtigen Fassung des § 2 der Anlaß zu Vorstellungen des Auslandes gegeben sei. Bei später abzuschließenden Handelsverträgen könne auf die Vorschriften des Reichstierschutzgesetzes Rücksicht genommen werden.“ [1152] Nachdem von Boeck (RWirtM) hierfür vorgeschlagen hatte, einen Zeitpunkt für das Inkrafttreten dieser Bestimmung festzusetzen, sollte deren Fassung noch „im Benehmen mit dem Auswärtigen Amt festgelegt werden.“[1153]

RSchlVO samt dem Runderlaß des Reichsministers des Innern v. 16. 4. 1935 — IV g 1049/35 — sich nur auf geschlachtetes Geflügel bezog, musste man auch hier das Rupfen thematisieren. Nach späteren Prüfungen konnten diese Anregungen nicht im RTierSchG finden. Dafür erteilten das Reichsgesundheitsamt und der Reichsnährstand im Mai 1938 ein Gutachten des zu dieser Frage. Vgl. Giese / Zschiesche, *Die deutsche Tierschutzgesetzgebung*, 1938, S. 11 – 12; Giese / Kahler, *Das deutsche Tierschutzrecht*, 1939, S. 28, auch s. u. zu § 1 RTierSchG.

1150 II A 4440/25.10., S. 24, in: BA Berlin-Li., R 18. Rep. 320, Nr. 589, Bl. 66; GStA PK Berlin-Dahlem, I. HA Rep. 84 a Nr. 5215, Bl. 293 RS.

1151 II A 4440/25.10., S. 24 – 25, in: BA Berlin-Li., R 18. Rep. 320, Nr. 589, Bl. 66 – 67; GStA PK Berlin-Dahlem, I. HA Rep. 84 a Nr. 5215, Bl. 293 RS – 294 VS.

1152 II A 4440/25.10., S. 25, in: BA Berlin-Li., R 18. Rep. 320, Nr. 589, Bl. 67; GStA PK Berlin-Dahlem, I. HA Rep. 84 a Nr. 5215, Bl. 294 VS.

1153 II A 4440/25.10., S. 25 – 26, in: BA Berlin-Li., R 18. Rep. 320, Nr. 589, Bl. 67 – 68; GStA PK Berlin-Dahlem, I. HA Rep. 84 a Nr. 5215, Bl. 294 VS+RS.

Zu § 3

„Gebrechliche, kranke, abgetriebene oder alte Tiere, für die das Weiterleben eine Qual bedeutet, dürfen nur zum Zwecke alsbaldiger Tötung abgegeben werden."

Dr. Giese erläutert dazu, „daß es erforderlich erscheine, mit einer oft beobachteten Unsitte aufzuräumen, die darin bestehe, alten, gebrechlichen oder kranken Tieren — insbesondere Pferden — durch gewissenlose Händler mit Hilfe von allerlei Kunstmitteln ein besseres Aussehen zu geben, um sie in diesem Zustande mit Verdienst zu verkaufen. Da ein solches Los für die betroffenen Tiere eine große Quälerei darstellt, soll durch die vorgesehene Fassung nunmehr die Möglichkeit geschaffen werden, sowohl gegen den gewinnsüchtigen Händler als auch den gewissenlosen Tierhalter vorzugehen."[1154] Bei der Aussprache wurden verschiedene Anregungen gegeben: „Es wird zunächst vorgeschlagen, statt ‚Tiere' ‚Haustiere' zu setzen. Ferner wird empfohlen, für die im § 3 genannten Tiere die Beförderung in Wagen anstelle eines oft stundenlangen Fußmarsches vorzuschreiben. Schliesslich sollte noch geprüft werden, auf welche Weise durch andere Fassung der Bestimmung auch der Tierbesitzer, der alte oder kranke Tiere zu anderen Zwecken als zum Zweck der Tötung abgibt, in die Strafbarkeit einbezogen werden kann. Es erscheint empfehlenswert, die Bestimmung des § 3 in die Fassung des § 1 Abs. 2 a oder c hineinzuarbeiten. Es wird vereinbart, die endgültige Fassung des § 3 im Benehmen mit dem Reichsjustizministerium und dem Reichsgesundheitsamt festzustellen und bei dieser Gelegenheit auch die Frage der Straffälligkeit zu klären."[1155]

Zu § 4

„(1) Die Verwendung von Einhufern unter Tag ist nur mit besonderer Genehmigung der Landesbehörden und bei polizeilicher Überwachung des Betriebes gestattet.

(2) Die Verwendung von Zughunden ist nur mit besonderer amtstierärztlicher Genehmigung und bei polizeilicher Überwachung der Verwendung zulässig. Die Beförderung von Personen durch Zughunde ist verboten."

Zu Abs. 1 erläuterte Dr. Giese: „Bei dieser Art von Beschäftigung erleiden die Tiere trotz ihrer meist wohl guten Haltung und Pflege häufig schwere Gesundheitsschäden und Verletzungen. Es sei daher im Interesse des Tierschutzes notwendig, Einhufer unter Tage nur in Ausnahmefällen zu beschäftigen und diese Ausnahmefälle der Genehmigung durch die Landesbehörde zu unterstellen, um dadurch eine ständige Kontrollmöglichkeit und auch die Möglichkeit einer Er-

---

1154 II A 4440/25.10., S. 26, in: BA Berlin-Li., R 18. Rep. 320, Nr. 589, Bl. 68; GStA PK Berlin-Dahlem, I. HA Rep. 84 a Nr. 5215, Bl. 294 RS.

1155 II A 4440/25.10., S. 26 – 27, in: BA Berlin-Li., R 18. Rep. 320, Nr. 589, Bl. 68 – 69; GStA PK Berlin-Dahlem, I. HA Rep. 84 a Nr. 5215, Bl. 294 RS – 295 VS.

holung der Tiere über Tage zu gewährleisten. Auch die Verwendung von Hunden als Zugtiere[n] erfordere eine besondere Regelung. Die Verwendung säugender Hündinnen als Zugtiere sei in jedem Falle als Tierquälerei anzusehen."[1156]

Bei der Aussprache regte von Boeck (RWirtM) an, in Abs. 1 anstelle der Landesbehörde die „zuständige Bergbehörde" zu setzen, und „mit Ausnahme von Kindern bis zu 12 Jahren" in Abs. 2 S. 2 einzuschieben. Das Reichsgesundheitsamt regte zur Vermeidung gewerbsmäßiger Ausnutzung noch an, „bei Versteigerungen von Hunden für die Käufer Ausweiszwang einzuführen und ferner vorzuschreiben, daß jeder Käufer von Hunden auf Versteigerungen eine Bescheinigung seiner zuständigen Polizeibehörde über seine Eignung als Tierhalter beizubringen habe."[1157]

Zu §§ 5 und 6

Diese Bestimmungen behandelten Versuche an lebenden Tieren. Aus der Aussprache dazu ergab sich die Zweckmäßigkeit, den Wortlaut in einer späteren Referentenbesprechung auf der Grundlage des Preußischen Vivisektionserlasses vom 5. September 1933 umzuändern. Daran sollten die Sachbearbeiter des Reichs- und des Preußischen Innenministeriums, des Reichswehrministeriums und des Reichsgesundheitsamts teilnehmen.[1158]

Zu § 7

„Unter Betäubung im Sinne dieses Gesetzes sind alle Verfahren zu verstehen, die allgemein schmerzlos machen oder örtlich die Schmerzempfindung für den vorzunehmenden Eingriff ausschalten. Soweit es sich um die Tötung eines Tieres handelt, genügt die Beachtung der Bestimmungen der Verordnung über das Schlachten von Tieren, vom 21. April 1933 (Reichsgesetzbl. I S. 212)".

Nach der Aussprache wurde Satz 2 wie folgt geändert: „Soweit es sich um die Tötung eines Tieres handelt, hat sie schmerzlos zu erfolgen."[1159]

Zu § 8

„(1) Wer den Vorschriften der §§ 1 bis 5 vorsätzlich zuwiderhandelt, wird mit Gefängnis bis zu 6 Monaten oder mit Geldstrafe bestraft.

(2) Wer die Tat fahrlässig begeht, wird mit Geldstrafe bis zu 150 RM bestraft.

1156 II A 4440/25.10., S. 27 – 28, in: BA Berlin-Li., R 18. Rep. 320, Nr. 589, Bl. 69 – 70; GStA PK Berlin-Dahlem, I. HA Rep. 84 a Nr. 5215, Bl. 295 VS+RS.

1157 II A 4440/25.10., S. 28, in: BA Berlin-Li., R 18. Rep. 320, Nr. 589, Bl. 70; GStA PK Berlin-Dahlem, I. HA Rep. 84 a Nr. 5215, Bl. 295 RS.

1158 II A 4440/25.10., S. 29 – 30, in: BA Berlin-Li., R 18. Rep. 320, Nr. 589, Bl. 71 – 72; GStA PK Berlin-Dahlem, I. HA Rep. 84 a Nr. 5215, Bl. 296 VS+RS.

1159 II A 4440/25.10., S. 30 – 31, in: BA Berlin-Li., R 18. Rep. 320, Nr. 589, Bl. 72 – 73; GStA PK Berlin-Dahlem, I. HA Rep. 84 a Nr. 5215, Bl. 296 RS – 297 VS.

(3) Mit Geldstrafe wird bestraft, wer es unterläßt, Kinder oder andere Personen, die seiner Aufsicht unterstehen, von der Zuwiderhandlung dieser Vorschriften abzuhalten."

In der Erläuterung zu Abs. 1 vermerkte Dr. Giese, für die Zuwiderhandlung gegen §§ 1 – 5 sei das gleiche Strafmaß vorgesehen wie im § 145 b RStGB in der Fassung der Strafgesetznovelle vom 26. Mai 1933 (RGBl. I S. 295); und zu Abs. 2 und 3: „Das Begehen einer fahrlässigen Tierquälerei sowie das Verschulden Erwachsener, Tierquälereien oder rohe Mißhandlung der ihrer Aufsicht unterstehenden Kinder oder anderen Personen zu dulden, sei besonders mit Strafe zu belegen." Die Aussprache ergab die Zweckmäßigkeit, die endgültige Fassung nach einer Beratung mit dem Reichsjustizministerium endgültig festzulegen.[1160]

Zu § 9

„(1) Neben der erkannten Strafe kann auf Einziehung und anderweitige Unterbringung und Wartung oder Tötung des dem Täter oder einem Teilnehmer gehörenden Tieres auf Kosten des Verurteilten erkannt werden. Im Rückfalle oder in besonders schweren Fällen von Tierquälerei kann dem Verurteilten die Haltung von Tieren oder die berufsmäßige Beschäftigung oder der Handel mit ihnen für bestimmte Zeit oder dauernd verboten werden.

(2) In der Haltung und Unterbringung erheblich vernachlässigte Tiere können ihrem Besitzer oder dessen Beauftragten auch ohne Erstattung einer Strafanzeige fortgenommen und so lange anderweitig pfleglich untergebracht werden, bis die Gewähr für eine einwandfreie Tierhaltung vorhanden ist. Die Kosten anderweitiger Unterbringung haben der Besitzer und der Schuldige als Gesamtschuldner zu tragen."

Dr. Giese erläuterte, die Nebenstrafen im Abs. 1 S. 1 seien nach der Ansicht der Tierschutzorganisationen als unentbehrliche und wichtige Ergänzung des Strafmaßes aufzufassen. Das im Abs. 1 S. 2 vorgesehene Verfahren, dem Tierpeiniger bei Rückfall die Haltung von Tieren oder die berufsmäßige Beschäftigung (Handel) mit ihnen zu entziehen, stelle eine Maßnahme dar, die wegen ihrer wirtschaftlichen Auswirkung nicht zu unterschätzen und geeignet sei, die Vermeidung von Tierquälereien zu fördern. Die im Abs. 2 vorgesehenen Anordnungen dürften in leichteren Fällen ihre erzieherische Wirkung nicht verfehlen.[1161]

Bei der Aussprache bezog Wagner (RJM) den Standpunkt, die Einziehung des Tieres sei eine sehr weitgehende Maßnahme und es solle nur bei vorsätzlicher Straftat, nicht bei Fahrlässigkeit dem Urteil des Gerichts überlassen werden, die Landesbehörde zu einer Anordnung dazu anzuhalten. Auch die Tragung der

---

1160 II A 4440/25.10., S. 31, in: BA Berlin-Li., R 18. Rep. 320, Nr. 589, Bl. 73; GStA PK Berlin-Dahlem, I. HA Rep. 84 a Nr. 5215, Bl. 297 VS.

1161 II A 4440/25.10., S. 32 – 33, in: BA Berlin-Li., R 18. Rep. 320, Nr. 589, Bl. 74 – 75; GStA PK Berlin-Dahlem, I. HA Rep. 84 a Nr. 5215, Bl. 297 RS – 298 VS.

Kosten im Abs. 2 S. 2 bedürfe aufgrund ihrer weittragenden Bedeutung einer nochmaligen Durchberatung. Daraufhin vereinbarten die beiden Sachbearbeiter je des RMI und des RJM miteinander eine Überprüfung des § 9 — wie auch des § 10, der im 2. E. lautete: „*Ist die Verfolgung oder Verurteilung einer bestimmten Person nicht ausführbar, so kann auf Einziehung, anderweitige Unterbringung oder Tötung des Tieres selbständig erkannt werden.*“[1162]

Zu § 11

„(1) Der Reichminister des Innern erläßt zur Durchführung dieses Gesetzes Rechts- und allgemeine Verwaltungsvorschriften. Er kann auch soweit notwendig ergänzende Vorschriften erlassen, um den Zweck dieses Gesetzes zu erreichen. Soweit die vom Reichsminister des Innern erlassenen Bestimmungen Verbote zum Schutze der Tiere enthalten, gelten für die Übertretung dieser Verbote die Strafbestimmungen dieses Gesetzes.

(2) Die Landesregierungen erlassen die erforderlichen Bestimmungen zum Vollzuge dieses Gesetzes.“

Dr. Giese fand es notwendig, „die Möglichkeit zu schaffen, auch Bestimmungen zu treffen für örtliche, dem Tierschutz dienende Maßnahmen, wie z. B. zur Verhütung von Tierquälereien bei der Schädlingsbekämpfung, bei der Beförderung von Tieren, bei der Verwendung von Beschirrungsarten (Doppeljoch) sowie bei der Verwendung bestimmter Fangmethoden u. dgl.“ Die Aussprache ergab, diese Vorschrift vor die Strafbestimmungen (§§ 8, 9 und 10) zu stellen: „Das Reichsministerium des Innern soll Ausführungsbestimmungen zu dem Reichstierschutzgesetz erlassen, nach denen alsdann die Landesregierungen Ausführungsanordnungen herausgeben.“[1163] Diese Anregungen sollten auch noch geprüft werden.

Als der eigentliche 2. E. damit durchberaten worden war, wurde eine weitere Unterlage eingeschoben: „Von verschiedenen Seiten, u. a. in dem Runderlaß des Herrn Preußischen Ministerpräsidenten vom 5. September 1933 […] ist […] angeregt worden, Vertretern der Tierschutzvereine die Möglichkeit zu geben, sich von der Art, wie die Tierversuche in den hierfür zugelassenen Institute ausgeführt werden, zu überzeugen.“[1164] Dafür hatte das Reichsgesundheitsamt einen eigenen § 11 entworfen, der hiermit zur Beratung stand:

1162 II A 4440/25.10., S. 33, in: BA Berlin-Li., R 18. Rep. 320, Nr. 589, Bl. 75; GStA PK Berlin-Dahlem, I. HA Rep. 84 a Nr. 5215, Bl. 298 VS.

1163 II A 4440/25.10., S. 34, in: BA Berlin-Li., R 18. Rep. 320, Nr. 589, Bl. 76; GStA PK Berlin-Dahlem, I. HA Rep. 84 a Nr. 5215, Bl. 298 RS.

1164 II A 4440/12.10. des Reichsminister des Innern v. 13. Oktober 1933, in: BA Berlin-Li., R 18. Rep. 320, Nr. 589, Bl. 31; GStA PK Berlin-Dahlem, I. HA Rep. 84 a Nr. 5215, Bl. 280 VS.

„(1) Der Reichsminister des Innern kann Tierschutzvereine auf deren Antrag anerkennen, wenn sie es sich zur Aufgabe machen, bei der Bevölkerung und bei Personen, in deren Obhut sich Tiere befinden, auf die Einhaltung der Bestimmungen dieses Gesetzes hinzuwirken. Die anerkannten Tierschutzvereine unterstehen der Aufsicht des Reichsministers des Innern; dieser kann ihnen für ihre Tätigkeit Anweisungen erteilen.

(2) Der Reichsminister des Innern kann Vertreter von Tierschutzvereinen zu Besichtigungen, die zur Überwachung der Beachtung der Bestimmungen über Versuche an lebenden Tieren vorgenommen werden (§ 10), hinzuziehen.

(3) Anerkannte Tierschutzvereine sind berechtigt, sich einer auf Grund dieses Gesetzes erhobenen Klage in jeder Lage des Verfahrens, auch nach ergangenem Urteil zum Zwecke der Einlegung eines Rechtsmittels als Nebenkläger anzuschließen."[1165]

Dr. Zschiesche (RGA) begründete diesen Vorschlag mit der Notwendigkeit, die Anregungen und praktischen Erfahrungen der Tierschutzvereine bei der Durchführung von Versuchen an lebenden Tieren nutzbar zu machen. Bei der Aussprache wandte sich Wagner (RJM) mit Entschiedenheit dagegen, weil „1) es nicht vertretbar sei, daß sich staatliche Einrichtungen einer Nebenkontrolle durch Private auszusetzen, 2) die Auswirkung einer solchen Anordnung auf alle anderen Berufsstände unvermeidbar, aber auch untragbar sei und 3) den Organen der privaten Tierschutzorganisationen eine Einwirkung auf die Strafrechtspflege keinesfalls eingeräumt werden könne."[1166] Dr. Muntsch (RWehrM) unterstrich dies: „Die Notwendigkeit der Geheimhaltung der im Interesse der Landesverteidigung durchzuführenden wissenschaftlichen Forschungen könne eine Kontrolle durch nichtamtliche Organe nicht ertragen." Als Urquelle wies das Preußische Innenministerium in Benehmen mit seiner landsmännischen Unterrichtsverwaltung auf die Verhandlungen vor Görings Vivisektionserlass, in deren Sinne „die vorhandenen amtlichen Organe, vornehmlich die Organe der Polizei, genügen, um die Durchführung eines Tierschutzgesetzes zu gewährleisten. Den Tierschutzvereinen sollte lediglich das Recht zustehen, Anzeigen über einzelne Fälle von Übertretungen des Tierschutzgesetzes, über bestehende Mißstände u. dgl. zu erstatten, wobei diesen Anzeigen dann Anerkennung zuteil werden sollte, wenn sie auf vernünftiger Grundlage beruhen und wenn nach den Bestimmungen des Gesetzes gegen die gemeldeten Mißstände eingeschritten werden könnte. Die Kontrolle privater Tierschutzvereine amtlich anzuerkennen, sei weder beabsichtigt, noch könne sie empfohlen werden." Immerhin hatte Dr.

1165 II A 4440/12.10. und 25.10., in: BA Berlin-Li., R 18. Rep. 320, Nr. 589, Bl. 32 und 77 – 78; GStA PK Berlin-Dahlem, I. HA Rep. 84 a Nr. 5215, Bl. 280 RS und 299 RS – 300 VS.

1166 II A 4440/25.10., S. 36 – 37, in: BA Berlin-Li., R 18. Rep. 320, Nr. 589, Bl. 78 – 79; GStA PK Berlin-Dahlem, I. HA Rep. 84 a Nr. 5215, Bl. 299 RS – 300 VS.

Frey am Ende der damaligen Sitzung die Tierschützer auf eine schriftliche Vorlegung ihres Mitwirkungswunsches je an den Reichs- und den Preußischen Innenminister hingewiesen. Nachdem Göring keine eindeutige Stellung genommen hatte und nun auch Dr. Fricks „grundsätzliche Bedenken" bekanntgegeben wurden, zog Prof. Dr. Reiter (Präsident des RGA) seinen Vorschlag zurück.[1167] Dafür erschien es nach der Aussprache zweckmäßig,

> „die in Deutschland vorhandenen Tierschutzvereine — es handelt sich um etwa 500 bis 600 Vereine — demnächst unter einer Dachorganisation für das Reichsgebiet zusammenzufassen und sie auf diese Weise zur einheitlichen Mitarbeit bei der Durchführung des Reichstierschutzgesetzes zu veranlassen.
>
> Im übrigen wird in Aussicht genommen, den neuen Entwurf eines Reichstierschutzgesetzes alsbald einer nochmaligen Beratung zuzuführen. Zunächst werden mit Beschleunigung die zu einzelnen Punkte des bisherigen Entwurfs noch erforderlichen Referentenbesprechungen durchgeführt werden."[1168]

3. Entwurf vom 27. Oktober 1933 nach Giese und Wagner

Am 23. Oktober 1933 erfolgte zwischen Dr. Giese und Otto Wagner die Besprechung, die zur Aufstellung eines 3. Entwurfs (3. E.) führte.[1169] Diese erstmals in Abschnitte gegliederte Fassung gab Dr. Frick vier Tage später bekannt, und ließ sie am Mittwoch, 1. November 1933 am gleichen Ort durch die beteiligten Ressorts beraten.[1170] Dabei sind zwei handschriftliche Exemplare je vom Reichsministerium des Innern und vom Preußischen Justizministerium überliefert.

> „Abschnitt I Tierquälerei.
>
> § 1
>
> (1) Verboten ist, ein Tier unnötig zu quälen oder roh zu mißhandeln.
>
> (2) Ein Tier ‚quält', wer ihm länger dauernde oder sich wiederholende erhebliche Schmerzen oder Leiden zufügt; ‚unnötig' ist das Quälen, soweit es keinem vernünftigen, berechtigten Zwecke dient. Ein Tier ‚mißhandelt', wer ihm erhebliche Schmerzen zufügt; eine Mißhandlung ist ‚roh', wenn sie einer gefühllosen Gesinnung entspringt."

Hier hatten Dr. Giese und Wagner gemäß seiner Beratung zum § 1 Abs. 1 des 2. E. zuerst „*unnötig*" als Beiwort zu „quälen" gesetzt, zudem die Gesetzesbegriffe

---

1167 II A 4440/25.10., S. 37 – 38, in: BA Berlin-Li., R 18. Rep. 320, Nr. 589, Bl. 79 – 80; GStA PK Berlin-Dahlem, I. HA Rep. 84 a Nr. 5215, Bl. 300 VS+RS.

1168 II A 4440/25.10., S. 38, in: BA Berlin-Li., R 18. Rep. 320, Nr. 589, Bl. 80; GStA PK Berlin-Dahlem, I. HA Rep. 84 a Nr. 5215, Bl. 300 RS.

1169 Vgl. BA Berlin-Li., 30.01., Nr. 6319, Bl. 3.

1170 II A 4440/25.10., in: BA Berlin-Li., R 18. Rep. 320, Nr. 589, Bl. 33; GStA PK Berlin-Dahlem, I. HA Rep. 84 a Nr. 5215, Bl. 281 VS.

im hiesigen Abs. 2 eigenständig festgelegt. Zuletzt wurde eine Gesinnung nunmehr straffällig, solange sie gefühllos war, ohne noch „besonders“ sein zu müssen wie bisher. Während der Beratung des 3. E. selbst wurden zum einen die Anführungszeichen im Wortlaut gestrichen, zudem das Wort „zufügt“ beide Male durch „*verursacht*“ ersetzt.[1171]

„Abschnitt II
Vorschriften zum Schutze der Tiere

§ 2

Verboten ist,

1. ein Tier in Haltung, Pflege oder Unterbringung oder bei der Beförderung derart zu vernachlässigen, daß es dadurch erhebliche Schmerzen oder erhebliche Schaden erleidet;“

Ebenfalls gemäß Wagner (RJM) wurde der Aufzählung einzelner Streitfälle nun ein eigenständiger Paragraph zuteil, der seine Überschrift an den bisherigen § 360 Z. 13 RStGB n. F. anlehnte, aber denselben angesichts der folgenden Verordnungsermächtigung (§ 14 des 3. E.) nicht inhaltlich abschließend zu ersetzen beabsichtigte. Sprachlich beschrieb man nun mit Infinitiven statt der bisherigen Relativsätze die ausdrücklich zu verbietenden Fälle, welche übrigens nicht mehr mit Buchstaben, sondern mit Ziffern aufgelistet wurden. Unter 1 kürzte zum einen „*derart zu verlässigen*“ das bisherige „an der erforderlichen Sorgfalt soweit fehlen läßt“ ab, zum anderen erfuhr das Verletzungsdelikt die Erweiterung um „*erhebliche Schmerzen*“.

„2. ein Tier unnötig zu Arbeitsleistungen verwenden, die offensichtlich seine Kräfte übersteigen oder die ihm erhebliche Schmerzen bereiten oder denen es infolge seines Zustandes nicht gewachsen ist;“

Die Buchstaben b und c im § 1 Abs. 2 des 2. E. wurden hier unter eine Ziffer vereinigt, die nicht nur die eigentlich beschriebenen Arten, sondern alle Tiere in Schutz nahm, soweit sie für Arbeitsdienst in Betracht kamen.

„3. ein Tier zu Abrichtungen, Filmaufnahmen, Schaustellungen oder ähnlichen Veranstaltungen verwenden, die mit erheblichen Schmerzen oder erheblichen Gesundheitsschädigungen für das Tier verbunden sind;“

In der Wortwahl wurden vom § 1 Abs. 2 d die „Dressuren“ durch „Abrichtungen“ abgelöst, „Herstellung von Schaufilmen“ in „Filmaufnahmen“ abgekürzt. Ferner gingen die dortigen „Vorführungen, die nur durch Tierquälereien zu erreichen sind,“ im Begriff „ähnliche Veranstaltungen“ auf. Während das Tatbestandsmerkmal der „erheblichen Schmerzen“ einem übertriebenen Tierschutz

---

1171 BA Berlin-Li., R 18. Rep. 320, Nr. 589, Bl. 353; GStA PK Berlin-Dahlem, I. HA Rep. 84 a Nr. 5215, Bl. 301 VS.

vorbeugen sollte, dehnte sich das andere der „erheblichen Gesundheitsbeschädigungen“, die eigentlich nicht unter die Tierquälerei i. S. d. § 1 Abs. 2. fielen, nunmehr auf alle Tathandlungen aus. Insoweit hatte § 2 Z. 3 des 3. E. seine Vorlage ausgebaut. Verschwunden waren ihre beiden Beispiele, von denen die einen Tierkämpfe sich vom Gesetzestext in den späteren Kommentar verschoben, über die anderen Schärfeprüfungen im Folgenden ein eigenständiges Verbot zu verhängen war.

Zwischen „Veranstaltungen“ und „verwenden“ hatte die Schreibkraft des RMI vergessen, „zu“ einzutippen. Während der Besprechung wurde die Präposition eingefügt. Erheblicher war, den letzten Halbsatz im Wortlaut nun mit „*soweit sie*“ anzufangen.[1172]

„4. ein gebrechliches, krankes, abgetriebenes oder altes Haustier, für das das Weiterleben eine Qual bedeutet, zu einem anderen Zwecke als zur alsbaldigen schmerzlosen Tötung abzugeben oder zu erwerben;“

Der ebenfalls Arbeitstierschutz dienende § 3 des 2. E. wurde nach dessen Aussprache hierher verlagert. Die Hinzufügung von „oder zu erwerben“ folgte dem dort gesetzten Ziel, alle am Handel mit — nunmehr „Haus-“ — Tieren Beteiligten in den genannten Fälle zu treffen. Die Empfehlung, eine Wagenbeförderung für dieselben vorzuschreiben, um ihnen einen qualvollen Fußmarsch zu ersparen, fand im Gesetztext allerdings keinen Niederschlag. Ob diese Lücke schon durch § 2 Z. 1 zu füllen war, erscheint eher unwahrscheinlich.[1173]

„5. ein eigenes Haustier auszusetzen, um sich des Tieres zu entledigen;“

Die Buchstaben e über Zufallstierbesitzer und f über Jagdfangmethoden vom § 1 Abs. 2 des 2. E. entfielen, infolgedessen sein g aufrückte. Dessen Besprechungsergebnis, „als Tierhalter“ einzufügen, erledigte sich nun durch die Einsetzung eines Beiwortes: *eigenes*.

1172 BA Berlin-Li., R 18. Rep. 320, Nr. 589, Bl. 35; GStA PK Berlin-Dahlem, I. HA Rep. 84 a Nr. 5215, Bl. 301 VS.

1173 Giese / Zschiesche, *Die deutsche Tierschutzgesetzgebung*, 1938, S. 17 berichteten zwar davon, § 2 Z. 1 RTierSchG habe „Anlaß zu einer Reihe tierschützerischer Maßnahmen im Eisenbahnverkehr“ gegeben, aber sowohl die bis auf S. 19 dargestellten Verordnungen des Reichsverkehrsministers zur Eisenbahnverordnung v. 21. 7. 1934, 1. 11. 1935 und 7. 9. 1936 (RGBl. II des jeweiligen Jahres S. 415, 749, 298) als auch das Sonderrundschreiben des Reichsbauernführers an die Landesbauernschaften v. 27. 6. 1936 (Richtlinien für die Beförderung hochtragender und frischmilchender Rinder) und die Richtlinien des Reichs- und Preuß. Innenministers (beide Ämter am 1. 10. 1934 zusammengelegt und praktisch schon seit 1. 5. 1934 in Dr. Fricks Person) für die Verladung und Beförderung von Tieren v. 9. 9. 1937 — III 3259/1465/37 — (S. 28) bezogen sich nur auf den Tierschutz auf der Reichsbahn, während eine Regulierung des Treibens der Tiere zu derselben durchaus in Vergessenheit geraten zu sein schien.

„6. Hunde auf Schärfe an lebenden Katzen, Füchsen oder an anderen Tieren abzurichten oder zu prüfen;“

Hiermit kam Dr. Fricks am 7. Juli geäußerter Wunsch dermaßen in Erfüllung, wie das Preußische Landwirtschaftsministerium (Dr. Eberbach bzw. Dr. Seelmann) das Katzenwürgen eigens zu verbieten vorgeschlagen hatte.

„7. einem über zwei Wochen alten Hund die Ohren oder den Schwanz zu kürzen. Eine Zuwiderhandlung liegt nicht vor, wenn es unter Betäubung vorgenommen wird;“

Satz 1 trug Dr. Gieses Erläuterung doppelt Rechnung. Auf der einen Seite wurde unter Hinnahme der „Modelaune“ bei Hunden kein allgemeines Stutzverbot verhängt, auf der anderen Seite die „frühe Jugend“ zeitlich eindeutig festgelegt. Im gleichen Geist der Schmerzvermeidung schrieb Satz 2 dann für die Tiere, welche älter als zwei Wochen waren, eine Betäubung vor. Diese durfte gemäß dem § 10 des 3. E. eine örtliche sein, und bildete nunmehr die alleinige Voraussetzung für den Eingriff.

„8. einem Pferd die Schweifrübe zu kürzen (kupieren).

Das Kürzen ist zulässig, wenn es zur Behebung einer Untugend oder einer Erkrankung der Schweifrübe durch einen Tierarzt unter Betäubung vorgenommen wird;“

Grundsätzlich wurde damit verboten, einem Pferde die Schweifrübe zu kürzen, wobei zwei Ausnahmetatbestände in die Vorschrift aufgenommen wurden. Wie bei Hunden galt der Betäubungszwang also auch für Pferde, aber im Gegenteil zu Z. 7 hatte der hiesige Eingriff nach wie vor durch einen Tierarzt zu erfolgen. Diese Vorgabe verbürgte zugleich eine fachmännische Diagnostik, obgleich das formelle Verlangen „nach tierärztlichem Gutachten“ in § 1 Abs. 2 i des 2. E. entfallen war.

„9. an einem Tier ohne Betäubung einen schmerzhaften Eingriff vorzunehmen. Die Kastration ist als schmerzhafter Eingriff anzusehen bei Pferden, bei über drei Monate alten Rindern, bei über acht Wochen alten Ferkeln und bei geschlechtsreifen Schaf- oder Ziegenböcken. Einer Betäubung bedarf es nicht, sofern der mit dem Eingriff verbundene Schmerz nur geringfügig ist oder bei gleichen oder ähnlichen Eingriffen am Menschen eine Betäubung in der Regel unterbleibt oder die Betäubung im einzelnen Falle nach tierärztlichem Ermessen nicht durchführbar erscheint;“

Während der hiesige Satz 1 sich nun gegen jeden schmerzhaften Eingriff richtete, erfuhr dessen besonderes Beispiel, Kastration, in Satz 2 eine eigene Regelung. Wie in Z. 7 erfolgte auch hier eine zeitliche Klarstellung unter Berücksichtigung der jeweiligen Tierarten. Im Vergleich zu § 1 Abs. 2 k des 2. E. mussten die Rinder hiernach über drei Monate, die eigentlich nur „abgesetzten“ Ferkel nun über acht Wochen alt sein, um nicht mehr „ganz junge Tiere [zu] sein, bei denen das Schmerzgefühl durch die nicht voll ausgebildeten Geschlechtsorgane erfahrungsgemäß noch nicht so ausgeprägt sei“, wie Dr. Giese erläutert hatte. Wohl in der Erwägung, das, was selbst beim Menschen mit in der Regel empfindlicheren Nerven keiner Betäubung bedarf, den Tieren aufgrund ihrer „gröberen Veranlagung“ zumuten zu können, blieb die Ausnahme des 2. E. vom Betäubungzwang auch hier in Satz 3 erhalten. Als solche führte er noch das Verhältmäßigkeitsgebot nach dem Vorbilde vom § 2 c des Göring-Erlasses und den Undurchführbarkeitsfall in Anlehnung an § 1 Abs. 2 RSchlG ein.

Bei der Besprechung des 3. E. wurde die erweiterte Ausnahmemöglichkeit wieder gestrichen, und die Altersbeschränkung der Ferkel nochmals auf die gleiche Lebenszeit gesetzt, wie bei Rindern. „Schaf- oder Ziegenböcken“ wurde durch „Schaf- *und* Ziegenböcken“ verbessert. Hinzugefügt wurde in Satz 1 „*in unsachgemäßer Weise oder*“ vor dem Merkmal „ohne Betäubung“.

> „10. ein in einer Farm gehaltenes Pelztier anders als unter Betäubung oder schmerzlos zu töten;“

Während der Besprechung wurde eingetragen, statt „in einer Farm“ zu sagen, „in der Gefangenschaft“[1174] zu wählen. Allerdings wurde das erweiternde Ergebnis im 4. E. zurück auf die Pelzfarm beschränkt.

> „11. Geflügel durch Stopfen (Nudeln) zur Futteraufnahme zu zwingen;“

Im Vergleich zum § 1 Abs. 2 m des 2. E. wurde hiernach jede Zwangsfuttergabe mit Strafe belegt, sei sie gewaltsam oder nicht.

> „12. lebenden Fröschen die Schenkel auszureißen oder abzutrennen.“

Inhaltlich gab es hier keine Abänderung zum § 1 Abs. 2 n des 2. E.

> „§ 3
>
> Die Einfuhr kupierter Pferde ist verboten. Bestehende handelsverträgliche Bindungen bleiben unberührt. Der Reichsminister des Innern kann beim Vorliegen züchterischer Bedürfnisse oder aus sonstigem besonderen Anlaß Ausnahmen zulassen.“

Im Vergleich zum § 2 des 2. E. entfiel hier die Einschränkung, die Einfuhr erst jener kupierten Pferde, die nach dem Inkrafttreten dieses Gesetzes geboren seien, zu verbieten. Der auf Anregung des Auswärtigen Amts eingefügte Satz 2 wurde bei der Besprechung des 3. E. aufgeboben.[1175]

1174 BA Berlin-Li., R 18. Rep. 320, Nr. 589, Bl. 36; GStA PK Berlin-Dahlem, I. HA Rep. 84 a Nr. 5215, Bl. 301 RS.

1175 BA Berlin-Li., R 18. Rep. 320, Nr. 589, Bl. 37; GStA PK Berlin-Dahlem, I. HA Rep. 84 a Nr. 5215, Bl. 302 VS.

„§ 4

Die Abgabe lebender Tiere auf Messen, Märkten, Vergnügungsstätten, bei Wettbewerben oder ähnlichen Veranstaltungen als Preis oder Gewinn ist verboten. Unter das Verbot fällt nicht die Abgabe lebender Tiere als Gewinn oder Preis bei Ausstellungen landwirtschaftlicher Art, sowie bei Veranstaltungen durch Zucht- und Rennvereine."

Der § 1 Abs. 2 e des 2. E. wurde hier mit fast wörtlicher Übernahme verselbständigt, wobei der Begriff „Zugabe" vor den verbleibenden „Preis oder Gewinn" gestrichen wurde.

„§ 5

(1) Die Verwendung von Einhufern unter Tag ist verboten. Die zuständige Landesbehörde kann Ausnahmen zulassen.

(2) Die gewerbliche Verwendung von Zughunden ist nur mit besonderer Genehmigung der zuständigen Landesbehörde zulässig. Die Beförderung von Personen über 12 Jahren durch Zughunde ist verboten."

Im Vergleich zu § 4 Abs. 1 des 2. E. wurde hier die Verwendung von Einhufern unter Tag an erster Stelle verboten. Dies erinnerte an Dr. Eckhards Durchsetzung bei der Ausarbeitung des § 2 d des Göring-Erlasses, Versuche an höheren Tieren doch grundsätzlich zu verbieten und erst im ersatzlosen Fall auf das unumgänglich mögliche Maß zuzulassen. Ein solcher Standpunkt blieb dem hiesigen Abs. 2 hingegen fremd, gemäß dessen Satz 1 nunmehr nur noch die „gewerbliche" Verwendung von Zughunden besonderer Genehmigung bedurfte, und zwar nicht mehr durch den Amtstierarzt samt polizeilicher Überwachung, sondern schlechterdings von der „zuständigen Landesbehörde". Vom Menschenbeförderungsverbot des Satzes 2 wurde für Kinder unter 12 Jahren ein Ausnahmetatbestand eingefügt.

„Abschnitt III
Versuche an lebenden Tieren

§ 6

Eingriffe oder Behandlungen, die mit erheblichen Schmerzen oder Schädigungen verbunden sind, an lebenden Tieren zu Versuchszwecken vorzunehmen ist verboten, soweit nicht die Vorschriften der §§ 7 bis 9 etwas anderes bestimmen."

In diesem Abschnitt erfolgte die umfänglichste Umarbeitung bisheriger Textstufen. Strukturell wurden einschlägige Bestimmungen, die der 2. E. alle in seinen § 5 des zusammengefasst hatte, hier in §§ 6, 7 und 8 ausgegliedert. § 6 verhängte über die Vivisektionsdefinition im § 1 des Göring-Erlasses hinaus ein Verbot über die Versuche an lebenden Tieren schlechthin, wobei der Gesetzgeber auch das Beiwort „grundsätzlich" aus dem § 5 Abs. 1 S. 1 des 2. E. strich, wie auch dessen Beschränkungen auf bestimmte Zwecke (Forschung, Prüfung oder Lehre) und Durchführungsarten (operativ oder unblutig) der Eingriffe. Diese hatten seinerzeit „*mit einer Quälerei verbunden*“ sein müssen, jetzt „*mit erheblichen Schmerzen oder Schädigungen verbunden*“. Da die Quälerei dort wie da als „*länger dauernde oder sich wiederholende erhebliche Schmerzen oder Leiden*“ definiert wurde, überholte die erste Umschreibung allein schon ihren Vorgänger. Die hinzugefügten „*Behandlungen*“ besonders in Verbindung der neuen Ersatzmodalität, nämlich „*Schädigungen*“, bot sich eine Handhabe, nunmehr auch Tierversuche an Hunger, Durst, Hitze, Kälte usw. zu erfassen.

„§ 7

(1) Der Reichsminister des Innern kann auf Vorschlag der zuständigen Reichs- oder obersten Landesbehörden bestimmten wissenschaftlich geleiteten Instituten oder Laboratorien die Erlaubnis zur Vornahme wissenschaftlicher Versuche an lebenden Tieren erteilen, sofern der wissenschaftliche Leiter über die erforderliche fachmännische Ausbildung und Zuverlässigkeit verfügt, geeignete Einrichtungen für die Vornahme der Tierversuche vorhanden sind und Gewähr für gute Wartung und Unterbringung der Versuchstiere gegeben ist.

(2) Der Reichsminister des Innern kann die Erteilung der Erlaubnis anderen obersten Reichsbehörden überlassen.

(3) Die Erlaubnis kann jederzeit ohne Entschädigung zurückgezogen werden.“

Ohne Belehrung im Stil des Leitsatzes in § 2 des Göring-Erlasses nahm der hiesige § 7 die Regelung der immerhin ausnahmsweise zuzulassenden Fälle von Tierversuchen in Angriff. Seien die Institute bzw. Laboratorien staatlich, kommunal — auch wenn preußisch — oder privat (§ 2 f des Görings-Erlasses), mussten sie sich nun vom Reichsinnenminister persönlich als einziger Rechtfertigungsquelle die „*Erlaubnis*“ holen, welche gegenüber ihrer Vorfassung im § 5 Abs. 2 des 2. E. ausdrücklich als Urkunde formell eingeführt wurde und gemäß Abs. 3 nunmehr ausdrücklich „*jederzeit ohne Entschädigung zurückgezogen werden*“ konnte. Ob der neu eingeschobene Abs. 2 in erster Linie auf das Reichswehrministerium andeute, ist zwar wahrscheinlich, aber nicht gesichert.

„§ 8

Bei Ausführung der Tierversuche (§ 6) sind folgende Vorschriften zu beachten:

1. die Versuche dürfen nur unter voller Verantwortung des wissenschaftlichen Leiters oder des von ihm besonders ermächtigten Stellvertreters ausgeführt werden;“

Die Ausführungsbestimmungen der gemäß § 7 ausnahmsweise zuzulassenden Tierversuche sammelten sich im eigenständigen § 8, der damit eine klarere Stellung bezog als § 5 Abs. des 2. E. Im Vergleich zum § 2 a des Göring-Erlasses setzte die hiesige Z. 1 den Institutsleiter oder des — neu zugelassenen — von ihm besonders ermächtigten Stellvertreter unter *volle* Verantwortung, während die dortige Raumbedingung, „*nur in wissenschaftlich geleiteten Instituten*“, durch ihre Nennung konkludent beibehalten wurde.

„2. die Versuche dürfen nur von wissenschaftlich hierzu vorgebildeten Personen oder unter deren Leitung und nur unter Vermeidung jeder für den Zweck entbehrlichen Schmerzerregung vorgenommen werden;“

Diese anschließende Vorschrift stellte zum allerersten Mal Forderungen ans zum Tierversuch eingeschaltete Personal, und zwar aus dreierlei Hinsicht: die hierzu spezifische wissenschaftliche Vorbildung, die Versuchsvornahme nur unter Leitung des Verantwortungsträgers, und die bestmögliche Schmerzvermeidung zugunsten des Versuchstieres.

„3. Versuche zu Forschungszwecken sind nur dann zu unternehmen, wenn sie einen bestimmten bisher von der Wissenschaft noch nicht bestätigten Erfolg erwarten lassen oder soweit sie zur Klärung bisher ungelöster Fragen dienen;“

Bei dieser Erlaubnisvoraussetzung handelte es sich um eine wörtliche Übernahme des § 5 Abs. 4 b vom 2. E., abgesehen von der Ersetzung des „*versprechen*“ durch „*erwarten lassen*“. Die entsprechenden Gebote je zur Unternehmung und Unterlassung im § 2 b des Göring-Erlasses wurde da in eine Richtung geglättet.

„4. die Versuche sind, sofern nicht nach dem Urteil des wissenschaftlichen Leiters der Zweck des Versuches dies nicht unbedingt ausschließt oder der mit dem Eingriff verbundene Schmerz geringfügiger ist als die mit einer Betäubung verbundene Beeinträchtigung des Wohnbefindens des Versuchstieres, nur unter Betäubung vorzunehmen.

An demselben unbetäubten Tier darf nicht mehr als ein schwerer operativer oder schmerzhafter unblutiger Versuch ausgeführt werden.

Tiere, die nach Beendigung schwerer, insbesondere mit operativen Eingriffen verbundener Versuche unter erheblichen Schmerzen zu leiden haben, sind, sofern dies mit dem Zweck des Versuches nach dem Urteil des wissenschaftlichen Leiters vereinbar ist, alsbald schmerzlos zu töten.“

In Satz 1 von Ziffer 4 entsprach die Wortwahl „*des wissenschaftlichen Leiters*“ der in Ziffer 1, ansonsten handelte es sich um Übernahme des § 2 c des Göring-Erlasses. Doch was dieser nicht gekannt hatte, war zuerst das Einmaligkeitsgebot im hiesigen § 8 Z. 4 S. 2 und das Gebot schmerzloser Tötung gemäß S. 3. Letzterer sprach von „erheblichen Schmerzen“ statt „einem Zustand großer körperlichen Schmerzen“ des § 5 Abs. 4 S. 3 des 2. E., was der Vereinheitlichung der Gesetzessprache diente.

„5. Versuche an höheren Tieren (Pferd, Hund, Katze, Affe) dürfen nur dann ausgeführt werden, wenn durch Versuche an anderen Tieren der beabsichtigte Zweck nicht erreicht werden kann;“

Z. 5 wurde unverändert vom § 5 Abs. 4 S. d übernommen. Der hier besagte „*beabsichtigte Zweck*“ ließ sich auf Z. 3 zurückführen. Als Rückschlag kann hier die Abkehr vom grundsätzlichen Verbot von Versuchen an höheren Tieren, den

Dr. *Eckhard* für § 2 d des Göring-Erlasses erfochten hatte, gesehen werden. Während der Besprechung des 3. E. wurden die „höheren Tiere“ als begriffliche Beschreibung gestrichen und an deren Stelle nur die Pferde, Hunde, Katzen und Affen kasuistisch aufgezählt.[1176]

> „6. es dürfen nicht mehr Tiere verwendet werden, als zur Klärung der betreffenden Frage notwendig ist;
>
> 7. Tierversuche zu Lehrzwecken sind nur dann gestattet, wenn andere Lehrmittel, z. B. Bild, Modell, Präparat, Film nicht ausreichen;“

Z. 6 und 7 stellten jeweils Übernahmen des § 2 e und h aus dem Göring-Erlass über § 5 Abs. 4 e und f des 2. E. dar. Die einzige Änderung war das Weglassen des „*usw.*“ hinter „*Bild, Modell, Präparat, Film*“, während vor ihnen das „z. B.“ ohnehin für eine offene Aufzählung sorgte.

> „8. über die Art der verwendeten Tiere, den Zweck, die Durchführung und das Ergebnis der Versuche sind Aufzeichnungen zu machen.“

Eine gesetzgeberische Neuigkeit ergab sich durch die Einrichtung der Buchführungspflicht, die sowohl Dr. Eckhard bei der Aussprache als auch Sommer im Aufsatz vorgeschlagen hatte, aber Göring in seinen Erlass einzubinden vergaß.

> „§ 9
>
> Den Vorschriften der §§ 6 bis 8 unterliegen nicht Tierversuche für Belange der Rechtspflege sowie Impfungen und Blutentnahmen an lebenden Tieren zum Zweck der Erkennung von Krankheiten der Menschen und Tiere oder zur Gewinnung und Prüfung (Wertbestimmung) von Seren und Impfstoffen nach bereits erprobten oder staatlich anerkannten Verfahren.“

Eine weitere Lücke schloss § 9, indem die nach der preußischen Besprechung als unumstößlich ausgewiesenen Fälle hier ausdrücklich von verbotenen „Versuchen an lebenden Tieren“ ausgenommen wurden. Über Seren hinaus hatte man in § 5 Abs. 1 S. 3 des 2. E. noch die Tierversuche zwecks Gewinnung und Prüfung von „*Impfstoffen, Organpräparaten und Medikamenten*“ zulassen wollen, was Dr. Giese (RMI) und Wagner (RJM) bei der Ausgestaltung des 3. E. nicht genehmigten.

> „§ 10
>
> Unter Betäubung im Sinne dieses Gesetzes sind alle Verfahren zu verstehen, die allgemein schmerzlos machen oder örtlich die Schmerzempfindung ausschalten.“

Im Vergleich zum § 7 S. 1 des 2. E. wurde für die örtliche Schmerzausschaltung die weitgehend selbstverständliche Beschreibung „*für den vorzunehmenden Eingriff*“ gespart. Der Fortfall der Bezugnahme auf das RSchlG durch S. 2 be-

---

1176 BA Berlin-Li., R 18. Rep. 320, Nr. 589, Bl. 39; GStA PK Berlin-Dahlem, I. HA Rep. 84 a Nr. 5215, Bl. 303 VS.

gründete die Unterscheidung der Betäubung je im Sinne des Schlacht- und des sonstigen Tierschutzes: Bei Ersterem sollte es stets eine Totalbetäubung sein, während für Letzteren die Schmerzausschaltung auch nur örtlich sein durfte.[1177] Gerade in Hinblick darauf ergab sich aus der Besprechung des 3. E., den Betäubungsparagraphen hiervon auszuschneiden und als § 13 unter den „Schlußbestimmungen" einzufügen,[1178] damit er über den Versuchstierschutz hinaus auch auf § 2 Z. 7 – 10 Anwendung finden konnte. Bei diesen Betreffen (Kürzen bei Hunden und Pferden, schmerzhaften Eingriffen — insb. Kastration — bei Viehgattungen, sowie Pelztiertötung) war ja keine allgemeine Betäubung notwendig.

„Abschnitt IV
Strafbestimmungen

§ 11

(1) Wer ein Tier unnötig quält oder roh mißhandelt, wird mit Gefängnis bis zu sechs Monaten und mit Geldstrafe oder mit einer dieser Strafen bestraft.

(2) Mit Geldstrafe bis zu 150 RM oder mit Haft wird, soweit die Tat nicht schon unter die Strafdrohung des Abs. 1 fäll, bestraft:

1. wer vorsätzlich oder fahrlässig einem der Verbote der §§ 2 bis 5 zuwiderhandelt;
2. wer vorsätzlich oder fahrlässig ohne Erlaubnis (§ 7) einen Versuch am lebenden Tier vornimmt oder einer Vorschrift des § 8 zuwiderhandelt;
3. wer einer vom Reichsminister des Innern oder von einer Landesregierung nach § 14 erlassenen Vorschrift zum Schutze der Tiere zuwiderhandelt;
4. wer es vorsätzlich oder fahrlässig unterläßt, Kinder oder anderen Personen, die seiner Aufsicht unterstehen und zu seiner Hausgemeinschaft gehören, von einer Zuwiderhandlung gegen die Vorschriften dieses Gesetzes abzuhalten."

Bei der Besprechung wurde in Abs. 1 auf Antrag des Vertreters des Preußischen Ministerpräsidenten, dem das Reichsinnenministerium sich anschloss,[1179] beschlossen, als Hauptstrafe gegen die Tierquälerei Gefängnis bis zu einem ganzen Jahr vorzuschreiben.[1180]

Bezüglich der Versuche an lebenden Tieren ließ wiederum Göring aus dem hiesigen Abs. 2 Z. 2 einen neuen Abs. 2 machen, der gemäß dem Handvermerk lautete: „*Wer abgesehen von den Fällen des Abs. 1 ohne die vorgeschriebene Erlaubnis einen Versuch an einem lebenden Tier (§ 6) vornimmt, wird mit Gefängnis bis zu drei Monate und mit Geldstrafe oder mit einer dieser Strafen be-*

1177 Lorz, *Naturschutz-, Tierschutz- und Jagdrecht*, 1961, S. 37; 2. A., 1967, S. 265.
1178 BA Berlin-Li., R 18. Rep. 320, Nr. 589, Bl. 39; GStA PK Berlin-Dahlem, I. HA Rep. 84 a Nr. 5215, Bl. 303 VS.
1179 BA Berlin-Li. 30.01., Nr. 6319, Bl. 4.
1180 BA Berlin-Li., R 18. Rep. 320, Nr. 589, Bl. 40; GStA PK Berlin-Dahlem, I. HA Rep. 84 a Nr. 5215, Bl. 303 RS.

straft."[1181] Damit wurde einerseits Görings Kritik am 1. E. Rechnung getragen, „daß der wissenschaftliche Tierversuch, der aus ideellen Beweggründen im Interesse leidender Menschen und Tiere ausgeführt werden muß, nicht auf eine Stufe mit Roheitsverbrechen gestellt werden darf."[1182] Andererseits wurde die daraufhin einheitlich bis auf Übertretungsstrafe gemilderte Strafdrohung gegen Tierexperimentatoren systematisiert: Jene, die gar ohne Erlaubnis des Reichsinnenministers Tierversuch unternahm, hatten nach dem neu einzurichtenden Abs. 2 (4. E.) wieder Vergehensstrafe zu befürchten, während diejenigen, welche die Erlaubnis von Dr. Frick bekommen haben würden, aber sich an einer der Ausführungsbestimmungen des § 8 nicht hielten, gemäß der verbleibenden Z. 2 des künftigen Abs. 3 noch mit Übertretungsstrafe zu belegen waren.

Für § 11 ergab sich aus der Besprechung noch, den wiederkehrenden Ausdruck „*wer vorsätzlich oder fahrlässig*" „mathematisch" vor die Klammer — also vor die folgenden Ziffern — zu ziehen und unmittelbar an Leitsatz des Absatzes anzuschließen. Dadurch kam der alte Wunsch nach einer ausdrücklichen Bestrafung fahrlässiger Zuwiderhandlungen gegen Tierschutzbestimmungen zur Geltung. Auch die von bisherigen Textstufen übernommene Aufsichtspflicht in Z. 4 steuerte dazu bei. Ferner wurde die Funktion des § 360 Nr. 13 RStGB n. F. durch die hiesigen Ziffern 1 und 3 gemeinsam wahrgenommen, wobei Erstere in reichsweit häufigen Streitfällen für Klarheit sorgen sollte, während Letztere zur Lückenschließung besonders bezüglich örtlicher Sonderbedürfnisse zu dienen hatte. Schließlich brachte sowohl der neue Zwischenhalbsatz im vorliegenden Abs. 2, „*soweit die Tat nicht schon unter die Strafdrohung des Abs. 1 fäll,*" wie auch die auf Görings Anregung miteingeschobenen Worte, „*abgesehen von den Fällen des Abs. 1*", den Gesetzeswillen zum Ausdruck, in Tierschutzfragen bei Tateinheit auf die härtere Strafe zu erkennen.

„§ 12

(1) Neben der wegen einer vorsätzlichen Zuwiderhandlung gegen § 11 erkannten Strafe kann auf Einziehung oder auf Tötung des Tieres erkannt werden, wenn es dem Verurteilten gehört. Statt der Einziehung kann angeordnet werden, daß das Tier auf Kosten des Verurteilten bis zur Dauer von drei Monaten anderweit untergebracht und verpflegt wird.

(2) Kann keine bestimmte Person verfolgt oder verurteilt werden, so kann auf Einziehung oder Tötung des Tieres selbständig erkannt werden, wenn im übrigen die Voraussetzungen hierfür vorliegen."

Ob mit (Abs. 1) oder ohne (Abs. 2) Bestrafung des Täters, kümmerte sich der Gesetzgeber um die Leidenslinderung des tierischen Opfers mithilfe der hier zu-

---

1181 GStA PK Berlin-Dahlem, I. HA Rep. 84 a Nr. 5215, Bl. 303 RS.

1182 GStA PK Berlin-Dahlem, I. HA Rep. 84 a Nr. 5215, Bl. 266 VS.

sammengeführten Nebenstrafen. Aber für die Einziehung (oder Tötung) wurde aufgrund ihrer von Wagner (RJM) bei der Besprechung des § 9 Abs. 1 S. 1 des 2. E. angegebenen Härte der *Vorsatz* als Voraussetzung eingefügt. Die Ersatzmöglichkeit, das Tier anderweitig zu unterbringen, erfuhr zwei Änderungen. Auf der einen Seite betonte die neue Fassung ausdrücklich, das Tier auch hierbei zu *verpflegen*. Auf der anderen Seite wurde für die pflegliche Unterbringung ein *dreimonatiger Zeitrahmen* gesetzt, da die Dauerernährung des Tieres, wie die o. g. Frau Furthmann in ihrem Brief betreffs Fundtiere schon Göring geschildert hatte, ein unverhältnismäßiger Aufwand im rechtlichen Sinne sei. Bezüglich des Formalismus war zuerst die bisherige Rede von „*dem Täter oder einem Teilnehmer*" terminologisch in den „*Verurteilten*" vereinigt worden, zudem schloss sich die Regelung über selbständige Erkennung derselben Nebenstrafen als Abs. 2 an, die im 2. E. noch als selbständiger § 10 gefasst war.

„§ 13

(1) Ist jemand wiederholt wegen einer vorsätzlichen Zuwiderhandlung gegen § 11 rechtskräftig verurteilt worden, so kann ihm die zuständige Landesbehörde die Haltung von bestimmten Tieren oder die berufsmäßige Beschäftigung oder den Handel mit ihnen auf Zeit oder Dauer untersagen.

(2) Nach Ablauf eines Jahres seit der Rechtskraft der Untersagungsanordnung kann die zuständige Landesbehörde die Anordnung wieder aufheben.

(3) In der Haltung oder Unterbringung schuldhaft erheblich vernachlässigte Tiere können durch die zuständige Landesbehörde ihrem Besitzer fortgenommen und so lange anderweit pfleglich untergebracht werden, bis die Gewähr für eine einwandfreie Tierhaltung vorhanden ist. Die Kosten dieser Unterbringung sind dem Schuldigen aufzuerlegen."

Das Berufsverbot aus § 9 Abs. 1 S. 2 des 2. E. wurde in § 13 Abs. 1 des 3. E. verlegt, wodurch das Vorgehen gegen tierquälerische Rückfallstäter auch gesetzesstrukturell hervorgehoben wurde. Demgegenüber gewährte der neue, etwas erzieherische Abs. 2 u. U. eine Möglichkeit zur Aufhebung des Berufsverbotes, das dem Betroffenen einen Einschnitt in die Existenzgrundlage entziehen konnte. Abs. 3 war vom § 9 Abs. 2 des 2. E. geprägt, und fügte dessen Bestimmung „*Haltung oder Unterbringung*" noch „*Pflege*" hinzu, damit die Aufzählung sich nach § 2 Z. 1 ausrichtete. Außerdem sprach die neue Fassung statt vom bisherigen „*Besitzer oder dessen Beauftragten*", dem das nunmehr „*schuldhaft*" vernachlässigte Tier fortzunehmen war, nur noch vom „*Besitzer*", der i. S. d. § 854 BGB die tatsächliche Gewalt über das Tier hatte. Bis er die Gewähr für eine einwandfreie Tierhaltung darbieten würde, ging die pflegliche Unterbringung des Tieres — hier ohne Zeitrahmen — zielgenau auf Kosten des „*Schuldigen*", ohne unbedingt noch den Besitzer als Gesamtschuldner heranzuziehen. Für alle diese Verwaltungsmaßnahmen schrieb § 13 die Zuständigkeit einheitlich und eindeutig der Landesbehörde zu, die sie weiterhin „*auch ohne Erstattung einer Strafanzeige*" (vom § 9 Abs. 2 des 2. E., hier entfallen) anordnen konnte.

Schließlich waren die jetzigen §§ 11 – 13 infolge der Verlagerung des § 10 in den „*Abschnitt IV Schlußbestimmungen*" als § 13 im kommenden 4. E. noch in §§ 10 – 12 umzubeziffern. Unberührt blieb § 14, der die Ermächtigungskette vom Reichsminister des Innern bis zu den Landesregierungen straffer formulierte und neben der Durchführung des RTierSchG auch dessen Ergänzung durch Rechts- und Verwaltungsvorschriften vorgab. Für Letztere entfiel die Einschränkung „*allgemein*". § 15 wiederholte die Absicht, nach Inkrafttreten des RTierSchG die §§ 145 b und 360 Nr. 13 RStGB n. F. aufzuheben, und legte den Zeitpunkt dafür erstmals auf den 1. Februar 1934 fest.

4. Entwurf vom 4. November 1933 und Beschließung

Drei Tage nach der Besprechung des 3. E. konnte Dr. Frick dem Staatssekretär der Reichskanzlei einen 4. Entwurf (4. E.) vorlegen lassen, dem die beteiligten Reichsministerien und Preußischen Ressorts zugestimmt hatten.[1183] Neben der Einarbeitung der Beratungsergebnisse fanden sich noch ein paar sprachliche Änderungen: § 2 Z. 2 wurde grammatikalisch durch Kommasetzung vor den beiden „*oder*" klarer. Z. 4 sprach von „*veräußern*" statt „*abgeben*", und Z. 7 ersetzte ihren S. 2 HS. 1, „*Eine Zuwiderhandlung liegt nicht vor,*" durch „*Das Kürzen ist zulässig,*" damit die Worte sich auch auf Z. 8 S. 2 HS. 1 beziehen konnten. § 3 sagte „*in besonders begründeten Fällen*" anstelle der bisherigen Ausnahmefälle, deren Aufzählung Dr. Giese in seinen Kommentar verlagerte. In § 6 wurde das „*Verboten ist*" der Tierversuche an den Anfang der Vorschrift gestellt, während die Ausführung ausnahmsweise zugelassener Versuche unter § 8 Z. 1 – 4 nunmehr in eigenen Sätzen mit Großbuchstaben am Anfang aufgelistet wurde. Dazu verlangte § 10 Abs. 2 des 4. E. die „*erforderliche*" Erlaubnis statt „*vorgeschriebene*" wie in Görings Vorschlag.

Daraufhin fand am 14. November 1933 eine Kabinettssitzung statt. „Der *Reichsminister des Innern* trug den Inhalt des Entwurfs — Rk. 12845 — vor. Gegen einzelne Vorschriften des Entwurfs wurden insbesondere von dem *Reichsminister für Ernährung und Landwirtschaft* Bedenken geäußert, der u. a. das generelle Verbot des Kupierens bei Pferden und des Stopfens von Gänsen als sehr bedenklich bezeichnete. Der *Reichskanzler* erklärte, man dürfe auch nicht so weit gehen, die Tiere etwa besser stellen zu wollen als den Menschen. Zunächst müßten unbedingt die Vivisektion und die Tierquälerei grundsätzlich verboten werden. Über Einzelheiten des Entwurfes seien jedoch nach seiner

---

1183 II 4440/2.11. v. 4. 11. 1933, in: BA Berlin-Li., R 18 Rep. 320 Nr. 589, Bl. 83.

Auffassung noch Ressortsbesprechungen erforderlich. Das Reichskabinett stimmte dem Entwurfe eines Tierschutz-Gesetzes grundsätzlich zu. Über einige Einzelheiten sollen jedoch noch Ressortsbesprechungen zwischen den beteiligten Ressorts stattfinden."[1184]

Zu diesem Zwecke lud Dr. Frick mit einem Schnellbrief vom 15. November 1933 Walther Darré und Hermann Göring persönlich zur Ministerbesprechung am Sonnabend, 18. November 1933, mittags 12 Uhr im Reichsministerium des Innern, Sitzungssaal 116 ein.[1185] Nach dieser abschließenden Unterredung zwischen dem Reichsminister des Innern, dem Reichslandwirtschaftsminister und dem Preußischen Ministerpräsidenten ergab sich erstens die Rückkehr des Ausnahmefalls, den der 3. E. für die Kastration vorgesehen hatte: „*oder [die Betäubung] im einzelnen Falle nach tierärztlichem Ermessen nicht durchführbar erscheint*"[1186], in den § 2 Z. 9. Sodann erfolgte die einschneidende Entscheidung, *§ 4* (Zufallstierbesitzer) und *§ 5 Abs. 2* (Zughunde) ersatzlos zu *streichen,*[1187] infolgedessen der bisherige § 5 Abs. 1 (Einhufer unter Tage) allein als § 4 zu stehen hatte. Ehe daraufhin alle folgenden Paragraphen samt deren Verweisen je um eine Zahl weniger wieder neu beziffert werden mussten, bereicherte sich der Noch-§ 9 über die kategorisch freigesprochenen Tierversuche für Rechtspflege, Seren und Impfungen um den künftigen § 8 S. 2: „*Doch sind auch diese Tiere alsbald schmerzlos zu töten, wenn sie unter erheblichen Schmerzen zu leiden haben und die Tötung mit dem Zwecke des Versuchs vereinbar ist.*"[1188] Diese dritte Änderung dürfte auf Göring zurückzuführen sein, wie er bei der Regulierung der Tierversuche immer das letzte Wort hatte. Obwohl sein Wunsch, gegen Tierquäler und eigenmächtige Tierexperimentiere mit Gefängnis bis zu einem Jahr bzw. bis zu drei Monaten vorzugehen, durch § 10 Abs. 1 und 2 des 4. E. zufriedengestellt worden war, wurde das Strafmaß nochmals erhöht: Gefängnis bis zu *zwei Jahren* wegen Tierquälerei und bis zu *sechs Monaten* wegen unerlaubter Versuche an lebenden Tieren drohte nun den Tätern![1189] In Anbetracht

---

1184 Minuth (Bearbeiter), *Akten der Reichskanzlei — Regierung Hitler*, Teil I Bd. 2, 1983, Dokument Nr. 244 v. 14. 11. 1933, S. 947 – 948.

1185 II 4440/15.11, in: BA Berlin-Li., R 18 Rep. 320 Nr. 589, Bl. 122.

1186 BA Berlin-Li., R 18 Rep. 320 Nr. 589, Bl. 86.

1187 BA Berlin-Li., R 18 Rep. 320 Nr. 589, Bl. 87. Zu Ersterem verwies Heintz, *Tierschutz im Dritten Reich*, 2008, S. 63 auf „die besondere Anordnung vom 24. April 1939, die am 5. 6. 1939 in Kraft trat und strengstens verbot, Tiere auf Jahrmärkten als Gewinn anzupreisen." Über Letzteren s. u. „Grenzfälle" des § 2 Z. 2 RTierSchG.

1188 BA Berlin-Li., R 18 Rep. 320 Nr. 589, Bl. 90.

1189 BA Berlin-Li., R 18 Rep. 320 Nr. 589, Bl. 90. In diesem Exemplar des Reichsinnenministeriums wurde nur „2 Jahren" in den § 10 Abs. 1 eingetragen, wohingegen Abs. 2 unberührt blieb. Da der 4. E. bis zur Verkündung des RTierSchG, in dessen § 9 Abs. 2

sowohl der Machtverhältnisse als auch der Stellungnahme auf der Kabinettssitzung lässt diese vierte, gravierendste Gesetzesänderung auf Hitlers Willen schließen. Die fünfte war eine völlige Neuheit, die am Ende der Strafbestimmungen vorschrieb: *„Ist in einem Strafverfahren zweifelhaft, ob die Tat unter ein Verbot des § 2 Nr. 1 oder 2 fällt, so sollen hierüber in einem möglichst frühen Abschnitt des Verfahrens der beamtete Tierarzt und, soweit es sich um landwirtschaftliche Betriebe handelt, der Reichsnährstand gehört werden.*“[1190] Die Anhörung des Tierarztes, den Prof. Hörlein ausgangs der preußischen Vivisektionsaussprache als den richtigeren Sachverständigen für Stallhygiene, Fütterung und Reinhaltung der Tiere gegen die Tierschützer durchgesetzt hatte, kann Göring vorgeschlagen haben. Hingegen muss die Heranziehung des Reichsnährstandes von Darré durchgesetzt worden sein. Ebenfalls ihm zuzuschreiben erschien letztlich das Hinausschieben des Zeitpunktes für das Inkrafttreten von § 2 Z. 8, 11 und des § 3, wohl als Genugtuung für denselben Reichsbauernführer, dessen Bedenken gegen das Generalverbot von Kupieren und Stopfen vier Tagen zuvor bei seinem Führer offenbar kein Gehör hatte finden können.

Die Ausfertigung des Gesetzes war auf den 24. November 1933 anberaumt. Dafür sei Hitler eigens mit Flugzeug nach Berlin zurückgeeilt; als dann „der zuständige Referent im Reichsministerium des Innern, Dr. Hermann von Seefeld, Kraemer für seine Mitarbeit in feierlicher Form die Hand drückte und ihn den ‚Vater des Tierschutzgesetzes‘ nannte,“ [1191] unterzeichneten in Reihenfolge Reichskanzler Adolf Hitler, Reichsminister des Innern Dr. Frick und Reichsminister der Justiz Dr. Gürtner. So war das Reichstierschutzgesetz, an dessen Erarbeitung sowohl die Tierschützer wie auch die Amtsträger rund neun Monate intensiv mitgewirkt hatten, zustandegekommen!

„sechs Monaten“ doch stand, nicht mehr beraten wurde, ist anzunehmen, dass die letztere Änderung doch spätestens nach der Ministerbesprechung beschlossen worden war, aber Dr. Frick vergaß nur, sie hier handschriftlich zu vermerken.

1190 Ebenfalls nicht in Dr. Fricks Exemplar handschriftlich eingetragen, aber erschien im Gesetz als § 12.

1191 Zoll, *Kraemer*, 2005, S. 33.

H. Auslegung des Reichstierschutzgesetzes

Das *Reichstierschutzgesetz* (RTierSchG) wurde im Reichsgesetzblatt I, Nr. 132 vom 25. November 1933, S. 987 verkündet. Aus der Begründung zum 4. E., die das Reichsinnenministerium am 4. November 1933 der Reichskanzlei vorgelegt hatte, ging eine *amtliche Begründung* hervor, die im *Deutschen Reichs- und Preußischen Staatsanzeiger* vom 1. Dezember 1933, Nr. 281/33 erschien.[1192] Unter wiederkehrender Bezugnahme auf die Eingaben der Tierschützer warf die Vorrede zuerst einen Rückblick auf die Entwicklungen der Tierschutzgesetzgebung im Verhältnis zum Volkskulturstand und im Vergleich zum Ausland, schilderte dann die Systematik des Gesetzes und gab zuletzt seinem erzieherischen Anliegen Ausdruck:

> „Die Schaffung eines Reichsgesetzes zum Schutze der Tiere ist seit Jahrzehnten Wunsch des deutschen Volkes, das besonders tierliebend ist und sich der hohen ethischen Verpflichtungen dem Tiere gegenüber bewußt ist. Dieser Wunsch hat aus den Kreisen der Tierschutzbewegung in zahlreichen Gesuchen an die gesetzhebenden Körperschaften und in Eingaben an die Behörden beredten Ausdruck gefunden. Der vor dem 1. Juni 1933 dem Tierschutz dienende § 360 Nr. 13 des Strafgesetzbuches trug den Verhältnissen des täglichen Lebens und dem Rechtsempfinden weiter Kreise innerhalb der Juristen- und Laienwelt infolge des allzu engen Tatbestandes und der geringen Strafandrohung nicht Rechnung. In vielen Fällen gelang es den Schuldigen, weil nicht sämtliche Tatbestandsmerkmale des § 360 Nr. 13 des Strafgesetzbuches nachgewiesen werden konnten, der Bestrafung zu entgehen. Eine Besserung haben diese Verhältnisse durch das Gesetz zur Abänderung strafrechtlicher Vorschriften vom 26. Mai 1933 (RGBl. S. 295) erfahren, indem der Wortlaut des an die Stelle des früheren § 360 Nr. 13 getretenen § 145 b: ‚Wer ein Tier roh mißhandelt oder absichtlich quält, wird mit Gefängnis bis zu sechs Monaten oder mit Geldstrafe bestraft', den Tatbestand erweitert hat und Tiermißhandlung oder –quälerei als *Vergehen* bestraft. Durch die neue Vorschrift wurde erreicht, daß nicht mehr wie früher nur die Empfindungen und Gefühle eines Menschen vor dem Anblick einer Tierquälerei geschützt werden oder menschliche Interesse um Vordergrund stehen, sondern daß dem Gedanken Raum gegeben wird, daß das Tier *des Tieres wegen* geschützt werden muß. Trotz dieser nicht unerheblichen Verbesserungen hat die getroffene Regelung der deutschen Auffassung über einen wirkungsvollen Tierschutz insofern nicht Rechnung getragen, als auch der § 145 b eine Bestrafung nur dann zuläßt, wenn die Quälerei ‚absichtlich' erfolgt ist. Auch diese Fassung ermöglichte es nach wie vor manchem Tierquäler, sich einer Bestrafung zu entziehen, da das ‚absichtli-

---

1192 Im folgenden Text angeführt von ihrer Urfassung in BA Berlin-Li., R 18 Rep. 320 Nr. 589, Bl. 93 – 113 (unter Berücksichtigung nur zweier zwischenzeitlichen Wortänderungen in Bl. 114, 117) bzw. dem Abdruck in Giese / Kahler, *Das deutsche Reichs-Tierschutzgesetz*, 1934, S. 104 – 125; *Das deutsche Tierschutzrecht*, 1939, S. 269 – 285; Giese, 4. A., 1951, S. 288 – 306.

che Quälen' schwer nachzuweisen ist. Man forderte daher ein besonderes Tierschutzgesetz, und zwar ein Reichsgesetz, das in völligem Einklang mit dem Kulturstand des deutschen Volkes stehen und das gegenüber der Vielgestaltigkeit von Sonderverordnungen in den einzelnen deutschen Ländern und der dadurch bedingten Rechtsunsicherheit und Rechtsungleichheit möglichst weitgehende Bestimmungen über den Tierschutz für das *gesamte Reichsgebiet* erhalten soll.

In den zahlreichen Eingaben findet sich nicht selten der Hinweis auf die ausreichende Tierschutzgesetzgebung anderer Länder. In der Tat übertrifft in einer großen Zahl von *Auslandsstaaten* der Umfang des den Tieren gewährten Schutzes den *bisherigen* in Deutschland nicht unerheblich; dies traf insbesondere zu vor Erlaß des Gesetzes zur Abänderung strafrechtlicher Vorschriften vom 26. Mai 1933. Andererseits muß aber auch betont werden, daß die Vorschriften einiger fremder Länder insofern den Tierschutzbestimmungen im Deutschen Reiche nachstehen, als sich der Tierschutz im allgemeinen nur auf *Haustiere* erstreckt oder die Bestrafung von Tierquälereien von dem Nachweis der Öffentlichkeit und der Ärgerniserregung abhängig gemacht wird.

Von besonderen Bestimmungen zum Schutze der *jagdbaren Tiere und der Fische* sieht die Neuregelung bewußt ab, da ein Schutz dieser Tiere in den Jagd- und Fischereigesetzen und Polizeiverordnungen der einzelnen Länder bereits vorgesehen ist oder doch jederzeit vorgesehen werden kann. Für humanes *Schlachten der Tiere* ist inzwischen durch das Gesetz vom 21. April 1933 (RGBl. I S. 203) und die dazu vom Reich und von den Ländern erlassenen Verordnungen gesorgt. Auch der Schutz der Vögel hat durch das *Vogelschutzgesetz* vom 30. Mai 1908 (RGBl. 314) bereits eine gesonderte reichsgesetzliche Regelung erfahren. Im übrigen schützt auch das vorliegende Reichstierschutzgesetz sämtliche Vögel, wie es schon bisher der § 145 b des Strafgesetzbuches getan hat.

Besonders hervorzuheben ist noch, was auch von einsichtigen Tierschützern immer wieder betont wird, daß selbst mit dem besten Tierschutzgesetz noch nicht alles für den Schutz der Tiere getan ist; es muß darüber hinaus das Verständnis für die Tiere geweckt und gelehrt und zum Gemeingut aller Volksgenossen gemacht werden. Nur beides zusammen, Gesetz und Belehrung, vermögen zu dem gewünschten Erfolge, einem ausreichenden Schutz des Tieres, zu führen. Die Bestrebungen der Tierschutzvereine gehen dabei in derselben Richtung wie die Bestrebungen der zuständigen Behörden. Alle Bestimmungen in dem vorliegenden Gesetze sind daher auch von dem Gedanken geleitet, Roheiten und Pflichtvergessenheiten des Menschen entgegenzuwirken und das Mitgefühl, einen der höchsten sittlichen Werte des Volkes, zu erwecken und zu fördern. Als sachverständiger Helfer wird dabei in erster Linie der Tierarzt kraft seiner Vorbildung berufen sein; denn er besitzt die erforderliche praktische Erfahrung in Tierschutzfragen und lebt in seinem Beruf ständig der Aufgabe, die Leiden der Tiere zu lindern."[1193]

1193 BA Berlin-Li., R 18 Rep. 320 Nr. 589, Bl. 93 – 95; Giese / Kahler, *Das deutsche Reichs-Tierschutzgesetz*, 1934, S. 104 – 107; *Das deutsche Tierschutzrecht*, 1939, S. 271; Giese, 4. A. 1951, S. 290.

So ging die amtliche Begründung in die Auslegung der Einzelbestimmungen über. Zu derselben trugen nicht nur Dr. med. vet. Giese und Dr. jur. Kahler kraft ihrer nach amtlichen Unterlagen verfassten Kommentarauflagen je vom April 1934, Oktober 1938 (veröffentlicht 1939), 1944 und 1951 bei, sondern zumindest auch in der Rechtswissenschaft blieb das RTierSchG bis in die Kriegsjahre hinein Gegenstand lebhafter Erörterungen.

§ 1 Allgemeines Verbot der Tiermißhandlung[1194]

„Abschnitt I
Tierquälerei.

§ 1

(1) Verboten ist, ein Tier unnötig zu quälen oder roh zu mißhandeln.

(2) Ein Tier quält, wer ihm länger dauernde oder sich wiederholende erhebliche Schmerzen oder Leiden verursacht; unnötig ist das Quälen, soweit es keinem vernünftigen, berechtigten Zweck dient. Ein Tier mißhandelt, wer ihm erhebliche Schmerzen verursacht; eine Mißhandlung ist roh, wenn sie einer gefühllosen Gesinnung entspringt.“

1. „Tier“ i. S. d. RTierSchG

Die grundlegendste Bestimmung des RTierSchG bildete den ersten Abschnitt, dessen Begründung den Umfang des Begriffs „Tier“ klarstellte: „Es ist davon abgesehen worden, das Reichstierschutzgesetz auf bestimmte Tierarten, z. B. auf *Haustiere*, zu beschränken, wie es in einigen ausländischen Gesetzen der Fall ist. Dies hätte eine Verschlechterung des bisherigen Rechtszustandes zur Folge gehabt.“[1195]

Den Tierbegriff versuchte Fritz Korn in seinem wohl frühsten Kommentar zum RTierSchG dogmatischer zu definieren. Dabei wollte er seine Ausführungen im Archiv für Rechtspflege in Sachsen, Thüringen und Anhalt 1929, S. 331 auch für das neue Recht gelten lassen: „Darin habe ich ausgeführt, daß dort, wo infolge der Kleinheit des Lebewesens, seines niederen Organismus, der man-

1194 Wie bisher gab es auch beim RTierSchG keine amtlichen Überschriften, sondern alle Kopfzeilentexte sind übersichtshalber von *Lorz, Naturschutz-, Tierschutz- und Jagdrecht*, 1961, S. 4 – 35 (Paragraphentitel) und Neupert, *Der strafrechtliche Schutz der Tiere nach dem RTierSchG*, 1936 / T.D. 1937, S. 211 – 220 und 301 – 304 (Ziffern des § 2) übernommen bzw. vom Verfasser selbst (Ziffern des § 7; § 9 Abs. 3) hinzugefügt.

1195 BA Berlin-Li., R 18 Rep. 320 Nr. 589, Bl. 95 – 96; Giese / Kahler, *Das deutsche Reichs-Tierschutzgesetz*, 1934, S. 107; *Das deutsche Tierschutzrecht*, 1939, S. 271; Giese, 4. A., 1951, S. 290.

gelnden Ausdrucksbewegungen der Schmerz nicht mehr nachfühlt, das Mitleid nicht mehr erweckt werden kann, der Begriff des ‚Tieres' im Sinne des Tierschutzgesetzes ende, mag es sich auch noch im Sinne der Naturwissenschaft um ein frei und willkürlich bewegendes, mit Empfindung begabtes Wesen handeln, das organischer Nahrung bedarf, Sauerstoff einatmet und Kohlensäure nebst stickstoffartigen Zersetzungsprodukten ausscheidet."[1196] Diese Spannungsbeziehung sprach Werner Landwehr 1935 an: „denn durch die übrigen Erfordernisse des Quälens oder Mißhandelns wird der weite Tierbegriff eingeengt."[1197]

Dies erläuterte Albert Lorz in seiner Doktorarbeit von 1936 weiter: Damit die unangemessene Behandlung eines Tieres ein Vergehen nach § 1 RTierSchG werde, könne „doch nur ein Tier Tatobjekt sein, das gewisse Voraussetzungen erfüllt." Darüber sei „die größere oder geringere Fähigkeit Schmerz zu empfinden entscheidend."[1198] Mit Bezug auf Schaefers Hinweis, sich mit „dem heutigen Zustand der Wissenschaft"[1199] zu behelfen, ging Lorz systematischer auf dieselbe ein: Vor allem sei eine Annahme der Schmerzfähigkeit bei den Säugetieren aufgrund ihres ähnlichen Körperbaus mit den Menschen und aus unseren Erfahrungen zwingend. „Dabei wird man allerdings auch das Alter des Tieres nicht außer Betracht lassen dürfen. Junge Tiere sind erfahrungsmäßig meist weniger empfindlich als ausgewachsene. Daher gestattet es das Gesetz einem nicht über 2 Wochen alten Hunde Ohren und Schwanz zu kürzen (§ 2 Z. 7 RTG). Kaum anders als bei den Säugetieren liegen die Verhältnisse bei den Vögeln. Reptilien und Lurche können schon nicht mehr auf eine Stufe mit den genannten Klassen gestellt werden, sind aber ohne Zweifel noch einer Mißhandlung fähig. Daher ist es beispielweise unter Strafe gestellt, lebenden Fröschen die Schenkel auszureißen oder abzutrennen (§ 2 Z. 12 RTG)."[1200] Für die Fische ergänzte Lorz „die Veranstaltung von Tierkämpfen zwischen den Männchen gewisser exotischer Fischarten" zu Brühls Aufzählung 1930 (s. o.), und die dortige Schmerzuntersuchung „soll in gewissem Umfang auch noch für Krebse Geltung haben. Vgl. nunmehr die in Ergänzung des Tierschutzgesetzes erlassene ‚Verordnung über das Schlachten und Aufbewahren von Fischen und anderen kalt-

1196 Korn, *Kommentar zum RTierSchG*, 1934, S. 12 – 13; wörtlich übernommen in v. Skopnik, *RTierSchG mit Begründung*, 1934, S. 18. Korn war Dresdner Amtsgerichtsrat, seit Anfang 1927 Vorstandsmitglied des Alten Tierschutzvereins ebenda, und nunmehr auch Wissenschaftlicher Leiter des Amtes für Tierschutzforschung; „Daß diese Erläuterungen schon wenige Tage nach dem Erscheinen des Gesetzes druckfertig vorlagen", ist auf S. 4 angegeben, allenfalls früher als das Vorwort des Verfassers v. 8. 12. 1933.

1197 Landwehr, *Die strafbare Tierquälerei nach § 9 RTierSchG*, 1935, S. 6.

1198 Lorz, *Tiermißhandlung im RTierSchG*, 1936, S. 9.

1199 Schaefer, *Tierschutz im Reichsstrafrecht*, 1932, S. 41.

1200 Lorz, *Tiermißhandlung im RTierSchG*, 1936, S. 10.

blütigen Tieren‘ vom 14. Jan. 1936 (RGBl. I, S. 13).“[1201] Hingegen fehle es bei Gliederfüßern (außer Krebs), Kerbtieren, Weichtieren (z. B. Schnecken, Manteltieren, Würmern), Stachelhäutern, Hohltieren, Schwämmen und Urtieren an einem Beweis für „die Fähigkeit der erheblichen Schmerzempfindung“[1202], infolgedessen mit den wirbellosen Tieren „der Begriff der Mißhandlung nicht ohne weiteres verbunden werden darf.“[1203]

Allerdings erwies sich diese Untersuchung nicht als Unterstützung für Korn. Vielmehr enthüllte sie den Widerspruch zwischen Tierschmerz- und Menschengefühlschutz in der althergebrachten Auffassung: „Wenn eine Tierschutzstrafnorm aber den Schutz der Tiere vor Schmerz bezweckt, dann kann zu der Feststellung des Vorhandenseins der Fähigkeit Schmerz zu empfinden nur die Naturwissenschaft berufen sein, denn es ist schlechterdings unmöglich, zu erfühlen, ob ein Tier Schmerz empfindet oder nicht. Der Schutz des Gesetzes müßte sogar dann Platz greifen, wenn es einmal der Wissenschaft gelänge, das Vorhandensein einer Fähigkeit der Schmerzempfindung bei solchen Tieren nachzuweisen, auf deren Mißhandlung wegen der völligen Verschiedenheit der körperlichen Struktur von der des Menschen unser Mitgefühl nicht mehr anspricht. Der strafrechtliche Tierbegriff endet nicht also dort, wo der Schmerz nicht mehr nachgefühlt werden kann, sondern allenfalls dort, wo der wissenschaftliche Nachweis des Empfindungsvermögens nicht mehr zu erbringen ist. Die gegenteilige Behauptung widerspricht offenbar dem Zweck und dem Wortlaut des Reichstierschutzgesetzes und ist mit dem Gedanken eines Schutzes des Tieres um seiner selbst willen völlig unvereinbar. Die Behauptung *Korns* ist die Konsequenz des Gefühlschutzes in seiner reinsten Form […]. Bezweifelt darf auch werden, ob es einen Fortschritt bedeutet, wenn man von einem besonderen (engeren) strafrechtlichen Tierbegriff spricht. Klarer und einfacher ist es zu sagen: Der Tierbegriff des Tierschutzgesetzes ist ursprünglich der allgemeine, der Naturwissenschaft entstammende. Die Eigenart mancher tierischer Lebewesen bringt es allerdings mit sich, daß sie nicht Tatobjekt einer strafbaren Tiermißhandlung sein können.“[1204] Rückendeckung erhielt Lorz von seinem gleichzeitigen Doktoranden Herbert Neupert: „Gegen die Richtigkeit der Kornschen Ansicht spricht auch, daß hier nur eine besondere Eigenschaft gewisser tierischer Organismen, die außerdem niemals objektiv erkennbar ist, für die Begriffsbestimmung herangezogen wird und nicht ein Merkmal, das allen eigentümlich ist.

1201 Lorz, *Tiermißhandlung im RTierSchG*, 1936, S. 10 – 11.
1202 Lorz, *Tiermißhandlung im RTierSchG*, 1936, S. 9.
1203 Lorz, *Tiermißhandlung im RTierSchG*, 1936, S. 11.
1204 Lorz, *Tiermißhandlung im RTierSchG*, 1936, S. 12 – 13; Beifall in Schmid-Lindner, *Fragen des StR-AT zum TierSchR*, 1941, S. 6.

[…] Zum dritten würde aber für die Bestimmung als Tier nicht eine bestimmte Form des Organismus, sondern die durch eine Handlung und durch ihre Modalitäten geschehene Einwirkung von außen her und die Reaktion des tierischen Körpers auf sie entscheidend werden."[1205]

Vor diesem Hintergrunde verbinde „die Volksanschauung mit ihrer Vorstellung: Tier nicht die Schmerzempfindung." Weil „Rechtsanschauung und Volksanschauung aber möglichst nicht differieren sollen",[1206] setzte man nunmehr auf *die Empfindung* schlechthin. Dazu erklärte Alfred Lemcke: „Die Empfindung ist ein an das Vorhandensein des Bewusstseins geknüpfter innerer Vorgang, der durch ein besonderes Verhalten de[s] empfindenden Wesens auch äusserlich zum Ausdruck kommen kann. In Form des Schmerzes ist die Schmerzempfindung subjektiv durch eine lebhafte, unangenehme oder unlustige Gefühlsbetonung ausgezeichnet. Objektiv gibt sich die Schmerzempfindung durch das Ausstossen besonderer Laute, Stöhnen und starke Muskelbewegungen kund."[1207] Insofern diene naturwissenschaftlich nicht der Schmerz, sondern die *Empfindsamkeit* als Abgrenzung der Tiere von Pflanzen: „Nur das Tier hat die Möglichkeit und den Drang danach, durch willkürliches Handeln die Lust zu steigern und die Unlust zu beseitigen."[1208] Auf dieser Grundlage erachtete Neupert die Empfindung auch i. S. d. RTierSchG als das entscheidende Merkmal für die Tierbegriffsbestimmung: „Die Tierschädigung setzt dann immer voraus, daß eine Empfindung (…) vorhanden ist, die durch die schädigende Handlung irgendwie betroffen wird und in irgendeiner Weise bewußt reagiert." „Die Grenze nach unten ist dort zu ziehen, wo das Tier noch imstande ist, Lust- und Unlustgefühle zu haben, wo es noch empfindend ist."[1209]

Aus diesen Gründen gelangte Neupert auch zum Ergebnis: „Der Begriff des Tieres umfaßt al[s]o alle Lebewesen, die von der Naturwissenschaft als Tiere

1205 Neupert, *Der strafrechtliche Schutz der Tiere nach dem RTierSchG*, 1936 / T.D. 1937, S. 28.

1206 Neupert, *Der strafrechtliche Schutz der Tiere nach dem RTierSchG*, 1936 / T.D. 1937, S. 28.

1207 Lemcke, *Einfluss des Zeitdenkens*, 1943, S. 14; zu „Bewusstsein" erklärte der Doktorand von Prof. Dr. Max Müller in S. 13, „da[ß] Fühlen, Wollen und Denken die drei seelischen Fähigkeiten sind, die der Bewusstheit zu Grunde liegen. […] Physiologisch betrachtet, entspringt das Bewusstsein aus chemischen und physikalischen Vorgängen im Plasma der Ganglienzellen der Grosshirnrinde."

1208 Neupert, *Der strafrechtliche Schutz der Tiere nach dem RTierSchG*, 1936 / T.D. 1937, S. 27.

1209 Neupert, *Der strafrechtliche Schutz der Tiere nach dem RTierSchG*, 1936 / T.D. 1937, S. 27.

bezeichnet werden;“[1210] wie Kollege Lorz eben ausführte: „Die Norm des § 1 RTG kommt allen Tieren zugute […]. Einzige Voraussetzung der Schutzwürdigkeit ist also die Schutzfähigkeit. Danach haben mancherlei Unterscheidungen, die man zu früheren Zeiten gemacht hat, heute keine Bedeutung mehr. So ist es gleichgültig, ob das mißhandelte Tier ein eigenes, fremdes oder herrenloses ist. Gleichgültig ob es ein schädliches (…) oder sogenanntes nützliches Tier ist.[1211] Gleichgültig ferner, welcher naturwissenschaftlichen Ordnung es angehört. Es werden also nicht etwa nur warmblütige Tiere geschützt, wie dies in einem Teil der Vereinigten Staaten der Fall ist, oder nur Säugetiere oder nur Wirbeltiere. […] Unerheblich ist auch, ob es sich um wilde, gefangene wilde, gezähmte oder Haustiere handelt, […] denn unter der Beziehung des Empfindungsvermögens gibt es keinen Unterschied zwischen ihnen und den Tieren gleicher Ordnung, die in der Freiheit leben.“[1212] Aufgrund dieser Auseinandersetzungen sprachen Giese und Kahler in der Neuauflage ihres Kommentars das „Machtwort“ aus:

> „Unter ‚Tier‘ im Sinne des vorliegenden Gesetzes sind somit *alle* im Sprachgebrauch und in der Naturwissenschaft als Tiere bezeichneten Lebewesen zu verstehen, es wird strafrechtlich weder ein Unterschied zwischen Haustieren und anderen Tieren, noch zwischen höheren und niederen oder zwischen für den Menschen nützlichen oder schädlichen Tieren gemacht.“[1213] „Eine allgemeine gültige Norm, inwieweit Tiere niederer Gattungen in die Schutzbestimmungen des Gesetzes einzubeziehen sind, läßt sich nach allem, was bisher über die Schmerzempfindlichkeit der Tiere bekannt ist, nicht aufstellen. Es wird daher bei den einzelnen Tiergattungen erforderlichen Falls der Erfahrung von Fachkundigen, insbesondere von beamteten Tierärzten, überlassen bleiben müssen, über die Schmerzempfindlichkeit des betroffenen Tieres zu urteilen und die Voraussetzung für die Anwendung des Gesetzes im Einzelfalle darzulegen.“[1214]

1210 Neupert, *Der strafrechtliche Schutz der Tiere nach dem RTierSchG*, 1936 / T.D. 1937, S. 28.

1211 Dazu bemerkenswert Storch† / Mathieu, *Tierschutz-Taschenbuch*, 4. A., 1941: „Jene haben ebenfalls Anspruch auf Schutz gegen Quälereien; denn daran, daß sich ihr Dasein in einer für den Menschen schädlichen Richtung auswirkt, sind sie selbst doch vollkommen unschuldig. Wenn z. B. der Marder Verwüstungen im Hüherhause anrichtet, so begeht er diese nicht aus bewußter Grausamkeit oder gar deswegen, um den Menschen zu schädigen oder zu ärgern, sondern er folgt dem ihm eingepflanzten Naturtriebe.“

1212 Lorz, *Tiermißhandlung im RTierSchG*, 1936, S. 13 – 15.

1213 Giese / Kahler, *Das deutsche Tierschutzrecht*, 1939, S. 19.

1214 Giese / Kahler, *Das deutsche Reichs-Tierschutzgesetz*, 1934, S. 25; *Das deutsche Tierschutzrecht*, 1939, S. 25.

2. Tatbestandsmerkmale

„Die vorliegende Fassung des Abs. 1 lehnt sich eng an die des § 145 b des Reichsstrafgesetzbuches an; sie geht darüber hinaus, indem sie das Wort ‚absichtlich' durch ‚unnötig' ersetzt. Der Abs. 2 […] soll […] klare Rechtsverhältnisse schaffen."[1215]

a) Tathandlungen

Dabei bedurften die Ausdrücke, die die Legaldefinition zur Hilfe nahm, eigener Auslegungen.

aa) „quälen"

Abs. 2 S. 1 HS. 1 umschrieb die eine Tathandlung: „*Ein Tier quält, wer ihm länger dauernde oder sich wiederholende erhebliche Schmerzen oder Leiden verursacht*".

(1) Verursachung

Hier wiesen Giese und Kahler darauf hin, „daß dagegen das Quälen nicht eine länger fortdauernde oder sich wiederholende Verursachung erheblicher Schmerzen verlange, sondern daß richtiger von der Verursachung länger fortdauernder oder sich wiederholender Schmerzen zu sprechen sei, da die Handlung des Täters eine einmalige sein könne, deren das Wohlbefinden des Tieres beeinträchtigende Auswirkung sich dann auf eine längere Zeit erstrecken müsse. Diese von v. Hippel gegebene Auslegung, der sich die Rechtslehrer der folgenden Zeit und die Rechtsprechung angeschlossen haben, hat sich auch das Tierschutzgesetz zu eigen gemacht."[1216]

(2) Dauer bzw. Wiederholung

„Das Quälen liegt also nicht in dem fortdauernden Verursachen, sondern in dem länger anhaltenden Ertragenmüssen erheblicher Schmerzen oder Leiden."[1217] So „müssen Schmerzen oder Leiden von Tieren von einer gewissen Dauer vorliegen. Kurze erhebliche Schmerzen von Tieren fallen nicht unter das Quälen, so die Schmerzen der schnellen humanen Tötung."[1218]

1215 BA Berlin-Li., R 18 Rep. 320 Nr. 589, Bl. 96; Giese / Kahler, *Das deutsche Reichs-Tierschutzgesetz*, 1934, S. 107; *Das deutsche Tierschutzrecht*, 1939, S. 271; Giese, 4. A., 1951, S. 290.

1216 Giese / Kahler, *Das deutsche Reichs-Tierschutzgesetz*, 1934, S. 20; *Das deutsche Tierschutzrecht*, 1939, S. 21; Giese, 4. A., 1951, S. 13.

1217 Beckers, *Tierquälerei nach RTierSchG*, 1939, S. 17.

1218 Landwehr, *Die strafbare Tierquälerei nach § 9 RTierSchG*, 1935, S. 7.

(3) Erheblichkeit

Die amtliche Begründung besagte: „Die gegen das Tier gerichtete Tätigkeit kann bei dessen gröberer Veranlagung nur dann als Tierquälerei oder Mißhandlung gewertet werden, wenn es sich um Angriffe oder Eingriffe von gewisser Erheblichkeit handelt.“[1219] Korn sah das „in der Eigenart des Tieres begründet, das erst *auf Störungen seines Wohlbefindens von einer gewissen Intensität* reagiert, während geringere Störungen es nicht zu berühren scheinen. Die Reaktionsweise des Tieres scheint mir der Gradmesser für die Erheblichkeit des Schmerzes zu sein.“[1220] Gegen diese Ansicht wandte sich Otto M. L. Wetzel in seiner Doktorarbeit von 1935 / 36: „Dieser Behauptung kann nicht ohne weiteres beigetreten werden,“ da eine Reihe von Beispielen lehre, „daß es Tiere gibt, die ungemein feine Empfindungen haben, und naturgemäß auch gegen Schmerzen empfindlicher sind, als andere. Die Entscheidung kann daher nicht allgemein gefällt werden. Es muß vielmehr das einzelne Tier und seine Empfindungsfähigkeit Berücksichtigung finden.“[1221] Diese Feststellung schien der amtlichen Absicht genauer zu entsprechen: „Es wird daher bei den einzelnen Tiergattungen erforderlichenfalls der Erfahrung von Fachkundigen, insbesondere von beamteten Tierärzten, überlassen bleiben müssen, über die Schmerzempfindlichkeit des betroffenen Tieres zu urteilen und die Voraussetzung für die Anwendung des Gesetzes im Einzelfalle darzulegen.“[1222]

(4) Schmerzen und Leiden

Während § 360 Nr. 13 RStGB auf körperliche Schmerzen des Tieres fixiert war (s. o. „roh“), dehne sich die neue Strafvorschrift zuerst „auf Störungen der Empfindungsfähigkeit, die wir gemeinhin nicht als Schmerzen bezeichnen“, z. B. „die schmerzlose Versetzung eines Tieres in den Zustand eines starken Alkoholrausches (Störung des Gleichgewichtssinnes usw.), etwa durch Verabreichung alkoholhaltiger Nahrung. Nach Ende des Rausches auftretende Nachwirkungen werden sich ohne weiteres meist als länger dauernde erhebliche Leiden darstellen.“[1223] Zudem ging das RTierSchG über das Körperliche hinaus, weil man in-

1219 BA Berlin-Li., R 18 Rep. 320 Nr. 589, Bl. 96; Giese / Kahler, *Das deutsche Reichs-Tierschutzgesetz*, 1934, S. 107; *Das deutsche Tierschutzrecht*, 1939, S. 271; Giese, 4. A., 1951, S. 291.

1220 Korn, *Kommentar zum RTierSchG*, 1934, S. 17; Vorlage von Hippels und dessen Anhängerschaft s. o. „mißhandeln“ i. S. d. § 360 Z. 13.

1221 Wetzel, *Tierschutz im Reichsstrafrecht*, 1936, S. 16; ohne Bezug auf Schaefers gleichnamige Vorlage, 1932, S. 14.

1222 Giese / Kahler, *Das deutsche Reichs-Tierschutzgesetz*, 1934, S. 25; *Das deutsche Tierschutzrecht*, 1939, S. 25; Giese, 4. A., 1951, S. 17.

1223 Lorz, *Tiermißhandlung im RTierSchG*, 1936, S. 55.

des beim Schlacht- und Versuchstierschutz zur Erkenntnis der seelischen Empfindung der Tiere gelangt war,[1224] zumal Kraemer noch während der Ausarbeitung des Gesetzes auf die quälerische Handlung durch Ängstigung eines Tieres hingewiesen habe.[1225] Wetzel schilderte: „Es bindet z. B. jemand einer Katze ein helltönendes Stück Blech an den Schwanz und jagt sie fort. Durch das fortdauernde Aufschlagen des Bleches auf die Erde wird ein Geräusch erzeugt, das der Katze Furcht einflößt. Sie sucht zu entfliehen und trägt die Quelle ihrer Furcht dennoch stets bei sich."[1226] Lorz sah ein, durch die nicht pleonastische Wortwahl „oder Leiden" wolle das RTierSchG „einen Schutz der Tiere auch vor solchen Empfindungen starken Mißbehagens gewährleisten, die bei einer strengeren Auffassung des Begriffs Schmerz vielleicht nicht mehr von diesem erfaßt werden können. Diese Unlustgefühle [...] werden teilweise überwiegend körperlich empfunden, teilwesen beeindrucken sie vorzugsweise das Gemütsleben."[1227] Dies bestätigte Dr. med. vet. Giese (RMI) zuerst mit Oberregierungsrat Dr. Zschiesche (RGA): „es wird vom Staate anerkannt, daß es [Tier] als lebendes empfindendes Wesen Anspruch auf Schutz vor körperlicher und seelischer Mißhandlung (z. B. Verängstigung) hat";[1228] und erklärte 1939 mit Dr. iur. Kahler tatbestandlich-terminologisch:

> „Dadurch, daß die beiden Ausdrücke ‚Schmerzen' und ‚Leiden' nebeneinander verwendet werden, soll zum Ausdruck gebracht werden, daß nicht nur die Verursachung körperlicher Schmerzen unter den Begriff der Tierquälerei fällt, sondern daß das Gesetz auch die durch Unterernährung des Tieres, durch Vernachlässigung der

---

1224 Vgl. § 5 S. 2 BaySchlVO, § 4 S. 1 RSchlVO und Sommer, *Vivisektion als gesetzgeberische Aufgabe*, in: GA, Bd. 77, 1933, S. 339: „Ich meine die seelischen Qualen, die die Versuchstiere erleiden, indem sie reihenweise in den Operationssaal geführt werden, wo dann die später auf den Operationstisch kommenden Opfer die Qualen und Leiden ihrer Vorgänger mitansehen und mitanhören müssen und dabei ihr eigenes Schicksal vor Augen haben." Das anschließende Beispiel aus Italien s. o. S. 199.

1225 Zoll, *Kraemer*, 2005, S. 29.

1226 Wetzel, *Tierschutz im Reichsstrafrecht*, 1936, S. 16 – 17.

1227 Lorz, *Tiermißhandlung im RTierSchG*, 1936, S. 16; Beifall in Schmid-Lindner, *Fragen des StR-AT zum TierSchR*, 1941, S. 32. An gleicher Stelle warnte Lorz jedoch davor, „das Gefühlsleben des Tieres unter menschlichen Gesichtspunkten zu betrachten und ihn in übermitleidsvollem Herzen eine Empfindungsfähigkeit zuzuschreiben, die ihm in diesem Ausmaß fehlt, weil sie nur einer anima rationalis eigen sein kann. Daß die Fähigkeit Leiden in diesem Sinne zu empfinden darf auf eine noch erheblich geringere Anzahl von Tierarten beschränkt sein muß als die Fähigkeit des Schmerzbewußtseins, bedarf keiner Erläuterung. Ein gesunder Sinn wird in der Frage nach Leidensfähigkeit und Leiden eines Tieres von selbst die richtige Grenze ziehen."

1228 Giese / Zschiesche, *Die deutsche Tierschutzgesetzgebung*, 1938, S. 2; über Angst s. u. § 2 Z. 3 u. § 7 Z. 4 Abs. 1.

Pflege, durch fortgesetzte Erregung von Angstzuständen oder in ähnlicher Weise ausgelösten Empfindungen, die im Sprachgebrauch im allgemeinen nicht als Schmerzen, eher als Qualen (Hungerqualen, Durstqualen) bezeichnet zu werden pflegen, erfassen will. Hierunter würde z. B. fallen, wenn eine Katze in einen Draht- oder Gitterkäfig gesteckt und fortgesetzt Hunde gegen sie gehetzt werden, wenn Tiere wesensfremder Art, von denen bekannt ist, daß sie sich im allgemeinen feindlich gegenüberstehen, z. B. Hunde und Katzen, Füchse und Geflügel, in einem gemeinsamen Käfig untergebracht werden, wenn jemand einen Hund an einer einsamen Stelle anbindet und sich nicht mehr um ihn kümmert, wenn Eichhörnchen durch Geschrei und Schlagen an die Baumstämme so lange von Baum zu Baum gejagt werden, bis sie erschöpft herabfallen."[1229]

bb) „mißhandeln"

Abs. 2 S. 2 HS. 1 umschrieb die andere Tathandlung: „*Ein Tier mißhandelt, wer ihm erhebliche Schmerzen verursacht*". Da die betreffenden Unterbegriffe bei „quälen" bereits behandelt waren, setzten sich die Zeitgenossen aus folgenden Hinsichten mit „mißhandeln" auseinander:

(1) Vergleich mit der bisherigen Rechtsprechung

„Mißhandlung i. S. d. § 360 Nr. 13 [RStGB] ist jede Störung des körperlichen Wohlbefindens, die entweder keinen Zweck hat oder nach Art und Maß des Einwirkens den berechtigten Zweck des Tötens, Fangens oder Züchtigens überschreitet."[1230] Seit 1910 herrschte diese Auslegung, „die nicht jede Störung des körperlichen Wohlbefindens eines Tieres von gewisser Intensität, sondern nur gewisse Arten solcher Störungen als Tiermißhandlung angesehen hat."[1231] Demgegenüber hatte Landwehr zu sagen, „daß eine körperliche Mißhandlung in jeder erheblichen Verursachung von Schmerzen und Leiden zu sehen ist, gleichgültig, ob sie ‚ein an sich vernünftiges und zweckmäßiges Handeln' ist. Wollte man das Vorliegen einer Mißhandlung von ihrer Zweckmäßigkeit, Angemessenheit oder ihrem wohltätigen Erfolge abhängig machen, so würde man die Feststellung einer Tatsache mit ihrer Würdigung durch den Staat, das Recht und die Sitte vermischen. Hierdurch würde die Grenze äußerst verschwommen, bei der eine Mißhandlung tatbestandsmäßig wäre. Die Billigung durch Recht und Sitte bestimmt nicht, ob eine Mißhandlung gegeben ist, sondern nur, ob eine

---

1229 Giese / Kahler, *Das deutsche Tierschutzrecht*, 1939, S. 22; Giese, 4. A., 1951, S. 15 (in der Nachkriegsauflage fiel das letzte Beispiel des Eichhörnchens allerdings aus). Laut Zoll, *Kraemer*, 2005, S. 29, sollten die „Beispiele: Hunde auf Katzen hetzen, Eichhörnchen hetzen, Tiere in zu enge Käfige sperren oder mit artfremden Tieren zusammen" von Kraemer stammen.

1230 Vorlage des Bay. ObLG und Anhängerschaft s. o. „mißhandeln" i. S. d. § 360 Nr. 13.

1231 Korn, *Kommentar zum RTierSchG*, 1934, S. 16; v. Skopnik, *RTierSchG mit Begründung*, 1934, S. 19.

rechtwidrige und schuldhafte Verletzung des Körpers vorliegt.“[1232] Diese Ansicht entsprach genau dem Standpunkte des neuen Gesetzgebers: „Unter den Begriff der Mißhandlung fällt an sich jede mit der Zufügung erheblicher Schmerzen verbundene Handlung, also auch die Züchtigung, soweit sie der Erziehung des Tieres oder der Erzwingung einer nach Lage des Falles zumutbaren Leistung dient.“[1233] Solche wäre erst zu rechtfertigen, wenn sie nicht „unnötig“ (s. u.) wäre.

(2) Verhältnis zu „quälen“

„Eine Dauer oder Wiederholung der Unlustempfindung ist hier nicht verlangt. Es genügt vielmehr ein erhebliches momentanes Schmerzgefühl.“[1234] Dieser insofern weitere Begriff „Mißhandlung“ schien aber an der Alternative „Leiden“ zu fehlen, wogegen Lorz erklärte: „Dies konnte ohne Nachteil geschehen. Denn jene Gefühle des Mißbehagens, die wir als Leiden kennen gelernt haben, sind größtenteils ihrem Wesen nach zustandhaft, also sich in der Zeit erstreckend und daher keine Augenblicksempfindung.“[1235] Also müsste „der inhaltsreichere Begriff des Quälens“[1236] solche Fälle schon erfassen.

(3) Gesundheitsbeschädigung

Wie beim § 360 Nr. 13 RStGB blieb auch hier zu erörtern, ob der Angriff auf die Gesundheit eines Tieres entgegen dem § 233 RStGB doch unter „Mißhandlung“ fiel. Diese Frage bejahten die Verfasser seit 1933 einstimmig,[1237] wobei Giese und Kahler z. B. „eine Mißhandlung eine Hundes [sahen], wenn derselbe bei strenger Kälte und ohne genügenden Schutz im Freien untergebracht wird und dadurch eine Erkrankung des Tieres verursacht wird.“[1238]

Darin erblickte Lorz statt zweckmäßiger Beweisführung eher Tateinheit: „Wer einen Hund vorsätzlich großer Kälte aussetzt, verursacht ihm dadurch erhebliche Leiden und ist deshalb strafbar, ohne Rücksicht darauf, ob sich nach-

1232 Landwehr, *Die strafbare Tierquälerei nach § 9 RTierSchG*, 1935, S. 9.

1233 Giese / Kahler, *Das deutsche Reichs-Tierschutzgesetz*, 1934, S. 23; *Das deutsche Tierschutzrecht*, 1939, S. 23; Giese, 4. A., 1951, S. 15 – 16.

1234 Lorz, *Tiermißhandlung im RTierSchG*, 1936, S. 20.

1235 Lorz, *Tiermißhandlung im RTierSchG*, 1936, S. 20.

1236 Lorz, *Tiermißhandlung im RTierSchG*, 1936, S. 20.

1237 Korn, *Kommentar zum RTierSchG*, 1934, S. 16; v. Skopnik, *RTierSchG mit Begründung*, 1934, S. 19; Einhauser, *Das Tierschutzgesetz*, in: Frank (Hrsg.), *Handbuch*, 1935, S. 907; Landwehr, *Die strafbare Tierquälerei nach § 9 RTierSchG*, 1935, S. 7; Wetzel, *Tierschutz im Reichsstrafrecht*, 1936, S. 16; Beckers, *Tierquälerei nach RTierSchG*, 1939, S. 18.

1238 Giese / Kahler, *Das deutsche Reichs-Tierschutzgesetz*, 1934, S. 21.

träglich Folgen an der Gesundheit des Tieres bemerkbar machen oder nicht."[1239] Darauf folgte die systematische Untersuchung: „In den allermeisten Fällen wird bereits die am Körper des Tieres vorgenommene gesundheitsschädliche Handlung Schmerzen oder Leiden verursachen (Stich, Peitschenhieb). Wo eine solche unmittelbar vorgenommene Handlung fehlt (Tierfalle) oder aber zwar vorhanden, jedoch schmerzlos erfolgt ist (Injektion von Krankheitserregern), wird in der weiteren Folge des Kausalverlaufs Schmerz auftreten. (Hervorrufung nervöser Störung durch chemische oder Strahlenbehandlung). In diesem Fall ist zwar nicht der Tatbestand der Mißhandlung, wohl aber der Tatbestand der verbotenen Quälerei erfüllt. Denkbar sind allerdings auch Fälle, in denen zwar eine Gesundheitsbeschädigung eingetreten ist, eine Schmerzempfindung aber nicht zustande kam. [...] Man denke an folgendes Beispiel: Jemand versetzt ein Tier in Narkose, nimmt einen operativen Eingriff vor, hat aber die Dosis des Betäubungsmittel versehentlich zu stark gewählt, sodaß nach der Operation das Tier stirbt, anstatt zu erwachen. In diesem Falle ist nach dem Wortlaut des § 1 RTG eine Bestrafung nicht möglich; [...] kann unter Umständen jedoch Strafbarkeit nach § 5 RTG (Versuche an lebenden Tieren) vorliegen."[1240]

(4) Aufzählung weiterer Beispiele

Gemäß solchem Gesetzeswillen und über den Wortlaut hinaus gewährte Hans von Skopnik den Lesern einen einzigartigen Einblick in seine Erfahrungen:

> „Der Mißbrauch von Pfeffer und Ingwer und andere schmerzhafte Handlungen zum Zwecke besonderer Kaufaufmachung und Frisur sind Mißhandlungen, die zum Zwecke der Alters- und sonstiger Täuschungen auch heute noch vorgenommen werden. Vor allem zählen hierher das Zahnziehen zur Beschleunigung des Zahlwechsels, die künstliche Bohrung von Löchern in die Kaufläche der Zähne zur Vortäuschung von Zahnwunden und anderes. Zu den strafbaren Täuschungsmanövern zählt auch das sog. Doping, d. i. die Verabreichung anregender Mittel zur Erhöhung von Leistungen auf der Renn- und Turnierbahn.
>
> Legionen sind die Zahl der Fälle, wo *kranke* Tiere durch Kurpfuscher oder aus Aberglauben unnötig gequält und mißhandelt werden. So führen z. B. nicht sachmäßige Stütz- und Aufhängevorrichtungen häufig zu größeren Quälereien als die Krankheit selbst. Auch eine Unzahl widersinniger Mittel, welche in Unkenntnis der Krankheitsursache oder aus Aberglauben Tierhalter und Pfuscher anwenden, *z. B. an Tiermüttern bei der Ausübung der Geburtshilfe*, erzeugen oft ungeheure Leiden und sind *roheste Quälereien*. Strafbar sind auch *grausame unnötige Zwangsmittel*, die bei Operationen durch Pfuscher und auf der Beschlagbrücke immer noch angewendet werden. Zu diesen zählt die sog. polnische Bremse, eine Maulbremse in Form eines Nacken-Maul-Striches, die ein vollendetes Marterinstrument darstellt. Dassel-

1239 Lorz, *Tiermißhandlung im RTierSchG*, 1936, S. 21.

1240 Lorz, *Tiermißhandlung im RTierSchG*, 1936, S. 21 – 22.

be gilt vom Anlegen von Feuerzangen an die Ohren der Pferde auf der Beschlagbrücke und das Brennen des sog. Frosches mit glühendem Eisen.

Quälerische Vorrichtungen zum *Abgewöhnen von Untugenden*, sind z. B. Koppriemen mit Stacheln oder dauernder starker Durchwirkung, schwere Kugeln an der Hinterröhre bei Schlägern, Stich- und sonstige Verletzungen als Ausdruck solcher sinnloser Wut, gemeiner Rachsucht oder perverser Einstellung. Abbinden der Zunge bei Zungenstreckern.

Oft werden scharfe, dünne Trensen und noch mehr die vielfach scheußlichen Kandaren, nicht richtig angefertigte und falschsitzende Scheuklappen, mangelhafte Kummete, Sielen, Kammdeckel, Schwanzriemen und Aufhaltevorrichtungen Anlaß zu Quälereien. Vor allem aber sind die leider noch häufig anzutreffenden Aufsatzzügel Marterinstrumente.“[1241]

cc) Sonstige Fragestellungen

Ferner stellte die amtliche Begründung klar: „*Ob die Schmerzen oder Leiden durch ein Handeln im engeren Sinne oder durch Unterlassen hervorgerufen worden sind, ist dabei gleichgültig; die Tierquälerei im Sinne des § 1 Abs. 1 kann auch durch Unterlassen begangen werden, sofern für den Schuldigen eine Rechtspflicht zum Handeln bestand.*“[1242]

(1) Unterlassung

Als solche gelte „für den Eigentümer eines Tieres, es zu ernähren und zu pflegen“, wobei erstere Pflicht vor allem jenen betreffe, „der durch Unterlassung jeder den Erfolg hindernden Tätigkeit einen mit dem qualvollen Hungertode des Tieres endenden Zustand schafft, ohne einem vernünftigen, berechtigten Zweck damit zu dienen“.[1243] Gegen Letztere stießen „die Verabsäumung körperlicher Reinigung, Nichtbefreiung von Ungeziefer usw., Unterbringung im Freien ohne genügenden Schutz gegen Kälte und Nässe, Nichtanlegung eines Verbandes an wunden Stellen und dergl.“[1244] Anhand solcher Beispiele ließ sich feststellen, „daß der Tatbestand […] durchaus nicht eine äußere, Schmerz verursachende Einwirkung auf den Körper des Tieres voraussetze, vielmehr auch dann gegeben sei, wenn die notwendige Sorge und Pflege in einem Maße vernachlässigt werde, daß die nachteiligen Folgen davon an dem Tiere erkennbar werden.“[1245]

1241 v. Skopnik, *RTierSchG mit Begründung*, 1934, S. 21.

1242 BA Berlin-Li., R 18 Rep. 320 Nr. 589, Bl. 96; Giese / Kahler, *Das deutsche Reichs-Tierschutzgesetz*, 1934, S. 107; *Das deutsche Tierschutzrecht*, 1939, S. 271; Giese, 4. A., 1951, S. 291.

1243 Korn, *Kommentar zum RTierSchG*, 1934, S. 17; vgl. Kupka, *lex ferenda*, 1918, S. 25; Sander, *Entwürfe*, 1931, S. 35.

1244 Giese / Kahler, *Das deutsche Reichs-Tierschutzgesetz*, 1934, S. 73.

1245 Giese / Kahler, *Das deutsche Reichs-Tierschutzgesetz*, 1934, S. 24.

Derselbe Geist der bisherigen Rechtsprechung[1246] fand ferner Ausdruck in den entsprechenden Bestimmungen des § 2 RTierSchG, indem sie „gewisse Fürsorgepflicht auferlegen."[1247] Allerdings sei es nicht der Zweck der neuen gesetzlichen Regelungen, die Strafbarkeit der tierquälerischen Unterlassung erschöpfend zu regeln.[1248] Daher führte Einhauser 1935 neben der herkömmlichen Rechts- auch „sittliche Pflicht, zu handeln"[1249] ein, während bei Adolph „moralische Verpflichtung zur Pflege der ihrer natürlichen Lebensbedingungen beraubten Tiere"[1250] die Rede war. 1936 ergänzte Lorz: „Diese Pflicht kann auch speziell übernommen sein durch Vertrag oder auftragslose Geschäftsführung, sofern dadurch die Gefahrenlage erhöht wird und die Uebernahme zwecks Abwendung dieser Gefahr geschieht"[1251], z. B.: „Jemand treibt fremde Pferde auftragsgemäß an einer als unsicher bekannten Stelle in die Schwemme und unterläßt es, als eines der Tiere in einen Strudel gerät, aus dem es sich nicht aus eigener Kraft befreien kann, diesem beizustehen. Eine Pflicht in dem hier behandelten Sinn kann auch nicht aus dem rechtlichen Verhältnis, in dem das Tier zum Menschen steht, abgeleitet werden, namentlich nicht etwa aus Eigentum oder Besitz. [...] Dem Eigentum oder Besitz — beispielweise als Mieter, Verwahrer, Finder — als der rechtlichen Beziehung zwischen Mensch (Rechtssubjekt) und Tier

---

1246 RG, I. Ss., Urt. v. 28. 3. 1924 g. Fr., Rep. I 818/23, in: Bd. 58, 1925, S. 130: „Vielmehr ist eine für den Erfolg ursächliche Unterlassung nur dann rechtswidrig, wenn eine besondere Rechtspflicht zur Verhinderung nachgewiesen werden kann, sei es, daß die Verhinderung durch ein Gesetz oder durch Gewohnheitsrecht geboten, sei es, daß die Verpflichtung zur Verhinderung durch Vertrag oder schlüssige Handlung rechtswirksam übernommen worden ist." Auch RG, III. Ss., Urt. v. 11. 11. 1912 g. L. u. G. Rep. III 701/12, in: Bd. 46, S. 337 (343): „wenn durch die eigenen Handlungen des Täters eine dem Gesetze widersprechende Lage oder [...] solche Verhältnisse geschaffen worden sind, die in ihrer Fortentwicklung den rechtsverletzenden Erfolg herbeiführen. Hat der Täter die Möglichkeit, diesen Erfolg zu verhindern, so erwächst ihm aus der Vornahme seiner in Ursachenreihe auslösenden Handlungen auch die Rechtspflicht dazu." In diesem Sinne entschieden noch: RG, I. Ss., Urt. v. 20. 10. 1893 g. S., Rep. 2727/93, in: Bd. 24, 1894, S. 339 – 340; OLG Kiel, Urt. v. 7. 3. 1894, in: GA, Bd. 42, 1894, S. 142; Bay. ObLG., Urt. v. 7. 2. 1905, in: GA, Bd. 52, 1905 S. 426 – 427; OLG Breslau, Urt. v. 5. 5. 1908, in: GA, Bd. 58, 1911, S. 467; RG, I. Ss., Urt. v. 28. 3. 1924 g. Fr., Rep. I 818/23, in: Bd. 58, 1925, S. 130; OLG Celle, Urt. v. 30. 8. 1924, in: GA, Bd. 69, N.D. 1971, S. 478.

1247 Korn, *Kommentar zum RTierSchG*, 1934, S. 17, meinte damit Z. 1 – 3 und 5; Adolph, *Schutz des Tieres im deutschen Recht*, 1935, S. 11, sah denselben Standpunkt in erster Linie durch Z. 1 gesichert.

1248 Lorz, *Tiermißhandlung im RTierSchG*, 1936, S. 30.

1249 Einhauser, *Das Tierschutzgesetz*, in: Frank (Hrsg.), *Handbuch*, 1935, S. 907.

1250 Adolph, *Schutz des Tieres im deutschen Recht*, 1935, S. 10.

1251 Lorz, *Tiermißhandlung im RTierSchG*, 1936, S. 24.

(Rechtsobjekt) wird aber in den weitaus meisten Fällen auch eine tatsächliche Beziehung zwischen diesen beiden entsprechen. Beinahe immer wird der Eigentümer das Tier bei sich haben, wird sich seiner bedienen, wird es füttern und pflegen. Wie steht es aber, wenn er plötzlich diese Pflege unterläßt, keine Nahrung mehr verabreicht? Damit sind wir bei der Frage nach der Möglichkeit der Rechtswidrigkeit einer tierquälerischen Unterlassung infolge vorausgegangenen Tuns angelangt.“[1252] Dafür müsse eine Handlung vorliegen, „durch die eine solche Lage geschaffen wurde, die im Fall des Nichteingreifens die Gefahr der Fortentwicklung zu einem rechtlich verpönten Erfolg in sich birgt. Wer einen Waldvogel [...] in einen Käfig gesperrt [hat] und unterläßt es nunmehr ihn zu füttern, so ist diese Unterlassung rechtswidrig, da der Vogel, außerstande gesetzt sich seine Nahrung selbst zu besorgen, dem sicheren Hungertod entgegensieht. Tritt demzufolge Schmerz ein, so ist der Eigentümer strafbar. So hat man mit Recht entschieden, daß für den, der Vieh zur Beförderung verladen hat, sich die Pflicht ergibt zu verhüten, daß daraus für die Tiere Schmerzen entstehen. Und auch der muß bestraft werden, der seine Pferde vom Mittag bis zum Abend ohne Bewegung und Futter bei bitterster Kälte vor dem Wirtshaus stehen läßt.“[1253] Diese Gefahrabwendungen seien „von der Eigenart des Erfolgsdeliktes zwangsläufig gefordertes, zutiefst in der Rechtsüberzeugung des Volkes wurzelndes und anerkanntes Gewohnheitsrecht,“ dessen bisherige theoretische Schwierigkeit der Rechtssatz des § 2 Z. 1 RTierSchG „nunmehr auf einfache und gründliche Weise gelöst hat.“[1254] Ergänzend bemesse sich auch die Rechtswidrigkeit der Unterlassung bei Begehungsdelikten nach diesen Grundsätzen, „also die strafrechtliche Haftung desjenigen, der zu dem gefährdeten Tier nicht in dem Verhältnis des Halters oder Beförderers steht. Auch solche Fälle werden nicht selten sein. Beispiel: Während ich mit meinem Hund spazieren gehe, ohne ihn trotz seiner Schärfe an der Leine zu führen, fällt er einen anderen schwächeren Hund an und droht ihm übel zuzurichten. In diesem Falle bin ich verpflichtet meinen Hund zurückzurufen, oder ihn an mich zu nehmen, wenn ich mich nicht der Gefahr einer Bestrafung wegen Tierquälerei aussetzen will.“[1255] Diese Ge-

1252 Lorz, *Tiermißhandlung im RTierSchG*, 1936, S. 27.

1253 Lorz, *Tiermißhandlung im RTierSchG*, 1936, S. 28; zur Abgrenzung erklärte Lorz nicht jedes letztlich für den Erfolg kausale Handeln als genügend zur Begründung einer solchen Pflicht, z. B. sei der Naturliebhaber, falls der von ihm nach Hause mitgenommene Waldvogel eines Tages der Hauskatze zum Opfer fällt, nicht strafbar: „Denn die Gefahr irgendeinem seiner zahlreichen Feinde zum Opfer zu fallen ist für den Vogel in der Stadt nicht größer als im Wald.“

1254 Lorz, *Tiermißhandlung im RTierSchG*, 1936, S. 29; vgl. Adolph, *Schutz des Tieres im deutschen Recht*, 1935, S. 11.

1255 Lorz, *Tiermißhandlung im RTierSchG*, 1936, S. 30.

danken brachten Giese und Kahler in der Neuauflage ihres amtlichen Kommentars 1939 auf einen Nenner: „Die Tierquälerei im Sinne des § 1 des Abs. 1 kann auch durch Unterlassen begangen werden, sofern für den Schuldigen kraft Gesetzes, Vertrags oder vorausgegangen eigenen Tuns eine Rechtspflicht zum Handeln bestand.“[1256]

(2) Tötung

Zum während der Beratung des 2. E. durchstrichenen Sondertatbestande nahm die amtliche Begründung des RTierSchG Stellung: „Vor dem Leben des Tieres soll der Mensch Achtung haben und es nicht grundlos zerstören. Die Tötung ist jedoch erlaubt, wenn sie in Wahrnehmung eines gerechtfertigten Zweckes oder zu Gunsten des Tieres selbst geschieht, wie z. B. bei Bekämpfung tierischer Schädlinge, bei Gewinnung von Nahrungs- oder Rohstoffen für den Menschen oder zur Beendigung des Lebens infolge Alters oder Gebrechens eines Tieres.“[1257] Diesen Standpunkt führten Giese und Kahler aus: „Das unbeabsichtigte *Töten eines Tieres* ist im Gesetz der Tierquälerei nicht gleichgeachtet worden. Dies mit Recht, da sonst auch kleinere Unachtsamkeit oder Zufälligkeiten — z. B. das *unbeabsichtigte* Zertreten eines Käfers oder eines Wurmes — zu strafrechtlichem Einschreiten Anlaß geben könnten. Das Gesetz will einen *praktisch*, sinnvollen, aber *keinen übertriebenen* Tierschutz schaffen!“[1258] Auf der anderen Seite stellte Dr. Einhauser dementsprechend klar: „Das mutwillige Töten von Tieren ist verboten. Dies ergibt sich, auch ohne daß es der Gesetzgeber ausdrücklich ausgesprochen hätte, daraus, daß schon das unnötige Quälen oder rohe Mißhandeln strafbar ist.“[1259] Aus diesen Grundsätzen vermerkten Giese und Kahler noch zu den amtlich ausgenommenen Fällen, es sei „auch z. B. das Fangen von Fliegen mit Fliegenleim, das Fangen von Insekten auf Leimpapier oder auf Gifttellern, die Verwendung von Regenwürmen oder Insekten als Köder zum Fischfang nach dem Tierschutzgesetz nicht verboten. Es muß aber gefordert werden, daß die Beseitigung der Vernichtung tierischer Schädlinge, die Tötung kranker oder überzähliger Haustiere usw. auf die humanste, am wenigsten schmerzhafte Weise erfolgt.“[1260]

1256 Giese / Kahler, *Das deutsche Tierschutzrecht*, 1939, S. 24; Beckers, *Tierquälerei nach RTierSchG*, 1939, S. 30.

1257 BA Berlin-Li., R 18 Rep. 320 Nr. 589, Bl. 97; Giese / Kahler, *Das deutsche Reichs-Tierschutzgesetz*, 1934, S. 108; *Das deutsche Tierschutzrecht*, 1939, S. 272; 4. A., 1951, S. 292.

1258 Giese / Kahler, *Das deutsche Reichs-Tierschutzgesetz*, 1934, S. 25.

1259 Einhauser, *Das Tierschutzgesetz*, in: Frank (Hrsg.), *Handbuch*, 1935, S. 907.

1260 Giese / Kahler, *Das deutsche Reichs-Tierschutzgesetz*, 1934, S. 26; *Das deutsche Tierschutzrecht*, 1939, S. 26; 4. A., 1951, S. 18; an ersterer Stelle folgte noch der Halbsatz:

Nichtsdestoweniger bedürfe das Thema noch einer besonderen Behandlung, die Lorz zu folgendem Gesamtüberblick führte:

> „Das Verbot der Tiertötung fehlt durchgängig in der modernen Tierschutzgesetzgebung. Auch das Reichstierschutzgesetz hat ein solches Verbot nicht aufgestellt. Sonach ist die Tötung nur dann strafbar, wenn durch die Tötungshandlung zugleich der Tatbestand des § 1 RTG erfüllt wird. Allerdings wird die gewaltsame Vernichtung des Lebens dem Opfer zumeist länger dauernde erhebliche Schmerzen bereiten, namentlich wenn sie von unkundiger Hand oder mit ungeeigneten Mitteln vorgenommen wird. Aber wie eine Gesundheitsschädigung ohne Erregung von Schmerz denkbar ist, so kann auch der Tod schmerzlos oder mit kurzzeitigem Schmerz, der nicht in roher Gesinnung hervorgerufen sein braucht, herbeigeführt werden. In solchen Fällen muß der Täter straflos bleiben. Das Gesetz schärft für einige praktisch besonders wichtige Fälle ausdrücklich ein, daß die Tötung schmerzlos, also nach vorausgegangener Betäubung, erfolgen müsse (§ 2 Z. 10; § 8 RTG). Andere Gesetze schreiben in tierschützerischer Absicht für das Töten von Schlachttieren Betäubungszwang vor. Aber ein Verbot der Tötung als solcher ist unserer Tierschutzgesetzgebung unbekannt. Ja, unter bestimmten Voraussetzungen kann der Strafrichter, der über ein Vergehen der Tierquälerei zu urteilen hat, sogar auf Tötung des Tieres erkennen (§ 10 RTG). […] Eine gewisse Schranke besteht lediglich durch die Vorschriften über Sachbeschädigung (§ 303 RStGB). Hier kommt dem Tier der Schutz der Sachintegrität zugute, so wie ihm in zahlreichen Gesetzen des egoistischen Tierschutzes der Schutz menschlicher Interessen mittelbar zum eigenen Schutz wird. So verbietet das Vogelschutzgesetz die Tötung der Jungen gewisser Vogelarten, das Reichsnaturschutzgesetz dient neben anderen Zwecken auch der Erhaltung seltener Tierarten. Die jagdlichen Schonschriften verbieten die Tötung jagdbarer Tiere zu gewissen Zeiten […]. Vereinzelt hat man schon früher ein generelles Tötungsverbot gefordert. […] Wenn ein solches Verbot heute auch nicht besteht, rücksichtlich fahrlässiger Tötung auch kaum jemals bestehen wird, so ist es doch selbstverständlich, daß der sittlich hochstehende Mensch es vermeidet, fremdes Leben ohne Not zu vernichten und daß er in den Fällen notwendiger Tötung diese auf die rascheste und schmerzloseste Art ausführt. Die Verzögerung der Tötung eines bereits verletzten Tieres wird leicht den Tatbestand des § 1 RTG erfüllen.“[1261]

Darüber hinaus rügte Lorz die Tötung „im Interesse“ des Tieres: „Vom Standpunkt des Tieres aus gesehen, liegt allerdings niemals eine Tötung in dessen Interesse. Die Vernichtung der Existenz ist ein teurer Kaufpreis für die Freiheit von Schmerzen. Das Tier selbst ist zu einem so verwickelten und unnatürlichen Gedankengang nicht fähig. Wenn sich der Mensch so sehr zum Herren (sic! „Herrn“) des Tieres aufwirft, daß er dessen Leben fordert, um ihm Schmerz zu ersparen, so tut er dies, meist unbewußt, zunächst zum Schutz des menschlichen

---

„und daß den als Angelköder benutzten Tieren (Regenwürmern, Insekten, Lurchen, Fischen usw.) vorher der Kopf abgetrennt wird.“ Vgl. unten „Grenzfälle“.

1261 Lorz, *Tiermißhandlung im RTierSchG*, 1936, S. 35 – 36.

Gefühls vor der Wahrnehmung des tierischen Leidens. An keiner Stelle tritt das Moment des Gefühlschutzes, das im Kern in jedem altruistischen Tierschutz steckt, deutlicher in Erscheinung als hier."[1262]

Zuletzt wies Lorz auf eine Eigenartigkeit des RTierSchG hin: „Der von der Rechtsprechung über das Verhältnis der §§ 211 ff. und 223 RStGB entwickelte Grundsatz, daß im Falle beabsichtigter und gelungener Tötung eine Bestrafung wegen Körperverletzung entfallen müsse (RGStr. 61, 365), kann natürlich auf die Tiertötung nicht in dem Sinn übertragen werden, daß durch sie eine mit ihr verbundene Mißhandlung straffrei werde. Nur ein gesetzlich verpönter Enderfolg kann einen gleichfalls verbotenen notwendigen Zwischenerfolg konsumieren. Die auf mehrere aneinander gereihte Erfolge abzielende Willensrichtung bleibt aber insoweit schuldhaft, als sie sich auf einen rechtlich mißbilligten Teil des Gesamterfolges bezieht."[1263]

b) Einschränkungen

§ 1 Abs. 2 S. 1 HS. 2 RTierSchG besagte: *„unnötig ist das Quälen, soweit es keinem vernünftigen, berechtigten Zweck dient.*"

aa) „unnötig"

Die amtliche Begründung dazu erschöpfte sich in der Aussage: „Als berechtigt ist eine Handlung insbesondere dann anzusehen, wenn sie dazu dient, das Tier zu einer zumutbaren Arbeitsleistung oder zum Gehorsam anzuhalten, oder wenn sie zum Zwecke der Gewinnung von notwendigen Nahrungsstoffen nicht zu umgehen ist."[1264]

(1) Aufstellung der Grundsätze

Daraufhin schilderte Korn in Staffeln, wann eine Quälerei unnötig sei:

> „Dies ist *stets* der Fall, wenn sie [entsprechend den bisher geltenden Bestimmungen] *boshaft* oder *absichtlich*, also mit der Lust am Schmerze des gequälten Wesens erfolgt, wenn es dem Quäler gerade darauf ankommt, Schmerzen zuzufügen. Es ist aber auch dann der Fall, wenn die Quälerei aus Gedankenlosigkeit zwecklos erfolgt, z. B. ein Kind einem gefangenen Käfer aus Spieltrieb, ohne sich etwas dabei zu denken, die Beine ausreißt. Nur dann ist die Quälerei nicht unnötig, wenn sie bewußt als Mittel angewendet wird, um einen *vernünftigen und berechtigten Zweck* zu erreichen. Dabei kommt es darauf an, wie ein Mensch von normalem deutschen Denken,

1262 Lorz, *Tiermißhandlung im RTierSchG*, 1936, S. 36.

1263 Lorz, *Tiermißhandlung im RTierSchG*, 1936, S. 36 – 37.

1264 BA Berlin-Li., R 18 Rep. 320 Nr. 589, Bl. 96; Giese / Kahler, *Das deutsche Reichs-Tierschutzgesetz*, 1934, S. 107 – 108; *Das deutsche Tierschutzrecht*, 1939, S. 271; Giese, 4. A., 1951, S. 291.

> Fühlen und Wollen den verfolgten Zweck beurteilt und ob er unter Berücksichtigung aller Umstände des Einzelfalls die Quälerei für ein geeignetes Mittel ansieht, diesen Zweck zu erreichen."[1265]

Dieses System machten sich mehrere Nachfolger zu eigen, von denen Giese und Kahler noch bekräftigten:

> „Im Gesetze ist nicht zum Ausdruck gebracht, daß das Mittel oder die Handlung nach der Stärke der Anwendung in einem gewissen Verhältnis zu dem erstrebten Zweck stehen müssen. Doch wird man davon ausgehen können, daß ein *Übermaß* in der Zufügung erheblicher Schmerzen, die länger andauern und sich wiederholen, nicht mehr als zur Erreichung des angestrebten Zweckes geeignet anzusehen ist. So würde z. B. eine ‚unnötige Quälerei oder Mißhandlung' vorliegen, wenn jemand einen Hund, der ihm im Wege liegt, durch heftige Fußtritte, Schläge oder Stöße statt durch Zuruf oder Beiseiteschieben entfernt."[1266]

(2) Güterabwägung als Mittel

Dadurch sah Adolph das Gesetz sich sachlich mit dem von Clauß geprägten „unbillig" decken,[1267] denn „berechtigt" sei es gerade erst, „wenn der Wert des angestrebten Erfolges höher zu veranschlagen ist als das durch seine Herbeiführung hervorgerufene Leiden des Tieres. […] Den Ausschlag geben wissenschaftliche Anschauungen von der Empfindungsfähigkeit der Tiere und ethische Anschauungen über die Beziehungen zwischen Mensch und Tier."[1268] Daran knüpfte Einhauser: „Um ein Quälen straflos erscheinen zu lassen, genügt es sohin nicht, daß es sich mit einem vernünftigen Zweck begründen läßt. Der Zweck muß auch sittlich berechtigt sein, und zwar entscheidet darüber das *sittliche Empfinden des deutschen Volkes*. Wir Deutsche sind wie alle nordisch bestimmten Völker tierliebend und sehen im Tier nicht eine Sache, auch nicht ein Wesen, über das man rücksichtslos hinweggehen kann, wenn man sich davon irgendeinen, sei es auch noch so kleinen Nutzen verspricht, sondern ein beseeltes und empfindendes Geschöpf, dem Menschen unterworfen, aber nicht schrankenlos, sondern mit einem eigenen Recht auf Schonung und Güte. Nach dieser Einstellung […] hat der Richter zu urteilen, ob ein Quälen berechtigt war oder nicht, d. h. er hat *abzuwägen*, ob im Einzelfalle der in Frage stehende Vorteil für den Menschen es als recht erscheinen läßt, dem Tier die damit verbundenen Schmer-

---

1265 Korn, *Kommentar zum RTierSchG*, 1934, S. 15; die eckige Klammer von Giese / Kahler, s. nächste Fn.

1266 Giese / Kahler, *Das deutsche Reichs-Tierschutzgesetz*, 1934, S. 22 – 23; *Das deutsche Tierschutzrecht*, 1939, S. 22 – 23; Giese, 4. A., 1951, S. 15. Die „mehrere[n] Nachfolger" beziehen sich noch auf v. Skopnik, *RTierSchG mit Begründung*, 1934, S. 18 – 19; Wetzel, *Tierschutz im Reichsstrafrecht*, 1936, S. 15 – 16.

1267 Adolph, *Schutz des Tieres im deutschen Recht*, 1935, S. 9.

1268 Adolph, *Schutz des Tieres im deutschen Recht*, 1935, S. 10.

zen oder Leiden zuzufügen. Außer Betracht müssen dagegen bleiben abweichende Auffassungen einzelner Kreise, sowohl solcher von gefühlsduseliger Empfindelei als solcher, deren Mitgefühl gegenüber dem Tier durch Berufsgebräuche, Sportunsitten usw. abgestumpft ist.“ [1269] Daraufhin verwies Korn: „Grenzfälle, in denen es zweifelhaft sein kann, ob eine Quälerei noch einem vernünftigen, berechtigten Zwecke dient und ob der mit einer Quälerei erstrebte Zweck noch als berechtigt anzuerkennen ist oder nicht, sind zum Teil in den Verboten nach § 2 des Gesetzes vom Gesetzgeber entschieden worden.“[1270]

(3) Prüfung alltäglicher Zweifelsfälle

Danach unternahm Lorz den Versuch, möglichst „die Gründe, die eine tierquälerische Handlung nach unserem Empfinden zu rechtfertigen vermögen, im einzelnen festzustellen.“[1271] Vom *Vergnügen* erachtete er als erlaubt „beispielweise die moderne Art der sogenannten ‚zahmen' Tierdressur, wie sie in den großen Zirkus- und Menagerieunternehmen gepflegt wird, der auf Kirchweihen und Volksfesten umherziehende Flohzirkus (wegen der niedrigen Organisation der Akteure), die bei uns gewöhnliche Art des Haltens von Kleinvögeln in Käfigen. Als unstatthaft kann sich im Einzelfall die Verwendung von Tieren zu gewissen Zauberkunststücken, die Vornahme gewisser Schönheitskuren an Schoßhunden und ähnliches darstellen. Unzweifelhaft unerlaubt sind nach deutscher Auffassung Kämpfe von Tieren gegeneinander oder gegen Menschen, bei denen eine Verwundung des Tieres beabsichtigt wird. So Stiergefechte, Hahnenkämpfe.“[1272] An diesen nach § 1 RTierSchG zu bestrafenden Vergehen schloss sich § 2 Z. 3 (unsachgemäße Tierbehandlung durch wandernde Schausteller) an, die von Übertretungen für *Erwerbszweck* umgeben war: Z. 2 (selbstsüchtige übermäßige Ausnützung tierischer Arbeitskraft), 4 (Machenschaften im Viehhandel aus Gewinnsucht) und 10 (nicht schmerzlose Pelztiertötung zwecks Ersparnis bzw. Einnahmesteigerung): „Erst recht macht sich natürlich strafbar, wer sich im Wirtschaftsleben durch unredliche Tricks, die eine Tierquälerei darstellen, Vorteile verschaffen will.“[1273] Dazu zähle auch das Doping im *Wettrennen*, während *Jagd* und *Fischerei* eigengesetzlich geregelt bzw. zu regeln war.[1274] Jedenfalls erscheine eine Tierquälerei erlaubt, „wenn durch sie ein dringendes menschliches Lebensbedürfnis erfüllt werden kann.“ Als solches anzusehen sei vor allem die *Nahrung*, für die in erster Linie das RSchlG „heute die schmerzlose Tötung

1269 Einhauser, *Das Tierschutzgesetz*, in: Frank (Hrsg.), *Handbuch*, 1935, S. 906.

1270 Korn, *Kommentar zum RTierSchG*, 1934, S. 16.

1271 Lorz, *Tiermißhandlung im RTierSchG*, 1936, S. 41.

1272 Lorz, *Tiermißhandlung im RTierSchG*, 1936, S. 42.

1273 Lorz, *Tiermißhandlung im RTierSchG*, 1936, S. 43.

1274 Lorz, *Tiermißhandlung im RTierSchG*, 1936, S. 43 – 44.

der Schlachttiere zur Pflicht" mache. Zum Nahrungsluxus sah Lorz Kohlers Standpunkt durch § 2 Z. 11 (Stopfleber) und 12 (Froschschenkel) RTierSchG überwunden: „Wenngleich durchaus anerkannt werden soll, daß ‚der Mensch nicht zum Kartoffelgenuß bestimmt ist', so wird durch solche Verbote doch nicht die ‚höhere Geistigkeit der niedrigeren geopfert.' […] In dem naheliegenden Fall der Austern, die bekanntlich lebend verzehrt werden, ist eine Schmerzfähigkeit des Opfers nicht erwiesen. Der Gewinnung von Nahrung ist die Schaffung menschlicher *Kleidung* und allgemein die Erzeugung notwendiger gewerblicher *Rohstoffe* gleichzustellen."[1275] Ferner sollten außergewöhnliche Sachlagen bzw. allgemeine Interessen, z. B. Erntezeit und Militär, außergewöhnlichen Tiereinsatz rechtfertigen. Bei *Züchtigung* befreie die Verkennung einer nicht zumutbaren oder erzwingbaren Leistung zwar den Täter von der Vergehensstrafe nach §§ 1, 9 Abs. 1, aber solange der Tatsachenirrtum auf Fahrlässigkeit beruhte, könne ggf. nach §§ 2 Z. 2, 9 Abs. 3 Z. 1 eingeschritten werden. Unzweifelhaft erlaubt sei die Verursachung tierischer Leiden zwecks *Belehrung*, z. B. zoologische Gärten, Aquarien, Terrarien, Land- oder Wassertierhaltung in Zimmerbehältern und Schmetterlings- und Käfersammlung; Letztere jedoch nicht durch Schulbuben, weil diese Quälerei trotz der niedrigen Organisation der Opfer kaum einmal ernstlich erzieherisch erfolge. Für *Wissenschaft* sei auf §§ 5 – 8 RTierSchG hingewiesen.[1276] Gestattet müsse endlich die Bekämpfung *tierischer Schädlinge* als soziale Notwehr, wobei wie immer auch nur die nötige Qual und deren nötiges Maß gerechtfertigt und erst die zumutbare schmerzlosteste Art der Vernichtung straffrei sei.[1277]

(4) Notrechte

Damit sprach Lorz die Frage der *Notrechte zugunsten eines Tieres* an, als deren erster Kommentator er gar ein Dilemma zwischen Gesetzesgeist und Schutzerfolg sah:

> „Zu unterscheiden sind 2 Fälle: Ein herrenloses Tier wird von einem Menschen gequält und […] von einem anderen Tier, etwa ein kleiner Hund von einem größeren, ‚mißhandelt.' Darf ich dem bedrohten Tier zu Hilfe kommen, insbesondere in dem letztgenannten Fall dem angreifenden Tier Schmerz zufügen? Auf das erste Beispiel

1275 Lorz, *Tiermißhandlung im RTierSchG*, 1936, S. 45 mit Anführung von Kohler, *Die Thiere im Recht*, in: GS, Bd. 47, 1892, S. 49; zu Austern, bes. der Schwerpunktverlagerung von Ärgerniserregung auf Schmerzempfindung, vgl. die Erzählung von Brühl, *Fische und Krebse*, 1930, S. 11 – 12 (s. o.).

1276 Lorz, *Tiermißhandlung im RTierSchG*, 1936, S. 46 – 47; zu Tierhaltung vgl. Einhauser über „Leiden" (s. o.).

1277 Lorz, *Tiermißhandlung im RTierSchG*, 1936, S. 48.

ist § 53 RStGB[1278] nicht ohne weiteres anwendbar, da ein rechtswidriger Angriff gegen den Notwehrenden oder einen ‚andern', d. h. gegen einen andern Menschen vorliegen muß. Als wehrfähige Güter wurden eben bisher nur menschliche Güter anerkannt und wo das bedrohte Tier nicht einem Menschen zugehört [...], versagt das Gesetz — es sei denn, man kann auf den im Tierschutzstrafrecht selbst ad acta gelegten Schutz menschlicher Gefühle vor dem Anblick tierquälerischer Handlungen zurückgreifen. Als Notbehelf kommt unter Umständen § 127 RStrPrO[1279] in Betracht. Noch schlimmer sieht die Rechtslage im 2. Fall aus. § 53 RStGB kann nach der Rechtsprechung des Reichsgerichts keine Anwendung finden, da ein Tier nicht Angreifer im Sinne dieser Vorschrift sein kann (RGStr. 34, 295; bestritten). § 54 RStGB[1280] kann wegen der engen Fassung der geschützten Güter nicht entschuldigen. Endlich ist auch § 228 BGB[1281] nicht anwendbar, da hier ebenfalls in irgend einer Form ein Mensch angegriffen sein muß und außerdem durch diese Vorschrift ausdrücklich nur die Beschädigung oder Zerstörung einer fremden Sache gerechtfertigt wird. Die gesetzliche Lücke tritt also besonders drastisch in Erscheinung, wenn auch der angreifende Hund herrenlos ist. [...] Unserem Rechtsempfinden entspricht es, daß wir in all diesen Fällen gegen den Angreifer einschreiten sollen und daß die mit diesem Eingreifen verbundene Erfüllung des Tatbestandes der Tiermißhandlung erlaubt sein muß. Man könnte die Anschauung vertreten, daß bei einer materiellen Auffassung des Unrechts [...] eine künftige Neuregelung der Materie der Notstandsrechte solche Fälle berücksichtigt. Dies wird um so eher möglich sein, als sich immer mehr die Auffassung durchsetzt, daß nicht nur individuelle, sondern auch soziale Rechtsgüter als schutzfähig im Sinne dieser Vorschriften anerkannt werden müssen. Als ein soziales Interesse begreifen wir auch die Freiheit des Tieres von ungerechtfertigtem Schmerz, wie dies der neue Staat durch Schaffung eines nicht auf den

1278 § 53 RStGB: „*Eine strafbare Handlung ist nicht vorhanden, wenn die Handlung durch Notwehr geboten war.* [Abs. 2] *Notwehr ist diejenige Verteidigung, welche erforderlich ist, um einen gegenwärtigen, rechtwidrigen Angriff von sich oder einem anderen abzuwenden.* [Abs. 3] *Die Überschreitung der Notwehr ist nicht strafbar, wenn der Täter in Bestürzung, Furcht oder Schreck über die Grenzen der Notwehr hinausgegangen ist.*"

1279 § 127 Abs. 1 StPO: „*Wird jemand auf frischer Tat betroffen oder verfolgt, so ist, wenn er der Fluch verdächtig ist oder seine Persönlichkeit nicht sofort festgestellt werden kann, jedermann befugt, ihn auch ohne rechtlichen Befehl vorläufig festzunehmen.*"

1280 § 54 RStGB: „*Eine strafbare Handlung ist nicht vorhanden, wenn die Handlung außer dem Falle der Notwehr in einem unverschuldeten, auf andere Weise nicht zu beseitigenden Notstande zur Rettung aus einer gegenwärtigen Gefahr für Leib oder Leben des Täters oder eines Angehörigen begangen worden ist.*"

1281 § 228 BGB: „*Wer eine fremde Sache beschädigt oder zerstört, um eine durch sie drohende Gefahr von sich oder einem anderen abzuwenden, handelt nicht widerrechtlich, wenn die Beschädigung oder die Zerstörung zur Abwendung der Gefahr erforderlich ist und der Schaden nicht außer Verhältnis zu der Gefahr steht. Hat der Handelnde die Gefahr verschuldet, so ist er zum Schadensersatz verpflichtet.*"

> Schutz menschlicher Gefühle abstellenden Tierschutzgesetzes ausdrücklich anerkannt hat."[1282]

Diese Diskussion führte Schmid-Lindner 1940 / 41 fort. Zum 1. Fall meinte er:

> „Eine solche Notwehr ist möglich; denn sie wird dann zu Gunsten einer dritten Person angewandt und erweist sich so als Nothilfe. Um die Möglichkeit einer Nothilfe annehmen zu können, ist die Beschaffenheit des Angriffsgutes grundsätzlich gleichgültig. [...] Nachdem keinerlei Aergerniserregung im Tatbestand der neuen deutschen Tierquälereidelikte mehr vorgesehen ist (...), kann es keine grundsätzliche[n] Rollen spielen, ob bei dem, welcher Nothilfe leistet, das persönliche Gefühl der Empörung zum bloßen Pflichtgefühl noch hinzutritt oder nicht."[1283] „Unter ‚anderer' im S. des § 53 StGB. ist jedwedes Rechtsgut zu verstehen. [...] Nothilfe zu Gunsten eines gequälten Tieres ist somit möglich sowohl dann, wenn der tierquälerische Angriff noch nicht begonnen hat, aber unmittelbar bevorsteht (Metzger hebt das Messer gegen unbetäubtes Schlachttier) auch als in den Fällen, in denen der Angriff schon in eine Verletzung überging. Hier bleibt der Angriff so lange ‚gegenwärtig', als die Zufügung einer neuen oder die Vergrößerung der schon eingetretenen Verletzung durch das Verhalten des Angreifers unmittelbar bevorsteht (z. B. ein Kutscher schlägt auf ein bereits mißhandeltes Zugtier weiterhin ein)."[1284]

Fall 2 setzte Schmid-Lindner folgendermaßen auseinander,

> „daß ein rechtswidriger Angriff nur von Seiten eines Menschen erfolgen kann, folglich auch Notwehr nur gegenüber einem menschlichen Angriff möglich ist. Was tierische Angriffe betrifft, so ist zu unterscheiden: wird ein rechtswidriger Angriff seitens eines Menschen mittels eines gehetzten Tieres ausgeübt, so erwächst der Stand der Notwehr gegenüber dem antreibenden Menschen, während die Notwehrbehandlung je nach Bedarf in der Beschädigung oder Vernichtung des als Angriffsmittel benutzten Tieres bestehen mag. [...] Notwehr gegenüber Tieren wäre jedoch [...] abzulehnen. Der Tierangriff ist als Naturereignis zu bewertende Handlung. Somit bleibt [...] nur der Gesichtspunkt des Notstands, um eine strafbare Handlung des abwehrenden auszuschließen. Doch kommt hier nicht der Notstand nach § 54 StGB. zum Zuge, da dieser zu eng gefaßt ist. [...] Vielmehr greift der zivilrechtliche Notstand der Sachwehr des § 228 BGB. Platz, [...] wenn das Tier ‚fremd', also in eines anderen Eigentum steht. Solche ein besonderer Ausschluß der Rechtswidrigkeit ist bei Beschädigung des Tieres notwendig, um die Strafbarkeit der Handlung auszuschließen; denn es fällt vorsätzliche Beschädigung oder Zerstörung einer fremden ‚Sache' (= Tier oder leblose Sache) als widerrechtlich und strafbar unter § 303 StGB.

1282 Lorz, *Tiermißhandlung im RTierSchG*, 1936, S. 48 – 50; in S. 49, Fn. 1 Hinweis auf die Zwischenlage: „Der Bericht über die Arbeit der amtlichen Strafrechtskommission sieht die Schaffung einer an die Stelle des § 228 BGB tretenden Notstandsbestimmung in zweifacher Ausführung vor: einmal als Sachwehr und dann als Tierwehr (2. Aufl. 1935 S. 79)."

1283 Schmid-Lindner, *Fragen des StR-AT zum TierSchR*, 1941, S. 73.

1284 Schmid-Lindner, *Fragen des StR-AT zum TierSchR*, 1941, S. 74 – 75.

Handelt es sich jedoch nicht um eine fremde sondern herrenlose Sache, also in unserem Fall um ein herrenloses Tier, so kann ein solches jeder sich aneignen oder vernichten […] und insoweit bedarf es bei Abwehrhandlungen gegenüber Angriffen herrenloser Tiere überhaupt keines im Gesetz festgelegen Unrechtsausschließungs- oder Entschuldigungsgrundes, weil ja von vornherein weder Unrecht noch Schuld gegeben sind, die ausgeschlossen werden müssen."[1285]

(5) Materielles Unrecht als Maßstab

Dieser Ausführung lag jedoch zugrunde: „Ist also mit der im Notstand vorgenommenen Verletzung oder Tötung eines Tieres eine Quälerei […] verbunden, so ist dieselbe insoweit (aber auch *nur* insoweit) gerechtfertigt, als zur Erreichung dieses berechtigten vernünftigen Zweckes (Abwehr) nötig ist. Geschieht jedoch die […] mutwillige Vernichtung eines herrenlosen, nicht jagdbaren und gesetzlichen nicht geschützten Tieres (§ 15 Nat. SchutzVO.) unter Zufügung von Tierquälerei im Sinne von § 1 TSchG., so ist diese Tierquälerei überhaupt unnötig, da kein vernünftiger (…) Zweck ersichtlich."[1286] Im gleichen Geiste gelangte Lorz zur Einsicht: „Der Begriff unnötig ist daher kein eigentliches Tatbestandsmerkmal, sondern ein Hinweis für den Richter, jeweils besonders nachzuprüfen, ob die tatbestandsmäßige Handlung nicht als materiell gerechtfertigt erscheint."[1287]

Darin erblickte Wetzel eine „Hineinbeziehung des Unrechtsausschließungsgrundes in den Tatbestand"[1288]. Jener „verweist uns auf den materiellen Unrechtsgehalt der Tat, den wir mit Hilfe der ‚Zwecktheorie' auf Grund der unsern Staat und unser Recht tragenden Weltanschauung feststellen können."[1289] Das sei heute der Nationalsozialismus mit „einer natürlichen, durch die organischen Gesetze bestimmten Rangordnung von Mensch und Tier"[1290]: „Beide sind Teile einer organisch aufgebauten Natur, die in ihren verschiedenen Erscheinungsformen nur Stufen der Entwicklung kennt und keinen Sprung".[1291] „Ob der Zweck vernünftig und berechtigt ist," ruhe daher „auf dem Gedanken der Gemeinschaft, ‚[…] *daß das höhere Lebensinteresse der Gesamtheit den Interessen des einzelnen hier die Grenze ziehen und Pflichten auferlegen muß.*' Das Höhere geht dem Niederen vor; die Gemeinschaft dem einzelnen, das Gesunde dem

---

1285 Schmid-Lindner, *Fragen des StR-AT zum TierSchR*, 1941, S. 77 – 78.

1286 Schmid-Lindner, *Fragen des StR-AT zum TierSchR*, 1941, S. 80.

1287 Lorz, *Tiermißhandlung im RTierSchG*, 1936, S. 38 – 39; auch Wetzel, *Tierschutz im Reichsstrafrecht*, 1936, S. 11, 15; Schmid-Lindner, *Fragen des StR-AT zum TierSchR*, 1941, S. 81.

1288 Wetzel, *Tierschutz im Reichsstrafrecht*, 1936, S. 15.

1289 Wetzel, *Tierschutz im Reichsstrafrecht*, 1936, S. 36.

1290 Wetzel, *Tierschutz im Reichsstrafrecht*, 1936, S. 23.

1291 Wetzel, *Tierschutz im Reichsstrafrecht*, 1936, S. 22.

Kranken, das Kräftige dem Schwachen, die sittlich und kulturell höhere Rasse der niederer stehenden, deshalb auch der Mensch dem Tier. […] Wir kennen auch hieraus, daß nicht das Mitleid der leitende Gedanke des Tierschutzes sein kann, sondern nur der Gerechtigkeitssinn; denn Mitleid empfinden wir auch mit dem Tier, das zur Schlachtbank geführt wird, mit dem Pferd, das sich bei der Arbeit abquälen muß […]. Aber sollen wir aus diesem Grunde hungern oder soll der Bauer seine Felder brach liegen lassen und Not leiden? Ich glaube kaum."[1292] Danach schlug Landwehr das Prüfungsschema vor, „[daß] wir zunächst den Zweck der Handlung, die eine Tierquälerei darstellt, in Beziehung setzen zu den in Frage stehenden Interessen des Menschen und des Tieres, und, nachdem wir sie wie oben auf Grund unserer Weltanschauung gewertet haben, gegeneinander abwägen (Güterabwägungsprinzip). Daraufhin ist festzustellen, ob auch das Mittel zur Erreichung des Zweckes ebenfalls berechtigt und angemessen ist"[1293], „denn die Verletzung eines minderwertigen Interesses auf Kosten des höherwertigen kann nicht gerechtfertigt werden, wenn das Mittel nicht gebilligt werden kann, selbst wenn der Zweck berechtigt ist."[1294] Sonst „überschreiten wir unser menschliches Recht und verletzen unberechtigt das tierische Lebensinteresse und handeln deshalb rechtwidrig."[1295]

Das brachte Beckers, der „unnötig" als Rechtfertigungsgrund ansah,[1296] auf einen Nenner: „Das Interesse des Tieres muß vor lebenswichtigen menschlichen Interessen zurücktreten." Die entsprechenden Darlegungen seien auch „richtig, aber sie können nicht den Anspruch auf Vollständigkeit erheben, da Landwehr sein Augenmerk nur auf den Nutzen für die Volksgemeinschaft richtet." Dafür war seine selbsterwähnte „organische Grundtendenz" noch aufzuarbeiten: „Sie

---

1292 Wetzel, *Tierschutz im Reichsstrafrecht*, 1936, S. 35 – 36; Zitatquellenangabe in S. 35, Fn. 189: „Adolf Hitler, Rede auf dem Bückeberg am Tage des Deutschen Bauern am 1. 10. 1933."

1293 Wetzel, *Tierschutz im Reichsstrafrecht*, 1936, S. 36 – 37.

1294 Wetzel, *Tierschutz im Reichsstrafrecht*, 1936, S. 18.

1295 Wetzel, *Tierschutz im Reichsstrafrecht*, 1936, S. 37.

1296 Beckers, *Tierquälerei nach RTierSchG*, 1939, S. 23: „Fällt das Quälen fort, so entfällt überhaupt die Tatbestandsmäßigkeit. Fällt das Unnötige fort, so ist das Quälen notwendig, d. h. es hat einen vernünftigen und berechtigten Zweck. Das ist aber ein Rechtfertigungsgrund", weswegen er „unnötig" zu den „die Rechtswidrigkeit mitbegründenden Elementen des Tatbestandes rechnet." Auf S. 20 unterschied er solche in objektive, subjektive und normative, und prüfte danach § 1 RTierSchG: „Qual kann der Täter verursachen, aber nicht das Unnötige kann er von sich aus verursachen. Unnötig ist nämlich genau wie ‚fremd' in § 242 StGB eine Wertung, auf die der Täter keinen Einfluß hat", sondern die „nur in der Rechtswelt erfolgt. Es ist deshalb hier festzustellen, daß unnötig ein normatives Tatbestandselement oder ein sogen. unrechtes Tatbestandselement ist."

erhebt nämlich den Menschen zum Funktionsträger innerhalb der Weltordnung. [...] Als einziges Wesen, welches Ursache und Wirkung kennt, das vermittels seines Denkens die Zusammenhänge erfaßt, hat der Mensch die Aufgabe, ordnend in die Weltordnung einzugreifen. Es ist also nicht nur der Eingriff berechtigt, der einen Zweck für den Menschen selbst erfüllt, sondern auch der Eingriff, den der Mensch in Wahrung dieser besonderen Aufgaben vornimmt. Notwendig ist nicht nur dasjenige, was im Interesse der Volksgemeinschaft dient, sondern auch, was in der Wahrung der Weltordnung als solcher zugute kommt. Es ist sicherlich nach dem Gesetz nicht strafbar, auf eine Katze, die im Begriffe ist, ein Spatzennest auszuräubern, mit einem Stein zu werfen. Eine solch' schädliche Brut zu schützen, entspricht keinem Zweck, der dem Interesse der Volksgemeinschaft dient. Trotzdem wird man keinen Zweifel an der Berechtigung des Werfens hegen, wenn dieses Ergebnis auch erst durch ein Zurückgreifen auf das übergesetzliche Recht erzielt wird."[1297]

bb) roh

§ 1 Abs. 2 S. 2 HS. 2 RTierSchG besagte: *„eine Mißhandlung ist roh, wenn sie einer gefühllosen Gesinnung entspringt.“*

(1) Auslegung und Abgrenzung

Anstatt der dazu nichtssagenden amtlichen Begründung legte Lorz aus: „Der Begriff bezeichnet also nicht etwa die Intensität der üblen Behandlung. Er charakterisiert vielmehr eine bestimmte seelische Einstellung des Täters. Roh handelt, wer sich nichtachtend über den Schmerz des Tieres hinwegsetzt und Gleichgültigkeit gegen ihn bekundet, während doch durch das Wissen um die Leidensfähigkeit des Tieres Mitgefühl in ihm ausgelöst werden sollte. Wer die Regung dieses Mitgefühls beiseitesetzt und ihr entgegenhandelt, dessen Handeln entspringt gefühlloser Gesinnung."[1298] Deren Grenzbeziehungen wusste Korn zu verorten: „Die gefühllose Gesinnung kann, aber muß nicht im Motiv des Handelnden erblickt werden. Daß der Täter auf Zufügung von Schmerz ausgeht, seine Handlung darauf berechnet ist, Schmerzen zuzufügen, ist kein unbedingtes Erfordernis. Es braucht auch die Tat nicht eine gemeine oder niedrige Gesinnung zu offenbaren."[1299] Dieser Zusammenfassung bisheriger Auslegungsergebnisse fügten Giese und Kahler hinzu: „Die Roheit des Täters kann natürlich auch darin begründet sein, daß das ausreichende Maß der Züchtigung überschritten

1297 Beckers, *Tierquälerei nach RTierSchG*, 1939, S. 24 – 25.

1298 Lorz, *Tiermißhandlung im RTierSchG*, 1936, S. 51.

1299 Korn, *Kommentar zum RTierSchG*, 1934, S. 17; Übernahme in v. Skopnik, *RTierSchG mit Begründung*, 1934, S. 19 – 20.

wird, oder die angewandte Strafe oder Züchtigung außer Verhältnis zu dem mit ihr beabsichtigten Zweck steht."[1300]

Hingegen sei die Handlung dessen nicht roh, der „den Appell an das Mitleid, den der Schmerz des Tieres an ihn richtet, gar nicht wahrnimmt oder im Augenblick nicht an eine Erregung von Schmerz denkt", z. B. wenn man „im Eifer der Arbeit die (kurzzeitige) übermäßige Anstrengung seines tierischen Gehilfe übersieht."[1301] Doch diese Erkenntnis erinnerte Lorz schon an die „in einer bei Verkehr mit Tieren öfters üblichen Leichtfertigkeit, in Gedankenlosigkeit und Unbesonnenheit" begangenen „zahlreichen [...] gewohnheitsmäßig bis zur Abstumpfung des Gefühls geübten Tiermißhandlungen".[1302]

(2) Gesetztechnischer Nachteil gegen gesetzgeberische Notwendigkeit

Daraus folgerte Lorz, „daß ein subjektives Tatbestandsmerkmal in einer Tierschutznorm immer eine Verschlechterung des Tierschutzes bedeutet, da es aus dem Kreis schuldhafter Mißhandlungen einen engeren oder weiteren Sektor herausnimm und nur die in diesen fallenden Handlungen für strafbar erklärt. Für das Tier aber macht es keinen Unterschied aus, ob der Tierquäler seine Tat aus gefühlloser Gesinnung oder mit schlichtem Mißhandlungsvorsatz begeht. Glücklicherweise besitzt das geltende Verbot der Tierquälerei keine so stark überschießende Innentendenz mehr, wie dies noch bis vor kurzem der Fall war. Allein auch das Erfordernis der Roheit bedeutet eine Durchbrechung des Tierschutzgedankens, vielleicht zu Gunsten derer, die mit Tieren umzugehen haben, sicher aber zu Lasten der Tierwelt."[1303]

Gleichsam gerade aus diesem nagenden Gewissen hatten Giese und Kahler unaufgefordert die Zwangslage des Gesetzgebers dargelegt: „Die Erziehung eines jungen Jagdhundes wird nicht ohne Schläge abgehen, der Kutscher wird in einzelnen Fällen die Peitsche nicht entbehren, der Viehtreiber nicht ganz ohne Stock auskommen können. Deshalb konnte, ebenso wie der Tatbestand der Quälerei durch das Wort ‚unnötig' gewisse Einschränkung erfahren hat, auch die Mißhandlung nicht schlechthin als solche unter Strafe gestellt werden, gewisse Ausnahmen mußten zugelassen werden. Das ist dadurch geschehen, daß es verboten ist, ein Tier ‚roh' zu mißhandeln."[1304]

1300 Giese / Kahler, *Das deutsche Reichs-Tierschutzgesetz*, 1934, S. 23 – 24; *Das deutsche Tierschutzrecht*, 1939, S. 24; Giese, 4. A., 1951, S. 16.

1301 Lorz, *Tiermißhandlung im RTierSchG*, 1936, S. 51.

1302 Clauß, *Tierschutz und Strafgesetzgebung*, 1928, S. 75

1303 Lorz, *Tiermißhandlung im RTierSchG*, 1936, S. 52.

1304 Giese / Kahler, *Das deutsche Reichs-Tierschutzgesetz*, 1934, S. 23.

(3) Maßstabsetzung für Einzelfälle

„Ob ein Mißhandeln im einzelnen Fall ‚roh' ist, also aus einer gefühllosen Gesinnung entstammt, entscheidet sich wiederum nach dem sittlichen Empfinden des deutschen Volkes."[1305] Diese Feststellung Einhausers stellte Adolph wiederum auf „das durchschnittliche Menschheitsgefühl" ab.[1306] Darüber hinaus galt sein Hinweis der Handhabe, es sei „nicht Aufgabe des Gerichts, die Gesamtpersönlichkeit des Täters nach seinem sonstigen Leumund zu beurteilen, sondern seine Gesinnung, wie sie sich ausschließlich in den fraglichen Handlungen widerspiegelt, d. h. es ist ein objektiver Maßstab anzulegen. Nicht darauf kommt es an, daß der Täter wirklich eine gefühllose Gesinnung besitzt, sondern auf seine Handlung, die nach allgemeiner Erfahrung auf eine gefühllose Gesinnung schließen läßt. Sonst würden Mißhandlungen im Jähzorn die größten Schwierigkeiten bereiten."[1307]

(4) Verhältnis zu „unnötig"

Angesichts der im Strafrecht aufkommenden Scheidung subjektiver Unrechtselemente in Rechtswidrigkeit und Schuld[1308] fragten sich auch die Tierschutz-Juristen: „ist die Mißhandlung eines Tieres ebenso wie das Quälen rechtswidrig (natürlich nur soweit es unnötig ist), und läßt das Fehlen der rohen Gesinnung lediglich die Schuld entfallen, oder ist nur die ‚rohe Mißhandlung' rechtswidrig, die Mißhandlung als solche aber rechtsmäßig?"[1309]

1305 Einhauser, *Das Tierschutzgesetz*, in: Frank (Hrsg.), *Handbuch*, 1935, S. 907.

1306 Adolph, *Schutz des Tieres im deutschen Recht*, 1935, S. 11 unter Bezugnahme auf Lange, *Die Thierschutzbewegung und § 360 Z. 13 RStGB*, in: GS, Bd. 42, 1889, S. 49; Übernahme von Landwehr, *Die strafbare Tierquälerei nach § 9 RTierSchG*, 1935, S. 38; Beckers, *Tierquälerei nach RTierSchG*, 1939, S. 25.

1307 Adolph, *Schutz des Tieres im deutschen Recht*, 1935, S. 12.

1308 Landwehr, *Die strafbare Tierquälerei nach § 9 RTierSchG*, 1935, S. 38, vermerke sie als zwei „verschiedene juristische Betrachtungsweisen, von denen die erste die Tat in ihrer verletzenden Eigenschaft ins Auge faßt, während die zweite die Tat aus Ausdruck der Persönlichkeit des Verletzers wertet". Lorz, *Tiermißhandlung im RTierSchG*, 1936, S. 50 meinte zum „subjektiven Tatbestand" schlechthin: „Er umfaßt einmal jene innere Einstellung des Täters zur Tat, die in dieser oder jener Form stets vorliegen muß, wenn objektives Unrecht überhaupt bestraft werden soll — die Schuld. Dann rechnen aber auch solche Merkmale des objektiven Tatbestandes hierher, die in der Seele des Täters gelegen sind (subjektive Tatbestandsmerkmale) und deren Vorliegen der Gesetzgeber im Einzelfall zu einem besonderen Erfordernis der Strafbarkeit einer äußeren Handlung gemacht hat (Delikte mit überschießender Innentendenz)."

1309 Landwehr, *Die strafbare Tierquälerei nach § 9 RTierSchG*, 1935, S. 39.

Während Schmid-Lindner allein letztere Möglichkeit vertrat,[1310] gingen die Vertreter der ersten Ansicht wiederum auf den „materiellen Unrechtsgehalt der Tiermißhandlung“ zurück: „wenn man auf Grund unserer Kultur- und Weltanschauung fragt, was ist unsittlich, was ist ungerechtfertigt und unrecht, einem Tier erhebliche Schmerzen oder Leiden zu verursachen oder ist die Mißhandlung nur unrecht, wenn sie roh erfolgt, so kann die Antwort nur lauten: Es ist unrecht, einem Tier erhebliche Schmerzen oder Leiden zu verursachen, es zu ‚mißhandeln‘.“[1311] Auf dieser Grundlage urteilte Landwehr: „Daß man trotzdem nicht jede unnötige Mißhandlung bestrafen will, sondern nur die rohe, […] beweist nicht, daß man die Verursachung erheblicher Schmerzen […] als gerechtfertigt ansieht,“[1312] sondern vielmehr, so versetzte sich Beckers in die Rolle des Gesetzgebers, „will er damit sagen: Die Verursachung einmaliger erheblicher Schmerzen mißbillige ich zwar, aber ich belege sie noch nicht mit der Strafe, denn nicht jede rechtswidrige schuldhafte Handlung ist ein Verbrechen. […] Strafbar ist die rechtswidrige Mißhandlung erst dann, wenn […] die Verwerfbarkeit der Tat so stark ist, daß er unbedingt strafwürdig erscheint, wenn die Handlung aus einem physischen Verhalten entspringt, welches die größte Mißbilligung verdient.“[1313] Im vorliegenden Fall hieß das: „Da es nun Unrecht ist, ein Tier unnötig zu quälen oder zu mißhandeln, handelt der Täter rechtswidrig, wenn er ein Tier mißhandelt. Bestraft wird er aber nur dann für seine Mißhandlung, wenn seine gefühllose Gesinnung den Vorwurf gegen ihn steigert und zur Schuld werden läßt. ‚Roh‘ ist deshalb kein subjektives Unrechtselement, sondern ein die Schuld steigerndes Moment.“[1314] Diese Auffassung brachte Lorz aus Sicht der Justiz zum Ausdruck: „Roheit als solche kann, da sie Tatbestandsmaterial ist, nicht Strafzumessungsgrund sein“, sondern nur: „War eine Quälerei gleichzeitig in roher Gesinnung begangen worden, so mag der Richter dies bei der Strafbemessung als erschwerenden Umstand berücksichtigen.“[1315] Mit gleicher Sorge wies Beckers darauf hin, „daß das die Rechtswidrigkeit begründende Moment des ‚unnötigen‘ nicht mit dem die Schuld begründenden des

1310 Schmid-Lindner, *Fragen des StR-AT zum TierSchR*, 1941, S. 14: „Sind also einem Tier zwar erhebliche Schmerzen, aber nicht wiederholt und auch nicht von längerer Dauer zugefügt worden, so wird materielles Unrecht nur dann begründet, […] wenn beim Täter das subjektive Element der Roheit hinzukommt.“

1311 Landwehr, *Die strafbare Tierquälerei nach § 9 RTierSchG*, 1935, S. 39; vgl. Beckers, *Tierquälerei nach RTierSchG*, 1939, S. 27.

1312 Landwehr, *Die strafbare Tierquälerei nach § 9 RTierSchG*, 1935, S. 40.

1313 Beckers, *Tierquälerei nach RTierSchG*, 1939, S. 27 – 28; vgl. Landwehr, *Die strafbare Tierquälerei nach § 9 RTierSchG*, 1935, S. 40.

1314 Landwehr, *Die strafbare Tierquälerei nach § 9 RTierSchG*, 1935, S. 41.

1315 Lorz, *Tiermißhandlung im RTierSchG*, 1936, S. 53.

‚rohen' vermischt wird, um so den Ausschluß der Rechtswidrigkeit auf den Mangel der gefühllosen Gesinnung des Täters zurückzuführen", „denn ohne die an den Tag gelegte gefühllose Gesinnung entfällt kraft des Gesetzes die Strafbarkeit, nicht das Unrecht."[1316]

Diese Klarstellung ermöglichte Lorz eine grundsätzliche Betrachtung der Beziehung zwischen „unnötig quälen" und „roh mißhandeln" überhaupt: „Die äußere Form der Wortfassung könnte den Eindruck erwecken, als sei jede der beiden alternativ verbotenen Tätigkeiten durch ein für sie allein geltendes Merkmal eingeschränkt. Das kann nach dem, was wir über die Natur der Begriffe ‚unnötig' und ‚roh' dargelegt haben, nicht der Fall sein. Als ‚unnötig' bezeichnen wir die Verfolgung eines ungerechtfertigten Zwecks, und damit den Widerstreit der Handlung mit den objektiven Normen des Rechts. Daher ist nicht nur die unnötige Quälerei strafbar, sondern auch die unnötige Mißhandlung. Und beide sind nur dann strafbar, wenn sie unnötig waren. Der Begriff ‚roh' ist demgegenüber ein echtes Tatbestandsmerkmal. Er bezeichnet eine bestimmte seelische Einstellung des Täters zu seiner Tat und macht sie zu einem subjektiven Erfordernis der Unrechtsbegründung."[1317] Diese Konstellation stellte Beckers klipp und knapp klar: „Nach § 9 RTG kann jemand bestraft werden wegen zweier Handlungen und zwar wegen: 1. unnötiger Quälerei, 2. unnötiger roher Mißhandlung."[1318]

Andererseits ergab sich, es könne „ein berechtigter Zweck die Rechtswidrigkeit ausschließen. Dieser Ausschluß beruht aber nicht auf der mangelnden gefühllosen Gesinnung des Täters [...] sondern der materiellen Rechtsmäßigkeit, der Notwendigkeit der Mißhandlung,"[1319] denn es sei wohl denkbar, „daß ein berechtigter Zweck mit einem angemessenen und richtigen Mittel betrieben wird, und der Täter doch das herrschende Menschlichkeitsgefühl kraß mißachtet."[1320] Als Beispiel biete sich: „Wer einem jungen Hund, der das Zimmer beschmutzt hat, aus Erbitterung, ohne sich erst über die Möglichkeit der erzieherischen Wirkung seiner Handlungsweise Gedanken zu machen, spontan eine Tracht Prügel verabreicht, handelt rechtmäßig, da eine solche Behandlung erfahrungsmäßig eine als angenehm empfundene Besserung herbeiführt und daher einem vernünftigen Zweck dient. [...] Man braucht also in einem solchen Fall die Schuldfrage gar nicht erst zu prüfen und kann dies gar nicht, da die Schuld des Täters nach geltendem Recht in logischer Abhängigkeit zur Rechtswidrigkeit der Tat steht:

1316 Beckers, *Tierquälerei nach RTierSchG*, 1939, S. 28.

1317 Lorz, *Tiermißhandlung im RTierSchG*, 1936, S. 53.

1318 Beckers, *Tierquälerei nach RTierSchG*, 1939, S. 29.

1319 Landwehr, *Die strafbare Tierquälerei nach § 9 RTierSchG*, 1935, S. 40.

1320 Beckers, *Tierquälerei nach RTierSchG*, 1939, S. 28.

Schuld ohne Unrecht gibt es nicht."[1321] So gelangte man zur Erkenntnis: „Eine rohe Mißhandlung ist naturgemäß niemals ‚nötig'. Wer aber eine notwendige Mißhandlung in roher Gesinnung vornimmt — der zugelassene Vivisektor ist gleichgültig gegenüber den Schmerzen, die er dem Versuchsobjekt zufügt — ist nicht strafbar. Denn nach geltendem Recht ist eine objektive Unrechtsbegründung unentbehrlich. Wer objektiv rechtsmäßig handelt, kann durch seine Gesinnung die Handlung nicht rechtswidrig machen. [...] Das Merkmal ‚roh' ist zur Unrechtsbegründung nur bei der Tätigkeit erforderlich, bei deren tatbestandlicher Bezeichnung es beigefügt ist."[1322]

c) Vorsatz

Die amtliche Begründung besagte zu § 9, dessen Abs. 1 die Strafdrohung des § 1 vorschrieb: „Zur Bestrafung ist vorsätzliches Handeln erforderlich (Abs. 1)."[1323]

aa) Ableitung

Dieses Ergebnis in subjektiver Hinsicht blieb zwar gleich „wie alle bisherigen Tierquälereinormen"[1324], ergab sich aber aus einem neuen Grunde: „Für das unnötige Quälen oder das rohe Mißhandeln eines Tieres wird Vergehensstrafe angedroht."[1325] Infolgedessen war eine fahrlässige Erfüllung des Tatbestandes nur zu bestrafen, wenn dies ausdrücklich bestimmt wurde.[1326]

1321 Lorz, *Tiermißhandlung im RTierSchG*, 1936, S. 40.

1322 Lorz, *Tiermißhandlung im RTierSchG*, 1936, S. 53; Schmid-Lindner, *Fragen des StR-AT zum TierSchR*, 1941, S. 14. An der ausgelassenen Stelle meinten beide, die Frage, ob ein künftiges Willensstrafrecht eine rein subjektive Unrechtsbegründung anerkennen würde, sei dahingestellt. Lorz' Beschreibung binnen der Gedankenstriche widersprach zweifach dem Göring-Erlaß, dem zufolge weder ein „Vivisektor" zugelassen, noch das tierische Opfer als „Versuchsobjekt" genannt werden durfte.

1323 BA Berlin-Li., R 18 Rep. 320 Nr. 589, Bl. 110; Giese / Kahler, *Das deutsche Reichs-Tierschutzgesetz*, 1934, S. 122; *Das deutsche Tierschutzrecht*, 1939, S. 282; Giese, 4. A., 1951, S. 303.

1324 Adolph, *Schutz des Tieres im deutschen Recht*, 1935, S. 12.

1325 BA Berlin-Li., R 18 Rep. 320 Nr. 589, Bl. 110; Giese / Kahler, *Das deutsche Reichs-Tierschutzgesetz*, 1934, S. 122; *Das deutsche Tierschutzrecht*, 1939, S. 282; Giese, 4. A., 1951, S. 303.

1326 Adolph, *Schutz des Tieres im deutschen Recht*, 1935, S. 12; Lorz, *Tiermißhandlung im RTierSchG*, 1936, S. 50; Wetzel, *Tierschutz im Reichsstrafrecht*, 1936, S. 17; Beckers, *Tierquälerei nach RTierSchG*, 1939, S. 31. Daraus folgerte Korn, *Kommentar zum RTierSchG*, 1934, S. 18: „Fahrlässige oder schuldlose Zuwiderhandlung ist zwar auch verboten, aber nicht strafbar." Dementsprechend gab Einhauser, *Das Tierschutzgesetz*, in: Frank (Hrsg.), *Handbuch*, 1935, S. 907 zu bedenken: „Immerhin ist zu prüfen, ob sie [Strafe dafür, Anm. d. Verf.] nicht noch erlassen werden soll, man setze z. B. den

bb) Bezugspunkte

„Was Vorsatz ist, definiert das Tierschutzgesetz ebensowenig, wie das gegenwärtige Strafgesetzbuch.“[1327] Demgegenüber hatte das Reichsgericht ausgesprochen: „Das Strafgesetzbuch fordert für die Anwendung seiner Bestimmungen [...] nicht mehr, als daß der Thäter das Bewußtsein derjenigen Umstände gehabt habe, in welchen das Gesetz die Merkmale der strafbaren Handlung erblickt.“[1328] Nach dieser „Willenstheorie muß der Täter [...] den strafbaren Tatbestand mit Wissen und Wollen verwirklicht haben; hierfür genügt es jedoch, wenn er die Verwirklichung des Erfolgs nur für möglich gehalten, aber für den Fall der Verwirklichung mit ihr einverstanden ist.“[1329] Auf § 1 RTierSchG übertragen hieß das:

> „Der Täter muß somit gewußt haben, daß ein Tier Objekt der Straftat ist. In dieser Hinsicht werden sich kaum Schwierigkeiten ergeben. Fälle, bei denen Zweifel entstehen könnten, ob es sich um Pflanze oder Tier handelt, scheiden bei der Untersuchung regelmäßig schon deswegen aus, weil bei Lebewesen niedriger Entwicklungsstufen die Erkenntnis der Schmerzempfindung schwierig ist. Damit entfällt von vornherein die Möglichkeit von Quälen und Mißhandeln.
>
> Des weiteren ist erforderlich, daß der Täter sich bewußt ist, daß er unnötig quält oder roh mißhandelt. Diese Vorstellung des Täters braucht sich allerdings nicht soweit zu erstrecken, daß er weiß, daß er ‚quält‘. Es genügt vielmehr das Bewußtsein, daß er dem Tiere länger fortdauernde erhebliche Schmerzen verursacht, insbesondere sich eine Vorstellung von der Empfindsamkeit des Tieres und der Intensität der Schmerzen macht. [...] Rechnet der Täter mit der Möglichkeit, daß sein Verhalten dem Tiere Schmerzen zufügt, und billigt er diese Folge für den Fall des Eintritts, so ist er ebenfalls strafbar.“[1330]

Also nunmehr „genügt, wenn der Tatbestand keinen qualifizierten Vorsatz (wie früher boshaft, absichtlich) voraussetzt, auch dolus eventualis“[1331] — auf gut

---

Fall, daß jemand seine Katze zu töten unternimmt und sie dann in der Meinung, sie sei schon tot, fahrlässigerweise noch lebendig verscharrt.“ Demgegenüber wies Lorz, *Tiermißhandlung im RTierSchG*, 1936, S. 50 zum einen darauf hin: „Für die Uebertretungen der §§ 2 mit 4 RTG hat der Gesetzgeber die Bestrafung auch der fahrlässigen Zuwiderhandlung ausdrücklich festgelegt (§ 9 Abs. III Z. 1).“ Zum anderen S. 36: „Die Verzögerung der Tötung eines bereits verletzten Tieres wird leicht den Tatbestand des § 1 RTG erfüllen.“ (s. o. „Tötung“) Allgemeinen Hinweis auf die richtige Tötungsmethode überzähliger Katzen s. u. sogleich.

1327 Wetzel, *Tierschutz im Reichsstrafrecht*, 1936, S. 17.

1328 RG, III. Ss., Urt. v. 25.9.1880 g. B. u. Gen. Rep. 1862/80, in: Bd. 2, Nr. 112, S. 269.

1329 Giese / Kahler, *Das deutsche Reichs-Tierschutzgesetz*, 1934, S. 72; *Das deutsche Tierschutzrecht*, 1939, S. 93; Giese, 4. A., 1951, S. 96.

1330 Wetzel, *Tierschutz im Reichsstrafrecht*, 1936, S. 17 – 18;

1331 Adolph, *Schutz des Tieres im deutschen Recht*, 1935, S. 12.

Deutsch: „auch bedingter Vorsatz genügt."[1332] Dies hatte zur Folge: „Der Täter kann sich also nicht damit entlasten, daß seine Absicht lediglich auf die Erzielung einer bestimmten Arbeitsleistung, eines wirtschaftlichen Vorteils oder dergl. gelegt worden sei, eine Tierquälerei ihm ferngelegen habe."[1333] Dazu vermerkten Veterinärrat a. D. Dr. Storch und Polizeitierarzt Dr. Mathieu, die ihr *Tierschutz-Taschenbuch* für Polizeibeamte usw. schrieben, mit weniger Rechtsdogmatik und mehr Dienstanweisung:

> „Der Tierquälerei liegt nicht immer Roheit, Böswilligkeit, betrügerisches Geschäftsgebahren oder gemeiner Eigennutz des Täters, sondern sehr häufig auch Dummheit, Faulheit, Gleichgültigkeit Unkenntnis, falsches Festhalten am Althergebrachten und Aberglauben zu Grunde. In den erstgenannten Fällen ist rücksichtslose Bestrafung des Schuldigen ohne weiteres am Platze, in den anderen Fällen bleibt zu erwägen, ob man mit Belehrung und Warnung sowie mit stillschweigender weiterer Ueberwachung nicht auskommt", und zwar Letzte besonders über „Tierbesitzer und Tierpfleger, die nur aus Furcht vor Strafe sich ihren Pflegebefohlenen gegenüber so [gesetzmäßig] verhalten".[1334]

cc) Irrtümer

Insoweit war es für die Rechtswidrigkeit nach Wetzel nur noch wesentlich, „daß das Quälen unnötigerweise erfolgt. [...] Nimmt der Täter, in Irrtum befangen, an, seine Handlung diene einem vernünftigen und berechtigten [Zwecke], so wird man unterscheiden müssen, ob dieser Irrtum ein tatsächlicher oder rechtlicher ist. Den ersteren wird man als vorsatzausschließend anerkennen dürfen, während im letzteren Falle die bekannten, hier nicht weiter zu verfolgenden Probleme des Rechtsirrtums in Frage kommen."[1335]

Denselben verfolgte Beckers doch weiter, indem er aus den Quellen eines künftigen RStGB schöpfte: „‚Nach dem vorliegenden Entwurf 2. Lesung handelt vorsätzlich, wer die Tat mit Wissen und Willen begeht und sich dabei bewußt ist, Unrecht zu tun oder gegen ein Gesetz zu verstoßen.' Es ist aber hinzugefügt worden: Hat der Täter irrtümlich angenommen, seine Tat verstoße nicht gegen ein Gesetz und er tue nicht unrecht, so ist dieser Irrtum unbeachtlich, wenn er auf einer Einstellung beruht, die mit dem gesunden Volksempfinden über Recht und Unrecht unvereinbar ist. Diese kommende Fassung des Vorsatzbegriffes kann, da es einen eindeutigen Vorsatzbegriff im heutigen Strafrecht nicht gibt, auch heute schon der Beurteilung zu Grunde gelegt werden."[1336] Danach würde

---

1332 Schmid-Lindner, *Fragen des StR-AT zum TierSchR*, 1941, S. 84.

1333 Giese / Kahler, *Das deutsche Reichs-Tierschutzgesetz*, 1934, S. 72; *Das deutsche Tierschutzrecht*, 1939, S. 94; Giese, 4. A., 1951, S. 97.

1334 Storch† / Mathieu, *Tierschutz-Taschenbuch*, 4. A., 1941, S. 17.

1335 Wetzel, *Tierschutz im Reichsstrafrecht*, 1936, S. 18.

1336 Beckers, *Tierquälerei nach RTierSchG*, 1939, S. 32.

der Rechtsirrtum genau wie „nach der bisherigen Rechtsprechung des Reichsgerichts den Vorsatz nicht ausschließen. Der Einwand des Täters, er habe einen vernünftigen Zweck verfolgt, hilft ihm also nicht, wenn das Gericht eine Überschreitung der in § 1 gezogenen Grenzen feststellt."[1337]

Diese Ergebnisse fasste Schmid-Lindner zusammen: „Ein Irrtum über das Vorliegen des ‚nötig' kann nach dem vorhin Dargelegten als bloßer Strafrechtsirrtum keine schuldausschließende Rolle spielen. Dagegen ist ein strafbefreiender Tatsachenirrtum gegeben, wenn das Vorhandensein von Tatumständen angenommen wird, bei deren wirklichen Vorliegen die quälerische Handlung als einem berechtigten Zwecke dienend erscheinen würde (...). Letzteres bestimmt sich jedoch nicht nach der subjektiven Meinung des Täters, sondern nach der Kulturanschauung, welcher der Gesetzgeber Rechnung tragen will."[1338] Ob ihr die im Einzelfall vom Täter als nötig erachtete Qualzufügung noch entsprach oder bereits zuwiderlief, darauf könne wiederum nur das gesunde Volksempfinden antworten. Eine Ergründung dieser Grundlage des künftigen RStGB deuchte Schmid-Lindner in den siegreichen Kriegsjahren sinnvoll: „Die Bewertung des Empfindens als gesund unterliegt einem von diesem Empfinden selbst losgelösten (absoluten) Maßstab des Guten, der sich im Rahmen unserer Fragestellung aus der Tatsache der Lebensgemeinschaft mit den Tieren ergibt als Lebewesen, die mit unserem menschlichen vegetativen und sensiblen Dasein weitgehend Analogie haben und als solche vom Gebot der allgemeinen Rücksicht und Liebe umfaßt werden (...)."[1339]

3. Neuere Grenzfälle

Giese und Kahler rundeten die Auslegung des § 1 RTierSchG mit der Erläuterung jener Fälle ab, auf welche die Vorschrift nicht eindeutig anzuwenden war, aber an deren Lösung man bis 1939 gearbeitet hatte:

a) Verwendung lebender Fische als Köder

> „Zu der Frage der Zulässigkeit der *Verwendung von kleinen Fischen als Angelköder* hat sich der Reichsmin. d. Innern in einem Schreiben an den Reichsnährstand (Reichsbauernführer) vom 23. August 1934 — II 4443 b/26. 7. 34. — dahin geäußert, daß die Verwendung von Köderfischen zum Angeln sich nach dem Tierschutz-

1337 Adolph, *Schutz des Tieres im deutschen Recht*, 1935, S. 13.

1338 Schmid-Lindner, *Fragen des StR-AT zum TierSchR*, 1941, S. 81.

1339 Schmid-Lindner, *Fragen des StR-AT zum TierSchR*, 1941, S. 82; in der Klammer stand die Quellenangabe: „E. Rehor. 5. Gebot und das Tierschutzgesetz vom 24. 11. 1933 in ‚Die Volksschule', Dresden 1936 S. 312".

gesetz dann rechtfertige, wenn zur Erlangung der für den Menschen wichtigen Fischnahrung ein anderer Weg nicht zum Ziele, d. h. zum Fange des Fisches führt, daß somit also letzten Endes das Fischen mit lebenden Ködern einem vernünftigen und damit berechtigten Zwecke diene. Nach näheren Ausführung über die Verwendung der Köder durch Berufs-, Sportangler usw., über den Fang der Fische und die Art der Köderfische wird in dem genannten Schreiben zum Ausdruck gebracht, daß es nicht vertretbar erscheine, grundsätzlich den lebenden Fisch als Köder zu verbieten, daß dieser vielmehr dem *Berufsfischer allgemein und dem Sportfischer zum Fang auf Raubfische in bestimmten Gewässern* zugestanden werden müsse. Die Auffassung, daß nach dem Tierschutzgesetz das Angeln mit lebenden Fischen ohne weiteres und jedermann gestattet sei, erfahre dadurch sowie durch das Gesetz selbst eine gewisse Einschränkung. Denn jede unnötige Quälerei bei der Verwendung lebender Fische als Köder müßte eine Bestrafung auf Grund des § 1 des Tierschutzgesetzes nach sich ziehen, da unnötige Quälereien und rohe Handlungen auch bei niedriger organisierten Tieren nicht geduldet würden."[1340]

b) Tötung überzähliger Jungkatzen

„Mit der Frage der Tierquälerei bei der *Tötung von jungen Katzen* hatten sich die Gerichte bereits mehrfach zu befassen. Bisher war in Deutschland das *Ertränken neugeborener Katzen* und auch sonstiger neugeborener Säugetiere (z. B. Hunde) weit verbreitet. *Diese Tötungsart ist wissenschaftlich und daher auch vom tierschützerischen Standpunkt aus nicht statthaft*; in einer solchen Tötung ist objektiv eine Zuwiderhandlung gegen § 1 des Tierschutzgesetzes zu erblicken. Junge Katzen und ebenso andere junge Säugetiere haben bei ihrer Geburt noch völlig unentwickelte Lungen. Wenn nach der Trennung vom Mutterleib die Lungenatmung beginnt, so weiten sich die Lungen erst ganz langsam, um nach und nach in die Lage zu kommen, die einströmende Lust in den Lungenbläschen zu halten und dieser Luft den für das Leben notwendigen Sauerstoff zu entnehmen. Die noch nicht geöffneten Lungen des neugeborenen Tieres sind zur Aufnahme von Wasser nicht oder nur in sehr geringem Maße fähig. Hierauf kommt es aber beim Ertränken in erster Linie an, da der Erfolg dieser Tötungsart von der Aufnahme von Wasser in die Lungen und dem Fortschreiten der hierdurch bedingten inneren Erstickung abhängig ist. Dr. Korhaus (Berlin) kommt in einer Abhandlung über diese Frage zu dem Schluß, daß neugeborene Säugetiere nicht durch Ertränken getötet werden sollten. Dieser Ansicht ist zuzustimmen; wenn das Ertränken junger Katzen zur Folge hat, daß die Tiere erst nach stundenlangem, langsamem Eindringen des Wassers in die Lungen den Erstickungstod finden, so liegt darin die Zufügung eines länger dauernden Leidens im Sinne des § 1 des Gesetzes, auch wenn man die Tatsache berücksichtigt, daß neugeborene Tiere im allgemeinen eine Todesfurcht nicht kennen und ihr Empfinden noch nicht sehr ausgebildet ist. An Stelle des noch weitverbreiteten Ertränkens neugeborener Säugetiere wird als schnellere und schmerzlosere Tötungsart bei jungen Katzen in den ersten Tagen nach der Geburt Zertrümmerung des Schädels durch wuchtigen Schlag oder Abtrennung des Kopfes empfohlen. Wessen Gefühl diese etwas rauhen Tö-

1340 Giese / Kahler, *Das deutsche Tierschutzrecht*, 1939, S. 26.

tungsarten nicht entsprechen, begebe sich zum Tierarzt oder zum Tierschutzverein, die stets in der Lage sein werden, durch Chloroform, Äther usw., durch Anwendung eines sofort wirkenden Giftes, durch elektrischen Strom oder mittels eines anderen geeigneten Verfahrens einen sicheren und schnellen sowie schmerzlosen Tod der jungen Katzen herbeizuführen; auch ältere Katzen sowie Hunde werden am besten auf diese Weise getötet.“[1341]

c) Bekämpfung von Vogelplagen

„Hier wäre zu erörtern, wie der vielfach zur *Plage werdenden Vermehrung gewisser Vögel (Spatzen, Tauben, Möwen)* unter Vermeidung von Tierquälerei Einhalt zu bieten ist. Von Vogelschutzwarten (z. B. Otto Theil, Hamburg = Theil'sche Futterglocke) wird die Wegnahme der Eier empfohlen, was aber nur von kundiger Hand ausgeführt werden darf. Da die hierdurch erreichte Verminderung jedoch nur von beschränkter Dauer ist, muß sie sinngemäß in Abständen wiederholt werden. Am besten ist es, die Nester gleich mit zu zerstören (verbrennen); die Sperlinge ziehen im Jahre bis zu drei Bruten groß. die Wegnahme der Eier und Zerstörung der Nester wird also am besten allmonatlich vorgenommen. Daneben kann das Fangen der Sperlinge in geeigneten Fallen (z. B. System Schwing [Duisburg] oder System Dietrich [Biol. Reichsanstalt]) betrieben werden.“[1342]

d) Rupfen der Gänse

„Zu der auch wirtschaftlich bedeutungsvollen Frage, zu welcher Zeit des Jahres du bis zu welchem Grade das *Rupfen der Gänse* als statthaft anzusehen ist, haben auf Ersuchend es *Reichsministers des Innern* das Reichsgesundheitsamt und der Reichsnährstand sich gutachtlich dahin geäußert, daß vom tierschützerischen Standpunkt aus gegen das sachgemäße Rupfen der Federn des Geflügels, sobald diese reif sind, d. h. blutleer sind und nur noch lose in der Haut sitzen, nichts einzuwenden sei, daß auch von einer Tierquälerei dabei nicht gesprochen werden könne. Die Federn sind gewöhnlich reif vor Eintritt des Federwechsels, d. h. zu Beginn und während der Mauser. Im allgemeinen haben unsere Bauersfrauen ein feines Gefühl für den richtigen Zeitpunkt und den Umfang des Rupfens; sie beginnen, wenn die Gänse die ersten Federn verlieren. — Das Rupfen ist als eine rohe Mißhandlung oder als eine unnötige Qual dann anzusehen, wenn es unsachgemäß geschieht, oder wenn es sich um eine gewaltsame Entfernung der Federn handelt, was sich durch kahle, blaurote bis blutige Stellen am Körper nach dem Rupfen anzeigt.“[1343]

e) Brandmarkierung vom Vieh

„In diesem Zusammenhang ist auch die Frage des *Kennzeichens der Tiere durch Brennstempel* usw. zu erörtern. Das ‚Brennen‘ ist eine uralte, weitverbreitete Art der Kennzeichnung, weil sie schnell anzubringen, zuverlässig und dauerhaft ist; die

1341 Giese / Kahler, *Das deutsche Tierschutzrecht*, 1939, S. 26 – 28.
1342 Giese / Kahler, *Das deutsche Tierschutzrecht*, 1939, S. 28.
1343 Giese / Kahler, *Das deutsche Tierschutzrecht*, 1939, S. 28.

Kennzeichnung erfolgt mit Brennstempeln in verschiedenen Formen (Buchstaben, Zahlen, Wappen usw.); je nach Tierart werden sie an Haut, Horn, Huf oder Klauen angebracht. Mit der Frage, ob eine solche Kennzeichnungsart gestattet ist oder als Tierquälerei angesprochen werden muß, beschäftigt sich ein Gutachten des Preußischen Landesveterinäramts vom 23. Juli 1934, das zu dem Schluß kommt, daß 1. das Brennen von Tieren, insbesondere von Schweinen zur Kennzeichnung und Unterscheidung der Tiere einem vernünftigen und berechtigten Zweck dient, und daß 2. bei sorgfältigem Brennen Schweine weder unnötig gequält noch roh mißhandelt werden. Das gleich trifft zu für die anderen Kennzeichnungsarten wie das Einziehen von *Ohrenmarken*, das *Tätowieren*, das *Kerben* und das *Lochen des Ohres*. Nach einem Erlaß des Reichsjägermeisters vom 24. März 1936 ist das Stutzen der Lauscher des Wildes, das allgemein üblich ist, um die zur Blutauffrischung ausgesetzten Tiere dem Jäger kenntlich zu machen du zu verhindern, daß die mit großen Kosten ausgesetzten Stücke bei Erfüllung der Abschußpläne versehentlich geschossen werden, nicht als Tierquälerei anzusehen. Der Reichsjustizminister hat sich dieser Auffassung angeschlossen und die Strafverfolgungsbehörden mit entsprechender Weisung versehen."[1344]

§ 2 Einzelne Verbote

„Abschnitt II
Vorschriften zum Schutze der Tiere.

§ 2
Verboten ist, ... [Ziffern 1 – 12]"

„§ 2 zählt eine Anzahl von Tatbeständen auf, die eine strafrechtliche Ahndung erfordern, ohne daß eine unnötige Tierquälerei oder eine rohe Mißhandlung (§ 1) vorzuliegen braucht. Ist zugleich der Tatbestand des § 1 erfüllt, so hat die Bestrafung gemäß § 9 Abs. 3 aus §§ 1, 9 Abs. 1 zu erfolgen."[1345] Diese amtliche Begründung erweiterten Giese und Kahler:

„Das allgemeine Verbot der Tierquälerei und der Tiermißhandlung nach § 1genügt nicht für einen wirksamen Schutz der Tiere gegen unsachgemäße Behandlung. Es können sich Fälle ergeben, in denen der Tatbestand [...] des § 1 nicht nachweisbar ist, gleichwohl aber eine für das Tier mit Schmerzen verbundene Behandlung vorliegt, die vom tierschützerischen Standpunkt aus nicht geduldet werden kann und bestraft werden soll [...]. Schon der Umstand, daß die Tierquälerei nach § 1 stets eine vorsätzlich begangene Tat sein muß, würde dazu führen, daß solche Fälle nicht geahndet werden können, in denen die Behauptung des Täters nicht genügend wi-

---

1344 Giese / Kahler, *Das deutsche Tierschutzrecht*, 1939, S. 29.

1345 BA Berlin-Li., R 18 Rep. 320 Nr. 589, Bl. 97 (in dieser Urfassung § 9 noch als § 10); Giese / Kahler, *Das deutsche Reichs-Tierschutzgesetz*, 1934, S. 109; *Das deutsche Tierschutzrecht*, 1939, S. 272; Giese, 4. A. 1951, S. 292.

derlegt werden kann, daß es sich um eine ihm unterlaufene Nachlässigkeit oder Vergeßlichkeit gehandelt, ihm aber eine absichtliche Quälerei des Tieres ferngelegen habe. Es werden daher in § 2 eine Anzahl Tierschutzbestimmungen vorgesehen, durch die bestimmte Tatbestände, bei denen es im Einzelfalle zweifelhaft sein kann, ob sie unter § 1 fallen würden, als selbständige Delikte, allerdings nur mit Übertretungsstrafe, bedroht werden. Da es nicht möglich sein würde, alle vom Standpunkt des Tierschutzes zu verurteilenden, mit Schmerzen für ein Tier verbundenen Handlungen aufzuzählen, sind in § 2 die Fälle unsachgemäße Behandlungen zusammengefaßt, die nach den Erfahrungen des Lebens vielfach vorkommen, die häufig schon zu Klagen Anlaß gegeben haben und deren Verhütung deshalb dem Tierhalter ausdrücklich zur Pflicht gemacht wird. Wenn nicht alle bei der Haltung und Pflege der Tiere beobachteten Mißstände zum Gegenstand einer Tierschutzvorschrift gemacht worden sind, so wird man sich damit abfinden können, nachdem § 14 die Möglichkeit gibt, weitere Tierschutzvorschriften zu erlassen, eine Ermächtigung, von der bei begründeten Mißständen jederzeit gebrauch gemacht werden kann. Im übrigen muß auch berücksichtigt werden, daß die Tierschutzbestimmungen des § 2 nur eine ergänzende Vorschrift neben dem Verbot der Tierquälerei nach § 1 darstellen und jedenfalls bei schwereren Fällen, in denen die unsachgemäße Behandlung eines Tieres ein Einschreiten gegen den Täter erfordert, eine Strafverfolgung nach § 1 wird am Platz greifen können. Vom Standpunkt des Tierschützers aus sind die Schutzvorschriften des II. Abschnitts mit besonderer Genugtuung zu begrüßen; sie zeigen, wenn sie auch in strafrechtlicher Bedeutung hinter dem Abschnitt I des Gesetzes zurückstehen und nur als *Übertretungen* gewertet werden, die Zielrichtung des Gesetzes, denn es werden hierdurch gewissermaßen rechtliche Pflichten des Menschen gegenüber dem Tiere geschaffen, was besonders auch aus der Begründung zu den Einzelverboten hervorgeht."[1346]

Einzig Neupert sah in § 2 durch die nunmehrige Aufzählung eine Ablösung der allgemeinen Tierschutznorm im bisherigen § 360 Nr. 13 n. F. RStGB: „Ein Grund hierfür ist der Wille des Gesetzgebers, eine für das Reich einheitliche Handhabung der hauptsächlichen Tierschutzvorschriften zu sichern und die bis dahin herrschende Rechtsungleichheit und Rechtsunsicherheit zu beseitigen."[1347] Dafür habe § 2 RTierSchG „die langjährigen Erfahrungen der Tierschutzvereine umfassend verwertet"[1348] und „kennzeichnet ausdrücklich das unangemessene Mittel zu einem vielleicht berechtigten Zweck"[1349], um „die Rechtsprechung zu zwingen, die Vorschriften des Gesetze sin dem Sinne anzuwenden, in de sie gedacht sind, und nicht in die frühere Spielerei mit Rechtsbegriffen wieder zu ver-

1346 Giese / Kahler, *Das deutsche Reichs-Tierschutzgesetz*, 1934, S. 26 – 28 (dort „ergänzend" als „subsidiär", „Zielrichtung des Gesetzes" als „Tendenz"); *Das deutsche Tierschutzrecht*, 1939, S. 29 – 30; Giese, 4. A. 1951, S. 23 – 24.

1347 Neupert, *Übertretungsdelikte des RTierSchG*, in: GA, N. F. Bd. 5, 1938, S. 210.

1348 Sommer, *Das neue TierSchG*, in: GA, N. F. Bd. 1, 1934, S. 31.

1349 Beckers, *Tierquälerei nach RTierSchG*, 1939, S. 34.

fallen, bei der so viele Tierquälereien ungesühnt blieben.“[1350] Daher stellte Neupert fest, im Gegensatz zur Straffolge der vorsätzlichen Tierquälerei nach §§ 1, 9 Abs. 1 RTierSchG sei die hiesige „nicht an den Willen des Täters geknüpft, sondern entspringt aus der Tat, aus der Zuwiderhandlung als solcher. […] Der Charakter der Bestrafung nach § 9 Abs. 3 Ziff. 1 RTG. ist der einer Nachlässigkeitsbestrafung, wie z. B. in Ziff. 1 des § 2 RTG., ist Gefährdungsbestrafung wie in Ziff. 3, 4, 5, 6 […]. Mit dem Aufstellen dieser Verbotsnormen werden Rechtspflichten zur Abwehr der Gefahren von Tieren bestimmt.“[1351] Dieser Vermerk fügte sich in Korns Vergabe ein: „Den Umfang der Pflicht ergibt sich in jedem Fall erst *die Abwägung der Interessen des Menschen und des Kulturinteresses am Schutze lebender Wesen vor Qualen.* Diese Abwägung wird häufig die Zuziehung von Sachverständigen erfordern, wie es § 12 vorsieht.“[1352]

1. Vernachlässigung in Haltung, Pflege, Unterbringung oder Beförderung

„§ 2

Verboten ist,

1. ein Tier in Haltung, Pflege oder Unterbringung oder bei der Beförderung derart zu vernachlässigen, daß es dadurch erhebliche Schmerzen oder erhebliche Schaden erleidet;“

a) Amtliche Begründung

„Zu Nr. 1): Die Vernachlässigung in Haltung, Pflege der Unterbringung eines Tieres erfolgt gewöhnlich aus Unverstand oder Gleichgültigkeit, es können aber auch Geiz und Roheit die Ursache sein. Besonders hinsichtlich der Unterbringung der Tiere werden viele, oft jahrelang dauernde Quälereien begangen, die schlimmer sind als gelegentliche rohe Züchtigungen. Es sei hingewiesen auf die häufig zu beobachtenden elenden Unterkünfte für Hunde (Wach- und Kettenhunde), auf die verschmutzten Viehstähle, die reine ‚Viehkerker‘ sind, auf die von herumziehenden Leuten (Zigeunern, Schaustellern und dergl.) mitgeführten Tiere, die fast nie ein Obdach erhalten, und auf die ‚Wandermenagerien‘, in denen die Schautiere häufig in so engen Behältnissen dauernd eingesperrt sind, daß sie kaum die Beine bewegen können.

1350 Sommer, *Das neue TierSchG*, in: GA, N. F. Bd. 1, 1934, S. 30.

1351 Neupert, *Übertretungsdelikte des RTierSchG*, in: GA, N. F. Bd. 5, 1938, S. 209 – 210.

1352 Korn, *Kommentar zum RTierSchG*, 1934, S. 19; an gleicher Stelle fuhr er mit der erzieherischen Wirkung fort: „Gerade dieser Umstand zeigen, wie ernst die Pflichten des Menschen gegen das Tier zu nehmen sind und wie sehr diejenigen auf Irrwege geraten, die in der Verletzung der Vorschriften des § 2 eine Lappalie erblicken oder eine Einstellung des Verfahrens nach § 153 der Strafprozeßordnung in Erwägung ziehen.“

Auch die Vernachlässigung der erforderlichen Sorgfalt bei der Beförderung lebender Tiere — sei es, daß es an dem nötigen Raum mangelt oder die Wagen nicht zweckmäßig für den Tiertransport hergerichtet sind, daß es zu schnell oder zu rücksichtslos gefahren wird, sei es daß die Tiere vorher nicht genügend gefüttert und getränkt werden — ist nicht selten mit erheblichen Schmerzen oder erheblichen Schäden für die Tiere verbunden. Quälereien sind auch beim Transport zu Fuß auf der Landstraße zu beobachten. Auch das enge Zusammenpressen von Vögeln, Geflügel und sonstigen Kleintieren in engen und niedrigen Käfigen gehört hierher. Gegen solche Vorkommnisse, gegen die sich die stumme Kreatur nicht zu wehren vermag, sollen die Tiere in Zukunft nach Möglichkeit geschützt werden.

Nicht jede Unterlassung in Haltung, Pflege oder Unterbringung des Tieres stellt sich ohne weiteres als eine strafbare Handlung dar. Zum Tatbestand gehört deshalb, daß das Tier erhebliche Schmerzen oder erhebliche Schaden durch die Vernachlässigung erlitten haben muß (z. B. stärkere Abmagerung infolge langdauernder ungenügender Fütterung, vernachlässigte schmerzhafte Wunden usw.). Die Worte ‚erhebliche Schmerzen' oder ‚erhebliche Schaden' sollen von vornherein klarstellen, daß das Gesetz nicht auf einem übertriebenen Schutz der Tiere abzielt."[1353]

b) Auslegung

Allenfalls sei durch § 2 Z. 1 RTierSchG zur *Rechtspflicht* gemacht, die Haltung, Pflege und Unterbringung der Tiere so zu beschaffen oder sie so zu befördern, „wie man es billigerweise von einem verständigen und sorgsamen, auf das Wohlbefinden seiner Tiere Bedacht nehmenden Menschen verlangen kann."[1354] Dafür dürfe das Tier nach der hiesigen tatbestandlichen Mindestforderung an Tierhalter „in viererlei Hinsicht keine Vernachlässigung erleiden: 1. In Haltung, 2. In Pflege, 3. In Unterbringung und endlich 4. Bei der Beförderung."[1355]

1353 BA Berlin-Li., R 18 Rep. 320 Nr. 589, Bl. 97 – 98; Giese / Kahler, *Das deutsche Reichs-Tierschutzgesetz*, 1934, S. 109 – 110; *Das deutsche Tierschutzrecht*, 1939, S. 272 – 273; Giese, 4. A. 1951, S. 292 – 293.

1354 Korn, *Kommentar zum RTierSchG*, 1934, S. 21; Giese / Kahler, *Das deutsche Reichs-Tierschutzgesetz*, 1934, S. 30; *Das deutsche Tierschutzrecht*, 1939, S. 32; Giese, 4. A. 1951, S. 26; v. Skopnik, *RTierSchG mit Begründung*, 1934, S. 26; Neupert, *Übertretungsdelikte des RTierSchG*, in: GA, N. F. Bd. 5, 1938, S. 214. Umschreibung zuerst in Adolph, *Schutz des Tieres im deutschen Recht*, 1935, S. 23: „Die Unterlassung der Pflege ist verboten, also die Pflege geboten"; Neupert, *Übertretungsdelikte des RTierSchG*, in: GA, N. F. Bd. 5, 1938, S. 211 sprach schlechthin von „Pflichten zur positiven Tierfürsorge".

1355 Wetzel, *Tierschutz im Reichsstrafrecht*, 1936, S. 19.

aa) „vernachlässigen“

„Damit ist zunächst die Streitfrage bezüglich der Begehungsmöglichkeit der Tierquälerei durch Unterlassung […] entschieden“[1356], denn: „Das zur Erfüllung des strafrechtlichen Tatbestandes des § 2 Ziff. 1 notwendige Verhalten ist kein Tun, sondern ein für den Erfolg kausales Unterlassen. Die Unterlassung besteht in der Nichterfüllung einer Pflicht zur Handlung, die zur ordnungsgemäßen Haltung, Pflege, Unterbringung oder Beförderung nach der jeweils herrschenden Allgemeinauffassung ein bestimmtes Tun gegenüber dem Tier oder die Erhaltung eines Zustandes verlangt. Das Zurückbleiben hinter den nach Allgemeinauffassung notwendigen Maßnahmen zur Haltung usw. des Tieres ist das Vernachlässigen. […] Der Grad dieser Vernachlässigung kann ein stark unterschiedlicher sein. Er kann in einem Überhaupt-nicht-handeln bestehen oder in einem Nicht-genügend-handeln.“[1357]

In diesem Sinne sei besonders auf die *Richtlinien für die Verladung und Beförderung von Tieren* je auf Eisenbahn und Kraftwagen vom 9. September 1937 bzw. 1. November 1938 verwiesen, die jeweils nicht erschöpfend 13 unbedingt zu beachtende Punkte vorschrieben und bemerkten, „daß jede andere Unterbringung und Beförderung eines Tieres als Vernachlässigung […] im Sinne des Tierschutzgesetzes anzusehen ist.“[1358] Nebenbei wies Korn darauf hin, das Gesetz habe zwar nur von einer Vernachlässigung des Tieres gesprochen, „nicht […] der Gerätschaften. Der Sinn der Bestimmung kann aber […] vielmehr lauten: *Sei sorgsam in allem, was dein Tier angeht, wenn du die dir vom Recht gewährte Befugnis in Anspruch nimmst, ein Tier zu halten, oder wenn du für andere mit einem Stück lebender Natur umzugehen hast.*“[1359] Dementsprechend wiesen Storch und Mathieu an:

> „Der Beamte prüfe bei Pferden, […] 1. ob sich unter dem Gebiß, dem Kummet, dem Brustblatte oder dem Kammdeckel, an Kinnladen, Vorderbrust, Halskamm, Widerrist oder Rücken *schmerzhafte Stellen*, Schwellungen, Wunden oder Geschwüre befinden (Druckschäden). 2. Der Stallhalfter soll bei angespannten Pferden nicht unter dem Kopfstück liegen bleiben, da er sonst drückt, der Kehlriemen soll locker geschnallt sein, der Bauchgurt nicht drücken […]. 3. Trensen dürfen keinen scharfen Grat haben. 4. Eiskalte Gebisse tauche man vor dem Anlegen in warmes Wasser oder reibe sie mit einem Lappen. 5. […] Müssen […] aus zwingenden Gründen Scheuklappen benützt werden, so dürfen sie weder zu hoch noch zu tief sitzen, nicht drücken, nicht schlottern und müssen von der Ganasche etwa in einem Winkel von 45 Grad abstehen. 6. Die Kummete müssen passen, sie dürfen weder zu eng noch zu

---

1356 Adolph, *Schutz des Tieres im deutschen Recht*, 1935, S. 23.

1357 Neupert, *Übertretungsdelikte des RTierSchG*, in: GA, N. F. Bd. 5, 1938, S. 211.

1358 RMBliV, 1937 S. 1524, 1938 S. 1833.

1359 Korn, *Kommentar zum RTierSchG*, 1934, S. 22.

weit sein, die Kummetkissen müssen sauber gehalten werden. 7. Bei Sielengeschirr (Blattgeschirr) sind Halskoppeln, die mit dem Hauptgeschirr nicht fest verbunden sind, zu verwerfen, da sie eine sichere Führung des Gespannes unmöglich machen und beim Parieren oder Zurückschieben des Wagens bis an die Ohren hochrutschen und scheuern. 8. Das Brustblatt selbst darf nicht zu schmal, sondern muß etwa 12 Zentimeter breit sein und darf nicht auf die Luftröhre drücken. 9. Einspännig soll man nur in der Schere fahren, aber nicht an der Schere fahren, aber nicht an der Einzelstange, an der das Pferd Kraft vergeudet und Schläge mit der Deichsel erhält. 10. An jedem Lastfuhrwerk sollten die Pferde Hintergeschirre besitzen, die ihnen das Aufhalten und Zurückschieben des Wagens erleichtern. 11. Um die Tiere beim Anziehen vor ruckartigen Stößen zu bewahren, sind die *Pferdeschoner*, eiserne Spiralfedern, die in die Zugstränge eingehakt werden, von großem Vorteil. 12. Regendecken müssen an der Hinterkante so befestigt werden, daß sie nicht durch den Wind angehoben werden können und die empfindliche, unter der Decke warm gewordene Nierengegend kalter Zugluft ausgesetzt wird. 13. Daß jedes Pferd täglich ordnungsmäßig geputzt wird, daß dabei diejenigen Körperteile, an denen die Knochen ungeschützt durch Muskeln dicht unter der Haut liegen, nicht mit dem Striegel bearbeitet, daß aber Augen, Nüstern und Hufe sorgsam gereinigt werden, sollte selbstverständlich sein. 14. Im Sommer versäume man keine Gelegenheit zum Waschen und Baden der Pferde. Auch die Großstädte sollten für eine Pferdeschwemme mit sicherem Zugang sorgen [...]. Schlecht gehaltene Fahrzeuge geben zur Ueberanstrengung der Zugtiere Veranlassung. — 16. Der Beschlag bleibt oft zu lange liegen und ist im Winter häufig nicht scharf, so daß die Pferde [...] nur mit Mühe den Wagen überhaupt vorwärtsbekommen. An Stelle des Schärfens der Hufeisen tritt im Winter am zweckmäßigsten der Schraubstollenbeschlag. Der Kutscher muß aber einen Schraubstollenschlüssel und einige Ersatzstollen mitführen [...]. 17. Notwendige Maulkörbe sollen so groß sein, daß sie freie Atmung gestatten und nicht drücken. Drahtkörbe müssen daher am freien Rande rundherum gepolstert sein. [...] 18. Bei Fuhren von und zu Bauplätzen, Steinbrüchen, Kiesgruben usw. ist mittels Bohlen, eisernen Trägern und dergl. einen möglichst feste Fahrbahn herzustellen. Sofern herabgefallenes oder abgeladenes Ladegut (Sand, Kies, Kohlen usw.) das Fortbewegen des Fahrzeuges erschwert, ist das Hindernis fortzuräumen, bevor die Zugtiere angetrieben werden. [... 19. Blinde Pferde, s. u. zu Z. 4 ...] 20. [...] Auch den [...] am Marktplatze oder in dessen Nebenstraßen abgestellten Pferden hat der Polizeibeamte seine besondere Aufmerksamkeit zu widmen. Es findet sich darunter so mancher schon bei Tagesgrauen angespannter, alter Kriegskamerad. Um die paar Pfennige Ausspanngebühr zu sparen, wird das Tier ohne Futter, ohne Wasser, ohne Schutz vor den Unbilden der Witterung zu jeder Jahreszeit im Freien aufgestellt. In verwerflichem Gegensatz hierzu steht die Trinkfreudigkeit und Seßhaftigkeit so manchen Marktbeziehers nach Marktschluß. 21. Von Tierschutzvereinen oder Gemeinden werden an manchen Orten Tränkbrunnen für Pferde, Hunde und Vögel unterhalten. Der Beamte achte darauf, daß sie stets in Ordnung sind und daß sich weder Kinder, noch Erwachsene an ihnen unnütz machen oder sie gar beschädigen. [...] 22. Pferden, die auf der Straße, auf Arbeitsplätzen usw. ohne Krippe abgefüttert werden müssen, hänge man die Futterbeutel an breiten Gurten um, ein dünner

Bindfaden scheuert. Die Beutel müssen so beschaffen sein, daß die Pferde das Futter bequem erreichen können und nicht warmpusten. Pferde, die Schleuderbewegungen mit dem Kopfe machen, geben zu erkennen, daß am Futterbeutel, an seiner Auflage, usw. etwas fehlerhaft ist. [… 23. Kettenhandel mit Schlachtpferden, s. u. Z. 4] 24. Bei schlechtem Zustand von Fahrwegen soll der Beamte deren Ausbesserung anregen und die Pferdebesitzer darüber aufklären, daß die vielerorts vorhandenen Sommerwege *nicht* pferdeschonend wirken, ihre Entfernung also am Platze ist. — 25. Die Beamten, besonders solche, die aus landwirtschaftlichen Betrieben stammen oder von ihrer Militärdienstzeit her über die Fütterung der Pferde Bescheid wissen, werden auch ab und zu Gelegenheit finden, unverständige oder unwissende Besitzer auf Fehler in der Fütterung und sonstigen Haltung aufmerksam zu machen. Insbesondere ist die Verfütterung zu kurz abgeschnittenen Häcksels als fehlerhaft zu bemängeln. — Der Beamte möge auch die Besitzer von Arbeitspferden ermahnen, diese an Feiertagen nur mäßig mit Kraftfutter zu versorgen und sie etwa 1 Stunde lang im Freien zu bewegen, da sie Tiere sonst leicht Nierenschlag bekommen. — Tierquälerei ist es, wenn Besitzer oder Kutscher Pferden, die infolge einer Krankheit, z. B. der Harnruhr, vermehrten Durst haben, einfach das Wasser entziehen, anstatt die Tiere dem Tierarzt zur Untersuchung vorzustellen.“[1360]

Was über Pferde gesagt wurde, das gelte sinngemäß auch für weitere Tiere, aber mit entsprechenden Ergänzungen, z. B. Hörnerpflege für Rinder, Klauenpflege für Ziegen und Schafen insbesondere während derer Stallhaltung, Sauberkeit und Bewegungsmöglichkeit für Schweine, Marktverbot für Ferkel mit Kastrationswunden.[1361] Schließlich legten Storch und Mathieu nahe: „Der Beamte achte auch darauf, daß jedermann bei Reisen oder Erkrankung die ordnungsmäßige Haltung, Pflege und Unterbringung seiner Tiere sicherstellt.“[1362]

bb) „Tier“

Solche Ausführungen mochten den Eindruck erwecken, der Schutzbereich des § 2 Z. 1 wäre enger als sonst im RTierSchG. Dagegen stellte Neupert klar: „Die Vernachlässigung […] bezieht sich nicht nur auf Haustiere, sondern umfaßt alle Tiere, die irgendwie in ihrer Lebensweise von der Haltung, Pflege oder Unterbringung durch einen Menschen abhängig oder von Menschen befördert werden. Es zählen hierzu neben den Haustieren, zu denen allgemein Pferde, Maultiere Esel, Rinder, Schafe, Ziegen, Schweine, Hunde, Katzen und Geflügel gerechnet werden, auch alle zu gewerblichen oder Luxuszwecken verwendeten Tiere sowie Tiere, die öffentlich zur Schau gestellt werden sollen, und Tiere in freier Wildbahn, die gehegt werden müssen. Es bleibt das Schutzverlangen ferner

1360 Storch† / Mathieu, *Tierschutz-Taschenbuch*, 4. A., 1941, S. 20 – 25; Bezifferung klarheitshalb vom Verfasser dieser Arbeit.

1361 Storch† / Mathieu, *Tierschutz-Taschenbuch*, 4. A., 1941, S. 28; das dazwischen Gesagte s. S. 26 – 29.

1362 Storch† / Mathieu, *Tierschutz-Taschenbuch*, 4. A., 1941, S. 37.

nicht auf bestimmter Tiergattungen, etwa die warmblütigen Tiere, beschränkt, sondern bezieht sich in seinen Kreis alle Tiere ein — auch die Fische —, die zur Vermeidung unnötiger Schmerzen und Martern eine besondere Art der Behandlung verlangen.“[1363] Nicht vergessen war auch ein durch neuste Technik bedingtes Sonderschutzbedürfnis, für das Storch und Mathieu in Richtung Göring verlauten ließen: „In der Ranz-, Wurf- und Aufzuchtzeit (Februar bis Mai) können arge Verluste in den Pelztierfarmen dadurch eintreten, daß die Tiere vor niedrigfliegenden Flugzeugen erschrecken, dann verwerfen oder ihre Jungen töten. Die Luftfahrt nimmt auf Farmen, soweit sie ihr bekannt sind, falls durchführbar, Rücksicht.“[1364]

cc) Verpflichtete

Ferner sah sich Lorz bewegt, die Verantwortungsträger namentlich zu nennen: „Die Verpflichtung trifft sonach in erster Linie den Eigentümer, der mit den ihm gehörigen Tieren zusammenlebt, selbstverständlich kraft dieser tatsächlichen Verbundenheit, nicht als Ausfluß seiner Rechtsstellung. Ferner alle diejenigen, die dem Eigentümer bei Erfüllung seiner Pflichten gegenüber dem Tiere behilflich sind, so Familienangehörige, Dienstboten, Stallburschen, Pferdepfleger, Schweizer, den Wärter im zoologischen Garten, den Dompteur einer Menagerie oder eines Zirkusses und viele andere in ähnlicher Stellung. Eine erschöpfende Aufzählung kann hier nicht gegeben werden. Es muß der richterlichen Feststellung im Einzelfall überlassen bleiben, wann die tatsächlichen Beziehungen so eng sind, daß nach der Absicht des Gesetzgebers diese strenge strafrechtliche Haftungsbegründung Platz greifen soll. Die Beförderung wird als eine häufige Quelle von Gefahren für das Tier noch besonders erwähnt. Verpflichtet sind der Versender in gleicher Weise wie Frachtführer und deren Gehilfen.“[1365]

dd) „Haltung“

„Unter Haltung eines Tieres versteht man den Besitz eines Tieres, seine Verwendung im Wirtschaftsbetriebe, die Übernahme der Obhut über das Tier, seine Beaufsichtigung und seine Versorgung in dem Haushalt;“[1366] so Giese und Kahler. Während von Skopnik diesen Begriff an den „Tierhalter“ i. S. d. § 833 BGB anlehnte,[1367] lehnte Wetzel dies ab, denn „vielmehr handelt es sich hier um Be-

---

1363 Neupert, *Übertretungsdelikte des RTierSchG*, in: GA, N. F. Bd. 5, 1938, S. 211.

1364 Storch† / Mathieu, *Tierschutz-Taschenbuch*, 4. A., 1941, S. 37.

1365 Lorz, *Tiermißhandlung im RTierSchG*, 1936, S. 29 – 30.

1366 Giese / Kahler, *Das deutsche Reichs-Tierschutzgesetz*, 1934, S. 29; *Das deutsche Tierschutzrecht*, 1939, S. 272; Giese, 4. A. 1951, S. 25.

1367 v. Skopnik, *RTierSchG mit Begründung*, 1934, S. 25: „Halter des Tieres ist, wer im eigenen Interesse durch Gewährung von Obdach und Unterhalt die Sorge für das Tier

handlung bzw. Wartung."[1368] Neupert fasste 1938 zusammen: „Jedenfalls umfaßt die Sorge für die Haltung des Tieres alle Fürsorgemaßnahmen, die aus dem ausmateriellen oder ideellen Gründen entstandenen nahen Verhältnis und der Verfügungsbefugnis des Menschen über das Tier erwachsen sind und die entweder aus der Art der Verhältnisse sich ergeben oder die das Tier wegen der besonderen Stellung des Menschen zu ihm nicht selbständig erledigen kann, obwohl seine natürliche Lebensweise oder die Beschaffenheit seines Lebensumkreises die Erfüllung dieses Bedürfnisses erfordert und daher die Hilfe des Menschen verlangt. Mit dieser umfassenden Definition des Haltungsinhalts kommen wir zu dem Ergebnis, daß die Vernachlässigung des Tieres auch geschehen kann durch Vernachlässigung der Gerätschaften und sonstigen Gegenstände, die in irgendeinem Zusammenhang mit der Tierhaltung selbst stehen. Sie kann z. B. in der Verwendung mangelhafter Geschirre oder schlecht konstruierter Wagen oder von minderwertigen Reinigungsgeräten oder in unzureichender Unterbringung zu finden sein. Insbesondere werden im Verkehr mit Fahrzeugen, die mit tierischer Kraft fortbewegt werden, Mängel in der Art der Beschirrung und Anspannung, das Fehlen von Bremsen am Fahrzeug, fehlerhafte Beschaffenheit und Befestigung der Deichseln regelmäßig eine Vernachlässigung von Tieren in der Haltung bedeuten. Aus dieser Definition sehen wir auch, daß der Begriff der Haltung zu einem zugleich die Pflege, Unterbringung und Sorge bei der Beförderung umfassenden Hauptbegriff wird. [...] Um nun auch das Vernachlässigen zu erfassen, das nicht unmittelbar vom Tierhalter ausgeht oder ihm nicht zur Last gerechnet werden kann, hat der Gesetzgeber die Vernachlässigung in der Pflege und Unterbringung tatbestandsmäßig nochmals gesondert aufgeführt."[1369]

ee) „Pflege"

Unter Pflege verstand man dann „das Gewähren der elementaren Lebensnotwendigkeiten"[1370], also Fütterung, Tränkung und Säuberung — d. h. „Reinigung des Tieres vom Schmutz und Ungeziefer"[1371] —, und alle darüber hinausgehen-

---

übernommen hat, und zwar nicht bloß zu einem ganz vorübergehenden Zwecke, sondern auf einen Zeitraum von gewisser Dauer, RGZ. 52, 117 (grundlegend)."

1368 Wetzel, *Tierschutz im Reichsstrafrecht*, 1936, S. 19.

1369 Neupert, *Übertretungsdelikte des RTierSchG*, in: GA, N. F. Bd. 5, 1938, S. 212.

1370 Korn, *Kommentar zum RTierSchG*, 1934, S. 21.

1371 Giese / Kahler, *Das deutsche Reichs-Tierschutzgesetz*, 1934, S. 30; *Das deutsche Tierschutzrecht*, 1939, S. 32; Giese, 4. A. 1951, S. 26. Zur „Ungezieferbekämpfung" gaben Storch† / Mathieu, *Tierschutz-Taschenbuch*, 4. A., 1941, S. 55 – 57 18 eingehende Vorschläge, die aber vielmehr Anleitungen für Tierhalter statt Anweisungen für Beamte (wie etwa über Pferde, s. o. zu „vernachlässigen") und daher nicht in diese Arbeit einzubeziehen sind.

den Handlungen, „die zum körperlichen Wohle und der Gesundheit des Tieres unerläßlich sind.“[1372] Bei entsprechenden Tierarten zählte man noch die Huf- bzw. Klauenpflege, denn durch Vernachlässigung des Huf- bzw. Klauenbeschlages könnten ebenso wie bei dessen unsachgemäßer Ausführung einem Tier erhebliche Schmerzen oder Schaden zugefügt werden.[1373] Ferner gehörte hierher ordnungsmäßige Behandlung bei Verletzungen und Erkrankungen,[1374] zu denen Giese und Kahler erklärten: „hier muß alles getan werden, um dem erkrankten Tiere unnötige und erhebliche Schmerzen zu ersparen (zu vgl. § 2 Nr. 9 des Gesetzes); insbesondere gilt dies auch von der den Haustieren zu gewährenden Geburtshilfe, die vielfach noch zu wünschen übrigläßt; hier sollten, insbesondere bei dem Rind, unnötige Quälereien vermieden und bei Schwergeburten im Interesse des leidenden Muttertieres auf rechtzeitige Zuziehung tierärztlicher Hilfe Bedacht genommen werden.“ [1375] Daraus folgernd führte Neupert fort: „So kommt beispielweise auch der, welcher die Behandlung kranker Tiere unterläßt, hinausschiebt oder sich an unkundige Personen wendet, seiner Pflegepflicht nicht nach. Dabei ist zu beachten, daß bei einer Vernachlässigung der Pflege seitens des Tierpflegers dessen Verschulden nicht etwa dadurch ausgeräumt wird, daß der Eigentümer oder Tierhalter notwendige Maßnahmen ablehnt, die der Pfleger fordert. Der Pfleger miß sich dann eben an die zuständige Behörde zwecks Einschreitens nach § 11 RTG., der die Übernahme der Tierhaltung durch die Behörde in Abs. 3 vorsieht, wenden.“[1376]

ff) „Unterbringung“

„Die Unterbringung befaßt sich mit der Art und der Beschaffenheit des dem Tiere als Arbeits-, Aufenthalts- und Schlafstätte zugewiesenen Ortes, bezieht sich auf das dem Tiere gewährte Obdach, die Art, die Beschaffenheit, die Größe der Räume, Einfriedigungen, Behälter oder Käfige, in denen Tiere untergebracht

1372 Wetzel, *Tierschutz im Reichsstrafrecht*, 1936, S. 19.

1373 Giese / Kahler, *Das deutsche Reichs-Tierschutzgesetz*, 1934, S. 30. Daraufhin verlangte Wetzel, *Tierschutz im Reichsstrafrecht*, 1936, S. 19, auch bei der Instandhaltung des Hufbeschlages „ein wachsames Auge“, wohingegen Giese / Kahler, *Das deutsche Tierschutzrecht*, 1939, S. 32 abgrenzten: „§ 2 Nr. 1 bietet aber keine Grundlage für eine Vorschrift, daß nach einer bestimmten Liegedauer des Beschlages (beispielweise nach zwei Monaten) der Beschlag nach Zurichtung der Hufe oder Klauen zu erneuern ist.“

1374 Adolph, *Schutz des Tieres im deutschen Recht*, 1935, S. 24.

1375 Giese / Kahler, *Das deutsche Tierschutzrecht*, 1939, S. 32; Giese, 4. A. 1951, S. 26 – 27.

1376 Neupert, *Übertretungsdelikte des RTierSchG*, in: GA, N. F. Bd. 5, 1938, S. 212 unter Berufung auf das Urt. des OLG Kiel v. 16. 12. 1935 im *Schleswig-Holsteiner Anzeiger* 1936, 112; die Originalzeitung kann der Verfasser leider nicht mehr finden.

werden."[1377] Aus eigenen Erfahrungen kannte von Skopnik die Notwendigkeit, ausdrücklich auf folgende Beispiele hinzuweisen:

„So dürfen sich beispielweise am Lager eines Tieres keine hervorstehenden Nägel oder im freien Aufenthaltsraum Schlingen befinden, an denen sich das Tier aufhängen und erwürgen kann, das Zaumzeug eines Pferdes muß so beschaffen sein, daß dem Tier nicht erhebliche Schmerzen verursacht werden und es Schaden nehmen kann. Ein Maulkorb muß so sitzen, daß die Atmung nicht behindert ist. Ein Transportkorb muß so beschaffen sein, daß das Tier sich darin bewegen kann, eine Hundehütte muß trocken, windgeschützt aufgestellt sein, die Hundekette an der Hütte muß so lang sein, daß der Hund sich Bewegung geben kann, ein Vogelkäfig muß hinreichend geräumig sein und der Vogel darf der Sonnenglut nicht ausgesetzt werden u. a. m.

Strafbar ist in Zukunft z. B. das stundenlange Stehenlassen wahrgefahrener und nachgeschwitzter Pferde oder deren Einstellen in eisig kalte Stallungen, ohne daß sie eingedeckt oder trockengerieben werden, ein dauernd mangelhaftes, nasses Lager, das dem Pferd nicht die notwendige Erholung gibt, ferner dauernde Vernachlässigung der Hautpflege oder deren rohe Ausführung, indem empfindliche Teile des Körpers in barbarischer Weise mit dem Striegel bearbeitet und die Tiere mit den harten Teilen des Putzzeuges gestoßen und verletzt werden. Selbstverständlich ist auch das Abschneiden und Ausreißen der Tast- und Fühlhaare an den Lippen, an den Nüstern und Augen und das vollständige Ausschneiden der Schutzhaare im Innern der Ohrmuscheln Tierquälerei. Dagegen ist keine Handhabe gegeben, gegen die Verkürzung des Kötenschopfes vorzugehen, welche die Fesselung ihres natürlichen Schutzes beraubt und häufig Veranlassung zu schmerzhaften und schwer heilenden Hautentzündung (Mauke) gibt. Hingegen ist zweifelsohne wieder strafbar, wenn hautkranke, insbesondere von Läusen, Haarlingen und Räudemilbe befallene Pferde nicht alsbald einer sachgemäßen Behandlung unterzogen werden. Unter bestimmten Umständen dürfte auch das Weglassen der Ohrenklappen zum Schutze gegen Fliegen strafbar sein, nämlich in Gegenden, wo die blutsaugenden Ohrenmücken (Gnitzen) stark verbreitet sind."[1378]

Vier Jahre später konnte Neupert auf neuer Grundlage ergänzen:

„Das Aufbewahren und Zurschaustellen lebender Krustentiere unmittelbar auf Eisstücken ist keine sachgemäße Unterbringung (vgl. § 4 Abs. 3 der VO. über das Schlachten und Aufbewahren von lebenden Fischen und anderen kaltblütigen Tieren vom 14. 1. 1936 — RGBl. I, S. 13 —). Ferner dürfen Fische im gewerblichen Verkehr nur in Behälter aufbewahrt werden, deren Wasser genügend frische Luft zugeführt wird (§ 4 Abs. 1 ders. VO.). In Verkaufsstellen und Gaststätten dürfen die Wasserbehälter auch nur soweit mit lebenden Fischen besetzt werden, daß diese nicht über die Oberfläche des Wassers hinausragen (§ 5 ders. VO.)."[1379]

1377 Neupert, *Übertretungsdelikte des RTierSchG*, in: GA, N. F. Bd. 5, 1938, S. 213.

1378 v. Skopnik, *RTierSchG mit Begründung*, 1934, S. 27.

1379 Neupert, *Übertretungsdelikte des RTierSchG*, in: GA, N. F. Bd. 5, 1938, S. 213.

Was die gewöhnliche Viehhaltung betraf, erging schließlich eine *Verordnung über die Belichtung und Belüftung von Stallungen landwirtschaftlicher Betriebe* vom 19. Januar 1938 (RGBl. I S. 37) und deren Ausführungsbestimmungen vom 31. Mai desselben Jahres (RGBl. I S. 618), die im folgenden Text zu sehen sind.

gg) „Beförderung"

Zur Beförderung hatte § 3 der Anlage zu § 48 der Eisenbahnverkehrsordnung vom 16. Mai 1928 sowie die (straflose) Dienstanweisung an Beamte für Kleintierbeförderung einen willkommenen Maßstab geboten. Der Runderlaß des Preußischen Landwirtschaftsministeriums vom 26. Mai 1934 „hat diese Bestimmungen außerdem auf die durchfahrenden polnischen Tiere ausgedehnt, die zur Vermeidung seuchen-polizeilicher Formalitäten in geschlossenen Wagen durchgeführt werden. Jetzt dürfen sie in Berlin und Aachen ausgeladen und verpflegt werden."[1380] Die wissenschaftlichen Auseinandersetzungen mit dem vorliegenden Tatbestand gab Neupert 1938 unter den Gesichtspunkten Begriff, Umfang, Möglichkeiten der Vernachlässigung, Schuldzurechnung und Gesetzesanwendung wieder:

> „Unter Beförderung ist der mit einem Tiere vorgenommene Ortswechsel zu verstehen, ohne Rücksicht darauf, welches Motiv zum Ortswechsel führt. Allerdings muß es sich um einen Wechsel von größerer örtlicher und nicht alltäglicher Bedeutung handeln. Die Beförderung umfaßt nicht nur den Ortswechsel mit Hilfe von technischen Mitteln (Fahrzeug, Eisenbahn), sondern auch das Führen und Treiben von Tieren sowie den Verladungsakt. Die Vernachlässigung in der Beförderung kann einmal in der Tatsache der Beförderung überhaupt oder in einer unsachgemäßen Auswahl des Beförderungsmittels liegen. Der Transport kranker oder hochträchtiger Tiere soll nur vorgenommen werden, wenn ein Tierarzt die Erlaubnis zum Transport gegeben hat. Eine Verletzung ist dann vorhanden, wenn ein Tierarzt zufolge Nichtbeachtung seiner ärztlichen Sorgfaltspflicht die Erlaubnis zum Transport eines kranken Tieres gegeben hat, das durch die Beförderung Schmerzen erleidet.
>
> Ganz allgemein ist die Beförderung kranker Tiere nur dann zulässig, wenn durch den Transport den Tieren keine Schmerzen [verursacht] oder vorhandene Schmerzen [nicht] gesteigert werden. Aber auch bei der an sich zulässigen Beförderung soll diese möglichst ohne Umladung und schnellstens erfolgen. Jedoch wird stets der Transport, der dem Tier zwar neue Schmerzen verursacht oder alte erhöht, aber dem Zweck dient, das Tier in eine Tierklinik zu schaffen, gestattet sein, falls er unter Beachtung aller Sorgfalt vorgenommen wird (vgl. Schmauser: Die Beförderung kranker Tiere und der Begriff der Tierquälerei in Berl. Tierärztl. Wochenschrift 1934, S. 668). […]
>
> Zum anderen kann auch die Behandlungsweise während des Beförderungsaktes selbst gesetzwidrig sein. Hierzu sind zu zählen das Überladen des Beförderungsmit-

---

1380 Adolph, *Schutz des Tieres im deutschen Recht*, 1935, S. 24; letztgenannte VO s. Landw. MinBl. S. 353.

tels, sein vernachlässigter Zustand (zu geringe Einstreu, ungenügende Durchlüftung, schlecht befestigte Trenngitter, Möglichkeit von Verletzungen durch fehlerhafte Beschaffenheit usw.), übermäßige lange Beförderungsdauer ohne zwischenzeitliche Fütterung, Tränkung und Reinigung, Unterlassung der Abgitterung usw. [...] Es verstößt auch der fahrlässig gegen die Tierschutzbestimmung, der mit der Verladung der Tiere zu einem Viehtransport eine unzuverlässige Person beauftragt und dadurch eine Vernachlässigung der Tiere herbeiführt. [Quelle: Dt. Rechtspflege 1936, Nr. 367] Nach einem Urteil des Kammergerichts wird richtigerweise die Widerrechtlichkeit der Zuwiderhandlung nicht schon dadurch ausgeschlossen, daß der bei der Verladung anwesende Eisenbahnaufsichtsbeamte die Art der Verladung und Beförderung nicht beanstandet. Vielmehr ist [...] davon auszugehen, daß derjenige in erster Linie für eine sachgemäße zweckentsprechende Verladung und die hierdurch herbeigeführte einwandfreie Beförderung strafrechtlich verantwortlich ist, der die Verladung vornimmt oder der bei der Auswahl der mit der Verladung beauftragten Person nicht die erforderliche Sorgfalt hat walten lassen. Natürlich ist neben der strafrechtlich Verantwortlichkeit derjenigen, der bei der Auswahl des Verladepersonals sorgfaltswidrig vorgegangen ist, auch noch der Verlader und ein anwesender Aufsichtsbeamte strafrechtlich zur Rechenschaft zu ziehen.

[...] Der Beförderungsschutz erstreckt sich nur auf eine Verhütung der Vernachlässigung der erforderlichen Sorgfalt bei einer Tierbeförderung, umfaßt nicht die während des Transportes vorgenommene tätige Mißhandlung oder Quälerei: diese fallen vielmehr die Strafbestimmungen des § 9 Abs. 1 RTG."[1381]

Als Neupert diese Zusammenfassung niederschrieb, wurden die *Straßenverkehrsordnung* und *Straßenverkehrszulassungsordnung* vom 13. November 1937 und die *Eisenbahnverkehrsordnung* vom 8. September 1938 und der *Eisenbahn-Tiertarif I* erlassen, die neue Maßstäbe für die Tierbeförderung in den jeweiligen Bereichen bot (s. u.). Daher blieb Giese und Kahler 1939 nichts Weiteres als auf die Quälereien beim *Transport zu Fuß*, beim *Treiben auf Landstraße*, auf dem Schlachthof usw. hinzuweisen: „sie sind besonders zu verurteilen, wenn es sich um Tiere mit schmerzhaften Beinleiden oder Stalltiere handelt (zu vgl. § 2 Nr. 4 des Gesetzes). Ferner kommen beim Transport von Schweinen, insbesondere von Mastschweinen, noch immer Mißhandlung vor, da die an das Laufen nicht gewöhnten Tiere sich manchmal widerspenstig zeigen und dann vom Treiberpersonal mit Stöcken, Ochsenziemern und dergl. geschlagen, getreten oder durch Stechen mit Stöcken oder durch Anwendung des Treibstachels gequält werden. Um widerspenstige Tiere zum Gehen zu bewegen, ist allerdings ein gewisser Zwang öfters nicht ganz zu entbehren, der aber auf humane Weise und mit anderen Mitteln [...] ausgeübt werden kann."[1382] Dafür habe „der Preußische Landwirtschaftsminister mit Runderlaß vom 29. September 1934 (MinBl. des

1381 Neupert, *Übertretungsdelikte des RTierSchG*, in: GA, N. F. Bd. 5, 1938, S. 213 – 214.
1382 Giese / Kahler, *Das deutsche Tierschutzrecht*, 1939, S. 41.

LandwMin. usw. S. 685) den Schlachthofverwaltungen nahegelegt, darauf zu achten, daß Treibstacheln nicht verwendet und an ihrer Stelle gegebenfalls elektrische Treibstöcke benutzt werden. In ähnlichem Sinne ist der Runderlaß des Braunschweigischen Ministers des Innern vom 7. August 1937 betr. Tierschutz, elektrische Treibstöcke, gehalten.“ [1383] Doch angesichts derer verschiedenen Formen und Handhabungen im Handel warnten beide Sachbearbeiter des Reichsinnenministers davor: „*Ein für alle Fälle zu benützendes Antriebsmittel für Tiere ist der elektrische Treibstock indessen nicht.* Daß Tiere, die einmal mit Treibstock Bekanntschaft gemacht haben, später vor Treibstöcken sehr ängstlich und unruhig sind, sei nebenher erwähnt. Wenn aber beide Stöcke [...] nebeneinander benutzt werden müssen, ist auf alle Fälle darauf zu achten, daß der gewöhnliche Stock nur bei den Gelegenheiten angewendet wird, bei denen dies unbedingt zur Erreichung des Zweckes (Abladen, Treiben) oder zur Abwehr notwendig ist. Glaubt sich der Treiber unbeobachtet, so wird er ohne Zweifel den gewöhnlichen Stock allein benutzen, um den empfindlichen und auch teureren elektrischen Apparat — 9,50 bis 15 RM — zu schonen. Eine Überwachung des Treiberpersonals läßt sich allerdings nicht bei allen Gelegenheiten und an jeder Stelle auf einem Viehhofe durchführen. Dagegen wird bei der veterinärpolizeilichen Überwachung des Aus- und Einladegeschäfts, wo hauptsächlich die elektrischen Apparate Verwendung finden können, eine mißbräuchliche Verwendung von Stöcken, Treibstacheln usw. kontrolliert und dadurch zur Abstellung von Tierquälereien beigetragen werden können.“[1384]

hh) Graduelle Beschränkung

Beide stellten fernhin klar, „daß nicht an einen übertriebenen Schutz der Tiere gedacht wird, daß nicht schon ein leichter Schmerz oder gar ein Unbehagen, wie es z. B. manche Hunde auch bei Anlegung eines gutsitzenden Maulkorbs empfinden, Anlaß sein kann, nach dem Strafrichter zu rufen“.[1385] Neupert versuchte zu präzisieren: „Es muß demnach dem Tier entweder eine von einem starken Unlustgefühl begleitete Erregung der Sinnesnerven, die wir als Schmerzen bezeichnen, oder ein Schaden, d. h. eine Minderung der Qualität des augenblicklichen Zustandes, insbesondere des Gesundheitszustandes zugefügt worden sein und beide müssen sie einen solch intensiven Grad erreicht haben, daß sie bei Berücksichtigung der Umstände des Einzelfalls als erheblich bezeichnet werden können.“ [1386] Während Lorz „eine für das alltägliche Leben wichtige Ergän-

---

1383 Giese / Kahler, *Das deutsche Tierschutzrecht*, 1939, S. 42.

1384 Giese / Kahler, *Das deutsche Tierschutzrecht*, 1939, S. 42 – 43.

1385 Giese / Kahler, *Das deutsche Reichs-Tierschutzgesetz*, 1934, S. 32; *Das deutsche Tierschutzrecht*, 1939, S. 44; Giese, 4. A. 1951, S. 39.

1386 Neupert, *Übertretungsdelikte des RTierSchG*, in: GA, N. F. Bd. 5, 1938, S. 211 – 212.

zung“ sah, indem „hier die Zufügung erheblichen Schadens der Verursachung erheblicher Schmerzen gleichgestellt“ sei,[1387] meinte Wetzel die Nachweisbarkeit beider Tathandlungen „im Einzelfalle [...] nach der Stärke der Einwirkung auf das Tier und nach der Empfindsamkeit des Tieres gegen Schmerzen zu beurteilen.“[1388] Als eindeutige Beispiele dafür nannten Giese und Kahler Abmagerung und Wunde, die von Korn als „offenbare körperliche Schaden, Gesundheitsschädigung oder Verunstaltung“ verallgemeinert wurden.[1389] Für Zweifelsfälle sah § 12 RTierSchG vor, in einem möglichst frühen Abschnitt des Verfahrens den beamteten Tierarzt und, soweit es sich um landwirtschaftliche Betriebe handelte, den Reichsnährstand als Sachverständige heranzuziehen.[1390]

c) Neuere Grenzfälle

Wie bei § 1 gab es auch Fälle, auf die § 2 Z. 1 nicht einfach anzuwenden war. Zur Lösung des brisantesten davon vermerkten Giese und Kahler:

aa) Kettenhunde

> „*Das Los der Wach- und Kettenhunde* ist seit Jahren eine Hauptsorge der Tierschützer und Tierfreunde. Der Hofhund, der in den meisten Fällen an der Kette liegt und ein treuer Wächter des Hofes sein soll, wird von seinem Besitzer oft vernachlässigt. Es ist an sich für den Hund, der ein Lauftier ist und wie kein anderes Haustier nach Bewegung verlangt, eine Qual, ständig an der Kette zu liegen. Die Tiere leiden sehr unter dieser dauernden Gefangenschaft, ihr Körper verkümmert und es stellen sich Störungen des Wohlbefindens ein. Auch die Unterbringung der Tiere entspricht vielfach nicht den Forderungen des Tierschutzgesetzes. Jeder Eigentümer eines Wach- und Kettenhundes sollte darauf achten, daß die Kette genügend lang (mindestens 2,50 m) und mit einem drehbaren Wirbel versehen ist, damit sie nicht zusammendreht, sondern immer gleich lang bleibt. Noch besser ist es, wenn der Hund in einem geräumigen Zwinger gehalten wird, so daß die Kette überhaupt überflüssig ist und der Hund sich wenigstens etwas Bewegung verschaffen kann. Zu der Unterbringung der Wachhunde wird in einem Runderlaß des Reichsministers des Innern vom 23. August 1937 (RMBliV. S. 1445) folgendes ausgeführt:
>
> [...] Der Unterkunftsraum für Wachhunde muß so beschaffen sein, daß er den Tieren auch tatsächlich vor den Unbilden der Witterung (sengende Sonne, Nässe, Wind, Kälte, Schnee) ausreichenden Schutz bietet. Das Lager muß trocken, die Lagerstreu, besonders in der kalten Jahreszeit, reichlich sein und öfters gewechselt werden. Der Unterkunftsraum ist regelmäßig zu reinigen und nötigenfalls von Ungeziefer zu befreien. Die Hunde sind auskömmlich zu füttern. Futter- und Trinkge-

---

1387 Lorz, *Tiermißhandlung im RTierSchG*, 1936, S. 30.

1388 Wetzel, *Tierschutz im Reichsstrafrecht*, 1936, S. 20 – 21.

1389 Korn, *Kommentar zum RTierSchG*, 1934, S. 22.

1390 Korn, *Kommentar zum RTierSchG*, 1934, S. 22; Giese / Kahler, *Das deutsche Reichs-Tierschutzgesetz*, 1934, S. 32; Wetzel, *Tierschutz im Reichsstrafrecht*, 1936, S. 21.

fäße müssen rein gehalten sein. Der von dem angeketteten Hund belaufene Umkreis des Unterkunftsraumes ist sauber zu halten. Auch muß dem angeketteten Hund die Möglichkeit gegeben werden, täglich einige Stunden, wenn nötig unter Aufsicht, frei herumzulaufen."[1391]

Kurz darauf kam es noch zu einer erneuten Gesetzesänderung:

„Durch die Hundesteuerordnung vom 10. 3. 39 ist ausdrücklich bestimmt, daß Vorschriften, die eine Steuervergünstigung davon abhängig machen, daß Wachhunde ständig angekettet, angeseilt oder geknüppelt sein müssen, aus Gründen des Tierschutzes nicht mehr zugelassen sind. Die sog. Zwingersteuer darf Züchtern und Händlern u. a. nur dann zugebilligt werden, wenn für die Hunde geeignete, den Forderungen des Tierschutzes entsprechende, einwandfreie Unterkunftsräume zur Verfügung stehen; die Eignung ist laufend zu überwachen und evtl. durch den beamteten Tierarzt noch besonders zu überprüfen."[1392]

bb) Kleintierhaltung in Kleingärten

Im Frühjahr 1933 hatten sich „[d]er nationalsozialistische Tierschutz-Verein Caritas" und der „Deutsche Tierschutzverein zu Berlin" für die Erlaubnis der Katzenhaltung in Kleingärten eingesetzt, offenbar mit Erfolg, aber keinem glücklichen Nachspiel, wie Giese und Kahler verzeichnen mussten:

„Ein besonderer Hinweis ist hier noch angezeigt auf die *Tierhaltung in den Kleinsiedlungen, Laubenkolonien (Schrebergärten) usw.*, die den Tierfreunden heute, fünf Jahre nach Erlaß des Tierschutzgesetzes, immer noch große Sorge bereitet, weil die dort gehaltenen Tiere [...] oft gröblich vernachlässigt werden. [...] Nicht selten findet man Ställe und Hütten, die keinen ausreichenden Schutz vor der Witterung bieten, Ungeziefer in großen Mengen beherbergen und vor Kot und sonstigem Schmutz starren. In manchem Stall sind zudem zu viele Tiere untergebracht, so daß dieselben sich kaum bewegen und austrecken können. Ganz besonders gilt dies für Kaninchen- und Hühnerställe, die häufig aus leichtestem Material gefertigt, höchstens als Verschläge angesprochen werden können oder die nur aus aneinander- oder aufeinandergesetzten Kisten bestehen, die keinen Jaucheabfluß haben und nur selten gereinigt werden. Wenn diese Mängel sich auch während des ganzen Jahres feststellen lassen, so wirken sie sich doch während der kalten Jahreszeit besonders unangenehm aus. Es mußte vielfach auch festgestellt werden, daß die in Kleingärten und Laubenkolonien gehaltenen Tieren von den ‚Kolonisten' bei Einbruch der kalten Jahreszeit in den Kleingärten zurückgelassen werden, während sie selbst der Kälte weichen und ihren Wohnsitz nach der Stadt verlegen. Viele gehen dann wöchentlich nur ein- oder zweimal hinaus, um nach den notdürftig untergebrachten Tieren zu sehen. Dadurch werden die Tiere in Fütterung, Tränkung und Pflege erheblich vernachlässigt, vielfach sind sie auch den Unbilden der Witterung schutzlos preisgegeben. Die Laubkolonien sind nach Ansicht der Tierschützer grauenhafte

---

1391 Giese / Kahler, *Das deutsche Tierschutzrecht*, 1939, S. 34 – 35.

1392 Storch† / Mathieu, *Tierschutz-Taschenbuch*, 4. A., 1941, S. 32.

Elendstätten für die Tiere. Den Tierschutzvereinen [...] sind die Hände gebunden, da sie keine Berechtigung zum Betreten der Grundstücke haben. [...] Es ist deshalb zu begrüßen, daß der *Reichsarbeitsminister* im Einvernehmen mit dem Reichsminister für Ernährung und Landwirtschaft und dem Reichsminister des Innern in einem Erlaß vom 29. April 1938 — IV a 5 Nr. 3240/8 — betr. Kleintierhaltung in Kleingärten angeordnet hat, daß in *Kleingärten nur noch Kaninchen, Hühner und Bienen* in einem bestimmten Verhältnis zum Eigenbedarf der Kleingärtnerfamilie nach Maßgabe der vorhandenen Futtergrundlage gehalten werden dürfen. So dürfen in Gärten bis zu 300 qm nur 2 Häsinnen mit entsprechender Nachzucht gehalten werden, falls die Nachzucht spätestens bis Weihnachten verwertet wird; in größeren Gärten darf auf bis zu 100 qm Mehrfläche jeweils eine weitere Häsin mit Nachzucht, gegebenfalls an Stelle einer Häsin ein Rammler, gehalten werden. Neben Kaninchen dürfen auch Hühner gehalten werden, und zwar in Gärten über 300 bis 400 qm bis zu 4 Hühner, in größeren Gärten bis zu 100 qm Mehrfläche jeweils ein weiteres Huhn. Über die Ausmaße der Kaninchen- und Hühnerställe und ihre Ausführung sind die vom Reichsverband deutscher Kleintierzüchter aufgestellten Grundsätze zu beachten. *Wünsche von Kleingärtnern, neben den genannten Tierarten oder an ihrer Stelle andere zu halten, können berücksichtigt werden*, sie sind der Gemeindeverwaltung zu unterbreiten. Kleingärtnern, die infolge der weiten Entfernung ihrer Wohnungen von den Gärten, wegen ihrer Berufspflichten oder aus anderen Gründen nicht die Gewähr bieten, in ihren Gärten gehaltene Tiere ordnungsmäßig zu pflegen und zu füttern, darf das Halten von Tieren nicht gestattet werden, falls nicht unbedingt sichergestellt ist, daß diese Pflichten von anderen Personen einwandfrei erfüllt werden. Ebenso ist Kleingärtnern das weitere Halten von Tieren in ihren Gärten zu untersagen, wenn die Tiere trotz Mahnung von ihnen nicht sauber und trocken untergebracht oder nicht ordnungsmäßig gepflegt und gefüttert werden. Soweit die bisherige Kleintierhaltung mit den hier auszugsweise wiedergegebenen Richtlinien nicht in Einklang steht, ist darauf hinzuwirken, daß sie allmählich entsprechend angeglichen wird. Die *Umstellung* soll möglichst bis *zum 31. Dezember 1939* durchgeführt sein.

Zweifel über die Frage, ob die Richtlinien eingehalten sind, sind durch einen *Ausschuß* zu klären, der sich aus je einem Vertreter der Gemeindeverwaltung, des Reichsnährstandes, der örtlichen Gliederung des Reichsverbandes deutscher Kleintierzüchter und des Reichsbundes deutscher Kleingärtner zusammensetzt. Erforderlichenfalls ist zu den Beratungen des Ausschusses ein *Vertreter des Tierschutzes* hinzuzuziehen; das wird insbesondere zu geschehen haben, wenn es sich um die Angleichung der derzeitigen Kleintierhaltung an die neuen Richtlinien und um Wünsche von Kleingärtnern wegen Haltung von anderen Tierarten außer den in den Richtlinien zugelassenen handelt."[1393]

cc) Weidetierhaltung

Indes hatten auch althergebrachte Probleme endlich klare Lösungsanweisungen erhalten:

1393 Giese / Kahler, *Das deutsche Tierschutzrecht*, 1939, S. 36 – 38.

„In diesem Zusammenhang ist auch die *Unterbringung der Tiere auf der Weide* zu erörtern, die am besten durch Hecken — nicht durch Stacheldraht! — einzufriedigen ist, damit Verletzungen der Tiere vermieden werden, ferner die Unsitte, *Weidetiere* in der kalten Jahreszeit den Witterungseinflüssen auszusetzen.

Die Weidehaltung auch bei geringem Frost kann indessen nicht ohne weiteres als Tierquälerei angesprochen werden, sondern muß von Fall zu Fall je nach den besonderen Umständen entschieden werden. Der Tierhalter kann häufig zu einem frühen Austrieb gezwungen sein, wenn die Beschaffenheit der Weide es zuläßt und gleichzeitig die Futtervorräte in den Scheunen Ende des Winters knapp zu werden beginnen. Statt der schmäleren Versorgung seiner Tiere im Stall läßt er sie dann lieber weiden und füttert den Rest seiner Vorräte auf der Weide zu. Die Tiere werden dann auf der Weide eine auskömmlichere Ernährung als im Stall finden. Den gesättigten Tieren vermöge infolge des reichlicheren Futterumsatzes im Körper und der dadurch erzeugten eigenen Wärme ein paar kalte Nächte nichts anzuhaben, sofern das Wetter sonst trocken ist, also eine gleichzeitige Durchnässung und stärkere Abkühlung der Tiere vermieden wird. Für den Weideauftrieb im zeitigen Frühjahr kommen auch weniger die Milchtiere als vornehmlich die Jungrinder in Frage, die — zumal wenn die sogenannte rauhe Aufzucht in dem betreffenden Betriebe stattfindet — schon vom Winter her abgehärtet sind. Milchtiere wird der Tierhalter schon im eigenen Interesse (wegen des etwa zu erwartenden Rückgangs im Milchertrag) nicht zu früh auf die Weide verbringen. Bei der rauhen Aufzucht werden die Jungrinder schon im Winter im modernen Jungviel-Aufzuchtstall durch Auslauf, offene Stalltüre usw., bei allerdings viel Einstreu, an den Wechsel der Witterung gewöhnt, und sie passen sich somit den klimatischen Verhältnissen an. Solche Tiere sind dann auch nicht — wie vielfach angenommen wird — auf der Weide anfällig und Erkältungskrankheiten ausgesetzt. Im Gegenteil ist die rauhe Aufzucht vom hygienischen Standpunkt aus sehr erwünscht, denn sie macht die Tiere gegen Krankheiten widerstandsfähig. Schutzhütten auf der Weide zum Schutz gegen Kälte zu errichten, ist meistens ohne besonderen Wert, denn es werden erfahrungsmäßig solche Hütten von den Tieren nur in besonderen Fällen, nicht aber geringer und zeitweiser Kälte wegen, aufgesucht. Der Mangel an Schutzhütten kann daher nicht ohne weiteres als eine Unterlassung in der Haltung der Tiere auf der Weide oder gar als eine Tierquälerei bezeichnet werden. Zweckmäßig werden natürlich kranke Tiere nicht auf der Weide gelassen, sondern in den Stall zurückgenommen. Das dürften aber jedem Tierhalter bekannte Maßnahmen sein. Zusammenfassend ist zu sagen, daß eine gleichmäßige Regelung des Weideaustriebs der Tiere für alle Gegenden nicht möglich ist. Der Weideaustrieb der Tiere im Frühjahr wird sich überall nach dem zur Verfügung stehenden Futter sowie nach den örtlichen jahreszeitlichen und klimatischen Verhältnissen richten und kann daher terminmäßig für die einzelnen Gegenden des Reiches nicht festgelegt werden. Ebenso werden die Futter-, Weide- und jahreszeitlichen Verhältnisse für den Abtrieb der Tiere von der Weise im Herbst maßgebend sein. Sollte in dem einen oder anderen Falle in der Weidehaltung ein Verstoß gegen die Bestimmungen des Tierschutzgesetzes erblickt werden, so wird es sich empfehlen, diese Bedenken dem beamteten Tierarzt vorzutragen, der dann seinerseits alle Umstände prüfen wird. Eine solche Mitteilung [...] hat aber sofort zu erfolgen, da sonst sich dem Beamten ein ganz anderes Bild auf der Weise bieten wird als zu dem Zeitpunkt der Beanstandung."[1394]

Dabei kam bis 1941 jedoch ein neues Problem vor, auf das Mathieu hinwies:

„Um das Entweichen aus unumzäumten Weiden oder aus solchen, bei denen der Besitzer zu faul ist, die Einfriedung auszubessern, zu erschweren, sind im ehemaligen Polen, noch mehr aber in gewissen Teilen von Frankreich Fesselungen der Weidetiere festzustellen, z. B. das Zusammenbinden der Vorderbeine oder das Niederschnüren des Kopfes in die Nähe einer Vorderklaue usw. Es sei an dieser Stelle erklärt, daß derartige Fesselungen eine Zuw. gegen § 2, 1 Rtsg., in krassen Fällen sogar gegen § 1 Rtsg., darstellen und der Versuch, sie etwa in Deutschland einzuführen, sofortige Bestrafung zur Folge hat. Man achte auch auf in der Landwirtschaft beschäftigte Kriegsgefangene!"[1395]

dd) Ausmelken von Kühnen vor Auftrieb auf Märkte

Schließlich bemerkten Giese und Kahler:

„Hinzuweisen ist auch auf eine alte tierquälerische Unsitte, Kühe, insbesondere *frischmilchende Kühe* [...] am Abend vor dem Markte zum letzten Male zu melken und am Morgen des Markttages mit *vollem Euter auf den Nutzviehmarkt zu treiben.* Die Tiere sind wegen der starken Eutererfüllung am Gehen behindert und haben meist große Beschwerden. Das Amtsgericht in Limburg hat in einem solchen Falle einen Viehhändler zu Strafe verurteilt, indem es sich auf den Standpunkt stellte, daß dir vorgenannte Handlung sowohl eine *unnötige Quälerei im Sinne des § 1 des Tierschutzgesetzes* als auch eine *Vernachlässigung des Tieres im Sinne des § 2 Nr. 1* sei. [...] Der *Reichsbauernführer* hat daher durch Bekanntmachung betr. Ausmelken von Kühnen beim Auftrieb auf Märkten vom 26. September 1935 — II D 3527/35 — sämtliche Landesbauernschaften und amtliche Marktbeauftragte angewiesen, in jedem von ihnen einwandfrei erkannten Falle Anzeige wegen Tierquälerei zu erstatten; der *Reichsminister des Innern* hat diese Bekanntmachung den nachgeordneten Stellen zur Kenntnis gebracht und sie ersucht, die beamteten Tierärzte und die Marktpolizei anzuweisen, bei jeder sich bietenden Gelegenheit auf die Durchführung der Anordnung des Reichsbauernführers zu achten."[1396]

d) Zusammenfassung

Wetzel fasste zusammen, „daß das Herrschaftsverhältnis des Eigentümers über das Tier dem Eigentümer und Herrn, bzw. seinem Vertreter Pflichten auferlegt. Wer ein Tier hält, soll für gesundes und geräumiges Obdach sorgen, soll Geschirr, Decken und Beschlag beschaffen und in Pflege, Erziehung und Wartung seiner Pflicht genügen. Die Regelung, die das Verhältnis von Tier und Mensch

---

1394 Giese / Kahler, *Das deutsche Tierschutzrecht*, 1939, S. 38 – 40.

1395 Storch† / Mathieu, *Tierschutz-Taschenbuch*, 4. A., 1941, S. 27 – 28.

1396 Giese / Kahler, *Das deutsche Tierschutzrecht*, 1939, S. 43.

in § 2 Ziff. 1 erhalten hat, entspricht in großen Zügen dem elementaren Satz, ‚Eigentum verpflichtet'. Deswegen nimmt § 2 Ziff. 1 innerhalb der Tierschutzgesetzgebung eine ebenso wichtige, wie interessante Stellung ein. Aus diesem Grunde hat auch diese Stelle hier eine ausführlichere Behandlung erfahren als es vielleicht bei oberflächlicher Betrachtung notwendig erscheinen dürfte."[1397]

2. Verwendung von Tieren zu Arbeitsleistungen

„§ 2 Verboten ist, [...] 2. ein Tier unnötig zur Arbeitsleistungen zu verwenden, die offensichtlich seine Kräfte übersteigen, oder die ihm erhebliche Schmerzen bereiten, oder denen es infolge seines Zustandes nicht gewachsen ist;"

a) Amtliche Begründung

„Zu Nr. 2): Es wird besonders eingehender Prüfung bedürfen, ob die von einem Tier verlangte Leistung offensichtlich seine Kräfte übersteigt, ob sie ihm erhebliche Schmerzen bereitet oder ob das Tier infolge seines Zustandes nicht gewachsen ist. So werden das Überladen von Lastwagen ohne zwingenden Grund, besonders bei steilen und schlechten Wegen, das Arbeitenlassen von Tieren bei bestehenden Beschirrungs- und Beschlagfehlern oder die Verwendung säugender Hündinnen zum Zuge in der Regel unter das Verbot fallen. Man wird aber nicht soweit gehen dürfen, die *gelegentliche* und *außergewöhnliche* Inanspruchnahme tierischer Kräfte in besonderen Fällen ohne weiteres als verboten anzusehen. Gelegentliche, die Kräfte übersteigende Anforderungen werden auch an den Menschen gestellt. [...] Verwerflich ist nur die unnötige Grausamkeit, erlaubt ist die harte Behandlung, soweit sie durch den menschlichen Nutzen geboten wird.' (v. Hippel) In Zweifelsfällen sollen bei Fällen der Nr. 1 und 2 der beamtete Tierarzt und, soweit es sich um landwirtschaftliche Betriebe handelt, der Reichsnährstand gehört werden (zu vgl. zu § 12)."[1398]

b) Auslegung

„Ebenso wie menschliche Arbeit aus der Gestaltung unseres heutigen wirtschaftlichen Zusammenlebens die Dienste der Tiere nicht hinwegzudenken."[1399] Daran

1397 Wetzel, *Tierschutz im Reichsstrafrecht*, 1936, S. 21.

1398 BA Berlin-Li., R 18 Rep. 320 Nr. 589, Bl. 99; Giese / Kahler, *Das deutsche Reichs-Tierschutzgesetz*, 1934, S. 109 – 110; *Das deutsche Tierschutzrecht*, 1939, S. 273 – 274; Giese, 4. A. 1951, S. 293 – 294. Den letzten Satz gab es in der erstgenannten Urfassung noch nicht. An der ausgeblendeten Stelle lag das Zitat von Althoff, welches im obigen Text schon wiedergegeben worden ist.

1399 Neupert, *Übertretungsdelikte des RTierSchG*, in: GA, N. F. Bd. 5, 1938, S. 214.

könne auch § 2 Z. 2 RTierSchG nichts ändern.[1400] Daher „wolle der Gesetzgeber auch die wichtige Stellung, die das Tier als *Arbeitskraft* für den Menschen einnimmt, dadurch besonders kennzeichnen, daß er die Regelung in einer besonderen Ziffer vorsah.“[1401]

aa) Geltungsbereich

Zu deren Anwendung galt es klarzustellen, der Begriff „Arbeitsleistung“ beschränke sich nicht auf den technischen Tiereinsatz zwecks Bearbeitung, Verarbeitung oder Beförderung: „Vielmehr sind hierunter alle Vorgänge zu verstehen, die durch eine Beschäftigung von Tieren einen nützlichen, wirtschaftlichen Erfolg irgendwelcher Art erstreben. Darum sind Arbeitsleistungen im Sinne des § 2 Ziff. 2 RTG auch die mit der Dressur zu nichtartistischen Zwecken verbundenen tierischen Leistungen; dagegen fällt das bloße Mitführen eines überanstrengten Tieres, z. B. […] durch einen Radfahrer, nicht unter diesen Begriff. Letzteres ist unter Umständen eine Tierquälerei nach § 9 RTG.,[1402] während die Verwendung von Tieren zu Dressuren artistischer Art und zu Schaustellungen der besonderen Vorschrift des § 2 Ziff. 3 unterliegt.“[1403]

Zur Geltendmachung der Z. 2 selbst galt eine „*doppelte Eigenart*“:[1404]

bb) Tathandlungen

Zum einen: „*die geforderte Arbeitsleistung steht in einem offensichtlichen Mißverhältnis zu den, was billigerweise dem Tier zugemutet werden kann.* Hier gibt es drei Unterfälle:“[1405]

1400 Korn, *Kommentar zum RTierSchG*, 1934, S. 23; Giese / Kahler, *Das deutsche Reichs-Tierschutzgesetz*, 1934, S. 33; v. Skopnik, *RTierSchG mit Begründung*, 1934, S. 29.

1401 Wetzel, *Tierschutz im Reichsstrafrecht*, 1936, S. 21.

1402 Storch† / Mathieu, *Tierschutz-Taschenbuch*, 4. A., 1941, S. 33, wiesen die Polizeibeamten usw. ungeachtet der Paragraphenzuschreibung darauf hin: „Neben einem Motorrade einen Hund sich bis zur Erschöpfung abjagen zu lassen, ist schwere Tierquälerei. Aber auch Radler bringen es fertig, ihnen oft beleibten und daher schwerfälligen und kurzatmigen Hunden einfach davonzufahren, selbst im stärksten Straßenverkehr. Der Hund, in dem Bestreben, seinen Herrn trotzdem nicht zu verlieren, wird überanstrengt und gefährdet sich und den Straßenverkehr. Man spielt nicht eine Maschine gegen ein Lebewesen aus!“

1403 Neupert, *Übertretungsdelikte des RTierSchG*, in: GA, N. F. Bd. 5, 1938, S. 215.

1404 Begriff von Korn, *Kommentar zum RTierSchG*, 1934, S. 23; offensichtliche Beipflichtungen in Wetzel, *Tierschutz im Reichsstrafrecht*, 1936, S. 21 – 22 und Neupert, *Übertretungsdelikte des RTierSchG*, in: GA, N. F. Bd. 5, 1938, S. 215 – 216.

1405 Korn, *Kommentar zum RTierSchG*, 1934, S. 23.

(1) „offensichtlich übersteigen“

Den Ersten schrieb Neupert um: „Das Verhältnis der tierischen Kräfte und der durch sie zu leistenden Arbeit muß ein Mißverständnis sein“; ein solches aber, „das in äußerlich nicht erkennbaren Ursachen fußt, schließt [...] die Anwendbarkeit der Strafbestimmung aus. Vielmehr muß für jedermann wie auch für den Täter offen erkennbar gewesen sein, daß die Leistung, die das Tier zu vollbringen hatte, seinen Kräften nicht entsprach. Ober (sic!) der Täter freilich das Mißverhältnis erkannt hat, speilt keine Rolle, wenn er es nur hätte erkennen können.“[1406] Diese dogmatische Darstellung knüpfte nahtlos an Korn: „Das wäre beispielweise der Fall, wenn ein Zughund einen schwer beladenen Kohlenwagen ziehen soll. Aehnliche Vorschriften finden sich in bezug auf Zugtiere und Fahrzeuge bereits in vielen Verkehrsordnungen; das Tierschutzgesetz verallgemeinert sie und erstreckt sie auf das ganze Reich.“[1407] Hiernach war nach Giese und Kahler auch zu bestrafen, „wer ein Pferd einen schwer überladenen Wagen, zumal auf steilem oder schlechtem Weg oder bei Glätte, ziehen läßt, ohne [...] sonst sich bietende Hilfsmittel anzuwenden.“[1408]

Gegenüber diesen Einzelfällen wusste von Skopnik — wie der o. g. Stettiner Major Buhle (s. o. „Arbeitstierschutz“) — aus praktischen Erkenntnissen bezifferte Wertbestimmungen für Wagenbeladung vorzugeben:

> „Die Zugleistung der Tiere hängt von ihrer eigenen Körpereigenschaft, der bereits geleisteten Arbeit, der Bodenbeschaffenheit, der Witterung ab.
>
> Als allgemeiner Maßstab kann angenommen werden, daß ein Pferd bei mittlerem Kraftaufwand [...] in 8 Stunden Arbeitszeit und bei etwa 1 Meter mittlerer Geschwindigkeit in der Sekunde auf ebener, guter Fahrbahn das Dreifache seines eigenen Körpergewichts bewältigen kann. Als höchstzulässige Belastung der Fahrzeuge (einschließlich Gewichts des Wagens) werden sich beispielweise für ein Gespann von 2 Pferden mit einem Körpergewicht von zusammen 30 Zentnern in der Ebene auf guten Straßen das Dreifache des Körpergewichtes, also 90 Zentner, in der Ebene auf schlechten Straßen oder in bergigem Gelände auf guten Straßen und Steigerung bis einschließlich 3/100 das Zweifache, also 60 Zentner, im Gebirge bei schlechten Straßen, auf sehr schlechten Feldwegen, im Acker, Sand, Lehm, in der Ebene und bei Steigerung über 4/100 das Einfache des Körpergewichtes, also 30 Zentner, ergeben. Diese Zahlen setzen gut gefütterte Pferde in den besten Jahren voraus; für ganz junge und ältere Pferde sind entsprechend Abschläge zu machen. Auf jeden Fall muß gefordert werden, daß der Gespannführer das Gewicht seines Fahrzeuges und seiner Last in Zentnern kennt, damit er sich an dem Vergleichen vieler Fugen und dem Verhalten seiner Pferde ein Urteil bildet. Auch [...] muß man [...] überlegen, daß ein dauerndes Kleben an der Höchstbelastungsgrenze zur Ausbeutung be-

---

1406 Neupert, *Übertretungsdelikte des RTierSchG*, in: GA, N. F. Bd. 5, 1938, S. 215 – 216.

1407 Korn, *Kommentar zum RTierSchG*, 1934, S. 23.

1408 Giese / Kahler, *Das deutsche Reichs-Tierschutzgesetz*, 1934, S. 33.

sonders pflichttreuer Tiere führt, denen dann auch bei aller Arbeitsfreude die Arbeit zur Qual wird und sie frühzeitig zugrunde richtete. […] Gerade fleißige, zugfeste Pferde laufen die allermeiste Gefahr, ausgebeutet zu werden, wenn nicht die Augen eines guten Herrn oder eines guten Fuhrmanns über ihnen wachen.

Strafbar unter allen Umständen ist die übermäßige Anwendung unverdienter Peitschstrafen, der Gebrauch des *Peitschenstiels* und anderer harter Gegenstände. Am häufigsten geschieht dies bei der Überlastung der Fuhrwerke und bei der An- und Abfuhr zu und von Straßenbauen, Steinbrücken, Lehm-, Kies-, Sandgruben, Baustellen und Lagerplätzen. Auch das Zusammenspannen von Tieren ungleichen Temperaments und ungleichen Alters führt häufig zu Überanstrengungen des einen Pferdes und zu übermäßiger Bestrafung des anscheinend faulen Tieres.“[1409]

Auch hier vergaß der verdiente Tierschützer nicht, seine Gattungsgenossen zur verhältnismäßigen Einfühlung in die Leiden ihrer Mitgeschöpfe zu mahnen:

„Was die Pferde oft durch rücksichtslose Peitschenhiebe zu erdulden haben, ergibt sich daraus, daß ein starker Hieb mit dem Lineal auf die Innenfläche der menschlichen Hand nur einem Druck von 2½ Kilogramm entspricht, während bei eingehenden Peitschenversuchen Rundriemen auf den Pferdekörper einen Druck von 35 Kilogramm, Quadratriemen einen solchen von 54 Kilogramm und dreieckige Riemen sogar einen solchen von 73 Kilogramm ausübten. Bei den spitz zulaufenden Riemen fand man sogar einen Gesamtdruck von 142 Kilogramm. Diese Ziffern bedeuten nicht Höchst-, sondern nur Durchschnittwerte! Welche Ziffern ergeben sich erst bei dem mit voller Gewalt ausgeübten Gepeitsche!“[1410]

(2) „erhebliche Schmerzen bereiten“

„Eine übermäßige und unzulässige Inanspruchnahme des Tieres wird auch dann vorliegen, wenn die Arbeitsleistung ihm erhebliche Schmerzen bereitet,“[1411] wofür Korn einzelne Dressurakte einfielen, die „ihrer Art nach dem Tier erhebliche Schmerzen bereiten.“[1412] Wetzel ergänzte: „Zuweilen sind […] auch normale Arbeitsleistungen für das Tier mit heftiger Schmerzempfindung verbunden“[1413], etwa in Hinblick auf Giese und Kahler, „infolge bestehender Beschirrungs- oder Beschlagfehler (Doppeljoch bei Ochsen und Kühen oder nicht passende Geschirre, schlechte Klauenpflege oder vernachlässigter oder mangelhaft ausgeführter Huf- oder Klauenbeschlag, Druck- und Wundstellen, Geschwüre, Lahmheit usw.).“[1414] Auf dieser Grundlage fasste Neupert zusammen: „Wodurch im

1409 v. Skopnik, *RTierSchG mit Begründung*, 1934, S. 29 – 30.

1410 v. Skopnik, *RTierSchG mit Begründung*, 1934, S. 29.

1411 Giese / Kahler, *Das deutsche Reichs-Tierschutzgesetz*, 1934, S. 33; *Das deutsche Tierschutzrecht*, 1939, S. 45; Giese, 4. A. 1951, S. 41.

1412 Korn, *Kommentar zum RTierSchG*, 1934, S. 23.

1413 Wetzel, *Tierschutz im Reichsstrafrecht*, 1936, S. 22.

1414 Giese / Kahler, *Das deutsche Reichs-Tierschutzgesetz*, 1934, S. 33 – 34; *Das deutsche Tierschutzrecht*, 1939, S. 45 – 46; Giese, 4. A. 1951, S. 41.

einzelnen dem Tier Schmerzen zugefügt worden sind, bleibt gleichgültig. [...] Wesentlich ist nur, daß der Schmerz gerade durch die Arbeitsverwendung selbst unter Mißbrauch der Arbeitskraft hervorgebracht worden ist oder wenigstens hierdurch erheblich gesteigert wird."[1415]

(3) „nicht gewachsen"

Den dritten Unterfall beschrieb Korn: „das Tier ist zwar der Gattung nach geeignet, aber ausnahmsweise wegen seines augenblicklichen Zustandes, etwa wegen körperlicher Krankheit oder körperlichen Leidens, wegen Verlust eines Organs, wegen körperlicher Schwäche und dergl. nicht der geforderten Arbeit nach ihrer Art, ihrer Schwere oder ihrem Umfang gewachsen."[1416] Giese und Kahler fügten Schwangerschaft und Dämpfigkeit hinzu, wollten aber zuerst nicht von Tierquälerei sprechen, „wenn ein Tierhalter die noch säugende Stute, neben der das Fohlen herläuft, bereits wieder zur leichten Arbeit verwendet: anderseits wird die Verwendung säugender Hündinnen zum Ziehen in jedem Falle als Tierquälerei zu betrachten sein."[1417] Die breiteste Bedarfsdeckung hier sah wiederum von Skopnik, unter den Kommentatoren als *der* Fachmann für Pferdeschutz bekannt, eine Bedürftigkeit der Regelung und führte aus:

> „Selbstverständlich genießen die *im Zuchtbetriebe stehenden Hengste und Stuten* den Schutz des Gesetzes. Zu frühzeitige Zuchtbenützung beider Geschlechter, Überforderung bei Deckgeschäfte, ungeeignete Sprungplätze, Überanstrengung trächtiger Stuten usw. können dem Strafrichter überwiesen werden.
>
> Diese Vorschrift gewährt endlich die lang gesuchte Möglichkeit, gegen die Quälereien einzuschreiten, die durch die *zu frühe Beanspruchung der Jungpferde* täglich begangen werden. Wenn auch bei Vollblüten und Trabern mit Rücksicht auf die zu bestehenden Rennen der Zweijährigen auf die Anlernung und planmäßige Vorbereitung der Jährlinge nicht Verzicht geleistet werden kann und diese in der Hand des Sachverständigen auch keine Quälerei ist, so ist doch bei landwirtschaftlichen Gebrauchspferden ein so frühzeitiger Beginn der Nutzung nicht am Platze. *Kaltblutpferde unter 2 Jahren, frühreife, schwere Warmblüter unter 2½ Jahren und leichte Warmblutpferde unter 3 Jahren anzulernen, ist eine strafbare Handlung,* denn das sog. ‚Anlernen' kommt in der Regel dem vollen Dienstgebrauche gleich. Schwächliche, in der Entwicklung zurückgebliebene Tiere mit gebrochener Jugendkraft und mit Knochen- und Sehnenleiden sind die Folgen dieser allzufrühen Arbeitsleistungen. Auf volle Leistungsfähigkeit ist ja vor dem beendeten fünften, bei edleren, warmblütigen Pferden vor dem sechsten Lebensjahre nicht zu rechnen. Wenn auch wirtschaftliche Gründe dieses Vollabwarten nicht gestatten, so muß doch die volle Benutzung aller Pferde vor dem Wechsel der Zangenzähne als ein

---

1415 Neupert, *Übertretungsdelikte des RTierSchG*, in: GA, N. F. Bd. 5, 1938, S. 216.

1416 Korn, *Kommentar zum RTierSchG*, 1934, S. 23.

1417 Giese / Kahler, *Das deutsche Reichs-Tierschutzgesetz*, 1934, S. 35; *Das deutsche Tierschutzrecht*, 1939, S. 47; Giese, 4. A. 1951, S. 43.

Verstoß gegen das Tierschutzgesetz bezeichnet und bestraft werden. Im Pferdehandel ist die Bezeichnung ‚1½jährige Fohlen' in einem Kaufvertrage als Zugpferd verboten."[1418]

Schließlich meinte Neupert: „Nicht notwendig ist es, daß dem Tier durch diese Arbeitsleistung Schmerz oder Schaden verursacht worden ist, vielmehr ist das Bestehen des Mißverhältnisses allein von ausschlaggebender Bedeutung. Jedoch ist der Tatbestand des § 2 Ziff. 2 RTG. nicht schon deswegen erfüllt, weil ein altes schwaches Pferd zu Zwecken des Verdienstes zu Fahrten verwendet wird. Zu prüfen ist außerdem, ob die Fahrten für den Tierhalter erforderlich waren und ob der mit ihnen verfolgte Zwecke gegenüber dem wohlverstandenen Interesse am Schutz des Tieres noch berechtigt war."[1419]

cc) „unnötig"

Damit wurde auf die andere Voraussetzung der Geltung des § 2 Z. 2 hingewiesen, wie sie schon bei § 1 der Fall war: *„Es liegt kein Verhältnis vor, das ausnahmsweise die Verwendung des Tieres rechtfertigt."*[1420] Im Einklang mit Korn schilderten Giese und Kahler: „So wird ein krankes Pferd im allgemeinen nicht zum schweren Zug heranzuziehen sein, wenn noch andere Zugtiere zur Verfügung stehen. Würde aber z. B. im landwirtschaftlichen Betriebe die rechtzeitige Einbringung der Ernte wegen eines bevorstehenden Unwetters gefährdet sein, so wird, ebenso wie alle menschlichen Hilfskräfte in einem solchen Falle eingesetzt werden, auch das kranke Pferd ausnahmsweise eingespannt werden dürfen, auch wenn es infolge seines Zustandes die zugemutete Arbeit nur schwer leisten kann und dieselben ihm Schmerzen verursacht, denn es geht dann um einen ‚berechtigten Zweck'."[1421]

Andererseits war man sich im Klaren darüber: „Eine scharfe Abgrenzung aller dieser Fälle wird in der Praxis mit Schwierigkeiten verbunden sein."[1422] Dafür nahm Giese die Sachkenntnisse seiner Fachkollegen zur Hilfe: „Auch für die Fälle der Nr. 2 gilt […] § 12, daß, wenn es in einem Strafverfahren zweifelhaft erscheint, ob eine unnötige, die Kräfte eines Tieres offensichtlich übersteigende oder ihm erhebliche Schmerzen verursachende Arbeitsleistung vorliegt, möglichst frühzeitig der beamtete Tierarzt und soweit es sich um Fälle handelt, die landwirtschaftliche Betriebe berühren, der Reichsnährstand zur sachverständigen Begutachtung herangezogen werden sollen", nicht zuletzt um „die landwirt-

---

1418 v. Skopnik, *RTierSchG mit Begründung*, 1934, S. 27 – 28.

1419 Neupert, *Übertretungsdelikte des RTierSchG*, in: GA, N. F. Bd. 5, 1938, S. 216.

1420 Korn, *Kommentar zum RTierSchG*, 1934, S. 23.

1421 Giese / Kahler, *Das deutsche Reichs-Tierschutzgesetz*, 1934, S. 34 – 35; *Das deutsche Tierschutzrecht*, 1939, S. 46; Giese, 4. A. 1951, S. 42 – 43.

1422 Adolph, *Schutz des Tieres im deutschen Recht*, 1935, S. 25.

schaftliche tierhaltende Bevölkerung vor Beunruhigung durch zu weit gehende Forderungen des Tierschutzes zu bewahren."[1423] Adolph ergänzte hierzu: „Aus diesem Grund sind auch als Sachverständige, wohl nicht mit Unrecht, nicht Tierschützer, sondern Männer der Praxis [...] genannt. In diesem Zusammenhang gewinnt erhöhte Bedeutung der Runderlaß des preußischen Ministers für L. D. u. F. vom 28. 9. 33, der schon vor Erlaß des Tierschutzgesetzes die Polizeibehörden anwies, die beamteten Tierärzte, die sich in ihrer amtlichen Eigenschaft zur Verfügung zu stellen hätten, als Sachverständige zu hören."[1424] Nun war dieselbe Frage, welche die noch einen Monat frühere Vivisektionssitzung im Preußischen Innenministerium am Ende hatte offenlassen müssen, reichseinheitlich geregelt.

c) Neuere Grenzfälle

Wie bei §§ 1 und 2 Z. 1 gab es auch hier Sonderfragen.

aa) Doppeljoch

Eine dieser Sonderfragen sah Adolph im Doppeljoch, „das in Baden bereits seit dem 1. 6. 34 als Überbleibsel früherer Jahrhunderte ausdrücklich verboten ist."[1425] Und die Wirkung zeichnete der Mannheimer Wetzel in seiner am 20. September 1935 mündlich verteidigten Doktorarbeit auf: „Das früher noch häufig angetroffene Doppeljoch ist fast ganz verschwunden."[1426] Für das ganze Reich vermerkten Giese und Kahler 1938 einmal mehr:

> „Diese starre Verbindung zweier Tiere miteinander im Doppeljoch muß als eine unnötige und grausame Quälerei bezeichnet werden, da das Doppeljoch überall durch bessere und zweckmäßigere Zuggeschirre ersetzt werden kann. In den wenigen Gegenden, wo das Doppeljoch noch ausnahmsweise geduldet wird," — d. i. „in einzelnen besonders abschüssigen Teilen des Schwarzwaldes" — „hat der Reichsnährstand es übernommen, durch Belehrung und Unterstützung der Bevölkerung bessere Beschirrungen zur Einführung zu bringen. Der Reichsminister des Innern hat durch Rundschreiben vom 12. Oktober 1934 — II 4440 a/2. 10. 34 —, betr. Verbot der Verwendung des Doppeljochs, darauf hingewiesen, daß das Doppeljoch bei Zugrindern als unnötige Tierquälerei anzusehen ist, nach § 1 [!] des Tierschutzgesetzes verboten ist und Übertretungen dieses Verbots entsprechend zu bestrafen sind. —

1423 Giese / Kahler, *Das deutsche Reichs-Tierschutzgesetz*, 1934, S. 35; *Das deutsche Tierschutzrecht*, 1939, S. 48; Giese, 4. A. 1951, S. 45.

1424 Adolph, *Schutz des Tieres im deutschen Recht*, 1935, S. 25; Erlaß des Preuß. Landwirtschaftsministers in: MBliV II, S. 469.

1425 Adolph, *Schutz des Tieres im deutschen Recht*, 1935, S. 25; Runderlaß des Bad. MdI v. 13. 2. 1934, in: MBliV V. 33 I, S. 167.

1426 Wetzel, *Tierschutz im Reichsstrafrecht*, 1936, S. 22.

Auf die Abhandlung ‚Kuhanspannung in Deutschland' von Dipl.-Landwirt H. Steinmetz, Durlach, und das mit Abbildungen versehene vorzügliche Merkblatt Nr. 45 des Deutschen Tierschutzwerbedienstes [Kraemer] e. V., Berlin SW 61, Großbeerenstr. 68 — ‚Fort mit dem Doppeljoch'— ist besonders hinzuweisen."[1427]

bb) Ziehhunde

Der andere Fall, dessen Verbot angeblich aufgrund einer Irrannahme Hitlers[1428] nicht ins RTierSchG aufgenommen sei, hatte mittlerweile landesrechtliche Regelungen erfahren:

„In diesem Zusammenhang verdient auch die *Frage der Verwendung der Hunde als Zugtiere* überhaupt kurz besprochen zu werden. Von verschiedenen Seiten ist der Erlaß eines besonderen Verbots durch eine Spezialverordnung angeregt worden unter Hinweis auf die mustergültige Verordnung des Thüringischen Wirtschaftsministeriums über die Verwendung von Hunden als Zugtiere[n] vom 15. Dezember 1934 (GesSamml. S. 149)[1429], auf die vom Mecklenburgischen Staatsministerium des Innern unterm 1. Dezember 1936 aufgestellten Grundsätze über die Einschränkung der Verwendung von Zughunden usw. (nicht veröffentlicht) und auf die Polizeiverordnung des Hessischen Kreisamts Erbach über das Fahren mit Hunden vom 19. De-

---

1427 Giese / Kahler, *Das deutsche Tierschutzrecht*, 1939, S. 45, Fn. 2); an gleicher Stelle bis zu S. 46 fuhren sie fort: „Auch der Internationale Tierschutzkongreß 1935 in Brüssel hat sich dahin ausgesprochen, die Verwendung von Ochsen und Kühen als Zugtiere[n] zu untersagen und bis zur Erreichung dieses vollständigen Verbots wenigstens die Verwendung von trächtigen Kühen zum Ziehen zu verbieten und den Gebrauch von beweglichen Jochen, die dem Tier eine vom Kopf seines Nachbarn unabhängige Bewegungsmöglichkeit des Kopfes gestatten, vorzuschreiben (…)."

1428 Vgl. Zoll, *Kraemer*, 2005, S. 29: „Hitler sah gerade hier eine innige Verbundenheit von Mensch und Tier. Er erwähnte solche Fahrzeuge, die er in Thüringen oder auch an anderer Stelle (Thüringen war dafür bekannt) gesehen habe. Es habe ihn jedes Mal gerührt, wenn er den biederen Mann und den lustig dahertrabenden Hund vor einem Karren sah. Eine Tierquälerei könne er darin nicht erblicken. Er übersah völlig, dass Hunde Pfortentiere und deshalb nicht zum Ziehen geeignet sind." Vgl. Heintz, *Tierschutz im Dritten Reich*, 2008, S. 46. Dirscherl, *Tier- und Naturschutz im Nationalsozialismus*, 2012, S. 147, ergänzte anhand zweier Quellen 1940 / 41: „Zumindest wurde erreicht, dass es auch hier zu neuen Regelungen kam. Erste Bedingung war die Verwendung eines vorschriftsmäßigen, passenden Geschirres und einer ordnungsmäßigen Anspannung […], die behördlichen Vorschriften verlangten einen vollkommen gesunden, kräftig gebauten und gut genährten Hund, der wenigstens zwei Jahre alt sein sollte. […] In Deutschland musste jeder Besitzer zum Beginn des Kalenderjahres der Ortspolizeibehörde seines Wohngebiets eine amtstierärztliche Bescheinigung über die Tauglichkeit des Tieres zum Ziehen vorlegen. Wie bei den Pferden auch kam es bei den Ziehhunden zu […] Stock und Peitsche. Aber im Laufe der Zeit ging die Zahl der quälerischen Verwendung wie auch die Zahl der Ziehhunde insgesamt zurück."

1429 Wiedergabe aller §§ 1 – 15 auch in: Radtke, *Tierschutz A – Z*, 1942, S. 92 – 94.

zember 1935 (Hess. Landeszeitg. Nr. 357); es würden immer noch Klagen laut darüber, daß jugendliche oder kranke Ziehhunde oder Hunde von geringer Größe oder schlechtem Ernährungszustand oder auch tragende oder säugende Hündinnen verwendet werden und daß überhaupt den Hunden zu große Lasten zugemutet werden. Den Anregungen wurde nicht entsprochen, da das Tierschutzgesetz mit seinen strafrechtlichen und verwaltungsmäßigen Handhaben ausreichen dürfte, um gegen die mißbräuchliche und tierquälerische Verwendung von Zughunden vor Wagen, Karren und anderen Fahrzeugen wirksam einschreiten zu können."[1430]

Solch „ausreichende Handhaben" sahen auch Storch und Mathieu als geboten, nämlich wegen § 2 Z. 1, 2 RTierSchG in folgenden Hinsichten:

> „Zum Ziehen eignen sich nur über ein Jahr alte, gut entwickelte und gut genährte, muskulöse Tiere mit breiter Brust, gewölbten Rippen, geschlossenen Zehen, großen, festen Ballen und einer Widerristhöhe von mindestens 60 Zentimetern. Kranke Hunde, hochträchtige oder säugende Hündinnen dürfen nicht angespannt werden! Bei längerem Anhalten sind die Hunde abzusträngen, bei kühler Witterung zuzudecken und durch eine Unterlage vor Nässe und Kälte zu schützen. In der warmen Jahreszeit muß ein sauberes Tränkgefäß mitgeführt und benützt werden. Der Geschirrführer darf sich während der Fahrt nicht auf das Fuhrwerk setzen, andere Personen nicht aufsitzen lassen und die Tiere nicht abhetzen. Gegen unnötiges Anhalten vor Wirtschaften ist einzuschreiten. Als Geschirr eignet sich am besten Siele (Blattgeschirr) mit mindestens 6 Zentimeter breitem Brustblatt aus weichem, möglichst gefüttertem Leder und wenigstens 4 Zentimeter breitem Tragriemen. Das Höchstgewicht, das ein Hund ziehen kann, ist nach dessen Größe und Körperbau sowie nach den Wegeverhältnissen sehr verschieden. Im allgemeinen soll es einschl. des Eigengewichtes des Wagens für kräftige Ziehhunde 3 Zentner nicht überschreiten. Unbedingt erforderlich ist es, daß der Beamte bei Verdacht erheblicher Ueberladung das Gewicht des beladenen Wagens feststellt und nötigenfalls die Einholung eines amtstierärztlichen Gutachtens veranlaßt."[1431]

Quellen, die den Hannoveraner Verfassern nicht zur Verfügung standen, gaben ihre Berliner Fachgenossen Giese und Kahler an: „Nach angestellten Erhebungen und nach dem vorliegenden Material soll auch die quälerische Verwendung von Ziehhunden wie überhaupt die Zahl der Ziehhunde, in den letzten Jahren stark zurückgegangen sein; auch soll hinsichtlich der Haltung, Pflege und Unterbringung dieser Zughunde seltener Anlaß zu Beschwerden gegeben sein."[1432]

d) Ausblick

Trotz aller Auswirkungen auf bisherige Fälle sagte Wetzel dem § 2 Z. 2 künftig eine schwindende Bedeutung voraus, weil „gerade das Tier als Arbeitskraft in

1430 Giese / Kahler, *Das deutsche Tierschutzrecht*, 1939, S. 47.

1431 Storch† / Mathieu, *Tierschutz-Taschenbuch*, (1. A. 1936) 4. A., 1941, S. 30 – 31.

1432 Giese / Kahler, *Das deutsche Tierschutzrecht*, 1939, S. 47.

den letzten Jahren sehr an Bedeutung verloren hat. Der technische Fortschritt des vergangenen und des gegenwärtigen Jahrhunderts haben die tierische Arbeitsleistung auf vielen Gebieten durch motorische Kraft ersetzt. Hand in Hand hiermit ging […] eine erfreuliche Entlastung des Tieres. Zu Arbeitsleistungen, die an und für sich Tierquälerei angesehen werden müssen, werden heute schon kaum mehr Tiere verwendet. Ich erinnere an das Karussellpferd, an die Tiere, die im Koppel einer Mühle oder einer Presse Tag für Tag im Kreise gingen, an den Hund, der im Rade des Ziehbrunnens oder des Blasebalgs lief, u. a. m.“[1433]

3. Verwendung von Tieren zu Dressuren und Schaustellungen

„§ 2 Verboten ist, […] 3. ein Tier zu Abrichtungen, Filmaufnahmen, Schaustellungen oder ähnlichen Veranstaltungen zu verwenden, soweit sie mit erheblichen Schmerzen oder erheblichen Gesundheitsschädigungen für das Tier verbunden sind;“

a) Amtliche Begründung

„Viele Abrichtungen, z. B. die von Bären, Affen und anderen wilden Tieren, sind nur über den Weg von Tierquälereien zu erreichen. Auch die Zurschaustellung solcher Tiere bedeutet meistens eine fortgesetzte Quälerei. Das typische Beispiel ist der ‚Tanzbär‘, dessen Dressur und Vorführung nicht mehr geduldet werden soll. Nicht jedes Tier eignet sich zur Dressur. Sie erfordert Verständnis für die Eigenart und die Psychologie des Tieres und sollte daher nur in Händen von Leuten liegen, die Empfindung für die zu verwertenden Fähigkeiten eines Tieres besitzen; trifft dies zu, so werden sie auch bei der Vorführung von Tieren jede Quälerei zu vermeiden wissen.

Auch bei der Herstellung von Schaufilmen für die Massen — wozu nicht wissenschaftliche Filme zu Lehrzwecken gehören — werden zur Herbeiführung aufsehenerregender Handlungen oder zur Erregung niedriger menschlicher Instinkte nicht selten Tiere verwendet, die vorher ihrer Angriffswaffen oder ihrer Bewegungsmöglichkeit beraubt worden sind. Die Verwendung so hergerichteter Tiere für Filmaufnahmen fällt unter das Verbot der Nr. 3, das auch die im Deutschen Reich bisher allerdings nur selten vorkommenden Tierkämpfe (z. B. Hahnenkämpfe) trifft.“[1434]

1433 Wetzel, *Tierschutz im Reichsstrafrecht*, 1936, S. 21.

1434 BA Berlin-Li., R 18 Rep. 320 Nr. 589, Bl. 99 – 100; Giese / Kahler, *Das deutsche Reichs-Tierschutzgesetz*, 1934, S. 111; *Das deutsche Tierschutzrecht*, 1939, S. 274; Giese, 4. A. 1951, S. 294.

b) Auslegung

Korn brachte den Geist des Gesetzes auf die folgende Formel: „Ziff. 3 führt die Verwendung von Tieren zu Dressuren und Schaustellungen *auf ein Maß zurück, das billigerweise durch die Rücksichtnahme auf die Schmerzempfindung eines lebenden Wesens geboten ist.*"[1435] Auf der Kehrseite hieß das: „Wesentlich für die Bestrafungsmöglichkeit ist, daß die Tiere durch die Abrichtung, Filmaufnahme, Schaustellungen oder eine sonstige Veranstaltung erhebliche Schmerzen oder eine erhebliche Gesundheitsschädigung erleidet."[1436]

aa) „Gesundheitsschädigung"

Während „Schmerz" und „erheblich" bereits Auslegung erfahren hatten, brachte Neupert seine erste Definition für diesen neuen Gesetzesbegriff: „Unter Gesundheitsschädigung im Sinne des § 2 Abs. (sic! „Ziff.") 3 ist jedes Hervorrufen oder Steigern eines krankhaften, d. h. funktionell regelwidrigen Zustandes — wozu auch Krankheitszustände geistiger Art gehören —, die nicht von Dauer und schmerzhaft zu sein braucht, anzusehen, sofern sie je nach der [...] Veranlagung des Tieres von einer mehr oder weniger starken Intensität ist."[1437]

bb) Tathandlungen

„Das trifft nicht nur zu auf tierquälerische Abrichtungsmethoden, sondern auch auf die oft grausame Verwendung von Tieren durch ‚fahrendes Volk', ‚Zauberkünstler' und ähnliche Vorführungen sowie auf den Mißbrauch von Tieren bei Filmaufnahmen."[1438]

(1) „Abrichtung"

„Unter Abrichtung versteht man die durch immer wiederholte Übung nach einem bestimmten System vorgenommene Erziehung, welche die Unterordnung des tierischen Willens unter den menschlichen Willen zum Ziel hat und die psychischen und physischen Fähigkeiten der Tiere zu Leistung befähigen will, die den besonderen Wünschen der Menschen angepaßt sind."[1439] Dafür, was Neupert hier definierte, stand bis zur Begriffseindeutschung das Merkmal „Dressur" im 3. E. des RTierSchG. Unter diesen Umständen galt nunmehr einerseits klarzustellen: „Durch die Vorschrift wird nicht in Bausch und Bogen jede Dres-

---

1435 Korn, *Kommentar zum RTierSchG*, 1934, S. 24.

1436 Neupert, *Übertretungsdelikte des RTierSchG*, in: GA, N. F. Bd. 5, 1938, S. 218.

1437 Neupert, *Übertretungsdelikte des RTierSchG*, in: GA, N. F. Bd. 5, 1938, S. 218.

1438 Giese / Kahler, *Das deutsche Reichs-Tierschutzgesetz*, 1934, S. 35; *Das deutsche Tierschutzrecht*, 1939, S. 48; Giese, 4. A. 1951, S. 45.

1439 Neupert, *Übertretungsdelikte des RTierSchG*, in: GA, N. F. Bd. 5, 1938, S. 217.

sur verboten,“[1440] andererseits wurde hervorgehoben: „Die rohe Dressur ist aber verboten.“[1441] Deren in der amtlichen Begründung beschriebene Missstände bewogen Giese und Kahler zu dem Aufruf: „Im allgemeinen wird allerdings der Dressur, Artist usw., wenn er mit seiner Dressur Erfolg haben will, nicht daran denken, durch Schläge mit der Peitsche, Eisengabel usw. auf das Tier einzuwirken, sondern er wird durch Güte, Geduld, liebevolle Behandlung und sorgsame Pflege sowie durch Eingehen auf die Eigenart des einzelnen Tieres sein Ziel zu erreichen suchen, weil ein mißhandeltes, wiederholt gestraftes Tier entweder dauernd in Angst lebt oder hinterlistig und scheu und dadurch für jegliche Dressur ungeeignet wird.“[1442] In diesem Zusammenhang wusste von Skopnik positives Beispiel herbeizuführen: „Carl Hagenbeck hat als erster die sog. zahme Dressur, d. h. das Ziel auf gütigem Wege zu erreichen, bei den wilden Tieren eingeführt. Dieser liegt ein Studium und eine Berücksichtigung der Psyche und Eigenarten der einzelnen Tiere zugrunde.“ Ferner seien Spiralen zur Dressur der Reitpferde keine Tierquälerei — vorbehalten „in richtiger Hand“.[1443]

(2) „Filmaufnahmen“

Einhauser erinnerte sich „z. B. an Filme mit Tierkämpfen (meist Hahnenkämpfe), in denen sich gegeneinandergehetzte zahme, in der Gefangenschaft geborene Tiere gegenseitig zerfleischen; an das gewaltsame Abstürzen lebender Tiere von Felsen oder Flugzeugen, ebenfalls zu Filmzwecken.“[1444] Neupert fasste zusammen und grenzte ab: „§ 2 Abs. (sic! „Ziffer“) 3 läßt auch keine tierschädlichen Filmaufnahmen zu. Unter Filmaufnahmen sind lediglich die zur Herstellung von Schaufilmen gedrehten Aufnahmen aufzufassen. […] Nur im Interesse eines Schau- oder Unterhaltungsbedürfnisses sollen den Tieren keine Schmerzen verursacht werden, nicht aber im wissenschaftlichen Interesse. Denn wenn der Tierversuch zu Lehrzwecken zugelassen worden ist, wenn auch unter der Voraussetzung vorheriger genereller Erlaubniserteilung, dann muß erst recht eine einfache Filmaufnahme, die dem Tiere Schmerzen verursacht und noch nicht den Charakter eines Tierversuches angenommen hat, als das Geringere gestattet sein.“[1445] Als solche Ausnahmen nannte Neupert neben den Filmen, die i. S. d. § 7 Z. 7 RTierSchG „nur zu Lehrzwecken bestimmt und nicht der Öffentlichkeit

1440 Giese / Kahler, *Das deutsche Reichs-Tierschutzgesetz*, 1934, S. 35; *Das deutsche Tierschutzrecht*, 1939, S. 48; Giese, 4. A. 1951, S. 45.

1441 v. Skopnik, *RTierSchG mit Begründung*, 1934, S. 32.

1442 Giese / Kahler, *Das deutsche Reichs-Tierschutzgesetz*, 1934, S. 35 – 36; *Das deutsche Tierschutzrecht*, 1939, S. 48; Giese, 4. A. 1951, S. 45 – 46.

1443 v. Skopnik, *RTierSchG mit Begründung*, 1934, S. 32.

1444 Einhauser, *Das Tierschutzgesetz*, in: Frank (Hrsg.), *Handbuch*, 1935, S. 908.

1445 Neupert, *Übertretungsdelikte des RTierSchG*, in: GA, N. F. Bd. 5, 1938, S. 217 – 218.

zugänglich sind,“ auch „hochwertige Kulturfilme, die zur ernsthaften Belehrung und Aufklärung des Volkes dienen.“[1446]

(3) „Schaustellungen oder ähnlichen Veranstaltungen“

Für Klarheit sorgte einmal mehr Neupert: „Der Begriff der Schaustellung umfaßt alle Einrichtungen, in denen Tiere zu gewerblichen Zwecken der Allgemeinheit gezeigt werden. So kann die Verwendung von Tieren zu Reklamezwecken (Tiere in Schaufenstern), die Vorführung von Dressurleistungen (Tanzbären), die Verwendung von Tieren zu Sensationen, die ihrer natürlichen Veranlagung widersprechen, selbst das Ausstellen allein (Affen in engen Käfigen auf Jahrmärkten) eine strafbare Zuwiderhandlung sein, falls die Schaustellung den Tieren erhebliche Schmerzen und Gesundheitsschädigungen bereitet. Zu den sonstigen Veranstaltungen im Sinne des § 2 Abs. (sic! „Ziffer“) 3 gehören insbesondere Tierkämpfe und sonstige Vorführungen (unter Umständen Windhund- und Pferderennen), die im Interesse der menschlichen Unterhaltung von den Tieren übermäßige Leistungen beanspruchen, sonst aber völlig zwecklos sind.“[1447] Größere Wichtigkeit dieser Bestimmung sah Korn für die Fälle in der Unterhaltung des Großstadtpublikums durch Sensationslust und Nervenkitzeln sowie in zoologischen Handlungen, die u. a. Vögel bei greller künstlicher Beleuchtung ausstellten.[1448] Hingegen hatte von Skopnik weder gegen die Verwendung von Seelöwen zu Jonglieren, noch gegen das Umlegen der Elefanten mit Flaschenzügen — bei ihrer Konstitution — etwas zu einzuwenden.[1449]

c) Neuere Grenzfälle

Im Gegenteil dazu bedurfte die Lösung folgender Fälle doch mehr Mühe:

aa) Nachspiel mit den Tanzbären — und –affen

Das RTierSchG konnte nur die Zurschaustellung, aber nicht das Führen der „Tanzbären“ verbieten, sei gegen Letzteres auch „bereits im Februar 1933 auf dem Verwaltungswege eingeschritten. […] Die Erteilung der ortspolizeilichen Erlaubnis der Vorführung ist davon abhängig zu machen, daß die Tiere pfleglich behandelt und kranke Tiere zur Vorführung nicht benutzt werden.“[1450] Doch nun musste das Reichsinnenministerium zu Kenntnis nehmen,

---

1446 Neupert, *Übertretungsdelikte des RTierSchG*, in: GA, N. F. Bd. 5, 1938, S. 217.

1447 Neupert, *Übertretungsdelikte des RTierSchG*, in: GA, N. F. Bd. 5, 1938, S. 218.

1448 Korn, *Kommentar zum RTierSchG*, 1934, S. 24.

1449 v. Skopnik, *RTierSchG mit Begründung*, 1934, S. 32.

1450 Adolph, *Schutz des Tieres im deutschen Recht*, 1935, S. 25 – 26; gemeint sei Runderlaß des Innenministers v. 13. 2. 1933, in: MBliV V. 33 I, S. 167.

„daß diese Art Schausteller, nachdem das Herumführen von Tanzbären nicht mehr geduldet wurde, die gleichen Bären in enge Gitterkäfige sperrten, sie auf einem Wagen von Haus zu Haus fuhren und bettelten. Statt der Bären werden neuerdings auch Affen an Ketten mitgeführt, die vor den Häusern tanzen müssen, mit und ohne Musikausübung, zum Teil auf Leierkasten. Es ist wiederholt festgestellt worden, daß Haltung, Pflege und Unterbringung dieser Tiere mit den bestehenden Tierschutzbestimmungen unvereinbar sind und in den meisten Fällen recht viel zu wünschen übriglassen. Dasselbe trifft auch auf die sogenannten ‚*Wandermenagerien*' und ‚*wandernden Tierschauen*' mit Löwen, Bären, Hyänen, Wölfen, Schlangen usw. und mit einheimischen Tieren, wie Füchsen, Kaninchen, Vögeln, Hunden, Katzen usw., zu. Es ist wiederholt vorgekommen, daß eine Anzahl kleiner und auch größerer Tierschausteller ihre Tiere hungern ließen, um, auf die Mildtätigkeit der Tierschutzvereine und der Öffentlichkeit rechnend, in mehr oder weniger erpresserischer Form Futter für die Tiere zu sammeln. Da die tierleibende deutsche Bevölkerung sich gebebereit zeigte, kamen solche ‚Unternehmungen' über Winter sogar vom Auslande hierher, um sich bis zum Frühjahr durchfüttern zu lassen; für den Rücktransport wurde dann gleichfalls noch das notwendige Geld erbettelt. [...] Der Reichswirtschaftsminister hat daher zur Beseitigung der Mißstände und zur Einschränkung der ‚Wandermenagerien' die Erteilung von Wandergewerbescheinen für ‚wandernde Tierschauen' von besonderen Bedingungen abhängig gemacht. In einem Runderlaß vom 19. Mai 1938 — III SW 3143/38 —, betr. wandernde Tierschauen, wird weiter angeordnet, daß die Erteilung von Wandergewerbescheinen für die Vorführung von *Hirschen und Rehen* stets zu untersagen ist und daß bei Einreichung von Anträgen [...] für die Vorführung *anderer Tiere* die Vorlage eines *Tierbestandsbuches* zu fordern ist, in dem die Tiere nach Art und Zahl anzugeben sind. Die Tierschauen werden von der Ortspolizei überwacht, der Gesundheitszustand der Tiere wird von dem beamteten Tierarzt geprüft; die Kontroll- und Prüfungsvermerke sind jeweils in das Tierbestandsbuch einzutragen. In den Wandergewerbescheinen sind die im Tierbestandsbuch aufgezeichneten Tiere nach Zahl und Art einzutragen; bei Änderung des Tierbestandes ist der Wandergewerbeschein entsprechend zu berichtigen. Vor Erteilung eines Wandergewerbescheines ist unter Heranziehung des beamteten Tierarztes zu prüfen,

a) ob der Antragsteller die nötigen Voraussetzungen für die Führung eines solchen Betriebs besitzt, insbesondere ob er die notwendigen Kenntnisse über das Wesen und die Lebensbedürfnisse der in Betracht kommenden Tiere hat und ob er wirtschaftlich so gestellt ist, daß er die Tiere ausreichend ernähren kann,

b) ob die Tiere ihrer Eigenart entsprechend in Ställen oder Behältnissen so untergebracht sind, daß ihnen Raum für genügende Bewegung des ganzen Körpers bleibt, und ob die Behälter zum Transport von Tieren von Ort zu Ort — diese dürfen als Daueraufenthalt für die Tiere nicht benutzt werden — so geräumig sein, daß die Tiere sich bequem umdrehen und liegen können."[1451]

1451 Giese / Kahler, *Das deutsche Tierschutzrecht*, 1939, S. 49 – 51.

bb) Zusammenstellung fremder Tierarten

> „In neuerer Zeit ist eine andere Art der Schaustellung, nämlich das *Zeigen von Tieren verschiedener Art* (wie z. B. von Füchsen, Katzen, Kaninchen, Vögeln und anderen Tieren) in einem Gemeinschaftskäfig unter der Bezeichnung von ‚*Tierfreundschaften*', ‚*Tierparadies*' usw. auf Straßen und bei Belustigungen, in Aufnahmen gekommen. [...] Wenn es sich bei diesen Schaustellungen in vielen Fällen auch *nicht um erhebliche körperliche Schmerzen* bei den Tieren handelt, die ein Einschreiten auf Grund des Tierschutzgesetzes rechtfertigen würden, so ist doch zu berücksichtigen, daß manche Tiere sich bei einer solchen Vorführung infolge der ungewöhnlichen Gemeinschaft oder der solche Belustigungen begleitenden äußeren Umstände *in dauerndem Angstzustand* befinden und daß hierin eine Quälerei zu erblicken ist, deren Abstellung die heutige Auffassung über Tierschutz mit Recht fordert. Der Reichswirtschaftsminister hat daraufhin ähnlich wie im Falle der Tanzbären durch Runderlaß betr. Wandergewerbe vom 1. Dezember 1936 — V 25999/36 — Anweisung gegeben, in Zukunft die Erteilung der ortspolizeilichen Genehmigungen gemäß §§ 33 b und 60 Abs. 2 der Gewerbeordnung an die Aussteller von Tieren davon abhängig zu machen, daß *Tiere wesensfremder Art*, wie sie oben angeführt sind, *nicht in einem Gemeinschaftskäfig zusammen zur Ausstellung gelangen,* sondern nach Arten getrennt in Einzelkäfigen untergebracht werden."[1452]

cc) „Hahnenschlag"

Mittlerweile dehnten Giese und Kahler eine Auslegung aus:

> „Zu tierquälerischen Veranstaltungen im Sinne der Nr. 3 gehören auch Tierkämpfe, [...] bei denen das eine Tier seine Überlegenheit gegenüber dem anderen zeigen soll. Hierunter fällt auch der sogenannte ‚Hahnenschlag', der zur Ausgestaltung von Volksbelustigungen bei Abhaltung des Erntedankfestes usw. vereinzelt noch in Brauch sein soll. Der *Reichsstatthalter in Thüringen*[1453] hat durch Erlaß vom 23. November 1936 die Gendarmen- und Polizeibeamten angewiesen, dem sogenannten ‚Hahnenschlag' ihr besonderes Augenmerk zuzuwenden und gegebenfalls gegen die Schuldigen mit aller Schärfe einzuschreiten."[1454]

1452 Giese / Kahler, *Das deutsche Tierschutzrecht*, 1939, S. 48 – 49.

1453 Sauckel, Fritz Ernst Christoph, geb. 27. 10. 1894 in Haßfurt / Main; 5 Jahre Gymnasium, dann Schiffsjunge bei der Norweg. und Schwed. Handelsmarine, 1914 bis 1919 in französischer Internierung; 1923 Eintritt in die NSDAP, 1925 ihr Gaugeschäftsführer in Thüringen, 1927 – 1933 ihr Landtagsabgeordneter ebd., 26. 8. 1932 Innenminister ebd., dann Vorsitzender des Staats- und des Innenministeriums, 5. 5. 1933 Reichsstatthalter von Thüringen; 12. 11. 1933 Reichstagsmitglied; SA-Ehrenobergruppenführer, SS-Obergruppenführer ohne Funktion; 1. 9. 1939 Reichsverteidigungskommissar für den Wehrkreis IX Kassel; 21. 3. 1942 Generalbevollmächtigter für den Arbeitseinsatz; 16. 10. 1946 in Nürnberg hingerichtet. (s. Stockhorst, *5000 Köpfe*, 1967, S. 357.)

1454 Giese / Kahler, *Das deutsche Tierschutzrecht*, 1939, S. 51; Textwiedergabe von Sauckels III E VII 122. 62/36 in: Radtke, *Tierschutz A – Z*, 1942, S. 240 – 241; Heintz, *Tierschutz im Dritten Reich*, 2008, S. 31 – 32.

dd) „Taubenschießen“

Eine weitere „ähnliche Veranstaltung“, die sowohl der o. g. Baron von Lüdinghausen-Wolff[1455] als auch Adolph[1456] verurteilt hatten, entging auch nicht Dr. Fricks Aufmerksamkeit:

> „Mit Runderlaß des Reichsministers des Innern vom 18. Juli 1934 — II 4440 a/7. 7. —, betreffend Tierschutz, ‚Taubenschießen‘, sind die Landesregierungen davon verständigt worden, daß auch das ‚sportliche Taubenschießen‘, sofern dabei lebende Tauben als Ziel benutzt werden, unter den Begriff ‚Veranstaltung‘ in § 2 Nr. 3 des Tierschutzgesetzes fällt und als unnötige tierquälerische Handlung den Vorschriften des Gesetzes widerspricht.“[1457]

ee) Hetzjagd

Was schon Schopenhauer verurteilt hatte,[1458] wurde nun auch endlich untersagt:

> „Ferner ist durch VO. zur Ergänzung des Reichsjagdgesetzes vom 29. Juli 1936 (RGBl. I S. 578) verboten worden, jagdbare Tiere vom Pferde aus hinter der Meute zu hetzen oder zu jagen (sogenannte Parforcejagd).“[1459]

d) Kritik

Nicht zuletzt aufgrund dieser Entwicklungen und Ergänzungen gelangte Neupert zur Ansicht: „§ 2 Abs. (sic! „Ziff.“) 3 bringt eine erhebliche Einschränkung der Dressur,“[1460] auf die die Bestimmung sich hauptsächlich beziehe.[1461] Gleichwohl wollte Wetzel sie noch weiter begrenzen: „M.E. ist sich der Gesetzgeber nicht treu geblieben. Diese Bestimmung ist zu weitherzig. Es darf nicht unberücksichtigt bleiben, daß eine Dressur, die mit Schmerzen, seien es auch nicht gerade erhebliche Schmerzen, verbunden ist, durch nichts gerechtfertigt ist. Wenn in den Ziffern 1 und 2 des § 2 nur eine erhebliche Schmerzzufügung hinreichend ist, um eine Bestrafung schlechthin zu rechtfertigen, so hängt das damit zusammen, daß dort lebenswichtige Interessen des Menschen mit solchen eines Tieres aufeinander treffen. Hier ist die Lage dagegen anders. Bei Abrichtung, Filmaufnahmen usw. kollidieren keine lebenswichtigen Interessen des Menschen mit dem Interesse des Tieres auf ungestörtes, körperliches Wohlbefinden. Darum hätte die Gesetzgebung besser getan, in diesem Fall jede Veranstaltung zu unter-

---

1455 GStA PK Berlin-Dahlem, I. HA Rep. 87 Nr. 20040, Bl. 137 VS.

1456 Vgl. Adolph, *Schutz des Tieres im deutschen Recht*, 1935, S. 26.

1457 Giese / Kahler, *Das deutsche Tierschutzrecht*, 1939, S. 51.

1458 Vgl. Schopenhauer, *Grundlage der Moral*, 1840, N.D. 1977, S. 202.

1459 Giese / Kahler, *Das deutsche Tierschutzrecht*, 1939, S. 51.

1460 Neupert, *Übertretungsdelikte des RTierSchG*, in: GA, N. F. Bd. 5, 1938, S. 217.

1461 v. Skopnik, *RTierSchG mit Begründung*, 1934, S. 32.

sagen, die für das Tier schmerzhaft ist, und nicht nur solche, die erhebliche Schmerzen des Tieres zur Folge haben."[1462]

4. Weiterveräußerung ausgedienter Haustiere

„*§ 2 Verboten ist, [...] 4. ein gebrechliches, krankes, abgetriebenes oder altes Haustier, für das das Weiterleben eine Qual bedeutet, zu einem anderen Zwecke als zur alsbaldigen schmerzlosen Tötung zu veräußern oder zu erwerben;*"

a) Amtliche Begründung

„Die Verwendung gebrechlicher, kranker, abgetriebener oder alter Haustiere, insbesondere von Pferden, die längst das Gnadenbrot oder einen milden Tod verdient hätten, zu schweren Dienstleistungen ist oft beschämend, gefühlverletzend und als eine Quälerei anzusehen. Auch werden solche Pferde nicht selten weiterveräußert. Die Tiere werden von gerissenen Händlern umfrisiert, um sie jünger und frischer erscheinen zu lassen, und dann schnell weiterverkauft. Da die Tiere nicht so leistungsfähig sind, wie sie aussehen, bedeutet dieses Weiterveräußern von Hand zu Hand eine große Quälerei. Gegen solche Vorkommnisse soll das Gesetz einen Schutz gewähren. Man wird sich aber hüten müssen, etwa allgemein die Verwendung alter oder leicht gebrechlicher Tiere als eine strafbare Handlung anzusehen. So kann z. B. ein auf beiden Augen erblindetes, aber sonst gesundes Pferd mit einem anderen Pferd, das gesunde Augen hat, zusammengespannt auf guten Wegen noch sehr wohl Arbeit verrichten. Auch Notfälle können es rechtfertigen, daß solche Tiere zum Dienst herangezogen werden. Ein solcher Notfall liegt z. B. vor, wenn bei drohendem Unwetter die Ernte schleunigst eingefahren werden muß und alle Kräfte hierzu in Dienst gestellt werden müssen. — Ob das Weiterleben und damit meist das Arbeiten eine Qual für das Tier bedeutet, wird in Zweifelsfällen der Sachverständige zu entscheiden haben."[1463]

b) Auslegung

Hierbei wies Wetzel auf die besondere Wortsetzung hin:

aa) „Haustier"

„An dieser Stelle spricht das Gesetz zum ersten Male vom Haustier. Das Gesetz hat sich zum Ziel gesetzt, alle Tiere zu schützen. Wenn es hier nur die Haustiere nennt, so hat das seinen guten Grund darin, daß gerade mit diesen Tieren ein weitgehender Mißbrauch getrieben wird. Andererseits ist der Mensch den Hau-

---

1462 Wetzel, *Tierschutz im Reichsstrafrecht*, 1936, S. 23.

1463 BA Berlin-Li., R 18 Rep. 320 Nr. 589, Bl. 100 – 101; Giese / Kahler, *Das deutsche Reichs-Tierschutzgesetz*, 1934, S. 112; *Das deutsche Tierschutzrecht*, 1939, S. 274 – 275; Giese, 4. A. 1951, S. 294 – 295.

stieren gegenüber, die ihm treu gedient haben, besonders verpflichtet."[1464] An diese Rechtfertigung knüpfte Neuperts Definition an: „Der Begriff des Haustiers ist kein rechtlicher, sondern ein rein tatsächlicher. Es ist ein Tier, das des Nutzens oder des Vergnügens halber durch Zähmung und Züchtung dem menschlichen Haushalt einverleibt ist, und dessen Leben stets unmittelbar in Bezug zum Menschen steht. Das Haustier ist nur eine Unterart des zahmen Tieres und ist zu unterscheiden vom wilden, vom gezähmten und vom zahmen Tier. Pferd, Maultier, Esel, Rind, Schaf, Ziege, Schwein, Hund, Katze und Geflügel gehören dazu, nicht aber in Wohnungen gehaltene Singvögel und Fische."[1465]

bb) „gebrechlich, krank, abgetrieben oder alt"

Zur Beschaffenheit des Haustieres zur Erfüllung des § 2 Z. 4 fuhr Neupert fort: „Gebrechlich ist ein Tier, wenn es einen organischen Fehler hat, der die körperliche Tätigkeit dauernd einschränkt wie Blindheit, Taubheit, Lähmung usw. Krank ist es, wenn eine Störung des Gesundheitsgefühls und der normalen Funktionen des Organismus vorhanden ist, die zwar kürzer oder länger währt, aber in der Regel nicht von Dauer ist. Abgetriebenheit liegt vor, sobald das Tier infolge übermäßiger Arbeitsleistungen ganz oder teilweise arbeitsunfähig ist und daher der Pflege und Erholung bedarf. Schließlich wird man das Tier als alt zu bezeichnen haben, das an die Grenze der normalen Lebenszeit seiner Art gelangt ist und bei dem Alterserscheinungen und das Nachlasen der Kräfte erkennbar geworden sind."[1466]

c) Beweggrund, Betroffene und Bestrafung

Aus praktischen Erfahrungen erkannte von Skopnik: „Ziff. 4 betrifft hauptsächlich den Pferdehandel."[1467] Von deren klagender Notwendigkeit wusste Einhauser zu berichten: „Da der Genuß des Pferdefleisches seit seiner Ächtung mit Einführung des Christentums einem Vorurteil begegnet und das Pferd deshalb nicht

---

1464 Wetzel, *Tierschutz im Reichsstrafrecht*, 1936, S. 23 – 24.

1465 Neupert, *Übertretungsdelikte des RTierSchG*, in: GA, N. F. Bd. 5, 1938, S. 218; auch Definitionen der zum Vergleich herangezogenen Tiergruppierungen blieb er nicht schuldig in dortigen Fn.: „28) ‚Wild' ist ein Tier, wenn es einer Tiergattung angehört, die gewöhnlich menschlicher Herrschaft nicht unterworfen ist. Die wilden Tiere teilen sich wieder in gezähmte und ungezähmte. 29) ‚Gezähmt' ist ein wildes Tier dann, wenn es regelmäßig ab- und zugeht oder ab- und zufliegt und vom Menschen nur physisch beherrscht wird (Staudinger, BGB-Kommentar, 3. Bd., 1. Teil, § 960, S. 543) 30) Das zahme Tier steht normalerweise völlig unter menschlicher Herrschaft (Staudinger, a. a. O., S. 541)."

1466 Neupert, *Übertretungsdelikte des RTierSchG*, in: GA, N. F. Bd. 5, 1938, S. 218 – 219.

1467 v. Skopnik, *RTierSchG mit Begründung*, 1934, S. 33.

in seiner guten Zeit, wenn es noch gesund und vollfleischig ist, als Schlachttier getötet wird, pflegt es, je älter es wird, um so tiefer von Stufe zu Stufe zu sinken, und noch die ausgemergelte Mähre, die vom Schlachthof und von der Fleischverwertung zurückgewiesen werden muß, weil der letzte Fettvorrat, das Knochenmark, in Fluß gekommen ist, wird von geldgierigen Leuten für ein paar Mark verkauft, gekauft, für den Schein zurechtgerichtet, für einen höheren Preis weiterverkauft, um ein Geschäft zu machen, bis noch das letzte Leben aus dem Tier geschunden ist."[1468] Wetzel führte noch weiter: „Infolge der wirtschaftlichen Not wird gegenwärtig so manches Tier […] buchstäblich in den Sielen sterben [ge]lassen. […] Dabei benützen diese Roßtäuscher die üblichen Tricks, um das Tier jünger und kräftiger erscheinen zu lassen, es wird ‚frisiert', die Zähne werden ihm gebrannt. Das Tier erscheint dann einige Tage ‚aufgepulvert', um bald nach dem Verkauf wieder in den alten Zustand zu verfallen."[1469] Adolph ahnte die Folgen: „Die Enttäuschung des Käufers wird sich in den meisten Fällen auf das Pferd entladen."[1470]

Vor diesem Hintergrunde verdeutlichten Giese und Kahler: „Diese Bestimmung richtet sich gegen das verwerfliche Tun von Händlern und Roßschlächtern, die abgetriebene Pferde aufkaufen und dieselben, statt sie zu schlachten, weiterverkaufen oder zu Arbeitsleistungen verwenden oder verwenden lassen; wegen des Transports solcher Tiere vgl. § 2 Nr. 1 des Gesetzes."[1471] Und von Skopnik ergänzte: „Die Ziff. 4 enthält eine leise Mahnung an die Tierhalter, nicht aus egoistischen Gründen ein Tier länger zu halten, als das Leben für das Tier nach seinem Alter und Gesundheitszustand noch erträglich ist, sondern es dann lieber durch einen schnellen schmerzlosen Tod zu erlösen."[1472]

Neupert stellte hierzu fest: „Damit wird das Recht der Euthanasie, das beim Menschen hart umstritten ist, zu einer Pflicht Tieren gegenüber gemacht" mit der Maßgabe, „daß nach der Auffassung des Gesetzgebers hinter dem Interesse am Weiterleben das Interesse des Schutzes vor Qualen zurücktreten muß. […] Die Veräußerung und der Erwerb ist zur alsbaldigen schmerzlosen Tötung erlaubt. Sie ist also auch dann strafbar, wenn die Tötung durch das Verschulden des Erwerbers verzögert wird oder wenn sie nicht schmerzlos erfolgt. Dabei ist jedoch zu bedenken, daß der Veräußerer dann nicht bestraft werden kann, wenn

1468 Einhauser, *Das Tierschutzgesetz*, in: Frank (Hrsg.), *Handbuch*, 1935, S. 908.

1469 Wetzel, *Tierschutz im Reichsstrafrecht*, 1936, S. 24.

1470 Adolph, *Schutz des Tieres im deutschen Recht*, 1935, S. 26.

1471 Giese / Kahler, *Das deutsche Reichs-Tierschutzgesetz*, 1934, S. 37; *Das deutsche Tierschutzrecht*, 1939, S. 52 – 53; Giese, 4. A. 1951, S. 51.

1472 v. Skopnik, *RTierSchG mit Begründung*, 1934, S. 33.

er das Tier im guten Glauben an eine alsbaldige oder schmerzlose Tötung veräußert hat, es sei denn, daß sein Handeln fahrlässig gewesen ist."[1473]

Was alle Kommentatoren vergaßen, war der im Vorfelde des Göring-Erlasses erwähnte Diebstahl von Tieren, die an Vivisektoren weiterveräußert worden seien. Diesem gewerbsmäßigen Betrieb schob nun § 2 Z. 4 RTierSchG auch einen Riegel vor.

d) Nachdrucksetzung in Rechtspolitik und Verwaltung

Doch wie Sommer 1933 machte sich auch Adolph 1935 Sorge um die Wirkung der Strafandrohung: „Da eine Ausführungsbestimmung fehlt, ist die Vorschrift für die Praxis nahezu wertlos. Der Käufer eines solchen Tieres müßte ständig beobachtet werden. Als Ausweg wurde vom Breslauer Tierschutzverein die Zeichnung solcher Pferde angeregt, die eine spätere öffentliche Verwendung unmöglich machte. Der Vorschlag ist bisher nicht berücksichtigt."[1474] Dafür konnten Giese und Kahler den Lauf von Adolphs Anliegen bis 1938 / 39 verzeichnen, wobei gar Sommers Ersatzahndungsvorschlag mit Entzug der Erlaubnis zum Einsatz kam:

> „Der *Thüringische Wirtschaftsminister* hat sich in einem Erlaß vom 9. November 1935 gegen die leider wohl noch vorkommende rücksichtslose *Ausnutzung und Veräußerung gebrechlicher, kranker oder alter Haustiere*, insbesondere Pferde, ausgesprochen. […] Besonders verwerflich und für den Mangel an Pflichtgefühl und Gerechtigkeitssinn gegenüber dem Tiere bezeichnend ist es, wenn solche Pferde ausdrücklich zum Zwecke der schmerzlosen Tötung (Schlachtung) veräußert, vom Erwerber aber wieder zur Verwendung als Arbeitspferde abgegeben werden. Diese Personen hat die volle Strenge des Gesetzes zu treffen, damit ihnen Achtung vor dem lebenden, empfindenden Geschöpf und vor dem Willen des Gesetzes eingeflößt

---

1473 Neupert, *Übertretungsdelikte des RTierSchG*, in: GA, N. F. Bd. 5, 1938, S. 219; an der ausgelassenen Stelle steht: „Das Weiterleben eines solchen Tieres wird durch kein vernünftiges, berechtigtes Zweckmotiv gerechtfertigt. Es wird also die Unterlassung des rechtzeitigen Tötens eines kranken, gebrechlichen der alten Tieres, dem das Weiterleben eine Qual bedeutet, zur tierquälerischen Handlung und unter Umständen sogar nach § 9 Abs. 1 strafbar." Allerdings schein diese Ansicht eher nur auf den schlimmeren Fall zuzutreffen statt aufs Allgemeine, besonders weil sowohl die amtliche Begründung als auch der quasi-amtliche Kommentar von Giese und Kahler auf das verdiente „Gnadenbrot" des ausgedienten Tieres hinwiesen. Nicht zuletzt war der von Wetzel angesprochene Wirtschaftsnot bis 1938 längst überwunden worden, infolgedessen eine Sterbehilfe zugunsten Sparsamkeit auch moralisch nicht mehr geboten wäre. Also müsste es dem Wunsch — wenn nicht Willen — des Gesetzgebers besser entsprochen haben, die ausgedienten Tiere in Ruhe mit „Gnadenbrot" bis in ihre ewige Ruhe zu besorgen.

1474 Adolph, *Schutz des Tieres im deutschen Recht*, 1935, S. 26.

wird. Die Viehversicherungsvereine, die Pferdehändler und Pferdeschlächter, die Bauern und Landwirte sind auf die Vorschrift in § 2 Nr. 4 des Tierschutzgesetzes besonders aufmerksam zu machen und die Polizei ist anzuweisen, beim Vorliegen des Tatbestandes unnachsichtlich gegen die Schuldigen einzuschreiten. Der *Reichsminister des Innern* hat diesen Erlaß unter dem 3. Dezember 1935 — IV Vet. 9760/35 — den Regierungen der übrigen deutschen Länder zur Beachtung empfohlen. Der *Reichsnährstand* hat es auf Anregung des Reichstierschutzbundes neuerdings übernommen, über die Reichsinnung und Reichsfachschaft usw. auf die Pferdehändler, Roßschlächter, Bauern, Landwirte und Pferdebesitzer in diesem Sinne einzuwirken (besondere Verpflichtung, besondere Benachrichtigung beim Verkauf, Androhung der Zurücknahme der Handelserlaubnis u. a. m.)“[1475]

Dr. Mathieu, der sich u. a. 1932 zum Pelztierschutz geäußert hatte (s. o.) und mittlerweile zum Oberstabsveterinär befördert worden war, wies noch auf eine *Anordnung des Reichsbauernführers* vom 30. Januar 1939 *betreffend Verhinderung des Kettenhandels mit Schlachtpferden* hin,[1476] deren Wortlaut mangels weiterer Quellenangabe hier leider nicht mehr vermittelt werden kann.

5. Aussetzung eigener Haustiere

„§ 2 Verboten ist, […] 5. ein eigenes Haustier auszusetzen, um sich des Tieres zu entledigen;“

a) Amtliche Begründung

„Manche Tierbesitzer suchen sich ihrer Tiere, die sie aus irgendeinem Grunde nicht mehr behalten wollen, dadurch zu entledigen, daß sie diese aus dem Hause auf die Straße jagen oder in fremden Häusern, in Wald, Feld usw. aussetzen. Haustiere (Hunde, Katzen usw.) sind auf den Menschen angewiesen. Durch das Aussetzen sind diese Tiere oft Verhungern preisgegeben, wenn sie nicht einen mitleidigen Menschen finden. Das Aussetzen von Haustieren ist daher als eine grausame Handlung anzusehen und unter Strafe zu stellen.“[1477]

b) Auslegung

Dadurch war noch nicht erklärt, welche Taten als „Aussetzen“ anzusehen seien.

1475 Giese / Kahler, *Das deutsche Tierschutzrecht*, 1939, S. 53.

1476 Storch† / Mathieu, *Tierschutz-Taschenbuch*, 4. A., 1941, S. 24, 87 (Ziffer 40).

1477 BA Berlin-Li., R 18 Rep. 320 Nr. 589, Bl. 101; Giese / Kahler, *Das deutsche Reichs-Tierschutzgesetz*, 1934, S. 112 – 113; *Das deutsche Tierschutzrecht*, 1939, S. 275; Giese, 4. A. 1951, S. 295.

aa) „aussetzen“

Ein solches lag eindeutig vor, wenn jemand „das Tier aus der bisherigen Umgebung fortbringt und in eine Lage versetzt, in der es, falls nicht ein rettender Zufall eintritt, an Leben und Gesundheit gefährdet ist.“[1478] Gewöhnlich geschehe das durch ein Ausstoßen aus dem Hausverband,[1479] aber auch ein Verlassen in hilfloser Lage mit Entledigungsabsicht, z. B. Zurücklassung von Haustieren gelegentlich eines Wegzuges.[1480] Es komme nämlich auf den Zustand an, „der menschlicher Voraussicht nach eine Schmerzempfindung des dauernden Schadens und einen allmählichen qualvollen Tod (Hungertod) zur Folge haben kann.“[1481] Doch weil „durch die verbotene Handlung das körperliche Wohlbefinden des Tieres zunächst noch nicht gestört wird“[1482], gehe es „in Ziff. 5 demnach nicht um einen Tatbestand des Erfolgsstrafrechts, sondern um einen solchen des Willensstrafrechts; bestraft wird die Gesinnung des Täters, durch die das Leben des Tieres gefährdet wird.“[1483]

bb) „eigenes Haustier“

Als „Haustier“ (s. Z. 4) galten im hiesigen Zusammenhang „auch [...] zugelaufene Haustiere, die der zuständigen Polizeibehörde als Fundsache angemeldet oder übergeben werden müssen.“[1484] Dadurch gelangte Einhauser zur Einsicht: „Die Vorschrift bedroht nicht nur den Eigentümer, sondern auch den, der das Tier in seiner Gewalt hat.“[1485] Die Hebel dafür sah Sommer im Begriff „eigen“, der nicht im Sinne des zivilrechtlichen Eigentums aufzufassen sei, denn ein Dieb, der das gestohlene Tier aussetzt, oder ein Pfleger, der zum Sparen von Pflegegeld das Tier loswerden will, handele kaum weniger schädlich als im gleichen Falle des Eigentümers.[1486] „Bestraft werden soll die Tierquälerei, und die ist in allen diesen Fällen die gleiche. Die Quälerei wurde begangen durch die Inhaber

1478 Korn, *Kommentar zum RTierSchG*, 1934, S. 24; v. Skopnik, *RTierSchG mit Begründung*, 1934, S. 34; Giese / Kahler, *Das deutsche Reichs-Tierschutzgesetz*, 1934, S. 38; Wetzel, *Tierschutz im Reichsstrafrecht*, 1936, S. 24; *Neupert, Übertretungsdelikte des RTierSchG*, in: GA, N. F. Bd. 5, 1938, S. 219.

1479 Wetzel, *Tierschutz im Reichsstrafrecht*, 1936, S. 24.

1480 Schmid-Lindner, *Fragen des StR-AT zum TierSchR*, 1941, S. 30 – 31; Giese / Kahler, *Das deutsche Tierschutzrecht*, 1939, S. 54.

1481 v. Skopnik, *RTierSchG mit Begründung*, 1934, S. 34.

1482 Korn, *Kommentar zum RTierSchG*, 1934, S. 24.

1483 Neupert, *Übertretungsdelikte des RTierSchG*, in: GA, N. F. Bd. 5, 1938, S. 220.

1484 Giese / Kahler, *Das deutsche Reichs-Tierschutzgesetz*, 1934, S. 38; *Das deutsche Tierschutzrecht*, 1939, S. 54; Giese, 4. A. 1951, S. 53.

1485 Einhauser, *Das Tierschutzgesetz*, in: Frank (Hrsg.), *Handbuch*, 1935, S. 908.

1486 Sommer, *Die Aussetzung hilfloser Tiere als Tierquälerei*, in: *Berliner Tierärztliche Wochenschrift*, 1935, S. 27.

der tatsächlichen Gewalt, durch die Tierhalter. Dieser Begriff […] deckt jeden Fall und bietet die einzig mögliche dem Sinn des Tierschutzgesetzes entsprechende Auslegung."[1487] Diese Weiterleitung von Adolph mündete ebenso in Lorz' Ausführung bei § 2 Z. 1, wie in Neuperts Rückschluss, „daß hier […] eine rechtliche Verpflichtung zu Schutz und Fürsorge mit dem Tatbestand verbunden und Voraussetzung des Delikts ist."[1488] Doch Letzterer verstand auch für die nicht „eigenen" Tiere Schutz zu suchen: „die Aussetzung eines fremden Haustieres oder die eines wilden Tieres in einer Gegend, in der für das Tier keine Lebensbedingungen vorhanden sind, fällt nicht unter § 2 Ziff. 5, sondern kann nur als Tierquälerei nach § 9 Abs. 1 strafrechtlich verfolgt werden."[1489] Noch weiter gingen Storch und Mathieu, und wiesen Beamte darauf hin: „Hauswirten, die offensichtlich aus Schikane die Tierhaltung, besonders die Hundehaltung, plötzlich den Mietern verbieten, ist klarzumachen, daß sie dadurch dem Sinne der Volksgemeinschaft zuwiderhandelt, Gefühlswerte vernichten und dem Diebsgesindel Helferdienste leisten."[1490]

cc) „um sich des Tieres zu entledigen"

An dieser Stelle entstand allerdings eine Spannungsbeziehung zwischen Gesetzgebung und Beweisführung, denn einerseits „wird die Strafbarkeit der tierischen Aussetzung abhängig gemacht von der Absicht, […] das Verhältnis zum Tier zu lösen,"[1491] andererseits sei das Aussetzen, „wenn es vorsätzlich geschieht, zweifellos als eine grausame tierquälerische Handlung anzusehen und nach § 1 strafbar."[1492] Nur dort, „Wo vorsätzliches Handeln nicht erweislich ist, greift § 2 Ziff. 5, in Verbindung mit § 9 III, ein."[1493] Diese Gesetzeskonkurrenz zugunsten der härteren §§ 1, 9 Abs. 1 zu entscheiden, erschien Neupert zwangsläufig: „Die Straffolge des § 2 Ziff. 5 kann nur eintreten, wenn das Tier durch die Aussetzung nicht vorsätzlich unnötig gequält oder roh mißhandelt worden ist, da andernfalls das Gefährdungsverbrechen durch das Verletzungsverbrechen konsumiert würde."[1494]

Angesichts dieser einschneidenden Strafmöglichkeit mussten sich Giese und Kahler wieder bemühen, die tierhaltende Bevölkerung vor übertriebenem Tier-

1487 Adolph, *Schutz des Tieres im deutschen Recht*, 1935, S. 26.
1488 Neupert, *Übertretungsdelikte des RTierSchG*, in: GA, N. F. Bd. 5, 1938, S. 220.
1489 Neupert, *Übertretungsdelikte des RTierSchG*, in: GA, N. F. Bd. 5, 1938, S. 219.
1490 Storch† / Mathieu, *Tierschutz-Taschenbuch*, 4. A., 1941, S. 34.
1491 Neupert, *Übertretungsdelikte des RTierSchG*, in: GA, N. F. Bd. 5, 1938, S. 219.
1492 Giese / Kahler, *Das deutsche Reichs-Tierschutzgesetz*, 1934, S. 38; *Das deutsche Tierschutzrecht*, 1939, S. 54; Giese, 4. A. 1951, S. 53.
1493 Wetzel, *Tierschutz im Reichsstrafrecht*, 1936, S. 24.
1494 Neupert, *Übertretungsdelikte des RTierSchG*, in: GA, N. F. Bd. 5, 1938, S. 220.

schutz zu bewahren: „Wenn es sich um Tiere handelt, die vorher in der freien Natur leben (Vögel, Eichhörnchen, zugelaufene oder im Haus großgezogene Rehe u. a.), wird nichts dagegen einzuwenden sein, wenn ihnen die Freiheit wiedergegeben wird, insbesondere wenn dies in einer Jahreszeit geschieht, in der sie sich selbst ernähren können."[1495]

c) Außergesetzliche Hilfsmaßnahmen

Waren Tiere trotz aller Gesetze doch noch in Not geraten, dann gab es auch ein „Auffanglager" für sie.

aa) Tierheim

Zu dessen amtlicher Förderung rief das Reichsinnenministerium auf:

> „Viele größere Tierschutzvereine besitzen und unterhalten zur Unterbringung ausgesetzter, herrenloser, verirrter, obdachloser Tiere sogenannte *Tierheime*; auch verschiedene Stadtgemeinden haben solche Unterkunftsräume entweder selbst errichtet oder unterstützen sie, einzelne Stadtverwaltung stellen für die Unterhaltung oder Unterstützung der Tierheime alljährlich in dem Haushaltsplan Geldmittel bereit. Leider ist festzustellen, daß an den meisten Orten überhaupt noch keine geeigneten Unterkunftsräume für ausgesetzte, verlorengegangene, zugelaufene, im Straßenverkehr verunglückte oder dem Besitzer auf Grund der §§ 10 und 11 des Tierschutzgesetzes fortgenommene Tiere oder für nach § 16 der Naturschutzverordnung vom 18. März 1936 gefangene Katzen oder auch für Tiere von erkrankten Besitzern vorhanden sind. Die Tierschutzvereine, die auf dem freiwilligen Beitritt von Mitgliedern aufgebaute Organisationen sind, sind nicht in der Lage, die Mittel für die Errichtung von Tierheimen allein aufzubringen. Hier ist es Pflicht in erster Linie der Städte und Gemeinden, ferner der Polizei und des Staates, helfend einzugreifen. In Anbetracht des dringenden Bedürfnisses nach Erstellung von Tierheimen ist zu hoffen, daß alle beteiligten Stellen sich an der Förderung des Baues und der Unterhaltung sowie der Ausgestaltung von Tierheimen nach Kräften beteiligen werden. Das ist eine Forderung der Ethik, der Hygiene und der Kultur."[1496]

bb) Vorbeugung übermäßiger Katzenvermehrung

Um dem Elend der „Straßentiere" ein Ende zu setzen, war grundlegend und nachhaltig Abhilfe zu schaffen:

> „Es gibt zu viele Katzen, viele überflüssige und viele schlecht gehaltene Katzen. Die Katzenbesitzer müssen während der Wurfzeiten der Katze angehalten werden, der alten Katze nur so viele Junge zu belassen, als später nötig sind oder mit Bestimmtheit in gute Hände abgegeben werden können. Alle übrigen Jungkatzen sind in den ersten Tagen nach der Geburt zu töten, was am besten durch den nächsten

---

1495 Giese / Kahler, *Das deutsche Tierschutzrecht*, 1939, S. 54.

1496 Giese / Kahler, *Das deutsche Tierschutzrecht*, 1939, S. 54 – 55.

Tierschutzverein unter Anwendung von Giftgas, durch Zertrümmerung des Schädels oder durch andere sichere Mittel — aber nicht durch Ertränken! — geschieht. Besitzer von Katern, die nicht zur Zucht benutzt werden sollen, sollten diese in im Alter von einigen Monaten von einem Tierarzt kastrieren lassen. Hier ist ein wichtiges und dankbares Arbeitsfeld für die Tierschutzvereine, belehrend und sorgend diese Frage zu meistern."[1497]

6. Schärfeprüfung an lebenden Tieren (Katzenwürgen)

„§ 2 Verboten ist, […] 6. Hunde auf Schärfe an lebende Katzen, Füchsen oder an anderen Tieren abzurichten oder zu prüfen;"

a) Amtliche Begründung

„Die von Jägern und Hundezüchtern häufig vorgenommene Abrichtung und Prüfung der Hunde auf Raubtierschärfe an lebenden Katzen, Füchsen usw. ist als gröbliche Mißhandlung anzusehen und deshalb bereits in manchen deutschen Ländern verboten worden. Durch das vorliegende Gesetz wird dieses Verbot nunmehr für das ganze Reichsgebiet aufgestellt. Um die Raubtierschärfe eines Jagdhundes zu ermitteln, werden interessierte Kreise andere Wege als bisher beschreiten müssen."[1498]

b) Auslegung

Dieses Verbot, um das unter Weidmannkreise und Laienbevölkerung längst scharf gestritten worden war, unterzog allein Neupert einer dogmatischen Untersuchung:

aa) Tatbestandsmerkmale

„Die Handlung des § 2 Ziff. 6 kann bestehen in einem Abrichten, d. h. der gehörigen Herrichtung der Hunde zu weidmännischen Zwecken, oder in einem Prüfen von Hunden auf Schärfe. Als Prüfung wird die Tätigkeit anzusehen sein, die darauf abzielt, den Grad der Schärfe eines Hundes festzustellen. Die Schärfe eines Hundes ist der Grad seiner Reaktionsfähigkeit gegenüber Menschen und anderen Tieren, denen gegenüber er entweder mit anerzogenen oder mit natürlichen, aus seinem angeborenen Instinkt oder seinen sonstigen ererbten psychischen und physischen Anlagen erwachsenen Triebbewegungen reagiert. Die Hunde sind hier in der Hand des Täters das Werkzeug, mit dem dieser den strafbaren Erfolg verwirklicht. Sie sind nicht das Tatobjekt, an dem sich das Delikt tatbestandsmäßig vollzieht. Vielmehr sind Tatobjekt allein die Katzen, Füchse

1497 Giese / Kahler, *Das deutsche Tierschutzrecht*, 1939, S. 55.

1498 BA Berlin-Li., R 18 Rep. 320 Nr. 589, Bl. 101; Giese / Kahler, *Das deutsche Reichs-Tierschutzgesetz*, 1934, S. 113; *Das deutsche Tierschutzrecht*, 1939, S. 275; Giese, 4. A. 1951, S. 295.

und anderen Tiere, die das Mittel zur Feststellung oder Anerziehung des Schärfegrades sind."[1499]

bb) Interessenabwägung

Auch seine Mitkommentatoren begrüßten die nunmehr durch § 2 Z. 6 erfolgte „große Wandlung in die Abrichtungs- und Prüfungsmöglichkeiten der Hundedressur."[1500] Noch heftig verurteilte Einhauser: „Die Schärfeprüfung bedeutet für die gehetzten Tiere, denen vorher ihre Verteidigungswaffen verstümmelt werden, ein grausames Zutodequälen. Auf die Einwände mancher Jagdkreise, sie lasse sich nicht entbehren, konnte keine Rücksicht genommen werden."[1501] Dieser Standpunkt entsprach weitgehend Fricks Vorentscheidung vom 8. Juli 1933 (s. o.), deren Überlegung seine Ministerialräte jetzt bekanntgaben: „Wenn auch gewisse Vorteile, die sich für den Tierschutz und die Hege des Wildes aus der Verwendung scharfer Gebrauchshunde ergeben, keineswegs verkannt werden sollen, so ist doch unbestreitbare Tatsache, daß die in Verbindung mit Hundeschauen und Prämiierungen vorgenommenen Schärfeprüfungen wegen der dabei häufig beobachteten schweren Tierquälereien, die auch von einsichtigen Jagd- und Hundeliebhabern zugegeben und verurteilt werden, in weiten Kreisen der Bevölkerung Unwillen hervorrufen; das Volk lehnt solche Tierkämpfe ab, zumal sie nicht unter natürlichen Verhältnissen ausgetragen werden, sondern unter Bedingungen, die häufig für die als Versuchstiere dienenden Katzen künstlich ungünstiger gestaltet werden. Dieser Auffassung des Volkes hat der Gesetzgeber Rechnung getragen"[1502], und von Skopnik stellte erfreut fest: „Ziff. 6 räumt endlich grundsätzlich im ganzen Reich mit dem Katzenwürgen auf."[1503]

c) Ausgleich durch „andere Wege als bisher"

Gleichwohl musste Adolph noch 1935 verzeichnen: „Das Verbot der Schärfeprüfung an lebenden Tieren wird heute bekämpft, weil die deutsche Gebrauchs-

---

1499 Neupert, *Übertretungsdelikte des RTierSchG*, in: GA, N. F. Bd. 5, 1938, S. 220.

1500 Neupert, *Übertretungsdelikte des RTierSchG*, in: GA, N. F. Bd. 5, 1938, S. 220.

1501 Einhauser, *Das Tierschutzgesetz*, in: Frank (Hrsg.), *Handbuch*, 1935, S. 908.

1502 Giese / Kahler, *Das deutsche Reichs-Tierschutzgesetz*, 1934, S. 39.

1503 v. Skopnik, *RTierSchG mit Begründung*, 1934, S. 35; wohlgemerkt meinte er mit „grundsätzlich" keine Andeutung auf etwaige Ausnahmen, sondern im Vergleich zur bisherigen Zweispaltung: „Einzelne Länder des Reiches hatten schon vor dem Gesetz das Hetzen von Hunden zu Schärfeprüfungen auf lebende Tiere (...) verboten, gleichgültig ob Tierquälerei damit verbunden war oder nicht. Einzelner Länder hatten nur die Schärfeprüfungen verboten, wenn damit Tierquälereien verbunden waren (nach dem damals gültigen Gesetz)."

hundezucht darunter leidet."[1504] Giese und Kahler konnten dabei auf folgende Möglichkeit hinweisen:

> „In Deutschland bestehen Zuchten, deren Tiere seit Jahren auf ihre Leistungen geprüft worden sind. An Hand der Zuchtbücher lassen sich zweifellos Hundefamilien finden, in denen die von den Jägern verlangten Eigenschaften der Hunde regelmäßig oder mit großer Sicherheit vererbt werden. Durch planmäßige Weiterzucht auf diesen Grundlagen werden sich mit größerer Sicherheit scharfe Hunde erzielen lassen als durch die Verwendung von Tieren zur Zucht, die zwar bei einer Prüfung Schärfe auf Raubzeug erwiesen haben, bei denen aber die Leistungen der Vorfahren nicht bekannt sind."[1505]

Adolphs Meinung: „Nach dem entscheidenden Ton der amtlichen Begründung zu Ziff. 6 ist mit der Aufhebung des Verbots nicht zu rechnen"[1506], bestätigten beide Verfasser 1938 / 39 noch mit der Hinzufügung:

> „Im übrigen lehrt die Erfahrung, daß Hunde, die bei Prüfungen jede Katze annehmen, nicht immer auch in freier Wildbahn das Raubwild überwältigen oder weidwundes Großwild durch Zerbeißen der Drossel (in beiden Fällen selbständig!) töten. In den Gebrauchshundevorschriften muß wieder mehr als bisher die uralte Schweißhundsuche gepflegt und in der Zucht durch entsprechende Auslese und Ausmerze berücksichtigt werden. Hierfür dient ausschließlich die Arbeit auf künstlicher Schweißfährte. Wild absichtlich weidwund zu schießen, um lebenswahre Prüfungsbedingungen zu schaffen, ist unstatthaft."[1507]

Für Vertreter des Jagdsports und Weidwerks, die es eilig hatten, gab es aber auch eine Lösung:

> „Von dem (ehemaligen) Leiter der Staatlichen Zucht- und Abrichteanstalt für Polizeihunde in Grünheide, (Polizei-Oberstveterinär a. D.) Dr. *Hansmann*, ist hierzu unter Hinweis auf ein Parallelgebiet, die Prüfung der Polizeigebrauchshunde auf Mannschärfe, die sich ebenfalls nicht am lebenden Naturobjekt durchführen läßt, ein sehr beachtlicher Vorschlag gemacht worden, daß nämlich die Prüfung der Jagdgebrauchshunde am ‚Phantom' vorgenommen werden müsse. Wie bei den Polizeihunden sollte es damit möglich sein, auch bei den Jagdhunden die angeborene Schärfe in den Zuchtstämmen zu erhalten und durch rücksichtsloses ausmerzen der wesensschwachen Tiere zu steigern, wenn gleichzeitig die Erfahrungen in der Praxis dauernd kontrolliert und berücksichtigt werden."[1508]

1504 Adolph, *Schutz des Tieres im deutschen Recht*, 1935, S. 27.

1505 Giese / Kahler, *Das deutsche Reichs-Tierschutzgesetz*, 1934, S. 40; *Das deutsche Tierschutzrecht*, 1939, S. 56.

1506 Adolph, *Schutz des Tieres im deutschen Recht*, 1935, S. 28.

1507 Giese / Kahler, *Das deutsche Tierschutzrecht*, 1939, S. 57.

1508 Giese / Kahler, *Das deutsche Reichs-Tierschutzgesetz*, 1934, S. 40; *Das deutsche Tierschutzrecht*, 1939, S. 57 – 58; Giese, 4. A. 1951, S. 57 – 58; die Wörter in Klammern erschienen erst in der 2. A.

7. Kupieren von Hunden

„§ 2 Verboten ist, […] 7. einem über zwei Wochen alten Hund die Ohren oder den Schwanz zu kürzen. Das Kürzen ist zulässig, wenn es unter Betäubung vorgenommen wird;“

a) Amtliche Begründung

„Es besteht keine Veranlassung, das Stutzen der Ohren und das Kürzen der Schwänze der Hunde ausnahmslos zu verbieten; denn besondere Nachteile erwachsen den Hunden durch die genannten Eingriffe nicht. Oft werden die Eingriffe in frühester Jugend vorgenommen und bereiten dann kaum Schmerzen. Es wird als ausreichend angesehen, das Kürzen der Ohre und des Schwanzes bei Tieren, die älter sind als 2 Wochen, zu verbieten und bei älteren Tieren die Vornahme dieser Eingriffe zur Ersparung von Schmerzen nur nach vorheriger Betäubung zuzulassen. Zweckmäßig wird man sich hierfür eines Tierarztes bedienen.“[1509]

b) Zusammenhang mit Z. 8 und 9

§ 2 Z. 7 – 9 RTierSchG bildeten einen Block über die Vornahme schmerzhafter Eingriffe an Tieren. Neupert erblickte in Z. 9 S. 1 die Grundbestimmung dafür, während Z. 7, 8 und Z. 9 S. 2 verschiedene Fälle behandelten.[1510] Die Gemeinsamkeit ihrer Tathandlungen erfuhr vorwegnehmend die Auslegung:

„Voraussetzung für die Erfüllung des Tatbestandes und damit für den Eintritt der Straffolge aus § 9 Abs. 3 Ziffer 1 RTG. ist die Vornahme eines schmerzhaften Eingriffes. Es muß sich um einen Eingriff handeln, d. h. um die Veränderung eines bestehenden Zustandes der tierischen Körperverfassung durch ein menschliches Tun, also um eine Verletzung der tierischen Körperintegrität. Das Mittel, durch das diese Verletzung verursacht wird, hat dabei keinerlei Bedeutung, es muß nicht notwendigerweise mechanischer operativer Art, sondern kann chemisch, thermisch, elektrisch sein. Ferner spielt der Zweck, der mit dem Eingriff erreicht werden soll, für die Strafbarkeit der menschlichen Tätigkeit ebensowenig eine Rolle wie das Verhältnis, in dem die Schwere des Eingriffes zur Schwere des Schmerzes steht. Nötig ist nur, daß der Eingriff ein schmerzhafter ist; durch ihn muß das Tier vermittels seines besonderen Nervenapparates ein von einem intensiven Unlustgefühl begleitetes Empfinden erlebt haben, das wir als Schmerz bezeichnen.

Dieser schmerzhafte Eingriff ist dann verboten, wenn er in unsachgemäßer Weise oder ohne vorherige Betäubung vorgenommen wird. In sachgemäßer Weise wird der Eingriff immer dann vorgenommen worden sein, wenn der Behandelnde

---

1509 BA Berlin-Li., R 18 Rep. 320 Nr. 589, Bl. 101 – 102; Giese / Kahler, *Das deutsche Reichs-Tierschutzgesetz*, 1934, S. 113; *Das deutsche Tierschutzrecht*, 1939, S. 275 – 276; Giese, 4. A. 1951, S. 296.

1510 Vgl. Neupert, *Übertretungsdelikte des RTierSchG*, in: GA, N. F. Bd. 5, 1938, S. 302 und 301.

die nötige Fachkenntnis besitzt und alle Vorschriften einer modernen Tierbehandlung (Vorbehandlung, Nachbehandlung, Wahl der Instrumente, der Hilfskräfte und Hilfsmittel) beachtet hat. Damit wird die Laienbehandlung der Tiere nach dem Willen des Gesetzgebers auf ein geringes Maß beschränkt. Mit der weiteren Bestimmung, daß schmerzhafte Eingriffe in tierische Körper nur unter Betäubung stattfinden dürfen, soll wie beim Menschen die größtmögliche Ausschaltung jeder Schmerzempfindung erreicht werden."[1511]

Hierzu erging die:

„Erste Verordnung zur Ausführung des Tierschutzgesetzes
Vom 20. Juni 1934.

Auf Grund des § 14 des Tierschutzgesetzes vom 24. November 1933 (Reichsgesetzbl. I S. 987) wird hiermit verordnet:

§ 1

(1) Es ist verboten, zur Betäubung von Tieren elektrische Apparate oder Verfahren zu verwenden, es sei denn, daß es sich um eine Schlachtung oder Tötung handelt.

(2) Der Reichsminister des Innern kann für die praktische Erprobung von elektrischen Apparaten und Verfahren Ausnahmen zulassen. Ist nach dem Ergebnis wissenschaftlicher Forschung und praktischer Erprobung eine ausreichende, die Gesundheit der Tiere nicht schädigende Betäubung gewährleistet, so können diese Apparate oder Verfahren abweichend von dem Verbot des Abs. 1 vom dem Reichsminister des Innern für die Vornahme von Betäubung zugelassen werden.

(3) Die Zulassung von Apparaten oder Verfahren gemäß Abs. 2 Satz 2 wird im Reichsministerialblatt bekanntgegeben.

§ 2

Betäubungen zur Vornahme schmerzhafter Eingriffe im Sinne des § 2 des Tierschutzgesetzes dürfen nur von einem approbierten Tierarzt ausgeführt werden.

§ 3

Diese Verordnung tritt am 1. Juli 1934 in Kraft.

Berlin, den 20. Juni 1934

Der Reichsminister des Innern
In Vertretung
Pfundtner"[1512]

Auf dieser Grundlage führte Neupert fort: „Insoweit ist also jede Laienbehandlung ausgeschaltet und die Betäubung, die nicht durch einen Tierarzt erfolgt, ist allein schon nach § 9 Abs. 3 Nr. [1] RTG. ein strafbarer Tatbestand. Die Wahl des Betäubungsverfahrens bleibt der Sachkenntnis des Behandelnden überlassen,

1511 Neupert, *Übertretungsdelikte des RTierSchG*, in: GA, N. F. Bd. 5, 1938, S. 301.
1512 RGBl. I, S. 516.

der bei regelwidriger Durchführung der Betäubung sich einer unsachgemäßen Tierbehandlung schuldig machen kann."[1513]

c) Auslegung

Das Stutzen der Ohren und das Kürzen der Schwänze bei Hunden nenne man *Kupieren*, was man finde „bei Terriers, Schnauzern, Dobermännern, Pinschern. Doggen und Wolfshund tragen nur die Ohren gekürzt, Jagdhunde oft den Schwanz."[1514] Trotz seiner Ächtung durch weitgehende Tierschützer[1515] hatte der Gesetzgeber „davon abgesehen, ein *absolutes* Verbot zu erlassen, er hat es als ausreichend angesehen, das Kürzen der Ohren und des Schwanzes bei Hunden, die älter sind als zwei Wochen, zu verbieten bezw. die Vornahme dieser Eingriffe zur Ersparung der Schmerzen von vorheriger Betäubung abhängig zu machen. [...] Meist werden die Eingriffe in frühster Jugend vorgenommen und bereiten dann wohl kaum Schmerzen. Das Kürzen der Ohren und des Schwanzes entspringt im wesentlichen einer *Modelaune*; dem Hunde erwachsen im allgemeinen dadurch keine besonderen Nachteile. Manchmal liegt das Kürzen des Schwanzes sogar im Interesse des Tieres, z. B. bei Verletzungen der Rute, die besonders bei Jagdhunden häufig vorkommen, zur Vermeidung und Heilung der schmerzhaften ‚Ohrräude', von Schweifgeschwüren usw. [...] Durch die Vorschrift, daß Eingriffe bei Hunden über zwei Wochen unter Betäubung vorzunehmen sind, fällt das quälerische Moment fort."[1516] Insofern stellte Neupert fest: „Eine aus Modelaune erfolgte Kupierung neugeborener bis zu zwei Wochen alter Hunde durch Laien bleibt ebenso straffrei wie die zum Schutze und zur Erhaltung des tierischen Wohlbefindens notwendigen, von Tierärzten ausgeführten blutigen oder unblutigen Eingriffe."[1517]

8. Kupieren von Pferden

> *„§ 2 Verboten ist, [...] 8. einem Pferd die Schweifrübe zu kürzen (kupieren). Das Kürzen ist zulässig, wenn es zur Behebung einer Untugend oder einer Erkrankung der Schweifrübe durch einen Tierarzt unter Betäubung vorgenommen wird;"*

1513 Neupert, *Übertretungsdelikte des RTierSchG*, in: GA, N. F. Bd. 5, 1938, S. 302.

1514 Wetzel, *Tierschutz im Reichsstrafrecht*, 1936, S. 25.

1515 Vgl. Einhauser, *Das Tierschutzgesetz*, in: Frank (Hrsg.), *Handbuch*, 1935, S. 908 – 909.

1516 Giese / Kahler, *Das deutsche Reichs-Tierschutzgesetz*, 1934, S. 41; *Das deutsche Tierschutzrecht*, 1939, S. 58; Giese, 4. A. 1951, S. 58.

1517 Neupert, *Übertretungsdelikte des RTierSchG*, in: GA, N. F. Bd. 5, 1938, S. 302.

a) Amtliche Begründung

„Bezüglich des Kürzens der Schweifrübe der Pferde mußte weiter gegangen werden als bei den Hunden; denn das Kürzen der Schweifrübe der Pferde (Kupieren), das häufig erst im Alter von 3 – 4 Jahren ausgeführt wird, ist, abgesehen von den Schmerzen, die das Kupieren besonders durch Nichtsachverständige bereitet, hauptsächlich aus dem Grund eine Quälerei, weil dadurch die Pferde für ihr ganzes Leben einer wichtigen Abwehrwaffe gegen Fliegen usw. beraubt werden. Es erschien deshalb vertretbar, das Kürzen der Schweifrübe nur in besonderen Fällen und auch dann nur nach vorangegangener Betäubung durch einen Tierarzt zuzulassen.

Da ein mit sofortiger Wirkung erlassenes Kupierverbot indessen für die Tierzüchter mit Schwierigkeiten verbunden gewesen wäre, mußte vorgesehen werden, das Kupierverbot im Einvernehmen mit dem Reichsminister für Ernährung und Landwirtschaft erst zu einem späteren Zeitpunkt in Kraft treten zu lassen. Dadurch soll auch den interessierten Kreisen Zeit gegeben werden, sich auf das Verbot vorzubereiten. (Zu vgl. § 15 des Gesetzes.)“[1518]

b) Auslegung

Angesichts der angeführten schwerwiegenden Nachteile für die Pferde erkannte man schon einhellig die andersartige Lage als bei Z. 7, denn „hier liegt tatsächlich nur eine Modelaune vor,“[1519] oder wie Giese und Kahler mit für sie ungewöhnlicher Schärfe verurteilten: „eine *Modetorheit*, es geschieht aber oft auch, um Fehler im Körperbau (Fehler im Schweifansatz, in der Schweifhaltung oder in der Behaarung, schlecht bemuskelte Kruppen sollen dadurch voller oder besser entwickelt erscheinen) auszugleichen oder zu verdecken, so daß man in manchen Fällen von einem Täuschungsmanöver gegenüber dem Käufer sprechen kann.“[1520] Schließlich erinnerte Einhauser doch eingehend an die Schmerzen und Leiden des eigentlichen Opfers: „Das Kürzen des Pferdeschweifes, d. i. die Durchtrennung der verlängerten Wirbelsäule mit dem Ausläufer des Rückenmarks und zahlreichen Nerven, ursprünglich ein Roßtäuscherkniff, um das Tier hinten breiter erscheinen zu lassen, beeinträchtigt den Lauf des Pferdes — weil der Schweif als Steuer fehlt“.[1521]

Aus diesen Gründen hieß man diesem „völligen Verbot des Kupierens bei Pferden“[1522] samt § 3 (s. u.) als dessen Durchführung willkommen, die auch ana-

---

1518 BA Berlin-Li., R 18 Rep. 320 Nr. 589, Bl. 102; Giese / Kahler, *Das deutsche Reichs-Tierschutzgesetz*, 1934, S. 113 – 114; *Das deutsche Tierschutzrecht*, 1939, S. 276; Giese, 4. A. 1951, S. 296.

1519 Adolph, *Schutz des Tieres im deutschen Recht*, 1935, S. 28.

1520 Giese / Kahler, *Das deutsche Reichs-Tierschutzgesetz*, 1934, S. 42; *Das deutsche Tierschutzrecht*, 1939, S. 59; Giese, 4. A. 1951, S. 59.

1521 Einhauser, *Das Tierschutzgesetz*, in: Frank (Hrsg.), *Handbuch*, 1935, S. 909.

1522 Wetzel, *Tierschutz im Reichsstrafrecht*, 1936, S. 25.

loge Anwendung auf andere Einhufer wie Esel, Maultier, Maulesel usw. finden sollten.[1523] „Die angeführten Ausnahmen (Heilung einer Krankheit usw.) sind ohne weiteres gerechtfertigt, ebenso die Ausnahmen des § 15, 1 TG bezgl. einer Übergangszeit zugunsten der Zuchtinstitute."[1524]

c) Übergangslösung bis Inkrafttreten

Hierzu bemerkten Giese und Kahler: „Damit soll nicht gesagt sein, daß tierquälerische Mißbräuche, die sich gelegentlich beim Kupieren der Pferde herausgebildet haben, auch für die Zwischenzeit geduldet werden, vielmehr darf derjenige, der jetzt noch Pferde kupiert, gegen die übrigen Bestimmungen des Tierschutzgesetzes nicht verstoßen. Wer also beim Kupieren ein Pferd unnötig quält oder roh mißhandelt, hat Bestrafung nach § 9 Nr. 1 verwirkt. Im übrigen findet auf das Kupieren der Pferde auch die in Kraft getretene Vorschrift in § 2 Nr. 9 des Gesetzes Anwendung, wonach es verboten ist, an einem Tier in unsachgemäßer Weise oder ohne Betäubung einen schmerzhaften Eingriff — ein solcher ist das Kürzen der Schweifrübe — vorzunehmen."[1525] Für die Fortentwicklung verzeichneten sie dann:

> „Bereits im Jahre 1934 ist mit Hilfe des Reichsministers für Volksaufklärung und Propaganda, des Reichsministers für Ernährung und Landwirtschaft und des Reichsnährstandes durch Merkblätter eine großzügige Propaganda gegen die Unsitte des Kupierens bei den Züchtervereinigungen, in landwirtschaftlichen Kreisen, bei den Viehhändlern usw. durchgeführt und der Boden für die Inkraftsetzung des Kupierverbots vorbereitet worden. [… (s. o.)] Infolge des starken Pferdebedarfs aus Anlaß der Heeresverstärkung konnte diese Maßnahme jedoch nicht streng durchgeführt werden. Ziff. 9 der Remonteankaufsbedingungen und Ziff. 8 der Bedingungen für den Ankauf volljähriger Pferde besagen, daß ‚kupierte Pferde nur bedingt gekauft werden, solange langschweifige Pferde nicht in genügender Anzahl vorhanden sind, und daß bei ihnen eine Preissenkung eintritt'. — Durch die Vierte Verordnung zur Ausführung des Tierschutzgesetzes vom 12. Juli 1938 (RGBl. I S. 854)[1526] ist der

1523 Neupert, *Übertretungsdelikte des RTierSchG*, in: GA, N. F. Bd. 5, 1938, S. 302.

1524 Adolph, *Schutz des Tieres im deutschen Recht*, 1935, S. 28.

1525 Giese / Kahler, *Das deutsche Reichs-Tierschutzgesetz*, 1934, S. 43.

1526 „*Vierte Verordnung zur Ausführung des Tierschutzgesetzes**
Vom 12. Juli 1938.
Auf Grund des § 15 des Tierschutzgesetzes vom 24. November 1933 (Reichsgesetzbl. I S. 987) wird im Einvernehmen mit dem Reichsminister für Ernährung und Landwirtschaft verordnet:
Der Zeitpunkt des Inkrafttretens des § 2 Nr. 8 des Tierschutzgesetzes — Verbot, einem Pferd die Schweifrübe zu kürzen (kupieren) — wird auf den 1. Januar 1940 festgelegt.
Berlin, den 12. Juli 1938.
Der Reichsminister des Innern

Zeitpunkt des Inkrafttretens des § 2 Nr. 8 auf den 1. Januar 1940 festgesetzt worden. Da es nach § 2 Nr. 9 des Gesetzes verboten ist, an einem Tier in unsachgemäßer Weise oder ohne Betäubung einen schmerzhaften Eingriff vorzunehmen, und nach § 2 der Ersten DurchfVO. vom 20. Juni 1934 Eingriffe im Sinne des § 2 des Tierschutzgesetzes nur von einem approbierten Tierarzt ausgeführt werden dürfen, kann jetzt schon auch vor Inkrafttreten des § 2 Nr. 8 des Gesetzes nur der Tierarzt einem Pferde die Schweifrübe kürzen; denn in dem Kupieren von Pferden ohne vorherige Betäubung würde regelmäßig eine Tierquälerei nach § 1 zu erblicken sein, die nach § 9 Abs. 1 strafbar ist."[1527]

9. Grundbestimmung, Kastration und Betäubung

„*§ 2 Verboten ist,* […] *9. an einem Tier in unsachgemäßer oder ohne Betäubung einen schmerzhaften Eingriff vorzunehmen. Die Kastration ist als schmerzhafter Eingriff anzusehen bei Pferden, bei über drei Monate alten Rindern und Schweinen*[1528] *und bei geschlechtsreifen Schaf- und Ziegenböcken. Einer Betäubung bedarf es nicht, sofern der mit dem Eingriff verbundene Schmerz nur geringfügig ist oder bei gleichen oder ähnlichen Eingriffen am Menschen eine Betäubung in der Regel unterbleibt oder die Betäubung im einzelnen Falle nach tierärztlichem Ermessen nicht durchführbar erscheint;*"

a) Amtliche Begründung

„Schmerzhafte Eingriffe bei Tieren, z. B. Kastrationen, werden besonders auf dem Lande häufig durch Laien unsachgemäß nach veralteten Methoden und ohne Betäubung vorgenommen. Dabei sind große Tierquälereien nicht zu vermeiden. Es ist daher ein besonderer Wunsch des Tierschutzes, daß alle schmerzhaften Eingriffe nur nach vorangegangener Betäubung sachverständig ausgeführt werden. Hierher gehört bei schmerzhaften Eingriffen außer der Betäubung die Beachtung aller Vorschriften einer modernen Wundbehandlung und unter Umständen ein sachgemäßes Niederlegen des zu behandelnden Tieres.

Wenn bei dieser Sachlage im Gesetz lediglich die Kastration von Pferden, von Rindern und Schweinen über drei Monaten sowie von geschlechtsreifen Schaf- und Ziegenböcken erwähnt wird, so deshalb, weil bei den Jungtieren der letztgenannten vier Tierarten die Geschlechtsorgane noch nicht ausgebildet sind, das Schmerzgefühl daher noch nicht so ausgeprägt ist und ferner aus wirtschaftlichen Gründen der Kastration unter Betäubung in allen Fällen und in jedem Alter zur Zeit noch auf Schwierigkeit stößt.

In Vertretung
Pfundtner
* *Betrifft nicht das Land Österreich.*"

1527 Giese / Kahler, *Das deutsche Tierschutzrecht*, 1939, S. 60; Giese, 4. A. 1951, S. 60.

1528 Die Altershürde beider wurde 1938 in Verordnungsweg geändert, s. u. sogleich.

Von einer Schmerzausschaltung bei Eingriffen kann abgesehen werden, wenn es sich nach der Auffassung des Tierarztes lediglich um einen kurzen Eingriff handelt (z. B. um das Spalten eines Abszesses), oder wenn bei Menschen bei gleichen oder ähnlichen Eingriffen (z. B. beim Nähen einer Wunde) eine Schmerzausschaltung gewöhnlich unterbleibt oder die Betäubung im einzelnen Falle (z. B. unaufschiebbare Operation) nach tierärztlichem Ermessen nicht durchführbar erscheint. Im letzteren Falle wird man indessen, soweit möglich, danach streben müssen, durch Anwendung eines rasch wirkenden Schmerzlinderungsmittels für eine Schmerzherabsetzung zu sorgen."[1529]

b) Auslegung

Einhauser begrüßte diese Vorschrift aufgrund von Erfahrungswerten: „Die Zahl der schmerzhaften Eingriffe, einschließlich der Verschneidungen, die jährlich an Pferden, Rindern und Schweinen im Deutschen Reich vorgenommen werden, beträgt schätzungsweise etwa drei Millionen. Zum großen Teil wurden diese Eingriffe von Laien ausgeführt, ohne Betäubung und nicht sachgemäß. [...] Die Verfahren [...] waren oft überaus roh und schmerzhaft (bei Stieren z. B. Abreißen oder Zerquetschen der Hoden)."[1530]

aa) Fernhaltung der Laienbehandler gemäß S. 1 bzw. AusfVO

Dem dagegen gerichteten Wunsche, den auch der Internationale Tierschutzkongreß in Brüssel 1935 geltend machte,[1531] trage das deutsche Gesetz Rechnung, „indem es die Vornahme von Eingriffen, sofern diese mit Schmerzen für das Tier verbunden sind, verbietet, wenn sie in unsachgemäßer Weise oder ohne vorherige Betäubung ausgeführt werden."[1532] Abgesehen vom in §§ 5 – 8 sondergeregelten Versuch am lebenden Tier[1533] konnten somit sonstige „schmerzhafte Eingriffe in die körperliche Unversehrtheit des Tieres [...] grundsätzlich von jedem vorgenommen werden," sofern sie „in sachmäßiger Weise und bei Erheblichkeit unter Betäubung erfolgen."[1534] Hiernach sei der Laienbehandler „nicht ausgeschlossen", sondern mache sich erst „der Tierquälerei schuldig, wenn er durch eine nicht sachgemäße Ausführung des Eingriffs oder der sonstigen Behandlung dem Tier Schmerzen zufügt, die diesem bei Beachtung der

---

1529 BA Berlin-Li., R 18 Rep. 320 Nr. 589, Bl. 102; Giese / Kahler, *Das deutsche Reichs-Tierschutzgesetz*, 1934, S. 114 – 115; *Das deutsche Tierschutzrecht*, 1939, S. 276 – 277; Giese, 4. A. 1951, S. 296 – 297.

1530 Einhauser, *Das Tierschutzgesetz*, in: Frank (Hrsg.), *Handbuch*, 1935, S. 909.

1531 Giese / Kahler, *Das deutsche Tierschutzrecht*, 1939, S. 65.

1532 Giese / Kahler, *Das deutsche Reichs-Tierschutzgesetz*, 1934, S. 44.

1533 Korn, *Kommentar zum RTierSchG*, 1934, S. 17.

1534 Adolph, *Schutz des Tieres im deutschen Recht*, 1935, S. 28.

Vorschrift des § 2 Nr. 9 des Gesetzes erspart bleiben würden."[1535] Eine „grundsätzlich neue Rechtslage"[1536] schaffte die 1. AusfVO des RTierSchG vom 20. Juni 1934, als dessen § 2 vorsah: *„Betäubungen zur Vornahme schmerzhafter Eingriffe im Sinne des § 2 des Tierschutzgesetzes dürfen nur von einem approbierten Tierarzt ausgeführt werden.*"[1537] Dies lag an den zwischenzeitlichen Vorkommnissen:

> Es „haben Laien (Merker, Schäfer, Schmiede, Kastrierer, Tierbesitzer usw.) unter Anwendung von Betäubungsmitteln, die sie zum Teil frei, zum Teil für gewerbliche Zwecke auf Giftschein beziehen konnten, schmerzhafte Eingriffe bei Tieren vorgenommen haben; vielfach wurden überhaupt unwirksame Betäubungsmittel angewandt, die Anwendung von Betäubungsmitteln bei schmerzhaften Eingriffen, insbesondere bei Kastrationen, also nur vorgetäuscht, oder es wurden hierbei zu geringe Menge verwendet, so daß eine wirkliche Betäubung nicht erzielt wurde, oder es wurden zu große Mengen von Betäubungsmitteln angewandt, die zwar das Tier betäuben, aber gleichzeitig eine Schädigung desselben oder gar seinen Tod zur Folge hatten. Diese Feststellung mußte zu dem Verbot in § 2 der Verordnung führen."[1538]

Vor diesem Hintergrunde erkannte das Kammergericht: „Die AusfVO. will dadurch, daß sie die Betäubungen nur von approbierten Tierärzten, also von geprüften und besonders zuverlässigen und erfahrenen Personen, vornehmen läßt, von vornherein eine Gewähr für das Unterbleiben unzulänglicher Betäubung schaffen. Es kommt daher hier nicht darauf an, ob gerade der Angekl. auf Grund seiner langen Praxis ein besonders erfahrener, zuverlässiger und geschickter Kastrierer ist."[1539]

bb) Kastration gemäß S. 2

Giese und Kahler fuhren fort: „Das Gesetz gibt sodann noch nähere Erläuterungen, wann der bei dem Haustier häufigste Eingriff, die Kastration, als eine schmerzhafte Behandlung anzusehen ist."[1540]

(1) Altersgrenzen bei bestimmten Tierarten

„Der Wortlaut des Gesetzes enthält bewußt eine unterschiedliche Behandlung der einzelnen Tierarten. Bei den als empfindlich bekannten Pferden ist die Kastration in jedem Lebensalter als schmerzhafter Angriff anzusehen. [...] Bei Rindern und Schweinen ist das Alter, bis zu dem die Kastration ohne Betäubung

---

1535 Giese / Kahler, *Das deutsche Reichs-Tierschutzgesetz*, 1934, S. 44.
1536 Giese / Kahler, *Das deutsche Tierschutzrecht*, 1939, S. 63.
1537 RGBl. I S. 516.
1538 Giese / Kahler, *Das deutsche Tierschutzrecht*, 1939, S. 113; Giese, 4. A., 1951, S. 116.
1539 KG., 1. Ss., Urt. v. 12. 3. 1935, 1 Ss 48/35, Ber. v. KGR. Körner, in: JW, 64 Jg., Bd. 2, 1935, S. 2076.
1540 Giese / Kahler, *Das deutsche Reichs-Tierschutzgesetz*, 1934, S. 44.

vorgenommen werden darf und das in dem Gesetz selbst auf drei Monate festgesetzt war, durch die Verordnung zur Ergänzung des Reichstierschutzgesetzes vom 23. Mai 1938 (RGBl. I S. 598) heraufgesetzt worden, und zwar bei Rindern auf neun Monate, bei Schweinen auf sechs Monate, wobei neben der Feststellung, daß bis zu diesem Alter das Schmerzgefühl bei den Tieren nicht so stark ausgeprägt ist, auch gewisse wirtschaftliche Erwägungen maßgebend waren. Bei Schaf- und Ziegenböcken ist die Kastration vom Zeitpunkt der Geschlechtsreife an als schmerzhafter Eingriff, der nur unter Betäubung vorgenommen werden darf, anzusehen."[1541]

(2) Definition der Kastration

Zur geregelten Handlung meldete sich erneut Neupert zu Wort: „Man wird unter dem Begriff im Sinne des Gesetzes jedes operative Verfahren zu verstehen haben, durch das Hoden oder Eierstöcke lebender Tiere vernichtet, entfernt oder wenigstens in ihren Funktionen ausgeschaltet werden. Für die Strafbarkeit der unsachgemäßen oder ohne Betäubung vorgenommenen Kastration ist es ohne Belang, ob sie blutig durch Ausschneiden der Hoden oder Eierstöcke oder unblutig durch Zerreiben oder Zerquetschen der Hoden und Punktion der Eierstöcke vorgenommen worden ist; es fällt, mit Ausnahme der Schaf- und Ziegenböcke, nicht nur die Entmannung, d. h. die an männlichen Individuen vorgenommene Ausschälung der Hoden, sondern auch die Punktion und die Ausschneidung der Eierstöcke weiblicher Tiere, die sog. Ovariotomie, darunter."[1542]

1541 Giese / Kahler, *Das deutsche Tierschutzrecht*, 1939, S. 63; zur Verordnung vermerkten sie in S. 123, es habe der Reichsnährstand die Altersheraufsetzung geltend gemacht, denn „dadurch werde den Tierzüchtern die Auswahl der für die Körung zu stellenden Vatertiere auf Grund des Reichsgesetzes zur Förderung der Tierzucht vom 17. März 1936 (RGBl. I S. 175) nicht nur wesentlich erleichtert, sondern vor allen auch erst ermöglicht, die notwendige Zahl der für die Nachzucht erforderlichen Jungbullen und Jungeber in geeigneter Auswahl zur Verfügung zu stellen. Die Erfahrungen der Praxis nach Erlaß des Reichstierschutzgesetzes, die eine Bestätigung von wissenschaftlicher Seite erfahren haben, haben zudem gelehrt, daß das durch die Kastration ausgelöste Schmerzgefühl auch bei über drei Monate alten Jungtieren von Rindern und Schweinen noch nicht so ausgeprägt ist, daß aus tierschützerischen Erwägungen am Betäubungszwang unbedingt festgehalten werden mußte. […] Die vorliegende Verordnung […] dient unter Wahrung der Belange des Tierschutzes vor allem der Befriedigung berechtigter Notwendigkeit der Tierzucht, sie liegt aber auch im Interesse der Berufskastrierer, deren Betätigungsfeld hierdurch eine nicht unwesentliche Erweiterung erfährt."

1542 Neupert, *Übertretungsdelikte des RTierSchG*, in: GA, N. F. Bd. 5, 1938, S. 303.

(3) Schutzausdehnung auf weitere Tierarten

Diese „geschlechtliche Gleichbehandlung“ fand ausdrückliche Bestätigung bei Giese und Kahler,[1543] die von Anfang an noch einer anderen Lücke bewußt waren: „In dem Gesetz sind nur Pferde genannt, dagegen nicht Esel, Maulesel, Maultiere usw.“[1544] Dazu meinte Wetzel: „Da aber der Eingriff beim Esel nicht weniger schmerzhaft ist als beim Pferd, ist eine analoge Ausdehnung der Bestimmung am Platze. Maultiere, die Bestarde von Eselhengst und Pferdestute sind, sind unfruchtbar, ein entsprechender Eingriff erübrigt sich demnach bei diesen Tieren.“[1545] Nichtsdestoweniger sprachen sich beide Ministerialräte dafür aus, „daß die Vorschrift des § 2 Nr. 9 auf alle Einhufer Anwendung finden soll“, denn nach § 9 RTierSchG werde „jede unnötige Tierquälerei — d. h. jede auch bei der Kastration vermeidbare — bestraft.“[1546] Dabei war es 1934 noch zweifelhaft gewesen, „ob im Wege der analogen Anwendung auf die nicht im Gesetz zum Ausdruck gebrachte Absicht des Gesetzgebers ein verurteilendes Erkenntnis gegründet werden könnte.“[1547] Demgegenüber ließ sich 1939 annehmen: „nach § 2 des RStGB. und der dadurch unter gewissen Voraussetzungen gegebenen Möglichkeit der Rechtsschöpfung durch den Richter dürften gegen eine analoge Ausdehnung des § 2 Nr. 9 auf die übrigen Einhufer Bedenken nicht zu erheben sein.“[1548] Fernhin nahmen Giese und Kahler auch auf Folgendes Bedacht: „Hunde und Katzen sind in § 2 Nr. 9 nicht aufgeführt, weil Kastration bei ihnen […] beiderlei Geschlechts gewöhnlich [nur vorkommt] beim Vorliegen krankhafter Veränderungen an den Geschlechtsorganen oder um die Belästigung der Tierhalter durch die Nebenerscheinungen im Geschlechtsleben der Tiere zu beseitigen. In beiden Fällen haben die Tiere aber schon in der Regel ein gewisses Lebensalter erreicht. Rechtlich ist davon auszugehen, daß für die Kastration bei Hunde du Katzen — wie auch bei den sonstigen im § 2 Nr. 9 nicht genannten Tieren — die Bestimmungen im § 2 Nr. 9 Satz 1 und 3 sowie, falls die Kastration unter Betäubung erfolgt, § 2 der Ersten Durchführungsverordnung vom 20. Juni 1934 (RGBl. I S. 516) gelten. Nicht unbeachtlich ist hierbei, daß Fleischfresser bei ihren hochentwickelten Sinnesvermögen gegen Schmerz empfindlicher sind als im allgemeinen die Pflanzenfresser und im besonderen die Wiederkäuer.“[1549] Als damit die Tiere auf dem Lande umfasst waren, richtete

1543 Giese / Kahler, *Das deutsche Tierschutzrecht*, 1939, S. 65.

1544 Giese / Kahler, *Das deutsche Reichs-Tierschutzgesetz*, 1934, S. 44.

1545 Wetzel, *Tierschutz im Reichsstrafrecht*, 1936, S. 26.

1546 Giese / Kahler, *Das deutsche Reichs-Tierschutzgesetz*, 1934, S. 44 – 45.

1547 Giese / Kahler, *Das deutsche Reichs-Tierschutzgesetz*, 1934, S. 44 – 45.

1548 Giese / Kahler, *Das deutsche Tierschutzrecht*, 1939, S. 63.

1549 Giese / Kahler, *Das deutsche Tierschutzrecht*, 1939, S. 64.

Neupert auch Gedanken an die See und in die Luft: „Da indes sogar noch bei Fischen ein Schmerzgefühl vom Gesetzgeber angenommen und daher in bestimmten Fällen (Schlachtung) Betäubung verlangt wird, so wird man nicht von vornherein beim Geflügel die Schmerzlosigkeit der Kastration annehmen dürfen. Jedoch wird die sachgemäße Kastration an Geflügel männlichen Geschlechts in vielen Fällen nur wenig schmerzhaft und daher betäubungslos durchführbar sein."[1550]

cc) Betäubung gemäß S. 3

„Bei den in § 2, Ziff. 7 – 10 genannten Eingriffen ist im Regelfalle eine vorherige Betäubung des Tieres vorgeschrieben."[1551]

(1) Ausnahmefälle

Unterbleiben durfte sie nur bei den in Z. 9 S. 3 aufgezählten, in der amtlichen Begründung mit Beispielen belegten Fällen. Während deren mittlere teleologische Reduktion als ohne weiteres klar galt, hielt Neupert einen Vermerk zum Ersteren für vonnöten: „Geringfügig ist der Schmerz, der im Verhältnis zur Körperbeschaffenheit und Schmerzempfindlichkeit des Tieres unbedeutend ist. Hierbei ist aber zu beachten, daß entscheidend für die Rechtfertigung eines Eingriffes ohne Betäubung nur die Tatsache sein kann, daß der Schmerz geringfügig war, nicht daß er für geringfügig gehalten wurde. Ein Tierbehandler kann demnach einen Eingriff ohne Betäubung nur dann vornehmen, wenn er positiv weiß, daß der Eingriff nicht mit erheblichen Schmerzen für das Tier verbunden ist. Andernfalls macht er sich einer wenigstens fahrlässigen Zuwiderhandlung gegen § 2 Nr. 9 RTG. schuldig."[1552] Zum letzteren Ausnahmefall gaben Giese und Kahler 1934 die Anweisung: „Wo eine allgemeine oder örtliche Betäubung nicht durchführen läßt (z. B. bei Eilbedürftigkeit einer Operation), wird schonendste Ausführung des Eingriffs zu erfolgen haben und auf möglichste Herabsetzung der Schmerzempfindung hierbei Bedacht zu nehmen sein. Auf die Stellungnahme der Fachvertreter der deutschen tierärztlichen Hochschulen und Fakultäten zu der durch das Reichstierschutzgesetz bedingten Betäubung bei chirurgischen Eingriffen bei Tieren, insbesondere bei der Kastration, die in der tierärztlichen Fachliteratur, z. B. in der Deutschen Tierärztlichen Wochenschrift 1934, Nr. 4 S. 57, veröffentlicht worden ist, wird hingewiesen."[1553] Die weitere Entwicklung konnten sie bis 1938 / 39 aufzeichnen. Es seien „gerade in den letzten Jahren die Methoden der allgemeinen und örtlichen Betäubung wesentlich

1550 Neupert, *Übertretungsdelikte des RTierSchG*, in: GA, N. F. Bd. 5, 1938, S. 303.

1551 Wetzel, *Tierschutz im Reichsstrafrecht*, 1936, S. 27.

1552 Neupert, *Übertretungsdelikte des RTierSchG*, in: GA, N. F. Bd. 5, 1938, S. 302.

1553 Giese / Kahler, *Das deutsche Reichs-Tierschutzgesetz*, 1934, S. 45 – 46.

verbessert und vervollkommnet worden, so daß die Befolgung der auf die Betäubung gerichteten gesetzlichen Vorschriften ohne weiteres gewährleistet ist. Die praktischen Tierärzte sind gehalten, ihre Kenntnisse auf diesem Gebiete durch die Fortbildungskurse der Reichstierärztekammer auf dem laufenden zu halten."[1554]

(2) Kokainverbot für Kastration

Diese „von humaner Einstellung zum Tier diktierte Pflicht"[1555] galt nach Neupert auch für die Regelfälle, in denen die Schmerzausschaltung doch zu erfolgen hatte: „Es muß also ein unschädliches Betäubungsverfahren angewendet, das betäubte Tier muß während und nach der Operation sachkundig überwacht, und es muß auch später noch für die Herabsetzung des Schmerzgefühls, für die Wundpflege, für Desinfektion und richtige Heilmittel Sorge getragen werden."[1556] Von Letzteren hatten Giese und Kahler das Kokain für Kastration ausgeschlossen unter Hinweis auf die *Verordnung über das Verschreiben Betäubungsmittel enthaltender Arzneien und ihre Abgabe in den Apotheken* vom 19. Dezember 1930 (RGBl. I S. 365), nach deren § 14 ausschließlich „der Tierarzt Kokain enthaltende Arzneien für den Bedarf in seiner Praxis nur zu Eingriffen am Huf, an den Klauen und am Auge verschreiben darf, also nicht zu einem sonstigen Eingriff, der überhaupt nicht zur Beseitigung einer Krankheit des Tieres dienen soll, sowie aus § 17 Abs. 2, der dem Tierarzt zur Pflicht macht, bei seinen Aufzeichnungen, die er über jede Verschreibung einer Kokain enthaltende Arznei in dem Kokainbuch zu machen hat, u. a. auch die *Erkrankung* des Tieres, die die Verwendung des Kokains notwendig macht, anzugeben. Eine Erkrankung, die die Anwendung von Kokain notwendig machen würde, liegt bei der Kastration nicht vor. Wegen der Frage der Betäubung vgl. im übrigen auch die Ausführung zu § 13 des Gesetzes."[1557]

c) Weitere Fälle nach Z. 9 S. 1: Geburtshilfe usw.

Während dann ein Zusammenwirken mit den Kastrierern nach § 24 der *Berufsverordnung der deutschen Tierärzte* vom 17. März 1937 (mit Genehmigung des Reichsministers des Innern auf Grund des § 14 Abs. 1 der Reichstierärzteordnung vom 3. April 1936 — RGBl. I S. 347) verboten wurde,[1558]

1554 Giese / Kahler, *Das deutsche Tierschutzrecht*, 1939, S. 65.
1555 Giese / Kahler, *Das deutsche Tierschutzrecht*, 1939, S. 65.
1556 Neupert, *Übertretungsdelikte des RTierSchG*, in: GA, N. F. Bd. 5, 1938, S. 303.
1557 Giese / Kahler, *Das deutsche Reichs-Tierschutzgesetz*, 1934, S. 46 – 47.
1558 Giese / Kahler, *Das deutsche Tierschutzrecht*, 1939, S. 65.

„mag es einem Laien gestattet sein, sich bei nicht normalem Verlauf einer Geburt unter Beachtung der nötigen Geburtshygiene über die Lage des gebärenden Tieres zu unterrichten und unschwer vorzunehmende Lageberichtigungen auszuführen. Selbst Zugversuche unter normalen Verhältnissen werden nicht zu beanstanden sein, da sie sachgemäß durchgeführt dem Muttertier die Geburt erleichtern. Dagegen erfordern Schwergeburten häufig einen Sachverständigen, der dann ein Tierarzt sein muß, wenn sich eine Betäubung des Muttertieres zur Schmerzlinderung nicht vermeiden läßt.

Als Schmerzhafte Eingriffe sind auch scharfe Einreibungen zu Heilzwecken, Brennen und das Haarseillegen anzusehen. Sie verlangen eine sachverständige Handhabung, nötigenfalls die Hinzuziehung eines Sachverständigen, und zwar schon bei der Beurteilung der Frage, ob sie überhaupt notwendig sind.

Das Kennzeichnen von Schweinen und anderen Tieren durch Stichstempel bedeutet zumeist keinen schmerzhaften Eingriff im Sinne von § 2 Nr. 9 RTG. Dagegen wird man die Kennzeichnung durch Brandstempel regelmäßig als solchen Eingriff ansehen müssen. Auch das Stutzen der Lauscher an Wild erfüllt nicht diesen Tatbestand. Denn dem Tier wird hierdurch nur ein kleines Stück aus der gefäß- und nervenarmen Ohrspitze abgeschnitten. Der Schnitt ist verhältnismäßig wenig schmerzhaft du geschieht zu einem berechtigten Zweck. Allerdings wird die Tat sofort anders zu betrachten sein, sobald dieser Eingriff unsachgemäß erfolgt und dem Tier erhebliche Schmerzen und Gesundheitsschädigungen zugefügt werden."[1559]

10. Pelztiertötung

„§ 2 Verboten ist, [...] *10. ein in einer Farm gehaltenes Pelztier anders als unter Betäubung oder sonst schmerzlos zu töten;"*

a) Amtliche Begründung

„Das bisher in Pelzfarmen vielfach geübte Verfahren, Pelztiere (insbesondere Füchse) durch Eindrücken oder Zusammenquetschen des Brustkorbes (sog. Totknien) oder Erwürgen zu töten, ist eine tierquälerische Handlung. Man sucht sie damit zu begründen, daß auf diese Weise der Pelz am wenigsten entwertet wird. Wie beim Schlachten der Haustiere ist auch bei der Tötung der Pelztiere zu verlangen, daß sie auf humane Weise vor sich geht und jede unnötige Quälerei des Tieres dabei unterbleibt. Man kann sich hierbei des elektrischen Stromes, der wohl auf den meisten Farmen vorhanden ist, des Chloroforms oder sonstiger Mittel bedienen, die schnell einen schmerzlosen Tod herbeiführen. Am zweckmäßigsten wird die Anwendung des elektrischen Stromes sein, da er ermöglicht, den entpelzten Tierkörper später zur Fütterung zu verwenden. Außer den angegebenen Tötungsverfahren wird man sich bei einzelnen Pelztierarten (z. B. Nerz, Nutria) aber auch anderer Verfahren (z. B.

1559 Neupert, *Übertretungsdelikte des RTierSchG*, in: GA, N. F. Bd. 5, 1938, S. 303 – 304.

Keulung) bedienen müssen. Sache der Forschung ist es, ein allen Erfordernissen entsprechendes humanes Tötungsverfahren bald ausfindig zu machen."[1560]

b) Auslegung

„In der [Ersten] Nachkriegszeit sind in Deutschland eine große Anzahl von Pelztierfarmen gegründet worden."[1561] Korn (Dresden) sprach von einer Mitteilung des Statistischen Landesamts vom Jahre 1931, der zufolge die Pelztierzucht sich zu einem beachtlichen Zweig der deutschen Tierhaltung entwickelt habe und allein in Sachsen 37 Pelztierfarmen mit 650 Edelpelztiere festgestellt seien.[1562]

aa) Praktische Notwendigkeit

Nun wurde die Bestimmung aufgestellt, „weil mit Rücksicht auf die finanziellen Interessen die Interessenabwägung gewöhnlich zu Ungunsten des Tieres ausfiel."[1563] Dagegen ließ der neue Gesetzgeber nicht mehr zu, „wegen einer rein materiellen Frage, nämlich der angeblichen Höherverwertung der [...] Pelze, den Tieren eine derart tierquälerische Tötungsmethode zuzumuten. Er verlangt jetzt eine unter Betäubung erfolgende oder völlig schmerzlose Tötungsweise."[1564] Und „da man in allgemeinen nur dort von Schlachten spricht, wo es sich um Fleischgewinnung handelt, während hier das Tier um des Pelzes Willen getötet wird [...] finden wir diese Vorschrift auch im Tierschutzgesetz und nicht im Schlachtgesetz."[1565]

bb) Geltungsbereich

Diesem „Gesetz gegen Gier" zog Neupert die Grenze: „Die Vorschrift erstreckt sich nur auf in Farmen gehaltene Pelztiere. Farm im Sinne der Bestimmung ist jeder gewerbliche Betrieb, der sich mit der Zucht und Haltung von Pelztieren in größerem Umfange befaßt, um die Tiere später durch Verkauf oder Verwertung

---

1560 BA Berlin-Li., R 18 Rep. 320 Nr. 589, Bl. 103; Giese / Kahler, *Das deutsche Reichs-Tierschutzgesetz*, 1934, S. 115 – 116; *Das deutsche Tierschutzrecht*, 1939, S. 277; Giese, 4. A. 1951, S. 297 – 298.

1561 Giese / Kahler, *Das deutsche Reichs-Tierschutzgesetz*, 1934, S. 47. Zeitgenossen, die u. a. den Betäubungszwang aus dem RSchlG mit Antisemitismus in Verbindung zu bringen suchen, seien hingewiesen auf die jüdische Pelzgroßhändlerfamilie Schiller im westpreußischen Krotoschin, aus der die Fliegerin Melitta hervorging, verheiratet mit Alexander Schenk Gräfin von Stauffenberg und dadurch Schwägerin des Attentäters.

1562 Korn, *Kommentar zum RTierSchG*, 1934, S. 25.

1563 Adolph, *Schutz des Tieres im deutschen Recht*, 1935, S. 29.

1564 Neupert, *Übertretungsdelikte des RTierSchG*, in: GA, N. F. Bd. 5, 1938, S. 304; siehe auch das Selbstbekenntnis von Giese / Kahler, *Das deutsche Reichs-Tierschutzgesetz*, 1934, S. 47.

1565 Wetzel, *Tierschutz im Reichsstrafrecht*, 1936, S. 27.

ihrer Felle wirtschaftlich nutzbar zu machen."[1566] Als „Pelztiere" verbuchte Korn 1931 / 33 Silber-, Blau-, Weiß-, Gries-, Rot- und Kreuzungsfüchse, Nerzen, Wachbären, Nutria, Silberdachsen, Karakulschafen, Iltissen sowie Stein- und Baummardern,[1567] und Neupert ergänzte 1938 noch Schwarzfüchse, Biber, Zobel, Skunks, Eichhörnchen (Feh), Murmeltiere, Bisam und Opossum.[1568]

cc) Zulässige Tötungsarten

Was die amtliche Begründung ferner empfahl, waren eher offene Vorschläge.[1569] Gesetzlich „besteht aber kein Interesse dafür, eine bestimmte Todesart vorzuschreiben. […] Es bleibt daher dem Belieben des Eigentümers anheimgestellt, eine Todesart zu wählen; nur muß sich diese in den zu Ziffer 10 gegebenen Grenzen halten, sie muß schmerzlos sein, entweder durch Betäubung oder die Tötungsart an sich."[1570] Gemäß diesem Gebot „sind jedenfalls die in dem Gesetz über das Schlachten der Tiere vorgesehenen Tötungsarten gestattet."[1571] Auf der Kehrseite bedeute das, „daß Tötung durch Blutentziehung ohne Betäubung und Genickschlag verboten sind."[1572] Für Nerz und Nutria zugelassen war hier „Keulung, die auch dem Schlachtgesetz nicht bekannt ist."[1573] Soweit ein Verfahren mit Betäubung in Frage stand, waren die Laien seit dem Inkrafttreten der 1. AusfVO am 1. Juli 1934 auch hier ausgeschaltet.[1574]

Im Übrigen sei zur Betäubung auf § 2 Z. 9 und § 13 verwiesen.

11. Geflügelmast

„§ 2 Verboten ist, […] 11. Geflügel durch Stopfen (Nudeln) zur Futteraufnahme zu zwingen;"

a) Amtliche Begründung

„Das Stopfen (Nudeln) der Gänse und auch der Ente, das in der Weise erfolgt, daß den Tieren gewaltsam Nahrung in kurzen Zeiträumen in den Kropf gefüllt wird, wo-

1566 Neupert, *Übertretungsdelikte des RTierSchG*, in: GA, N. F. Bd. 5, 1938, S. 304.
1567 Korn, *Kommentar zum RTierSchG*, 1934, S. 25.
1568 Neupert, *Übertretungsdelikte des RTierSchG*, in: GA, N. F. Bd. 5, 1938, S. 304.
1569 Vgl. Giese / Kahler, *Das deutsche Reichs-Tierschutzgesetz*, 1934, S. 47.
1570 Adolph, *Schutz des Tieres im deutschen Recht*, 1935, S. 29.
1571 Giese / Kahler, *Das deutsche Reichs-Tierschutzgesetz*, 1934, S. 47.
1572 Adolph, *Schutz des Tieres im deutschen Recht*, 1935, S. 29.
1573 Wetzel, *Tierschutz im Reichsstrafrecht*, 1936, S. 27; diese Ansicht traf insofern zu, als die Keulung im RSchlG niemals zum Ausdruck kam, aber § 6 S. 3 Alt. 2 der RSchlVO (s. o.) hat sie immerhin behelfsmäßig zugelassen.
1574 Einhauser, *Das Tierschutzgesetz*, in: Frank (Hrsg.), *Handbuch*, 1935, S. 909.

bei dieselben meist in engsten Unterkunftsräumen gehalten werden, ist eine große Tierquälerei und daher zu verbieten.

Da das sofortige Inkrafttreten dieses Verbots nicht vertretbar war, ist ähnlich wie beim Kupieren der Pferde vorgesehen, diese Maßnahme erst zu einem spätere Zeitpunkt in Kraft treten zu lassen, um auch hier interessierten Stellen Zeit zu geben, sich auf das Verbot vorzubereiten. (Zu vgl. § 15 dieses Gesetzes)"[1575]

b) Auslegung

Auf den Grund, auf dem diese Gesetzgebung fußte, warfen Giese und Kahler einen grausigen Blick: „Es war bisher vielfach gebräuchlich, die Mast des Geflügels, namentlich der Gänse, dadurch zu beschleunigen, daß ihnen über den eigentlichen Nahrungsbedarf hinaus Nahrungsmittel in Form von Nudeln oder Klößen aus Roggen- oder anderem Mehl sowie von aufgeweichtem Mais usw. gewaltsam in den Schlund *gestopft* wurden. Die Nahrungsmittel werden dabei entweder mit der Hand oder durch Trichter, manchmal sogar mit besonderer Stopfmaschine nach Art einer Wurstfüllungsmaschienen, in den Schlund gebracht. Die Tiere werden bei dieser Art der Mast vielfach im Dunkeln und auf so engem Raum gehalten, daß ihnen jede Bewegungsmöglichkeit genommen ist. Das Verfahren wird namentlich deshalb geübt, um die sogenannte Fettleber der Gänse zu erzeugen, die zu Gänseleber-Pastete verarbeitet und von Feinschmeckern besonders geschätzt wird. Bei dieser Art der Mast wird die Leber des Tieres oft um das Mehrfache des Normalen vergrößert. Die Tiere leiden bei dieser Fütterungsweise sehr in ihrem Gesundheitszustand, so daß [...] nicht selten vorkommen, daß sie noch [...] während des Verendens ‚notgeschlachtet' werden. Die völlige Verhinderung jeder Bewegung, die zwangsweise Zufuhr von Nahrungsmitteln, die ständige Überfüllung der Tiere bedeuten eine ununterbrochene und wochenlange Qual der Masttiere".[1576]

Dieselbe verbot nunmehr diese Vorschrift und setzte der andauernden Debatte zwischen Kohler und Adolph ein Ende zugunsten des Letzteren.[1577] Anzu-

---

1575 BA Berlin-Li., R 18 Rep. 320 Nr. 589, Bl. 103 – 104; Giese / Kahler, *Das deutsche Reichs-Tierschutzgesetz*, 1934, S. 116; *Das deutsche Tierschutzrecht*, 1939, S. 277; Giese, 4. A. 1951, S. 298.

1576 Giese / Kahler, *Das deutsche Reichs-Tierschutzgesetz*, 1934, S. 48 – 49.

1577 Kohler, *Die Thiere im Recht*, in: GS, Bd. 47, 1892, S. 49, hatte seinem o. g. „Kartoffelgenuß" den Nachdruck verliehen: „Wenn es daher den Tieren auch Qualen bereitet, ihre Leber vergrößern zu lassen, so wird man das Gänsestopfen nicht verbieten dürfen, solange nicht die Kunst gefunden ist, Gänseleberpasteten, das beste Stück der fränkischen Küche, auf andere Weise zu bereiten. Sollen wir die Poesie des Champagners mit allen den unzähligen, künstlichen Anregungen aufgeben, auf daß ein paar tausend Gänse mehr ihr fröhliches Geschnatter anheben." Adolph, *Schutz des Tieres im deutschen Recht*, 1935, S. 29, legte dann noch in Beharrungswut nach: „Ein überwundener

merken war jedoch: „Das Stopfen im Sinne des § 2 Nr. 11 RTG. kann nur an Geflügel vorgenommen werden. Die gewaltsame unnötige Mast eines anderen Tieres dagegen kann, wie allerdings beim Geflügel auch, nur nach § 9 Abs. 1 bestraft werden, wenn die Tiere dabei unnötig gequält oder roh mißhandelt werden. Geflügel im Sinne des RTG. sind alle die Vögel, die der Mensch zu Haustieren gemacht hat, insbesondere Gänse, Enten, Haushühner, Truthühner, Pfauen und Tauben.“[1578] In dieser Begriffsbegrenzung erblickte Wetzel aber fehlende Folgerichtigkeit: „Die Ziff. 11 des § 2 erscheint daher überflüssig. Eine Bestrafung müßte auch bei Wegfall dieser Bestimmung auf Grund von § 1 und § 9 des Gesetzes erfolgen; denn es kann nicht zweifelhaft sein, daß es sich bei diesem Verfahren um eine ausgesprochene Tierquälerei handelt. Es ist nur bedauerlich, daß bis jetzt diese Bestimmung noch nicht in Kraft getreten ist. [...] Es ist nur zu wünschen, daß der Reichsminister des Innern in Bälde einen Zeitpunkt für das Inkrafttreten der Bestimmung festsetzt.“[1579]

Diese Stellungnahme zur Übergangszeit entsprach dem Standpunkt von Giese und Kahler, „daß derjenige, der beim Stopfen (Nudeln) Tiere unnötig quält oder roh mißhandelt, schon jetzt der Strafe nach § 1 des Gesetzes unterliegt.“[1580]

Dr. Frick ließ nicht lange auf sich warten, indem er entsprechend erließ:

c) Inkraftsetzung

„Dritte Verordnung zur Ausführung des Tierschutzgesetzes
Vom 11. September 1936.

Auf Grund des § 14 des Tierschutzgesetzes vom 24. November 1933 (Reichsgesetzbl. I S. 987) wird hiermit verordnet:

Einziger Paragraph

Der Zeitpunkt des Inkrafttretens des § 12 Nr. 11 des Tierschutzgesetzes – Verbot des Stopfens (Nudelns) des Geflügels – wird auf den 1. November 1936 festgesetzt.

Berlin, den 11. September 1936

Der Reichsminister des Innern
In Vertretung des Staatssekretärs
Dr. Schütze

Standpunkt. Kohler käme aber auch heute noch auf seine Kosten, denn man hat mit Erfolg versucht, den Gänsen durch Nachtbeleuchtung der Ställe den Schlaf zu vertreiben und sie zum Fressen anzuhalten. Die Poesie stirbt also nicht aus.“ Andere Schauplätze ihres Dauerwortgefechtes s. o. § 1 unter „unnötig“.

1578 Neupert, *Übertretungsdelikte des RTierSchG*, in: GA, N. F. Bd. 5, 1938, S. 305.

1579 Wetzel, *Tierschutz im Reichsstrafrecht*, 1936, S. 28.

1580 Giese / Kahler, *Das deutsche Reichs-Tierschutzgesetz*, 1934, S. 49.

Der Reichsminister für Ernährung und Landwirtschaft
In Vertretung des Staatssekretärs
Moritz"[1581]

Aus diesem Anlass zeichneten beide Sachbearbeiter die zwischenzeitliche Entwicklung auf:

„Die in § 15 des Tierschutzgesetzes enthaltene Bestimmung, [...] den Geflügelhaltern und Geflügelmästern zur Vermeidung wirtschaftlicher Schäden Zeit zu einer entsprechenden Umstellung ihrer Betriebe zu heben, war von den interessierten Stellen vielfach übersehen worden. So hatte denn eine im Jahre 1936 veranstaltete Rundfrage des Reichsministers des Innern das erfreuliche Ergebnis, daß auch in den Landesteilen, in denen früher das ‚Stopfen' üblich war, dieses schon längst in Wort und Schrift als Tierquälerei bezeichnete Verfahren kaum noch angewandt wurde, die Inkraftsetzung des Verbotes sonach durchaus keine einschneidende wirtschaftliche Maßnahme mehr darstellte, wie von interessierter Seite behauptet wurde. Durch die großzügige Propaganda, die mit Hilfe des Reichsministeriums für Volksaufklärung und Propaganda, des Reichsministeriums für Ernährung und Landwirtschaft, des Reichsnährstandes, der Tierärzte und der Tierschutzvereine mit eigens gefertigten Merkblättern bei der tierhaltenden Bevölkerung gegen die Unsitte des ‚Stopfens' des Geflügels betrieben wurde, war der Boden für die Inkraftsetzung des Verbots in § 2 Nr. 11 des [RTierSchG] so vorbereitet, daß diese zum 1. November 1936 erfolgen konnte, ohne irgendwelche wirtschaftliche Störungen nach sich zu ziehen."[1582]

Trotzdem mahnten Storch und Mathieu: „Der Beamte [...] streiche im § 15 des Reichstierschutzgesetzes bisheriger Fassung in Zeile 2 die Worte ‚und 11'."[1583]

12. Ausreißen von Froschschenkeln

„§ 2 Verboten ist, [...] *12. lebenden Fröschen die Schenkel auszureißen oder abzutrennen."*

a) Amtliche Begründung

„Der Genuß von Froschschenkeln ist in manchen Gegenden Deutschlands noch üb-rig. Die ‚Froschjäger' schneiden oder reißen den lebenden Fröschen vielfach die Beine ab und werfen den übrigen Körper fort. Es dauert tagelang, bis die gequälten und verstümmelten Tiere verenden. Wenn die Frösche ordnungsmäßig, d. h. nach vorheriger Betäubung (Schlag oder Druck auf den Kopf oder durch Abschneiden des

1581 RGBl. I, Nr. 84 v. 22. 9. 1936, S. 735.

1582 Giese / Kahler, *Das deutsche Tierschutzrecht*, 1939, S. 119; bei Giese, 4. A. 1951, S. 124 – 125, bestand die einzige Abänderung in der „entsprechend[n] Propaganda der landwirtschaftlichen Berufsvertretung [usw.]".

1583 Storch† / Mathieu, *Tierschutz-Taschenbuch*, (1. A. Oktober 1936) 4. A., 1941, S. 74.

Kopfes) getötet werden, hat der Tierschutz kein Interesse daran, das Verzehren von Froschschenkeln zu verbieten."[1584]

b) Auslegung

Danach mussten Frösche „zuerst getötet werden, dann ist ein Abtrennen der Schenkel gestattet."[1585] Aus dieser Konstellation kristallisierte sich die Strafstaffelung heraus: „Der Froschjäger, der dem lebenden Frosch die Schenkel abschneidet oder abreißt und das verstümmelte Tier fortwirft, so daß es noch tagelang sich herumquält und in seiner Bewegungsmöglichkeit leicht von anderen Tieren angefressen wird, begeht Tierquälerei im Sinne des § 1. Die Schutzvorschrift Nr. 12 macht darüber hinaus auch den strafbar, der [...] den Frosch vor der Verstümmelung betäubt und nach der Verstümmelung sofort getötet hat, und nimmt insofern eine Ausnahmestellung unter den Vorschriften des § 2 ein."[1586]

Andererseits betonten Giese und Kahler: „Wenn die Frösche ordnungsmäßig getötet sind [...], steht die Vorschrift von Nr. 12 dem Abtrennen der Froschschenkel und deren weiterer Verwertung zu Genußzwecken nicht entgegen. Einen nennenswerten Anteil an der Volksernährung kann das Froschschenkelessen allerdings wohl nicht haben, sollte es auch nicht erlangen angesichts der Nützlichkeit, die die Frösche durch die Vertilgung von Schnecken, Insekten, besonders der Mücken und deren Brut im Wasser haben."[1587] Doch diese Selbstbeschwichtigung des Gesetzgebers offenbarte Neupert eine weitere Ausnahmestellung des § 2 Z. 12, die gar Adolphs anscheinenden Sieg über Kohler bei Z. 11 überschattete: „Es erkennt das Gesetz also grundsätzlich das Recht der Menschen an, Tiere auch dann zu töten, wenn sie nicht zur notwendigen Nahrung, sondern nur zu Nahrungsluxus gebraucht werden."[1588] Insofern half § 2 Z. 12 zwar auch tierquälerischer Praxis ab, stellte aber einen moralischen Makel des RTierSchG dar. Nichtsdestotrotz verwies Neupert zur Froschtötung auf die indes im § 3 der Kaltblüter-Verordnung vom 14. Januar 1936 festgelegte schnelle

1584 BA Berlin-Li., R 18 Rep. 320 Nr. 589, Bl. 104; Giese / Kahler, *Das deutsche Reichs-Tierschutzgesetz*, 1934, S. 116; *Das deutsche Tierschutzrecht*, 1939, S. 278; Giese, 4. A. 1951, S. 298.

1585 Wetzel, *Tierschutz im Reichsstrafrecht*, 1936, S. 28.

1586 Einhauser, *Das Tierschutzgesetz*, in: Frank (Hrsg.), *Handbuch*, 1935, S. 910.

1587 Giese / Kahler, *Das deutsche Reichs-Tierschutzgesetz*, 1934, S. 50.

1588 Neupert, *Übertretungsdelikte des RTierSchG*, in: GA, N. F. Bd. 5, 1938, S. 305; zur Spannungsbeziehung beider benachbarten Ziffern fuhr er an gleicher Stelle fort: „Dieser [...] Grundsatz gilt allerdings nicht uneingeschränkt, wie beispielweise das Verbot des Geflügels zeigt, wo das Interesse der Qualvermeidung vor das Nahrungsinteresse gesetzt ist, obwohl Gänseleberpastete nur durch Gänsemast entstehen kann."

Kopfabschneidung, und dehnte den Schutz auf Krustentiere aus, deren Quäler „gleichfalls nach § 9 Abs. 3 Nr. 3 RTG. zu ahnden“[1589] seien.

Andere Sorge trug Einhauser: „Freilich wird sich in den seltensten Fällen überwachen und nachweisen lassen, wie der Froschjäger zu Werke geht. Ein wirksamer Schutz läßt sich jedoch dadurch schaffen, daß auch verboten wird, Froschschenkel roh oder zubereitet feilzuhalten, anzubieten, zu veräußern oder zu erwerben, wie auch schon bei der Beratung über den Gesetzentwurf der Sachverständigenbeirat für Volksgesundheit in der Reichsleitung der NSDAP vorgeschlagen hatte, den Verkauf von Froschschenkeln — und Krammetsvögeln — zu verbieten (§ 3 seines Entwurfes).“[1590] Soweit ging das Gesetz aber nicht mehr, und auch Giese und Kahler konnten nur wiederholend zum Vorbild südlich der Kleinreichsgrenze aufrufen: „In einigen Gegenden Europas, z. B. in Tirol, ist der Froschfang allgemein verboten, einmal wegen der damit verbundenen Tierquälerei, zum anderen wegen des großen Nutzens, den die Frösche durch Vertilgung von Schädlingen der Landwirtschaft bringen.“[1591]

§ 3 Einfuhrverbot kupierter Pferde

„§ 3

Die Einfuhr kupierter Pferde ist verboten. Der Reichsminister des Innern kann in besonders begründeten Fällen Ausnahmen zulassen.“

1. Amtliche Begründung

„Das Einfuhrverbot ergibt sich als Folge des in § 2 Nr. 8 aufgestellten Verbotes und erschien notwendig, um dessen Durchführung sicherzustellen. Aus handelspolitischen Erwägungen sind Ausnahmen von dem Einfuhrverbot vorgesehen. Auch aus anderen wichtigen Gründen, z. B. beim Bestehen züchterischer Bedürfnisse, soll eine Einfuhr kupierter Pferde im Ausnahmewege zugelassen werden können. Gedacht ist hierbei z. B. an die Einfuhr von wertvollen Zuchttieren zur Blutauffrischung und zur Hebung der heimischen Zucht sowie an die vorübergehende Einfuhr von Pferden zur Teilnahme an Rennen und Turnieren. Aus dem gleichen Grunde wie für das Inkrafttreten des Verbots des § 2 Nr. 8 ist auch für das Inkrafttreten des Einfuhrverbots

---

1589 Neupert, *Übertretungsdelikte des RTierSchG*, in: GA, N. F. Bd. 5, 1938, S. 305.

1590 Einhauser, *Das Tierschutzgesetz*, in: Frank (Hrsg.), *Handbuch*, 1935, S. 910.

1591 Giese / Kahler, *Das deutsche Reichs-Tierschutzgesetz*, 1934, S. 50; *Das deutsche Tierschutzrecht*, 1939, S. 68; Giese, 4. A. 1951, S. 69.

ein späterer Termin im Einvernehmen mit dem Reichsminister für Ernährung und Landwirtschaft in Aussicht genommen. (Zu vgl. § 15 des Gesetzes.)"[1592]

2. Auslegung

Während „*Einfuhrverbote für [geschächtetes] Fleisch nur aus seuchenpolizeilichen Gründen oder gesundheitspolizeilichen Gründen zu erlassen sind*"[1593], konnte die Reichsregierung hier von eigenen Befugnissen Gebrauch machen, und zwar aufgrund der Annahme: „Das Einfuhr für kupierte Pferde ist erforderlich, weil sonst die Durchführung des in § 2 Nr. 8 ausgesprochene Verbotes des Kupierens von Pferden nur schwer durchführbar wäre. Im übrigen ließe es sich auch nicht vertreten, wenn man das Kupieren in Deutschland verbietet und gleichzeitig gestattet, kupierte Pferde einzuführen, weil sonst diejenigen, die die Modetorheit kupierter Pferde auch weiterhin beibehalten wollen, geradezu darauf hingewiesen würden, zum Nachteil der deutschen Landwirtschaft im Ausland zu kaufen; auch im Interesse des Tierschutzes muß es vermieden werden, nachdem man das Kupieren als eine unnötige Tierquälerei erkannt und verboten hat, im Ausland eine erhöhte Nachfrage nach Tieren, die dieser tierquälerischen Behandlung unterworfen worden sind, zu erzeugen oder zu unterstützen."[1594]

3. Ausgebliebenes Inkrafttreten

In diesem einzigen zeitgenössischen Kommentar zum § 3 schilderten Giese und Kahler die „hauptsächlich[en]" Ausnahmefälle als die „anderen Ländern gegenüber eingegangenen handelsrechtlichen Bindungen"[1595], zumal „belgische und holländische Kaltblutpferde, die von den Züchtern aus jahrzehntelanger Gewöhnung heraus fast ausnahmslos kupiert werden, in Deutschland noch dringend benötigt werden."[1596] Folglich konnte die 4. AusfVO des RTierSchG vom 12. Juli 1938 nur das Kupierverbot in § 2 Z. 8 für das Altreich — d. h. noch ohne das neulich angeschlossene Österreich — in Kraft setzen, während Giese für § 3 auch 1951 eintragen musste: „Die Inkraftsetzung des Einfuhrverbots würde, da

1592 BA Berlin-Li., R 18 Rep. 320 Nr. 589, Bl. 104 (in dieser Urfassung fehlte noch der letzte Satz); Giese / Kahler, *Das deutsche Reichs-Tierschutzgesetz*, 1934, S. 116; *Das deutsche Tierschutzrecht*, 1939, S. 278; Giese, 4. A. 1951, S. 298 – 299.

1593 Giese / Kahler, *Das deutsche Tierschutzrecht*, 1939, S. 158.

1594 Giese / Kahler, *Das deutsche Reichs-Tierschutzgesetz*, 1934, S. 50 – 51; *Das deutsche Tierschutzrecht*, 1939, S. 68; Giese, 4. A. 1951, S. 70.

1595 Giese / Kahler, *Das deutsche Reichs-Tierschutzgesetz*, 1934, S. 50 – 51; *Das deutsche Tierschutzrecht*, 1939, S. 68; Giese, 4. A. 1951, S. 70.

1596 Giese / Kahler, *Das deutsche Tierschutzrecht*, 1939, S. 124; Giese, 4. A. 1951, S. 126.

Deutschland auf die Einfuhr von Pferden aus dem Auslande noch nicht verzichten kann, zur Zeit noch beträchtlichen Schwierigkeiten begegnen."[1597]

§ 4 Einhufer unter Tage

„§ 4

Die Verwendung von Einhufern unter Tage ist nur mit Genehmigung der zuständigen Landesbehörde gestattet."

1. Amtliche Begründung

„Die Verwendung von Einhufern unter Tag erfolgt in der Hauptsache nur noch im rheinisch-westfälischen Steinkohlengebiet. Durch eine Umfrage ist festgestellt worden, daß zurzeit noch etwa 1600 Tiere in Deutschland unter Tag beschäftigt sind, die im allgemeinen in den Gruben auch gut gehalten werden. Da trotz der fortgeschrittenen Mechanisierung der Förderung der tierische Zug nicht in allen Fällen ersetzt werden kann, ist vorgesehen, die Verwendung von Einhufern unter Tag nur mit Genehmigung der zuständigen Landesbehörde zuzulassen. Daneben wird es Aufgabe der Veterinärbehörden (§ 17 Nr. 7 des Viehseuchengesetzes) sein, bei den Grubenverwaltungen auf eine regelmäßige Erholung der Tiere über Tage hinzuwirken."[1598]

2. Auslegung, Ausführung und Ausblick

Während Grubenpferde in u. a. Belgien und Frankreich noch große Rolle spielten,[1599] setzte sich deren Zahl in Deutschland bis 1937 noch auf 700, „einstweilen ist aber nach Angabe aller befragten Bergbausachverständigen die vollständige Ersetzung der Pferdehaltung durch Maschinen noch nicht möglich, so daß das Pferd auch weiterhin als Arbeitsgenosse des Menschen unter Tage verwendet werden muß."[1600] Dafür sah § 4 nunmehr Genehmigungspflicht vor, in der man — erstmals im RTierSchG — „ausgesprochen verwaltungsrechtlichen Inhalt"[1601] sah, weil „die Behörde jederzeit in der Hand [hat], durch Auflagen und Bedingungen das Los der Bergwerkstiere günstiger zu gestalten oder es von ih-

---

1597 Giese, *Das deutsche Tierschutzrecht*, 4. A. 1951, S. 70.

1598 BA Berlin-Li., R 18 Rep. 320 Nr. 589, Bl. 104 – 105 (als § 5 in dieser Urfassung, als im E 3 noch die Reglung der „Zufallstierbesitzer" als § 4 gestanden war); Giese / Kahler, *Das deutsche Reichs-Tierschutzgesetz*, 1934, S. 117; *Das deutsche Tierschutzrecht*, 1939, S. 278 – 279; Giese, 4. A. 1951, S. 299.

1599 Giese / Kahler, *Das deutsche Tierschutzrecht*, 1939, S. 70.

1600 Giese / Kahler, *Das deutsche Tierschutzrecht*, 1939, S. 117; Giese, 4. A. 1951, S. 121.

1601 Wetzel, *Tierschutz im Reichsstrafrecht*, 1936, S. 28.

rer Einhaltung überhaupt abhängig zu machen."[1602] Das geschah auch tatsächlich durch die

„Zweite Verordnung zur Ausführung des Tierschutzgesetzes.
Vom 27. Juni 1936.

Auf Grund des § 14 des Tierschutzgesetzes vom 24. November 1933 (Reichsgesetzbl. I S. 987) wird hiermit verordnet:

§ 1

Zuständige Landesbehörde im Sinne des § 4 des Tierschutzgesetzes ist die Bergbehörde.

§ 2

Für die Erteilung der Genehmigung zur Verwendung von Einhufern unter Tage gemäß § 4 des Tierschutzgesetzes gelten folgende Grundsätze:

1. Begleiter und Pflegepersonal für die in den Gruben verwendeten Einhufer sind besonders sorgfältig auszuwählen.

2. Die von Einhufern begangenen Strecken müssen möglichst trocken gehalten werden. Einhufer, die auf nassen Strecken arbeiten, müssen zur Vermeidung von Erkrankungen der Füße und Hufe in angemessenen Zwischenräumen gegen andere Tiere ausgetauscht werden.

3. In Stallungen mit elektronischem Licht müssen ausreichend lichtstarke Lampen verwendet werden, um den Tieren einen genügenden Ersatz für das fehlende Tageslicht zu geben.

4. In Stallungen mit reichlichem Tropfenfall sollen Einhufer nicht untergebracht werden. Läßt sich dies nicht vermeiden, so sind genügende Schutzvorrichtungen anzubringen.

5. Kranke Einhufer sollen alsbald nach über Tage gebracht und hier versorgt werden. Das gleiche gilt für Einhufer, die längere Zeit unter besonders ungünstigen Umständen (nasse Strecken, dauernd ungünstige Beleuchtung in den Stallungen) gearbeitet haben.

§ 3

Die Bergbehörden haben sich über die Unterbringung, Haltung, Arbeitsleistung und den Gesundheitszustand der unter Tage verwendeten Einhufer unter Zuziehung des zuständigen beamteten Tierarztes durch stichprobenweise Besichtigungen wenigstens einmal jährlich zu unterrichten.

Berlin, den 27. Juni 1936.

Der Reichsminister des Innern
In Vertretung
Pfundtner

Der Reichswirtschaftsminister
In Vertretung
Posse"[1603]

1602 Neupert, *Übertretungsdelikte des RTierSchG*, in: GA, N. F. Bd. 5, 1938, S. 306.

Damit die Pferde sich in den meist beengten Raumverhältnissen nicht verletzten, berief § 2 an erster Stelle Pferdepfleger und Pferdeführer. Deren Auswahl, Schulung und ständige Beaufsichtigung sollte nicht anders liegen als über Tage. Dies sei sinnvoll, denn: „Nicht nur der Pferdebesitzer hat ein lebhaftes wirtschaftliches Interesse am Wohlbefinden seiner Tiere (vielfach [...] gehören [sie] einem anderen Unternehmer), sondern auch die Grubenverwaltung, die für plötzliche Schäden an den Tieren aufzukommen hat."[1604] Die Anweisungen Z. 2 – 5 ergaben sich daraus, es „werden vereinzelt Huferkrankungen bei den Tieren beobachtet, die zum Teil durch das salzhaltige Grubenwasser bedingt sind, das bei längerer Dauer zum Teil leicht ätzend auf die Haut wirkt; öfters sind auch bei den Tieren Augenleiden festzustellen, die offenbar auf die lange Entbehrung des Tageslichtes zurückzuführen sind. Hierauf und auf etwaige Verletzungen an den hervorspringenden Körperteilen (Kopf, Augenbogen, Hüfte usw.) ist bei den Kontrollbesichtigungen besonders zu achten".[1605] Noch eine vermeintliche Lücke der Verordnung schlossen Giese und Kahler, indem sie rieten: „Den Bergwerksbetrieben zwingend vorzuschreiben, daß die unter Tage beschäftigten Pferde in regelmäßigen Zwischenräumen an die Oberfläche zu bringen sind, ist nicht zweckmäßig, da das Zutagefördern [...] in den engen Förderkörbern gestaltet sich häufig schwierig und bedeutet für die Tiere eine starke Beunruhigung. Die Gewöhnung an das gleichmäßige und warme Grubenklima macht auch die Tiere gegenüber den an der Oberfläche vorkommenden Temperaturveränderungen empfindlich, so daß Erkältungserkrankungen bei ihnen [...] leichter auftreten. Schließlich müßte bei regelmäßigem Zutagefördern der Bestand an Grubenpferden nicht unerheblich, unter Umständen auf das Doppelte, erhöht werden."[1606] § 3 dieser Verordnung rief nach §§ 1, 2 Z. 1, 2, 5, 7, 8 und 9 RTierSchG nun zum 8. Male den Tierarzt auf den Plan.

Da die Genehmigung nur mit den ausgeführten Vorbehalten zu erteilen war, wurde sie allseitig als jederzeit widerruflich erkannt.[1607] Zur Strafbemessung war anzumerken: „§ 4 RTG. mit § 9 Abs. 3 RTG. straft nur die Verwendung von Einhufern unter Tag, ohne daß eine Genehmigung vorliegt, sofern bei der Ver-

---

1603 RGBl. I, Nr. 65 v. 11. 7. 1936, S. 539.

1604 Giese / Kahler, *Das deutsche Tierschutzrecht*, 1939, S. 119; Giese, 4. A. 1951, S. 122.

1605 Giese / Kahler, *Das deutsche Tierschutzrecht*, 1939, S. 119; Giese, 4. A. 1951, S. 122 – 123.

1606 Giese / Kahler, *Das deutsche Tierschutzrecht*, 1939, S. 119 – 120; Giese, 4. A. 1951, S. 123.

1607 Korn, *Kommentar zum RTierSchG*, 1934, S. 26; Giese / Kahler, *Das deutsche Reichs-Tierschutzgesetz*, 1934, S. 52; *Das deutsche Tierschutzrecht*, 1939, S. 70; Giese, 4. A. 1951, S. 71; Neupert, *Übertretungsdelikte des RTierSchG*, in: GA, N. F. Bd. 5, 1938, S. 306.

wendung selbst keine Tierquälerei zu finden ist. Ein Verstoß gegen die in § 2 der 2. VO. zur Ausführung des RTG. festgelegten Richtlinien ist nach § 9 Abs. 3 Nr. 3 strafbar, der in Idealkonkurrenz zu § 9 Abs. 3 Nr. 1 stehen kann."[1608]

Doch würde eine gesetzliche Regelung kaum noch Anwendungsfälle haben, als Giese und Kahler bis 1938 / 39 die Umsetzung verzeichnen konnten, „daß auf Grund von Umfragen bei den Oberbergamtsbezirken und von Betriebsbesichtigungen als festgestellt anzusehen ist, daß die Wartung und Pflege sowie der Gesundheitszustand der Grubenpferde durchweg als gut zu bezeichnen sind und die Stallungen, in denen sie untergebracht sind, zu Beanstandungen keinen Anlaß geben."[1609] Außerhalb der gesetzlichen Regelungen „wird dahin gestrebt, die mechanische Zugkraft zugunsten einer Verminderung der Pferdehaltung immer mehr auszubauen, und es ist dankend anzuerkennen, wenn Grubenverwaltungen ihren Betriebsbeamten für jedes Pferd, das abgeschafft werden kann, eine Prämie auszahlen."[1610]

§ 5 Verbot der „Versuche an lebenden Tieren"

„Abschnitt III
Versuche an lebenden Tieren.

§ 5

Verboten ist, Eingriffe oder Behandlungen, die mit erheblichen Schmerzen oder Schädigungen verbunden sind, an lebenden Tieren zu Versuchszwecken vorzunehmen, soweit nicht die Vorschriften der §§ 6 bis 8 etwas anderes bestimmen."

1. Allgemeines zum Abschnitt

Auf diesen Komplex warf die amtliche Begründung einen Rück- und Überblick:

> „Die Beschränkung oder Unterbindung der Versuche an lebenden Tieren ist eine nicht nur den Tierschutz, sondern auch die Allgemeinheit seit langem beschäftigende Frage, mit der sich die Parlamente wiederholt befaßt haben, und die auch in der

---

1608 Neupert, *Übertretungsdelikte des RTierSchG*, in: GA, N. F. Bd. 5, 1938, S. 306.

1609 Giese / Kahler, *Das deutsche Tierschutzrecht*, 1939, S. 118.

1610 Giese / Kahler, *Das deutsche Tierschutzrecht*, 1939, S. 117. Als der Verfasser dieser Arbeit 2011 das Ruhrmuseum (Zollverein A 14, Schacht VII, Kohlenwäsche, 45309 Essen), besuchte, wurde angezeigt, dort habe das letzte Grubenpferd „Tobias" 1966 ausgedient. Andere Quellen weisen auf den Schimmel-Wallach „Seppel" mit zwei Monaten späterem Ausstand vom Bochumer Zeche Lothringen hin, während z. B. auf der Grube Wolkenhügel zu Bad Lauterberg im Harz noch Anfang der 1970er Jahre einzelne Pferde in Tagesförderbetrieb eingesetzt worden seien (http://de.wikipedia.org/wiki/Grubenpferd, Zustand vom Rosenmontag 2013).

letzten Zeit die Gemüter weiter Volkskreise beunruhigt hat. An dieser Sachlage haben auch die [...] 1885 und 1930 erlassenen, die Vivisektion betreffenden landesrechtlichen Bestimmungen nichts geändert. Ein völliges Verbot der Vornahme von Versuchen an lebenden Tieren erscheint nicht vertretbar, denn ein dahingehendes Verbot würde dem Volk einen schlechten Dienst erweisen und einen Rückschritt der ernsten wissenschaftlichen Forschungstätigkeit zur Folge haben. Es gibt Fälle — erinnert sei u. a. an die Prüfung wichtiger Arzneimittel und anderer Stoffe auf ihre heilende oder toxische Wirkung, an die Impfungen zur Erkennung von Krankheiten oder zu forensischen Zwecke —, in denen auf die Heranziehung des Tierversuchs nicht verzichtet werden kann. Es entspricht auch der Grundlage jeder Gemeinschaft lebender Wesen, daß notfalls einzelne Individuen im Interesse der Gesamtheit geopfert werden müssen. Trotzdem erscheint es geboten, die Ausführung der notwendige Versuche an bestimmte, im Gesetz festgelegte Voraussetzungen zu knüpfen."[1611]

Im Kommentar ergänzten Giese und Kahler noch die Gesichtspunkte von Görings Vorarbeit sowie Grundsatz und Gliederung des neuen Gesetzabschnittes:

„Hinzuweisen ist in diesem Zusammenhang auf den Erlaß des Preußischen Ministers des Innern vom 5. September 1933 (MBliV. Teil II S. 420), der die Vornahme von Tierversuchen an ähnliche Voraussetzungen, wie sie jetzt im Reichstierschutzgesetz aufgestellt sind, bindet und durch sein verständnisvolles Eingehen auf die Not der Versuchstiere besondere Bedeutung erlangt hat. [...] In Heft Nr. 17 der Deutschen Tierschutzzeitung RVTV.-Meißen heißt es in der Besprechung zum Reichstierschutzgesetz hierzu: ‚[...] Es muß aber bei einer Kritik dieser Vorschrift berücksichtigt werden, daß der Gesetzgeber sich in einer außerordentlich schwierigen Lage befindet. Er kann die Dinge nicht nur nach den an sich berechtigten Wünschen der Tierschützer regeln, er muß den Bedürfnissen der Gegenwart und den Forderungen der Wirtschaft und Wissenschaft Rechnung tragen. Es war deshalb unausbleiblich, daß in der Bekämpfung der Vivisektion immer nur ein Kompromiß erreicht werden konnte.‘ Diesen Ausführungen wird man die Berechtigung nicht versagen können. [...] Das Gesetz [...] mußte daher für die Fälle, in denen der Tierversuch nicht entbehrt werden kann, Ausnahmen zulassen. [...] Wie die Tiere der Freinatur aufeinander angewiesen sind, gebend und nehmend, so sind die Wechselverhältnisse zwischen Mensch und Tier naturgegeben. Der Tierschützer gibt die Sache des Tieres nicht auf, wenn er in besonderen Fällen eine geregelte Schädigung des Tieres duldet, sofern der Menschheit davon ein entsprechend großer Nutzen erwächst. Ganz entbehren kann die Wissenschaft den Versuch an lebenden Tieren nicht. So liegt auch der Regelung der Frage im Gesetz der Gedanke der Interessenabwägung zugrunde: Dort, wo der Versuch am lebenden Tier ernster wissenschaftlicher Forschung dient, die Erkenntnis einer Heilungsmöglichkeit einen Kulturfortschritt in Aussicht stellt, geht das Kulturinteresse dem einzelnen Tiere vor, denn das Tier dient dem Menschen. Es gebührt ihm aber als lebendem Wesen Rücksichtnahme und Vermeidung

---

1611 BA Berlin-Li., R 18 Rep. 320 Nr. 589, Bl. 106 – 107; Giese / Kahler, *Das deutsche Reichs-Tierschutzgesetz*, 1934, S. 117 – 118; *Das deutsche Tierschutzrecht*, 1939, S. 279; Giese, 4. A. 1951, S. 299 – 300.

jeder unnötige Verletzung und Qual. Bei dieser Sachlage erschien es dem Gesetzgeber geboten, die Ausführung der unbedingt notwendigen Versuche amtlicher Kontrolle zu unterwerfen und sie an bestimmte, im Gesetz genau festgelegte Voraussetzungen und Bedingungen zu binden.

Die hierüber erlassenen Bestimmungen stehen unter strafrechtlichem Schutz."[1612]

2. Amtliche Begründung

„Im Gesetz ist zunächst die Vornahme von Eingriffen an lebenden Tieren, sofern dieselben mit erheblichen Schmerzen oder Schädigungen verbunden sind, zu Versuchszwecken verboten. Dies ist aus dem Grunde geschehen, um Unberufene, die sich bisher vielfach mit Tierexperimenten befaßten, auszuschalten. Ausnahmen von dem Verbot sollen nur insoweit zulässig sein, als dies in den §§ 6 bis 8 bestimmt wird. — Unter Eingriffen und Behandlungen sind zu verstehen alle operativen sowie unblutigen oder sonstigen Versuche, die bei lebenden Tieren erhebliche Schmerzen hervorzurufen geeignet sind."[1613]

3. Auslegung

Im Gegensatz zu Göring sprach der hiesige Wortlaut nicht mehr von „Vivisektion", und sparte sich dadurch deren buchstäbliche Bedeutung „lebende Zerschneidung". Stattdessen untersagte das RTierSchG alle Eingriffe und Behandlungen, die — von Versuchszwecken abgesehen — an § 1 ausgerichtet waren. „Verbunden" seien Schmerzen mit dem Versuche aber auch dann, wenn sie erst später als Folge des ersten Eingriffes oder der ersten Behandlung eintraten;[1614] und „Versuch" umfasse nicht nur den ersten Eingriff oder die erste Behandlung, sondern „die gesamte, oft auf längere Zeit sich erstreckende Durchführung"[1615] sowie deren „folgende Beobachtungszeit; gerade in dieser Zeit treten regelmäßig die Schmerzen erst auf, da der erste Eingriff, soweit irgend angängig, unter Betäubung zu erfolgen hat."[1616] Die Art der Eingriffe bzw. Behandlungen, „ob blutige oder sonstige operative Versuche, Kälte-, Hitze-, Fütterungs-, Hunger-, Vergiftungs-, Infektionsversuche oder sonstige unblutige Versuche, begründet

1612 Giese / Kahler, *Das deutsche Reichs-Tierschutzgesetz*, 1934, S. 54 – 57; *Das deutsche Tierschutzrecht*, 1939, S. 72 – 74; Giese, 4. A. 1951, S. 74 – 76.

1613 BA Berlin-Li., R 18 Rep. 320 Nr. 589, Bl. 106 (dort als § 6 aus o. g. Gründen); Giese / Kahler, *Das deutsche Reichs-Tierschutzgesetz*, 1934, S. 118; *Das deutsche Tierschutzrecht*, 1939, S. 279; Giese, 4. A. 1951, S. 300.

1614 Einhauser, *Das Tierschutzgesetz*, in: Frank (Hrsg.), *Handbuch*, 1935, S. 911.

1615 Giese / Kahler, *Das deutsche Reichs-Tierschutzgesetz*, 1934, S. 57; *Das deutsche Tierschutzrecht*, 1939, S. 74; Giese, 4. A., 1951, S. 77.

1616 Einhauser, *Das Tierschutzgesetz*, in: Frank (Hrsg.), *Handbuch*, 1935, S. 911.

keinen Unterschied“[1617]; ebenso wenig die Art der Tiere, denn die Bestimmungen „gelten für alle Tiere, auch z. B. für Tierstämme, die *unter* den Wirbeltieren stehen, wie Bienen oder andere Insekten.“[1618]

Wie weit diese Regelung auch gegangen sei, wurde darauf hingewiesen, „daß das Schwergewicht der Bestimmungen eigentlich nicht in der Regel liegt, sondern in den Ausnahmen.“[1619] „Die *erste* Gruppe der von dem Verbot unter bestimmten Voraussetzungen ausgenommenen, also zugelassenen Versuche ist in den §§ 6 und 7 des Gesetzes behandelt und betrifft diejenigen Versuche, die für die Wissenschaft und Forschung unentbehrlich sind.“[1620]

§ 6 Erlaubnis von Ausnahmen

„§ 6

(1) Der Reichsminister des Innern kann auf Vorschlag der zuständigen Reichs- oder obersten Landesbehörden bestimmten wissenschaftlich geleiteten Instituten oder Laboratorien die Erlaubnis zur Vornahme wissenschaftlicher Tierversuche an lebenden Tieren erteilen, sofern der wissenschaftliche Leiter über die erforderliche fachmännische Ausbildung und Zuverlässigkeit verfügt, geeignete Einrichtungen für die Vornahme der Tierversuche vorhanden sind und Gewähr für gute Wartung und Unterbringung der Versuchstiere gegeben sind.

(2) Der Reichsminister des Innern kann die Erteilung der Erlaubnis anderen obersten Reichsbehörden überlassen.

(3) Die Erlaubnis kann jederzeit ohne Entschädigung zurückgenommen werden.“

1. Amtliche Begründung

„Um eine Übersicht über diejenigen Institute und Laboratorien zu haben, die sich mit Versuchen an lebenden Tieren befassen, ist im § 6 vorgesehen, daß eine besondere Erlaubnis für die Vornahme erforderlich ist. Diese Erlaubnis wird vom Reichsminister auf Vorschlag der zuständigen Reichs- oder Landesbehörde bewilligt. Die Voraussetzungen, unter denen eine solche Erlaubnis erteilt wird, sollen gleich-

---

1617 Einhauser, *Das Tierschutzgesetz*, in: Frank (Hrsg.), *Handbuch*, 1935, S. 911; siehe auch Giese / Kahler, *Das deutsche Reichs-Tierschutzgesetz*, 1934, S. 57; Wetzel, *Tierschutz im Reichsstrafrecht*, 1936, S. 32.

1618 Giese / Kahler, *Das deutsche Tierschutzrecht*, 1939, S. 75; Anm. d. Verf.: mit der Hervorhebung wurde ja „auf der Entwicklungskette niedriger stehend“, also wirbellose Tiere, gemeint, nicht etwa „unter die Wirbeltiere fallend“ bzw. denselben zugehörend.

1619 Wetzel, *Tierschutz im Reichsstrafrecht*, 1936, S. 32.

1620 Giese / Kahler, *Das deutsche Reichs-Tierschutzgesetz*, 1934, S. 57; *Das deutsche Tierschutzrecht*, 1939, S. 75; Giese, 4. A., 1951, S. 77.

zeitig zur Sicherung gegen einen Mißbrauch von Tierversuchen und zum Schutz der Versuchstiere dienen. [Wiederholung der Abs. 2 und 3]“[1621]

2. Auslegung

Göring hatte in § 2 f seines Erlasses vorgesehen: „*Wissenschaftliche Institute, in denen Tierversuche ausgeführt werden sollen, dürfen hierzu, soweit es sich nicht um staatliche, kommunale oder staatlich konzessionierte Institute handelt, der Genehmigung des zuständigen Ministers.*“ Nunmehr galt die Erlaubnispflicht für alle Wissenschaftsinstitute, die sich überhaupt mit Tierversuchen befassen wollten. „Dadurch, daß die Befugnis zur Erteilung der Erlaubnis nur bei einer einzigen Reichsbehörde liegt,“ nämlich dem Innenminister persönlich, „ist eine einheitliche Regelung gewährleistet, und die Möglichkeit einer zweckdienlichen Überwachung von einer Stelle aus geboten.“[1622] Zur Handhabung wurde amtlicherseits angewiesen: „Anträge [...] sind bei den zuständigen Dienststellen des Landes einzureichen und werden von der Landesregierung an das Reichsministerium des Innern weitergegeben, nachdem durch örtliche Erhebungen insbesondere festgestellt worden ist, ob die in § 6 Abs. 1 aufgestellten Anforderungen [...] erfüllt sind“.[1623] Dieselben legten Giese und Kahler 1938 / 39 aus:

> „Die Erlaubnis zur Vornahme von Tierversuchen wird an Einzelpersonen nicht erteilt, sondern nur an wissenschaftlich geleitete Institute oder Laboratorien, und zwar sowohl an staatliche wie an private; es kommt auf die wissenschaftliche Leitung an. Der Leiter des Instituts muß eine zur Vornahme von Tierversuchen notwendige wissenschaftliche Vorbildung besitzen und über die Lebensweise, Pflege und Haltung, über Ernährung und Krankheiten der Versuchstiere Bescheid wissen. Er muß auch charakterlich zuverlässig sein, d. h. Interesse, Mitgefühl und Verständnis für die Versuchstiere haben und sich um diese kümmern; er muß mit den Tierschutzbestimmungen vertraut sein, die Tierversuche mit der nötigen Vorsicht vornehmen und Gewähr dafür bieten, daß die Versuche in seinem Institut nur in dem unbedingt notwendigen Ausmaß durchgeführt werden. Die Einrichtungen für die Vornahme von Tierversuchen sollen den Anforderungen der Tierschutzbestimmungen und dem Stand der Technik entsprechen. [...] Versuchstiere sind zum allermindersten so unterzubringen, zu warten und zu pflegen, wie man es nach § 2 Nr. 1 des Gesetzes von jedem Tierhalter verlangt; operierte Tiere, Tiere im Versuch, insbesondere höhere Tiere (zu vgl. § 7 Nr. 5), bedürfen einer besonderen sachgemäßen Pflege und Unter-

---

1621 BA Berlin-Li., R 18 Rep. 320 Nr. 589, Bl. 107 (da als § 7); Giese / Kahler, *Das deutsche Reichs-Tierschutzgesetz*, 1934, S. 118 – 119; *Das deutsche Tierschutzrecht*, 1939, S. 280; Giese, 4. A. 1951, S. 300.

1622 Wetzel, *Tierschutz im Reichsstrafrecht*, 1936, S. 33.

1623 Giese / Kahler, *Das deutsche Reichs-Tierschutzgesetz*, 1934, S. 58 – 59; *Das deutsche Tierschutzrecht*, 1939, S. 75; Giese, 4. A., 1951, S. 77.

bringung (gutes, sauberes Lager, Trinkwasser usw.). Bei der Prüfung der Verhältnisse ist ein strenger Maßstab anzulegen. Diese vom Gesetzgeber aufgestellten Voraussetzungen für die Erteilung der Genehmigung sind *Sicherungen zur Einschränkung der Versuche auf das unbedingt notwendige Maß und zum Schutze der Versuchstiere*."[1624]

Während das durch Abs. 2 berücksichtigte Reichsgesundheitsamt „zeitlebens" keinen Gebrauch von der Ermächtigung gemacht habe,[1625] bestehe der Sinn des Abs. 3 darin, „schlagartig Mißbräuche bei Tierversuche abzustellen, ohne den Ausgang eines Strafverfahrens abwarten zu müssen"[1626], d. h., „auch bei einem Freispruch hat er [Vivisektor] nach Lage der Sache die Entziehung der Erlaubnis zum Vivisezieren zu gewärtigen, und zwar ohne daß eine Androhung dieser Maßnahme vorauszugehen braucht. Ja, es dürfte sogar zulässig sein, dem Vivisektor die Erlaubnis zu entziehen, wenn sich herausstellt, daß er keine Forscherbegabung hat. Die Behörde braucht ja die Entziehung nicht weiter zu begründen."[1627] Auf der Kehrseite galt auch: „Wenn die Unterbringung zur Zeit — z. B. wegen räumlicher Beschränktheit — nur notdürftig möglich ist, so kann die Erlaubnis nicht, auch nicht vorläufig bis zur Verbesserung der Unterbrin-

---

1624 Giese / Kahler, *Das deutsche Tierschutzrecht*, 1939, S. 76 – 77; an der ausgelassenen Stelle ging es um die „dem Wesen der Versuchstiere angepaßt[e]" Haltung, Pflege und Unterbringung, in deren Rahmen ein besonderer Hinweis in Fn. 2 den Fröschen galt: „Nach einem in der Deutschen Tierärztl. Wochenschr. 1934 S. 557 von Gmelin veröffentlichten Gutachten wegen Tierquälerei ist das Wichtigste, was die Frösche im ihrer Gefangenschaft dauernd brauchen, Wasser, das sie durch die Haut aufnehmen. In Instituten, wo man Winterfrösche längere Zeit halten muß, bringt man sie in Kufen, deren Boden geneigt ist, so daß er einen tieferen, etwa 3 bis 4 Finger hoch mit Wasser bedeckten Teil und einen höheren trockenen darstellt. Da kann man beobachten, wie die Tiere ab und zu ins Wasser gehen und baden und sich dann auf den trockenen Teil zurückziehen, wo sie, wahrscheinlich zum Zwecke gleichmäßiger Temperaturhaltung, auf einen Haufen geballt wie Winterruhe zubringen. Der Winterschlaf der Frösche ist kein Schlaf im gewöhnlichen Sinne des Wortes, sondern ein Zustand absoluter Ruhe, den sie, je nach den äußeren Umständen, aufgeben und wieder einnehmen können. Die Frösche finden durch das winterliche Versagen der Pflanzen- und Tierwelt nicht genug Futter, um ihren stofflichen Haushalt zu decken, und verhalten sich daher ganz ruhig, um möglichst wenig Energie auszugeben; sie führen [...] eine vita minima. Bei Temperaturen unter etwa 4°C — z. B. im Winter — nehmen sie keine Nahrung auf; wenn sie in warmen Räumen gehalten werden, müssen sie auch gefüttert werden."

1625 Giese, *Das deutsche Tierschutzrecht*, 4. A., 1951, S. 79.

1626 Wetzel, *Tierschutz im Reichsstrafrecht*, 1936, S. 33; vgl. Giese / Kahler, *Das deutsche Reichs-Tierschutzgesetz*, 1934, S. 59; *Das deutsche Tierschutzrecht*, 1939, S. 77; Giese, 4. A., 1951, S. 80.

1627 Sommer, *Das neue TierSchG*, in: GA, N. F. Bd. 1, 1934, S. 33.

gungsmöglichkeit, erteilt werden. ‚Notlösungen' gibt es nach dem klar ausgesprochenen Willen des Gesetzgebers nicht."[1628]

Gegen Vornahme eines Versuchs ohne die im § 6 vorgesehene Erlaubnis — abgesehen von Erfüllung des § 1 — verhängte § 9 Abs. 2 Gefängnis bis zu sechs Monaten und Geldstrafe oder eine dieser Strafen. Hingegen mit Übertretungsstrafe gemäß § 9 Abs. 3 bewehrt waren folgende „Mindestvorschriften", die „sich mit Mißstände [beschäftigen], wegen derer in der Vergangenheit oft Klage geführt wurde, und die vermieden werden können, ohne daß die Vivisektion in ihren Ergebnissen Schaden litte"[1629]:

§ 7 Ausführung der Ausnahmen

„§ 7

Bei Ausführung der Tierversuche (§ 5) sind folgende Vorschriften zu beobachten:"

Giese und Kahler schrieben hierzu eine Einleitung: „Um der Ausführung der von der zuständigen obersten Reichsbehörde genehmigten Tierversuche *jeden quälerischen Charakter* zu nehmen, sind in § 7 eine große Anzahl sorgfältig durchdachter Sicherungsmaßnahmen vorgeschrieben, die bei der Vornahme der Versuche zu beachten sind und deren gewissenhafte Einhaltung amtlicher Kontrolle unterliegt."[1630] Sommer, der im Vorfelde des Göring-Erlasses sowohl die Erlaubnispflicht wie auch die Buchführung vorgeschlagen hatte, schwärmte nun in seinem zweiten Beitrag zum Goltdammer Archiv: „Die vom Gesetzgeber getroffene Lösung darf als außerordentlich glücklich bezeichnet werden," denn er „begnügt sich nicht damit, negativ ein ganz allgemeines, abstrakt abgefaßtes Verbot zu erlassen, [...] sondern er stellt positive, genau ins einzelne gehende Vorschriften darüber auf, wie verfahren werden muß, und sichert die Befolgung [...] nicht nur durch strenge Strafvorschriften — die, wie bereits erwähnt, kaum Erfolg versprechen —, sondern in ganz eigenartiger Weise."[1631] Gemeint war die reichsgesetzliche Aufnahme auch seiner zweiten Anregung in § 7 RTierSchG, der vorsah:

1628 Einhauser, *Das Tierschutzgesetz*, in: Frank (Hrsg.), *Handbuch*, 1935, S. 912.

1629 Wetzel, *Tierschutz im Reichsstrafrecht*, 1936, S. 33.

1630 Giese / Kahler, *Das deutsche Reichs-Tierschutzgesetz*, 1934, S. 61; *Das deutsche Tierschutzrecht*, 1939, S. 79; Giese, 4. A., 1951, S. 81.

1631 Sommer, *Das neue TierSchG*, in: GA, N. F. Bd. 1, 1934, S. 32.

1. Verantwortung

„1. Die Versuche sind nur unter voller Verantwortung des wissenschaftlichen Leisters oder des von ihm besonders ermächtigten Stellvertreters ausgeführt werden.“

Als Beweggrund dieser Bestimmung hieß es in der amtlichen Begründung: *„Um die Ausführung der Versuche auf Grenze des Möglichen zu beschränken und ihnen jeden quälerischen Charakter zu nehmen“*.[1632] Im Vergleich zum § 2 a des Göring-Erlasses wurde Verantwortungsträger nicht nur der „Institutsleiter“, sondern der *wissenschaftliche* Leiter der Forschungsanstalt und auch dessen für den Versuch eigens ermächtigten Vertreter. Von Letzterem abgesehen habe das beigefügte Merkmal „voll“ eine nicht unerhebliche Folge: „Es haftet also für die Einhaltung der im Gesetz gegebenen Vorschriften in allen Fällen der wissenschaftliche Leiter des Instituts, dem die Erlaubnis erteilt worden ist“[1633], „auch wenn die Zuwiderhandlung von anderen Personen des Instituts begangen wurde.“[1634] Dies sei „mit Rücksicht auf § 6, [Abs.] 3 von erhöhter Bedeutung. Der Institutsleiter der u. U. die praktische Grundlage seiner Lebensarbeit aufs Spiel setzt, wird Verstöße gegen das Gesetz auf jeden Fall zu vermeiden suchen.“[1635]

Die von der Vorlage ausgefallene Raumbeschränkung, *„nur in wissenschaftlich geleiteten Instituten“*, glich das Gesetz durch folgende Neuerung aus:

2. Vorbildung, Schmerzvermeidung

„2. Die Versuche dürfen nur von wissenschaftlich hierzu vorgebildeten Personen oder unter deren Leitung und nur unter Vermeidung jeder für den Zweck entbehrlichen Schmerzerregung vorgenommen werden.“

Die amtliche Begründung lautete: *„Nach Nr. 2* […] *wird dafür Sorge zu tragen sein, daß als verantwortliche Leiter von Instituten usw. nur zuverlässige Persönlichkeiten mit abgeschlossener Hochschulbildung, insonderheit mit medizinischer oder veterinärmedizinischer Vorbildung und Fachausbildung, in Frage kommen.“*[1636] Dazu zähle „u. U. auch ein solches [abgeschlossenes Universitäts-

---

1632 BA Berlin-Li., R 18 Rep. 320 Nr. 589, Bl. 107 – 108; Giese / Kahler, *Das deutsche Reichs-Tierschutzgesetz*, 1934, S. 119; *Das deutsche Tierschutzrecht*, 1939, S. 280; Giese, 4. A. 1951, S. 301.

1633 Giese / Kahler, *Das deutsche Reichs-Tierschutzgesetz*, 1934, S. 61; *Das deutsche Tierschutzrecht*, 1939, S. 79; Giese, 4. A. 1951, S. 81.

1634 Wetzel, *Tierschutz im Reichsstrafrecht*, 1936, S. 33.

1635 Adolph, *Schutz des Tieres im deutschen Recht*, 1935, S. 30.

1636 BA Berlin-Li., R 18 Rep. 320 Nr. 589, Bl. 108; Giese / Kahler, *Das deutsche Reichs-Tierschutzgesetz*, 1934, S. 119; *Das deutsche Tierschutzrecht*, 1939, S. 280; Giese, 4. A. 1951, S. 301.

studium] der Chemie, falls die nötigen medizinischen Vorkenntnisse vorhanden sind."[1637] Hingegen stellten Giese und Kahler klar: „Die Ausführung der Versuche anderen Personen, etwa in der Ausbildung befindlichen Praktikanten, Studenten oder dergl., zu überlassen, bezüglich deren die nach § 6 geforderte besondere Eignung (fachmännische Ausbildung und Zuverlässigkeit) nicht vorhanden ist, ist verboten. § 2 der 1. DurchfVO vom 20. Juni 1934 (RGBl. I S. 516) findet gegenüber der Spezialvorschrift des § 7 Nr. 2 keine Anwendung."[1638]

3. Zulässige Forschungszwecke

„3. Versuche zu Forschungszwecken sind nur dann zu unternehmen, wenn sie einen bestimmten, bisher von der Wissenschaft noch nicht bestätigten Erfolg erwarten lassen oder soweit sie zur Klärung bisher ungelöster Fragen dienen."

Zu dieser Entsprechung des § 2 b des Göring-Erlasses kam die amtliche Begründung nicht über eine Wortlautwiederholung hinaus.[1639] Im Kommentar vermerkten Giese und Kahler: „Hierbei kann es sich um Fragen aus dem gesamten Gebiet der Wissenschaft handeln."[1640] Einhauser schränkte jedoch ein: „*Nicht alle wissenschaftlichen* Versuche können auf Grund des § 6 gestattet werden. […] Die Vorschrift [§ 7 Z. 3] verwehrt den Griff an das Tier dem freien Belieben oder Ermessen des einzelnen Wissenschaftlers und knüpft ihn an sachliche Voraussetzungen. Die Bedingung des ersten Halbsatzes ist nicht schon dadurch erfüllt, daß der, der den Versuch vornahm, den vom Gesetz bezeichneten Erfolg erwartet *hat*, der Versuch mußte ihn auch ‚*erwarten lassen*', d. h. die Auffassung des betreffenden Wissenschaftlers muß einer sachkundigen Nachprüfung standhalten. Ebenso setzt der zweite Halbsatz zur Bedingung nicht, daß die Versuche zur Klärung bisher ungelöster Fragen *vorgenommen* werden, sondern daß sie dazu ‚*dienen*', d. h. geeignet sind."[1641] Daraus leitete er ab: „Qualvolle Forschungsversuche, die zunächst nur bezwecken, unser Wissen zu erweitern, ohne daß eine *unmittelbare* Beziehung zur ärztlichen Heilkunst vorliegt, sind im Einklang mit dem Volksempfinden als verwerflich abzulehnen."[1642] Als Beispiele dafür erinnerte Sommer noch einmal an „das Verhungernlassen von

---

1637 Wetzel, *Tierschutz im Reichsstrafrecht*, 1936, S. 33.

1638 Giese / Kahler, *Das deutsche Tierschutzrecht*, 1939, S. 79; § 2 der VO s. S. 399.

1639 Vgl. BA Berlin-Li., R 18 Rep. 320 Nr. 589, Bl. 108; Giese / Kahler, *Das deutsche Reichs-Tierschutzgesetz*, 1934, S. 119; *Das deutsche Tierschutzrecht*, 1939, S. 280; Giese, 4. A. 1951, S. 301.

1640 Giese / Kahler, *Das deutsche Reichs-Tierschutzgesetz*, 1934, S. 62; *Das deutsche Tierschutzrecht*, 1939, S. 79; Giese, 4. A. 1951, S. 82.

1641 Einhauser, *Das Tierschutzgesetz*, in: Frank (Hrsg.), *Handbuch*, 1935, S. 911 – 912.

1642 Einhauser, *Das Tierschutzgesetz*, in: Frank (Hrsg.), *Handbuch*, 1935, S. 914.

Hunden, Eindrücken der Augen, Abquetschen der Gliedermaßen, Zunähen der Afteröffnung usw."[1643] Wetzel sah durch § 7 Z. 3 auch erreicht, „daß Versuche, die zu Erfolg geführt haben und deren Wiederholung nur zu dem gleichen Ergebnisse führen könnten, unterbleiben."[1644] Alse Hauptwirkung der Vorschrift verzeichneten beide die Unterbindung des planlosen Vivisezierens.[1645]

4. Humane Ausführung

Der ausnahmsweise erlaubte Versuch hatte unter drei Aspekten zu erfolgen:

a) Betäubung

> Abs. 1: „*Die Versuche sind, sofern nicht nach dem Urteil des wissenschaftlichen Leiters der Zweck des Versuchs dies unbedingt ausschließt oder der mit dem Eingriff verbundene Schmerz geringfügiger ist als die mit einer Betäubung verbundene Beeinträchtigung des Wohlbefindens des Versuchstieres, nur unter Betäubung vorzunehmen.*"

Die amtliche Begründung lautete:

> „Nach Nr. 4 sind die Versuche human auszuführen, und zwar möglichst unter örtlicher oder allgemeiner Betäubung, soweit das Gesetz nicht Ausnahmen zuläßt. Unter Vornahme von Versuche ist selbstverständlich die gesamte Durchführung zu verstehen. Wenn im Verlaufe länger dauernder Versuche bei den Tieren Schmerzen auftreten, sind diese, soweit irgend möglich, durch Linderungsmittel zu beheben. Von einer Narkose oder einer örtlichen Schmerzausschaltung wird abgesehen werden können, wenn der Zweck des Versuchs dies nach dem Urteil des wissenschaftlichen Leiters unbedingt ausschließt oder dadurch unter Umständen das Tier in seinem Wohlbefinden mehr beeinträchtigt wird als durch den vorzunehmenden Eingriff selbst. Diese letzten beiden Ausnahmen rechtfertigen sich daraus, daß auch beim Menschen unter ähnlichen Voraussetzungen eine Schmerzausschaltung gewöhnlich ausbleibt. Zur humanen Ausführung dürfte auch die Vermeidung des gewaltsamen Aufspannens eines Versuchstieres gehören, wenn das Halten durch Menschenhand denselben Zweck erreicht."[1646]

1643 Sommer, *Das neue TierSchG*, in: GA, N. F. Bd. 1, 1934, S. 33.

1644 Wetzel, *Tierschutz im Reichsstrafrecht*, 1936, S. 34.

1645 Sommer, *Das neue TierSchG*, in: GA, N. F. Bd. 1, 1934, S. 33; Wetzel, *Tierschutz im Reichsstrafrecht*, 1936, S. 34.

1646 BA Berlin-Li., R 18 Rep. 320 Nr. 589, Bl. 108 – 109; Giese / Kahler, *Das deutsche Reichs-Tierschutzgesetz*, 1934, S. 119 – 120; *Das deutsche Tierschutzrecht*, 1939, S. 280 – 281; Giese, 4. A. 1951, S. 301 – 302; weil die amtliche Begründung zu Abs. 2 und 3 wieder nicht über den Klartext des Gesetzes hinauskam, wird deren Wiedergabe bei den beiden „weiteren Voraussetzungen" erspart.

Wie die „Leiden“ in § 1 Abs. 2 S. 1 erachteten Giese und Kahler auch die „Beeinträchtigung des Wohlbefindens“ hier im HS. 2 Alt. 2 als erfüllt an, „wenn […] ein Tier durch die Betäubung oder deren Vorbereitungen mehr geängstigt oder in seinem Befinden mehr beeinträchtigt wird als durch eine rasche Ausführung des Eingriffs selbst.“[1647] Außerdem folgerten sie aus S. 2 und 6 der amtlichen Begründung, die Vorschrift über humane Ausführung beziehe sich auch auf die Vorbereitungen des Versuchs.[1648] Abgesehen vom zwischenzeitlichen Verbot elektrischer Betäubung hierfür gemäß § 1 Abs. 1 der 1. AusfVO,[1649] handelte es sich hier um eine Übernahme des § 2 c vom Göring-Erlass. Doch wie Sommer dort stellte Adolph auch hier klar: „Danach muß die Anwendung des Curare, eines Giftes, das sämtliche Bewegungsmuskeln lähmt und zur Bequemlichkeit des Forschers bei der Arbeit angewendet wurde, die Empfindungsfähigkeit aber erhöht, als verboten gelten.“[1650]

Die weitere Problematik, die Sommer damals erwähnt hatte, war das *Stummmachen der Versuchstiere, insb. Hunde, durch schmerzlose Entfernung oder Durchschneidung der Stimmbänder* in Instituten, um die benachbarten Bewohner vor dem Bellen zu bewahren. Dazu nahmen Giese und Kahler Stellung:

> „Wenn auch eine solche Operation nach dem Wortlaut des Tierschutzgesetzes an sich keine strafbare Tierquälerei darstellt, sofern die Forderungen des § 2 Nr. 9 des Gesetzes und des § 2 der Ersten Verordnung zur Ausführung des Tierschutzgesetzes vom 20. Juni 1934 erfüllt sind, so darf doch die *Auswirkung* dieses operativen Eingriffs nicht unbeachtet bleiben. Nebenbei sei erwähnt: Wenn die Frage […] *vor* Erlaß des Tierschutzgesetzes aufgetaucht wäre, wäre sie sicher unter den Verboten des § 2 oder an anderer Stelle des Gesetzes ausdrücklich geregelt worden. Das Tierschutzgesetz verbietet […] nicht nur […] die Erzeugung körperlicher Schmerzen oder Leiden, sondern auch […] Tierquälereien, die durch *Erregung dauernder oder sich wiederholender Angstzustände hervorgerufen werden.* […] Die Entfernung der Stimmbänder würde die Tiere ihrer gewohnten Ausdrucksmöglichkeit berauben, die ihnen von der Natur gegeben ist, um ihre Gefühle, wie Lust und Unlust usw., zu bekunden. Nach einer solchen Operation würden die Tiere immer wieder versuchen, sich ihrer Stimme zu bedienen, da ihnen die Einsicht für die Unmöglichkeit der Stimmanwendung fehlt. Hierdurch werden *Angstzustände* erregt, deren Auslösung mit dem Sinn und auch den Vorschriften des Tierschutzgesetzes unvereinbar sind. […] Das Tier wird im heutigen Staat um seiner selbst willen geschützt; es wird anerkannt, daß es als lebendes, empfindendes Wesen Anspruch auf Schutz vor körper-

---

1647 Giese / Kahler, *Das deutsche Reichs-Tierschutzgesetz*, 1934, S. 62; *Das deutsche Tierschutzrecht*, 1939, S. 80; Giese, 4. A. 1951, S. 82.

1648 Giese / Kahler, *Das deutsche Reichs-Tierschutzgesetz*, 1934, S. 63; *Das deutsche Tierschutzrecht*, 1939, S. 80; Giese, 4. A. 1951, S. 83.

1649 Einhauser, *Das Tierschutzgesetz*, in: Frank (Hrsg.), *Handbuch*, 1935, S. 912.

1650 Adolph, *Schutz des Tieres im deutschen Recht*, 1935, S. 30.

licher und seelischer Mißhandlung, z. B. auch vor Verängstigung, hat. [...] Nach diesen Grundsätzen wird seitens der Aufsichtsbehörde bei der Überwachung von wissenschaftlichen Tierversuchen verfahren; das Stummmachen beispielweise von Versuchshunden würde keinesfalls geduldet werden. Ein Versuchsansteller, der eine solche Operation an seinen ihm zur Betreuung anvertrauten Versuchstieren vornehmen würde, zeigt, daß ihm jegliches Mitgefühl seinen Tieren gegenüber fehlt, ihm wäre die im § 6 des Tierschutzgesetzes geforderte Zuverlässigkeit [...] abzusprechen; *als zwangsläufige Folge dieser Feststellung würde die Erlaubnis zur Vornahme von Tierversuchen zurückgezogen werden* und ein Strafverfahren gemäß § 9 Abs. 1 des Tierschutzgesetzes einzuleiten sein."[1651]

b) Einmaligkeitsgebot

Abs. 2: „*An demselben unbetäubten Tier darf nicht mehr als ein schwerer operativer oder schmerzhafter unblutiger Versuch ausgeführt werden.*"

Wie im o. g. Fall hob Adolph auch hierfür auf „die Angst, die das Tier bei Kenntnis des ihm bevorstehenden Schmerzes bei den Vorbereitungen zum zweiten Versuch ausstehen müßte,"[1652] ab. Giese und Kahler bestätigten: „Dieser Angstzustand soll dem Tier erspart bleiben."[1653] Während dabei Gesetzgeber und Kommentatoren vom tierischen Empfinden ausgingen, verlegte sich Einhauser vielmehr die Auswirkung auf den Menschen: „die bisher vielfach geübte Grausamkeit, der Ersparnis wegen das gleiche Tier zu wiederholten schmerzhaften Versuchen zu verwenden, ist damit unter Strafe gestellt."[1654]

c) Tötung

Abs. 3: „*Tiere, die nach Beendigung schwerer, insbesondere mit operativen Eingriffen verbundener Versuche unter erheblichen Schmerzen zu leiden haben, sind, sofern dies nach dem Urteil des wissenschaftlichen Leiters mit dem Zweck des Versuches vereinbar ist, alsbald schmerzlos zu töten.*"

Nach Z. 2 und 4 Abs. 2 kam hierdurch eine weitere „seit langem geforderte Neuerung"[1655] in Erfüllung; „ist die alsbaldige Tötung mit dem Versuchszweck nicht vereinbart, so sind, wie die Begründung betont, erhebliche Schmerzen soweit irgend möglich durch Linderungsmittel zu beheben."[1656]

1651 Giese / Kahler, *Das deutsche Tierschutzrecht*, 1939, S. 81; Giese, 4. A. 1951, S. 83 – 84.

1652 Adolph, *Schutz des Tieres im deutschen Recht*, 1935, S. 30.

1653 Giese / Kahler, *Das deutsche Reichs-Tierschutzgesetz*, 1934, S. 63; *Das deutsche Tierschutzrecht*, 1939, S. 80; Giese, 4. A. 1951, S. 83.

1654 Einhauser, *Das Tierschutzgesetz*, in: Frank (Hrsg.), *Handbuch*, 1935, S. 912.

1655 Adolph, *Schutz des Tieres im deutschen Recht*, 1935, S. 30.

1656 Einhauser, *Das Tierschutzgesetz*, in: Frank (Hrsg.), *Handbuch*, 1935, S. 912.

5. Sonderschutz für höhere Tiere

„5. Versuche an Pferden, Hunden, Katzen oder Affen dürfen nur dann ausgeführt werden, wenn durch Versuche an anderen Tieren der beabsichtigte Zweck nicht erreicht werden kann.“

Die amtliche Begründung lautete: *„Der Sinn des Gesetzes rechtfertigt auch die weitere Bestimmung unter Nr. 5, daß Versuche möglichst an niederen Tieren (z. B. Mäusen, Ratten, Meerschweinchen) vorzunehmen sind und nur, soweit ein Versuch dies unbedingt erfordert, höheren Tiere (z. B. Pferd, Hund, Katze, Affe) Verwendung finden sollen.“*[1657] Im gleichen Geiste kommentierten Giese und Kahler weiter: „Da, wie bereits an anderer Stelle ausgeführt wurde, die Schmerzempfindung bei den höher organisierten Tieren stärker ausgeprägt ist als bei den niedrigerstehenden Tieren, entspricht es den Sinn des Gesetzes,“[1658] § 2 d des Göring-Erlasses zu übernehmen. Allerdings war die Rede dort von „höheren Tieren“ allgemein gewesen. Demgegenüber untermauerte Wetzel die hiesige Aufzählung mit Andeutung auf Görings Rundfunkrede: „Pferde, Hunde, Katzen sind treue Diener und Helfer des Menschen. Ihnen soll darum auch ein verstärkter Schutz vor der Vivisektion gewährt werden. Überdies gehören sie neben den Affen zu den höchstentwickelten Tieren“, die über den o. g. Hauptgrund hinaus noch „über ein sehr feines Gefühl für das, was ihnen geschieht,“ verfügten.[1659] Immerhin sollte die begriffliche Einengung der Praxis wenig schaden: „Diese Vorschrift wird namentlich den unglücklichen Hunden, die bisher das Hauptkontingent der Versuchstiere stellten, zugute kommen, und Hundediebstähle zwecks Verkaufs der gestohlenen Tiere zur Vivisektion werden künftig weniger einträchtig sein.“[1660]

6. Opferzahlbeschränkung

„6. Es dürfen nicht mehr Tiere verwendet werden, als zur Klärung der betreffenden Frage notwendig ist.“

Zu dieser Übernahme des § 2 e des Göring-Erlasses erläuterte einzig Wetzel: „Darüber hinaus ist jeder Tierversuch unzulässig und strafbar.“[1661] Sonst be-

1657 BA Berlin-Li., R 18 Rep. 320 Nr. 589, Bl. 109; Giese / Kahler, *Das deutsche Reichs-Tierschutzgesetz*, 1934, S. 120; *Das deutsche Tierschutzrecht*, 1939, S. 281; Giese, 4. A. 1951, S. 302.

1658 Giese / Kahler, *Das deutsche Reichs-Tierschutzgesetz*, 1934, S. 63; *Das deutsche Tierschutzrecht*, 1939, S. 83; Giese, 4. A. 1951, S. 85.

1659 Wetzel, *Tierschutz im Reichsstrafrecht*, 1936, S. 34.

1660 Sommer, *Das neue TierSchG*, in: GA, N. F. Bd. 1, 1934, S. 33.

1661 Wetzel, *Tierschutz im Reichsstrafrecht*, 1936, S. 34.

gnügte man sich mit der amtlichen Begründung: *„Nach Nr. 6 ist bei allen Versuchen größte Sparsamkeit im Verbrauch des Tiermaterials anzustreben. Die Vervollkommnung der Laboratoriumsmethoden, die den Tierversuch zu Prüfungszwecken künftig noch mehr entbehrlich machen wird, muß eine der dringendsten Aufgaben der wissenschaftlichen Forschung sein, denn die Institutsleiter werden Tierversuche zu unterlassen haben, sobald diese nach dem jeweiligen Stand der Wissenschaft durch andere Methoden ersetzt werden können.*“[1662]

7. Letztmittelgebot bei Lehrzwecken

> *„7. Tierversuche zu Lehrzwecken sind nur dann gestattet, wenn andere Lehrmittel, z. B. Bild, Modell, Präparat, Film, nicht ausreichen.*“

Die amtliche Begründung lautete dazu: *„Aus diesem Gedankengang heraus ist auch die Vorschrift in Nr. 7 getroffen worden, daß Tierversuche zu Lehrzwecken nur dann gestattet sein sollen, wenn andere Lehrmittel, wie Bild, Modell, Präparat und Film, nicht für ausreichend gehalten werden. Die Versuche an lebenden Tieren sind somit auch hier auf das unbedingt notwendige Maß beschränkt.*“[1663] Der Aufruf in Z. 6 sei also hierauf gerichtet, „Nr. 7 bringt demnach den Gedanken klar zum Ausdruck, daß Tierversuche nur dann vorgenommen werden dürfen, wenn andere Möglichkeiten, das gleiche Ziel zu erreichen, nicht vorhanden sind, und daß diese Versuche immer auf das unbedingt notwendige Maß beschränkt bleiben müssen.“[1664] Zur Handhabung der Vorschrift wurde betont: „Als nicht ausreichend kann der Film im einzelnen Fall nicht etwa deshalb angesehen werden, weil er — wie jeder Film — den Vorgang, z. B. die Wirkung eines Giftes, nicht ebenso lebendig und wirkungsvoll zeigt, wie der Versuch am lebenden Tier. Wie ferner der Reichsminister des Innern in den Vollzugsvorschriften ausgesprochen hat, ist es nicht deshalb zulässig, Tierversuche zu Lehrzwecken zu machen, weil zur Beschaffung eines Filmes die Anstaltsmittel nicht ausreichen.“[1665]

1662 BA Berlin-Li., R 18 Rep. 320 Nr. 589, Bl. 109; Giese / Kahler, *Das deutsche Reichs-Tierschutzgesetz*, 1934, S. 120 – 121; *Das deutsche Tierschutzrecht*, 1939, S. 281; Giese, 4. A. 1951, S. 302.

1663 BA Berlin-Li., R 18 Rep. 320 Nr. 589, Bl. 109; Giese / Kahler, *Das deutsche Reichs-Tierschutzgesetz*, 1934, S. 121; *Das deutsche Tierschutzrecht*, 1939, S. 281; Giese, 4. A. 1951, S. 302.

1664 Giese / Kahler, *Das deutsche Reichs-Tierschutzgesetz*, 1934, S. 64; *Das deutsche Tierschutzrecht*, 1939, S. 83; Giese, 4. A. 1951, S. 85 – 86.

1665 Einhauser, *Das Tierschutzgesetz*, in: Frank (Hrsg.), *Handbuch*, 1935, S. 912.

8. Versuchsregister

„8. Über die Art der verwendeten Tiere, den Zweck, die Durchführung und das Ergebnis der Versuche sind Aufzeichnungen zu machen.“

Die amtliche Begründung lautete: *„Den Wünschen der Tierschützer hat der Gesetzgeber schließlich auch insofern Rechnung getragen, als unter Nr. 8 bestimmt wird, daß — was in den meisten Instituten übrigens schon jetzt üblich ist — über die Art der verwendeten Tiere, den Zweck, die Durchführung und das Ergebnis der Versuche die erforderlichen Aufzeichnung zu machen sind.“*[1666] Diese vierte und wichtigste[1667] Neuerung sei also jetzt dazu bestimmt, „die behördliche Kontrolle über die Durchführung der Versuche und die gewissenhafte Beachtung der bestehenden Vorschriften zu ermöglichen.“[1668] Adolph ergänzte: „sie geben aber auch ein anschauliches Bild über die Arbeitsweise und den Erfolg des Forschers und gestatten damit einen verhältnismäßig sicheren Rückschluß auf seine wissenschaftliche Eignung und seine Geisteshaltung gegenüber der Tendenz des Gesetzes. Z. 8 bildet somit die wesentliche Grundlage für eine sinngemäße Anwendung des § 6 Abs. 3 in der Praxis.“[1669] Hierzu schlug Einhauser vor:

> „Zur Nachschau in den Anstalten und Laboratorien sind Amtstierärzte und Amtsärzte herangezogen worden. Sie sind sachkundig, und wohl den meisten von ihnen ist der Tierschutz ein inneres Bedürfnis. Es darf daher bei ihnen auch die Bereitschaft und Entschlossenheit angenommen werden, sich über die im Vollzug aufgetauchten Fragen eine eigene, selbständige Meinung zu bilden und die Absichten des Gesetzgebers erforderlichenfalls auch gegen die Träger eines hochangesehenen wissenschaftlichen Namens, die vielleicht ihre eigene Lehrer waren, durchzusetzen. Daneben wird sich empfehlen, auch *Vertreter des staatlich anerkannten Tierschutzes*, die auf Amtsverschwiegenheit zu verpflichten sind, *zur Mitwirkung bei der Nachschau beizuziehen*, wie dies schon der bayerische Kultusminister, Schemm[1670], [...] im

1666 BA Berlin-Li., R 18 Rep. 320 Nr. 589, Bl. 109 – 110 (dort als § 8); Giese / Kahler, *Das deutsche Reichs-Tierschutzgesetz*, 1934, S. 121; *Das deutsche Tierschutzrecht*, 1939, S. 281; Giese, 4. A. 1951, S. 302.

1667 Sommer, *Das neue TierSchG*, in: GA, N. F. Bd. 1, 1934, S. 33; Adolph, *Schutz des Tieres im deutschen Recht*, 1935, S. 31.

1668 Giese / Kahler, *Das deutsche Reichs-Tierschutzgesetz*, 1934, S. 64; *Das deutsche Tierschutzrecht*, 1939, S. 83; Giese, 4. A. 1951, S. 86.

1669 Adolph, *Schutz des Tieres im deutschen Recht*, 1935, S. 31.

1670 Schemm, Hans, geb. 6. 10. 1891; Lehrer; Teilnehmer des 1. Weltkrieges, anschließend Freikorpsangehöriger, Gründer und Leiter des NS-Lehrerbundes; 1928 Mitglied des Bayer. Landtages, NSDAP-Fraktion, 1930 Mitglied des Reichstages, Wahlkreis Franken, NSDAP-Fraktion; Dez. 1932 Gauleiter der NSDAP Bayerische Ostmark, Sitz Bayreuth, Maxstraße 2; 1933 Bay. Staatsminister für Unterricht und Kultus; Hrsg. der *„Nationalsozialistischen Lehrerzeitung“*; gest. 5. 3. 1935. (s. Stockhorst, *5000 Köpfe*, 1967, S. 377.)

Herbst 1933 […] vorgesehen hatte […]: Die vom Minister ausgewählten Aufsichtspersonen ‚sollen das Recht ungehinderten Zutritts zu den in Frage kommenden Instituten und Arbeitsräumen erhalten; sie sollen von ihren Wahrnehmungen unter entsprechender Antragstellung dem Minister berichten; zu eigenen Verfügungen, Genehmigungen oder Verboten sind sie nicht berechtigt.'"[1671]

§ 8 Sonderfälle

„§ 8

Die Vorschriften der §§ 5 bis 7 unterliegen nicht Tierversuche für Belange der Rechtspflege sowie Impfungen und Blutentnahmen an lebenden Tieren zum Zwecke der Erkennung von Krankheiten der Menschen oder Tiere oder zur Gewinnung oder Prüfung (Wertbestimmung) von Seren oder Impfstoffen nach bereits erprobten oder staatlich anerkannten Verfahren. Doch sind auch diese Tiere alsbald schmerzlos zu töten, wenn sie unter erheblichen Schmerzen zu leiden haben und die Tötung mit dem Zwecke des Versuchs vereinbar ist."

1. Amtliche Begründung

„[Umschreibung des S. 1] Auf diese Ausnahmen kann schon im allgemeinen Interesse nicht verzichtet werden. Die Gewinnung von Seren und Impfstoffen und ihre Prüfung nach bereits erprobten oder staatlich anerkannten Verfahren fällt nach § 8 nicht unter die Bestimmungen der §§ 5 bis 7, wohl aber unter die von den Ländern erlassenen Vorschriften über Impfstoffe und Sera; dagegen haben etwaige Versuche zur Gewinnung neuer Impfstoffe und zur Schaffung neuer Prüfungsmethoden usw. den Bestimmungen zu unterliegen.

Im Interesse des Tierschutzes ist vorgesehen, daß Tiere, die auch bei den unter § 8 genannten Versuchen unter erheblichen Schmerzen zu leiden haben, alsbald schmerzlos zu töten sind, sofern dies mit dem Zwecke des Versuchs vereinbar ist. Die Entscheidung über eine Tötung wird dem wissenschaftlichen Versuchsleiter vorbehalten sein."[1672]

1671 Einhauser, *Das Tierschutzgesetz*, in: Frank (Hrsg.), *Handbuch*, 1935, S. 913; gemeint sei die Bekanntmachung Nr. V 44189 v. 26. 9. 1933, in: *Amtsblatt für Unterricht und Kultus*, S. 262.

1672 BA Berlin-Li., R 18 Rep. 320 Nr. 589, Bl. 110 (dort als § 9); Giese / Kahler, *Das deutsche Reichs-Tierschutzgesetz*, 1934, S. 121 – 122; *Das deutsche Tierschutzrecht*, 1939, S. 282; Giese, 4. A. 1951, S. 303. Als Beispiel für die „von den Ländern einheitlich erlassenen Vorschriften" sei an Preußens Vorschriften über Impfstoffe und Sera v. 15. 7. 1929 (*Amtsblatt des Ministeriums für Volkswohlfahrt*, Sp. 664) erinnert.

2. Auslegung

Diese *zweite* Gruppe von Ausnahmen unterliege weder dem Verbot des § 5 noch den Einschränkungen der §§ 6 und 7, seien also erlaubt.[1673] Doch „Tierversuche, die für die Belange der Rechtspflege ausgeführt werden, spielen nur eine untergeordnete Rolle […], da ihre Zahl verhältnismäßig gering ist."[1674] Erheblich erschien jedoch die Tatsache: „Eine Strafandrohung wegen Verletzung der Bestimmungen des § 8 enthält das Gesetz nicht."[1675]

3. Neuere Grenzfälle

Diese Gesetzeslücke vermochte auch die Zuhilfenahme der §§ 1 und 2 Z. 9 nicht zu schließen. Folglich zwangen mache Missbräuche bis 1938 / 39 Dr. Frick zur Stellungnahme:

> „Entgegen vielfach vertretener Ansicht, daß die Schwangerschaftsuntersuchungen nach *Aschheim-Zondek* als Tierversuche nach § 8 des Gesetzes gelten und demnach nicht genehmigungspflichtig sind, ist darauf hinzuweisen, daß nach der Entscheidung des Reichsministers des Innern diese Untersuchungen den Bestimmungen der §§ 5 bis 7 des Tierschutzgesetzes unterliegen, d. h. in allen Fällen der Genehmigungspflicht unterworfen sind."[1676]

Ferner habe der wissenschaftliche Versuchsleiter, der über die Tötung entschied, hierfür auch die Verantwortung zu tragen.[1677] In diesem Zusammenhang warf sich die Frage auf,

> *„ob die Entblutung von größeren Serumtieren nach der Methode des langsamen Verblutenlassens* ohne vorherige allgemeine Betäubung als Tierquälerei anzusehen ist und ob bei dem in den Serumwerken und sonstigen Instituten geübten Vorgang der totalen Blutentziehung zum Zwecke der Serumgewinnung die Vorschriften des Schlachtgesetzes und der dazu erlassenen Schlachtverordnung vom 21. April 1933 (RGBl. I S. 212) oder die Bestimmungen des Tierschutzgesetzes in Anwendung zu bringen sind. Die Stellungnahme des Reichsministeriums des Innern und des von ihm hierzu gehörten wissenschaftlichen Gremiums geht dahin, daß bei dem in den genannten Anstalten angewendeten Verfahren *nicht die Vorschriften des Schlacht-*

1673 Vgl. Giese / Kahler, *Das deutsche Reichs-Tierschutzgesetz*, 1934, S. 65; *Das deutsche Tierschutzrecht*, 1939, S. 84; Giese, 4. A. 1951, S. 86; Wetzel, *Tierschutz im Reichsstrafrecht*, 1936, S. 35.

1674 Wetzel, *Tierschutz im Reichsstrafrecht*, 1936, S. 35.

1675 Giese / Kahler, *Das deutsche Reichs-Tierschutzgesetz*, 1934, S. 66; *Das deutsche Tierschutzrec*ht, 1939, S. 85; Giese, 4. A. 1951, S. 87.

1676 Giese / Kahler, *Das deutsche Tierschutzrecht*, 1939, S. 84; Giese, 4. A. 1951, S. 87.

1677 Giese / Kahler, *Das deutsche Reichs-Tierschutzgesetz*, 1934, S. 66; *Das deutsche Tierschutzrecht*, 1939, S. 85; Giese, 4. A. 1951, S. 87.

gesetzes und der dazu ergangenen Schlachtverordnung zu gelten haben, sondern die Bestimmung des Tierschutzgesetzes. *Hiernach genügt bei Vornahme der Operation die lokale Betäubung der Operationsstelle, eine Totalbetäubung des Tieres vor der Blutentziehung ist nicht erforderlich.*“[1678]

4. Aufsichtsmaßnahmen auf Verwaltungsweg

Neben dem Gesetz erließ Dr. Frick noch Vollzugsvorschriften und beteiligte u. a. Giese und Kahler an deren praktischer Umsetzung:

> „Für die gewissenhafte Durchführung der Bestimmung über die wissenschaftlichen Versuche an lebenden Tieren (§§ 5 bis 8) sorgen die vom Reichsminister des Innern — durch nicht veröffentlichten Runderlaß vom 5. Mai 1934 — II 4443 c 32. 2. — angeordneten jährlich ein- bis zweimal stattfindenden unvermuteten Besichtigungen der nach § 6 des Gesetzes zugelassenen Institute, Laboratorien und Anstalten. Die Überwachung wird in Preußen und Bayern gemeinsam von den beamteten Tierärzten und beamteten Ärzten der zuständigen Regierung, in den übrigen Ländern von dem Landesveterinärbeamten und einem Landesmedizinalbeamten ausgeführt.[1679] [...] Außerdem läßt der Reichsminister des Innern durch seinen Sachbearbeiter stichprobeweise unvermutete Besichtigungen bei den Instituten usw. vornehmen. Bei den angeordneten Besichtigungen ist besonders auf die Wartung, Pflege und Unterbringung der Versuchstiere sowie auf die Einrichtungen für die Vornahme der Tierversuche zu achten; es sind ferner Erhebungen anzustellen über die Zahl und Art der verwendeten Versuchstiere (höhere Tiere — Pferde, Hunde, Katzen, Affen — oder andere Tiere — z. B. Meerschweinchen, Ratten, Mäuse, Frösche usw. —), über die Art der Betäubung sowie darüber, ob die Tiere im Anschluß an den Versuch — noch in Betäubung oder später — schmerzlos getötet wurden usw. Über die Besichtigungen ist dem Reichsminister des Innern zu berichten. Von einer besonderen zentralen Nachprüfung der Vorschrift in § 7 Nr. 3 [...] ist seitens des Reichsministers des Innern zunächst abgesehen. Es bleibt jedoch vorbehalten, die vorherige Einholung einer besonderen Genehmigung für solche Versuche und eine besondere Beaufsichtigung solcher Versuche anzuordnen, wenn sich in der Folge in dieser Hinsicht etwa Mißstände ergeben sollten. Erhebliche Mängel haben sich bei den jetzt über drei Jahre sich erstreckenden Nachprüfungen kaum herausgestellt, höchstens, daß der Um- und Neubau von bisher nicht einwandfreien Tierstallungen und Unterkunftsräumen noch nicht überall beendet ist. Der Hundertsatz der gerügten sonstigen kleinen Mängel kann als sehr geringfügig bezeichnet werden, ein Beweis für die Sorgfalt, mit der diese für die Menschheit unentbehrlichen wissenschaftlichen Tierversuche vorbereitet und ausgeführt werden, und für das anerkennenswerte Verantwortungsbewußtsein der Leiter der betreffenden Institute usw. hinsichtlich

---

1678 Giese / Kahler, *Das deutsche Tierschutzrecht*, 1939, S. 85; Giese, 4. A. 1951, S. 87.

1679 Storch† / Mathieu, *Tierschutz-Taschenbuch*, 4. A., 1941, S. 75 ergänzten: „Polizei- und Gendarmeriebeamte haben also darauf zu achten, daß Tierversuche nicht außerhalb der zugelassenen Institute stattfinden.“

der ihnen erteilten Ermächtigung. Das Gesetz hat insofern sein Gutes gehabt, als es bereits erheblich dazu beigetragen hat, durch Um- und Neubauten von Tierstallung, durch Anbringung von Fenstern und Lüftungen, durch Schaffung von Ausläufen, durch Vermeidung von Überbelegung der Ställe usw. eine gute Unterbringung und Haltung der Versuchstiere zu gewährleisten. Durch Abs. 2 des Runderlasses, betr. Vereinfachung der Verwaltung [...] vom 12. Februar 1943 (MBliV. S. 260) war aus kriegsbedingten Gründen bestimmt worden, daß die durch den vorerwähnten Erlaß vom 5. Mai 1934 angeordnete Überprüfung der zugelassenen Institute und Laboratorien während des Krieges unterbleiben kann, soweit nicht ein besonderer Anlaß hierzu besteht."[1680]

§ 9 Strafen; Aufsichtsverhältnis

„Abschnitt IV
Strafbestimmungen.

§ 9

(1) Wer ein Tier unnötig quält oder roh mißhandelt, wird mit Gefängnis bis zu zwei Jahren und mit Geldstrafe oder mit einer dieser Strafe bestraft.

(2) Wer, abgesehen von den Fällen des Abs. 1, ohne die erforderliche Erlaubnis einen Versuch an lebenden Tieren (§ 5) vornimmt, wird mit Gefängnis bis zu sechs Monaten und mit Geldstrafe oder mit einer dieser Strafe bestraft.

(3) Mit Geldstrafe bis zu einhundertfünfzig Reichsmark oder mit Haft wird, soweit die Tat nicht schon unter die Strafdrohung der Abs. 1, 2 fällt, bestraft, wer vorsätzlich oder fahrlässig

1. einem der Verbote der §§ 2 bis 4 zuwiderhandelt;

2. einer Vorschrift des § 7 zuwiderhandelt;

3. einer vom Reichsminister des Innern oder von einer Landesregierung nach § 14 erlassenen Vorschrift zum Schutze der Tiere zuwiderhandelt;

4. es unterläßt, Kinder oder andere Personen, die seiner Aufsicht unterstehen und zu seiner Hausgemeinschaft gehören, von einer Zuwiderhandlung gegen die Vorschriften dieses Gesetzes abzuhalten."

1. Systematik der „Strafbestimmungen"

„In den ersten 3 Abschnitten des Gesetzes sind eine Reihe rechtliche Pflichten geschaffen worden. Der Abschnitt 4 bringt Strafandrohungen, die die Erfüllung

---

1680 Giese / Kahler, *Das deutsche Tierschutzrecht*, 1939, S. 86 – 87; Giese, 4. A. 1951, S. 88, wobei der letztgenannte Erlaß zeitbedingt erst da (bzw. seit 3. A. 1944) erschien. Ebenso die Quellenangabe des vorerwähnten Erlasses, doch trotz der Nicht-Veröffentlichung schien er in betreffenden Kreisen schon früh bekannt geworden zu sein, wie dessen Inhaltswiedergabe in Einhauser, *Das Tierschutzgesetz*, in: Frank (Hrsg.), *Handbuch*, 1935, S. 913 bewies.

dieser Pflichten sicherstellen wollen."[1681] Dazu gehörten nicht nur die „eigentlichen Strafbestimmungen" über Tierquälerei (§ 9 Abs. 1) und Zuwiderhandlungen gegen Tierschutzvorschriften (§ 9 Abs. 3 Z. 3), sondern auch neue, selbständige Straftatbestände (§ 9 Abs. 2, 3 Z. 1, 2, 4). Außerdem waren Nebenstrafen (§ 10 Abs. 1 RTierSchG, §§ 40, 42 RStGB) kodifiziert. Über das Strafrechtliche hinaus sah § 11 noch Verwaltungsmaßnahmen vor, bis § 12 sowie § 10 Abs. 2 auch Prozessuales regelten. Auch für all diese „Strafbestimmungen" galten die allgemeinen Bestimmungen des RStGB über Rechtswidrigkeit der Handlung, Verschulden des Täters (einschließlich der Trunkenheit[1682]), Schuld- und Strafausschließungsgründe, Anstiftung, Mittäterschaft, Beihilfe und Versuch, Verjährung, Real- und Idealkonkurrenz usw.[1683]

2. Amtliche Begründung

„Für das unnötige Quälen oder das rohe Mißhandeln eines Tieres wird Vergehensstrafe angedroht. Der Strafrahmen ist erheblich höher als im § 145 b des Strafgesetzbuches. Der Gesetzgeber will dadurch die Möglichkeit schaffen, daß Rohlinge, die gegen § 1 des Gesetzes verstoßen, besonders nachdrücklich bestraft werden können. Zur Bestrafung ist vorsätzliches Handeln erforderlich (Abs. 1).

Ebenso erscheint es notwendig, eine empfindliche Strafe für jeden vorzusehen, der Versuche an lebenden Tieren ohne die erforderliche Erlaubnis vornimmt. Von einem Wissenschaftler wird man mit Recht verlangen müssen, daß er sich mit den einschlägigen gesetzlichen Bestimmungen vertraut macht und jeden Verstoß vermeidet, wenn er sich mit solchen Versuchen befaßt (Abs. 2).

Im übrigen schien als Sühne für vorsätzliche oder fahrlässige Zuwiderhandlungen gegen die Tierschutzvorschriften des Gesetzes Geldstrafe bis zu 150 RM oder Haftstrafe ausreichend, soweit nicht eine unnötige Tierquälerei oder eine rohe Mißhandlung im Sinne des Abs. 1 vorliegt (Abs. 3).

Da alle schwereren Fälle von Tierquälerei schon durch die Strafbestimmung des Abs. 1 erfaßt werden, genügt es, auch für Zuwiderhandlungen gegen die später etwa noch zu erlassenden Tierschutzvorschriften (Abs. 3 Nr. 3) Übertretungsstrafe anzuordnen.

1681 Korn, *Kommentar zum RTierSchG*, 1934, S. 30.

1682 Adolph, *Schutz des Tieres im deutschen Recht*, 1935, S. 31 – 32: „Sie wird außerdem ergänzt durch § 330 a StGB, der die in der Trunkenheit begangene Straftat ohne Rücksicht auf die etwa ausgeschlossene Zurechnungsfähigkeit ahndet." Damit ging ein weiterer Wunsch der Tierschützer zum E. 27 (s. o.) nun in Erfüllung.

1683 Vgl. Korn, *Kommentar zum RTierSchG*, 1934, S. 30 – 31; Skopnik, *RTierSchG mit Begründung*, 1934, S. 48 – 49; Giese / Kahler, *Das deutsche Reichs-Tierschutzgesetz*, 1934, S. 89 – 91; *Das deutsche Tierschutzrecht*, 1939, S. 23; Giese, 4. A., 1951, S. 90 – 94.

Die Erfahrung zeigt, daß Tierquälereien nicht selten durch Kinder, sei es aus Spielerei oder Unverstand, sei es aus sadistischer Neigung, begangen werden. Vielfach trägt daran auch die Gedankenlosigkeit und die Duldung solcher Quälereien durch Erwachsene die Schuld (Abs. 3 Nr. 4). Eltern, Pflegeeltern usw. haben daher die Pflicht, Kindern oder anderen Personen, die ihrer Aufsicht unterstehen und zu ihrer Hausgemeinschaft gehören, Achtung auch vor dem Leben eines Tieres einzuflößen und sie von Quälereien oder Mißhandlung eines Tieres rechtzeitig abzuhalten. Es entspricht dem Rechtsempfinden, daß Erwachsene, die dieser Pflicht nicht nachkommen und Tierquälereien dulden, dafür selbst bestraft werden."[1684]

3. Auslegung

„Die Regelung des Tierschutzes durch ein Sondergesetz bringt es mit sich, daß die Strafbestimmungen über Tierquälerei, die sich bisher in dem Reichsstrafgesetzbuch befanden, aus diesem herausgenommen und in das Tierschutzgesetz eingefügt worden sind."[1685] Es stelle damit ein strafrechtliches Nebengesetz dar, durch das die entsprechenden Vorschriften des RStGB am 1. Februar 1934 „voll und ganz durch das Tierschutzgesetz ersetzt worden" waren.[1686]

a) Abs. 1 Vergehensstrafe gegen Tierquälerei

Dabei löste § 9 Abs. 1 RTierSchG den bisherigen § 145 b RStGB ab.

aa) Strafmaß

„Der Strafrahmen ist nun durch Heraufsetzung der Höchststrafe auf 2 Jahre Gefängnis erheblich erweitert. Damit ist den Zielen der Tierschutzbewegung in einem Ausmaß entsprochen, in dem es bisher nur Bregenzer und Schwantje zu fordern wagten." [1687] „Der Höchstbetrag der […] Geldstrafe ist nach § 27 RStrGB.[1688] 10 000 RM, ihr Mindestbetrag 3 RM. […] Das Höchstmaß der zu-

---

1684 BA Berlin-Li., R 18 Rep. 320 Nr. 589, Bl. 110 – 111 (dort als § 10); Giese / Kahler, *Das deutsche Reichs-Tierschutzgesetz*, 1934, S. 122 – 123; *Das deutsche Tierschutzrecht*, 1939, S. 282 – 283; Giese, 4. A. 1951, S. 303 – 304.

1685 Giese / Kahler, *Das deutsche Reichs-Tierschutzgesetz*, 1934, S. 67.

1686 Wetzel, *Tierschutz im Reichsstrafrecht*, 1936, S. 35.

1687 Adolph, *Schutz des Tieres im deutschen Recht*, 1935, S. 12; vgl. Bregenzer, *Thier-Ethik*, 1894, S. 369 (als § 233 a RStGB, s. o.); Schwantje, *Tierschutz im deutschen Strafgesetz*, 1910, S. 14. In der Tat hatte auch Sturm, *Das Recht der Thiere*, in: *Beiträge zum römischen Recht*, 1891, N.D. 1985, S. 114 (als § 234 Abs. 1) zwei Jahre Gefängnis gegen Tierquäler gefordert.

1688 § 27 Abs. 1, 2 RStGB: „*Die Geldstrafe* […] *beträgt:*

lässigen Geldstrafe darf nach § 27 c[1689] Abs. 3 RStrGB. überschritten werden, wenn der Grundsatz, daß die Geldstrafe den Gewinn, den der Täter aus der Tat gezogen hat, übersteigen soll, ohne Überschreitung des gesetzlichen Höchstmaßes nicht durchzuführen wäre. Außerdem kann nach § 27 a RStrGB.[1690] bei einem auf Gewinnsucht[1691] beruhenden Vergehen die Geldstrafe bis zu 100 000 RM erhöht werden […]. Zahlung der Geldstrafe, auch in Teilzahlungen, richtet sich nach § 28 RStrGB.[1692], Umwandlung einer nicht beitreibbaren Geldstrafe in Freiheitsstrafe nach § 28 a und 29 RStrGB.[1693] Da die Geldstrafe nicht an erster

---

1. bei Verbrechen und Vergehen, soweit nicht höhere Beträge oder Geldstrafe in unbeschränkter Höhe angedroht sind oder werden, mindestens drei Reichsmark und höchstens zehntausend Reichsmark;

2. bei Übertretungen mindestens eine Reichsmark, soweit nicht ein höherer Mindestbetrag angedroht ist oder wird, und höchstens hundertfünfzig Reichsmark."

1689 § 27 c RStGB: „*Bei der Bemessung einer Geldstrafe sind die wirtschaftlichen Verhältnisse des Täters zu berücksichtigen.* [Abs. 2] *Die Geldstrafe soll das Entgelt, das der Täter für die Tat empfangen, und den Gewinn, den er aus der Tat gezogen hat, übersteigen.* [Abs. 3] *Reicht das gesetzliche Höchstmaß hierzu nicht aus, so darf es überschritten werden.*"

1690 § 27 a RStGB: „*Bei einem Verbrechen oder Vergehen, das auf Gewinnsucht beruht, kann die Geldstrafe auf einhunderttausend Reichsmark erhöht und auf eine solche Geldstrafe neben Freiheitsstrafe auch in denjenigen Fällen erkannt werden, in denen das Gesetz eine Geldstrafe nicht androht.*"

1691 Gemäß RG, II. Ss., Urt. v. 20. 5. 1926 g. M. II 250/26, in: Bd. 60, Nr. 106, S. 307 „ist Gewinnsucht die Steigerung des berechtigten Erwerbssinnes auf ein ungewöhnliches, ungesundes, sittlich anstößiges Maß. Sie ist vorhanden, wenn das Verlangen des Täters nach Gewinnerzielung ihn mit solcher Gewalt beherrscht, daß er ihm hemmungslos unterliegt, ohne auf die Schranken zu achten, deren Innehaltung Gesetz und Recht, geschäftlicher Anstand und die schuldige Rücksicht auf seine Mitmenschen von ihm fordern."

1692 § 28 RStGB: „*Ist dem Verurteilten nach seinen wirtschaftlichen Verhältnissen nicht zuzumuten, daß er die Geldstrafe sofort zahlt, so hat ihm das Gericht eine Frist zu bewilligen oder ihm zu gestatten, die Strafe in bestimmten Teilbeträgen zu zahlen.* [Abs. 2] *Das Gericht kann diese Vergünstigung auch nach dem Urteil bewilligen. Es kann seine Entschließung nachträglich ändern. Leistet der Verurteilte die Teilzahlungen nicht rechtzeitig, oder bessern sich seine wirtschaftlichen Verhältnisse wesentlich, so kann das Gericht die Vergünstigung widerrufen.* [Abs. 3] *Auf die nach Abs. 2 zu treffenden Entscheidungen findet § 462 der Strafprozeßordnung Anwendung.*"

1693 § 28 a Abs. 1 RStGB: „*Soweit die Geldstrafe nicht gezahlt wird, ist sie beizutreiben.*" § 29 Abs. 1, 2: „*An die Stelle einer uneinbringlichen Geldstrafe tritt bei Verbrechen und Vergehen Gefängnis oder, wenn neben der Geldstrafe auf Zuchthaus erkannt wird, Zuchthaus, bei Übertretung Haft. Auch bei Vergehen kann die Geldstrafe in Haft umgewandelt werden, wenn Geldstrafe allein oder an erster Stelle oder wahlweise neben Haft angedroht ist.* [Abs. 2] *Die Dauer der Ersatzstrafe ist mindestens ein Tag und bei*

Stelle *und nicht wahlweise neben Haft* angedroht ist, ist eine Umwandlung der nicht beitreibbaren Geldstrafe in Haftstrafe nicht zulässig, sondern nur in Gefängnisstrafe. Die Dauer der an Stelle einer uneinbringlichen Geldstrafe tretenden Gefängnisstrafe ist mindestens ein Tag, höchstens ein Jahr Gefängnis, im Falle von § 9 Abs. 2 höchstens sechs Monate Gefängnis (§ 29 Abs. 2 RStrGB.).“[1694]

bb) Beweislast

Der Tatbestand, den § 9 Abs. 1 unter Strafe stellte, stimmte mit der Verbotsbestimmung des § 1 Abs. 1 überein. Die Auslegung ihrer Merkmale führten Giese und Kahler hier ins Strafverfahren hinein: „Macht der Täter geltend, daß mit der Quälerei ein vernünftiger, berechtigter Zweck verfolgt worden sei, dieselbe also nicht unnötig gewesen sei, so ist [...] eine Verurteilung nur zulässig, wenn der Strafrichter feststellt, daß ein solcher unvernünftiger Zweck nicht vorgelegen habe oder das erlaubte Maß überschritten worden sei. Ebenso ist, wenn die Roheit der Mißhandlung bestritten wird, das Vorhandensein der gefühllosen Gesinnung, der sie entsprungen ist, das Fehlen des Gefühls, das der Mensch für die Schmerzempfindung der Kreatur haben soll, nachzuweisen.“[1695]

cc) Verjährung

„Eine im Interesse des Tierschutzes besonders wichtige Verbesserung“ sahen Giese und Kahler in der nunmehr durch § 67 Abs. 2 RStGB[1696] festgesetzten Verjährung von fünf Jahren für Zuwiderhandlungen gegen § 9 Abs. 1 — und Abs. 2 — des RTierSchG: „Unter [...] § 360 Nr. 13 RStrGB. hat die kurze Verjährungsfrist von drei Monaten, innerhalb deren Übertretungen verjähren, vielfach dazu geführt, daß rohe Tierquälereien [...] wegen Ablaufs der Verjährungsfrist ungesühnt bleiben mußten; dies war ein sehr unbefriedigender Zustand, der nunmehr beseitigt ist; auch insofern ist es für die Durchführung des Tierschutzgesetzes bedeutungsvoll, daß die Tierquälerei als *Vergehen* qualifiziert wird.

Gefängnis und Zuchthaus höchstens ein Jahr, bei Haft höchstens sechs Wochen. Ist neben der Geldstrafe wahlweise Freiheitsstrafe von geringerer Höhe angedroht, so darf die Ersatzstrafe deren Höchstmaß nicht übersteigen. Die Ersatzstrafe darf nur nach vollen Tagen bemessen werden.“

1694 Giese / Kahler, *Das deutsche Reichs-Tierschutzgesetz*, 1934, S. 73 – 75; *Das deutsche Tierschutzrecht*, 1939, S. 95; Giese, 4. A. 1951, S. 97 – 98; schräg gekennzeichnete Worte erst seit 2. A.

1695 Giese / Kahler, *Das deutsche Reichs-Tierschutzgesetz*, 1934, S. 72 – 73; *Das deutsche Tierschutzrecht*, 1939, S. 94; Giese, 4. A. 1951, S. 97.

1696 § 67 Abs. 2 RStGB: „*Die Strafverfolgung von Vergehen, die im Höchstbetrage mit einer längeren als dreimonatlichen Gefängnisstrafe bedroht sind, verjährt in fünf Jahren, von anderen in drei Jahren.*“

[…] Beginn, Ablauf und Unterbrechung der Verjährung richten sich nach den hierfür geltenden Vorschriften des Reichsstrafgesetzbuchs."[1697]

dd) Vorrang gegenüber anderen Strafvorschriften

Hierzu vermerkten die Ministerialräte: „Wenn die kurze Verjährungsfrist von drei Monaten auch weiterhin für Übertretungen nach § 9 Abs. 3 des Gesetzes gilt, so ist doch zu bedenken, daß Zuwiderhandlungen gegen die zum Schutze von Tieren erlassenen Abordnungen, insbesondere wenn es sich um schwere Eingriffe handelt, die eine strenge Ahndung verdienen, regelmäßig als Tierquälerei auch unter § 9 Abs. 1 fallen und daher der fünfjährigen Verjährung unterliegen."[1698] Denn: „Nach § 73 RStrGB.[1699] hat in solchen Fällen das Gesetz Anwendung zu finden, das die schwerste Strafe, und bei ungleichen Strafarten dasjenige, das die schwerste Strafart androht. Auf diesen Grundsatz ist übrigens in § 9 Abs. 3 des Gesetzes auch ausdrücklich hingewiesen. Der für den Tierschutz wesentliche praktische Nutzen der nebeneinander bestehenden Strafbestimmungen liegt darin, daß, wenn der schwerere Tatbestand der Tierquälerei nicht in allen seinen Merkmalen nachweisbar ist, jedenfalls eine Bestrafung wegen Übertretung der zum Schutz der Tiere erlassenen Vorschriften erfolgen kann."[1700]

b) Abs. 2 Vergehensstrafe gegen unerlaubte Tierversuche

So auch Abs. 2: „In Tateinheit mit dem Vergehen der Vornahme wissenschaftlicher Versuche ohne die im § 6 vorgesehene Erlaubnis kann auch der Tatbestand der Tierquälerei nach § 9 Abs. 1 verwirklicht sein, wenn der Vorsatz, das zu dem Versuch benutzte Tier unnötig zu quälen oder roh zu mißhandeln, nachgewiesen werden kann. Da dieser Vorsatz im allgemeinen schwer nachweisbar

---

1697 Giese / Kahler, *Das deutsche Reichs-Tierschutzgesetz*, 1934, S. 70; *Das deutsche Tierschutzrecht*, 1939, S. 92; Giese, 4. A. 1951, S. 95. So begann die Verjährung nach § 67 Abs. 4 RStGB *„mit dem Tage, an welchem die Tat begangen ist, ohne Rücksicht auf den Zeitpunkt des eingetretenen Erfolges."* Ebenfalls galt hierfür § 68 Abs. 1: *„Jede Handlung des Richters, welche wegen der begangenen Tat gegen den Täter gerichtet ist, unterbricht die Verjährung."* Wohlgemerkt betraf die Verjährung nur die Strafen in §§ 9, 10, nicht die Verwaltungsmaßnahmen in § 11 (s. u.).

1698 Giese / Kahler, *Das deutsche Reichs-Tierschutzgesetz*, 1934, S. 70; *Das deutsche Tierschutzrecht*, 1939, S. 92; Giese, 4. A. 1951, S. 95.

1699 § 73 RStGB: *„Wenn eine und dieselbe Handlung mehrere Strafgesetze verletzt, so kommt nur dasjenige Gesetz, welches die schwerste Strafe, und bei ungleichen Straftaten dasjenige Gesetz, welches die schwerste Strafart androht, zur Anwendung."*

1700 Giese / Kahler, *Das deutsche Tierschutzrecht*, 1939, S. 91 – 92; Giese, 4. A. 1951, S. 94 – 95.

sein wird, ist das unbefugte Vornehmen wissenschaftlicher Versuche an Tieren zum Gegenstand einer besonderen Strafandrohung gemacht worden."[1701] Das Ausmaß, Gefängnis von einem Tage (§ 16 Abs. 1 RStGB) bis zu sechs Monaten oder Geldstrafe 3 – 10.000 RM oder eine der beiden Strafen, ergab sich einerseits daraus, es sei nicht notwendig, „wegen Tierquälereien, die [nicht] eine besonders niedrige und gemeine Gesinnung des Täters erkennen lassen, auf hohe Freiheitsstrafe zu erkennen." Andererseits „mochte es zweckmäßig erscheinen, hier nicht wie bei Zuwiderhandlungen gegen die bei der Ausführung der Tierversuche zu beachtenden Vorschriften (§ 7 d. G.) die Übertretungsstrafe vorzusehen, da diese vielleicht doch nicht in allen Fällen eine genügend abschreckende Wirkung ausgeübt haben würde [...]. Voraussetzung für die Anwendung des § 9 Abs. 2 ist ein vorsätzliches Handeln des Täters; irrtümliche Annahme, daß für die Vornahme von Tierversuchen eine Erlaubnis nicht erforderlich sei, schützt vor Strafe nicht, da es sich um einen Irrtum über das Strafgesetz handelt."[1702] Verjährungsfrist: fünf Jahre (s. o. zu Abs. 1).

c) Abs. 3 Übertretungsstrafen

Hier fanden sich die Sanktionen für Zuwiderhandlungen gegen die in §§ 2 – 4, 7 sowie nach § 14 erlassenen Vorschriften zum Schutz der Tiere.

aa) Behelfsmäßige Übertretungsstrafe

Die verhängte Geldbuße von 1 (§ 27 Abs. 2 Z. 2 RStGB) bis 150 RM bzw. einfache Freiheitsentziehung von einem Tage bis zu sechs Wochen (§ 18 RStGB) galt gemäß § 1 Abs. 3 RStGB als Übertretungsstrafe, deren subsidiären Charakter man aber einstimmig erkannte:[1703] Wie das Gesetz es befahl, kam Abs. 3 erst „als idealkonkurrierende Bestimmung"[1704] zum Zuge, „wenn die Tat nicht schon unter Abs. 1 oder 2 zu subsumieren ist."[1705] Und weil Vorschriftsverletzungen, „wenn es sich um ernstere An- oder Eingriffe gegen Tiere handelt, wohl regel-

---

1701 Giese / Kahler, *Das deutsche Tierschutzrecht*, 1939, S. 96; Giese, 4. A. 1951, S. 95.

1702 Giese / Kahler, *Das deutsche Reichs-Tierschutzgesetz*, 1934, S. 75; *Das deutsche Tierschutzrecht*, 1939, S. 96; Giese, 4. A. 1951, S. 98 – 99; auch Landwehr, *Die strafbare Tierquälerei nach § 9 RTierSchG*, 1935, S. 45. Der hier genannte Vorsatz bezog sich auf als den Versuch als Tätigkeit statt der damit verbundenen Quälerei.

1703 Korn, *Kommentar zum RTierSchG*, 1934, S. 33; Giese / Kahler, *Das deutsche Reichs-Tierschutzgesetz*, 1934, S. 75; Adolph, *Schutz des Tieres im deutschen Recht*, 1935, S. 31; Landwehr, *Die strafbare Tierquälerei nach § 9 RTierSchG*, 1935, S. 45; Wetzel, *Tierschutz im Reichsstrafrecht*, 1936, S. 36; Beckers, *Tierquälerei nach RTierSchG*, 1939, S. 39.

1704 Wetzel, *Tierschutz im Reichsstrafrecht*, 1936, S. 36.

1705 Beckers, *Tierquälerei nach RTierSchG*, 1939, S. 39.

mäßig auch als Tierquälereien zu beurteilen sein werden, kann die hier vorgesehene Übertretungsstrafe als ausreichend angesehen werden."[1706]

bb) Allgemeine Anmerkungen

Wie schon dort war aber klarzustellen, „daß bei der angemessenen Verfolgung eines richtigen und vernünftigen Zweckes auch hier die Rechtswidrigkeit entfällt."[1707] Sonst bleibe die hiesige Strafe immerhin „verhältnismäßig gering, weil das Hauptmotiv zur Tat nicht die Grausamkeit ist, sondern Unverstand, Gleichgültigkeit, Geiz und Roheit. Die Vorschrift gewinnt aber eine besondere Bedeutung"[1708] durch die mögliche *fahrlässige* Übertretung, denn sie „ist geeignet, alle die unzähligen, unnötigen Quälereien des täglichen Lebens zu treffen, die bisher straflos bleiben mußten".[1709] Verjährungsfrist: fünf Jahre (s. o. zu Abs. 1).

cc) Neue Aufsichtspflicht gemäß Z. 4

„Hier ist der Gesetzgeber einem Vorschlag des Berliner Tierschutzbundes (sic! „–vereins") und Schaefers gefolgt,"[1710] und zwar aufgrund der Erkenntnis:

(1) Beweggrund

„Da Kinder Tierquälerei vielfach aus Spielerei oder Unverstand begehen und dem durch entsprechende Belehrung der Kinder seitens ihrer Eltern vorgebeugt werden kann, erscheint es zur Verhütung von Tierquälerei notwendig, den Eltern und sonstigen Personen, denen die Aufsicht über Kinder obliegt, die Verpflichtung aufzuerlegen, daß sie den ihrer Aufsicht oder Pflege unterstehenden Kindern Achtung vor dem Leben des Tieres einzuflößen und sie von Tierquälereien und sonstigen Zuwiderhandlungen gegen die Vorschriften des Tierschutzgesetzes abzuhalten."[1711]

1706 Giese / Kahler, *Das deutsche Reichs-Tierschutzgesetz*, 1934, S. 75.

1707 Landwehr, *Die strafbare Tierquälerei nach § 9 RTierSchG*, 1935, S. 46.

1708 Adolph, *Schutz des Tieres im deutschen Recht*, 1935, S. 31.

1709 Adolph, *Schutz des Tieres im deutschen Recht*, 1935, S. 31.

1710 Neupert, *Übertretungsdelikte des RTierSchG*, in: GA, N. F. Bd. 5, 1938, S. 308; zum Ersuchen des Berliner Tierschutzvereins v. 20. 6. 1927 an den Reichstag und Schaefers § C s. o. Kritik an E. 27.

1711 Giese / Kahler, *Das deutsche Reichs-Tierschutzgesetz*, 1934, S. 76 – 77; *Das deutsche Tierschutzrecht*, 1939, S. 97; Giese, 4. A. 1951, S. 100.

(2) Merkmale

Diese Aufsicht müsse rechtlich anerkannt sein,[1712] d. h. über solche Personen, „die einer Befehlsgewalt des Verantwortlichen unterstehen. Denn nur aus der Verbindlichkeit der Anordnung für den Täter läßt sich die Verantwortung des Aufsichtsführenden ableiten."[1713] Ferner erklärte § 9 Abs. 3 im Hauptsatz sowohl vorsätzliche als auch fahrlässige Begehung für strafbar, also auch des „echten Unterlassungsdeliktes"[1714] in Z. 4, wobei die Schuldformen anders seien als beim positiven Tun: „Der Vorsatz der Unterlassungszuwiderhandlung muß die Vorstellung in sich schließen, daß ein bestimmter Erfolg nicht beseitigt oder am Eintritt verhindert wird, obwohl eine rechtliche Verpflichtung hierzu besteht. Der Vorsatz umfaßt also die Vorstellung der Handlungspflicht. Die Fahrlässigkeit dagegen kann darin liegen, daß der Täter unter Außerachtlassen der im Verkehr erforderlichen Sorgfalt (§ 276 Abs. 1 BGB.) an die Handlungspflicht nicht gedacht hat oder aber, obwohl er an sie gedacht, sie leichtsinnigerweise nicht erfüllte."[1715] Im Alltag werde es „sich hauptsächlich [...] um Fälle der Nachlässigkeit und Vergeßlichkeit" handeln.[1716] Objektiv müsse es wirklich zur Verletzung einer Vorschrift des RTierSchG gekommen sein.[1717] Darunter sollten „nicht nur aktive Handlungen fallen, sondern auch z. B. Unterlassungen nach § 2 Ziff. 1 TSchG., [dies] ergibt sich ohne weiteres aus der Strafbarkeit, die angeführten Personen ‚von Zuwiderhandlungen gegen das Tierschutzgesetz abzuhalten'."[1718] Ob die Straffolge eingetreten ist, sei gleichgültig.[1719]

Über die Abgrenzung der Aufsichtsunterstehenden konnte man sich streiten, wobei schon deren häufigste Art, die „Kinder", für Diskussionsstoff sorgte. Giese und Kahler meinten: „volljährige Kinder unterstehen nicht einer solchen Aufsicht, sie machen sich selbst straffällig wie jeder andere Erwachsene."[1720] Hingegen machte Adolph geltend, „da[ß] auch der Jugendliche bis zu 21 Jahren zu den Gewaltunterworfenen zählt und [...] daß die Bestrafung des Aufsichtspflichtigen neben einer Bestrafung des Täters möglich ist, ja bei einem Alter von

---

1712 Giese / Kahler, *Das deutsche Reichs-Tierschutzgesetz*, 1934, S. 77; *Das deutsche Tierschutzrecht*, 1939, S. 98; Giese, 4. A. 1951, S. 100; Landwehr, *Die strafbare Tierquälerei nach § 9 RTierSchG*, 1935, S. 48.

1713 Schmid-Lindner, *Fragen des StR-AT zum TierSchR*, 1941, S. 27.

1714 Landwehr, *Die strafbare Tierquälerei nach § 9 RTierSchG*, 1935, S. 48; vgl. Neupert, *Übertretungsdelikte des RTierSchG*, in: GA, N. F. Bd. 5, 1938, S. 309.

1715 Neupert, *Übertretungsdelikte des RTierSchG*, in: GA, N. F. Bd. 5, 1938, S. 309.

1716 Beckers, *Tierquälerei nach RTierSchG*, 1939, S. 39.

1717 Landwehr, *Die strafbare Tierquälerei nach § 9 RTierSchG*, 1935, S. 48.

1718 Schmid-Lindner, *Fragen des StR-AT zum TierSchR*, 1941, S. 30.

1719 Neupert, *Übertretungsdelikte des RTierSchG*, in: GA, N. F. Bd. 5, 1938, S. 310.

1720 Giese / Kahler, *Das deutsche Reichs-Tierschutzgesetz*, 1934, S. 77.

über 18 Jahren garnicht umgangen werden kann."[1721] Aus Lebenserfahrungen ergänzte Sommer noch: „Die Hausfrau wird […] zu büßen haben für Grausamkeiten, die die Köchin in der Küche bei der Zubereitung der Speisen an lebenden Tieren begeht, wie z. B. das Ansetzen lebender Krebse in kaltem Wasser und das Aufsieden derselben, das Rösten von Neunaugen bei lebendigem Leibe, die grausame Behandlung von lebenden Fischen, insbesondere von Aalen u. a."[1722] Fehle das Aufsichtsverhältnis oder nicht, so fasste Landwehr zusammen, „können die Mutter und die volljährigen Kinder ohne oder neben dem Vater selbst bestraft werden."[1723] Dem Tatbestandsmerkmal wandte sich erst Neupert wieder zu: „Der Begriff der Aufsicht beschränkt sich nicht auf die Fälle, in denen kraft gesetzlicher Regelung eine besondere Aufsichtspflicht festgelegt worden ist wie auf den Inhaber der elterlichen Gewalt (§§ 1627, 1631, 1634, 1684, 1697, 1707 Nr. 2 BGB.), den Vormund (§§ 1800, 1794 BGB.), den Pfleger des Minderjährigen ([§] 1915 BGB.), den Lehrherrn (§[§] 127, 127 a RGewO.) und andere, sondern ist auch auf die vertragsmäßige Übernahme einer solchen ausgedehnt, z. B. auf den Leiter eines Pensionates. Sie umfaßt also jede — aus einem Abhängigkeitsverhältnis hervorgehende Überwachung einer abhängigen Person".[1724]

(3) Schutzausdehnung auf Lager- und Schulgemeinschaften

Doch auch damit waren die „*Personen, die seiner Aufsicht unterstehen und zu seiner Hausgemeinschaft gehören*", nicht erschöpft erfasst. So ergründete Schmid-Lindner weiter:

> „der Begriff der Hausgemeinschaft ist weiter zu fassen als in den bei § 247 Abs. 1 StGB.[1725] vorgesehenen Fällen. Nach letzterer Vorschrift ist darunter die engere häusliche Gemeinschaft des Gesindes mit dem Dienstherrn zu verstehen," während die Voraussetzung hierfür „schon mit Rücksicht auf das andersgeartete geschützte Rechtsgut […] nicht nur gegeben [erscheint] beim Verhältnis des Bauern oder Gutsverwalters zu Knecht und Magd, sondern auch im Rahmen von Zelt- und Lagergemeinschaften. Gedacht sei hier z. B. an Heereskasernen, Arbeitsdienst-, HJ.-, oder BDM.-Lager und die Verantwortlichkeit der Vorgesetzten im Rahmen dieser Gemeinschaften im Hinblick auf § 9 Ziff. 4 TSchG. […] Zur Anwendung in diesen Fäl-

1721 Adolph, *Schutz des Tieres im deutschen Recht*, 1935, S. 32; wohlgemerkt hatte § 2 BGB die Volljährigkeit auf Vollendung des 21. Lebensjahres festgelegt, das erst am 1. 1. 1975 auf 18 herabgesetzt wurde.

1722 Sommer, *Das neue TierSchG*, in: GA, N. F. Bd. 1, 1934, S. 34.

1723 Landwehr, *Die strafbare Tierquälerei nach § 9 RTierSchG*, 1935, S. 47.

1724 Neupert, *Übertretungsdelikte des RTierSchG*, in: GA, N. F. Bd. 5, 1938, S. 310.

1725 „*Wer einen Diebstahl oder eine Unterschlagung gegen Angehörige, Vormünder oder Erzieher begeht, oder wer einer Person, zu der er in Lehrlingsverhältnisse steht, oder in deren häuslicher Gemeinschaft er als Gesinde sich befindet, Sachen von unbedeutendem Werte stiehlt oder unterschlägt, ist nur auf Antrag zu verfolgen.* […]"

len genügt aber immer noch eine weitere Auslegung der ‚Hausgemeinschaft'. Doch den Schritt in das Gebiet der eigentlichen Analogie bedeutet es erst, wenn wir die Strafbarkeit nach § 9 Ziff. 4 TSchG. auch z. B. gegenüber Lehrern bejahen, die es unterlassen, die ihrer Aufsicht unterstehenden Schulkinder auf Klassenwanderungen oder während der Schulpause von Tiermißhandlungen abzuhalten [...]; denn Grundgedanke ist hier, den Tierquälereien durch Kinder oder andere wie in einer Hausgemeinschaft unterstellte Personen durch die Aufsichtsführenden vorzubeugen und Eltern, andere Erziehungsberechtigte, Fürsorgepflichtige oder andere Aufsichtsführende zu veranlassen, diese ihnen unterstellten Personen zur Befolgung der Tierschutzgesetze zu erziehen bezw. anzuhalten (...). Diese Pflicht ergibt sich sowohl bei konkreten Vorkommnissen, wie aber auch im Sinne allgemeiner, von konkreten Ereignissen unabhängiger Belehrung.

Eine Lehr- und Erziehungsgemeinschaft, wie sie zwischen Lehrern und Schülern gegeben ist, ist für die Anwendung des § 9 Ziff. 4 TSchG. eine mindestens ebenso tragfähige Grundlage wie irgendeine Hausgemeinschaft im wörtlichen Sinne der gemeinschaftlichen Verpflegung und Wohnung. Wenn sogar eine Stundenmagd der Aufsicht des Verwalters oder Oberknechts untersteht und unsere Vorschrift auf diese Personen anwendbar ist, dann erst recht auf eine Gemeinschaft erziehersicher Art, die fast täglich mehrere Stunden (...) zusammenkommt. Dabei fällt noch besonders ins Gewicht, daß dieses Zusammenkommen nicht nur zur Ermittlung von Wissen erfolgt, sondern auch zwecks Erziehung unserer Jugend zu brauchbaren Gliedern einer Volksgemeinschaft, in der es nach dem bekannten Wort des Führers keine Tierquälerei mehr geben darf. Wenn nun ein zur Erziehung Berufener der Entwicklung junger Volksgenossen zu Rohlingen tatenlos zusehen und durch stillschweigende Billigung von Tiermißhandlungen Vorschub leisten würde, so stünde durch ein solches Verhalten wertvolles Kulturgut auf dem Spiel, nämlich die Erziehung der Jugend zur Achtung der im Tierschutzgesetz niedergelegten Kulturwillens der Volksgemeinschaft, das Tier um seiner selbst willen zu schützen. Solche Erzieher wären unter den angeführten Gesichtspunkten durch entsprechende Anwendung des § 9 Ziff. 4 TSchG. zu bestrafen."[1726]

§ 10 Nebenstrafen

„§ 10

(1) Neben der wegen einer vorsätzlichen Zuwiderhandlung auf Grund des § 9 erkannten Strafe kann auf Einziehung oder auf Tötung des Tieres anerkannt werden, wenn es dem Verurteilten gehört. Statt der Einziehung kann angeordnet werden, daß das Tier auf Kosten des Verurteilten bis zur Dauer von drei Monaten anderweit untergebracht und verpflegt wird.

(2) Kann keine bestimmte Person verfolgt oder verurteilt werden, so kann auf Einziehung oder Tötung des Tieres selbständig erkannt werden, wenn im übrigen die Voraussetzungen hierfür vorliegen."

1726 Schmid-Lindner, *Fragen des StR-AT zum TierSchR*, 1941, S. 28 – 30.

1. Amtliche Begründung

„Die im Abs. 1 angegebenen Nebenstrafen sind als unentbehrliche Ergänzung des Strafmaßes aufzufassen. Häufig werden sie den Täter oder Teilnehmer empfindlicher treffen als eine kurze Freiheits- oder Geldstrafe.

Die Fassung des Abs. 2 lehnt sich an den § 42 des Strafgesetzbuches[1727] an. Sie ist als Maßnahme für Fälle vorgesehen, in denen die Strafverfolgung oder Verurteilung des Täters aus rechtlichen oder tatsächlichen Gründen nicht stattfinden kann."[1728]

2. Auslegung

Beckers befand: „Diese Nebenstrafe wird sich hauptsächlich als Vermögenseinbuße auswirken, indem bei der Tötung und Einziehung der wirtschaftliche Wert des Tieres dem Täter für immer entzogen oder [...] bei anderweitiger Unterbringung die Verfügung darüber zeitweise zur Unmöglichkeit gemacht wird."[1729]

a) Abs. 1 Einziehung; Tötung

Nach Giese und Kahler würde die Nebenstrafe „unter Umständen sogar, wenn es sich um ein wertvolles Tier handelt, eine recht empfindliche sein"[1730]; dennoch galt es zu erklären:

aa) Beweggrund

„Für den Gesetzgeber war aber nicht die Erwägung, daß dem Täter neben der Strafe noch ein weiterer Vermögensnachteil zugefügt werden soll, in erster Linie maßgebend, sondern der Gedanke, dafür zu sorgen, daß das Tier vor weiterer Quälerei geschützt werde."[1731] Auch Korn sah hier „eine vom Standpunkt des Tierschutzes begrüßenswerte Maßnahme, ohne die es keine gesetzliche Handhabe gäbe, das Tier von seinen Qualen zu erlösen. Man denke an Fälle, in denen ohne Erlaubnis Versuche am lebenden Tier unternommen worden sind."[1732]

1727 § 42 RStGB: „*Ist in den Fällen der §§ 40 und 41 die Verfolgung oder die Verurteilung einer bestimmten Person nicht ausführbar, so können die daselbst vorgeschriebenen Maßnahmen selbständig erkannt werden.*"

1728 BA Berlin-Li., R 18 Rep. 320 Nr. 589, Bl. 111 – 112 (dort als § 11); Giese / Kahler, *Das deutsche Reichs-Tierschutzgesetz*, 1934, S. 123; *Das deutsche Tierschutzrecht*, 1939, S. 283; Giese, 4. A. 1951, S. 304.

1729 Beckers, *Tierquälerei nach RTierSchG*, 1939, S. 40.

1730 Giese / Kahler, *Das deutsche Reichs-Tierschutzgesetz*, 1934, S. 78.

1731 Giese / Kahler, *Das deutsche Reichs-Tierschutzgesetz*, 1934, S. 78.

1732 Korn, *Kommentar zum RTierSchG*, 1934, S. 34.

bb) Anwendung

Zur Handhabe der Bestrafung samt jeweiliger Eigentumslage sowie zum Vorsatz als Voraussetzung stellten Giese und Kahler ferner klar:

> „Welche der in § 10 Abs. 1 vorgesehenen Maßnahmen das Gericht aussprechen will, ist seinem Ermessen überlassen. Wird auf Einziehung erkannt, so geht das Eigentum an dem Tier mit der Rechtskraft des Urteils auf den Fiskus über. Für die Verwertung des Tieres gelten die allgemeinen Grundsätze über die Verwertung eingezogener Gegenstände. Ist die Veräußerung des Tieres nicht möglich oder nicht zweckmäßig, so kann die Tötung erfolgen. Ist in dem Urteil nur auf zweitweise anderweitige Unterbringung und Verpflegung des Tieres erkannt worden, so bleibt dasselbe im Eigentum des Verurteilten und ist ihm nach Ablauf der im Urteil festgesetzten Zeit zurückzuerstatten. Die Geltendmachung des Anspruchs auf Rückgabe setzt allerdings voraus, daß er die Kosten für die zwangsweise Unterbringung erstattet, da andernfalls seinem Herausgabeanspruch die Einrede aus § 273 Abs. 2 BGB. entgegenstehen würde.
>
> Auf die Nebenstrafe kann wegen aller *vorsätzlich* begangenen Zuwiderhandlungen gegen § 9 neben der Strafe erkannt werden, also auch nur Übertretungsstrafe, sofern ihre vorsätzliche Begehung festgestellt worden ist.“[1733]

Letzteres erschien Schmid-Lindner besonders bedeutsam: „Damit ist vor allem die Verhängung der Nebenstrafe des § 10 möglich im Hinblick auf die Begehung von Uebertretungen, die in Runderlassen und Verfügungen des RMdI. […] bezeichnet sind (vgl. z. B. die ‚Richtlinien für die Verladung und Beförderung von Tieren‘ und die ‚Richtlinien für die Verladung und Beförderung von Tieren auf Kraftwagen‘, mitgeteilt durch Runderlasse vom 9. 9. 37 — RMBliV S. 1524 — und vom 1. 11. 38 — RMBliV. S. 1833…).“[1734]

Die Nebenstrafen seien „im Urteil selbst auszusprechen (vgl. auch § 40 RStrGB.). Es ist also anders als bei der in § 11 vorgesehenen Maßnahmen nicht möglich, nachträglich auf Einziehung oder Tötung zu erkennen“[1735], „wenn die Verfolgung oder Verurteilung einer bestimmten Person bereits erfolgt und die Entziehung oder Tötung des Tieres vergessen worden ist.“[1736]

1733 Giese / Kahler, *Das deutsche Reichs-Tierschutzgesetz*, 1934, S. 79.

1734 Schmid-Lindner, *Fragen des StR-AT zum TierSchR*, 1941, S. 65 – 66.

1735 Giese / Kahler, *Das deutsche Reichs-Tierschutzgesetz*, 1934, S. 78 – 79. § 40 Abs. 2 RStGB: *„Die Einziehung ist im Urteile auszusprechen.“*

1736 Beckers, *Tierquälerei nach RTierSchG*, 1939, S. 40; s. auch Adolph, *Schutz des Tieres im deutschen Recht*, 1935, S. 32.

cc) Beziehung zu § 40 Abs. 1 RStGB

Im § 40 Abs. 1 RStGB[1737] sah man die Vorlage für die Haupt-Nebenstrafe (Einziehung) des § 10 Abs. 1 RTierSchG, während deren Notersatz (Tötung) schon ansatzweise, und die Neuigkeit der anderweitigen Verpflegung völlig auf die Eigenschaft des Tieres zurückzuführen waren. Von derselben ausgehend ging Schmid-Lindner tiefer auf die Beziehung beider Bestimmungen ein, und zwar bis in ihre Geltung über den o. g. Beweggrund hinaus:

> „In § 40 StGB. ist [...] die Nebenstrafe der Einziehung [...] vorgesehen, wenn die Gegenstände zur Begehung eines vorsätzlich begangenen Verbrechens oder Vergehens gebraucht oder bestimmt, aber auch wenn sie durch ein vorsätzliches Verbrechen oder Vergehen hervorgebracht sind (*Instrumenta vel producta sceleris*). Und hier ergibt sich der Unterschied [...]: im Rahmen der Tierschutzgesetzgebung ist das Tier das Tatobjekt. Dieses kann jedoch begrifflich nicht zusammenfallen mit den ‚Produkten' oder ‚Instrumenten' der strafbaren Handlung. Instrument ist z. B. der Ochsenfiesel, der Knüppel, das Schlachtmesser, die Gänsestopfmaschine, bei verbotenen vivisektorischen Eingriffen die hierzu nötigen Operationsinstrumente. Produkt der tierquälerischen Handlung ist z. B. das durch verbotswidrige Schlachtung (§ 3 SchlachtG.) erzielte ‚koschere' Fleisch, die aus verbotswidriger Vivisektion (§ 5 TSchG.) gewonnenen Präparate usw. Liegt ein im Rahmen der Tierschutzgesetzgebung begangenes vorsätzliches Vergehen vor, so kann § 40 StGB. unabhängig von TSchG. zum Zuge kommen; denn letzterer hat ja das Tier als Tatobjekt von Zuwiderhandlungen nach § 9 TSchG. als Gegenstand. Damit ist oft eine glückliche gegenseitige Ergänzung der beiden Vorschriften gegeben. Z. B. im Falle des § 3 SchlachtG. ist die Anwendung des § 10 TSchG. nicht mehr möglich: das Tier ist, da geschlachtet, als Tier im Sinne eines Lebewesens (...) nicht mehr vorhanden, sondern nur mehr als Fleisch. Hier kann dann § 40 StGB. in jeder Hinsicht zum Zuge kommen. Im Falle einer vorsätzlichen Uebertretung nach § 2, 7, 9 Abs. 3 TSchG. kommt nur die Anwendung des § 10 TSchG. in Frage, während § 40 StGB. nur bei Verbrechen und Vergehen anwendbar von vornherein ausscheiden muß. Stellt jedoch das begangene tierquälerische Delikt ein vorsätzliches Vergehen dar, (... nach § 1 oder 5 TSchG.), so können unter Umständen beide Gesetze innerhalb der ihnen zugewiesenen besonderen Wirkungsgebiete zum Zuge kommen."[1738]

1737 § 40 Abs. 1 RStGB: „*Gegenstände, welche durch ein vorsätzliches Verbrechen oder Vergehen hervorgebracht, oder welche zur Begehung eines vorsätzlichen Verbrechens oder Vergehens gebraucht oder bestimmt sind, können, sofern sie dem Täter oder einem Teilnehmer gehören, eingezogen werden.*"

1738 Schmid-Lindner, *Fragen des StR-AT zum TierSchR*, 1941, S. 66.

b) Abs. 2 Objektives Verfahren

In § 10 Abs. 2 hatte das RTierSchG seine erste prozessuale Vorschrift,[1739] deren Handhabe § 2 der *Verordnung über die Einführung der Tierseuchen- und Tierschutzvorschriften in Ostmark* vom 24. Juli 1939 ausführte:

> *„Über die Einziehung oder die Tötung von Tieren im selbständigen Verfahren gemäß § 10 Abs. 2 des Tierschutzgesetzes erkennt auf Antrag des Anklägers das Gericht, das zur Durchführung des Strafverfahrens zuständig wäre, durch Beschluß. Bei dem Gerichtshof I. Instanz steht die Entscheidung der Ratskammer zu. Der auf Einziehung oder Tötung von Tieren erkennende Beschluß ist der betroffenen Person bekanntzugeben. Gegen die Entscheidung ist die Beschwerde zulässig (§§ 114, 481 der österreichischen Strafprozeßordnung).*“[1740]

Für die Beschließung wurden in der amtlichen Begründung „*rechtliche oder tatsächliche Gründe*“ verlangt. Als jeweilige Beispiele nannten Giese und Kahler die Abwesenheit des Täters und die Verjährung der Tat. Zu den gesetzlichen „*übrigen Voraussetzungen*“ vermerkte Beckers: „Es muß daher ein dem Täter gehöriges Tier das Objekt einer rechtswidrigen Handlung bleiben, die als vorsätzliches Delikt nach § 9 bestraft worden wäre“; zur anderen Bedingung, wann „*keine bestimmte Person verfolgt oder verurteilt werden*“ könne, verwies er aber auf die Meinungsverschiedenheit schon bei § 42 RStGB.[1741]

§ 11 Maßnahmen der Verwaltungsbehörde

> *„§ 11*
>
> *(1) Ist jemand wiederholt wegen einer vorsätzlichen Zuwiderhandlung auf Grund von § 9 rechtskräftig verurteilt worden, so kann ihm die zuständige Landesbehörde die Haltung von bestimmten Tieren oder die berufsmäßige Beschäftigung oder den Handel mit ihnen auf Zeit oder Dauer untersagen.*
>
> *(2) Nach Ablauf eines Jahres seit der Rechtskraft der Untersagungsanordnung kann die zuständige Landesbehörde die Anordnung wieder aufheben.*
>
> *(3) In der Haltung, Pflege oder Unterbringung schuldhaft erheblich vernachlässigte Tiere können durch die zuständige Landesbehörde ihrem Besitzer fortgenommen und so lange anderweit pfleglich untergebracht werden, bis die Gewähr für eine einwandfreie Tierhaltung vorhanden ist. Die Kosten dieser Unterbringung sind dem Schuldigen aufzuerlegen.*“

1739 Vgl. Korn, *Kommentar zum RTierSchG*, 1934, S. 30 – 31.

1740 RGBl. I S. 1320.

1741 Beckers, *Tierquälerei nach RTierSchG*, 1939, S. 40; zu Letzterer keine Angabe mehr.

1. Amtliche Begründung

„Die hier vorgesehene Verwaltungsmaßnahme ist geeignet, in Fällen besonders roher Gesinnung und wenn es sich um rückfällige Tierquälerei handelt, dem Peiniger dadurch, daß er eine Schädigung in seinem Gewerbe zu gewärtigen hat, verständlich zu machen, daß er in dem Tier nicht bloß einen Sachwert zu erblicken hat.

Abs. 2 sieht die Möglichkeit vor, die gemäß Abs. 1 ergangene Anordnung nach gewisser Zeit zurückzunehmen.

Für Fälle einer schuldhaften Vernachlässigung der Tiere ist im Abs. 3 die Möglichkeit geschaffen, gefährdete Tiere schon vor oder auch ohne Erstattung einer Strafanzeige dem Besitzer oder dessen Beauftragten fortzunehmen und sie zeitweise anderweitig pfleglich unterzubringen. Die Kosten hat der Schuldige zu tragen. Diese Maßnahme und schon die Möglichkeit, sie zu verhängen, wird erzieherische Wirkung haben.“[1742]

2. Auslegung

Hiermit kam ein weiterer Wunsch der Tierschützer von 1927 in Erfüllung.

a) Abs. 1 Berufsverbot für rückfällige Tierquäler

Dafür wurde der Rahmen des Strafrechts gebrochen und auf die Verwaltung zurückgegriffen.

aa) Beweggrund

Es seien nämlich „dem Tierschutz dienende polizeiliche Maßnahmen vorgesehen, die, wenn sie sich auch für den davon Betroffenen wie eine Strafe auswirken, keine eigentlichen Nebenstrafen sind, da sie nicht im Rahmen eines Strafverfahrens verhängt werden, so das Recht, die Haltung von bestimmten Tieren oder die berufsmäßige Beschäftigung oder den Handel mit ihnen zu untersagen (§ 11 Abs. 1). Es liegt auf der Hand, daß es sich hier gegebenfalls um sehr weitgehende Eingriffe auch in das wirtschaftliche Leben handeln kann, es ist jedoch im Interesse des Tierschutzes geboten und sehr zu begrüßen, daß rückfällige unverbesserliche Tierquäler, auf die die Verurteilung keinen genügenden Eindruck gemacht hat, auf Zeit oder Dauer von der Haltung der Tiere, zu der sie sich nach ihrer Veranlagung offenbar nicht eignen, ausgeschlossen werden.

1742 BA Berlin-Li., R 18 Rep. 320 Nr. 589, Bl. 112 (da als § 12); Giese / Kahler, *Das deutsche Reichs-Tierschutzgesetz*, 1934, S. 124; *Das deutsche Tierschutzrecht*, 1939, S. 283 – 284; Giese, 4. A. 1951, S. 305.

Diese Bestimmung beweist insbesondere das Bestreben des Gesetzgebers,“[1743] „denjenigen, die ihr Beruf täglich mit Tieren in Berührung bringt, die Erkenntnis beizubringen, daß das Tier nicht eine Sache ist, die schutzlos ihrer Willkür preisgegeben ist, sondern daß sie in dem Tier ein lebendiges und fühlendes Geschöpf zu erblicken haben, dem der neue Staat Anspruch auf Schutz und angemessene Behandlung gewährt“.[1744]

bb) Beziehung zu § 10

Über den o. g. formalen Unterschied hinaus hindere § 10 Abs. 1 vor allem den Täter an weiteren Quälereien an demselben Tier,[1745] während § 11 Abs. 1 selbst „keine begangenen Tierquälereien sühnen, sondern solchen Personen, die sich als Tierhalter nicht eigen, die Möglichkeit einer von ihnen zu erwartenden Tierquälerei nehmen [soll]. Es handelt sich also hier um eine Sicherungsmaßnahme gegenüber dem, der durch seine wiederholten Vorstrafen Anlaß zu der Annahme gibt, daß er auch fürderhin Tiere quälen wird“; dabei sah Beckers den Unterschied beider Kategorien darin, „daß die Strafe den einzelnen Delinquenten treffen und ‚strafen‘ soll, während die Sicherungsmaßnahmen das Deliktsobjekt aus dem Verkehr ziehen will, weil es in der Hand des Täters eine Gefahr für das Recht darstellt.“[1746] Hingegen bezweckten beide Bestimmungen gemeinsam einen möglichst wirksamen *vorbeugenden* Schutz der Tiere gegen Quälerei.[1747]

cc) Anwendung

Die Härte[1748] der Maßregeln in § 11 gebe guten Grund, für deren Anordnung strengen Maßstab anzulegen.[1749]

1743 Giese / Kahler, *Das deutsche Reichs-Tierschutzgesetz*, 1934, S. 68; *Das deutsche Tierschutzrecht*, 1939, S. 89; Giese, 4. A. 1951, S. 91 – 92; der letzte HS. lautete seit 2. A. „Auch diese Bestimmung läßt [...] erkennen“.

1744 Giese / Kahler, *Das deutsche Reichs-Tierschutzgesetz*, 1934, S. 81; *Das deutsche Tierschutzrecht*, 1939, S. 102; Giese, 4. A. 1951, S. 104.

1745 Wetzel, *Tierschutz im Reichsstrafrecht*, 1936, S. 37.

1746 Beckers, *Tierquälerei nach RTierSchG*, 1939, S. 41; zu letzterer Aussage führte er in Fn. 144 derselben Seite fort: „Hier greift der Gesetzgeber die moralische Pflicht des Menschen auf. Wenn [...] er diese Pflicht nicht ausdrücklich festlegte, so zeigt doch diese Behauptung deutlich, daß er eine solche Verpflichtung anerkennt. Denn nur hieraus kann der Staat das Recht für sich ableiten, in der in § 11 vorgesehenen Weise vorzugehen.“

1747 Giese / Kahler, *Das deutsche Reichs-Tierschutzgesetz*, 1934, S. 80; *Das deutsche Tierschutzrecht*, 1939, S. 101; Giese, 4. A. 1951, S. 103 – 104.

1748 Giese / Kahler, *Das deutsche Reichs-Tierschutzgesetz*, 1934, S. 81; *Das deutsche Tierschutzrecht*, 1939, S. 102; Giese, 4. A. 1951, S. 105.

1749 Vgl. Beckers, *Tierquälerei nach RTierSchG*, 1939, S. 41.

(1) Merkmale

Somit sah Abs. 1 eine zumindest zweimalige rechtskräftige Verurteilung wegen vorsätzlicher (s. o. zu § 1) Verstöße gegen § 9 vor,[1750] wobei bei Übertretungen des § 7 sinngemäß die Erlaubnis zur Vornahme von Tierversuchen bereits nach § 6 Abs. 3 zu entziehen sei.[1751] „Die schwereren Voraussetzungen, wie sie bei Rückfalldiebstahl und Rückfallbetrug in §§ 244, 264 RStrGB.[1752] vorgesehen sind, brauchen dagegen nicht erfüllt zu sein. Es ist überhaupt nicht gefordert, daß die erkannten Strafen bereits vorstreckt sind."[1753]

(2) Schutzbereich

Das Verbot der Haltung von Tieren, der berufsmäßigen Beschäftigung bzw. des Handels mit ihnen könne immer nur bezüglich *bestimmter Tiere*, d. h. *bestimm-*

1750 Giese / Kahler, *Das deutsche Tierschutzrecht*, 1939, S. 101 – 102 bzw. Giese, 4. A. 1951, S. 104 führte die ausgedachten und wirklichen Beispiele an: „So kann einem Fuhrunternehmer, der sich wiederholt roher Mißhandlungen seiner Pferde schuldig gemacht hat, die Haltung von Pferden, einem Viehhändler, dem wiederholt Quälereien der von ihm angekauften Tiere nachgewiesen worden sind, der Handel mit diesen Tieren, einem Berufs-Kastrierer, der zweimal wegen Verstoßes gegen § 2 Nr. 9 des Tierschutzgesetzes oder gegen die Betäubungsvorschriften der Ersten Verordnung zur Ausführung des Tierschutzgesetzes bestraft worden ist, die Vornahme von Kastration auf Zeit oder Dauer untersagt werden. Erwähnt sei hier ein Fall, in dem ein Fleischbeschauer, der wegen Tierquälerei, außerdienstlich an einem ihm gehörigen Haustier, zu einer Gefängnisstrafe von vier Monaten verurteilt worden war, durch die Polizei seines Amtes als Fleischbeschauer enthoben wurde; die von ihm dieserhalb erhobene Verwaltungsklage wurde durch das Sächsische Oberverwaltungsgericht abgewiesen, weil die im Hinblick auf seine ständige Berührung auch mit lebenden Tieren (Lebendbeschau) unbedingt erforderliche Gewähr, daß er sich in Zukunft von Tierquälereien fernhalte, nicht gegeben sei."

1751 Adolph, *Schutz des Tieres im deutschen Recht*, 1935, S. 32.

1752 § 244 Abs. 1 RStGB: „*Wer im Inland als Dieb, Räuber oder gleich einem Räuber oder als Helfer bestraft worden ist, darauf abermals eine dieser Handlungen begangen hat, und wegen derselben bestraft worden ist, wird, wenn er einfachen Diebstahl (§. 242) begeht, mit Zuchthaus bis zu zehn Jahren, wenn er einen schweren Diebstahl (§. 243) begeht, mit Zuchthaus nicht unter zwei Jahren bestraft.*" § 264 Abs. 1: „*Wer im Inlande wegen Betruges einmal und wegen darauf begangenen Betruges zum zweiten Male bestraft worden ist, wird wegen abermals begangenen Betrugs mit Zuchthaus bis zu zehn Jahren und zugleich mit Geldstrafe bestraft.*"

1753 Giese / Kahler, *Das deutsche Reichs-Tierschutzgesetz*, 1934, S. 81; *Das deutsche Tierschutzrecht*, 1939, S. 102; Giese, 4. A. 1951, S. 105; damit ging § 11 RTierSchG weiter als die Forderung der Tierschützer von 1927 und Clauß' § C von 1928 (s. o.).

ter Tierarten, ausgesprochen werden.[1754] „Das kann aber nach dem Zweck dieser Vorschrift nur bedeuten, daß dem Täter die Haltung nur solcher Tiere verboten werden kann, die nach seiner Vergangenheit, insbesondere auf Grund der ergangenen Verurteilungen, bei ihm voraussichtlich Quälereien ausgesetzt sind."[1755] Also beschränke sich das Verbot „nicht allein auf solche Tiere, an denen die Quälerei begangen ist. So kann dem [...] Bauern nicht nur die Haltung von Pferden, sondern ganz allgemein [...] von Zugvieh untersagt werden"; wogegen es zu weit gegangen wäre, ihm „aus demselben Anlaß die Haltung von Hühnern zu untersagen, falls er allerdings sich nicht auch an diesen vergangen hatte."[1756]

(3) Zuständigkeit

Die Entscheidung konnte nur die zuständige Landesbehörde treffen, in Preußen z. B. der Landrat.[1757] „Welche von mehreren Behörden zuständig ist, bestimmt das Landesrecht. Danach richtet sich auch das Verfahren und die Anfechtungsmöglichkeit der Anordnung."[1758] Zu von Skopniks Feststellung vermerkten Giese und Kahler: „Die polizeiliche Anordnung gemäß *Abs. 1* kann wie jede polizeiliche Verfügung mit den der Polizei zu Gebote stehenden Zwangsbefugnissen durchgesetzt und mit den nach Landesrecht vorgesehenen Mitteln (Beschwerde und Klage im Verwaltungsverfahren) angefochten werden."[1759]

b) Abs. 2 Aufhebung des Berufsverbotes

An gleicher Stelle fuhren sie fort: „*Abs. 2* sieht vor, daß die polizeiliche Anordnung nach Ablauf eines Jahres seit ihrer Rechtskraft wieder aufgehoben werden kann. Trotz des Wortlautes dieser Bestimmung wird es nach allgemeinen Grundsätzen nicht ausgeschlossen sein, daß schon vor Ablauf des Jahres die ergangene Anordnung rückgängig gemacht werden kann, wenn der Polizeibehörde, die sie erlassen hat, zweifelsfrei dargetan wird, daß die Maßnahme nicht oder nicht mehr begründet ist."[1760]

1754 Giese / Kahler, *Das deutsche Reichs-Tierschutzgesetz*, 1934, S. 81; *Das deutsche Tierschutzrecht*, 1939, S. 102; Giese, 4. A. 1951, S. 105.

1755 Beckers, *Tierquälerei nach RTierSchG*, 1939, S. 41.

1756 Wetzel, *Tierschutz im Reichsstrafrecht*, 1936, S. 37.

1757 Storch† / Mathieu, *Tierschutz-Taschenbuch*, 4. A., 1941, S. 78.

1758 Korn, *Kommentar zum RTierSchG*, 1934, S. 34; v. Skopnik, *RTierSchG mit Begründung*, 1934, S. 53.

1759 Giese / Kahler, *Das deutsche Reichs-Tierschutzgesetz*, 1934, S. 82; *Das deutsche Tierschutzrecht*, 1939, S. 102; Giese, 4. A. 1951, S. 105.

1760 Giese / Kahler, *Das deutsche Reichs-Tierschutzgesetz*, 1934, S. 82; in den späteren Auflagen a. a. O. verwiesen sie auf die Voraussetzungen der §§ 42, 43 des Polizeiverwaltungsgesetzes v. 1. 6. 1931 (*Gesetzsammlung* S. 77).

c) Abs. 3 Fortnahme und anderweitige Verpflegung

Demgegenüber gab Sommer zur Erwägung: „Besser wäre es m. E. gewesen, den Richter im Urteil darüber entscheiden zu lassen, denn er urteilt unmittelbar unter dem frischen Eindruck der Verhandlung, während die Verwaltungsbehörde, an die die Sache vielleicht nach Monaten gelangt, nur ein papierenes Bild vor sich hat.“[1761] Doch solange das Gesetz der Behörde die Befugnis zuschrieb, wie es tatsächlich auch so blieb, versprach es folgende Vorteile:

aa) Unabhängigkeit von Strafverfahren und Verjährungsfrist

Die Anordnung, „daß Tiere, die in Haltung, Pflege oder Unterbringung schuldhaft erheblich vernachlässigt sind, durch die zuständige Landesbehörde ihrem Besitzer fortgenommen und anderweitig pfleglich untergebracht werden können, ist von der Einleitung oder Durchführung eines Strafverfahrens [...] *unabhängig*.“[1762] So deuchte Abs. 3 Veterinärrat Dr. Storch und Polizeitierarzt Dr. Mathieu „besonders für den Polizei- und Gendarmeriebeamten wichtig; denn er bestimmt, daß bereits *sofort* nach der Feststellung des Tatbestandes [...] Tiere dem Betreffenden abgenommen werden können, eben damit sie nicht länger diesem Tierschinder ausgeliefert, sondern sofort ordnungsmäßig untergebracht und verpflegt werden. Es *bedarf* dabei *also nicht* erst der rechtskräftigen Verurteilung; im Gegenteil: es soll bereits umgehend etwas geschehen. Mögen die zuständigen Stellen von dieser überaus segensreichen Bestimmung in allen in Fragen kommenden Fällen Gebrauch machen!“[1763] Rechtlich sei diese „größere Elastizität“[1764] wie beim Berufsverbot in Abs. 1 auch der Verwaltungsbefugnis zu verdanken.[1765] Aufgrund derselben sah Korn noch ein: „Der Ablauf der Verjäh-

---

1761 Sommer, *Das neue TierSchG*, in: GA, N. F. Bd. 1, 1934, S. 34; an gleicher Stelle räumte er aber ein: „Auf der anderen Seite ist allerdings zu berücksichtigen, daß bei der Frage, ob dem Tierschinder sein Gewerbe untersagt werden soll, eine Reihe von Verhältnissen zu berücksichtigen sind, die dem im wesentlichen auf die juristischen Beurteilung der Tat eingestellten Richter fern liegen.“ Erinnert sei an Giese / Kahler, *Das deutsche Reichs-Tierschutzgesetz*, 1934, S. 82: „Die für die Maßnahme zuständige wird neben der tierquälerischen Tat [...] auch berücksichtigen, wie stark die Anordnung in die Existenz des davon Betroffenen eingreift.“

1762 Giese / Kahler, *Das deutsche Reichs-Tierschutzgesetz*, 1934, S. 82 – 83; *Das deutsche Tierschutzrecht*, 1939, S. 103; Giese, 4. A. 1951, S. 105; vgl. Adolph, *Schutz des Tieres im deutschen Recht*, 1935, S. 32.

1763 Storch† / Mathieu, *Tierschutz-Taschenbuch*, 4. A., 1941, S. 78 – 79.

1764 Adolph, *Schutz des Tieres im deutschen Recht*, 1935, S. 32.

1765 Vgl. Giese / Kahler, *Das deutsche Reichs-Tierschutzgesetz*, 1934, S. 80; *Das deutsche Tierschutzrecht*, 1939, S. 101; Giese, 4. A. 1951, S. 103.

rungsfrist ist ohne Wirkung auf das Recht der Landesbehörde“ auf die in § 11 vorgesehenen Maßnahmen.[1766]

bb) Anwendung

Dafür vermerkten Giese und Kahler: „Voraussetzung ist, daß den Besitzer ein Verschulden trifft, sei aus auch nur in der Richtung, daß er es unterlassen hat, darüber zu wachen, daß seine Tiere sachgemäß gehalten, untergebracht und gepflegt werden. Ist dagegen der Besitzer durch einen ein Verschulden ausschließenden Notstand verhindert, für die Tiere zu sorgen, z. B. wenn es ihm wegen eingetretener Naturereignisse nicht möglich war, zu dem Unterbringungsort der Tiere zu gelangen, so würde eine Maßnahme nach § 11 Abs. 3 nicht möglich sein. Außerdem muß es sich um eine erhebliche Vernachlässigung handeln. Es würde also nicht genügen, wenn durch eine einmalige Unterlassung eine gewisse Beeinträchtigung des Wohlbefindens der Tiere oder eine körperliche Schädigung geringeren Grades verursacht worden ist. Daß es sich hier nur um eine vorläufige Maßnahme handelt, ergibt sich auch daraus, daß dieselbe sofort aufzuheben ist, sobald eine Gewähr für eine einwandfreie Tierhaltung wieder gegeben ist.“[1767] Doch gerade diese Bedingung — wohlgemerkt keine Befristung wie bei der Strafe im § 10 Abs. 1 — sollte unterstreichen, die hiesige Maßnahme verfolge rein tierschützerische Zwecke und sorge lediglich dafür, „daß das vernachlässigte Tier tunlichst *schnell* in geordnete Verhältnisse gelangt.“[1768]

Dementsprechend wies Adolph noch auf einen praktischen Anwendungsfall des § 11 Abs. 3 hin: „Auf dem Transport erkrankte Tiere konnten bisher nur unter dem Gesichtspunkt der Geschäftsführung ohne Auftrag versorgt werden. Und das wurde nach Möglichkeit wegen der Schwierigkeiten des Ersatzes vermieden. Jetzt kann die Pflege auf Kosten des Versenders ohne weiteres angeordnet werden, wenn das Tier infolge schlechten Verladens erkrankt ist. Ist die Verladung ordnungsmäßig erfolgt und erkrankt das Tier aus anderem Grunde unterwegs erheblich, so wird der Versender in der Regel nach § 2 Z. 1 zur Unterbrechung der Fahrt verpflichtet sein, so daß auch in diesem Falle § 11 Abs. 3 gegeben ist.“[1769]

1766 Korn, *Kommentar zum RTierSchG*, 1934, S. 32; das Gesagte sollte auch für Abs. 1, 2 gelten.

1767 Giese / Kahler, *Das deutsche Reichs-Tierschutzgesetz*, 1934, S. 83; *Das deutsche Tierschutzrecht*, 1939, S. 103; Giese, 4. A. 1951, S. 106.

1768 Giese / Kahler, *Das deutsche Reichs-Tierschutzgesetz*, 1934, S. 82 – 83; *Das deutsche Tierschutzrecht*, 1939, S. 103; Giese, 4. A. 1951, S. 105 – 106; vgl. Schmid-Lindner, *Fragen des StR-AT zum TierSchR*, 1941, S. 67.

1769 Adolph, *Schutz des Tieres im deutschen Recht*, 1935, S. 33.

d) Zuhilfenahme strafrechtlicher Maßregeln

Da das RStGB im Ersten Teil, Abschnitt 1 a, §§ 42 a – n richterliche *Maßregeln der Sicherung und Besserung* vorgesehen hatte, stellte Schmid-Linder für einschlägige Fälle den Grundsatz fest: „erst wenn die im Tierschutzrecht besonders vorgesehenen Nebenstrafen bezw. Sicherungsmaßnahmen (§§ 10 und 11 TSchG) keine ausreichende Gewähr mehr bieten, um den Rechtsbrecher von der Begehung künftiger Straftaten abzuhalten, oder wenn diese Maßnahmen erschöpft sind, ist Raum gegeben für die Verhängung von Maßregeln der Sicherung und Besserung allgemeiner Art nach § 42 ff StGB."[1770]

aa) § 42 b RStGB (Heil- und Pflegeanstalt)[1771]

> Das gelte z. B. für den Fall, „wenn sich ergibt, daß der bei der Tat zum Ausdruck gekommene Sadismus auf einer Geisteskrankheit beruht, die den Zustand der Zurechnungsunfähigkeit (§§ 51 Abs. 1 u. 58 Abs. 1)[1772] oder der verminderten Zurechnungsfähigkeit (§§ 51 Abs. 2 u. 58 Abs. 2)[1773] begründet. [...] Die Maßregeln des § 42 b kommt dann in Frage, [... Amtl. Begr. ...] ‚wenn von dem Täter weitere Angriffe auf strafrechtlich geschützte Güter irgendwelcher Art zu besorgen sind und diese Gefahr auf andere Weise nicht gebannt werden kann'. Die Unversehrtheit der Tiere vor unnötiger Schmerz- oder Leidenszufügung von Seiten des Menschen haben wir als strafrechtlich geschütztes Rechtsgut der Tierschutzgesetzgebung kennen gelernt. Daraus ergibt sich also ohne weiteres die Möglichkeit der Anordnung einer Maßregel der Sicherung und Besserung nach § 42 b bei Begehung von Tierquälereidelikten. Bei vermindert Zurechnungsfähigen tritt die Unterbringung neben die

---

1770 Schmid-Lindner, *Fragen des StR-AT zum TierSchR*, 1941, S. 68.

1771 § 42 b RStGB: *„Hat jemand eine mit Strafe bedrohte Handlung im Zustand der Zurechnungsunfähigkeit (§ 51 Abs. 1, § 58 Abs. 1) oder der verminderten Zurechnungsfähigkeit (§ 51 Abs. 2, § 58 Abs. 2) begangen, so ordnet das Gericht seine Unterbringung in einer Heil- oder Pflegeanstalt an, wenn die öffentliche Sicherheit es erfordert. Dies gilt nicht bei Übertretungen.* [Abs. 2] *Bei vermindert Zurechnungsfähigen tritt die Unterbringung neben die Strafe."*

1772 § 58 Abs. 1 RStGB: *„Ein Taubstummer ist nicht strafbar, wenn er in der geistigen Entwicklung zurückgeblieben und deshalb unfähig ist, das Unerlaubte der Tat einzusehen oder nach dieser Einsicht zu handeln."* § 51 Abs. 1 RStGB: *„Eine strafbare Handlung ist nicht vorhanden, wenn der Täter zur Zeit der Tat wegen Bewußtseinsstörung, wegen krankhafter Störung der Geiststätigkeit oder wegen Geistesschwäche unfähig ist, das Unerlaubte der Tat einzusehen oder nach dieser Einsicht zu handeln."*

1773 § 51 Abs. 2 RStGB: *„War die Fähigkeit, das Unerlaubte der Tat einzusehen oder nach dieser zu handeln, zur Zeit der Tat aus einem dieser Gründe erheblich vermindert, so kann die Strafe nach den Vorschriften über die Bestrafung des Versuchs gemildert werden."* § 58 Abs. 2 RStGB: *„War die Fähigkeit, das Unerlaubte der tat einzusehen oder nach dieser Einsicht zu handeln, zur Zeit der Tat aus diesem Grunde erheblich vermindert, so kann die Strafe nach den Vorschriften über die Bestrafung des Versuchs gemildert werden."*

Strafe (Abs. 2). Kann ‚die Gefahr nicht auf andere Weise gebannt werden', d. h. auf eine in das Leben des Täters weniger eingreifende Weise, dann ist von der Anwendung des § 42 b abzusehen, so z. B. wenn sich eine Maßnahme nach § 10 (…) als zum künftigen Schutze ausreichend erweist."[1774]

bb) § 42 c RStGB (Trinkerheil- oder Entziehungsanstalt)[1775]

Zum gleichen Zwecke „reicht als Maßregel gegen einen sich in Roheitsdelikten ergehenden gefährlichen Gewohnheitsverbrecher, der in trunkenem Zustand straffällig geworden ist, die Unterbringung in einer Trinkerheilstätte oder Entziehungsanstalt (§ 42 c) […], wenn der innere Hang zum Verbrechen auf Trunksucht beruht und begründete Aussicht besteht, daß der Täter von seinem Hange zum Trunke geheilt werden kann und dann nicht mehr straffällig wird. (Vergl. RG. 3 Str. Sen. v. 23. 1. 39. HRR. 39 Nr. 386) Ist aber der Täter nicht pflegebedürftig und ist eine Besserung seines Zustandes durch die Behandlung in einer […] Heil- oder Pflegeanstalt nicht zu erwarten, so kann nur die Sicherungsverwahrung die Allgemeinheit vor ihm schützen."[1776]

cc) § 42 e RStGB (Sicherungsverwahrung)[1777]

Eine Anordnung dieser „härtesten Maßregel" bei Tierquälereidelikten erscheine erst denkbar, wenn z. B. „ein unverbesserlicher Rohling sich nicht nur an den Tieren tierquälerisch vergreift, die er selbst hält oder mit denen er Handel treibt der mit denen er sonst auf Grund seines Berufes zu tun hat (…), sondern daß er auf Grund eines quälerischen Hangs seine Grausamkeit auch an anderen Tieren betätigt, mit denen er sonst zufällig in Berührung kommt. Voraussetzung ist eine Verurteilung nach § 20 a[1778]. […] Es sei nur auf den Fall in Schleswig-Holstein und in der Alt-

---

1774 Schmid-Lindner, *Fragen des StR-AT zum TierSchR*, 1941, S. 69.

1775 § 42 c RStGB: „*Wird jemand, der gewohnheitsmäßig im Übermaß geistige Getränke oder andere berauschende Mittel zu sich nimmt, wegen eines Verbrechens oder Vergehens, das er im Rausch begangen hat oder das mit einer solchen Gewöhnung in ursächlichem Zusammenhang steht, oder wegen Volltrunkenheit (§ 330a) zu einer Strafe verurteilt und ist seine Unterbringung in einer Trinkerheilanstalt oder einer Entziehungsanstalt erforderlich, um ihn an ein gesetzmäßiges und geordnetes Leben zu gewöhnen, so ordnet das Gericht neben der Strafe die Unterbringung an.*"

1776 Schmid-Lindner, *Fragen des StR-AT zum TierSchR*, 1941, S. 71 – 72.

1777 § 42 e RStGB: „*Wird jemand nach § 20a als ein gefährlicher Gewohnheitsverbrecher verurteilt, so ordnet das Gericht neben der Strafe die Sicherungsverwahrung an, wenn die öffentliche Sicherheit es erfordert.*"

1778 § 20 a Abs. 1 RStGB: „*Hat jemand, der schon zweimal rechtkräftig verurteilt worden ist, durch eine neue vorsätzliche Tat eine Freiheitsstrafe verwirkt und ergibt die Gesamtwürdigung der Taten, daß er ein gefährlicher Gewohnheitsverbrecher ist, so ist, soweit die neue Tat nicht mit schwererer Strafe bedroht ist, auf Zuchthaus bis zu fünf Jahren und, wenn die neue Tat auch ohne diese Strafschärfung ein Verbrechen wäre, auf Zuchthaus bis zu fünfzehn Jahren zu erkennen. Die Strafschärfung setzt voraus, daß die beiden früheren Verurteilungen wegen eines Verbrechens oder vorsätzlichen*

mark hingewiesen, wo längere Zeit hindurch viele Weidetiere aufgeschlitzt worden sind, die dann langsam verendeten (Deutscher Tierfreund 1934 Nr. 6 S. 22). Vorausgesetzt, daß der Täter nicht überhaupt geisteskrank ist, ist in solchen oder ähnlichen Fällen Sicherungsverwahrung angebracht. Dabei gilt [...] der Grundsatz, daß nur dann auf diese härteste Maßregel der Sicherung und Besserung zu erkennen ist, wenn eine andere weniger einschneidende Maßregel keine Aussicht auf Erreichung des angestrebten Sicherungs- u. Besserungserfolgs bietet (vergl. E. 68, 149, JW. 1934, 1662).“[1779]

dd) § 42 l RStGB (Verbot der Berufsausübung)[1780]

Die strafrechtliche Vorlage könne eine Schärfung des § 11 RTierSchG darstellen, nämlich: „wenn die Untersagung auf länger als ein Jahr ausgesprochen wird, trifft sie viel härter als die polizeiliche Untersagung, da hier nachträgliche Aufhebung nicht möglich ist. Auch wird sich für den Richter die Anwendung des § 42 l immer nur dann empfehlen wenn es ungewiß ist, ob die zuständige Verwaltungsbehörde die Maßregel nach § 11 TSchG. verhängen wird.“[1781]

ee) Zusammenfassung

Schließlich wandte sich Schmid-Lindner wieder dem Grundsätzlichen zu: „Die Frage welche Maßregel der Sicherung und Besserung im Einzelfall anzuordnen ist oder ob die Anwendung des § 10 bezw. § 11 TSchG. allein angebracht ist, richtet sich in erster Linie nach den Erfordernissen der öffentlichen Sicherheit. [...] Liegen die Voraussetzungen hierfür vor, so kann auch die Verhängung mehrerer Maßregeln nebeneinander erfolgen. (§ 42 n StGB.; vergl. auch RG. v. 22. 12. 1938 — 3 D 948/38. DJ. 1939 S. 519, JW. 1939 S. 399).“[1782]

Vergehens ergangen sind und in jeder von ihnen auf Todesstrafe, Zuchthaus oder Gefängnis von mindestens sechs Monaten erkannt worden ist.“

1779 Schmid-Lindner, *Fragen des StR-AT zum TierSchR*, 1941, S. 70.

1780 § 42 l Abs. 1 RStGB: „*Wird jemand wegen eines Verbrechens oder Vergehens, das er unter Mißbrauch seines Berufs oder Gewerbes oder unter grober Verletzung der ihm kraft seines Berufs oder Gewerbes obliegenden Pflichten begangen hat, zu Freiheitsstrafe von mindestens drei Monaten verurteilt, so kann ihm das Gericht zugleich auf die Dauer von mindestens einem und höchstens fünf Jahren die Ausübung seines Berufs, Gewerbes oder Gewerbezweiges untersagen, wenn dies erforderlich ist, um die Allgemeinheit vor weiterer Gefährdung zu schützen.*“

1781 Schmid-Lindner, *Fragen des StR-AT zum TierSchR*, 1941, S. 70 – 71.

1782 Schmid-Lindner, *Fragen des StR-AT zum TierSchR*, 1941, S. 71 – 72.

§ 12 Sachverständige

„§ 12

Ist in einem Strafverfahren zweifelhaft, ob die Tat unter ein Verbot des § 2 Nr. 1 oder 2 fällt, so sollen hierüber in einem möglichst frühen Abschnitt des Verfahrens der beamtete Tierarzt und, soweit es sich um landwirtschaftliche Betriebe handelt, der Reichsnährstand gehört werden.“

1. Amtliche Begründung

„Diese Vorschrift erschien aus dem Grunde zweckmäßig, um die tierhaltende Bevölkerung vor einem übertriebenen Tierschutz und vor Beunruhigung zu bewahren. Neben dem beamteten Tierarzt wurde der Reichsnährstand als sachverständige Körperschaft aus dem Grunde benannt, um auch einer maßgeblichen landwirtschaftlichen Stelle Gelegenheit zu geben, in einem möglichst frühen Abschnitt eines etwaigen Verfahrens sachverständig gehört zu werden. Es handelt sich im vorliegenden Falle um eine Sollvorschrift; von einer Mußvorschrift mußte aus strafrechtlichen Gründen abgesehen werden.“[1783]

2. Auslegung

Diese zweite Verfahrensvorschrift des RTierSchG[1784] wollte Wetzel nicht nur grammatikalisch ausgelegt wissen.

a) Allgemeiner Verweis auf Tierarzt

Er schrieb: „Selbstverständlich bleibt es dem Richter auch in anderen als den in § 12 genannten Fällen unbenommen, überall wo Zweifel herrschen, Sachverständige zuzuziehen.“[1785] Dieser Ansicht waren auch Giese und Kahler: „Die Frage, ob die einem Tier zugefügte Behandlung eine nach § 1 des Gesetzes verbotene und nach § 9 strafbare Tierquälerei ist, wird in vielen Fällen zweifelhaft sein, da hierbei das bei den einzelnen Tierarten verschieden ausgebildete Gefühls- und Empfindungsvermögen berücksichtigt werden muß. […] Auch sonst können in einzelnen Fällen Zweifel bestehen, ob der bei einem Tier festgestellte körperliche Zustand auf voraufgegangene Tierquälerei zurückzuführen ist, so ob etwa eine bei einem Haustier festgestellte starke Abmagerung oder vorhandene Wunden durch ungenügende Ernährung, durch Mißhandlungen, durch sonstige

---

1783 Giese / Kahler, *Das deutsche Reichs-Tierschutzgesetz*, 1934, S. 124; *Das deutsche Tierschutzrecht*, 1939, S. 284; Giese, 4. A. 1951, S. 305; in der Urfassung v. 4. 11. 1933 gab es diesen Paragraphen noch nicht.

1784 Korn, *Kommentar zum RTierSchG*, 1934, S. 30.

1785 Wetzel, *Tierschutz im Reichsstrafrecht*, 1936, S. 38.

Vernachlässigung in der Haltung, Pflege oder Unterbringung des Tieres oder durch Erkrankung desselben verursacht sind. Derartige [...] Zweifel wird der Laie und auch der zur Aburteilung einer Anklage wegen Tierquälerei berufene Richter in vielen Fällen nicht von sich aus zu lösen vermögen, da hierzu eine genaue Kenntnis des Organismus der Tiere erforderlich ist. Der hier in erster Linie zur Unterstützung des Richters berufene Sachverständige ist der Tierarzt, dem sein Studium die Kenntnis des Tierlebens vermittelt hat und der hierdurch und durch den bei Ausübung seines Berufs täglichen Umgang mit den Tieren am ehesten Gelegenheit und Möglichkeit hat, sich mit den Lebensgewohnheiten und dem Gefühlsleben der Tiere vertraut zu machen."[1786]

b) Sach- und Personallage beim § 12

Ferner vermerkten beide: „Ob es zur Beurteilung eines unter Anlage stehenden Falles von Tierquälerei notwendig ist, Sachverständige heranzuziehen, ist eine Frage, die der Entscheidung des Richters überlassen ist. Für zwei häufig vorkommende Tatbestände von unsachgemäßer Behandlung von Tieren enthält jedoch § 12 eine Sonderbestimmung, nämlich für die Fälle, indem eine erhebliche Schmerzen bei dem Tier auslösende Vernachlässigung in Haltung, Pflege und Haltung oder eine Verwendung eines Tieres zu Arbeitsleistungen, die seine Kräfte offensichtlich übersteigen oder ihm erhebliche Schmerzen bereiten, in Fragen stehen. [...] Durch diese Vorschrift soll der Tierhalter bei ungerechtfertigten, etwa auf übertriebener Tierfreundlichkeit beruhenden Anzeigen dagegen geschützt werden, daß er sich zunächst den Nachteilen, Kosten und Unbequemlichkeiten eines Strafverfahrens unterziehen muß, um nachher eine Freisprechung zu erzielen, wenn auf Grund des Sachverständigengutachtens eine gegen die Vorschrift des Tierschutzgesetzes verstoßende Behandlung des Tieres nicht als erwiesen angesehen wird. [...] Daß hier die Begutachtung durch den Reichsnährstand vorgesehen wurde, ist darauf zurückzuführen, daß die besonderen Verhältnisse eines landwirtschaftlichen Betriebes nicht außer acht gelassen wer-

1786 Giese / Kahler, *Das deutsche Reichs-Tierschutzgesetz*, 1934, S. 83 – 84; *Das deutsche Tierschutzrecht*, 1939, S. 104; Giese, 4. A. 1951, S. 106 – 107; zu fast wörtlicher Übereinstimmung gelangten auch Storch† / Mathieu, *Tierschutz-Taschenbuch*, 4. A., 1941, S. 65, aber aus einer anderen Hinsicht: „Man läßt bestimmt keinen Rock vom Schuhmacher anfertigen; ebenso wenig gehört ein krankes Tier in die Behandlung eines Pfuschers." Und über die Schädigungen bzw. gar Quälereien der Tiere durch die „Quacksalberei" nannten sie bis Ende S. 66 „nur ganz wenige Beispiele, die wir sie im Berufe [Veterinärrat u. Polizeitierarzt] hundertfältig erlebt haben" und auf deren praktische Überzeugungskraft auch in dieser juristischen Arbeit hingewiesen werden sollte.

den dürfen."[1787] An dieser Stelle erinnerten Giese und Kahler erneut an die Notmobilisierung aller Tiere wie Menschen zur Ernterettung i. S. d. § 2 Z. 2, während Storch und Mathieu die Viehbeförderung nicht unter Zuständigkeit des Reichsnährstandes sahen.[1788]

c) Kritik

Trotz dieser Ausgewogenheit musste zugestanden werden: „Für die Bewertung des von dem beamteten Tierarzt oder dem Vertreter des Reichsnährstandes abgegebenen Gutachtens gilt der allgemeine Grundsatz der freien richterlichen Beweiswürdigung nach § 261 Strafprozeßordnung vom 1. Februar 1877 (RGBl. S. 253) in der Fassung der Bekanntmachung vom 22. März 1924 (RGBl. I s. 299, 322). Gebunden an das Gutachten ist der Richter nicht."[1789] Diese Unverbindlichkeit des § 12 RTierSchG zog natürlich Kritik nach sich: „Die Vorschrift hat nur den Wert, daß sie das Augenmerk auf diese Fälle [§ 2 Z. 1, 2] besonders richtet; dies aber auch nur durch ihre Existenz, denn die Nichtbeachtung hat keinerlei Bedeutung. Im übrigen werden sich immer Zweifel über die Anwendbarkeit dieses oder jenes Paragraphen ergeben. Ein einsichtiger Richter wird sich aber doch, wo seine allgemeine Erfahrung nicht ausreicht, immer eines Sachverständigen bedienen. Ohne auf die systemwidrige Stellung dieses Paragraphen innerhalb des Gesetzes einzugehen, muß diese Vorschrift als überflüssig bezeichnet werden, da die beabsichtigte Zuziehung auch durch eine interne Anweisungsverordnung an die Richter hät[t]e erreicht werden können. Solche Vorschriften, deren Anwendung nicht verlangt werden kann, sind für das Gesetz keineswegs eine Bereicherung, sondern nur die Quelle für eine Erschwerung des Prozeßganges."[1790]

1787 Giese / Kahler, *Das deutsche Reichs-Tierschutzgesetz*, 1934, S. 85 – 86; *Das deutsche Tierschutzrecht*, 1939, S. 104 – 106; Giese, 4. A. 1951, S. 107 – 108.

1788 Storch† / Mathieu, *Tierschutz-Taschenbuch*, 4. A., 1941, S. 83.

1789 Giese / Kahler, *Das deutsche Reichs-Tierschutzgesetz*, 1934, S. 86; *Das deutsche Tierschutzrecht*, 1939, S. 106; Giese, 4. A. 1951, S. 108.

1790 Beckers, *Tierquälerei nach RTierSchG*, 1939, S. 43.

§ 13 Betäubung

„Abschnitt V
Schlußbestimmungen.

§ 13
Unter Betäubung im Sinne dieses Gesetzes sind alle Verfahren zu verstehen, die allgemein schmerzlos machen oder örtlich die Schmerzempfindung ausschalten.“

1. Der Abschnitt „Schlußbestimmungen“

Giese und Kahler überblickten: „In dem Abschnitt V sind, wie dies bei allen Gesetzen üblich ist, die Bestimmungen über den Zeitpunkt des Inkrafttretens des Gesetzes und über den Erlaß der zu seiner Durchführung erforderlichen Rechts- und Verwaltungsvorschriften zusammengefaßt. Sie bedürfen an sich kaum der Erläuterung. Von Bedeutung ist jedoch die in § 13 gegebene Begriffsbestimmung zu dem in dem Gesetz mehrfach gebrauchten Begriff der Betäubung, die die Voraussetzung für die Vornahme gewisser mit Schmerzen verbundener Eingriffe an Tieren ist. Nicht in gleicher Weise erläutert ist der Begriff der Schmerzlosigkeit, die auch mehrfach in dem Gesetz gefordert wird, insbesondere bei dem Töten von Tieren, so in § 2 Nr. 4 und 10, § 7 Nr. 4 des Gesetzes. Nach Sachlage kann es keinem Zweifel unterliegen, daß jedenfalls die nach dem Gesetz über das Schlachten der Tiere vom 21. April 1933 (RGBl. S. 203) zugelassenen Tötungsarten als dem Erfordernis der Schmerzlosigkeit entsprechend zu gelten haben.“[1791]

2. Amtliche Begründung

„Es ist zu unterscheiden zwischen allgemeiner und örtlicher Betäubung. Die vorgesehene Betäubung kann durch die üblichen Betäubungsmittel geschehen. Welche Verfahren anzuwenden sind, soll dem Ermessen des Tierarztes (§ 2 Nr. 8) oder des wissenschaftlichen Leiters (§ 7) überlassen bleiben.“[1792]

1791 Giese / Kahler, *Das deutsche Reichs-Tierschutzgesetz*, 1934, S. 87; *Das deutsche Tierschutzrecht*, 1939, S. 106; Giese, 4. A. 1951, S. 108 – 109.

1792 BA Berlin-Li., R 18 Rep. 320 Nr. 589, Bl. 112; Giese / Kahler, *Das deutsche Reichs-Tierschutzgesetz*, 1934, S. 125; *Das deutsche Tierschutzrecht*, 1939, S. 284; Giese, 4. A. 1951, S. 305 – 306.

3. Auslegung

Während die Betäubung für Schlachten in der RSchlVO und für Töten im § 2 Z. 10 RTierSchG geregelt wurde, schrieben dessen § 2 Z. 7 bis 9 und § 7 Z. 4 die Betäubung zur Vornahme eines schmerzhaften Eingriffs vor. Den Unterschied machte § 1 Abs. 1 der 1. AusfVO des RTierSchG vom 20. Juni 1934 (s. o. zu § 2 Z. 7) aus, der eine elektrische Betäubung nur in ersterem Behufe zuließ, aber zu letzterem Zwecke verbot:

> „Um einerseits den gesetzlichen Vorschriften bei der Ausführung von Operationen, insbesondere von Kastrationen, zu entsprechen und anderseits die Vornahme der Betäubung zu erleichtern, wurde bald nach dem Erlaß des Tierschutzgesetzes die *elektrische Betäubung* (sog. Elektronarkose) stark propagiert; auch wurden verschiedene Apparate zur Ausführung der Betäubung auf elektrischem Wege in den Handel gebracht. Eingehende wissenschaftliche Untersuchungen hatten zwar ergeben, daß mit Hilfe des elektrischen Stromes von bestimmter Stärker Tiere in einen *kurzen* Zustand der Bewußtlosigkeit gebracht werden können (traumatische Epilepsie), der genügt, um sofort ein schmerzloses Töten bzw. Schlachten des Tieres (...) vorzunehmen. Es war aber damit nicht erwiesen, ob diese Betäubung zur Vornahme von Operationen ausreicht, bei denen ein *längerer* bewußtloser Zustand geboten ist, und ob man also von einer *Elektronarkose* überhaupt sprechen kann. Ungelöst waren ferner die Fragen, welche Stromstärke für eine etwaige längere Betäubung benötigt würde, wie lange man den elektrischen Strom ohne Schädigung auf den Organismus einwirken lassen darf und wie die einzelnen Tierarten sich dem elektrischen Strom gegenüber verhalten. Der Elektronarkose wurde sowohl seitens der gewerbsmäßigen Kastrierer als auch von Tierärzten [...] vielfach angewandt, ohne daß Sicherheit dafür vorhanden war, daß die Tiere wirklich betäubt waren. Die Vorschriften des Tierschutzgesetzes waren somit in diesen Fällen nicht erfüllt. Hieraus ergab sich als notwendige Frage, daß, bevor die mit der Anwendung des elektrischen Stromes zum Zwecke der Betäubung zusammenhängenden Fragen nicht einwandfrei geklärt sind, es nicht angängig ist, das Verfahren zur Betäubung an Tieren zuzulassen."[1793]

Was die betroffenen Berufsgruppen anging, sei zunächst verwiesen auf die „*Fernhaltung der Laienbehandler*" zu § 2 Z. 9. Ansonsten standen dem approbierten Tierarzt die Betäubungsmittel zur Verfügung, aber unter bestimmter Maßgabe. „Soweit sie stark wirkend sind und nur gegen Rezept abgegeben werden dürfen, kann der Tierarzt sie, sofern er nicht selbst dispensiert, jederzeit aus der Apotheke beziehen. Bezüglich der dem Opiumgesetz unterliegenden Betäubungsmittel hat er die [...] Vorschriften der Verschreibungsverordnung zu beachten. Er darf also Kokain nur zu Eingriffen am Hufe, an den Klauen und am

---

1793 Giese / Kahler, *Das deutsche Tierschutzrecht*, 1939, S. 112 – 113; Giese, 4. A. 1951, S. 115 – 116.

Auge, nicht zu sonstigen Heilzwecken benutzen. Die Verwendung von Kokain zu örtlicher Betäubung bei Kastration ist auch dem Tierarzt nicht gestattet."[1794]

§ 14 Durchführungs- und Ergänzungsvorschriften

„§ 14

Der Reichsminister des Innern kann zur Durchführung und Ergänzung dieses Gesetzes Rechts- und Verwaltungsvorschriften erlassen. Soweit er von dieser Ermächtigung keinen Gebrauch macht, können die Landesregierungen die erforderlichen Durchführungsvorschriften erlassen."

Die amtliche Begründung bezeichnete es als „notwendig, die Möglichkeit zu schaffen, auch andere, in dem Gesetz noch nicht berücksichtigte Fragen zu regeln und Bestimmungen darüber zu treffen."[1795] Während die behelfsmäßige Ermächtigung der Landesregierungen in Satz 2 schon einen Tag vor dem Inkrafttreten gegenstandlos geworden erschien,[1796] erließ Dr. Frick insgesamt fünf Verordnungen zur Ausführung des Tierschutzgesetzes, nämlich die:

- 1. AusfVO vom 20 Juni 1934 (RGBl. I S. 516), betreffend Betäubung (s. o. zu § 2 Z. 7, vgl. auch § 2 Z. 8, 9, 10, § 7 Z. 2, 4 und § 13),
- 2. AusfVO vom 27. Juni 1936 (RGBl. I S. 539), betreffend § 4 (s. o.),
- 3. AusfVO vom 11. September 1936 (RGBl. I S. 735), betreffend Inkrafttreten des § 2 Z. 11 am 1. November 1936,

---

1794 Giese / Kahler, *Das deutsche Tierschutzrecht*, 1939, S. 108 – 109; Giese, 4. A. 1951, S. 111 – 112.

1795 BA Berlin-Li., R 18 Rep. 320 Nr. 589, Bl. 112 – 113; Giese / Kahler, *Das deutsche Reichs-Tierschutzgesetz*, 1934, S. 125; *Das deutsche Tierschutzrecht*, 1939, S. 284 – 285; Giese, 4. A. 1951, S. 306.

1796 Dafür Giese / Kahler, *Das deutsche Reichs-Tierschutzgesetz*, 1934, S. 93 unter Hinweis auf das *Gesetz über den Neuaufbau des Reichs* v. 30. 1. 1934 (Gemeint sei etwa Art. 2 Abs. 1: „*Die Hoheitsrechte der Länder gehen auf das Reich über.*"). Dagegen Neupert, *Übertretungsdelikte des RTierSchG*, in: GA, N. F. Bd. 5, 1938, S. 308 unter Berufung auf § 3 der 1. VO über dasselbe Gesetz („*Landesgesetze bedürfen der Zustimmung des zuständigen Reichsministers.*" In: RGBl. I S. 81), die Länder könnten insb. für „örtlich verbundene Verhältnisse" Rechtsvorschriften zur Durchführung des RTierSchG erlassen, da sie nicht Landesgesetze seien, während der Reichsinnenminister nach § 3 Abs. 2 derselben VO („*Der zuständige Reichsminister kann für seinen Geschäftsbereich anordnen, daß ihm Rechtsverordnungen vor Erlaß vorgelegt werden.*") und § 14 RTierSchG nur das Vorlegen der DurchfVO anordnen könne, um die „Einheitlichkeit der Gestaltung des Tierschutzrechts" zu prüfen; aber: „Die deutschen Länder haben auf diesem Gebiet noch keine bedeutsame Initiative entwickelt."

- 4. AusfVO vom 12. Juli 1938 (RGBl. I S. 854), betreffend Inkrafttreten des § 2 Z. 8 am 1. Januar 1940, und die
- 5. AusfVO (Tierschutzverein) vom 11. August 1938 (RGBl. I S. 1004)[1797];

sowie eine *Ergänzungsverordnung* vom 23. Mai 1938 (RGBl. I S. 598) als Satz 2 zu § 2 Z. 9. Eine Zuwiderhandlung gegen diese Verordnungen war nach § 9 Abs. 3 Z. 3 RTierSchG als Übertretung zu bestrafen, solange die Tat nicht schon unter die Strafdrohung der Abs. 1 oder 2 fiel.

§ 15 In- und Außerkrafttreten

„§ 15

Dieses Gesetz trifft am 1. Februar 1934 in Kraft mit Ausnahme des § 2 Nr. 8 und 11 und des § 3, für die der Reichsminister des Innern im Einvernehmen mit dem Reichsminister für Ernährung und Landwirtschaft den Zeitpunkt des Inkrafttretens festsetzt.

Die §§ 145 b und § 360 Nr. 13 des Strafgesetzbuchs treten am 1. Februar 1934 außer Kraft.

Die Bestimmungen des Vogelschutzgesetzes vom 30. Mai 1908 (Reichsgesetzbl. S. 314).“

„Die Vorschriften des § 145 b und 360 Nr. 13 des Reichsstrafgesetzbuchs waren außer Kraft zu setzen, nachdem die Tierquälerei durch das Reichstierschutzgesetz eine über den Rahmen der bisherigen Bestimmungen hinausgehende umfassende Regelung erfahren hat.“[1798] Während die schwebenden Normen desselben bis auf § 3 nach den o. g. AusfVO in Kraft traten, wurde das Vogelschutzgesetz doch aufgehoben durch das Reichsnaturschutzgesetz vom 26. Juni 1935 (s. u.). Das Reichstierschutzgesetz selbst gelangte zuerst innerhalb der deutschen Grenzen von 1919 zur Geltung,[1799] und — mit sonstiger Tierschutzgesetzgebung — ab dem 1. Oktober 1935 im Saarland,[1800] ab dem 1. März 1939 in den sudetendeutschen Gebieten,[1801] ab dem 1. Mai 1939 im Memelland,[1802] ab dem 1. Okto-

1797 Auch s. u. S. 510 – 512.

1798 Giese / Kahler, *Das deutsche Reichs-Tierschutzgesetz*, 1934, S. 93; *Das deutsche Tierschutzrecht*, 1939, S. 111; Giese, 4. A. 1951, S. 113.

1799 Zur Begrüßung hielt Carl Kraemer als Geschäftsleiter des nunmehrigen Reichstierschutzbundes seit dem 5. 12. 1933 (s. u.) einen Rundfunkvortrag im Deutschlandsender, Wiedergabe in Lemcke, *Deutschlands erstes Tierschutzgesetz*, 2007, S. 69 – 72.

1800 *Verordnung über die Einführung reichsrechtlicher Vorschriften im Saarland* v. 27. 9. 1935, § 1, in: RGBl. I S. 1204.

1801 *Verordnung über die Einführung der Tierschutzvorschriften in den sudetendeutschen Gebieten* v. 13. 2. 1939: „Auf Grund des Erlasses des Führers und Reichskanzlers über die Verwaltung der sudetendeutschen Gebieten vom 1. Oktober 1938 (Reichsgesetzbl.

ber 1939 in der nunmehrigen Ostmark,[1803] ab dem 1. September 1940 in Eupen, Malmedy und Moresnet,[1804] und ab dem 1. Oktober 1940 in den eingegliederten Ostgebieten.[1805] „Auch Lothringen und das Elsaß übernahmen durch Anordnung der Chefs der Zivilverwaltung die Tierschutzvorschriften 1941.“[1806]

I S. 1331) wird folgendes verordnet: § 1 (1) In den sudetendeutschen Gebieten gelten nach Maßgabe der §§ 2 und 3: 1. das Tierschutzgesetz vom 24. November 1933 (Reichsgesetzbl. I S. 987) in der Fassung der Verordnung zur Ergänzung des Tierschutzgesetzes vom 23. Mai 1938 (Reichsgesetzbl. I S. 598), die Erste bis Fünfte Verordnung zur Durchführung des Tierschutzgesetzes [... Daten und Stellen, s. o. ...], ferner die Verordnung über das Schlachten und Aufbewahren von lebenden Fischen und anderen kaltblütigen Tieren vom 14. Januar 1936 (Reichsgesetzbl. I S. 13) in der Fassung der Verordnung vom 13. November 1936 (Reichsgesetzbl. I S. 941), 2. das Gesetz über das Schlachten von Tieren vom 21. April 1933 (Reichsgesetzbl. I S. 203) und die Verordnung über das Schlachten von Tieren vom 21. April 1933 (Reichsgesetzbl. I S. 212) in der Fassung der Verordnung vom 14. November 1934 (Reichsgesetzbl. I S. 1163). (2) Soweit die im Abs. 1 genannten Vorschriften nicht unmittelbar angewandt werden können, sind sie sinngemäß anzuwenden. [...] § 3 Diese Verordnung tritt am 1. März 1939 in Kraft.“ In: RGBl. I S. 208.

1802 *Gesetz über die Wiedervereinigung des Memellandes mit dem Deutschen Reich* v. 23. 3. 1939, § 4 Abs. 1 „Im Memelland tritt am 1. Mai 1939 das gesamte Reichsrecht in Kraft.“ In: RGBl. I S. 559.

1803 *Verordnung über die Einführung der Tierschutzvorschriften in der Ostmark* v. 24. 7. 1939: „Auf Grund des Gesetzes über die Wiedervereinigung Österreichs mit dem Deutschen Reich vom 13. März 1938 (Reichsgesetzbl. I S. 237) wird verordnet: § 1 In der Ostmark gelten nach Maßgabe der §§ 2 bis 4: [...wortgleich wie § 1 der o. g. EinfVO...] [...] § 4 Diese Verordnung tritt am 1. Oktober 1939 in Kraft.“ In: RGBl. I S. 1320.

1804 *Erlaß des Führers und Reichskanzlers zur Durchführung der Wiedervereinigung der Gebiete von Eupen, Malmedy und Moresnet mit dem Deutschen Reich* v. 23. 5. 1940, § 3 Abs. 1: „In den im § 1 genannten Gebieten tritt am 1. September 1940 das gesamte Reichsrecht und preußische Landesrecht in Kraft.“ In: RGBl. I S. 803 (804).

1805 *Verordnung über die Einführung der Tierseuchen- und Tierschutzvorschriften in den eingegliederten Ostgebieten* v. 29. 8. 1940: „Aufgrund des Erlasses des Führers und Reichskanzlers über Eingliederung und Verwaltung der Ostgebiete vom 8. Oktober 1939 (Reichsgesetzbl. I S. 2042) wird verordnet: § 1 (1) In den eingegliederten Ostgebieten gelten nach Maßgabe der §§ 2 bis 4: [...] 6. [... wortgleich wie § 1 Abs. 1 Z. 1 beider o. g. EinfVO...]; 7. [...wortgleich wie § 1 Abs. 1 Z. 2 beider o. g. EinfVO...] [...] § 4 (1) Die Verordnung tritt am 1. Oktober 1940 in Kraft.“ „In den eingegliederten Ostgebieten“ hieß nach §§ 2, 3 in „den Reichsgauen Danzig-Westpreußen und Wartheland [vorgenannt Posen]“ und in „den Regierungsbezirken Zichenau [eigentlich polnisch] und Kattowitz [Ostoberschlesien] sowie in den den Regierungsbezirken Oppeln [Oberschlesien], Gumbinnen und Allenstein [beide Ostpreußen] eingegliederten Gebietsteilen“, in: RGBl. I S. 1191 – 1192.

1806 Heintz, *Tierschutz im Dritten Reich*, 2008, S. 163.

Nach Kriegsende galt das (Reichs-) Tierschutzgesetz in den abgetrennten Gebieten aus verständlichen Gründen nicht mehr, in der BRD jedoch noch bis zum 1. Oktober 1972 und in der DDR gar bis zu deren Zerfall 1990. Das 1955 wiederverselbständigte Österreich erhielt erst am 1. Jänner 2005 wieder ein „*Bundesgesetz über den Schutz der Tiere*".

J. Rückbesinnung und Vorgeschichte

Angesichts des Schutzumfangs im RTierSchG ersparte man sich auch im Dritten Reich nicht die schematische Frage, weshalb der Gesetzgeber Tiere schützte.[1807] Wie die amtliche Begründung schon in Hinblick auf die Strafgesetznovelle angedeutet hatte, „*daß dem Gedanken Raum gegeben wird, daß das Tier* des Tieres wegen *geschützt werden muß*“, so sah man den von Clauß geprägten „moralischen Tierschutz“ schon seit dem RSchlG und spätestens durch das RTierSchG kategorial verwirklicht,[1808] konnte aber noch graduell diskutieren.

I. Diskussionen übers Ziel der Tierschutzgesetze

Während von Hippel seinerzeit auf eine „nichtssagende Stellung“[1809] des § 360 Nr. 13 im RStGB gestoßen war, wirkte jetzt die Überschrift des Gesetzes als „ein wertvoller Fingerzeig“.[1810] Doch der amtlich angegebene Leitgedanke, „*Roheiten und Pflichtvergessenheiten des Menschen entgegenzuwirken und das Mitgefühl, einen der höchsten sittlichen Werte des Volkes, zu erwecken und zu fördern*“, erweckte in Adolph den folgenden Eindruck: „Als geschütztes Rechtsgut ist also das generelle Gefühl des Mitleids festgestellt worden, aus dem sich der Wille zur Verhinderung der Tierquälerei ergibt. [...] Aus diesem Gefühl hat der Gesetzgeber das Tier so behandelt, als habe es die gleichen Interessen wie der Mensch, und zur Begrenzung der beiderseitigen Interessen benutzte er das Güterabwägungsprinzip. Theoretisch würde sich aus diesen Sätzen eine weitgehende Gleichstellung ergeben. Diese Gleichstellung wird aber vom Gesetzgeber in § 2 TG selbst weitgehend durchbrochen. Die Gleichstellung besteht also tatsächlich nur insoweit, als es das menschliche Interesse zuläßt.“[1811]

1807 Vgl. Neupert, *Der strafrechtliche Schutz der Tiere nach dem RTierSchG*, 1936 / T.D. 1937, S. 5.

1808 Korn, *Kommentar zum RTierSchG*, 1934, S. 8; Adolph, *Schutz des Tieres im deutschen Recht*, 1935, S. 2; Landwehr, *Die strafbare Tierquälerei nach § 9 RTierSchG*, 1935, S. 24.

1809 v. Hippel, *Tierquälerei*, 1891, S. 109; dafür Kupka, *lex ferenda*, 1918, S. 31; dagegen Adolph, *Schutz des Tieres im deutschen Recht*, 1935, S. 52.

1810 Adolph, *Schutz des Tieres im deutschen Recht*, 1935, S. 2; vgl. Korn, *Kommentar zum RTierSchG*, 1934, S. 11.

1811 Adolph, *Schutz des Tieres im deutschen Recht*, 1935, S. 54 – 55.

1. Schutzobjekt: Tier selbst statt menschlichen Gefühls

Beckers sah an der angeführten Stelle jedoch „nicht eine Begründung für den Tierschutz an sich, sondern nur einen Hinweis darauf [...], wie durch praktische erzieherische Maßnahmen, die das Mitleidsgefühl stärken, die Interessen des Tieres im Sinne des Gesetzes *vorbeugend* gesichert werden können. Adolph irrt, wenn er auch heute noch dem Satz v. Hippels Geltung zuspricht, daß wir ohne das Mitleidsgefühl garnicht auf die Idee kämen, das Tier zu schützen. [...] Das ist eben die Verkennung des grundsätzlich Neuen am Reichstierschutzgesetz."[1812] Das sah Korn „namentlich in den Spezialverboten des § 2 [...]. Wie ein roter Faden ist durch das Gesetz der Gedanke verfolgbar, daß *das Tier nicht ein beliebiges Eigentumsstück mehr ist,* mit dem man nach freiem Belieben verfahren kann, *sondern ein* Stück lebender Natur, *dem man Achtung vor dem Leben und Mitgefühl für die Empfindung von Schmerzen* entgegenzubringen hat."[1813] Dem schloss sich Lorz an: „Das ist durch die mehrfache Anwendung des Wortes Schmerz an zentraler Stelle unzweideutig zum Ausdruck gebracht."[1814] Hingegen waren Öffentlichkeit und Ärgerniserregung des § 360 Nr. 13 RStGB a. F. als „Beziehung der Handlung zu dritten Personen" fortgefallen, woraus Lorz bezeichnenderweise folgerte:

> „Heute ist der Gefühlschutz durch unmittelbaren Tierschutz ersetzt. Zur Strafbarkeit genügt es, wenn das Empfindungsvermögen des Tieres in der im Gesetz näher bezeichneten Art angegriffen wird. Der Gesetzgeber hat damit den Grundsatz, daß nur menschliche Interessen schützenswert seien, zugunsten der Tiere durchbrochen, indem er anerkennt, daß diese um ihrer selbst willen vor bestimmten Beeinträchtigungen bewahrt werden sollen. Wir selbst wissen um den Schmerz und wissen auch um die Schmerzfähigkeit der Tiere, die sie aller andern Kreatur voraus mit uns gemeinsam haben. Daher wollen wir ihnen unnötige Qualen ersparen. Der Gedanke, daß ein lebendes Wesen grundlos Qual empfinden müsse, ist unserem Gefühl peinlich; aber wir dürfen deshalb die Strafbarkeit der einzelnen Handlung nicht davon abhängig machen, daß gerade sie das Gefühl eines Menschen verletzt hat. Die Strafe wegen Tierquälerei muß auch dann Platz greifen, wenn unser Gefühl, etwa infolge der Kleinheit des Tieres, auf die quälerische Handlung nicht mehr reagiert, und darf dann nicht verhängt werden, wenn eine Handlung äußerlich den Eindruck einer Tierquälerei macht, in Wirklichkeit aber keine Verursachung von Schmerzen bedeutet. [...] Das [RTierSchG] schützt also heute die Tiere ‚um ihrer selbst willen'."[1815]

1812 Beckers, *Tierquälerei nach RTierSchG*, 1939, S. 16.
1813 Korn, *Kommentar zum RTierSchG*, 1934, S. 11.
1814 Lorz, *Tiermißhandlung im RTierSchG*, 1936, S. 54.
1815 Lorz, *Tiermißhandlung im RTierSchG*, 1936, S. 56 – 57.

Als die Rechtswissenschaft sich bis 1940 / 41 die nationalsozialistische Terminologie[1816] angeeignet hatte, versuchte Schmid-Linder, die bisherigen Ansichten miteinander zu vereinigen:

> „Rechtsgut, Schutzobjekt ist der Zustand der Unversehrtheit des einzelnen Tieres von unnötiger Schmerz- (§ 1 TSCHG.) bezw. Schadenszufügung (§§ 2, 5 TSCHG.) von Seiten des Menschen. […] Das ‚generelle Gefühl des Mitleids' mit dem Tiere ist die motivierende psychologische Interessengrundlage und Voraussetzung dafür, um die tierische Integrität als zu schützendes Rechtsgut festzulegen, jedoch ist es nicht das Schutzobjekt selbst. […] Andererseits ist nun kein Zweifel möglich, daß stets ein Subjekt vorhanden sein muß, für welches ein Zustand wertvoll sein muß, wenn ihn der Gesetzgeber als Rechtsgut anerkennen soll. […] Das ‚Natürliche Interesse' des Tieres an körperlicher Integrität vor unnötigen menschlichen Eingriffen wurde […] vom Gesetzgeber als kulturelles Eigeninteresse der deutschen Volksgemeinschaft anerkannt. Dieses kulturelle selbstlose Interesse […] wurzelt im ‚generellen' Mitgefühl mit dem Tiere und kommt in seiner gesetzgeberischen Auswirkung den Tieren unmittelbar zu Gute. Das *Rechtsgut*, welches auf Grund dieses Interesses geschützt wird, ist der Zustand tierischer Integrität. Es ist jedoch ein Rechtsgut der Volksgemeinschaft und jedenfalls kein Rechtsgut der Tiere; denn diese haben auch unter der Herrschaft des neuen Tierschutzrechts nicht aufgehört, Sachen im Sinne des Rechts zu sein. […] Zum wirksamen Schutz der Tiere vor menschlicher Roheit und Gleichgültigkeit […] braucht der Pflicht des Menschen, die Tiere nicht zu quälen, kein Recht der Tiere zu entsprechen."[1817]

2. Rechtsstellung des Tieres: zwischen Sache und Subjekt

Hierüber war man sich ziemlich einig. Unter Berufung auf bisherige Fachgenossen verstand Adolph „das ‚Tierrecht' als eine für den Juristen überflüssige Zwischenstufe zwischen Rechtsgrund und Strafdrohung […], die lediglich als Propagandamittel der Tierschutzbewegung brauchbar und dort wahrscheinlich sehr wirkungsvoll ist."[1818] Sodann führte Lorz fort: „Von besonnener Seite hat man denn auch zugegeben, daß die Schaffung eines solchen Rechts im wesentlichen Sache der Konstruktion sei, daß jedenfalls ein Schutz der Tiere um ihrer selbst willen sie nicht zur Voraussetzung habe. Das Reichstierschutzgesetz hat es ver-

---

1816 Schmid-Lindner, *Fragen des StR-AT zum TierSchR*, 1941, S. 15 stellte die folgenden Begriffe klar: „Rechtsgut [ist] der Zustand, den das Strafrecht aufrecht erhalten will. Es ist damit auch das Schutzobjekt des Strafrechts und das Angriffsobjekt des Verbrechens"; hingegen „ist das Interesse an diesem Zustand der Wert, den die Aufrechterhaltung dieses Zustandes für jemanden hat. […] Es geht nicht an, ein Rechtsgut mit dem Interesse an diesem gleichzusetzen. Das Interesse eines Subjekts an der Unverletzbarkeit eines Zustandes ist Motiv, nicht aber Inhalt des geschützten Rechtsgutes."

1817 Schmid-Lindner, *Fragen des StR-AT zum TierSchR*, 1941, S. 15 – 17.

1818 Adolph, *Schutz des Tieres im deutschen Recht*, 1935, S. 51.

meiden, diesen Gedanken zu verwirklichen, da er für die Praxis keinen sichtbaren Gewinn bedeuten würde und in unserem Strafrecht keinen Platz hätte; wir sind längst davon abgekommen[,] den Träger eines strafrechtlich geschützten Gutes als Rechtssubjekt zu bezeichnen und ihm ein Recht auf Schutz dieses Gutes beizulegen. Wer trotzdem, in einem außerjuristischen Sinn, glaubt erklären zu sollen, die Stellungnahme des Tierschutzgesetzes bedeute ‚nichts anderes als die Anerkennung eines Anspruchs, eines Rechts des Tieres auf Achtung und Schonung', dem kann dies unbenommen bleiben."[1819] In der Tat hatten Giese und Kahler (RMdI) einerseits nicht von *Tierrecht* gesprochen, andererseits jedoch „anerkannt, daß das Tier einen *Anspruch* auf Schutz hat und wegen seiner selbst geschützt wird."[1820]

Auch am anderen Pol der Diskussion brachte zunächst Adolph den Eigentumserwerb am Tiere nach § 903 BGB, die Tierverletzung als Sachbeschädigung nach § 303 StGB und den Tierangriff als Naturereignis nach § 228 BGB statt § 53 StGB auf eine Formel: „Das Tier ist keine Sache, aber es wird als Sache behandelt."[1821] Lorz ergänzte und erörterte:

> „Auch hier ist durch das neue Recht keine Aenderung eingetreten. Ob man die ohne Zweifel vorhandene Kluft zwischen Mensch und Tier als so groß betrachten will, daß man die Tiere unbedenklich den toten Gegenständen beizählt, ist eine Frage, die man nach der allgemeinen Denkrichtung jeweils verschieden beurteilt hat und beurteilen wird. Daß der Gesetzgeber sie nicht bejaht, beweist die Schaffung des Reichstierschutzgesetzes. Als empfindliche Lebewesen erfahren die Tiere einen über die Erhaltung der sachlichen Integrität im Interesse der Wahrung des Vermögenswertes hinausgehenden besonderen Rechtsschutz. Eine ganz andere Frage ist, ob das Recht die Tiere in bestimmten Fällen dem für seinen Zweck geschaffenen rechtlichen Sachbegriff beizählen soll. Die Entscheidung ist hier zuvörderst nach dem Gesichtspunkt juristischer Zweckmäßigkeit zu treffen. Deshalb bedeutet es keine Mindereinschätzung des Tieres, wenn es Sache im Sinne des bürgerlichen Rechts ist. Das Verbot der Tiermißhandlung ist dann eine öffentlich-rechtliche Einschränkung der grundsätzlich totalen Befugnis des Eigentümers, die eben die Sonderstellung des Tieres von den übrigen ‚Sachen' zum Ausdruck bringt. Auch im Strafrecht ist das Tier unverändert Sache im Sinne der Vorschriften über Sachbeschädigung und muß es sein, da das Tier aus dem Kreis der eigentumsfähigen Objekte nicht herausge-

---

1819 Lorz, *Tiermißhandlung im RTierSchG*, 1936, S. 57.

1820 Giese / Kahler, *Das deutsche Reichs-Tierschutzgesetz*, 1934, S. 14, 15; dies führte Landwehr, *Die strafbare Tierquälerei nach § 9 RTierSchG*, 1935, S. 31, wie folgt aus: „Dadurch, daß jede Quälerei, gleichgültig ob es sich um Haustiere oder um ein wildes Tier handelt, ob die Quälerei öffentlich begangen oder Ärgernis erregt hat, bestraft wird, erkennt es [das RTierSchG] dem Tiere einen Anspruch auf Schutz zu."

1821 Adolph, *Schutz des Tieres im deutschen Recht*, 1935, S. 57.

> nommen werden kann. Ja wir haben gesehen, daß in einzelnen Fällen der Schutz der Sachintegrität sogar eine Verstärkung des echten Tierschutzes bilden kann."[1822]

Jedenfalls konnte auch Adolph keine Verschlechterung feststellen: „Daß das im alten deutschen Recht grundsätzlich anders war, kann auch billig angezweifelt werden, wenn man berücksichtigt, daß im englischen Recht, das germanisches Recht am besten bewahrt hat, bezüglich des Eigentums an Tieren derselbe Rechtszustand herrscht."[1823]

II. Rechtspolitische Beweggründe

Letztere Rechtsvergleichung von Adolph war keine Neuigkeit seit 1933.

1. Grundlegung in der Anschauung des Volkes

Stattdessen brachte schon A. Mendelssohn-Bartholdy 1905 zum Ausdruck:

a) „Völkische" Gruppierung

> „Die Tierquälereinorm der romanischen Völker ist materialistisch, die der englisch-amerikanischen, der skandinavischen Staaten spiritualistisch.
>
> Materialistisch ist an jener schon die Unfreiheit des Gesetzgebers gegenüber dem Begriff ‚Sache'. Das Tier ist eine Sache. [...] Und wenn die Sache im Recht eines Menschen steht, so bedeutet sie einen Vermögenswert, einen wirtschaftlichen Wert für ihn, für den Staat; und dann straft der Staat ihre Verletzung, die Minderung des Wertes. [...][1824]

1822 Lorz, *Tiermißhandlung im RTierSchG*, 1936, S. 58; zum letztgenannten sei erinnert an das Urt. des Augsburger Schöffengerichts v. 30. 3. 1927, vgl. Clauß, *Tierschutz und Strafgesetzgebung*, 1928, S. 60 – 61.

1823 Adolph, *Schutz des Tieres im deutschen Recht*, 1935, S. 57.

1824 Als Beispiel dafür bot sich die französische *Loi Grammont* v. 2. 7. 1850 an: „*Seront punis d'une amende de cinq à quinze francs et pourront l'être d'un à cinq jours de prison, ceux qui auront exercé publiquement et abusivement des mauvais traitements envers les animaux domestiques. / La peine de la prison sera toujours appliqué en cas de récidive. / L'article 483 du Code pénal sera toujours applicable.*" (Wörtliche Übersetzung: Es werden mit einer Geldstrafe von 5 bis 15 Franken bestraft und können für 1 bis 5 Tage ins Gefängnis kommen jene, die öffentlich und mißbräuchlich Gewalt gegen zahme Tiere angewandt haben. / Die Gefängnisstrafe wird bei Rückfälligkeit stets angewandt. / Der Artikel 483 vom StGB ist stets anwendbar.) Die Bedingung der Öffentlichkeit wurde erst durch den *code rural* (Feldpolizeigesetz) v. 21. / 23. 6. 1898 aufgehoben, in dem § 65 lautete: „*Il est interdit d'exercer abusivement des mauvais traitements envers les animaux domestiques.*" (Es ist verboten, mißbräuchlich gegen

Spiritualistisch ist ein Strafrecht, wenn es die Erwägungen wirtschaftlicher Art schweigen läßt und mit seinen Normen die sittliche Gesinnung, das natürliche Rechtsgefühl im Volk, unter den Bewohnern des Landes zu schützen und zu befestigen sucht."[1825]

Und der deutsche § 360 Nr. 13 RStGB „ist eine Halbheit, ein Kompromiß, mit dem man in einer Übergangszeit zufrieden sein kann. Auf die Dauer kann sich der Gesetzgeber nicht zu ihm bekennen. Er muß zwischen den beiden Typen, den extremen Typen wählen"[1826], nämlich „hierhin die Norm, deren Grund und Zweck die Förderung wirtschaftlichen Wohlstandes und äußerer öffentlicher Ordnung ist, und dorthin die andere, die der Kultur des Volkes dient, den gesunden sittlichen Charakter in ihm schützen und stärken will, hierhin die materialistische und dorthin die spiritualistische Norm, dann hängt die endliche Wahl nur noch vom Kulturstand des Gesetzgebers selbst und seines Volkes ab."[1827]

b) „Arisch-arteigene" Mensch-Tier-Beziehung

Doch nicht erst diese Aufforderung ließ den Tierschutz als „Bestandteil der Weltanschauung dieses Volkes"[1828] bzw. „*Ausdruck des rassischen Empfindens und Denkens*"[1829] erscheinen. In der Tat hatte Ignaz Bregenzer schon 1894 eine umfassende *ethnologisch-geschichtliche* Forschung angestellt. Da hieß es u. a.:

> „Die höchste Kulturstufe bedingt auch den Grad der — nicht intensivsten, aber gerechtesten und auf die meisten Thierklassen ausgedehnten — Thierliebe. Wir wundern uns daher nicht, sie be[i] den *Indogermanen* [...] besonders gut vertreten zu sehen. [...] Was das alte *Indien* betrifft, so darf ich auf das zu § 11, III. Bemerkte verweisen und will nur noch an Kâlidâsas Çakuntalâ sowie an die Sage von Usinar im Mahabharata erinnern. [...] Der *Perser* der Gegenwart, der von Natur grausam

---

zahme Tiere Mißhandlungen zu verüben.) Eine ausführliche Auseinandersetzung damit s. Mendelssohn-Bartholdy, *Über Tierquälerei*, in: GS, Bd. 66, 1905, S. 437 – 441, wo er mitunter (S. 439) feststellte: „Das ist [...] qualifizierte Sachbeschädigung, nicht Tierquälerei", und gegen Ende (S. 411): „Der einzige Zweck dieser Vorschrift ist vielmehr, daß [...] die innere Empörung vermieden wird, die der Anblick einer Tierquälerei erwecken könnte, und daß die Ansteckungsgefahr beseitigt wird, die in diesen Akten der Roheit liegt." Die besagte Fassung galt mindestens noch 1932, vgl. Schaefer, *Tierschutz im Reichsstrafrecht*, 1932, S. 9.

1825 Mendelssohn-Bartholdy, *Über Tierquälerei*, in: GS, Bd. 66, 1905, S. 445 – 446.

1826 Mendelssohn-Bartholdy, *Über Tierquälerei*, in: GS, Bd. 66, 1905, S. 443.

1827 Mendelssohn-Bartholdy, *Über Tierquälerei*, in: GS, Bd. 66, 1905, S. 448.

1828 Neupert, *Der strafrechtliche Schutz der Tiere nach dem RTierSchG*, 1936 / T.D. 1937, S. 5.

1829 Landwehr, *Die strafbare Tierquälerei nach § 9 RTierSchG*, 1935, S. 28, als Überschrift g; vgl. Neupert, *Der strafrechtliche Schutz der Tiere nach dem RTierSchG*, 1936 / T.D. 1937, S. 5.

ist, behandelt die Thiere mit mehr Nachsicht als die Menschen. Das Kamel wird ‚von den Nomaden Mittelasiens mehr als irgend ein anderes Hausthier gepriesen und fast bis zur Anbetung geliebt.‘ *Germanische* Völker haben den Ruhm, die Initiative zur modernen Thierschutzbewegung ergriffen zu haben, besonders in England, Deutschland und Nordamerika. In diesen Ländern ist Liebe zu den Hausthieren bei höheren und niederen Ständen verbreitet. Für *Deutschlands* frühere Zeiten wird sie — die schon durch den Nationalcharakter verbürgt ist — ausdrücklich bezeugt durch viele Thiermärchen und Fabeln“.[1830]

Letztere Aussage belegte Reichsjustizministerialrat Fritz Grau 1935 mit folgenden Beispielen:

„Auch unseren germanischen Vorfahren war der Tierschutzgedanke nicht fremd. Zwar gab es bei ihnen, wie überhaupt damals, weder Gesetz noch Verordnungen, die das Tier schützten. Wir wissen aber, daß die Germanen schon frühzeitig sorgsam gepflegte Haustiere hatten. Die Viehzucht bestimmte ihre Wirtschaft; sie waren Viehbauern. Schon Tacitus erzählt, daß ihre Herden ihr einziger und liebster Besitz seien. Sie waren es auch, die zum ersten Male das Wildpferd zähmten, wie wir aus alten Trensenfunden wissen. Besonders gepflegte lange Mähnen und Schweife der Pferde waren ihr Stolz. In alten Heldenliedern hören wir von der innigen Verbundenheit zwischen dem germanischen Krieger und seinem Streitroß; es bestand zwischen ihnen ein wahrer Freundschaftsbund für Kampf und Sieg, für Not und Tod. Auch mit dem Götterglauben der Germanen waren die Tiere eng verbunden. Odin ritt auf einem achtfüßigen Hengst, die Walküren entführten den gefallenen Helden auf ihrem Roß nach Walhall; Donar fuhr auf einem von zwei Böcken gezogenen Wagen. Ein alter Zauberspruch schildert, wie Odin mit einem anderen Gott durch den Wald reitet und dessen Pferd, das sich den Fuß verrenkt hat, zauberkräftig bespricht und heilt. Das bedeutendste auf uns überkommene heilige Gerät ist der Sonnenwagen, der auf der Insel Seeland gefunden wurde: ein Bronzepferd zieht eine mit Gold plattierte und reich geschmückte Scheibe. […] Auf dem berühmten Reiterstein von Hornhausen reitet ein toter Krieger auf einem riesigen Totenpferd. […] So sehen wir, wie Götterglauben und Leben der Germanen eng verwoben mit dem Tier waren. Sie erblickten in ihm nicht nur einen Vermögenswert; durchaus würde es ihrer hochgemuten Sinnesart widersprochen haben, wenn sie das — oft für heilig gehaltene — Tier nicht als Lebewesen geachtet und geschützt hätten.“[1831]

1937 ging Neupert noch gründlicher auf „das urzeitliche Verhältnis des germanischen Menschen zum Tier“[1832] ein:

1830 Vgl. Bregenzer, *Thier-Ethik*, 1894, S. 94 – 96, vgl. S. 6 – 261 (!).

1831 Grau, *Gedanken über den strafrechtlichen Tierschutz*, in: DJ, 97. Jg., 1935, 2 Hj., S. 1759.

1832 Neupert, *Der strafrechtliche Schutz der Tiere nach dem RTierSchG*, 1936 / T.D. 1937, S. 14, wobei er meinte, „keine Kunde“ zu haben; gemeint war jedoch vielmehr der Untergang der Ur-Kunden im Zuge der Christianisierung, während Neupert selbst u. a. aus Tacitus, Edda und Grimm Quellen schöpfte.

„Die germanische Mythologie[1833] kennt nämlich den Gedanken der gemeinsamen Abstammung von Mensch und Tier. So geht der Göttervater Odhin — Wotan — in seiner Abstammung auf die Kuh Audhumbla zurück […]. Tacitus berichtet, daß den Germanen die Tiere die Vertrauten der Götter gewesen seien […], so begleiten Wotan das achtfüßige weiße Roß Sleipnir, zwei Wölfe und seine beiden Raben Hugin (Gedanke) und Munin (Gedächtnis), Donar die Ziegenböcke, der Fuchs und andere Tiere. Katzen sind der Freia, der Eber der Frô beigegeben. Die Totengöttin Perchta ist von Heimchen, den Seelen der Verstorbenen, umgeben. Rosse, Stiere und Eber sind Freyr geweihte Tiere; auf dem Eber mit goldenen Borsten, Gurllinbursti, dessen Glanz die Nacht erhellt, vermag er durch Luft und Meer zu eilen. […] Die Naturerscheinungen werden gesehen als ein Kampf der Götter gegen die in Riesen und Tieren, wie der Midgardschlange oder im Fenriswolf verkörperten Naturgewalten. Die Erde beleben weiter als Tiere gedachte Wesen […]. So erscheinen in tierischer Gestalt namentlich als Verkörperung eines Naturvorgangs derb Hund oder Wolf (Roggenhund, Roggenwolf) oder Vögel. Die Sonne wird gedacht als Sonnenroß, als Sonnenwidder, als Sonnenhirsch, als goldborstiger Eber, Wind, Nebel und Wolken werden als Pferde aufgefaßt. Zeugnis des Glaubens der Germanen an Naturbeseelung und der sich hieraus ergebenden Einstellung zum Tier vermitteln uns heute noch zahlreiche Märchen, Sagen und Heldenepen, die Tiere zum Gegenstand haben."[1834]

Dies fasste Lemcke ergänzend und vergleichend wie folgt zusammen: „Während der Germane im Tier einen Teil des All-Lebens sieht, — nach der Vorstellung der Germanen leben in Walhall auch Tiere mit den Helden zusammen — sieht die christliche Kirche nur eine seelenlose Sache. Daher auch das Fehlen von Tieren in der christlichen Vorstellung des Himmels."[1835] Betreffs des Erdenlebens fuhr Neupert mit Spuren der Frühgeschichte fort:

„So leiten verschiedene germanische Stämme ihre Abstammung von Tieren her. Die merovingische Stammessage erzählt beispielweise, daß ein wildes Pferd des Neptun

---

1833 Zu deren Thematisierung überhaupt mag man Neupert heute Metaphysik vorwerfen, doch Burton, *Die Walküre: Wille und Krieg*, 2010, S. 22 – 23 gab Schopenhauer wieder: „Zwar konnte er den religiösen und mythischen Geschichten auf einer ersten, rein wörtlichen Ebene keinen Wahrheitsgehalt zusprechen, aber er erkannte, dass sie in symbolischer Form einige der tiefsten Wahrheiten der Menschheitsgeschichte umschließen." Wohlgemerkt führte Neupert die mythologischen Bezüge unmittelbar unter der Überschrift „§ 2. Geschichte des deutschen Tierschutzes".

1834 Neupert, *Der strafrechtliche Schutz der Tiere nach dem RTierSchG*, 1936 / T.D. 1937, S. 14 – 15; zu letztgenanntem vermerkte er auf S. 47, Endnote 23: „Vgl. hier die Edda, besonders die Wolsunga Sage der Snorra-Edda, Reginsmál und Fafnirsmál, die Dichtung von Helgi Hjörwardssohn (Helgakodia Hjorvardssoanar), Voluspá, Grunnismál 17 ff u. a. — Auch die englische Beowulf-Sage und das Nibelungenlied räumen dem Tier einen großen Platz ein, ebenso die Sage von der Rabenschlacht. — Erinnert sei hier weiter an die zahlreichen Sagen von Menschen in Tiergestalt wie den Werwölfen und den Berserkern."

1835 Lemcke, *Einfluss des Zeitdenkens*, 1943, S. 7.

(!), dem Minotaurus (!) ähnlich, die Königin, als sie zum Baden ging, überfiel und mit ihr den Meroveus zeugte. Auch die Wappentiere weisen auf die engen Beziehungen der Germanen zu den Tieren hin."[1836] „Das Volk lebte mit den Tieren und liebte sie. Man hatte von alters her seine Freude daran, Tiere um sich zu haben, zähmte sie und beschäftigte sich mit ihnen. Hieraus erklärt sich die genaue Kenntnis von Tieren, wie sie die Literatur der karolingischen Zeit und die damalige Handschriftenmalerei beweisen."[1837] „Auch in der bildenden Kunst [...] ist von allen Ornamentmotiven keines mit solcher Vorliebe gepflegt wie das Tierornament. Die Steinbildhauerei verwendet häufig das Tier, Tierfiguren schmücken die Kapitelle und Sockel der Säulen. So kennt beispielweise die langobardische Krönungskirche San Michele zu Pavia eine ungemeine Fülle bildhauerischer Tiermotive. Ja, bei den Langobarden sind zwei Tiergestalten, der Löwe und der Adler, so heimisch geworden, daß sie bis ins 13. Jahrhundert hinein geradezu die bestimmenden Formmotive der langobardisch beeinflußten Kunst darstellen. Aus alledem wird erkenntlich, daß unsere Vorfahren nicht nur ihren Haustieren, sondern allen Tieren gegenüber eine Stellung einnahmen, die weit über die hinausging, die in Tieren nur eine seelenlose Sache sah. Bezeichnend ist hierfür, daß bei den Germanen die Sitte einer besonderen Tiernamensgebung vorhanden war."[1838]

Aus der Kenntnis „der religiösen Anschauung, die im Tier einen notwendigen Bestandteil der von den Göttern geschaffenen und erhaltenen Weltordnung sah," fand Neupert auch „die Stellung des Tieres [...] aus den verhältnismäßig spät entstandenen Gesetzbüchern" erschließbar:[1839]

„Das germanische Recht kannte [...], daß man für erschlagene Tiere wie für erschlagene Menschen ein Wehrgeld verlangen konnte. In der Malbergischen Glosse der lex salica (lex. sal. cap. 10) ist die Haustierbuße sogar der Knechtsbuße gleichgestellt. Die Haustiere wurden zur Hausgenossenschaft gerechnet, in der unter der Gewalt des Hausherrn Weib, Kinder und Gesinde zusammengefaßt wurden. Die einzelnen Tierarten haben dort ihre besonderen Freiheiten und Gerechtigkeiten, der Frieden von Haus und Hof erstreckt sich auf sie, sie können sogar vor Gericht als Scheinzeugen auftreten.

Auch Tierschutzbestimmungen kennt das alte germanisch-deutsche Recht schon. Der Angriff auf die tierische Körperintegrität und das tierische Leben wird in der *lex Baiuvariorum* bestraft, wo es im Titel XIV unter Ziffer 2 heißt: ‚*Wenn jemand anderer das Tier mit zum Springen (über einen Zaun) gebracht hat (und das*

1836 Neupert, *Der strafrechtliche Schutz der Tiere nach dem RTierSchG*, 1936 / T.D. 1937, S. 14.

1837 Neupert, *Der strafrechtliche Schutz der Tiere nach dem RTierSchG*, 1936 / T.D. 1937, S. 15.

1838 Neupert, *Der strafrechtliche Schutz der Tiere nach dem RTierSchG*, 1936 / T.D. 1937, S. 16.

1839 Neupert, *Der strafrechtliche Schutz der Tiere nach dem RTierSchG*, 1936 / T.D. 1937, S. 16.

Tier sich verletzt hat), so büße er das Tier, weil er es rechtswidrig in Todesgefahr gestürzt hat.'

Sogar die Tierquälerei in unserem heutigen Sinne war schon unter Strafe gestellt, sagte doch die *lex Baiuvariorum* im selben Titel unter Ziffer 15 weiter: ,*Und wenn er eines dieser Tiere dem Gesetze zuwider antreibt, was wir „Schweißqual" nennen, der unterliegt der nämlichen Strafe (nämlich 2 Saigen).*'

Eine besondere Buße für die Tötung eines Bibers kannte das skandinavische Gesetz Håkons des Guten.

All das zeigt, daß auch der Tierschutzgedanke im germanischen Recht eine Rolle spielte, wenn er auch noch nicht die scharfe Ausprägung wie in den modernen Gesetzen gefunden hatte."[1840]

c) „Fremde" Einflüsse

Trotz dieser „Wesensart der nordischen Rasse"[1841] war man im ersten Drittel des 20. Jahrhunderts vor die Tatsache gestellt, „daß Deutschland von allen germanischen Ländern die *rückständigste* Tierschutzgesetzgebung hat[te]."[1842] Die Suche nach der Ursache blieb nicht aus:

aa) Jüdisch-Christlich

Arthur Schopenhauer gab schon 1840 der jüdischen Ansicht eine Mitschuld:

> „Die vermeinte Rechtslosigkeit der Thiere, der Wahn, daß unser Handeln gegen sie ohne moralische Bedeutung sei, oder, wie es in der Sprache jener Moral heißt, daß es gegen Thiere keine Pflicht gebe, ist geradezu eine empörende Roheit und Barbarei des Occidents, deren Quelle im Judenthum liegt."[1843]

Als Quellen arbeitete Neupert heraus: „Die Bibel verneint im Prinzip, daß das Tier unter dem Schutz des Sittengesetzes steht. Gott hat den Menschen zu seinem Ebenbild geschaffen (1. Mos. 1, 26, 27; 2, 7) und ihm die Herrschaft über die Tiere verleihen (1. Mos. 1, 28). Der Jude konnte dem Tier keine menschliche Gesinnungsähnlichkeit beimessen (Ex. 32, 3 – 4; Deut. 9, 16; 1. Kön. 12, 28 – 30; Hos. 4, 16), es trug keine Seele und […] Tiere unterscheiden sich nach jüdischer Auffassung eben grundsätzlich vom Menschen. Das läßt sich besonders

---

1840 Neupert, *Der strafrechtliche Schutz der Tiere nach dem RTierSchG*, 1936 / T.D. 1937, S. 17; an der eingangs ausgelassenen Stelle ging es um „Übeltat des Tieres", aber Tierstrafen und Tierprozesse waren keine germanische Einzigartigkeit (vgl. u. a. Otto von Gierke, *Deutsches Privatrecht*, 1. Bd., Leipzig 1895, S. 265 und 556 f.), sondern auch römische Praxis (s. Bregenzer, *Thier-Ethik*, 1894, S. 166 f.).

1841 Landwehr, *Die strafbare Tierquälerei nach § 9 RTierSchG*, 1935, S. 28.

1842 Elwert-Heilbronn (Oberstaatsrat), *Der neue Tierschutz-Paragraph*, in: *Deutsche Tageszeitung*, Nr. 487 v. 15. 10. 1928; heute u. a. in: GStA PK, Berlin-Dahlem, I. HA Rep. 84a, Nr. 5215, S. 30.

1843 Schopenhauer, *Grundlage der Moral*, 1840, § 19, N.D. 1977, S. 278.

schön aus den Angriffen des Verfassers von Prediger Salomo, 3, 18 – 21 erkennen."[1844] Für die abendländischen Kulturkreise stellte Schopenhauer fest:

> „Aber leider machen die Folgen davon sich bis auf den heutigen Tag fühlbar; weil sie [die Verhaltenslehre der Juden] auf das Christenthum übergangen ist" und „ihre Vorschriften auf den Menschen beschränkt und die gesammte Thierwelt rechtlos läßt. Daher nun, in Beschützung derselben gegen den rohen und gefühllosen, oft mehr als bestialischen Haufen, die Polizei die Stelle der Religion vertreten muß und, weil Dies nicht ausreicht, heut zu Tage Gesellschaften zum Schutze der Thiere, überall in Europa und Amerika, sich bilden".[1845]

Diese Kausalität untersuchte Landwehr 1935: „verschiedene Strömungen innerhalb des Christentums […], so z. B. das Mönchstum, predigten Askese und Abtötung des Leibes. Der Mensch sei das gottähnliche Geschöpf und durch den Verstand vom Tier getrennt. Alles tierische Menschenleben, d. h. blutvolle und körperliche sei minderwertig und deshalb zu verachten und zu unterdrücken. Diese Einstellung hat zu einer starken Verachtung auch der Tiere geführt."[1846] Woran Neupert anschloss: „Das stimmt allerdings nicht völlig, da sich z. B. zahlreiche Kirchenväter um eine weitherzige Auffassung des Mensch-Tierverhältnisses bemühten, sogar die Jagd und die Tierquälerei ausdrücklich verboten haben (St. Franziskus). Jedoch ist diese Ansicht niemals die herrschende, kirchendogmatische gewesen. Nach der christlichen Lehre war die Erde, die Gott wie alles um des Menschen willen geschaffen hatte, für den Menschen nur Durchgangsstation zu einem besseren Jenseits. Daher entfremdete sie den Menschen der Natur und zog in ihm Mißachtung alles Natürlichen groß. Diese tierfeindliche Einstellung zeigte sich in der Kunst des christlichen Mittelalters darin, daß sie die Tiergestalten wie Wolf, Drache, als Verkörperungen des Bösen, als Feinde des Christentums erscheinen läßt."[1847]

Dadurch sah Neupert die germanische „Verbundenheit mit dem tierischen Leben"[1848] zwar „bedeutend gelockert", aber „nicht beseitigt":[1849]

> „Das asketische Ideal der Naturverneinung, das seine schärfste Ausprägung im Mönchstum fand, ist keineswegs das allgemeine Ideal des deutschen Mittelalters

1844 Neupert, *Der strafrechtliche Schutz der Tiere nach dem RTierSchG*, 1936 / T.D. 1937, S. 18.

1845 Schopenhauer, *Parerga et Paralipomena*, Bd. 2, 1862, XV. § 178, S. 397.

1846 Landwehr, *Die strafbare Tierquälerei nach § 9 RTierSchG*, 1935, S. 20.

1847 Neupert, *Der strafrechtliche Schutz der Tiere nach dem RTierSchG*, 1936 / T.D. 1937, S. 19.

1848 Neupert, *Der strafrechtliche Schutz der Tiere nach dem RTierSchG*, 1936 / T.D. 1937, S. 21.

1849 Neupert, *Der strafrechtliche Schutz der Tiere nach dem RTierSchG*, 1936 / T.D. 1937, S. 17.

geworden. [...] Deshalb konnte die Schmuckwelt des deutschen mittelalterlichen Menschen trotzdem Tiergestalten in großer Menge bevölkern. Erinnert sei an Kapitelle im Dom zu Naumburg um 1300, an die Servatiuskirche in Quedlinburg (um 1120), an die Ausschmückung der frühromantischen Chorschranken im Trierer Dom, an den Sarkophag in der Bielefelder Marienkirche usw. [...]

Daß der Glaube an eine Belebung und Beseelung der Natur nicht tot war, zeigen auch die [...] Lieder der Minnesänger, denen neben der Frauenschönheit die Schönheit der Natur der Hauptvorwurf ihrer Dichtungen war, und die auf guter Beobachtung beruhende Kenntnis der Tiere im Waltharilied und später im Ruodlied.

Das enge Verhältnis zwischen Mensch und Tier verrät die Tatsache, daß die Menschen gern Vögel und andere Tiere um sich hatten, daß sie Tiere in Zwingern zähmten. Da man so die Eigenart der Tiere kennenlernte, kam man dazu, in den Tieren Wesen zu sehen, die sich ihres Tuns und Treibens bewußt waren.

Diese Stellung zu den Tieren trat im Recht hervor, schuf sogar eine Art Tierrecht. [...] Nicht nur in Rechtssprichwörtern[1850], in Maß- und Zeitbestimmungen[1851], auch in der Rechtssatzung selbst finden wir Tiere. So behandelt z. B. der Sachsenspiegel in II, Art. 40 §§ 1 – 5 den durch Vieh verursachten Schaden, regelt in II, Art. 61 das Jagdrecht und spricht in II, Art. 62 vom Halten, Töten und Hegen von wilden Tieren, kennt sogar noch Wehrgeldsätze für Vögel und Tiere. [...]

In diesen Rechtssatzungen [...] ist das Tier nicht seelenlose Sache. Das lag eben daran, daß das Recht für die Deutschen im Mittelalter kein zweckbewußtes, willkürliches Menschenwerk ist, sondern eine ewige, unverbrüchliche, von Gott gesetzte Ordnung ist, die in den Tieren göttliche Geschöpfe sah, die besondere Aufgaben innerhalb der Welt zu erfüllen und ein selbständiges Lebensrecht haben."[1852]

1850 a. a. O.: „‚Schulden sind keine Hasen' — ‚Wölfe fressen keinen Zahltag'— ‚Einem geschenkten Gaul sieht man nicht ins Maul'— ‚Wo kein Hahn ist, kräht die Henne'— ‚Wo der Esel sich wälzt, muß er Haare lassen' u. a. Hierher gehört auch der Satz, daß zu acht Menschen der Hund der neunte ist."

1851 a. a. O.: „So bestimmten ländliche Weistümer statt nach Metern die Entfernung danach, ‚wie weit man ein weißes Pferd schimmern sieht oder Hundegebell hört', oder ‚so weit ein Hahn schreit' oder eine Katze springt. Ein Recht soll dauern ‚solange der Wind weht, der Hahn kräht und solange die Sonne auf- und niedergeht ...', oder ein Baum sollte von der Holznutzung verschont bleiben, ‚von der Zeit, da ein Sperber auf ihm einen Sperling verzehren kann, bis zu der Zeit, da er so mürbe geworden ist, daß ihm ein Reh mit Füßen zerschlagen kann'."

1852 Neupert, *Der strafrechtliche Schutz der Tiere nach dem RTierSchG*, 1936 / T.D. 1937, S. 19 – 21; dann fuhr er fort: „Wenn daher der Mensch zwar der Herr der Tiere ist, ergeben sich doch aus der deutsch-rechtlichen Auffassung, [...] daß den Vorrechten der Menschen gegenüber Tieren bestimmte Pflichten entsprochen haben. In der Verfügung des Rates der Stadt Köln aus dem Jahre 1417 [...] heißt es, daß ‚das Fangen von Nachtigall und Jagen der Kaninchen in Hag und Hecken bei Gefängnis in einem der Stadttürme und Geldstrafe von 40 kölnischen Mark' verboten ist."

bb) Im spätrömischen Recht

Trotz dieser Ausgangslage musste Bregenzer 1894 feststellen: „aber die Reception des römischen Rechts hatte diesen volksthümlichen Rechtsideen einen tödtlichen Stoß versetzt und der zur Alleinherrschaft gelangte Romanismus vertilgte allmählich jede Spur der thierischen Rechtssubjektivität,"[1853] denn:

> „Die neuere deutsche Rechtswissenschaft steht vorwiegend noch unter dem Einflusse der idealistischen Philosophie Kants und Hegels, theilweise auch des ‚Naturrechts'. Letzteres hatte sich den ihm naheliegenden Weg psychologisch-ethischer Annäherung an das Thier durch seinen einseitigen Rationalismus versperrt. Die schon seit Justinian eingerissene mißverständliche Auffassung des *ius naturale* und *ius gentium* hatte ohne Zweifel viel dazu beigetragen, das ‚Naturrecht' mehr und mehr zu einer *naturalis ratio* abirren zu lassen und auf diese Weise den Begriff der Natur in den — gewissermaßen gegensätzlichen — der Vernunft zu verkehren. Die naturrechtliche Auffassung ist durch die historische Rechtsschule unter Savignys Führung nicht endgiltig überwunden, sondern [...] die historische Schule selbst ist keineswegs frei von rationalistisch-naturrechtlichen Vorstellungen. In deren Kreis gehört namentlich das ‚Willensdogma'," das „zum Entstehen und Bestehen des (objektiven und subjektiven) Rechts erforderlichen Willens als einen *vernünftigen* Willen (‚Rechtswillen') auffaßt und, wenigstens im Privatrecht, regelmäßig aktive Willensbethätigung des einzelnen Berechtigten verlangt. [...] Völkerrecht und Strafrecht leiden überdies immer noch an Einflüssen des Naturrechts und der kantisch-hegelschen Philosophie. Diese Reminiscenzen und die anthropocentrische Auffassung erklären zur Genüge die Thatsache, daß z. B. die Mehrzahl der deutschen Kriminalisten [...] sich von der herkömmlichen Vorstellung der Thierrechtslosigkeit noch nicht zu befreien vermag."[1854]

Damit erklärt war auch der Zwiespalt des § 360 Nr. 13 RStGB, einerseits schon „germanisch-spiritualistisch" ungeachtet der Vermögensverhältnisse allen Tieren zugute zu kommen, andererseits dennoch „romanisch-materialistisch" erst bei Öffentlichkeit oder Ärgerniserregung zu bestrafen.[1855] Gegen diese philosophische Zwischenlage hatte bereits Schopenhauer Stellung genommen: „Also bloß zur Uebung soll man mit Thieren Mitleid haben, und sie sind gleichsam das pathologische Phantom zur Uebung des Mitleids mit Menschen. Ich finde, mit

---

1853 Bregenzer, *Thier-Ethik*, 1894, S. 336; wohlgemerkt machte Bregenzer nicht das altrömische Recht verantwortlich, denn noch Ulpian „hat uns ein sehr interessantes Ueberlebsel der uralten indogermanischen Thierrechtsidee überliefert in einer Pandektenstelle," gemeint war l. 1 § 3 Dig. de justitia et jure (1, 1); auch in die Institutionen (pr. J. U, 2) aufgenommen, ferner vgl. S. 335. Vielmehr sei erst „Kaiser Justinian und seinen Zeitgenossen" der Sinn für Tierrecht abhanden gekommen (S. 366).

1854 Bregenzer, *Thier-Ethik*, 1894, S. 338 – 340.

1855 Vgl. Clauß, *Tierschutz und Strafgesetzgebung*, 1928, S. 20; Lemcke, *Einfluss des Zeitdenkens*, 1943, S. 12.

dem ganzen nicht islamisirten (d. h., nicht judaisirten) Asien, solche Sätze empörend und abscheulich."[1856] Dazu bekannte sich Clauß 1928: „Ich auch."[1857] Insofern zog Neupert die kaum verwunderliche Bilanz: „Mit dem Eindringen des spätrömisch-byzantinischen Rechtes in Deutschland, welches das stark orientalisierte Recht einer entarteten europäisch-asiatischen Mischlingsbevölkerung war, wurde die scharfe Trennung zwischen Recht und Sittlichkeit, die eine ‚Glanzleistung' der römischen Rechtswissenschaft war, in das deutsche Rechtsleben eingeführt. Nach diesem Recht war das Tier nichts als eine empfindungsunfähige Sache wie jeder andere unbeseelte Gegenstand. Das späte römische Recht hatte diese seine Rechtsanschauung aus der semitisch-asiatischen Lebenszone entnommen, denn es spricht ganz deutlich aus, daß die Natur alles der Menschen wegen gemacht macht."[1858]

d) Gesamtgegenüberstellung nach 1933

Der Streit bekam dann eine politisch-weltanschauliche Dimension:

> „Daß Deutschland erst 1933 ein Gesetz bekam, das dem Tier weitgehenden Schutz angedeihen ließ, ist bedauerlich. Jedoch entspricht der bisherige Zustand nicht der wahren Stellung des deutschen Menschen zum Tier. [...] Er fühlt sich als ein Teil der Natur. Er ist mit ihr verbunden und lebt mit ihr. [...] Er empfindet die innere Verbundenheit zwischen Mensch und Tier als Teil der organisch-aufgebauten Natur. Er kennt keine Dualität Mensch-Tier, sondern nur eine lange aufsteigende Kette von Lebewesen *einer* organisch aufgebauten Natur. Ihm ist die Betrachtung des Tieres als Sache fremd, er sieht und empfindet sein fühlendes Wesen, seine Klugheit. Das Tier ist ihm nicht fremd und verhaßt, er sieht nicht auf das Tier herab, weil er vielleicht stärker ist als es. Er sieht in dem Tier seinen Lebenskameraden, der ihm oft im Haus als Haustier hilft und Nahrung bietet, der, wenn es sein muß, auch Opfer sein muß für die höheren Lebensinteressen des Menschen. Aber gerade deshalb achtet er das Tier und behandelt es gut. Ihm ist deshalb das grausame Schlachten nach jüdischem Ritus (Schächten) widerlich. Er versteht nicht, daß eine Religion solche unnötige Grausamkeit duldet, ja erfordert. Denn für ihn wird seine Religion aus seinem sittlichen und religiösen Empfinden geboren und dieses bäumt sich gegen solche Grausamkeit auf. Er kennt nur die Notwendigkeit als rechtfertigend für einen Eingriff in das Leben eines Lebewesens an. Die Notwendigkeit berechtigt ihn dazu, weil alle Lebewesen in einer Gemeinschaft leben, in der das Minderwertige dem Höherwertigen notwendige Opfer bringen muß. Das einzelne muß dem Zwecke der

---

1856 Schopenhauer, *Grundlage der Moral*, 1840, § 8, N.D. 1977 S. 202.

1857 Clauß, *Tierschutz und Strafgesetzgebung*, 1928, S. 28 Fn. 1.

1858 Neupert, *Der strafrechtliche Schutz der Tiere nach dem RTierSchG*, 1936 / T.D. 1937, S. 21.

Gemeinschaft unterworfen sein. So ist es im Volksleben, so ist es im Leben überhaupt."[1859]

2. NS-Zusatzwunsch: Menschenaufzucht

Aus letzterer Anschauung erfolgte die Schlachtgesetzgebung überhaupt, der 1930 in Bayern bis auf die BVP alle Parteien zugestimmt hatten und die sich bis 1933 auch deutschlandweit — nicht zuletzt auf Reichsebene — durchsetzte. „Hinderlich war diesem Bestreben der Tierschutzbewegung das Fehlen einer [...] *Weltanschauung*, die im Tier mehr als eine Sache sah, [...] die auch das Tier zum Träger von Rechten und den Menschen zum Träger von Pflichten gegenüber dem Tier machte."[1860] Als Alt-Tierschützer[1861] wusste Korn daher das RTierSchG zu begrüßen, „mit dem die Reichsregierung soviel [...] Entschlossenheit bekundet hat, die Kulturschande der Tierquälerei endgültig auszurotten."[1862] Nicht nur aufgrund der Verabschiedungsverfahren bezeugte auch Lorz: „Das Reichstierschutzgesetz ist ein Gesetz des nationalsozialistischen Staates, also geformter Wille der Führung."[1863] Diesen ergründete Schmid-Lindner:

1859 Landwehr, *Die strafbare Tierquälerei nach § 9 RTierSchG*, 1935, S. 30 – 31; an der ersten ausgelassenen Stelle verwies er auf die diesbezügliche Einleitung der Rundfunkrede Görings v. 28. 8. 1933 (s. o.); an der zweiten schilderte Landwehr die Naturverbundenheit des Deutschen mit seinen Festen als Überlieferung germanischer Bräuche: „Seine Feste feiert er am liebsten draußen in freier Natur, und die Tage, an denen sie liegen, sind durch die Natur, durch den lauf der Gestirne bestimmt: Ostern, das Frühlingsfest, Sommersonnenwende, Erntedankfest, Wintersonnenwende (Weihnachten). Wenn er nicht in der Natur selber den Festtag begehen kann, so holt er die Natur zu sich ins Haus (den Weihnachtsbaum) oder in die Stadt (Birken am 1. Mai)."

1860 Lemcke, *Einfluss des Zeitdenkens*, 1943, S. 10; Sperrung vom Verfasser dieser Arbeit.

1861 Herbert Züllchner, „Führer des [Dresdner] Tierschutzvereins", bezeugte im Vorwort von Korn, *Kommentar zum RTierSchG*, 1934, S. 5, dessen „Eintritt in den Vorstand des Alten Tierschutzvereis in Dresden Anfang des Jahres 1927" und „daß ihn der Otto-Hartmann-Bund [= TSV-Reichsverband] mit der Ausarbeitung eines strafrechtlichen Gutachtens beauftragte. So entstand seine Schrift ‚Die strafrechtliche Behandlung der Tierquälerei', die [...] vom Reichstagsabgeordneten Ehlermann in Form eines Antrages aufgenommen worden war." Ferner wurde Korn bescheinigt, „[daß] er erstmalig am 31. Mai 1928 in der Versammlung des Otto-Hartmann-Bundes in Dresden das Bedürfnis nach einem eigenen Verwaltungsgesetz in Tierschutzangelegenheiten neben der Strafdrohung im Strafgesetzbuch aussprach und seit der Bremer Tagung des Verbands im Jahre 1930 eine reichsgesetzliche Zusammenstellung (Kodifikation) der gesamten Tierschutzbestimmungen forderte."

1862 Korn, *Kommentar zum RTierSchG*, 1934, S. 4.

1863 Lorz, *Tiermißhandlung im RTierSchG*, 1936, S. 54.

> „Der Schutzgegenstand des Tierschutzrechts, als welchen wir den Zustand der tierischen Unversehrtheit innerhalb des gesetzlichen Rahmens erkannten, muß somit anerkannt werden als ein Ausschnitt aus der kulturellen Lebensordnung des deutschen Volkes, der Volksgemeinschaft. Diese setzen wir an die Stelle der Gesellschaft, [...] [denn Erstere] ist im Sinne der nationalsozialistischen Auffassung nicht als Summe der Einzelnen, sondern als lebendige organische Einheit zu betrachten (Gürtner-Freisler, S. 41), in deren Rahmen auch der seinsmäßige Dualismus von Volk und Staat überwunden ist. Ein Rechtsgut der Volksgemeinschaft ist damit wesensmäßig zugleich ein Rechtsgut des Staates. [...] Die staatliche Gesetzgebung als die vornehmste Form des Führerbefehls ist damit [...] eine Abwehrfunktion des Volksorganismus gegen zersetzende Elemente der Zerstörung und Gefährdung von Rechtsgütern [, ...] hat aber nicht nur die Aufgabe, die Erhaltung dieses Volkstums zu sichern, sondern es auch durch die Weiterbildung seiner geistigen und ideellen Fähigkeiten zur höchsten Freiheit zu führen (vergl. Hitler, Mein Kampf S. 434).“[1864]

Auf den vorliegenden Fall übertragen hieß die „Kulturabsicht für den Gesetzgeber“ dann:

> „Unter solche gesetzliche Maßnahmen, die zwar teils der im Volk herrschenden Kulturauffassung entsprechen aber auch teils infolge langer gegenseitiger Gewöhnung in der breiten Masse noch wenig Verständnis finden, zählt die Tierschutzgesetzgebung. In manchen Punkten wie z. B. in § 1 TSchG. und in den Vorschriften des Schlachtgesetzes entspricht sie weitgehend der herrschenden kulturellen Anschauung. Berücksichtigt man aber demgegenüber [...] § 2 Z. 1 TSchG., so arbeitet der Grundgedanke dieser Gesetzesnormen der weitgeübten Gleichgültigkeit und Bequemlichkeit entgegen.
>
> Die Tierschutzgesetzgebung entspricht dem Kultur*willen* der Volksgemeinschaft als Organismus. Ausgedrückt wird dieser Wille durch die entsprechende Gesetzgebung des Staates. Doch ist eben gerade damit gesagt, daß deshalb die Gesetzesanwendung nicht mit Rücksicht auf den tatsächlichen Kultur*zustand* weiter Volkskreise erfolgen muß. [...] Das Rechtsgut der tierischen Unversehrtheit vor unnötigen menschlichen Schädigungen soll geschützt werden durch die praktische Auswirkung einer hohen sittlichen Einstellung, die zum Teil dem Volke selbst noch anerzogen werden muß. Dieser kulturellen Aufwärtsentwicklung und Erziehung soll die Tierschutzgesetzgebung richtungsweisend sein und für die praktische Durchsetzung die Handhabe bieten.“[1865]

Diese „kulturerzieherische Eigenschaft der Tierschutzgesetzgebung“[1866] erklärt auch, warum die amtliche Begründung einerseits eingangs vom „*Wunsch des deutschen Volkes, das besonders tierliebend ist und sich der hohen ethischen Verpflichtungen dem Tiere gegenüber bewußt ist*“ sprach, andererseits ausgangs sich den „*einsichtigen Tierschützern*“ anschloss, „*daß [...] das Verständnis für*

1864 Schmid-Lindner, *Fragen des StR-AT zum TierSchR*, 1941, S. 18 – 19.
1865 Schmid-Lindner, *Fragen des StR-AT zum TierSchR*, 1941, S. 20 – 21.
1866 Schmid-Lindner, *Fragen des StR-AT zum TierSchR*, 1941, S. 21.

die Tiere geweckt und gelehrt und zum Gemeingut aller Volksgenossen gemacht werden [muß].“ In dieser Hinsicht erkannte Sommer: „Schon rein sprachlich betrachtet verwirklicht es die Ankündigung der nationalen Regierung, daß unsere Gesetzessprache, die bisher für den Laien eine unverständliche Geheimsprache war, grundlegend umgestaltet werden würde. Das Gesetz ist volkstümlich und klar abgefaßt.“[1867] Darin erblickte Lorz die Bestrebung, „daß allen Angehörigen des Volkes, denen das dem deutschen Wesen eigene Gefühl, daß das Tier dem Menschen als ein lebendiges Geschöpf entgegentritt, verlorengegangen ist, dieses Gefühl wiedergegeben wird. [...] Gesetze, die den Materialismus eines vergangenen Jahrhunderts abgestreift haben, müssen Menschen formen, die den Geist dieses Materialismus nicht mehr kennen.“[1868] Dies alles fasste Neupert wie folgt zusammen: „So trägt das RTG. nicht nur den großen Gedanken in sich, das Tier als Kreatur zu schützen, sondern es erstrebt den kulturellen Fortschritt, es will die Schaffung eines Menschentums, das ‚nicht aus schlotternder Angst vor dem Staatsanwalt, sondern aus Liebe zum Tiere und aus Achtung vor ihm es so behandelt, wie dem Tiere zukommt.‘“[1869]

III. NSDAP und Tierschutz vor 1933

Gegen den „Tierschutz als Teil der nationalsozialistischen Weltanschauung“[1870] wird heute oft geltend gemacht: „Dazu sollte der Tierschutz als humanitärer Deckmantel für die schon begonnene Ausgrenzung bestimmter Menschen dienen.“[1871] Dem widerspricht zunächst, dass der Tierschutz für die Nationalsozialisten bereits lange vor ihrer Machtübernahme ein Thema gewesen war.

1. Parlamentarische Überlieferungen

Der Beitrag der Nationalsozialisten seit 1925 zum Zustandekommen des BaySchlG wurde bereits ebenso dargestellt wie der Einsatz Dr. Buttmanns und seiner Parteigenossen für den Katzenschutz usw. Überdies veröffentlichte der *Münchener Beobachter* — das tägliche Beiblatt zum *Völkischen Beobachter* —

1867 Sommer, *Das neue TierSchG*, in: GA, N. F. Bd. 1, 1934, S. 30.

1868 Lorz, *Tiermißhandlung im RTierSchG*, 1936, S. 60.

1869 Neupert, *Der strafrechtliche Schutz der Tiere nach dem RTierSchG*, 1936 / T.D. 1937, S. 42; das Zitat im Zitat von Döring, *Grundlage und Ziele der Tierschutzbewegung*, in: *Der deutsche Tierfreund*, Heft 2, 1934, S. 19.

1870 Heintz, *Tierschutz im Dritten Reich*, 2008, S. 188.

1871 Dirscherl, *Tier- und Naturschutz im Nationalsozialismus*, 2012, S. 19.

am 9. April 1930 einen Aufsatz „*Gegen die Straffreiheit der Tierquälerei*".[1872] Ferner verzeichnete der Preußische Landtag 1932:

„*Nr. 1170*
Urantrag

Kube, Lohse (Altona), Haake, Hinkler, Dr. Haupt (Hannover) und die übrigen Mitglieder der Fraktion der *Nationalsozialistischen Deutschen Arbeiterpartei:*

Die *Vivisektion,* von einer materialistisch gesinnten Wissenschaft gefördert, ist in ihrem Umfang und in ihren Methoden zu einer Kulturschande für das deutsche Volk geworden. Zu heilkundlich völlig nutzlosen Versuchen und sogar zu Lehrzwecken werden Tausende von Tieren meist ohne Betäubung gemartert. Diese Praktiken stehen im schroffen Widerspruch zum sittlichen Empfinden der christlichen[1873], der human denkenden und der organisch denkenden Volkskreise.

Der Landtag wolle beschließen:

1. Die Vivisektion ist allgemein verboten und strafbar.

2. Eine Ausnahme bilden lediglich drei vom Staatsministerium besonders zu privilegierende wissenschaftliche Institute, deren Arbeitsweise unter dauernde öffentliche Kontrolle zu stellen ist.

Berlin, den 2. November 1932"[1874]

1872 Es handelte sich um eine Versammlung des Münchener Tierschutzvereins, als dessen Syndikus Dr. Hans Frank, Hitlers Anwalt und später Bayerischer Staatsminister der Justiz, auftrat und neben zwei englischen Tierschützerinnen, Fräulein Lind von Hageby und der Herzogin von Hamilton auch Dr. Eckhard zum Vortrag einlud; vgl. Heintz, *Tierschutz im Dritten Reich*, 2008, S. 195.

1873 Wohlgemerkt war die Einstellung der Tierschützer zum Christentum mehr als zwiespältig. Während die hiesige NSDAP-Fraktion um Kube sich auf das „Christliche" (d. h. humane) als Gegenbild zum „Heidnischen" (d. h. jüdisch) berief wie Prof. Müller in *Schächtfrage*, 1926, betrachtete Dr. Eckhard beide getrennt, fühlte sich jedoch von Ersterem enttäuscht (s. u.). Fernhin erforschten Landwehr und Neupert „Strömungen des Christentums" als Mitursachen für die Zerstörung der archetypischen Mensch-Tier-Verbundenheit; Schopenhauer verurteilte das Christentum wie das Judentum schlechthin (s. o. „Fremdartige Einflüsse").

1874 GStA PK Berlin-Dahlem, I. HA Rep. 84 a Nr. 5215, Bl. 223; abgelehnt durch Nr. 1486 (a. a. O., Bl. 224). Ebenso behandelt sei nach Heintz, *Tierschutz im Dritten Reich*, 2008, S. 199, ein anderer Urantrag (Anwendung der Bestimmung über Pferdeschutz und gegen Tierquälerei gegen die Pferdehandel treibenden Zigeuner), der leider im GStA PK Berlin-Dahlem nicht erhalten ist. In der nächsten, 5. Wahlperiode, 1. Tagung 1933 brachte dieselbe Fraktion je am 4. und 5. April noch die Uranträge Nr. 11 (Entwurf eines Gesetzes über den Tierschutz, s. o. und Anhang) und Nr. 14 (Allgemeines Verbot des Katzenwürgens, a. a. O., Bl. 226) ein, die in Preußen zwar ebenfalls unerledigt blieben, aber durch das spätere RTierSchG überholt wurden.

2. Vortrag Dr. Eckhards

Dieser Antrag lässt sich auf den Einfluss von Dr. med. Albert Eckhard schließen,[1875] dem Vorsitzenden des Tierschutzvereins „Tierfreund", Hannover. Die dortige Ortsgruppe der NSDAP hatte ihn am 19. März 1931 eingeladen, einen Vortrag zur Schächtfrage zu halten.[1876] Als Einleitung stellte der Redner jedoch allgemein die Tierschutzvereine in drei Gruppen vor und zählte seinen zu denjenigen, „die den Kampf gegen jede Tierquälerei, mögen noch so einflußreiche Mächtegruppen auf der Gegenseite stehen, aufgenommen haben und rücksichtslos führen [...] wie die Nationalsozialistische Deutsche Arbeiterpartei."[1877]

a) Hitlers Brief gegen Tierquälerei

Sodann erklärte der „Altkämpfer"[1878] seinen jüngeren Parteigenossen:

> „Damit Sie auch sehen, wie die Meinung des für Sie alle maßgebenden Mannes und Führers Adolf Hitlers ist, möchte ich Ihnen kurz den an mich gerichteten Brief, der Bezug nimmt auf die vielen von Ihnen bekannte Broschüre ‚Grausamkeit des Menschen gegen das Tier' mit besonderer Bezugnahme auf die wissenschaftliche Tierfolter, zur Kenntnis bringen. Er lautet folgendermaßen:
>
> *München, 13. Februar 1929.*
>
> *Sehr geehrter Herr Doktor!*
>
> *Besten Dank für die Übersendung Ihrer Tierschutzbroschüre, die ich nunmehr gelesen habe. Wie Sie sich denken können, mit tiefer Empörung. Der ‚Völkische Beobachter' brachte bereits einen Auszug, den Sie vielleicht gelesen haben. Er wird demnächst nochmals auf Ihren Vortrag zurückkommen und dabei auf Ihr Heft und die Bezugsmöglichkeit hinweisen. Dasselbe kann gar nicht weit genug verbreitet werden. Sie können überzeugt sein, daß im kommenden nationalsozialistischen Staate diese Zustände sehr schnell beendet werden.*
>
> *Mit deutschem Gruß*
> *gez. Adolf Hitler.*"[1879]

1875 Heintz, *Tierschutz im Dritten Reich*, 2008, S. 199.

1876 Vgl. Eckhard, *Kampf der NSDAP gegen Tierquälerei*, 1931, S. 2.

1877 Eckhard, *Kampf der NSDAP gegen Tierquälerei*, 1931, S. 2; die anderen Vereine scheuten entweder Konflikt „mit Behörden, mit der sogenannten offiziellen Wissenschaft, mit dem Großkapital" usw., oder seien solche, die „unter jüdischem Einfluß stehen und gegen das Schächten in keiner Weise Front machen".

1878 Im Brief an Hitler v. 27. 1. 1934 schrieb Dr. Eckhard: „ich stehe seit dem Jahre 1921 im Kampf für die nationalsozialistische Bewegung," in: GStA PK Berlin-Dahlem, I. HA Rep. 84 a Nr. 5215, Bl. 318.

1879 Eckhard, *Kampf der NSDAP gegen Tierquälerei*, 1931, S. 3. Nach Verkündung des RTierSchG wandte er sich am 27. 1. 1934 aus Unzufriedenheit mit den §§ 5 – 8 nochmals an Hitler unter Geltendmachung des Briefes (GStA PK Berlin-Dahlem, I. HA

b) Abrechnung mit der Vivisektion

Für den Fall, viele der Zuhörer wüssten wohl noch nicht, „was man unter Vivisektion […] versteht, die unser Führer sowohl wie Dr. Frank II so scharf ablehnen," kam der zugleich Vorsitzende des „Verbandes vivisektionsgegnerischer Ärzte Deutschlands" nicht umhin, mit seinem persönlichen Hauptbekämpfungsgegenstand nochmals öffentlich abzurechnen.

aa) Heilkundlich

Zunächst erklärte er — „seit über 25 Jahren Arzt" —, „daß sich mein Kampf nicht etwa gegen einzelne Kollegen richtet, sondern gegen das falsche heutige System der Krankheitsbehandlung, […] von künstlich krank gemachten Tieren Schlüsse auf kranke Menschen zu ziehen, da Gifte und Medikamente auf Tiere eben anders wirkten als auf Menschen. […] Eigentlich ist es doch wohl eine Selbstverständlichkeit […], daß man einen kranken Körper nicht dadurch gesünder macht, daß man ihn mit krankmachenden Giften und Serumeinspritzungen behandelt, sondern dadurch, daß man die natürlichen Abwehrkräfte eines Körpers durch natürliche und ungiftige Mittel stärkt und kräftigt."[1880]

bb) „Menschlich"

Dann erklärte Dr. Eckhard: „Der Einwand, daß man Tierversuche manchen müsse, um keine Menschenversuche machen zu müssen, ist ebenfalls nicht der Wahrheit entsprechend, denn die grausamen Versuche an Tieren haben erst den Boden für den Glauben geschaffen, daß man auch an Menschen verwerfliche Versuche machen dürfe. Das Schlimme ist, daß man die Versuche […] insbesondere an den Kindern armer Leute vorgenommen hat, denen man Tuberkulose, Diphtherie, Syphilis und andere ekelhafte Krankheiten übertragen hat […]. Daß manche Ärzte sich ihrer unsozialen Gesinnung kaum noch bewußt werden, geht aus der Mitteilung eines Arztes hervor, der über seine Versuche, die Blattern einzuimpfen, folgendes wortwörtlich schreibt: ‚Vielleicht hätte ich zuerst an Tieren Versuche anstellen sollen, die geeignetsten jedoch, nämlich Kälber, waren der Kosten wegen schwer zu beschaffen und zu unterhalten, weshalb ich mit gütiger Erlaubnis des Oberarztes meine Experimente an Kindern im allgemeinen Findelhaus begann'."[1881]

Rep. 84 a Nr. 5215, Bl. 314 – 320); eine etwaige Verleugnung seiner Echtheit ist nicht überliefert. Doch während die Beschwerde hauptsächlich auf der Nutzlosigkeit von Impfungen bestand, blieben die Gesetzesvorschriften jedenfalls unverändert.

1880 Eckhard, *Kampf der NSDAP gegen Tierquälerei*, 1931, S. 5 – 6.

1881 Eckhard, *Kampf der NSDAP gegen Tierquälerei*, 1931, S. 4 – 5.

cc) Volkswirtschaftlich

Um die Nationalsozialisten gegen die Vivisektion aufzuklären, führte Dr. Eckhard weiter aus: „Wie sehr der Geldverdienerstandpunkt der Großindustrie auf die Denkungsart mancher Ärzte abgefärbt hat, beweist der Ausspruch eines jüdischen Facharztes für Geschlechtskrankheiten, der vor einigen Jahren in einer Versammlung äußerte, ‚daß er jeden Syphiliskranken als einen Zinsschein ansehe, von dem man jedes Jahr einen Kupon abschnitte'. [...] Daß das Großkapital im weitgehendsten Sinne an der Herstellung von Seren und Medikamenten interessiert ist, darüber finden Sie eingehende Belege in der Tierschutzbroschüre [...]: Nach einer unwidersprochenen Anfrage im Preußischen Landtag betrug vor dem Kriege der Anschaffungswert für ein Kilogramm Salvarsan zwischen 8.— bis 12.— Mk. und der Verkaufspreis bis zu 16 000.—Mk. Heute dürften die diesbezüglichen Verhältnisse nicht anders liegen. (Siehe sozial-hygienische Debatte im Preußischen Landtage im Jahre 1926.)“[1882]

dd) Zusammenfassung

Durch diese Ausführungen hoffte Dr. Eckhard die Zuhörer von der Notwendigkeit der „Schaffung einer deutschen Heilkunde“ überzeugt zu haben: „Wir brauchen eine Heilkunde, die frei ist von den Einflüssen des übermächtigen chemisch-pharmazeutischen Großkapitals und einer verknöcherten zünftigen Wissenschaft, die ganz vergessen hat, daß die Heilkunde sich nur in den Dienst der Volksgesundheit zu stellen hat. Es gilt eine Heilkunde zu schaffen, deren Heilmittel ihren Ursprung nicht der Marterung und Folterung von Hunderttausenden von Tieren verdanken, in der Erkenntnis, daß *alles Lebende auf Erden einer allgültigen Allmacht Geschöpfe* [sind].“[1883]

c) Gesichtspunkte zur Schächtfrage

Erst dann gelangte der Vortrag zum eigentlichen Thema: dem Schächten.

aa) Jüdisches Feindbild

Wie andere Tierschützer, drängte auch Dr. Eckhard auf einen Volksentscheid nach Schweizer Vorbild und führte als jüngstes Beispiel vorab den Bericht der *Niedersächsischen Tageszeitung* vom 14. Februar 1931 über „*Unerhörte Tierquälereien beim Schächten*“ im Schlachthof Hannover vom 11. des Monats an, die gar zur Staatsanwaltschaft geführt haben sollten. Als Nationalsozialist kannte er zudem den Beitrag im *Völkischen Beobachter* vom 13. März 1931 über

1882 Eckhard, *Kampf der NSDAP gegen Tierquälerei*, 1931, S. 5 – 7.

1883 Eckhard, *Kampf der NSDAP gegen Tierquälerei*, 1931, S. 7.

„Jüdische Grausamkeit auf dem Northeimer Schlachthof“ vom 24. Februar des Jahres und nannte zum Beweis die Filmaufnahmen Dr. Kleins.[1884]

(1) Religiöse Auseinandersetzung

Wie dieser persönliche Bekannte von ihm konnte Dr. Eckhard auch selbst „aus dem alten Testament keine Stelle anführen, [...] die besagt, daß die Tiere ohne Betäubung geschächtet werden müssen. Was Rabbiner später aus rein persönlicher Einstellung im Talmud niedergelegt haben, hat doch religionsgeschichtlich kein Anrecht, [...] als göttliches Gebot aufgefaßt zu werden.“[1885]

Darüber hinaus sei zu bedenken: „Selbst wenn man annehmen würde, [...] daß das Schächten und betäubungslose Schlachten ‚göttliches Gebot‘ sei, so wird man sich doch darüber wundern müssen, daß die Juden heute ohne die geringsten Gewissensskrupel direkte Gebote ihres Gottes, die im Gesetze Mosis klar enthalten sind, nicht mehr halten,“ z. B. „das von Moses angeblich im strengen Auftrag Gottes gegebene Verbot des Zinsnehmens [...]. Auch der Genuß von Ochsenfleisch ist nach der Thora dem orthodoxen Israeliten verboten, trotzdem wird es vom Schächter als koscher gestempelt. [...] Sie sehen also, daß die angeblichen Gewissensnöte sogenannter gläubigen Juden sich bei anderen Gelegenheiten sehr rasch beschwichtigen lassen. Sowie es dem Juden angenehm ist, kümmert er sich um das Gesetz Mosis, und sobald es dem Juden unangenehm wird, kehrt er sich nicht mehr darum.“[1886] Insofern war es für den Redner ärgerlich: „Das Judentum bezeichnet eben jede auch noch so berechtigte

---

1884 Vgl. Eckhard, *Kampf der NSDAP gegen Tierquälerei*, 1931, S. 8, 11, 23.

1885 Eckhard, *Kampf der NSDAP gegen Tierquälerei*, 1931, S. 11 – 12. Auf Anfrage des Verfassers stellte ein halbjüdischer Bekannter am 8. 8. 2012 zuerst um 13.25 fest: „Der Talmud Babli (Babylonische Talmud) umfasst 22 Bände! Ich kenne eigentlich keinen Juden, der den Talmud auswendig kennt. :) Bei dem Talmud handelt es sich um eine Art ‚Bedienanleitung‘ für die religiösen Gesetze, die man in der Bibel findet. Insoweit handelt es sich um eine Sammlung jüdischer Rechtsprechung (analog zum Corpus Iuris Civilis).“ Auf die anschließende Frage (13.34), ob die Beziehung zwischen Bibel und Talmud der von Gesetz und Kommentar ähnele, lautete die Antwort um 13.48: „Es stimmt, dass man die Regeln zu shehita ohne Talmud nicht verstehen kann. Im Talmud findet man nicht nur Verbindliches, sondern auch Debatten, die zwischen den Rechtsgelehrten damals geführt wurden zu Punkten jüdischen Rechts. Das Format ist sehr dem CIC ähnlich, da letztendlich das CIC damals das vorherrschende Gesetzbuch war. Demnach haben die jüdischen Gelehrten sich an dem CIC angelehnt. Man findet Zitate aus der Bibel, sowie Sprüche von diversen Rabbinern. Diese werden dann diskutiert und teilweise akzeptiert oder abgelehnt. Manchmal werden mehrere Ansichten als zulässig betrachtet. Ich kann aus meinem Standpunkt nicht sagen, welche Regeln zu shehita im Talmud vorhanden sind, aber ich denke es werden nicht wenige sein.“

1886 Eckhard, *Kampf der NSDAP gegen Tierquälerei*, 1931, S. 14.

Kritik an jüdischen Gebräuchen und Gewohnheiten als Antisemitismus, während es sich doch selbst als Sittenwächter aller Völker aufspielt.“[1887] Insbesondere musste er sich aufregen, „wenn, wie es in der Bibel heißt, Salomon zu Ehren des alttestamentarischen Gottes anläßlich einer Tempelweihe 22 000 Rinder und 120 000 Schafe töten ließ. Das ist wirklich ein Blutrausch, der mit Religion und religiösem Empfinden nicht zu tun hat. Deshalb müssen wir uns in der schärfsten Weise dagegen verwahren, daß man heute noch versucht, den Schächteaberglauben mit religiösen Belangen begründen zu wollen. Die Idee, daß man Gott durch blutige Opfer versöhnen könnte, entspricht doch wirklich noch sehr primitiven und heidnischen Gedankengängen, wie ja auch die katholische Kirche das Wesen des alten Opferdienstes in vergeistigter, unblutiger Form in das Meßopfer überführt hat. Die Stelle, V. Mos. 12; 21, auf die sich der Schächtefreund so gern bezieht, lautet nicht: Du sollst ‚*schächten*‘, sondern ‚schlachten‘. Steht dort doch das Wort sabach = schlachten und nicht schachat = schächten.“[1888]

(2) Praktische Untersuchung

Diese Feststellung bekräftigte Dr. Eckhard einmal mehr in der Überzeugung,

> „daß bis auf wenige Ausnahmen diese Angelegenheit für die Juden absolut keine Religions-, sondern eine rein geschäftliche Frage ist. Zum Beweise für diese Behauptung führe ich an, daß nach den Berechnungen des Sanitätsrates Dr. Ramdor an Großvieh etwa das 50fache und an Kleinvieh etwa das 40fache des Bedarfs der noch koscher lebenden jüdischen Bevölkerung geschächtet wurden. [...] Da nur die besten Schlachttiere geschächtet werden, bieten diese als Qualitätsware für den Fleischhandel den Vorteil, daß ein Teil der Vorderviertel an die jüdischen unter Aufsicht der Rabbiner stehenden Ladenfleischer, die Hinterviertel aber an andere Ladenfleischer zu besten Preisen verkauft werden können. Je mehr Tiere geschächtet werden, um so größere Einnahmen fließen den jüdischen Kultusgemeinden durch das Schächten der Tiere zu.“[1889]

Wie dieses bisher erfolgreich verteidigt worden war, mochte zweierlei erklären:

> „Es ist den Juden natürlich nicht schwergefallen, für ihre Behauptungen eine große Anzahl sogenannter ‚wissenschaftlicher‘ Gutachten herbeizuschaffen, die ihre Angaben beweisen sollen. [...] Wenn man berücksichtigt, daß früher für ein Schächte-Gutachten *RM* 200.— und mehr bezahlt wurden, und daß Leute schächtefreundliche Gutachten geschrieben haben, die selbst nie eine Schächte-Szene mit angesehen haben, und daß aus Gutachten Teile, die sich gegen das Schächten aussprachen, weggelassen wurden, dann haben diese sicherlich keinerlei Beweiskraft. [...]

1887 Eckhard, *Kampf der NSDAP gegen Tierquälerei*, 1931, S. 10.

1888 Eckhard, *Kampf der NSDAP gegen Tierquälerei*, 1931, S. 16.

1889 Eckhard, *Kampf der NSDAP gegen Tierquälerei*, 1931, S. 10 – 11; in den hier, Mitte, fortgelassenen Worten ging es um eine Wiedergabe der Werte von Dr. Kleins *Aus Schlachthäusern*, 1912, S. 109 – 110 (s. auch o.).

Ich will Sie hierbei gleich auf das Bestehen von sogenannten Schächte-Schutz-Büros, jetzt ‚Büros für Schächteangelegenheiten‘ genannte, hinweisen, die es sich zur Aufgabe gemacht haben, die deutschen Tierschutzvereine planmäßig in ihrem Sinne zu beeinflussen, das Eintreten der Tierschutzvereine für die Betäubung der Schächttiere zu hintertreiben und des ferneren in Tierschutzzeitungen Artikel zu bringen, die das Schächten ohne Betäubung als nicht tierquälerisch hinstellen. So schrieb 1911 die ‚*Jüdische Presse*‘ offen, es sei überall, wo sich ein neuer Tierschutzverein bilde, Pflicht des jüdischen Lehrers oder Rabbiners, ihm beizutreten und Eintritt in die Vorstandschaft zu suchen, um den ‚antisemitischen‘ Kampf gegen das Schächten im Keime zu ersticken. Die ‚*Jüdische Presse*‘ legte damals zur Nachmachung einen Mustervortrag im Wortlaut vor, der sich für diesen Zweck eignete! Wir sehen, es liegt System in der Art, wie der Kampf gegen das betäubungslose Schächte abgebogen werden soll! Es ist den Juden auch gelungen, die deutsche Tierschutzgesetzgebung in weitem Umfange lahmzulegen. Während auf dem Breslauer Verbandstag in den 80er Jahren der Betäubungszwang einstimmig gefordert wurde, war auf dem Nürnberger Tag schon ein Drittel dagegen und auf dem Verbandstag in München 1925 gelang es gar, den Antrag auf Erörterung des Betäubungszwangs mit Stimmengleichheit abzulehnen. Erst 1927 in Darmstadt kam die Sache wieder in Ordnung, der Betäubungszwang wurde mit 80 gegen 7 jüdische Stimmen gefordert.“[1890]

bb) Christliche Enttäuschungen

Aber auch die christliche Kirche wurde von ihm verantwortlich gemacht:

(1) Von der Geistlichkeit

„Die evangelische und die katholische Kirche verharren [...] in absoluter Gleichgültigkeit gegenüber allen Tierschutzbestrebungen.“[1891] Als namhaftes Beispiel nannte er folgenden Fall: „Universitäts-Professor Dr. Ude, Graz, kam zu Vorträgen nach Holland. Die holländische Antivivisektionsliga mit Vorsitzendem Dr. med. Pyl hatte alles vorbereitet. Als Professor Ude im Haag eintraf, traf gleichzeitig ein Redeverbot der Utrechter Bischofs ein. Professor Ude erklärte daraufhin: ‚Der Utrechter Bischof hat mir nichts zu verbieten‘, und sprach infolgedessen an drei Abenden im Haag, Leiden und Utrecht. Als er am vierten Abend in Hilversum eintraf, traf fünf Minuten vor 8 Uhr ein katholischer Dekan an ihn heran mit der Abschrift einer Depesche des Grazer Bischofs an den Utrechter Bischof, wonach Professor Ude sofort zurückgerufen wurde. Ude erklärte darauf hin, daß er in diesem Fall gehorchen müsse. Infolgedessen fielen [nicht nur] die übrigen Vorträge aus“[1892], sondern es sei auch „Herrn Professor

1890 Eckhard, *Kampf der NSDAP gegen Tierquälerei*, 1931, S. 9 – 10.

1891 Eckhard, *Kampf der NSDAP gegen Tierquälerei*, 1931, S. 17.

1892 Eckhard, *Kampf der NSDAP gegen Tierquälerei*, 1931, S. 18.

Ude […] jede weitere öffentliche Betätigung innerhalb Österreichs verboten worden."[1893]

(2) Von der christlichen Zentrumspartei

Im Jahr 1931 trug der Tierschutzvereinsvorsitzende auch Sorge um die Strafrechtsreform: „Es dürften nach der neuen Fassung des § 412, die wir in erster Linie Herrn Dr. Bell, dem Vertreter des ‚christlichen' Zentrums verdanken, Tiere absichtlich gequält und roh mißhandelt werden, soweit diese Handlungen zur Erfüllung der Gebräuche einer religiösen Gesellschaft des öffentlichen Rechts geboten sind. Damit ist also das bisherige betäubungslose Schächten weiter sanktioniert. Das ist ein doppeltes Recht. Für die religiösen Angelegenheiten werden also § 135 bis § 137 Abs. 3 der Reichsverfassung außer Kraft gesetzt."[1894]

d) Schlussfolgerung Dr. Eckhards

Sämtliche Ausführungen brachte Dr. Eckhard auf einen Nenner: „Sie sehen also, daß alle Vorstellungen und Eingaben aller deutschen Tierfreunde nicht in der Lage waren, sich gegenüber den Einflüssen des Judentums und des Großkapitals durchzusetzen."[1895] Demgegenüber richtete er den Schlussappell an die Zuhörer,

> „daß alle mithelfen an der Schaffung einer besseren deutschen Tierschutzgesetzgebung. Wenn wir Tierschützer auch der Überzeugung sind, daß die Tierschutzbewegung im allgemeinen unpolitisch sein muß und mit Rücksicht auf die Tierfreunde in den verschiedenen politischen Lagern, so freuen wir uns doch, wenn es eine politische Partei gibt, die den Kampf für eine bessere Tierschutzgesetzgebung auf ihre Fahne geschrieben hat, auch wenn nur zu leicht von der Gegenseite behauptet wird, diese politische Partei mache nur aus politischen Gründen Front gegen die Tierquälerei des Schächtens. Ich habe Ihnen deshalb gleich zu Anfang zum Beweise, daß dieser Einwand hinfällig ist, die Stellungnahme des Führers, Adolf Hitlers, zur Kenntnis gebracht, der sich auch gegen andere Tierquälerei in der schärfsten Form ausspricht. Ich will meine Ausführungen […] mit einem Goethewort schließen: ‚Wer […] das Recht auf seiner Seite hat, muß derbe auftreten, ein höfliches Recht will gar nichts heißen!'"[1896]

1893 Eckhard, *Kampf der NSDAP gegen Tierquälerei*, 1931, S. 17.

1894 Eckhard, *Kampf der NSDAP gegen Tierquälerei*, 1931, S. 19; in der Druckfassung dieses Vortrages aus dem Jahr 1933 konnte er auf S. 20 noch eintragen: „In der C.V.-Zeitung Mai-Juni 1932 steht der Dank des Judentums an den jetzt verstorbenen Professor Kahl, den Vorsitzenden des Strafrechtsausschusses." Die genannte Zeitung sei ein „Organ des Zentralvereins Deutscher Staatsbürger jüdischen Glaubens" (S. 17).

1895 Eckhard, *Kampf der NSDAP gegen Tierquälerei*, 1931, S. 20.

1896 Eckhard, *Kampf der NSDAP gegen Tierquälerei*, 1931, S. 23.

IV. Biographische Spuren

Dr. Eckhards Worte erschienen im August 1933 gedruckt unter der Überschrift *„Kampf der NSDAP gegen Tierquälerei (Tierfolter und Schächten)“*. Während die bayerische Fraktion das Letztgenannte schon gut ein Jahr vor seinem Vortrag im Rahmen des umfassenden Betäubungszwangs (§ 1 BaySchlG) „niedergekämpft“ hatte, benannte der Titel hinsichtlich der Hannoveraner Ortsgruppe nur erst einen ersten Anfang. Angesichts dieser Phasenversetztheit sollte man den Vortragsinhalt nicht als bereits allgemeines Gedankengut *aller* Nationalsozialisten ab 1931 betrachten — ebensowenig, wie der Tierschutz etwa bereits in den 25 Punkten ihres Parteiprogramms vom 24. Februar 1920 gestanden hätte.[1897] Dennoch waren sie — bis auf wenige Ausnahmen wie den Stader Regierungspräsidenten Leister — in größerer Mehrheit und an den entscheidenderen Stellen für den Tierschutz gewonnen, „so neben Adolf Hitler etwa Wilhelm Frick, Hans Frank, Hans Kerrl, Gauleiter Wilhelm Kube und Rudolf Hess.“[1898] Versuche, diese Einstellung als reine „Beharrungskraft“ aus dem Schächtstreit zu erklären, widerlegt schon die Behandlung der Tierschutzersuchen durch verschiedene NS-Führer in mannigfaltigen Einzelfragen. Nicht zuletzt mahnte Dr. Eckhard ausdrücklich, *„daß die Vivisektion ([...] in vielen Fällen ohne jegliche Betäubung, oft Stunden, Tage und Monate dauernd) noch unendlich grausamer ist als die Tierquälerei des Schächtens und daß deshalb jeder wahre Tierfreund, der das Schächten ablehnt, auch die Anwendung der Tierfolter bekämpfen muß.“*[1899] Auch hier stand im Mittelpunkt das Leiden der Tiere, zwecks dessen Abbaus Dr. Eckhard noch später an Hitler schrieb:

> „Alle deutschen Volksgenossen, die auf dem Boden der Naturheilkunde stehen sowie Vivisektions- und Impfgegner sind — es sind etwa 60 – 70% unserer Volksgenossen — haben mit grosser Freude die Ausführungen Ihres Stellvertreters, Rudolf

---

1897 Allerdings erfolgte die Auslegung des Tierschutzes, insb. von dessen Beweggrund (s. o.), nicht selten im Geiste des dort vorletzten Punktes: *„24. Wir fordern die Freiheit aller religiösen Bekenntnisse im Staat, soweit sie nicht dessen Bestand gefährden oder gegen das Sittlichkeits- und Moralgefühl der germanischen Rasse verstoßen. Die Partei als solche vertritt den Standpunkt eines positiven Christentums, ohne sich konfessionell an ein bestimmtes Bekenntnis zu binden. Sie bekämpft den jüdisch-materialistischen Geist in und außer uns und ist überzeugt, daß eine dauernde Genesung unseres Volkes nur erfolgen kann von innen heraus auf der Grundlage: Gemeinnutz vor Eigennutz.“* In: Feder, *Programm der NSDAP*, 166. – 169. A., 1935, S. 14.

1898 Heintz, *Tierschutz im Dritten Reich*, 2008, S. 200.

1899 Eckhard, *Kampf der NSDAP gegen Tierquälerei*, 1931, S. 23; wer darin etwa wieder nur einen weiteren „Versuch der Nationalsozialisten, die überwiegend jüdische Ärzteschaft zu denunzieren“ (vgl. Einleitung) sehen will, der stimmt Görings Rundfunkrede zu, die Vivisektoren seien volksfremd.

> Hess, am 26. Nov. 1933 in München begrüsst, der dort mutig für die Gleichberechtigung der Naturheilkunde eintrat. In derselben Weise hat der Aufruf des Herr[n] Dr. med. Wagner[1900] an alle Aerzte Deutschlands, die sich mit dem biologischen Heilverfahren befassen, ein freudiges Echo gefunden."[1901]

Betreffend den Empfänger obigen Briefs — der selbst kein Fachmediziner war —, sprach Lorz 1984 von „einem glaubwürdigen mündlichen Bericht", dem zufolge „Hitler ein ausnahmsloses Verbot der Tierversuche" wollte, „sich aber von seinem Leibarzt Prof. Dr. Morell im Interesse der deutschen Forschung zu einem Ausgleich bewegen" ließ.[1902] Dieser Hintergrund bietet neben der Aussprache vom 29. August 1933 im Preußischen Herrenhaus eine weitere Erklärung für die Änderungen, die dem Entwerfer des einschlägigen Teils, Dr. Eckhard, „das heutige Tierschutzgesetz besonders bezüglich seiner Vorschriften über Versuche an lebenden Tieren unerträglich machen."[1903] Insofern kann man ihn als den am weitesten gehenden Tierschützer unter den Nationalsozialisten ansehen; doch auch betreffend deren bekannte oder weniger bekannte Führer sind Überlieferungen, die die Sorge um das Wohlbefinden der Tiere verdeutlichen, herausgearbeitet.[1904]

1900 Wagner, Gerhard, Dr. med., geb. 18. 8. 1888 in Neu-Heiduk; Mitbegründer des NSDÄB (Nationalsozialistischer Deutscher Ärzte-Bund), 1932 Führer desselben; 1934 Reichsführer der Deutschen Ärzteschaft, Beauftragter für Fragen der Volksgesundheit in der Reichsleitung der NSDAP; 12. 11. 1933 Mitglied des Reichstages, Wahlkreis Pfalz; 1935 Sachverständigenbeirat für Volksgesundheit im Stabe des Stellvertreters des Führers, Sitz München, Barerstraße 15 (Haus der PO). (s. Stockhorst, *5000 Köpfe*, 1967, S. 435; s. auch o. beim 1. E. des RTierSchG.)

1901 GStA PK Berlin-Dahlem, I. HA Rep. 84 a Nr. 5215, Bl. 317; zur Naturheilkunde vgl. Eberstein, *Tierschutzrecht in Deutschland bis 1933*, 1999, S. 162.

1902 Lorz, *Entwicklung des deutschen Tierschutzrechts*, in: Händel (Hrsg.), *Tierschutz — Testfall unserer Menschlichkeit*, 1984, S. 135.

1903 GStA PK Berlin-Dahlem, I. HA Rep. 84 a Nr. 5215, Bl. 316.

1904 Vgl. Heintz, *Tierschutz im Dritten Reich*, 2008, S. 188 – 198 über Hitler, Göring, Himmler, Dr. Frank, Darré, Heß, Rosenberg, ferner Robert Wagner (Gauleiter Baden) und Friedrich Karl Florian (Gauleiter Düsseldorf), Sprenger (Reichsstatthalter Hessen), Konrad Henlein (Reichskommissar für die sudetendeutschen Gebiete) und Alfred Lemcke (Waffen-SS-Veterinärführer mit Dissertation 1943), Paul Arthur Förster (NSDAP-Reichstagsabgeordneter seit den 1920er Jahren und vermutlich Vorsitzender des „Internationalen Vereins zur Bekämpfung der Wissenschaftlichen Tierfolter") und Heinrich Will (seit 1931 Mitglied der NSDAP und der SS, KZ-Arzt Dachhausen). Vgl. auch Dirscherl, *Tier- und Naturschutz im Nationalsozialismus*, 2012, S. 80 – 85, näher zu Himmler (auch „begeisterter Anhänger der Naturheilkunde und der Rohkost" und Gegner der Vivisektion [auf buddhistischer Grundlage, S. 125] sowie der Jagd (Zitat auf S. 144: „Wie können Sie nur ein Vergnügen daran haben, auf die armen Tiere, die so unschuldig, wehrlos und ahnungslos am Waldrand äsen, aus dem Hinterhalt zu

1. Adolf Hitler

Für Hitler wurde bereits für seine Jugendjahre besondere Tierliebe betont.

a) Stellungnahmen aus Jugendzeit

August Kubizek, sein Jugendfreund, entsann sich 1953 eines Erlebnisses kurz nach ihrem Kennenlernen 1904 in Linz (an der Donau), als

> „Adolf und ich durch die vertrauten Gassen der alten Bürgerstadt gingen [...]. Eine Bäuerin kam mit ihrem Milchwagen herbei, den ein zottiger Bernhardiner keuchend vorwärts zerrte — Anlaß, um die mangelnde Initiative des Tierschutzvereines zu tadeln.“[1905]

Und als Adolf mit 16 oder 17 ihm mehr Gedanken anvertraute:

> „‚Das Reich!‘ Immer stand dieses Wort am Ende langer Gedankenreihen. Geriet er mit einer politischen Überlegung in die Sackgasse und wußte nicht sogleich weiter, so hieß es kurzerhand: ‚Diese Frage wird das Reich lösen.‘ Wenn ich fragte, wer denn alle diese gigantischen Bauten, die er da auf dem Zeichenbrett entwarf, finanzieren würde, lautete die Antwort: ‚Das Reich.‘ [...] Selbst die Blindenfürsorge oder der Tierschutzverein wurden in seinen Augen Institutionen des ‚Reiches‘.“[1906]

b) Spätere Tiergeschichten

Was „Gustl“ nach 1908 nicht mehr sollte miterleben können, war Hitlers besondere Fürsorge für Hunde. Über den ersten von ihnen, der namentlich bekannt ist, ist u. a. berichtet:

> „Nur zu einem weißen Terrier, der ihm zugelaufen war und vermutlich einem Engländer gehört hatte, bestand eine sichtbar tiefer empfundene Beziehung. Hitler brachte dem Tier Kunststücke bei und freute sich, wenn ‚Foxl‘ ihn nach Rückkehr von seinen Einsätzen schwanzwedelnd begrüßte. Tiefunglücklich erlitt er dessen Verlust am Kriegsende — sein spurloses Verschwinden.“[1907]

---

schießen [...]. Denn es ist, richtig gesehen, reiner Mord [...]. Die Natur ist wunderschön und jedes Tier hat schließlich auch ein Recht zu leben.“) und Heß (auch Vegetarier und Nicht-Trinker wie Hitler), ergänzte Dr. Goebbels, Dr. Frick, M. Bormann, Dönitz, Höß (ohne klarzustellen, Rudolf, Konstantin oder gar ein dritter) sowie regionale NSDAP-Gruppen; auf S. 156 – 158 noch einmal über die NS-Zentralführung für Vogelschutz.

1905 Kubizek, *Jugendfreund*, N.D. 2002, S. 52.

1906 Kubizek, *Jugendfreund*, N.D. 2002, S. 91.

1907 Steffahn, *Hitler*, 13. A. 2006, S. 46; diese Anekdote widerlegt Dirscherls Behauptung (*Tier- und Naturschutz im Nationalsozialismus*, 2012, S. 146 und 148), Hitler hätte nur den „urgermanischen“ Schäferhund als Träger „alle[r] positiven Eigenschaften (wie Treue, Gehorsam, Stärke und so weiter) der Deutschen“ liebgehabt.

Als der Gefreite dann 1919 noch in der Kaserne des 2. Infanterieregiments stationiert war, ist sein Umgang mit außergewöhnlichen „Haustieren" überliefert:

> „Da ich jeden Morgen früh schon vor 5 Uhr aufzuwachen pflegte, hatte ich mir die Spielerei angewöhnt, den Mäuslein, die in der kleinen Stube ihre Unterhaltung trieben, ein paar Stücklein harte Brotreste oder –rinden auf den Fußboden zu legen und nun zuzusehen, wie sich die possierlichen Tierchen um diese paar Leckerbissen herumjagten. Ich hatte in meinem Leben schon so viel Not gehabt, daß ich mir den Hunger und daher auch das Vergnügen der kleinen Wesen nur zu gut vorzustellen vermochte."[1908]

Als der neue Reichskanzler 1933 dem Volke bekannter gemacht werden sollte, veröffentlichte Heinrich Hoffmann „*100 Bild-Dokumente aus dem Leben des Führers*". Zwei davon zeigten „Hitler mit seinen Feldkameraden", denen „Foxl" ohne weiteres zugehörte.[1909] Zwei weitere Bilder zeigten Hitlers Hundegehege aus seiner „Kampfzeit", worunter sein Duzfreund und Leibphotograph berichtete: „In seinem Berghaus hat der Führer eine Zucht schönster Schäferhunde. Er liebt sie fast so sehr wie sie ihn" — doch: „Als böse Menschen ihn in seinem Innersten treffen wollten, vergifteten sie seinen Lieblingshund."[1910] Wieder zwei Bilder[1911] zeigten Hitler mit einem weiteren Hund, der aufs Haar jenem auf dem Titelbild von „*Der Tierfreund — Monatsschrift der Tierfreunde Österreichs*" (53. Jg., 2/1938)[1912] gleicht — er soll „Muck" geheißen haben und unmittelbarer Vorgänger „Blondis" gewesen sein. Doch diese letzte Schäferhündin könne Hitler zwischen seinem Berghof und dem Teehaus nur angeleint ausführen, weil der ganze Obersalzberg aufgrund seines umfassenden Jagdverbotes zu einem Wildparadies geworden sei.[1913] Schließlich erinnerte sich Rochus Misch an den Berliner Reichskanzleibunker, dessen letzter Überlebende er als „*Hitlers Telefonist, Kurier und Leibwächter*" war: „Das Tier habe immer eine positive Wirkung auf Hitler gehabt, ihn abzulenken und aufzuheitern vermocht."[1914]

c) Vegetarismus

Als Kubizek am 8. April 1938 in Linz Hitler wiederzusehen suchte, unterhielt sich Albert Bormann während seiner Wartezeit in der Diele des Hotels Weinzinger mit ihm u. a.

1908 Hitler, *Mein Kampf*, 172. – 173. A., 1936, S. 239.

1909 Hoffmann, *Hitler wie ihn keiner kennt*, 1933, S. 10 – 11.

1910 Hoffmann, *Hitler wie ihn keiner kennt*, 1933, S. 38 – 39.

1911 Hoffmann, *Hitler wie ihn keiner kennt*, 1933, S. 37, 41.

1912 Das Bild fand der Verfasser 2009 im Netz auf, vergaß den Verweis leider schon längst.

1913 Vgl. Dietrich, *Zwölf Jahre mit Hitler*, 1955, S. 220.

1914 Misch, *Der letzte Zeuge*, 3. A. 2008, Nebentitel auf Buchumschlag und S. 106.

„über die eigenartige Ernährung des Kanzlers, die aus fleischloser Kost, Mehlspeisen und Fruchtsäften bestehe. Ob denn der Kanzler dies auch schon in der Jugendzeit so gehalten habe? Ich bejahte, nur wies ich darauf hin, daß er damals noch gerne Fleisch aß."[1915]

„Wann und weswegen Hitler endgültig Vegetarier wurde[,] ist nicht ganz klar, es war vermutlich 1931. Aber auch zuvor scheint er eine Abneigung gegen Fleisch gehabt zu haben. Goebbels sah als Grund für Hitlers Fleischlosigkeit seinen Respekt für ‚*das tierische Element*' im Menschen. Eine wichtige Rolle scheint bei dieser Entscheidung aber auch Richard Wagner gespielt zu haben, der schon 1881 behauptet hatte, die menschliche Gattung sei durch Fleischgenuß und Rassenmischung unrein geworden. Dies wollte er durch einen neuen Sozialismus und [vermittels] der Verbündung des gesamten deutschen Volkes mit Vegetariern und Tierschützern bekämpfen und rückgängig machen."[1916] Immerhin berichtete Emmy Sonnemann über einen Besuch auf dem Obersalzberg 1933:

„Wie ich zum Mittagessen neben ihm saß, mir seine vegetarische Kost betrachtete und mir die Salate und verschiedene Gemüse etwas mißtrauisch ansah, meinte der Hausherr mit leichter Ironie: ‚Mir scheint, Sie möchten lieber ein Beefsteak' — ‚Ja, gern', sagte ich strahlend in der mir eigenen Art des ‚Geradezu'. ‚Ich verstehe wirklich nicht, wie Sie von diesem Gemüsekram satt werden können.' — Die Herren seiner nächsten Umgebung sahen mich wieder einmal strafend an. Es war beinahe, als hätte ich eine Majestätsbeleidigung begangen. Hitler à tempo zum Diener: ‚Bitte bringen Sie Frau Sonnemann ein großes Beefsteak!' — ‚Ach bitte, mir auch eins,

---

1915 Kubizek, *Jugendfreund*, N.D. 2002, S. 273; als Beispiel ist auf S. 157 berichtet, als er am 22. 2. 1907 zum erstenmal nach Wien kam, Adolf zur 6., Stumpergasse 29 (heute 31), Hinterhaus, Stiege 2, Türnummer 17, folgte und „vor seinen Augen den Koffer öffne[te]. Kalter Schweinsbraten, Buchteln und andere Herrlichkeiten. Er sagte bloß: ‚Ja, wenn man halt noch eine Mutter hat!' Dann aßen wir königlich. Es schmeckte so großartig nach ‚Daheim'." Und auf S. 161 – 162, „zurück zum Alltag": „Wie eine Tagesverpflegung Adolfs normalerweise aussah? Eine Flasche Milch, ein Ankerbrot, etwas Butter. Mittags kaufte er sich häufig ein Stück Mohn- oder Nußstrudel dazu. Damit fand er das Auslangen. […] Als Universitätszuhörer hatte ich die Möglichkeit, in der Mensa zu essen — […] Es verkehrten in der Mensa natürlich Angehörige aller Nationen der Monarchie, auch viele jüdische Studenten. Das war für ihn Grund genug, nicht mehr hinzugehen. Genauer gesagt: bei aller Konsequenz, der er fähig war, blieb der Hunger doch mitunter Sieger. Dann drückte er sich in der Mensa neben mir in eine Ecke, kehrte dem übrigen Publikum den Rücken und verschlang heißhungrig den Nußstrudel, den er über alles liebte. Ich habe in meiner politischen Unbekümmertheit dieses Hinundherpendeln zwischen Antisemitismus und Appetit auf Nußstrudel mit heimlichem Vergnügen oft genug miterlebt."

1916 Heintz, *Tierschutz im Dritten Reich*, 2008, S. 190; aufgrund mangelnder Erstquellenangaben kann hier leider nur mittelbar zitiert werden.

und vor allem ein Glas Bier‘, rief Hermann Göring. — Hitler mußte herzlich lachen, und ein alle befreiendes Gelächter bewegte die Tafelrunde.“[1917]

2. Hermann Göring

Die Erzählerin heiratete Göring am 10. April 1935. Aus Erinnerungen an die folgende Zeit griff sie noch 1967 heraus:

a) Göring als Tierhalter

„Wir haben im Laufe der Jahre sieben Löwen großgezogen, und wenn einer bis eineinviertel Jahre alt war, mußten wir ihn einem Zoo übergeben. Wir waren jedesmal schon Tage vorher traurig und gaben ihn nur dann her, wenn wir wußten, daß in dem betreffenden Zoo ein neuer Löwennachwuchs angekommen ist, den wir mit nach Hause nehmen konnten.

Der Löwe, mit dem sich Mussolini anfreundete, hieß Mucki. Für einen Löwen gewiß ein seltsamer Name. Er war aber ebenso klein wie drollig, und deshalb paßte der Name sehr gut zu ihm. Wenn ich in meinem Zimmer Post aufarbeitete, lag er da und verfolgte aufmerksam meine Bewegungen. Sowie ich rief: ‚Komm, Mucki, jetzt gehen wir spazieren‘, sprang er mir auf den Schoß und umarmte mich mit seinen dicken Pfoten. Frühmorgens kam er als erster zu meinem Mann, der ein Frühaufsteher war. Nach dem Frühstück brachte er den kleinen Löwen zu mir. Er setzte ihn auf mein, mit einem Badetuch überdecktes Bett, und dann tat ich zuerst so, als ob ich noch schliefe. Solange ich die Augen geschlossen hatte, saß Mucki ganz still und rührte sich nicht. Aber sowie ich nur etwas blinzelte, sprang er voller Freude auf mich zu.

Mein Mann litt einmal an einem sehr unangenehmen Zahngeschwür, das geschnitten werden mußte. Der Arzt empfahl uns, den Löwen ein paar Tage nicht zu ihm zu lassen. Als es Hermann etwas besser ging, wollte er ihn sogleich sehen. Da war es nun wirklich rührend zuzuschauen, wie die beiden sich freuten. Mucki drückte seinen Kopf immer wieder in die Hand meines Mannes und blieb still bei ihm sitzen. Als wir ihn abends in seinen Raum brachten, schrie er so bitterlich, daß ihn mein Mann schnell noch einmal zu sich nehmen mußte.

Eines Tages war unsere erste Löwin an Staupe erkrankt. Professor Lutz Heck[1918] fürchtete, daß wir sie kaum durchbringen würden. Aber mit sehr viel Liebe und Geduld wurde sie dennoch wieder geheilt.

1917 Emmy, *An der Seite meines Mannes*, 4. A., 1996, S. 143.

1918 Emmy, *An der Seite meines Mannes*, 4. A., 1996, S. 128: „Kein geringerer Tierkenner als der Direktor des Berliner Zoo, Professor Lutz Heck, seit vielen Jahren ein guter Bekannter Hermanns, hat meines Mannes Fachwissen und Leistungen auf dem Gebiet der Tierhaltung und [-]Betreuung sowie Pflege und Belebung des Waldes immer mehr hervorgehoben. […] Professor Heck war auch berufen, das Werk Hermanns, des Reichsjägermeisters, vor allem den Wert des Reichsjagdgesetzes zu beurteilen“.

Einmal hatten wir für kurze Zeit das Palais des Reichstagspräsidenten bezogen, weil unser Haus am Leipziger Platz gerichtet wurde. Wir hatten die Löwen mitgenommen und im Keller untergebracht. Plötzlich, des Nachts, wurden wir wach, weil sich die Tür unseres Schlafzimmers öffnete: vor uns stand unser Löwe. Er hatte mit seinen Pfoten die Klinken von acht Türen heruntergedrückt, die zwischen dem Keller und unserem Schlafzimmer lagen, und zu uns gefunden. Er war geradezu außer sich, als er uns entdeckte. Wie hätten wir es übers Herz bringen können, ihn zurückzuschicken. Also behielten wir ihn die Nacht bei uns. Es ging uns wie allen Tierfreunden, gerade auch Hundefreunden, wenn sie sich von einem Lieblingshund trennen müssen: es schmerzt einen sehr. Wenn einer unserer Löwen, der zu groß wurde, zu Prof. Hecks Zoo überwechselte, dann war jedesmal der Abschied schwer genug. Die Löwen, die wir im Laufe der Jahre dem Zoo übergeben hatten, besuchten wir des öfteren. Selbst dort im freien Gelände konnte ich ruhig zu ihnen gehen, obwohl andere große und fremde Löwen dabeistanden, die wir nicht aufgezogen hatten. Die kamen dann auch zu mir und legten den Kopf in meinen Schoß, um sich streicheln zu lassen. Sobald mein Mann den Zoo betrat, schienen sie es sofort zu spüren; sie fingen jedenfalls gleich zu rufen an. Wenn er dann zu ihnen ging, waren sie übermütig vor Freude. — Diese Tiere im Haus, wie draußen die Tiere im Wald, die er hegte und pflegte — denn er war ebenso ein Heger wie ein Jäger —, haben meinem Mann stets die denkbar größte Entspannung gebracht."[1919]

b) Göring als Jäger

Darüber berichtete sie auch von einem Staatsbesuch in Italien vom Januar 1937:

„Als weitere gastliche Geste wurde uns ein ‚Jagdschauspiel' dargeboten. Wir waren dazu in eins der königlichen Jagdreviere gefahren und hatten den für uns hergerichteten Hochstand bestiegen. Die Treibjagd begann. Niemand konnte ahnen, daß Hermann diese Art von Jagd, bei der Hoch- und Niederwild wahllos erlegt wurde, geradezu verabscheute. […] Wen mochte dieser ungleiche Kampf von uns erfreuen? […] Um den Schein zu wahren, hatte ich mein Gesicht dem Gemetzel zugewandt, hielt die Augen aber gesenkt. Unter den gesenkten Lidern tastete ich mit den Augen meine Umgebung ab. Zu meiner Freude bemerkte ich, daß die Königin und Prinzessin Marie gleichfalls ihre Blicke abwandten und ihre Trauer zu unterdrücken suchten. Warum war keiner von uns so mutig, zu sagen, daß uns diese Jagdmanier zuwider war! Aber höfische ‚Etikette' und taktvolles Verhalten des Gastes stehen über dem natürlichen Empfinden. Abgespannt, von dem Mitleid mit den todgeweihten Tieren noch ganz befangen, kamen wir wieder in Castell Porziano an."[1920]

Dahingegen hatte Göring auf das deutsche Jagdrecht schon früher tierschützend Einfluss genommen.

1919 Emmy, *An der Seite meines Mannes*, 4. A., 1996, S. 130 – 131; Abb. von Göring mit Löwen in Carinhall, Schorfheide s. Rückseite des Tafelblattes zwischen S. 144 und 145; Video: http://www.youtube.com/watch?v=UN4HXEArnls (Zustand: 22. 5. 2013).

1920 Emmy, *An der Seite meines Mannes*, 4. A., 1996, S. 122 – 123.

K. Weitere Tierschutzgesetzgebung 1934 – 1940

Auf der Grundlage der *Tier- und Pflanzenschutzverordnung* vom 10. März 1933 war bereits am 18. Januar ein *Preußisches Jagdgesetz* nebst Ausführungsbestimmungen vom 24. Februar 1934 erlassen worden.[1921] Sehr eng daran anschließend[1922] entstand das Reichsjagdgesetz (RJagdG, RGBl. I S. 549 – 564) vom 3. Juli 1934.

I. In der Jagdgesetzgebung

Dessen Vorrede hob hervor, aufgrund der „auf uralter germanischer Überlieferung" aufgebauten Liebe „zur Natur und ihren Geschöpfen" und „zur heimatlichen Scholle" sei es eine „Aufgabe des neuen Reiches", dem „deutschen Volk ein einheitliches Jagdrecht zu geben". Dieses verpflichtete den Jäger nun u. a. dazu, „das Wild nicht nur zu jagen, sondern auch zu hegen und zu pflegen".[1923]

1921 *Gesetzsammlung*, S. 13 u. 75; Wortlautwiedergabe samt Erläuterung s. G. Mitzschke, *Das Preußische Jagdrecht vom 18. Januar 1934 nebst Ausführungsbestimmungen und allen einschlägigen Rechts- und Landesgesetzen, Verordnungen und Erlassen — Textausgabe mit Erläuterungen sowie einer Einleitung, herausgegen unter Benutzung des amtlichen Materials*, Berlin 1934; Vorgeschichte s. Stomps, *Das deutsche Jagdrecht*, in: Frank (Hrsg.), *Handbuch*, 1935, S. 918 – 919 (Stichwörter: germanische Grundeigentümer, kgl. Jagdregal, Verselbständigung des Jagdrechts u. a. im Ssp., II, 61, § 2; Jagdvorrecht des Herrn auf bäuerlichem Boden, Freigabenforderungen vom Art. 4 des dt. Bauernmanifestes 1525 bis zum § 37 der Paulskirchenverfassung 1848, Kahlschießen infolge Selbstausübung; deren Beschränkungen, damit Landesrechtszersplitterung, BGB-Verzögerung infolge § 835 über Wildschadensersatz; Befugnisübertragung durch das *Gesetz über den Neuaufbau des Reiches* v. 30. 1. 1934, RGBl. I S. 75, dann PrJG, RJG), vgl. Adolph, *Schutz des Tieres im deutschen Recht*, 1935, S. 41 – 42.

1922 Adolph, *Schutz des Tieres im deutschen Recht*, 1935, S. 41; Stomps, *Das deutsche Jagdrecht*, in: Frank (Hrsg.), *Handbuch*, 1935, S. 918.

1923 Als Ziel dieser Forderung wurde erklärt: „damit ein artenreicher, kräftiger und gesunder Wildstand entstehe" und „als wertvolle Volksgüter dem deutschen Volk erhalten" bleibe. Insofern wurde das Wild hier nicht um seiner selbst willen geschützt, infolgedessen das RJagdG aus tierschützerischer Hinsicht nur den Nebengesetzen beigezählt werden kann. Aus gleichem Grund sieht diese Arbeit von ihrer Auslegung ab, und verweist nur auf bestehende Beiträge, solange solche überliefert sind. Zum hiesigen RJagdG s. Schoenichen, *Naturschutz im Dritten Reich*, 1934, S. 46 – 48; Stomps, *Das deutsche Jagdrecht*, in: Frank, *Handbuch*, 1935, S. 918 – 929; Adolph, *Schutz des Tieres im deutschen Recht*, 1935, S. 42 – 45 (mit Vgl. zum PrJG u. §§ 292 – 294 RStGB); Wetzel, *Tierschutz im Reichsstrafrecht*, 1936, S. 40 – 42; Giese / Zschiesche,

1. Reichsjagdgesetz vom 3. Juli 1934

Dafür definierte § 2 zuvörderst das „Wild" als „jagdbare Tiere", und listete ihre Arten auf.[1924] Während sie „bisher als vogelfrei galten"[1925], wurden ihnen nun folgender Schutz zuteil: § 4 erlegte dem Jäger die „Waidgerechtigkeit und Hegepflicht" auf, wonach es verboten war, „den Wildstand durch unmäßigen Abschuß zu gefährden oder eine Wildart auszurotten." Um überhaupt Jäger zu werden, war nunmehr nach § 22 der Erwerb eines Jagdscheins nötig; doch dieser konnte dem versagt werden, der in den letzten fünf Jahren „wegen Zuwiderhandlung gegen [...] zum Schutz von Tierarten erlassene Vorschriften oder wegen Tierquälerei rechtskräftig verurteilt worden sind" (§ 24 Z. 4). § 30 sah die unverzügliche Nachsuche krankgeschossenen Wildes vor, und § 32 die unverzügliche Bekämpfung von Wildseuchen. Nach § 33 hatte der Jagdberechtigte nunmehr das Wild zu futtern. Dem Einzeltier kam § 35 zugute, indem dessen Abs. 1 viele bisher umstrittene Jagdmethoden ausdrücklich verbot, z. B. Schrot- und Postenschuss (Z. 1), Lapp- und Treibjagd (Z. 3), Nachstellung von Federwild zur Nachtzeit oder unter Verwendung künstlicher Lichtquellen (Z. 4, 5), Fang- und Fallgruben (Z. 7), Kojen (für Enten, Z. 8), Schlingen und Tellereisen (Z. 9), Hetz- bzw. Netz- (auf Robben, Z. 14) und Brackenjagd (Z. 17) sowie Wildvergiftung (Z. 16). Neuartig wurde fernhin untersagt, in Notzeiten Schalenwild in einem Umkreise von 200 Meter an Futterung zu erlegen (Z. 11) und die Jagd von Luftfahrzeugen aus auszuüben (Z. 13). Bezeichnend waren schließlich die Verbote, „Belohnung für den Abschuß oder Fang von Raubvögeln auszusetzen, zu bezahlen oder zu empfangen" (Z. 6) und „Vogelfanggerät zu verwenden oder feilzubieten, das die Vögel weder unversehrt fängt noch sofort tötet" (Z. 12). Aufgrund der Ermächtigung im Abs. 2 wurde später auch Tellereisen aller Art verboten. Demgegenüber schützten §§ 37, 38 die Wildarten, indem Schussplan und Schonzeiten bestimmt wurden. § 40 stattete den Jäger zum

---

Die deutsche Tierschutzgesetzgebung, 1938, S. 20 – 22; Giese / Kahler, *Das deutsche Tierschutzrecht*, 1939, S. 209 – 221; Giese, 4. A., 1951, S. 220 – 235.

1924 Stomps, *Das deutsche Jagdrecht*, in: Frank, *Handbuch*, 1935, S. 923: „Besonders hervorgehoben werden muß die Aufnahme des wilden Kaninchens, dessen Fang in zahlreichen örtlichen Polizeiverordnungen derartig verschiedenartig geregelt war, daß eine erfolgreiche Bekämpfung der Jagdfrevel und des Frettierunwesens nicht möglich war." Schoenichen, *Taschenbuch*, 2. A., 1939, S. 2, bestätigte: „Solange beispielweise das Wildkaninchen noch nicht auf der Liste der jagdbaren Tiere stand, war jedermann befugt, ihm nach Belieben nachzustellen; heute [...] ist es ohne Einwilligung der Jagdbehörde niemandem gestattet, Wildkaninchen zu erlegen."

1925 Giese / Zschiesche, *Die deutsche Tierschutzgesetzgebung*, 1938, S. 20.

Schutz des Wildes mit der Befugnis aus, u. U. wildernde Hunde und Katzen zu töten, was für Diskussionsstoff sorgte.[1926]

Unter den „Strafvorschriften" belegte zunächst § 60 den, wer den auf Grund des § 38 erlassenen Vorschriften über die Schonzeit oder einem auf Grund vom § 37 Abs. 4 ergangenen Verbot zuwiderhandelte, mit „Gefängnis oder Geldstrafe oder Haft" (Abs. 1); und den, wer gegen §§ 30, 32, 35 Abs. 1 und 2, 37 Abs. 2 und 3, 40 Abs. 2 Z. 2 stieß, mit „Geldstrafe bis zu einhundertfünfzig Reichsmark oder mit Haft" (Abs. 2 Z. 6. 7, 8, 10 und 13) wie im § 9 Abs. 3 des RTierSchG. In Anlehnung an dessen § 10 sah ferner § 61 RJagdG auch die Einziehung als Nebenstrafe vor, auf die notfalls selbständig zu erkennen war. Als Verwaltungsmaßnahme konnte der Kreisjägermeister nach § 62 ein ehrengerichtliches Verfahren einleiten, das eine Entziehung des Jagdscheins auf Zeit oder Dauer zur Folge haben konnte.

Nach § 71 Abs. 2 sollte das RJagdG schließlich am 1. April 1935 in Kraft treten, während alle die Jagd betreffenden Landesgesetze gleichzeitig aufgeboben wurden. Gemäß Abs. 1 hatte der unmittelbar tierschützerische § 35 ausnahmsweise schon mit dem Tage der Verkündung zur Geltung zu gelangen.

2. Ergänzungsverordnung vom 29. Juli 1936

Auf Grund des § 35 Abs. 2 und des § 70 Abs. 1 des RJagdG erfolgte am 29. Juli 1936 eine *Verordnung zur Ergänzung des Reichsjagdgesetzes* (RGBl. I S. 578). Deren § 1 stellte den Begriff „Parforcejagd" klar als „jagdbare Tiere vom Pferde aus hinter der Meute zu hetzen oder zu jagen", und verbot sie. § 2 ahndete Zuwiderhandlungen nach § 60 Abs. 2 RJagdG mit Übertretungsstrafe. Wie dessen § 35, dem diese Verordnung sinngemäß zugehört, trat auch das Parforcejagdverbot am Tage seiner Verkündung in Kraft.

1926 Adolph, *Schutz des Tieres im deutschen Recht*, 1935, S. 44 meinte, diese Bestimmung sei „besonders mit Rücksicht auf Hühner und Fasanen wohl berechtigt. Unlogisch spricht Clauß [S. 14] in diesem Zusammenhang von Grausamkeit gegen die Katze, obwohl sie schmerzlos getötet wird. Als grausam kann höchstens der Tierhalter den Verlust empfinden." Folglich mussten Giese / Kahler, *Das deutsche Tierschutzrecht*, 1939, S. 221, Fn. 1 vermerken: „Tierschutzgesetz und Jagdgesetz widersprechen sich dabei in der Behandlung von Hunden und Katzen keineswegs. Denn das Tierschutzgesetz schützt das den Menschen umgebende und sich ihm anvertrauende Tier — in diesem Falle den Hund und die Katze — vor unnötigen Quälereien und rohen Mißhandlungen; das Reichsjagdgesetz gestattet die Tötung in Fällen, in denen Hunde und Katzen als Raubwild im Revier auftreten und dem Wilde, welches das Jagdgesetz schützen will, gefährlich werden."

Bis dahin wurde jene Lücke, die in der Beratung zum § 1 Abs. 2 f im 2. E. des RTierSchG deutlich geworden und in dessen amtlicher Begründung im 3. Absatz der Vorrede auch erwähnt worden war, durch diese *Sondervorschriften zum Schutz der jagdbaren Tiere* geschlossen.

II. In der Naturschutzgesetzgebung

Eine weitere „wichtige Ergänzung hat das Tierschutzgesetz durch das *Reichsnaturschutzgesetz* vom 26. Juni 1935 und besonders durch die *Verordnung zum Schutze der wildwachsenden Pflanzen und Tiere* (Naturschutzverordnung) vom 18. März 1936 erfahren."[1927]

1. Reichsnaturschutzgesetz vom 26. Juni samt DurchfVO vom 31. Oktober 1935

Wie das RJagdG enthielt auch das RNatSchG[1928] (RGBl. I S. 821 – 825) eine Vorrede, die darauf hinwies, die Natur sei „des deutschen Volkes Sehnsucht, Freude und Erholung", jedoch durch intensive Nutzung verändert. Als Folge „verschwand eine artenreiche, Wald und Feld belebende Tierwelt dahin", und „heute liegen die ideellen, aber auch wirtschaftlichen Schäden [...] klar zutage." Demgegenüber sei die deutsche Reichsregierung bestrebt, „auch dem ärmsten Volksgenossen seinen Anteil an deutscher Naturschönheit zu sichern" — u. a. mittels dieses Gesetzes. Daneben war, wie in der amtlichen Begründung des RTierSchG, der erzieherische Gesichtspunkt erwähnt: „erst die Umgestaltung des deutschen Menschen schuf die Vorbedingung für wirksamen Naturschutz."

§ 1 des Haupttextes schloss ausdrücklich *die nichtjagdbaren Tiere* in den „Gegenstand des Naturschutzes" ein (neben Pflanzen, Naturdenkmale samt Umgebung, Naturschutzgebiete und u. U. sonstige Landschaftsteile in der freien Natur). Ihr Schutz erstreckte sich nach § 2 „auf die Erhaltung seltener oder in ihrem Bestande bedrohter [...] Tierarten und auf die Verhütung mißbräuchlicher Aneignung und Verwertung", z. B. „Massenfänge und industrielle Verwertung von Schmetterlingen oder anderen Schmuckformen der Tierwelt". Als § 4 die „Naturschutzgebiete" definierte, zählten „natürliche Lebensgemeinschaften der Tierwelt" und „Vogelfreistätten, Vogelschutzgehölze" zum „öffentlichen Inte-

---

1927 Giese / Kahler, *Das deutsche Tierschutzrecht*, 1939, S. 223.

1928 Erläuterung s. Giese / Zschiesche, *Die deutsche Tierschutzgesetzgebung*, 1938, S. 22 – 23; Giese / Kahler, *Das deutsche Tierschutzrecht*, 1939, S. 223 – 225; Giese, 4. A., 1951, S. 236 – 238.

resse", wegen dessen die Natur in ihrer Ganzheit oder in einzelnen ihrer Teile zu schützen war. Als einen der beiden Umstände (der andere: „zur Zierde und zur Belebung des Landschaftsbildes"), unter denen „sonstige Landschaftsteile" auch dem Schutz des vorliegenden Gesetzes unterstellt werden konnten, führte § 5 das „Interesse der Tierwelt, besonders der Singvögel und der Niederjagd" an.

§ 21 Abs. 1 drohte u. a. dem, der vorsätzlich einer auf Grund „des § 11 Abs. 1 S. 1 zum Schutze von Pflanzen und Tieren [...] von der obersten Naturschutzbehörde erlassenen Anordnungen zuwiderhandelt", Gefängnis bis zu zwei Jahren oder Geldstrafe an, wie im § 9 Abs. 1 RTierSchG und § 60 Abs. 1 RJagdG; wer es fahrlässig beging, hatte mit der gleichen Übertretungsstrafe zu rechnen wie im § 9 Abs. 3 RTierSchG und § 60 Abs. 2 RJagdG. Als Nebenstrafe sah § 22 auch die notfalls selbständig zu erkennende Einziehung vor, wie im § 10 RTierSchG und § 61 RJagdG.

Am 31. Oktober 1935 erfuhr das RNatSchG eine *Durchführungsverordnung* (RGBl. I S. 1275), deren § 5 der obersten Naturschutzbehörde erlaubte, zum Schutze von Pflanzen und nichtjagdbaren Tieren auch Anordnungen zu erlassen, die sich „auch gegen das Überhandnehmen von Tieren richten, die den Bestand anderer Arten bedrohen."[1929] Gemeint seien vor allem „Vorschriften über die Bekämpfung der Dasselfliege, der Ratten und Mäuse, Kartoffel- oder Koloradokäfer, Apfelfliege, Kirschfliege, San-José-Schildlaus usw. Ferner wäre z. B. an Maßnahmen gegen Katzen, Eichelhäher, Krähen usw. zu denken."[1930]

2. Reichsnaturschutzordnung vom 18. März 1936

Fernhin erließ Göring in seiner Eigenschaft als Reichsforstmeister die *Verordnung zum Schutze der wildwachsenden Pflanzen und der nichtjagdbaren wildlebenden Tiere (Naturschutzverordnung)* vom 18. März 1936 (RNatSchVO, RGBl. I S. 181 – 190). Dieser bisher umfangreichste einschlägige Normenkomplex erregte bei den Tierschützern weitaus mehr Aufsehen als das RNatSchG selbst.[1931]

1929 Dies erinnert nicht nur an den Wettstreit zwischen dem allgemeinen Tier- und dem besonderen Wildschutz beim § 40 des RJagdG, sondern auch die sittliche Aufgabe des Menschen, „ordnend in die Weltordnung einzugreifen", wie Beckers sie bei der Auslegung des Notwendigkeitsgebots im § 1 des RTierSchG über das „Interesse der Volksgemeinschaft" hinaus geltend gemacht hatte (s. o.).

1930 Giese / Kahler, *Das deutsche Tierschutzrecht*, 1939, S. 233.

1931 Erläuterung s. das ganze Buch von Weber / Schoenichen, *Schutz von Pflanzen und Tieren nach der Naturschutzverordnung vom 18. März 1936*, Berlin 1936; ferner Giese / Zschiesche, *Die deutsche Tierschutzgesetzgebung*, 1938, S. 23 – 27; Giese / Kahler, *Das deutsche Tierschutzrecht*, 1939, S. 225 – 230; Giese, 4. A., 1951, S. 238 – 244.

Vor allem wurde das bisherige Reichsvogelschutzgesetz durch den „II. Abschnitt. *Schutz der nichtjagdbaren wildlebenden Vögel*“ der RNatSchVO abgelöst. Deren § 12 nahm alle einheimischen Vogelarten, soweit sie noch nicht durch § 2 RJagdG selbst bzw. in Verordnungswege als Wild geschützt worden waren, samt ihren Eiern (ggf. auch Schalen), Nestern oder anderen Brutstätten sowie Bälgen und Federn in Schutz. § 15 Abs. 1 der RNatSchVO zählte dann zwar sieben Ausnahmen auf, doch nach Abs. 2 durften auch diese Arten weder zur Nachtzeit (Z. 1) noch mithilfe roher Fangmittel (Z. 2 – 4), künstlicher Lichtquellen (Z. 5) oder von Giftstoffen (Z. 6) nachgestellt werden — dies entsprach dem Maßstab des § 35 RJagdG. Was den Ausgleich mit dem Katzenschutz betraf, wie man ihn im Vorfelde des RTierSchG kennt, sah § 16 der RNatSchVO vor, unbeaufsichtigte Katzen ggf. „unversehrt zu fangen und in Verwahr zu nehmen“ und „pfleglich zu behandeln“, was in gewissem Unterschied zum § 40 des RJagdG stand. Doch wie dessen § 30 schrieb auch diese Vorschrift in Abs. 2 eine unverzügliche Anzeigepflicht für das aufbewahrte Tier vor, sowie dessen Nachbehandlungen auf Kosten des eigentlichen Halters nach Vorlagen des § 10 Abs. 1 S. 2 RTierSchG. Zum Zweck der Stubenhaltung durfte man im dort genannten zweimonatigen Zeitraum eine beschränkte Anzahl Vögel der aufgelisteten 20 Arten in bestimmten Bezirken fangen. Dafür musste der Fänger vorher der höheren Naturschutzbehörde mit einem polizeilichen Leumundszeugnis nachweisen, „daß er die erforderlichen Kenntnisse in der Vogelkunde, im Vogelfang sowie in der Vogelhaltung besitzt und mit den in Betracht kommenden gesetzlichen Bestimmungen vertraut ist.“ Dennoch wurde die Erlaubnis nur alljährlich erteilt (Abs. 1) und jederzeit widerruflich (Abs. 3). Nach dem Fang waren die Vögel gemäß § 18 mit einem amtlich bestellten Fußring zu beringen (Abs. 1, 2), und der Fänger hatte eine mit laufenden Nummern versehene Liste nach vorgeschriebenem Muster zu führen, in der Art und Geschlecht aller beringten Vögel, die Nummern ihrer Fußringe und ggf. die Weitergabe bzw sonstiger Abgang der Tiere zu vermerken waren. Diese Einrichtungen zur Genehmigung und Nachprüfung ähnelten denen zur Kontrolle von Tierversuchen gemäß §§ 6, 7 Z. 8 des RTierSchG.

Der III. Abschnitt der RNatSchVO widmete sich dem „*Schutz der übrigen nichtjagdbaren wildlebenden Tiere*“. § 23 Abs. 1 schützte sie alle vor Fangen oder Töten „ohne vernünftigen, berechtigten Zweck“ — wie beim Tierschutz i. e S. — aber nur „in Massen“, wie der Gesichtspunkt dem Naturschutz eigentümlich war. Abs. 2 schob dem privaten Unterfang einen Riegel vor, die Öffentlichkeit ohne Erlaubnis der obersten Naturschutzbehörde zur Bekämpfung oder Ausrottung solcher Tiere aufzuhetzen. Darüber hinaus nannte § 24 Abs. 1 noch 26 Tierarten, die nach Maßgaben des Abs. 2 besonders geschützt waren. Ihnen schlossen sich noch Puppenräuber und Pechschwarzer Wasserkäfer an, indem die *Zweite Verordnung zur Änderung der Naturschutzverordnung* vom 16. März 1940 (RGBl. I S. 568, § 4, Z. 29, 30) „im Hinblick auf die Verhältnisse in der in das Reich zurückgeführten Ostmark, die Listen der geschützten Pflanzen sowie der Kerbtiere [...] erweitert“ hat.

Für zoologische Handlungen und Lehrmittelgeschäfte, Naturalienhändler, Präparatoren und Ausstopfer mit Tieren dieser Arten bzw. ihren Bälgen, Puppen, Larven, Eiern und Nestern wurden die gleichen Sonderpflichten zur Führung eines Aufnahme- und Auslieferungsbuches nach dem Muster des § 8 Abs. 1 vorgesehen (§ 25), wie schon bei den Vögeln (§ 20 Abs. 1). Ferner bedurften nun die Ausstellung sowohl wie auch die Verlosung lebender Tiere, die das RTierSchG bewusst offen gelassen hatte, nach § 27 einer „Zustimmung der höheren Naturschutzbehörde“, sofern die Veranstaltung öffentlich stattfinden sollte und die betreffenden Tiere zu den durch die RNatSchVO geschützten warmblütigen Arten gehörten.[1932]

Wer den obigen Vorschriften *vorsätzlich oder fahrlässig* zuwiderhandelte, wurde nach § 30 einheitlich „mit Haft und mit Geldstrafe bis zu 150 Reichsmark oder mit einer dieser Strafen“ bestraft (Abs. 1). Auf Vergehensstrafen griff die RNatSchVO erst zu, wenn es sich um Gewohnheits- bzw. Gewerbsmäßigkeit handelte oder sonst ein besonders schwerer Fall vorlag (Abs. 2). Während Abs. 3 für Teilnahme usw. auf das RStGB verwies, erinnerte Abs. 4 stark an § 9 Abs. 3 Z. 4 RTierSchG, indem hier geregelt wurde: „Wer es unterläßt, Jugendliche unter 18 Jahren, die seiner Aufsicht unterstehen, von einer Zuwiderhandlung gegen die Vorschriften dieser Verordnung abzuhalten, wird ebenfalls nach Abs. 1 bestraft.“ Als Nebenstrafe wurde ebenfalls ggf. selbständig zu erkennende Einziehung vorgesehen, wie im § 10 RTierSchG und § 61 RJagdG.

III. Zusätzliche Schlachtgesetzgebung für Kaltblüter

Neben dem neu errichteten Schutz für wildlebende Tiere ruhte der Schutz für Schlachttiere, die der menschlichen Gewalt unterstanden, nicht auf bisheriger Gesetzgebung, sondern wurde parallel auf Landes- wie auch auf Reichsebene fortentwickelt.

1932 Die Verlosung lebender Tiere überhaupt wurde durch Himmlers Runderlaß v. 24. 4. 1939 verboten (s. u.).

1. Länderverordnungen am Beispiel Preußens vom 28. April 1933

Dabei war wiederum Göring Vorreiter, indem er schon eine Woche nach dem RSchlG als Preußischer Innenminister eine *Polizeiverordnung über das Schlachten von Tieren* vom 28. April 1933 erließ.[1933] Dazu schrieben Giese und Kahler:

> „Das Gesetz über das Schlachten von Tieren vom 21. April 1933 und die dazu erlassene Verordnung vom gleichen Tage enthalten nur Bestimmungen über das Schlachten von *warmblütigen* Tieren. Der Gesetzgeber hat mit Absicht Vorschriften über das Schlachten von *kaltblütigen* Tieren mit Rücksicht auf die besonders gelagerten physiologischen Verhältnisse bei diesen Tieren nicht aufgenommen; da die beim Schlachten von Fischen und anderen kaltblütigen Tieren beobachteten Mißbräuche vielfach örtlicher Art sind, ist die Regelung vorläufig den Landesregierungen überlassen worden. Die Landesregierungen haben von der in § 1 Abs. 2 des Schlachtgesetzes vorgesehenen Ermächtigung mehrfach Gebrauch gemacht, so hat der Preußische Minister des Innern unterm 28. April 1933 eine Polizeiverordnung über das Schlachten von Tieren (GS. S. 154) erlassen, in der das Schlachten kaltblütiger Tiere geregelt und dies durch PolizeiVO. des Preuß. Ministers für Landwirtschaft, Domänen und Forsten vom 11. September 1933 (GS. S. 377) ergänzt und teilweise abgeändert wurde. Ähnliche Verordnungen waren ungefähr zu gleicher Zeit auch für Bayern, Sachsen, Braunschweig, Anhalt usw. erlassen worden."[1934]

2. Reichsverordnung vom 14. Januar 1936

Auf Reichsebene entwickelte man sodann auf Grund der Erfahrungen mit den Regelungen der Länder eine Gesamtregelung:

> „Die Länderverordnungen haben ihren Zweck, auch *für kaltblütige Tiere im Kleinhandel den Betäubungszwang* durchzuführen, erfüllt. Die auf Grund dieser Verordnungen gesammelten Erfahrungen geben ein Bild von der Schwierigkeit einer einheitlichen Regelung für das gesamte Reichsgebiet, wie sie sowohl aus Kreisen des Reichsnährstandes für die deutsche Fischwirtschaft einschließlich des Fischgroß- und -kleinhandels und der Fischindustrie als auch vom Tierschutz wiederholt beantragt worden ist. Selbstverständliches Ziel dieser Regelung mußte sein, auch bei kaltblütigen Tieren hinsichtlich ihrer Haltung sowie des Schlachtens und Tötens alles zu verhindern, was ihnen Qual oder unnötige Schmerzen bereitet. Hierbei darf allerdings nicht außer acht gelassen werden, [...] *daß* kaltblütige *Tiere nicht in gleicher Weise wie die höherstehenden* warmblütigen *Tiere* empfinden *und ihr Gefühls- und Empfindungsleben mit dem dieser Tiere nicht auf eine Stufe gestellt werden*

1933 Nr. 13886, Wiedergabe samt Abänderungen s. Anhang. Soweit der Verfasser kennt, ist keine Auslegung der Preuß. VO überliefert, doch eine solche wäre durchaus vergleichbar mit der der Reichs-Kaltblüter-VO (sogleich im Haupttext).

1934 Giese / Kahler, *Das deutsche Tierschutzrecht*, 1939, S. 174 – 175.

kann. Zu den Fragen des Tierschutzes bei kaltblütigen Tieren und zur Beratung des Verordnungsentwurfs sind eine Reihe von Sachverständigen und Wissenschaftlern hinzugezogen worden (z. B. das Physiologische Veterinärinstitut der Universität Berlin, die Preußische Landesanstalt für Fischerei, der Deutsche Fischereiverein, die Hauptvereinigung der deutschen Fischwirtschaft, der Reichsnährstand, der Einzelhandel u. a.) […], um auf dem Gebiete des Fischhandels zahlreiche Unsitten abzustellen und die Belange des Tierschutzes mit den Interessen des Fischhandels und der Fischwirtschaft in Einklang zu bringen."[1935]

Daraus entstand die *Verordnung über das Schlachten und Aufbewahren von lebenden Fischen und anderen kaltblütigen Tieren* vom 14. Januar 1936 (RGBl. I S. 13).[1936] § 1 Abs. 1 führte den allgemeinen Betäubungszwang nun auch für Fische ein, während Abs. 2 für Aale und Plattfische gemäß ihren jeweiligen Körpereigenschaften Ausnahmen mit ausführlichen Anleitungen vorschrieb. Ebenfalls wies Abs. 3 dem Fischhändler die Verantwortung zu, im Kleinverkauf auch bei großem Geschäftsumsatz für vorschriftsmäßige Betäubung und Tötung der Fische nach Abs. 1 und 2 zu sorgen. § 2 bestimmte eindeutig die Tötungsweise einschlägiger Krustentiere, nämlich „daß sie möglichst einzeln in stark kochendes Wasser geworfen werden"; wobei ausdrücklich verboten wurde, „die Tiere in kaltes oder nur angewärmtes Wasser zu legen und alsdann zum Kochen zu bringen." Wohlgemerkt war diese Vorschrift keine unbedenkliche Übernahme des § 1 Abs. 2 der o. g. Preußischen Polizeiverordnung, sondern zur Nachprüfung wurden intensiv Versuche angestellt.[1937]

1935 Giese / Kahler, *Das deutsche Tierschutzrecht*, 1939, S. 175 – 176.

1936 Erläuterung s. Giese / Kahler, *Das deutsche Tierschutzrecht*, 1939, S. 176 – 184.

1937 Weil die „Royal Society for the Prevention of Cruelty to Animals in London im Jahre 1933 […] darauf hinwies, daß in England das Einwerfen von Krebsen, Hummern und Krabben in kochendes Wasser als eine Tierquälerei angesehen werden. […] Der Preußische Landwirtschaftsminister beauftragte daraufhin Ende 1933 das Physiologische Institut der Tierärztlichen Hochschule in Berlin, die Versuchsergebnisse von Sinel [englischer Befürworter des Ankochens] nachzuprüfen und hierbei auch die Frage zu entscheiden, welche von den beiden Tötungsarten als die humanere anzusprechen sei. […] Nach diesen Nachprüfungsverfahren hat sich im Gegensatz zu den Angaben von Sinel ergeben, daß die Tötung beim Einwerfen in kochendes Wasser eine viel raschere ist als die beim langsamen Erwärmen des Wassers; mit großer Wahrscheinlichkeit ist weiter aus den Versuchen zu schließen, daß die raschere Todesart auch die schmerzlosere ist. […] Das einzelnen Einwerfen der genannten Kurstentiere in stark kochendes Wasser bei reichlich bemessener Wassermenge stellt danach zur Zeit das humanste Tötungsverfahren dar.

Da trotz der auf Veranlassung des Preußischen Landwirtschaftsministers vorgenommenen Versuche in der Tagespress zu Anfang 1938 wiederum auf die Versuche von Sinel hingewiesen wurde, beauftragte das Reichsministerium des Innern das Reichsgesundheitsamt, die Frage der zweckmäßigsten Tötung von Krebsen, Hummern und

Nachdem § 2 Z. 12 RTierSchG verboten hatte, Frösche, denen man die Schenkel ausgerissen hatte, selbst verenden zu lassen, schrieb § 3 der Kaltblüter-VO das schnelle Kopfabschneiden als die richtige Tötungsart dieser Tiere vor. Ferner regelten § 4 Abs. 1, 2 und § 5 die Beförderung und Aufbewahrung von Fischen im Sinne der Ausführungen Brühls aus dem Jahr 1930. Schließlich antwortete § 4 Abs. 3 auf Schaefers Frage von 1932, ob das Aufbewahren bzw. Zurschaustellen von Krustentieren unmittelbar auf Eisstücken Tierquälerei sei, mit einem Verbot desselben.[1938]

§ 6 bestrafte Zuwiderhandlungen gemäß § 9 Abs. 3 des RTierSchG, da die ganze Kaltblüter-VO trotz ihrer inhaltlichen Zugehörigkeit nicht auf Grund von § 1 Abs. 2 des RSchlG, sondern auf Grund von § 14 des RTierSchG erlassen wurde. Denn damit konnte bei Tateinheiten die schwerere Vergehensstrafe des § 9 Abs. 1 oder 2 RTierSchG greifen und nicht die des § 3 RSchlG. Fand die nachrangige Bestrafung nach § 6 der Kaltblüter-VO überhaupt Anwendung, dann betrug deren Verjährungsfrist drei Monate.

IV. Im Straßenverkehr

Durch die *Reichs-Straßenverkehrs-Ordnung* vom 28. Mai 1934 (RGBl. I S. 455) nebst der Ausführungsanweisung vom 29. September 1934 (RGBl. I S. 869) war der gesamt Straßenverkehr erstmals reichsrechtlich geregelt worden. In diesem Rahmen Tiere zu schützen, stellte ein gar neues Gebiet der Gesetzgebung dar. Dafür waren zwei Verordnungen von Bedeutung.

Krabben in einem praktischen Versuch nochmals nachzuprüfen. Die Versuche wurden an insgesamt 12 Krebsen und 2 Hummern unter Hinzuziehung von Küchensachverständigen einer größeren Berliner Gaststätte und von Vertretern der Wirtschaftsgruppe für das Gaststättengewerbe durchgeführt. Dabei wurde wie in den Versuchen von Sinel das Verhalten der Krebse und Hummern beim langsamen Erwärmen und beim Einbringen in kochendes Wasser genau beobachtet. Die Versuchsansteller kamen zu fast dem gleichen Ergebnis […] wie bei den vorerwähnten Versuchen im Physiologischen Institut der Tierärztlichen Hochschule. Nach der Ansicht aller an den Versuchen teilnehmenden Personen ist das Töten der Krebse durch Einlegen in kochendes Wasser als die humanste Art der Tötung anzusehen, während die langsame Ankochen der Tiere einstimmig als Tierquälerei angesprochen wurde.

Nach dem Ergebnis dieser Versuche liegt kein Anlaß vor, § 2 Abs. 1 der Verordnung zu ändern."

In: Giese / Kahler, *Das deutsche Tierschutzrecht*, 1939, S. 179 – 181; Giese, 4. A., 1951, S. 182 – 183.

1938 Zu §§ 1 – 5 vgl. Giese / Kahler, *Das deutsche Tierschutzrecht*, 1939, S. 176 – 184.

1. Straßenverkehrsordnung vom 13. November 1937

Zum einen fanden sich einschlägigen Vorschriften in der *Verordnung über das Verhalten im Straßenverkehr (Straßenverkehrs-Ordnung — StVO. —)* vom 13. November 1937 (RGBl. I S. 1179 – 1189), nämlich §§ 12 Abs. 2 (Einstellung des Warnzeichens bei Beunruhigung von Tieren), 31 (Mitfuhren von Tieren von fahrenden Fahrrädern aus wurde mit Ausnahmen von Hunden verboten), 32 (Fuhrwerke), 39 (Reitverkehr), 40 (Treiben und Führen von Tieren).[1939]

2. Straßenverkehrszulassungsordnung vom 13. November 1937

Zum anderen beinhaltete die *Verordnung über die Zulassung von Personen und Fahrzeugen zum Straßenverkehr (Straßenverkehrs-Zulassungs-Ordnung — StVZO. —)* vom selben Tage auch eine Reihe für den Tierschutz einschlägige Vorschriften, und zwar §§ 3 (Einschränkung oder Entziehung der Zulassung zulasten u. a. ungeeigneter Tierführer, namentlich bei erheblicher Wirkung geistiger Getränke oder Rauschgifte, vgl. § 330 a RStGB), 30, 31 (Fahrzeuge), 64 (deren Lenkvorrichtung und Bespannung) und 65 (Bremse).[1940]

V. Bei der Tierbeförderung

Während „die ausschließliche Regelung des Straßenverkehrs" durch StVO und StVZO[1941] die Tiere als Beteiligte an demselben betraf, erfuhren sie auch als Beförderte auf Eisenbahn oder Kraftwagen den Schutz immer gründlicherer Regelungen.

1939 Erläuterung s. Giese / Kahler, *Das deutsche Tierschutzrecht*, 1939, S. 246 – 250 sowie 254, wo Fn. 1 zu § 40 anmerkte: „Widersetzliche, sog. ‚stätige' Pferde sind zur Verwendung im Straßenverkehr ungeeignet."

1940 Erläuterung s. Giese / Kahler, *Das deutsche Tierschutzrecht*, 1939, S. 250 – 251, sowie S. 255 Fn. 1 („Die Bestimmungen in § 3 sind vom Standpunkte des Tierschutzes sehr zu begrüßen; es werden dadurch Tierquälereien vermieden") und S. 257, wo Fn. 1 zu § 65 anmerkt: „Gute Kutscher und Fuhrleute werden im Interesse ihrer Pferde darauf Bedacht nehmen, daß beim Halten auf Steigungen die Fahrzeuge angebremst werden und Steine oder dergl. unter die Räder gelegt werden, damit die Pferde geschont werden und nicht dauernd im Zuge stehen. Sie werden auch ihre Tiere gegen rauhe Witterung und Sonnenbrand schützen und sich nicht durch langes Stehenlassen der Tiere vor Wirtschaften u. dergl. strafbar machen."

1941 § 45 StVO, in: RGBl. I S. 1189.

1. Übergangslösungen

Seit dem RTierSchG gab es zuerst auf Reichsebene nach Grundsatz des § 2 Z. 1:

a) Handelsverträge

„Die Bestimmungen, die zum Schutz der *Durchfuhrtiere* bei ihrer Übernahme an der deutschen Grenze zu beachten sind, sind in verschiedenen *Handelsverträgen*, so z. B. im deutsch-polnischen Wirtschaftsvertrage vom 4. November 1935 — zu vgl. die Verordnung über die vorläufige Anwendung eines deutsch-polnischen Wirtschaftsabkommens vom 11. November 1935 (RGBl. II S. 768) —, festgelegt worden. Die Grenztierärzte haben auf ihre Innehaltung zu achten und gegebenenfalls die zuständigen deutschen Bahnbeamten auf Zuwiderhandlungen aufmerksam zu machen (Runderlaß des Landwirtschaftsministers vom 26. Mai 1934 — MinBl. des Preuß. LandwMin. S. 353 —). Hiernach sind die Durchfuhrtiere an der deutsch-polnischen Grenze vor ihrer Verladung ausreichend zu füttern und zu tränken; Durchfuhrpferden sind möglichst von allen vier Füßen, mindestens aber von den Hinterfüßen, die Eisen abzunehmen; Pferde, die an der deutsch-polnischen Grenze in krankem Zustande befunden werden, sind von der Weiterbeförderung auszuschließen. Erforderlichenfalls ist über die Transportmöglichkeit die Entscheidung des deutschen Grenztierarztes maßgebend; Durchfuhrpferden, die an der Grenzeintrittsstation mit deutschem Frachtbrief nach den Grenzaustrittsstellen aufgegeben werden, muß auf deutschen Strecken ein Begleiter mitgegeben werden; zur Vermeidung von Überladung der Wagen werden die Pferde vor der Verladung an der deutsch-polnischen Grenze nach dem vorgenannten Meßverfahren gemessen. Überschreitungen des Meßergebnisses bis höchstens 5 v. H. sind zulässig, wenn nach dem pflichtgemäßen Ermessen des die Versendung überwachenden Beamten keine zu enge Verladung zu befürchten ist und dies von dem Begleiter dadurch bewiesen wird, daß er sich zwischen den eingeladenen Tieren hindurchbewegt, wie er dies auch tun muß, wenn unterwegs ein gestürztes Tier wieder aufzurichten ist.“[1942]

b) Landesverordnung am Hamburger Beispiel

„Außer diesen von dem Reichsverkehrsminister, der Reichsbahn, dem Reichsminister des Innern und dem Reichsbauernführer getroffenen Anordnungen über die Beförderung von Tieren hat auch *Hamburg* auf Grund des § 14 des Tierschutzgesetzes durch Verordnung des Senats *über die Beförderung von Tieren usw.* vom 19. November 1935 (Gesetz- und Verordnungsbl. S. 247) Bestimmungen im Interesse des Tierschutzes getroffen. Dabei ist u. a. vorgesehen, daß Vieh bei der Beförderung nicht mißhandelt, gequält oder übermäßig angetrieben, kleines Schlachtvieh nicht geknebelt befördert werden darf. Beim Ein- und Ausladen sind die Tiere zu heben oder auf Ladebrücken zu führen; ein Zwischenraum zwischen Ladebrücke und Wagenboden, durch den die Tiere hindurchtreten können, ist in geeigneter Weise zu

---

1942 Giese / Kahler, *Das deutsche Tierschutzrecht*, 1939, S. 191 – 192.

überbrücken. Vieh und Fleisch dürfen auf einem Fahrzeug nicht zusammen befördert werden."[1943]

2. Eisenbahnverkehrsordnung samt Anlage vom 8. September 1938

Reichseinheitlich wurde die bisherige *Eisenbahnverkehrsordnung* (EVO) vom 16. Mai 1928 (RGBl. II S. 401) durch die neugeschaffene vom 8. September 1938 (RGBl. II S. 663) ersetzt.[1944] Sie trat nach Art. 2 ihrer EinfVO am 1. Oktober 1938 in Kraft, und zwar mit Tierschutzvorschriften §§ 22 (Mitnahme von Tieren), 48 (Auflieferung lebender Tiere) und 49 (Beförderung).[1945] Gemäß §§ 48 Abs. 11 und 49 Abs. 5 erfolgten „*Nähere Bestimmungen über die Verladung und Beförderung von lebenden Tieren*", die als Anlage B des Deutschen Eisenbahntarifs veröffentlicht wurden (RGBl. II S. 705 – 710).[1946]

3. Innerdienstliche Anweisungen der Reichsbahn

Nicht unerwähnt sollten zwei innendienstliche Anweisungen der Reichsbahn bleiben. Zuerst habe sie „als Handhabe für die Aufsichtsbeamten, um die Höchstzahl der in einem Wagen zu verladenen Tiere ungefähr festsetzen zu können, die sogenannte ‚*Ladetabelle*' herausgegeben; sie enthält allgemeine Richtlinien, ohne daß die dort angegebenen Werte als starre Sätze angesehen und angewandt werden sollen [...]. Hierzu gehören auch die im Benehmen mit dem Reichsministerium des Innern von der Reichsbahn für den Auslandstransport (*Durchfuhrpferde*) herausgegebenen Raumfestsetzungen zur Verhütung von Überladungen in der *Tafel zur Berechnung der Bodenfläche*, die für ein Pferd erforderlich ist".[1947]

Ferner wurden im Reichsministerium des Innern auf Grund von Verhandlungen mit der Deutschen Reichsbahn und dem Reichsnährstand eingehende Richtlinien über die *Verladung und Beförderung von Tieren* je im Eisenbahn- und Kraftwagenverkehr aufgestellt. Die Bestimmungen habe der Reichsbauernführer den Tierverladern, Viehhändlern, Tierzüchtern und Landwirten eindring-

---

1943 Giese / Kahler, *Das deutsche Tierschutzrecht*, 1939, S. 193.

1944 *Verordnung über die Einführung einer neuen Eisenbahn-Verkehrsordnung*, RGBl. II S. 663 (671, 679).

1945 Erläuterung s. Giese / Kahler, *Das deutsche Tierschutzrecht*, 1939, S. 186 – 188.

1946 Erläuterung s. Giese / Kahler, *Das deutsche Tierschutzrecht*, 1939, S. 188 – 190.

1947 Giese / Kahler, *Das deutsche Tierschutzrecht*, 1939, S. 191; beide Tabellen abgebildet in S. 203, 205.

lich zur Kenntnis und Beachtung gebracht, ebenso den Landesregierungen, den Polizeibehörden und den beamteten Tierärzten durch Runderlässe des Reichsinnenministers (je vom 8. September 1937 im RMBliV. S. 1523 und vom 1. November 1938 im RMBliV. S. 1833, Abdruck bei Giese / Kahler, S. 206 – 208) mit dem Ersuchen, auf ihre Durchführung zu achten. Dadurch sollten mehrere verbleibende Probleme im Tierschutz endlich gelöst werden. Als Mitgestalter fassten Giese und Kahler die wichtigsten Beispiele zusammen:

> „Hiernach sollen Rinder, bei denen das Abkalben in den nächsten Tagen zu erwarten ist, nicht länger als 18 Stunden unterwegs sein. *Frisch milchende Kühe* sollen nicht früher als frei Tage nach dem Abkalben verladen werden; sie sind regelmäßig, auch während der Beförderung, in jedem Falle aber kurz vor Beginn der Beförderung und spätestens nach achtzehnstündiger Beförderungsdauer zu melken, bei *hochtragenden und frischmilchenden Kühen* soll grundsätzlich bei der Beförderung ein Begleiter gestellt werden. Zur Vermeidung von Unglücksfällen sind die Wagenböden mit *Einstreu* (Sand und Stroh, Torfmull u. dgl.) zu versehen. Jede Kuh mit dem zu ihr gehöhrenden Kalb muß von anderen Tieren abgegittert werden; *unterwegs geborene Kälber* sind mit den Muttertieren bei nächster Gelegenheit von anderen Tieren abzugittern. *Lose verladene Pferden*, z. B. Schlachtpferden, sind zur Vermeidung von gefährlichen Schlagverletzungen die Hintereisen abzunehmen, die Beförderung altersschwacher oder gebrechlicher Pferde (z. B. von Schlachtpferden) ist zu unterlassen. Zu begrüßen sind in den Richtlinien der *Apell an das Pflichtbewußtsein*: ‚Jedes vom Standpunkt eines verständigen Tierschutzes aus als eigennützig anzusehende Verhalten bei Tierversand muß unbedingt ausgeschaltet werden, jeder am Tierversand Beteiligte hat die Pflicht, mit dafür zu sorgen, daß die Tiere die Bestimmungsstation in bester Verfassung erreichen' und zum Schluß der Hinweis auf die zu erwartenden strengen Strafen bei Übertretungen der Bestimmungen."[1948]

VI. In Wirtschaft und Wehrwesen

Schließlich waren weitere Tierschutzvorschriften erlassen worden, welche die bisherigen Forscher übersehen haben:

1. Regelung des Walfangs vom 6. Oktober 1937

Erstmals wurde das Gebiet reguliert durch das *Gesetz zur Regelung des Walfangs* nebst *Verordnung zur Ausführung und Ergänzung des Gesetzes zur Regelung des Walfangs* vom 6. Oktober 1937 (RGBl. I S. 1097 – 1101). § 1 des Gesetzes nahm die Glatt- und Grauwale ausdrücklich und absolut (Abs. 1 a, b) in Schutz, ferner die im § 2 Abs. 1 der Verordnung genannten Arten ab bestimmten

---

1948 Giese / Kahler, *Das deutsche Tierschutzrecht*, 1939, S. 192 – 193.

Längen (Meßmethoden s. Abs. 2). Dessenungeachtet durften überhaupt weder Jungwale (einschließlich noch nicht abgesetzter) noch ihre gebärenden bzw. begleitenden Muttertiere gefangen oder getötet werden (Gesetz § 1 Abs. 1 c, d). Darüber hinaus sah § 1 Abs. 2 des Gesetzes i. V. m. § 3 der Verordnung *Schonzeit und –gewässer* vor, in denen wiederum absolutes Verbot verhängt wurde. Wer diesen Vorschriften zuwiderhandelte, der hatte nicht nur Einziehung aller dadurch erlangten Gegenstände (Gesetz § 14) statt jeder Besoldung oder sonstiger Vergütung (§ 4) zu erwarten. Vielmehr drohten ihm auch Gefängnis bis zu einem Jahr und / oder Geldstrafe in unbeschränkter Höhe (!) oder Haft (§ 12 Abs. 1), auch wenn die Tat im Ausland begangen worden war. Doch bei Fahrlässigkeit sollte nur auf Geldstrafe erkannt werden (Abs. 2). Zur Übersicht am „Ende jeder Woche und jedes Monats sowie am Ende der gesamten Fangzeit" (VO § 6 Abs. 4) hatte zuerst jedes Kochereischiff selbst ein *Fangtagebuch* zu führen (§ 5 des Gesetzes; nach Maßgaben u. a. des § 6 Abs. 2 Z. 3 der VO), und es nach jeder Fangreise unverzüglich mit einem Abschlussbericht dem Reichswirtschaftsminister zuzusenden (§ 7 der VO). Dieser wiederum schickte auf jede Ausfahrt mindestens einen *Walfanginspektor* (Gesetz§ 8), der bei Zuwiderhandlungen gegen die Schonbestimmungen unverzüglich damit in Kenntnis zu setzen war (§ 9) und die Eintragungen des Sachverhaltes im Fangtagebuch mit Stichvermerk zu versehen hatte (VO § 6 Abs. 3). Hatte der Fangleiter diese Benachrichtigung versäumt, war die Fangtagebuchführung ganz unterlassen oder der Kapitän gar ohne Inspektor ausgefahren, so fand § 13 Abs. 1 Z. 4 – 6 des Gesetzes mit Gefängnis bis zu sechs Monaten und / oder Geldstrafe oder Haft Anwendung. Im Verwaltungsweg konnte der Reichswirtschaftsminister nach § 14 der Verordnung noch Ordnungsstrafen bis zu 1.000 RM verhängen, falls das Fangtagebuch nicht ordnungsmäßig geführt oder ihm nicht unverzüglich zugesandt worden war. Klarheitshalber legte § 14 der Verordnung schließlich die „Legaldefinitionen" verschiedener Wahlnamen fest.

2. Stallordnung vom 19. Januar bzw. 31. Mai 1938

„[I]m Einvernehmen mit dem Reichsminister für Ernährung und Landwirtschaft, dem Reichsminister des Innern und dem Reichsminister der Justiz"[1949] erließ der Reichsarbeitsminister am 19. Januar 1938 die *Verordnung über die Belichtung und Belüftung von Stallungen landwirtschaftlicher Betriebe* (RGBl. I S. 37 – 38). Deren § 1 ermächtigte die Baupolizeibehörde, notfalls „die für eine ausreichende Belichtung und Belüftung erforderlichen Öffnungen" auch in Umfassungswänden an oder in der Nähe der Nachbargrenze anbringen zu lassen. Bei Ge-

1949 Giese / Kahler, *Das deutsche Tierschutzrecht*, 1939, S. 34.

nehmigung durfte nach § 6 „auf dem Nachbargrundstück bauliche Anlagen in einem geringeren Abstand als 2,50 Meter nicht errichtet werden".

Als bis zum 31. Mai desselben Jahres *Ausführungsbestimmungen* (RGBl. I S. 618) erarbeitet worden waren, sah deren § 5 noch „Auflagen" vor, „namentlich die Beseitigung von Einbauten, welche die Durchlüftung und Belichtung unnötig erschweren, die Herstellung möglichst wasserundurchlässiger und wärmehaltender Fußböden und die Verbesserung der Ableitung der Jauche gefordert werden." Nach § 1 musste die Fensterfläche in der Regel $\frac{1}{20}$, mindestens aber $\frac{1}{25}$ der Innenstallfläche ausmachen. § 3 zufolge waren die Licht- und Luftöffnungen „möglichst hoch" bzw. „in oder unmittelbar unter der Decke des Stallraumes anzulegen."

3. Brieftaubengesetz vom 1. Oktober 1938

Das *Brieftaubengesetz* (RGBl. I S. 1335 – 1336) erließ die Reichsregierung vornehmlich aus Sicherheitsgründen, aber auch für fremde, zugeflogene Brieftauben wurde, zuerst in § 6 Abs. 2, vorgesehen: „Jeder Brieftaubenhalter ist verpflichtet, die Polizeibehörde bei Unterbringung, Pflege und Rücksendung dieser lebend eingelieferten Brieftauben auf Anforderung zu unterstützen"; ferner in § 9 Abs. 1: „Wer fremde Brieftauben vorsätzlich tötet oder verletzt, wird mit Gefängnis bis zu zwei Jahren oder mit Haft oder mit Geldstrafe bestraft, soweit die Tat nicht nach anderen Vorschriften mit schwererer Strafe bedroht ist"; nach Abs. 2 war auch Versuch strafbar. Dieser Schutz gebührte nicht nur den eigentlichen „Brieftauben", sondern gemäß § 11 auch „Tauben, die ebenfalls zur Nachrichtenübermittlung verwendet werden können."

4. Tierausspielverbot vom 24. April 1939

Eine Lücke, die der § 2 Z. 3 RTierSchG gelassen hatte und vor der indes § 27 RNatSchVO nur die dort geschützten warmblütigen Arten von Tieren schützen konnte, schloss Heinrich Himmler vier Tage nach Hitlers 50. Geburtstag durch den Runderlaß „O Vu R. III 4106 VI/38 *betr. Genehmigung von Volksbelustigung*", der im RMBliV, S. 973 erschien. Jedoch scheint dessen Fassung heute bundesweit nicht mehr auffindbar. Allerdings verzeichnete Mathieu 1941 u. a. für Polizeibeamte zur Entstehung und zum Inhalte:

> „Das Ausspielen lebender Tiere (Vögel, Fische usw.) auf Volksfesten, Jahrmärkten usw. hat nachweislich zu schweren Tierquälereien sowohl durch die Budenbesitzer als auch durch die Gewinner geführt. An manchen Orten war es daher, z. T. auf meine (Mth.) Veranlassung, bereits untersagt. Auch hier ist ein Reichsverbot durch

den Runderlaß des Reichsführers SS und Chef der deutschen Polizei vom 24. 4. 39 erfolgt. Spiele, bei denen Tiere zur Inbetriebnahme von Spielgeräten verwendet werden, sind nicht zuzulassen, lebende Tiere dürfen als Gewinne nicht ausgesetzt werden. Für landwirtschaftliche Ausstellungen pp. gelten Sonderbestimmungen.“[1950]

Später erklärte Giese, warum die Anordnung so ausgestaltet worden sei:

> „weil eine einwandfreie Haltung und Wartung der Tiere weder während der Dauer der Ausspielung bzw. der Volksbelustigung noch in den Händen des Erwerbers gewährleistet ist. Dieses Verbot findet jedoch keine Anwendung auf Ausstellungen und ähnliche nicht zu den Volksbelustigungen im engeren Sinne zu rechnende Veranstaltungen von landwirtschaftlichen und Kleintierzuchtvereinigungen, doch müssen hierbei die Vorschriften des Tierschutzgesetzes beachtet werden.“[1951]

5. Luftschutz für Tiere 1939

Ab März 1939 verdichtete sich die Kriegsgefahr. Als neuartige Gefahr gerieten dabei Luftangriffe in den Blick: „Im Einvernehmen mit dem Reichsluftfahrtminister und Oberbefehlshaber der Luftwaffe hat der Reichsinnenminister entschieden, daß die Maßnahmen, die in Deutschland zum Schutze der Tiere bei Luftangriffen einzuleiten sind, vom Reichsluftfahrtministerium angeordnet werden und nicht zum Aufgabenbereich der Tierschutzvereine gehören.“[1952] Daraufhin unterzeichnete Erhard Milch[1953] als Görings Vertreter in beiden o. g. Ämtern die *Siebente Durchführungsverordnung zum Luftschutzgesetz (Beschaffung von Selbstschutzgerät)* vom 23. Mai 1939, deren § 3 lautete: „*Wenn in den im § 1 genannten Gebäuden Pferde, Rinder oder Schweine gehalten werden, haben die Eigentümer der Ställe das in Anlage 2 genannte Gerät zum Schutze*

1950 Storch† / Mathieu, *Tierschutz-Taschenbuch*, 4. A., 1941, S. 73.

1951 Giese, *Das deutsche Tierschutzrecht*, 4. A., 1951, S. 48 – 49.

1952 Radtke, *Tierschutz von A – Z*, 1942, S. 136.

1953 Milch, Erhard, geb. 30. 3. 1892 in Wilhelmshaven; Teilnehmer des 1. Weltkrieges als Offizier, Kommandeur von Aufklärungsabteilungen und einer Jagdgruppe, nach dem 1. Weltkrieg Staffelführer beim ostpreußischen Grenzschutz; 1920 Übertritt vom Heeresdienst in den zivilen Luftverkehr, 1921 Geschäftsführer der Danziger Luftpost, 1925 Vorstandsmitglied der Deutschen Lufthansa AG in Berlin, 1933 Eintritt in die NSDAP und in die Wehrmacht, 22. 2. 1933 Staatssekretär der Luftfahrt im Reichsluftfahrtministerium, März 1935 Generalleutnant der Luftwaffe, 1939 Generaloberst und Generalinspekteur der Luftwaffe; 19. 7. 1940 Generalfeldmarschall, 1941 Mitglied der „Zentralen Planung“; 17. 4. 1947 vom Internationalen Militärgerichtshof in Nürnberg als Kriegsverbrecher zu lebenslänglichem Gefängnis verurteilt, 1954 aus der Haft entlassen; gest. 25. 1. 1972 (s. Stockhorst, *5000 Köpfe*, 1967, S. 295).

der Tiere bereitzustellen und dauernd in gebrauchsfähigem Zustand zu halten.“[1954] Die beigegebene Anlage 2 lautete wie folgt:

„Selbstschutzgerät der Stalleigentümer für Pferde, Rinder und Schweine

<table>
<tr><td>I.</td><td>Für Pferde, Rinder oder mehr als 10 Schweine:
ein Luftschutz-Veterinärkasten.</td><td rowspan="2">Kasten für die Hilfeleistung des Tierhalters nach Luftangriffen, der eine Vertriebsgenehmigung nach § 8 des Luftschutzgesetzes erhalten hat.“</td></tr>
<tr><td>II.</td><td>Bei insgesamt mehr als 20 Tieren (Pferde, Rinder oder Schweine):
ein zweiter Luftschutz-Veterinärkasten,
bei insgesamt mehr als 40 Tieren:
ein dritter Luftschutz-Veterinärkasten usw.</td></tr>
</table>

Noch am 1. September 1939 war Milch, inzwischen Generaloberst der Luftwaffe, mit der *Zehnten Durchführungsverordnung zum Luftschutzgesetz (Luftschutzmäßiges Verhalten bei Luftangriffen und Luftschutzübungen)* befasst. Deren § 1 Z. 6 lautete: „a) Größere, im Freien verbleibende Tierbestände sind nach Möglichkeit in kleinere Gruppen zu unterteilen. Zirkusse, Menagerien und ähnliche bewegliche Anlagen sind in Stadtrandgebiete umzuquartieren.“ § 2 schrieb in Abs. 2 Z. 8 S. 2 vor: „Lebende Tiere sind durch Anbinden oder in sonstiger Weise an der Fortbewegung zu hindern und nach Möglichkeit einzudecken“, und in Z. 11: „Mit Tieren bespannte Fahrzeuge und Tiertransporte biegen — soweit sie nicht etwa vorhandene Notunterkünfte für Tiere erreichen können — in Seitenstraßen ein. [...] Die Zugtiere sind auszuspannen und — nach Möglichkeit in Höfen — an Bäumen o. dgl., nicht aber an Wasserentnahmestellen (Brunnen, Hydranten usw.), notfalls auch am fest abgebremsten Fahrzeug kurz anzubinden. Auf Fahrzeugen befindliche Tiere sind nicht abzuladen, sondern auf diesen fest anzubinden. Ausgespannte und auf Fahrzeugen befindliche Tiere sind nach Möglichkeit einzudecken.“[1955]

6. Hufbeschlaggesetz vom 20. nebst Verordnung vom 31. Dezember 1940

Von Kriegsausbruch an ging es beim gesetzlichen Tierschutz zunächst meist um die Einführung bisheriger Bestimmungen in den besetzten Gebieten (s. o. bei § 15 RTierSchG). Soweit es festzustellen ist, lag die einzige Neuerung im *Gesetz über den Hufbeschlag* vom 20. Dezember 1940. Mit Wirkung ab 1. Januar 1941

1954 RGBl. I S. 963 – 965; eine Bildaufnahme des Tierluftschutzkastens s. Radtke, *Tierschutz von A – Z*, 1942, S. 208.

1955 RGBl. I S. 1570 – 1571.

sowohl im „Altreich“ als auch „in den Reichsgauen der Ostmark und im Reichsgau Sudetenland sowie in den eingegliederten Ostgebieten“ (§ 6) sah § 1 Abs. 1 vor: „Zur Ausübung des Huf- und Klauenbeschlags ist die Anerkennung als geprüfter Hufbeschlagschmied erforderlich.“ [1956] Daraufhin unterzeichnete Dr. Frick betreffend Tierschutz zum letzten Mal höchstpersönlich die *Verordnung über den Hufbeschlag (Hufbeschlagverordnung)* vom 31. Dezember 1940.[1957]

VII. Zusammenfassung und Zwischenergebnis

Damit sind sämtliche bedeutenderen Tierschutzgesetzgebungen zwischen 1933 und 1945 wiedergegeben.[1958]

1. Regelungssystem

Inhaltlich waren diese Regelungen aufeinander abgestimmt, sodass man erstmals von einem System des Tierschutzes sprechen kann. So fanden als erste die beiden bis dahin akutesten Streitfragen, das Schächten und die Vivisektion, ihre Beilegung 1933 im RSchlG bzw. im RTierSchG (§§ 5 – 8). Dessen § 1 leistete kraft der Ausschaltung der Tatumstände „Öffentlichkeit“ und „Ärgerniserregung“ sowie durch den Ersatz des Begriffs „boshaft“ durch „unnötig“ die entscheidendste Neuausrichtung. Die §§ 2 – 4 RTierSchG nahmen sich der damals häufigsten Problemfälle an und stellten damit tierquälerische Alltagspraktiken

1956 RGBl. I 1941 S. 3 (§ 6 in S. 4).

1957 RGBl. I S. 4 – 12, Tierschutz betreffend § 4, § 5 Abs. 1, § 8 Abs. 1, § 9 und § 13. Eine Bildaufnahme von „Prüfung und Pflege des Hufbeschlages“ während des Polenfeldzuges in: DTW (Hrsg.), *Tierschutz im Kriege*, Sonderdruck aus Heft 7, Jg. 1939 / 40 der Zeitschrift „*Der junge Tierschützer*“, S. 8.

1958 Storch† / Mathieu, *Tierschutz-Taschenbuch*, 4. A., 1941, S. 85 – 87, listeten vom RSchlG v. 21. 4. 1933 bis zu den beiden Luftschutzverordnungen von 1939 insgesamt 57 Rechtssätze zum Tierschutz i. w. S. auf Reichs- und Länderebene auf. Diese waren in der vorliegenden Arbeit nicht sämtlich in ihrer Reihenfolge darzustellen, hieraus jedoch sehr wohl alles Betreffende aus den Gesetzen und Eigenverordnungen, während die Aus- bzw. Durchführungs-, Änderungs- und Ergänzungsverordnungen, Runderlässe, Dienstanweisungen u. ä. größtenteils im Rahmen der Auslegung des RTierSchG anschließend an die jeweiligen Themen unter den „Neueren Grenzfällen“ wiedergegeben sind. Darüber hinaus hatte Dr. Mathieu die Preuß. *Tier- und Pflanzenschutzverordnung* v. 10. 3. 1933 übersehen sowie — dies wohl aufgrund von Engpässen der Zeit — nicht mehr das Gesetz und die VO über Hufbeschlag von Ende 1940 in die 4. A. seines Buches übernommen; letztere drei sind damit hier zum ersten Mal wiederveröffentlicht.

ab. Überdies erfuhr das Tier bald auch mittelbaren Schutz durch die begleitenden Gesetze, von denen das RJagdG und die RNatSchVO in dieser Hinsicht am belangvollsten sind. Ihre Beziehung zum RTierSchG beleuchtete der Berliner Prof. Dr. Walther Schoenichen wie folgt:

> „Das *Tierschutzgesetz* ist von den drei genannten insofern das umfassendste, als es auf alle Tiere anwendbar ist, gleichgültig, ob sie nützlich oder schädlich, für den Menschen wertvoll oder wertlos sind. Wo immer ein Tier, welcher Art es auch sein mag, gequält oder roh mißhandelt wird, kann zu seinem Schutze auf Grund jenes Gesetzes eingeschritten werden. Dies gilt ebenso für jedes Haustier, das unzulänglich gepflegt oder überangestrengt wird, für jeden Vogel, der in quälerischer Weise in allzu engem Käfig gehalten wird, für jeden Fisch, der beim Verkauf in unsachgemäßer Weise getötet wird, für Ratten und Mäuse, die zu qualvollen wissenschaftlichen Versuchen mißbraucht werden usw. Immer handelt es sich aber dabei um Geschöpfe, die sich in der Gewalt des Menschen befinden, so daß dieser über ihr Schicksal, über ihr Wohl und Wehe nach Belieben bestimmen kann. Und immer ist es eine einzelne Tierperson (ein Individuum), zu deren Heil die Anwendung des Tierschutzgesetzes in Frage kommt; der Schutz ganzer Tierarten mit allen ihren Angehörigen ist nicht Aufgabe dieses Gesetzes. Daraus ergibt sich, daß das Tierschutzgesetz ganz vorzugsweise den Haustieren zugute kommt sowie solchen Geschöpfen, die im Handelsverkehr eine Rolle spielen. Für den Schutz der wildlebenden Tiere wird das Tierschutzgesetz nur im Ausnahmefall herangezogen werden können; in der Regel treten hier an seiner Stelle das Reichsjagdgesetz oder die Naturschutzverordnung in Kraft.
>
> Daß das *Reichsjagdgesetz* zugleich ein für die Tierwelt äußerst wertvolles Schutzgesetz ist, wird dem, der bei dem Worte ‚Jagd' zunächst nur an das Erlegen des Wildes denkt, nicht ohne weiteres einleuchten. Es ist indessen zu beachten, daß ein Tier, das zu den jagdbaren Arten gehört, ausschließlich von solchen Personen, die zur Ausübung der Jagd berechtigt sind, erlegt werden darf. Niemand sonst darf sich an einem solchen Geschöpf vergreifen. […] Weil der Kreis der Jagdberechtigten nur verhältnismäßig eng ist, weil diese eine Eignungsprüfung ablegen müssen und weil sie durch das Reichsjagdgesetz in strengster Weise zu einer waidgerechten Ausübung der Jagd verpflichtet werden, ist der Schutz, den die jagdbaren Tiere — gerade darum, daß sie jagdbar sind — genießen, sehr beträchtlich. Dazu kommt, daß der großen Mehrzahl dieser Tierarten längere oder kürzere Schonzeit zugebilligt worden sind. Darüber hinaus enthält das Reichsjagdgesetz aber noch eine ganze Reihe weiterer Vorschriften, die den jagdbaren Tieren zugute kommen; so z. B. [Wiedergab der Hegepflicht nach § 4 und der sachlichen Verbote nach § 35]. Alle diese Verbote sind bestimmt, die Jägerwelt zu weidgerechtem Verhalten zu erziehen, alle grausamen und quälerischen Jagdmittel auszuschalten und somit den jagdbaren Tieren einen Schutz gegen Übergriffe mannigfaltiger Art zu gewähren.
>
> Die *Naturschutzverordnung* vom 18. März 1936 nimmt sich hauptsächlich solcher Tierarten an, die nicht jagdbar sind, die aber keinesfalls der allgemeinen Verfolgung preisgegeben werden dürfen. Zum Teil handelt es sich dabei um Arten, die zu den Seltenheiten der heimischen Tierwelt gehören, zum Teil aber auch um Ge-

schöpfe, die aus Unkenntnis oder auch aus Aberglauben immer wieder in der unsinnigsten Weise verfolgt werden, obwohl sie nützliche Helfer der Menschen bei der Bekämpfung von mancherlei Kulturschädlingen sind. Die Spitzmäuse, die Fledermäuse, die Kröten, die Nattern sind hier in erster Linie als Beispiele zu nennen."[1959]

2. „Ideelle Gründe"[1960] als Kernmotiv

Derselbe Direktor der „Staatlichen Stelle für Naturdenkmalpflege" in Preußen und Leiter der Fachstelle Naturschutz im „Reichsbund Volkstum und Heimat" unterließ es dabei, eine für ihn wohl selbstverständliche Gemeinsamkeit dieser Gesetze zum Ausdruck zu bringen. Wie das RTierSchG sich dazu bekannte, das Tier aufgrund seiner Leidensfähigkeit um seiner selbst willen zu schützen, sollten durch die Jagdgesetzgebung „nicht ‚passionierte' Jäger erzogen werden, […] sondern Menschen, die für Tier und Natur Verständnis haben und ihnen gegenüber Verantwortungsgefühl besitzen."[1961] Und weil „ein kräftiger Wildstand eine Zierde unserer Wälder und Felder ist und nicht nur eine Freude des Waidmanns, sondern für jedermann"[1962], galt auch für den Naturschutz: „Die Tierwelt ist — um einen Ausspruch Hermann Görings zu gebrauchen — die lebendige Seele der Landschaft."[1963] Auf so geartete *ideelle* Gründe führen sich auch die nachfolgenden begleitenden Gesetze aus den angrenzenden Sachgebieten zurück, nicht zuletzt die Tierschutzvorschriften im Verkehrsrecht, zeitgleich mit dem Ausbau des Straßenwesens und der Verbreitung des Volkswagens, sowie selbst im Luftschutz angesichts eines drohenden Krieges. Insofern ließ sich feststellen:

> „Alle diese Gesetze, Verordnungen und Bestimmungen sind eine Folge der Wandlung der allgemeinen Auffassung über die Pflichten der Um- und Mitwelt gegenüber, zu denen u. a. gehört, gewisse Landschaftsgebiete in ihrer Schönheit nachfolgenden Generationen zu erhalten, die dort lebenden Tiere und Pflanzen vor Ausrottung zu schützen und das einzelne Tier nicht als Sache zu betrachten, sondern als ein Wesen, das Lebensrechte hat und das der Mensch infolge seiner ethischen Höhe vor unnötigen Quälereien und Mißhandlungen bewahren muß."[1964]

1959 Schoenichen, *Taschenbuch*, 2. A., 1939, S. 1 – 3.
1960 Wetzel, *Tierschutz im Reichsstrafrecht*, 1936, S. 40.
1961 Adolph, *Schutz des Tieres im deutschen Recht*, 1935, S. 43.
1962 Wetzel, *Tierschutz im Reichsstrafrecht*, 1936, S. 40.
1963 Schoenichen, *Naturschutz im Dritten Reich*, 1934, S. 46, ohne Quellenangabe des Göring-Wortes.
1964 Giese / Zschiesche, *Die deutsche Tierschutzgesetzgebung*, 1938, S. 1.

3. Tierschutzrecht als neues Fachgebiet

Dies war der Zweck, um dessentwillen die Tierschutzgesetze erlassen wurden. Unter dem Gebot ihrer Erläuterung stellten sich zahlreiche Folgefragen.

a) Terminologie und Tatbestände

Vor allem ließen sich manche Begriffe mit Rücksicht auf den eigentümlichen Schutzgegenstand, das Tier, nicht wie sonst im „Menschen-Recht" auslegen. Das zeigte sich schon beim Unterschied des für den Tierschutz grundlegenden „*Quälens*" vom „Martern" des § 251 RStGB. Letzteres bedeutete „länger andauernde Zufügung körperlicher Schmerzen oder Leiden von einer bestimmten Heftigkeit."[1965] Um aber den Straftatbestand der *Tier*-Quälerei zu erfüllen, genügte eine „Verursachung länger fortdauernder oder sich wiederholender Schmerzen oder Leiden [...]; denn die Handlung des Täters kann offenbar auch eine einmalige und momentane sein."[1966]

Hierzu gehörte bspw. bereits auch die Störung des tierischen Gleichgewichtssinns durch Weingeist, der für den Menschen lediglich ein *Rausch*mittel darstellt. Für eine Körperverletzung desselben (§ 223 RStGB) erschien es dabei „z. B. bei Tätlichkeiten gegen einen schmerzunempfindlichen Blödsinnigen [...] oder gegen einen Bewußtlosen (Ohnmächtigen oder ganz schwer Betrunkenen) [...] nicht erforderlich, daß die M[ißhandlung]. einen Eindruck auf das Empfindungsvermögen des Betroffenen macht".[1967] Dagegen verlangte das RTierSchG in § 1 Abs. 2 und § 2 Z. 1, 2 „*Erheblichkeit*", welche aufgrund der gröberen oder feineren Schmerzwahrnehmung des jeweiligen Opfers ggf. tierärztlich festzustellen war.

Fernhin musste auch „Eigentum" anders aufgefasst werden: Nicht nur erfuhren dessen im Zivilrecht grundsätzlich unbeschränkte Befugnisse durch § 2 Z. 1 RTierSchG ausdrücklich Verpflichtungen, sondern bei § 2 Z. 5 war z. B. auch ein Dieb als Eigentümer bestraft, falls Ersterer ein gestohlenes Tier aussetzte. Denn das schade dem Opfer gleichermaßen, wie dies durch Letzteren geschähe. Auch das Verfahren mit eigenem Grundstück unterwarf sich den Maßgaben der §§ 1, 6 der Stallverordnung vom 19. Januar sowie § 5 ihrer Ausführungsbe-

---

1965 v. Liszt, *Lehrbuch des Deutschen Strafrechts*, § 130 Anm. III 3, 23. A., 1921, S. 462; 25. A., 1927, S. 637. Wohlgemerkt hat die heutige Fassung des StGB als § 251 „Raub mit Todesfolge".

1966 v. Hippel, *Vergl. Darst.*, 1906, S. 245.

1967 v. Olshausen, *Kommentar zum StGB*, 12. A., 1944, S. 1041, Anm. 4 zu „körp. Mißhandlung".

stimmungen vom 31. Mai 1938, sollten an der Nachbargrenze bestehende Ställe Belichtung und Belüftung benötigen.

Nicht zuletzt war das Tier strafrechtlich sogar vor stärkerer Gemütsaufregung geschützt (§ 1 RTierSchG, § 12 Abs. 2 StVO), hingegen der Mensch gemäß § 223 RStGB nicht stärker gegen „die ‚geistige' M[ißhandlung]., d. h. diejenige Verfahrensweise gegen einen anderen, die lediglich zu einer Folter seines Geistes führt, ihn nur gemütlich ergreift, ohne gleichzeitig für seinen Körper zu einer M[ißhandlung]. zu werden",[1968] als es die §§ 185 ff. RStGB (Beleidigung) vorsahen.

Schließlich ahnten dessen §§ 211 – 222 „Verbrechen und Vergehen wider das Leben" des Menschen und absorbierten dabei Körperverletzung o. ä. als Teil des verpönten Gesamterfolgs. Im Gegenteil dazu schützte man das Tier in erster Linie vor Quälerei, konnte die Tötung aber schon wegen unbeabsichtigten Wurmzertretens nicht verbieten, sondern nur in den Rahmen der Notwendigkeit (§§ 1, 7 Z. 3, 6, 7 RTierSchG; § 40 Abs. 2 Z. 2 RJagdG; § 22 Abs. 1 und 2, § 23 Abs. 1, § 24 Abs. 2 Z. 1, § 26 Abs. 2, § 29 RNatSchVO) bzw. der Schmerzlosigkeit (Schlachtgesetzgebung; § 2 Z. 10 und § 7 Z. 2, 4 RTierSchG; § 35 RJagdG samt ErgVO; § 13 Z. 1, § 15 Abs. 2 Z. 2 RNatSchVO) einschränken, ggf. vielmehr sogar „im Interesse des Tieres" anordnen (§ 7 Z. 4 Abs. 3, § 8 S. 2, § 10 Abs. 1, 2 RTierSchG; § 30 RJagdG; § 16 Abs. 2 S. 2 und § 21 RNatSchG).

b) Fächerübergreifende Einrichtungen

Dieses Schutzsystem für Tiere rüstete schon das RTierSchG nicht nur mit Strafbestimmungen (§§ 9, 10) aus, sondern bezog auch Verwaltungsmaßregeln (§4 Landesbehörde, § 6 Erlaubnis, Erteilung, Entziehung, § 7 Z. 8, Buchführung zur Überwachung und § 11 Berufsverbot) sowie Verfahrensvorschriften (§ 10 Abs. 2 selbständige Erkennung und § 12 Sachverständige) mit ein.

aa) Herkömmliche Hauptstrafen

Die begleitenden Gesetze führten dann ähnliche Strafstaffeln ein wie im § 9 RTierSchG. So drohten § 60 RJagdG und § 21 RNatSchG jeweils in Abs. 1 ebenfalls bis zu zwei Jahre Gefängnis- oder Geldstrafe (3 – 10 000 RM, mit allenfallsiger Überschreitung nach §§ 27, 27 a und 27 c RStGB) für vorsätzliche, und in Abs. 2 Geldstrafe bis 150 RM oder Haft für fahrlässige Zuwiderhandlungen an. Dennoch waren Tateinheiten möglich. Bspw. war ein Verstoß gegen § 35 Abs. 1, 2 RJagdG nach § 60 Abs. 2 Z. 8 ebenda nur als Übertretung zu bestrafen, führte jedoch leicht zu Tierquälerei. In solchen Fällen galt nach § 73

1968 v. Olshausen, *Kommentar zum StGB*, 12. A., 1944, S. 1040, Anm. 3; auch hier stand „M." für „Mißhandlung".

RStGB, „daß, falls die Tatbestände des Tierschutzgesetzes ebenfalls erfüllt sind, […] die höheren Strafen des TSchG. Anwendung finden.“[1969]

bb) Nebenstrafen und Verfahrensvorschriften

In Anlehnung an § 10 RTierSchG sahen § 61 RJagdG, § 22 RNatSchG, § 31 RNatSchVO und § 14 des Walfangregelungsgesetzes entsprechende Einziehung vor, auf die, fallweise mit Rücksicht auf das Tier, auch selbständig erkannt werden konnte.

Die andere prozessuale Norm des RTierSchG, § 12, zog die Kritik praktischer Unverbindlichkeit auf sich. Im Gegenteil dazu war die Ehrengerichtsbarkeit des § 62 RJagdG zwingend.

cc) Verwaltungsmaßnahmen

Für einen sachgerechten Umgang mit Tieren sah das RTierSchG in § 6 Abs. 1, § 7 Z. 2 schon vorgebildetes Personal vor, dem Z. 8 noch ein Versuchsregister zur Nachkontrolle auferlegte. Ähnliche Einstiegsprüfungen fanden auch bei Jägern (§ 22 Abs. 4 RJagdG) und Schmieden (Hufbeschlagverordnung) statt, wobei auf allgemeine Tierschutzvorschriften bekennend Wert zu legen war (§ 24 Z. 4 RJagdG; § 4 Z. 20, § 8 Z. 6 Hufbeschlag-VO). Für Aufsicht über die Tätigkeitsausübungen sorgten der Jagdschein (§ 22 Abs. 1 RJagdG) und das Walfangtagebuch (§ 5 des Gesetzes, §§ 6, 7 der Verordnung). Während unordnungsmäßige Führung nur Ordnungsstrafen (§ 13 VO) nach sich zog, hatten Jagdfrevler die Entziehung des Jagdscheins (§ 62 RJagdG) zu gewärtigen. Ein solches Beschäftigungsverbot bedeutete auch der Fahrerlaubnisentzug (§ 3 StVZO) für ungeeignete Fahrzeug- oder Tierführer, so wie im RTierSchG § 6 Abs. 3, § 9 Abs. 3 Z. 2 (nicht ausdrücklich, doch bei folgerichtiger Anwendung) für Wissenschaftler und § 11 Abs. 1 für Tierhalter, Kutscher, Tierhändler u. a.

c) Erzieherische Einrichtungen

Allerdings lassen sich diese Ahndungsmittel bei ihrer Dichte und Härte nicht als reine Vergeltungsmaßnahmen betrachten. Vielmehr war bereits zum § 11 Abs. 2 RTierSchG vermerkt worden:

> „Hier geht das italienische Recht insofern weiter, als dem gewerbsmäßigen Tierschinder die Fortführung seines Gewerbes oder das Halten von Tieren untersagt werden *muß*. Das deutsche Gesetz bringt auch hier den Gedanken, den Gegner mit der neuen Ordnung der Dinge zu versöhnen[,] insofern zum Ausdruck, als es eine Wiederaufhebung dieser Maßnahme nach längerer Zeit gestattet, sofern anzunehmen

---

1969 Wetzel, *Tierschutz im Reichsstrafrecht*, 1936, S. 42; über Verstöße gegen das RSchlG s. o. zu dessen „Gesamtbetrachtung“.

ist, daß der Schuldige sich verbessert hat. Diese Bestimmung ist in hohem Maße geeignet, erzieherisch zu wirken."[1970]

Ähnliches fand sich in § 3 StVZO Abs. 1 S. 1 und 2, der neben der Untersagung bzw. Entziehung der Fahrerlaubnis auch Bedingungen zu deren (Wieder-) Erteilung vorsah.

Besonders hinsichtlich Kindern war der pädagogische Leitgedanke schon in § 2 S. 3 RSchlVO erkennbar (unbedingter Ausschluss unter 14jähriger vom Zugegensein bei Schlachthandlungen), eindeutig dann im § 9 Abs. 3 Z. 4 RTierSchG (Aufsichtspflicht) geworden. Nach diesen Maßstäben gestalteten sich schließlich auch § 13 Z. 5 (Kinderbeteiligungsverbot bei Vogelfang und Nestbeseitigung) sowie § 30 Abs. 4 (Aufsichtspflicht) RNatSchVO.

d) Zwischenergebnis: Entstehung des deutschen Tierschutzrechts

Vorbehaltlich menschlicher Notnutzungen entstand so ein Regelungssystem zum Schutz der Tiere. Während der Betäubungszwang für warm- und kaltblütige Schlachttiere (1933 / 36) und das RTierSchG (1933) vornehmlich den in menschlichen Besitz geratenen Tieren zugute kamen, nahmen sich die Jagd- (1934) und die Naturschutzgesetzgebung (1935 / 36) je der jagdbaren wie der nicht-jagdbaren freilebenden Tiere an. Als sodann auch hinzugekommene bzw. noch verbliebene Tierschutzfragen im Straßen- und Eisenbahnverkehr 1937 – 38 geregelt worden waren, entstand der Eindruck: „Die Tierschutzgesetzgebung hat nun einen gewissen Abschluß gefunden".[1971] Abermalige Erlässe entsprechend neuesten Notwendigkeiten bis Ende 1940 gingen zwar doch in gewissen Maßen darüber hinaus, jedoch war es nicht verfehlt, als Giese und Kahler ihre Durchkommentierung sämtlicher Tierschutzgesetze bis 1938 / 39 als *„Das deutsche Tierschutzrecht"* betitelten.

Denn erstmals fassten sie darin die Ergebnisse der bisherigen Auslegung des RTierSchG zusammen. Diese leiteten sich vom Tier als von einem Schutzgegenstand ab, für den die Gesetze fürder nicht mehr „materialistisch" eine „vernünftige Person" voraussetzten wie sonst im „Menschen-Recht", sondern *„spiritualistisch*" von der leidensfähigen Empfindsamkeit und auch der Unverzichtbarkeit des Tieres für das althergebrachte Heimatsleben ausgingen. Dieser neuen, eigentümlichen Gattung von Schutzbedürfnissen mussten sich vorgefundene Fachbegriffe anpassen, wodurch ein eigener *Wortschatz* zum Schutze der Tiere zustande kam. Weil sie sich ferner nicht selbst gegen den Menschen-Täter wehren konnten, bedurfte es zur wirksamen Umsetzung der Vorschriften nicht nur

1970 Sommer, *Das neue TierSchG*, in: GA, N. F. Bd. 1, 1934, S. 34.

1971 Krebs, Geleitwort zu Giese / Kahler, *Das deutsche Tierschutzrecht*, 1939, S. 3.

der Freiheits- und Geldstrafen, sondern auch der Verwaltungsmaßnahmen und Verfahrensvorgaben, die nicht zuletzt mit *erzieherischen* Maßnahmen versehen waren. Dieser Komplex ließ sich in keine der bestehenden Fachrichtungen mehr schlechthin einordnen, sondern schloss sich zugunsten der legislativen Systematik und der dogmatischen Eigendynamik als ein neues Sachgebiet ab: das *Tierschutzrecht*.

Dieses war überdies *deutscher Prägung*, und zwar nicht nur angesichts seiner Kodifikationsform im Vergleich zu den anglo-amerikanischen Urteilen bzw. „Acts".[1972] Erinnert sei vielmehr an die eben genannten Erziehungsvorschriften, die dem Gemaßregelten Bewährungsbedingungen offenhielten, statt ihn einfach als „ein bis zur Krankheit unsittliches Glied am Volkskörper"[1973] von demselben auszuschließen. Diese Maßnahmen gingen über den bis dahin im europäisch-kontinentalen Rechtskreise vorbildlichen Art. 727 des italienischen *Codice penale* noch hinaus;[1974] und ihr Leitgedanke, die nunmehrige „Volksgemeinschaft" zur — nach bis dahin herrschender Anschauung — „urgermanischen" Tier- und Heimatliebe zurückzuführen, bedeutet nicht minder eine weltgeschichtliche Einmaligkeit auf deutschem Boden, erachtet das mittlerweilige Ende des nationalsozialistischen Zeitabschnitts.

Grenzte schon Schmid-Lindner 1940 / 41 das Tierschutzrecht als eigenständiges Fachgebiet gegenüber dem Strafrecht ab, so verwendeten Dr. Giese und Dr. Lorz diesen Begriff in ihren Nachkriegs-Kommentaren von 1951 bzw. ab 1961 weiterhin. Seither ist das Tierschutzrecht eine im deutschen Rechtswesen wohlverankerte Begebenheit.

1972 Vgl. Eberstein, *Tierschutzrecht in Deutschland bis 1933*, 1999, S. 371 und S. 23 – 62.

1973 Kupka, *lex ferenda*, 1918, S. 38.

1974 Sommer, *Das neue TierSchG*, in: GA, N. F. Bd. 1, 1934, S. 30.

L. Umsetzung des Tierschutzes 1933 – 1945

Betreffs der Umsetzung des Tierschutzes sei zuerst auf bisherige Forschungen hingewiesen.[1975] Nach Quellendurchsicht ist dazu Folgendes zu ergänzen.

I. Tierschutzvereine und Tierärzte

Kreise, die am engsten mit der Umsetzung der Tierschutzgesetze verzahnt waren, bildeten die Tierschutzvereine. Angesichts ihrer Probleme, die teils 1931 von Dr. Eckhard bemängelt, teils 1933 in Ersuchen an Dr. Frick dargelegt worden waren, erfolgte ihre Neuorganisierung durch den

1. Reichstierschutzbund

Noch am 5. Dezember 1933 beauftragte der Reichsinnenminister „den ‚Berliner Tierschutz-Verein e. V. für alle Länder deutscher Sprache' in Berlin SW 61, Großbeerenstraße 68, unter der Bezeichnung ‚Reichs-Tierschutzbund' als Spitzenvertretung die Neuorganisation der deutschen Tierschutzvereine durchzuführen. Den Vorsitz im ‚Reichs-Tierschutzbund' wird Ministerialdirektor Dr. Buttmann, Leiter der Kultur-Abteilung des Reichsministeriums des Innern, übernehmen, der damit Führer des deutschen Tierschutzes wird; mein Sachbearbeiter für Veterinärwesen und Tierschutz, Ministerialrat Dr. Giese, wird in den Vorstand des Reichs-Tierschutzbundes eintreten. Die Geschäftsführung bleibt die gleiche wie bisher."[1976] Dies bedeutete, Carl Kraemer blieb Geschäftsführer, dem nunmehr Dr. Rolf Korkhaus als tierärztlicher Mitarbeiter und Berater zur Seite stehen sollte.[1977] „Die Arbeiten des Reichstierschutzbundes erfuhren [jedoch ab 1935[1978]] eine Unterbrechung durch das Ausscheiden des Ministerialdirektors Dr. Buttmann aus dem Reichsinnenministerium infolge seiner Berufung als Generaldirektor der Staatsbibliothek in München. An seiner Stelle wurde der Oberbürgermeister von Frankfurt a. M., Staatsrat Dr. Krebs[1979], vom Reichsmi-

1975 Heintz, *Tierschutz im Dritten Reich*, 2008, S. 69 – 187; Dirscherl, *Tier- und Naturschutz im Nationalsozialismus*, 2012, S. 79 – 158.

1976 II 4440/21.11., in: BA Berlin-Li., R 18 0783, Rep. 320 Nr. 589, Bl. 125.

1977 Heintz, *Tierschutz im Dritten Reich*, 2008, S. 70.

1978 Vgl. Heintz, *Tierschutz im Dritten Reich*, 2008, S. 72.

1979 Krebs, Friedrich (Fritz), Dr. iur., geb. 9. 5. 1894 in Germersheim; 1922 Tätigkeit in der NSDAP, 1932 Mitglied des Preußischen Landtags, NSDAP-Fraktion; Kreisleiter der NSDAP in Frankfurt a. M., März 1933 dortiger Oberbürgermeister, Preußischer Staatsrat; Vorsitzender des Aufsichtsrates der Deutschen Städte-Reklame GmbH in Frankfurt

nisterium des Innern mit der Leitung des Reichstierschutzbundes und der Neuorganisation der Tierschutzvereine und des Tierschutzes überhaupt beauftragt, der den Reichstierschutzbund von dem ‚Berliner Tierschutz-Verein e. V. für alle Länder deutscher Sprache' loslöste, eine besondere Geschäftsstelle des Reichstierschutzbundes in Frankfurt a. M., Domstraße 10, einrichtete und einen ehrenamtlichen Beirat von 14 Mitgliedern berief."[1980] „Nach einer Absprache des Reichsjugendführers, Baldur von Schirach, mit [...] Dr. Krebs wird die Reichsjugendführung dem Reichstierschutzbund als Mitglied beitreten und in enger Zusammenarbeit mit dem Reichstierschutzbund den Tierschutzgedanken in die Reihen der deutschen Jugend tragen."[1981]

2. Die 5. AusfVO des RTierSchG (Tierschutzvereine) vom 11. August 1938

Zur Arbeit des Reichstierschutzbundes 1934 – 1938 verzeichneten Giese und Kahler: „Es war nun von vornherein klar, daß eine solche umfassende Neuregelung, die 600 bis 700 Vereine betraf, geraume Zeit erfordern würde; alle bisherigen Reichs-, Landes-, Provinzial-, Bezirks- und Kreisverbände, –bünde und Arbeitsgemeinschaften des deutschen Tierschutzes wurden aufgelöst; alle Tierschutzvereine hatten fortab nur als *Orts*vereine zu gelten, ihre Tätigkeit hatten sie demgemäß nur in ihrem Orte bis zur Mitte der Entfernung ihres Wohnsitzes von dem des nächsten Tierschutzvereins auszuüben; die Vereinsnamen waren dementsprechend zu ändern; vor allem war eine Einheitssatzung für die deutschen Tierschutzvereine aufzustellen und einzuführen u. a. m. [...] Im Laufe der Zeit hat sich herausgestellt, daß die dringend notwendige Zusammenfassung aller im Tierschutz tätigen Kräfte [...] ohne besondere gesetzliche Grundlage nicht möglich ist. Deshalb wurde [...] erlassen":[1982] Die

„Fünfte Verordnung zur Ausführung des Tierschutzgesetzes (Tierschutzvereine).

Vom 11. August 1938.

/ Main, Frankfurter Flughafen GmbH, stellvertretender Vorsitzender des Aufsichtsrates der Rhein-Main-Luftschifffahrten GmbH, der Südwestdeutschen Flugbetriebs-AG Rhein-Main (alle in Frankfurt a. M.); gest. 1961. (s. Stockhorst, *5000 Köpfe*, 1967, S. 250; über Dr. Krebs als Tierschützer vgl. Heintz, *Tierschutz im Dritten Reich*, 2008, S. S. 74 – 83, 105 – 106, 121 – 162 u. 201 – 206).

1980 Giese / Kahler, *Das deutsche Tierschutzrecht*, 1939, S. 127; auch Radtke, *Tierschutz von A – Z*, 1942, S. 162.

1981 Radtke, *Tierschutz von A – Z*, 1942, S. 162 – 163.

1982 Giese / Kahler, *Das deutsche Tierschutzrecht*, 1939, S. 126 – 127.

Auf Grund des § 14 des Tierschutzgesetzes vom 24. November 1933 (Reichsgesetzbl. I S. 987) wird verordnet:

§ 1

(1) Als alleinige Vertretung der deutschen Tierschutzvereine wird der Reichs-Tierschutzbund e. V. in Frankfurt a. M. anerkannt. Neben ihm sind Vereinigungen mit gleicher oder ähnlicher Zielsetzung unzulässig.

(2) Der Leiter des Reichs-Tierschutzbundes und sein Vertreter werden vom Reichsminister des Innern im Einvernehmen mit dem Stellvertreter des Führers berufen und abberufen.

(3) Die Satzung des Reichs-Tierschutzbundes bedarf der Genehmigung des Reichsministers des Innern und des Stellvertreters des Führers.

§ 2

Vereine, die nach ihrem Zweck oder ihrer hauptsächlichen Betätigung den Tierschutz ausüben oder fördern oder den Namen Tierschutzverein oder eine ähnliche Bezeichnung führen (Tierschutzvereine), müssen dem Reichs-Tierschutzbund angehören. Über Beitrittsgesuche entscheidet, unbeschadet der Vorschrift des § 4, der Leiter des Reichs-Tierschutzbundes.

§ 3

(1) Die Tierschutzvereine müssen eine Satzung haben, die der vom Reichs-Tierschutzbund aufgestellten und vom Reichsminister des Innern genehmigten Mustersatzung entspricht. Die Mustersatzung wird im Deutschen Reichsanzeiger und Preußischen Staatsanzeiger veröffentlicht.[1983]

(2) Vorsitzende von Tierschutzvereinen und ihre Vertreter bedürfen der Bestätigung durch den Leiter des Reichs-Tierschutzbundes, der sie im Einvernehmen mit dem für den Verein zuständigen Hoheitsträger der Nationalsozialistischen Deutschen Arbeiterpartei erteilt. Die Bestätigung kann widerrufen werden.

§ 4

(1) Der Reichsminister des Innern entscheidet, ob ein Verein als Tierschutzverein im Sinne dieser Verordnung anzusehen ist. Die Entscheidung bindet Gerichte und Verwaltungsbehörden.

(2) Der Reichsminister des Innern kann Tierschutzvereine zusammenschließen oder auflösen oder dem Reichs-Tierschutzbund anschließen, wenn dies zur Vereinheitlichung der Tierschutzbestrebungen oder zur Verhütung von Schädigungen des Tierschutzes erforderlich ist. Hierbei können Bestimmungen über die Verwendung des Vereinsvermögens getroffen und Dienstbezüge, Abfindungen, Übergangsgelder sowie Versorgungsansprüche der Dienstverpflichteten auf einen angemessenen Betrag herabgesetzt oder zeitlich beschränkt werden.

1983 Veröffentlicht in Nr. 202 der genannten Zeitung v. 31. 8. 1938. Da die Satzung nicht mehr unmittelbar die Tiere selbst betraf, wird hier von einer Textwiedergabe abgesehen; Abdruck s. Giese / Kahler, *Das deutsche Tierschutzrecht*, 1939, S. 132 – 147.

§ 5

(1) Die höhere Verwaltungsbehörde kann Personen, die die Belange des Tierschutzes gefährden, bestimmte Betätigungen auf dem Gebiete des Tierschutzes verbieten; die Entscheidung ist endgültig.

(2) Höhere Verwaltungsbehörde im Sinne des Abs. 1 ist in Preußen und Bayern der Regierungspräsident (in Berlin der Polizeipräsident), in Sachsen der Kreishauptmann, im Saarland der Reichskommissar für das Saarland und im übrigen die oberste Landesbehörde.

§ 6

Vor Maßnahmen nach § 4 und § 5 Abs. 1 ist der Leiter des Reichs-Tierschutzbundes zu hören.

§ 7

Wer vorsätzlich einem nach § 5 erlassenen Verbot zuwiderhandelt, wird mit Geldstrafe bis zu 150 Reichsmark oder mit Haft bestraft.

§ 8

Diese Verordnung tritt am 1. September 1939 in Kraft.

Berlin, den 11. August 1938

Der Reichsminister des Innern
In Vertretung
Dr. Stuckart

Der Reichsminister der Justiz
Dr. Gürtner"[1984]

3. Wirkungen

Zweck dieser „Gleichschaltung" war es, die Vereinfachung des Geschäftsverkehrs und die Vertretung der deutschen Tierschutzvereine gegenüber der Reichsregierung,[1985] der Öffentlichkeit[1986] und dem Ausland[1987] zu besorgen. Als Zeitzeuge blieb Dr. Giese noch 1951 bei seiner Feststellung: „Die vom Reichs-Tierschutzbund den deutschen Tierschutzorganisationen mitgeteilte Anordnung wurde von nahezu allen Tierschutzvereinen begrüßt oder unwidersprochen angenommen" [1988], weil „diese Regelung auf dem Gebiete des Tierschutz-

1984 RGBl. I S. 1004.

1985 II 4440/21. 11., in: BA Berlin-Li., R 18 0783, Rep. 320 Nr. 589, Bl. 125.

1986 Giese / Kahler, *Das deutsche Tierschutzrecht*, 1939, S. 125.

1987 Heintz, *Tierschutz im Dritten Reich*, 2008, S. 71: „Es gingen zahlreiche Anfragen offizieller ausländischer Institutionen zum Tierschutz in Deutschland bei Kraemer ein, aus England, Dänemark, Litauen, Frankreich, Spanien und der Türkei."

1988 Giese / Kahler, *Das deutsche Tierschutzrecht*, 1939, S. 126; Giese, 4. A., 1951, S. 128.

Vereinswesens, auf dem von jeher wenig erfreuliche Zustände herrschten, Ordnung gebracht hat."[1989]

a) Dienstlich

Den Arbeitsablauf danach beleuchten Aufzeichnungen des Tierschutzvereins Dresden am eigenen Beispiel:

> „Durch den Erlaß des Reichstierschutzgesetzes vom 24. November 1933 und die Gründung des Reichstierschutzbundes im Dezember des gleichen Jahres wurde nun auch vom Reich her eine vollständige Umgestaltung der Aufgaben und Arbeitsweise der Tierschutzvereine herbeigeführt. Dies wirkte sich auf den Dresdner Verein dahin aus, daß sowohl das Personal der Geschäftsstelle als auch der Außendienst verstärkt werden mußten. Die Besucherzahl in der Geschäftsstelle und die Zahl der zu erledigenden Anzeigen haben inzwischen Höhen erreicht, die vordem unvorstellbar waren. So wurden z. B. im Jahre 1938 vom Außendienst 1400 Fälle erledigt, die Zahl der in der Geschäftsstelle gegebenen Auskünfte stieg mitunter auf über 40 am Tage. Zu dem [...] Außendienstbeamten Kriminalinspektor a. D. Viebaß traten im Juli Kriminaloberkommissar a. D. Wolf und im September 1936 Kriminaloberkommissar a. D. Rothe. In den Jahren 1933 und 1934 wurden von Herrn Viebaß SA.-Männer als Tierschutzstreifendienst ausgebildet, eine Hilfstruppe, die in dieser Zeit wertvolle Dienste leistete. Mit der abnehmenden Erwerbslosigkeit erledigte sich ihre Tätigkeit. Später hat der Herr Polizeipräsident zwei Polizeibeamte ausschließlich für den Tierschutz zur Verfügung gestellt. Diese Einrichtung ließ sich bei Neuordnung des Polizeiwesens nicht mehr aufrecht erhalten. Neben ihrer umfangreichen täglichen Arbeit haben die Außenbeamten in den letzten Jahren zwei große Sonderaufgaben im Landkreis durchgeführt. Dies waren: Die Bekämpfung der gesundheitsschädlichen Stirn- und Widerristjoche in der Ochsenbespannung zugunsten des Dreipolsterkummets, und in den letzten Monaten die Prüfung sämtlicher Hundehaltungen in den Landgemeinden und zwei Kleinstädten des Landkreises Dresden unter Belehrung über die geeignete Unterbringung von Hunden und Aufklärung über die Schädlichkeit des Wilderns der Hunde für den Wildbestand."[1990]

b) Zivilrechtlich

Bspw. in einem Fall entstand daraus mitunter sogar Vermögensvorteil für die Sache des Tierschutzes:

1989 Giese, *Das deutsche Tierschutzrecht*, 4. A., 1951, S. 130; vgl.; Pause, *Neuaufbau im Dritten Reich*, in: Willige (Hrsg.), *100 Jahre Tierschutz in Dresden*, 1939, S. 156, i. V. m. Spaltung (1878 bis 1933), S. 127 – 154; TSV Berlin, *100 Jahre Tierschutz in Berlin*, 1941, S. 16; TSV München, *100 Jahre Tierschutz, 1942*, S. 46 – 47.

1990 Pause, *Neuaufbau im Dritten Reich*, in: Willige (Hrsg.), *100 Jahre Tierschutz in Dresden*, 1939, S. 157 – 158.

„Der Oberarzt Dr. W. und seine Ehefrau Maria W. errichteten am 16. Mai 1905 ein gemeinschaftliches Testament, in dem sie sich gegenseitig zu Alleinerben einsetzen. Nach dem Tode des Überlebenden sollte der gesamte Nachlaß den Tierschutzvereinen der Städte Deutschlands mit einer Einwohnerzahl von 20 000 Menschen an aufwärts *pro rata* der Einwohnerzahl zufallen. Der Ehemann W. verstarb am 26. März 1912, die Ehefrau W. am 31. März 1936. Frau T., eine als alleinige gesetzliche Erbin in Frage kommende Nichte der Erblasserin, beantragte, einen sie als Alleinerbin ausweisenden Erbschein zu erteilen. Sie ist der Ansicht, daß die Erbeinsetzung der Tierschutzvereine so unbestimmt sei, infolgedessen gesetzliche Erbfolge eingetreten sei. Das AG. wies den Antrag zurück, weil die Ermittlung der Tierschutzvereine zwar schwierig, aber nicht unmöglich sei. Auf Beschw. der Frau T. hob das LG. die Vorentscheidung auf und wies das AG. an, den Erbschein zu erteilen.“[1991]

Dagegen legte u. a. der Reichstierschutzbund e. V. seinerseits Beschwerde ein, welch letzterer das Kammergericht am 16. Juni 1938 mit folgender Begründung stattgab:

„Zu einem praktisch brauchbaren Ergebnis, das auf jeden Fall dem Willen der Erblasser nach Möglichkeit zum Erfolg verhilft, führt allein die Auslegung, daß diejenige Organisation Erbe geworden ist, der zentral der Reichstierschutz im gesamten Deutschland (dem politisch geeinten Deutschland zur Zeit des Erbfalls) unterstellt ist und die die Machtmittel hat, den Nachlaß entsprechend der Bestimmung der Erblasser an die in Frage kommenden Tierschutzvereine unter Erfassung dieser Vereine zu verteilen. Diese Organisation ist der BeschwF. zu 2, der jetzt maßgebende Reichstierschutzbund. Zwar hat der Reichstierschutzbund erst am 14. Juni 1937 durch Eintragung in das Vereinsregister Rechtsfähigkeit erlangt und zwar erst von diesem Zeitpunkt an erbfähig (§ 1923 BGB.). Es erscheint aber i. S. der zulässigen und gebotenen Auslegung unbedenklich, den Reichstierschutzbund als Nacherben i. S. der §§ 2101 Abs. 2, 2106 Abs. 2 BGB.[1992] zu betrachten und als Vorerben den Berliner Tierschutzverein (jetzt Deutscher Tierschutzwerbedienst), dem laut ministerieller Vfg. vom 5. Dez. 1933 bis zur Entstehung des jetzigen Reichstierschutzbundes unter der Bezeichnung ‚Reichstierschutzbund‘ als Spitzenvertretung die zentralen Aufgaben des deutschen Tierschutzes übertragen waren.

1991 JW, 67. Jg., 1938. S. 2273.

1992 § 2101 Noch nicht gezeugter Nacherbe: „*(1) Ist eine zur Zeit des Erbfalls noch nicht gezeugte Person als Erbe eingesetzt, so ist im Zweifel anzunehmen, daß sie als Nacherbe eingesetzt ist. Entspricht es nicht dem Willen des Erblassers, daß der Eingesetzte Nacherbe werden soll, so ist die Einsetzung unwirksam. (2) Das gleiche gilt von der Einsetzung einer juristischen Person, die erst nach dem Erbfall zur Entstehung gelangt; die Vorschrift des § 84 bleibt unberührt. Die juristische Person wird mit ihrer Entstehung Erbin. Bis dahin tritt die Vorerbschaft der gesetzlichen Erben des Erblassers ein.*“ § 2106 Eintritt der Nacherbfolge: „*(2) Ist die Einsetzung einer noch nicht gezeugten Person als Erbe nach § 2101 Abs. 1 als Nacherbeinsetzung anzusehen, so fällt die Erbschaft dem Nacherben mit dessen Geburt an. Im Falle des § 2101 Abs. 2 tritt der Anfall mit der Entstehung der juristischen Person ein.*“

Der danach ermittelte Erbe ist als mit der Auflage beschwert anzusehen, den Nachlaß [...] unter Zugrundelegung des Zeitpunktes des Erbfalls vom 31. März 1936 auf die *damals schon bestehenden Tierschutzvereine* in den Städten (sonstige Gemeinden kommen nach dem Testament nicht in Frage), mit einer Einwohnerzahl von 20 000 an aufwärts zu verteilen. Hierbei kommen nur Vereine in Frage, die sich lediglich mit dem Tierschutz, nicht auch nebenbei mit der Tierzucht befassen, da keine Umstände dafür hervorgetreten sind, daß die Erblasser auch letztere Vereine bedenken wollten, der Inhalt der Testamentsakten vielmehr dafür spricht, daß den Erblassern lediglich der eigentliche Tierschutz am Herzen gelegen hat. Es kommen also nur dem Reichstierschutzbund unterstelle Vereine in Frage. Die Schwierigkeiten, die das LG. für die Erfassung dieser Vereine annimmt, sind offensichtlich nicht vorhanden, da [...] es nach der Satzung Aufgabe des Reichstierschutzbundes ist, alle entsprechenden Vereine zu erfassen und sich zu unterstellen. Die Zuwendungen haben sich auch auf nicht rechtsfähige Vereine zu erstrecken, da dies offenbar im Willen des Erblassers liegt. Die nicht rechtsfähigen Vereine würden die ihnen zukommenden Beträge alsdann als zweckgebundenes Gesellschaftsvermögen i. S. der §§ 718 ff. BGB. erhalten (JFG. 13, 138). Sollten in einer Stadt zur Zeit des Erbfalls zwei oder mehr zu berücksichtigende Vereine bestanden haben, müßte der auf die Stadt entfallende Betrag gleichmäßig auf diese Vereine verteilt werden, da dies der Billigkeit und dem mutmaßlichen Willen der Erblasser entspricht. Sollte ein Verein, der zur Zeit des Erbfalls bestanden hat, inzwischen seine Existenz verloren haben [...], so erscheint es unbedenklich, den Betrag [...] auf die übrigen Vereine zu verteilen. [...] Der Sinn des Testamentes ist ja, wie die BeschwF. zutreffend bemerken, daß der deutsche Tierschutz auf möglichst breiter Grundlage bedacht wird. [...] Es ist in erster Linie Aufgabe des Testamentsvollstreckers, die Ausführung der Auflage von dem Erben zu verlangen und die Ausführung zu überwachen (§§ 2203, 2208 Abs. 2 BGB.).“[1993]

4. Ausblick auf die Tierärzteschaft

Was im Sinne durchgreifender Organisation die Tierschutzvereine betraf, das erstreckte sich auch auf die Tierärzte, und zwar namentlich durch die *Reichstierärzteordnung* vom 3. April 1936 sowie die *Berufsordnung der deutschen Tierärzte* vom 17. März 1937.[1994] „Dementsprechend ist in der neuen Bestallungsordnung für Tierärzte vom 16. 2. 1938 in § 73 der *Tierschutz als Unterrichts- und Prüfungsfach* vorgesehen worden.“[1995] Hierbei verdient auch erwähnt zu werden: „Dr. Friedrich Weber [...] war als Reichsführer der Deutschen Tierärzte (1934 – 1945) und als Leiter der Reichstierärztekammer (1936 – 1945)

1993 KG, 1. Zs., Beschl. v. 16. 6. 1938, 1 Wx 205/38, in: JW, 67. Jg., 1938, S. 2274.

1994 Darlegungen und Quellenangaben s. Insenhöfer, *Dr. Weber — Reichstierärzteführer*, 2008, S. 112 – 125.

1995 Giese, *Tierschutz und Tierschutzrecht in Deutschland*, in: TSV Berlin, *100 Jahre Tierschutz in Berlin*, 1941, S. 22.

sowie als (Unter-) Abteilungsleiter im Reichsinnenministerium (1935 – 1945) mit höchsten Entscheidungsbefugnissen ausgestattet und die zentrale Persönlichkeit der Veterinärmedizin im Dritten Reich. Von Weber geschaffene standespolitische Strukturen bestehen noch heute."[1996]

II. In der Rechtsprechung

Während die Tierschutzvereine und die Tierärzteschaft als Körperschaften bzw. Berufsstand dem Tierschutz am nächsten standen, lag dessen juristische Umsetzung in den Händen der Richter. Neben den im Rahmen der der Gesetzesauslegung zusammengeführten Entscheidungen[1997] verzeichnete ferner ein Reichsgerichtsurteil vom 4. Februar 1937 die Anwendung des § 9 Abs. 1 RTierSchG auf eine Serie von „aus sexuellen Gründen von Frauen begangene[r] Tierquälerei".[1998] — Jenseits der Einzelfälle bietet sich ein Überblick:

> „Im Jahre 1934 wurden nach amtlichen statistischen Erhebungen wegen Zuwiderhandlungen gegen das RTG. von den Gerichten insgesamt 3070 Personen rechtskräftig abgeurteilt, davon 2608 rechtskräftig verurteilt. Von den Verurteilten waren 120 weiblich, 72 jugendlich (14 bis unter 18 Jahre alt), 22 Ausländer, 697 Personen waren bereits vorbestraft, davon 145 mehr als viermal. Berechnet auf 100 000 der fortgeschrittenen strafmündigen Gesamtbevölkerung beträgt die Kriminalitätsziffer der wegen Tierquälerei Vorbestraften 5,17. Die von den Polizeibehörden wegen Tierquälerei verfolgten Bestrafungen sind in den vorstehenden Angaben nicht enthalten. Im Jahre 1938 wurden insgesamt 2516 Personen wegen Tierquälerei rechtskräftig verurteilt gegen 4239 im Jahre 1937. Von den Verurteilten waren 170 (247) weiblich, 175 (263) jugendlich (14 – 18 Jahre alt), 752 (1199) vorbestraft.
>
> Bei der Wertung dieser kriminalistischen Ergebnisse für das Jahr 1938 dürfen allerdings nicht die Wirkungen des ‚Gesetzes über die Gewährung von Straffreiheit' (RGBl. I S. 433) außer acht gelassen werden. Doch ist der Rückgang in der Zahl der wegen Verbrechen und Vergehen gegen das Reichstierschutzgesetz abgeurteilten, insbesondere verurteilten Personen nicht ausschließlich auf diese Amnestie zurückzuführen. Sie ist vielmehr zu einem wesentlichen Teil auch Ausdruck einer

1996 Insenhöfer, *Dr. Weber — Reichstierärzteführer*, 2008, S. 185; zu seinem Leben und Wirken s. S. 14 – 184.

1997 Einen Überblick bietet in „Berücksichtigtes Schrifttum" unter „4., Gerichtsurteile"; Heintz, *Tierschutz im Dritten Reich*, 2008, S. 113 – 114 bzw. 236 – 238, ebenda, ergänzen weitere 13 bzw. 4 Fälle.

1998 JW, 66. Jg., Bd. 2, 1937, S. 1352; der Fall ist ohne Sachverhalt überliefert . Indem jedoch am Belang für den Tierschutz kein Zweifel bestand, setzte das Urteil im Wesentlichen dogmatisch auseinander, warum die Taten demgegenüber nicht als Unzucht mit Tieren nach § 175 b RStGB zu bestrafen gewesen seien. Eine weitere Behandlung dieser Frage s. Grau, *Tiere klagen dich an*, in: DJ, 98. Jg., 1936, 2. Hj., S. 1888 – 1889.

tatsächlichen Kriminalitätsbesserung, da bei einer Reihe von kriminalpolitisch wichtigen strafbaren Handlungen, bei denen nach dem erwähnten Amnestiegesetz keine Straffreiheit gewährt wurde, eine bemerkenswerte Verminderung in der Verurteiltenzahl zu verzeichnen ist."[1999]

Für letztere Annahme spricht das Ergebnis einer preußischen Erhebung vom 12. Juli 1934, Nr. I, 4485, betreffend die „*Umsetzung des Gesetzeswillens in der Wirklichkeit*" bei den Straftaten: 1. Versicherungsbetrug, 2. Heiratsschwindel, 3. Heilmittelschwindel, 4. Fahrrad- und Autodiebstahl, 5. Viehdiebstahl, 6. Abtreibung, 7. Tierquälerei, 8. Fahrlässige Tötung und Körperverletzung bei Autounfällen, 9. Brandstiftung, 10. Greuelpropaganda. Bis zum 14. August 1934 reichten die Amtsgerichte diesbezügliche Urteile ein, die das Kammergericht auf 78 Aktenstöße verteilte.[2000] Überwiegend hatten die darin verhandelten Tierquälereifälle Kutscher oder Fuhrunternehmer zu Tätern und zu deren Verurteilung zu zweistelliger Geldstrafe sowie „eventuell" einigen Tagen oder Wochen Gefängnis geführt.[2001] In diesem Zusammenhang teilte der Kammergerichtspräsi-

---

1999 Radtke, *Tierschutz von A – Z*, 1942, S. 18.

2000 GStA PK Berlin-Dahlem, I. HA Rep. 84 a Nr. 7884, Bl. 1.

2001 Vgl. GStA PK Berlin-Dahlem, I. HA Rep. 84 a Nr. 7884 Bl. 37, 38, 41 – 43, 46, 51, 57 – 62, 64, 65, 66 RS, 67 RS, 69, 70, 83, 100 – 103, 106, 107, 110, 113 VS+RS, 115 – 118, 123, 124, 128, 129, 131 – 135, 130 – 140, 143, 148, 185, 249, 251, 252, 259, 262, 265, 266, 269, 277, 280, 283, 284, 287, 297, 300, 304, 305, 309, 305, 309, 310, 313 – 315, 333 RS, 334, 337, 355 VS+RS, 356 VS+RS; Nr. 7884 a, Bl. 25 VS+RS, 33, 35, 37, 39, 45 VS+RS, 55, 56, 59, 61, 63, 72, 73 – 77, 92 VS+RS, 93, 99 VS+RS, 101, 105, 132, 134, 136, 140, 143, 147, 151, 160 – 167, 181, 184, 186, 192, 195, 197, 203 VS+RS, 211, 212, 228 a, 229, 232, 235, 246, 254, 255, 258 VS+RS, 270, 271, 273, 276, 279, 284, 286, 298, 305, 307, 309, 317, 321, 324 VS+RS, 333, 341, 355, 360, 363, 368, 383; Nr. 7884 b, Bl. 4, 14, 16, 19, 22, 25, 31, 33, 37, 40, 44, 45, 48, 56, 58, 64, 70, 74, 77, 81, 83, 84, 86 a, 88 a, 91, 93, 98, 101, 105, 110 RS, 112, 117, 123, 127, 129, 133, 134, 135 a, 138, 141, 145, 147, 152, 156 – 158, 166, 171, 183, 184, 195, 209, 210, 231 VS+RS; Nr. 7884 c, Bl. 33, 38, 89, 90 VS+RS, 93, 97, 99, 101, 107, 108, 123, 125, 127, 133 RS, 134 VS+RS, 136 RS, 137 VS – 140 RS, 141, 143 VS+RS, 145 RS, 146, 155, 162, 164 – 168, 170, 171, 174, 175; Nr. 7884 d, Bl. 148 – 154, 156 VS+RS, 158 – 202; Nr. 7884 e, Bl. 36 – 58, 104, 120 VS+RS, 141 VS+RS, 148 VS+RS, 149, 173 VS+RS, 178 VS+RS; Nr. 7884 f, Bl. 11 – 13, 26 RS, 27, 29, 33 – 35, 201, 207, 209, 210, 213, 215, 217, 220, 221, 328 RS, 329 VS+RS, 330 VS+RS, 331; Nr. 7884 g, Bl. 37 – 49, 75, 76, 106 – 120; Nr. 7884 h, Bl. 17 VS+RS, 18, 21, 31, 35 – 37, 40, 41, 43, 60, 61, 66, 68, 69, 75, 98, 100, 104 – 107, 111, 113 – 115, 119, 212, 123 RS, 130, 131, 134, 136, 149, 151, 153, 159, 162, 168, 172, 173, 189 – 191, 197, 199 VS+RS, 200, 202 – 206, 208 – 212, 216 VS+RS, 222 – 226, 229, 232 – 237, 244, 245, 248 – 252, 255 RS, 257 – 259, 261. Anbetrachts dieses Umfangs kann hier auf den Bestand dieser Fälle verwiesen werden, die a. a. O. einsehbar sind nach dem Schema „Laufende Nr. – Name, Beruf, Alter – Aktenzeichen – Straftat in Stichworten – Strafe (I./II. Instanz)".

dent dem Justizminister mit: „Bei Tierquälerei dürfte [...] der Besonderheit des Einzelfalles, namentlich dem Masse der im Einzelfall festgestellten Roheit, Rechnung getragen sein.“[2002]

III. Innerjuristische Diskussionen

Zu ähnlichen Ergebnissen gelangte auch Fritz Grau im Jahr 1936.

1. Forderung nach härteren Urteilen gegen Tierquälerei

Dem Material für die letzten beiden Jahre nämlich, das der Reichstierschutzbund ihm zur Verfügung gestellt hatte, entnahm der Reichsjustizministerialrat 31 Pferde-, 14 Hunde-, 16 Schweine- bzw. Rindvieh-, 5 Katzen- und 2 Wildtierquälereien, worunter auch Geflügelrupfen und –stopfmast, Sportangeln sowie Sodomie vorkamen. Soweit deren Bestrafungen in der *Deutschen Justiz* überliefert sind, wurden dabei zwar 27 Gefängnisstrafen — davon 17 mehrmonatige bis gar 1 Jahr lange — verhängt, aber auch 20 Geldbußen von 25 bis 300 RM.[2003] Dieses Verhältnis veranlasste Grau, den Richtern folgende Kritik entgegenzuhalten:

> „Die Tierschutzgesetzgebung des Dritten Reiches gibt [...] dem Richter eine scharfe Waffe in die Hand, allen Tierquälereien zu wehren; und man konnte die Hoffnung hegen, daß schon diese Strafdrohung genügen würde, diese Straftaten endlich zum Absinken zu bringen. Die Hoffnung hat sich leider nicht erfüllt. Ein Blick in die vielseitige Arbeit des Reichstierschutzbundes [...] und der über das ganze Reich verbreiteten Tierschutzbünde zeigt deutlich, daß auch jetzt noch in Deutschland unendlich viele Fälle von Tierquälerei vorkommen. Er zeigt aber auch, daß unsere deutschen Gerichte den Erfordernissen des Tierschutzes nicht immer und nicht überall das weitgehende Verständnis entgegenbringen, das der nationalsozialistische Gesetzgeber beim Erlaß seiner [...] Gesetze voraussetzte. [...]
>
> Es ist notwendig, dem deutschen Volk und insbesondere den deutschen Richtern immer wieder vor Augen zu führen, in welchem Umfang und unter welchen oft furchtbaren Umständen Tierquälereien noch heute bei uns vorkommen. Das ganze Volk muß immer und immer wieder aufgerufen werden, diesen Tierquälereien endlich Einhalt zu gebieten. Dem deutschen Richter muß es immer und immer wieder gesagt werden, daß der neue Staat von ihm erwartet, daß die durch die Tierschutzgesetzgebung gegebene Waffe rücksichtslos und hart gegen alle Tierquäler angewendet wird.“[2004]

2002 GStA PK Berlin-Dahlem, I. HA Rep. 84 a Nr. 7884, Bl. 2.

2003 Weiterführendes bei Grau, *Tiere klagen dich an*, in: DJ, 98. Jg., 1936, 2. Hj., S. 1883 – 1888.

2004 Grau, *Tiere klagen dich an*, in: DJ, 98. Jg., 1936, 2. Hj., S. 1883.

Mit Einsicht hatte der Senatspräsident im Reichsjustizministerium bereits zuvor festgestellt, doch auch angeregt und gefordert:

„Die Neigung zur Verhängung verhältnismäßig niedriger Strafen wegen Tierquälerei beruht einmal darauf, daß unsere Richter jahrzehntelang an die frühere Übertretungsstrafe gewöhnt sind. […] Diese nicht selten dem Volksempfinden widersprechenden zu milden Bestrafungen finden aber auch darin ihren Grund, daß offenbar nicht alle Richter über das Wesen des Tierschutzes und über die für das Tierschutzgesetz und seine Anwendung maßgebenden Gedanken sowie über die kulturelle Notwendigkeit einer strengen Bestrafung von Tierquälereien unterrichtet zu sein scheinen. Um Tierquälereien richtig beurteilen zu können, bedarf es auf dem Gebiete des Tierschutzes geschulter Richter. Es bedarf auch Richter, die nicht nur ganz vereinzelt mit solchen Fällen befaßt werden und deshalb keinen Überblick darüber haben können, in welchem Maße in Deutschland gegen die Tierschutzbestimmungen verstoßen wird. Sehr erwünscht wäre es deshalb, wenn es sich ermöglichen ließe, bei den großen Amtsgerichten besondere Abteilungen für die Tierschutzsachen einzurichten und diese mit Richtern zu besetzen, die auf diesem Gebiete besonders geschult sind. Wenn man der amtlichen Begründung zum Tierschutzgesetz folgt, daß es Zweck des Gesetzes ist, Roheiten und Pflichtvergessenheiten des Menschen gegenüber dem Tiere entgegenzuwirken und das menschliche Mitgefühl, einen der höchsten sittlichen Werte des Volkes, zu wecken und zu fördern, so ist die Forderung nach einer Heraushebung der Tierschutzsachen aus der Menge der übrigen Strafsachen begründet. Jedenfalls ist es nicht nur im Interesse der Tiere, sondern wegen der sittlichen Haltung des Volkes notwendig, alle Maßnahmen zu treffen, welche die vom deutschen Volke geforderte und vom Führer durch das Tierschutzgesetz beabsichtigte Änderung der Verhältnisse auf dem Gebiete des Tierschutzes auch wirklich herbeiführen. Nur so wird das Wort des Führers Wahrheit werden:
Im neuen Reich darf es keine Tierquälerei mehr geben!"[2005]

2. Wiederaufnahme der Diskussion um Tierrechte

Noch im Jahr 1936 brachte ferner dasselbe *Amtliche Blatt der deutschen Rechtspflege* einen Aufsatz zum Wiederabdruck, welcher ursprünglich in der *Berliner Börsen-Zeitung* erschienen war. Unter dem Titel *„Gebührt einem Tier Rechtspersönlichkeit?"* stellte Dr. Elster die folgenden Überlegungen an:

„Sollen wir im Recht so real denken, daß wir Seelisches nicht recht zu deuten wissen? Ist nicht vielleicht die Seele eines treuen Arbeitstieres, das zum Werkgenossen des Menschen geworden ist, im Augenblick einer tüchtigen Tat rechtlich wertvoller als eines menschlichen Verbrechers Seele im Augenblick einer Untat? Wissen wir denn schon alles über die Tierseele und ihre Wandelung? Und wenn wir Gemeinschaft des Tieres gern entgegennehmen, müssen wir als ehrliche Menschen solche Leistung nicht mit Mitteln des Rechts lohnen?

2005 Grau, *Tiere klagen dich an*, in: DJ, 98. Jg., 1936, 2. Hj., S. 1889.

Die Praxis, daß Tiere belobt, belohnt und bestraft werden, strahlt wichtige Lehren aus. Ein niederes Tier kann man nicht belohnen oder bestrafen, Haus- und Arbeitstier aber sind in den Rang der Rechtspersönlichkeit gestiegen durch ihr Verhältnis zu Lob und Strafe. Ja, dies bleibt nicht einmal lediglich ein Verhältnis zwischen dem Tier und seinem Herrn, sondern reicht auch in die menschliche Rechtsordnung hinein. Im römischen Recht wurden Tiere straf- und ersatzweise für Tierestat an den Geschädigten ausgeliefert (*noxae deditio*); auch das frühe Mittelalter hatte noch die Auffassung, daß die Vergeltung und Aufhebung der Untat auch gegenüber dem Tier durch entsprechende Bestrafung des Tieres zu geschehen habe. Thurnwald (Werden, Wandel und Gestaltung des Rechts, Berlin 1935) berichtet […] von Elefanten, die einen Herdenangehörigen zur Strafe aus der Herde ausstoßen, eine Strafe, die auch bei primitiven Völkern, ja auch höherstehenden üblich ist. Dergleichen geht also durch die Natur, ohne die Grenze zwischen Mensch und Tier hoch aufzurichten.“[2006]

Demgemäß galt es zufolge Dr. Elster, die *Denkbarkeit* einer „teilweise aktive[n] Einordnung des Tieres in die Rechtsordnung“ durchaus zu bejahen, zu erforschen hingegen lediglich vielmehr deren *Durchführbarkeit*:

„Es ist klar, daß es sich nur um eine geringere Rechtspersönlichkeit handeln kann. Auch unser bürgerliches Gesetzbuch kennt ja Abstufungen der Rechtsfähigkeit. Ein gewichtiger Anfang ist durch Geist und Sinn des neuen deutschen Tierschutzgesetzes gemacht. Der Seinsgedanke eines ureigenen Tierrechts, das nicht erst auf dem Umwege über das Ärgernisnehmen eines Menschen an einer Tierquälerei ausgelöst wird, ist hier verwirklicht. Die Forderung, daß ein Tier nicht unnötig gequält und übermäßig belastet werden darf, führt menschliche Maßstäbe in das subjektive Tierrecht ein, wertet den Maßstab des Unnötigen an menschlicher Notwendigkeit, die zugleich für das tierische Opfer maßgebend wird. Darin liegt bereits eine gewisse Gleichstellung der tierischen mit der menschlichen Persönlichkeit in diesen für das tierische Wesen allerwichtigsten Dingen. […]

Von den lästigen Unholden aus der zoologisch so weit gefaßten Tierwelt reden wir nicht — die Fliegen, Läuse und Schlangen lassen wir noch gern dem Mephisto und seiner Sippe —, nur den höheren Tieren und zumal denen, die dem Menschen seelisch und im Erdendienst nahestehen, sollen diese Gedanken gelten. Und wäre es nur zu dem Ende, solchen Geschöpfen eine passive Rechtspersönlichkeit in einem bescheidenen Ausmaß beizumessen.“[2007]

Aus diesen Gründen gelangte er zu der Folgerung:

„Leben ist etwas Heiliges; und höheres Leben tut sich auch in manchem Tiere kund. Es ist daher gewiß nichts Undenkbares und Undurchführbares, daß für gewisse Tiergruppen die Tötung und die sonstige Behandlung nur an bestimmte Gründe und an bestimmte Arten der Ausführung gebunden werden — als Beginn einer gewissen Anerkennung der Rechtspersönlichkeit auch des Tieres; freilich, wie z. B. […] wenn

2006 Elster, *Gebührt einem Tier Rechtspersönlichkeit?*, in: DJ, 98. Jg., 1936, 1. Hj., S. 230.
2007 Elster, *Gebührt einem Tier Rechtspersönlichkeit?*, in: DJ, 98. Jg., 1936, 1. Hj., S. 231.

Tieren Legate oder Gnadenbrot vermacht wurden, dies von einer Pflegeanstalt betreut werden muß, wie sie auch unselbständigen, etwa geistig nicht vollgültigen Menschen gesetzlich zuteil wird. Wenn wir uns mit Menschenrechtsfragen einigermaßen ins Reine gerungen haben —, so ist es auch Zeit für außermenschliche und doch sehr menschliche Rechtsgedanken zur Ehre der mit uns schaffenden Tiere."[2008]

Vergleichbarer Ansicht war Professor Dr. Max Müller, den der Berichterstatter Josef Greiner noch 1937 „inmitten des emsigen Lebens und Treibens im Münchener Schlachthof" aufgesucht hatte. Als ihre darauffolgende Unterredung in Nr. 224 vom 12. August des *Völkischen Beobachters* erschien, war da von diesem „Vorkämpfer der deutschen Tierschutzbewegung" zu lesen:

„Die Tierschutzbewegung hat ihr Hauptstreben, das Tier des reinen ‚Sachwertes' entkleidet zu sehen, erstmals dadurch erreicht, daß der nationalsozialistische Staat

das Tier zum Träger von Rechten gemacht

hat. Der Tierschutzbewegung ist die Aufgabe verblieben, das alte Denken über das Tier als ‚geistloses Wesen' zu beseitigen. Die Zuerkennung des ‚Individualitätscharakters' an das Tier nimmt dem Menschen nichts von seiner Würde als dem höchstentwickelten und höchstbefähigten Wesen. Wohl aber wird hierdurch die Grundlage zu einer großen, das Leben aller Einzelwesen innerlich bindenden Schau der Welt gewonnen und damit auch ein Verständnis dafür, daß die Tiere nur *anders gestaltete Lebensformen* sind. Jedem Wesen aber sind die geistigen Fähigkeiten eigen, die für diese Lebensformen notwendig sind. Sie sind keine geist- und seelenlosen Mechanismen und Automaten."[2009]

Gleichwohl war das ererbte Verhältnis zum Tier nicht geleugnet: „Der nationalsozialistische Staat läßt den Tieren *um ihrer selbst willen* seinen Schutz zukommen, ohne eine restlose Tierschonung anzuerkennen, da wir auf Fleischnahrung angewiesen sind"; damit sah der Schlachthofdirektor den „berechtigten Schutz der Tiere erreicht"[2010]. Dementsprechend blieb von nun an die Diskussion um das Tierrecht eine gedankliche Verklärung der neuen Tierschutzgesetze, ohne mehr deren Tatbestände zu berühren. Dies aber wäre unverzichtbar geworden, hätten sie hernach in ein nationalsozialistisches Strafgesetzbuch eingeschmolzen werden sollen, welchem jedoch die Verwirklichung versagt geblieben ist.[2011]

2008 Elster, *Gebührt einem Tier Rechtspersönlichkeit?*, in: DJ, 98. Jg., 1936, 1. Hj., S. 231.

2009 Müller / Greiner, *NS-Weltanschauung und Tierschutzbewegung*, in: VB, Nr. 224 v. 12. 8. 1937.

2010 Müller / Greiner, *NS-Weltanschauung und Tierschutzbewegung*, in: VB, Nr. 224 v. 12. 8. 1937.

2011 Daher wird hier auf eine Wiedergabe der Spekulationen über ein solches verzichtet; Weiterführendes in zwei Beiträgen des o. g. Reichsjustizministerialrats Grau, *Gedanken über den strafrechtlichen Tierschutz*, in: DJ, 97. Jg., 1935, 2 Hj., S. 1759 – 1763,

IV. In der Verwaltung

Am Tierschutz wirkten eidgemäß auch Beamte und Behörden mit. Neben dem o. g. zwischen 1936 – 1941 viermal aufgelegten *Tierschutz-Taschenbuch für Polizeibeamte, Tierschutzvereine und Tierbesitzer als Wegweiser für ihre Aufgaben im Rahmen der Tierschutzgesetzgebung* von Veterinärrat a. D. Dr. Storch und Polizeitierarzt Dr. Mathieu sind verschiedentlich weitere Beispiele kundbar:

1. Tierschutz als Gemeindeaufgabe

> „Oberbürgermeister Staatsrat Dr. Krebs hat im Haushaltsplan der Stadt Frankfurt am Main für das Rechnungsjahr 1939 für den Tierschutz RM 13 000.– eingestellt. ‚Ich sehe [...] den Tierschutz auch als eine Gemeindeaufgabe an und hoffe, daß das Frankfurter Beispiel die Leiter der anderen deutschen Gemeinden dazu veranlaßt, in gleicher Weise den örtlichen Tierschutz zu fördern.‘ [...] Der stellvertretende Leiter des Reichstierschutzbundes, Hauptverwaltungsdirektor [Willi] Emrich, schrieb im Reichstierschutzblatt (Folge 2/1940) u. a.“, neben den Fällen der §§ 10, 11 RTierSchG „werden auch Hunde gepfändet und abgeholt, weil die Steuer nicht bezahlt werden konnte. Nach § 16 der Naturschutzverordnung müssen gefangene Katzen in Verwahrung genommen, pfleglich behandelt oder an die Ortspolizeibehörde abgeliefert werden. Es kommt aber auch häufig vor, daß alleinstehende Tierhalter plötzlich schwer erkranken, ins Krankenhaus kommen und das Tier der Behörde zugeführt werden muß. In allen diesen Fällen werden von den Behörden die Tierschutzvereine in Anspruch genommen, ohne daß diesen durch Zuwendung genügender Geldmittel die Möglichkeit gegeben wird, Tierheime einwandfrei zu unterhalten. Wenn also die Tierschutzvereine bestrebt sind, aus Haushaltsmitteln der Gemeinde Unterstützung für ihre im öffentlichen Interesse liegende gemeinnützige Arbeit zu erhalten, so ist das in den meisten Fällen nur eine teilweise gerechte Abgeltung von Leistungen. Ganz abgesehen von diesen rechtlichen Folgen der gesetzlichen Bestimmungen ist aber der Tierschutz auch eine kulturelle Aufgabe vor allen Dingen der Gemeinden. In jeder Gemeinde werden zum Teil ungeheure Mittel für die Erhaltung der Theater, für Musikpflege, für das Volksbildungswesen usw. ausgegeben, um damit den deutschen Menschen seelisch-geistig zu erheben und zu erbauen. Zu einer solchen seelischen und geistigen Erbauung gehört aber auch die Pflege des Tierschutzes. Wenn der deutschen Gemeinde die Aufgabe auferlegt ist, für das Wohl aller Einwohner zu sorgen, so gehört es auch zu ihrer Zuständigkeit, Mißstände abstellen zu helfen, für deren Beseitigung der Tierschutz täglich schwerste und aufopferungsvollste Arbeit leistet[.] Auch die Gemeinde hat ihre Arbeit auszurichten nach den allgemeinen Richtlinien, die ihr vom Führer gegeben werden.“[2012]

---

sowie Die Auswirkungen nationalsozialistischen Rechtsdenkens auf die strafrechtliche Nebengesetzgebung, in: GA (derzeit als *Deutsches Strafrecht*), N. F. Bd. 3, 1936, S. 221 – 222.

2012 Radtke, *Tierschutz von A – Z*, 1942, S. 211 – 212.

2. Berufsdisziplinäre Maßnahmen

Unter der Hoheit der nationalsozialistischen Ideologie konnten über Tierquäler auch ohne Rückgriff auf § 11 Abs. 1 RTierSchG Berufsverbote verhängt werden; hierfür ein Beispiel: „Das Landeserbhofgericht in Celle hat einem Bauer[n] die Bauernfähigkeit abgesprochen und ihn für nicht ehrbar erklärt, weil er sich der Tierquälerei schuldig gemacht hatte. In der Begründung der Entscheidung heißt es, daß die rohe Behandlung eines Pferdes gegen die Ehrbarkeit des Bauern spreche.“[2013]

V. In Bildung und Erziehung

Die amtliche Begründung des RTierSchG bekannte sich am Ende ihrer Vorrede dazu, *„daß selbst mit dem besten Tierschutzgesetz noch nicht alles für den Schutz der Tiere getan ist; es muß darüber hinaus das Verständnis für die Tiere geweckt und gelehrt und zum Gemeingut aller Volksgenossen gemacht werden.“*[2014] Entsprechende Maßnahmen[2015] wurden durchgeführt:

1. Für Kutscher und Schäfer

Dies geschah vor allem bei der Berufsgruppe, deren Angehörige die meisten Verurteilten wegen Tierquälerei ausmachten, wie Storch und Mathieu berichteten: „Mancherorts sind von Tierschutzvereinen oder anderen Organisationen für Kutscher und solche Leute, die sich diesem Berufe widmen wollen, Fahrschulen bzw. Fahrlehrgänge eingerichtet worden, in denen praktisch und theoretisch die wichtigsten Punkte des Anschirrens, Fahrens, der Pferdehaltung, der Straßen-

2013 Radtke, *Tierschutz von A – Z*, 1942, S. 19; auch Heintz, *Tierschutz im Dritten Reich*, 2008, S. 114, vermerkte: „In einem anderen Fall griff der Reichsnährstand bei einer Tierquälerei durch und schloß den Tierquäler als Volksschädling aus dem Bauernstand aus.“

2014 Dies sprach auch das vielzitierte Göring-Wort aus: *„Wichtiger als Tierschutzgesetze ist die Erziehung des deutschen Menschen zum Tierschutz“* — u. a. in: Schoenichen, *Naturschutz im Dritten Reich*, 1934, S. 46, oder auch Russ, *Jugendgruppe*, in: TSV Berlin, *100 Jahre Tierschutz in Berlin*, S. 34. Diese Überlieferung entspricht zwar voll dem Geist von Görings Rundfunkrede v. 28. 8. 1933, doch weder ist diese die Primärquelle noch jene an den obigen Zitatstellen ausgewiesen.

2015 Vgl. Heintz, *Tierschutz im Dritten Reich*, 2008, S. 119 – 125; wie schon anderwärts in diesem Teil der vorliegenden Arbeit, so erfolgen auch hier im Nachstehenden nur Ergänzungen nach Quellenlage.

verkehrsordnung usw. durchgenommen werden. Den Abschluß bildet eine Prüfung, nach deren Bestehen ein Zeugnis ausgestellt wird.“[2016]

Diesem Beispiel folgte der „*Tierschutzunterricht in der Deutschen Schäferschule*“, von dem Radtke 1942 bezeugte: „Auf dem Gelände und in den Räumen des aufgelösten Hauptgestüts Beberbeck (Kreis Hofgeismar mit Reinhardswald und Lababurg) ist eine Ausbildungsstätte für Schäfernachwuchs eingerichtet worden als erste ihrer Art. [...] Auf Antrag des Reichstierschutzbundes hat sich die Schulleitung bereit erklärt, den Tierschutzunterricht dem Lehrplan der Schule anzufügen und jedem Schüler einen Abdruck des Reichstierschutzgesetzes auszuhändigen. Die notwendigen Hinweise für den Unterricht und Abdrucke des Reichstierschutzgesetzes wurden vom Reichstierschutzbund kostenlos [...] zur Verfügung gestellt.“[2017]

2. Im Reichsarbeitsdienst

Schon als noch weder das Notwendigkeitsgebot des RTierSchG noch gar der Artenschutzgedanke der RNatSchVO verkündet worden waren, gab bereits 1933 Hermann Kretzschmann im Auftrage der Reichsleitung ein *Lehr- und Lesebuch des Reichsarbeitsdienstes* namens „*Bausteine zum Dritten Reich*“ heraus, unter die auch „*Tierschutz*“ zählte. Unmittelbar unter dieser Überschrift begann der Verfasser mit der Frage: „*Warum Tiere schützen?*“ — Antwort:

> „Weil sie dem Menschen infolge seiner geistigen Fähigkeit und der ihm dadurch zur Verfügung stehenden technischen Mittel [...] hilflos ausgeliefert sind, und weil im Laufe der Jahrtausende Hunderte von nützlichen Tierarten von dem Menschen selbst in Unverstand und Gewinnsucht vernichtet und zum Aussterben gebracht worden sind. [...] Solchen Roheiten gegenüber, die wir täglich beobachten können, hat die Natur das Tier nicht mit gleichwertigen Waffen ausgestattet. Es muß dulden und leiden, und weil es sich nicht wehren und Anklage erheben kann, bedarf es des Schutzes. In der ganzen Welt ist die fast restlose Vernichtung der Bisonherden in Nordamerika, Mitte des 19. Jahrhunderts, bekannt. Die Tiere wurden ohne dringende Notwendigkeit und ohne eine sachgemäße Ausbeute ihrer Werte von den Weißen zu Hunderttausenden aus reiner Schießwut niedergeknallt. Sie fehlten dann den Eingeborenen zu deren Ernährung und befanden sich vor dem Aussterben. Zur Zeit ist man bemüht, unter großen finanziellen Opfern ihre letzten Reste wieder zu vermehren. Nicht anders ging es ganzen Vogelarten, die der Damenhutmode zum Opfer fielen. In Rußland geht der Wisent dem Aussterben entgegen. Mit dem Wal, an dessen Ausbeutung zum Zwecke der Gewinnung von Fetten und Ölen sich die ganze Welt beteiligt, sieht es nicht anders aus. In Deutschland war es vor nicht langer Zeit der der Landwirtschaft durchaus nützliche Maulwurf, dem die Pelzmode ein Ende zu

---

2016 Storch† / Mathieu, *Tierschutz-Taschenbuch*, 4. A., 1941, S. 25.

2017 Radtke, *Tierschutz von A – Z*, 1942, S. 214.

> bereiten schien. Es soll nicht unerwähnt bleiben, daß auch die Kultivierung eines Landes und die Urbarmachung seines Bodens manche Tierarten zum Aussterben bringen, weil ihnen die Existenzbedingungen genommen werden."[2018]

Dies führte zu folgendem zwiefachem Zwischenergebnis: „Ausgehend von dem Standpunkt, daß das Tier wie der Mensch ein Geschöpf Gottes ist, daß es auch ein Recht auf Leben hat, sind es *ethische* Gründe, die dem Kulturmenschen die Pflicht auferlegen, die Tiere vor unnützen Qualen […] zu schützen. […] Der in der Natur geltende Grundsatz der Macht des Stärkeren über den Schwächeren besagt, daß der Mensch berechtigt ist, sich das Tier nutzbar zu machen. Es sind aber auch *wirtschaftliche* Gründe, die den Schutz der Tiere vor übermäßiger und unrationeller Ausbeutung fordern".[2019] Darum wurde dem Reichsarbeitsdienstler zur Lösung der schließenden Frage, „*Wie und wodurch können die Tiere geschützt werden?*", nicht nur die praktische Arbeit wie die Instandhaltung der in Nutzung durch Tiere befindlichen Gegenstände, der Tierheime u. a. aufgetragen, sondern auch,

> „dem Menschen die Pflicht anständiger Behandlung und Pflege der von ihm in Dienst genommenen und in seine Gewalt gegebenen Tiere zum Bewußtsein zu bringen und diesen, wenn es sein muß, das Sterben durch Anwendung der besten technischen Mittel grundsätzlich so leicht und schmerzlos wie nur irgend möglich zu machen. Kurzum: die Erziehung des Menschen zur Achtung vor dem Leben auch der stummen Kreatur. […] Da aber einem Tier wirklicher Schutz und Hilfe nur angedeihen kann von jemandem, der die Psyche und Lebensgewohnheiten der Tiere, denen er helfen will, gründlich kennt, so bedarf es eines eingehenden Unterrichts in den Schulen zumindest über die mit dem Menschen im täglichen Leben verbundenen Tiere, neben eigener Beobachtung möglichst im Zusammenleben mit den Tieren."[2020]

3. In Schulen und in der Hitlerjugend

Dieser Aufruf an die „Arbeitssoldaten" erging nicht minder an die Kinder und Jugendlichen. Nach der Gründung erster Jugendgruppen für Tierschutz durch die Berliner Journalistin Margarete Russ im Jahr 1928 sprang der Funke auch auf Dresden über:

2018 Anonymus, *Tierschutz*, in: Kretzschmann, *Bausteine zum Dritten Reich*, 1. A., 1933, S. 218.

2019 Anonymus, *Tierschutz*, in: Kretzschmann, *Bausteine zum Dritten Reich*, 1. A., 1933, S. 220.

2020 Anonymus, *Tierschutz*, in: Kretzschmann, *Bausteine zum Dritten Reich*, 1. A., 1933, S. 220 – 221.

„Bereits im November 1933 wendete sich der Kreuzschüler Hans-Achim Wolf an den Verein mit der Bitte, eine von ihm im Anschluß an die vorbildliche Jugendarbeit des Berliner Tierschutzvereins gegründete Jugendgruppe zu übernehmen. Die Oberaufsicht über diese Jugendgruppe übernahm der Privatgelehrte Alfred G. Radtke, der sie in unermüdlicher Arbeit ausbaute. Die erfolgreiche Arbeit des Vereins unter der Jugend fand ihren Ausdruck in einer vom Schulrat Pg. Potscher im Schulbezirk Dresden-Land vom 8. bis 13. Juni 1936 durchgeführten Tierschutzwoche. Inzwischen ist die Tierschutzarbeit unter der Jugend auf die HJ. übergegangen. Radtke übernahm zugleich den Ausbau des Film- und Vortragswesens des Vereins und begann bereits nach kurzer Zeit einen Kursus über Tierseelenkunde in der Volkshochschule Dresden. [...] Das Film- und Vortragswesen wurde in den kommenden Jahren weiter ausgebaut. Die Entwicklung der Filmtätigkeit fand ihren Höhepunkt in dem Erwerb einer Kopie des Reichstierschutzfilms im Jahre 1938, für dessen Herstellung der Verein eine größere Summe beigesteuert hatte. Auf diese Weise ist es möglich, den Mitgliedern und der Bevölkerung diesen wichtigen Film je nach Bedarf in seinen einzelnen Teilen vorzuführen. Die Veranstaltungen des Vereins sind in seinem Wirkungskreis zu einer ständigen und gern besuchten Einrichtung geworden. Radtke verließ den Verein im September 1935, um beim Reichstierschutzbund ein neues Wirkungsfeld zu finden.“[2021]

Auf dieser höheren Ebene vermochte nun Radtke bald sehr viel mehr kennenzulernen; zunächst den „*Tierschutz im Schulunterricht*“:

„Auf Grund einer Eingabe des Reichstierschutzbundes um lehrplanmäßige Einfügung des Tierschutzes in den Schulunterricht ist am 15. November 1934 an alle Länderregierungen nachstehender Erlaß des Reichsministers für Wissenschaft, Erziehung und Volksbildung[2022] ergangen:

RU II D Nr. 581, U II G, RK.

Am 24. November 1933 hat die Reichsregierung das im Reichsgesetzblatt I Seite 987 veröffentlichte Tierschutzgesetz beschlossen, das am 1. Februar 1934 in Kraft getreten ist. Aus diesem Gesetz bitte ich, folgende Bestimmungen zur Kenntnis der Lehrkräfte der unterstellten Schulen zu bringen:

(Es folgt der Wortlaut der §§ 1, 2, 5, 9 und 11 des Gesetzes, vgl. Reichstierschutzblatt vom Oktober 1935 S. 11 – 12.)

2021 Pause, *Neuaufbau im Dritten Reich*, in: Willige (Hrsg.), *100 Jahre Tierschutz in Dresden*, 1939, S. 157; an der hier ausgelassenen Stelle wurde über Radtkes organisatorische Leistung berichtet: „Seiner Arbeit ist es auch zu verdanken, daß der Verein an eine Ausdehnung seines Arbeitsbezirkes denken und Zweigstellen in der weiteren Umgebung bilden konnte. Es seien hier nur die wichtigsten genannt: Radebeul, Klotzsche, Langebrück, Heidenau, Glashütte, Königstein und Neustadt i. Sa. Die Entwicklung dieser Zweitstellen ist Schwankungen unterworfen gewesen. Zur Zeit besitzt der Verein 12 Zweiggruppen und Vertrauensleute in den Landkreisen Dresden, Pirna und Dippoldiswald sowie in Radeburg.“

2022 Seit dem 30. 4. 1934 Bernhard Rust; dessen Lebenslauf s. Fn. 643.

Ich bitte, dafür zu sorgen, daß die volle erziehliche Wirkung dieses Gesetzes in allen Schulen lehrplanmäßig sichergestellt wird. Ich würde es begrüßen, wenn schon jetzt auf die große Bedeutung des vor Jahresfrist von der Reichsregierung erlassenen Gesetzes im naturwissenschaftlichen Unterricht in geeigneter Weise hingewiesen würde.

Im Auftrage: gez. Bojunga.

In ähnlicher Weise hat auch der Thüringische Minister für Volksbildung am 3. 2. 1937 angeordnet, daß die Schüler aller Schularten noch eingehender als bisher mit den Fragen des Tierschutzes vertraut zu machen sind; als wirksames Mittel wird die Durchführung der Tierschutzwochen empfohlen, in denen der gesamte Unterricht die Sache des Tierschutzes zu fördern habe."[2023]

Die Tierschutzarbeit für und durch die außerhalb der Schulen in der Hitlerjugend organisierten 14- bis 18jährigen indes kennzeichnete Radtke wie folgt:

„Die zentrale Leitung der Tierschutzarbeit in der Hitler-Jugend liegt — da die Einstellung des Volkes zum Tierschutz zweifellos ein Maßstab für seine Kulturhöhe ist — beim Kulturamt der Reichsjugendführung, die sich außerhalb der Heimabende vorwiegend des Rundfunks zur Vertiefung des Tierschutzgedankens unter der Jugend bedient. Alle Sparten des Rundfunks: Kinderfunk, Schulfunk u. a. werden dafür eingesetzt und alle Funkformen, wie Märchenspiele und Hörfolgen, verwendet, so daß alle Arbeitsstufen der Jugend erfaßt werden können. Da die Hitler-Jugend auch dem Führerrat des Reichstierschutzbundes angehört, ist ein steter Zusammenhang und die Zusammenarbeit mit den anderen Organisationen, die die gleichen Bestrebungen pflegen, gewahrt. Die Grundlage der Aufklärungsarbeit bildet das Reichstierschutzgesetz, das an Hand einer eigens auf die Jugend zugeschnittenen Darstellung in der Heimabendschulung behandelt wird.

Veranschaulicht wird die Darstellung durch unzählige praktische Beispiele aus dem Tierschutz, wie sie sich gerade für die HJ. besonders zahlreich ergeben. Auf Fahrt und im Lager, innerhalb und außerhalb des Dienstes, überall finden die Jungen und Mädel Gelegenheit zum praktischen Einsatz. Sie können aufklärend wirken und Tierquälereien verhüten helfen, sei es durch Einschreiten gegen böswillige Tiermißhandlungen oder gegen Tierquälereien aus Gedankenlosigkeit, z. B. Bärenschinderei von fahrenden Musikanten, wandernde Tierschauen, Überlastungen von Zugtieren, das schutzlose Stehenlassen von Pferden in Regen und Kälte usw.

Ethische und praktische Ziele bestimmen die Tierschutzarbeit der HJ.: die Erkenntnis, daß das Tier ein beseeltes Geschöpf und keine Sache darstellt, und die Bedeutung der Tiere als Helfer des Menschen. Hierbei wird sich auch die weitverbreiteten irrigen Ansichten über die ‚Katzenplage' richten und beweisen, welche Werte des Volksgutes jährlich durch den Schädlingsfeind ‚Katze' vor der Vernichtung bewahrt bleiben. Ergänzt wird diese Schulung durch die Behandlung des Naturschutzgesetzes, Aufklärung über die Vivisektion, Schächtung usw. Durch diese ihre Tierschutzarbeit macht sich die Hitler-Jugend zum Sachwalter des Tierschutzgedankens

---

2023 Radtke, *Tierschutz von A – Z*, 1942, S. 212 – 213 (m. Abb.).

in der deutschen Jugend, und sie wird durch seine weitere Verbreitung dafür Sorge tragen, daß Deutschland auch fernerhin in dieser Hinsicht an der Spitze der Kulturvölker bleibt.

Ein Beauftragter des Reichstierschutzbundes verhandelte im Sommer 1939 mit den zuständigen Sachbearbeitern der Reichsjugendführung zwecks künftiger engerer Zusammenarbeit, nachdem der Leiter des Reichstierschutzbundes, Dr. Krebs, zuvor mit maßgebenden Männern der Reichsjugendführung die Grundlage für diese Verhandlung geschaffen hatte. Es wurde u. a. auch festgelegt, daß innerhalb der gesamten Hitler-Jugend ein Filmabendstreifen über Tierschutz zur Vorführung gelangen soll. Staatsrat Dr. Krebs hat für diesen Zweck einen Betrag von RM 3000.— zur Deckung der notwendigen Unkosten zur Verfügung gestellt".[2024]

4. Durch richterliche Mitwirkung

Auf Nichtvolljährige fanden die Tierschutzgesetze zusammen mit dem Jugendgerichtsgesetz Anwendung. Aufgrund von dessen Bedeutung für die *„Rechtspflege und Rechtspolitik"* veröffentlichte das Amtsblatt *„Deutsche Justiz"* 1937 Beispiels halber den folgenden Fall:

„§ 9 Abs. 1 TierSchG., § 7 Nr. 3 JugGerGes. Einem Jugendlichen, der eine besonders rohe Tierquälerei begangen hat, kann als besondere Verpflichtung i. S des § 7 Nr. 3 JGG. auch der Besuch der Versammlungen des örtlichen Tierschutzvereins auferlegt werden.

Jugendgericht Kassel v. 6. 10. 1937 — 6 Cs 40/37 —.

Gründe:

Der Angeklagte und der Bäckergeselle B. sind bei dem Bäckermeister B. in K. tätig. Am Abend des 2. April 1937 stellten die beiden fest, daß sich in einem Zimmer des Hauses die dem Schleifer Z. gehörige Katze befand. [...] Als der Angeklagte und B. die Katze in dem Zimmer entdeckten, jagten sie das Tier, das in dem Zimmer nichts angestellt und auch ihnen nichts zu Leide getan hatte, aus dem Zimmer auf den Hof, wo sie die Katze weiterverfolgten. Sie stellten das Fenster zum Keller mit Brettern zu, so daß die Katze nicht in den Keller und auf der anderen Seite auf die Straße flüchten konnte. Außerdem rief der eine von ihnen dem anderen zu, daß er sich auf die Treppe stellen sollte, um der Katze den Weg zur Treppe zu versperren. Dann jagten beide das Tier und schlugen mit Holzknüppeln auf dasselbe ein, so daß die Katze wimmerte und heulte. Trotzdem ließen beide aber von dem Tier nicht ab, sondern schlugen solange auf die Katze ein, bis diese tot zusammenbrach. Das tote Tier wurde von dem Angeklagten und B. beiseitegeschafft, wohin, hat sich nicht aufklären lassen.

Der Angeklagt ist somit der Tierquälerei im Sinne der §§ 1 und 9 Abs. 1 des Tierschutzgesetzes schuldig.

2024 Radtke, *Tierschutz von A – Z*, 1942, S. 213 – 214.

Daß der Angeklagte, der bereits 17 Jahre alt ist, die für die begangene Tat erforderliche Einsicht und Willensfähigkeit besitzt und auch zur Zeit der Tat besessen hat, unterliegt nach dem persönlichen Eindruck von der Reife des Angeklagten keinem Zweifel.

Das Jugendgericht ist in besonders leichten Fällen berechtigt, von Strafe abzusehen. Diese Wohltat und Vergünstigung kann aber für den Angeklagten aus zweifachen Gründen nicht in Betracht kommen. Einmal wegen der in der begangenen Tat zum Ausdruck gekommenen Roheit der Gesinnung. Zum anderen, weil der Angeklagte in so hartnäckiger und lügnerischer Weise bis zum letzten Augenblick seine Täterschaft geleugnet hat. […]

Unter den geschilderten Umständen konnte die Tat auch nicht durch Geldstrafe gesühnt werden. Das Verhalten des Angeklagten und seines Helfershelfers ist so niedrig und abscheulich, daß nur eine Gefängnisstrafe eine gerechte und strenge Sühne für die Tat sein kann. Da der Angeklagte bisher unbescholten und nicht [vor]bestraft ist, hat das Gericht eine Gefängnisstrafe von zwei Wochen für ausreichend erachtet.

Diese Gefängnisstrafe war dem Angeklagten, um seine Zukunft nicht zu verbauen, auf die Dauer von drei Jahren unter einwandfreier […] Führung auszusetzen. Es schien aber notwendig, die Aussetzung der Strafvollstreckung noch von weiteren Bedingungen abhängig zu machen, um dem Jugendlichen die Schwere seiner Verfehlung mit allem Ernst und Nachdruck zum Bewußtsein zu bringen. Wenn dem Jugendlichen die Strafvollstreckung erspart bleibt, dann muß er dafür seine Tat auf andere Weise sühnen und wiedergutmachen. Hierzu gehört, daß er in erster Linie einmal das begangene Unrecht durch eine gute Tat wieder ausgleicht. Der Jugendliche hat ein Tier gequält und zu Tode geschlagen. Nun soll er zu seiner inneren Reinigung und Läuterung zugunsten der Tiere von seinem eigenen geringen Verdienst den Betrag von 20,– RM aufbringen. Er muß von dem wenigen, was er hat, eine für ihn beträchtliche Summe opfern für die Pflege und Hege des Tieres. Das Gericht erachtet es für dienlich zu bestimmen, daß dieser Betrag an den Tierschutzverein in K. und Umgebung, und zwar in Wochenraten von 1,50 RM geleistet wird. […]

Darüber hinaus waren aber auch Erziehungsmaßregeln erforderlich. Die bei der Tat zutage getretene rohe Gesinnung des Angeklagten macht eine nachhaltige erzieherische Beeinflussung notwendig. Dem Angeklagten muß deshalb durch eine Verwarnung eindringlichst klargemacht werden, worin er gefehlt hat. Gleichzeitig muß ihm aber auch der Weg gewiesen werden, um sich innerlich wandeln und die rechte Einstellung zum Tier gewinnen zu können. Aus diesem Grunde hat das Jugendgericht als Erziehungsmaßregeln weiter bestimmt, daß der Jugendliche künftig an den Mitgliederversammlungen des Tierschutzvereins teilzunehmen hat. Hier wird er in einem Kreise von Menschen, die sich den besonderen Schutz, die Pflege und Hege der Tiere zur vornehmsten Aufgabe gemacht haben, lernen, daß das Tier der beste Freund des Menschen ist."[2025]

2025 DJ, 99. Jg., 1937, 2. Hj., S. 1892.

VI. Publikationen zum Tierschutz

Wie in der Praxis, so war der Tierschutz auch am Schreibtisch ein fortlaufend behandeltes Thema. Neben den rechtswissenschaftlichen Beiträgen, die im Literaturverzeichnis dieser Arbeit aufgelistet sind und denen wir im bisherigen Text begegnet sind, wurde der Tierschutz auch in allgemeinverständlicher Weise durch Film, Rundfunk und gar auch schon Fernsehen „propagiert“.[2026] An Druckerzeugnissen sind noch Kalender sowie Zeitschriften hervorzuheben, hieraus namentlich der *Reichs-Tierschutz-Kalender* vom Reichstierschutzbund und *Der deutsche Tierfreund* vom „Deutschen Tierschutzwerbedienst“ (DTW) — so hieß der ehemalige „Berliner Tierschutz-Verein e. V. für alle Länder deutscher Sprache“, der ab Dezember 1933 Träger des Reichstierschutzbundes gewesen war, seit dessen Umzug mit Dr. Krebs nach Frankfurt a. M. hinfort.

VII. Tierschutz im Kriege

Eine weitere Zeitschrift des DTW, *Der junge Tierfreund*, gab in Heft 7 aus 1940 seinem verbleibenden Geschäftsführer Carl Kraemer Gelegenheit, festzustellen: „Nicht nur für die Mannschaften, sondern auch für die Tiere im Kriege ist — wie wir gleich zu Beginn des Polenfeldzuges in Erfahrung bringen konnten — in bester Weise und in ausreichendem Maße gesorgt.“[2027] Sein Berater, Dr. med. vet. Korkhaus, der sich dennoch als Tierarzt an die Front gemeldet hatte, vermeldete von dort, „daß es für alle die vielen *Pferde*, *Hunde* und *Brieftauben*, die bei den Truppen gehalten werden, auch *Tierärzte* gibt“.[2028]

1. Vorschriftsmäßige Tierbehandlung am Beispiel Pferde

Diesen Veterinärärzten sei es geboten, „die kranken Tiere möglichst sogleich nach Eintritt der Erkrankung oder Verwundung [zu] behandeln.“[2029] Kriegsbedingt geschah dies allen voran bei den Pferden:

2026 Vgl. Heintz, *Tierschutz im Dritten Reich*, 2008, S. 94 – 111.

2027 Kraemer, *Tierschutz im Felde*, in: DTW (Hrsg.), *Tierschutz im Kriege*, 1940, S. 6.

2028 Korkhaus, *Aus der Arbeit in einem Pferdelazarett*, in: DTW (Hrsg.), *Tierschutz im Kriege*, 1940, S. 6.

2029 Korkhaus, *Aus der Arbeit in einem Pferdelazarett*, in: DTW (Hrsg.), *Tierschutz im Kriege*, 1940, S. 6.

a) Erste Hilfe

„Diese Veterinäroffiziere sind mit den erforderlichen Instrumenten und Arzneimitteln ausgestattet, genau wie im Frieden. Zu Pferde oder in Kraftwagen begeben sie sich hinaus zu den hilfsbedürftigen Tieren und sind bemüht, sie nicht allein am Leben zu erhalten, sondern ihnen auch Schmerzen zu ersparen.“[2030]

b) Ins Lazarett

„Wenn nun die kranken oder verwundeten Pferde nicht am Ort der Kampftruppe weiterbehandelt werden können — z. B. weil dieser Ort vom Feinde beschossen wird oder die Truppe abrückt oder auch die Erkrankung so schwer ist, daß nur eine größere Operation helfen kann —, dann werden die Tiere dem *Lazarett* überwiesen. Dieses liegt gewöhnlich außerhalb der eigentlichen Gefahrenzone, und hier kann die Behandlung ohne Störung vor sich gehen.

Auf besonders zu diesem Zwecke gebauten *Transportwagen*[2031] [...] oder auf zweckmäßig hergerichteten großen Lastkraftwagen geht es unter möglichster Schonung der Patienten dorthin. Hierbei muß recht vorsichtig gefahren werden, damit die kranken Pferde nicht noch mehr zu leiden haben. Oft werden solche Transporte auch von Veterinäroffizieren begleitet, die unterwegs den Krankheitszustand überwachen und, falls erforderlich, sogleich mit tierärztlicher Hilfe eingreifen können.

Im Lazarett angekommen, erhalten die Pferde erst einmal ausreichende Mengen Futter und Wasser und werden in vorbereiteten Ställen mit reichlicher Streu untergebracht. Sie werden untersucht, und es wird genau die Art und Ursache des Leidens festgestellt. Das Fieber wird gemessen, Verbände werden angelegt, kurz es wird von kundiger Hand alles getan, was nötig ist. Über den jeweiligen Zustand jedes Tieres wird genau Buch geführt. Es wird vermerkt, wie das Pferd aussieht, wie alt es ist und in welcher Weise es erkrankte. Nun haben aber die Pferde keinen Vor- und Nachnamen wie die Menschen, und vor allem, sie können diesen Namen ja nicht nennen. Deshalb erhält jedes Pferd eine Nummer. Diese wird auch mit einem besonderen Apparat auf dem Horn des Hufes angebracht. In der Folgezeit werden die Pferde — viele auch mehrmals am Tage — untersucht und behandelt. Den Veterinäroffizieren gehen dabei eine Anzahl Soldaten, die für solche Zwecke eine besondere Zwecke eine besondere Ausbildung erhalten haben, sogenannte Veterinärgehilfen, zur Hand.“[2032]

2030 Korkhaus, *Aus der Arbeit in einem Pferdelazarett*, in: DTW (Hrsg.), *Tierschutz im Kriege*, 1940, S. 6 – 7.

2031 Für deren Erfindung und Einsatz hatte Kraemer schon im letzten „Völkerringen“ u. a. von den Generalfeldmarschällen Paul von Hindenburg und August von Mackensen persönlich Dank und Erkennung erhalten; ferner vermerkte Kraemer (*Tierschutz im Felde*, in: DTW [Hrsg.], *Tierschutz im Kriege*, 1940, S. 4 – 5) mit Bestätigung des Oberkommandos des Heeres, diese Fahrzeuge seien „auch im gegenwärtigen Kriege gegen Polen und die Westmächte verwendet“ worden (mit Abb. auf S. 3 – 5).

2032 Korkhaus, *Aus der Arbeit in einem Pferdelazarett*, in: DTW (Hrsg.), *Tierschutz im Kriege*, 1940, S. 6 – 8; S. 8 u. 9 überliefern außerdem — zusamt Bildaufnahmen — 4

c) Im Stall

„Selbst wenn es noch dunkel ist, werden die Soldaten, die hier in erster Linie als Pferdepfleger tätig sind, geweckt. Die Pferde müssen gefüttert und getränkt werden. Auch das saubere Putzen des Felles ist nicht zu vergessen. Dies alles dauert mehrere Stunden, wenn es so geschehen soll, wie es bei der Truppe Vorschrift ist. [...] Denn beim Militär gilt immer noch der alte Grundsatz: *‚Erst das Pferd, dann der Mann!‘*

Wenn es die Witterung zuläßt, wie es beim Polenfeldzug häufig der Fall war, sollen auch kranke Pferde in der Regel nicht den ganzen Tag im Stall zubringen. *Sonne, Luft* und *Licht* sind sehr wirksame Helfer bei der Heilung der kranken oder Kräftigung der erschöpften Pferde. Meist sind die Pferdelazarette auf großen Gütern untergebracht. Dort ist dann auch Gelegenheit zum *Weidegang*, der eine vorzügliche, belebende Wirkung ausübt. [...]

Nach reicher Arbeit, die Soldatenhände im Pferdelazarett verrichteten, senkt sich der Abend über das weite Land und den Gutshof, den (sic! „der“) das Lazarett mit seinen Männern und seinen verwundeten und kranken Tieren beherbergt. Die Pferde haben das letzte Futter erhalten. [...] Dann erhalten auch die Pferdepfleger ihre wohlverdiente Ruhe. Jedoch einige dieser Männer beziehen Posten an den Eingängen des Gutshofes, andere haben die Aufgabe, im Stall bei den Pferden zu wachen und jede Veränderung des Zustandes der Patienten zu melden, damit der diensthabende Veterinäroffizier auch nachts sogleich zur Stelle ist, um zu helfen. So erfüllt auch die Männer des Pferdelazaretts ihre Pflicht als deutsche Soldaten.“[2033]

---

greifbare Fälle, die, zum Vergleich mit den einschlägigen Vorschriften der verschiedenen Tierschutzgesetze, hier ebenfalls wiedergegeben sein mögen: „Das eine Pferd hat z. B. einen Granatsplitter in den Muskeln des Schenkels stecken. Es wird durch eine Einspritzung in die Hauptblutader betäubt, niedergelegt und nun in völlig schmerzloser Weise operiert. Ein anderes hat eine Wunde am Hals. Auch dieses Pferd wird unter Betäubung behandelt, indem der Veterinäroffizier die Wunde nach Umspritzen der Operationsstelle mit einer unempfindlich machenden Flüssigkeit so vernäht, daß die losgerissenen Teile wieder anheilen können. Ein drittes Pferd ist auf den langen und anstrengenden Märschen lahm geworden. Es hat sich eine schmerzhafte Sehnenentzündung zugezogen. Ihm wird eine schmerzlindernde und heilende Einreibung des Fußes verordnet, und der Veterinärgehilfe führt diese Behandlung in sachkundiger Weise durch. Ein weiteres Pferd hat einen kranken Zahn, der ihm jedes Futterkauen und oft auch das Trinken zur Qual macht. Es soll den Mund öffnen, sträubt sich aber dagegen, da es ja nicht wissen kann, was man mit ihm vorhat. Doch ohne Öffnen des Mundes kann in solchem Falle auch der Tierarzt seinem Patienten nicht helfen, genau so wenig wie der Zahnarzt dies bei uns Menschen vermag. Darum wird dem Pferd ein Apparat eingesetzt, der den Mund des Tieres während der Untersuchung der Zähne geöffnet hält und zugleich ein Zubeißen des Pferdes verhütet. Mit zweckentsprechenden Zahninstrumenten kann nun die Behandlung durchgeführt werden.“

2033 Korkhaus, *Aus der Arbeit in einem Pferdelazarrett*, in: DTW (Hrsg.), *Tierschutz im Kriege*, 1940, S. 10.

2. „Dank an Kamerad Pferd“ und „Weitere Kriegskameraden“

Auch jenseits der Vorschriften und Vorgaben „*haben wir die Liebe zum Pferde erneuert*, denn es wurde uns klar, daß in Polen der Motor nicht allmächtig ist. Neidvoll sahen wir auf die Feldhaubitzen neben uns mit den sechs vorgespannten tapferen *Pferden*. Die Kanoniere [...] hatten wenigstens Erfolg, denn mit einem ‚Hoo — Ruck! Zuu — gleich!‘ ging es viele Meter vorwärts, und das genügte, um die Schwierigkeiten zu überwinden. Hätten uns damals nicht die Artilleristen zwei Pferde abgegeben, für zehn Minuten uns geholfen — wir wären rettungslos sitzengeblieben. Zwei natürliche Pferde-Kräfte haben 40 PS (Auto-Pferdekräfte) herausgeholt! [...] Die Leistungen, die unsere treuen Tiere vollbrachten, haben uns das Pferd wieder [...] zu unserem unentbehrlichen und zuverlässigen Kameraden gemacht.“[2034]

Dergestalt wird die Wehmut verständlich, mit der man an das erste tote Pferd am Wegesrand denken musste, „und vielen blutete dabei das Herz!“[2035] Doch manchmal überlebte auch das Tier den Menschen und vollbrachte dennoch seinen Dienst, wie etwa im folgenden Beispiel:

> „Vor Warschau war es. Wir lagen im Graben zusammen mit Jägern und beobachten durch das Glas ein kleines Wäldchen nahe bei den Funktürmen des Überseesenders. Alles wartete gespannt auf die Rückkehr des Spähtrupps, der dorthin ausgeritten war, den Wald zu erkunden, aus dem von Zeit zu Zeit einige Schüsse fielen. [...] Stunden bangen Wartens vergingen. Der Weg war kurz — etwa 1 Kilometer. Also mußten die beiden Reiter bald wieder da sein. Inzwischen war es aber schon 8,15 Uhr geworden. Man hatte die beiden schon fast aufgegeben. Da galoppierten plötzlich aus dem Wäldchen die beiden Pferde. Ein Erlösungsruf! ‚Sie kommen!‘ Der Feldwebel schaut gespannt nach vorn, dann spricht er mit einer fast tonlosen Stimme nach rückwärts: ‚Zwei herrenlose Pferde‘. — Die Reiter waren im Walde gefallen. Man fand sie beim Sturm auf Warschau. Die stumme Meldung der beiden treuen Tiere, die zu ihrer Truppe zurückkamen, war bestätigt. Mit neuen Kameraden auf dem Rücken zogen die beiden Tiere in Warschau ein.“[2036]

Selbst in der Heimat, erfuhr Kraemer Geschichten, die die innige Verbundenheit der Frontsoldaten mit ihren tierischen „Familienmitgliedern“ dartaten:

2034 Kraemer, *Dank an Kamerad Pferd*, in: DTW (Hrsg.), *Tierschutz im Kriege*, 1940, S. 11 – 12.

2035 Kraemer, *Dank an Kamerad Pferd*, in: DTW (Hrsg.), *Tierschutz im Kriege*, 1940, S. 12.

2036 Kraemer, *Dank an Kamerad Pferd*, in: DTW (Hrsg.), *Tierschutz im Kriege*, 1940, S. 12 – 13.

„1. *Liese.*

Ein siebzigjähriger Bauer aus dem Rheinland, den die Sorge um seine Fuchsstute ‚*Liese*' trieb, die zum Heeresdienst eingezogen worden war, legte einen fünfzig Kilometer weiten Marsch durch Wind und Wetter zurück und ruhte nicht eher, bis er, im Bereiche des Westwalls angekommen, sein Tier gefunden hatte. Das Pferd erkannte auch sofort seinen Herrn und gab seiner Wiedersehensfreude durch lautes Wiehern Ausdruck. Nachdem sich der Bauer überzeugt hatte, daß sich seine Liese in bester Verfassung befand und von den Soldaten gut behandelt wurde, trat er zufrieden den Rückweg an.

2. *Der Feldpostbrief in der Mähne eines Pferdes.*

Einen eigenartigen Einfall hatte ein Landwirt in Altreben bei Meseritz, dessen Pferd für den polnischen Feldzug ausgehoben worden war und von dem er sich nur schwer trennen konnte. Er flocht in die Mähne des Tieres einen Zettel, auf dem er bat, daß der künftige Betreuer seiner ‚*Grete*' ihm doch einmal mitteilen möchte, was diese in Polen mache. Vorsorglich fügte er auch einige Hinweise über die Eigenart des Tieres bei und wie es am besten zu behandeln sei.

Wochen vergingen. Da kam eines Tages eine Feldpostkarte vom polnischen Kriegsschauplatz, auf der ein Soldat mitteilte, daß er den Zettel schon vor dem Einmarsch entdeckt habe und hocherfreut darüber gewesen sei. Der Grete gehe es ausgezeichnet, und die freundlichen Ratschläge hätten sich in jeder Hinsicht bewährt.

3. *Ein freundlicher Gruß.*

Ein Soldat, der in einem polnischen Dorf unverhofft mit dem Pferde seines Vaters zusammentraf, schnitt von der Mähne des Tieres ein paar Haare ab und schickte sie als ‚freundlichen Gruß vom freudig wiehernden *Hans*' in einem Feldpostbrief nach Hause. Man war nicht wenig überrascht und hocherfreut, auf diese Weise gleichzeitig von Sohn und Pferd ein Lebenszeichen zu erhalten.

4. *Wiedersehen mit Grete.*

Ein Feldwedel schildert in einem Briefe an seinen Vater das frohe Wiedersehen mit der *‚Grete' aus dem heimatlichen Stall.* Das Pferd war durch einen Zufall demselben Truppenteil zugeteilt worden, in dem auch er sich befand. Es war schon eine ganze Zeit darüber hingegangen, als der Feldwedel eines Tages plötzlich von einem Pferd mit lautem Gewieher begrüßt wurde. Bei näherem Hinsehen erkannte er das Pferd, das er zu Hause in der väterlichen Wirtschaft immer betreut hatte. Die Freude war auf beiden Seiten groß. ‚Grete ist dick und rund geworden in Polen', schreibt der Feldwedel an seinen Vater, was dieser ob der guten Pflege mit sehr viel Freude aufgenommen hat.

5. *Heldentaten.*

Auch Heldentaten haben so manche Pferde im Polenfeldzug vollbracht. So hat ein Pferd ein schon aufgegebenes Geschütz mitten aus dem Sperrfeuer vor Lomza geholt, wofür sein Fahrer das Eiserne Kreuz erhielt. Das Pferd selber bekam einen Kranz aus Buchenlaub um den Hals.

Ferner wird von *‚Wotan'*, einem schneidigen Rappen erzählt, der einen Meldereiter in rasendem Galopp so rechtzeitig zum Ziel brachte, daß eine ganze Kompagnie vor einer drohenden Umzingelung durch versprengte polnische Truppenteile bewahrt werden konnte. Das Tier hatte sich jedoch bei dem rasenden Ritt so sehr überanstrengt, daß es erkrankte und durch einen Gnadenschuß von seinen Leiden erlöst werden mußte. Die Soldaten ließen es sich nicht nehmen, ihrem Retter, dem tapferen Pferd, ein würdiges Grab zu schaufeln."[2037]

So war es für Kraemer auch keine Überraschung, als ein Soldat ihn unumwunden ansuchte,

> „ihm doch für seine lieben Pferde eine ‚Sense mit einem Wetzstein, sowie Ohrenschützer' [zu] schicken. Diese müßten aber recht groß sein, da die Pferde einen sehr großen Kopf hätten. Die Sense wolle er zum Abmähen von Futter haben, das vorn in den Stellungen bei der Infanterie immer gut wachse, aber nicht abgeweidet werden könne, weil diese Stellen am Tage wegen Lebensgefahr nicht passierbar seien. Dieser brave Mann wollte sich also an gefährliche Stellen begeben, um frisches Futter für die ihm anvertrauten Pferde zu holen."[2038]

Dieser Bitte kam Kraemer gern nach, so wie auch anderen — zum Teil namentlich wiedergegebenen — bspw. solchen um Tierschutzschriften, –kalender oder gar Merkblätter mit Anleitungen zum Bau von Nistkästen und Vogelfutterhäuschen.[2039] „Zum Schluß wollen wir noch einiger Tiere gedenken, von denen man [...] wenig spricht," und zwar der *Sanitäts- und Meldehunde*, der *Brieftauben*, und für die Gebirgstruppen insbesondere der *Maultiere, Maulesel* und *Esel*.[2040] 1941 konnte so der als Oberststabsveterinär eingesetzte Dr. Mathieu zusammenfassen:

> „Im polnischen Feldzuge, im Wintereinsatz im Westen und beim Vormarsch bis zur Kanalküste habe ich es immer wieder erlebt, daß zahlreiche Wehrmachtsangehörige aller Dienstgrade den deutschen und den vorgefundenen landeseingesessenen Tieren gegenüber ihre tierschützerische Einstellung besonders unter Beweis stellten. Bei den Veterinärdiensten gehört dies geradezu zur Waffenehre. Sie waren empört über die Haltung, Schlachtung usw. in gewissen, jetzt besetzten Gebieten. Hieraus ist zu folgern, daß die Grundeinstellung des deutschen Menschen zum Tier als einem fühlenden Lebewesen, wie sie in der neuen Tierschutzgesetzgebung auch zum Ausdruck kommt, ihre kriegsmäßige Probe bestanden hat."[2041]

2037 Kraemer, *Das Pferd als Kriegskamerad*, in: DTW (Hrsg.), *Tierschutz im Kriege*, 1940, S. 13 – 14.

2038 Kraemer, *Tierschutz im Felde*, in: DTW (Hrsg.), *Tierschutz im Kriege*, 1940, S. 6.

2039 Vgl. Anonymus, *Soldaten haben Tiere gern und lesen auch gern von Tieren*, in: DTW (Hrsg.), *Tierschutz im Kriege*, 1940, S. 16.

2040 Kraemer, *Weitere Kriegskameraden*, in: DTW (Hrsg.), *Tierschutz im Kriege*, 1940, S. 14 – 15.

2041 Storch† / Mathieu, *Tierschutz-Taschenbuch*, 4. A., 1941, S. 14 (Vorwort, unbeziffert).

3. Hitlers Sonderzuschüsse für den Reichstierschutzbund

Doch am Reichsfinanzministerium konnte der Krieg ab 1942 nicht mehr spurlos vorbeigehen. Aus einer Besprechung mit Ministerialrat Hager (RMdI) ergab sich am 9. September 1941, „dass der Tierschutzverein aus Mitteln der Präsidialkanzlei in den letzten Jahren eine Beihilfe von jährlich 30 000 RM erhalten habe Der Vorsitzende des Tierschutzvereins, Oberbürgermeister Krebs, Frankfurt/M., rechnet damit, auch in künftigen Jahren diese Beihilfe von der Präsidialkanzlei zu erhalten. RMdI. ist der Meinung, dass die dem Tierschutzverein zufliessenden Beihilfen gekürzt werden können."[2042]

Diesen Streit entschied Hitler jedoch folgenderweise:

> *„Der Staatsminister und Chef der Reichskanzlei des Führers und Reichskanzlers teilt mit Schreiben vom 3. 1. 1942 — RP 44/42 — mit, dass der Führer dem Reichstierschutzbund erneut eine Beihilfe von 30 000 RM zur Verfügung gestellt habe. Reichshauptkasse ist mit F 9400-178/42 I vom 7. Januar 1942 angewiesen, 30 000 RM aus Mitteln bei Einzelplan XVII Kap. 1 Tit. 32 an den Reichstierschutzbund zu überweisen."*[2043]

Obwohl das Reichsinnenministerium sich bis dahin gegenüber Tierschutzsachen immer offen gezeigt hatte, veranlasste es am 10. März 1942 aus Gründen der „durch die Kriegsverhältnisse gebotene[n] Rücksichtnahme auf die Geschäftslage" eine Überprüfung der vom Reichstierschutzbund vorgelegten Abschlüsse und Verwendungsnachweise und wollte sodann daraus Rücklagen i. H. v. 30.346,74 RM und 48.641,98 RM je für die Geschäftsjahre 1938 bzw. 1939 erkannt haben.[2044] Daraufhin ließ Dr. Frick am 18. Mai 1942 an Dr. Krebs schreiben: „Nachdem auch der unter dem Gesichtspunkt sparsamer Bewirtschaftung der Reichsmittel aufgestellte Haushaltsplan für das Rechnungsjahr 1942 zur Durchführung des Tierschutzgesetzes nur einen Ausgabebetrag von 1000 RM bereitgestellt hat, bin ich vorerst nicht in der Lage, die weitere Gewährung von Reichsmitteln für die Aufgaben des Reichstierschutzbundes in Aussicht stellen zu können."[2045]

4. Tierschutzvereine während des Krieges

Trotz dieser drastischen Finanzeinschränkung sei die Arbeit des Reichstierschutzbundes — wie die vieler anderen Tierschutzvereine auch — erst „mit dem

2042 BA Berlin-Li., I 6762, R 2/12107, ohne Seitenbezifferung.

2043 Datum handschriftlich als „12. 1. 42" vermerkt, Unterschrift unleserlich. In: BA Berlin-Li., I 6762, R 2/12107, ohne Seitenbezifferung.

2044 III b 284/42 5545, in: BA Berlin-Li., I 6762, R 2/12107, ohne Seitenbezifferung.

2045 III b 365/42 5545, in: BA Berlin-Li., I 6762, R 2/12107, ohne Seitenbezifferung.

Zusammenbruch des Reiches im Jahre 1945“ zum Erliegen gekommen. Nach Jahren voll ganz anderer Nöte veranlasste später erst wieder im März 1948 ein Oberbürgermeister von Frankfurt a. M. — inzwischen Dr. Walter Kolb — die (Neu-) Gründung des „Deutschen Tierschutzbundes“, welcher sich nunmehr „eine neue[,] demokratische Satzung gab“, so „daß nun alle deutschen Tierschutzvereine […] ohne den früheren Zwang dem Deutschen Tierschutzbund [sollten] beitreten“ können.[2046] Nichtsdestotrotz stellte Dr. Giese fest:

> „Es ist nicht zu leugnen, […] daß der Reichs-Tierschutzbund unter der Leitung des Oberbürgermeisters Dr. Krebs, Frankfurt a. M., und die deutschen Tierschutzvereine in harmonischer Zusammenarbeit eine rege und ersprießliche Tätigkeit zum Nutzen und zur Besserung des Loses der Tiere entfaltet und einen zielbewußten praktischen Tierschutz in den Städten und auf dem Lande organisiert und vorwärts getrieben haben. Es sei nur erinnert an die erfolgreichen Arbeiten bei den Gerichten, bei der Polizei, in den Schulen, bei der Neugründung von Tierschutzvereinen, namentlich auf dem Lande, an die Aufnahme vergleichender Rechtsuntersuchungen, an die vielversprechenden Verbindungen mit dem Tierschutz im Auslande u. a. m. Frankfurt a. M. war in dieser Zeit die Zentrale der deutschen Tierschutzbewegung, die Stadt des deutschen Tierschutzes, geworden. Die Arbeit des Reichs-Tierschutzbundes und der Tierschutzvereine fand dann auch in der Öffentlichkeit und bei den Behörden Anerkennung und erfreute sich eines beachtlichen Ansehens.“[2047]

Die Tierschutzvereine Deutschlands hatten selbst noch inmitten der größten Kriegsnot[2048] ihre Bemühungen nicht sinken lassen. „Vieles war in schwerster Zeit zu schaffen. Dass es auch geschaffen werden konnte, danken wir der Hilfe unserer Mitglieder, Freunde und Gönner.“[2049] Gerade in jener Zeit hatte man in

---

2046 Giese, *Das deutsche Tierschutzrecht*, 4. A., 1951, S. 130 – 131.

2047 Giese, *Das deutsche Tierschutzrecht*, 4. A., 1951, S. 130; Näheres zum Reichstierschutzbunde s. Heintz, *Tierschutz im Dritten Reich*, 2008, S. 69 – 83 u. 121 – 162.

2048 Beispielweise berichtete Heintz, *Tierschutz im Dritten Reich*, 2008, S. 92: „Noch 1944 wurden durch den [Reichsvogelschutz-] Bund je 5000 Futterhäuschen und Nistkästen abgegeben. Und im Februar 1945 schaffte es der Bund noch per Bahn, […] Vogelfutter in noch unbesetzte Teile des Reiches zu verschicken.“

2049 TSV München, *100 Jahre Tierschutz*, 1942, S. 70. Auf S. 70 – 71 erscheint eine Liste von Geld- und Sachspenden im Wert von 1000,– RM oder darüber aus der Zeit zwischen dem 15. 5. 1939 und dem 12. 12. 1941 geführt, welche sich zu einem Gesamtbetrag i. H. v. 144.683,73 RM (!) summieren; auch Ministerialreferent Heinz Wittenberg rief (TSV Berlin, *100 Jahre Tierschutz in Berlin*, 1939, S. 26) auf: „Werdet Mitglied des Tierschutzvereins! Werbet neue Mitglieder!“; und der TSV München hielt in seinem *Mitteilungsblatt* für das Jahr 1942 / 43, 1943, auf S. 4 fest: „Entscheidenden Anteil an unseren Erfolgen hatte auch die Presse neben den Behörden, ohne deren Unterstützung unser Streben ungleich schwerer gewesen sein würde.“ Inwieweit die ebenda, S. 2 und 3, aufgeführten Beispiele auch für die Lage andernorts stehen können, erschließt sich unserer Forschung nicht mehr.

vielen der ältesten, der „ersten deutschen Tierschutzvereine — in *Dresden* (1839), *Hamburg, Berlin, Frankfurt a. M.* (1841) und *München* (1842)“[2050] das 100jährige Bestehen zu begehen, weswegen sie alle in ihren jeweiligen Festschriften einen besinnlichen Rück- und zuversichtlichen Ausblick unternahmen. So schrieb Herbert Pause nur sechs Jahre vor dem Untergang der Sächsischen Hauptstadt:

> „Wenn sich der Verein seit 1933 in ungeahntem Maße entwickeln konnte, so verdankt er das ganz wesentlich der tierfreundlichen Einstellung des sächsischen Innenministers Pg. Dr. Fritsch, der die Tätigkeit der Tierschutzvereine ständig im Auge behielt und durch Verordnungen über Wandertierschauen und Beseitigung von Tiermißbrauch im Wandergewerbe im Reich voranging. Er gab damit den Tierschutzvereinen die Möglichkeit, sich als Helfer der Behörden auf diesem Gebiet einzuschalten.
>
> So kann der Tierschutzverein Dresden und Umgebung mit Stolz auf diese 100jährige Geschichte zurückblicken. Durch seine reichen Arbeitsmöglichkeiten, durch die Sachlichkeit seines Außendienstes ist er geschätzt nicht nur bei der Bevölkerung, sondern auch bei den Behörden, die sich seiner Mithilfe gern bedienen. Diese Tatsache berechtigt uns, der Hoffnung und dem Wunsche Ausdruck zu geben, daß der Verein, wie im vergangenen Jahrhundert, auch fernerhin erfolgreich tätig wird zum Wohle der Tiere.“[2051]

Und in der Reichs- und Preußischen Hauptstadt konnte der dortige Tierschutzvereinsleiter Amtsgerichtsrat H. B. Marggraf 1941 ausrufen:

> Es „überraschte uns am 1. September 1939 der Krieg. Naturgemäß ist die Arbeit dadurch sehr erschwert. Nach und nach ist ein zahlreicher Teil der Belegschaft zu den Fahnen geeilt und steht im Felde. Unter den Heimgebliebenen hat der Tod Lücken gerissen, andere sind ausgeschieden und Ersatz ist nicht oder nur sehr schwer zu bekommen.
>
> Aber unverdrossen setzt der Verein seine Tierschutzarbeit fort. Gewiß fordert der Krieg die Anspannung der Kräfte zu einem anderen, höheren Ziel. Und stets steht im Vordergrunde jedes Interesses der Mensch. Auch dieser so oft gehörte Einwand ist richtig. Aber so viel Zeit und so viel Liebe ist immer noch da, *um auch die Tiere nicht zu vergessen. Auch im Kriege nicht!* Und gerade im Kriege nicht! Vergessen wir nie, welche wertvollen Dienste z. B. die Kriegspferde, die Meldehunde und die Brieftauben der kämpfenden Truppe leisten.
>
> Ein Jahrhundert Tierschutz ist abgeschlossen. Unendlicher Dank gebührt all den vielen Helfern, die in uneigennütziger Weise bemüht waren, der Vereinsarbeit die Wege zu ebnen. Dieser Dank sei hier zum Ausdruck gebracht. Insonderheit aber sei

---

2050 Giese, *Tierschutz und Tierschutzrecht in Deutschland*, in: TSV Berlin, *100 Jahre Tierschutz in Berlin*, 1941, S. 17.

2051 Pause, *Neuaufbau im Dritten Reich*, in: Willige (Hrsg.), *100 Jahre Tierschutz in Dresden*, 1939, S. 160.

der Dank dargebracht unserem Führer *Adolf Hitler* für alles, was er für die Tierwelt getan hat.“[2052]

Die überschwenglicheren Bayern schließlich gedachten 1942 in ihrer Hauptstadt — zugleich der auch der nationalsozialistischen Bewegung — feierlich alles Erreichten:

„Das Jahr 1933, in dem *Adolf Hitler* die Staatsführung übernahm, brachte sofort mehr Erfolge als der Tierschutzverein in bald 100jähriger Bemühung zu erreichen vermochte. Wohl zur grossen Freude und Befriedigung aller gutgesinnten Menschen wurde das Tier als Lebensgefährte, Helfer und Beschützer des Menschen anerkannt.

Der nationalsozialistische Staat *Adolf Hitlers* stellte sich auf dem Gebiete des Tierschutzes an die Spitze aller Staaten der Erde. Auf der Grundlage der Verbundenheit alles Lebendigen gewährte man den Tieren gewisse Rechte nicht um der Nützlichkeit, sondern um der Tiere selbst willen. Das vor 100 Jahren begonnene [Nach-] Denken über die Stellung des Tieres im Weltganzen wurde in das Staatsdenken eingegliedert[,] und die auf dieser Grundlage erlassenen Gesetze und Vorschriften wurden für das Volksganze verpflichtend.“[2053]

2052 Marggraf, *100 Jahre Tierschutz*, in: TSV Berlin, *100 Jahre Tierschutz in Berlin*, 1941, S. 8.

2053 TSV München, *100 Jahre Tierschutz*, 1942, S. 43 – 44.

Schlussfolgerung

I. Gedankliche Herleitung des Tierschutzes

Der Tierschutz ist keine Erfindung des Nationalsozialismus', sondern geriet spätestens seit dem 18. Jahrhundert immer deutlicher in den Blick der Zeitgenossen.

1. Vorgeschichte

So sagte Kant:

> „In Ansehung des lebenden, obgleich vernunftlosen Theils der Geschöpfe ist die gewaltsame und zugleich grausame Behandlung der Thiere der Pflicht des Menschen gegen sich selbst weit inniglicher entgegengesetzt, weil dadurch das Mitgefühl an ihrem Leiden im Menschen abgestumpft, und folglich eine der Moralität, im Verhältnisse zu anderen Menschen, sehr diensame Anlage geschwächt und nach und nach ausgetilgt wird; obgleich ihre behende (ohne Quaal verrichtete) Tödtung, oder auch ihre, nur nicht bis über Vermögen angestrengte, Arbeit, (dergleichen auch wohl Menschen sich gefallen lassen müssen) unter die Befugnisse des Menschen gehören; da hingegen die martervollen physischen Versuche, zum bloßen Behuf der Speculation, wenn auch ohne sie der Zweck erreicht werden könnte, zu verabscheuen sind. — Selbst Dankbarkeit für lang geleistete Dienste eines alten Pferdes oder Hundes (gleich als ob sie Hausgenossen wären) gehört *indirect* zur Pflicht des Menschen, nämlich in *Ansehung* dieser Thiere, *direct* aber betrachtet ist sie immer nur Pflicht des Menschen *gegen* sich selbst.“[2054]

Auf anderweitiger Grundlage, nämlich Empfindung statt Vernunft, baute Schopenhauer den Tierschutzgedanken noch aus:

> „Das Recht des Menschen auf das Leben und die Kräfte der Thiere beruht darauf, daß, weil mit der Steigerung der Klarheit des Bewußtseyns das Leiden sich gleichmäßig steigert, der Schmerz, welchen das Thier durch den Tod, oder die Arbeit leidet, noch nicht so groß ist, wie der, welchen der Mensch durch die bloße Entbehrung des Fleisches, oder die Kräfte des Thieres leiden würde, der Mensch daher in der Bejahung seines Daseyns bis zur Verneinung des Daseyns der Thiere gehen kann, und der Wille zum Leben im Ganzen dadurch weniger Leiden trägt, als wenn man es umgekehrt hielte. Dies bestimmt zugleich den Grad des Gebrauchs, den der Mensch ohne Unrecht von den Kräften des Thieres machen darf, welchen man aber oft überschreitet, besonders bei Lastthieren und Jagdhunden; wogegen daher die Thätigkeit der Thier-Schutz-Gesellschaften besonders gerichtet ist. Auch erstreckt sich jenes Recht, meiner Ansicht nach, sich nicht auf Vivisektionen, zumal der oberen Thiere.

2054 Kant, *Tugendlehre*, 2. A., 1803, § 17, S. 108.

Hingegen leidet das Insekt durch seinen Tod nicht so viel, wie der Mensch durch seinen Stich. — Die Hindu sehen dies nicht ein."[2055]

Ab 1833 erschienen fast gleichzeitig Tierschutzgesetzgebungen der deutschen Teilstaaten als „das Resultat einer bestimmten, fortgeschrittenen Kulturentwicklung."[2056] Die Tendenz, Tiere im Gefolge der industriellen Revolution stärker wirtschaftlich auszubeuten, fand bei Schopenhauer und Wagner die Kritik, „dass Menschen blutrünstig seien und verantwortungslos im Umgang mit Tieren wie mit der Welt der Natur überhaupt."[2057] Gefordert wurde eine „Metaphysik des *Mitleids und der Entsagung*"[2058] zugunsten der leidensfähigen Geschöpfe. Gleichwohl musste Clauß noch 1928 verbuchen, dass sich „die den moralischen Tierschutz betreffenden Gesetzesnormen [...] ungemein beschränkt und voll viel zu weit gehender Rücksichtnahme auf kollidierende Interessen präsentieren, wofür als provisorische Beleg der mehr als unzulängliche Wortlaut des § 360 Nr. 13 StGB dienen mag."[2059]

Seit dessen Geltung 1871 nahm die Kritik zu, im Bereich des Tierschutzes gegenüber anderen Kulturnationen zurückzustehen. Bezeichnenderweise fand die Vorschrift keine Anwendung auf die Fälle Vivisektion und Schächten, da diese Streitfragen politisch und religiös zu aufgeladen waren, sodass alle fünf Entwürfe der gesamten Strafrechtsreform 1909 – 1927 scheiterten. Daher blieben die Schächt-, Versuchs- und Raubzeugtiere weder reichsgesetzlich noch durch Landesverordnungen geschützt; auch der Rechtsschutz für die Nutz- und Jagdtiere gab nicht selten Anlass zur Klage. Infolgedessen musste Schaefer 1932 in Hinblick auf von Hippels *Volkskulturstufenlehre*[2060] feststellen: „Das Niveau der Tierschutzgesetzhebung wird mit Recht als Gradmesser für den Kulturstand eines Volkes angesehen. Vielleicht nicht zuletzt haben unsere Tierschutzbestimmungen uns in dem tierfreundlichen Auslande, insbesondere England und Amerika, den Ruf von ‚Hunnen' und ‚Barbaren' eingebracht."[2061]

2055 Schopenhauer, *Die Welt als Wille und Vorstellung*, 3. A. 1859, § 66, N.D. 2009, S. 331. Unvollständige Wiedergabe dieses Zitats und weitere Äußerungen von Schopenhauer bzw. Clauß s. o. „Moralischer Tierschutz als neue Rechtsanschauung" um S. 66.

2056 v. Hippel, *Tierquälerei*, 1891, S. 2.

2057 Burton, *Die Walküre: Wille und Krieg*, in: *Ring des Nibelungen*, 2010, S. 22.

2058 Burton, *Die Walküre: Wille und Krieg*, in: *Ring des Nibelungen*, 2010, S. 29.

2059 Clauß, *Tierschutz und Strafgesetzgebung*, 1928, S. 13.

2060 v. Hippel, *Tierquälerei*, 1891, S. 130 – 131; *Vergl. Darst.*, 1906, S. 267; s. o. Kritik an § 360 Nr. 13 RStGB.

2061 Schaefer, *Tierschutz im Reichsstrafrecht*, 1932, S. VII (Vorwort); bemerkenswert verzeichnete Eberstein, *Tierschutzrecht bis 1933*, 1999, S. 372 zu England: „Eine der Auseinandersetzung in Deutschland vergleichbare Diskussion über das Schächten scheint es — soweit ersichtlich — nicht gegeben zu haben, was wohl weniger auf die

2. NS-Zeit

Auch nach 1933 benutzten die Tierschützer dieses Argument. Beispielweise schrieb Lambert Müller am 7. April 1933 an Adolf Hitler:

> „All diese Zustände […] entehren, wenn sie fernhin geduldet werden, das deutsche Volk, tragen dazu bei, dass es aus der Reihe der sogenannten Kulturnationen gestrichen wird. Deutschland hat aber die ihm von seinen grossen Kulturträgern als Vermächtnis hinterlassene Aufgabe, das Kulturland zu werden, an dessen Wesen die ganze Welt genesen soll.
>
> Herr Reichskanzler! In beispiellos zähem Kampfe ist es Ihnen im Laufe weniger Jahre gelungen, die politischen Anschauungen der Deutschen umzuformen, sie zu Ihren Ansichten zu bekehren, sodass sie sich jetzt freiwillig Ihrer Führung unterstellen. Das deutsche Volk hofft auf Sie und weiss, dass Sie es nicht enttäuschen werden. Auch wir, die wir seit Jahrzehnten für das Recht der Tiere kämpfen, hoffen auf Sie, und tun es um so mehr, als Sie schon vor Jahren die bindende Zusicherung gaben, dass in einem unter Ihrer Führung stehenden Reiche auch für die Tiere gesorgt werden wird. Das war eine Botschaft, an die wir glaubten. Lassen Sie sie nun Tat werden.“[2062]

Nicht zu verkennen ist, dass viele führende Nationalsozialisten sich von diesen Argumenten angezogen fühlten. Gründe hierfür lassen sich auf ihre *biographischen* Spuren zurückführen. Schon nach Ansicht des jugendlichen Adolf Hitler gehörte die Förderung des Tierschutzes zu den Aufgaben seines idealen Reiches. Zeitlebens blieb er bekanntlich Hundefreund. Göring lagen nicht nur die mithilfe von Professor Heck, dem Direktor des Berliner Zoos, gehaltenen Löwen am Herzen, sondern die Artenbestandssicherung von Wisent, Elch, Rothirsch usw. in den Reichsnaturschutzgebieten wurde zeitgenössisch gar als das persönliche Verdienst des Reichsforstmeisters wahrgenommen.[2063] Dr. med. Eckhard, der wie Heß überzeugter Anhänger der Kräuterheilkunde war, war gar Vorsitzender des Hannoveraner Tierschutzvereins „Tierfreund“. Noch prägender könnten die Erfahrungen zahlreicher Nationalsozialisten als *Frontsoldaten* im Ersten Weltkrieg gewirkt haben. Wiederholt wurde von Zeitgenossen darauf verwiesen, „die uns nahestehenden Haustiere […] als Lebens- und Arbeitskameraden“[2064] anzusehen. „Das weiß auch jeder, der im Kriege die Kameradschaft und unerschüt-

---

englische Liberalität, sondern eher auf die vergleichsweise geringe Anzahl der Juden in England zurückzuführen ist“.

2062 Lambert Müller, Brief an Hitler v. 7. 4. 1933, in: GStA PK Berlin-Dahlem, I HA Rep. 87 Nr. 20040, Bl. 78.

2063 Vgl. Schoenichen, *Taschenbuch*, 2. A., 1939, S. 5, 6, 8.

2064 Müller / Greiner, *NS-Weltanschauung und Tierschutzbewegung*, in: VB, Nr. 224 v. 12. 8. 1937, Prof. Dr. Max Müller setzte sich schon spätestens seit 1926 für die Schlachttierbetäubung ein, s. o.

terliche Treue des Pferdes bis zum bitteren Ende erlebt hat. Das Tier ist also ein Teil der deutschen Lebensgemeinschaft, und wer es unnötig quält oder roh mißhandelt, verletzt deshalb nicht nur den einzelnen Menschen und seine Gefühle, sondern greift in dem Tiere die Gemeinschaft als solche an. Ebenso wie der Mensch nach unserer Auffassung strafrechtlichen Schutz nur genießt, weil und insoweit er aktives Mitglied dieser Gemeinschaft ist,[2065] gerade so genießt auch das Tier wegen seiner Zugehörigkeit zu dieser Gemeinschaft einen seiner Bedeutung entsprechenden Schutz."[2066]

II. Betrachtung der Tierschutzgesetze

Die Nähe der Tierschutzpolitik zum Denken führender Nationalsozialisten hat immer wieder zu der Einschätzung geführt, hier einem politischen Instrument der Nationalsozialsten gegenüber zu stehen. Dies liegt schon deshalb nahe, weil die im Zentrum der damaligen Erörterungen stehende Schächtfrage enge Berührungen zu religiösen Praktiken des Judentums hatte. Zuletzt hat Dirscherl in diesem Sinne resümiert, „dass der Tierschutz als politisches Thema benutzt und missbraucht wurde."[2067] Früher hatte bereits Caspar die Ansicht vertreten, das RSchlG sei ein Versuch, „eine tierschützerische Gesinnung zu beweisen und gleichzeitig eine zunächst noch verhalten-abwartende antijüdische Politik zu verfolgen".[2068]

1. Schlachtgesetzgebung

Stark relativiert werden diese Thesen freilich durch die Tatsache, dass der Konflikt zwischen der Religionsfreiheit und der als tierquälend empfundenen Praxis des Schächtens bereits seit den 1880er Jahren die Gemüter erhitzt hatte. Während sich Zentrum, SPD und KPD im Reichstag im Namen der Religionsfreiheit sämtlichen Anträgen auf einen Betäubungszwang entgegenstellten, konnte Dr. Buttmann ab 1925 im Bayerischen Landtag alle demokratischen Parteien bis auf die BVP davon überzeugen, „daß den Forderungen des Tierschutzes größere Bedeutung beizumessen sei als dem aus der jüdischen Glaubenslehre hergeleite-

---

2065 Dafür sprach auch Feder, *Programm der NSDAP*, 166. – 169. A., 1935, S. 12, Punkt 10: „*Erste Pflicht jedes Staatsbürgers muß sein, geistig oder körperlich zu schaffen.*"

2066 Grau, *Gedanken über den strafrechtlichen Tierschutz*, in: DJ, 97. Jg., 1935, 2 Hj., S. 1759; s. auch *Tiere klagen dich an*, in: DJ, 98. Jg., 1936, 2. Hj., S. 1882.

2067 Dirscherl, *Tier- und Naturschutz im Nationalsozialismus*, 2012, S. 160.

2068 Caspar, *Tierschutz in der Industriegesellschaft*, 1999, S. 269.

ten Verlangen nach einer besonderen Schlachtart."[2069] Das RSchlG vom 24. April 1933 ging aus diesem nicht (rein) nationalsozialistisch initiierten BaySchlG vom 17. Mai 1930 hervor.

Dabei nahm der Gesetzgeber 1933 ein „Schächtverbot" zwar vorsätzlich in Kauf, ohne es aber als Hauptzweck zu verfolgen. Dieser bestand vielmehr darin, das Schlachtwesen allgemein zu regeln. Dafür sprach zuvörderst die ausdrückliche Erklärung in Dr. Franks *Nationalsozialistisches Handbuch für Recht und Gesetzgebung* beim Zentralverlag der NSDAP: „Wenn die Juden ihre Tiere vor dem Blutentzug betäuben, können sie auch im Deutschen Reich schächten. In die Art des Blutentzugs, also durch Halsschnitt (Schächtschnitt), greift das Gesetz nicht ein."[2070] Zudem blieb eine Angleichung der maximal 6monatigen Gefängnisstrafe des § 3 RSchlG an die 2jährige Obergrenze des § 9 Abs. 1 RTierSchG aus, „da eine Handlung aus religiösen Motiven gewöhnlich mildere Richter findet, eine darüber hinausgehende Quälerei beim Schlachten aber sowieso unter § 1 des Tierschutzgesetzes fällt."[2071] Zudem war das Verbot des betäubungslosen Schlachtens nicht nur gegen das Schächten durch Juden gerichtet, sondern betraf in der Praxis auch deutsche bzw. christliche Metzger, die am Schächten beteiligt waren, sowie ungeachtet der Rassen oder Religion alle Geflügel- bzw. Hausschlachter. § 1 des RSchlG dehnte den Betäubungszwang auf alle warmblütigen Schlachttiere aus, obwohl § 1 des BaySchlG schon alle „klassischen", darunter sämtliche für das Schächten in Frage kommenden Schlachttiere in Schutz genommen hatte. Ferner regelte die RSchlVO die Ausführung der Betäubung im Allgemeinen (§§ 3 – 5, 8 – 11) und verschiedener Arten (§§ 6, 7) sowie die Instandhaltung entsprechender Geräte (§ 12). Am 28. April 1933 regelte Göring aufgrund des § 1 Abs. 2 RSchlG noch das Schlachten und Aufbewahren von Fischen und anderen kaltblütigen Tieren, die nach jüdischem Verständnis ohnehin „neutrales" Fleisch seien und nicht geschächtet werden müssten. Dennoch erfuhr diese Preußische Polizeiverordnung am 6. Juli und 11. September 1933 noch zweimal Nachbesserung, bis dann Dr. Frick am 14. Januar 1936 die entsprechende und erweiterte Verordnung für das ganze Reich erließ.

Das Verbot des betäubungslosen Schlachtens lief daher gar nicht auf ein Schächtverbot hinaus und war in seiner Zielsetzung auch viel weiter, als auf eine Beschränkung des jüdischen Ritus gerichtet. Dirscherls Aussage, das Schächtverbot stelle „einen wichtigen Punkt der ‚Judenpolitik' des Nationalsozialismus

2069 Grau, *Gedanken über den strafrechtlichen Tierschutz*, in: DJ, 97. Jg., 1935, 2 Hj., S. 1762.

2070 Einhauser, *Gesetz über das Schlachten von Tieren*, in: Frank (Hrsg.), *Handbuch*, 1935, S. 899; s. o. zu RSchlG.

2071 Adolph, *Schutz des Tieres im deutschen Recht*, 1935, S. 17; s. o. „Gesamtbetrachtung" des RSchlG.

dar“ und „wäre wahrscheinlich auch dann erlassen worden, wenn den Schächtern keine Tierquälerei vorzuwerfen gewesen wäre“,[2072] erscheint vor diesem Hintergrund als eher unwahrscheinliche Spekulation. Bei aller Nähe zum Denken führender Nationalsozialisten erkennt daher Caspar zutreffend das RTierSchG als eine „bedeutsame Kulturtat“[2073] an.

2. Reichstierschutzgesetz

Wichtig für die Einschätzung des Einflusses des Nationalsozialismus’ auf den Tierschutz sind weitere Fragen.

a) Kodifikationsansätze vor und seit 1933

Der Einfluss wäre zunächst dann geringer zu veranschlagen, wenn hier nur frühere Entwürfe umgesetzt worden wären. In diesem Sinne meint Dirscherl: „Die Nationalsozialisten bedienten sich dabei bereits bestehender Gesetzesentwürfe der Weimarer Republik und existierender Landesgesetze“[2074].

Solche dem RTierSchG entsprechende Entwürfe kamen vor 1933 jedoch nicht zustande. Die ganze Strafrechtsreform kam nicht über von Hippels zweiteilige Gliederung hinaus, nämlich eine Vergehensvorschrift gegen Tierquälerei unter Fortfall der Tatumstände „Öffentlichkeit“ und „Ärgerniserregung“ vom § 360 Nr. 13 RStGB, sowie eine neue Blankettvorschrift mit reichseinheitlicher Übertretungsstrafe für Zuwiderhandlungen tierschützerischer Länderverordnungen. Hinzu sprachen sich 214 reichsdeutsche und österreichische Tierschutzvereine 1927 unter der Führung Kraemers (Berlin) dafür aus, drei weitere Tatbestände einzuführen, und zwar die Aufsichtspflicht des Gewalthabers über seine Schutzbefohlenen, die Fortnahme und Pflege gefährdeter Tiere und das Berufsverbot ihrer rückfälligen Quäler. Diese Bestrebungen fanden Widerhall auch bei den Rechtsgelehrten Clauß (1928) und Schaefer (1932). Allerdings machte sich zu diesem Zeitpunkt noch niemand Gedanken darüber, wie die bisher ausgedachten insgesamt fünf Tierschutzbestimmungen in ein Straf- oder Verwaltungsgesetzbuch überhaupt systematisch einzuordnen wären.

Während sonach „der Erlaß eines eigenständigen Tierschutzgesetzes angesichts der vergeblichen Versuche, eine Verbesserung des strafrechtlichen Schutzes herbeizuführen, völlig abwegig erschien“, verdichteten sich die Gedanken

---

2072 Dirscherl, *Tier- und Naturschutz im Nationalsozialismus*, 2012, S. 160.

2073 Caspar, *Tierschutz in der Industriegesellschaft*, 1999, S. 270 unter Berufung auf BT-Ds. IV / 85, S. 6.

2074 Dirscherl, *Tier- und Naturschutz im Nationalsozialismus*, 2012, S. 11.

einer „reichsrechtliche[n] Bestrafung der einzelnen Mißstände in einem umfassenden Tierschutzgesetz […] in Deutschland daher tatsächlich erst 1933“[2075] zu den ersten Entwürfen. Sie stammten nämlich im Frühjahr von Tierschützern aus Meißen, Schwerin und Bautzen — sowie der NSDAP-Fraktion im Preußischen Landtag. Neben Wiederholung der o. g. Forderungen, die sich schließlich als Vorlagen des § 9 Abs. 3 Z. 4 und § 10 Abs. 1, 3 RTierSchG erwiesen, diente von den neuen Beiträgen nur die Aufzählung im § 2 des Meißener Entwurfs als methodischer Aufschluss für den § 2 des RTierSchG. Alle sonstigen Einrichtungen desselben entstanden während seiner amtlichen Erarbeitung vom Ende Mai bis zum Anfang November 1933.

b) Sachgerechtigkeit der Vorschriften

Gleichwohl würde es zu weit führen, die Tierschutzgesetzgebung führenden Nationalsozialisten persönlich zuzuschreiben. Der Einfluss von Hitler, Göring u. a. beschränkte sich zunächst darauf, religiös bzw. politisch motivierte Widerstände, die in Weimar Erfolge verhindert hatten, zu brechen und die Gesetzgebung damit zu *ermöglichen*. Des Weiteren gaben sie die *Richtung* des RTierSchG vor. So verlangte § 1 weder Öffentlichkeit noch Ärgerniserregung mehr, wie auch Bosheit (§ 360 Nr. 13 RStGB a. F.) bzw. Absicht (§ 145 b RStGB n. F.) fortgefallen war. Stattdessen ließ Hitler (s. o. Kabinettssitzung vom 14. November 1933) mit *Gefängnis bis zu zwei Jahren* bestrafen, wer unnötig durch Tun oder Unterlassen einem Tier im naturwissenschaftlichen Sinne — sei es auch derart unterentwickelt, um überhaupt menschliches Mitleid zu erregen — länger dauernde oder sich wiederholende, für die Eigenart des Einzelopfers erhebliche „Schmerzen oder Leiden“ verursachte. Wo dies nach amtlicher Begründung „nicht nachweisbar ist, gleichwohl aber eine […] Behandlung vorliegt, die vom tierschützerischen Standpunkt aus nicht geduldet werden kann“, da fasste § 2 RTierSchG aus den Bittschriften seit dem Frühjahr 1933 zwölf Fälle zusammen und schrieb i. V. m. § 9 Abs. 3 Z. 1 ihre richterliche Behandlung vor. Mit was für einem Fingerspitzengefühl daran gearbeitet wurde, das zeigten u. a. die anderweitige Zulässigkeit des Kupierens bei Hunden und Pferden (§ 2 Z. 7 u. 8) sowie das Kastrationsverbot je nach altersbedingter Schmerzfähigkeit (§ 2 Z. 9 samt 4. DurchfVO), wie später auch der Hinweis von Giese und Kahler auf die „angepaßte Haltung, Pflege und Unterbringung“ für „winterschlafende“ Frösche beim § 6 Abs. 1 RTierSchG. (S. 404) und die abermaligen Versuche beim § 2 Abs. 1 der Kaltblüter-VO von tierkundlicher Ergründungswut zeugten.

2075 Eberstein, *Tierschutzrecht bis 1933*, 1999, S. 372 – 373.

Zum „*Kampf gegen die Vivisektion*" hielt Göring am 28. August 1933 die Rundfunkrede. Weiter in die Gesetzgebung reichte sein Einfluss oder der Hitlers dagegen nicht. Göring überließ die Aussprache über seine Ansprache den Sachkennern. Während Dr. Frey als Vorsitzender jeden Polemisierungsansatz unterdrückte, setzten die Tierschützer einerseits und die Vertreter der Wissenschaft und Wirtschaft andererseits von der Grundbegriffsbestimmung über das grundsätzliche Verbot bis hin zur Regelung aller ihrerseits denkbaren Ausnahmen fast jede Wortsetzung durch. Dabei lag die durchgehende Interessenabwägung schon i. S. d. Notwendigkeitsgebots des kommenden RTierSchG. Als Selbiges die preußische Vorlage vom 5. September 1933 übernahm, wurden auf Sommers Vorschlag zur Vor- und Nachprüfung noch die Pflichten zur Erlaubnis (§ 6) und Buchführung (§ 7 Z. 8) eingeführt.

Die nicht zuletzt beim § 7 Z. 4 maßgebliche Betäubung erhielt durch § 13 noch eine Legaldefinition. Von derselben schloss § 1 der 1. AusfVO des RTierSchG aber elektronische Apparate bzw. Verfahren grundsätzlich aus, denn sie konnten bis dahin nur für Schlachtung bzw. Tötung ausreichend betäuben, während ihre Wirkung bei schmerzhaften Eingriffen in lebende Tiere weder wissenschaftlich erforscht noch praktisch erprobt worden war. Dafür überließ § 2 der AusfVO die Vornahme der Betäubung in den Fällen des § 2 Z. 7 – 9 RTierSchG ausschließlich dem approbierten Tierarzt. Derselbe war nach § 12 RTierSchG auch für Zweifelsfälle namentlich i. S. d. § 2 Z. 1, 2 als Sachverständiger zu hören.

Die konkrete Ausformulierung des Gesetzes nahm daher viele Detailfragen auf, die bereits lange erörtert worden waren und nicht von Hitler, Göring oder ihresgleichen ausgingen. Zeitgenössisch wurde festgestellt: „Alles was die Tierschutzvereine in jahrzehntelanger Arbeit an Erfahrung über Tierquälereien gesammelt und immer wieder den Regierungen der alten Zeit vergeblich mit der Bitte um Abhilfe im Gesetzeswege angeboten hatten, alle Fehler und Irrwege der Rechtsprechung auf dem Gebiete des Tierschutzes hat der Verfasser des Gesetzes gesammelt und in eingehender Weise für seine Vorschriften berücksichtigt."[2076] Zur Ausgestaltung des Wortlautes schaltete Dr. Frick dann u. a. Dr. med. vet. Giese und Dr. iur. Kahler ein, deren Sachkunde in ihrem Kommentar zum Ausdruck kamen. Ihnen stand der bewährte Tierschützer Kraemer mit seinen Erfahrungen aus lebenslanger Praxis bei.

Folge waren differenzierte, sachbezogene Regelungen und eher wenig politische Formeln. Sonach bediente sich das RTierSchG keiner Schlagworte wie etwa „Alle Tiere sind gleich". Im Ergebnis griff man daher auf keine konkreten Entwürfe Weimars, aber doch auf viele lange erörterte Einzelfragen zurück. Da-

---

2076 Sommer, *Das neue TierSchG*, in: GA, N. F. Bd. 1, 1934, S. 30.

bei war der Einfluss der Tierschutzvereine besonders stark, während die Linie von Nationalsozialisten zumindest geteilt und faktisch durchgesetzt wurde. Im Ergebnis pauschal die „menschen- und tierverachtende Einstellung nationalsozialistischer Wissenschaftler“ [2077] zu sehen, wie es Dirscherl tut, führt jedenfalls zu weit.

c) NS-erzieherisches Mitstreben

Die Besatzungsmächte konnten in den Tierschutzgesetzen keine „Gesetze politischer Natur oder Ausnahmegesetze, auf welchen das Nazi-Regime beruht,“ i. S. d. Art. 1 ihres Kontrollratsgesetzes Nr. 1 vom 20. September 1945 erkennen.[2078] Gleichwohl verkannten sie, dass die Gesetze zwar nicht einfach antijüdische Maßnahme waren, aber doch auf spezifisch nationalsozialistischen Erwägungen beruhten. Dazu gehört die Vorstellung, durch den Tierschutz „die deutsche Seele gesund zu erhalten“[2079]. Dies versuchte man, auch insoweit nicht untypisch für den Nationalsozialismus, durch erzieherische Maßnahmen zu erreichen.

Diese Absicht kam bereits eindeutig zum Ausdruck, als § 9 Abs. 3 Z. 4 den Eltern und andern Gewalthabern die Pflicht auferlegte, ihre Schutzbefohlenen von Zuwiderhandlungen gegen die Vorschriften des RTierSchG abzuhalten. Dabei erfuhren die dortigen Begriffe sehr weitherzige Auslegung. Beispielweise konnten „die Mutter und die volljährigen Kinder ohne oder neben dem Vater selbst bestraft werden.“[2080] Ferner hatte man unter „Hausgemeinschaft“ auch Betreuungs- und Schulgemeinschaft sowie namentlich Heereskasernen, Arbeitsdienst-, HJ- oder BDM-Lager zu verstehen.[2081] Nennenswert ist noch die Möglichkeit, die Obergrenze der Geldstrafe des § 9 Abs. 1 i. H. v. 10.000 RM zu überschreiten nach § 27 c RStGB, „wenn der Grundsatz, daß die Geldstrafe den Gewinn, den der Täter aus der Tat gezogen hat, übersteigen soll, ohne Überschreitung des gesetzlichen Höchstmaßes nicht durchzuführen wäre. Außerdem kann nach § 27 a RStrGB. bei einem auf Gewinnsucht beruhenden Vergehen die Geldstrafe bis zu 100 000 RM erhöht werden“.[2082] Darüber hinaus schafften § 10

2077 Dirscherl, *Tier- und Naturschutz im Nationalsozialismus*, 2012, S. 131; wohlgemerkt sind die „Tatsachen“, aus denen er unmittelbar darauf schloss, ausschließlich in Enthüllungsliteratur von 1993 bis 2004 angegeben.

2078 *Amtsblatt des Kontrollrats in Deutschland*, S. 6; vgl. Eberstein, *Tierschutzrecht bis 1933*, 1999, S. 370.

2079 Schoenichen, *Naturschutz im Dritten Reich*, 1934, S. 3.

2080 Landwehr, *Die strafbare Tierquälerei nach § 9 RTierSchG*, 1935, S. 47.

2081 Schmid-Lindner, *Fragen des StR-AT zum TierSchR*, 1941, S. 28.

2082 Giese / Kahler, *Das deutsche Reichs-Tierschutzgesetz*, 1934, S. 73 – 75; *Das deutsche Tierschutzrecht*, 1939, S. 95; Giese, 4. A. 1951, S. 97 – 98.

Abs. 1 S. 2 und § 11 Abs. 3 S. 1 die Möglichkeit, gequälte, erheblich vernachlässigte oder gefährdete Tiere ihrem Besitzer fortzunehmen und auf dessen Kosten zu verpflegen, um nach der amtlichen Begründung „*Täter oder Teilnehmer empfindlicher [zu] treffen als eine kurze Freiheits- oder Geldstrafe*". Dafür sorgte auch § 11 Abs. 1, der über Gewohnheitstierquäler ein entsprechendes Berufsverbot verhängte. Doch beide Maßnahmen konnten in Fällen des § 11 Abs. 2 bzw. Abs. 3 S. 1 HS. 1 wieder aufgehoben werden, „sofern anzunehmen ist, daß der Schuldige sich gebessert hat. Diese Bestimmung ist in hohem Grade geeignet, erzieherisch zu wirken."[2083]

Während entsprechende Beiträge im Lehrbuch für den Reichsarbeitsdienst schon vor der Verabschiedung des RTierSchG erschienen, veranlasste Bernhard Rust als Reichsminister für Wissenschaft, Erziehung und Volksbildung durch seinen Erlaß vom 15. November 1933 alle Länderregierungen, „*dafür zu sorgen, daß die volle erziehliche Wirkung dieses Gesetzes in allen Schulen lehrplanmäßig sichergestellt wird.*"[2084] Fernhin fand in den Kutscher- und Schäferschulen Tierschutz- und Tierkundenunterricht statt, den die Verordnung vom 31. Dezember 1940 auch für Hufbeschlagschmiede vorsah. Nicht unerwähnt bleiben sollte schließlich die Reichsjugendführung, die dem Führerrat des Reichstierschutzbundes angehörte, Kinder- und Schulfunk mit Märchen und Hörspielen ausstrahlte, und HJ-Heimabendschulung veranstaltete. Am 15. April 1934 in Frankfurt am Main fand ein „Kampftag für Tier- und Naturschutz" statt, „an dem sich besonders auch die Jugend beteiligte."[2085]

3. Nebengesetze

Auffallend und ein zentrales Ergebnis dieser Arbeit ist in jedem Fall, wie schnell und umfassend nach 1933 ein System des Tierschutzes entstand. Dies zeigen insbesondere die vielen Nebengesetze, die zum Teil in dieser Arbeit erstmals Beachtung fanden.

So fand die nächste größere Tierschutzgesetzgebung, der Beratung vom 18. Oktober 1933 zufolge, schon durch das Preußische bzw. Reichsjagdgesetz je vom 24. Februar und 3. Juli 1934 statt. Danach konnten die in dessen § 2 als jagdbar erklärten Tiere nur noch von solchen Personen bejagt werden, die sich vorher nach § 22 ggf. durch eine Eignungsprüfung i. S. d. Abs. 4 einen Jagd-

2083 Sommer, *Das neue TierSchG*, in: GA, N. F. Bd. 1, 1934, S. 34.

2084 RU II D Nr. 581, U II G, RK; Wiedergabe in: *Radtke, Tierschutz von A – Z*, 1942, S. 212 – 213 (m. Abb.).

2085 Anonymus, *Ein Festzug der Tiere in Frankfurt a. Main*, in: *Berliner Lokal-Anzeiger* v. 22. 4. 1934, mit Abb.; Abdruck in: Heintz, *Tierschutz im Dritten Reich*, 2008, S. 204.

schein erworben, und sich dadurch zur „Waidgerechtigkeit“[2086] verpflichtet hatten. Darauf folgten das RNatSchG vom 31. Oktober 1935 und die RNatSchVO vom 18. März 1936, die sich auch der nicht jagdbaren Tiere annahmen. Damit wurde fast allen[2087] Tieren in freier Wildbahn Sonderschutz zuteil, nachdem das RTierSchG sachgemäß vornehmlich den in menschlicher Gewalt befindlichen Geschöpfen zugutegekommen war. Wohlgemerkt stand, sowohl hier wie auch in sämtlichen Schlachtgesetzen sowie ausnahmsweise in §§ 30, 35 RJagdG, dessen ErgVO vom 29. Juli 1936 und §§ 13, 15 Abs. 2 der RNatSchVO, das Wohlbefinden des Einzeltiers im Vordergrund. Hingegen traten die Tiere in den Nebengesetzen, wie § 2 RNatSchG ausdrücklich hervorhob, als Angehörige geschützter Arten auf, die zur heimischen Tierwelt gehörten, aber „im Zeitalter des Materialismus durch ein blindwütiges Schießertum“[2088] fast ausgerottet (§§ 2, 37, 38, entsprechend auch §§ 32, 33, 40 RJagdG),[2089] oder trotz ihres u. a. landwirtschaftlichen Nutzens von Menschen aus Unkenntnis oder Aberglauben doch verfolgt worden waren (§§ 12, 14, 15 Abs. 1, 16 – 27 RNatSchVO). Darüber hinaus trug das Gesetz zur Regelung des Walfangs nebst Verordnung vom 6. Oktober 1937 Sorge für Tiere, die gar in den Weltmeeren lebten, die es aber aus sowohl ökologischen wie auch ökonomischen Gründen zu schützen galt. Sonstige altherkömmliche bzw. neuentstandene Tierschutzbedürfnisse wurden schließlich gedeckt durch die StVO und die StVZO vom 13. November 1937, die Stallverordnung vom 19. Januar nebst Ausführung vom 31. Mai 1938, die EVO vom 8. September 1938, das Brieftaubengesetz vom 1. Oktober 1938, Himmlers Tierausspielverbot vom 24. April 1939, die 7. und die 10. DurchfVO zum Luftschutzgesetz je vom 23. Mai und 1. September 1939 sowie das Gesetz über den Hufbeschlag vom 20. nebst Verordnung vom 31. Dezember 1940. Dadurch

---

2086 Dazu gehörten die Pflichten zum Hegen und Futtern des Wildes (§§ 4, 33) und dessen Krankschussmeldung (§ 30) und Seuchenbekämpfung (§ 32), das Verbot roher Jagdmittel (§ 35; ErgVO), die Haltung des nach Wildarten und Geschlecht alljährig auf Dreijahresfrist festzusetzenden Abschussplans (§ 37) und Schonzeit (§ 38).

2087 Schoenichen, *Taschenbuch*, 2. A., 1939, S. 160: „Die Zahl der heimischen Säugetiere, Kriechtiere und Lurche, die weder vom Reichsjagdgesetz noch von der Naturschutzverordnung erfaßt werden, ist ziemlich gering. Meist handelt es sich dabei um Geschöpfe, die der menschlichen Wirtschaft erheblichen Schaden zufügen und die daher unbedingt kurz gehalten werden müssen. Zum Teil aber sind die von den erwähnten Gesetzeswerken nicht berücksichtigten Tierarten so wenig durch den Menschen unmittelbar bedroht, daß es sich erübrigte, für sie besondere Schutzmaßnahmen festzusetzen.“ Bis S. 164 sind die Einzelarten aufgelistet und beschrieben, und gegen Quälerei ihrer Angehörigen hätte § 1 RTierSchG aufgrund ihres biologischen Tierbegriffes einschreiten können.

2088 Schoenichen, *Naturschutz im Dritten Reich*, 1934, S. 46.

2089 In diesem Sinne §§ 2, 37, 38, dementsprechend auch §§ 32, 33, 40 RJagdG.

wurden die Tiere aus verschiedenen Gesichtspunkten flächendeckend und aufs Laufende geschützt.

III. Gesamtergebnis

Im Gesamtergebnis ist festzustellen, dass der Tierschutz unter nationalsozialistischem Einfluss stand. In der Schächtfrage hatte er Einfluss auf die Ausübung des jüdischen Ritus, schon weil es aber nur um Betäubungszwang, kein Schächtverbot ging, wurde dieser Einfluss in früheren Arbeiten eher überschätzt. Den Tierschutz nach 1933 nur als antijüdische Maßnahme zu verstehen führt jedenfalls zu weit. Gleiches gilt für eine Wechselbezüglichkeit zwischen dem „Holocaust" und dem Tierschutz. Erbels Feststellung, die Nationalsozialisten würden „vor millionenhaftem Mord und vor Zwangsexperimenten an wehrlosen Menschen nicht zurückschrecken"[2090], ist jedenfalls nicht irgendwie logisch verknüpft mit dem Tierschutz. Jüttes These, dass die Nationalsozialisten „ihre Menschenverachtung auch durch eine Aufwertung von Tieren legitimierte[n]"[2091], findet nirgends in den Quellen einen Anhalt, denen auch kein fassbarer Zusammenhang zwischen Tierliebe und Menschenhass zu entnehmen ist. Vielmehr ist der Tierschutz eine uralte Praxis, die schon vor jeder Politik gemäß seinen Eigenbedürfnissen betrieben worden war. Dabei „waren es doch großteils auf Nation und Heimat bezogene Bürger, die sich für das Wohl der Tiere einsetzten."[2092] Als eine Partei mit solchen Gedanken kam die NSDAP 1933 an die Macht, und setzte mithilfe Sachverständiger das RTierSchG durch.

Relativiert wird eine Deutung der damaligen Tierschutzgesetze als genuin nationalsozialistisch zudem im internationalen Vergleich. Als wie fortschrittlich man das RTierSchG empfand, zeigt nicht zuletzt die für heutige Vorstellung geradezu wunderliche Tatsache, dass die „Eichelberger Humane Award Foundation" (Seattle, USA) im Januar 1934 Hitler ihre „Goldene Medaille für besondere Verdienste um die Tierschutzbewegung" verlieh.[2093] Insofern hatte Eberstein Recht, im RTierSchG „einen Höhepunkt der europäischen Tierschutzgesetzge-

2090 Erbel, *Rechtsschutz für Tiere*, in: DVBl. 1986, S. 1246.

2091 Jütte, *Tierschutz und Nationalsozialismus*, in: Berichte des IDB Münster, 2002, S. 167.

2092 Heintz, *Tierschutz im Dritten Reich*, 2008, S. 5; vgl. Eberstein, *Tierschutzrecht bis 1933*, 1999, S. 149.

2093 Vgl. BA Berlin-Li., R 43 II/1465, Bl. 80 – 83; Minuth (Bearbeiter), *Akten der Reichskanzlei — Regierung Hitler*, Teil I Bd. 2, 1983, Dokument Nr. 244 v. 14. 11. 1933, S. 948; Eberstein, *Tierschutzrecht bis 1933*, 1999, S. 17; Lemcke, *Deutschlands erstes Tierschutzgesetz*, 2007, S. 38; Heintz, *Tierschutz im Dritten Reich*, 2008, S. 44 (bis S. 45 über weitere internationale Auszeichnungen).

bung“ zu ersehen; doch er irrte sich, dabei auch von einem „vorläufigen Endpunkt“[2094] für Deutschland zu sprechen. Denn gerade in den anschließenden Jahren von 1934 bis 1940 entstand durch die gesetzgeberische Fortsetzung des Tierschutzes ein Regelungssystem, von dem insbesondere das RTierSchG, das RJagdG und die RNatSchVO bis ins Jahr 1943 hinein Stoff lebhafter Erörterungen blieben. Währenddessen legten die Kommentatoren einschlägige Rechtsbegriffe mit Rücksicht auf die Eigenarten der Tiere aus, wiesen auf die das Straf-, Verwaltungs- und Verfahrensrecht übergreifenden Einrichtungen der Gesetze hin, und hoben deren erzieherischen Charakter hervor. So konnten Giese und Kahler 1938 / 39 *„Das deutsche Tierschutzrecht“* als neues Fachgebiet darstellen, das an und für sich völlig sachlich blieb, aber aus dessen Zustandekommen der Nationalsozialismus nicht hinwegzudenken war. Demnach war nicht der Tierschutz ein „Kind des Nationalsozialismus“[2095], aber doch das Tierschutzrecht mit seinem erzieherischen Impetus.

2094 Eberstein, *Tierschutzrecht bis 1933*, 1999, S. 18.

2095 Vgl. Heintz, *Tierschutz im Dritten Reich*, 2008, S. 227 – 235.

Anhang

I. Preußens Tier- und Pflanzenschutzverordnung vom 10. März 1933

Tier- und Pflanzenschutzverordnung. Vom 10. März 1933

(Gesetzsammlung S. 71; Auszug nur den Tierschutz betreffend)

Auf Grund des § 30 des Feld- und Forstpolizeigesetzes im Wortlaut der Bekanntmachung vom 21. Januar (Gesetzsamml. S. 83) wird für das Staatsgebiet mit seinem Meeresstrand und Küstenmeer, doch ohne den Regierungsbezirk Sigmaringen, folgendes angeordnet:

Geschützte Tiere und Pflanzen

§ 1

(1) Geschützt sind die Tiere der folgenden Arten:

I. Säugetiere

1. *Elch*, Alces alces L.
   mit den Einschränkungen, die sich aus § 16 Abs. 5 ergeben
2. *Edelhirsch* (Rothirsch), Cervus elaphus L.
3. *Damhirsch*, Cervus dama L.
4. *Reh*, Cervus capereolus L.
5. *Edelmarder*, Martes martes L.

([2 – 5] mit den Einschränkungen, die sich aus der Anlage ergeben)

6. *Nerz* (Sumpfotter), Mustela lutreola L.
7. *Wildkatze*, Felis silvestris Schreb.
8. *Die Fledermäuse*, Chiroptera
9. *Biber*, Castor fiber L.
10. *Siebenschläfer*, Glis glis L.
11. *Haselmaus*, Muscardinus avellanarius L.

II. Vögel

Alle in Europa einheimischen wildlebenden Vogelarten
mit den Einschränkungen, die sich aus der Anlage ergeben.

Ungeschützt bleiben:

Saatkrähe, Nebenkrähe, Rabenkrähe, Eichelhäher, Elster, Feldsperling, Haussperling, Bleßhuhn, Rohrweihe, Sperber, Hühnerhabicht, Fischreiher, Haubentaucher

(Corvus frugilegus L., C. cornix L., C. corone L., Garrulus glandarius (L.), Pica pica (L.), Passer montanus (L.), P. domesticus (L.), Fulica atra L.,

Circus aeruginosus (L.), Accipiter nisus (L.), A. gentilis (L.), Ardea cinerea L., Podiceps cristatus (L.)).

III. Kriechtiere und Lurche

Sumpfschildkröte, Emys orbicularis L.

IV. Insekten

1. *Hirschkäfer*, Lucanus cervus L.
2. *Die Apollofalter*, Parnassius apollo L. und P. mnemosyne L.

(2) Vollständig geschützt sind die Pflanzen der folgenden Arten:

1. *Stengellose Kratzdistel* (Silberdistel), Carlina acaulis L.
2. *Bergwohlverleih*, Arnica montana L.
3. *Enzian* (alle einheimischen Arten), Gentiana.
4. *Gelber Fingerhut*, Digitalis ambigua Murr. und D. lutea L.
5. *Sumpfporst*, Ledum palustre L.
6. *Stranddistel*, Dphne mezereum L.
7. *Seidelbast*, Dictamnus albus L.
8. *Diptam*, Dictamnus albus L.
9. *Geißbart*, Aruncus silvester Kost.
10. *Weiße Seerose*, Nymphaea alba L.
11. *Eisenhut* (alle einheimischen Arten), Aconitum
12. *Frühlingsadonisröschen*, Adonis vernalis L.
13. *Küchenschelle* (alle einheimischen Arten), Pulsatilla
14. *Akelei*, Aquilegla vulgaris L.
15. *Trollblume*, Trollius europaeus L.
16. *Großes Windröschen*, Anemone silvestris L.
17. *Knabenkräuter* (Orchideen) (alle einheimischen Arten), Orchidaceae
18. *Türkenbund*, Lilium martagon L.
19. *Federgras*, Stipa pennata L.
20. *Wacholder*, Juniperus communis L.
    im Staatsgebiet westlich der Elbe und in der Provinz Schleswig-Holstein
21. *Eibe*, Taxus baccata L.
22. *Schlagenmoos* (Bärlapp) (alle einheimischen Arten), Lycopodium
23. *Königsfarn*, Osmunda regalis L.
24. *Rippenfarn*, Blechnum spicant Smith.
25. *Hirschzunge*, Scolopendium vulgare Smith.
26. *Straußfarn*, Struthiopteris germanica Winlld.

(3) In ihren unterirdischen Dauerorganen geschützt sind die Pflanzen der folgenden Arten:

1. Himmelschlüssel (Primel) (alle einheimischen Arten), Primula
2. Leberblümchen, Hepatica triloba Gil.
3. Großes Schneeglöckchen (Märzenbrecher), Leucoium vernum L.
4. Gemeines Schneeglöckchen, Galanthus nivalis L.
5. Maiglöckchen, Convallaria majalis L.

(4) Der Schutz der Tiere- und Pflanzenarten erstreckt sich auf das ganze Jahr.

Schutz von Tieren

§ 2

(1) Es ist verboten, Tieren geschützter Arten (§ 1 Abs. 1) nachzustellen, Vorrichtungen, die zu ihrem Fang geeignet sind, anzubringen, sie mutwillig zu beunruhigen, zu fangen oder zu töten. Auch ist es verboten, Puppen, Larven, Eier und Nester oder andere Brutstätten dieser Tiere fortzunehmen oder zu beschädigen.

(2) Dem Eigentümer und dem Nutzungsberechtigten und ihren Beauftragten steht es frei, Nester zu zerstören, die Vögel geschützter Arten in oder an Gebäuden und im Innern von Hofräumen gebaut haben. Nester der Kleinvögel dürfen vom 2. Oktober bis Ende Februar überall entfernt werden.

(3) Unberührt bleiben die Vorschriften der Jagdgesetze über das Sammeln der Möweneier und die Befugnis des Jagdberechtigten zum Ausnehmen von Eiern, die ausgebrütet werden sollen (§ 42 der Jagdordnung vom 15. Juli 1907 [Gesetzsamml. S. 207], § 5 des Wildschongesetzes vom 14. Juli 1904 [Gesetzsamml. S. 159]). Zu den Möwen im Sinne dieser Vorschrift gehören nicht die Seeschwalben.

§ 3

Es ist verboten:

a) der Schrot- und Postenschuß und der Schuß mit gehacktem Blei — auch als Fangschuß — auf Schalenwild jeder Art (Elch-, Rot-, Dam-, Reh-, Schwarz- und Muffelwild);
b) die Lappjagd innerhalb einer Zone von 300 m von den Reviergrenzen und die Jagd durch Abklingeln der Felder;
c) das Erlagen von weiblichen, führendem (säugenden) Haarwild vom 16. März bis 15. September;
d) Vögeln zur Nachtzeit nachzustellen. Als Nachtzeit gilt die Zeit von einer Stunde nach Sonnenuntergang bis eine Stunde vor Sonnenaufgang. Das Ver-

bot erfaßt nicht Gänse, Enten, Schnepfen, den Auerhahn und nicht (§ 15 Abs. 2) Fischreiher und Fischadler, Eisvögel, Möwen, Säger und Taucher auf künstlichen Fischteichen;

e) das Verwenden künstlicher Lichtquellen zum Fangen oder Erlegen von Haarwild oder Vögeln und das Fangen von Vögeln oder Aufsammeln toter oder kranker Vögel zur Nachtzeit an Leuchttürmen oder Leuchtfeuern;

f) Belohnungen für den Abschuß oder Fang von Raubvögeln auszusetzen, zu zahlen oder zu empfangen. Anweisungen der Jagd- und Fischereiberechtigten an ihre Beauftragten werden hierdurch nicht berührt.

§ 4

Es ist verboten:

a) Säugetiere ohne Genehmigung des Regierungspräsidenten (§ 16 Abs. 1) anzulegen;

b) Fanggeräte oder Selbstschüsse zu verwenden, die auf Pfählen, Bäumen, anderen aufragenden Gegenständen oder auf Bodenerhebungen angebracht sind. Dies gilt nicht für das Fangen auf künstlichen Fischteichen (§ 15 Abs. 2). Habichtskörbe, die so eingerichtet sind, daß sie den Vogel unversehrt fangen, dürfen in den Monaten Oktober bis April verwendet werden. Sie müssen jeden Abend nachgesehen werden und dürfen nur tagsüber auf Fang gestellt sein;

c) Vogelleim oder Leimruten zu verwenden oder anzubieten. Das Verbot des Anbietens gilt auch für andere Vogelfanggeräte, die den Vogel weder unversehrt fangen noch sofort töten.

§ 5

(1) Wer ein fremdes Grundstück zum Fangen von wilden Kaninchen oder ausgerüstet zu ihrem Fang betritt, muß sich durch eine auf bestimmte Zeit lautende und von der Ortspolizei beglaubigte Erlaubnis des Jagdberechtigten und des Eigentümers oder Nutzungsberechtigten des Grundstücks ausweisen können. Diesen und den mit dem Feld- und Forstschutz Betrauten ist der Erlaubnisschein auf Verlangen vorzuzeigen. Hunde und Frettchen dürfen nur mitgeführt werden, wenn es im Erlaubnisschein vermerkt ist.

(2) Die Vorschriften in Abs. 1 gelten nicht:

a) für den Eigentümer und Nutzungsberechtigten des Grundstücks;
b) für den zur Ausübung der Jagd Berechtigten und seine Beauftragten;
c) für die mit der Vertilgung wilder Kaninchen polizeilich Beauftragten.

§ 6

(1) Es ist verboten, Hunde und Katzen außerhalb der öffentlichen Wege unbeaufsichtigt umherlaufen zu lassen. Als unbeaufsichtigt gilt ein Hund, wenn er ohne Begleitung oder von seinem Führer so weit entfernt ist, daß dieser nicht mehr auf ihn einwirken kann. Eine Katze ist unbeaufsichtigt, wenn sie mehr als 200 m vom nächsten bewohnten Hause entfernt ist.

(2) Für die Durchführung der Vorschrift in Abs. 1 ist der Tierhalter oder der Strafmündige verantwortlich, der die Aufsicht über das Tier übernommen hat.

(3) Der zur Ausübung der Jagd Berechtigte und seine Beauftragten sind befugt, unbeaufsichtigt umherlaufende Hunde und Katzen zu töten. Dieses Recht besteht nicht gegenüber Hirten-, Jagd- und Blindenhunden, Sanitäts- und Meldehunden der Wehrmacht und Polizeihunden, solange sie vom Berechtigten zu ihrem Dienst verwandt werden, oder wenn sie sich aus Anlaß dieses Dienstes vorübergehend der Einwirkung ihres Führers entzogen haben.

(4) Die Vorschriften in Abs. 1 bis 3 ersetzen die bisher geltenden landesgesetzlichen Vorschriften und die Verordnungen über das Umherlaufen von Hunden und Katzen und über das Recht zu ihrer Tötung.

§ 7

Es ist verboten, Tiere geschützter Arten lebend oder tot, ihre Puppen, Larven, Eier, Eierschalen und Nester feilzuhalten, zu kaufen, zu verkaufen, zu Handelszwecken zu befördern oder über ihren Erwerb Rechtsgeschäfte anderer Art anzubieten, zu vermitteln oder abzuschließen. Diese Vorschrift gilt nicht für Tiere, die vom Besitzer gezüchtet oder sonst ohne Verletzung von Schutzvorschriften Privateigentum geworden sind.

§ 8

Für den Verkehr mit jagdbaren Tieren gelten folgende Vorschriften:

1. Schalenwild (Elch-, Rot-, Dam-, Reh-, Schwarz- und Muffelwild) in unzerlegtem Zustand darf nur mit einem Ursprungschein (§§ 46, 47 der Jagdordnung, §§ 9, 10 des Wildschongesetzes) feilgeboten, gekauft oder verkauft werden. Die Vorschrift gilt nicht für den Wiederverkauf durch Wildhändler.
2. Wer in seinem Gewerbebetrieb Schalenwild in unzerlegtem oder zerlegtem, aber noch nicht zum Genuß fertig zubereitetem Zustand von anderen als von Wildhändlern erwirbt, hat den Erwerb sofort in ein Wildhandelsbuch einzutragen, das nach folgendem Muster zu führen ist:

1	2	3	4	5	6
Tag des Erwerbs	Bezeichnung des erworb. Wildes (Stückzahl, Art, Geschlecht)	Jagdbezirk (Ort und Kreis)	Jagdberechtigter (Name und Anschrift)	Überbringer oder Versender	Ausweis

3. Das Wildhandelsbuch muß dauerhaft gebunden und mit laufenden Seitenzahlen versehen sein. Vor dem Gebrauch ist es von der Ortspolizei unter Beglaubigung der Seitenzahlen abzustempeln. In dem Buch darf nichts radiert und nicht unleserlich gemacht werden. Alles muß in deutscher Sprache und mit Tinte oder Tintenstift eingetragen werden.
4. Die Spalten 3 und 4 (Jagdbezirk und Jagdberechtigter) sind nach dem Ursprungschein auszufüllen. In Spalte 6 ist der Ausweis genau zu bezeichnen (Ursprungschein oder, falls dieser nicht mehr vorhanden ist, Frachtbrief, Postabschnitt usw.). Das Wildhandelsbuch ist den zuständigen Polizeibeamten jederzeit auf Verlangen vorzulegen.
5. Sonst gelten für den Verkehr mit jagdbaren Tieren und ihre Einfuhr die Vorschriften der Jagdgesetze (§§ 43 ff. der Jagdordnung, §§ 6 ff. des Wildschongesetzes); dabei stehen die Schutzzeiten dieser Verordnung den gesetzlichen Schonzeiten gleich.

§ 9

(1) Präparatoren, Ausstopfer, Naturalienhändler und Inhaber zoologischer Handlungen müssen über die in ihrem Besitz befindlichen lebenden und toten Tiere geschützter Arten, ihre Bälge, Puppen, Larven, Eier, Eierschalen und Nester ein Aufnahmebuch nach folgendem Muster führen:

1	2	3	4
Eingangstag	Bezeichnung des übernommenen Gutes nach Art und Zahl	Ame des Einlieferers mit genauer Anschrift	Abgangstag

(2) Für das Aufnahmebuch gilt das in § 8 Ziffer 3 und Ziffer 4 Satz 3 über das Wildhandelsbuch Gesagte.

§ 10

(1) Tiere, die entgegen den §§ 1 bis 5 dieser Verordnung oder entgegen den Schonvorschriften der Jagdgesetze erbeutet sind, werden polizeilich eingezogen, wenn sie sich beim Täter oder einem Beteiligten befinden; dasselbe geschieht bei einem Dritten, der beim Erwerb erkannt hat oder bei Anwendung der im Verkehr erforderlichen Sorgfalt erkennen mußte, daß die Tiere entgegen den gesetzlichen Vorschriften erbeutet wurden. Dies gilt ebenso für Teile von Tieren, z. B. Geweihe, Gehörne, Felle, Vogelbälge.

(2) Die eingezogenen Tiere (Teile von Tieren) sind alsbald zu gemeinnützigen Zwecken zu verwenden.

[*Schutz von Pflanzen* §§ 11 – 14]

Ausnahmen

§ 15

(1) Der zur Ausübung der Jagd Berechtigte darf Tiere der in der Anlage aufgeführten Arten in den dort angegebenen Zeiten erlegen.

(2) Dem Eigentümer und dem Nutzungsberechtigten künstlicher Fischteiche und ihren Beauftragten steht es jederzeit frei, auf ihren Teichen außer Fischreihern Fischadler, Eisvögel, Möwen, Säger und Taucher zu fangen. So erbeutete Vögel oder ihre Bälge dürfen nicht feilgeboten oder verkauft werden. Dem zur Ausübung der Jagd Berechtigten steht es frei, im Bereich von Fasanerien mit künstlicher Aufzucht Edelmarder auch außerhalb der in der Anlage festgesetzten Zeit zu fangen und zu erlegen.

(3) Sonst gelten die Vorschriften dieser Verordnung auch für den zur Jagd und den zur Fischerei Berechtigten.

§ 16

(1) Aus besonderen Gründen, vor allem zur Abwendung wesentlicher wirtschaftlicher Schäden, für Zucht- und Brutzwecke, zu wissenschaftlichen, Unterrichts- oder Lehrzwecken oder zur Stubenvogelhaltung kann der Regierungspräsident (in Berlin der Polizeipräsident) Ausnahmen von den Vorschriften dieser Verordnung für seinen Bezirk oder für Teile davon zulassen.

(2) Der Regierungspräsident kann die Genehmigung des Abschusses von Rot-, Dam- und Rehwild während der Schutzzeit den Landräten, in Stadtkreisen den Ortspolizeibehörden übertragen. Die Genehmigung ist nach der Zeit und nach der Art, Zahl und Geschlecht des Wildes zu begrenzen; sie kann unter der Be-

dingung erteilt werden, daß das erbeutete Wild alsbald zu gemeinnützigen Zwecken verwendet wird.

(3) Der Regierungspräsident kann die Landräte, in Stadtkreisen die Ortspolizeibehörden ermächtigen, zur schnelleren Abwendung wesentlicher wirtschaftlicher Schäden den Abschuß von Staren, Drosseln oder Fischereischädlingen selbst zu gestatten. Vögel, die auf Grund solcher Erlaubnis erlegt worden sind, oder ihre Bälge dürfen nicht feilgeboten oder verkauft werden.

(4) Ausnahmen von dem Verbot, Belohnungen für den Abschuß oder Fang von Raubvögeln auszusetzen, zu zahlen oder zu empfangen (§ 3 f Satz 1), dürfen nur für die Zeit vom 1. Oktober bis 30. April bewilligt werden. Dabei kann die Erfüllung bestimmter Auflagen verlangt werden.

(5) Zur Erhaltung und Hege des Elchwildes wird in der Provinz Ostpreußen ein Elchschutzgebiet gebildet. Es umfaßt die Kurische Nehrung, begrenzt im Süden durch die Brokistbucht, und das Forst- und Domänengrundeigentum des Preußischen Staates in den Kreisen Labiau und Niederung längs des Oststrandes des Kurischen Haffs mit dem Nemonienstrom als südlicher Grenzlinie. In diesem Gebiet regelt der Minister für Landwirtschaft, Domänen und Forsten die Hege und den Abschuß des Elchwildes, sonst der Oberpräsident.

Strafen

§ 17

(1) Wer dieser Verordnung zuwiderhandelt, wird nach § 29 und § 39 des Feld- und Forstpolizeigesetzes mit Geldstrafe bis zu 150 RM der mit Haft bestraft, soweit nicht schärfere Strafbestimmungen anzuwenden sind. Die Vorschriften über das Einziehen von Gegenständen bleiben unberührt.

(2) Bei wiederholter, in schweren Fällen auch bei einmaliger Übertretung der Schutzvorschriften für jagdbare Tiere kann dem Zuwiderhandelnden wegen Unzuverlässigkeit beim Jagen auch der Jagdschein entzogen werden. Sonst bleiben die Vorschriften über die Zurücknahme einer polizeilichen Bescheinigung usw. in § 42 des Polizeiverwaltungsgesetzes vom 1. Juni 1931 (Gesetzsamml. S. 77) unberührt.

Überleitungsbestimmungen

§ 18

(1) Es werden aufgehoben die Tier- und Pflanzenschutzverordnung vom 16. Dezember 1929 mit den Ergänzungsverordnungen vom 20. Juni 1930, vom 8. Dezember 1931 und vom 30. Juli 1932 (Gesetzsamml. 1929 S. 189, 1930 S. 199, 1931 S. 253, 1932 S. 275), außerdem durch Polizeiverordnung vom heutigen

Tage die Schmuckreisigverordnung vom 20. Oktober 1928 (Deutscher Rechtsanzeiger und Preußischer Staatsanzeiger Nr. 260 vom 6. November 1928).

(2) Es bleiben in Kraft die Verordnung über den Vogelschutz auf Helgoland vom 29. Oktober 1928 und die Robbenschutzverordnung vom 15. Mai 1929 mit der Ergänzung vom 23. November 1932 (Deutscher Rechtsanzeiger und Preußischer Staatsanzeiger Nr. 278 vom 26. November 1932).

(3) Anordnungen, die einen über diese Verordnung hinausgehenden Schutz von Tier- und Pflanzenarten bezwecken, können wegen besonderer örtlicher Verhältnisse für einzelne Teile des Staatsgebietes erlassen werden. Sie müssen von den zuständigen Ministern genehmigt sein.

§ 19

Diese Verordnung tritt am 1. April 1933 in Kraft.

Berlin, am 10. März 1933.

Der Preußische Minister für Wissenschaft, Kunst und Volksbildung
Der Kommissar des Reiches
Bernhard Rust

Der Preußische Minister für Landschaft, Domänen und Forsten
Der Kommissar des Reiches
In Vertretung: Wiskott

Anlage.

Der zur Ausübung der Jagd Berechtigte darf erlegen:

(§ 15 Abs. 1)

1. den Edelhirsch (Rothirsch)
   männl. Rotwild .... vom 16. August bis 31. Dezember,
   weibl. Rotwild u. Rotwildkälber vom 16. Oktober bis 31. Januar,
2. den Damhirsch
   männl. Damwild .... vom 1. September bis 31. Dezember,
   weibl. Damwild u. Damwildkälber vom 16. Oktober bis 31. Januar,
3. das *Reh*
   Rehböcke .... vom 1. Juni bis 31. Oktober,
   weibl. Rehwild u. weibl. Rehkälber vom 1. November bis 31. Dezember,
4. den *Edelmarder* .... vom 1. Dezember bis 31. Januar,
5. den *Großtrappenhahn* .... vom 1. März bis 31. März,

6. den *Auerhahn* und *Birkhahn* …… … vom 1. April bis 15. Mai,
7. das *Haselhuhn* …… …… …… …… vom 1. Oktober bis 30. November,
8. das *Rebhuhn* …… …… …… vom 1. September bis 30. November, unbeschadet des § 40 der Jagdordnung und des § 3 des Wildschongesetzes,
9. *Fasanen* …… …… …… …… vom 1. Oktober bis 15. Januar, außerdem Hähne 16. Januar bis 15. April mit Erlaubnis des Regierungspräsidenten,
10. die *Ringeltaube* …… …… …… … vom 1. August bis 15. April,
11. *Schnepfen* (alle Arten) und *Brachvögel* vom 16. Juli bis 15. April,
12. *Wildgänse* (außer der Brandgans) … vom 1. Juli bis Ende Februar,
13. *Wildenten* (außer der Eiderente)
    Erpel …… …… …… …… …… … vom 16. Juli bis 31. Januar,
    Enten …… …… …… …… …… … vom 16. Juli bis 31. Dezember,
14. den *Fischadler*, *Bussarde* und *Möwen* vom 2. Oktober bis Ende Februar.

II. Hessens Katzenwürgeverbot vom 21. April 1933

Gesetz
gegen die Verwendung von lebenden Katzen usw. bei Hundeprüfungen
Vom 21. April 1933

(Nr. 94 der *Darmstädter Zeitung* vom 22. April 1933)

Auf Grund des § 1 Abs. 1 und 2 des vorläufigen Gesetzes zur Gleichschaltung der Länder mit dem Reich, vom 31. März 1933 (RGBl. Teil I S. 153) hat das hessische Gesamtministerium das folgende Gesetz beschlossen, das hiermit verkündet wird.

§ 1.

Bei der Prüfung von Hunden auf Raubwildschärfe dürfen lebende Tiere, insbesondere Katzen, Dachse und Füchse, nicht als Versuchstiere verwendet werden. Das Verbot umfaßt auch die Fälle, in denen die Versuchstiere durch Drahtgitter oder in anderer Weise geschützt sind, und das bloße Verbellenlassen.

§ 2.

Mit Gefängnis bis zu 3 Monaten oder mit Geldstrafe wird bestraft:

1.) wer lebende Versuchstiere entgegen dem § 1 verwendet;
2.) wer sich in anderer Weise an der Durchführung einer dem § 1 zuwiderlaufenden Hundeprüfung beteiligt.

§ 3.

Mit Haft oder mit Geldstrafe bis zu 150,– RM wird bestraft:

1.) wer sich an der Vorbereitung einer dem 1 zuwiderlaufenden Prüfung, insbesondere durch die Beschaffung der Versuchstiere, beteiligt;
2.) wer unter Umständen betroffen wird, die darauf schließen lassen, daß er mit der Vorbereitung oder Durchführung der dem § 1 zuwiderlaufenden Hundeprüfung befaßt ist.

§ 4.

Die zur Ausführung und Durchführung dieses Gesetzes erforderlichen Vorschriften erläßt der Minister des Innern.

§ 5.

Dieses Gesetz tritt mit der Verkündung in der Darmstädter Zeitung in Kraft.

Darmstadt, den 21. April 1933

Das Hessische Gesamtministerium.

Dr. Werner. Dr. Müller.

III. Preußens Kaltblüterverordnung vom 28. April 1933

(Nr. 13886.) Polizeiverordnung über das Schlachten von Tieren. Vom 28. April 1933.

(Gesetzsammlung S. 154)

Auf Grund des § 1 Abs. 2 des Reichsgesetzes über das Schlachten von Tieren vom 21. April 1933 (Reichsgesetzbl. I S. 203) und des Polizeiverwaltungsgesetzes vom 1. Juni 1931 (Gesetzsamml. S. 77) wird für das preußische Staatsgebiet verordnet, was folgt:

§ 1

(1) Fische, deren Fleisch zum Genuß für Menschen bestimmt ist, sind, soweit sie sich im lebenden Zustand im Handelsverkehr befinden, vor der Abgabe an den Käufer nach vorheriger Betäubung durch Blutentziehung zu töten. Die Betäubung ist durch einen wuchtigen Schlag auf den Kopf oberhalb der Augen (Kopfschlag) mittels eines genügend schweren und geeigneten Holzstücks vorzunehmen. Die Blutentziehung ist in der Weise vorzunehmen, daß der Kopf abgeschnitten wird, oder auch durch einen Schnitt hinter dem Kopfe, der so tief gerührt wird, daß er die Wirbelsäule durchtrennt.

(2) Krebse und Hummern, deren Fleisch zum Genuß für Menschen bestimmt ist, sind, soweit sie unmittelbar vor ihrer Zubereitung noch leben, in der Weise zu töten, daß sie möglichst einzeln in stark kochendes Wasser geworfen werden. Das Hineinwerfen dieser Tiere in kaltes oder warmes Wasser und das alsdann erfolgende Aufkochen ist verboten, desgleichen auch das Herausreißen des Darms, bevor diese Tiere tot sind.

(3) Wo das Fleisch von Fröschen zum Genuß für Menschen oder zu Köderzwecken verwendet wird, sind die Frösche vor ihrer Zerlegung durch Schlag auf den Kopf mit einem genügend schweren und geeigneten Holzstücke zu betäuben. Vor ihrer Zerlegung ist die Blutentziehung in der Weise vorzunehmen, daß unmittelbar nach erfolgter Betäubung der Frösche der Kopf abgeschnitten wird.

§ 2

Zuwiderhandlungen gegen diese Verordnung werden, sofern die Tat nicht nach anderen Vorschriften mit einer höheren Strafe bedroht ist, mit Geldstrafe bis zu einhundertfünfzig Reichsmark oder in besonders schweren Fällen mit Haft bis zu zwei Wochen bestraft.

§ 3

Diese Verordnung tritt mit dem Tage der Veröffentlichung in Kraft.

Berlin, den 28. April 1933.

Der Preußische Minister des Innern.
In Vertretung: Grauert.

(Nr. 13956.) Polizeiverordnung über das Schlachten von Tieren.
Vom 6. Juli 1933.
(Gesetzsammlung S. 272)

Auf Grund des § 1 Abs. 2 des Reichsgesetzes über das Schlachten von Tieren vom 21. April 1933 (Reichsgesetzbl. I S. 203) und des Polizeiverwaltungsgesetzes vom 1. Juni 1931 (Gesetzsamml. S. 77) wird für das preußische Staatsgebiet folgendes verordnet:

§ 1

Der in § Abs. 1 der Polizeiverordnung über das Schlachten von Tieren vom 28. April 1933 (Gesetzsamml. S. 154) erhält nachstehende Fassung:

Fische, deren Fleisch zum Genuß für Menschen bestimmt ist, und die sich im lebenden Zustand im Handelsverkehr befinden, sind im Kleinverkauf vor der Abgabe an den Käufer nach vorheriger Betäubung durch Blutentziehung zu töten. Die Blutentziehung hat durch Abschneiden des Kopfes oder durch einen ausgiebigen Bauchschnitt und die sofortige Entfernung aller Eingeweide einschließlich des Herzens zu erfolgen.

§ 2

Diese Verordnung tritt mit dem Tage der Veröffentlichung in Kraft.

Berlin, den 6. Juli 1933.

Der Preußische Minister des Innern.
Göring

(Nr. 14010.) Polizeiverordnung über das Schlachten von Tieren.
Vom 11. September 1933.
(Gesetzsammlung S. 377)

Auf Grund des § 1 Abs. 2 des Reichsgesetzes über das Schlachten von Tieren vom 21. April 1933 (Reichsgesetzbl. I S. 203) und des Polizeiverwaltungsgesetzes vom 1. Juni 1931 (Gesetzsamml. S. 77) wird für das preußische Staatsgebiet folgendes verordnet:

§ 1

Abs. 1 des § 1 der Polizeiverordnung über das Schlachten von Tieren vom 28. April 1933 (Gesetzsamml. S. 154, 272) erhält folgende Fassung:

Fische, deren Fleisch zum Genuß für Menschen bestimmt ist und die sich im lebenden Zustand im Handelsverkehr befinden, sind im Kleinverkauf vor der Abgabe an den Käufer nach vorheriger Betäubung mit sofort sich anschließender Blutentziehung zu töten. Die Betäubung hat durch einen wuchtigen Schlag auf den Kopf oberhalb der Augen (Kopfschlag) mittels eines genügend schweren und geeigneten Holzstücks zu erfolgen. Diese Bestimmungen gelten nicht für den Verkauf von lebenden Fischen an Gaststätteninhaber, sofern der Transport sowie die Aufbewahrung der Fische in geeigneten Behältern mit frischem Wasser stattfinden und die Tiere gleichfalls in der oben vorgeschriebenen Weise betäubt und geschlachtet werden.

§ 2

Diese Verordnung tritt mit dem Tage der Veröffentlichung in Kraft.

Berlin, den 11. September 1933.

Der Preußische Minister für Landwirtschaft, Domänen und Forsten.
In Vertretung: Willikens.

IV. Entwurf der Preußischen NSDAP-Fraktion vom 4. April 1933

Preußischer Landtag
5. Wahlperiode 1. Tagung 1933
Nr. 11

Urantrag

Kube, Kohse, Haake, Hinkler und die übrigen Mitglieder der *Nationalsozialistischen Deutschen Arbeiterpartei:*

Der Landtag wolle beschließen,

den nachstehenden Gesetzentwurf anzunehmen.

Berlin, den 4. April 1933

Entwurf eines Gesetzes
über den Tierschutz

Der Landtag hat folgendes Gesetz beschlossen:

§ 1

(1) Rindvieh, Schafe, Ziegen, Pferde, Esel, Maultiere und Hunde sind beim Schlachten vor Beginn der Blutentziehung zu betäuben.

(2) Das Ministerium für Landwirtschaft, Domänen und Forsten kann durch Verordnung bestimmen, daß die Vorschriften des Abs. 1 auch beim Schlachten anderer Tiere anzuwenden ist.

(3) Auf die Schlachtung von Tieren, die wegen Unglücksfalles oder plötzlicher schwerer Erkrankung sofort getötet werden müssen, findet die Vorschrift in Abs. 1 keine Anwendung, wenn die Betäubung unter den obwaltenden Umständen nicht ausführbar ist.

§ 2

Die näheren Vorschriften über das beim Schlachten zu beobachtende Verfahren werden vom Ministerium für Landwirtschaft, Domänen und Forsten durch Verordnung erlassen.

§ 3

(1) Das Ministerium für Landwirtschaft, Domänen und Forsten kann zur Verhütung von Mißhandlung und Quälerei der Haustiere und der für gewerbliche Zwecke gehaltenen oder öffentlich zur Schau gestellten sonstigen Tiere Vorschriften durch Verordnung erlassen.

(2) Welche Tiere als Haustiere anzusehen sind, bestimmt das Ministerium für Landwirtschaft, Domänen und Forsten.

§ 4

Zuwiderhandlung gegen § 1 und die auf Grund des § 1 Abs. 2 und des § 2 erlassenen Vorschriften werden mit Gefängnis bis zu sechs Monaten oder mit Geldstrafe, Zuwiderhandlung gegen die auf Grund des § 3 erlassenen Vorschriften mit Geldstrafe bis zu 150 *RM* oder mit Haft bestraft.

§ 5

Das Gesetz tritt mit seiner Verkündung in Kraft.

(In: GStA PK Berlin-Dahlem, I. HA Rep. 84 a Nr. 5215, Bl. 225.)

V. Bautzener Entwurf nebst Begründung vom 29. April 1933

Entwurf
eines
Tierschutzgesetzes
nebst Begründung

(Zeichen des „Deutschen Tierschutzvereins zu Berlin“)

Deutscher Tierschutzverein zu Berlin

Corporation — gegr. 1841 — W 9, Potsdamerstr. 125

ausgearbeitet vom Rechtsanwalt Döring, Vorsitzendem zu Bautzen
vom 29. April 1933

§ 1

Wer vorsätzlich ein Tier mißhandelt oder an seiner Gesundheit beschädigt (Tierquälerei), wird mit Gefängnis bis zu sechs Monaten und mit Geldstrafe oder mit einer dieser Strafen bestraft.

Strafbare Mißhandlung eines Tieres liegt auch vor, wenn der, in dessen Obhut sich ein Tier befindet, durch Unterlassung ordnungsmäßiger Pflege und Fütterung das körperliche Wohlbefinden des Tieres gröblich stört.

Absatz 1 lehnt sich an die Fassung des § 366 des amtlichen Entwurfs von 1927 zu einem neuen Reichsstrafgesetzbuch an und bedarf daher keiner weiteren Begründung. Gestrichen ist aus dem amtlichen Entwurf die Fassung, daß die Mißhandlung „roh“ sein müsse und daß neben der Mißhandlung auch das „absichtliche“ Quälen eines Tieres als Tatbestandsmerkmal gilt. Auf die letztere Begriffsbestimmung kann verzichtet werden, da auch das Quälen eine Mißhandlung bedeutet und damit von der vorgeschlagenen Fassung mit ergriffen wird. Auf das Begriffsmerkmal der Roheit des Handelns wird zweckmäßig verzichtet. Mißhandeln eines Tieres bedeutet eine die Grenzen der Gesittung überschreitende, gefühllose Behandlung eines Tieres und schließt daher das Merkmal der Roheit in sich.

Nach allgemeiner Rechtsanschauung wird der, der trotz einer Rechtspflicht unterläßt, einen Erfolg abzuwenden, ebenso bestraft wird der, der einen Erfolg verursacht. Da aber nach geltendem Recht der Eigentümer eines Tieres eine Rechtspflicht zur Pflege und Fütterung des Tieres nicht hat, empfiehlt es sich, den Tatbestand der strafbaren Unterlassung wie geschehen zu fassen.

§ 2

Der wissenschaftliche Tierversuch ist mit folgenden Ausnahmen verboten.

Er ist, jedoch nicht zu Lehrzwecken, nur zulässig,

a) zur Feststellung von Seuchen, falls die Diagnose nicht mit anderen Mitteln oder auf andere Weise gestellt werden kann, und sofern die hierzu erforderliche Infektion nicht an Gehirn oder Augen vorgenommen wird.
b) zum Zwecke von diagnostischen Ernährungsversuchen, sofern diese nicht am Menschen vorgenommen werden oder das Ergebnis nicht auf rein chemischem Wege festgestellt werden können, jedoch mit Ausschluß von Versuchen, die durch Entziehung von Trank und Nahrung, durch Erhitzen oder Erfrieren vorgenommen werden.

Die näheren Bestimmungen über den wissenschaftlichen Tierversuch erläßt das Reichsinnenministerium mit der Maßgabe, daß zur Ausführung von Tierversuchen höchstens drei Universitäten und jeweils an diesen wirkende bestimmte Persönlichkeiten ermächtigt werden dürfen.

Eine strafbare Handlung nach § 1 liegt nicht vor, wenn nach Absatz 1 zulässige Tierversuche unter Erfüllung der vom Reichsinnenministerium hierzu erlassenen Vorschriften vorgenommen werden.

Die Tierschutzbewegung fordert eine scharfe und weitgehende Einschränkung des immer uferloser werdenden wissenschaftlichen Tierversuchs und der durch ihn bewirkten ... Folterungen unzähliger Tiere. Diese Forderung stützt sich ... darauf, daß von seiten zahlreicher Mediziner selbst der Tierversuch als zwecklos abgelehnt wird. Sie gründet sich weiter und vor allem auf der sittlichen Anschauung, daß der Mensch seine Macht nicht dazu mißbrauchen darf, Tiere um irgend eines menschlichen Vorteils willen den grausamsten Folterungen zu unterwerfen und das selbst dann nicht, wenn der Tierversuch für die wissenschaftliche Forschung notwendig wäre. Es ist zu erwarten, daß bei einer zunächst zu fordernden weitgehenden Beschränkung des Tierversuchs die Wissenschaft wirklich zuverlässige Forschungsmethoden finden wird, bei denen auf das Tier verzichtet werden kann, um so mehr als das bloße Experimentieren überhaupt keine Forschungsmethode darstellt. Wenn nach dem Entwurf noch in gewissem Umfange der Tierversuch zugelassen wird, so wird daher doch im Auge behalten, die völlige Beseitigung des Tierversuchs, der mit den Forderungen der Kultur und insbesondere der notwendigen Achtung vor jeglichen Leben völlig unvereinbar ist.

§ 3

Wird die Tierquälerei aus Fahrlässigkeit begangen, so tritt Gefängnis bis zu drei Monaten oder Geldstrafe ein.

Es ist zwar anzuerkennen, daß die fahrlässigen Mißhandlungen von Tieren, die eine Bestrafung wünschenswert und möglich erscheinen lassen, verhältnismäßig gering sind. Es empfiehlt sich aber trotzdem, auch die fahrlässig begangene Handlung mit Strafe zu bedrohen, um die Menschen zu größerer und sorgfältiger Achtung des Lebens und des Wohlbefindens der Tiere zu veranlassen.

Da nach dem Entwurfe die Fahrlässigkeit unter Strafe gestellt werden soll, bedürfte es einer dahingehenden ausdrücklichen Bestimmung und der Aufnahme des Tatbestandsmerkmals der Vorsätzlichkeit in § 1 entsprechend sowohl der Systematik des geltenden Strafgesetzbuches (vgl. hierzu §§ 223, 230 RStGB), wie der des Regierungsentwurfes des neuen Strafgesetzbuches. In letzterem ist hinsichtlich der Vergehen (zu denen die Tierquälerei gehört) bestimmt, daß Fahrlässigkeit nur dann strafbar ist, wenn sie ausdrücklich unter Strafe gestellt ist.

§ 4

Wer vorsätzlich ein Tier tötet, ohne daß dies in Wahrnehmung eines gerechtfertigten menschlichen Belangs oder im Belange des Tieres selbst geschieht, wird, sofern nicht nach § 303 des Reichsstrafgesetzbuchs eine höhere Bestrafung einzutreten hat, mit Gefängnis bis zu sechs Monaten und mit Geldstrafe oder mit einer dieser Strafen bestraft.

Die strafrechtliche Verfolgung der Tötung von Tieren war bisher nur möglich, sofern sich diese Tötung als eine Sachbeschädigung nach § 303 RStGB darstellte. Schon nach der heute wohl allgemein anerkannten Grundanschauung der Tierschutzbewegung, daß das Tier keine Sache ist, rechtfertigt es, die vorsätzliche Tötung von Tieren loszulösen vom Tatbestand des § 303 RStGB. Die sittliche Grundlage für die Bestimmung ergibt sich aus der Notwendigkeit, den Menschen zur Achtung jeglichen Lebens, auch das des Tieres, zu zwingen. Die Bestimmung ergreift daher auch den Fall der Tötung herrloser Tiere. Ihre Grenze findet die Strafbarkeit dort, wo die Tötung zur Wahrnehmung eines gerechtfertigten menschlichen Belanges geschieht. Danach ist erlaubt, die Tötung zur Gewinnung von Nahrung und Bekleidung, wobei auch Jagd und Fischerei berücksichtigt werden, zur Bekämpfung tierischer Schädlinge, zur Beseitigung von Tieren, die infolge Alters oder Krankheit ihrem Eigentümer keinen Nutzen mehr gewähren und in ähnlichen Fällen. Ferner ist straflos die Tötung, wenn sie im Belange des Tieres selbst geschieht, also Tötung kranker oder alter Tiere, um ihnen Leiden oder die Erduldung von Gebrechen zu ersparen.

§ 5

Wer einer zum Tierschutz erlassenen Vorschrift vorsätzlich oder fahrlässig zuwiderhandelt, wird, sofern nicht eine strafbare Handlung nach §§ 1 und 4 vorliegt, mit Gefängnis bis zu drei Monaten oder mit Geldstrafe bestraft.

Diese Blankettvorschrift lehnt sich an den § 412 des oben in der Begründung zu §1 genannten amtlichen Entwurfs an, stellt aber hinsichtlich des Strafrahmens die Fassung in § 334 des amtlichen Entwurfs von 1925 wieder her. Die Androhung von Geldstrafe allein, wie dies im Entwurfe von 1927 geschieht, erscheint durchaus ungenügend und auch im Verhältnis zum Strafrahmen des §§ 1 und 4 wesentlich zu mild. Geändert ist die Fassung des amtlichen Entwurfs in der Richtung, daß auch die Fahrlässigkeit unter Strafe gestellt wird. Diese Erweiterung ist angesichts der Rechtsprechung des Reichsgerichts über den Tatirrtum unumgänglich, weil sonst der Täter, der über den Bestand und Inhalt einer Verordnung irrt, straffrei bleibt. Ist aber auch die fahrlässige Handlung mit Strafe bedroht, so ist der Täter nach der Rechtsprechung nur geschützt, wenn sein Irrtum über Bestand und Irrtum der Verordnung selbst, nicht auf Fahrlässigkeit beruht. Wer mit Tieren aus Liebhaberei oder infolge beruflicher Betätigung fortgesetzt umgeht, muß für verpflichtet gelten, sich über die bestehende Verordnung zum Schutze der Tiere zu unterrichten. Unterläßt er dies, so beruht seine Unkenntnis auf Fahrlässigkeit und es ist diese Fahrlässigkeit auch durchaus strafwürdig, wenn sie zu einer Zuwiderhandlung gegen die Verordnung führt.

§ 6

Wer Kinder oder andere unter seiner Gewalt stehende Personen, die seiner Aufsicht unterliegen und zu seiner Hausgemeinschaft gehören, von der Begehung strafbarer Verletzung der zum Schutz der Tiere erlassenen Gesetze oder Verordnungen abzuhalten unterläßt, wird mit Geldstrafe bestraft.

Diese Vorschrift hat zum Vorbild des § 361 Ziff. 9 RStGB. Sie soll namentlich den hieraus häufig vorkommenden Tierquälereien durch Kinder vorbeugen und deren Eltern oder sonstige Fürsorgepflichtigen veranlassen, auf die Kinder im Sinne der Aufklärung über die Achtungswürdigkeit von Leben und Wohlbefinden der Tiere mitzuwirken.

§ 7

Wer im Inlande wegen eines Vergehens nach §§ 1 oder 4 wegen eines vorsätzlichen Vergehens nach § 5 zu Freiheitsstrafe verurteilt ist, darauf abermals eine dieser Handlungen begangen hat und wegen dieser wiederum zu Freiheitsstrafe verurteilt ist, wird, wenn er ein Vergehen nach §§ 1 oder 4 begeht, mit Gefängnis nicht unter einem Monat, und wenn er ein vorsätzliches Vergehen nach § 5 begeht, mit Gefängnis bis zu drei Monaten bestraft.

Diese Bestimmung gilt auch für den Fall, daß die frühere Strafe nur teilweise verbüßt oder ganz oder teilweise erlassen ist. Sie gilt jedoch nicht, wenn seit der Verbüßung oder dem Erlaß der letzten Strafe bis zur Begehung der neuen Strafe fünf Jahre verflossen sind.

Um die Fälle besonders hartnäckiger und gröblicher Roheit gegen Tiere oder die Mißachtung ihres Lebens schärfer zu erfassen, empfiehlt sich die vorgeschlagene Strafschärfung beim Rückfall nach Vorbilde einer großen Zahl auch neuerer und neuster Reichsgesetze.

§ 8

Tiere, an denen ein Vergehen nach § 1 oder ein vorsätzliches Vergehen nach § 5 begangen ist, können, wenn sie dem Täter oder einem Teilnehmer gehören, eingezogen werden. Auf die Einziehung ist zu erkennen, wenn die Tat im Rückfall begangen ist.

Die Einziehung ist im Urteile auszusprechen.

§ 9

Ist im Falle des § 8 die Verfolgung oder die Verurteilung einer bestimmten Person nicht ausführbar, so kann auf die Einziehung selbständig erkannt worden.

Für das Verfahren gelten sinngemäß die Vorschriften der §§ 430 bis 432 der Reichsstrafprozeßordnung mit der Maßgabe, daß an die Stelle des Privatklägers der Nebenkläger (§ 11) tritt.

Die Einziehung als Strafverschärfung ist eine unentbehrliche Ergänzung der Strafe selbst, weil der mögliche Verlust eines etwa wertvollen Tieres den Tierhalter in vielen Fällen eher von der Tierquälerei abhalten wird als eine unter Umständen zu befürchtende mäßige Geldstrafe und weil unter allen Umständen verhindert werden muß, daß unverbesserliche Rohlinge nach ihrer Bestrafung ihre Roheit jedoch mit größerer Vorsicht vor Entdeckung fortsetzen oder, wie das nicht selten geschieht, an dem gequälten Tiere ihren Ärger über die Bestrafung auslassen.

Die Bestimmung des § 9 rechtfertigt sich aus den Gründen, auf denen die gleiche Vorschrift des § 12 RStGB beruht.

§ 10

Neben einer Bestrafung nach § 1 kann in dem Urteile ausgesprochen werden, daß dem Täter die Haltung, die berufsmäßige Beschäftigung mit Tieren oder der Handel mit ihnen, und zwar von Tieren allgemein oder von solchen bestimmten Gattungen für dauernd oder bestimmte Zeit verboten wird.

Im Falle einer Bestrafung nach § 7 ist, wenn die Tierquälerei an einem Tiere begangen ist, das von dem Täter gehalten wird, mit dem er sich berufsmäßig beschäftigt oder das den Gegenstand seines Handels bildet wird, ein solches Verbot auszusprechen.

Die Zuwiderhandlung gegen dieses Verbot unterliegt der Bestrafung nach § 5.

Die hier vorgeschlagene Strafschärfung beruht sich auf derselben grundsätzlichen Erwägung wie die Strafschärfung der Einziehung. Darüber hinaus stellt sie eine Maßnahme dar, die bei nachgewiesener besonders roher Gesinnung gegenüber dem Tiere und insbesondere beim Rückfalle dem Täter die Betätigung dieser Gesinnung für die Zukunft tunlichst unmöglich machen soll.

§ 11

Rechtsfähige Vereine, deren Zweck nach ihrer Satzung der Schutz der Tiere im allgemeinen oder von besonderen Tiergattungen ist, sind berechtigt, sich der auf Grund dieses Gesetzes erhobenen öffentlichen Klage in jeder Lage des Verfahrens als Nebenkläger anzuschließen. Der Anschluß kann auch zwecks Einlegung von Rechtsmitteln nach ergangenem Urteil geschehen.

Hat sich ein zur Nebenklage berechtigter Verein als Nebenkläger angeschlossen und ist der Anschluß vom Gericht für zulässig erklärt, so beschränkt sich die Zulässigkeit des Anschlusses auf diesen Verein.

Für das Anschlußverfahren gelten im übrigen die Vorschriften der §§ 396 bis 402 der Reichsstrafprozeßordnung mit der Maßgabe, daß die Anschlußerklärung ihre Wirkung außer durch Widerruf auch durch Auflösung des Vereins oder den Verlust seiner Rechtsfähigkeit verliert.

Die Möglichkeit der Nebenklage ist, wenn auch voraussichtlich von ihr kein besonders umfänglicher Gebrauch gemacht werden wird, dringend erwünscht, um die Tierschutzvereine in die Lage zu versetzen, die Staatsanwaltschaft zu unterstützen, und in geeigneten Fällen durch Einlegung von Rechtsmitteln auf eine Bestrafung überhaupt oder die Auswerfung einer schwereren Strafe hinzuwirken. Dies um so mehr, als in einer noch längeren Übergangszeit die Gerichte geneigt sein dürfen, der bisherigen Ausfassung eines großen Teiles der Menschen von ihrer Stellung zum Tier Rechnung zu tragen und auf milde Strafen zu erkennen.

§ 12

Die Reichsministerien werden ermächtigt, Verordnungen jeglicher Art zum Schutze der Tiere zu erlassen, insbesondere auch im Verordnungswege Vorschriften zu erlassen über den wissenschaftlichen Tierversuch, die Regelung des Schlachtwesens und der Betäubung von Schlachttieren, des Tiertransportes und der Jagdbarkeit und Schonzeit freilebender Tiere. Soweit die Reichsminiserien von dieser Ermächtigung keinen Gebrauch machen, sind die obersten Landesbehörden und die Verwaltungsbehörden zum Erlasse solcher Vorschriften ermächtigt, mit Ausnahme der Vorschriften über den wissenschaftlichen Tierversuch und über die Jagdbarkeit und Schonzeit freilebender Tiere.

§ 13

Die Verwaltungsbehörden sollen Vorsitzende von Vereinen der in § 11 bezeichneten Art oder von ihnen vorgeschlagene Mitglieder solcher Vereine, sofern gegen ihre Persönlichkeit keine Bedenken bestehen, auf Antrag beauftragen, die Erfüllung zum Schutze der Tiere erlassener Vorschriften zu überwachen und die Strafverfolgungsbehörden bei der Verfolgung von Zuwiderhandlungen gegen Tierschutzgesetze und –Verordnungen zu unterstützen.

Die Beauftragten gelten im Rahmen ihres Auftrages als Hilfspolizeibeamte.

Die Ausführungsbestimmungen werden von den Landesbehörden erlassen.

Die vorgeschlagene Regelung erscheint dringend erwünscht, um die Möglichkeit zu schaffen, den Polizei- und Strafverfolgungsbehörden ihre Tätigkeit auf Grund der Tierschutzgesetzgebung zu erleichtern, um die besondere Erfahrung und die besonderen Kenntnisse auf diesem Gebiete dabei nutzbar zu machen, über die die Vorsitzenden und andere Mitglieder der Tierschutzvereine verfügen, und schließlich um eine Überwachung der Erfüllung der im Verordnungswege erlassenen Vorschriften zu gewährleisten, für die die vorhandenen Polizeibeamten nicht immer ausreichen dürften.

§ 14

§ 360 Ziffer 13 des Reichsstrafgesetzbuches wird aufgehoben.

§ 15

Dieses Gesetz trifft am … in Kraft.

Erwogen worden ist, ob es zweckmäßig ist, den im vorstehenden Entwurfe geregelten Stoff in die Form eines besonderen Gesetzes zu bringen oder in die Form einer Novelle zum Reichsstrafgesetzbuche und der Reichsstrafprozeßordnung. Im Belange der Einheitlichkeit der Regelung und der Übersichtlichkeit der Bestimmungen scheint es geboten, den ersten Weg zu gehen. Dies auch im Hinblick darauf, daß dann bei der bevorstehenden Strafprozeßreform nicht eine Änderung der Tierschutzbestimmungen erforderlich wird. Dazu kommt, daß die in dem Gesetzentwurf enthaltenen verwaltungsrechtlichen Vorschriften es erforderlich machen, den ganzen Stoff in einem einheitlichen besonderen Gesetze zu regeln.

Deutscher Tierschutzverein zu Berlin.
gez. von Kuhlwein
1. Vorsitzender

Berlin, im Mai 1933

(In: GStA PK, Berlin-Dahlem, I. HA Rep. 84 a Nr. 5215, Bl. 242 VS – 244 RS)

www.ingramcontent.com/pod-product-compliance
Ingram Content Group UK Ltd.
Pitfield, Milton Keynes, MK11 3LW, UK
UKHW021238031026
15588UKWH00001B/152

9 783631 64996